1 MONTH OF
FREE
READING

at

www.ForgottenBooks.com

By purchasing this book you are eligible for one month membership to ForgottenBooks.com, giving you unlimited access to our entire collection of over 1,000,000 titles via our web site and mobile apps.

To claim your free month visit:
www.forgottenbooks.com/free463038

ISBN 978-0-656-65041-5
PIBN 10463038

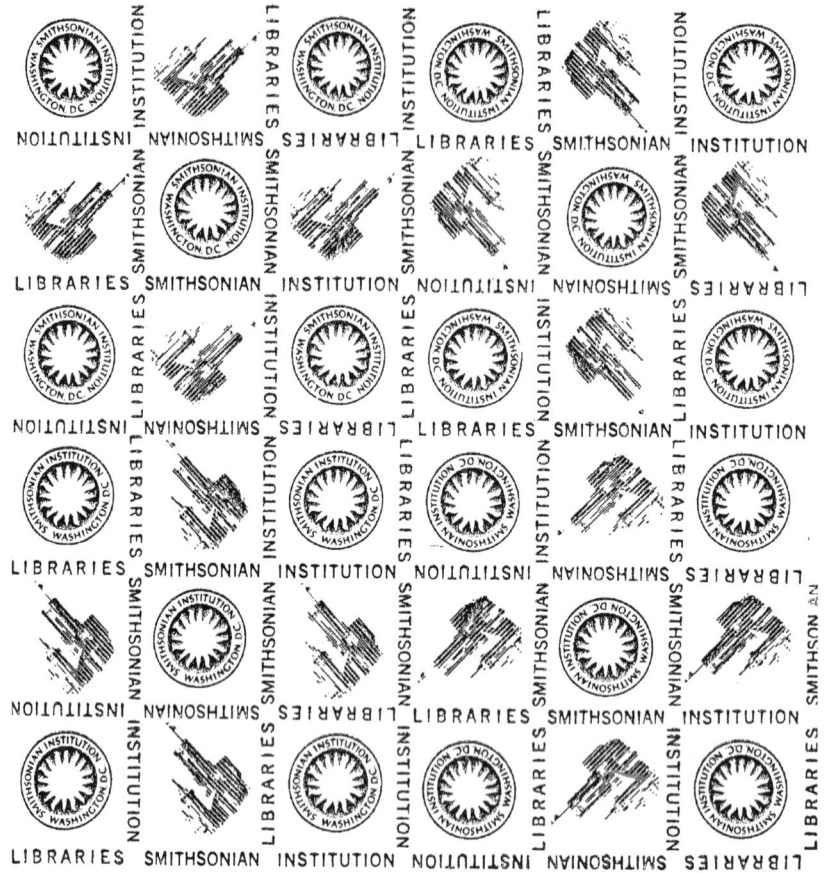

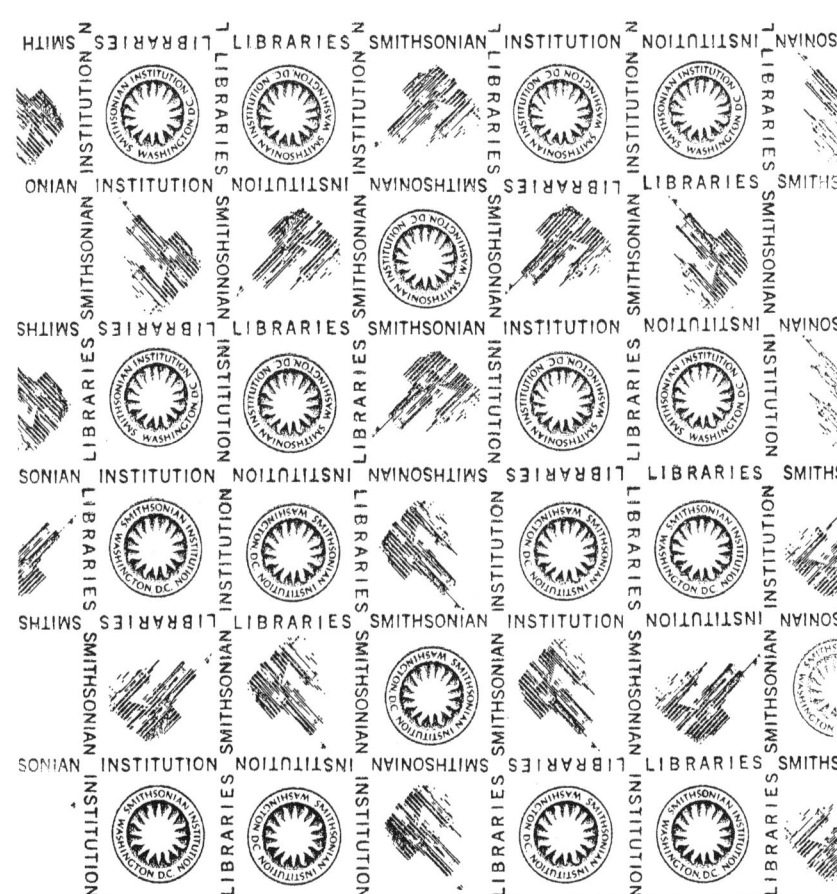

Mitteilungen der Münchner Entomologischen Gesellschaft

Band 75

Jahrgang 1985

Mit Unterstützung des Bayerischen Staates, der Stadt München
und des Museums Georg FREY, Tutzing, herausgegeben vom
Schriftleitungsausschuß der Münchner Entomologischen Gesellschaft

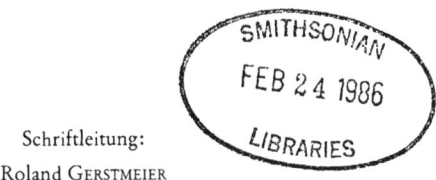

Schriftleitung:
Roland GERSTMEIER

Im Selbstverlag der
MÜNCHNER ENTOMOLOGISCHEN GESELLSCHAFT (E.V.)

Mitt. Münch. Ent. Ges.	75	1–144	München, 15. 12. 1985	ISSN 0340–4943

Münchner Entomologische Gesellschaft (e. V.)

Mitteilungen der Münchner Entomologischen Gesellschaft

Band 75

Jahrgang 1985

Mit Unterstützung des Bayerischen Staates, der Stadt München
und des Museums Georg FREY, Tutzing, herausgegeben vom
Schriftleitungsausschuß der Münchner Entomologischen Gesellschaft

Schriftleitung:
Roland GERSTMEIER

Im Selbstverlag der
MÜNCHNER ENTOMOLOGISCHEN GESELLSCHAFT (E.V.)

Mitt. Münch. Ent. Ges.	75	1–144	München, 15. 12. 1985	ISSN 0340–4943

Anschrift: Münchner Entomologische Gesellschaft
             Münchhausenstraße 21
             D - 8000 München 60

Postgirokonto München 315 69 - 807

Bayerische Vereinsbank München, Konto Nr. 305 719 (Bankleitzahl 700 202 70)

Mitgliedsbeitrag DM 45,—, für Schüler und Studenten DM 25,— pro Jahr

Gesamtherstellung: Verlag Gebr. Geiselberger, Altötting

Synopsis

Verzeichnis
der im 75. Jahrgang neu beschriebenen bzw. geänderten Taxa

Orthoptera: Tettigoniidae

Orthoptera: Acrididae

Orthoptera: Ectobiidae

Lepidoptera: Lycaenidae

Coleoptera: Anthribidae

Coleoptera: Cicindelidae

Coleoptera: Cleridae

| Mitt. Münch. Ent. Ges. | 75 | 5–44 | München, 15. 12. 1985 | ISSN 0340-4943 |

Symphyta (Hymenoptera)
von Süd-Niedersachsen, Nord- und Mittelhessen

Von Herbert WEIFFENBACH

Abstract

In this paper 432 species of *Symphyta* of the families *Xyelidae, Megalodontidae, Cimbicidae, Argidae, Tenthredinidae, Siricidae* and *Cephidae* are recorded from the politish districts of Süd-Niedersachsen, Nord- and Mittelhessen of Germany. Data on biology and distribution are given.

Einleitung

Mit der vorliegenden Publikation möchte ich allen Hymenopterologen ein Verzeichnis in die Hand geben, nach dem sie die Pflanzenwespen der deutschen Mittelgebirge und der Niederungen der Flußtäler später ergänzen, weiter bearbeiten und vervollkommnen können.

Bisher liegt aus dem Beobachtungsgebiet (Abb. 1) erst eine Veröffentlichung vor (PLOCH 1979), welche aber auf das Terrain des Vogelsberges begrenzt ist. Auf Instituts- oder Privatsammlungen konnte nicht zurückgegriffen werden, da solche von Blatt-, Halm- oder Holzwespen nicht existieren.

Ich glaube es ist an der Zeit, eine Bestandsaufnahme zu machen, denn die Arten-, und vor allen Dingen die Individuenzahl, hat in den letzten Jahren sehr stark abgenommen, so daß einige Arten lange nicht mehr beobachtet wurden.

Die an unseren Fluß- und Bachläufen uferbeherrschenden *Salix*- und *Alnus*-Bestände zeigen extrem starke Krankheitsbilder, indem die Blätter schon im Frühsommer von den Rändern her welken und den Larven die Nahrungsaufnahme erschweren. Ebenfalls Koniferen und Leitpflanzen der Feuchtbiotope verändern sich negativ.

Von den in dieser Fauna genannten 432 Arten sind bereits einige mit Sicherheit nicht mehr zu finden, was aber bei der Größe des Raumes nie ganz konkret nachgewiesen werden kann.

Um Wiederholungen in der Literatur zu vermeiden, ist diese Arbeit nicht als Bestimmungsliteratur gedacht, hier wurden in den letzten Jahren sehr gute Arbeiten vorgelegt. Die in den Abbildungen gezeigten Kopfkapsel- und Genitalzeichnungen sind Originale, die bisher in der Literatur nicht dargestellt sind.

Taxonomisch folgte ich im wesentlichen BENSON (1951–58). Sollten Abweichungen von diesem Autor erkannt werden, ist späteren Bearbeitern Rechnung getragen.

Wenn einige Gattungen nicht aufgeführt sind, wurden sie bisher im Untersuchungsgebiet nicht beobachtet. Auch Larven, deren Identität nicht ganz sicher war, sind dem Faunenbestand nicht angegliedert.

Priorität bei meinen Studien hatte stets die Zucht aus dem Ei von eingetragenen Weibchen sowie numerierte Zuchten homogener Larven.

Wenn in dieser Fauna öfter eine Art als Unica genannt wird, bezieht es sich nur auf einen Fund im Untersuchungsgebiet.

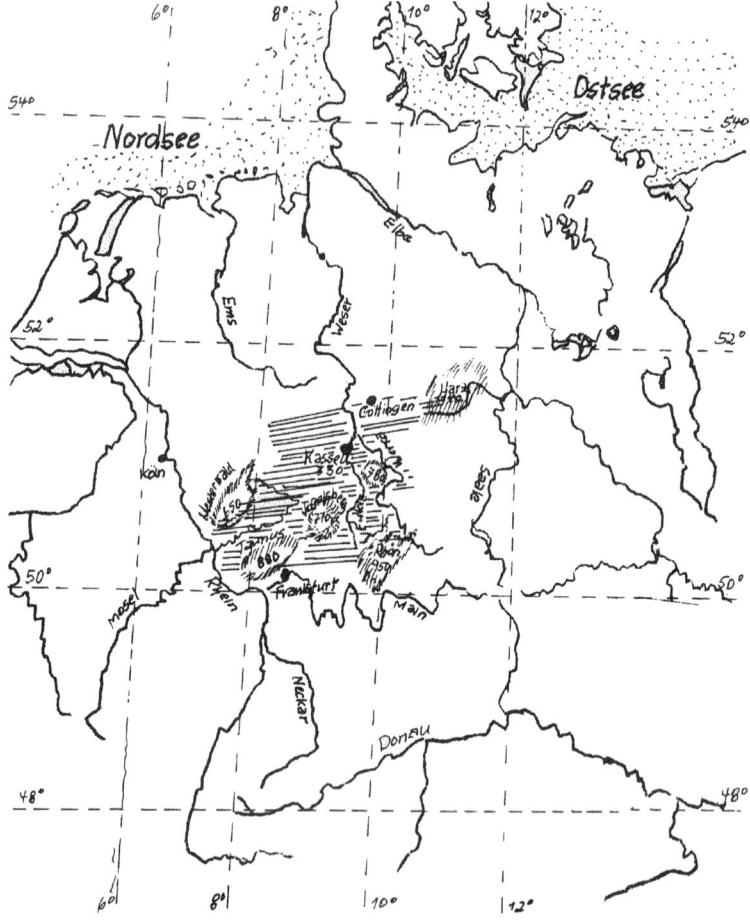

Abb. 1: Übersichtskarte über das besammelte Gebiet.

Methoden

Die Imagines wurden das ganze Jahr über mit dem Netz von der Zeit der *Salix*-Blüte *(Amauronema-tus*-Arten) bis in den Frühherbst *(Apethymus*-Arten) gefangen. Ergiebige Sammelplätze waren blatt-lausbesetzte Sträucher, hier besonders *Prunus padus*. Auch Blütenpflanzen bringen oft gute Resultate. Weiße und gelbe Blüten werden bevorzugt besucht.

Auch das Klopfen in den Schirm bringt Erfolge und ist am günstigsten bei kaltem, trübem Wetter. Aus Solitärsträuchern und Bäumen sowie aus Fichtenästen sind *Tenthrediniden* zu klopfen. *Siriciden* werden an Stämmen und Stubben gefunden, *Cephiden* vorwiegend in gelben Blüten *(Ranunculus, Taraxacum).*

Die wertvollste Methode ist das Eintragen der Larven und deren Zucht. Die frühesten Larven sind bereits Mitte Mai erwachsen *(Amauronematus* an *Salix, Populus, Betula)*, die ersten Stände können das ganze Jahr von den Futterpflanzen abgesucht, geklopft oder gekäschert werden. Letztere Methode bringt zumeist Larven, deren Futterpflanze nicht erkannt wird, und ist daher nur bedingt erfolgreich. Blattminierer sind oft schon früh im Jahr zu suchen *(Hinantara* bereits am 10.5. die Mine verlassend) und dann bei Einbrütigkeit nicht mehr zu finden. Zwei- und mehrbrütige Arten können das ganze Jahr eingesammelt werden. *Pontania-* und *Euura-*Arten sollten nur als ,,reife" Gallen eingetragen werden.

Die Zuchten homogener Larven wurden in Weckgläsern, deren Boden mit einem Glasbohrer durchbohrt war, durchgeführt. Während der Fütterungsperiode bekamen die Larven das Futter in Wasser gestellt, über dem Flaschenhals wurde eine Papiermanschette angebracht, um den Kot weitgehendst aufzufangen. Die Manschette wurde täglich gewechselt. Fast erwachsene Larven bekamen ein Substrat von 50:50 Torf/Sandgemisch mit Rinden und Markstengelstückchen etwa 5 cm hoch.

Das Bodensubstrat wurde zur besseren Feuchtigkeitsregulierung mit lebenden Moosen abgedeckt. Hierin fangen sich die letzten Kotreste und können ausgeschüttelt werden.

Einzellarven wurden unter gleichen Bedingungen in Reagenzgläsern gezogen.

Alle Zuchten wurden numeriert, die Einzellarven fotografiert, von den Gesellschaftszuchten wurde ein Teil der Larven präpariert (Methode CYMOREK 1969).

Die Daten der Zuchten wurden notiert und die Larven kurz beschrieben.

Über Winter wurden alle Behälter ohne Deckel in einem großen Gazebehälter gestapelt und im Freien belassen. Ab Februar wurden die Gläser in den Keller gebracht und mit dem handelsüblichen Deckel (ebenfalls durchbohrt und mit Gaze verschlossen) abgedeckt.

Die Zuchten sind so weitgehend verlustlos.

Xyeloidae

Xyelidae

Xyela DALMAN

X. julii BREBISSON, 1818
Bisher nur 1♀ am 4.5.67 im Lumdatal. Sicher aber mit *Pinus sylvestris* im Gebiet weit verbreitet.

Megalodontidae

Megalodontes LATREILLE, 1802

M. klugi LEACH, 1817
In einem Kalkaufbruch an der Schäferburg im Bez. Eschwege 1♀ am 31.7.55. Wohl der nördlichste Fundort in der BRD überhaupt, da meines Wissens die Futterpflanze *Laserpidium latifolium* sonst im Gebiet nicht vorkommt.

Pamphilidae

Acantholyda COSTA

A. erythrocephala L., 1758
1.5.50 ein ♀ dieser hier seltenen Art im Hombresser Wald.

A. posticalis MATSUMURA, 1918
Nd. Vellmar bei Kassel, Gießen/Schiffenberg und Rommerode aus *Pinus sylvestris.*

Cephalcia PANZER

C. erythrogaster HARTIG, 1860
12.4.55 e.l. 1♂ und ein ♂ Oberrode 8.5.55.

C. alashanica europaea BENES, 1976
1♂ dieser meist verkannten Art im 5.71 unter Fichten im Lumdatal b. Allendorf.

C. fallénii DALMAN, 1823
Zumeist in höher gelegenen Teilen der Mittelgebirge. Im Vogelsberg oft zahlreich (1948, 1952). Im Habichtswald bei Kassel 10.5.54.

C. arvensis PANZER, 1805
Die mit Abstand häufigste Art der Gattung, die ♂♂ in den Vormittagsstunden unter Fichten schwärmend, die ♀♀ an den Grashalmen sitzend. Überall im Untersuchungsgebiet A.5. im Fichtenhochwald.
Belegstücke aus dem Habichtswald, Westerwald, Vogelsberg und Lumdatal.
Die Larve oft von Fichten geklopft (6.–8.).

C. abietis L., 1758
Meist nicht vor Mitte 5., also später als *C. arvensis*.
Im Verhalten denen der vorigen Art sehr ähnlich und an den gleichen Biotopen. Westerwald, Vogelsberg. Lokal, aber dann zumeist zahlreich.

C. lariciphila WACHTL, 1898
Mit *Larix decidua* verbreitet, aber immer einzeln, 2.6.77 und 9.6.77 e. l. Umgeb. Gießen.

C. reticulata L., 1758
1♂ dieser seltenen Art im 5.70 Lindenfels/Odenw.

Gattung *Neurotoma* KONOW

N. saltuum L., 1758
Im 7.48 und im 7.76 je eine Larvenkolonie an Birne, daraus nur ♀♀ vom 10.–12.4.49, die Larven von 1976 ergaben keine Imago.

Gattung *Pamphilius* LATREILLE

P. silvaticus L., 1758
Zwischen dem 21.5. und 20.6. Hann. Münden, Kassel Hirzstein, Grünberg und Vogelsberg b. Ilbeshausen.

P. gyllenhali DAHLBOM, 1835
17.4.53 und 2.5.55 je ein ♀ e.l. von *Salix capr.* Umg. Kassel (Hab.-Wald und Sanderhs. Bg.).

P. varius LEPELETIER, 1823
e. l. 1♀ Kassel/Brasselsberg 21.4.52 v. *Betula verr.*

P. balteatus FALLÉN, 1808
Vom 15.5. bis 20.6. Vogelsberg, Kassel und Gießen je ein ♀ an *Rosa can.*

P. latifrons FALLÉN, 1808
Wurde in einem ♀ von *Salix capr.* gezogen. Bisher ist nur *Populus* als Futterpflanze bekannt. Hab.-Wald, 23.4.53 e. l.

P. hortorum KLUG, 1808
Mit *Alnus* weit verbreitet und besonders in den Flußniederungen im Mai als Imago nicht selten. Ob. Scheden, Ob. Vellmar, Ahnatal, Lahntal (Gießen), Grünberg, Lollar u. Okertal (Harz).

P. inanitus VILLERS, 1789
19.7.52 eine Schraubenröhre an *Rosa can.* Umg. Kassel (Zucht 81) e. l. 1♀ am 23.4.53.
Ein weiteres ♀ 31.5.54 Kassel/Wilhelmshöhe.

P. neglectus BRISCHKE u. ZADDACH, 1865
Durch Netzfang im Vogelsberg im 5.52, durch Zucht aus Larven im Habichtswald an einjährigen Sämlingen von *Acer pseudoplatanus* im Hochwald (Zucht 73).

P. histrio LATREILLE, 1812
1♀ 16.4.53 (Zucht 82) e.l. von *Populus tremula* am Hirzstein im Habichtswald.

P. vafer L., 1767 *(depressus* SCHRANK)
Die Imago wie *P. hortorum* Kl., stets an besonnten Erlen, aber wohl häufiger auf *Alnus incana.* Ahnatal, Lumdatal
E. 5.–15.6.

Siricoidae

Xiphydriidae

Xiphydria LATREILLE
Bisher keinen Vertreter dieser Gattung im U. G.

Siricidae

Tremex JURINE
Zwei westpaläarktische Arten, die im Gebiet nicht festgestellt wurden.

Urocerus GEOFFROY

U. gigas gigas L., 1758
Kassel/Nordshausen und Hoher Vogelsberg im 7. u. 8. Sehr vereinzelt.

U. tardigradus CEDERHJELM, 1798
1♀ am 30.7.50. Naturpark Reinhardswald.

Sirex L.

S. juvencus L., 1758
Steinberg b. Hann.-Münden und Gießen, stets an *Picea abies.* Die Population am Steinberg am 26.9.48 in Gesellschaft des Parasiten *Ibalia leucospoides* HOHENW.

Xeris COSTA

X. spectrum L., 1758
Die häufigste Holzwespe im U. G. Oft in Anzahl an krebsigen Stellen der Fichten, aber auch auf den frischen Wundstellen geschlagener Bäume bei der Eiablage beobachtet. Hann.-Münden, Kassel, Gießen. Alle Beobachtungen im 6. und 7.

Aus der Familie der *Orussidae* liegen aus dem U. G. keine Belegexemplare vor.

Cephoidae

Cephidae

Hartigia SCHIØDTE

H. xanthostoma EVERSMANN, 1847
Kassel Dönche und in einem Weidenbruch bei Daubringen (Gießen) Ende Winter 1952 und 1963 die Larven aus den toten unteren Stengelteilen von *Filipendula ulmaria* eingetragen. Die Stengel brechen leicht, wenn sie von einer Larve bewohnt sind. Die meisten Stengel allerdings beinhalten eine Dipterenlarve oder Puppe. Ob es sich hier um eine Tachine handelt, die bei der Halmwespe parasitisch lebt, konnte nicht festgestellt werden.

H. linearis SCHRANK, 1781
1♀ bei der Eiablage am 10.6.63 im Bergwerkswald b. Gießen an *Agrimonia eupatoria.*
1♀ 7.6.65 Heckershausen b. Kassel.

Trachelus JURINE

T. toglodytus F., 1767
Fuldatal b. Kassel im 5.49 2♂♂

Cephus LATREILLE

C. pygmaeus L., 1767
Besonders auf Getreidefeldern massiert auftretend und dann oft schädlich, aber auch an Wildgräsern. Im gesamten U. G. im 5. und 6. zahlreich.

C. nigrinus C. G. THOMSON, 1871
Vorwiegend in den grasigen Rändern der Waldwege. Druseltal, Ahnatal, Vogelsberg in allen Höhenlagen und Schmelztal. A.5. bis E.6.

C. cultratus EVERSMANN, 1847
Mit der Futterpflanze *Phleum pratensis* im gesamten Gebiet verbreitet und oft zahlreich. 5. bis A.7.

Calameuta KONOW

C. filiformis EVERSMANN, 1847
An der zumeist genannten Futterpflanze *Phragmites communis* weniger, viel zahlreicher in feuchten Waldschneisen an *Calamagrostis epigejos*. An dieser Pflanze ein Massenauftreten 1980 im Daubringer Forst b. Gießen. 30.5.–2.7.

C. pallipes KLUG, 1803
Im Lahntal bei Marburg und auf einem Brachacker b. Gießen A.6. vereinzelt.

Tenthredinoidae

Argidae

Sterictophora BILLBERG

S. furcata VILLERS, 1789
1♂ am 11.5.66 im Schmelztal b. Gießen.

Arge SCHRANK

A. enodis L., 1767
Im gesamten Gebiet verbreitete Art von Hann.-Münden bis Wetzlar, in der Nähe von *Salix capraea* nicht selten. 11.5. bis 1.8., letztere mit Sicherheit II. Gen.

A. ustulata L., 1758
Ebenfalls weit verbreitete Art am zahlreichsten als Larve. Vorwiegend an glattblättrigen *Salix (S. fragilis* und *alba)*. Im Vogelsberger Hochmoor die Larven 1970 auf *Betula pubescens*. Adulti: Heiligenrode, Hann.-Münden, Brasselsberg, Vogelsberg, Westerwald. Erstfunde 9.5., II. Gen. ab 30.7.

A. rustica L., 1758
Im Faunenbereich nur wenige Funde. Hann.-Münden, Vogelsberg und Umg. Gießen. Alle im Mai.

A. berberidis SCHRANK, 1802
Von dieser Art, die in Wildwuchsbeständen von *Berberis vulgaris* oft massenhaft auftritt, im U. G. nur wenige Funde in Anlagen oder Vorgärten. Die frei wachsenden Futterpflanzen nur an wenigen Stellen. Edersee und Werratal b. Hedemünden. Larven im 7., Adulti im Mai.

A. gracilicornis KLUG, 1812
In allen Auwäldern an schattigen Plätzen mit der Futterpflanze *Rubus sp.* weit verbreitet und zahlreich. Brahmwald (Hann.-Münden), Söhre, Nieste und Gießen. 2 Generationen.

A. ciliaris L., 1767
Kassel Dönche, Vogelsberg und im Gebiet der Lahn/Ohm/Lumda in Beständen von *Filipendula ulmaria* stets zahlreich. Im 6.1982 bei Ronhausen Kahlfraß.

A. nigripes RETZIUS, 1783
Sehr zahlreich an *Rosa canina* auf Muschelkalkböden, Heckershausen, Oberscheden, Hedemünden. Vereinzelt auch bei Gießen und Nidda im Mai.

A. fuscipennis Herrich-Schaeffer, 1833
2♀♀ Hann.-Münden am 21.5.47 auf *Umbelliferen*, dann nie wieder im U. G. festgestellt.

A. ochropus Gmelin, 1790
Der häufigste Vertreter dieser Gattung, bes. auf *Rosa canina*, seltener auch an anderen Wildrosen. Überall im Gebiet bis in die Großstädte. In günstigen Jahren drei Generationen.

A. pagana Panzer, 1798
Ebenfalls mit Wildrosen verbreitet, seltener und stets an extrem besonnten Plätzen. Grauwackhänge am Edersee, Trockenrasenbiotop an der Amöneburg, Stahlberg bei Kassel und Schäferburg im Ringgau. 2–3 Generationen.

A. pagana stephensii Leach, 1817
Diese bei Benson (1951, p. 32) als endemisch für Großbritannien genannte ssp. im Raum Gießen aus Larven an *Rosa* gezogen (1951).

A. cyanocrocea Forster, 1771
Ab 6. bis oft in den Frühherbst auf *Umbelliferen*.

A. melanochroa Gmelin, 1790
Meist gemeinsam mit der vorigen Art, aber oft schon E. 5. Beide Arten in manchen Jahren sehr zahlreich, dann jahrelang ganz fehlend. In den Jahren 1947, 1955 und 1963 besonders zahlreich.

Blasticotomidae

Blasticotoma Klug *B. filiceti* Klug, 1834
1♀ 1952 im Mai im Vogelsberg Nähe Ilbeshausen aus *Dryopteris felix mas* geklopft.

Cimbicidae

Abiinae

Zaraea Leach

Z. fasciata L., 1758
Im Mai 1955 aus Larven von der Neuen Drusel (Kassel), die an *Symphoricarpus* gesammelt wurden. Auch Umg. Gießen, Langgöns, 2.7.63.

Z. lonicerae L., 1758
Stahlberg b. Kassel im 7. stets die Larven an *Lonicera xylosteum*. Im 5. auch die Imago dort.

Z. aenea Klug, 1829
Hann.-Münden, Nd. Vellmar, Heckershausen. Die Imago meist auf Doldenblüten. Die Larven an *Lonicera Xyl.* 1955–75 immer gefunden. Verschiedene Autoren haben *Z. lonicerae* und *Z. aenea* als identisch angesehen, ich glaube jedoch, daß Benson (1951), der die Arten wieder trennt, im Recht ist.

Abia Leach

A. sericea L., 1767
Ob. Vellmar und Gießen, die Wespen im 6., in beiden Fällen auf *Umbelliferen* in verkrautetem Feuchtrasen.

Corynis Thunberg

C. obscura F., 1775
Von den besonders in Südeuropa verbreiteten *Corynis*-Arten konnte nur *C. obscura* F. am Mainzer Sand gefunden werden.

Cimbicinae

Cimbex Oliver

C. femorata L., 1758
1951, 55 und 59 aus Larven von *Betula* gezogen. Kassel Hirzstein und Kaufunger Wald (Stiftswald).

C. lutea L., 1758
1♀ im 5.50 Umg. Kassel.

C. connata SCHRANK, 1776
1950 Massenauftreten an *Alnus* in der Kasseler Nordstadt (Ahnaufer). Die Larven dort an den Stämmen bis zu 20 Stück. Danach nur noch selten beobachtet.

C. fagi BRISCHKE u. ZADDACH, 1862
Die Wespen nie gefunden, die Larven jedoch gelegentlich im Buchenhochwald nach starken Stürmen oder starkem Regen an den Stämmen. Zucht stets mißlungen.

Clavellaria OLIVER

C. amerinae L., 1758
e. l. 23.4.75, die Larven im 7.74 zahlreich an kleinen Büschen von *Salix carpaea* im Staufenberger Wald (Gießen).

Trichiosoma LEACH

T. sorbi HARTIG, 1840
1955 im August einige Larven an den höchsten Zweigen von *Sorbus aucuparia* im Vogelsberg (Hochmoor). Daraus Imago im 6.56.

T. sylvaticum LEACH, 1817
1♀ am 23.6.63 am Hohen Hagen b. Dransfeld.

Diprionidae

Monoctenus DAHLBOM

M. juniperi L., 1758
Sehr zahlreich als Adulti sowie als Larven aus *Juniperus communis* zu klopfen. Werratal b. Hedemünden-Gertenbach, Meißner b. Kammerbach, Dörnberg b. Kassel und Allendorf (Lumda).

M. obscuratus HARTIG, 1837
Einige Stücke ♀♀ am Kirschenberg b. Trohe (Gießen) (jetzt bebaut). 24.5.74.

Microdiprion ENSLIN

M. pallipes FALLÉN, 1808
20.6.81 1♂ Staufenberger Wald aus *Pinus sylv.*

Neodiprion ROHWER

N. sertifer GEOFFROY, 1785
Heiligenrode im Mai 1951 Larven an *Pinus sylv.*, die Imago im 9. e. l.

Dirpion SCHRANK

D. pini L., 1758
Lollar einige ♂♂ und ♀♀ aus Larven, wenige Imago im Freiland. Alle Ex. genital untersucht, jedoch stets nur diese Art.
1951, 67 und 76.

Gilpinia BENSON

G. polytoma HARTIG, 1834
Umgebung Kassel, Habichtswald und Schiffenberg b. Gießen als Adulta sowie Larven oft aus *Picea abies* geklopft. Die Imago v. E.4. bis M.6.

G. virens KLUG, 1812
E.6.64 im Westerwald b. Herborn einige Ex.

Tenthredinidae

Selandriinae

Strombocerus KONOW

S. delicatulus FALLÉN, 1808
Ein ausgesprochener Waldbewohner und mit Farnen weit verbreitet und überall dort in Hessen, wo *Pteridium* und *Dryopteris* bodenständig sind. Habichtswald, Reinhardswald, Vogelsberg, Rhön und Biebertal (Gießen), oft aus Larven gezogen. Die Larven sind für Blattwespenlarven äußerst beweglich.

Strongylogaster DAHLBOM

S. lineata CHRIST, 1791
Zahlreiche Vorkommen an *Pteridium aquilinum* in Buntsandsteingebieten. Sandershs. Berg, Staufenberg b. Gießen und Reinhardswald. Die Larven bohren sich zur Verwandlung gern in die bodennahen Stammteile der Kiefernrinden ein. Imago im 6., Larven ab 8.

S. macula KLUG, 1814
Nur ein Belegstück, ♀ 5.52 Ilbeshausen (Vogelsbg.).

Aneugmenus HARTIG

A. fuerstenbergensis KONOW, 1885
1♂, welches der Beschreibung dieser zweifelhaften Art entspricht, am 27.5.63 Umg. Gießen. Leider ging bei der Genitaluntersuchung der Penis verloren, und der doppelte Arealquernerv ist nur einseitig vorhanden.

A. coronatus KLUG, 1814
Imago (nur ♀♀) im 6., die Larven 1948 und 74 an *Pteridium* und *Dryopteris*. Wälder um Kassel und Umg. Gießen.

A. padi L., 1758
Mit der vorigen Art in den gleichen Biotopen, jedoch wesentlich zahlreicher. Auch aus Larven. Aus Freilandfängen und Zuchten stets nur ♀♀.

A. temporalis THOMSON, 1871
Am 6.6.61 1♀ e. l. *Betula*. Birke ist als Futterpflanze nicht bekannt, es können sich aber Irrtümer einschleichen, indem man Zuchtbehälter nicht vorher ausräumt oder lebende Moose verwendet, die dann bereits Eonymphen enthalten.

Melisandra BENSON

M. cinereipes KLUG, 1814
Mehrere ♀♀ im 5. und 6. Vogelsberg, Kassel/Druseltal und Gießen/Schiffenberg aus der Krautflora der Waldwegränder gekäschert.

M. foveifrons THOMSON, 1870
1 einzelnes ♀ im 5. Hoher Vogelsberg.

Mesoselandria ROHWER

M. morio F., 1781
Lokal oft sehr häufig auf nassen mit *Carex* und *Juncus* bewachsenen Wiesen. M. 5. bis E. 6. Hann.-Münden, Vellmar, Lumdatal b. Gießen.

Selandria LEACH

S. sixi VOLLENHOVEN, 1858
Waldauer Wiesen, Fuldawiesen b. Kragenhof, Lahnwiesen b. Gießen und Limburg sowie Ederauen b. Fritzlar im Mai, 1♂ am 9.8.61 Reinhardswald. Sicher 2 Generationen.

S. serva FALLÉN, 1793
Zahlreicher als *S. sixi* VOLL. in den grasigen Fluß- und Bachniederungen von Fulda, Lahn, Eder und Ohm. Gen.

13

vern. M. 5.–M. 6., Gen. aest. M. 7.–E. 8. Die durch das braune Querstirnband auffällige Larve im Sommer und Herbst oft zahlreich an Gramineen.

f. ♂♂ *mascula* FALLÉN oft unter der Art.

f.*mediocris* LEPELETIER am 19. 5. 51 Kassel Dönche.

Dolerini

Loderus KONOW

L. eversmanni KIRBY, 1882
18. 4.–11. 6. Reinhardswald, Habichtswald, Heiligenrode und Lollar. Nicht selten. Am 24. 8. 69 die Larven sehr zahlreich auf *Equisetum silvaticum* im Krofdorfer Forst (Zucht 360).

L. pratorum FALLÉN, 1808
Wenige Belege, Kassel, Spickershausen und Heckershausen Mitte Mai.

L. vestigialis KLUG, 1814
Im gesamten Gebiet an den Standorten von *Equisetum pratense* und *E. arvense* im April und Mai immer präsent und zahlreich. Wilhelmstal 1952 aus Larven (Zucht 152).

L. genucinctus ZADDACH, 1859
1♂ am 21. 5. 67 Westerwald.

Dolerus JURINE

D. bimaculatus GEOFFROY, 1785
Vorwiegend mit *Equisetum palustre* verbreitet, Kassel Dönche, Gießen Daubringer Bruch, aber auch gelegentlich an *Equisetum arvense* anzutreffen (Lumdatal, Krofdorf). Die Larven sind mit beiden Schachtelhalmen zu züchten. Alle Im. 5., die Larven ab E. 6.

D. pratensis L., 1758
In einem Bruch bei Niedervellmar und auf den feuchten Wiesen oberhalb des Druseltales und im Hohen Vogelsberg lokal nicht selten im 5. Auch aus Larven (Zucht 46 u. 54) von *Equisetum palustre* (f. *timidus* KL.).

D. yukonensis NORTON, 1872
Niedervellmar 24. 4. 51, Lahnwiesen b. Gießen 20. 5. 74 und eine starke Population Ihringshäuser Teiche (Biotop besteht nicht mehr) am 24. 4. 52.

D. cothurnatus LEPELETIER, 1823
Die Larve lebt in den Stengeln von *Equisetum palustre*, welches in Gräben und Teichen im Wasser wächst. Zu erkennen an den Bohrlöchern am oberen und unteren Ende einer jeden Internodie. Zucht nicht ganz leicht wegen der Hinfälligkeit der Futterpflanze. Auch in *Equis. fluviatile*. Reinhardswald, Dönche, Durseltal und Lollar. 1 Gen. 10. 5.–30. 5.

D. aericeps THOMSON, 1871
In 2 Generationen mit *Equisetum arvense* weit verbreitet und lokal oft sehr zahlreich. Hann.-Münden, Kassel-Wehlheiden, Dönche, Gießen Lumdatal und Lahnwiesen b. Ronhausen.
Gen. vern. 4. u. 5., Gen. aest. 7. u. 8.

D. germanicus F., 1775
Ebenfalls in 2 Generationen zumeist auf mehr trockenen Böden (Bahndämmen, Ackerrändern und Ödland) im 5. und 7.–9. nicht selten. Die Larven vorwiegend an *Equisetum arvense* in einer grünen und einer rosaroten Form. Hann.-Münden, Oberode, Niedervellmar, Neue Mühle und Umg. Gießen. v. *mediater* ENSLIN oft unter der Art (Zuchten Nr. 83, 115, 140, 419).

D. madidus KLUG, 1814
Hann.-Münden Brahmwald, Grebenstein, Stiftswald, Dönche, Druseltal, Vogelsberg und Westerwald, überall dort, wo *Juncus effusus* wächst, schon an den ersten warmen Tagen E. 3. die ♂♂, die ♀♀ einige Tage später. Larven E. 5. bereits erwachsen. 1 Generation (Zucht Nr. 51).

D. triplicatus KLUG, 1814
Bisher nur Grebenstein und (Zucht 53) Kassel-Wehlheiden von *Juncus eff.*. Imago fliegt früh im 5.

14

D. ferrugatus LEPELETIER, 1823
Kaufunger Wald Hühnerfeld, Kassel Dönche, Druseltal und Feuchtwiesen im oberen Vogelsberg. 2.5.–4.6. Einmal von *Juncus* gezogen.

D. gessneri ED. ANDRE, 1879
Aus der Umg. Gießen einige wenige Stücke vom 22.5.72 und 12.6.74. Die Art lebt auch an *Equisetum*, ist weit verbreitet, aber nur lokal auftretend.

D. liogaster THOMSON, 1871
Ab. E.4. in Einzelstücken alljährlich auf Mähwiesen und an grasigen Rainen. Heiligenrode, Hoh. Meißner, Vogelsberg und Umg. Gießen (Lahntal und Schiffenberg).

D. haematodes SCHRANK, 1781
In Fluß- und Bachniederungen (Fulda, Lahn, Ohm, Eder) und wasserführenden Gräben mit *Cyperaceaen* und *Festuca arundinacea* im April oft zahlreich. Hombresser Wald, Kassel-Wehlheiden, Waldauer Bruch, Dittershausen und Limburg/Lahn. (Zucht 63 an *Poa palustris*.)

D. gonager F., 1781
Häufige Art von M.4.–M.6. auf grasigen Plätzen. Oberrode, Dönche, Kaufunger Wald, Grebenstein und Gießen. Legt willig an *Dactylis glomerata* ab.

D. puncticollis THOMSON, 1871
Mit der vorigen Art im gleichen Lebensraum, aber meist später im Jahr erscheinend. 1♂ beidseitig mit 4 Cubitalzellen, 1♀ ohne Sägescheide mit zwei freistehenden Sägeblättern.

D. harwoodi BENSON, 1947
Feuchtwiesen im oberen Druseltal und Kassel-Wehlheiden (Schönfeld) 12.4.52 und 14.4.52. Ich habe diese Art lange für *gibbosus* HARTIG, 1860 gehalten, die Genitaluntersuchung aber läßt an der BENSON'schen Art keinen Zweifel. Tiere aus Finnland sind wesentlich kleiner, genitaliter aber nicht verschieden. Futterpflanze unbekannt.

D. nigratus MÜLLER, 1776
Sehr häufige Art in allen Höhenlagen, geologischen Formationen und Grasplätzen aller Art weit verbreitet. Im Untersuchungsgebiet überall, wo Gras wächst. (Zucht Nr. 105 vom Hohen Knüll 1954.) 7.5.–20.6.

D. nitens ZADDACH, 1859
Zumeist auf anmoorigen Waldwiesen, Vogelsberg, Dönche und Meißner, aber auch auf Muschelkalk an extrem warmen Plätzen wie Dörnberg und Stahlberg. Auch am Gleiberg bei Gießen. (Zucht Nr. 55 Brasselsberg.) Imago M.4.–M.5.

D. niger L., 1767
Heiligenrode, Niestetal, Druseltal, Dönche, Lahntal b. Lollar und Ilbeshausen in Vogelsberg. 25.4.–3.7.

D. aeneus HARTIG, 1837
Zahlreich an allen grasigen Plätzen vom 14.4.–23.6.

D. picipes KLUG, 1814
Häufig im Frühjahr und Frühsommer auf ökonomisch genutzten Weiden sowie auf Ödland oder Rainen. Im gesamten Beobachtungsgebiet stets zu finden. 22.4.–12.6.

D. brevitarsis HARTIG, 1860
Nicht überall, aber weit verbreitet und einzeln. Hühnerfeld im Kaufunger Wald, Habichtswald, Grebenstein und Lahnwiesen zwischen Gießen und Marburg 3.5.–3.7. Aus der Zucht Nr. 47 3♀♀ am 19.4.52 von *Dactylis glomerata*.

D. megapterus CAMERON, 1881
Dönche, Westerwald und Hochmoor im Vogelsberg. Immer sehr einzeln und sehr lokal. 5.4.–19.5.

D. anthracinus KLUG, 1814
Die erste Blattwespe im Jahr, frühestes Funddatum im hessischen Raum: 7.3.
Bei Sonnenschein die ♂♂ früh schwärmend oft am Rande von Schneefeldern. Die ♀♀ legen an alle Wiesengräser ab, die Eier und Junglarven dann meist noch einer längeren Frostperiode ausgesetzt. Dönche, Sandershäuser Berg, Meißner und Gießen auf Ödländern. Gezogen an *Poa annua*.

D. coracinus KLUG, 1814
Ebenfalls sehr frühe Art, aber bisher nur in Einzelstücken aus dem Altgrasbereich an Waldwegen geschöpft. Hasenhecke b. Kassel (jetzt bebaut) 20.3.55, Hoher Vogelsberg 3.5.79 und e.l. 23.2.50.

D. asper ZADDACH, 1859
Aus dem Untersuchungsgebiet nur Dönche, Hühnerfeld und Lumdatal im 5. je 1♀.

D. sanguinicollis KLUG, 1814
Sehr lokal im Gebiet, Kassel Dönche und Dörnberg.
f. *fumosus* STEPHENS am 24.5.71 Gießen-Wieseck an blattlausbesetzter *Prunus domestica* in großer Zahl.

Heterarthrinae

Heterarthrus STEPHENS

H. aceris McLEACHLAN, 1867
Die Minen an *Acer campestris* im Habichtswald und am Stahlberg im 6. In den letzten Jahren nicht mehr gefunden. Daraus gezogene Imago im 6.53.

H. ochropodus KLUG, 1814
Die Minen an *Populus tremula* E.5. im Schiffenberg b. Gießen. Heiligenrode einige Minen 1952, die ♂♂ und ♀♀ ergaben. (Zucht Nr. 83).

H. vagans FALLÉN, 1808
Mit den beiden endemischen *Alnus*-Arten *glutinosa* und *incana* weit verbreitet und überall im Gebiet. 2 Generationen.

H. microcephalus KLUG, 1814
Bisherige Minenfunde an *Salix capraea, S. cinerea, S. purpurea, S. triandra, S. fragilis* und *S. alba.* (Zucht Nr. 42, 331 u. 373.) Die Wespen im 5. und 7./8.

Blennocampinae

Athalia LEACH

A. lugens KLUG, 1813
Dönche 30.5.52, Edersee Asel Süd 7.7.63 und Gießen 4.6.62 je ein ♀.

A. bicolor LEPELETIER, 1823
Gemünden/Wohra 7.52 und Grünberg 2.6.67.

A. glabricollis THOMSON, 1870
Nur ein Fund dieser wärmeliebenden Art 22.5.66 bei Lollar.

A. rosae L., 1758
Sehr häufige Art, das ganze Jahr in mehreren Gen. Die Imago bes. auf *Umbelliferen,* die Larven an *Raphanus* (Zucht Nr. 386).

A. rufoscutellata MOCSARY, 1879
Sandershäuser Berg 12.8.53 und Vogelsberg 13.6.63.

A. cordata LEPELETIER, 1823
Hann.-Münden, Niestetal, Wolfsanger, Reinhardswald, Waldeck und Gießen. Immer in Anzahl auf Umbelliferen. 25.5.–28.9. in 2–3 Bruten.

A. liberta KLUG, 1813
Hann.-München 29.5.47, 14.6.47 und Waldeck am 7.7.63.

A. circularis KLUG, 1815
Zucht Nr. 461 an *Glechoma hederacea.* Die Larven öfters an diesen Pflanzen Kahlfraß verursachend. Häufige Art, die taxonomischen Fragen innerhalb des Untersuchungsgebietes aber noch nicht vollends geklärt.

Empriinae

Harpiphorus HARTIG

H. lepidus KLUG, 1814
Am 2.6.52 oberhalb Heiligenrode 1♀ aus Stammausschlägen von Eichen geklopft.

Monosoma MCGILLIVRAY

M. pulverata RETZIUS, 1783
Die weißflockige Larve früher häufig an Erlen, in den letzten Jahren nicht mehr festgestellt. Kassel 1951 und Gießen 1963 durch Zucht 2♀♀.

Monostegia COSTA

M. abdominalis F., 1798
Auf ungedüngten Feuchtwiesen mit *Lysimachia* nicht selten. (Zucht Nr. 120 und 361.) Kassel, Heiligenrode und Frankenbach im Biebertal. Auch Wißmar bei Gießen eine kleine Population 1980.

Empria LEPELETIER

E. immersa KLUG, 1814
Im Vogelsberger Hochmoor und Schmelztal bei Gießen im Mai.

E. fletscheri CAMERON, 1878
Ilbeshausen und Schmelztal b. Gießen im 5.

E. tridens KONOW, 1896
Ahnatal, Heiligenrode, Vogelsberg im Mai.

E. longicornis THOMSON, 1871
Oberscheden 4.6.53 und Londorf b. Gießen am 8.6.66 je 1♀.

E. basalis LINDQVIST, 1968
Mai 52 Uhuklippen im Vogelsberg (jetzt zugewachsen).

E. tirolensis ENSLIN, 1914
Ein ♀, welches ganz den Stücken gleicht, die ich in der Schweiz am Lauerzer See fing, am 1.6.70 bei Gießen.

E. tricornis LINDQVIST, 1968
1♀ Habichtswald am 4.6.55.

E. parvula KONOW, 1891
Zahlreich am Dörnberg bei Kassel, aber auch Vogelsberg und Schmelztal bei Gießen. 14.5. und 12.6.

E. excisa THOMSON, 1871
Von dieser weit verbreiteten Art bisher erst 1♀ am 25.4.57 Sandershäuser Berg. Die Art dürfte auch an a. O. noch gefunden werden.

E. klugii STEPHENS, 1835
14.5.67 am Dörnberg zahlreich die ♂♂ um die äußersten Spitzen der *Crataegus*-Büsche schwärmend. Auch im Vogelsberg im Mai.

E. pumila KONOW, 1896
Heiligenrode und Hochmoor im Vogelsberg. Wenige Ex. Wenn BENSON (1952) bei dieser Art schreibt: „Larva not described, but appears to be associated with *Filipendula ulmaria*...", dann glaube ich, daß dort Verwechslungen mit der folgenden vorliegen.

E. baltica CONDE, 1934
In Beständen von *Filipendula ulmaria* die häufigste Blattwespe. Königsberg b. Gießen und Marburg-Ronhausen. Adulta im Mai, Larven im 7. Im Hohen Meißner am 26.5.55.

E. pumiloides LINDQVIST, 1968
Gießen am 23.4.72 an *Prunus spinosa*, welches sicher nicht die Futterpflanze der Larve ist.

E. liturata GMELIN, 1790
Am Dörnberg und bei Wickenrode im Mai. Zahlreicher aber im Hohen Vogelsberg und im Oberharz, den ich hier der besseren Darstellung der Fundorte wegen nennen will, obwohl er mit dem eigentlichen Faunengebiet nichts zu tun hat.
Die *Empria*-Arten hatten eine ganze Anzahl von ernsthaften Bearbeitern, sie sind aber immer noch nicht so sicher zu bestimmen, da auch die Genitalien oft sehr wenig Unterschiede zeigen.
Sie sind vorwiegend Bewohner von *Salix*-Brüchen mit reicher Krautflora als Unterwuchs.

Ametastegia COSTA

A. equiseti FALLÉN, 1808
Obervellmar-Dachsberg, Neue Mühle, Edersee und Umg. Gießen mit Schmelztal. (Zucht Nr. 140.) 2 Generationen E. 5. und im 8. an *Equisetum arv.*

A. glabrata FALLÉN, 1808
Adulta und Larven immer zahlreich auf *Polygonum aviculare* an Gräben und vor allem in den Radspuren im Hochwald. 2 Generationen im 5. und 7./8.

A. albipes THOMSON, 1871
Hann.-Münden 20.5.47 ein ♂.

A. pallipes SPINOLA, 1808
Im Gebiet nur von Gießen, 11.5.64.

A. tener FALLÉN, 1808
Kassel e. l. 4.7.49 Futterpfl. nicht vermerkt, und Gießen 7.5.63.

Allantini

Taxonus HARTIG

T. agrorum FALLÉN, 1808
Überall im Gebiet in Wäldern und Auwäldern mit *Rubus idaeus* verbreitet. Alle Exemplare im 5. In den Höhenlagen von Meißner und Vogelsberg, aber genauso zahlreich in den Flußniederungen von Fulda, Werra, Lahn und Eder.

Allantus PANZER

A. cinctus L., 1758
Häufigste Art der Gattung, oft an Edelrosen schädlich. Überall im Gebiet. Kulturfolger. Die Larve bohrt sich zur Verwandlung in das Mark abgestorbener Stengelteile.

A. cingulatus SCOPOLI, 1763
Heckershausen, Druseltal, Ilbeshausen und Westerwald.
Alle Ex. im 5.und 6. BENSON (1952) nennt LINNÉ als Autor für *A. cingulatus*, der Orig.-Beschr. ist SCOPOLI.

A. melanarius KLUG, 1814
Zucht Nr. 86 ein ♀ am 16.6.63 aus einer Larve an *Cornus sanguinea* an der Graburg b. Eschwege.

A. rufocinctus RETZIUS, 1783
Heckershausen und Meißner, dort die Imago zahlreich auf *Euphorbia*-Blüten. Gießen, die Larven an *Rosa can.* (Zuchten Nr. 309, 409 und 421.)

A. viennensis SCHRANK, 1781
Oft von *Rosa* gezogen. Die Larven auf *Rosa canina, R. rubiginosa* und *R. rugosa* gefunden, leben aber sicher auch an anderen, auch in Kultur gepflegten Rosen. Die Imago im Mai, eine II. Gen. nicht beobachtet. Kassel Karlsaue, Lumdatal und Gießen in Anlagen.

A. truncatus KLUG, 1814
Dörnberg und Ilbeshausen im Mai.

A. coxalis KLUG, 1814
1♀ als Unica im Gebiet: e. l. *Rosa rugosa* 16.6.76.

A. calceatus KLUG, 1814

Die Art lebt auch an *Rosa*, stärkere Populationen aber bilden sich in größeren *Filipendula ulmaria*-Beständen. Kassel/Waldau, Dönche, Königsberg b. Gießen und Daubringer Bruch. Die Ruhelarven können im Winter in den Stengeln der *Filipendula* gesucht werden oder gleich bei der Suche nach *Hartigia* mitgenommen werden. 2 Generationen.

A. didymus KLUG, 1814

An warmen Plätzen, an den xerothermen Hängen bei Heckershausen, Königsberg b. Gießen und am Mainzer Sand. E. 5. und M. 6. Eine zweite Generation ist möglich.

A. basalis KLUG, 1814

1 ♀ am Kuhberg b. Kassel-W. 1. 5. 58. Die Art wird in den Mittelgebirgen sehr selten gefunden, nach meinen Erfahrungen ist sie alpin, denn am Arlbergpaß und in der Scesaplana (Österreich) war sie zahlreich (1972).

Apethymus BENSON

A. braccatus GMELIN, 1790

Im 9. und 10. die Imago an besonntem Eichenlaub alter Bäume schwärmend, die Larven M. 5.–M. 6. besonders an - Stammausschlägen, nach starkem Wind an den Stämmen alter Eichen oft massenhaft. Besonders starke Jahre waren 1947, 1965 und 1972.

A. abdominalis LEPELETIER, 1823

Eine verworrene Namensgebung, die Art war bis 1952 unter *A. serotinus* (KLUG, 1814) bekannt und ist in dieser Form wenig in Erscheinung getreten, zahlreicher in der Form *cereus* (KLUG). Die Larven bis M. 6. von den Stammausschlägen alter Eichen zu klopfen. Im gesamten Gebiet. Adulti von E. 9.–M. 10.

A. filiformis KLUG, 1814

Kann ich nur als eigenständige Art ansehen. Im ♂-Genital von *A. abdominalis* und *A. cereus* verschieden, ebenfalls die Larve weder der von *A. braccatus* ähnlich noch weiß bereift wie *A. abdominalis* und *A. cereus*. Futterpflanze *Rosa rugosa*, wahrscheinlich aber auch andere Wildrosen. Umg. Kassel e. l., Gießen, Imago im 10. 71.

Eriocampini

Eriocampa HARTIG

E. umbratica KLUG, 1814

20. 5. 50 an Erlengebüsch am Auebassin in Kassel 2 ♀♀ und 1 ♀ Kassel/Harleshs. 17. 8. 61 (II. Gen.).

E. ovata L., 1761

Mit *Alnus glutinosa* weit verbreitet und überall in den Flußniederungen zahlreich. II. Generation partiell. Fortpflanzung absolut parthenogenetisch.

Caliroini

Endelomyia ASHMEAD

E. aethiops F., 1781

Die Art wird mit Vorbehalt in die Fauna aufgenommen, da mehrfach die Larven an *Rosa* gefunden wurden. Bei diesen Larven aber ist die Artzugehörigkeit nie ganz sicher. Umgebung Gießen.

E. cerasi L., 1758

Lokal häufig in zwei Generationen. Die Larven an vielen heimischen Sträuchern, aber auch an angepflanzten Ziersträuchern. *Crataegus, Malus, Prunus, Amelanchier.*
Gießen, Wetzlar, Grünberg und Fritzlar. Im eigenen Garten schon mit Birne gezogen.

E. annulipes KLUG, 1814

Zucht Nr. 66 Kassel Hirzstein 8. 8. 52 e. l. von jungem Eichengebüsch.
Die *Cailroa*-Arten sind immer etwas vernachlässigt worden, so daß mit Sicherheit nichts über diese oder jene Art ausgesagt werden kann. Die Gleichförmigkeit der Larven, und daß man sie immer wieder findet und dann das Einsammeln verschiebt, mag mit zu den jetzt fehlenden Daten beitragen.

Blennocampini

Tomostethus KONOW

T. nigritus F., 1804
In einem Eschenbestand bei Alsfeld 1973 einige ♀♀ bei der Eiablage beobachtet.

Eutomosthetus ENSLIN

E. ephippium PANZER, 1798
Ein Kosmopolit, der mit weichen Wiesengräsern überall weit verbreitet ist. Die ♂♂ werden nur vereinzelt gefunden, die ♀♀ meist auf Gebüsch. Im gesamten Gebiet von A.5. bis E.7.

E. luteiventris KLUG, 1814
Auf mit *Juncus effusus* bewachsenen Feuchtstellen nicht selten in zwei Generationen.
Hann.-Münden, Reinhardswald, Meißner, Obere Drusel, Umgebung Gießen und Lahnauen bei Diez. Die Larven oft in den Stengeln von *Juncus eff.* gefunden. Auch die Wespe durch Zucht erhalten. In den letzten Jahren immer seltener gefunden.

E. gagathinus KLUG, 1814
In stark verkrauteten anmoorigen Biotopen oft gefunden. Kassel Dönche, Wehlheiden, Hoher Vogelsberg auf ungedüngten Waldwiesen und Daubringer Bruch bei Gießen.

Stethomustus BENSON

St. fuliginosus SCHRANK, 1781
Hann.-Münden 27.5.47 und Niedervellmar 11.8.57. Bei Gießen auf den Lahnwiesen im 6.72.

St. funereus KLUG, 1814
Ahnatal am 21.5.50, Lahnuferregion b. Marburg am 20.6.63 und Vogelsberg 15.6.66.

Phymatocera KONOW

Ph. aterrima KLUG, 1814
Aus dem Untersuchungsgebiet nur aus dem Hohen Vogelsberg als Adulta sowie als Larven an *Polygonatum verticillatum* sehr lokal im Hochwald, dann aber stets in Anzahl. (Zucht Nr. 446.)

Rhadinocera KONOW

Rh. micans KLUG, 1814
Bisher nur Dönche 18.5.57 von den dort im Wasser der Tümpel wachsenden *Iris* abgelesen. Fundort ist seit Jahren bebaut.

Rh. nodicornis KONOW, 1886
Söhre 1.5.58 ein ♀.

Monophadnus HARTIG

M. pallescens GMELIN, 1790
Hann.-Münden, Oberroda, Ahnatal, Heckershausen, Vogelsberg, Schmelztal und Braunfels aus der Bodenvegetation gekäschert. Alle Belegstücke im 5.

M. longicornis HARTIG, 1837
Kassel 13.6.63 und Ilbeshausen im Mai 52.

Periclista KONOW
Die Wespen im Freiland nie beobachtet, da die Eichen zur Flugzeit noch unbelaubt sind. Die Larven beider Arten jedoch alljährlich bis M.6., *P. melanocephala* stets zahlreicher.

P. melanocephala F., 1798

P. lineolata KLUG, 1814
Im gesamten U. G. an den Stammausschlägen alter Eichen sowie an Buschholz als Larve. Oft gezogen.

P. pubescens ZADDACH, 1858
Bisher nur Gießen, Krofdorfer Forst.

Apericlista ENSLIN

A. albipennis ZADDACH, 1859
Nur Heiligenrode e. l. 20.3.52 (Zimmerzucht) aus Larven an Eichengebüsch. Die Larven der *Apericlista* haben weiße Dornen im Gegensatz zu den *Periclista*, welche alle schwarze Dornen tragen.

Ardis KONOW

A. sulcata CAMERON, 1882
Im oberen Niestetal und Kassel/Wehlheiden.

Pareophora KONOW

P. plana KLUG, 1814
Einmal als Larven auf *Rosa canina* bei Gießen. (Zucht Nr. 459.) Die Larven leben jung gesellig und zerstreuen sich im Alter etwas. e. l. 18.5.71.

P. pruni L., 1758
M. 5.–M. 6. aus *Prunus spinosa* zu klopfen. Dort auch im 7. und 8. erwachsene Larven. Schlehenhecken an Wald und Gebüschrändern, Heckershausen, Heiligenrode und Staufenberg b. Gießen.

Eupareophora ENSLIN

E. exarmata THOMSON, 1871
Brasselsberg 19.4.53 und Schiffenberg b. Gießen 21.5.63 je ein ♀ dieser wenig bekannten Art.

Monophadnoides ASHMEAD

M. ruficruris BRULLÉ, 1832
13.5.65 1♀ dieser südlichen Art bei Gießen.

M. geniculata HARTIG, 1837
Zahlreich in feuchten, *Filipendula*-bewachsenen Gräben und Brüchen. Ronhausen/Marburg, Ilbeshausen und Königsberg. Im 4. und 5. Von *Filipendula* auch durch Zucht.

M. alternipes KLUG, 1814
Von einigen Autoren in die Gattung *Blennocampa* gestellt. Ilbeshausen, Lollar und Schmelztal b. Gießen. Sicherlich 2 Generationen. Imago im 5. und im 8. gefangen.

M. puncticeps KONOW, 1886
Nur in kleiner Serie am 14.5.67 am Dörnberg b. Kassel als Adulti.

Blennocampa HARTIG

B. pusilla KLUG, 1814
Häufig auf Wildrosen, ganz einzeln auch auf Edelrosen, nie aber an *Rosa rugosa* etc. Erscheint in mehreren ineinanderfließenden Generationen und wird besonders sichtbar an der typischen Blattrandeinrollung. Besonders in Hecken, an Busch- und Waldrändern. Im gesamten Gebiet.

Halidamia BENSON

H. affinis FALLÉN, 1807
Ilbeshausen und Lahntal bei Lollar im Mai.

Fenusini

Parna BENSON

P. tenella KLUG, 1814
Die Minen oft an Linde, so Karlsaue in Kassel, Park Wilhelmshöhe und Hangelstein b. Gießen. Von dort aus der Zucht Nr. 431 mehrere Ex. Die Minen E. 5. oft schon verlassen.

Metallus FORBES

M. albipes CAMERON, 1875
Umg. Gießen e. l. 14.5.71 von *Rubus* mehrere Ex. (Zucht Nr. 399.)

M. pumilus KLUG, 1837
Überall an *Rubus idaeus* und *R. fruticosus* die Minen in 2 Generationen. Oft gezogen. Über die Häufigkeit der Art kann schlecht ausgesagt werden, da an der Mine nicht kenntlich ist, ob es sich um *M. pumilus* oder *M. albipes* handelt.

M. gei BRISCHKE, 1883
1970 die Minen an Geum in einem kleinen Wäldchen bei Klein-Linden (Gießen) in Anzahl, die Imago aber nicht gezogen. Es gab Autoren, die berichteten, daß die Larve überwintere und im nächsten Frühjahr eine neue Mine bilde, was ich bezweifeln möchte.

Scolioneura KONOW

Sc. betuleti KLUG, 1814
Nicht selten in Birkenblättern minierend, Umgeb. Kassel und Umgebung Gießen öfter gezogen. Die Mine zumeist an niederen Büschen. Minen am 15. VIII., Imago im Mai.

Hinatara BENSON

H. recta THOMSON, 1871
Nur im Wilhelmshöher Park in Kassel und sehr lokal, Minen an *Acer pseudoplatanus*, oft an einjährigen Sämlingen, die Mine aber nach dem 10.5. bereits verlassen.

Pseudodineura KONOW

Ps. enslini HERING, 1923
Bisher nur bereits verlassene Minen in *Trollius europaeus* bei Wickenrode und im Hohen Vogelsberg im 6. Eine weitere *Pseudodineura*-Mine wurde in wenigen Stücken oberhalb Rommerode an *Anemone sylvestris* sehr geschützt stehend unter Fichtenjungholz gefunden, aber die Zucht mißglückte. Dat. 9.5.65.

Messa LEACH

M. nana KLUG, 1814
Niestetal oberhalb Heiligenrode am 4.6.56. Die Minen mehrfach im Daubringer Forst. Herb. Mat.
Mehrere Minenfunde an Wurzelschößlingen alter Schwarzpappeln in der Rasenallee bei Kassel müssen *M. hortulana* (KLUG, 1814) oder *M. glaucopis* (KONOW, 1907) zugeordnet werden.

Profenusa MCGILLIVRAY

P. pygmaea KLUG, 1814
e. l. 6.5.51 aus Minen an Quercus: Heiligenrode.

P. thomsoni KONOW, 1886
Ein Pärchen dieser Art fing ich am 4.6.56 auf Eichengebüsch im oberen Niestetal.

Fenusa LEACH

F. ulmi SUNDEWALL, 1844
Um Kassel im Schönfelder Park, Brasselsberg, Niedervellmar sehr zahlreich, auf einem Autobahnparkplatz bei Melsungen und im Daubringer Wald bei Gießen sowie in der Lahnuferregion. Da die Ulme stets nur zerstreut als Zwischenpflanzung zu finden ist, ist die Art immer sehr lokal, dann aber auch sehr ortstreu.

F. pusilla LEPELETIER, 1823
In zwei Generationen oft sehr zahlreich an *Betula verr.*, in meinem Garten auch an *Betula papyrifera*. Oft bis zu 10 Larven in einer Mine. Im gesamten Faunengebiet zu finden. 4.–5. und 7.–9.

F. dohrnii TISCHBEIN, 1846
In 2 Generationen sehr zahlreich (bes. gen. aest.) mit *Heterarthrus vagans* Fall. gemeinsam an *Alnus*, vorwiegend

22

A. glutinosa. An allen Wasserläufen im Untersuchungsgebiet gibt es wohl keinen Erlenbusch, der nicht mit den Minen besetzt ist.

Fenella WESTWOOD

F. nigrita WESTWOOD, 1814
Die Minen der Art oft in *Agrimonia* im Herbst gefunden. Es gibt 2 Generationen, die ersten Stände der Sommergeneration aber wenig auffällig. Kragenhof, Dörnberg, Schiffenberg b. Gießen. Mehrfach gezogen.

Hoplocampoides ENSLIN

H. xylostei GIRAUD, 1863
Im U. G. nur dort, wo *Lonicera xylosteum* auf Kalkboden wächst. Stahlberg b. Kassel und Meißnervorland bei Trubenhausen/Weißenbach. Dort die Gallen im Mai oft sehr zahlreich. Die Larven sind stark parasitiert, die Gallen oft von Meisen angefressen.

Tenthredininae

Perineurini

Perineura HARTIG

P. rubi PANZER, 1805
Imago im lichten Mischwald mit reichlich Unterholz und Krautflora in 5. und 6. nicht selten. Oberscheiden, Heiligenrode, Daubringer Wald und bes. zahlreich 1952 im Vogelsberg an den Uhuklippen.

Aglaostigma KIRBY

A. aucupariae KLUG, 1814
Weit verbreitet und eine der ersten im Frühjahr um *Galium*. Besonders die ♀♀ zahlreicher. Kassel-B., Habichtswald, Stiftswald, Meißner, Vogelsberg, Höhe Rhön und Staufenberger Wald bei Gießen. A. 4.–M. 6.

A. fulvipes SCOPOLI, 1763
Besonders auf Muschelkalk zahlreich in der Bodenflora, aber auch an anderen Orten, dann aber einzelner. Im Ahnatal am 2. 5., auf dem Hohen Meißner ab 15. 6. Auch Wickenrode, Heckershausen und Vogelsberg. Die ♂♂ stets in Überzahl.

A. lichtwardti KONOW, 1891
In *Petasites*-Beständen oft massenhaft. Knickhagen, Ederauen b. Fritzlar. Entgegen der Notiz bei Enslin (1912), daß *A. lichtwardti* nicht mit *A. discolor* zusammenfliegt, habe ich oft beide Arten gemeinsam gefunden.

A. discolor KLUG, 1814
Heckershausen, Knickhagen, Ederauen b. Fritzlar, Obervellmar, Oberharz und Gladenbach. Auch aus Larven (Zucht 87). Die Zuchten sind nicht leicht, da die Larven nach jeder Häutung das Aussehen wechseln und dann oft nicht von *A. lichtwardti* unterschieden werden können. Sie leben im Freiland stets nur auf *Petasites*, lassen sich aber bei der Zucht auch mit *Tussilago farfara* ernähren.

A. langei KONOW, 1894
1. 6. 49 1♀ Ahnatal, 20. 5. 52 Ilbeshausen 1♂, 6. 6. 52 Hoher Hagen 1♀ und Langenberge b. Großenritte 6. 6. 59 1♂. Die Art ist sehr selten und wird immer nur einzeln gefunden.

Macrophyopsis ENSLIN

M. nebulosa Ed. ANDRÉ, 1881
Die Angabe der Futterpflanze bei LORENZ/KRAUS (1957) „*Ulmaria*" ist falsch. Die Art lebt in ihren ersten Ständen monophag auf *Impatiens noli tangere*. Sie ist an schattigen, feuchten Waldstellen mit der Futterpflanze weit verbreitet und lokal nicht selten.
Ob. Vellmar Dachsberg, Kassel Neue Mühle, Vogelsberg und im Raum Gießen bei Climbach und Frankenbach. Die Zucht ist wegen Hinfälligkeit der Futterpflanze problematisch.

Rhogogaster KONOW

Rh. picta KLUG, 1814
Nach der Entwirrung der unter *R. picta* nicht erkannten Arten durch BENSON ist diese Art nicht mehr so verbreitet, wie es vorher den Anschein hatte. Sie wurde außer einem Fund im Lumdatal 26.5.74 nur im Hochmoor des Vogelsberges von mir gefunden (19.5.71).

Rh. genistae BENSON, 1949
Oberscheden und Frankenbach in Anzahl aus *Sarothamnus* geklopft (2.6.67). Einzeln auch im Frühsommer die Larve aus *Sarothamnus* geklopft, aber nie gezogen. Krofdorfer Forst und Schiffenberg b. Gießen.

Rh. chambersi BENSON, 1949
Zahlreich am Dörnberg am 14.5.67 auf *Crataegus*-Gebüsch, welches hier in Solitärstellung viel Insekten anzieht, ohne daß eine besondere Beziehung zu dieser Pflanze besteht. Auch auf dem Meißner, mehr im Vorland (Muschelkalkbereich).

Rh. punctulata KLUG, 1814
Oft sehr zahlreich auf Gebüsch an Blattlausausscheidungen, besonders werden gern einzelstehende Büsche und Bäume besucht. Einmal Kassel-B. massenhaft an *Prunus padus* am 4.6.67.
Gezogen von *Corylus, Salix caprea, Salix arbuscula* (nicht im Gebiet) und *Rosa canina*. Die Larven aber nie sicher getrennt. (Zuchten 367, 368, 374 und 422.)

Rh. viridis L., 1758
Im gesamten Gebiet verbreitet und zwischen dem 10.5. und 23.6. gefunden. Gezogen von *Salix viminalis*, *S. capraea*, *Alnus incana* und *Viccia cracca*. Zucht Nr. 64, 65 und 161. Alle gezogenen Ex. dieser, der vorigen und der folgenden Art durch Genitaluntersuchung bestätigt.

Rh. chlorosoma BENSON, 1943
Den Fundorten nach sollte diese Art eher ein subalpines Faunenelement sein. Eine starke Population am 7.7.63 in einem Grünerlenbestand bei Asel Süd/Edersee. Weitere Fundorte sind Söhre und Umg. Gießen. Fliegt ziemlich spät im Jahr, es liegen aber auch Ex. aus dem 5. vor.

Rh. dryas BENSON, 1943
Gemünden/Wohra und Hoher Vogelsberg wenige Belegstücke. Da diese Art wenig beobachtet wurde, und wenn, dann in anmoorigen Gebieten. Weil von mir im Poggenpohlsmoor bei Oldenburg/Old. eine größere Serie vorliegt, muß ich diese Biotope als ihren Lebensraum annehmen, den sie dann mit *Rhogogaster picta* teilt. Hieraus könnten Schlüsse auf die Evolution gezogen werden.

Tenthredopsini

Tenthredopsis COSTA

T. carbonaria L., 1767
Ab etwa 20.5. in Biotopen mit *Dactylis glomerata* und *Calamagrostis epigeios* oft zahlreich. Aber auch auf den Blättern tiefliegender besonnter Eichenzweige kleine Insekten erbeutend. Die Copula auch auf Eichenblättern öfter beobachtet. Die ♂♂ kopulieren mehrere Male hintereinander. Die ♀♀ legen, und das gilt für alle *Tenthredopsis*, in die blütentragenden Stengel der Gräser zwischen den Internodien ab. Die Eilarve bohrt sich aus dem Stengel aus und befrißt die Blätter. Das ♂ monotypisch, die ♀♀ in drei var.:
v. *varia* GMELIN
v. *caliginosa* STEPHENS
v. *thoracica* GEOFFROY.
Dazu immer noch Farbvaritäten bis zur ganz hellen ♂-Form *concolor* KONOW. Die Larve bis spät in den Herbst (M.11.) aus Gräsern zu klopfen. *Dactylis, Calamagrostis, Agrostis*. Mehrfach gezogen. (Zucht 102, 104, 124.)

T. friesei KONOW, 1884
Sehr ähnlich der vorigen und an den gleichen Futterpflanzen, auch die Imago in den gleichen Lebensräumen. Die Type stammt aus dem Taunus. Die f.*trichroma* ENSLIN, die der Autor zu *T. carbonaria* stellt, gehört zu *friesei*.

Die Tenthredopsisarten *T. carbonaria, T. friesei* und *T. coqueberti* haben Larven mit brauner und grüner Grundfarbe, die durch dünne Wachsausscheidungen weißlich überzogen sind. Diese Grundfärbungen können nach den Häutungen wechseln, ähnlich wie bei der Raupe des Schwärmers *Deilephila elpenor.*

T. parvula KONOW, 1890
Oberscheden 9. 6. 55 und Dörnberg 8. 6. 63. Das sind zwei Biotope mit den gleichen Strukturen und Pflanzengesellschaften. Die Imago zumeist auf Gebüsch, hier immer reichlicher Unterwuchs von *Brachypodium pinnatum.* Wahrscheinlich Futterpflanze der Larve.

T. scutellaris F., 1804
Im Frühsommer häufig in der Nähe von Wiesengräsern im offenen Gelände. Die ♀♀ gern auf *Umbelliferen.* Meißner 4. 6. 55 zahlreich auf Blüten von *Euphorbia cyparissias.* Umgebung Kassel, Vogelsberg, Westerwald, Rhön und Umg. Gießen. Eiablage gelegentlich an *Poa pratense* erzielt.

T. nassata L., 1767
Sehr veränderliche Art, die in ganz hellgelben Formen auftritt (Norddeutsche Tiefebene) und dann ganz der borealen *T. auriculata* THOMSON entspricht. Es gibt aber auch verdunkelte Formen, die mit *T. scutellatus* verwechselt werden können. Klare Diagnosen nur durch Genitaluntersuchung. Auffälligerweise fliegt die ganz helle Form fast ausschließlich im lichten Hochwald mit *Agropyron caninum*-Unterwuchs. Ilbeshausen, Frankenbach, Wetzlar, Biebertal.

T. inornata CAMERON, 1881
Hann.-Münden, Heiligenrode, Druseltal, Meißner, Ilbeshausen und Oberharz. Häufige Art, Imago besonders auf *Chaerophyllum*-Blüten an Wegrändern. Auch durch Zucht (Nr. 112) an *Lolium perenne.*

T. sordida KLUG, 1814
Würde gerne von einigen Autoren mit *T. inornata* zusammen mit *T. nassata* synomisiert. *T. inornata* aber ist eine Art, die eine starke Verbreitung zum Norden zeigt, wogegen *T. sordida* auch in Südeuropa verhältnismäßig zahlreich auftritt, wo *T. inornata* fehlt. Überall im Gebiet, meist mit *T. inornata* auf *Umbelliferen.* Auch durch Zucht an *Dactylis glomerata.*

T. coqueberti KLUG, 1814
e. ovos auf *Lolium perenne* gezogen. Ein ♀ legte ca. 150 Eier ab, was bei Blattwespen sehr viel ist. Außer der Eizucht wenig Fundorte, immer in der Nähe von Wasser. Dönche an Tümpeln, Lahnuferregion bei Gießen, Lahnufer b. Limburg und Schmelztal.

T. austriaca KONOW, 1890
1♂ 25. 5. 67 Umgebung Gießen.

T. stigma F., 1798
Steht im gleichen Verhältnis mit *T. excisa* THS. wie *T. inornata* zu *T. sordida.* Obwohl ich auch *T. stigma* aus Skandinavien sah, dominiert die Art doch in Südeuropa, wo sie zu luxurianten Rassen neigt. Besonders gern an warmen Hängen wie Gleiberg/Gießen, Amöneburg und Dörnberg. Gern auf Kalk bei Hedemünden/Gertenbach. Die Wespen meist im Mai.

T. excisa THOMSON, 1870
An Waldrändern mit *Brachypodium silvaticum* nicht selten, jedoch oft jahrelang ganz fehlend. Hann.-Münden, Heckershausen, Meißner und Dachsberg bei Vellmar. Umg. Gießen erst 1♂ 24. 5. 66. Von *Brachypodium* auch durch Zucht.

T. tarsata F., 1804
Bransrode und Heckershausen, sonst nur aus dem Oberharz vom 7. 6. 60.

T. tessellata KLUG, 1814
Jahreweise sehr häufig, dann wieder viele Jahre ganz fehlend. Im Frühsommer auf *Umbelliferen.* Hann.-Münden, Kassel, Gießen, Vogelsberg, Westerwald.
f. *nigratipleuris* ENSLIN, 1913
f. *nigratilobis* ENSLIN, 1913
f. *nigratiscutis* ENSLIN, 1913
immer unter der Stammform.

T. tischbeini MOCSARY, 1876

Hann.-Münden, Heiligenrode und Lumdatal b. Gießen immer nur Einzelfunde. Die Larven durch Eiablage erhalten, aber nicht bis zur Adulta gezogen.

Sciapterygini

Sciapteryx STEPHENS

Sc. costalis F., 1775

Wohl mit *Dolerus anthracinus* die erste Blattwespe jahreszeitlich. Gießen schon am 6. 3. 77, aber auch noch Wikkenrode 17. 5. 59. Überall im Gebiet auf Mähwiesen mit reichlich *Ranunculus*, die Larve an dieser Pflanze vor der ersten Mahd. (Zucht Nr. 45.)

Sc. consobrina KLUG, 1814

In feuchten Hochwäldern, Erlenbrüchen etc., wo *Adoxa moschatellina* zu finden ist. Bisher nur Vogelsberg A. 5. 52.

Elinora BENSON

E. flaveola GMELIN, 1790

1♂ Heiligenrode aus Eichenlaub geklopft, 1♀ 12. 6. 53 und 1♀ Kassel/Wilhelmshöhe 29. 5. 49. BENSON (1952) bedient sich der trinären Nomenklatur und stellt *E. flaveola* zu *E. dominiquei* KNW., was ich nicht akzeptieren kann. Zwar zeigen die ♂♂ Genitalien beider Arten kaum meßbare Unterschiede, aber die Imagines sind doch gut zu trennen.

E. dominiquei KONOW, 1894

Am 3. 6. 52 am Sandershäuser Berg einige ♀♀ auf *Raphanus raphanistrum* (in Kultur), die an diese Pflanze auch Eier legten. Die Larven fraßen nur die Blüten, konnten aber nicht bis zur letzten Häutung gebracht werden. Später, 1961, auch noch 1♀ auf einem Feld bei Heckershausen, seitdem nicht mehr im Gebiet.

Tenthredo L.

T. maculata GEOFFROY, 1785

Alljährlich in einzelnen Ex., besonders an mit *Dactylis glomerata* bewachsenen Wegrändern, an dem auch im Herbst die Larve zu finden ist. Im gesamten Gebiet verbreitet, aber nicht sehr zahlreich. Mehrfach aus Larven gezogen.

T. temula SCOPOLI, 1763

Meist auf Gebüsch gefangen, besonders auf Liguster, an dem auch die Larve leben soll.
Hann.-Münden, Heckershausen, Heiligenrode und Umg. Gießen. Die Wespen besuchen wie viele andere Blattwespen auch gern blühende Traubenkirsche.

T. mesomelas L., 1758

In den Niederungen der Fluß- und Bachläufe, an stark verkrauteten Plätzen, Waldrändern und halbschattigen Orten im 6. und 7., oft zahlreich. Hann.-Münden, Reinhardswald, Habichtswald, Vogelsberg im unteren Bereich und Lahntal b. Gießen. Die Larve hier an *Epilobium, Tussilago* und *Rumex*.

T. mioceras ENSLIN, 1912

In den Mittelgebirgen über 500 m im 7. Diese Art wurde lange Zeit als die kurzfühlerige Form der *T. mesomelas* L. angesehen, es gibt auch Mischpopulationen, wo nicht entschieden werden kann, ob es sich um lang- oder kurzfühlerige sp. handelt (KLOIBER, 1932). Im ♂-Genital gibt es Unterschiede. Die Larven an *Senecio fuchsii, Belladonna* und *Dryopteris*. Meißner, Habichtswald, Kellerwald, Westerwald und Vogelsberg (WEIFFENBACH 1953).

T. obsoleta KLUG, 1814

Faunenelement der norddeutschen Tiefebene, einige wenige Exemplare am Oberlauf der Weser bei Hann.-Münden, 1♀ bei Lollar. Da mir die Art auch aus anderen Gebieten bekannt wurde, ist ein inselartiges Vorkommen wahrscheinlich.

T. olivacae KLUG, 1814

Ab 10. 6. überall im Gebiet verbreitet und immer in Anzahl zu beobachten. Umg. Kassel, Gießen und Wetzlar auf

Traubenkirsche, Haselnußsträuchern und *Umbelliferen*. Hat eine ungewöhnlich lange Flugzeit bis in den Herbst. Im Hochgebirge traf ich noch Ex. am 2. 9. auf *Umbelliferen*.

T. campestris L., 1758
Hann.-Münden E. 5. – Ringgau 31. 7. in einer langen Generation. Die Imago zumeist auf *Heracleum*-Blüten, in den letzten Jahren sehr wenig beobachtet. In den 50er Jahren noch eine der häufigsten Blattwespen.

T. albicornis F., 1781
Im Süden immer noch sehr zahlreich, in Hessen aber immer weniger zu finden. Vogelsberg 5. 52 und Gießen/Schiffenberg 20. 7. 69.

T. bipunctula KLUG, 1814
Überall dort zu finden, wo die Futterpflanze *Senecio fuchsii* wächst, also in Wäldern über 300 m. Habichtswald, Reinhardswald, Stahlberg, Vogelsberg, Hoher Hagen b. Dransfeld und auch im Harz. Flugzeit M. 5.–E. 6. In Wäldern niederer Lagen, z. B. bei Gießen, wo die Futterpflanze ausgesamt ist, ist die Art nicht endemisch.

T. livida L., 1758
Die Stammform einzeln, die ♀♀ var. *dubia* STROM. oft sehr zahlreich. Hann.-Münden, Heiligenrode, Kammerbach, Villingen/Upland, Gemünden/Wohra. Die Larve polyphag, oft gezogen. *Athyrium felix femina*, *Corylus*, *Carpinus*, *Viburnum* und *Lappa*.

T. solitaria SCOPOLI, 1763
Nur auf Muschelkalk mit der Futterpflanze *Euphorbia cyparissia*. Dort die Imago im 6. auf den Blüten, die Larven im Spätsommer an Blättern u. Blüten. Bransrode und Meißnervorland, Graburg/Ringgau. Im Werratal bei Gertenbach sehr häufig (1949).

T. colon KLUG, 1814
Auf feuchten Waldwegen und Kahlschlägen im Hab.-Wald, Vogelsberg, Umg. Gießen. Die Larven dort im Herbst an *Epilobium*-Arten.

T. velox F., 1798
In den Beständen von *Polygonum bistorta* auf dem Hohen Meißner und im Hochmoor des Vogelsberges oft zahlreich im 6. Aber auch an kleinerem Vorkommen der Pflanze (z. B. Lumdatal). Vom Hohen Meißner auch von *Salix aurita* gezogen. Das Suchen der Larven an *Polygonum* ist oft eine nasse Angelegenheit, da die Pflanze oft im Wasser steht, die Larven nur auf der Unterseite der Blätter sitzen und sich leicht fallen lassen.

T. fagi PANZER, 1798
Nur ein Beleg: Meißner e. l. 17. 5. 53 *Sorbus auc.* 1♀.

T. limbata KLUG, 1814
Eine Art, die nur wenig gefunden wird. Sandershäuser Berg 10. 6. 50, Gemünden Wohra 7. 52, Harz 7. 6. 60, Gießen 21. 5. 72 und 24. 5. 74. Die ersten Stände dieser Art sind immer noch unbekannt.

T. ferruginea SCHRANK, 1776
In Wäldern weit verbreitet und oft auf *Rubus*. Gezogen von Wurmfarn und *Belladonna*. Imago im 6. und 7.

T. balteata KLUG, 1814
Wenig Belegstücke. Habichtswald von Farn gezogen und Freilandfänge: Vogelsberg 5. 52.

T. atra L., 1758
In vielen Varitäten, die vielleicht doch z. T. Artcharakter haben, was jedoch nur durch groß angelegte Zuchten konkret erarbeitet werden kann. Überall im Gebiet vom 10. 5.–25. 8., meist auf Umbelliferen, aber auch auf Laubholz (*Prunus pad.*) und in der Bodenflora. Unterschiede im ♂-Genital gab es bei vielen untersuchten Ex. nicht. Die Larven nie gefunden.

T. mandibularis F., 1804
In schattigen Waldtälern (Odertal i. Harz) wie auch im offenen Gelände in *Petasites*-Beständen oft sehr zahlreich. Kassel/Karlsau, Ederauen b. Fritzlar und Biedenkopf im 6. und 7. Die Larve im Herbst an der Unterseite der *Petasites*-Blätter. Einmal gezogen.

T. moniliata KLUG, 1814
Nur Hirzstein im Habichtswald an stark besonnten Felsen mit *Origanum*-Bewuchs. Dort auch die Larve im Herbst. Imagines e. l. 30. 4. 47. Südliche Art.

T. scotica CAMERON, 1882
1♂ dieser zweifelhaften sp. am 28.5.67 Umg. Gießen (Gen. Präp.).

T. rubricoxis ENSLIN, 1912
Gemeinsam mit *T. bipunctula* in Hochwäldern im 6. und 7. Auffälliger als die Wespe ist die weiß bepuderte Larve auf *Senecio fuchsii.* Habichtswald, Meißner und Vogelsberg. Im Flachland fehlend.

T. koehleri KLUG, 1814
Nur im Bergland, dann immer in *Ranunculus*-Blüten, so daß die Wespen ganz gelb bestäubt sind. Meißner, Gleiberg, Lollar, Schiffenberg und Vogelsberg im 6.

T. zonula KLUG, 1814
Mit *Hypericum perforatum* weit im Gebiet verbreitet. Hann.-Münden, Heiligenrode, Ederseegebiet, Westerwald und Gießen. Einmal durch Zucht. Imago 6.–7., die Larven im 8.

T. zona KLUG, 1814
Mit der vorigen, aber wesentlich einzelner. Die meisten Exemplare schon im 5. Daher sind die E. 6. auf *Hypericum* gefundenen Larven in der Mehrzahl *T. zona*-Larven.

T. rossii PANZER, 1805
Schäferburg im Ringgau 31.7.55 und Hedemünden 17.7.47. Mit Hedemünden ist stets der „Weinberg" gemeint, ein xerothermer Südhang, der aber seit vielen Jahren schon bebaut ist.

T. amoena GRAVENHORST, 1807
Umgebung Kassel und Gießen an warmen Orten, Hauptflugzeit E. 7.–E. 8. Die Imago mehrfach auf *Heracleum,* dort auch in Copula.

T. omissa FORSTER, 1844
Noch wärmeliebender als *T. amoena* und nur wenige Belegstücke: Kassel-Wehlheiden 7.8.49 und am gleichen Fundort 26.8.52.

T. marginella F., 1793
Kassel Hirzstein am 7.8.54 sehr zahlreich an *Origanum,* dort auch E.9. die Larven. Ringgau Schäferburg 31.7.55. Die Art ist immer dort zu finden, wo *Origanum* auf warmem, steinigem Untergrund wächst.

T. vespa RETZIUS, 1783
Ein pontisches Faunenelement, welches sich an unseren heimischen und eingebürgerten Ziersträuchern gut entwickelt und nicht selten ist. Larven an *Viburnum, Ligustrum, Symphoricarpus* und *Lonicera* gefunden, allerdings auch an *Acer platanoides.* Die Flugzeit der Imago so ausgedehnt, daß man Adulti wie auch Larven an den gleichen Pflanzen findet.
Kassel in Anlagen, Langgöns an Autobahnpflanzungen und viele Einzelfunde. Oft gezogen.

T. scrophulariae L., 1758
Mit der Futterpflanze der Larven: *Scrophularia nodosa, Sc. alata* und *Verbascum* überall im U. G. Die Imago im Hochsommer, die Larven im Herbst, oft die Pflanzen völlig kahlfressend und dann zu in der Größe sehr unterschiedlichen Wespen sich entwickeln.
Kalkbruch bei Lischeid, Gießen am Hangelstein, hier auf *Verbascum,* an den Rändern sonniger Waldwege an *Scrophularia.*

T. arcuata FORSTER, 1771
In beiden Geschlechtern sehr zahlreich von M. 7. bis M. 10. vorwiegend auf weißen *Umbelliferen.* Die Wespen von der folgenden Art ohne Untersuchung der Säge nicht zu trennen. Die Larve frißt an *Trifolium* und *Viccia,* wird aber wenig gefunden. Sie ist aufgrund des späten jahreszeitlichen Erscheinens der Art oft noch nach den ersten Nachtfrösten an den Futterpflanzen.
Fulda und Lahnwiesen immer mit Sicherheit, oft aber jahrweise recht einzeln. Zucht 117.

T. accerima BENSON, 1952
Die Larven dieser Art ausschließlich an *Lotus corniculatus,* auf Kalk-, Ton- und Mergelböden, dort auch die Imago wie die vorige Art auf *Umbelliferen.*
Rommerode am Meißner, Oberscheden, Hedemünden, Stahlberg bei Kassel und Calden. Zucht 160.

28

Es gibt noch einen weiteren Larventyp, dessen Zucht mir noch nicht gelungen ist, möglicherweise kann man dieser Larve den *T. perkinsii* (MORICE 1919) zuordnen. Die Erkennung der Arten aufgrund der Gestaltung des Hypopygiums erscheint mir sehr fraglich, da solche Formen bei *T. arcuatus* sowie *T. acerrima* vorkommen.

Siolba CAMERON

S. sturmi KLUG, 1814
In schattigen, feuchten Laubwäldern in *Impatiens noli tangere*-Beständen oft recht zahlreich im 6., Habichtswald, Reinhardswald, Vogelsberg, Westerwald und Lumdatal. Auch aus Larven. Man kann nur die erwachsenen Larven eintragen, da das Futter sich nur wenige Stunden hält.

Macrophyni

Pachyprotasis HARTIG

P. antennata KLUG, 1814

- *P. antennata* KLUG, 1814
1952 e. l. von *Senecio fuchsii* aus dem Habichtswald, später auch von *Belladonna* gezogen. Es gibt aber sicher auch noch andere Futterpflanzen, da auch Imagines in der Lahnuferregion bei Marburg gefunden wurden.

P. rapae L., 1767
Eine sehr häufige Art, die von Hann.-Münden im Norden bis in den Raum um Butzbach im Süden des Gebietes überall gefunden wird. Es gibt 2 Generationen im 5./6. und 8. Die Larve ist polyphag. Ich fand sie auf *Senecio fuchsii*, *Belladonna*, *Plantago*, *Epilobium*, *Corylus* und *Sarothamnus*.

P. variegata FALLÉN, 1808
Ich fand diese Art immer in Kahlschlägen mit *Digitalis purpurea,* auch die Larve wurde oft eingetragen, die Zucht aber mißglückte immer. Gezogen habe ich sie von *Digitalis ambigua* vom Hirzstein bei Kassel. Weitere Fundorte: Oberscheiden, Druseltal und Ilbeshausen.

Macrophya DAHLBOM

M. punctumalbum L., 1767
Oft als Imago an Ligusterblüten, aber auch auf Gebüsch aller Art. Heckerhausen, Habichtswald, Ilbeshausen. Die ♂♂ sehr selten. Im Staufenberger Wald 1974 an *Fraxinus* Kahlfraß, die Wespen im nächsten Juni.

M. sanguinolenta GMELIN, 1790
Hann.-Münden, Ilbeshausen und Umg. Gießen im 5. u. 6.
var. *trochanterica* COSTA und var. *poecilopus* AICHINGER stets unter der Art.

M. diversipes SCHRANK, 1782
Weimar b. Kassel 12.6.53 an einer *Crataegus*-Hecke und Lahntal b. Lollar 20.5.66.

M. ligata O. F. MÜLLER, 1732
Im gesamten Gebiet verbreitet und jahrweise bes. zahlreich an *Rubus idaeus*-Hecken. Auch auf Ödland mit Brombeeren. Vom 5.-7. Larve mir unbekannt.

M. duodecimpunctata L., 1758
Kassel Dönche, Heiligenrode, Nd. Vellmar, besonders zahlreich in *Carex*-Beständen, aber auch auf Trockenrasen b. Heckershausen, Gießen und Südseite des Vogelsberges zum Maintal. Die Larve an harten Gräsern, sieht einer *Tenthredopsis*-Larve sehr ähnlich. M. 5.-A. 6., die Larve bis in den Spätherbst. Bei der Zucht sitzt die Lv. nach der letzten Häutung sehr lange an der Futterpflanze, ehe sie das Verpuppungssubstrat annimmt.

M. ribis SCHRANK, 1781
Wenige Funde in Hessen. Ilbeshausen, Lumdatal, Lahnuferregion b. Dorlar, Krofdorfer Forst und Ohmtal b. Homberg. Im 6. und 7.

M. erythrocnema COSTA, 1859
Nur ein ♂ bisher im Gebiet. Ahnatal 2.5.50.

M. albicincta Schrank, 1776
Mit *Sambucus racemosa* und *Valeriana officinalis* überall in Wäldern und Hecken. Die Larven auffälliger wegen der starken Fraßspuren. Adulta schon A. 5., da *Sambucus* früh austreibt, die Larve etwa M. 7. *alboannulata* Costa 1859, diese von Chevin (1975) wiederentdeckte Art nicht unter den bisher hier beobachteten *M. albicincta*. (Zucht Nr. 138.)

M. rufipes L., 1758
Auf Magerrasen mit *Agrimonium:* Kassel (Hegelsberg, Obervellmar und Fritzlar am Eggerich. Wespen im 6. Die ♀♀ auch bei der Eiablage an *Agrimonium* beobachtet, trotz starker Fraßspuren im Herbst aber nie Larven gefunden.

M. blanda F., 1775
Nur Ilbeshausen/Vogelsberg 5.52 und Wetzlar 22.5.66.

M. militaris Klug, 1814
1♂ vom Enkeberg b. Wolfsanger v. 10.6.48 blieb Unica für diese Fauna.

M. montana Scopoli, 1763 *(rustica* L., 1758)
Im südeuropäischen Raum sehr häufig und stark zu Rassenbildung neigend, in Hessen an einigen Orten nicht selten: Fuldatal zwischen Kassel und Hann.-Münden, Ilbeshausen im Vogelsberg und Lahntal bei Gießen. Stets im 6.

M. albipuncta Fallén, 1804
Einige wenige Ex. aus dem Vogelsberg und ein ♀ e. l. Habichtswald. Futterpflanze nicht bekannt.

Nematinae

Cladiini

Cladius Rossi

Cl. pectinicornis Geoffroy, 1785
Im gesamten Faunengebiet sehr häufig und oft schädlich an Wild- und Kulturrosen. Seltener die Larven an *Agrimonia* und Erdbeeren, gelegentlich auf *Sorbus aucuparia*. Mehrere ineinander übergehende Generationen je nach Witterung und Herbsttemperatur.
f. *difformis* Panzer und f. *ramicornis* Andre gelegentlich unter der Stammform.

Priophorus Dahlbom

P. brulléi Dahlbom, 1835
Um die Taxonomie dieser Art etwas zu entwirren, einige erklärende Worte:
Benson (1958) nennt Dahlbom (1835) als Autor, Berland (1947) gibt Thomson an, Lorenz/Kraus (1957) geben ebenfalls Thomson die Priorität, Muche (1970) setzt den Namen *brulléi* wieder synonym zu *pallipes* Lepeletier (1823) und gibt in der Synonymik Costa(1894) als Autor für *brulléi* an. Smith im Krombein (1979) nennt die Art *morio* Lepeletier (1823) und sieht in *pallipes* eine andere Species. Auch Scobiola/Pallade (1978) nennt sie *morio* Lep. In dieser Faunistik ist der von Benson (1958) genannte *brulléi* Dahlbom gemeint.
Im gesamten Faunengebiet verbreitet mit *Rubus fruticosus* und *R. idaeus*, aber auch allen *Rubus*-Hybriden. Der Larvenfraß kenntlich an den rechteckigen Fraßbildern. Zwei Generationen.

P. pallipes Lepeletier, 1823
Mit der vorigen Art oft gemeinsam an *Rubus*, aber mehr im freien Gelände und zahlreicher auf *Crataegus* als Larve und Adulta gefunden. (Zucht Nr. 119.) die Larve ist auf dem Rücken eher grün, wogegen *brulléi* grau-schwarze Rückenfarbe hat. Oberscheden, Dachsberg bei Vellmar, Dörnberg, Gießen und Biedenkopf. Im 5. und 8.

P. pilicornis Curtis, 1835
Nur einmal am 17.5.58 am Dörnberg auf *Crataegus* (Genit. Präp.).

Trichiocampus Hartig

T. viminalis Fallén, 1808
Oft als Larve, die in der Jugend gesellig lebt und vor allem an *Populus tremula* oder P. *nigra* gefunden wird. Lebt in

der Jugend gesellig und bildet Blattspiegel. In Kassel und Gießen gezogen (Zucht Nr. 8). Eine partielle II. Generation im 8.

T. eradiatus HARTIG, 1837
1♀ am 29.4.79 von *Alnus glutinosa* e. l. Bisher wurde in der Literatur *Ulmus* als Futterpflanze genannt.

Nematini

Hoplocampa HARTIG

H. flava L., 1761
Kassel Druseltal und Hirzstein sowie Gießen/Reiskirchen im 4. und 5. auf *Prunus spinosa* gefunden.

H. chrysorrnoea KLUG, 1814
Habichtswald am 24.4.49 von verwilderter Stachelbeere geklopft.

H. rutilicornis KLUG, 1814
Zur Zeit der Schlehenblüte immer im gesamten Beobachtungsgebiet. Hedemünden, Habichtswald und Staufenberg b. Gießen als Belege.

H. crataegi KLUG, 1814
Am 27.5.70 in Anzahl von verblühtem Weißdorn geklopft.

H. minuta CHRIST, 1791
Früher sicher Schädling an *Prunus domestica* (Pflaume, Zwetsche), heute selten. Am 11.5.72 von Zwetschenbäumen bei Gießen/Wieseck.

Hemichroa STEPHENS

H. alni L., 1758
An Fluß- und Bachläufen mit *Alnus*-Beständen immer zu finden. Gleichermaßen zahlreich aber auch an *Betula*, besonders jungen großlaubigen Büschen. Obervellmar, Lumdatal und Biebertal bei Gießen, öfters durch Zucht, die ♂♂ sehr selten. 2 Generationen.

H. crocea GEOFFROY, 1785
Mit *alni* L. in den gleichen Biotopen, 2jährige Alnussämlinge werden durch ein Gelege meist total entblättert. ♂♂ bisher nicht erhalten. Pflanzt sich ausschließlich parthenogenetisch fort.

Platycampus SCHIØDTE

P. luridiventris FALLÉN, 1808
An beiden heimischen Erlenarten immer anzutreffen. Die asselförmigen Larven sitzen an der Blattunterseite und verursachen Lochfraß. 2 Generationen, im gesamten Gebiet sehr zahlreich. Fulda und Lahntal, Eder, Ohm und Lumda, auch oft durch Zucht (22, 61). Die Type des von HARTIG als *alnivorus* beschriebenen *Nematus* ist eine *P. luridiventris* FALL (Gen. Präp.).

Anoplonyx MARLATT

A. ovatus ZADDACH, 1883
1950 2♂♂ im Raum Kassel durch Zucht von *Larix*.

Dineura DAHLBOM

D. stilata KLUG, 1814
Imago und Larven oft zahlreich an *Crataegus*. Hann.-Münden, Kassel, Ilbeshausen und Gießen (Zucht 119). Die Anwesenheit der Larven ist gut durch die oberseits abgeschabte Blattepidermis zu erkennen.

Mesoneura HARTIG

M. opaca KLUG, 1814
Die Wespen im Frühjahr auf den noch nicht ausgetriebenen Eichen E. 4./A. 5. Die Larven zahlreich mit denen von *Periclista* und *Apethymus* an *Quercus*. Überall an Eichen, besonders an gut besonnten Standorten.

Stauronematus BENSON

St. compressicornis F., 1804
Bevorzugt an Waldrändern in 2 Generationen. Die durch auffälligen Palisadenbau kenntliche Larve an *Populus tremula.* Die Wespen wenig gefunden, die Larve dagegen sehr oft.
Kassel/Habichtswald und Söhre, Gießen im Krofdorfer Forst und Bergwerkswald.

Pristiphora LATREILLE

Pr. monogyniae HARTIG, 1840
1949 im Habichtswald bei Kassel an *Prunus spinosa* gefunden, dann nicht mehr. Die Art ist aber sicher weit verbreitet.

Pr. abbreviata HARTIG, 1837
Adulte Exemplare noch nicht gefunden. Äpfel jedoch mit dem typischen Fraßbild der Larven öfter aufgefallen.

Pr. saxeseni HARTIG, 1837
Aus der Umgebung Kassel aus dem Habichtswald, dem Meißner und dem Lumdatal bei Gießen. A. 5. die schwärmenden ♂♂ oft häufig um niedere Äste von *Picea*, die ♀♀ aus den Zweigen geklopft. Im 7. die Larven nicht selten, öfter gezogen.

Pr. abietina CHRIST, 1791
Nach meinem Sammlungsmaterial zu beurteilen etwas zahlreicher als die vorige. Alle diese Fichtenbewohner sind vorteilhaft an trüben, kühlen Maitagen aus den Zweigen etwa 20jähriger oder älterer Fichten zu klopfen. Heckershausen, Heiligenrode, Rand des Hochmoores im Vogelsberg, im Oberharz, Londorf und Staufenberg bei Gießen. Nur eine Generation.

Pr. decipiens ENSLIN, 1916
Sicher nachgewiesen nur Ilbeshausen (Vog.-Berg) im 5. 1952. ♂♂ + ♀♀.

Pr. compressa HARTIG, 1860
Umgebung Kassel im Habichtswald, Reinhardswald und Lumdatal b. Gießen sowie Vogelsberg. Alle im Mai. Auch aus Larven gezogen.

Pr. wesmaeli TISCHBEIN, 1853
Vogelsberg und Londorf A. 5. Wenige Exemplare.

Pr. gerula KONOW, 1904
Umg. Gießen, 28. 5. 79.

Pr. thalenhorsti WONG, 1975
Am Rande des Vogelsberger Hochmoores aus Fichtenästen geklopft; 19. 5. 71. (Auch hier liegen, wie von allen *Nematinen* und den meisten anderen Arten zur sicheren Determination Genitalpräparate vor.)

Pr. pallida KONOW, 1904
Frankenbach im Bibertal am 21. 5. 67 1♀.

Pr. mollis HARTIG, 1960
Mehrere Male die Wespen bei Heiligenrode im 4. auf grasigen waldnahen Wegen und bei Simmersbach im Westerwald am 1. 5. 66.

Pr. leucopodia HARTIG, 1837
Im Lumdatal am 8. 5. 63 von *Picea abies* 2♀♀.

Pr. laricis HARTIG, 1837
Überall im Gebiet mit der Lärche weit verbreitet. Umgebung Kassel und Gießen oft aus Larven. 2 Generationen im 5./6. und 7./8.

Pr. biscalis FORSTER, 1854
In Nordhessen am Dörnberg, bei Staufenberg/Gießen in Anzahl aus Larven an *Prunus spinosa* gezogen.

Pr. retusa THOMSON, 1871
Schmelztal b. Gießen am 11. 5. 66. Nach Muche 1974, der sich auf BENSON (1958) bezieht, könnte man glauben, die

Art erzeuge Gallen an *Prunus spin*. Benson allerdings meint, daß die Art im Habitus einer *Pontania* ähnlich sieht, was auch so ist.

Pr. staudingeri Ruthe, 1859
Im Druseltal b. Kassel 20.5.51, von dort auch aus Larven von *Salix capraea* gezogen. Am 12.8.57 (sicher Gen. aest.) in der Ederau b. Fritzlar.

Pr. carinata Hartig, 1837
Bisher nur in einigen Stücken aus dem Vogelsberg vom 15.5.66.

Pr. melanocarpa Hartig, 1840
e. l. 23.6.56 von *Salix viminalis* 2♀♀ gezogen.

Pr. crassicornis Hartig, 1837
Aus der Zucht Nr. 118 mehrere Exemplare im Mai 64 e. l. *Crataegus*. Weitere zahlreiche Funde Umg. Kassel, Hoher Meißner und Umg. Gießen.

Pr. coniceps Lindqvist, 1955
Aus der Umg. Kassels von *Salix aurita* aus der Söhre und bei Obervellmar gezogen.
Larven dieser drei letztgenannten Arten sind sich sehr ähnlich, sie werden zumeist auf *Crataegus, Tilia, Salix* und *Prunus* gefunden. Allen gemeinsam ist der markante rosarote Fleck auf dem letzten Segment.

Pr. puncticeps Thomson, 1862
9.5.67 Umg. Gießen. Eine *Pristiphora*-Larve auf *Viccia cracca* wurde hin und wieder gefunden, aber nie bis zur Imago durchgebracht.

Pr. tetrica Zaddach, 1882
Stahlberg b. Kassel e. l. 28.4.–3.5. einige ♀♀ von *Acer pseudoplatanus* (Zucht 137).

Pr. fulvipes Fallén, 1808
Bei Gießen am 27.5.63 und Kassel/Dörnberg am 14.5.67. Aus Südeuropa auch von *Salix purpurea* gezogen.

Pr. pallipes Lepeletier, 1823
Am Stahlberg b. Kassel und bei Lich (OH) einige Wespen im 5. an verwilderter *Ribis*.

Pr. viridana Konow, 1902
Eine kleine Serie ♂♂ und ♀♀ Frankenbach am 21.5.67. Bis zur restlosen Klärung möchte ich diese sp. nicht als eine Form der *punctifrons* (Thomson 1871) betrachten, da ich diese Art auch aus Finnland besitze, die nordischen Exemplare aber wesentlich kleiner sind.

Pr. pallidiventris Fallén, 1808
Aus dem Untersuchungsgebiet nur aus der Umgebung Kassel, in zwei Generationen im 5. und 8., Habichtswald und Dönche.

Pr. moesta Zaddach, 1875
1955 bei Oberscheden an einem verwilderten *Malus* eine Larvenkolonie gefunden, daraus am 26.4.56 ♂♂ und ♀♀.

Pr. conjugata Dahlbom, 1835
Durch Zuchten (Nr. 69 u. 89) an *Populus italica* und *Salix capraea* von Kassel/Schönfeld erhalten.

Pr. geniculata Hartig, 1840
Steinberg b. Hann.-Münden und Umgebung Kassel, z. B. Heiligenrode, Zucht Nr. 78 von *Sorbus aucuparia*. Die Zucht 78 schlüpften in 7., die Larven wurden aber im 8. des Vorjahres eingetragen. Wenn so extreme Schlüpfverhältnisse vorkommen, kann fälschlich auf eine 2. Gen. geschlossen werden.

Pr. lonicerae Weiffenbach, 1957
Stahlberg b. Kassel und Straße zwischen Wickenrode und Weißenbach die Larven auf *Lonicera xylosteum* (Zucht 136). Wespen im Mai, nur eine Gen.

Pr. anderschi Zaddach, 1875
Londorf 8.5.66 1♀.

Pr. testacea JURINE, 1807
(Zuchten Nr. 43, 94 und 443.) An *Betula* oft sehr zahlreich, die Larven gesellig, daher sehr auffällig. Kassel und Gießen in Waldwegen am Unterholz.

Pr. subbifida THOMSON, 1871
Einige ♀♀ von *Acer campestris* bei Lich (OH) gezogen. 10.5.79.

Sharliphora WONG

Sh. ambigua FALLÉN, 1808
Umg. Gießen von *Picea abies* gezogen (Zucht 335) e. l. 7.3.67. Sehr zahlreich 1961 im Oberharz.

Amauronematus KONOW

A. histrio LEPELETIER, 1823
Immer nur durch Zucht erhalten, Umgebung Kassel und Gießen. *Salix alba, fragilis, capraea* und *aurita*. An alten *S. fragilis*-Stämmen die Cocons unter der Rinde an Schadstellen. Imago im April.

A. sagmarius KONOW, 1895
18.3.61 Kassel/Schönfeld e. l. *Salix viminalis*.

A. schlueteri ENSLIN, 1915
e. l. 8.4.77 Umgebung Gießen von *Salix aurita*. Zucht Nr. 455.

A. fallax LEPELETIER, 1823
e. l. 9.5.75 Staufenberg von *Salix aurita*.

A. fahraei ZADDACH, 1882
Schiffenberg b. Gießen 9.5.65 an *Salix*-Blüten.

A. miltonotus ZADDACH, 1882
Larven bis M. 6. an glattblättrigen Weiden.
Kassel, Fritzlar und Lollar. 1960 in Gießen Nachzucht an *Salix viminalis*. Alle *Amauronematus* sind Frühjahrstiere, die mit der Weidenblüte erscheinen, und alle haben nur eine Generation.

A. vittatus vittatus LEPELETIER, 1823
Kassel und Gießen von glattblättriger und rauhblättriger *Salix* gezogen.

A. vittatus crispus BENSON, 1948
Alle Zuchten dieser ssp. von *Salix viminalis*, was wohl eher Zufall ist.

A. viduatus ZETTERSTEDT, 1838
Heiligenrode, Wilhelmshausen und Lumdatal b. Gießen stets von *Salix aurita* gezogen. Häufige Art.

A. lateralis KONOW, 1895
Nur von Kassel/Waldau e. l. 12.2.73 mehrere ♂♂ und ♀♀. Wenn die Zuchtgefäße nicht vollkommen frei stehen, schlüpfen die Tiere wesentlich früher.

A. aeger KONOW, 1895
Am 6.4.61 e.l. *Salix viminalis*, Kassel.

A. distinguendus ENSLIN, 1915
1♂ e.l. 5.4.57 von glattblättrigen *Salix* bei Kassel.

A. opacipleuris KONOW, 1895
e.l. 18.3.61 Kassel. Scheint keine reine alpine Art zu sein, sondern auch in den Mittelgebirgen vorzukommen.

A. taeniatus LEPELETIER, 1823
Von *Salix fragilis* im Bereich der Fulda- und Lahnufer gezogen. *Salix fragilis* erbrachte immer gute Ausbeuten an *Amauronematus*-Larven. Die Bäume aber kränkeln in den letzten Jahren so stark, daß sie eines Tages als Larvenfutter mehr in Frage kommen dürften.

A. leucolaenus ZADDACH, 1882
Im Waldauer Bruch bei Kassel zahlreich von *Salix viminalis* gezogen.

34

A. fasciatus KONOW, 1897
Lebt außer an *Salix* auch an *Populus tremula*, von der ich sie aus Larven zog. Umgebung Gießen. Der Cocon wird in einer Zweiggabelung befestigt und im Winter sicherlich stark von Meisen dezimiert.

A. pravus KONOW, 1895
♀♀ mit den für diese Art typischen Sägeblättern erzog ich aus Larven aus der Lahnuferregion bei Lollar von *Salix viminalis*.

A. mundus KONOW, 1895
e. l. 2.4.75 von *Salix capraea* Gießen.

A. semilacteus ZADDACH, 1883
1961 von *S. fragilis* in Kassel e. l.

A. humeralis LEPELETIER, 1823
Die zahlreichste *Amauronematus*-Larve A. 6. vor allem im Unterholz an *Salix capraea* und *aurita*. Scheint an glattblättrigen Weiden zu fehlen. Gut kenntlich an der über der grünen Grundfarbe leichten weißen Bereifung durch Wachsausscheidung. Überall im Gebiet.

Nematinus ROHWER

N. luteus PANZER, 1805
N. acuminatus THOMSON, 1871
N. willigkiae STEIN, 1926
Alle drei Arten wurden stets zahlreich als Adulta wie als Larven in den *Alnus*- und *Betula*-Beständen der Bachläufe und Waldränder gefunden, in den letzten Jahren hat die Individuenzahl stark abgenommen. Kassel, Vogelsberg, Gießen und Lich (OH).

Croesus LEACH

Cr. latipes VILLARET, 1832
Mehrere Larvenkolonien in der Kasseler und Gießener Umgebung an Birkenbüschen. 1950 und 75/76.

Cr. varus VILLARET, 1832
Die Larven 1953 besonders zahlreich an den Neupflanzungen der Abraumhalden in Frielendorf. Fast jeder zweite Erlenbusch mit einer Larvengesellschaft (Zucht Nr. 106). Auch Ahnatal b. Kassel, Calden und Gießen/Schiffenbg.

Cr. septentrionalis L., 1758
Überall im Gebiet verbreitet in Birken- und Erlenbuschzonen in zwei Generationen, die aber nicht immer voll zum Schlüpfen kommen. Es fallen nicht nur Teile der gen. aest. aus, sondern auch die Frühjahrsgeneration kommt oft nur partiell (Zuchten Nr. 163, 402 und 415).

Euura NEWMAN

E. atra JURINE, 1807
Im Schönfelder Park in Kassel, Ilbeshausen im Vogelsberg und einem ehemals kommerziell genutzten Weidenbruch bei Daubringen die Gallen im Winter.

E. acuminata ENSLIN, 1915
1♀, welches der Originalbeschreibung bei ENSLIN (1915) genau entspricht und welches der Autor auch schon persönlich sah, am 10.5.52 Ilbeshausen.

E. testaceipes ZADDACH, 1883
Früher (1948–52) sehr zahlreich die Gallen an *Salix fragilis* an der Lossemündung in die Fulda, einzeln auch bei Heckershausen an *Salix alba* und Gießen/Schiffenberg (Zucht Nr. 15). Die Gallen in den letzten Jahren nicht mehr gefunden.

E. venusta ZADDACH, 1883
Vom Hohen Meißner, Londorf und Schiffenberg aus Gallen an *Salix aurita* (Zucht Nr. 321).

E. laeta ZADDACH, 1883
Die bereits verlassenen Gallen einmal im Schönfelder Park in Kassel.

Phyllocolpa BENSON

Ph. leucaspis TISCHBEIN, 1846
Im Lumdatal von *Salix purpurea* gezogen (Zucht 440).

Ph. piliserra THOMSON, 1862
An der Fulda bei Spickershausen und bei Obervellmar von *Salix purpurea* und *viminalis* gezogen.

Ph. puella THOMSON, 1871
Gezogen aus Larven von *Salix alba* und *fragilis* bei Niedervellmar und Gießen (Zucht Nr. 102).

Ph. leucosticta HARTIG, 1837
Oberscheden, Wolfsanger, Ilbeshausen und Gießen von *Salix capraea* und *aurita* gezogen.

Ph. purpurea CAMERON, 1884
Bisher nur vom Schwanenteich in Gießen von *Salix purpurea* in der Gen. aest. gezogen (Zucht Nr. 439).

Pontania COSTA

P. dolichura THOMSON, 1871
Zuchten 336 und 432 von Lollar und Gießen, beide an *Salix purpurea*. Die Galle ist E. 6. bereits leer, in vielen Fällen ist nur noch eine der paarigen Gallen bewohnt und eine verkümmert.

P. pedunculi HARTIG, 1837
Sehr zahlreich an rauhblättriger *Salix* vor allem im Herbst zu finden. Reinhardswald, Habichtswald, Vogelsberg, Rotes Moor (Rhön), Gederner See und Daubringer Forst.
Salix aurita ist immer stärker befallen als *capraea*. (Zucht Nr. 315 und 318.)

P. viminalis L., 1758
Im Untersuchungsgebiet monophag auf *Salix purpurea*. Sehr zahlreich und weit verbreitet. In Neupflanzungen der Straßenböschungen ist sie schon im zweiten Jahr präsent. Es gibt eine partielle II. Gen.

P. vesicator BREMI, 1849
Lokal zahlreich, aber nicht überall und alljährlich. Nur auf *Salix purpurea*.
Kassel/Wehlheiden und Niedervellmar. Ederauen bei Fritzlar. Zucht Nr. 12 und 369.

P. proxima LEPELETIER, 1823
Adult kaum in Erscheinung tretend, als Galle aber sehr auffällig und oft massenhaft auf *Salix fragilis*. Stets nur ♀♀, Fortpflanzung ausschließlich pathenogenetisch. Ich sammelte Brutplätze ein, um ♂♂ zu erhalten, aber immer vergebens. Die von Kollegen gelegentlich gemeldeten ♂♂ nehme ich mit Vorsicht zur Kenntnis.
Weitere Futterpflanzen:
Salix alba, triandra und *babylonica*. Alle anderen Angaben der Literatur kann ich nicht bestätigen.

P. bridgmanii CAMERON, 1883
Mit der Salweide überall im Gebiet, auch auf engstem Raum an Sämlingen. Die Gallen meistens an den Spitzenblättern.
Außer der Futterpflanze kann ich zu den von obengenannten *Salix*-Arten gezogenen *proxima* keine morphologischen Unterschiede erkennen. Auch diese Art pflanzt sich durch Jungfernzeugung fort, hat zwei Generationen und vollkommen identische Larven. Gelegentlich werden auch Gallen auf *Salix aurita* gefunden, die aber immer verkümmert sind und bisher keine Larven enthielten (Zucht Nr. 14, 314, 412, 438 und 453).

Nematus PANZER

N. lucidus PANZER, 1801
Dörnberg, Ilbeshausen und Lumdatal, mehrfach von *Prunus padus* als Imago erhalten und von *Prunus spinosa* gezogen.

N. coeruleocarpus HARTIG, 1837
Niestetal, Waldauer Bruch und Lollar aus Larven an glattblättrigen Weiden.

N. princeps BRISCHKE u. ZADDACH, 1875
Umgebung Kassel e. l. 4. 4. 57 1♀ von glattblättrigen Weiden.

N. wahlbergi THOMSON, 1871
2♀♀ Heckershausen im 5.1953 und 60.

N. melanocephalus HARTIG, 1837
Zucht Nr. 19 und 115. Im Ahnatal bei Kassel an *Corylus*. Nach 1954 nicht mehr beobachtet.

N. ribesii SCOPOLI, 1763
Früher oft sehr schädlich an Stachel- und Johannisbeeren, z. Zt. nur noch gelegentlich zahlreicher auftretend wegen intensiver Spritzung mit Insektiziden. Im eigenen Grundstück zweimal an *Ribis sanguineum* ,,*Atrorubens*" als Larven.

N. leucotrochus HARTIG, 1837
Im Habichtswald und oberhalb Mainzlar (Gießen) an verwilderter Stachelbeere die Larven. Imago im Mai, wahrscheinlich aber genau wie *ribesii* zwei Bruten.

N. pavidus LEPELETIER, 1823
Sehr häufige und mit *Salix caprea* in alle Winkel folgende Art. Oft auf winzigen Büschen im Straßenpflaster, an Waldwegen aber auch ganze Halbstämme entblätternd durch mehrere Gelege. An *Populus* und *Alnus* sehr selten.

N. salicis L., 1758
Als Imago nicht vor dem 7./8., dann als Larve bis spät in den Herbst. Vorwiegend auf glattblättrigen Weiden.

N. tibialis NEWMAN, 1837
Mit der Robinie im gesamten Gebiet verbreitet und nicht selten. Kahlfraß, wie MUCHE (1974) schreibt, habe ich hier noch nicht erlebt. Wohl das einzige sichtbar fressende Insekt an dieser Pflanze. Fortpflanzung parthnogenetisch.

N. olfaciens BENSON, 1953
Ich halte *olfaciens* unbedingt für eine gute Art. Aus Larven, die denen der *ribesii* und *leucotrocha* verschieden waren, erzog ich 12♂♂ und keine ♀♀. 2 Genitalpräparate waren eindeutig *olfaciens*. Staufenberg b. Gießen, e.l. 11.8.78, wohl 2. Gen. Die Imago wesentlich dunkler als *ribesii*. Futterpflanze *Ribis grossularia*.

N. myosotidis F., 1804
Zucht 101 und 337, häufig auf Kleefeldern und auf Ödland, wo *Trifolium* wächst. Es gibt mindestens 2 Generationen.

N. epimeris LINDQVIST, 1969
1♂, welches nach dem Genital dieser Art entspricht, am 4.6.61 vom Hohen Meißner von *Salix caprea* gezogen. Ich halte es für sehr wahrscheinlich, daß heute skandinavische Arten in Biotopen wie Meißner, Vogelsberg, Rhön oder Westerwald reliktartige Vorkommen haben oder dort noch Reste der heute borealen Arten in Kleinstbiotopen Lebensmöglichkeiten finden.

N. nigricornis LEPELETIER, 1823
Kassel, Meißner, Grünberg und Gießen, im Mai die Imago, später die Larven oft auf *Populus tremula*. 2 Generationen.

N. melanaspis HARTIG, 1840
Oberscheden von Pappel gezogen, vom Sandershäuser Berg von *Salix fragilis* und vom Hohen Meißner eine Zucht mit *Salix aurita*. Alle Meißnerexemplare gehören zur var. *maculiger* CAMERON.

N. incompletus FORSTER, 1854
Zucht 139, Larven auf *Populus tremula* am Hirzstein im Habichtswald. Die Larve gleicht in der Anlage der schwarzen Flecken sehr derer von *melanaspis*, aber auch *melanocephala* und *miliaris* sind ähnlich in der Anordnung der Flecken.

N. weiffenbachi LINDQVIST, 1957
Bisher nur aus dem Waldauer Bruch bei Kassel. Dort von *Salix viminalis* gezogen am 20.5.53. Die Larve wurde nicht beschrieben, sie gehört zur Gruppe der *Nematus stichi*. Typen in meiner Sammlung und Coll. Lindqvist, Helsinki.

N. capraea L., 1758
Die Larve in ihrer Rot-grün-rot-Färbung der von *N. salicis* einigermaßen ähnlich, aber *capraea* hat im Gegensatz

zu *salicis* zwei Generationen, ist wesentlich schlanker und es fehlt ihr der speckige Glanz der *salicis*. Ferner ist das Rot eher ein helles Ziegelrot.
Zucht 393, Hoher Vogelsberg *Salix capraea*.

N. fagi ZADDACH, 1882
1 Larve bei Heckershausen an *Fagus silv.* ergab am 1.5.55 1♀. Bisher Unica geblieben.

N. ferrugineus FORSTER, 1854
In zwei Generationen im 5. und 8. Oberscheden, Niestetal, Brasselsberg b. Kassel, Grünberg und Gießen. Bisher nicht durch Zucht.

N. cadderensis CAMERON, 1875
1♀ e.l. Druseltal 9.6.58 *Salix capraea* (Zucht 158).

N. stichi ENSLIN, 1913
2 Generationen im Jahr. Vom Meißner von *Salix capraea* und bei Gießen von *Salix viminalis* gezogen (Zucht Nr. 368).

N. flavescens STEPHENS, 1835
Im Waldauer Bruch und im Lumdatal bei Gießen von *Salix viminalis* gezogen. Die Art ist von der vorigen sicher nur durch Genitaluntersuchung zu trennen.

N. straminea LINDQVIST, 1957
Von HELLÉN (1976) synonym zu *flavescens* gestellt, führe ich sie hier unter dem Namen *straminea*, weil LINDQVIST mir selbst diese Art so bestimmte. Waldauer Bruch e.l. 19.4.63 2♀♀.
Die Stücke sind bedeutend dunkler als *flavescens* und *stichi*. Futterpflanze *Salix viminalis*.

N. scotonotus FORSTER, 1854
Bisher nur im Hochmoor des Vogelsberges im Mai. Die Imago in den großen *Polygonum bistorta*-Beständen schwärmend, ab 8. die einfarbig grünen Larven an dieser Pflanze.

N. bipicta LINDQVIST, 1965
Wird weder von HELLÉN (1976) noch von MUCHE (1974) erwähnt, es handelt sich wohl doch um eine fragliche Art. 1♂ dieser Art erzog ich von *Salix fragilis* am 30.5.70 Gießen, Lahnuferregion. Zucht 350. Die Larven wurden als *N. salicis*-ähnlich, aber nur halb so groß notiert. Die Fundzeit der Larve M. 9. und das Erscheinungsdatum der Wespe E. 5. paßt nicht zu *salicis*.

N. capito KONOW, 1903
Eine fragliche Art, der nach ENSLIN (1916) bereits der Kopf fehlt. LINDQVIST (1960) aber nennt sie für Finnland, und MUCHE (1974) beschreibt sie sehr genau. HELLÉN (1976) nimmt sie aus der finnischen Nematinenfauna wieder heraus.
1♂ und 1♀, die ich nach eingehender Untersuchung dieser Art zurechnen muß, erbeutete ich am 21.5.67 bei Frankenbach im Westerwaldvorland.

In den nun folgenden Arten der *Nematus bergmanni*-Gruppe herrscht eine ziemliche Konfusion, so daß ich ohne Vorwegerklärung niemandem die Benutzung dieses Verzeichnisses zumuten kann.

Es handelt sich um kleine (ca. 5–6 mm), im Leben grüne, nach Trocknung gelbbraune Exemplare, die im Freiland nicht zu unterscheiden sind. Sie leben im Larvenstadium an *Salix*, *Betula* und *Alnus*.

Die Namen haben in den letzten Jahrzehnten viel gewechselt, ohne daß Übersicht in die Gruppe gekommen wäre. Hier hat die Frage nach Priorität mehr geschadet als genützt.

ENSLIN (1916) nannte die Art, die am häufigsten an *Salix* auftrat, *curtispina* THOMSON (1871), BENSON (1958) stellte diesen Namen zu Recht zu *N. bergmanni* DAHLBOM (1835), und LINDQVIST (1960) übernahm dieses Synonym kritiklos. Außerdem stellte LINDQVIST (1972) *Amauronematus longicornis* KONOW synonym zu *bergmanni* DAHLB., was wiederum MUCHE (1975) nicht anerkennt, indem er *longicornis* KNW. als sibirische Art nennt. Es bleibt für diese Art der Name:

N. bergmanni DAHLBOM, 1835
Besonders als Larve das ganze Jahr über auf glattblättrigen Weiden als Imago und als Larve. Im gesamten Gebiet

verbreitet und vorzugsweise auf Jungpflanzen von *S. fragilis* und *alba*. In laufender Generationsfolge nach Witterung.

N. viridis STEPHENS, 1835

Von BENSON (1952) als der ältere Name von *dispar* BRISCHKE, 1883 erkannt und von HELLÈN (1976) bestätigt, von MUCHE (1974) aber werden beide Arten genannt, alle Autoren nennen ebenfalls *Betula* als Futterpflanze der Larve, womit die Art festgeschrieben sein dürfte.
In Hessen aus der Umgebung Kassels in zwei Generationen gezogen.

N. prasinus HARTIG, 1837

Bei ENSLIN (1916), BERLÀND (1947) und BENSON (1952) wird diese Art als *polyspilus* FORSTER, 1854 genannt. LINDQVIST (1963) erkannte *prasinus* als den älteren Namen an, der auch von MUCHE (1974) und HELLÈN (1976) beibehalten wird.
Die Wespe ist natürlich ohne genaue Untersuchung auch nicht aus dem Formenkreis zu trennen, die Larve aber lebt monophag auf *Alnus*, und gezogene Exemplare sind immer sichere *prasinus* HART.
Aufgrund der Futterpflanze nannte sie CAMERON (1882) *glutinosae*. Überall im Gebiet mit der Erle verbreitet und besonders an Fluß- und Bachläufen stets als Larve zu finden. Zwei Generationen.

N. poecilonotus BRISCHKE u. ZADDACH, 1884

Wird von BENSON (1958) mit dem CAMERON'schen Namen *viridescens* (1885) belegt. Nach HELLÈN (1976) handelt es sich um eine melanistische Form der *viridis* STEPHENS, eine Meinung, die auch ich vertreten muß, weil auch die gleiche Futterpflanze „Betula" in Frage kommt. MUCHE (1974) allerdings beschreibt sie als eigene Art.
Nur bisher um Kassel aus Larven an *Betula*.

N. frenalis THOMSON, 1880

Vom Edersee am 30.8.64 und aus Larven am 11.6.56 Umgebung Kassel, *Salix fragilis*.
Zu dieser Art stelle ich den *N. oligospilus* FORSTER, 1854, welcher Name dann Priorität hätte. MUCHE (1974) führt beide getrennt auf, HELLÈN aber erkennt auch eine gute Übereinstimmung beider Arten.

N. bohemanni THOMSON, 1871

Eine unsichere Art, die von BENSON (1958) und MUCHE (1974) gar nicht genannt wird, von HELLÈN (1976) aber für Finnland erwähnt ist, erzog ich am 20.7.62 aus einer Larve von *Salix aurita* aus dem Kaufunger Wald, ein ♀ liegt mir vom 20.6.81 aus dem Lumdatal vor.
Ich glaube nicht, daß der *N. pseudonotabilis* ENSLIN, 1916 mit dieser Art identisch ist.

N. hypoxanthus FORSTER, 1854

1955 und 57 in mehreren Exemplaren bei Niedervellmar von glattblättrigen Weiden gezogen und 1969 bei Gießen aus Larven von *Salix fragilis*.

N. bipartitus LEPELETIER, 1823

Aus der Umgebung Kassel von *Salix viminalis* und bei Lollar von *Salix capraea* gezogen.

Pachynematus KONOW

P. scutellatus HARTIG, 1837

Überall im Gebiet, wo ältere Fichtenbestände, auch im Mischwald an den besonnten Rändern verbreitet und zahlreich. Oft gezogen. Steinberg bei Hann.-Münden, Reinhardswald, Meißner, Vogelsberg, Rhön und Umgebung Gießen. 26.4.–16.6.
Larve an *Picea abies*.

P. pallescens HARTIG, 1837

Obere Drusel b. Kassel 25.6.50 und e. l. 10.5.51. *Picea*. (det. LINDQVIST).

P. vagus F., 1781

Aus Hessen bisher nur von einer Feuchtwiese bei Niedervellmar aus der Bodenflora gekäschert.
e. l. vom 9.5.–13.6.54 (Zucht Nr. 100).

P. xanthocarpus HARTIG, 1840

Grebenstein, Niedervellmar, Fritzlar, nach 1962 nicht mehr gefunden. Ist auf Nutzrasen und an grasigen Rändern zu finden.

P. clitellatus LEPELETIER, 1823

Heute immer noch zahlreich an Wiesengräsern auf ökonomisch genutzten Böden, an Wegrändern und auf Ödland. Früher gemein. Im gesamten Gebiet verbreitet, weniger auf sauren Böden. Oft gezogen. Sehr variable Art.

P. declinatus FORSTER, 1854

Am 19.5.71 eine kleine Serie im Hochmoor im oberen Vogelsberg.

P. kirbyi DAHLBOM, 1835

Auf anmoorigem Gelände mit *Carex* in den 50er Jahren nicht selten. Mit der Trockenlegung und landwirtschaftlichen Nutzung immer seltener werdend. Wickenrode, Hühnerfeld im Kaufunger Wald, Niedervellmar. 2 Generationen.

P. lichtwardti KONOW, 1904

MUCHE stellt die Art zu *apicalis* HARTIG, 1937, die hier im Gebiet bisher nicht gefunden wurde. Nach Stücken aus der CSSR und Finnland in meiner Coll. sind diese mit den hier gefundenen *xanhocarpus* ähnlicher als mit *lichtwardti*.
Niedervellmar und e. l. Kassel auf Feuchtwiesen.

P. extensicornis NORTEN, 1861

Ahnatal 21.5.50 1♀ (det. Benson).

P. rumicis L., 1758

Aus dem Vogelsberg und Westerwald an feuchten Wegstellen in der Bodenflora. Die Larve gesellig an vielen Ampferarten, bes. *Rumex obtusiflora*. Zwei Generationen, die Gen. aest. nicht immer vollständig (Zucht 357).

P. imperfectus ZADDACH, 1875

Bisher nur im Hühnerfeld (Kaufunger Wald) und einer Feuchtwiese bei Wißmar (Gießen) 5♂♂ 1♀, alle E. 5.

P. obductus HARTIG, 1837

Kassel e. l. 1♀ 12.5.50, 1♀ Meißner Hochmoor 17.8.55 und daselbst 1♀ am 14.6.55.
Danach ist auf zwei Generationen zu schließen.

P. chlibrichellus CAMERON, 1878

1♂ aus der *Carex/Eriophorum*-Bedeckung des Hochmoores auf dem Hohen Meißner am 23.5.55 gekäschert.

P. montanus ZADDACH, 1882

In der Umgebung Gießen aus Fichtenzweigen geklopft. Lumdatal, Schiffenberg.

P. subaequalis FORSTER, 1854

Bisher nur an einer Stelle, aber in Anzahl dort gefangen, 3.6.73, im September 74 die Larven zahlreich gemeinsam mit denen des *N. scotonotus* an *Polygonum bistorta*.
Hochmoor im Vogelsberg.

Abb. 2: Penisvalven dorsal von:

1. *Elinora dominiquei* KONOW
2. *Elinora flaveola* GMELIN
3. *Macrophyopsis nebulosa* ANDRÈ
4. *Pachyprotasis antennata* KLUG
5. *Pachyprotasis variegata* FALLÈN
6. *Apethymus serotinus* MÜLLER
7. *Apethymus cereus* KLUG
8. *Apethymus braccatus* GMELIN
9. *Apethymus filiformis* KLUG

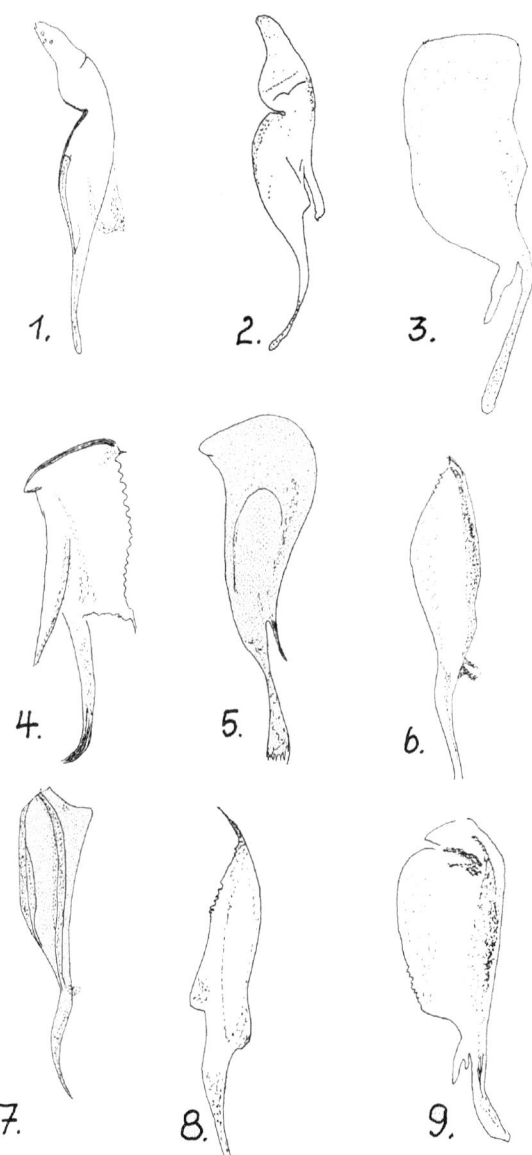

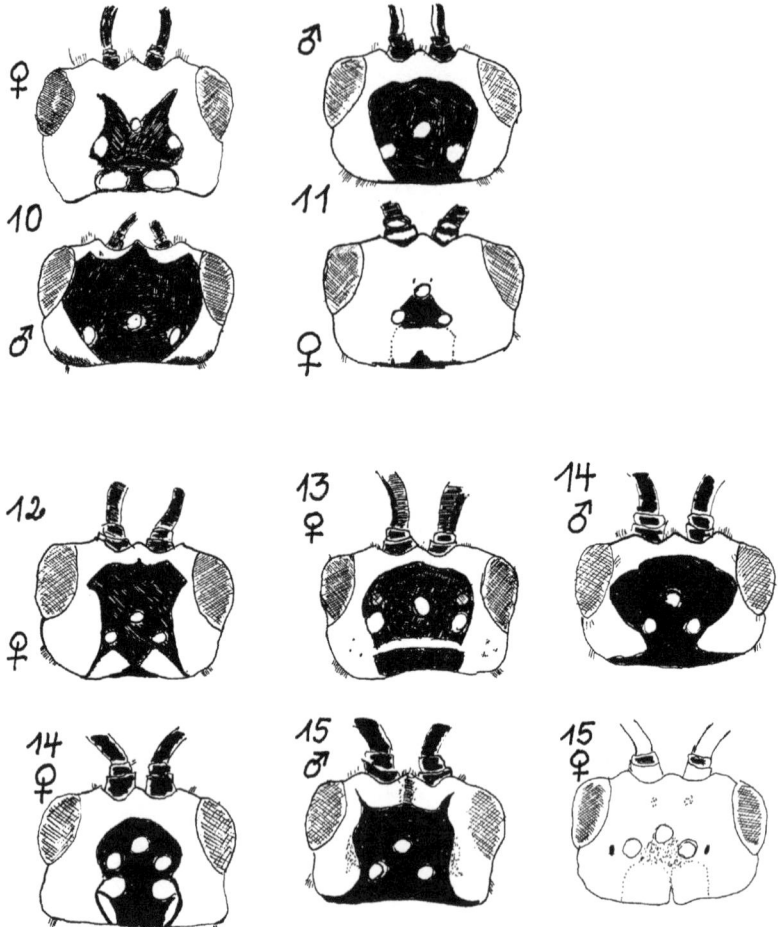

Abb. 3: Stirnscheitelpartie von:
10. *Nematus frenalis* THOMSON
11. *Nematus prasinus* HARTIG
12. *Nematus poecilonotus* ZADDACH
13. *Nematus hypoxanthus* FÖRSTER
14. *Nematus bergmanni* DAHLBOM
15. *Nematus dispar* BRISCHKE

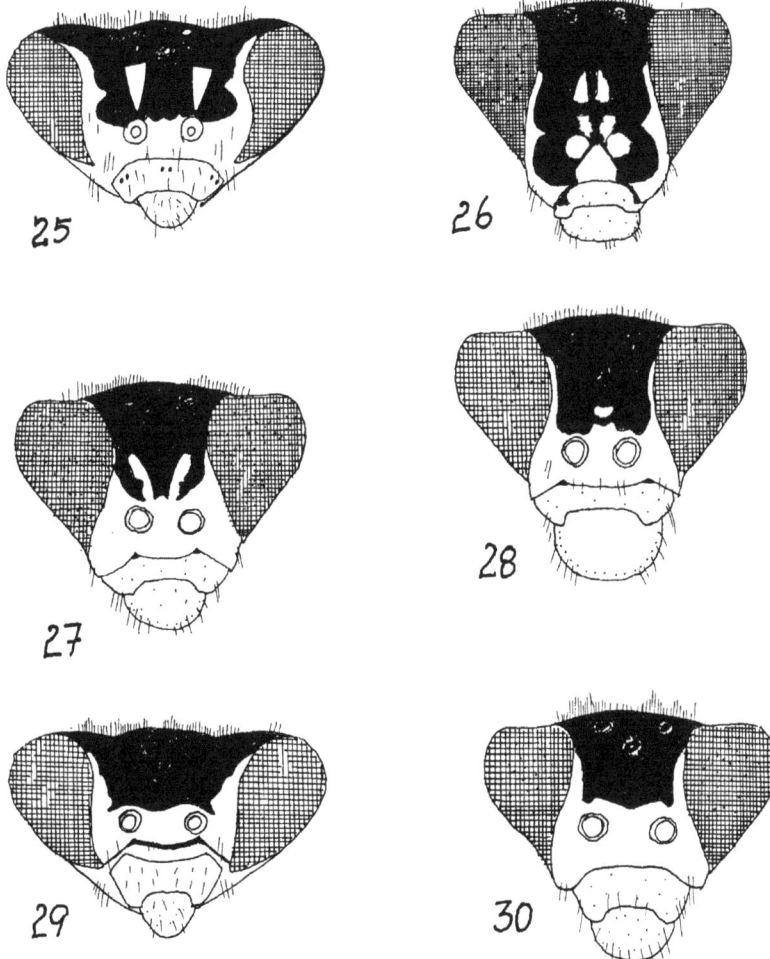

Abb. 4: Vordergesicht der drei Rhogogaster-Arten:
25. *Rh. picta* KLUG ♂
26. *Rh. picta* KLUG ♀
27. *Rh. chambersi* BENSON ♂
28. *Rh. chambersi* BENSON ♀
29. *Rh. genistae* BENSON ♂
30. *Rh. genistae* BENSON ♀

Literatur

BENSON, R. B. 1951: Handbook for the identification of british insects *(Xyelidae – Diprionini)*. – Royal entomol. society of London Vol. **6**, Pt. 2a

— — 1952: Handbook for the identification of british insects *(Tenthredinidae* excl. *Nematinae)*. – Royal entomol. society of London Vol. **6**, Pt. 2b

— — 1958: Handbook for the identification of british insects *(Nematinae)*. – Royal entomol. society of London, Vol. **6**, Pt. 2c

BERLAND, L. 1947: Faune de France *Hym. Tenthr.* – Office Central de Faunistique Paris, 1–496

CHEVIN, H. 1975: Remarques taxonomiques sur les *Macrophya* se devellopant sur *Sambucus*. – Ann. Soc. Ent. Fr. **2**, 253–260

CYMOREK, S. 1969: Trockenpräparation von weichhäutigen Kleintieren, insbesondere Arthropoden und von Pflanzenteilen mit Dichlormethan-Eisessig-Silikagel. – Natur und Museum **99** (3), 125–126

ENSLIN, E. 1913–1917: Die *Tenthredinoidae* Mitteleuropas. – Deutsche Ent. Zeitschr. Beihefte, 1–538

GRIMME, A. 1958: Flora von Nordhessen. – LXI Abhandlungen des Vereins für Naturkd. zu Kassel, 1–212

HELLÉN, W. 1974: Die Nematinen Finnlands III. Gattung *Pachynematus* KONOW. – Notulae Entomologicae **54**, 65–80

— — 1975: Die Nematinen Finnlands IV Gattung *Pristiphora* LATREILLE. – Notulae Entomologicae **55**, 97–128

— — 1976: Die Nematinen Finnlands V. Gattung *Nematus* PANZER. – Notulae Entomologicae **56**, 33–57

KLOIBER, J. 1932: Ist *Tenthredella mesomelas* eine Sammelart?. – Konowia **11** (2), 151–154

LINDQVIST, E. 1960: Zur Kenntnis finnischer *Pteronidae*-Arten. *(Hym. Tenthr.)*. – Acta Societatis pro Fauna et Flora Fennica **76** (2), 27

— — 1963: Bemerkungen über paläarktische Blattwespen *(Hym. Symph.)*. – Notulae Entomologicae **42**, 112

— — 1972: Zur Nomenklatur und Taxonomie einiger Blattwespen *(Hymenoptera, Symphyta)*. – Notulae Entomologicae **52**, 65–77

LORENZ, KRAUS, M. 1957: Die Larvalsystematik der Blattwespen. – Akademie-Verlag Berlin, 1–339

MUCHE, W. H. 1970: Blattwespen Deutschlands – *Nematinae*. – Entom. Abh. Mus. Tierkd. Dresden 36, Suppl. IV.

— — 1974: Die Nematinengattungen *Pristiphora* LATREILLE, *Pachynematus* KONOW und *Nematus* PANZER *(Hym. Tenthr.)* – Deutsche Entomologische Zeitschrift **21**, Heft I/III

— — 1975: Die Blattwespen Mitteleuropas. Die Gattung *Amauronematus* KONOW. – Ent. Abh. Staatl. Mus. f. Tierkd. Dresden 40, 1–53

PLOCH, P. 1974: Vorkommen und Verbreitung der Blatt- und Holzwespen im Vogelsberg *(Hym. Symph.)* – Zool. Inst. d. Justus-Liebig-Universität Gießen, 1–96

SCOBIOLA, PALLADE, X. 1978: Fauna Republici Socialiste Romania. – Vol. **9**, p. 153

SMITH, D. 1979: Suborder *Symphyta*. In KROMBEIN: *Hymenoptera* in America North of Mexico. – Smithsonian Institution Press Washington DC, Vol. 1

WEIFFENBACH, H. 1953: Monophage und polyphage Tenthrediniden auf *Senecio fuchsii* DUR. – Wien. Ent. Zeitschr. **38**, 181–185

Anschrift des Verfassers:
Herbert WEIFFENBACH
Kirlerring 5, D-6301 Staufenberg

| Mitt. Münch. Ent. Ges. | 75 | 45–77 | München, 15. 12. 1985 | ISSN 0340-4943 |

Zur Faunistik, Systematik und ökologischen Valenz der Orthopteren von Nordost-Griechenland

Von Sigfrid INGRISCH und Dragan PAVIĆEVIĆ

Abstract

During 3 exkursions in the month of July of the years 1980–1982 the *Orthoptera* fauna of northeastern Greece was studied. 136 species were recorded, belonging to the orders *Saltatoria* (119), *Phasmida* (1), *Dermaptera* (4), *Mantodea* (5), and *Blattodea* (7). 1 new species to science, *Poecilimon rufonitens*, is described. 14 species proved to be new to the Greek fauna, many more are of faunistical interest, because only very few records have been known from Greece, or they are new to the mainland of Europe. Beside of the localities, dates on phenology and ecology of the species were given. As to nomenclature, *Conocephalus (Xiphidion) harzi* WILLEMSE, 1970 became synonym of C. *kisi* HARZ, 1967 and *Chorthippus (Glyptobothrus) lagrecai* HARZ, 1975 synonym of C. *bornhalmi* HARZ, 1971. *Platycleis (Tessellana) sporadarum* (WERNER, 1933) comb. n. *Pholidoptera macedonica cavallae* KALTENBACH, 1965 stat. n., *Sphingonotus caerulans* forma *exornatus* NEDELKOV, 1907 stat. n. and *Ectobius erythronotus* forma *nigricans* RAMME, 1923 stat. n. were new combinated or became new status.

1. Einleitung

Der Nordosten Griechenlands war orthopterologisch bislang wenig bearbeitet worden, lediglich in der näheren Umgebung von Thessaloniki wurde häufiger gesammelt (z. B. BERLAND & CHOPARD 1922, BURR et al. 1923, WEIDNER 1950, KATTINGER 1976). Neben kleineren Beiträgen sind aber noch die Arbeiten von KALTENBACH (1965, 1967a) zu erwähnen, die Daten aus dem Umland von Kavalla und aus Thrazien liefern. In den Jahren 1980–82 unternahmen die Autoren 3 Exkursionen nach Griechenland, und zwar jeweils im Monat Juli, wobei insbesondere dem Nordosten größere Aufmerksamkeit gewidmet worden ist.

Diese Arbeit soll einen Überblick über die festgestellten Arten liefern, die einige biogeographisch bemerkenswerte Nachweise umfaßt. In einzelnen Fällen erwies es sich als notwendig, systematische Korrekturen vorzunehmen, die durch die Untersuchung umfangreichen neuen Materials notwendig geworden sind. Ferner sind kurze Angaben über die ökologische Valenz der Arten mit aufgenommen, die sich speziell auf die Verhältnisse in Nordgriechenland beziehen, da im Gegensatz zu den mitteleuropäischen Arten über die Ökologie vieler südeuropäischer Orthopteren noch wenig bekannt ist. Im Anhang werden einige Funde aus Südgriechenland aufgeführt, die systematisch oder biogeographisch von größerem Interesse sind.

Herrn D. BORNHALM (Celle), Herrn Dr. K. HARZ (Steinsfeld) und Herrn Dr. A. KALTENBACH (Wien) möchten wir für die leihweise Überlassung von Typenmaterial danken. Ferner danken wir Herrn TETZEL (Aachen), der das Oszillogramm der Stridulation von C. *bornhalmi* angefertigt hat.

2. Liste und Charakterisierung der untersuchten Biotope

Das Untersuchungsgebiet ist landschaftlich sehr heterogen, es reicht vom mediterranen Küstenland bis in alpine Lagen. Die Ebenen werden überwiegend intensiv landwirtschaftlich genutzt (Getreide-,

Tabak- und Gemüseanbau), während auf Hängen und besonders in höheren Lagen Weidewirtschaft dominiert. Häufig kommt es dabei zu Überweidung und Bodenerosion. Wälder sind vielfach nur noch in Resten in mittleren Höhenlagen vorhanden. Als relativ waldreich können die Ori Lekanis gelten, auch in Thrazien (Chara Koma) finden sich noch größere Wälder.

Der größere Teil des Untersuchungsgebietes liegt im Übergangsbereich von mediterranem zu submediterranem Klima mit größerer Winterkälte, der nördlich gelegene Teil nahe der bulgarischen Grenze gehört zum subkontinentalen Klimatyp mit kalten Wintern, während einige Gebirgslagen kontinental getöntes Gebirgsklima mit Niederschlagsmaximum im Frühsommer aufweisen (HORVAT et al. 1974). Bezüglich der Wuchszonen gehört der größte Teil Nordostgriechenlands der submediterranen winterkahlen Laubmischwaldzone an *(Ostryo-Carpinion aegeicum)*, ein schmaler Küstenstreifen liegt im Bereich der mediterranen immergrünen Hartlaubzone *(Andrachno-Quercetum)*, während die nördlichen Teile und die Bergregionen zur kontinentalen Laubmischwald- und Steppenwaldzone zu rechnen sind *(Quercetum petraeae* und *Quercetum frainetto-cerris)* (HORVAT et al. 1974). Die Bergkämme reichen bis in montane und (sub-)alpine Vegetationszonen.

Die Bezifferung der untersuchten Flächen in der folgenden Zusammenstellung entspricht jener in Abb. 1. Auf allen Trockenhängen und Weideflächen finden sich mehr oder weniger ausgedehnte Gebüsche oder Gehölze aus *Juniperus spec., Paliurus aculeatus* und *Quercus coccifera.*

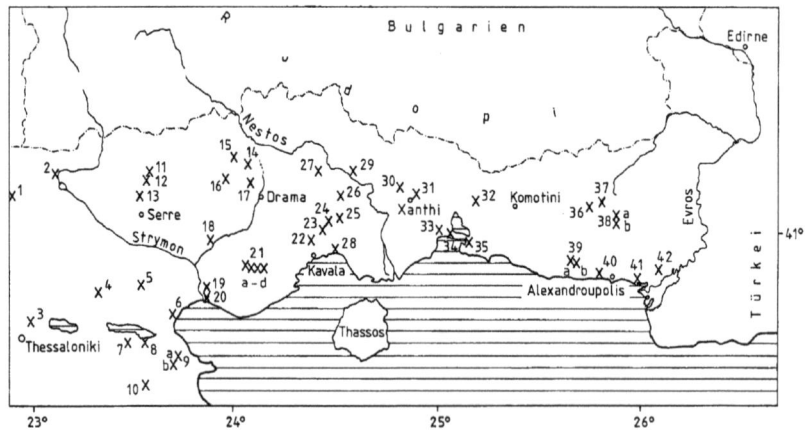

Abb. 1: Karte von Nordost-Griechenland. Lage der Fundorte 1–42.

1. Kalindria, ca. 1 km nördlich, 31.7.1982:
   kiesig-sandige Trockenweiden in hügeligem Gelände;
2. Mandraki, südlich in Richtung Limni Kerkinis 31.7.1982:
   größere und kleinere, teilweise verbuschte Restflächen zwischen bewässerten Feldern, frisch-feuchte Wiesen und Riedwiesen im Unterwuchs von Haselnuß-Plantagen; Pappelauwald;
3. Thessaloniki, Berge ca. 2–4 km nördlich, 9.7.1981:
   felsige Trockenhänge, Getreidefelder;
4. Vertiskos Oros westlich Sochos, ca. 800 m NN, 8.7.1980:
   hügeliges, großflächiges Weideland;

5. zwischen Choumnikon und Skepaston 8.7.1980 + 13.7.1982:
   beweideter Eichenniederwald, kurzrasige Lichtungen mit Eichenbüschen, an größere Weidefläche grenzend;
6. Asprovalta 7.7.1980:
   Weiden, Brachäcker und verwilderte Gärten mit Gebüsch;
7. Fluß westlich Apollonia 8.7.1980:
   a) kleine Brachflächen zwischen Feldern,
   b) kiesig-sandiges Flußbett;
8. Limni Volvi bei Nea Maditos 8.7.1980:
   Schilfzone und Sumpfflächen am See;
9. Stratonikion/Chalkidiki, ca. 800–1000 m NN, 9.7.1980:
   a) Buchenwaldlichtung,
   b) relativ frische Weide am Rande eines Eichenwaldes;
10. Chlomon Oros/Chalkidiki westlich Arnea, 800–1000 m NN, 9.7.1980:
    a) Waldrand, meist langrasig verwachsen mit Brombeergebüsch,
    b) Waldschlag, großflächig mit Farn bestanden;
11. Ori Vrondus: Lalias, ca. 1700 m NN, 30.7.1982:
    Kiefernwald: Lichtungen mit Himbeere, Erdbeere, Heidelbeere, Farn und Brennesseln, auch Borstgrasflächen
    und kahle Felsen;
12. Ori Vrondus: zwischen Lalias und Orini, ca. 1200 m NN, 30.7.1982:
    sehr kurzrasige, überweidete Süd- und Westhänge;
13. Ori Vrondus: Chrisopigi 3.7.1981:
    Kiefernwald und trockene Magerweide;
14. Falakron Oros: Aghio Pneuma und umliegende Berge, ca. 1700–2000 m NN, 26.7.1982:
    frische alpine Weiden mit felsigen ± unbewachsenen Stellen;
15. Falakron Oros über Volax, ca. 1000–1200 m NN, 10.7.1980 + 27.7.1982:
    a) Lichtungen im Buchen-Kiefern-Mischwald, Nord-, West- und Osthänge,
    b) trockene, felsige Weiden;
16. Falakron Oros 3–4 km nordöstlich Kokkinogia 10.7.1980 + 27.7.1982:
    trockene, felsige Weideflächen, steile West- und Osthänge, frische krautige Vegetation entlang eines Baches im
    Tal;
17. Falakron Oros über Xiropotamos, ca. 100–800 m NN, 28.7.1982:
    felsige, ± südexponierte, beweidete Hänge;
18. Messorrachi/Menikion, ca. 1 km östlich, 29.7.1982:
    kiesig-sandige Trockenhänge zwischen Feldern;
19. Berge nördlich der Strymon-Mündung 11.7.1980:
    lang- und kurzrasige Weiden zwischen Weizenfeldern;
20. Strymon-Mündung, östlich, 11.7.1980 + 29.7.1982:
    Sumpfsteppe mit hohen Gräsern und Binsenhorsten und kurzrasige Weiden, teils mit Salzvegetation; 1982
    durch eine neue Straße vom Meer getrennt;
21. Pangeon 16./19.7.1982
    a) ca. 1800–1900 m NN (Gipfelregion), alpine Matten mit Borstgras, Wacholder und Heidelbeere, felsig,
    b) ca. 1700–1800 m NN, frische Bergwiesen: Gräser, Farne, Wacholder, Brennesselbestand (auf Abraumhal-
       de), offene felsige Stellen an Wegaufschlüssen,
    c) ca. 1000–1200 m NN, Buchenwald: beweidete Lichtung mit viel Farn,
    d) ca. 500–700 m NN, Eichenwald: größere Lichtung mit Farn und trockenen Gräsern;
22. Palea Kavala 10.7.1980:
    felsige, fast vollständig verbuschte Süd- und Westhänge, Wiesen und Gärten entlang eines Baches im Tal;
23. Ori Lekanis bei Korifes 10.7.1980 + 14./18.7.1982:
    a) Kastanienwald mit frischer Krautschicht und Gebüsch,
    b) felsige Weiden, Osthang;
24. Ori Lekanis bei Polinero 18.7.1982:
    karge, felsige Weiden am Südhang; *Quercus coccifera*-Wäldchen;
25. Ori Lekanis 4–5 km westlich Platamon 14.7.1982:
    Kastanienwald, frische Wildwiesen mit Gebüsch und Farn am Bach;

26. Berge oberhalb Lekani, ca. 1000–1200 m NN, 14.7.1982:
felsige Hänge mit ± frischen Weiden, Buchenwälder; am Gipfelplateau frische Wiese mit Farn und Buchenwald;
27. ca. 2 km südlich Polinerion 4.7.1981:
leichter Nordhang, lichter Eichen-Hainbuchen-Buschwald mit offenen Grasflächen;
28. Nea Karvali 15.–20.7.1982:
a) locker bewachsene Sanddünen am Strand,
b) Ruderalflächen zwischen Häusern, Gärten und Feldern,
c) felsige Trockenhänge,
d) kleine Feuchtflächen: Schilfstreifen an Gräben zwischen Feldern östlich des Ortes,
e) Brackwassersumpf mit Schilf, Binsen und Brombeergebüsch, auch offene salzige Sandflächen und *Salicornia*-Bestände, westlich des Ortes;
29. Sterna 25.7.1982:
sandige Trockenhänge, offene Sandflächen auf Wegen, Felder;
30. ca. 8 km westlich Xanthi 4.7.1981:
a) kiesig-sandiges Flußbett,
b) Nordhang, Laubmischwald mit Lichtungen;
31. Xanthi 25.7.1982:
Kiefernwald: Lichtungen entlang eines kleinen Baches;
32. Kompsatos (Fluß) östlich Iasmos 25.7.1982:
a) felsige Trockenhänge mit Gebüsch,
b) Sandbänke am Fluß;
33. östlich Koutson 21.7.1982:
Trockensteppe (mit *Stipa*) in der Ebene;
34. ca. 3 km westlich Porto Lagos 21.7.1982:
Sandsteppe, locker bewachsene Dünen, meist trocken aber mit eingesprengten kleineren Feuchtflächen;
35. östlich Porto Lagos 21.7.1982:
Feuchtfläche mit hohen Gräsern und Binsen, beweidete Sumpfsteppe mit *Salicornia* und niederen Gräsern.
36. ca. 2 km von Nea Sanda 7.7.1981:
kiesig-sandiges, locker bewachsenes Flußbett, Platanenhain, Kornfelder;
37. Chara Koma ca. 8 km von Nea Sanda, ca. 800–900 m NN, 7.7.1981:
Nord- bis Westhang, lichter, beweideter Eichenniederwald, ausgetrocknetes Bachbett, am Gipfel offenes Weideland;
38. Chara Koma nordnordwestlich Essimi 22.7.1982:
a) 8 km von Essimi, ca. 800 m NN, lichter Eichen-Buchenwald: Lichtungen und frische Weide mit Quellbach am Osthang,
b) 5 km von Essimi, Eichenwald mit Lichtungen am Südwesthang;
39. Tsopan 6.7.1981:
a) ca. 4 km westlich Avra, felsige Magerweiden, überweidet, fast ohne Grasnarbe mit zahlreichen Bodenrissen,
b) ca. 2 km südlich Avra, leichter Nordhang, Lichtungen im beweideten Eichenniederwald, Quellbach;
40. Nea Chili 5.7.1981 + 21./23.7.1982:
a) in Richtung Alexandropoulis, kleinere trockene Ruderalflächen zwischen Korn- und Weinfeldern sowie Gärten,
b) feuchte Ruderalflächen zwischen bewässerten Gärten und Feldern, kleiner Schilfbestand;
41. ca. 4 km südlich Anthia 8.7.1981 + 24.7.1982:
beweidete Sumpfsteppe mit Schilf, Binsen, Queller sowie Gras- und Riedgrasflächen, sommertrocken;
42. Doriskos 23.7.1982:
großflächige steinig-sandige Trockenweide in hügeligem Gelände, ausgetrockneter Bauchlauf, feuchte Kiesfläche neben Viehtränke.

3. Artenliste

Die Artenliste wird ergänzt durch Angaben zum Alterszustand der Arten im Monat Juli, die als Grundlage für umfangreichere phänologische Studien dienen können. Sofern nichts angegeben ist, wurden ausschließlich oder überwiegend adulte Tiere beobachtet.

Zur Beschreibung der ökologischen Valenz werden die folgenden Begriffe verwendet:

a) zur Beschreibung der Landschaftsform, in der die Arten leben: silvicol für Waldbewohner, praticöl für Wiesen- und Steppenbewohner,
   ripicol für Uferbewohner;
b) zur Beschreibung der Vegetationsschichten (Strata):
   arboricol für Bewohner der Kronenschicht,
   arbusticol für Bewohner der Strauchschicht,
   herbicol und graminicol für Bewohner von Kräutern und Gräsern,
   terricol für Bewohner der Bodenoberfläche und
   geobiont für solche im Boden.
   Praticole Arten können untergliedert werden in
   phytophile (Aufenthalt überwiegend auf Pflanzen) und
   geophile (Aufenthalt überwiegend am Boden), wobei manchmal Präferenzen für felsigen (lithophil) oder sandigen (psammophil) Boden beobachtet werden können.
c) Präferenzen für Habitate bestimmter Bodenfeuchte werden nur angegeben, wenn solche deutlich erkennbar sind. Es werden
   xerophile (in trockenen Biotopen) und
   hygrophile (in Feuchtbiotopen lebende) Arten unterschieden.
   Ferner werden noch montane und alpine Arten gekennzeichnet.

In Systematik und Nomenklatur der nachfolgenden Zusammenstellung folgen wir HARZ (1969–1976) unter Berücksichtigung neuerer Arbeiten. In Klammern ist ferner die Großsystematik nach McE. KEVAN (1977) angegeben.

Saltatoria (Orthopteroida)

Ensifera (Grylloptera)

Tettigoniidae

1. *Phaneroptera nana nana* FIEBER, 1853
Skepaston (5), Xanthi (30a + b, 31), Nea Sanda (36 + 37), Avra (39b); larval;
arbusticol-arboricol.

2. *Tylopsis liliifolia* FABRICIUS, 1793
an fast allen Standorten, außer jenen über 1 000 m NN; larval und adult, Anfang Juli und in höheren Lagen noch ausschließlich larval;
graminicol-arbusticol.

3. *Acrometopa servillei* (BRULLÉ, 1832)
Arnea (10a), Chrisopigi (13), Kokkinogia (16), Xiropotamos (17), Messorrachi (18), Strymon (19), Pangeon (21d), Palea Kavala (22), Korifes (23a), Polinero (24), Nea Karvali (28b + e), Nea Sanda (36), Essimi (38b); adult, in höheren Lagen auch noch larval;
(graminicol-) arbusticol.

4. *Acrometopa syriaca* BRUNNER, 1878

Nea Karvali (28c), Nea Chili (40a + b); adult und larval;
(graminicol-) arbusticol.

A. syriaca wurde erst von WILLEMSE (1977) für das griechische Festland nachgewiesen. Sie bleibt auf die warme Küstenregion beschränkt und ist daher weniger häufig als die vorige Art.

5. *Isophya leonorae* KALTENBACH, 1965

Lalias (11), Pangeon (21c), Korifes (23a), Platamon (25); ferner liegt uns von Nea Sanda (37) ein *Isophya*-♀ vor, das aber nicht sicher zugeordnet werden kann;
silvicol: herbicol-arbusticol.

I. leonorae war bisher nur aus der Umgebung von Kavalla bekannt. Sie ist aber in Waldgebieten Nordostgriechenlands weiter verbreitet. Das Weibchen wurde von INGRISCH (1981) beschrieben.

6. *Ancistrura nigrovittata* (BRUNNER, 1778)

Kalindria (1), Mandraki (2), Sochos (4), Skepaston (5), Apollonia (7a), Messorrachi (18), Strymon (19), Pangeon (21c + d), Korifes (23a), Platamon (25), Xanthi (30b), Nea Sanda (37), Essimi (38b);
herbicol-arboricol.

7. *Leptophyes punctatissima* (BOSC, 1792)

Stratonikion (9a), Platamon (25), Lekani (26), Nea Sanda (37), Essimi (38a + b); noch fast ausschließlich larval;
silvicol: arbusticol-arboricol.

8. *Poecilimon schmidti* (FIEBER, 1853)

Platamon (25), Lekani (26); larval;
silvicol: arbusticol-arboricol.

Neu für Griechenland. Die bisher südlichsten Fundorte lagen in Bulgarien und im jugoslawischen Teil Mazedoniens (HARZ 1969).

9. *Poecilimon thoracicus* (FIEBER, 1853)

Lalias (11), Volax (15a);
silvicol: herbicol.

10. *Poecilimon zwicki* RAMME, 1939

Chrisopigi (13), Volax (15a), Kokkinogia (16), Pangeon (21c + d), Palea Kavala (22), Korifes (23a), Polinero (24), Platamon (25), Lekani (26), Polinerion (27), Nea Karvali (28b), Xanthi (30a + 31), Kompsatos (32a), Nea Sanda (37), Essimi (38a);
graminicol-arbusticol.

P. zwicki ist die häufigste *Poecilimon*-Art Nordostgriechenlands, die bis etwa 1 000 m NN in den verschiedenartigsten Biotopen angetroffen wird. Sie scheint aber westlich des Strymon zu fehlen.

11. *Poecilimon brunneri* (FRIVALDSZKY, 1867)

Mandraki (2), Messorrachi (18), Koutson (33), Nea Sanda (37), Essimi (38a + b);
graminicol-arbusticol.

12. *Poecilimon macedonicus* RAMME, 1926

Sochos (4), Apollonia (7a), Stratonikion (9b), Arnea (10a + b);
graminicol-arbusticol.

P. macedonicus zeigt bei ähnlichen Habitatansprüchen eine mehr südwestliche Verbreitung als die vorige Art.

13. *Poecilimon orbelicus* PANČIĆ, 1883

Lalias (11), Falakron (14), Volax (15b), Pangeon (21a, b + c);
praticol: phytophil, montan-alpin.

Die Subgenitalplatte des Männchens von *P. orbelicus* soll nach RAMME (1934) leicht ausgerandet sein, nach HARZ (1969) quer abgestutzt oder leicht ausgerandet. Bei den uns vorliegenden Exemplaren (über 30 ♂♂) ist sie immer deutlich und kräftiger ausgerandet als in der Abbildung von Ramme (1934) (Abb. 2a). Da die von Ramme untersuchten Exemplare auch vom Alibotusch-Gebirge stammen, das unmittelbar an die von uns untersuchten Gebirge angrenzt, ist eine Rassenbildung unwahrscheinlich. Vielmehr ist eine größere Variabilität der Art anzunehmen. Das zeigt sich auch bezüglich der ♂ Cerci, die neben den von Ramme (1934) und Harz (1969) angegebenen 5–6 Zähnchen am Apex auch nur 4 Zähnchen tragen können (Abb. 2b). Am Pangeon konnte in Brennesselbeständen auf einer Abraumhalde (Straßenbau) in ca. 1 800 m NN ein Massenvorkommen dieser Art beobachtet werden, während sie auf den anderen Plätzen eher zerstreut auftrat. Die meisten Tiere sind im Leben von gelbgrauer Grundfarbe, vereinzelt kommen auch grüne Exemplare vor.

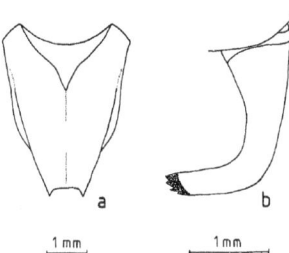

Abb. 2: *Poecilimon orbelicus* Pančić, 1883 (Pangeon Oros 1800 m NN): a) Subgenitalplatte ♂, b) rechter Cercus ♂ von oben.

14. *Poecilimon rufonitens* sp. n. (Abb. 3)

Holotypus ♂ und Allotypus ♀: Ori Lekanis, ca. 4–5 km westlich Platamon (25) auf einer Waldwiese (terra typica). Die Typen werden in der Zoologischen Staatssammlung München aufbewahrt.

Paratypen: Platamon (25) 16♂♂, 7♀♀, Pangeon (21c) Buchenwaldlichtung in ca. 1 000–1 200 m NN 7♂♂, 5♀♀; die Paratypen befinden sich in coll. Ingrisch und coll. Pavićević;
silvicol: arbusticol-arboricol.

Beschreibung: Mittelgroße Art. Fastigium dorsal flach oder unterschiedlich tief gefurcht; etwa $^1/_2$ so breit wie der Scapus (0,4–0,7×). Pronotum ♂ (Abb. 4a + b) in der Metazona nach hinten kaum erweitert, aber ziemlich stark erhöht, auch am Vorderrand leicht aufgebogen, am Hinterrand gerade oder leicht ausgerandet; der Sulcus kreuzt die Mittellinie in der 2. Hälfte des 5. Pronotum-Zehntels (0,45–0,50); zu Beginn der Metazona mit leichter Querdepression. Pronotum ♀ (Abb. 4c + d) nach hinten ganz wenig erweitert, in der Metazona schwach erhöht, auch am Vorderrand leicht aufgewölbt, zu Beginn der Metazona manchmal mit leichter Querdepression, am Hinterrand gerade oder ganz leicht ausgerandet; der Sulcus kreuzt die Mittellinie des Pronotums in oder kurz hinter der Mitte (0,50–0,55). Die Elytren des ♂ (Abb. 4a + b) überragen etwas den Hinterrand des 1. Abdominaltergits; sie werden etwa zur Hälfte vom Pronotum verdeckt; Subcosta und Radius sind verwachsen und verdickt, von der ebenfalls verdickten Media durch kurze Queradern getrennt. Die Elytren des ♀ liegen seitlich und sind völlig vom Pronotum verdeckt. Das 10. Tergum des ♂ ist am Hinterrand ± gerade, beim ♀ leicht konvex. Subgenitalplatte ♂ (Abb. 4h) die Cerci in situ etwas überragend, ventral gekielt, am Hinterrand gerade, die Seiten aber etwas nach dorsal gebogen und dort auf der Oberseite an den Kanten leicht aufgewölbt. Subgenitalplatte ♀ (Abb. 4g) dreieckig, stumpfwinklig ohne Mittelrippe, der spitze Apex manchmal etwas vorspringend. Cerci ♂ (Abb. 4e) etwa ab der Mitte leicht, im letzten Drittel stärker nach innen gebogen, am Apex abgeflacht; außer dem großen Endzahn innen 2–3, außen 5–6 jeweils auf einer Leiste sitzende Zähnchen; die innere Zähnchenleiste ist nach oben verlagert,

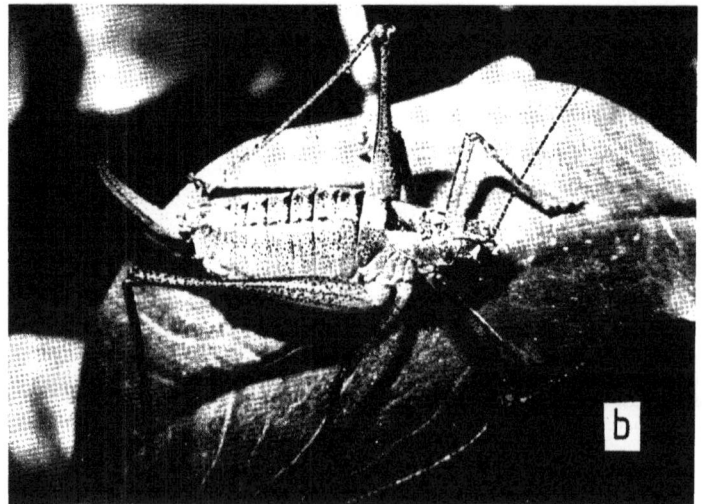

Abb. 3: *Poecilimon rufonitens* sp. n. (Platamon, Ori Lekanis) Habitus: a) ♂, b) ♀.

so daß sie von ventral nicht zu sehen ist (Abb. 4 f). Cerci ♀ spitz kegelförmig, am Apex etwas eingebogen, Lamelle des Ovipositors (Abb. 4 i) seitlich kräftig vorspringend, verrundet dreieckig; darüber ein Grübchen, das sich auf dem Gonangulum fortsetzt. Postfemora ventral ohne Dörnchen.

52

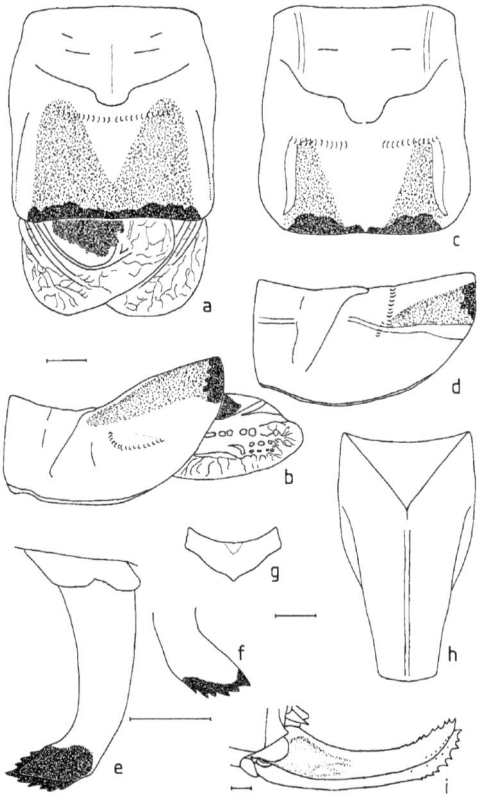

Abb. 4: *Poecilimon rufonitens* sp. n. (Platamon, Ori Lekanis; Holotypus ♂ und Allotypus ♀): a) Pronotum und Elytren ♂, Aufsicht, b) dto. Seitenansicht, c) Pronotum ♀, Aufsicht, d) dto. Seitenansicht, e) rechter Cercus ♂ von oben, f) dto. von unten, g) Subgenitalplatte ♀, h) Subgenitalplatte ♂, i) Ovipositor. Der Maßstab entspricht jeweils 1 mm.

Grundfarbe grün, schwarz gepunktet. Antennen schwarz geringelt, selten einfarbig gelb. Pronotum in der Prozona grün, in der Metazona gelb, mit 2 schmalen hellen Seitenlinien, die bei getrockneten Exemplaren häufig kaum noch zu erkennen sind; diese setzen sich auf dem Occiput fort, wo sie dorsal dunkel gesäumt sein können; in der Metazona mit 2 großen, keilförmigen, sich nach hinten erweiternden roten Flecken; Hinterrand des Pronotums schwarz gesäumt, selten nur ganz schwach ausgeprägt. Die Elytren des ♂ sind gelb, der Stridulationsapparat trägt einen hellbraunen bis intensiv schwarzen Fleck. 1. Abdominaltergit der ♀♀ intensiv gelb (bei getrockneten Exemplaren orange). Das 10. Abdominaltergit und die Cerci, häufig auch der Hinterrand des 9. Tergits sind bei beiden Geschlechtern

53

im Leben intensiv rot gefärbt (bei präparierten Tieren, die meist bräunlich verfärbt sind, ist das weniger auffällig); der Apex der Cerci ist beim ♂ schwarz; auch der Vorderrand des Pronotums, die Knieregion aller Beinpaare sowie der Scapus und das darauffolgende Fühlerglied sind meist rot, und der Occiput ist häufig rot überlaufen. Die übrigen Abdominaltergite sind entweder einfarbig grün oder sie tragen am Vorderrand einen schwarzen Querbalken und/oder in der Mitte 2 laterale und einen zentralen schwarzen Fleck, von denen der zentrale auch fehlen kann. Die Vorder- und Mittelfemora, sowie die Postfemora im apikalen Teil, tragen ventral auf den Kanten 2 schwarze Längsstriche, die bei überwiegend grünen Exemplaren auch fehlen können. Subgenitalplatte ♂ gelb. Ovipositor grün, an der Lamelle mit rotem Fleck, dorsal nahe der Basis 2 schwarze Flecken, die mitunter auch fehlen können. (Die Beschreibung der Färbung erfolgte anhand von Farbaufnahmen lebender Tiere).

Maße (in mm): Körper ♂ 17–21, ♀ 20–23; Pronotum ♂ 4,9–5,5, ♀ 5,1–5,8; Elytra ♂ 1,9–2,6, ♀ 0; Postfemora ♂ 15–17, ♀ 16–18; Ovipositor 11–12,5.

Die neue Art steht *P. anatolicus* RAMME, 1934, *P. miramae* RAMME, 1934 und *P. heinrichi* RAMME, 1951 nahe. Sie könnte in die Bestimmungstabelle von HARZ (1969) wie folgt eingebaut werden: das ♂ auf S. 103 unter Nr. 46:

46. Elytra ohne dunkle oder schwarze Flecken 47
Elytra mit dunklen Flecken:
a) Subgenitalplatte in situ bis zur Mitte der Cerci reichend . . . . *P. thessalicus*
b) Subgenitalplatte in situ die Cerci etwas überragend . . . . *P. rufonitens*

das ♀ auf S. 113 unter Nr. 39:

39. Ovipositor höchstens 9 mm lang 40
Ovipositor 11–12,5 mm lang:
a) Metazona des Pronotums leicht gesenkt . . . . *P. heroicus*
b) Metazona des Pronotums leicht aufgebogen . . . . *P. rufonitens*

15. *Polysarcus denticauda* (CHARPENTIER, 1825)
Falakron (14), Pangeon (21a + b);
praticol: geophil-phytophil; montan-alpin.

16. *Meconema thalassinum* (DE GEER, 1773)
Volax (15a), Pangeon (21d), Platamon (25); larval;
silvicol: arboricol.

M. thalassinum war aus Griechenland bisher nur von der Halbinsel Chalkidiki bekannt (BURR et al. 1923, HARZ 1975b). Der von uns festgestellte bisher südlichste Fundort liegt bei Fotina am Nordrand des Olymp.

17. *Conocephalus (Xiphidion) discolor* THUNBERG, 1815
Mandraki (2), Nea Maditos (8), Strymon-Mündung (20), Nea Karvali (28d + e), Porto Lagos (34 + 35), Anthia (41); larval und adult;
praticol: phytophil; hygrophil.

18. *Conocephalus (Xiphidion) hastatus* (CHARPENTIER, 1825)
Polinerion (27), Porto Lagos (34); larval und adult;
graminicol-arbusticol.

Neu für Griechenland. Im Gegensatz zu anderen *Conocephalus*-Arten ist *C. hastatus* weniger eng an Feuchtbiotope gebunden. Bei Polinerion trat sie auf einem trockenen, leicht geneigten Nordhang vorwiegend auf Eichengebüsch auf. In Serbien (ca. 20 km nördlich Niš) konnten wir sie in großer Zahl auf *Sambucus ebulus*-Sträuchern finden.

19. *Ruspolia nitidula* (Scopoli, 1786)

Mandraki (2), Strymon-Mündung (20), Nea Karvali (28d + e), Koutson (33), Porto Lagos (34 + 35); larval und adult;
praticol: phytophil, hygrophil.

20. *Tettigonia viridissima* L., 1758

Mandraki (2), Sochos (4), Skepaston (5), Asprovalta (6), Apollonia (7a), Stratonikion (9b), Arnea (10a + b), Lalias (11), Orini (12), Chrisopigi (13), Volax (15b), Pangeon (21b, c + d), Palea Kavala (22), Korifes (23a), Polinero (24), Platamon (25), Lekani (26), Nea Karvali (28b, e), Essimi (38a + b), Nea Chili (40a + b), Drama (Parkanlage); adult, im Gebirge auch noch larval;
graminicol-arboricol.

21. *Tettigonia caudata* (Charpentier, 1845)

Sochos (4), Skepaston (5), Asprovalta (6), Apollonia (7a), Xiropotamos (17), Porto Lagos (34), Nea Chili (40a), Draviskos;
graminicol-arboricol.

22. *Decticus verrucivorus* (L., 1758)

Kalindria (1), Thessaloniki (3), Sochos (4), Volax (15b), Xiropotamos (17), Messorrachi (18), Pangeon (21b), Korifes (23a + b), Polinero (24), Polinerion (27), Sterna (29), Nea Sanda (37), Essimi (38a); adult, nur im Hochgebirge auch noch Larven;
praticol: geophil-phytophil.

Die Stücke von Kalindria und Messorrachi sind eindeutig zur ssp. *crassus* Götz, 1970 zu stellen. Hier kamen ausschließlich sehr große, braune Tiere vor, deren Elytren nach hinten stark verschmälert waren. Dagegen ähneln die Exemplare vom Falakron, den Ori Lekanis und dem Chara Koma eher der ssp. *longipennis* Nedelkov, 1908 (= *gracilis* Uvarov, 1930). Bei ihnen sind die Elytren nach hinten meistens kaum verschmälert und erreichen die Hinterknie. Es kommen hier aber auch Übergangsformen vor. In einigen Fällen ist eine genaue Rassenzuordnung nicht möglich, da nur Einzelexemplare vorliegen, die Merkmale beider Rassen zeigen. Manche Exemplare könnten auch also große Stücke der ssp. *verrucivorus* angesehen werden. Außer im Hochgebirge sind braune Tiere häufig.

23. *Decticus albifrons* (Fabricius, 1775)

Kalindria (1), Mandraki (2), Thessaloniki (3), Sochos (4), Skepaston (5), Asprovalta (6), Apollonia (7a), Nea Maditos (8), Chrisopigi (13), Kokkinogia (16), Xiropotamos (17), Messorrachi (18), Strymon (19), Strymon-Mündung (20), Palea Kavala (22), Polinero (24), Nea Karvali (28b, c, d, e), Koutson (33), Porto Lagos (34 + 35), Nea Chili (40a + b), Anthia (41), Doriskos (42);
graminicol-arbusticol, häufig an dichter bewachsenen Stellen als voriger.

24. *Platycleis grisea transiens* Zeuner, 1941

Skepaston (5), Arnea (10a), Lalias (11), Orini (12), Volax (15a + b), Pangeon (21b–d), Korifes (23a), Platamon (25), Lekani (26), Sterna (29), Nea Sanda (37), Essimi (38a); larval und adult;
praticol: geophil-phytophil, mehr im Bergland.

25. *Platycleis intermedia* (Serville, 1839)

Chrisopigi (13), Kokkinogia (16), Xiropotamos (17), Strymon (19), Polinero (24), Nea Karvali (28a), Tsopan (39a), Sochos (4); larval und adult;
praticol: geophil-phytophil, xerophil.

26. *Platycleis affinis* Fieber, 1853

Kalindria (1), Mandraki (2), Thessaloniki (3), Sochos (4), Skepaston (5), Asprovalta (6), Apollonia (7), Chrisopigi (13), Xiropotamos (17), Messorrachi (18), Strymon-Mündung (20), Pangeon (21c + d), Polinero (24), Koutson (33), Porto Lagos (34 + 35), Nea Sanda (37), Essimi (38a), Tsopan (39a), Anthia (41), Doriskos (42);
praticol: geophil-phytophil, auch in Feuchtbiotopen.

27. *Platycleis escalerai* Bolivar, 1899

Anthia (41).

P. escalerai wurde hier, und auch am Peloponnes, in sommertrockenen Brackwassersümpfen gefunden.

28. *Platycleis (Montana) macedonica* (BERLAND & CHOPARD, 1922)

Kalindria (1);
praticol: geophil, xerophil.

29. *Platycleis (Tessellana) nigrosignata* (COSTA, 1863)

Thessaloniki (3), Messorrachi (18), Anthia (41), Doriskos (42);
praticol: phytophil, xerophil.

30. *Platycleis (Tessellana) sporadarum* (WERNER, 1933) comb. nov.

Tsopan (39a), Anthia (41); larval und adult;
praticol: geophil.

P. sporadarum war bisher nur von den Sporaden-Inseln Chios und Lesvos bekannt (HARZ 1969) und ist somit neu für das europäische Festland. Für diese Art war von ZEUNER (1941) ein eigenes Subgenus *Sporadiana* aufgestellt worden. RAMME (1951) hielt sie aber für nahe verwandt mit den *Tessellana*-Arten, während sie HARZ (1969) zu *Parnassiana* stellt, und zwar wegen der verdickten Postfemora und wegen der männlichen Genitalien. Ihm hat aber offenbar ein beschädigtes Exemplar vorgelegen, da dem Titillator in seiner Abb. 843 (S. 271) der ventrale Fortsatz fehlt, so daß dieser in der Tat jenem von *Parnassiana* gleicht. Abb. 5 zeigt die Form der Titillatoren bei den uns vorliegenden Exemplaren. Die Abbildung von RAMME (1951, S. 232) ist mit den uns vorliegenden Präparaten identisch. *P. sporadarum* ist aufgrund des Habitus, wenngleich die Sprungbeine ziemlich stark verdickt sind, der männlichen Genitalien und des Ovipositors eindeutig zu *Tessellana* zu stellen.

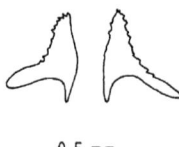

0,5 mm

Abb. 5: *Platycleis (Tessellana) sporadarum* (WERNER, 1933) ♂ (Tsopan): Titillatoren.

31. *Platycleis (Incertana) incerta* (BRUNNER, 1882)

Mandraki (2), Thessaloniki (3), Sochos (4), Skepaston (5), Asprovalta (6), Apollonia (7a), Nea Maditos (8), Kokkinogia (16), Xiropotamos (17), Strymon (19 + 20), Palea Kavala (22), Korifes (23a), Platamon (25), Nea Karvali (28b, d + e), Xanthi (31), Koutson (33), Porto Lagos (34), Nea Sanda (36 + 37), Essimi (38a), Tsopan (39b), Nea Chili (40a + b), Anthia (41);
graminicol-arbusticol.

32. *Metrioptera (Vichetia) oblongicollis* (BRUNNER, 1882)

Mandraki (2), Stratonikion (9b), Arnea (10a + b), Lalias (11), Orini (12), Chrisopigi (13), Volax (15a + b), Kokkinogia (16), Xiropotamos (17), Messorrachi (18), Pangeon (21a–d), Korifes (23a + b), Platamon (25), Lekani (26), Polinerion (27), Xanthi (30b), adult, im Gebirge auch noch larval;
praticol: phytophil, xerophil-mesophil.

33. *Metrioptera (Roeseliana) fedtschenkoi ambitiosa* UVAROV, 1923

Strymon-Mündung (20), Porto Lagos (35);
praticol: phytophil, hygrophil.

34. *Sepiana sepium* (Yersin, 1854)

Mandraki (2), Asprovalta (6), Strymon (19), Pangeon (21d), Palea Kavala (22), Nea Karvali (28e), Xanthi (30b + 31), Koutson (33), Nea Sanda (37), Essimi (38 a + b), Tsopan (39b), Nea Chili (40a); larval und adult; graminicol-arbusticol.

35a. *Pholidoptera aptera karnyi* Ebner, 1908

Lalias (11);
silvicol: arbusticol.

P. aptera ist mit beiden Rassen neu für Griechenland. Die bisher südlichsten Fundorte lagen im Rhodope-Gebirge/Bulgarien (z. B. Pešev 1974). Mit Ausnahme der Titillatoren, die *karnyi* entsprechen, gleichen die Tiere mehr der folgenden *bulgarica* als *karnyi*-Exemplaren aus Istrien oder Serbien. Pešev (1970) hat *bulgarica* mit *karnyi* synonymisiert, doch müßten wohl noch größere Serien aus dem gesamten Verbreitungsgebiet von *P. aptera* untersucht werden um eine endgültige Klärung herbeizuführen.

35b. *Pholidoptera aptera bulgarica* Maran, 1952

Volax (15a), Nea Sanda (37), Essimi (38a);
silvicol: arbusticol.

36. *Pholidoptera macedonica* Ramme, 1928

Aus der Verwandtschaftsgruppe um *P. macedonica* und der südlichen Rassen von *P. aptera* sind eine ganze Reihe von Arten beschrieben worden, die nur durch minimale Unterschiede gekennzeichnet sind, und die mitunter nur auf Einzelexemplaren beruhen. Es erscheint uns deshalb erforderlich, die Variationsbreite von *P. macedonica* ausführlicher darzustellen. Die Untersuchungen beschränken sich zunächst auf Material von Nordostgriechenland, wobei aber zum Vergleich auch Stücke aus dem jugoslawischen Teil Mazedoniens herangezogen worden sind. Die Maran'schen Arten *P. rhodopensis* Maran, 1952, *P. hoberlandti* Maran, 1957 und *P. bureši* Maran, 1957 sind von Pešev (1970) mit *P. aptera karnyi* synonymisiert worden, was sicher zutreffend ist, doch könnte nach der Originalbeschreibung von *P. bureši,* dieser auch in die Variationsbreite von *P. macedonica* fallen. Das von Ingrisch (1981) aus Griechenland gemeldete *rhodopensis*-♂ gehört dagegen zu *macedonica*.

P. macedonica ist habituell den südlichen Rassen von *P. aptera* recht ähnlich (vgl. Ramme 1951), auch die Stridulation unterscheidet sich aufgrund von Feldbeobachtungen wenig. Sie sind aber aufgrund der längeren Postfemora von *P. macedonica* und wegen der verschiedenen Titillatoren gut zu trennen. Letztere zeigen bei *P. macedonica* aber eine weitaus größere Variationsbreite als bisher angenommen. So kann die Anzahl der Zähnchen am Apex der Apikalteile im gesamten Verbreitungsgebiet der Art zwischen 2 und 6 variieren (Abb. 6), wobei sich die Anzahl am linken und rechten Apikalteil desselben Tieres häufig um 1, seltener um mehr Zähnchen unterscheidet. Die Zähnchen sind von unterschiedlicher Größe und meist in einer, seltener auch in 2 Reihen angeordnet. Die Apikalteile können V-förmig aufeinander zulaufen oder an der Basis weit voneinander getrennt sein. Die Verwachsungsstelle der Basalteile und deren Krümmung variiert ebenfalls erheblich (Abb. 6), letzteres wohl auch infolge von Trocknungsvorgängen. Sofern genügend Stücke vorliegen, ist die gesamte Variationsbreite innerhalb einer Population anzutreffen.

Die Titillatoren von *P. cavallae* Kaltenbach, 1965 zeigen dieselbe Variationsbreite wie jene von *macedonica* (Abb. 6). Sie sind im Durchschnitt etwas größer, was aber darauf beruht, daß die Tiere insgesamt etwas größer sind. Wir sind daher geneigt, *cavallae* als Subspecies von *macedonica* anzusehen. Die unterschiedliche Richtung der Zähnchen am Apikalteil der Titillatoren zwischen *cavallae* und *macedonica* in den Abbildungen von Kaltenbach (1965, S. 476) und Harz (1969, S. 337) beruht auf der Betrachtung von verschiedenen Seiten. Bei lebenden Tieren sind die Apikalteile nach hinten und die Zähnchen nach oben gerichtet.

Als Unterscheidungsmerkmale zwischen beiden Rassen können die ♂ Cerci dienen, die bei *macedonica* zum Apex verschmälert sind, während sie bei *cavallae* etwa gleich breit bleiben oder auch leicht

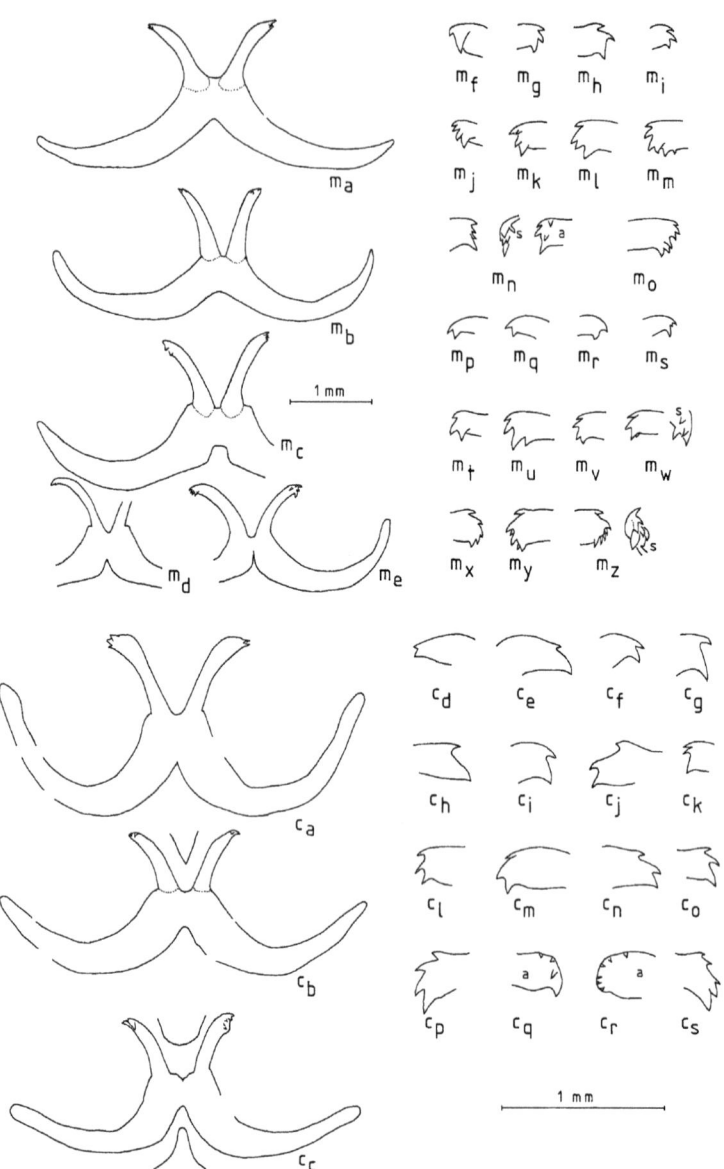

verdickt sind. Es kommen bei beiden Rassen aber Übergänge vor, insbesondere können die Cerci von *cavallae* zum Apex auch leicht verschmälert sein (Abb. 7). Ferner unterscheiden sie sich in der Form des Hinterrandes des 10. Tergits des ♂, der bei *macedonica* flach ausgerandet, bei *cavallae* eng eingeschnitten ist. Doch kommen auch hier Annäherungen vor (Abb. 7). Die Form des Einschnitts am Hinterrand der ♂ Subgenitalplatte variiert bei beiden Rassen stark und kann daher nicht als Unterscheidungskriterium dienen. Die ♀♀ können anhand der Subgenitalplatte unterschieden werden, die bei *cavallae* etwas länger ist als bei *macedonica* (INGRISCH 1981), auch hier gibt es Annäherungen. *P. cavallae* ist im Durchschnitt etwas größer als *macedonica* und von dunkler, schwarzbrauner Grundfarbe. Besonders große Exemplare liegen aus der Umgebung von Kavalla und dem Pangeon vor, während in den Ori Lekanis kleinere und häufig auch hellbraun gefärbte Stücke vorkommen. Bei *macedonica* überwiegen graubraune und gelbbraune Tiere, schwarzbraune sind seltener; vereinzelt treten bei beiden auch rotbraune Tiere auf.

36a. *Pholidoptera macedonica macedonica* RAMME, 1928

Untersuchtes Material: NO-Griechenland: Skepaston (5) 10♂♂, 5♀♀, Stratonikion (9a) nur larval, Arnea (10a + b) 1♂, 2♀♀; ferner: Vodna/Skopje 7♂♂, 2♀♀, Pelister/Baba 6♂♂, 2♀♀, Galicica 1♀, Berge westlich Florina 2♂♂, 2♀♀;
silvicol: arbusticol.

Maße (in mm): Körper ♂ 19–25, ♀ 23–28; Pronotum ♂ 7–9, ♀ 7,5–9; Elytra ♂ 4–6, ♀ 0; Postfemora ♂ 21,5–25, ♀ 24–27; Ovipositor 20–26.

36b. *Pholidoptera macedonica cavallae* KALTENBACH, 1965 stat. nov.

Untersuchtes Material: Krinides 1♂ (Holotypus), Kalamica/Kavalla 1♂ (Paratypus), Pangeon (21a–c) 8♂♂, 6♀♀, Korifes (23a) 2♂♂, 1♀, Platamon (25) 10♂♂, 4♀♀; larval und adult;
silvicol: arbusticol.

Maße (in mm): Körper ♂ 20–27, ♀ 22–29; Pronotum ♂ 7–10,4, ♀ 8–9,5; Elytra ♂ 3–5, ♀ 0; Postfemora ♂ 22,5–28,5, ♀ 24,5–27; Ovipositor 22–29.

37. *Pholidoptera brevipes* RAMME, 1939

Koutson (33);
praticol: geophil-phytophil.

P. brevipes war bisher nur aus Ostbulgarien und Anatolien bekannt (HARZ 1969) und ist somit neu für Griechenland. Er lebt nicht im Gebüsch wie andere *Pholidoptera*-Arten, sondern ist ein Steppenbewohner. Die ♂♂ laufen umher während sie stridulieren, so wie dies auch *Polysarcus*- und *Psorodonotus*-Arten tun.

38. *Eupholidoptera smyrnensis* (BRUNNER, 1882)

Kalindria (1), Mandraki (2), Asprovalta (6), Apollonia (7a), Nea Maditos (8), Kokkinogia (16), Pangeon (21d), Korifes (23a), Polinero (24), Xanthi (31), Kompsatos (32a), Koutson (33), Nea Sanda (36), Nea Chili (40a + b), Drama (Parkanlage); larval und adult;
arbusticol.

Abb. 6: *Pholidoptera macedonica* RAMME, 1928; Variationsbreite der Titillatoren:
m_a–m_z) *Pholidoptera macedonica macedonica* RAMME, 1928:
m_a–m_c) Gesamtansichten, m_f–m_z) Ende des Apikalteils stärker vergrößert, jeweils Aufsichten von innen (außer a = Aufsicht von außen, s = auf die Spitze), m_a–m_c + m_f–m_o von Skepaston, m_q, m_r + m_t von Florina, m_p + m_s von Arnea, m_u, m_w, m_y + m_z vom Vodna, m_y + m_x vom Pelister;
c_a–c_s) *Pholidoptera macedonica cavallae* KALTENBACH, 1965:
c_a–c_c) Gesamtansichten, darüber und darunter jeweils die Variationsbreite der Verwachsungsstelle der Basalteile angedeutet, c_d–c_s) Ende des Apikalteils stärker vergrößert, jeweils Aufsichten von innen (außer c_q + c_r = von außen), c_a von Kalamica (Paratypus), c_b vom Pangeon (angedeutete Variationsbreite = von Platamon), c_c von Platamon (angedeutete Variationsbreite = vom Pangeon), c_d, c_e, c_n, c_o, c_p + c_s von Platamon, c_f, c_g, c_i, c_k, c_l, c_Q + c_r vom Pangeon, c_h + c_j von Krinides (Holotypus), c_m von Kalamica (Paratypus).

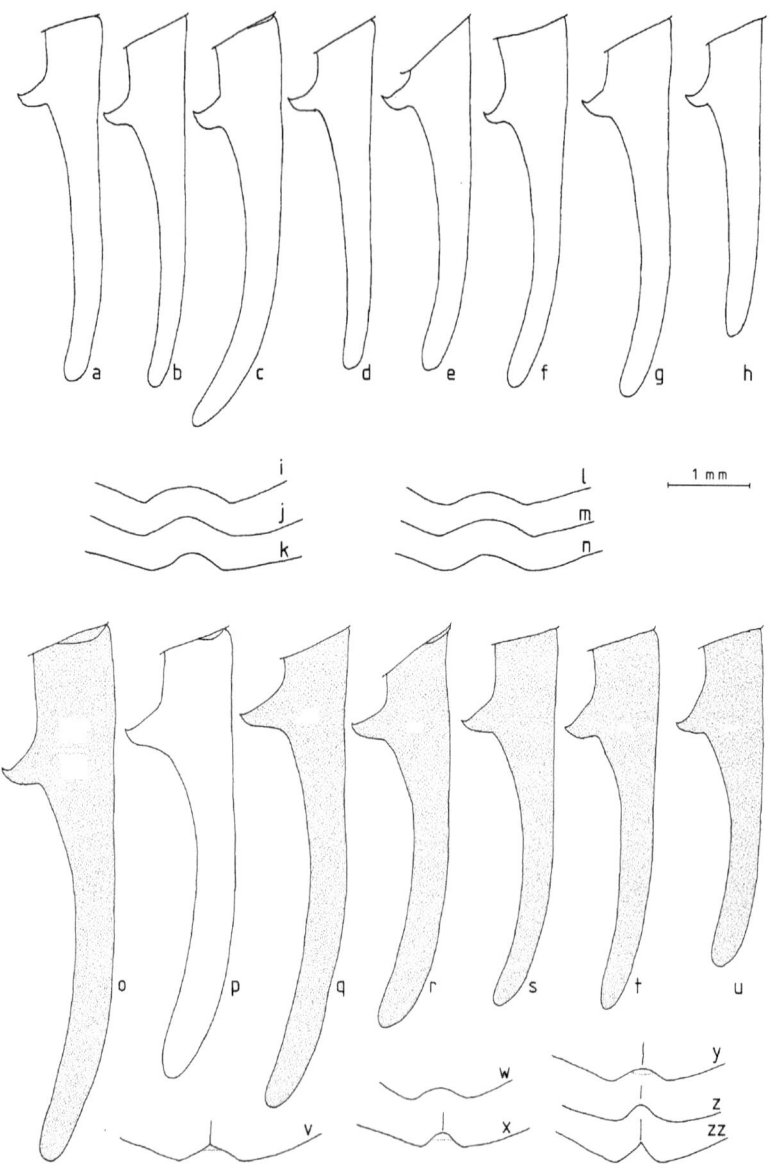

1 mm

39. *Parapholidoptera castaneoviridis* (BRUNNER, 1882)

Nea Sanda (37), Essimi (38a + b);
silvicol: herbicol-arbusticol.

Die Art war bisher nur aus Anotolien und Bulgarien bekannt (HARZ 1969) und ist neu für Griechenland.

40. *Bucephaloptera bucephala* (BRUNNER, 1882)

Sochos (4), Skepaston (5), Asprovalta (6), Apollonia (7a), Chrisopigi (13), Kokkinogia (16), Xiropotamos (17), Messorrachi (18), Strymon (19 + 20), Pangeon (21d), Palea Kavala (22), Korifes (23b), Polinero (24), Polinerion (27), Nea Karvali (28b + e), Sterna (29), Essimi (38b), Nea Chili (40a); larval, Ende Juli auch vereinzelt adult;
graminicol-arbusticol.

41. *Pachytrachis gracilis* (BRUNNER, 1861)

Volax (15a), Platamon (25); larval;
silvicol: arbusticol.

Von dieser Art sind aus Griechenland bisher erst wenige Funde aus dem Nordwesten bekannt geworden (WILLEMSE 1977).

42. *Anterastes serbicus* BRUNNER, 1882

Lalias (11), Falakron (14), Volax (15b), Xiropotamos (17), Pangeon (21a + b); larval und adult;
praticol: phytophil, montan-alpin.

Diese Art ist gleichfalls erst vor kurzem aus Griechenland nachgewiesen worden (HARZ 1975b, WILLEMSE 1977).

43. *Rhacocleis germanica* (HERRICH-SCHÄFFER, 1840)

Sochos (4), Skepaston (5), Asprovalta (6), Apollonia (7a), Chrisopigi (13), Volax (15a), Kokkinogia (16), Messorrachi (18), Strymon (19 + 20), Pangeon (21d), Palea Kavala (22), Polinero (24), Platamon (25), Polinerion (27), Nea Karvali (28d + e), Sterna (29), Xanthi (30b), Porto Lagos (34), Nea Sanda (36 + 37), Essimi (38a + b), Anthia (41);
larval;
graminicol-arbusticol.

44. *Gampsocleis abbreviata ebneri* UVAROV, 1921

Kalindria (1), Messorrachi (18);
praticol: geophil-phytophil, xerophil.

45. *Saga natoliae* SERVILLE, 1839

Mandraki (2), Sochos (4), zwischen Areti und Ossa, südwestlich Vrise, Chrisopigi (13), Kokkinogia (16), Xiropotamos (17), Pangeon (21d), Korifes (23 a + b), Polinero (24), Nea Karvali (28b, c + e), Xanthi (31), Essimi (38 a + b);
graminicol-arboricol.

46. *Saga rammei* KALTENBACH, 1965

Kalindria (1), Messorrachi (18);
praticol: phytophil, xerophil.

Abb. 7: *Pholidoptera macedonica* RAMME, 1928;
Variationsbreite der ♂ Cerci (a–h + o–u, Aufsichten auf den rechten Cercus) und Variationsbreite des Hinterrands des 10. Abdominaltergits des ♂ (i–n + v–zz):
a–n) *Pholidoptera macedonica macedonica* RAMME, 1928:
a–d + i–k von Skepaston, e–f + l vom Vodna, g + m vom Pelister, h + n von Florina;
o–zz) *Pholidoptera macedonica cavallae* KALTENBACH, 1965: o + v von Krinides (Holotypus), p–r + zz vom Pangeon, s–u + y–z von Platamon, w + x von Korifes.

47. *Saga campbelli campbelli* UvAROV, 1921
Thessaloniki (3), Apollonia (7a), Chrisopigi (13), Kokkinogia (16), Xiropotamos (17);
praticol: phytophil.

48. *Ephippiger ephippiger* (FIEBIG, 1784)
Arnea (10a), Orini (12), Pangeon (21 b + c), Korifes (23 a), Polinero (24), Platamon (25); larval;
arbusticol-arboricol, überwiegend silvicol.

Diese Art wurde bisher nur von WILLEMSE (1977) für Griechenland nachgewiesen. Dieser stellt seine
Funde vom Vernon, Pieria und Olymp in die ssp. *ephippiger.* Das einzige uns vorliegende adulte ♂
könnte zur ssp. *harzi* ADAMOVIĆ, 1973 gehören, doch müßten noch mehr adulte Tiere für eine endgültige Klärung vorliegen, da die Unterschiede zwischen den Rassen minimal sind.

Gryllidae

49. *Gryllus campestris* L., 1758
Sochos (4), Volax (15a + b), Platamon (25), Lekani (26), Essimi (38a);
praticol: geophil, überwiegend montan.

50. *Gryllus bimaculatus* DE GEER, 1773
Nea Karvali (28b), Tsopan (39b), Nea Chili (40b); larval und adult;
praticol: geophil.

51. *Melanogryllus desertus* (PALLAS, 1771)
Mandraki (2), Nea Chili (40b), Anthia (41);
praticol: geophil.

52. *Tartarogryllus burdigalensis* (LATREILLE, 1804)
Nea Karvali (28d), Nea Chili (40b); larval und adult;
praticol: geophil, hygrophil.

Bei den adulten Tieren handelt es sich ausnahmslos um frische, holoptere Imagines, die abends ans
Licht geflogen kamen. Nach einer Ausbreitungsphase werden die Hinterflügel von dieser Art abge-
worfen (INGRISCH 1978).

53. *Pteronemobius heydeni* (FISCHER, 1853)
Mandraki (2), Nea Maditos (8), Nea Karvali (28 d + e), Xanthi (30 a + 31), Porto Lagos (34), Nea Sanda (36), Nea
Chili (40 b), Anthia (41); larval und adult;
ripicol: geophil, hygrophil.

54. *Oecanthus pellucens* (SCOPOLI, 1763)
Mandraki (2), Skepaston (5), Asprovalta (6), Kokkinogia (16), Messorrachi (18), Strymon-Mündung (20), Pangeon
(21 d), Palea Kavala (22), Korifes (23 a), Polinero (24), Polinerion (27), Nea Karvali (28 b + d), Sterna (29), Xanthi
(30 b + 31), Porto Lagos (34), Nea Sanda (36 + 37), Essimi (38 b), Tsopan (39 b), Nea Chili (40 b), Anthia (41), Doriskos (42); larval und adult;
graminicol-arboricol.

Gryllotalpidae

55. *Gryllotalpa gryllotalpa* L., 1758
Mandraki (2), Nea Karvali (28 a), Xanthi (31), Nea Chili (40 b); adult und junge Larven;
geobiont, hygrophil.

Caelifera (Orthoptera s. str.)

Tridactylidae

56. *Xya variegata* LATREILLE, 1809

Nea Karvali (28 d), Kompsatos (32 b); larval und adult;
ripicol: geophil-geobiont, hygrophil.

Diese und die folgende Art, die von HARZ (1975a) unter *Tridactylus* geführt werden, sind von
GUNTHER (1980) zur Gattung *Xya* gestellt worden. *X. variegata* ist auf wärmere Gebiete, besonders
im Küstenbereich beschränkt, und daher seltener als folgende Art.

57. *Xya pfaendleri* (HARZ, 1970)

Mandraki (2), Nea Maditos (8), Xanthi (30 a), Kompsatos (32), Nea Sanda (36); larval und adult;
ripicol: geophil-geobiont, hygrophil.

Die ♂♂ der uns vorliegenden Exemplare tragen Stridulationszäpfchen auf der Unterseite der Elytren. Da diesbezüglich noch wenig Daten vorliegen, sollen einige Beobachtungen über die Haltung im
Labor mitgeteilt werden. Die Tiere stammten aus dem Neusiedler-See-Gebiet in Österreich. Als Nahrung wurden frische Mehlwurmstückchen, Moose und Pilzhyphen verzehrt. Es ist bemerkenswert,
daß sich in den als Zuchtschalen verwendeten kleinen Plastikdosen, die zur Hälfte mit feuchtem Sand
gefüllt waren, auf dem Moos aufgelegt war, keine Schimmelrasen bildeten, der Verzehr von Pilzhyphen
scheint somit in größerem Maße stattgefunden zu haben. Nach BLACKITH & BLACKITH (1979) sollen
auch Bakterien, Algen und Parenchym höherer Pflanzen verzehrt werden. Die Tridactyliden sind also
wohl Allesfresser, wobei entsprechend dem Vorkommen in den von ihnen bewohnten Habitaten Bakterien, Pilze und Algen überwiegen dürften. Die Eier wurden zu 8–10 in lockeren Paketen in kleinen
Erdhöhlen abgelegt. Die Embryonalentwicklung dauerte bei 24°C 15–17 Tage. Leider ist es nicht gelungen, die Larven aufzuziehen.

Tetrigidae

58. *Paratettix meridionalis* (RAMBUR, 1838)

Mandraki (2), Apollonia (7b), Nea Maditos (8), Kompsatos (32b), Nea Sanda (36), Doriskos (42);
geophil überwiegend ripicol, hygrophil.

59. *Tetrix bolivari* (SAULCY, 1901)

Porto Lagos (34), Nea Sanda (36), Anthia (41);
ripicol: geophil, hygrophil.

60. *Tetrix ceperoi* (BOLTIVAR, 1887)

Mandraki (2), Apollonia (7b), Nea Maditos (8), Nea Karvali (28 d + e), Porto Lagos (34), Nea Chili (40b);
überwiegend ripicol: geophil, hygrophil.

61. *Tetrix depressa* (BRISOUT, 1848)

Apollonia (7 b), Kokkinogia (16), Pangeon (21 c), Xanthi (30 a + 31), Nea Sanda (37), Essimi (38 a), Tsopan (39 b);
larval und adult;
terricol, hygrophil, auch in Wäldern.

62. *Tetrix (Tetratetrix) bipunctata* (L., 1758)

Volax (15 a), Lekani (26); larval und adult;
silvicol: geophil, montan.

Neu für Griechenland. Es wurden sowohl die f. *brachyptera* (= typischer *T. bipunctata)* als auch
die f. *kraussi* gefunden. HARZ (1975a) vermutet, daß die südliche Verbreitungsgrenze dieser Art in Europa weitgehend mit dem Alpensüdhang übereinstimmt, da nur wenige südlichere Funde aus den Gebirgen Istriens, Rumäniens und Bulgariens vorliegen. Unsere Funde zeigen, daß sie aber mindestens

bis Nordgriechenland verbreitet ist, bei genauer Nachforschung dürfte sie auch noch an anderen Stellen in den Balkangebirgen zu finden sein.

63. *Tetrix (Tetratetrix) tenuicornis tenuicornis* SAHLBERG, 1893
Mandraki (2); larval und adult;
terricol, hygrophil.

Die Art wird von HARZ (1975a) nicht für Griechenland angegeben, doch dürfte sich die Angabe von BERLAND & CHOPARD (1922) für *T. bipunctata* auf diese Art beziehen. Die Systematik in der *bipunctata*-Gruppe war früher sehr verworren, die Arten teilweise zusammengefaßt, und die Namen auch für andere Formen gebraucht als heute üblich.

Pamphagidae

64. *Paranocarodes fieberi fieberi* (BRUNNER, 1882)
Nea Sanda (37), Essimi (38 b); adult und junge Larven;
silvicol: geophil, auch in der Streu versteckt.

Die Gattung *Anabothrodes*, in die *P. fieberi* früher gestellt worden ist, wurde von DEMIRSOY (1973) bei der Revision der anatolischen *Pamphaginae* mit *Paranocarodes* synonymisiert. KALTENBACH (1967) meldet von Essimi auch *P. straubei* (FIEBER , 1853). Die von uns gefundenen Exemplare sind aber eindeutig zu *P. fieberi* zu stellen, insbesondere sind die zahnartigen Vorsprünge am Hinterrand der Abdominaltergite nur sehr schwach entwickelt. *P. fieberi* war bisher nur aus Anatolien und von einigen griechischen Inseln bekannt (HARZ 1975a) und ist neu für das griechische Festland. Wie Aufzuchtversuche von Larven gezeigt haben, überwintert diese Art in jüngeren bis mittleren Larvenstadien.

65. *Paranocaracris bulgaricus bulgaricus* (EBNER & DENDROWSKI, 1930)
Falakron (14), Pangeon (21 a + b); adult und junge Larven, die wie bei voriger Art überwintern;
praticol: geophil, alpin.

P. bulgaricus war bisher nur aus dem Rhodope-Gebirge in Bulgarien bekannt (PEŠEV 1974), sowie in der ssp. *flavotibialis* WILLEMSE, 1974 vom Olymp.

66. *Asiotmethis limbatus limbatus* (CHARPENTIER, 1842)
Kokkinogia (16), Messorrachi (18), Palea Kavala (22), Nea Karvali (28 c), Doriskos (42);
praticol: geophil, xerophil.

67. *Glyphotmethis heldreichi* (BRUNNER, 1882)
Kalindria (1), Thessaloniki (3), Sochos (4), Strymon (19);
praticol: geophil, xerophil.

Die von uns gefundenen Exemplare entsprechen in der Länge der Elytren der ssp. *heldreichi*, bezüglich der Färbung der Innenseite der Postfemora aber der ssp. *macedonicus* BEI-BIENKO, 1951. Da uns keine Exemplare aus dem Süden des Verbreitungsgebietes vorliegen, muß die Frage nach der Berechtigung der Rassen vorerst offen bleiben.

Catantopidae

68. *Podisma pedestris pedestris* (L., 1758)
Pangeon (21 b); larval und adult;
praticol: geophil-phytophil, alpin.

69. *Melanoplus frigidus strandi* FRUHSTORFER, 1921
Falakron (14); larval und adult;
praticol: geophil- phytophil, alpin.

Die Art ist neu für Griechenland. Sie erreicht hier ihre Südgrenze in Europa.

70. *Odontopodisma decipiens decipiens* RAMME, 1951

Platamon (25), Xanthi (30b); larval und adult;
silvicol: herbicol-arbusticol.

O. *decipiens* war aus Griechenland bisher nur vom Olymp bekannt (WILLEMSE 1977).

71. *Pezotettix giornae* ROSSI, 1794

an allen Fundorten außer in den Gipfellagen des Falakron und Pangeon; larval und adult;
terricol-arbusticol.

72. *Calliptamus italicus* (L., 1758)

Kalindria (1), Mandraki (2), Thessaloniki (3), Sochos (4), Skepaston (5), Asprovalta (6), Apollonia (7), Stratonikion (9b), Arnea (10a), Lalias (11), Orini (12), Chrisopigi (13), Volax (15a), Kokkinogia (16), Xiropotamos (17), Messorrachi (18), Strymon (19 + 20), Pangeon (21 d), Palea Kavala (22), Korifes (23a), Polinero (24), Lekani (26), Platamon (25), Polinerion (27), Nea Karvali (28b–e), Sterna (29), Xanthi (30 + 31), Koutson (33), Porto Lagos (34), Nea Sanda (36 + 37), Essimi (38a + b), Tsopan (39b), Nea Chili (40a), Anthia (41); adult und besonders in höheren Lagen noch larval;
praticol: geophil-phytophil, mehr im Bergland, im Küstenbereich meso- bis hygrophil.

73. *Calliptamus barbarus barbarus* (COSTA, 1836)

Mandraki (2), Thessaloniki (3), Xiropotamos (17), Messorrachi (18), Nea Karvali (28b + c), Sterna (29), Porto Lagos (34), Nea Sanda (36), Essimi (38b), Tsopan (39a + b), Nea Chili (40a), Doriskos (42); larval und adult;
praticol: geophil-phytophil, mehr in den Niederungen, xerophil.

74. *Paracaloptenus caloptenoides caloptenoides* (BRUNNER, 1861)

Essimi (38a + b);
geophil-phytophil.

75. *Eypreopocnemis plorans plorans* (CHARPENTIER, 1825)

Nea Karvali (28d + e), Porto Lagos (34), Anthia (41), östlich Polikastron; larval;
praticol: phytophil, hygrophil.

76. *Anacridium aegyptium* (L., 1764)

Asprovalta (6), Nea Karvali (28b–e), Xanthi (31); larval;
herbicol-arbusticol.

77. *Tropidolipoda graeca graeca* UVAROV, 1926

Nea Karvali (28e); larval;
praticol: phytophil, hygrophil.

Acrididae

78. *Acrida ungarica mediterranea* DIRSH, 1949

Kalindria (1), Mandraki (2), Skepaston (5), Asprovalta (6), Apollonia (7a), Kokkinogia (16), Xiropotamos (17), Messorrachi (18), Strymon (19 + 20), Palea Kavala (22), Nea Karvali (28a–c + e), Sterna (29), Xanthi (31), Kompsatos (32a), Koutson (33), Porto Lagos (34), Nea Sanda (36 + 37), Tsopan (39a), Nea Chili (40a), Anthia (41), Doriskos (42); larval;
praticol: phytophil.

79. *Psophus stridulus* (L., 1758)

Lalias (11), Falakron (14); larval;
praticol: geophil-phytophil, montan-alpin.

Neu für Griechenland. 2♂♂ und 1♀ vom Falakron, die bis zur Imago gezogen wurden, sind vergleichsweise klein und kurzflüglig. Es ist aber möglich, daß dies auch durch die ungünstigen Hälterungsbedingungen während der Reise mitbedingt ist.
Maße (in mm): Körper ♂ 21, ♀ 28; Pronotum ♂ 5,5–6, ♀ 7,5; Elytren ♂ 18–20, ♀ 14,5; Postfemora ♂ 17, ♀ 14,5.

80. *Locusta migratoria migratoria* L., 1758 phasis *solitaria* Uv., 1929

Nea Karvali (28b, d + e), Sterna (29), Nea Chili (40a);
praticol: phytophil, leicht hygrophil.

81. *Oedaleus decorus* (GERMAR, 1826)

Kalindria (1), Mandraki (2), Skepaston (5), Orini (12), Chrisopigi (13), Xiropotamos (17), Messorrachi (18), Strymon (19), Palea Kavala (22), Nea Karvali (28c), Sterna (29), Xanthi (31), Essimi (38b), Doriskos (42); larval und adult;
praticol: geophil, xerophil.

82. *Celes variabilis* (PALLAS, 1771)

Xiropotamos (17), Messorrachi (18);
praticol: geophil, xerophil.

83. *Oedipoda caerulescens* (L., 1758)

Kalindria (1), Thessaloniki (3), Sochos (4), Skepaston (5), Asprovalta (6), Apollonia (7b), Arnea (10a), Lalias (11), Orini (12), Chrisopigi (13), Volax (15a), Kokkinogia (16), Xiropotamos (17), Strymon (19), Pangeon (21c + d), Korifes (23b), Polinero (24), Lekani (26), Polinerion (27), Nea Karvali (28b), Sterna (29), Xanthi (30a + 31), Kompsatos (32a), Nea Sanda (36 + 37), Essimi (38a + b), Tsopan (39a + b), Nea Chili (40a), Doriskos (42); larval und adult;
praticol: geophil, mäßig xerophil.

84. *Oedipoda germanica* (LATREILLE, 1804)

Orini (12), Kokkinogia (16), Xiropotamos (17), Messorrachi (18), Palea Kavala (22), Korifes (23a + b), Polinero (24), Nea Karvali (28c), Xanthi (31), Essimi (38b), Tsopan (39b), Doriskos (42); larval und adult;
praticol: geophil-lithophil, xerophil.

85. *Oedipoda miniata miniata* (PALLAS, 1771)

Kalindria (1), Thessaloniki (3), Skepaston (5), Asprovalta (6), Apollonia (7b), Messorrachi (18), Strymon (19), Nea Karvali (28a), Porto Lagos (34), Doriskos (42); larval und adult;
praticol: geophil-psammophil, xerophil.

86. *Sphingonotus caerulans caerulans* (L., 1767)

Sterna (29), Xanthi (30a);
terricol-psammophil.

Die Tiere entsprechen teilweise typischen *S. caerulans,* teilweise (auch vom selben Fundort) der forma *exornatus* NEDELKOV, 1907 nov. stat., auch am Vardar bei Gevgelija/YU kommen Mischpopulationen vor. Wir sind daher mit BURES & PEŠEV (1955, S. 83) der Meinung, daß es sich bei *exornatus* nur um eine ökologische Form handelt, die im Süden überwiegt, und nicht wie bisher angenommen um eine Subspecies.

87. *Acrotylus insubricus insubricus* (SCOPOLI, 1786)

Nea Karvali (28a–c), Xanthi (31); ferner wurden an zahlreichen Stellen *Acrotylus*-Larven gefunden (manchmal sehr junge), die entweder dieser oder der folgenden Art angehören, die aber nicht näher diagnostiziert worden sind. praticol: geophil, leicht psammophil.

Von dieser Art werden 2 Subspecies unterschieden (HARZ 1975a), und zwar aufgrund der Länge der Elytren, die entweder die Mitte der Hintertibien nicht erreichen (ssp. *insubricus*) oder diese überragen (ssp. *inficitus* WALKER, 1870), und aufgrund der Größe der dunklen Binde auf den Alae, die breit ist und vorn die Analis erreicht *(insubricus)* oder schmal und die Analis nicht erreicht *(inficitus).* Dabei sollen in Ungarn, CSSR, Rumänien, Bulgarien, Jugoslawien u. a. die ssp. *insubricus,* und in Griechenland, den ägäischen Inseln, Italien und den Mittelmeerinseln, Südfrankreich, der Iberischen Halbinsel, Nordafrika u. a. die ssp. *inficitus* vorkommen. PRESA & LLORENTE (1979) konnten aber *inficitus* nur im äußersten Süden Spaniens nachweisen, während sonst überall *insubricus* auftritt. DEFAUT (1982) schreibt, daß in Marokko nur *insubricus,* nicht aber *inficitus* vorkomme, und daß der Status dieser Subspecies geklärt werden müsse. Uns liegen Tiere aus Jugoslawien, Griechenland, Rhodos, Sardinien, Südspanien, Teneriffa, Marokko, Tunesien und Ägypten vor. Sie zeigen, daß eine Tendenz zur Verlängerung der Flugorgane nach Süden hin zu beobachten ist, die aber nicht strikt eingehalten wird, so daß in manchen Gebieten sehr unterschiedliche Flügellängen zu beobachten sind, z. B. Rhodos, Sardinien, Ostspanien, Teneriffa. Bei den vorliegenden Stücken aus Nordostgriechenland und aus Ostspanien (Benidorm) sind die Rassenmerkmale in umgekehrter Weise kombiniert wie in der Diagnose. Und zwar kommen in NO-Griechenland Exemplare mit langen Elytren und breiter Flügelbinde, die die Analis erreicht, vor, während in Ostspanien kurze Elytren, die knapp die Hinterknie überragen, mit sehr kleinen und schmalen Flügelbinden kombiniert sind. Zwar ist unser Material noch nicht ausreichend, um die Frage der Rassenbildung endgültig zu klären, doch dürfte *inficitus* als Synonym zu *insubricus* zu stellen sein.

88. *Acrotylus patruelis* (HERRICH-SCHAFFER, 1838)

Mandraki (2), Asprovalta (6), Apollonia (7b), Nea Karvali (28a–c), Porto Lagos (34);
praticol: geophil, leicht psammophil.

89. *Acrotylus longipes* (CHARPENTIER, 1845)

- Nea Karvali (28a);
terricol-psammophil.

90. *Aiolopus thalassinus* (FABRICIUS, 1781)

Mandraki (2), Nea Maditos (8), Strymon-Mündung (20), Nea Karvali (28b, d, e), Xanthi (30a, 31), Koutson (33), Porto Lagos (34, 35), Nea Sanda (36), Nea Chili (40a + b), Anthia (41); larval und adult;
praticol: geophil (-phytophil), hygrophil.

91. *Aiolopus strepens* (LATREILLE, 1804)

Mandraki (2), Kokkinogia (16), Xiropotamos (17), Strymon-Mündung (20), Nea Karvali (28d + e), Sterna (29), Porto Lagos (34); larval und adult, im Durchschnitt jünger als vorige Art;
praticol: geophil (-phytophil), hygrophil.

92. *Platypygius crassus* (KARNY, 1907)

Strymon-Mündung (20), Nea Karvali (28e), Porto Lagos (35), Anthia (41); larval und adult;
terricol, hygrophil; in Salicornia-Beständen in Brackwassersümpfen.

P. crassus war bisher nur von Lembet/Mazedonien, der Ropota-Mündung in Bulgarien und lokal aus der südlichen UdSSR bekannt (HARZ 1975a).

93. *Parapleurus alliaceus* (GERMAR, 1817)

Mandraki (2);
praticol: phytophil, hygrophil.

Neu für Griechenland, die Art erreicht hier ihre neue Südgrenze in Südosteuropa.

94. *Paracinema tricolor bisignata* (CHARPENTIER, 1825)

Nea Karvali (28d); larval;
praticol: phytophil, hygrophil.

95. *Chrysochraon (Euthystira) brachyptera* (OCSKAY, 1826)

Lalias (11), Falakron (14), Volax (15a + b), Pangeon (21a–d); am Pangeon auch in der holopteren Form;
praticol: phytophil, montan-alpin.

Von *E. brachyptera* sind bisher erst wenige Funde aus den griechischen Bergen bekannt geworden (WILLEMSE 1977).

96. *Dociostaurus maroccanus* (THUNBERG, 1815)

Kalindria (1), Mandraki (2), Thessaloniki (3), Sochos (4), Skepaston (5), Asprovalta (6), Apollonia (7b), Lalias (11), Orini (12), Chrisopigi (13), Volax (15b), Xiropotamos (17), Messorrachi (18), Strymon (19), Pangeon (21b–d), Polinero (24), Platamon (25), Lekani (26), Nea Karvali (28b, c, e), Koutson (33), Porto Lagos (34), Nea Sanda (37), Essimi (38a + b), Doriskos (42);
praticol: geophil-phytophil.

97. *Dociostaurus brevicollis* (Eversmann, 1848)

Kalindria (1), Thessaloniki (3), Skepaston (5), Apollonia (7b), Orini (12), Chrisopigi (13), Xiropotamos (17), Strymon-Mündung (20), Koutson (33), Doriskos (42);
praticol: geophil (-phytophil).

98. *Dociostaurus (Notostaurus) anatolicus* (Krauss, 1896)

Messorrachi (18);
praticol: geophil.

99. *Omocestus viridulus* (L., 1758)

Pangeon (21b); larval;
praticol: phytophil, montan.

100. *Omocestus ventralis* (Zetterstedt, 1821)

Sochos (4), Skepaston (5), Asprovalta (6), Nea Maditos (8), Stratonikion (9b), Arnea (10a), Lalias (11), Volax (15a + b), Kokkinogia (16), Strymon-Mündung (20), Pangeon (21d), Korifes (23a + b), Platamon (25), Lekani (26), Polinerion (27), Sterna (29), Xanthi (30 + 31), Koutson (33), Essimi (38a), Tsopan (39b), Anthia (41);
praticol: phytophil.

101. *Omocestus (Dirshius) haemorrhoidalis* (Charpentier, 1825)

Lalias (11); larval;
praticol, montan.

102. *Omocestus (Dirshius) petraeus* (Brisout, 1855)

Thessaloniki (3), Orini (12), Messorrachi (18);
praticol: geophil-phytophil.

103. *Omocestus (Dirshius) minutus* (Brulle, 1832)

Kalindria (1), Thessaloniki (3), Skepaston (5), Asprovalta (6), Orini (12), Strymon (19), Nea Karvali (28a + b), Sterna (29), Porto Lagos (34), Nea Sanda (37), Tsopan (39a), Nea Chili (40a); larval und adult;
praticol: geophil-phytophil.

104. *Stenobothrus lineatus* (Panzer, 1796)

Lalias (11), Falakron (14), Volax (15b), Pangeon (21b), Platamon (25), Lekani (26); adult + besonders im Hochgebirge auch noch larval;
praticol: phytophil, montan.

Von *S. lineatus* sind bisher erst wenige Funde aus Griechenland bekannt geworden, er kommt aber auch in Nordanatolien vor (Willemse 1977).

105. *Stenobothrus fischeri* (Eversmann, 1848)

Thessaloniki (3), Sochos (4), Skepaston (5), Orini (12), Volax (15b), Xiropotamos (17), Korifes (23b), Polinero (24), Lekani (26);
praticol: phytophil.

106. *Stenobothrus (Stenobothrodes) eurasius* Zubowski, 1898

Nea Sanda (37), Essimi (38a); larval und adult;
graminicol.

Neu für Griechenland. Von dieser Art sind eine ganze Reihe von Subspecies beschrieben worden, die von Harz (1975a) aber nur als Formen angesehen werden, da die Variation innerhalb einer Population beträchtlich sein kann. Die Elytren der Tiere vom Chara Koma stellen bei einigen Exemplaren eine Übergangsform von der ssp. *eurasius* zur ssp. *macedonicus* Willemse, 1974 dar (Abb. 8a), sind bei anderen aber noch schlanker als die von *macedonicus* (Abb. 8b + d), insbesondere bei den ♀♀. Die Aderung der Hinterflügel entspricht jener von *macedonicus* (Abb. 8c). Die Antennen sind am Apex verdunkelt. Die Posttibiae sind rot.

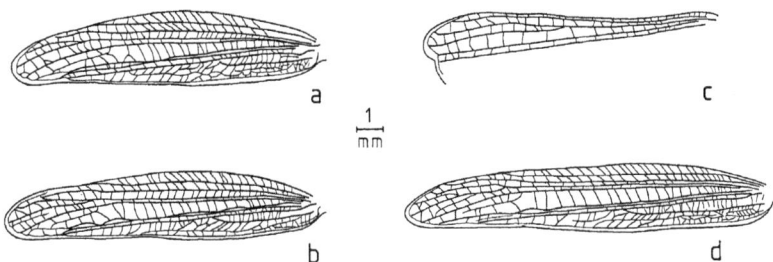

Abb..8: *Stenobothrus (Stenobothrodes) eurasius* ZUBOWSKI, 1898 (Essimi): a + b) linke Elytren ♂♂ (Variationsbreite), c) Vorderrand des linken Hinterflügels ♂, d) linke Elytre ♀.

107. *Stenobothrus (Crotalacris) rubicundulus* KRUSEMAN & JEEKEL, 1967

Falakron (14), Volax (15a + b), Pangeon (21b); larval und adult;
praticol: phytophil, montan-alpin.

108. *Aeropus sibiricus* (L., 1767)

Falakron (14); larval und adult;
praticol: (geophil-)phytophil, alpin.

109. *Gomphocerus rufus* (L. 1758)

Lalias (11), Volax (15a); larval und adult;
silvicol: phytophil, montan.

G. *rufus* ist neu für Griechenland und erreicht hier seine neue Verbreitungsgrenze in Südosteuropa.

110. *Myrmeleotettix maculatus maculatus* (THUNBERG, 1815)

Falakron (14), Pangeon (21a + b); larval und adult;
praticol: geophil, alpin.

111. *Chorthippus (Stauroderus) scalaris* (FISCHER-WALDHEIM, 1846)

Lalias (11), Volax (15a), Pangeon (21a–d);
graminicol, montan-alpin.

112. *Chorthippus (Glyptobothrus) vagans* (EVERSMANN, 1848)

Pangeon (21a).

C. *vagans* ist aus Griechenland bisher nur von einigen ägäischen Inseln gemeldet worden (HARZ 1975a). Uns liegt nur 1♂ vor, das morphologisch nur schwer von südeuropäischen C. *mollis* zu trennen ist. Aufgrund der Stridulation konnte aber die Artzugehörigkeit einwandfrei nachgewiesen werden.

113. *Chorthippus (Glyptobothrus) mollis mollis* (CHARPENTIER, 1825)

Skepaston (5), Nea Karvali (28c), Nea Sanda (37), Tsopan (39b); larval und adult;
terricol-graminicol, xerophil.

114. *Chorthippus (Glyptobothrus) bornhalmi* HARZ, 1971
     Chorthippus (Glyptobothrus) lagrecai HARZ, 1975 syn. n.

C. *bornhalmi* wurde von Dubrovnik/Dalmatien und C. *lagrecai* aus Griechenland beschrieben. Bei Feldbeobachtungen fiel uns die große Ähnlichkeit in der Stridulation der beiden Formen auf. Morphologische Untersuchungen erbrachten ebenfalls keine signifikanten Unterschiede zwischen den Populationen aus Dalmatien und aus Griechenland. Herr Dr. K. HARZ hat uns inzwischen die Identität der Stridulation von dalmatinischen und griechischen Tieren bestätigt.

Im folgenden soll noch einmal die Variationsbreite von C. *bornhalmi* bezüglich einiger Maße und Indizes zusammengestellt werden, die für die Differentialdiagnose der *Chorthippus*-Arten von Bedeutung sind. Sie gründen auf den uns vorliegenden Exemplaren aus Dalmatien, Mazedonien und dem mittel- bis südgriechischen Festland. Werden die Mittelwerte der Indizes für die Tiere aus den 3 Gebieten getrennt berechnet, ergeben sich keine signifikanten Unterschiede. Angegeben werden jeweils der Mittelwert und die absolute Variationsbreite:

a) Augenlänge : kleinste Vertexbreite
♂ 2,2 (1,9–2,5), ♀ 1,8 (1,7–2,2)

b) Länge des Pronotums (in mm)
♂ 3,2 (2,7–3,6), ♀ 4,1 (3,6–4,4)

c) Lage des Sulcus (von vorn) : Pronotumlänge
♂ 0,43 (0,39–0,46), ♀ 0,41 (0,40–0,44)

d) Länge der Elytren (in mm)
♂ 15,5 (13,5–17,0), ♀ 19,0 (17,2–20,6)

e) Elytrenlänge : Elytrenbreite
♂ 5,2 (4,8–5,7), ♀ 5,8 (5,4–6,4)

f) Lage des Stigma-Mittelpunkts (von vorn) : Elytrenlänge
♂ 0,60 (0,57–0,63), ♀ 0,60 (0,55–0,62)

g) Elytrenlänge : Länge der Apikalverengung
♂ 3,0 (2,7–3,4), ♀ 3,0 (2,7–3,4)

h) Länge der Postfemora (in mm)
♂ 9,7 (8,2–10,5), ♀ 12,6 (11,4–13,8)

i) Anzahl der Schrillzäpfchen
♂ 130 (112–162), ♀ 119 (99–147)

k) Tympanalöffnung (Länge : Breite)
♂ 3,8 (3,0–5,1), ♀ 4,7 (2,1–6,1),
die Extremwerte der Tympanalöffnung bei den weiblichen Tieren sind wohl auf Verformungen zurückzuführen.

C. *bornhalmi* ist C. *brunneus* (THUNBERG, 1815) morphologisch sehr ähnlich. Eine sichere Unterscheidung kann nur über die Stridulation oder durch das Auszählen der Schrillzäpfchen erfolgen, die bei C. *brunneus* in viel geringerer Zahl vorhanden sind (♂ 49–86, ♀ 42–70 nach HARZ 1957). Der gewöhnliche Gesang von C. *bornhalmi* kann etwa mit ,,zizizizizizizizi(t)" umschrieben werden, wobei

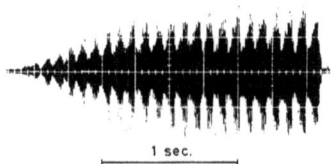

1 sec.

Abb. 9: Oszillogramm des gewöhnlichen Gesangs von *Chorthippus (Glyptobothrus) bornhalmi* HARZ, 1971 ♂ von Skepaston. Aufnahme im Labor, die Tiere konnten sich an einer 60-Watt-Glühbirne aufwärmen.

die Lautstärke der Zirps in der ersten Hälfte der Strophe (Sequenz 1. Ordnung) zunimmt (Abb. 9). Die Anzahl der Zirps pro Sequenz 1. Ordnung ist variabel.

Untersuchtes Material: Nordost-Griechenland: Skepaston (5) 12♂♂, 17♀♀ (teils e. o.), Stratonikion (9a) 1♂, Arnea (10a + b) 2♂♂, 1♀, Lalias (11) 2♂♂, 1♀, Orini (12), Chrisopigi (13), Falakron (14) 1♂, Volax (15a + b) 1♂, 1♀, Kokkinogia (16) 1♂, 2♀♀, Xiropotamos (17) 2♂♂, Pangeon (21a–c) 5♂♂, 4♀♀, Palea Kavala (22) 2♂♂, Lekani (26) 1♀, Polinerion (27), Sterna (29) 2♂♂, Xanthi (30a + b, 31) 1♂, Essimi (38a + b) 1♂; mittel- und südgriechisches Festland: Olymp (Prioni) 1♂, Arachova/Parnaß 2♂♂, Parnaß (2000 m NN) 1♂, 1♀, Met- sovon 1♂, Neochorion/Pilion 1♂, Killini 1♂; Paratypen von C. lagrecai: 20 km nördlich Athen 1♂, Taygetos 1♀, Saloniki 1♀; Mazedonien/YU: Vodna (Skopje) 1♂, Ovče Pole 1♂, Titov Veles 1♀, Pelister (Baba) 1♂; Dal- matien: Dubrovnik 3♂♂, 3♀♀ (Holo-, Allo- und 4 Paratypen), Župa (zw. Dubrovnik–Trebinje) 3♂♂, 3♀♀, Umgebung Zadar 1♂.

In Serbien (ca. 20 km nördlich Niš) konnte C. brunneus mit typisch einsilbiger Stridulation festge- stellt werden, dagegen ist C. bornhalmi auch in Albanien, im südlichen Bulgarien und in der Türkei zu erwarten. Fundortangaben von C. brunneus aus Griechenland dürften sich alle auf C. bornhalmi be- ziehen. Die Art ist geophil-phytophil, sie kommt in Wäldern aber auch in offenem Gelände vor.

· 115. *Chorthippus (Glyptobothrus) biguttulus hedickei* RAMME, 1942

Sochos (4), Skepaston (5), Lalias (11), Orini (12), Xiropotamos (17), Pangeon (21d), Korifes (23a + b), Polinero (24), Nea Sanda (37), Essimi (38a + b); larval und adult; terricol-graminicol.

116. *Chorthippus dichrous* (EVERSMANN, 1859)

Mandraki (2), Skepaston (5), Chrisopigi (13), Kokkinogia (16), Xiropotamos (17), Strymon-Mündung (20), Pan- geon (21d), Nea Karvali (28e), Koutson (33), Nea Chili (40b), Anthia (41); larval und adult; praticol: phytophil, in den Niederungen leicht hygrophil.

117. *Chorthippus loratus* (FISCHER-WALDHEIM, 1846)

Doriskos (42), östlich Polikastron/Axios; larval; praticol.

C. loratus wird später erwachsen als vorige Art. Sie ist sicher noch weiter verbreitet, doch sind die Larven schwer von verwandten Arten zu unterscheiden. Von den genannten Fundorten liegen gezo- gene Imagines vor.

118. *Chorthippus parallelus tenui*s (BRULLE, 1832)

Mandraki (2), Sochos (4), Skepaston (5), Asprovalta (6), Apollonia (7a), Nea Maditos (8), Stratonikion (9b), Lalias (11), Falakron (14), Kokkinogia (16), Strymon-Mündung (20), Pangeon (21c + d), Platamon (25), Lekani (26), Po- linerion (27), Nea Karvali (28d + e), Koutson (33), Porto Lagos (35), Essimi (38a); adult, im Hochgebirge auch noch larval; praticol: phytophil, in den Niederungen leicht hygrophil.

119. *Euchorthippus declivus* (BRISOUT-BARNVILLE, 1848)

Kalindria (1), Mandraki (2), Thessaloniki (3), Sochos (4), Skepaston (5), Asprovalta (6), Apollonia (7b), Orini (12), Chrisopigi (13), Volax (15b), Kokkinogia (16), Xiropotamos (17), Messorrachi (18), Strymon (19+20), Pangeon (21d), Palea Kavala (22), Korifes (23a + b), Polinero (24), Platamon (25), Lekani (26), Polinerion (27), Nea Karvali (28e), Sterna (29), Xanthi (31), Koutson (33), Porto Lagos (34), Nea Sanda (36 + 37), Essimi (38a + b), Tsopan (39b); praticol: phytophil.

Phasmida (Cheleutoptera)

Phyllidae

120. *Bacillus sp.*

Nea Karvali (28d) 1 Larve im 1. Stadium, die nicht näher bestimmt werden kann. Aus Nordostgriechenland waren bisher noch keine Phasmiden bekannt.

Dermaptera

Labiduridae

121. *Labidura riparia* (PALLAS, 1773)
Nea Karvali (28a), Nea Chili (40, am Strand);
ripicol, hygrophil.

Forficulidae

122. *Forficula auricularia* L., 1758
Lekani (26) von Buchen.

123. *Forficula aetolica* BRUNNER, 1882
Tsopan (39b) von Eichen.

124. *Forficula smyrnensis* SERVILLE, 1839
Essimi (38b) von Eichen.

Mantodea

Mantidae

125. *Ameles heldreichi* BRUNNER, 1882
Kalindria (1), Thessaloniki (3), Sochos (4), Skepaston (5), Asprovalta (6), Orini (12), Kokkinogia (16), Xiropotamos (17), Messorrachi (18), Strymon (19), Palea Kavala (22), Korifes (23b), Polinero (24), Nea Karvali (28c), Sterna (29), Nea Sanda (37), Essimi (38a + b), Tsopan (39a + b), Nea Chili (40a), Anthia (41), Doriskos (42); larval; praticol: geophil-phytophil, xerophil.

126. *Mantis religiosa* L., 1758
Kalindria (1), Mandraki (2), Thessaloniki (3), Skepaston (5), Xiropotamos (17), Messorrachi (18), Strymon (19 + 20), Korifes (23b), Polinero (24), Polinerion (27), Nea Karvali (28c + e), Sterna (29), Koutson (33), Porto Lagos (34), Nea Sanda (36), Essimi (38a + b), Tsopan (39a), Nea Chili (40a), Anthia (41), Doriskos (42); larval; graminicol-arbusticol.

127. *Iris oratoria* (L., 1758)
Kalindria (1), Thessaloniki (3), Skepaston (5), Messorrachi (18), Strymon-Mündung (20), Polinero (24), Nea Karvali (28c + e), Sterna (29), Koutson (33), Tsopan (39a), Nea Chili (40a), Anthia (41), Doriskos (42); larval; graminicol-arbusticol.

128. *Rivetina baetica* (RAMBUR, 1838)
Thessaloniki (3), Messorrachi (18), Nea Karvali (28a), Porto Lagos (34), Dorsikos (42); larval, Ende Juli vereinzelt schon adult; terricol, psammophil.

Empusidae

129. *Empusa fasciata* BRULLÉ, 1836
Thessaloniki (3), Kokkinogia (16), Strymon (19), Nea Karvali (28c), Sterna (29), Kompsatos (32a); junge Larven, sehr selten noch ♀♀ der alten Generation; graminicol-arbusticol, die Larven mehr am Boden (geophil-phytophil).

Blattodea (Dictuoptera)

Blattidae

130. *Blatta orientalis* L., 1758
Nea Karvali (Hotel).

Blattellidae

131. *Loboptera decipiens* (GERMAR, 1817)
Skepaston (5), Nea Sanda (37), Tsopan (39b);
terricol.

Ectobiidae

132. *Ectobius vittiventris* (COSTA, 1847)
Platamon (25), Lekani (26);
silvicol: arboricol.

    E. vittiventris wurde bisher aus Griechenland nur in 1♀ nachgewiesen (RAMME 1923). Der Diskus des Pronotums ist bei dieser Art normalerweise gelb bis gelborange (HARZ & KALTENBACH 1976). Von Lekani liegt uns 1♂ mit dunklem, braunem Diskus vor. Da das Tier aber sonst mit *vittiventris* übereinstimmt, dürfte es sich nur um eine Farbvariante handeln.

133. *Ectobius balcani* RAMME, 1923
Arnea (10a), Lalias (11), Falakron (14), Pangeon (21b + c);
terricol-arbusticol.

134. *Ectobius erythronotus erythronotus* (BURR, 1913)
Korifes (23a), Platamon (25), Lekani (26), Xanthi (30b);
silvicol: arbusticol-arboricol.

    Neu für Griechenland. In Korifes und Lekani kamen neben der Nominatform auch Tiere der forma *nigricans* RAMME, 1923 stat. nov. vor. *Nigricans* galt bisher als ungarische Rasse von *erythronotus,* doch treten auch in Ungarn Tiere mit hellem Pronotum auf (HARZ & KALTENBACH 1976). Die f.*nigricans* ist inzwischen auch aus der Slowakei (CHLÁDEK 1977) und aus Serbien (eigene Beobachtungen) bekannt. Bei der weiten Verbreitung zusammen mit der Nominatform läßt sich der Status als Subspecies nicht länger aufrechterhalten.

135. *Phyllodromica marginata* (SCHREBER, 1781)
Sochos (4), Skepaston (5), Pangeon (21d), Palea Kavala (22);
terricol-arbusticol.

136. *Phyllodromica carniolica* (RAMME, 1913)
Volax (15a), Essimi (38a);
silvicol: terricol.

    P. carniolica ist neu für Griechenland. Es ist aber möglich, daß es sich bei dieser nur um eine ökologische Form von *P. pallida* (BRUNNER, 1882) handelt. Aus dem jogoslawischen Teil Mazedoniens liegen uns auch Übergangsformen zwischen beiden vor.

    Zusätzlich zu den von uns gefundenen Arten sind bisher aus Nordostgriechenland die Arten der folgenden Zusammenstellung gemeldet worden. Für einige der älteren Funde wäre aber eine neuerliche Bestätigung sehr wünschenswert.

    a) aus der Umgebung von Thessaloniki und Lembet (wenige km nördlich Thessaloniki) nach BERLAND & CHOPARD (1922), BURR et al. (1923), KATTINGER bei RAMME (1951) und KALTENBACH (1967b):

Tettigoniidae

Saga hellenica KALTENBACH, 1967, *Bradyporus dasypus* (ILLIGER, 1800), *Calimenus oniscus* BURMEISTER, 1838, *Poecilimon fussi* BRUNNER, 1878;

Gryllidae

Acheta domesticus L., 1758, *Gryllomorpha dalmatina* (OCSKAY, 1832), *Gryllomorpha uclensis* PANT., 1890, *Pteronemobius gracilis* (JAKOV., 1871), *Arachnocephalus vestitus* COSTA, 1855;

Tetrigidae

Tetrix subulata L., 1758

Acrididae

Chorthippus albomarginatus (DE GEER, 1773), *Arcyptera microptera* (F. W., 1833)

Dermaptera

Labia minor (L., 1758)

Blattodea

Hololampra subaptera RAMBUR, 1838, *Blattella germanica* (L., 1758), *Polyphaga aegyptiaca* (L., 1758), *Periplaneta americana* (L., 1758).

Ferner werden von KALTENBACH (1965, 1967a) aus der Umgebung von Kavalla und aus Thrazien noch aufgeführt:

Calimenus macrogaster (LEF., 1831) *(Tettigoniidae)*, *Gryllomorpha dalmatina* (OCSKAY, 1832) *(Gryllidae)*, *Paranocarodes straubei* (FIEBER, 1853) *(Pamphagidae)*, *Chorthippus dorsatus* (ZETTERSTEDT, 1821) *(Acrididae)* und *Supella longipalpa* (FABRICIUS, 1798) *(Blattodea)*.

Damit sind aus Nordostgriechenland bisher 157 Arten bekanntgeworden. Zum Vergleich: KALTENBACH (1965 + 1967a) hatte aus Ostmazedonien und Thrazien bisher zusammen 61 Arten gemeldet, die Zusammenstellung von RAMME (1951) für ganz Mazedonien (bulgarischer, griechischer und jugoslawischer Teil) umfaßt 166 Arten, PEŠEV (1964 + 1974) konnte in Thrazien 103 und im gesamten Rhodope-Gebirge 147 Arten nachweisen. Der Artenbestand der Orthopterenfauna Nordostgriechenlands dürfte immer noch nicht ganz vollständig erfaßt sein, obgleich jetzt schon eine relativ große Artenfülle nachgewiesen werden konnte. Insbesondere Aufsammlungen im Frühjahr und im Herbst dürften noch neue Nachweise erbringen, da die phänologischen Unterschiede zwischen den Orthopterenarten in Südeuropa viel stärker ausgeprägt sind als in Mitteleuropa. So sind etwa *Bradyporus-* und *Calimenus-*Arten hauptsächlich im Mai zu finden (BURR et al. 1923, KATTINGER 1976), auch *Isophya-, Poecilimon-* und *Arcyptera-*Arten sind häufig bereits sehr früh erwachsen. Dagegen konnten wir im Juli noch zahlreiche, teilweise sehr junge *Chorthippus* (s. lat.)-, *Acrotylus-, Acrida-, Platycleis-* und andere Larven vorfinden, die nur in wenigen Fällen sicher diagnostizierbar sind, und von denen aus Platzgründen auch nur vereinzelt einige Belege zur Aufzucht mitgenommen werden konnten.

Anhang: Orthopterenfunde aus Südgriechenland

Tettigoniidae

Conocephalus (Xiphidion) kisi HARZ, 1967
Conocephalus (Xiphidion) harzi WILLEMSE, 1970 syn. n.

C. *harzi* unterscheidet sich von C. *kisi* nur in der Form der männlichen Cerci, während die Genitalien und die weiblichen Tiere identisch sind (WILLEMSE 1970). Am 20.7.1981 konnten zwischen Kaliani und Mpuzion, Millini/Peloponnes neben zahlreichen Larven 3 adulte *Conocephalus*-♂♂ gefunden werden, von denen 2 bezüglich der Cerci C. *harzi* entsprachen, während beim 3. ♂ der linke Cercus ebenfalls C. *harzi* glich, der Innenrand aber nicht ganz so spitz vorgezogen war (Abb. 10a), während der rechte Cercus demjenigen von C. *kisi* entsprach (Abb. 10b). Wenn aber am selben Tier beide Cercus-Formen auftreten können, kann C. *harzi* nicht als eigene Art gelten und ist somit einzuziehen. Möglicherweise sind diese beiden Formen nicht genetisch fixiert, sondern wie bei den Cerci der Dermapteren durch Umwelteinflüsse hervorgerufen.

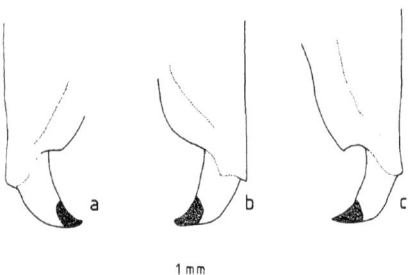

1 mm

Abb. 10: *Conocephalus (Xiphidion) kisi* HARZ, 1967 ♂ (zw. Kaliani – Mpuzion, Killini/Peloponnes): a) linker Cercus *harzi*-Form mit schwacher Ausprägung des spitzen Innenrandes, b) rechter Cercus desselben ♂, *kisi*-Form, c) rechter Cercus eines anderen ♂, *harzi*-Form.

Acrididae

Chorthippus (Glyptobothrus) sangiorgii (FINOT, 1902)
Sofikon (nordöstlicher Peloponnes) 19.7.1981, lichter Kiefernwald.

Diese Art war bisher nur von den beiden, dem Westen Griechenlands vorgelagerten Inseln Kefallinia und Levkas bekannt (WILLEMSE 1977). Unser Fund läßt eine weitere Verbreitung im Süden Griechenlands vermuten.

Chorthippus (Glyptobothrus) lesinensis (KRAUSS, 1888)
Oros Lidorikiou (südwestlich von Amfissa gelegen) 15.7.1981.

Neu für Griechenland. Die Art war bisher nur von der jugoslawischen Adriaküste und von einigen vorgelagerten Inseln bekannt. Nach unseren Funden reicht ihr Verbreitungsgebiet aber bis in den Süden Griechenlands. C. *lesinensis* lebt dort auf felsigen Trockenhängen. Mit Ausnahme von 2 adulten ♂♂ konnten nur Larven festgestellt werden.

4. Zusammenfassung

In den Jahren 1980–1982 unternahmen die Verfasser jeweils im Monat Juli 3 Exkursionen nach Nordost-Griechenland, die eine gründliche Erfassung der Orthopterenfauna dieses Gebietes zum Ziel hatten. Im Anhang werden noch 3 interessante Orthopterenfunde aus Südgriechenland mitgeteilt. Die 136 nachgewiesenen Arten verteilen sich auf die Ordnungen *Saltatoria* (119), *Phasmida* (1), *Derma-*

ptera (4), *Mantodea* (5) und *Blattodea* (7). 1 *Poecilimon*-Art ist neu für die Wissenschaft. 14 Arten sind neu für die griechische Fauna, zahlreiche weitere Nachweise sind von faunistischem Interesse, da erst wenige Funde dieser Arten aus Griechenland bekannt waren oder es sich um Neunachweise für das europäische Festland handelt. Neben den Fundorten werden auch Angaben zur Phänologie und zur ökologischen Valenz der Arten mitgeteilt. Ferner ergaben sich in einigen Fällen neue Synonyme, Stati oder Kombinationen.

Neubeschreibung

Poecilimon rufonitens sp. n.

Neue Synonyme, Stati oder Kombinationen

Platycleis (Tessellana) sporadarum (WERNER, 1933) comb. n.
Pholidoptera macedonica cavallae KALTENBACH, 1965 stat. n.
Sphingonotus caerulans forma *exornatus* NEDELKOV, 1907 stat. n.
Chorthippus (Glyptobothrus) lagrecai HARZ, 1975 syn. n.
Ectobius erythronotus forma *nigricans* RAMME, 1923 stat. n.
Conocephalus (Xiphidion) harzi WILLEMSE, 1970 syn. n.

5. Literatur

BERLAND, L. & CHOPARD, L. 1922: Traveaux scientifiques de l'armée d'orient (1916–1918). Orthoptéres. – Bull. Mus. Hist. Nat. Paris 28, 166–170 + 230–235.
BLACKITH, R. E. & BLACKITH, R. M. 1979: Tridactyloids of the western old world. – Acrida 8, 189–217.
BUREŠ, I. & PEŠEV, G. 1955: Artenbestand und Verbreitung der Geradflügler *(Orthoptera)* in Bulgarien. I. *Acridoidea.* 4. – Izv. Zool. Inst. Bulg. Ac. Sci. 4–5, 3–107 (bulgarisch).
BURR, M., CAMPBELL, B. P. & UVAROV, B. P. 1923: A contribution to our knowledge of the *Orthoptera* of Macedonia. – Trans. R. ent. Soc. London 1923, 110–169.
CHLÁDEK, F. 1977: Orthopterologische Notizen aus der Slowakei. – Articulata 1, 25.
DEFAUT, B. 1982: La determination des especes marocaines du genre *Acrotylus* FIEBER *(Orthopteroidea, Caelifera).* – Bull. Inst. Sci. Rabat Nr. 6, 119–124.
DEMIRSOY, A. 1973: Revision der anatolischen *Pamphaginae (Saltatoria, Caelifera, Pamphagidae).* – Ent. Mitt. Zool. Mus. Hamburg 4, 403–428.
GÜNTHER, K. K. 1980: Katalog der *Caelifera*-Unterordnung *Tridactylodea.* – Dtsch. Entom. Z. 26, 255–264.
HARZ, K. 1957: Die Geradflügler Mitteleuropas. – Jena (VEB G. Fischer), 494 S. + 20 Taf.
— — 1969: Die Orthopteren Europas I. (Series entomologica 5). – The Hague (Dr. W. Junk N. V.), 749 S.
— — 1975a: Die Orthopteren Europas II. (Series entomologica 11). – The Hague (Dr. W. Junk N. V.), 939 S.
— — 1975b: Neue Orthopterenarten und Unterarten aus der Paläarktis. – Articulata 1, 5–16.
HARZ, K. & KALTENBACH, A. 1976: Die Orthopteren Europas III. (Series entomologica 12). – The Hague (Dr. W. Junk N. V.), 434 S.
HORVAT, I., GLAVAČ, V. & ELLENBERG, H. 1974: Vegetation Südosteuropas. – Stuttgart (G. Fischer), 768 S.
INGRISCH, S. 1978: Zur Autotomie der Hinterflügel bei Grillen *(Saltatoria: Gryllidae).* – Entom. Z. 88, 1–6.
— — 1981: Bemerkenswerte Orthopterenfunde aus Nordgriechenland und aus Istrien. – Nachrbl. Bayer. Ent. 30, 87–91.
KALTENBACH, A. 1965: *Dictyoptera* und *Orthopteroidea* von Nordost-Griechenland und der Insel Thasos. – Ann. Naturhist. Mus. Wien 68, 465–484.
— — 1967a: *Mantodea* und *Saltatoria* aus Griechenland. – Ann. Naturhist. Mus. Wien 70, 183–199.
— — 1967b: Unterlagen für eine Monographie der *Saginae* I. Superrevision der Gattung *Saga* CHARPENTIER *(Saltatoria: Tettigoniidae).* – Beitr. Ent. 17, 3–107.
KATTINGER, E. 1976: Entomologische Erinnerungen an Makedonien. – Ber. Naturf. Ges. Bamberg 51, 114–158, 21 Taf.

McE. KevAn, D. K. 1977: Suprafamilial classification of "Orthopteroid" and related insects, applying the principles of symbolic logic – a draft scheme for discussion and consideration. – Lyman Ent. Mus. and Res. Lab. 2, 1–27.

Pešev, G. 1964: Les Orthopteres de la Thrace. – In: Die Fauna Thrakiens, Sofia I, 107–144 (bulgarisch).

— — 1970: Zusammensetzung und Verbreitung der Geradflügler *(Orthoptera)* in Bulgarien. Ergänzung 1. – Izv. zool. Inst. Mus. Sofia **32**, 199–218 (bulgarisch).

— — 1974: *Orthoptera* du Rhodope. Repartition et groupement ecologiques. – Izv. zool. Inst. Mus. Sofia **40**, 99–131 (bulgarisch).

Presa, J. J. & Llorente, V. 1979: Sobre el genero *Acrotylus* Fieb. *(Acrididae)* en la peninsula Iberica. – Acrida 8, 133–150.

Ramme, W. 1923: Vorarbeiten zu einer Monographie des Blattidengenus *Ectobius* Steph. – Arch. Naturgesch. 89, 97–145.

— — 1934: Revision der Phaneropterinen-Gattung *Poecilimon* Fisch. *(Orth. Tettigoniidae)*. – Mitt. Zool. Mus. Berlin **19**, 497–575, Taf. 6–12.

— — 1951: Zur Systematik, Faunistik und Biologie der Orthopteren von Südost-Europa und Vorderasien. – Mitt. Zool. Mus. Berlin **27**, 1–431, 32 Taf.

Weidner, H. 1950: Bilder aus dem Insektenleben Nordgriechenlands. – Entom. Z. **59**, 141–144, 147–152, 157–160, 162–176, 180–183, 190–192.

Willemse, F. 1970: A new species of *Conocephalus,* subgen. *Xiphidium,* from Greece *(Orthoptera, Ensifera, Conocephalinae).* – Publ. natuurh. Genoot. Limburg **20**, 15–17.

— — 1977: Interesting distribution records of *Orthoptera* from the Greek mainland and some neighbouring islands. – Entom. Ber. **37**, 52–59.

Zeuner, F. E. 1941: Classification of the *Decticinae* hitherto included in *Platycleis* Fieb. or *Metrioptera* Wesm. – Trans. R. ent. Soc. London **91**, 1–50.

Während der Drucklegung des Manuskriptes erschienen noch die folgenden Publikationen, die Angaben über die Orthopterenfauna von Nordost-Griechenland enthalten:

Heller, K.-G. 1984: Zur Bioakustik und Phylogenie der Gattung *Poecilimon (Orthoptera, Tettigoniidae, Phaneropterinae).* – Zool. Jb. Syst. **111**, 69–117.

Willemse, F. 1982: A survey of the Greek species of *Poecilimon* Fischer, 1853 *(Orthoptera, Ensifera, Phaneropterinae).* – Tijdschr. Ent. **125**, 155–203.

— — 1984: Catalogue of the *Orthoptera* of Greece. – Athinai (Hellenic Zoological Society), 275 S.

Anschriften der Verfasser:
Dr. Sigfrid Ingrisch
Institut für Zoologie der RWTH
Kopernikusstr. 16, D-5100 Aachen

Dragan Pavičević
Proleterskih brigada 15, YU-11 000 Beograd

Mitt. Münch. Ent. Ges.	75	79–82	München, 15. 12. 1985	ISSN 0340-4943

Liphyra brassolis novabritannica subsp. n., Beschreibung eines Neufundes aus New Britain, Papua Neuguinea.

(Lepidoptera, Lycaenidae)

Von Bernhard WILLNER

Abstract

Liphyra brassolis novabritannica subsp. n. from New Britain is described and figured.

Einleitung

Das Verbreitungsgebiet von *Liphyra brassolis* WESTWOOD, 1864 erstreckt sich von Sikkim über Thailand (PINRATANA 1981) durch die malayische Halbinsel (STEVEN & PENDLEBURY 1934, FLEMMING 1975) über den Raum der Molukken und Papua-Neuguinea bis Australien. Die sehr seltene Art fliegt in Forstbeständen. COMMON & WATERHOUSE (1972) haben in ihrem Buch ,,Butterflies of Australia" über die Subspecies *Liphyra brassolis major* ROTHSCHILD, 1898 eingehend geschrieben. *L. brassolis major*, im nördlichen Australien beheimatet, kommt in sehr varianten Tönungen und Zeichnungen vor und ist mit ihrer dunklen Variante der verwandten Art *Liphyra grandis* WEYMER von Papua-Neuguinea ähnlich. Auch D'ABRERA (1976) geht in seinem Buch ,,Butterflies of the Australian Region" auf diese Art ein und zeigt in seinen Abbildungen die unterschiedliche Färbung und Zeichnung zwischen den etwas helleren australischen und den dunkleren Faltern der Molukken. Interessant ist, daß *L. brassolis* im malayischen Raum bis Nordthailand wesentlich heller ist (alle Tiere besitzen aber eine hellbraune bis schwarzbraune Färbung).

Beschreibung
(Abb. 1)

Holotypus ♀: Neu Britannien, Papua-Neuguinea, Karo-River, 100 m NN, oberhalb der Halbinsel Vuna Marita, 11.9.1984 (Coll. B. WILLNER)

Die Spannweite beträgt 80 mm, die Länge des Körpers mit Kopf 29 mm. Die Grundfarbe der Vorderflügeloberseite ist hellbraun, die der Hinterflügel etwas dunkler, zum Hinterrand leicht ockerfarbig getönt und ins Braun übergehend. Die dunklen Flecken und Zeichnungen sind überwiegend sehr kontrastreich. Auf dem Vorderflügel werden die dunkelbraunen Felder ab der Medianader und Ader 2 durch schuppenartige Farbstreuungen aufgehellt. Die am kräftigsten dunkelbraun bis fast schwarzbraun gezeichneten Stellen sind in der Zelle, im inneren Winkel der Zelle 11 sowie in Zelle 12 entlang dem Vorderrand, der Apex bis zur Postdiskalregion, die Submarginalregion, die Zelle 2 und 3 bis zum Postdiskalaußenrand und entlang der Ader 3, 4 und 5 in die Submarginalregion übergehend. Die Zellen 1b und 1a sind in dem Basalbereich mittelbraun und gehen von der Mitte der Diskalregion bis zum Außenrand in ein Dunkelbraun über, wobei in der Zelle 1b entlang der Ader 2 im Diskal ein langgezo-

Abb. 1: *Liphyra brassolis novabritannica* subsp. n., Holotypus ♀.

genes, spitz zur Submarginalregion auslaufendes hellbraunes Makel in der Grundfarbe vorhanden ist. Der Hinterflügel hat vom Vorderrand bis zur Zelle 6 die helle Grundfarbe. In Zelle 7 am Apex, in der Zelle 6 ganz bis zum Außenrand verstärkt, ist eine überstreute dunkelbraune Einfärbung. Die Zelle, der innere Winkel entlang der Diskalader und Ader 5 in Zelle 4 sowie zwei Flecke in der Postdiskalregion der Zelle 2 und 3 sind kontraststark nach außen dunkelbraun begrenzt. Sie werden in Zelle 4 entlang der Ader 4 in einer dreieckförmigen und in Zelle 2 und 3 zur Submarginalregion in Halbmondform zum Außenrand hin in hellbraunen Feldern unterbrochen. Die Submarginalregion ist dunkel mit leicht gesprenkelter Aufhellung der Grundfarbe. Die Zelle 1a ist braunbeige, die Zelle 1b mittelbraun.

Die Unterseite des Vorderflügels hat neben der hellbraunen Grundfarbe in der Submarginalregion, in dem nach innen gezogenen Apex und der Innenrandregion eine graunbraune Tönung, auf die im Bereich der Zelle 2 bis 5 leichte, dunklere Farbtöne eingesprenkelt sind. Im Innenwinkel der Zelle 9 und 10 sowie in der Zelle im Diskalbereich und in 2 und 3 in der Postdiskalregion sind nach außen scharf begrenzte dunkelbraune Flecken.

Die Unterseite des Hinterflügels ist im Grundton braunbeige, mit verstreuten, unterschiedlich großen, in dunkelbraunen getupften Farbfeldern versehen. Nur in der Zelle 8, in der Diskal-Postdiskalregion sind kompakte Farbflecken vorhanden. An der Basis der Zelle 1a und 1b sind nach einem kurzen Grundfarbenteil dunkelbraune Makel, die an der Analader mit einem weißen Fleck begrenzt werden, ansonsten sind diese Makel nach unten leicht, fast weißfarbig eingefaßt.

Die Flügelform der Vorderflügel ist am Apex spitz, am Außenrand nach außen gebogen und der Innenrand zur Basis verstärkt ausgewölbt. Der Hinterflügel ist schmaler und nach unten gezogen, der Analwinkel ist spitz. Die Oberseite der Vorderflügel von der Submedianader zum Innenrand und der Hinterflügel in der Basalregion der Zelle sowie Zelle 1c und entlang der Analader sind stark braun behaart, die Außenränder mit dunkelbraunen Fransen versehen. Die Fühler sind dunkelbraun mit kolbenartigem Ende, die Palpen sind hellbraun und schmal, an den Enden spitz und fast schwarz. Der Thorax ist mittelbraun behaart, mit verstreuten Schuppen, die Hinterleibssegmente etwas dunkler, wenig behaart, aber mit üppigen Schuppen besetzt. Die Unterseite des Körpers ist stark mit beigebraunen Schuppen behaftet, die zum Hinterleib dunkler werden. Die braunen Beine sind gleichfalls mit graubraunen Schuppen stark besetzt.

Dem Holotypus fehlt die weiße Beschuppung des frisch geschlüpften Schmetterlings; die typische Erscheinung, die schmalen Palpen und das Fehlen des Rüssels zur Nahrungsaufnahme sowie der Habitus sind unverkennbar. Die Merkmale der neuen Subspecies liegen in der Zeichnung und Farbverteilung. Alle Individuen von *Liphyra brassolis* haben als Basisfarben hellbraune bis zu variierende Ockertöne, die über dunkles Braun bis ins Schwarzbraun gehen.

Biotop

Das von mir gefangene ♀ wurde in einem etwas lichteren Dschungel, entlang eines wenig Wasser führenden Flußbettes gegen 10 Uhr Ortszeit entdeckt. Das Flugbild war ähnlich eines Nachtfalters, wie überhaupt das ganze Erscheinungsbild dieses Schmetterlings einem Nachtfalter gleicht. Sein Flugterrain war lichter, hochgewachsener Dschungel, der im unteren halbdunklen Bereich mit Halbschattengewächsen und Farnen, an freien Stellen mit Bambus und ansonsten mit nach oben strebendem Unterholz aus vielen Lianen unterschiedlicher Stärke durchwuchert war. Die teils vermoderten, kreuz und quer übereinander getürmten, umgestürzten Baumriesen und herabgefallene Äste bildeten mit dem verrotteten Laub einen schwammigen, ansonsten federnden Waldboden. Die Fauna dieses Bodens ist sehr artenreich, vor allem fielen einige Arten von Ameisen auf.

Obwohl diese Fundstelle noch einige Male von mir durchsucht wurde, konnten keine weiteren Exemplare entdeckt werden. Selbstverständlich werde ich bei meiner Exkursion 1985 wieder dieses Gebiet aufsuchen. Es ist allerdings aufgrund des seltenen Vorkommens dieser Art sehr fraglich, ob auch ein ♂ gefangen werden kann.

Danksagung

Für die freundliche Unterstützung bei dieser Arbeit möchte ich mich bei Dr. D'ABRERA, Dr. SATTLER, Dr. ACKERY (British Museum, National History), Dr. FORSTER und Dr. DIERL (Zoologische Staatssammlung München) bedanken.

Zusammenfassung

Liphyra brassolis novabritannica subsp. n. aus Neu-Britannien (Papua-Neuguinea) wird beschrieben und abgebildet. Die neue Unterart unterscheidet sich von *Liphyra brassolis major* ROTHSCHILD durch die dunklere Färbung in der Zeichnung der Flügel.

Literatur

COMMON, I. F. B., WATERHOUSE, D. F. 1972: Butterflies of Australia. – Angus and Robertson, Sydney.
CORBET, A. S., PENDLEBURY, H. M. 1934: The butterflies of the Malay Peninsula. – Kyle, Palmer & Co. Ltd., Kuala Lumpur.
D'ABRERA, B. 1976: Butterflies of the Australian region. – Lansdowne Press, Melbourne.
FLEMMING, W. A. 1975: Butterflies of West Malaysia and Singapore. – Longman, Kuala Lumpur.
PINRATANA, A. 1981: Butterflies in Thailand. – Viratham Press, Bangkok.

Anschrift des Verfassers:
Bernhard WILLNER
Hasentalstraße 22,
D-8100 Garmisch-Partenkirchen

| Mitt. Münch. Ent. Ges. | 75 | 83–101 | München, 15. 12. 1985 | ISSN 0340-4943 |

Neue Anthribiden, meist aus Fernost

(Coleoptera, Anthribidae)

Von Robert FRIESER

Das behandelte Material stammt aus folgenden Sammlungen, deren zuständigen Damen und Herren ich für Ihre freundliche Unterstützung zu danken habe:

British Museum, Natural History.
B. Bishop Museum Honululu.
Institut für Pflanzenschutz Eberswalde.
Museum Frey Tutzing.
Institut Zoologique Warschau.
Museum National d'Histoire Naturelle Paris.
Museum für Naturkunde an der Humboldt Universität Berlin.
Museo Civico di Storia Naturale, ,Giacomo Doria' Genova.
National Collection of Insects Pretoria.
Sammlung J. Sedlacek Brisbane.
Staatliches Museum für Naturkunde Dresden.
Zoologische Staatssammlung München.
Ungarisches Naturwissenschaftliches Museum Budapest.

Abstract

In the following 14 new species and 11 subspecies of *Anthribidae* are described as new. Synonymical and geographical notes are given for several species. Keys are established for the genera *Dinomelaena* JORDAN and *Apatenia* PASCOE.

Many thanks to the staff of the institutes and museums mentioned above for their friendly support.

Dinomelaena scelesta innotata ssp. n.	New Guinea
Dinomelaena immaculata diversicollis ssp. n.	New Britain
Dinomelaena tessellata KIRSCH comb. n.	
Dinomelaena tesselata batjanensis JORD. comb. n.	
Dinomelaena sedlaceki sp. n.	New Guinea
Dinomelaena scripta sp. n.	New Britain
Apatenia milnei subgibbosa ssp. n.	New Guinea, Salomons
Apatenia cyclops sp. n.	New Guinea
Apatenia arcifera sp. n.	Taiwan
Apatenia imprima sp. n.	Salomons
Apatenia albirostris sp. n.	Queensland
Apatenia sunda sp. n.	Sunda I.
Apatenia indecorata sp. n.	New Guinea
Apatenia brevior sp. n.	New Guinea

Apatenia minor signaticollis ssp. n.	New Guinea
Apatenia subvittigera sp. n.	New Guinea
Apatenia subvittigera suturata ssp. n.	New Guinea
Apatenia plagifer sp. n.	New Guinea
Apatenia plagifer simplex ssp. n.	Salomons
Apatenia nigroflava sp. n.	Salomons
Apatenia gazellae sp. n.	New Britain, West Irian
Apatenia raniceps rufovariegata ssp. n.	New Guinea
Apatenia raniceps rectangula ssp. n.	New Britain
Xenocerus speracerus mancus ssp. n.	New Guinea
Anthribus frontalis bogenbergeri ssp. n.	Philippines: Mindoro

Dinomelaena tuberculosa JORD.

Untersuchtes Material: 5 Exemplare. Neu Guinea: Njau-limon, S. of Mt. Bougainville, 300ft, 2.1936, 1♂, 1♀; – Cyclops Mts., Camp 1, 1200ft, 7.1936, L. E. CHEESMAN leg 1♀; – Mamberano Riv., Pionierbiwak, 6.–7.1920, W. C. V. HEURN leg. 1♀; – ein weiteres ♂ ohne Fundort.

Dinomelaena remota JORD.

Salomon Is., Kolombagara, Base camp, 1.9.1965 (Roy. Soc. Exped. Brit. Mus. 1966, I.), P. I. M. GREESLADE leg. 1♂.

Dinomelaena quadrituberculata MONTR.

Untersuchtes Material: 21 Exemplare. Woodlark: 95, 1♀ und 3.–4. 97 1♂; – Fergusson I.: 9.–12.97, 1♂; – Egum Is., Yanarbu, II. 95, 2♀♀, Trobirand Is., 3.–5.95, 1♀; – Sud-East I., 4.98, 1♂, alle A.S. MEEK leg. Normanby I., Wakaiuna, Sewa Bay, 1.–5. II.1956 1♀; – id. 21.–30. II. 1♂; – id. 1.–10.12.1956 1♀, alle W. W. BRANDT leg.

Neu Guinea: Milne Bay, 1898–99, 1♀; – Astrolabe Bay (Rhode) 1♂; – Sattelberg, 3♀♀, 1♂; – Moroka, 2000 ft, 1.96, (Anthony) 1♀; – Kuper Ra, 1–8 m, 25 km SE Salamanka, 25.–26.1.1956, J. SEDLACEK leg. 1♂; – Bulolo, 730 m, 27.8.1956, E. J. FORD leg. 1♂ und 1♂ J. SEDLACEK leg. ohne nähere Angaben.

Dinomelaena scelesta scelesta PASC.

Untersuchtes Material: 4 Exemplare von Neu Guinea, Nabire, S. Geelvink Bay, 0–30 m, 2.9.1962, J. SEDLA-CEK leg. 1♀; – 3 weitere Exemplare ohne nähere Angaben im British Museum.

Dinomelaena scelesta innotata ssp. n.

Flügeldeckenscheibe wie die übrigen Deckenteile gleichförmig mit dunklen Makeln versehen, die dunkle Discalmakel fehlt. Rüssel deutlich länger als breit, Mittelkiel sehr kräftig, vom Vorderrand bis auf die Stirn zwischen die Augen reichend. Halsschildseitenleiste etwas schwächer winkelförmig vortretend als bei *D. scelesta angulicollis* JORD. Discaleindruck verworren punktiert. Die Gitterflecke der ungeraden Zwischenräume der Flügeldecken gegen die Seiten ± längsstreifig verdichtet. Bei oberflächlicher Betrachtung der *D. immaculata* JORD. täuschend ähnlich.

Länge: 6,5–9 mm bei geneigtem Kopf.

3♂♂, 4♀♀ von Neu Guinea: (NE), Bulolo Vat., 700–800 m, 22.–31.5.1969 1♂ (Holotypus); – (NE), Wau, 18.5.1969, 4♀♀ mit Allotypus; – Mt. Kainde, 2300 m, 24.12.1978, 1♂ und 1900 m, 13.2.1979, 1♂, alle J. SED-LACEK leg. Holotypus im B. Bishop Museum Honululu.

Dinomelaena scelesta angulicollis Jord.

Untersuchtes Material: 16 Exemplare von Neu Guinea: Humboldt Bay (Doherty) 1♂, 1♀; – Cyclops Mts, Ifar, 300 m, 4.11.1958, J. L. Gressitt leg 1♀ und 300–500 m, 23.–25.6.1962 J. Sedlacek leg. 1♂; – Wau, Morobe Distr., 15.6.1970, J. L. Gressitt leg. 1♂, id. 30.12.1965 1♀, und 9.2.1979, 1♂, 1♀, alle J. Sedlacek leg.; – Kiunga, Fly River, 4.–8.7.1957, W. W. Brandt leg. 1♂; – Lae, 1.9.1979, J. Sedlacek leg, 1♂; – Wewak, 2–20 m, 13.10.1957, J. L. Gressitt leg. 1♂; – Wisselmeren, 1500 m, Urapura-Iconda, Kamo, 15.8.1955, J. L. Gressitt leg. 1♂; – (West), Star Mts., Sibil Val., 1245 m, 18.10.–8.11.1961, S. u. L. Quate leg.; – Bougaiville, Mutahi, 700 m, 18 km SE Tinputz, 22.–29.2.1968, R. Straatman leg. 1♂; – Normanby Is., Wakaiuna, Sewa Bay, 11.11.1956, W. W. Brandt leg. 1♀; – Aru, Wokan, O. Beccari, 1873, 1♂.

Dinomelaena immaculata Jord.

Untersuchtes Material: 29 Exemplare. Neu Guinea: Humboldt Bay (Doherty), 1♂, 1♀; – Schraderberg, 2100 m, 22.–30.5.1913, Kais. Augusta fl. Exp., Bürgers S. G. 4♂♂, 3♀♀; – Kiunga, Fly River, 23.–27.7.1957, 1♂, id. 3.–11.8.1957, 2♂♂, id. 15.–28.8.1957, 2♂♂, id. 26.–28.X.1957, 1♀, alle W. W. Brandt leg.; – Kiunga, 8.1969, 1♂, 1♀ und Wau 1200 m, 27.10.1965, 1♀, J. Sedlacek leg.; – (NE), Eliptamin Valley, 1200–1300 m, 16.–30.8.1959, W. W. Brandt leg. 1♀; – (NE), Karimui, 3.6.1961, J. L. Gressitt leg. 1♂ und 1000 m, 5.1969, H. Ohlmus leg. 1♂; – West N. G., Star Mts., Sibil Val., 1245 m, (Sweeping), S. Quate leg. 1♂; – Mt. Missim, 1400 m, 7.12.1969, G. Samuelson leg. 1♀; – (NE), Wewak, 2–20 m, 11.10.1957, J. L. Gressitt leg. 1♀; – (NW), Biak I., 25 km NE Biak, 17.3.1963, R. Straatman leg. 1♀; – New Ireland, Lower Kait R., 15.7.1956, E. J. Ford leg. 1♂; – Aru Is., ex Coll. Wallace 1♂; – Moluccas, ex Coll. Wallace, 1♂, 1♀.

Dinomelaena immaculata diversicollis ssp. n.

Halsschildseiten überwiegend gelblich tomentiert, nur wenige, kleine, dunkle Makeln einschließend. Flügeldecken insgesamt dunkler als bei der Nominatform. Die Gitterflecke der unregelmäßigen Zwischenräume nur schwach kontrastierend. Medianhöcker des 3. Zwischenraums klein. Von diesen gegen die Naht nach vorne ausgehend eine ± komplette, schwärzliche Binde. Sonst wie die Nominatform.

Länge: 9–12 mm bei geneigtem Kopf.

2♂♂, 2♀♀ von New Britain: Gazell Pen., Bainings: St. Paul's, 350 m, 7.7.1959, J. L. Gressitt leg. (1♂, Holotypus); – Umloi I., 8 km WNW Lab Lab, 300 m, 8.–19.2.1964, G. A. und S. L. Samuelson leg (2♀♀ mit Allotypus); – Jul Island, ohne nähere Angaben (1♂). Holo- und Allotypus im B. Bishop Museum Honululu.

Dinomelaena tessellata Kirsch

Apatenia tessellata Kirsch, Mitth., Mus. Dresden, 1875: 54.
Oxyderes tessellata Kirsch; – Jordan i. Nov. Zool. XXXIV, 1928: 114
Oxyderes tessellata Kirsch; – Wolfrum in Col. Cat. Junk-Schenkling, 1929: 43.

Der Typus befindet sich im Staatl. Museum für Naturkunde Dresden und hat mir zur Ansicht vorgelegen. Es handelt sich hierbei um einen typischen Vertreter der Gattung *Dinomelaena* Jordan und gehört in die Gruppe mit vollständig gefurchter Rüsselunterseite. Ein weiteres Exemplar von den Moluccen befindet sich im British Museum, Nat. Hist.

Dinomelaena tessellata batjanensis Jordan comb. n.

Apatenia batjanensis Jordan, Nov. Zool. IV, 1897: 113.
Dinomelaena batjanensis Jordan in Nov. Zool. XXXIV, 1928: 113.
Dinomelaena batjanensis Jordan; – Wolfrum in Col. Cat. Junk-Schenkling, 1929: 42.

Unterscheidet sich von der Nominatform lediglich durch die gebogene und gewinkelte Halsschildquerleiste und die stärker gebogene Seitenleiste.

Untersuchtes Material: 2 Exemplare im British Museum und 1 Exemplar im Museum Frey von der Insel Batjan.

Dinomelaena sedlaceki sp. n.

Grundfarbe schwarzbraun, die eingestreuten, rötlichbraunen Flecken unregelmäßig und nur schwach kontrastierend. Eine undeutliche Schrägbinde, vom 5. Zwischenraum hinter dem Subbasalhöcker ausgehend nach hinten zum Seitenrand gerichtet. Beine überwiegend schwarz, Schienen mit schmalem, greisem Subbasal- und Postmedianring. Nur das Klauenglied allein rötlich. Unterseite schwarz, mit schütterer, greiser Behaarung.

Rüssel deutlich, fast $^2/_3$ breiter als lang. Vorderrand nur äußerst schwach doppelbuchtig, Mittellappen nicht ausgebildet. Mittelkiel kräftig, vom Vorderrand etwas auf die Stirn zwischen die Augen reichend. Mit der Stirn rauh und etwas längsrissig skulptiert. Unterseite mit kompletter Mittelfurche. Fühler wie bei den anderen Arten der Gattung gebildet.

Halsschild deutlich, 42:30, breiter als lang. Querleiste schwach doppelbuchtig, in der Mitte breit unterbrochen. Seitenleiste vor den abgerundeten Hinterwinkeln eingebuchtet, nach vorne erweitert und am Ende ähnlich wie bei *D. scelesta angulicollis* JORD. seitlich stark winkelförmig abstehend. Scheibe schwach eingedrückt, mit flacher Median- und Dorsolateralbeule, diese mehr der Querleiste als dem Vorderrand genähert. Scheibe zerstreut, in den Hinterwinkeln etwas dichter punktiert.

Flügeldecken kurz, nur wenig, 7:5,7, länger als breit, grob skulptiert. Subbasal- und Mediantuberkel sehr hoch, ersterer aus mehreren einzelnen gebildet, Querimpression dahinter schmal und verhältnismäßig tief. Weitere etwas kleinere Tuberkeln im 3. Zwischenraum zwei anteapical, im 5. ante- und postmedian und anteapical je einen, im 7. postmedian und anteapical je einen. Humeralbeule ebenfalls sehr hoch. Zwischenräume gegen die Seiten stärker gewölbt und dort kaum breiter als die groben Punktstreifen.

Pygidium in beiden Geschlechtern etwas länger als breit, abgerundet. Abdomen beim ♂ nur unmerklich stärker gegenüber dem ♀ abgeflacht. Prosternum vor den Hüften querrunzelig skulptiert. Länge: 6,5–9,5 mm bei geneigtem Kopf.

3♂♂, 1♀ von Neu Guinea: (NE), Mt. Kainde, 12.12.1974 (2♂♂ mit Holotypus) und 2300 m, 13.2.–12.3.1979 (Allotypus ♀); – (NE), Wau, 1200–1300 m, 14.9.1965 (1♂), alle J. SEDLACEK. Holotypus in meiner Sammlung.

Dinomelaena scripta sp. n.

Grundfarbe bräunlich. Vom Halsschildhinterrand, dicht neben den Seitenwinkeln ausgehend, verläuft eine breite, gelblich-weiße Binde über die Querleiste schräg zum Vorderrand, setzt sich auf die Stirn am Innenrand der Augen und dann bis auf den Rüssel fort, wo sie sich auflöst. Eine schmale Mittellinie reicht vom Hinterrand bis auf den Hinterkopf. Zwischen Seiten- und Mittelbinde eine Querbinde, an den Enden jeweils etwas nach hinten gebogen und mehr der Querleiste als dem Vorderrand genähert. Seitlich von dieser ausgehend eine eingebuchtete, nach vorne zur Mittelbinde gerichtete Binde. Das Ganze erhält dadurch die Gestalt einer breiten Glocke. Seitenleiste innen rötlich gesäumt, von deren Spitze ausgehend eine gewinkelte Querbinde zur Seitenbinde gerichtet.

Rüssel deutlich, 3,3:2, breiter als lang. Vorderrand doppelbuchtig ausgerandet, Mittellappen weit vorgezogen. Mittelkiel kräftig, vom Vorderrand etwas auf die Stirn zwischen die Augen reichend, in der Mitte unterbrochen. Unterseite mit kompletter Mittelfurche. Halsschildscheibe zwar abgeflacht, aber nicht eingedrückt. Seitenleiste vor den Hinterwinkeln nur leicht eingebuchtet, nach vorne nur schwach gerundet erweitert. Flügeldecken wie bei *D. immaculata* JORD. gestaltet und gefärbt. Die postmedianen und subapicalen Tuberkeln des 5. und 7. Zwischenraums deutlich hervortretend, jedoch wesentlich kleiner als der hohe Subbasal- und Mediantuberkel des 3. Zwischenraums.

Fühler und Beine heller rötlich, Schienen mit undeutlichem, dunklem Median- und Apicalring. Unterseite überwiegend dunkel, Abdominalsegmente mit rötlicher Lateral- und Sublateralmakel. Letztes Segment überwiegend rötlich, wie das Pygidium. Dieses breit verrundet und kaum länger als breit. Prosternum vor den Hüften mit tief eingestochener, verworrener Punktierung.

Länge: 12 mm bei geneigtem Kopf.

1♂ von New Britain, Gazell Pen., J. H. SEDLACEK leg. Holotypus in meiner Sammlung.

Tabelle der Gattung Dinomelaena JORDAN

1 (6) Rüsselunterseite ohne Mittelfurche, manchmal im vorderen Teil mit kleinem Grübchen.

2 (3) Größere Art. Halsschildscheibe tief eingedrückt, der Eindruck wird von gut entwickelten Basal- und Dorsolateralhöckern flankiert. Zwischen diesen und in den Hinterwinkeln grob punktiert. Flügeldecken hoch tuberkuliert und neben dem Subbasal- und Postmedianhöcker im 3. Zwischenraum, auch der 5. und 7. Zwischenraum hoch tuberkuliert. . . . . D. tuberculosa JORD.

3 (2) Halsschildscheibe schwächer eingedrückt, weder tuberkuliert, noch stärker punktiert. Seitenränder des Eindrucks manchmal etwas stärker gewulstet.

4 (5) Flügeldecken jeweils nur mit 2 deutlichen Tuberkeln im 3. Zwischenraum. Halsschildquerleiste vollständig gerade, Seitenleiste vor den Hinterwinkeln nur sehr schwach eingebuchtet und nach vorne nur wenig gerundet erweitert und dort kaum breiter als an den Hinterwinkeln. . . . . D. remota JORD.

5 (4) Flügeldecken auch im 5. und 7. Zwischenraum deutlich tuberkuliert. Halsschildquerleiste in der Mitte deutlich gewinkelt, Seitenleiste vor den Hinterwinkeln tief eingebuchtet, nach vorne stärker seitlich verlaufend und am Ende winkelförmig vortretend, dort deutlich breiter als an den Hinterwinkeln . . . . D. quadrituberculata MONTR.

6 (1) Rüsselunterseite mit Längsfurche, diese manchmal am Grunde gekielt.

7 (22) Halsschild ohne Linienzeichnung, Scheibe nicht eingedrückt.

8 (13) Flügeldecken mit Postmedianhöcker im 3. Zwischenraum, ersterer steht etwa in der Mitte zwischen Subbasalhöcker und Flügeldeckenspitze.

9 (12) Halsschildseitenleiste an der Spitze seitlich nicht höckerförmig vorspringend.

10 (11) Flügeldecken mit gemeinschaftlicher, dunkler Discalmakel. Halsschildscheibe nur schwach punktiert. . . . . D. scelesta scelesta PASC.

11 (10) Flügeldecken ohne Discalmakel, auch in diesem Bereich die Zwischenräume gleichförmig mit Gitterflecken. Halsschildscheibe grob und gedrängt punktiert. . . D. scelesta innotata FRIES.

12 (9) Halsschildseitenleiste an der Spitze seitlich winkelförmig vorspringend. Halsschildscheibe wie bei der Nominatform gestaltet. Flügeldecken mit dunkler Discalmakel. . . . . D. scelesta angulicollis JORD.

13 (8) Flügeldecken mit Medianhöcker im 3. Zwischenraum, ersterer daher dem Subbasalhöcker mehr genähert als der Flügeldeckenspitze.

14 (21) Rüssel so lang wie breit, oder kaum merklich breiter als lang beim ♀. Flügeldecken nur mit jeweils 2 deutlichen Höckern im 3. Zwischenraum.

15 (18) Der Medianhöcker im 3. Zwischenraum ist spitzkegelförmig, mindestens so hoch wie der Subbasalhöcker.

16 (17) Halsschild gleichförmig braun- oder grauscheckig tomentiert, die eingestreuten gelblichen Tomentflecken sehr spärlich oder fehlend. . . . . D. immaculata immaculata JORD.

17 (16) Halsschildseiten in großem Umfang gelb tomentiert, in diesem Bereich nur wenige, kleine dunkle Flecken einschließend. . . . . D. immaculata diversicollis FRIES.

18 (15) Medianhöcker der Flügeldecken im 3. Zwischenraum längswulstig abgeflacht, deutlich niedriger als der Subbasalhöcker.

19 (20) Halsschildquerleiste völlig gerade. Seitenleiste schräg nach unten gerichtet, ihre Spitze nur schwach aufgebogen. . . . . *D. tessellata tessellata* KIRSCH.

20 (19) Halsschildquerleiste schwach doppelbuchtig, in der Mitte leicht gewinkelt. Seitenleiste von der Seite betrachtet einen breiten Bogen bildend, indem ihre Spitze wieder nach oben gerichtet ist. . . . . *D. tessellata batjanensis* JORD.

21 (14) Rüssel $^2/_3$ breiter als lang. Auch am 5. und 7. Zwischenraum der Flügeldecken hoch gehöckert. . . . . *D. sedlaceki* FRIES.

22 (7) Halsschild mit schmaler Linienzeichnung. Scheibe nicht eingedrückt. . . . *D. scripta* FRIES.

Apatenia milnei JORD.

Untersuchtes Material: Holotypus im British Museum, Natural History und 2♀♀ von Neu Guinea, Madang, 5.1969, G. HEINRICH leg. und Neu Guinea (NW), Dafo, 50 km w. of Hollandia, 120 m, 12.11.1961, S. QUATE leg.

Apatenia milnei subgibbosa ssp. n.

Der 5. Flügeldeckenzwischenraum zwar etwas stärker gewölbt, aber im Gegensatz zur Nominatform nicht rippenförmig vortretend. Der 3. Zwischenraum im Subapicalbereich nur schwach gewölbt und nicht gehöckert.

Länge: 12–14 mm bei geneigtem Kopf.

4 Exemplare von Neu Guinea: Fly River, 1978 (1♂, 1♀), Holo- und Allotypus; – Salomon Inseln: Guadalkanal, 1978 (1♀), Paratypus, alle J. SEDLACEK leg.; – id. Gold Ridge, 2–3000 ft., 20.9.1958, P. J. M. GREENSLADE leg. Holotypus in meiner Sammlung.

Apatenia toliana JORD.

Der Holotypus, 1♂, im British Museum hat zum Vergleich vorgelegen. Ein ♀ im Museum Frey unterscheidet sich nicht in der Färbung, jedoch in anderen Details. Stirnbreite beim ♂ an der schmalsten Stelle $^2/_3$, beim ♀ $^3/_4$ der Länge des 1. Vordertarsengliedes. Fühler beim ♂ schlanker, die Glieder sehr gestreckt, 8. Glied reichlich doppelt so lang wie breit. Letzteres beim ♀ $^2/_3$ länger als breit. Abdomen beim ♂ etwas abgeflacht und in der Seitenansicht schwach gekrümmt. Pygidium beim ♂ rechteckig, beim ♀ quadratisch, die Ecken verrundet.

Apatenia cyclops sp. n.

Der *A. toliana* JORD. nahestehend. Färbung wie bei dieser. Rüssel doppelt so breit wie lang, das kurze Kielchen nur in der Basalgrube erkennbar. Fühler schlanker, die Keule sehr gestreckt, 9. Glied langdreieckig, doppelt so lang wie breit, 10. $^2/_3$ länger als breit, 11. langoval, doppelt so lang wie breit. Vorletztes Analsegment in der Mitte des Hinterrandes mit kleinem Körnchen. Letztes Segment im mittleren Bereich mit schütterer, lang abstehender Behaarung. Pygidium etwas länger als breit, Spitze breit verrundet. Die Mittelfurche auf der Rüsselunterseite mit kräftigem Mittelkiel, dieser so hoch wie die Seitenkiele. Prosternum vor den Vorderhüften zerstreut punktiert, Prosternalfortsatz dreieckig, zugespitzt.

Länge: 4,5 mm bei geneigtem Kopf.

1♂ von Neu Guinea: Ifar, Cyclops Mts., 300–500 m, 29.4.1962, J. L. GRESSITT leg. Holotypus im B. Bishop Museum Honolulu.

Apatenia poecila JORD.

Untersuchtes Material: 4 Exemplare, darunter ein Syntypus vom Museum Genua.
Neu Guinea: Milne Bay, 14.–28.2.1969 (1♀); – N. Kokoda, 11.1957 (1♀), beide J. SEDLACEK leg.
Narmanby I.: Wakaiuna, Sewa Bay, 11.–22.11.1956, (1♀), W. W. BRANDT leg.

Apatenia insignis JORD.

Untersuchtes Material: 8 Exemplare. Australien, Queensland: Clump P., 2 Ex. J. SEDLACEK leg.; – Cap York, 1 Ex.; – 2 Ex. ohne nähere Angaben im Institut für Pflanzenschutz Eberswalde; – Cap Bedford, 1 Ex. im Museum Frey Tutzing; – Sommerset, 1.1875, L. M. D'Albertis, 2 Ex. im British Museum.

Apatenia festiva JORD.

Der Holotypus, 1♀, vom British Museum hat zum Vergleich vorgelegen und war mit dem untersuchten Material übereinstimmend. Die Geschlechter sind äußerlich nur schwer zu trennen. Rüssel breiter als lang, beim ♂ 4,5:3, beim ♀ 5:3. Fühler beim ♂ nur wenig schlanker. Letztes Analsegment beim ♂ in der Seitenansicht schwach durchgebogen. Pygidium beim ♂ so lang wie breit, wenig breiter beim ♀. In beiden Geschlechtern breit verrundet.

Untersuchtes Material: 16 Exemplare von Neu Guinea, Wau, 1700–1900 m, 27.9.1965 (2♂♂); – id. Wau, Big Wau CK., 1200–1500 m, 9.1965, (1♂); – id. Wau, Nami CK., 1700–1800 m, 17.9.1965 (2♀♀); – id. 7.2.1966 (1♀); – id. Wau, 1750 m, 30.8.1965 (1♀); – id. 22.9.1965 (1♀), alle J. SEDLACEK leg.; – id. (Ne), Sapala Kambang, Salawakit Range, 1900 m, 12.9.1956, (1♀), E. J. FORD. leg.; – Mt. Missim, 1100 m, 2.1977 (1♂, 2♀♀); – Mt. Kainde, 13.2.1979, 1900 m, (1♂), alle J. SEDLACEK leg.; – Morobe Distr., Lake Trist, 1600 m, 21.–26.12.1965 (1♂), G. A. SAMUELSON leg.; – Northern Distr., Aguon rd. E. to Bonenau, 9–1500 m, 28.10.1974, Disturbed Oak forest, (1♀), J. L. GRESSITT leg.; – Kumic, 1500 m, 6.8.1963, (1♀), J. SEDLACEK leg.

Apatenia arcifera sp. n.

Oberseite hell und dunkelbraun variierend, jedoch ohne daß eine der Farben stärker kontrastierende Makeln bilden würde. Halsschild im Bereich der Dorsalgrube und die Basalmakel etwas heller greis bis ockerfarben tomentiert. Fühler dunkel, die beiden Basalglieder rötlich aufgehellt. Beine rötlich, Basalhälfte der Schenkel geschwärzt. Schienen mit dunklem Median- und Apicalring, diese besonders an den beiden hinteren Beinpaaren deutlich. Tarsen mehr einfarbig rötlichbraun. Pygidium und Seiten des Meso- und Metasternums mit verdichteter, die restliche Unterseite mit spärlicher, greiser Behaarung.

Nächstverwandt zu *A. infans* JORD., Rüssel und Kopf wie bei diesem gebildet. Die Fühlerkeule ebenfalls sehr lose gegliedert. Die Dorsalgrube des Halsschildes stärker ausgeprägt. Querleiste wie bei *A. infans* einen starken, gleichförmigen Bogen bildend, diese in der Mitte doppelt so weit vom Hinterrand entfernt wie an den Seiten. Bei *A. infans* in der Mitte gewinkelt und an den Seiten eingebogen.

Flügeldecken tuberkuliert, am 3. Zwischenraum der Subbasaltuberkel hoch, Postmedian- und Subapicaltuberkel kleiner, aber gleich hoch. Apicalhöcker beim ♂ kleiner, beim ♀ deutlicher und fast so groß wie der Subapicalhöcker. 5. und 7. Zwischenraum in der hinteren Deckenhälfte mit jeweils 2 kleineren Höckern, hinter letzteren jeweils ein genähertes Körnchen. Durch die aufgerichtete Behaarung dazwischen wird eine kurze Schwiele vorgetäuscht.

Pygidium in beiden Geschlechtern etwas länger als breit, breit verrundet. 1. Glied der Vordertarsen etwas länger als die beiden folgenden, ohne das Klauenglied.

Länge: 5 mm beim ♀, 5,5 mm beim ♂, bei geneigtem Kopf.

1♂, 1♀, von Taiwan, Fenchihu, 1400 m, 5.1977, J. KLAPPERICH leg. Holotypus ♂ in meiner Sammlung.

Apatenia imprima sp. n.

Eine breite, robuste Art mit dunkel- und hellbraun scheckig gefärbter Oberseite. Dorsaleindruck des Rüssels hufeisenförmig, ockerfarben umrandet. Eine schmale, in der Mitte unterbrochene, helle Mittelbinde am Halsschild mit kurzer Verlängerung auf den Hinterkopf. Eine schwärzliche, ± deutliche Dorsolateralbinde, umschließt bogenförmig den Dorsaleindruck. Auf den Flügeldecken die vordere Hälfte und hier besonders der Schulterbereich mit verdichteter, ockerfarbener Tomentierung. Eine schwärzliche Lateralmakel, das mittlere Drittel einnehmend und nach innen auf den 5. Zwischenraum reichend. Ihr Vorderrand gebogen, der Hinterrand gerade abgestutzt, die innere Spitze auf den Postmediantuberkel im 3. Zwischenraum gerichtet. Hintere Deckenhälfte mit Ausnahme des Lateral- und Suturalstreifens dunkel aschgrau tomentiert, letztere mit schmalen Würfelflecken. Die Unterseite und das Pygidium einfarbig dunkel, die greise Behaarung nur auf ersterer etwas in den Hinterwinkeln der Analsegmente verdichtet. Schenkel mit breitem, dunklem Medianring. Schienen dunkel, mit schmaler, heller Antemedian- und Apicalbinde. 1. und 2. Tarsenglied dunkel mit schmalem, hellem Basalteil, restliche Tarsen überwiegend hell gelblich, Fühler mehr bräunlich gefärbt.

Rüssel breiter, 28:18, als lang. Seitenmitte im Bereich der Fühlergruben am breitesten, gegen den Vorderrand stärker verjüngt. Oben mit breiter, dem Augenabstand entsprechender und nach vorne etwas über die Mitte reichender Basalgrube. Diese am Grunde nicht gekielt. Die grobe Punktierung schwach längsrissig zusammengeflossen. Vorderrand beiderseits der Mitte niedergedrückt, Mittelteil etwas vorspringend. Augen groß und stark vorgewölbt, Stirn dazwischen eingedrückt und auch vom Hinterkopf durch eine breite Furche getrennt. Hinterkopf gewölbt, die Wölbung nach vorne verjüngt und kielförmig auf die Stirn reichend.

Halsschild deutlich, 5:3,8, breiter als lang. Querleiste nahezu gerade, mit der Seitenleiste einen breiten, stumpfen Winkel bildend. Letztere in der Seitenansicht s-förmig, von oben betrachtet vor den Hinterwinkeln schwach eingebuchtet, nach vorne stark gerundet-erweitert, die Spitze nach innen gebogen, etwas über die Mitte reichend. Die größte Breite liegt etwas vor der Mitte, im äußersten Bereich der Seitenleiste. Dorsaleindruck der Scheibe etwa das mittlere Drittel einnehmend, vorne halbkreisförmig, hinten gerade begrenzt. Überall mit feiner, eingestochener zerstreuter Punktierung.

Flügeldecken wenig, 7:5,5, länger als breit. Die größte Breite gleich hinter den Schultern. Seiten von da nach hinten nur schwach gerundet verengt, erst im Spitzenteil stärker verjüngt. Nahtstreifen nicht eingedrückt, die Querimpression hinter der Subbasalwölbung jedoch deutlich. In der vorderen Hälfte nur die Subbasalwölbung, in der hinteren Hälfte im 3. Zwischenraum mit größerem Postmedian- und kleinerem Subapical- und Apicalhöcker. 5. Zwischenraum mit Median- und 2 Subapicalhöckern, letztere vor und hinter dem inneren stehend. 7. Zwischenraum mit schwach erhöhten Tomentpolstern, ein solches auch am 3. Zwischenraum zwischen Postmedian- und Subapicalhöcker.

Prosternum vor den Vorderhüften mit tief eingestochener, gegen die Mitte gedrängter Punktierung. Seitenteile des Meso- und Metasternums zerstreut punktiert. 1. Glied der Vordertarsen zur Spitze schwach erweitert, nur wenig länger als die beiden folgenden ohne das Klauenglied.

Länge: 9,5 mm bei geneigtem Kopf.

2♂♂. Von den Salomon-Inseln, Guadalcanal, Mt. Austen, 15.1.1963, P. GREENSLADE leg. (Paratypus); – New Britain, Gazell Pen., Upper warangoi, Illuyi, 230 m, 8.–16.12.1962, J. SEDLACEK leg. (Holotypus). Holotypus in Coll. SEDLACEK, Paratypus im British Museum, Natural History.

Apatenia albirostris sp. n.

Oberseite überwiegend braunscheckig gefärbt. Rüssel, eine Stirnmakel zwischen den Augen und die Antescutellarmakel rein weiß tomentiert. Schienen rötlichbraun, mit breitem Postmedianring, der der Mittelschienen am breitesten. Tarsen einfarbig rötlichbraun. Pygidium und Unterseite einheitlich scheckig wie die Oberseite gefärbt.

Rüssel deutlich, 40:23, breiter als lang, ohne Mittelkiel. Die grobe Skulptur der Stirn feine Längskielchen bildend. Augen groß, seitlich stark vortretend. Fühler kurz, mit dem 9. Glied den Hals-

schildhinterrand erreichend. 9. Glied lang dreieckig, fast doppelt so lang wie an der Spitze breit.
Halsschild nur wenig breiter als lang, 75:65, die Dorsalgrube gegen die Querleiste verflacht, diese
aber noch erreichend. Die Zentralwölbung etwas hinter der Mitte stehend. Im Bereich des Eindrucks
die Punkte groß und dicht gestellt und nur durch schmale Leisten voneinander getrennt. Querleiste
weit vom Hinterrand entfernt, schwach doppelbuchtig. In der Mitte kurz unterbrochen, mit der Seitenleiste einen stumpfen Winkel bildend, diese gerade, die Seitenmitte erreichend.
Flügeldecken gestreckt, 50:32, an den Schultern am breitesten. Seiten nach hinten geringfügig und
erst im Spitzenbereich stärker gerundet verengt. Der 3. Zwischenraum in der hinteren Hälfte mit
3 kleinen Höckern, der subapicale am größten, alle mit aufgerichteten Haarbüscheln besetzt. Die seitlichen Zwischenraume einfach. Eine verschwommene, schwach gelbliche Binde erstreckt sich vom
Hinterrand des Medianhöckers seitlich neben den Subapicalhöcker und erlischt in diesem Bereich.
1. Glied der Vordertarsen zur Spitze schwach erweitert, nur wenig länger als die beiden folgenden
Glieder zusammen ohne das Klauenglied.
Länge: 5,5 mm bei geneigtem Kopf.
1♀ von Australien, Queensland, Cairns, 1951, J. SEDLACEK leg. Holotypus in meiner Sammlung.

Apatenia sunda sp. n.

Oberseite braunscheckig, wobei die dunkle Färbung überwiegt. Nur die Antescutellarmakel, ein
kurzes Strichelchen vor der Querleiste und der Schulterbereich der Flügeldecken hell. Letztere mit dif-
fuser, dunkler Lateralmakel. Unterseite überwiegend dunkel, ein weißliches Toment am Prosternum,
den Seiten des Meso- und Metasternums, sowie der Analsegmente, verdichtet. Beine rötlichbraun,
Schenkel mit dunkler Mittelbinde. Schienen mit dunkler Postmedianbinde und besonders an den beiden hinteren Beinpaaren die Spitze angedunkelt. 1. und 2. Tarsenglied dunkel, mit hellem Basalteil,
Rest der Tarsen mehr rötlich. Fühler dunkel, die beiden Basalglieder rötlich aufgehellt.
Rüssel deutlich, 60:35, breiter als lang, mit verkürztem Mittelkiel in der Basalhälfte. Von der Augeninnenkante verläuft ein kurzes Kielchen, schwach seitwärts gerichtet nicht ganz bis zur Rüsselmitte
und wird dort in die längsrissige Skulptur mit einbezogen. Die längsrissige Skulptur der Stirn setzt sich
auf den Basalteil des Rüssels fort. Spitzenteil etwas schwächer, aber noch dicht und grob punktiert. Der
Vorderrand schwach gebogen und kaum ausgerandet, auch der Mittelteil nicht vortretend. Im Bereich
der Fühlereinlenkung am breitesten.
Fühler kurz, die Glieder jedoch gestreckt. 3. Glied am längsten, jeweils länger als 2 oder 4. Keule
lose gegliedert, 9 und 10 langoval, mit stärker verjüngtem Basalteil, 9 doppelt so lang wie breit, 10 wenig kürzer, 11 etwas schmaler als 10, zugespitzt.
Halsschild breiter als lang, 12:9,5. Besonders in der hinteren Hälfte mit tief eingestochenen Punkten.
Dorsaleindruck tief, fast halbkreisförmig, sein schwach gebogener Hinterrand gekantet, mit Median-
und Dorsolateralbuckel. Querleiste fast gerade, Seitenleiste von oben betrachtet vor den Hinterwinkeln leicht eingebogen, nach vorne gerundet erweitert, die Spitze wieder eingebogen. Von der Seite
betrachtet nur schwach s-förmig.
Flügeldecken kurz, nur wenig, 7:5,5, länger als breit. 3. Zwischenraum in der hinteren Hälfte mit
4 Tuberkeln, nämlich 1 Postmedian-, 2 Subapical-, 1 Apicaltuberkel. 5. Zwischenraum mit 3 Tuberkeln, median, postmedian und subapical, 7. Zwischenraum, postmedian einmal, subapical zweimal
tuberkuliert. Die Tuberkeln dieser abwechselnden Zwischenräume jeweils etwas nach vorn versetzt.
Prosternum überall mit dichter, tief eingestochener Punktur. Besonders die hinteren Analsegmente
seitlich schwach komprimiert. Pygidium etwas länger als breit, Spitzenteil verrundet, mit feinem Mittelkiel. Besonders die Innenseite der Vorderschienen und die Sohlen der Vordertarsen abstehend behaart. 1. Glied der Vordertarsen zur Spitze schwach erweitert und nur wenig länger als die beiden folgenden Glieder ohne das Klauenglied.
Länge: 8,5 mm bei geneigtem Kopf.
1♂ von Java, Insel Sunda, ohne weitere Angaben in meiner Sammlung.

Apatenia indecorata sp. n.

Oberseite mehr schokoladefarben braunscheckig tomentiert. Nur die Antescutellarmakel des Halsschildes zusammenhängend weißlich. Rüssel deutlich, 57:27, breiter als lang. Oberseite neben dem verkürzten Mittelkiel seicht eingedrückt. Seiten nach vorn gerade verlaufend, erst im Spitzenteil gerundet verengt. Vorderrand stark doppelbuchtig, der Mittellappe punktiert. Fühler verhältnismäßig lang, die Halsschildmitte überragend. Die Glieder gestreckt, 8. Glied noch doppelt so lang wie breit. Keule lose gegliedert, die Glieder untereinander nahezu gleichlang, 9 und 10 langdreieckig, letzteres etwas schmaler als 9, dadurch proportional etwas länger, 11 langoval, zugespitzt.

Halsschild wenig, 95:85, breiter als lang, nur an den Seiten und vor der Querleiste deutlich punktiert. Letztere nur sehr schwach doppelbuchtig. Seitenleiste von oben betrachtet vor den Hinterwinkeln leicht eingebuchtet, nach vorne gerundet erweitert, die Spitze wieder eingebogen. Von der Seite betrachtet fast gerade, einen schwachen, stumpfen Winkel bildend, etwas schräg nach unten gerichtet. Dorsaleindruck tief, nach vorne die Mitte überragend, dort die dunkle Färbung längsbindenartig verdichtet.

Flügeldecken schlank, 60:42, 3. Zwischenraum in der hinteren Hälfte mit 2 Tuberkeln, postmedian und subapical, im 5. mit größerem Subapicaltuberkel, 7. Zwischenraum mit 3 kleineren Erhebungen, medial, postmedial und subapical. Die benachbarten Höcker der abwechselnden Zwischenräume sind von innen nach außen gesehen jeweils etwas nach vorn versetzt. 3. Zwischenraum unmittelbar neben dem Subapicalhöcker des 5. etwas stärker gewölbt, aber nicht gehöckert.

Pygidium kaum länger als breit, verrundet, völlig abgeflacht, nahezu einfarbig goldgelb behaart. Prosternum dicht punktiert. 1. Glied der Vordertarsen schlank, zur Spitze nur schwach erweitert, etwas länger als die beiden folgenden Glieder.

Länge: 7,5 mm bei geneigtem Kopf.

1♂ Neu Guinea, Kokoda, 5.11.1957, J. SEDLACEK leg. Holotypus in meiner Sammlung.

Apatenia brevior sp. n.

Der A. indecorata sp. n. sehr nahestehend. Halsschild breiter, besonders im Bereich des Dorsaleindrucks und vor der Querleiste stark punktiert, die Punkte teilweise zusammenfließend. Die Seiten vor den Hinterwinkeln deutlich eingebuchtet. Die Querleiste völlig gerade. Flügeldecken proportional kürzer. Pygidium deutlich etwas länger als breit und in eine breite Spitze auslaufend.

Länge: 6 mm bei geneigtem Kopf.

1♂ von Neu Guinea, Madang, 6.1969, G. HEINRICH leg. Holotypus in meiner Sammlung.

Apatenia minor JORD.

Neu Guinea: Mt. Wilhelm, 3400 m, 23.–24.1.1979 1♀, und Lae, 15.2.1979 1♀, beide J. SEDLACEK leg.

Apatenia minor signaticollis ssp. n.

Halsschild mit auffälliger, großer, ockerfarbener Discalmakel, eine schmale, unregelmäßige, gegen den Vorderrand verkürzte, schwärzliche Dorsolateralbinde einschließend. Die helle Färbung der Seiten unregelmäßig, manchmal in Flecken aufgelöst und mit dem rötlichen Vorderrand verbunden. Antescutellarmakel größer.

Flügeldecken wie bei der Nominatform gestaltet, die Antemedian-Lateralmakel größer und nach innen zwischen die Subbasal- und Medianbeule reichend.

Länge: 5,5–6,5 mm bei geneigtem Kopf.

2♂♂, 1♀ von Neu Guinea: Cyclop Mts., 930 ft, 4.1936, L. E. CHEESMAN leg. (1♂ Holotypus); – Torricelli Gebirge, ohne weitere Angaben, (1♂, Paratypus); – Nadzab, 14.2.1979, 50 m, J. SEDLACEK leg. (1♀, Allotypus). Holotypus im British Museum, Natural History.

Apatenia olivacea JORD.

Untersuchtes Material: 4 Exemplare, davon 1♂ von Woodlark I., 3.4.1897, A. S. MEEK, im British Museum. Neu Guinea: Baiyer R., 25.1.–6.2.1979, 1♂; – Wau, 14.1.1979, 1♀, beide J. SEDLACEK leg.; – Bisianumu, E. of Port Moresby, 500 m, 7.6.1955, 1♀.

Apatenia subvittigera sp. n.

Strukturell der *A. sagax* JORD. von Buru nahestehend. Rüssel einfarbig weißlich bis hell cremefarben behaart. Stirn zwischen den Augen dunkel, davon ausgehend ein breites Band nach hinten über den Hinterkopf. Halsschildscheibe im Bereich des Eindrucks und hinter der Querleiste überwiegend dunkel, Seitenpartien überwiegend hell, mit wenigen dunklen Haaren untermischt. Flügeldecken in der Basalhälfte und auf den Seitenpartien mit Gitterflecken. Die hintere Deckenhälfte überwiegend dunkel. Beide Zonen werden von einer hellen Schrägbinde getrennt, die vom Schildchen ausgehend ein kurzes Stück an der Naht, dann seitwärts hinter dem Subbasaltuberkel, schräg nach hinten, zum Seitenrand verläuft, diesen etwas hinter der Mitte erreichend. Der hohe Subbasaltuberkel und die etwas niedrigere Schulterbeule bleiben hell. Der Median- und Subapicalhöcker dagegen dunkel. Pygidium dunkel, Beine wie bei *A .sagax* gefärbt. Unterseite überwiegend dunkel, nur das Abdomen hellscheckig tomentiert.

Rüssel ohne ausgesprochenen Mittelkiel, jedoch mit glatter, flacher Mittelschwiele. Halsschild nur wenig, 8:6, breiter als lang, die breite Querfurche hinten mit 3 flachen Höckern besetzt. Die beiden seitlichen etwas nach vorn verschoben. Die Basal-longitudinal-Carinula und die Querleiste bilden einen spitzen Winkel.

Vorderrand der Flügeldecken neben dem Schildchen stärker aufgebogen und vorgezogen. Subbasaltuberkel sehr hoch, Mediantuberkel am 3. Zwischenraum wesentlich kleiner, aber deutlich höher der Subapicalhöcker am 5. Zwischenraum, dieser am 3. nur schwach angedeutet.

Pygidium breit verrundet, flach, nicht länger als breit. Prosternalfortsatz breit dreieckig, Prosternum davor querrunzelig skulptiert.

Länge: 5,5–6 mm bei geneigtem Kopf.

2♀♀. Neu Guinea, Madang, 6.–7. 1969, G. HEINRICH leg. (1♀, Holotypus); – New Britain, Gazell Pen., Bainings: St. Pauls, 350 m, 6.9.1955, J. L. GRESSITT leg. (1♀, Paratypus). Holotypus in meiner Sammlung, Paratypus im B. Bishop Museum Honululu.

Apatenia subvittigera suturata ssp. n.

Die dunkle Färbung der hinteren Deckenhälfte im Nahtbereich zwischen dem Subbasalhöcker nach vorn ausgeweitet und bis zum Vorderrand reichend. Mediantuberkel des 3. Zwischenraums höher. Länge: 4,5 mm bei geneigtem Kopf.

1♂ von Neu Guinea (NE), Maprik, 160 m, 14.10.1957, J. L. GRESSITT leg. Holotypus im B. Bishop Museum Honululu.

Apatenia plagifer sp. n.

Oberseite braun mit ockerfarbener, schwärzlicher und etwas silbergrauer Tomentierung. Rüssel mit breiter, gelblicher Mittelbinde, die sich auf der Stirn spaltet und am inneren Augenrand nach hinten verläuft. Halsschild mit schmaler Mittelbinde, von der breiten Antescutellarmakel ausgehend und im Bereich des Eindrucks unterbrochen, letzterer mit greisen Härchen gefüllt, die am Rand verdichtet

93

sind und einen Kreis bilden. Eine komplette, gelbliche Dorsolateralbinde, über die Querleiste nach hinten zum Hinterrand reichend, seitlich mit der greisen Behaarung lose verbunden. Schildchen dunkel. Flügeldeckenscheibe mehr ockerfarben, die Subbasalwölbung, eine große, gemeinschaftliche Postmedianmakel und eine kleinere Subapicalmakel schwärzlich. Die beiden letzteren schließen eine breite ockerfarbene Makel ein, die seitlich bis zum 5.–7. Zwischenraum reicht. Hinter der Subbasalwölbung mit einzelnen, kleinen, schwarzen Tomentfleckchen, abfallender Spitzen- und Seitenteil mehr silbergrau behaart mit schwärzlichen, hervorgehobenen Tomentpolstern. Pygidium mehr einfarbig, heller bräunlich. Fühler und Beine, rötlichbraun, der Subbasal- und Subapicalring der Schienen verschwommen. Unterseite überwiegend silbergrau behaart, nur die Abdominalsegmente mit bräunlicher Sublateralmakel.

Rüssel deutlich, 60:28, breiter als lang. Seiten im gleichförmigen Bogen zum Vorderrand verjüngt. Letzterer stark doppelbuchtig, Mittelteil weit lappenförmig vorgezogen, Seitenlappen kürzer, gewölbt, Mittelkiel von der Basis etwas über die Mitte reichend. Mit der Stirn gleichförmig, wenig dicht punktiert. Fühlerglieder etwas komprimiert, das 3. am längsten, $^1/_3$ länger als 2 und doppelt so lang wie 8. Keule groß, sehr lose gegliedert, die Glieder langoval, 9 so lang wie 7 und 8 zusammen, 10 und 11 jeweils etwas kürzer.

Halsschild breiter als lang, 10,5:8. Im Bereich der Dorsalgrube dicht punktiert. Querleiste gerade, mit der Seitenleiste einen stumpfen Winkel bildend, nach vorne die Mitte nicht überragend, vor den Hinterwinkeln breit eingebuchtet.

Flügeldecken deutlich, 65:45, länger als breit. Seiten an den Schultern nur kurz eingezogen, dahinter am breitesten, von da zur Spitze im leichten Bogen verjüngt. Subbasalwölbung hoch, Postmedianbeule am 3. Zwischenraum klein und kaum hervortretend.

Pygidium beim ♂ wenig länger, beim ♀ so lang wie breit, in beiden Geschlechtern breit verrundet. Prosternum seitlich verstreut, vor den Hüften etwas dichter und grober punktiert. Prosternalfortsatz breit dreieckig. Mesosternalfortsatz breit, gerade abgestutzt. Tarsen sehr schlank, wenig kürzer als die Schienen, vorne 24:28, hinten 28:30.

Länge: 5,5–7,5 mm bei geneigtem Kopf.

1♂, 2♀♀ von Neu Guinea: Sentari, 90 m, 16.6.1959, T. C. Maa leg. (1♂, Holotypus); – Waris, S. of Hollandia, 450–500 m, 24.–31.8.1959, T. C. Maa leg. (1♀, Allotypus); – Nabire, S. of Geelvink Bay, 0–30 m, 2.–9.7.1962, J. L. Gressitt leg. (1♀, Paratypus). Holo- und Allotypus im B. Bishop Museum Honululu, Paratypus in meiner Sammlung.

Apatenia plagifer simplex ssp. n.

Wie die Nominatform, Rüssel jedoch ohne Mittelleiste.
Länge: 7,5 mm bei geneigtem Kopf.

1♀ von den Salomons, Guadalcanal, Conga, 4.3.1963, P. Greenslade leg. Holotypus im British Museum, Natural History.

Apatenia phaeura salomonis Jord.

New Britain, Gazell Pen. 1981, 1♀, J. und H. Sedlacek leg.; – Salomon Is., Guadalcanal, Mt. Austen, 28.6.1965, 1♀ im British Museum, Natural History.

Apatenia nigroflava sp. n.

Grundfärbung der Oberseite fast schwärzlich. Am Kopf und Rüssel einzelne Flecken, Halsschild mit breiter, unregelmäßiger Lateralbinde, den Raum zwischen Seitenleiste und Dorsalgrube einnehmend. Letztere von einer samtschwarzen Binde umgeben, bis zur Mitte leicht seitwärts und von da wieder nach innen im Doppelbogen zum Vorderrand verlaufend. Eine feine Mittelbinde und der Discaleindruck mit aufgerichtetem, gräuem Toment. Antescutellarmakel, die äußerste Spitze der Subbasalwölbung, Hinterteil der Postmedianbeule und eine große Lateral-Postmedianmakel goldgelb bis grau. Tibien dunkel, ein schmaler Subbasalring und der Spitzenteil hell. Fühler einheitlich dunkel beim Allotypus, die Keule goldgelb beim Holotypus. Rüssel deutlich breiter als lang, 60:35. Eine Mittelleiste reicht von der Basis etwas über die Mitte. Basalhälfte mit der Stirn stärker, die Spitzenhälfte schwächer längsrissig skulptiert. Seiten nach vorne gerundet erweitert, die größte Breite über den Fühlergruben, zur Spitze wieder gerundet verjüngt. Vorderrand doppelbuchtig ausgerandet, der Mittelteil lappenförmig vorgezogen.

Halsschild breiter als lang, 11:8. Discaleindruck von deutlicher Subbasal- und Dorsolateralwölbung flankiert. Querleiste beiderseits der Mitte jeweils schwach doppelbuchtig, mit der Seitenleiste einen stumpfen Winkel bildend. Seitenleiste vor den Hinterwinkeln stark eingebuchtet, nach vorne stark gerundet erweitert, die Spitze wieder nach innen gebogen und abrupt endend. Von oben betrachtet seitlich abstehend.

Flügeldecken länger als breit, 67:50. Subbasalwölbung und Postmediantuberkel des 3. Zwischenraums hoch. Als weitere Erhabenheiten nur noch eine kleine Subapicalbeule im 5. Zwischenraum. Die äußeren Zwischenräume mit kleinen Körnchen, die in der Regel schwärzliche Tomentpolster tragen.

Pygidium etwas länger als breit, Seiten in der Basalhälfte schwächer, in der Spitzenhälfte stärker gerundet verengt. Mittellinie leicht vorgewölbt. Prosternum seitlich grob, vor den Hüften querrunzelig punktiert. Seitenteile des Meso- und Metasternums zerstreut punktiert. Abdomen unpunktiert, in der Mitte leicht abgeflacht, seitlich aber nicht komprimiert.

Länge: 7,5 mm bei geneigtem Kopf.

1♂ von den Salomon Is., Guadalcanal, Mt. Austen, 28.6.1965, Holotypus. Ein weiteres ♀ von New Britain, Gazell Pen., gehört ebenfalls zu dieser Art, weicht in einigen Punkten aber deutlich ab und bildet möglicherweise eine eigene Rasse.

Apatenia tenuis JORD.

Der Holotypus von Sumatra, ohne nähere Angaben, im British Museum, wurde eingesehen; – weiter haben vorgelegen: 1♀ von Sumatra, Sungei-Bulu, Sett. 1878, O. BECCARI im Museum Genova; – 2♀♀ von Borneo, Sandakan, BAKER leg., im Staatlichen Museum für Naturkunde Dresden. Die beiden Tiere von Borneo sind etwas dunkler als die von Sumatra, sonst aber nicht verschieden.

Apatenia gazellae sp. n.

In der Färbung der *A. raniceps* JORD. sehr ähnlich. Die rostfarbene Humeralmakel fehlend, die weißlichen Deckenmakeln stark reduziert. Die hellen Lateralmakeln des Halsschildes ± kringelförmig zusammenfließend und mehr gelblich, bei *A. raniceps* rein weiß. Abdomen dunkel, nur in den Hinterwinkeln der Segmente mit verdichtetem, silbrigem Toment. Nur die Vorderschienen mit vollständigem, hellem Subbasalring. Mittel- und Hinterschienen jeweils nur mit kleiner Makel an der Innenseite. Die äußersten Schienen- und Tarsengliederspitzen silbrig-weiß.

Dorsaleindruck des Halsschildes tiefer als bei *A. raniceps*, die Median- und die beiden Dorsolateralwölbungen deutlicher. Querleiste gerade, mit der Seitenleiste einen stumpfen Winkel bildend. Seitenleiste in der Seitenansicht bogenförmig mit der Spitze nach oben verlaufend. Von oben betrachtet vor den Hinterwinkeln breit eingebuchtet, nach vorne stark gerundet erweitert.

Flügeldecken mit hoher Subbasal- und kleinerer Postmedianbeule im 3. Zwischenraum. Letztere schwarz tomentiert mit hellem Hinterteil. Seitlich, auf den ungeraden Zwischenräumen mit kleinen, schwarzen Tomentflecken. Helle Makeln nur in der hinteren Hälfte des vorletzten Streifens.

Prosternum vor den Hüften zerstreut punktiert, wobei jeweils 3–5 Punkte reihig gedrängt stehen.

Länge: 6–8,5 mm bei geneigtem Kopf.

Untersuchtes Material: 2♂♂, 6♀♀. New Britain: Gazell Pen., Upper Warangoi, Illugi, 230 m, 12.–15.12.1962 (1♂ Holotypus, 1♀ Allotypus); – id. 8.–11.12.1962 (1♀); –

West Irian: Hollandia, 1978 (1♀), ohne nähere Angaben.

Neu Guinea: Nadzab, 14. 2. 1979, 50 m (1♀); – Busu R., 20–30 km. E. of Lae, 13. 2. 1979 (1♀), alle J. SEDLÁCEK leg.; – Sattelberg, Huon Golf, Biro 1898 (1♀ im Museum Budapest).

Apatenia raniceps JORD.

Die beiden vorliegenden ♀♀ wurden mit dem Typus im British Museum verglichen und stimmen völlig überein. Die hellen Halsschildflecken variieren in Größe und Gestalt etwas. Die helle Makel am 3. Zwischenraum hinter der dunklen Postmedianmakel bleibt auf die innere Hälfte dieses Zwischenraums beschränkt. Flügeldecken mit rötlicher Humeralmakel. Am abfallenden Teil auf den abwechselnden Zwischenräumen mit hellen Sprenkeln. Prosternum dunkel.

Neu Guinea: Madang, 6. 1969, G. HEINRICH leg. 1♀; – Vogelkop, Bomberi, 700–900 m, 10. 6. 1959, T. C. MAA leg. 1♀.

Apatenia raniceps rufovariegata ssp. n.

Wie die Nominatform, Flügeldecken jedoch überwiegend grau, die dunkle Färbung auf kleine Makeln oder Pusteln reduziert. Die rostrote Humeralmakel klein, nach hinten mit einer gleichfarbenen Dorsalmakel in der Querimpression verbunden. 3. Zwischenraum mit deutlicher Postmedianwölbung, deren vorderer Teil schwarz ist und der hintere eine auffällige, helle Makel trägt. Halsschildseiten nahezu einfarbig gelblich. Pygidium und Abdomen einfarbig schwarz. Länge: 6 mm bei geneigtem Kopf.

1♀ von Neu Guinea, Cyclops Mts., Sabron, 930 ft., 4. 1936, L. E. CHEESMAN leg. Holotypus im British Museum, Natural History.

Apatenia raniceps rectangula ssp. n.

Halsschildquerleiste rechtwinkelig nach vorn gebogen, die Winkelspitze verrundet. Basal-longitudinal-Carinula von der Seite betrachtet in einer Linie liegend. Dorsaleindrücke tiefer, seitlich mehr nach vorn verschoben, mit flachem Median- und Randhöcker, ersterer mehr der Querleiste als dem Vorderrand genähert.

Flügeldecken ohne rostfarbene Humeralmakel. Abdomen silbergrau tomentiert, die Segmente mit dunkler Lateralmakel. Das postmediane Tomentpolster des 3. Zwischenraums lang, von einer hellen Makel unterbrochen, die den gesamten Zwischenraum beansprucht.

Länge: 9,5 mm bei geneigtem Kopf.

1♀ von New Britain, Gazell Pen., 1981, J. SEDLÁCEK leg. Holotypus in meiner Sammlung.

Tabelle der nichtafrikanischen Apatenia-Arten

1 (10) Halsschildquerleiste an den Seitenwinkeln gleichförmig, breit nach vorn verrundet. Flügeldecken mit Gitterflecken, ähnlich wie bei Nessiara tessellata EYD.

2 (3) Flügeldeckenscheibe breit eingedrückt, der 5. Zwischenraum vorspringend, der 3. mit Subapicalwölbung oder -höcker

    a) Flügeldecken mit hohem, tuberkelförmigem Subapicalhöcker im 3. Zwischenraum. . . .
    . . . . A. milnei milnei JORD.

    b) Flügeldecken ohne Subapicalhöcker im 3. Zwischenraum. In diesem Bereich nur stärker gewölbt . . . . A. milnei subgibbosa FRIES.

3 (2) Flügeldeckenscheibe nicht oder nur schwach eingedrückt. Nur der 3. Zwischenraum vorgewölbt, der 5. niedriger.

4 (5) Mittelkiel des Rüssels vom Rüsselvorderrand bis zum Hinterkopf reichend, sehr kräftig ausgebildet. Rüsselunterseite, mit tiefer, breiter Mittelfurche, an deren Grunde mit Mittelkiel. Halsschild nur äußerst fein punktiert. . . . . *A. gularis* JORD.

5 (4) Mittelkiel des Rüssels verkürzt, den Vorderrand nicht erreichend und nach hinten kaum über die Rüsselbasis zwischen die Augen reichend, oder überhaupt fehlend.

6 (7) Rüssel ohne Mittelkiel. Fühlerkeule kompakt, 10. Glied quer.   . . . . . *A. clavicornis* JORD.

7 (6) Rüssel mit verkürztem Mittelkiel. Fühlerkeule schlanker, mehr lose gegliedert, 10. Glied so lang wie breit oder etwas länger.

8 (9) 10. Fühlerglied so lang wie breit, oder nur sehr wenig länger. Rüssel $^3/_4$ breiter als lang. Mittelkiel des Rüssels im basalen Bereich deutlich ausgebildet, etwas zwischen die Augen reichend. Mittelfurche der Rüsselunterseite breit, ohne erkennbaren Kiel am Grunde. . . . . *A. toliana* JORD.

9 (8) 10. Fühlerglied deutlich und fast um die Hälfte länger als breit. Rüssel doppelt so breit wie lang. Mittelkiel fehlend. Rüsselunterseite mit breiter Mittelfurche und kräftigem Mittelkiel darin. . . . . *A. cyclops* FRIES.

10 (1) Quer- und Seitenleiste des Halsschildes winkelförmig miteinander verbunden. Winkelspitze manchmal abgerundet, oder die Seiten davor eingebuchtet.

11 (18) Rüssel neben dem ± gut entwickelten Mittelkiel, beiderseits noch mit deutlichen Dorsolateralleisten, von der Augeninnenkante ausgehend und nach vorne etwas über die Mitte reichend.

12 (17) Mittelkiel des Rüssels nur in der Spitzenhälfte entwickelt. Flügeldecken im Apicalbereich ohne spitze, dornförmige, hohe Höcker.

13 (14) Halsschildseiten vor den Hinterwinkeln nicht eingebuchtet. Flügeldecken nur in der hinteren Hälfte des 3. Zwischenraums tuberkuliert, postmedian einmal und subapical zweimal. In der Färbung der toliana sehr ähnlich. Rüssel deutlich etwas breiter als lang. . . . *A. poecila* JORD.

14 (13) Halsschildseiten vor den Hinterwinkeln stärker eingebuchtet. Flügeldecken im Apicalbereich auch auf dem 5. und 7. Zwischenraum tuberkuliert.

15 (16) Rüssel so lang wie breit oder wenig länger, mit deutlichem Mittelkiel. . . . *A. insignis* JORD.

16 (15) Rüssel etwas breiter als lang, ohne Mittelkiel. . . . . *A. pustalata* JORD.

17 (12) Mittelkiel des Rüssels sehr kräftig, vom Vorderrand bis zwischen die Augen reichend. Flügeldecken auffällig grob skulptiert und tuberkuliert. Die Subapicaltuberkeln des 3. und 7. Zwischenraums zu lang abstehenden, spitzen Dornen ausgezogen. . . . . . . *A. festiva* JORD.

18 (11) Dorsolateralleisten des Rüssels fehlend, manchmal in diesem Bereich gewulstet, Mittelleiste manchmal fehlend.

19 (22) Halsschildquerleiste stark gebogen, in der Mitte doppelt so weit vom Hinterrand entfernt als an den Seitenwinkeln. Flügeldecken grob tuberkuliert.

20 (21) Halsschildscheibe schwächer eingedrückt. Querleiste in der Mitte gewinkelt, vor den Seiten gebogen. Flügeldecken im 3. Zwischenraum ohne deutlichen Apicalhöcker. Subapicalhöcker des 3. Zwischenraums kleiner als der daneben im 5. Zwischenraum befindliche. . . . . *A. infans* JORD.

21 (20) Halsschildscheibe deutlich eingedrückt. Querleiste gleichförmig von Seite zu Seite gebogen, in der Mitte nicht gewinkelt. Flügeldecken mit großem Apicalhöcker im 3. Zwischenraum. Subapicalhöcker des 3. und 7. Zwischenraums hoch und gleichgroß. Kein Höcker im 5. Zwischenraum in diesem Bereich. . . . . *A. arcifera* FRIES.

22 (19) Halsschildquerleiste nur sehr schwach oder gar nicht gebogen. In der Mitte nicht oder nur wenig weiter vom Hinterrand entfernt als an den Seitenwinkeln.

23 (54) Zumindest die Halsschildscheibe deutlich punktiert.

24 (53) Flügeldecken in der apicalen Hälfte tuberkuliert oder auf den Zwischenräumen mit hervortretenden Tomentpolstern.

25 (28) Rüssel ohne Kiele.

26 (27) Rüssel mit tiefer Basalgrube, die nach vorne etwas über die Mitte reicht und so breit ist wie die Stirn zwischen den Augen. Halsschild breiter als lang, die Seiten stark gerundet erweitert. Flügeldecken mit dunkler Lateralmakel. . . . . *A. imprima* FRIES.

27 (26) Rüssel höchstens mit seichter Basalmulde, dicht weiß behaart. Halsschild so lang wie breit, Seiten nach vorne nur sehr schwach erweitert. Flügeldecken ohne auffällige, schwarze Lateralmakel. . . . . *A. albirostris* FRIES.

28 (25) Rüssel mit ± verkürzter Mittelleiste.

29 (32) Halsschild mit breiter, heller Lateralbinde, Subapicaltuberkeln der Flügeldecken hoch.

30 (31) Flügeldecken mit Medianhöcker im 3. Zwischenraum. Subapicalhöcker des 5. Zwischenraums viel höher als der am dritten daneben. . . . . *A. pallidiceps* JORD.

31 (30) Flügeldecken ohne Medianhöcker im 3. Zwischenraum. Dieser weiter hinten, am Beginn des letzten Drittels stehend. . . . . *A. apicalis* GAHAN

32 (29) Halsschildseiten ohne helle Lateralbinde, wenn heller gefärbt als die Scheibe, dann unregelmäßig gefleckt.

33 (34) 3. Flügeldeckenzwischenraum in der hinteren Hälfte mit 4 Tuberkeln. . . . *A. sunda* FRIES.

34 (33) 3. Flügeldeckenzwischenraum in der hinteren Hälfte höchstens mit drei Tuberkeln.

35 (38) Subapical- und Apicalhöcker der Flügeldecken hoch und gleichgroß.

36 (37) Halsschild sehr grob, Kopf und Rüssel sehr dicht punktiert. Antescutellarmakel des Halsschildes als kurze Binde etwas über die Querleiste nach vorn verlängert. Oberseite sonst braunscheckig behaart, ohne zusammenhängende Zeichnung. . . . . . . *A. grumosa* JORD.

37 (36) Halsschild, Kopf und Rüssel nur sehr fein punktiert. Antescutellarmakel des Halsschildes nicht über die Querleiste nach vorn verlängert, dagegen mit heller Dorsolateralbinde, von der Querleiste ausgehend, mehr der Seite als der Mitte genähert, im Bogen nach innen zum Vorderrand verlaufend. Ein Seitenast etwa von der Mitte schräg nach hinten zur Seitenleiste gerichtet. . . . . *A. sagax* JORD.

38 (35) Tuberkeln in der hinteren Hälfte anders gestaltet.

39 (46) Flügeldecken in der hinteren Hälfte deutlich tuberkuliert oder mit aufgestellten Haarbüscheln.

40 (45) Oberseite braunscheckig, Tuberkeln der Flügeldecken groß.

41 (44) Subapicaltuberkeln der Flügeldecken im 3., 5. und 7. Zwischenraum sehr groß, mindestens so groß wie der Postmediantuberkel des 3. Zwischenraums.

42 (43) Halsschild im Bereich des Dorsaleindrucks und vor der Querleiste nur sehr zerstreut punktiert. . . . . *A. indecorata* FRIES.

43 (42) Halsschild im Bereich des Dorsaleindruckes und vor der Querleiste sehr dicht und tief punktiert, die Punkte teilweise zusammenfließend. . . . . *A. brevior* FRIES.

44 (41) Subapicaltuberkeln der Flügeldecken viel kleiner als der Postmediantuberkel des 3. Zwischenraums.

a) Halsschildscheibe mehr einheitlich dunkel oder schwach marmoriert. . . . .
   . . . . *A. minor minor* JORD.

b) Halsschildscheibe mit großer, gelblicher Discalmakel. . . . . *A. minor signaticollis* FRIES.

45 (40) Oberseite nahezu einfarbig grau, die Tuberkeln auf der hinteren Deckenhälfte durch aufgestellte Haarbüschel markiert. . . . . *A. olivacea* JORD.

46 (39) Flügeldecken ohne Subapical- und Apicaltuberkeln. Die Zwischenräume in diesem Bereich nur mit erhöhten Tomentpolstern.

47 (50) Postmedianhöcker der Flügeldecken hoch und deutlich.

48 (49) Schulterbereich der Flügeldecken heller behaart oder mit unregelmäßiger Binde vom Schildchen schräg nach hinten zum Seitenrand.

a) Eine unregelmäßige, helle Binde verläuft vom Schildchen hinter der Subbasalwölbung schräg nach hinten zum Seitenrand. . . . . *A. subvittigera subvittigera* FRIES.

b) Der Suturalbereich zwischen der Subbasalwölbung bleibt dunkel. . . . .
   . . . . *A. subvittigera suturata* FRIES.

49 (48) Flügeldecken einförmig marmoriert und mit dunklen Gitterflecken. Gestalt ähnlich wie *A. viduata.* . . . . *A. dimissa* JORD.

50 (47) Postmedianhöcker der Flügeldecken sehr klein oder überhaupt fehlend.

51 (52) Flügeldecken mit kleinem, rundlichem Postmedianhöcker. Zwischenräume mit länglichen Gitterflecken. Halsschildseiten vor den Hinterwinkeln eingebuchtet. Die Antescutellarmakel und eine verkürzte Binde davor hervorstechend. Erinnert an einen korpulenten *Ulorhinus bilineatus* GERM. . . . . *A. gracilis* JORD.

52 (51) Postmedianhöcker fehlend. Halsschildseiten vor den Hinterwinkeln deutlich eingebuchtet, die Seitenleiste von oben betrachtet S-förmig. Flügeldecken mit dunkler Dorsolateralmakel, die sich manchmal in Sprenkeln auflöst.

a) Mittelkiel des Rüssels sehr kräftig, vom Vorderrand bis auf die Stirn reichend.

b) Dorsolateralmakel der Flügeldecken weit hinter der Mitte befindlich, der 3. Zwischenraum dahinter nur schwach vorgewölbt. . . . . *A. viduata viduata* PASC.

b') Dorsolateralmakel der Flügeldecken weiter nach vorn zur Mitte versetzt, der 3. Zwischenraum dahinter stark vorgewölbt. . . . . *A. viduata promota* JORD.

a') Mittelkiel des Rüssels verkürzt, weder den Vorderrand erreichend noch das vordere Augenniveau überragend.

c) Dunkler gefärbt. Mittelkiel des Rüssels deutlich ausgebildet, den Vorderrand aber nicht erreichend. . . . . *A. viduata pulla* JORD.

c') Heller gefärbt. Mittelkiel des Rüssels auf ein kurzes Strichelchen in Höhe der Fühlereinlenkung reduziert. . . . . *A. viduata surda* JORD.

53 (24) Flügeldecken in der hinteren Hälfte völlig ohne Erhabenheiten, Scheibe mit großer, heller Makel.

a) Rüssel mit Mittelkiel. . . . . *A. plagifer plagifer* FRIES.

b) Rüssel ohne Mittelkiel. . . . . *A. plagifer simplex* FRIES.

54 (23) Halsschild nicht punktiert.

55 (56) Flügeldecken mit großer, rundlicher oder ovaler, heller Apicalmakel.

a) Seitenwinkel des Halsschildes mehr verrundet, die Leiste deutlich gebogen. Die beiden Apicalmakeln der Flügeldecken berühren sich an der Naht. . . *A. phaeura phaeura* JORD.

b) Seitenwinkel des Halsschildes bei 90°, die Leiste kaum gebogen. Die Apicalmakeln der Flügeldecken werden durch die dunkle Naht getrennt. . . . . *A. phaeura salomonis* JORD.

56 (55) Flügeldecken ohne auffällige Apicalmakeln.

57 (64) Zumindest der Postmedian- oder Subapicaltuberkel der Flügeldecken deutlich entwickelt.

58 (61) Halsschildseiten in größerem Umfang abstechend hell gefärbt.

59 (60) Die helle Färbung der Halsschildseiten mehr regelmäßig gerandet, ähnlich wie bei *A. pallidiceps*. Postmedianhöcker am 3. Zwischenraum klein, der Apicalhöcker sehr klein. Flügeldecken bräunlich, mit schwach kontrastierenden Gitterflecken, die Punktur ist verdeckt und tritt kaum in Erscheinung. . . . . *A. madida* JORD.

60 (59) Die helle Färbung der Halsschildseiten ist unregelmäßig. Postmedianhöcker der Flügeldecken am 3. Zwischenraum deutlich knopfförmig vortretend. Subapicalhöcker des 3., 5. und 7. Zwischenraums sehr klein. Grundfärbung schwärzlich mit schwachen Gitterflecken. . . . . *A. nigroflava* FRIES.

61 (58) Halsschildseiten ohne größere, zusammenhängende, helle Färbung.

62 (63) Flügeldecken mit deutlichem Postmedian- und Subapicalhöcker im 3. Zwischenraum. Oberseite nahezu einfarbig dunkelbraun bis schwärzlich. Schlanke Art, Halsschild fast so lang wie breit. . . . . *A. tenuis* JORD.

63 (62) Flügeldecken nur mit Postmedianhöcker im 3. Zwischenraum. Oberseite deutlich gefleckt. Gedrungen gebaut, Gestalt wie bei *A. raniceps*. . . . . *A. gazellae* FRIES.

64 (57) Flügeldecken in der hinteren Hälfte nicht tuberkuliert, nur der 3. Zwischenraum manchmal etwas stärker vorgewölbt.

   a) Quer- und Seitenleiste des Halsschildes in breitem Bogen miteinander verbunden. Seitenleiste stumpfwinklig abstehend, in der Seitenansicht stark gebogen.

   b) Halsschildseiten mit rundlichen, weißen Flecken, diese teilweise zusammenfließend. Flügeldecken nur mit rötlicher Humeralmakel. Besonders die vorderen Analsegmente seitlich mit verdichtetem, weißlichem Haartoment. . . . . . *A. raniceps raniceps* JORD.

   b') Halsschildseiten nahezu einfarbig gelblich tomentiert. Die rötliche Humeralmakel nach hinten mit einer gleichfarbigen Dorsalmakel in der Querimpression verbunden. Abdomen einheitlich schwarz. . . . . *A. raniceps rufovariegata* FRIES.

   a') Quer- und Seitenleiste des Halsschildes rechtwinkelig miteinander verbunden, letztere in der Seitenansicht nahezu gerade. . . . . *A. raniceps rectangula* FRIES.

Xenocerus luctificus FAIRM.

Unterscheidet sich primär von *X. speracerus* MONTR. durch den länger als breiten, in eine verrundete Spitze auslaufenden, zungenförmigen Mesosternalfortsatz. Die Bindenzeichnung der Flügeldecken wie bei *X. speracerus* variierend, jedoch offensichtlich nur mit angedeuteter Sublateralbinde unter der Schulterbeule.

Untersuchtes Material: 19 Exemplare, davon 2♂♂ ex Coll. FAIRMAIRE, I. du Duc d'York, wie von ihm beschrieben.

New Britain: Nakanei Mts., 1050 m, 23.–30. 7. 1956, 2♂♂, E. J. FORD leg.; – Gazell Pen., Mt. Sinewit, 900 m, 10. 11. 1962, 1♀. – id. 16 km. S. of Gaulim, 300 m, 29. 10. 1962, 1♂, 1♀; – id. Upper Warangoi, Marinaga, 300 m, 7. 12. 1962, 1♂; – id. Upper Warangoi, Illugi, 230 m, 8.–11. 12. 1962, 2♂♂, 1♀, alle J. SEDLÁČEK leg.

Neu Guinea: Umboi I., 1 km N. of Awelkom, 600 m, 21.–28. 2. 1967, 1♂, S. L. SÁMUELSON leg.

Neu Pommern: Kokopo, 1♀, Gazell Ins. 1♂, Bairing Berge 1♂, 1♀, diese 4 Exemplare ohne weitere Angaben im Museum Warschau.

Xenocerus speracerus speracerus MONTR.

Untersuchtes Material: Woodlark (Murua), Kulumadau Hill, 16. 2. 1957, W. W. BRANDT leg., 1♂, 1♀; – Woodlark, 1 Paar ohne weitere Angaben in meiner Sammlung.

Xenocerus speracerus australicus JORD.

Untersuchtes Material: Die beiden von JORDAN in der Stett. Ent. Zeit. 1895: 252 beschriebenen Exemplare befinden sich im Museum Warschau und haben mir zum Vergleich vorgelegen. Ein weiteres ♂ von Ost-Australien ohne weitere Angaben in meiner Sammlung.

Xenocerus speracerus mancus ssp. n.

Wie *X. speracerus australicus* JORD., die weiße Sutural- und Dorsolateralbinde am Basalrand nicht miteinander verbunden.

Länge: 10–18 mm.

4♂♂, 6♀♀ von Neu Guinea: Western District, 2.8.1964, (2♂♂, 1♀ mit Holo- und Allotypus); – (SE), Oriomo River, 6m, 14.2.1964 (2♂♂, 2♀♀); – id. Ruka, 6m, 9.8.1965, (2♀♀); – id. Kura, 9 m, 12.8.1964 (1♀), alle H. CLINOLD leg. Holotypus ♂ im B. Bishop Museum Honululu.

Anthribus frontalis bogenbergeri ssp. n.

Rüssel, Kopf und Halsschild überwiegend goldgelb tomentiert. Am Halsschild reicht die dunkle Färbung der Unterseite nach oben etwas über die Seitenleiste und bildet in diesem Bereich 3 ± lose zusammenhängende Makeln, nämlich eine kleinere jeweils im Vorder- und Hinterwinkel, sowie eine größere in der Mitte. Weiter noch zwei größere Basalmakeln, mehr dem Seitenrand als der Mitte genähert, eine kleine Antescutellarmakel und die inneren Borstenhaare der Dorsalbüschel dunkel. Auf der Scheibe ist die goldgelbe Tomentierung mit kleinen, silbrigweißen und unregelmäßigen Flecken untermischt.

Flügeldecken schwärzlich, die ungeraden Zwischenräume mit weißen Gitterflecken, diese hellen Haare jedoch nur wenig dicht gestellt. Die schwarzen Haarbüschel insgesamt höher als bei der Nominatform. Zwischen Median- und Postmedianbüschel mit auffälliger, goldgelber Makel vom 2.–4. Zwischenraum, am 3. 2 weiße Gitterflecken einschließend. Der Nahtstreifen wird von der Makel nur am Rande erfaßt und bleibt wie die restliche Oberseite dunkel mit weißlichen Gitterflecken. Fühler mit Ausnahme der dunklen Keule und das 3. und 4. Tarsenglied rötlich.

Länge: 12,5 mm bei geneigtem Kopf.

1♀ von den Philippinen: Mindoro, Mt. Halcon, 1500 m, 27.–30.4.1984, J. BOGENBERGER leg. Holotypus in meiner Sammlung.

Anschrift des Verfassers:
Robert FRIESER,
Edelweißstraße 1, D-8133 Feldafing

| Mitt. Münch. Ent. Ges. | 75 | 103–106 | München, 15. 12. 1985 | ISSN 0340-4943 |

Studies on Cicindelids. XXXI. Notes on some Tiger Beetles from the Cameroon, with description of a new species of *Euryarthron* GUÉRIN

(Coleoptera, Cicindelidae)

By Fabio CASSOLA

Abstract

Une espèce nouvelle d'*Euryarthron* GUÉRIN *(E. nageli* sp. n.) est décrite du Cameroun (région de l'Adamaoua). On donne aussi la liste de quelques autres Cicindélides récoltés également dans la même localité.

A new species of *Euryarthron* GUÉRIN *(E. nageli* sp. n.) is herein described from the Cameroon (Adamaoua region). An annotated list is also given of some other *Cicindelidae* collected in the same area.

Through the courtesy of Dr. Peter NAGEL (Lehrstuhl für Biogeographie, Universität des Saarlandes, Saarbrücken, German Federal Republic) I could examine the Cicindelid specimens collected by Dr. NAGEL himself, and by his Colleagues W. FLACKE and P. MÜLLER, during an expedition run by his Institute to Northern Cameroon. These represent a small collection of 56 specimens belonging to 10 different species, one of which resulted to be new to science and is here described in the present paper.

All the specimens have been collected between 14th March and 6th April 1979 in a same locality, lying about 20 km south of Minim (coordinates 6°49'N, 12°52'E), at 1200 m above sea-level, in the region of Central Adamaoua. As a whole, the small sample gives therefore a quite precise idea of the Cicindelid biocoenosis occurring in the visited area. This is a tree savannah area with relatively wide valleys, flat slopes and narrow gallery forests (for better ecological informations, see MÜLLER, NAGEL & FLACKE 1980, 1981).

I wish to express thanks to Dr. Peter NAGEL for allowing me to study this interesting materials, and to Mr. Geoffrey KIBBY (British Museum, Natural History) for the opportunity to examine a paratype of *Euryarthron babaulti* W. HORN.

List of species

Tribe *Cicindelini* SLOANE, 1906
Subtribe *Prothymina* W. HORN, 1908 (sensu RIVALIER, 1971)

Euryarthron nageli sp. n. (Fig. 1)

Diagnosis: A quite small species, dark bronze with blackenish elytra; thorax subsquared, shoulders well marked, wings reduced, probably non-functional. Elytral maculation formed by a submarginal central spot, slightly hooked on disk, and a subapical spot. Tibiae rufescent.

Description: Head dark bronze, with green, cupreous or blue reflections on cheeks and forehead. Sculpture well marked; striae longitudinal on vertex and eyes, oblique in the middle, transversely undulated behind. Surface glabrous, with only two long intraorbital setae near both eyes. Labrum testaceous, slightly darkened on margins, five-dentate, the three central teeth separated from the outer ones

103

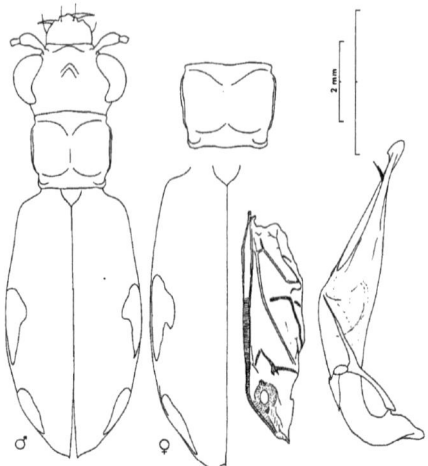

Fig. 1: *Euryarthron nageli* sp. n.

by marked incisions; four setae near forward edge (central pair submarginal, outer pair marginal). Labial and maxillary palpi testaceous, the last joints pitch-black. Scape and segments 2–4 of the antennae dark, third and fourth joints apically annulated with bright metallic green; articles 5–11 brown-rufescent, finely pubescent. Three setae on the scape near the apex.

Thorax subsquared, nearly as long as broad, subparallel sided; colour dark bronze, with cupreous and bluish reflections near the outer margins, on the posterior callus and in the transverse furrows. Sculpture well marked, with undulate, rather cerebriform striations. Episterna shiny, black, with bluish reflections near the basis and the posterior edge.

Elytra blackenish, with bronze and blue-green reflections near the outer margins; shoulders quite well marked. Sculpture strong and uniform, prothymoid, with roundish close alveola on the whole surface; a row of some larger foveae parallel to, but some distance from, the suture. Elytral maculation composed by a submarginal elongate central spot, slightly hooked on disk, and a subapical elongate patch; humeral dot lacking in both sexes. Apical angle almost right, slightly retracted in the ♀, with a very short sutural spina. Wings reduced, probably non-functional, almost as long as the elytral length, much longer however than the short vestigial stumps of the wingless *Euryarthron*-species.

Underside dark bluish-green, with coppery reflections on coxae and sternal pieces; last segment of the abdomen, and edge of the penultimate one, rufescent brown. Femora metallic green, more or less bluish, brown-violet at their apex; tibiae mostly rufescent, apically darkened; tarsi dark metallic, slightly rufescent at base of articles. Trochanters ferrugineous.

Male aedeagus elongate, progressively narrowed after the middle, with a hooked, spearhead-like apex; distal opening large, with apex of flagellum protruding externally.

Length: ♂♂ 11,5–12 mm; ♀♀ 12,5–13 mm (without labrum).

Holotype ♂, allotype ♀ and 11 paratypes ♂♂♀♀ from the CAMEROON: Adamaoua, 20 km S of Minim (6°49′ N, 12°52′ E), 1200 m above sea-level, W. FLACKE, P. MÜLLER and P. NAGEL leg.; most of the specimens have been collected at light trap or pitfall trap outside gallery forest. Holotype, allotype and six paratypes in the collection of the Saarland University (Saarbrücken, German Federal Republic), a paratype ♂ in the collection of the Royal Museum of Central Africa (Tervuren, Belgium), four paratypes in my own collection.

Derivatio nominis: I am pleased to name this new species in honour of Dr. Peter NAGEL, who kindly submitted the type series for study.

Notes: This new species recalls very much *E. babaulti* W. HORN, 1926, with a paratype of which I could compare it. *E. babaulti*, nevertheless, is a larger species, more corpulent, with a transverse pronotum (rather than subsquare), and with more vestigial wing (long nearly half an elytron); moreover, it has a well marked humeral lunule, and smaller roundish submarginal spots.

Subtribe *Cicindelina* W. HORN, 1908

Elliptica deyrollei (GUÉRIN MÉNEVILLE) 3♀♀

Widely distributed throughout most of the Sahelian region from Senegal to East Africa, this species was already known from Cameroon (HORN 1911, 1921). To the previously recorded countries (CASSOLA 1978b), it has to be added the Togo as well (KOLBE 1894).

Elliptica lugubris (DEJEAN) 2♂♂

This species, too, is widely distributed from Senegal to East Africa, and had already been recorded from the Cameroon by HORN (1921). As far as I know, it occurs in the following countries: Senegal, Guinea, Mali (Koulikoro), Sierra Leone, Ivory Coast (Dabakala), Togo, Nigeria (Kankiya, Azare), Cameroon, Central African Republic (Sibut, Crampel), Uganda (Tororo), Kenya (Trans Nzoia) and NE Zaire (Aru).

Rhopaloteres n. nysa (GUÉRIN MÉNEVILLE) 4♂♂ 8♀♀

The species as a whole is widely distributed through equatorial Africa from Senegal to Ethiopia and southwards to Shaba and Tanganyika Lake. The eastern part of this wide range is occupied by the ssp. *quedenfeldti* W. HORN, darker in colour, with smaller elytral markings. The specimens caught at Minim appear to be quite small, with large and apparent elytral spots, often merging into each other, and belong therefore to the nominate form. This species was already known from several localities of Cameroon (HORN 1905, 1911, 1921).

Rhopaloteres f. flavosignatus (CASTELNAU) 6♂♂ 3♀♀

As far as I know, this species is recorded from Guinea, Togo, Cameroon, Central African Republic, Sudan (Bahr-el Ghazal) and, with a ssp. *flavoreductus* W. H. of doubtful validity, from Uganda, Kenya and NE Zaire. More recently VAN NIDEK (1980) has described a ssp. *cupreoreductulus* on the basis of specimens collected in northern Zambia and Tanzania (,,D. O. Afrika"). With regard to Cameroon, several localities are known in the entomological literature (HORN 1911, 1921).

Rhopaloteres convexoabrupticollis (W. HORN) 1♂ 3♀♀

This interesting and apparently rare species was known up to now only through its holotype from Yalinga (Central African Republic), seven specimens from Cameroon (collected by A. GIDE between "N'Gaoundin" and Tibati, and erroneously described by RIVALIER, 1946, with the name of *Cicindela gidei*), and, more recently, three specimens from Monotubo in Northern Zaire (CASSOLA 1978a).

Rhopaloteres cinctus (OLIVIER) 1♂

A common species, widely distributed in the whole of western and central Africa from Senegal to Sudan, Uganda, and southwards to Shaba (= Katanga). With regard to the Cameroon, it had been previously recorded from several localities by HORN (1905, 1911, 1921). The single specimen collected at Minim belongs to the green form (m. *viridovelutina* MANDL).

Lophyra (Stenolophyra) gemina (W. HORN) 1♀

A very rare species, hitherto known by means only of three specimens from Cameroon (prov. Joko) and few additional specimens from NE Zaire (Moto, Tomati, Kibali-Ituri; Yebo, Duru River, Upper Uele; Buye River, zone of Ango) (CASSOLA 1978a, b). This new record constitutes therefore an additional interesting information about the apparently quite restricted range of this nice species. Since, however, this is quite difficult to separate from the green forms of the more widely distributed *L. (S.) luxeri* (DEJEAN), it is to be expected that other specimens of *L. gemina* are probably kept in the entomological collections under the name of *L. luxeri*.

Myriochile (Monelica) fastidiosa (DEJEAN) ssp. *vicina* DEJEAN 1♂ 4♀♀

A common species, widely distributed throughout most of Africa, occurring with the nominate form even in the Indian peninsula. From the Cameroon it had been already recorded by HORN (1911, 1921), and moreover I have seen two additional specimens collected at Mbalmayo in the collection of Dr. C. JEANNE (Bordeaux, France).

Myriochile (Monelica) flavidens (GUÉRIN MÉNEVILLE) 2♂♂ 4♀♀

This species was recorded from Cameroon (Wutschiri on the River Mekai, zone of Yoko) by HORN (1921). As far as I know, it occurs also in the following countries: Guinea-Bissau, Guinea, Upper Volta, Togo, Central African Republic, southern Sudan, NE Zaire, Uganda, Erithrea, as well as northern Nigeria (Kankiya, June 1964, L. G. SEGERS leg., 1♀, in the collection of the Royal Museum of Central Africa of Tervuren, Belgium).

All the specimens collected at Minim have a much reduced elytral pattern, in some cases almost invisible, similar, however, to that figured by HORN (1938, plate 37, No. 22); the apical lunule, nevertheless, is reduced to a small subapical dot, and all the ♀♀ lack the humeral spot.

References

CASSOLA, F. 1978a: Studies on Cicindelids. 18. On some *Cicindelidae* collected in North Zaire *(Coleoptera, Cicindelidae).* – Monitore zool. it. (N. S.), **10**, Suppl. 8, 119–144.

— — 1978b: Studi sui Cicindelidi. XX. *Cicindelidae* raccolti dal Marchese Saverio Patrizi nell'Africa centrale *(Coleoptera, Cicindelidae).* – Ann. Mus. civ. St. nat. Genova **82**, 104–114.

HORN, W. 1905: Zur Kenntnis der Cicindeliden-Fauna von Kamerun und seiner Hinterländer. II. – Deutsche ent. Zeitschr., 150–152.

— — 1911: *Cicindelinae.* – In: Wissensch. Ergebn. deutsch. Zentr.-Afrika-Exped. 1907–1908 unter Führung Adolf Friedrich, Herzog zu Mecklenburg (Leipzig) **3**, 461–467.

— — 1921: Beitrag zur Faunistik und Lebensweise der *Cicindelinae* des tropischen Afrika. II. Liste der von Herrn L. COLIN im Joko-Bezirk in Mittel-Kamerun gesammelten Cicindelinen. – Ent. Blätter **17**, 178–180.

— — 1926: Über neue und alte Cicindelinen der Welt. II. Über die Rassen von *Prothyma festiva* DEJ. – Ent. Blätter **22**, 166–168.

— — 1938: 2000 Zeichnungen von *Cicindelinae.* – Entom. Beihefte aus Berlin-Dahlem **5**, 1–71, plates 1–90.

KOLBE, H. J. 1894: Coleopteren aus Togo in Ober-Guinea. I. Cicindeliden von der Station Bismarckburg und Umgegend, gesammelt von Herrn Leopold CONRADT. – Stettiner ent. Zeit., 162–165.

MÜLLER, P., NAGEL, P. and FLACKE, W. 1980: Incidences d'une application de dieldrine sur les ecosystèmes dans le cadre de la lutte anti-tse-tse sur les hauts-plateaux de l'Adamaoua au Cameroun. – Sarrebruck, X-205 (mimeographed).

— — 1981: Ecological Effects of Dieldrin Application Against Tsetse Flies in Adamaoua, Cameroun. – Oecologia **50**, 187–194.

RIVÁLIER, E. 1946: Une nouvelle *Cicindela* africaine. – Rev. fr. d'Ent. **13**, 33–35.

— — 1957: Démembrement du genre *Cicindela* L. – III. Faune africano-malgache. – Rev. fr. d'Ent. **24**, 312–342.

VAN NIDEK, C. M. C. 1980: Description of some new *Cicindelinae* (Col.). – Ent. Blätter **75**, 129–137.

Address of Author:
Via F. Tomassucci 12
I-00144 Roma, Italy

| Mitt. Münch. Ent. Ges. | 75 | 107–116 | München, 15. 12. 1985 | ISSN 0340-4943 |

Georg KITTEL, ein bedeutender bayerischer Faunist

Von Manfred DÖBERL

Vor genau einhundert Jahren erschien in Regensburg der letzte einer langen Reihe von Beiträgen zur bayerischen Käferfaunistik, verfaßt von Georg KITTEL. Aus diesem Anlaß ist hier der Versuch unternommen, Leben und Werk dieses bedeutenden Faunisten in Erinnerung zu rufen.

Abb. 1: Georg Ferdinand Christoph KITTEL (1835–1906), aus: EGGERSDORFER, Abb. 83

Lebensdaten

Georg Ferdinand Christoph KITTEL (Abb. 1) wurde am 9. Februar 1835 als Sohn eines Bierbrauers in Aschaffenburg geboren. Er wuchs ohne Geschwister auf; sein um acht Jahre jüngerer Bruder Johann Georg starb bereits im Kindesalter. Kittel besuchte in Aschaffenburg das Gymnasium und anschließend das Lyceum; diese Ausbildung entsprach etwa dem heutigen Studium für ein Lehramt an einer Höheren Schule. Mit 24 Jahren wurde er Assistent für Chemie an der polytechnischen Schule in

Nürnberg. Er unterrichtete dort von 1859 bis 1866 und heiratete auch eine Nürnbergerin, Barbara Sophie WEISS.

1866/67 war er Lehramtsverweser für Naturgeschichte am Realgymnasium zu Augsburg, und von 1867 bis 1873 unterrichtete er an der Gewerbeschule zu Freising Naturgeschichte, Chemie und Technologie. Am 1. November 1873 wurde Georg Kittel von König Ludwig II. zum Professor der Chemie und Naturgeschichte am Lyceum zu Passau ernannt.

Die Lyceen oder philosophisch-theologischen Hochschulen jener Zeit waren eingeteilt in eine philosophische und eine theologische Sektion mit je zwei Jahreskursen. Dabei wurde in der philosophischen Sektion größtes Gewicht auf den naturwissenschaftlichen Bereich gelegt, denn es sollte dadurch vor allem die Allgemeinbildung der künftigen Priester gehoben werden. Sie mußten vor dem Eintritt ins Priesterseminar das Lyceum besuchen und dort auch Prüfungen in den naturwissenschaftlichen Fächern ablegen (nach HESS 1980).

Für Kittel war es eine sehr ehrenvolle Berufung, denn er trat in Passau die Nachfolge eines hochverdienten und angesehenen niederbayerischen Naturwissenschaftlers an, des Dr. med. Joseph WALTL (1805–1888), der sich durch eine vielseitige Forschungstätigkeit auf dem Gebiet der Geognostik des Waldgebirges und in der systematischen Insektenkunde hohes Ansehen erworben hatte. Selbstverständlich trat Kittel nun auch der führenden ostbayerischen zoologischen Gesellschaft bei, dem zoologisch-mineralogischen Verein in Regensburg; in dessen Mitgliederverzeichnis wird er erstmals im Jahre 1873 als „Prof. Kittel in Passau" unter den korrespondierenden Mitgliedern aufgeführt.

Kittels Lehrtätigkeit in Passau sollte nur wenige Jahre dauern. Wegen Krankheit wurde er am 24. Februar 1880 auf die Dauer eines Jahres in den Ruhestand versetzt. Das wiederholte sich im Februar 1882. Die Schaffenskraft des knapp Fünfundvierzigjährigen war gebrochen. EGGERSDORFER (1933) spricht von einem „seelischen Leiden", von dem Kittel nicht mehr genas. Dennoch lebte er noch lange Jahre in Passau, wo er drei Jahre nach seiner Frau am 12. Oktober 1906 als Lyzealprofessor a. D. verstarb.

Kittels Sammlungen und seine Notizen sind verschollen. Geblieben sind seine Arbeiten zur Insektenfaunistik unserer Heimat, vor allem sein umfassendes, gründliches Werk über „... die Käfer, welche in Baiern und der nächsten Umgebung vorkommen".

Die Insektenkunde zu jener Zeit

Die beschreibenden Naturwissenschaften hatten seit LINNÉ (1707–1778) und seinem Schüler FABRICIUS (1743–1808) einen großen Aufschwung genommen. Durch das geniale Klassifikationssystem Linnés, welches es gestattete, jedem Tier und jeder Pflanze einen genauen Platz im botanischen/zoologischen System zuzuweisen, hatten die Naturforscher die Fülle der Lebewesen in eine systematische Ordnung gebracht. Zahllose Arten waren beschrieben worden; und während Linné selbst in seiner „Decima" von 1758 noch insgesamt erst rund 4 600 Tiere unterschied, so sind bis heute allein bei den Insekten mehr als eine dreiviertel Million Arten beschrieben worden und es ist noch lange kein Ende abzusehen!

In den Sammlungen der ersten Zeit wurden gewöhnlich die präparierten Insekten nach ihrer systematischen Ordnung zusammengesteckt, jedes an seinen Platz, der durch ein Zettelchen mit dem Gattungs- bzw. Artnamen dafür vorgesehen war. So trägt z. B. in einer Landshuter Käfersammlung vom Jahre 1839 kein einziger Käfer ein Etikett mit Fundort und Datum, wie es heute längst selbstverständlich ist. Erst um die Mitte des vorigen Jahrhunderts wurde es allgemeiner Brauch, an die Nadel eines präparierten Insekts ein „Patria-Etikett" zu stecken, auf dem gewöhnlich nur das Herkunftsland vermerkt war: Bohemia, Bavaria, Gallia, Germania... Denn der Sammler wußte ohnehin, wo er seine Tiere gefangen hatte!

Nach der ersten großen Bestandsaufnahme, an der auch Männer wie DARWIN oder HUMBOLDT mitgewirkt hatten, erwachte auch das Interesse daran, einen Überblick zu gewinnen, welche Tiere in einem bestimmten Gebiet vorkamen. Da war es naheliegend, die Fauna eines engbegrenzten Raumes zusammenzustellen und sie katalogmäßig aufzulisten. So veröffentlichte David HOPPE bereits 1795 eine „Enumeratio insectorum elytratorum circa Erlangam" und führt darin listenmäßig neben anderen Insektenordnungen auch 593 Käfer für die Umgebung von Erlangen auf. Ähnliche Verzeichnisse verfaßten KRESS (1856) für den Steigerwald, oder WEIDENBACH (1859) für das Augsburger Gebiet. Die erste niederbayerische Lokalfauna der Schmetterlinge und Käfer veröffentlichte der kgl. Bezirksgerichtsrat K. JUNGERMANN zu Landshut im Jahre 1863 (Abb. 2); eine späte derartige Faunenliste erschien noch in jüngster Zeit (MÜLLER 1979).

Die meisten dieser Lokalfaunen erhoben sich jedoch kaum über den Rang von Namensfriedhöfen: Was irgendwann einmal irgendwo in dem betreffenden Gebiet gefangen oder gesichtet worden war, das galt als zur Fauna gehörig, mochte die Bestimmung noch so unsicher gewesen sein! Erst ganz allmählich erkannte man, daß nur exakte Angaben eine brauchbare Grundlage für wissenschaftliche Forschung sein konnten. Doch erst zu Beginn unseres Jahrhunderts setzte es sich allgemein bei den Sammlern durch, daß gefangene Insekten genau bezettelt wurden mit Fundort, Datum und gewöhnlich auch mit dem Namen des Sammlers.

Im Gegensatz zu den anderen zeitgenössischen Faunisten legte Kittel großen Wert darauf, daß seine Fundmeldungen gewissenhaft verbürgt und die Fundorte möglichst genau angegeben waren. Im Vorwort zu seiner Käferfaunistik schreibt er: „Da ich alle Käfer mit einem Zettel versehe, auf welchem die genaue Angabe der Fangzeit, sowie des Fundortes angemerkt ist, war es mir möglich, bei vielen Thieren genau anzugeben, an welchen Orten und zu welcher Zeit dieselben vorkommen."

Als Beschreiber neuer Insektenarten ist Kittel nicht hervorgetreten, wohl aber wandte er schon von Anfang an sein Interesse der Insekten-Faunistik zu. Das zeigt deutlich ein Blick auf das Verzeichnis seiner Veröffentlichungen. Daraus geht auch hervor, daß er offensichtlich plante, das Verzeichnis der Käfer durch Ergänzungen und Nachträge laufend auf dem neuesten Stand zu halten.

Schriftenverzeichnis:

1. (1867) Nachtrag zu der im zwölften Jahresberichte veröffentlichten systematischen Uebersicht der Käfer um Augsburg.
   in: 19. Jahresbericht des Naturhistorischen Vereins, Augsburg 1867, 94–100
2. (1869) Versuch einer Zusammenstellung der Wanzen, welche in Bayern vorkommen.
   in: 20. Jahresbericht des Naturhistorischen Vereins Augsburg 1869, 61–80
3. (1869) Nachtrag zu der in dem zwölften und neunzehnten Berichte veröffentlichten Uebersicht der Käfer um Augsburg.
   in: 20. Jahresbericht des Naturhistorischen Vereins Augsburg 1869, 81–84
4. (1871) Nachtrag zu dem Versuch einer Zusammenstellung der Wanzen, welche in Bayern vorkommen.
   in: 21. Jahresbericht des Naturhistorischen Vereins Augsburg 1871, 59–80
5. (1872) (zusammen mit KRIECHBAUMER) Systematische Übersicht der Fliegen, welche in Bayern und in der nächsten Umgebung vorkommen. Nürnberg, o. J., 90 S. (nach einer handschriftlichen Eintragung Kriechbaumers in dem Exemplar in der Bibliothek der Zool. Staatssammlung ist die Arbeit 1872)
6. (1873–1884) Systematische Übersicht der Käfer, welche in Baiern und der nächsten Umgebung vorkommen.
   in: Correspondenzblatt des zoologisch-mineralogischen Vereins in Regensburg, 27/1873 – 38/1884; Separat Regensburg 1884, 639 p.
   Die Nachweise zur Originalveröffentlichung im einzelnen:
   27/1873: 131–144, 169–175, 189–192 (Käfer Nr. 1–134)
   28/1874: 46–48, 53–63, 81–92, 131–144, 162–179 (bis Nr. 525)
   29/1875: 61–64, 76–80, 122–128, 133–144, 167–172, 182–192 (bis Nr. 918)
   30/1876: 45–48, 59–64, 78–80, 87–96, 105–112, 119–128, 142–144, 171–176, 186–192 (bis Nr. 1382)
   31/1877: 42–48, 53–62, 74–80, 85–96, 110–112, 143–144, 155–160, 189–192 (bis Nr. 1754)
   32/1878: 85–96, 98–112, 115–128, 135–144, 164–176, 188–192 (bis Nr. 2230)
   33/1879: 39–40, 47–64, 93–96, 110–112, 115–128, 183–192 (bis Nr. 2491)

Tomicus
Latreille.
B o s t r i c h u s
Fabr Er.
typographus Linn. *
laricis Fabr. *
bispinus Ratzb.
curvidens Germ. *
chalcographus Linn.
villosus Fabr. *
limbatus F.
dispar Hellw. *
Saxeseni Ratzb.
octodentatus Gyll.

Platypus
Herbst.
cylindrus Fabr.

Cerambycidae.

Spondylis
Fabricius.
buprestoides Linn. *
Ergates
Serville.
faber Linn. *
Prionus *
Geoffroy.
coriarius Linn. *
Cerambyx
Linné.
H a m m a t i c h e r u s Megerle.
cerdo Linn. *
Aromia
Serville.
moschata Linn. *
Callidium
Fabricius.
C a l l i d i u m Muls.
violaceum L. *
dilatatum Payk.
sanguineum L. *
{variabile L. *
{fennicum L. *
luridum Oliv. *
undatum L. *

Hylotrupes
Serville.
bajulus Linn. *
Saphanus
Serville.
spinosus Fabr. *
Criomorphus
Mulsant.
{aulicus Fabr.
{luridus Fabr. *
Asemum
Eschscholtz.
striatum Linn. *
Criocephalus
Mulsant.
rusticus Linn. *
Clytus
Laicharting.
detritus Linn.
arcuatus Linn. *
arietis Linn. *
massiliensis Linn. *
ornatus Fabr. *
mysticus Linn. *
Obrium
Latreille.
brunneum Fabr. *
Molorchus
Fabricius.
dimidiatus F. *
umbellatarum L. *
Stenopterus
Olivier.
rufus Linn.
Dorcadion
Dalman.
fuliginator L. *
Lamia.
Fabricius.
textor Linn. *
Monohammus
Megerle.
sartor Fabr. *
sutor Linn. *
Acanthoderus
Serville.
varius Fabr.

Abb. 2: Eine Seite aus dem Verzeichnis von JUNGERMANN (1863)

34/1880: 29–32, 35–48, 64–80, 89–96, 104–112, 127–128, 143–160, 181–192 (bis Nr. 2900)
35/1881: 35–48, 71–80, 89–96, 101–112, 129–144, 147–160, 173–176 (bis Nr. 3374)
36/1882: 30–32, 94–96, 123–127, 155–159, 173–188 (bis Nr. 3588)
37/1883: 23–30, 35–57, 116–127, 132–157, 188–190 (bis Nr. 3927)
38/1884: 18–32, 54–61, 65–94, 97–103 (bis Nr. 6128)

7. (1875) Systematische Übersicht der in Bayern vorkommenden Cicadinen nebst Entwicklungsgeschichte zweier der Gattung *Palloptera* angehörender Fliegen.
in: Programm des Lyceums Passau für 1874/75 (1875), 8 p.

8. (1876) Systematisches Verzeichnis der Sandkäfer und Laufkäfer, welche in Bayern und der nächsten Umgebung vorkommen.
in: Programm des Lyceums Passau für 1875/76 (1876) (Zweitdruck aus der „Systematischen Übersicht der Kä-fer…" mit Ergänzungen und Nachträgen). Separat Passau, 1876, 16 p.

Kittels Käferfaunistik

Wie bei seinen vorausgegangenen faunistischen Arbeiten versicherte sich Kittel auch bei der Arbeit am Käferverzeichnis der Mitarbeit zahlreicher Kollegen, darunter der namhaftesten deutschen Cole-opterologen seiner Zeit, wie etwa des Frankfurter Senators VON HEYDEN und des Seligenstädter Decans SCRIBA, welcher ihm auch seine eigenen Aufsammlungen bestimmte bzw. überprüfte. Im Vorwort zu seiner Faunistik nennt er als Gewährsleute u. a. Dr. KRIECHBAUMER, Adjunkt an der zoologischen Sammlung des Staates, Major VON HAROLD, von dem er viele Angaben zu den Lamellicorniern erhielt, Professor KUHN, der selbst 1858 die erste systematische Darstellung, also das erste Bestimmungswerk der Käfer des südbayerischen Flachlandes veröffentlicht hatte, sowie weitere acht Sammler aus den ver-schiedensten Gegenden des Königreiches.

Daneben berücksichtigt er selbstverständlich auch die bis dahin erschienenen Lokalfaunen. Bei allen wichtigen Funden gibt er die Quelle bzw. den Gewährsmann an, und nur bei den überall häufigen Ar-ten verzichtet er auf diese Angaben und vermerkt „im ganzen Gebiete häufig". Sehr oft aber fügt er ei-gene oder verbürgte Beobachtungen hinzu und berichtet über Besonderheiten in der Lebensweise eines Käfers oder über die Larvenentwicklung. Maßangaben bringt er allerdings in der damals bereits veral-teten Längeneinheit „Linie", wobei 1' ≙ 2,0267 mm (nach NOBACK 1877).

Im Gegensatz zu den anderen zeitgenössischen Faunisten erfaßt Kittel ein weit größeres Gebiet als etwa das Umland einer Stadt oder ein anderes engbegrenztes Gebiet. Er will – wie auch bei seinen frü-heren Arbeiten über andere Insekten-Ordnungen – die Käferfauna des ganzen Königreiches darstellen. Damals, vor hundert Jahren, gehörte zum bayerischen Staatsgebiet noch die Rheinpfalz, während das nördliche Coburger Land erst 1920 zum Freistaat kam. Die hauptsächlich genannten Fundorte sind auf der Kartenskizze eingetragen (Abb. 3).

Im Februar 1873 legte Kittel seine Arbeit vor und ab September 1873 erschien sie in nicht weniger als 72 Fortsetzungen im Correspondenzblatt des zoologisch-mineralogischen Vereins in Regensburg. Die letzte Fortsetzung erschien erst im Juli 1884. Eine unendliche Mühe und ein unendlicher Fleiß steckten in dieser Zusammenstellung (Abb. 4)!

Denn Kittel zählt nicht nur auf. Anders als die meisten damaligen Faunisten gibt er bei fast allen Ar-ten Hinweise auf die Vorkommensdichte: „einzeln", „Regensburg nur einmal", „im ganzen Gebiet häufig". Er gibt Hinweise auf Sammeltechniken, z. B. bei Nr. 9 *Notiophilus aquaticus* „…an der Gartenmauer durch Aufgraben des Bodens", oder bei Nr. 2133 „Die Larven von *Elmis volkmari* sammelte ich im September in Dinkelsbühl in fließendem Wasser an Steinen…", oder bei Nr. 3874 *Zeugophora flavicollis* „Augsburg n. s., SPICKEL auf niederen Pflanzen gekötschert Juli; Freising s., Weihenstephan von Bäumen geklopft, Juni".

An vielen, vielen Stellen vermerkt er besondere Fundumstände. Sie gründen auf genauer Beobach-tung, und wo sie von anderen stammen, vermerkt er das gewissenhaft. Ein schönes Beispiel für seine genaue Beobachtung ist sein Vermerk bei der Art Nr. 4008 *Chrysomela asclepiadis* (heute: *Chrysome-*

lina aurichalcea). Er meldet diese Art von Erlangen und fährt fort: „Fränkische Schweiz ziemlich häufig an steilen felsigen Orten auf dem gemeinen Hundswürger, *Cynanchum vincetoxicum*, meist nicht an allen Stellen, wo diese sehr häufige Pflanze vorkommt, sondern nur an recht steilen Plätzen." Ich hatte jahrelang an den Jurahängen bei Kelheim vergeblich nach diesem Käfer gesucht und eifrig alle Hundswürgerpflanzen nach der ansehnlichen, ca. 6–8 mm großen blauglänzenden Chrysomelenart abgesucht. Erst der Hinweis Kittels brachte den Erfolg. Im September 1976 entdeckte ich den schönen Käfer bei Kelheimwinzer an einem sehr steilen Jurahang.

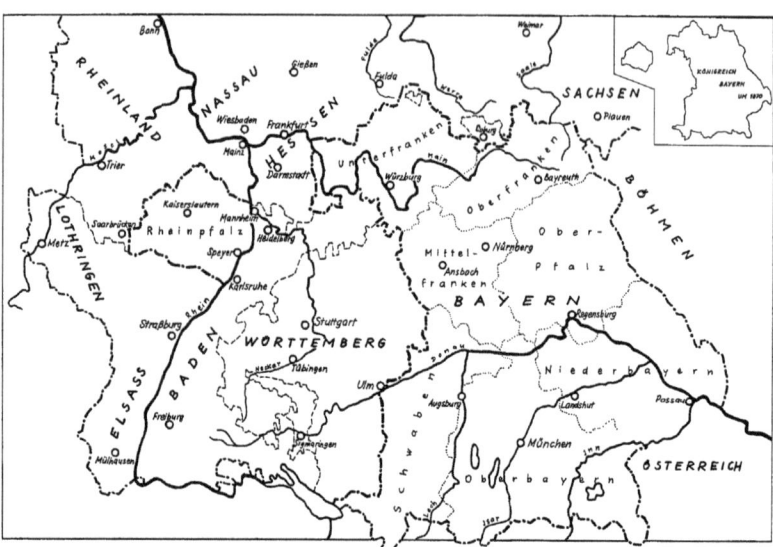

Abb. 3: Kartenskizze hauptsächlich genannter Fundorte

Zu Fundangaben, die ihm zweifelhaft erscheinen, nimmt Kittel kritisch Stellung, so etwa, wenn er bei Nr. 4053 *Galeruca rufa* lapidar vermerkt „Passau.? (Ist ein ungarischer Käfer.)" Tatsächlich ist der Käfer bis heute noch nicht weiter westlich als in Niederösterreich gefunden worden. Er führt dann sofort eine weitere, ihm höchst zweifelhaft erscheinende Art an: „*Arima marginata . . .* angeblich von Herrn Verstl bei Passau gesammelt, kommt nur in Italien und in Frankreich vor." Und recht hatte er! Eine Art war damals gerade in Ausbreitung auf Europa begriffen, *Leptinotarsa decemlineata*, der Kartoffelkäfer, und als gewissenhafter Faunist bringt Kittel an entsprechender Stelle nach Nr. 3974 auch für die Kollegen einen Hinweis auf diese Art: „Hierher gehört *Leptinotarsa . . .*"

Am Ende jeder Familie vermerkt Kittel akribisch: „In Baiern finden sich . . . Arten und . . . Varietäten, . . . Arten sind bis jetzt beschrieben." Insgesamt meldet er 4329 Käferarten. Freilich geht das Verzeichnis bis Nr. 6128, doch wurden bei den letzten Folgen wohl durch Unaufmerksamkeit des Setzers zweimal je 900 Nummern ausgelassen. Auch mehrere einzelne Nummern wurden ausgelassen oder erscheinen doppelt. Insgesamt ergibt sich dadurch die Zahl von 4329 verschiedenen Käferarten „im Königreich Baiern und der nächsten Umgebung". Freilich gilt diese Zahl nicht für das heutige Gebiet Bay-

C. Cerambycini.

763. *Cerambyx* Linné.

kerambyx Namen eines Insektes (karabos) mit langen Hörnern,
Feuerschröter.

Hammaticherus *Meyerle.*

hamma Knoten (an den Fühlern), keras Fühler oder chairo
sich freuen, also besser Hammatocerus.

1) *cerdo* Linné.   3665.

heros Scop. — luguber Voct. — Larve Ratzeb. Forstins I.
p. 194. t. 16. f. 3. — Doebner Stett. Zeit. 1850. p. 23. — Zusmarshausen; Regensburg s. s ; Nürnberg; Erlangen; Burgbernheim,
Pfarrer *Jäckel*; Bamberg, Theresien-Hain, Professor *Hofmann*;
Steigerwald n. s. in Eichen; Aschaffenburg· h., im Schmerlen-
bacher Wald u. a. a. O., Mai. — Er kommt vor im Junius und
Julius, steckt aber im Eichenstamme, schon seit dem April vollkommen entwickelt, *Schrank*.

Dieser Käfer ist bei Tag in Bohrlöchern der Eichen versteckt,
er verlässt dieselben Abends, und fliegt dann um die Kronen der
Eichen umher.

2) *Scopolii* Füssl.   3666.

cerdo Scop. — piceus Fourcr. — Larve Chap. et Cand. Mém.
Liége 1853. p. 583. — Nördlinger Feinde d. Landw. S. 244. —
Zusmarshausen; Augsburg; München, bei Pullach auf Blüten,
Juni, Juli, Harlaching an einer Pappel, August, Menterschwaige
auf frischgeschnittenen Eichen, Juni, Maria Einsiedl, Geiselgasteig,
Planegg, an Eichen, Buchen, auf Spiraea Aruncus, auf Dolden,
an Holzstössen, Juni, Dr. *Kr.*; Freising; Moosburg, Notar ·v. *Sonn.*;
Passau; Regensburg n. s.; Nürnberg; Hersbruck; Erlangen; ·Winds-
heim, Pfarrer *Jäckel*; Rothenburg a. d. Tauber, Professor Dr.
Langhans; Steigerwald n. s. in Eichen; Bamberg, Professor *Hof-
mann*; Aschaffenburg h. allenthalben. — In Buchenstämmen, Mai,
Juni, *Schrank*.

Die Larve ·findet sich vorzüglich unter der Rinde kranker
Kirsch-, Aepfel- und Eichenbäume. Der Käfer fliegt beim Sonnenschein umher.

764. *Purpuricenus* Serville.

purpureus purpurfarbig.

1) *Koehleri* Linn.   3667.

Kissingen, auf dem Staffelberge ziemlich h., *Rösch*; in Rhein-
hessen n. s., auch in der Bergstrase bei Zwingenberg, Weinheim
beobachtet; Wimpfen s., *Scr.* Frankfurt am Metzgerbruch, *Schneider*.

Abb. 4: Eine Seite aus dem Verzeichnis von KITTEL (1883)

erns, denn manche Arten wurden nur aus dem Hessischen oder aus der Pfalz genannt. So verzeichnet Kittel z. B. bei der Familie *Chrysomelidae* insgesamt 392 Arten, doch davon wurden nicht weniger als 36 nur aus den Nachbargebieten gemeldet, also immerhin etwa 10%. Wenn man das Ergebnis hochrechnet, kommt man für die damalige Käferfauna im heutigen Bayern auf eine Zahl von ca. 3 900 Arten.

Übersicht über die behandelten Familien

Familie	Nummern im Verzeichnis	Artenzahl nach Kittel	Bemerkung
1. *Cicindelidae*	1– 7	7	
2. *Carabidae*	8– 404	397	
3. *Dytiscidae*	405– 518	113	+ 1 Art (1 zu wenig angegeben)
4. *Gyrinidae*	519– 525	7	
5. *Hydrophilidae*	526– 607	82	
6. *Staphylinidae*	608–1420	813	
7. *Pselaphidae*	1421–1462	42	
8. *Clavigeridae*	1463–1464	2	
9. *Scydmaenidae*	1465–1491	27	
10. *Silphidae*	1492–1608	117	
11. *Trichopterygidae*	1609–1638	30	
12. *Scaphidiidae*	1639–1644	6	
13. *Histeridae*	1645–1714	270	– 200 Arten
14. *Phalacridae*	1715–1726	12	
15. *Nitidulidae*	1727–1845	119	
16. *Trogositidae*	1846–1852	7	
17. *Colydidae*	1853–1874	22	
18. *Rhysodidae*	1875	1	
19. *Cucujidae*	1876–1914	39	
20. *Cryptophagidae*	1915–1982	68	
21. *Lathridiidae*	1983–2044	61	+ 1 Art
22. *Mycetophagidae*	2045–2056	12	
23. *Dermestidae*	2057–2085	29	
24. *Byrrhidae*	2086–2106	21	
25. *Georyssidae*	2107–2109	3	
26. *Parnidae*	2110–2134	24	+ 1 Art
27. *Heteroceridae*	2135–2142	8	
28. *Lucanidae*	2143–2148	6	
29. *Scarabaeidae*	2149–2290	141	+ 1 Art
30. *Buprestidae*	2291–2350	60	
31. *Eucnemidae*	2351–2366	16	
32. *Elateridae*	2367–2487	120	+ 1 Art
33. *Dascillidae*	2488–2504	17	
34. *Malacodermata*	2505–2617	114	Nr. 2582 doppelt
35. *Cleridae*	2618–2637	20	
36. *Lymexylonidae*	2638–2639	2	
37. *Ptinidae*	2640–2730	91	
38. *Tenebrionidae*	2731–2773	42	+ 1 Art
39. *Cistelidae*	2774–2789	16	
40. *Pythidae*	2790–2802	13	
41. *Melandryidae*	2803–2825	23	
42. *Lagriariae*	2826	1	
43. *Pedilidae*	2827–2831	5	
44. *Anthicidae*	2832–2843	12	
45. *Pyrochroidae*	2844–2846	3	

114

46. *Mordellonae*	2847–2884	38	
47. *Rhipiphoridae*	2885–2886	3	– 1 Art
48. *Meloidae*	2887–2902	16	
49. *Oedemeridae*	2903–2927	25	
50. *Curculionidae*	2928–3556	614	+ 15 Arten
			Nr. 3436 und 3437 doppelt;
			Nr. 3468 und 3469 ausgelassen.
51. *Scolytidae*	3557–3619	63	
52. *Attelabidae*	3620–3622	3	
53. *Rhinomaceridae*	3623–3647	25	
54. *Anthotribidae*	3648–3659	12	
55. *Cerambycidae*	3660–3816	157	
56. *Bruchidae*	3817–3844	28	
57. *Chrysomelidae*	3845–6036	382	+ 10 Arten
			Nr. 4100–4999 und
			5100–5999 ausgelassen.
58. *Erotylidae*	6037–6046	10	
59. *Endomychidae*	6047–6055	9	
60. *Coccinellidae*	6056–6121	86	– 20 Arten
61. *Corylophidae*	6122–6128	7	

6128 Nummern		4519 Arten angegeben
+ 2 doppelt angegeben	+	31 zu wenig angegeben
– 1801 ausgelassen	–	221 zuviel angegeben
= 4329 Nummern		= 4329 Arten

Kittels Leistung liegt aber nicht in diesen Zahlen. Sie liegt in dem ungeheuren Fleiß, in der kritischen Bewertung der Fundmeldungen, in der pedantischen Sorgfalt der Darstellung – eben in der Zuverlässigkeit seiner faunistischen Angaben. Er übertraf damit die meisten der zeitgenössischen Faunisten weit. Kein Wunder, daß sein Käferverzeichnis auch heute noch eine wichtige Quelle für faunistische Studien darstellt. IHSSEN, zu seiner Zeit selbst einer der besten Kenner der bayerischen Käferfauna, schätzt Kittels Werk als eine „… umfassende und sorgfältige Bearbeitung, die zudem noch eine Menge sonst nicht veröffentlichter Fundortsangaben der besten damaligen bayrischen Sammler enthält…“ und nennt es eine „… überaus wertvolle, ins Detail gehende Arbeit…“ (IHSSEN 1934, 98). Und HORION, der Altmeister der Käferfaunistik lobt: „Über die bayerischen Käfer und ihre Fundorte im vorigen Jahrhundert sind wir vorzüglich unterrichtet durch das Verzeichnis von Georg Kittel (HORION 1957, 105). Daß Kittels Werk trotz seiner Bedeutung selbst den bayerischen Koleopterologen weitgehend unbekannt geblieben ist, liegt wohl daran, daß die Zeitschrift, in der es veröffentlicht wurde, in Koleopterologenkreisen nahezu unbekannt ist und daß es über einen so langen Zeitraum von zwölf Jahren verteilt erschienen ist, so daß vollständige Serien der Veröffentlichung kaum aufzutreiben sind. Das schmälert aber nicht das Verdienst Kittels, und für den faunistisch interessierten Sammler ist es auch heute noch lohnend, im „Kittel“ zu lesen, welche Käfer vor einhundert Jahren „im Königreich Baiern und der nächsten Umgebung“ festgestellt wurden.

Danksagung

Für ihre bereitwillige Hilfe bei den teils sehr zeitraubenden Nachforschungen zu Kittels Lebensdaten habe ich herzlich zu danken Herrn Prof. Dr. Helmut FÜRSCH, Ruderting, und Frau Luise DIETL, Passau, besonders aber Herrn Manfred BIRGMEIER, Bamberg.

Literatur

EGGERSDORFER, F.-X. 1933: Die Philosophisch-theologische Hochschule Passau, dreihundert Jahre ihrer Geschichte (Festschrift zur Hundertjahrfeier 1933); Passau.

HESS, B. 1980: Die Naturwissenschaften an der Philosophisch-theologischen Hochschule im 19. und 20. Jahrhundert. – In: BARTHEL (Hrsg.): Naturwissenschaftliche Forschung in Regensburgs Geschichte, Bd. 4 der Schriftenreihe der Universität Regensburg.

HORION, A. 1957: Bemerkungen zur Scarabaeiden-Fauna von Südbayern. – Nachrbl. Bayer. Ent. 6(11), 105–110.

IHSSEN, G. 1934: Beiträge zur Kenntnis der Fauna von Südbayern (1). – Ent. Blätter 30, 97–109.

JUNGERMANN, K. 1863: Verzeichnis der südbayerischen Schmetterlinge und Käfer. – In: V. Jahresbericht des naturkundlichen Vereins in Passau über die Jahre 1861 und 1862, 66–115.

LUX-historischer Bildatlas, Verlag Sebastian Lux, Murnau, o. J.

MÜLLER, A. 1979: Die Landshuter Käferfauna. – Naturwissenschaftliche Zeitschrift für Niederbayern 27, 72–97.

NOBACK, F. 1877: Münz-, Maass- und Gewichtsbuch. – Verlag Brockhaus, Leipzig, 2. Aufl.

Anschrift des Verfassers:
Manfred DÖBERL
Seeweg 34, D-8423 Abensberg

Mitt. Münch. Ent. Ges.	75	117–126	München, 15. 12. 1985	ISSN 0340-4943

Über einige sizilianische Cleriden, mit Beschreibung der neuen Unterart
Tillus pallidipennis espinosai subsp. n.

(Coleoptera, Cleridae)

On some Sicilian *Cleridae*, with description of the new subspecies *Tillus pallidipennis espinosai* subsp. n. *(Coleoptera, Cleridae)*

Von Josef R. WINKLER

Abstract

Data of a small collection of *Cleridae* collected in Sicily by Mr. Bruno ESPINOSA are recorded. Besides faunal records the new subspecies *Tillus pallidipennis espinosai* is described. Descriptions of genitalia of the male holotype and supplementary of the nominate subspecies *T. pallidipennis pallidipennis* BIELZ, 1850 are given. Also male and female genitalia of *Trichodes leucopsideus* (OLIVER, 1795) are described.

Einleitung

Das von Herrn Bruno ESPINOSA in Sizilien gesammelte und mir zur Bestimmung übersandte Cleriden-Material enthielt zum einen Arten, die lediglich einer faunistischen Notiz wert erscheinen, andererseits die Arten *Tillus pallidipennis* BIELZ, 1850 und *Trichodes leucopsideus* (OLIVER, 1795), die auf den ersten Blick den Eindruck endemischer insularer Unterarten vermitteln. Eine eingehende Untersuchung, vor allem der Genitale, erbrachte jedoch sehr unterschiedliche Ergebnisse. Im ersten Fall konnte nachgewiesen werden, daß der bis jetzt nicht aus Sizilien bekannte *Tillus pallidipennis* dort in einer eigenen Unterart vorkommt, die in dieser Arbeit als *Tillus pallidipennis espinosai* subsp. n. beschrieben wird. Andererseits zeigt *Trichodes leucopsideus* (OLIVER, 1795), im Gegensatz zur morphologischen Stabilität der Genitale in beiden Geschlechtern, eine starke individuelle Variabilität der äußeren Merkmale der verglichenen Individuen, die aber nicht von geographischen Faktoren beeinflußt werden.

Material und Methoden

Die zur Genitaluntersuchung ausgewählten Individuen wurden aufgeweicht, ihr ganzes Abdomen direkt hinter den Hintercoxen abgetrennt, 1–2 Min. in 10%iger Kalilauge gekocht, in 5%ige Essigsäure überführt, unter dem Stereomikroskop zerlegt, in einem Tropfen Glycerin untersucht und gezeichnet. Danach wurden die Genitale in Wasser gespült und in Gelatine-Balsam in der Zusammensetzung nach WINKLER (1974) auf bläulichen Röntgenfolie-Blättchen eingebettet.

Um die einseitig beschattete Fotografie des Holotypus von *T. p. espinosai* zu erhalten (Abb. 1), benützte ich zwei Zwischenringe und seitlich einstreuendes Licht eines Elektronenblitzes (Leitzahl 20 in 1 m Entfernung, Objektentfernung ± 150 mm).

Faunistische Angaben

Das Zeichen "/" bedeutet das Zeilenende auf einem Ettikett, "//" bedeutet das Ende des ganzen Etiketts.

Unterfamilie *Tillinae*

Tillus pallidipennis espinosai subsp. n. – siehe unten.

Unterfamilie *Clerinae*

Trichodes alvearius (F.)

Italia-Sicilia/Ragusa m. 460/18.5.73 leg. Espinosa//
Italia-Sicilia/Mistretta (Messina)/10.6.72 leg. Espinosa//
Italia-Sicilia/s. Panagia (Siracusa)/13.6.72 leg. Espinosa//

3 Individuen, relativ groß und flach, typisch.

Trichodes ammios (F.)

Italia-Sicilia/ Entrottera ad Est/ di Porto Palo-Agrig. –/ 12.6.72 leg. Espinosa//

3 Individuen, typisch, alle relativ klein, aufgrund ihrer Maße ähneln sie der verwandten Art *Trichodes flavocinctus* Spin., trotzdem mit Sicherheit nach den von Español (1960) angegebenen Charakteristika identifizierbar.

Trichodes leucopsideus (Oliv.) – siehe unten

Beschreibung

Tillus pallidipennis pallidipennis Bielz, 1850 – stat. n.

Untersuchtes Material:
1♂, Jugoslawien, Ludbreg; präpariert, gezeichnet und als Plesiotyp gekennzeichnet; 1♀, Bulgarien, Zeitinburun; präpariert, zusätzlich 12 Tiere verglichen.

Ergänzende Beschreibung:
Äußere Merkmale: Fühler (♂): 7. Fühlersegment endet an der Innenseite distal in einer kurzen, undeutlichen Spitze, die Außenseite des 7. Segments ist konvex. Das 8. Segment endet auf der Innenseite in einer schwach gebogenen und nach vorne gerichteten Spitze; der Außenrand ist S-förmig gebogen, der distale Rand ist relativ gerade. Das 9. Segment ist ungefähr so breit wie das Vorige, ansonsten diesem ähnlich. 10. Segment kürzer als das 9., die Spitze sitzt distal am Innenrand, gerade, plump, das distale Ende des Segments an der Innenseite etwa im ersten Viertel ausgebuchtet, Außenrand auch deutlich S-förmig gebogen (s. Abb. 2 an, oben). Punktierung der Elytren: Sexualdimorphismus, deutlicher bei den ♀♀, wo die Punkte gröber und oft dunkler als die Grundfarbe sind; bei den ♂♂ sind die Punkte sehr klein. Flügeldecken-Behaarung ziemlich dicht, dunkler als Grundfarbe.
Genital (♂): Tegmen deltoid, bestehend aus vollständig miteinander verschmolzener peripherer Armatur. Parameren nicht unterscheidbar. Basis der Tegmen aus zwei getrennten, asymmetrisch abgeflachten Teilen zusammengesetzt, die ihren Ursprung in den Hinterecken der peripheren Armatur haben und miteinander verbunden sind. Der innere Teil der Tegmenbasis ist kurz und keulenförmig. Der äußere Teil trägt eine kurz gegabelte Phallobasis. Kaudaler Teil der Tegmen von peripherer Armatur umgeben, welche zugleich die Basis eines großen V-förmigen Teiles bildet, welcher bis dicht an die Phallobasis heranreicht. An der Innenseite zwischen kaudalem Teil der peripheren Armatur und der Basis des erwähnten V-förmigen Teiles sind kreisförmig sklerotisierte starre Einlagen entwickelt (s. Abb. 2 tg).

Phallus mit sehr kleiner Spitze, die flügelförmige 1. Verbindungsmembran[1] an den Seiten ist mit parallelförmigen Strukturen entwickelt.

Innensack sehr eng, ohne erkennbare innere Strukturen (s. Abb. 2 ph). Spicular-Gabel[2] mit verwachsenen Spiculae, bildet eine feste, sklerotisierte Armatur, verschmolzen mit der verlängerten, unregelmäßig zäpfchenförmigen Interspicular-Platte. Die eigentliche Spicular-Gabel unvollständig verwachsen, nur an der Spitze verbunden (s. Abb. 2 sf).

Bemerkungen: Sehr seltene Art, bisher immer nur als einzelne Individuen gesammelt, mit sehr begrenzter geographischer Verbreitung, bisher bekannt aus dem Kaukasus, der Toskana, Griechenland, Banat, Transsylvanien, Ungarn, Tschechoslowakei (Süd-Tschechoslowakei ausschließlich) und neuerdings Österreich (GERSTMEIER 1986). Im Rahmen dieser Arbeit wurden 14 Individuen der Nominat-Unterart untersucht, die bisher wohl größte Anzahl für eine taxonomische Untersuchung dieser Art. In dieser Arbeit werden nur die männlichen Genitale behandelt. Die Morphologie der weiblichen Genitale wird an anderer Stelle publiziert.

Tillus pallidipennis espinosai subsp. n. (Abb. 1)

Untersuchtes Material[3]:

Holotypus ♂, folgendermaßen etikettiert: Sicilia/ Mistretta (ME)/ m. 980/ 10.7.1972 leg. ESPINOSA (weiß, handgeschrieben) ‰ su una Graminacea// *Tillus pallidipennis* subsp./ *espinosai* subsp. n./ HOLOTYPE/ J. R. WINKLER det., 1984 (rot, handgeschrieben, letzte Zeile gedruckt)//. Aufbewahrt in Museum of the Institute of Agricultural Entomology of the University Portici (Neapel), Italien.

Derivatio nominis: Benannt zu Ehren von Herrn Bruno ESPINOSA.

Differentialdiagnose: Unterscheidet sich von der Nominat-Unterart durch die ziemlich stark gewölbten Elytren, die mehr glänzen, extrem fein und flach punktiert und kurz und flaumig behaart sind und durch die Form der Antennensegmente 7.–10. sowie hauptsächlich durch Unterschiede der Kopulationsorgane, wie in der folgenden Beschreibung ausgeführt wird.

Beschreibung

Äußere Merkmale: Fühler (♂): 7. Segment endet an der Innenseite distal in einer deutlichen, gebogenen Spitze; Außenseite des 7. Segments undeutlich, fast unmerklich S-förmig gebogen. 8. Segment an der Innenseite distal in einer auffallenden, schräg nach außen gerichteten Spitze endend, Außenrand konvex, distaler Rand konkav. 9. Segment ähnlich dem Vorigen, Spitze an der Innenseite deutlich, gebogen, auch schräg nach außen gerichtet, Außenrand konvex und distaler Rand deutlich konkav. 10. Segment kürzer als das 9., Spitze distal an der Innenseite, kurz, zugespitzt, gekrümmt, nach vorne gerichtet, distales Ende des Segments konkav, Außenrand konvex (s. Abb. 2 an, unten).

Punktierung der Elytren (♂): Ähnlich der ♂♂ der Nominat-Unterart, jedoch die Punkte extrem klein und sehr flach. Behaarung spärlich und sehr kurz (Punktierung der Elytren der ♂♂ bis jetzt unbekannt).

---

[1] Die 1. Verbindungsmembran wurde nur bei wenigen Vertretern der Familie *Cleridae* festgestellt, z. B. von EKIS (1977) bei einigen Arten der amerikanischen Gattung *Perilypus* SPINOLA, 1841 (*Perilypus ventralis* GORHAM, 1882; *P. ornaticollis* [LECONTE, 1880]) und von WINKLER (1985) bei der Gattung *Denops* FISCHER, 1829.

[2] Die Lage der Spicular-Gabel ist morphologisch mit der des 8. Sternites übereinstimmend, d. h. funktionell nicht mit der Lage des Aedeagus zusammenfallend, so daß sie zum Aedeagus in umgekehrter Beziehung steht (die Spiculae sind häufig mit dem 8. Sternit verbunden).

[3] Zur Erklärung der Zeichen "/" und "//" s. Faunistische Angaben; das Zeichen "‰" bedeutet Unterseite des Etiketts.

Abb. 1: *Tillus pallidipennis espinosai* subsp. n., Holotypus ♂, dorsale Ansicht. (Foto J. R. WINKLER).

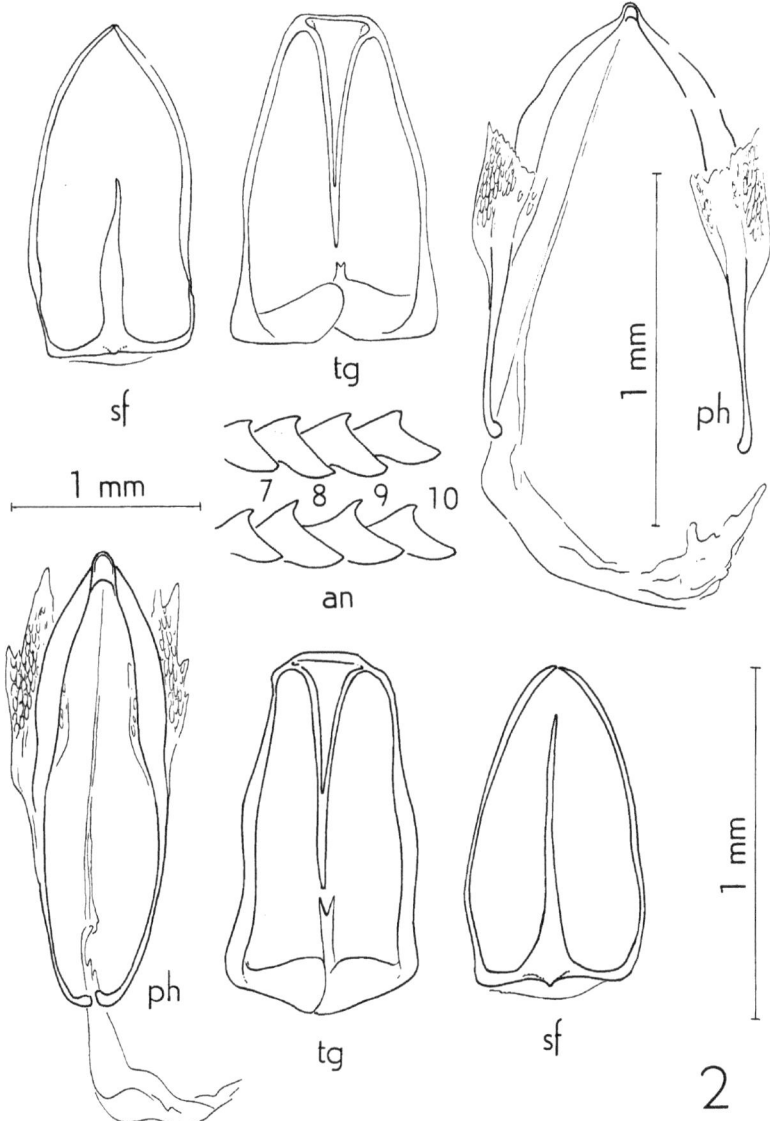

Abb. 2: Obere Reihe: *Tillus pallidipennis* BIELZ, 1850, sf, Spiculargabel; tg, Tegmen, ph, Phallus; Mitte: an, Fühlerglieder 7.–10., oben *T. pallidipennis pallidipennis*, unten *T. pallidipennis espinosai* subsp. n.; Untere Reihe: *T. pallidipennis espinosai* subsp. n., ph, Phallus, tg, Tegmen, sf, Spiculargabel.

Genital ($\circlearrowright$): Tegmen auch deltoid, jedoch ziemlich schmal; die völlig verwachsene äußere Armatur im Basalteil sehr robust, apikal etwas schwächer. Tegmen-Basis ebenfalls von zwei getrennten, asymmetrischen, flachen Teilen gebildet, die ihre Basis in den Hinterecken der peripheren Armatur haben. Der innere Teil der Tegmen-Basis auch kurz keulenförmig. Phallobasis viel länger als bei der Nominat-Unterart, das verschmolzene Ende jedoch länger. Die ringförmig sklerotisierten Versteifungselemente an der Innenseite zwischen caudalem Teil der peripheren Armatur und Basis der erwähnten V-förmigen Teile nicht entwickelt (s. Abb. 2 tg, unten). Phallus mit größerer, anders geformter Spitze, die 1. Verbindungsmembran mit derselben Struktur wie in der Nominat-Unterart (s. Abb. 2 ph, unten). Spicular-Gabel mit langer und schlanker Interspicular-Platte, welche die eigentliche Gabel fast erreicht (s. Abb. 2 sf, unten).

Bemerkungen: Der männliche Holotypus ist das bisher einzig bekannte Individuum. Die weiblichen Genitale der Nominat-Unterart wurden deshalb nicht untersucht. Es ist aber zu erwarten, daß die weiblichen Genitale deutlichere Unterschiede zwischen beiden Unterarten zeigen werden als die männlichen.

Trichodes leucopsideus (OLIVER, 1795)

Untersuchtes Material:

2 männliche Plesiotypen mit präparierten Genitalen, folgendermaßen etikettiert:
Italia-Sicilia/ Mistretta 900 m/ 10. 6. 72 leg. ESPINOSA (weiß, handgeschrieben) *Trichodes/ leucopsideus* (OL.)/ $\circlearrowright$ Plesiotype/ J. R. WINKLER det., 1984 (weiß, handgeschrieben, letzte Zeile gedruckt)// Cavalaire (weiß, handgeschrieben, gerandet)// *T. leucopsideus // Trichodes/ leucopsideus* (OL.)/ $\circlearrowright$ Plesiotype/ J. R. WINKLER det., 1984 (weiß, handgeschrieben, letzte Zeile gedruckt)// Plesiotype $\male$ mit präpariertem Genital: Italia-Sicilia/ Mistretta (Messina)/ 10. 6. 72 leg. ESPINOSA// *Trichodes/ leucopsideus* (Ol.) $\female$ Plesiotype/ J. R. WINKLER det., 1984 (weiß, handgeschrieben, letzte Zeile gedruckt)// Zusätzliches Männchen von Italien (Catania) Sacco (Salerno), ESPINOSA.

Ergänzende Beschreibung

Äußere Merkmale (der sizilianischen Individuen):

Halsschild enger und schlanker, in der vorderen Hälfte am breitesten oder robuster und in der Mitte am breitesten. Elytren fast parallel, zum Apex hin mäßig verjüngt oder im ersten Viertel verengt, im 3. Viertel verbreitert (s. Abb. 4hp).

Fühlerkeule ganz dunkel, von verschiedener Braunfärbung oder sogar völlig hell, rötlich orange.

Genital ($\circlearrowright$): Tegmen relativ kurz und breit, keilförmig. Parameren frei, mit geraden, kurzen und verrundeten Spitzen. Ventraler Sinus nur schwach konkav (s. Abb. 3tg).

Phallus ohne Falten, endet in einer deutlichen kegelförmigen Gestalt. „Phallus-Apodeme" („phallic struts") sehr lang und dünn (s. Abb. 3ph).

Spicular-Gabel lang und dünn, Spiculae verbreitert, fahnenförmig, distal deutlich gabelförmig, pfeilförmig, im distalen Drittel ihrer Länge verwachsen. Interspicular-Platte nicht entwickelt (s. Abb. 3 sf). 8. Sternit nur wenig länger als breit, fast gleich, schildförmig (s. Abb. 3 st). Pygidium deutlich länger als breit, zungenförmig, mit sehr auffallendem schwarzen Farbmuster (s. Abb. 3 pg).

Genital ($\female$): Ovipositor mit einer Reihe auffallender Merkmale: Die am Coxit ansetzenden Styli sind schräg nach außen gerichtet, kurz keulenförmig, mit sehr langen und dicken Primärborsten, die einem kleinen, papillenähnlichem Gebilde entspringen, zusätzlich vier ventral angeordnete parallel verlaufende Borsten. Coxite distal keulenförmig verbreitert, die Innenseite mit einer schräg verlaufenden Reihe sechs auffallender Borsten und vier zusätzlichen, mehr in Längsrichtung orientierten Borsten. Auf der dorsalen Seite ist das Coxit mit zwei Reihen extrem dünner Mikrotrichien besetzt. Coxit und Coxitplatte deutlich getrennt. Ventrale und dorsale Plättchen sehr gut entwickelt, in der Mitte so lang wie die distalen Ränder der Coxite. Dorsale Lamina dreilappig, ventrales Plättchen mit einzeln gerundetem Ende, nur an der Basis gewellt. Die schrägen und ventralen Stäbchen einander sehr genähert, dort wo sie zusammenstoßen erweitert. Stäbchen nicht zugespitzt, Spitze des Ovipositors an der Stelle wo die ventralen und schrägen Stäbchen zusammenstoßen verschmälert (s. Abb. 5 Ov). Sternum 7

122

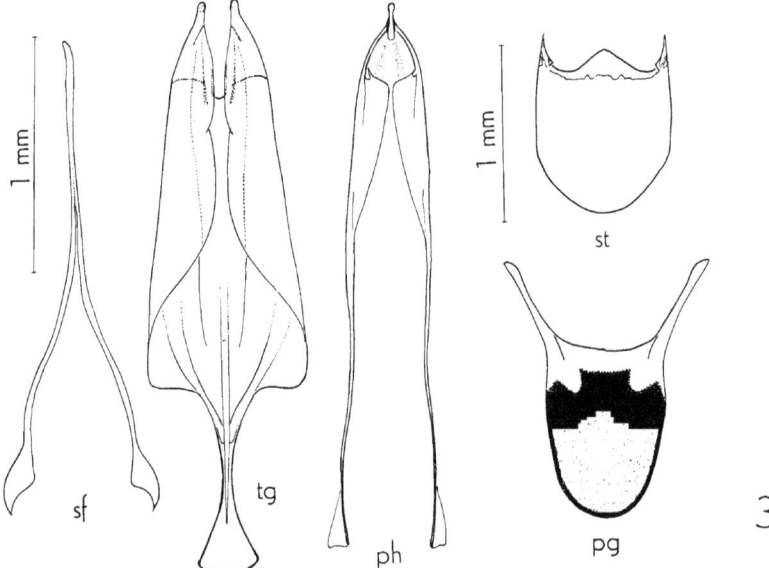

Abb. 3: *Trichodes leucopsideus* (OLIVER, 1795), Genital ♂, sf, Spiculargabel, tg, Tegmen, ph, Phallus, st, Sternum 8 ♂, pg, Pygidium ♂.

sehr breit und kurz, caudal stark konkav, mit sehr auffallendem, eigentümlich pigmentiertem schwarzen Farbmuster (Abb. 4 ss). Sternum 8 caudal konkav, vorne mit distal leicht verbreitertem ventralem Spiculum (Abb. 4 st).

Pygidium (s. Abb. 4 pg).

Bemerkungen: Die sizialianischen Individuen von *Trichodes leucopsideus* weichen allesamt in ihren äußeren Merkmalen (Form und Proportionen von Pronotum und Elytren, etc.) von den übrigen Populationen ab. Anhand dieser Abweichungen könnte man meinen, daß sie möglicherweise eine endemische Insel-Unterart repräsentieren. Eine gründliche Untersuchung der Genitale in beiden Geschlechtern, die auch zahlreiches kontinentales Material aus Italien, Frankreich, Spanien und Nord-Afrika mit einschloß, ergab lediglich eine geographisch unabhängige, starke individuelle Variabilität der äußeren Merkmale. Auch wenn eine gewisse Eigenschaft (oder ein Komplex von Merkmalen) lokal vorherrschen mag (z. B. zeigen die sizialianischen Individuen übereinstimmend mit den südfranzösischen eine dunkle Fühlerkeule, wohingegen bei den spanischen Individuen, in Übereinstimmung mit der Feststellung von ESPAÑOL (1960), die hellorange Färbung der Fühlerkeule vorherrscht etc.), so waren – selbst bei den am extremsten abweichenden Individuen – die Genitale immer identisch.

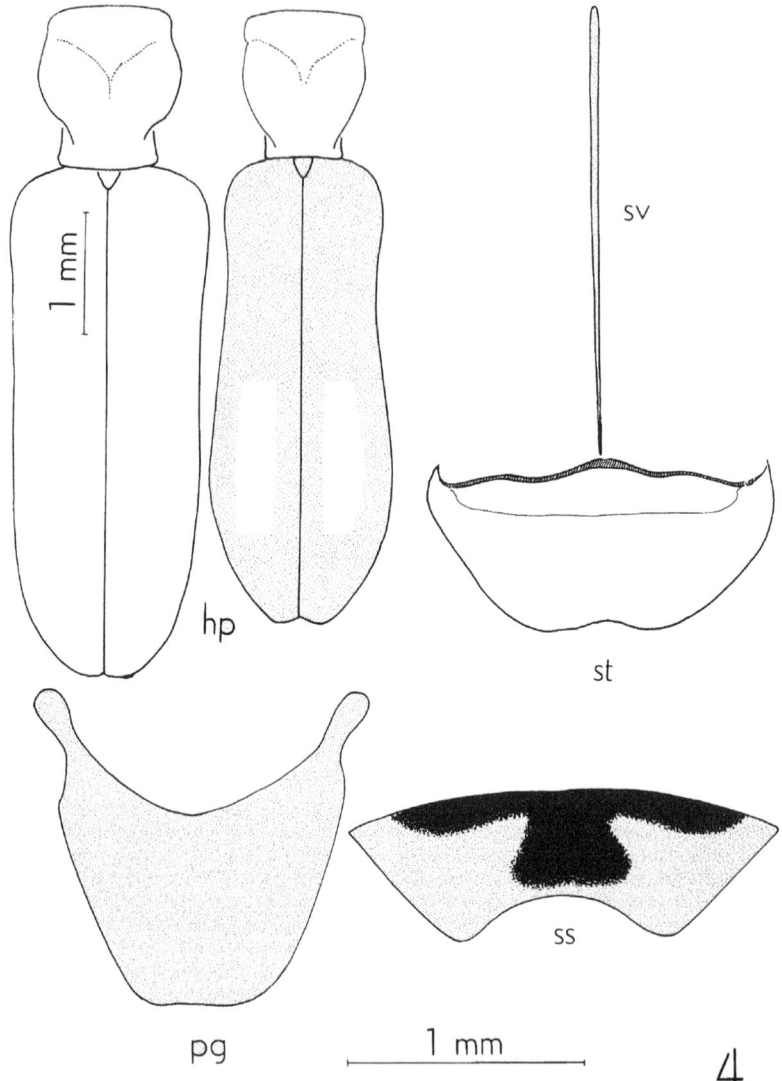

4

Abb. 4: *Trichodes leucopsideus* (OLIVER, 1795), hp, Habitus schematisch, links: sizilianische Individuen, rechts: Individuen anderer Länder (Süd-Frankreich, Spanien); st, Sternum 8♀, sv, ventrales Spiculum, ss, Sternum 7♀, pg, Pygidium.

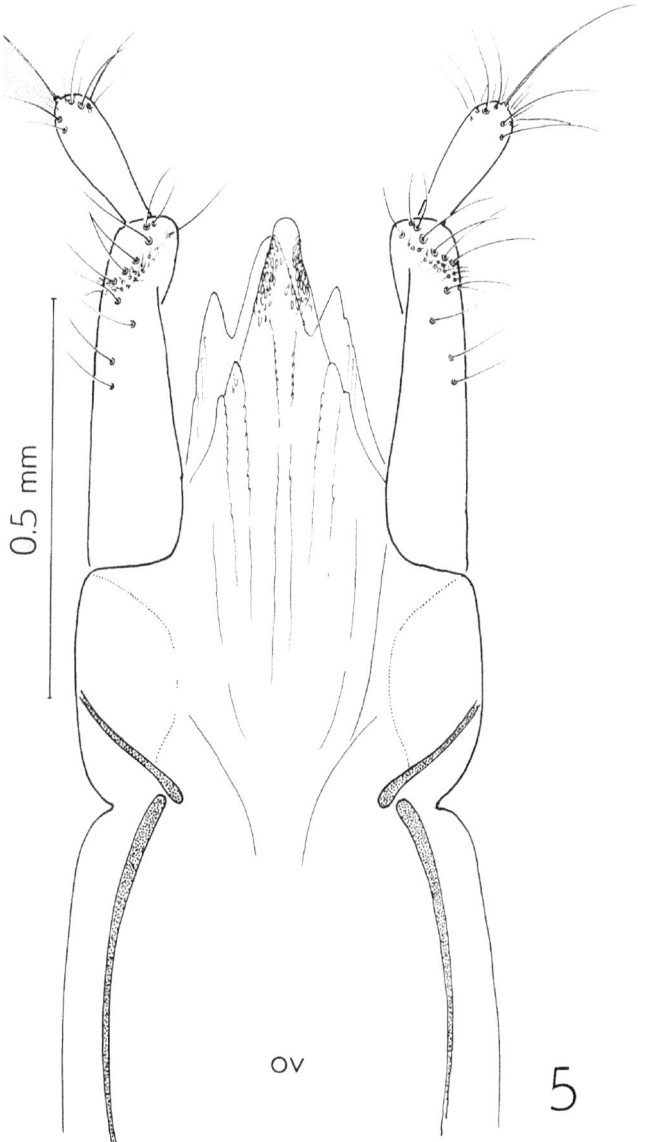

0.5 mm

ov

5

Abb. 5: *Trichodes leucopsideus* (OLIVER, 1795), ov, Apex des Ovipositors.

Danksagung

Herrn Bruno Espinosa, Neapel, bin ich für die freundliche Bereitstellung seines Materials besonders zu Dank verpflichtet. Mein Dank gilt auch Dr. Zoltan Kaszab (Ungarisches Nationalhistorisches Museum, Budapest) für die großzügige Leihgabe des sehr seltenen Materials der Nominat-Unterart von *T. p. pallidipennis*. Nicht weniger danke ich auch den Herren Karel Majer und Eduard Stuchlík (beide Brno, CSSR) für ihre wertvolle technische Hilfestellung. Mein besonderer Dank gilt Herrn Roland Gerstmeier (Zoologische Staatssammlung München) für freundliche Hilfe und Diskussion sowie der Übersetzung meines englischen Manuskriptes ins Deutsche.

Zusammenfassung

Über eine kleine Ausbeute von Cleriden aus Sizilien, gesammelt von Herrn Bruno Espinosa, werden faunistische Angaben gemacht. Eine neue Unterart *Tillus pallidipennis espinosai* subsp. n. (die Art war bisher aus Sizilien unbekannt) wird beschrieben und das männliche Genital mit dem der Nominat-Unterart *Tillus pallidipennis pallidipennis* Bielz, 1850 verglichen. Außerdem wird eine ergänzende Beschreibung der Genitale beider Geschlechter von *Trichodes leucopsideus* (Oliver, 1975) gegeben. Aufgrund der Genitaluntersuchung zeigte sich, daß die sizilianischen Individuen – im Unterschied zu *Tillus pallidipennis* – trotz ihrer einheitlichen und eigentümlichen äußeren Merkmale zur typischen Art gehören und keine geographisch bedingte, taxonomische Einheit repräsentieren.

Literatur

Ekis, G. 1977: Classification, phylogeny, and zoogeography of the genus *Perilypus* (Coleoptera: Cleridae). – Smithonian contributions to zoology; no. **227**, 138 pp.

Español, F. 1960: Los *Trichodes* ibéricos *(Col., Cleridae)*. – Graellsia **18**, 153–164.

Gerstmeier, R. 1986: *Tillus pallidipennis* Bielz (Coleoptera, Cleridae), neu für die Fauna Österreichs. – Koleopterologische Rundschau (in Druck).

Winkler, J. R. 1974: Sbírame hmyz a zakládáme entomologickou sbírku. – Státi zemedelské nakladatelstvi Praha, 214 pp. (in Tschechisch).

Winkler, J. R. 1985: The genus *Denops* Fisch., 1829 – species identity substantiation and synonymy, morphology, variability, type-species *(Coleoptera: Cleridae)*. – Dtsch. ent. Z., N. F. **32**, 101–108.

Anschrift des Verfassers:
Dr. Josef R. Winkler,
Podmoli 87, 66902 Znojmo,
Tschechoslowakei

| Mitt. Münch. Ent. Ges. | 75 | 127–136 | München, 15. 12. 1985 | ISSN 0340-4943 |

Zwei neue *Trichodes*-Arten aus der *ammios*-Artengruppe: *Trichodes longicollis* sp. n. aus dem Iran und *Trichodes flavotarsis* sp. n. aus dem Irak

(Coleoptera, Cleridae)

Von Roland GERSTMEIER

Abstract

Two new species of the *ammios*-group of the genus *Trichodes* HERBST are described: *Trichodes longicollis* sp. n. from Iran and *Trichodes flavotarsis* sp. n. from Iraq. For the species of the *ammios*-group a key is presented basing on characters, which are common in both sexes.

Einleitung

Die auffällig gefärbten und gezeichneten Buntkäfer der Gattung *Trichodes* HERBST, 1792 waren schon immer beliebte Studienobjekte der Entomologen und so wundert es nicht, daß von dieser Gattung heute – gerade in Anbetracht wesentlich verbesserter Reisemöglichkeiten – reichliches Material vorliegt und stets neue Arten entdeckt und beschrieben werden. Vor allem aus Kleinasien und dem Vorderen Orient (Afghanistan: WINKLER 1974; Türkei: AUDISIO 1975, WINKLER 1963, WINKLER & ŽIROVNICKÝ 1980; Iran, BRODSKÝ & WINKLER, in Druck), aber auch aus Nordafrika (ŽIROVNICKÝ 1974), Albanien und Griechenland (BÍLÝ & BRODSKÝ 1982, WINKLER & ŽIROVNICKÝ 1980, ŽIROVNICKÝ 1976) sind in den letzten Jahren neue Arten dieser Gattung bekannt geworden. Noch wenig erforscht sind der Iran und der Irak.

Die neue Art aus dem Iran *Trichodes longicollis* sp. n. (Kollektion ZIMMERMANN, Zoologische Staatssammlung München) liegt als Männchen vor, *Trichodes flavotarsis* sp. n. (Kollektion R. GERSTMEIER) aus dem Irak als Weibchen.

Beide Arten können aufgrund der Punktierung des Halsschildes, der Flügeldeckenzeichnung, der Fühlerfärbung und des Genitalbaus eindeutig der „*ammios*-Sippe" sensu REITTER (1894) zugeordnet werden, die bisher folgende Arten umfaßte: *Trichodes alberi* ESCHERICH, 1893, *T. ammios* (FABRICIUS, 1787), *T. flavocinctus* SPINOLA, 1844, *T. heydeni* ESCHERICH, 1892, *T. jelineki* BRODSKÝ & WINKLER, in Druck, *T. laminatus* CHEVROLAT, 1843, *T. rubrolimbatus* CHEVROLAT, 1876 und *T. viridiaureus* (ABEILLE DE PERRIN, 1881).

Generell bedarf die Gattung *Trichodes* HERBST dringend einer gründlichen Revision.

Abb. 1: *Trichodes longicollis* sp. n., Holotypus ♂ (Foto, M. MÜLLER).

Beschreibung

Trichodes longicollis sp. n. (Abb. 1)

Material:
1♂, Holotypus, Iran, 22 km nördlich Bandar Abbas, 9. 4. 1972, in Mörtelbienennest, leg. RESSL, coll. St. ZIMMERMANN (Zoologische Staatssammlung München).

Länge: 15,5 mm, Körper gestreckt
Färbung: Grundfarbe der Flügeldecken orangebraun, in der Mitte dunkler orangerot. Schildchen und Bindenzeichnung der Flügeldecken schwarzblau. Kopf, Halsschild und Beine metallisch dunkelblau bis grünblau. Spitzen der einzelnen Tarsenglieder sowie Mundwerkzeuge und Fühler gelbbraun, erstes Fühlerglied vorderseitig angedunkelt.
Fühler: kurz und gedrungen, kräftige dreigliedrige Keule.
Kopf: einschließlich Augen deutlich breiter als Vorderrand des Halsschildes. Punktierung auf der Stirn fein und weitläufig, nach hinten und zu den Seiten dicht und körnig, Behaarung dicht, weiß.
Halsschild: walzenförmig, deutlich länger als breit (Länge/Breite: 3,3 mm/2,8 mm, Index = 1,18). Seiten vom Vorderrand bis ins hintere Drittel fast parallel, am Ende zur Flügeldeckenbasis nur leicht nach innen abgeschrägt (Abb. 2a). Punktierung vor der Querfurche äußerst weitläufig (der Punktabstand entspricht etwa dem dreifachen Punktdurchmesser); von der Querfurche bis zum Hinterrand ist die Punktierung etwas dichter und stark verflacht (Punktabstand entspricht etwa dem doppelten Punktdurchmesser); lateral ist die Punktierung sehr grob und leicht runzelig; das ganze Halsschild glänzend. Behaarung fein, schütter und kurz, an den Seiten dichter und länger.

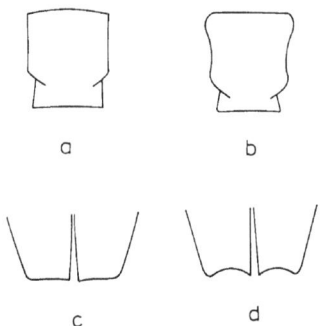

Abb. 2: Form des Halsschildes und Apex der Flügeldecken, a, c, *Trichodes longicollis* sp. n., b, d, *Trichodes jelineki* BRODSKÝ & WINKLER (in Druck).

Flügeldecken: mehr als doppelt so lang wie breit (Länge/Breite: 10,3 mm/4,5 mm, Index = 2,29). Apex gerade abgestutzt, in einem sehr kleinen Zahn endend (Abb. 2c). Vor der Mitte befindet sich je eine isolierte, etwa rautenförmige Makel, hinter der Mitte eine Querbinde, die den Seitenrand fast erreicht und an der Naht schmal in die schräggestellte Apikalmakel übergeht (vgl. Abb. 1). Im Bereich der Grundfarbe fein punktiert (Punktdurchmesser in etwa so groß wie die Zwischenräume), daher glänzend, im Bindenbereich tiefer (Punktdurchmesser so groß wie Zwischenräume), matt. Die Behaarung ist sehr kurz, hell und nicht dicht.

129

Typische Merkmale der Männchen:

Das Metasternum ist dicht, lang und weiß behaart; distal eingebuchtet, dort unbehaart; glänzend und deutlich punktiert. Sämtliche Abdominalsternite sind orangebraun und dicht, kurz und weiß behaart, das vorletzte Abdominalsternit ist deutlich eingebuchtet, das letzte etwa so breit wie lang (Abb. 3a). Hinterfemora und -tibiae sind verdickt, innen fast gerade; die Hintertibiae sind außen gleichmäßig gekrümmt und enden mit einer breiten, schaufelartig gekrümmten Lamelle, an deren Basis ein kurzer, stiftartiger, rotbrauner (an der Spitze geschwärzter) Sporn entspringt (Abb. 3b).

Aedoeagus: s. Abb. 3c

Weibchen: unbekannt

Trichodes longicollis sp. n. unterscheidet sich von allen anderen Arten der *ammios*-Artengruppe durch die charakteristische Zeichnung der Flügeldecken. Länge, Punktierung und Behaarung des Halsschildes ähneln der von *Trichodes jelineki,* verschieden ist jedoch die Form des Halsschildes und der Apex der Flügeldecken (Abb. 2b, d).

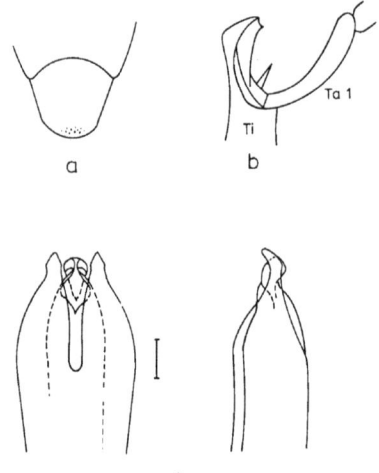

Abb. 3: *Trichodes longicollis* sp. n., a, Abdominalsternite, b, Lamelle der Hintertibien (Ti = Tibia, Ta 1 = 1. Tarsenglied), c, Aedoeagus mit Parameren (Dorsal- und Lateralansicht, Skala 0,20 mm).

Trichodes flavotarsis sp. n. (Abb. 4)

Material:

1♀, Holotypus, Irak centr., Diyala-Provinz, Hashima 24. 5. 1958, leg. H. REMANE, coll. R. GERSTMEIER.

Länge: 7,5 mm, Körper gedrungen.

Färbung: Grundfarbe der Flügeldecken orange. Bindenzeichnung der Flügeldecken und Beine schwarzbraun. Kopf, Halsschild, Schildchen und Naht metallisch grünschwarz. Alle Tarsenglieder (rechte Hintertarsen und Krallenglied der linken Hintertarsen fehlen), Mundwerkzeuge sowie Fühler hell gelbbraun.

Abb. 4: *Trichodes flavotarsis* sp. n., Holotypus ♀ (Foto, M. MÜLLER).

Fühler: kurz und gedrungen, kräftige dreigliedrige Keule.

Kopf: einschließlich Augen so breit wie der Vorderrand des Halsschildes, fein aber deutlich punktiert, dicht weiß behaart.

Halsschild: kaum länger als breit (Länge/Breite: 1,8 mm/1,7 mm, Index = 1,06), in der Mitte seitlich ausgebuchtet, am Vorder- und Hinterrand schmäler. Punktierung vor der Querfurche verwischt, glänzend; Punktdurchmesser nur wenig größer als Zwischenräume; hinter der Querfurche dicht und tief punktiert, Punktdurchmesser doppelt bis dreimal so groß wie Zwischenräume, Halsschild in diesem Bereich daher matt; dicht, lang und hell behaart.

Flügeldecken: doppelt so lang wie breit (Länge/Breite: 5,0 mm/2,5 mm, Index = 2,0). Apex abgeschrägt, mit deutlichem Zahn (Abb. 5a), im Gegensatz hierzu haben alle untersuchten *Trichodes alberi* einen gerundeten Apex (Abb. 5b). Isolierte Schultermakel und vordere Binde zu einem isolierten Fleck reduziert, hintere Binde den Seitenrand nicht erreichend, gesamte Naht geschwärzt (metallisch grünschwarz), im Bereich der Binden Nahtzeichnung ausgedehnt, am Ende in die dreieckige Apikalmakel übergehend (vgl. Abb. 4). Punktdurchmesser ebenso groß oder meist größer als Zwischenräume, im

131

Bindenbereich tiefer punktiert, Flügeldecken in diesem Bereich daher weniger glänzend. Kurz, hell und besonders an den Seiten dicht behaart.

Metasternum und Unterseite aller Femora dicht, lang und weiß behaart.

Typische Merkmale der Weibchen:

Hintertibien innen fast gerade, außen leicht gebogen, am Ende mit zwei hellen Sporen, der innere etwas länger und an der äußersten Spitze leicht umgebogen. Vordertibien innen bis zur Mitte gelbbraun. Abdomen schwarzbraun, letztes Abdominalsternit und Pygidium etwas heller, im Gegensatz zum nahe verwandten *T. alberi* anders geformt (vgl. Abb. 5c, d).

Da zum Bau des Ovipositors innerhalb der Gattung *Trichodes* HERBST nur Untersuchungen über *T. leucopsideus* (OL.) von WINKLER (1985) vorliegen und eine ausführliche Beschreibung im Rahmen einer späteren *Trichodes*-Revision erfolgen soll, wird hier auf eine Darstellung des Ovipositors verzichtet, zumal die äußeren morphologischen Merkmale zur Abgrenzung von *T. alberi* völlig ausreichen.

Männchen: unbekannt

Trichodes flavotarsis sp. n. gleicht *T. alberi* habituell weitgehend, unterscheidet sich von diesem aber durch die Punktierung des Halsschildes und der Flügeldecken, der Form des Apex, der weiblichen Genitalsegmente sowie der hellen Färbung aller Tarsenglieder.

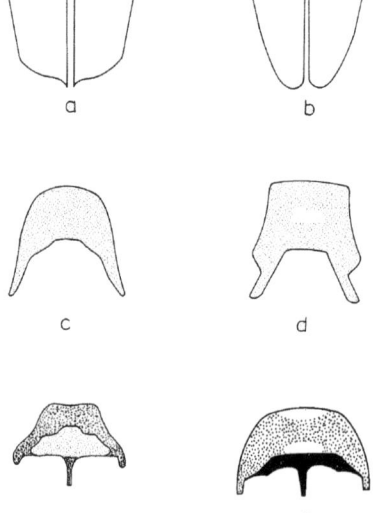

Abb. 5: Apex der Flügeldecken, letztes Abdominalsternit (♀) und Pygidium (♀), a, c, e, *Trichodes flavotarsis* sp. n., b, d, f, *Trichodes alberi* ESCHRCH.

Bestimmungstabelle der Arten der *Trichodes ammios*-Artengruppe

(berücksichtigt sind nur Merkmale, die beiden Geschlechtern gemeinsam sind)

1　Halsschild fein (wenig tief), weitläufig oder dicht punktiert, glänzend oder matt 2

－　Halsschild grob (tief) und sehr dicht punktiert, hinten matt 7

2　Halsschild deutlich länger als breit (Index: 1.12–1.18) 3

－　Halsschild ± so lang wie breit (Index: 0.97–1.05) 4

3　Charakteristische Flügeldecken-Zeichnung (s. Abb. 1), Halsschild mit parallelen Seitenrändern (Abb. 2a), dessen Oberseite fein und kurz behaart. Apex der Flügeldecken gerade
abgestutzt (Abb. 2c) . . . . *T. longicollis* sp. n.

－　Flügeldecken-Zeichnung anders (s. Abb. 6), Halsschild ab der Mitte zum Vorderrand verbreitert (Abb. 2b), fein und lang behaart; Apex der Flügeldecken eingebuchtet (Abb. 2d) . .
. . . . *T. jelineki* BRODSKÝ & WINKLER (in Druck)

4　Halsschild hinten sehr dicht punktiert (Punktabstand viel kleiner als Punktdurchmesser) und
dadurch fast matt . . . . *T. flavocinctus* SPINOLA

－　Halsschild weitläufig und verwischt punktiert (Punktabstand gleich oder größer als Punktdurchmesser), glänzend 5

5　Halsschild mit ± parallelen Seitenrändern, nur am Hinterrand schmäler 6

－　Seitenränder des Halsschildes nicht parallel, am Vorder- und Hinterrand schmäler, seitlich
ausgebuchtet . . . . *T. alberi* ESCHERICH

6　Flügeldecken dicht, im Bindenbereich tiefer und fast netzartig punktiert, daher kaum glänzend, die Punkte nicht rund, Punktierung unregelmäßig im Bereich der Grundfarbe flach;
Kopf einschließlich Augen nicht so breit wie Vorderrand des Halsschildes (kann bei Tieren
aus Algerien ebenso breit sein); Halsschild dicht pelzig behaart; SW-Europa, Nordafrika . .
. . . . *T. ammios* (FABRICIUS)

－　Flügeldecken relativ gleichmäßig punktiert, glänzend; Punkte fast rund, Punktierung auch
im Bereich der Grundfarbe deutlich; Kopf einschließlich Augen breiter als Vorderrand des
Halsschildes, Halsschild nicht so dicht behaart; Vorderasien . *T. rubrolimbatus* CHEVROLAT

7　Bindenzeichnung der Flügeldecken schwarz, mit isolierter schwarzbrauner Schultermakel,
alle Tarsen hellgelb (Abb. 4) . . . . *T. flavotarsis* sp. n.

－　Bindenzeichnung der Flügeldecken grün oder blaugrün, ohne isolierte dunkle Schultermakel,
zumindest Hintertarsen schwarzbraun 8

8　Abdomen dunkel, lang und abstehend weiß behaart; Mitte des Metasternums behaart; die
gelborange bis rotbraune Grundfarbe der Flügeldecken zu schmalen Makeln reduziert
(Abb. 7a, b); Halsschild so lang wie breit (Index: 1.0–1.03), Flügeldecken doppelt so lang
wie breit (Index: 2.11–2.18) 9

－　Abdomen dunkel, rotbraun oder die beiden letzten Sternite rotbraun, sehr dicht und an-
liegend weiß behaart; Mitte des Metasternums nicht behaart (höchstens sehr dünn und
spärlich); Grundfarbe als relativ große Makel erhalten (Abb. 7c); Halsschild länger als breit
(Index: 1.10–1.14); Flügeldecken mehr als doppelt so lang wie breit[1] (Index: 2.23–2.30) . . .
. . . . *T. heydeni* ESCHERICH

---

[1] REITTER (1894) gibt in seiner Bestimmungstabelle „nahezu dreimal so lang wie breit" an, was wohl etwas über-
trieben ist (siehe auch Anmerkungen zur Bestimmungstabelle).

9 Vordertarsen gelbbraun; Halsschild vor der Querfurche verwischt punktiert (Punktdurchmesser kleiner als Zwischenräume), daher glänzend; Kopf einschließlich Augen nicht ganz so breit wie Vorderrand des Halsschildes; die gelbe bis rotbraune Anteapikalmakel meist bis zum Seitenrand der Flügeldecken reichend (Abb. 7a) . . . . *T. laminatus* CHEVROLAT

– Vordertarsen schwarzbraun; Halsschild vor der Querfurche deutlich punktiert (Punktdurchmesser größer als Zwischenräume), daher matt; Kopf einschließlich Augen viel breiter als Vorderrand des Halsschildes; Anteapikalmakel vom Seitenrand deutlich getrennt (Abb. 7b).
. . . . *T. viridiaureus* (ABEILLE DE PERRIN)

Anmerkungen zur Bestimmungstabelle

Die neueste Bestimmungstabelle einer Artengruppe der Gattung *Trichodes* HERBST stammt von WINKLER & ŽIROVNICKÝ (1980) und behandelt die pontisch-mediterranen Arten der *leucopsideus*-Artengruppe. REITTER (1894) ergänzte mit eigenen Untersuchungen die von ESCHERICH (1893) erstmals erarbeiteten Tabellen über alle damals bekannten Artengruppen der Gattung *Trichodes* HERBST. CHAMPENOIS' (1900) Monographie über *Trichodes* ist nichts Gleichwertiges mehr gefolgt.

RICHTER (1961) übersetzte in ihrer Bestimmungstabelle der russischen *Trichodes*-Arten im wesentlichen die Vorgabe REITTERS. Allen Bestimmungsschlüsseln ist gemeinsam, daß sie hauptsächlich auf Merkmalen basieren, die den männlichen Individuen eigen sind, die Weibchen also meist sehr schwierig oder gar nicht bestimmbar sind.

Dieser Bestimmungsschlüssel stellt einen Versuch dar, die Vertreter der *ammios*-Artengruppe anhand von Merkmalen, die beiden Geschlechtern gemeinsam sind, zu unterscheiden. Er ist durchaus noch in einigen Punkten verbesserungsfähig, da über die Variationsbreite bestimmter Merkmale (Form und Punktierung des Halsschildes, Punktierung der Flügeldecken, Apex der Flügeldecken[2], Form des Endgliedes der Fühlerkeule[3] und Kopfbreite) bisher nur spärliche Angaben vorliegen. Auch standen für die Untersuchungen zum Teil nur wenige Individuen (z. B. von *T. jelineki*, *T. viridiaureus*) zur Verfügung.

Die Angaben älterer Autoren über Längen-Breitenverhältnisse von Halsschild und Flügeldecken sind oft sehr fragwürdig (z. B. REITTER 1894, *T. heydeni*, s. Bestimmungstabelle), da sie wohl eher auf Schätzungen als auf tatsächlichen, exakten Messungen beruhten. Genaue Messungen, nach Möglichkeit mit einem Okular-Mikrometer, sind hier aber erforderlich!

Danksagung

Herrn Dr. SCHERER danke ich für die Unterstützung bei der Durchsicht des *Trichodes*-Materials der Zoologischen Staatssammlung München. Den Herren Dr. J. J. MENIER (Naturhistorisches Museum Paris) und Dr. H. SCHÖNMANN (Naturhistorisches Museum Wien) sei für die Ausleihe von Typenmaterial gedankt. Dr. J. R. WINKLER (Znojmo) möchte ich besonders für wertvolle Diskussionen sowie der Überprüfung der Artidentität der neuen Arten danken. H. DAFFNER, Dr. BAEHR und Dipl.-Biol. G. RAMBOLD lieferten wertvolle Anregungen und kritische Diskussionen zum Manuskript. Frl. M. MÜLLER (Zoologische Staatssammlung München) gebührt der Dank für die fotografischen Aufnahmen.

[2] Bei den untersuchten *T. alberi* immer verrundet (in beiden Geschlechtern); dagegen z. B. bei *T. heydeni* äußerst variabel.
[3] Nach meinen Untersuchungen sehr variabel.

134

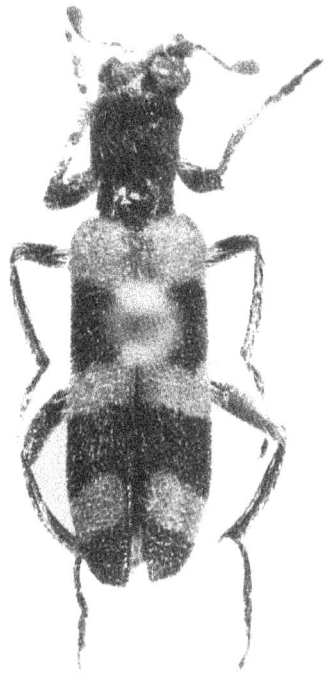

Abb. 6: *Trichodes jelineki* BRODSKÝ & WINKLER (in Druck) (Foto, M. MÜLLER).

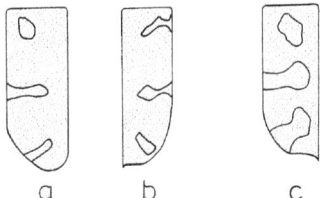

a   b   c

Abb. 7: Bindenzeichnung der Flügeldecken, a, *Trichodes laminatus* CHEVR., b, *Trichodes viridiaureus* (AB.), c, *Trichodes heydeni* ESCHRICH.

Zusammenfassung

Zwei neue *Trichodes*-Arten aus der *ammios*-Artengruppe, *Trichodes longicollis* sp. n. aus dem Iran und *Trichodes flavotarsis* sp. n. aus dem Irak werden beschrieben. Für die *ammios*-Artengruppe wird ein Bestimmungsschlüssel erstellt, der auf Merkmalen basiert, die beiden Geschlechtern gemeinsam sind.

Literatur

AUDISIO, P. 1975: Note su alcune specie di *Cleridae* del Libano e della Turchia, comprendenti la descrizione di *Trichodes sbordonii* n. sp. *(Coleoptera)*. – Fragmenta ent. **11**(3), 235–240.

BILÝ, S., BRODSKÝ, O., 1982: Taxonomical, biological and faunistical notes on *Buprestidae* and *Cleridae* from East Mediterranean *(Coleoptera)*. – Türk. Bit. Kor. Derg. **6**, 185–194.

BRODSKÝ, O., WINKLER, J. R. (in Druck): Results of the Czechoslovak-Iranian Entomological Expeditions to Iran.

CHAMPENOIS, A. 1900: Synopsis des espèces paléarctiques du genre *Clerus* MÜLLER *(Trichodes* HERBST). – L'Abeille **30**, 1–46.

ESCHERICH, K. 1893: Zur Kenntnis der Coleopterengattung *Trichodes* HERBST. (Eine monographische Studie). – Verh. zool.-bot. Ges. Wien **43**, 149–203.

REITTER, E. 1894: Bestimmungstabellen der Coleopteren-Familie der Cleriden des paläarktischen Faunengebietes. – Verlag des Verfassers, Brünn, 55 S.

RICHTER, V. A. 1961: The Clerid Beetles *(Col.: Cleridae)* of the USSR. (in Russisch). – Horae Soc. Ent. Union. Sovet. **48**, 63–128.

WINKLER, J. R. 1963: *Trichodes israelicus*, eine neue Buntkäferart aus Palästina *(Coleoptera, Cleridae)*. – Beiträge zur Entomologie **13** (7/8), 890–893.

— — 1974: *Cleridae (Coleoptera)* of Afghanistan, with descriptions of new genera and species. – Acta Univ. Carol.-Biol. 1972, 375–408.

— — 1985: Über einige sizilianische *Cleridae*, mit Beschreibung der neuen Unterart *Tillus pallidipennis espinosai* subsp. n. *(Coleoptera)*. – Mitt. Münch. Ent. Ges. **75**, 117–126.

— — & ŽIROVNICKÝ, J. 1980: *Trichodes* HERBST, 1792, Series „*leucopsideus*" – A revision of pontic–mediterranean group of species *(Coleoptera: Cleridae)*. – Acta Univ. Carol.-Biol. 1978, 457–484.

ŽIROVNICKÝ, J. 1974: Records of *Cleridae* from Algeria, including the description of *Trichodes hofferi* sp. n. *(Coleoptera)*. – Acta ent. bohemslov. **71**(5), 315–317.

— — 1976: *Trichodes winkleri* n. sp. de Grèce *(Col., Cleridae)*. – Bull. Soc. Entom. Mulhouse 1976(3), 15–16.

Anschrift des Verfassers:
Roland GERSTMEIER
Zoologische Staatssammlung
Münchhausenstraße 21, D-8000 München 60

| Mitt. Münch. Ent. Ges. | 75 | 137–144 | München, 15. 12. 1985 | ISSN 0340-4943 |

Buchbesprechungen

EISENBEIS, G., WICHARD, W.: Atlas zur Biologie der Bodenarthropoden. – Gustav Fischer Verlag, Stuttgart–New York, 1985. 434 S., über 1 100 rasterelektronenmikroskopische Bilder auf 192 Tafeln und 219 Abb. i. Text. (1)

Die zahlreichen rasterelektronenmikroskopischen Aufnahmen dieses bemerkenswerten Bildtafelwerkes zeigen in einmaliger Weise den Formenreichtum der verschiedensten morphologischen Strukturen der Bodenarthropoden, die an ihren Lebensraum in besonderer Weise angepaßt sind. Ebenso dokumentieren diese Bilder, zu welcher Darstellungsweise dem Bearbeiter dieser Tiergruppen diese Technik verhelfen kann. Aber diese einzigartigen Abbildungen zeigen auch den „Rausch", dem der „Hersteller" unterlegen ist. Der Schritt von der mühseligen Mikroskopiertechnik zur Darstellungsweise durch das Rasterelektronenmikroskop scheint durch diese Dokumentation einen zukunftsweisenden gangbaren Weg zu eröffnen. Bemerkenswert sind die bis dahin kaum bekannten Tiefenschärfegrade, die sogar einen Käfer in seiner ganzen Größe scharf abgebildet erscheinen lassen. Die Zusammenstellung sehr unterschiedlicher Tiergruppen, die weitgehend nur durch eine repräsentative Art vorgestellt werden, zeigt die Formenvielfalt bisher kaum beachteter Organismen des Bodens, bzw. seiner oberen Schichten. Informationen über die gesamte Gruppe werden nicht geboten. Dadurch entspricht das vorliegende Buch dem Trend, abrißhaft nur Baupläne und in diesem Fall Strukturen und deren Bedeutung vorzustellen. Dem Anspruch eine bildhafte Darstellung der Biologie der bodenbewohnenden Gliederfüßler zu liefern, wird dieses Buch nur in Details gerecht. An Hand der faszinierend dargestellten Strukturen in Form der REM-Bilder, aber auch aussagekräftiger Detailzeichnungen wird nur deren ökophysiologische Bedeutung dokumentiert. Angaben zur Biologie, d. h. dem gesamten biologischen Umfeld der Art und ihrer Wechselbeziehungen im Lebensraum fehlen. Im einführenden Teil werden lediglich die Habitatbedingungen, d. h. die Bodenstruktur vorgestellt. Das nicht ganz eingehaltene Versprechen des Titels wird jedoch weitgehend durch die Bildauswahl und die bemerkenswerten Erläuterungen zu Teilaspekten der Funktionsmorphologie von besonders herausragenden Organsystemen wieder wett gemacht. Das umfangreiche Literaturverzeichnis hilft bei der Suche nach weiterer Information zu den Tiergruppen, das Sachverzeichnis zeigt dagegen leider nur eine knappe Darstellung der gegebenen Informationen. E. G. BURMEISTER

MORSE, J. C. (ed.): Proceedings of the 4 th international symposium on *Trichoptera*, Clemson, South Carolina, 11.–16. july 1983. – Dr. W. Junk Publishers, The Hague–Boston–Lancaster, 1984. 486 pp. (2)

Wie bereits die drei vorangegangenen Symposiumsbände, zeigt auch diese Zusammenfassung der auf dem 4. Symposium gehaltenen 59 Vorträge und 12 Poster-Demonstrationen den umfassenden Stand der weltweiten Bearbeitung dieser aquatischen Insektengruppe. Besonders hervorgehoben wurde ein Workshop über die Taxonomie von *Hydropsyche*-Larven an Hand von Kopfmerkmalen sowie ein Kolloquium über das Verhalten adulter Trichopteren und eine Präsentation „Spezieller Köcherfliegen-Habitate". Einige der Vortragsthemen, die vor dem Gremium der 77 Teilnehmer aus 17 Nationen gehalten wurden, sind im Berichtsband nur als Zusammenfassungen bzw. abstracts wiedergegeben. Im Gegensatz zu den bisherigen Symposiumsberichten ist in diesem, dessen Schwerpunkt auf Grund des Veranstalterlandes deutlich auf die Forschungsrichtungen in Nordamerika ausgerichtet war, auf die Darstellung der Diskussion verzichtet worden. Dokumentation der angeregten Diskussionen verzichtet worden. Bedauerlicherweise wurde auch hier wiederum die Reihenfolge der Vorträge nicht nach Sachgebieten sondern in alphabetischer Reihenfolge der Autorennamen vorgenommen, so daß die zusammenfassenden Themenkomplexe erst im Literaturverzeichnis bzw. der Liste der gehaltenen und hier wiedergegebenen Vorträge und Demonstrationen zu ersehen sind. Hilfreich bei der Suche nach Autoren und wissenschaftlichen Namen, die im Text erwähnt sind, erweisen sich die abschließenden Indizes. Neben dem Preis ist auch der spezielle Inhalt, der die unterschiedlichsten Fachgebiete anschneidet, so ausgerichtet, daß ausschließlich Spezialisten zu diesem Band Zugang finden werden. E. G. BURMEISTER

KLAUSNITZER, B.: Käfer im und am Wasser. – Die Neue Brehm-Bücherei 567. A. Ziemsen Verlag, Wittenberg Lutherstadt, 1984. 148 S., zahlreiche Schwarz-Weiß-Abbildungen und Detailzeichnungen. Vertrieb durch Verlag J. Neumann-Neudamm, Postfach 320, 3508 Melsungen. (3)

Der vorliegende umfangreiche Band der beachtenswerten Serie der „Neuen-Brehm-Bücherei" enthält eine Fülle von Informationen über die wasserbewohnenden Käfer, die sekundär diesen Lebensraum eroberten, wozu besondere Verhaltensweisen und Organsysteme notwendig sind. Diese Anpassungen an das aquatische Milieu zeigt der Autor als herausragender Kenner dieser Insektengruppe an Hand von Beispielen auf, wobei er die besonders charakteristischen Adaptationen einzelner, nicht näher miteinander verwandter Gruppen erwähnt. Ebenso werden die ökologischen Ansprüche zahlreicher Wasserkäfer und vor allem auch Käfergesellschaften aufgeführt und Verbreitungsübersichten geben Aufschluß über Vorkommen und die jeweils bevorzugten Gewässertyp. Die zahlreichen Abbildungen zeigen morphologische Merkmale vor allem aber auch Verhaltensweisen beim Atmen, Fliegen, Fressen, Schwimmen, Klettern und das Errichten einer Puppenhöhle sowie Eiablage- und Kopulationsvorgänge, immer im Hinblick auf den sekundär eroberten Lebensraum Wasser. Neben der Darstellung und Erläuterung dieser biologisch-ökologischen Themenkreise enthält dieser Band als wesentlichen Teil Bestimmungstabellen der einzelnen Käferfamilien, die bis zur Gattungsdiagnose ausgeführt werden und nicht nur die Imagines, die auch auf Grund zahlreicher weiterer Literatur determiniert werden können, sondern auch die Larvalstadien berücksichtigen, für die im deutschsprachigen Raum bisher keine vergleichbaren Bestimmungswerke vorliegen. Für diesen Teil geben zahllose Detailzeichnungen Hilfestellungen. Den Abschluß dieses Büchleins, das jedem Käferinteressenten wertvolle Informationen liefert, bilden Hinweise auf die Bedrohung dieser Insekten durch die Zerstörung ihrer Lebensräume und wie dieser Einhalt geboten werden kann. Es folgt ein sehr umfangreiches Literaturverzeichnis, bedauerlicherweise fehlen Hinweise auf die Herkunft zahlreicher Detailabbildungen.

E. G. BURMEISTER

NONVEILLER, G.: Catalogue commentéet illustrédes insectes du Cameroun d'intérêt agricole. – Institut pour la protection des Plantes, Mémoires XV. Beograd 1984, 210 pp. (4)

Der vorliegende Katalog der wirtschaftlich bedeutsamen Insekten Kameruns stellt das Ergebnis langjähriger Untersuchungen zum einen an Nutzpflanzen und deren Schädlingen zum anderen über die zur biologischen Schädlingsbekämpfung einsetzbaren Schädlingsvertilger dar. Besonders die klimatisch begünstigten Länder Afrikas als Repräsentanten der sog. 3. Welt sind in ihrer Landwirtschaft besonders von den häufig in großer Dichte auftretenden Schädlingen betroffen, die ganze Ernten für die bedürftige Bevölkerung vernichten können. Das Wissen um den spezifischen Schädling an den jeweiligen Kulturpflanzen, der in dieser Zusammenfassung aufgelistet wird, macht gleichzeitig den gefährlichen Einsatz chemischer Breitband-Bekämpfungsmittel unnötig. Nach umfangreichen Vorworten und einer Einführung, die zusammen auch die Historie der Insektensammlung des federführenden Instituts und die Mitarbeiter erwähnen, werden in den verschiedenen Kapiteln die bekannten Schädlinge als Verwüster der Kulturen (3.) von den *Coleoptera, Dermaptera, Diptera, Heteroptera, Homoptera, Hymenoptera, Isoptera, Lepidoptera, Orthoptera, Thysanoptera* bis zu kleineren an Fraßbildern dargestellten Gruppen wie Milben, Nematoden, Vögel und Kleinsäuger aufgeführt. Es folgt eine umfassende Liste der Parasiten und Räuber der Kulturschädlinge (4.) unter den Insekten, an die sich eine Tabelle anschließt (5.), die Kulturpflanzen mit den jeweiligen Schädlingen aufführt, wodurch Querverbindungen deutlich werden. In diesem Kapitel werden an Hand leider in ihrer Qualität nicht befriedigender Abbildungen besonders die Schadbilder in Kamerun angebauter Nutzpflanzen aufgezeigt. In ihrer systematischen Zuordnung werden allein für den Kakao 159 Schadinsekten erwähnt. Diesen Übersichten, die auch die Verbreitung einschließen, die Biologie jedoch zu stark vernachlässigen, folgen Darstellungen der forstwirtschaftlich bedeutenden Arten (5.2) wiederum bezogen auf die Wirtspflanze, Minen als Fraßbilder, und die Liste der Schadinsekten an lagernden pflanzlichen Lebensmitteln wie die im Katalog erwähnten Pilze und anderen Pflanzenkrankheiten. Abschließend folgen wesentliche Aufstellungen der wissenschaftlichen Namen der Schadinsekten, Wirtspflanzen sowie deren ortsüblichen Trivialnamen und ein Katalog der zitierten Fundorte und Spezialisten, denen eine umfangreiche Bibliographie folgt. Für jeden in den Tropen engagierten Land- und Forstwirt sowie Entwicklungshelfer auf diesem Gebiet der Ansiedlung und Etablierung von Kultur-. pflanzen erscheint dieses Buch unbedingtes Handwerkszeug, aber ebenso für den Spezialisten einer phytophagen Insektengruppe eröffnen sich hier bemerkenswerte angewandte Perspektiven.   E. G. BURMEISTER

GEWECKE, M., WENDLER, G.: Insect Locomotion. Proceedings of the Symposium 4.5 from the XVII. International Congress of Entomology held at the University of Hamburg, August 1984. – Paul Parey Verlagsbuchhandlung, Hamburg-Berlin, 1985. 262 S., 170 Abb. und 5 Tabellen. (5)

138

Die in diesem Symposiums-Band zusammengefaßten 28 meist durch Vorträge repräsentierten Abhandlungen zeigen den derzeitigen Stand der Arbeiten zur Bewegungsphysiologie der Insekten. Diese können vereinfacht mit den Begriffen Laufen, Klettern, Graben, Fliegen und Schwimmen umschrieben werden. Es handelt sich bei den einzelnen Arbeiten meist um die Dokumentation der Bewegungsabläufe und vor allem des benötigten apparativen Aufbaues zur Darstellung des Meßvorganges, der häufig sehr viel Raum gewidmet ist, was vielfach die biologische Aussage in den Hintergrund treten läßt, jedoch für den Biophysiker von besonderer Bedeutung sein kann. Neben den rein deskriptiven Abhandlungen der Bewegungsabläufe, die sich ausschließlich auf Laborbeobachtungen und Messungen beziehen, wurden im Verlauf des Symposiums, das im Rahmen des in Hamburg abgehaltenen internationalen Entomologenkongresses stattfand, auch physiologisch-anatomische Untersuchungen zu Rezeptor- und Operatorvorgängen präsentiert. Für den in diese Fachrichtungen eingearbeiteten Biologen zeigt dieser Band die Fülle der laufenden Arbeiten und vor allem die Möglichkeiten des apparativen Aufbaues und der reproduzierbaren Meßmethodik.   E. G. BURMEISTER

CANARD, M., SÉMÉRIA, Y., NEW, T. R. (eds.): Biology of *Chrysopidae*. Series Entomologica Vol. 27. – Dr. W. Junk Publishers, The Hague–Boston–Lancaster, 1984, 288 pp. (6)

Das Buch stellt die Gemeinschaftsarbeit von 22 Autoren dar und behandelt ausgehend von der Phylogenie die Morphologie, Taxonomie, Entwicklungsgeschichte und Ökologie der *Chrysopidae (Neuroptera)*, ihre natürlichen Feinde, die gebräuchlichsten Sammeltechniken und abschließend die *Chrysopidae* in der Schädlingsbekämpfung. Die einzelnen Artikel sind relativ knapp gehalten, aber in der Regel sehr informativ. Wie bei solchen Sammelbänden üblich, finden sich sehr spezielle Abschnitte neben allgemeineren Übersichtsartikeln. Wenn auch die vertiefte Beschäftigung mit manchen Problemen, z. B. Anatomie und Morphologie, Literaturstudium über den vorliegenden Band hinaus erfordert, kann das Buch jedoch als vorzügliches und reichhaltiges Nachschlagewerk für alle empfohlen werden, die sich in irgendeiner Weise mit Chrysopiden beschäftigen. Auch das umfangreiche Literaturverzeichnis ist besonders hervorzuheben.   M. BAEHR

NEW, T. R.: Insect conservation. An Australian perspective. Series Entomologica Bd. 32. – Dr. W. Junk Publishers, The Hague–Boston–Lancaster, 1984, 184 pp. (7)

Der vorliegende Band, verfaßt von einem nicht einseitig und ausschließlich am Schutz, sondern auch an der Wissenserweiterung interessierten Spezialisten für eine Insektengruppe gibt in mustergültiger Weise einen Überblick über den Stand des Naturschutzes (insbesondere des Schutzes der Insekten) in Australien. Das Buch besticht durch seinen Aufbau: Nach einem allgemeinen Abriß der natürlichen und nicht natürlichen Populationsänderungen von Insekten wird die australische Insektenfauna kurz vorgestellt. Dann folgen zwei Kapitel, die das Problem des Schutzes vom Habitat bzw. von der zu schützenden Art angehen. Hierbei wird auch die Artenschutzgesetzgebung in Australien und Papua Neuguinea besprochen. Ein eigener Abschnitt behandelt die Untersuchung des Artinventars und die dazu notwendigen Techniken. Abschließend wird an einigen Beispielen das Naturschutzmanagement erläutert, dabei werden sowohl Habitate wie einzelne Arten berücksichtigt. Auch die Rolle der Sammler und Bearbeiter, Amateure und professionelle Wissenschaftler, wird diskutiert. Ein Ausblick auf die Zukunft des Naturschutzes in Australien sowie ein „Ehrenkodex" für das Sammeln von Insekten beschließen das Buch. Es ist beeindruckend, wie objektiv und ohne Konfliktscheu mit der einen oder anderen Seite der Verfasser sein Thema angeht. Es wird sehr deutlich gemacht, daß der Schutz der Insekten durch den Schutz ihrer Habitate am besten gewährleistet ist, daß aber, angesichts der völlig unzureichenden Kenntnis der Insektenfauna Australiens, die Forschung in jeder Form durch die Schutzbemühungen nicht behindert werden sollte. Ein hervorragendes, knapp und präzis geschriebenes Buch, das, weit über das engere Thema hinaus, ideologiefrei zur Klärung vieler Fragen beiträgt und Anregungen vermittelt. Das Buch sollte für jeden Naturschutzinteressierten Pflichtlektüre sein, es ist aber auch für denjenigen, der sich mit der Insektenfauna Australiens beschäftigt, von Wert.   M. BAEHR

DUFFELS, J. P., VAN DEN LAAN, P. A.: Catalogue of the *Cicadoidea (Homoptera, Auchenorrhyncha)* 1956–1980. Series Entomologica 34. – Dr. W. Junk Publishers, The Hague–Boston–Lancaster, 1985, XVI + 414 pp. (8)

Der vorliegende Band ist als Supplement zum Katalog der *Cicadoidea* von METCALF gedacht und berücksichtigt die entsprechende Literatur seit 1955. Wie der Umfang des Bandes beweist, sind seit dieser Zeit sehr viele neue Arten beschrieben worden und zu zahlreichen Arten liegen neuere Untersuchungen zur Biologie, Ökologie u. a. vor. Mit diesem Katalog können nun die Großzikaden als eine der am besten dokumentierten Insektengruppen gelten.

Der Katalog besticht durch die umfassende Berücksichtigung der, nicht nur taxonomischen und systematischen, Literatur, wie das umfangreiche Literaturverzeichnis zeigt. Die systematische Anordnung entspricht etwa derjenigen im METCALF'schen Katalog. Die Autoren haben keine generelle systematische Neuordnung vorgenommen, wohl mit gutem Grund, da die Zeit dafür noch nicht reif ist. Insgesamt ist es ein mustergültiger Katalog, der insbesondere für den taxonomisch und systematisch Arbeitenden unerläßlich ist, aber auch für denjenigen von Nutzen ist, der Literatur zur Biologie, Ökologie u. a. von bestimmten Arten sucht.   M. BAEHR

GRIMM, U.: **Die Gnaphosidae** Mitteleuropas *(Arachnida, Araneae).* Abhandlungen des Naturwissenschaftlichen Vereins in Hamburg. – Verlag Paul Parey, Hamburg, 1985. 318 S., 476 Zeichnungen, 51 Photographien, 6 Tabellen, 75 Karten. (9)

Im vorliegenden Band werden die *Gnaphosidae* (Plattbauchspinnen) Mitteleuropas revidiert. Diese 84 Arten berücksichtigende Revision ist seit rund 50 Jahren das erste zusammenfassende Werk, das sich mit dieser Spinnengruppe beschäftigt.

Vor allem für Taxonomen, Faunisten und Ökologen ist diese Revision ein unentbehrliches Hilfsmittel. Sie enthält gut benutzbare, klare Bestimmungstabellen und ist reich mit vorzüglichen Zeichnungen ausgestattet, während die vorangegangenen Bearbeitungen beides nur unzureichend enthielten.

Angaben zur Lebensweise und Verbreitungskarten ermöglichen zudem eine genaue zoogeographische und ökologische Einordnung der Arten, was bei Arten anderer Spinnenfamilien bis jetzt nur selten möglich ist. Daher wäre es wünschenswert, wenn weitere revisionsbedürftige Spinnenfamilien ebenfalls in dieser Weise bearbeitet würden. Diese Arbeit kann als Vorbild für derartige weitere Revisionen angesehen werden und ist daher sowohl taxonomisch-systematisch arbeitenden Wissenschaftlern als auch Zoogeographen, Faunisten und Ökologen sehr zu empfehlen.   B. BAEHR

NAUMANN, C. M., FEIST, R., RICHTER, G., WEBER, U.: **Verbreitungsatlas der** Gattung *Zygaena* FABRICIUS, 1775 *(Lepidoptera, Zygaenidae)*. Mit einer Einführung und 97 Verbreitungskarten. Theses Zoologicae 5. – Verlag J. Cramer Braunschweig, 1984. (10)

Die Erforschung der Gattung *Zygaena* (s. L.) hat in den letzten Jahrzehnten erhebliche Fortschritte gemacht, die einerseits auf neuen wissenschaftlichen Betrachtungsweisen beruhen, andererseits aber auch durch sehr viel neues Material bedingt sind, das in dieser Zeit gesammelt werden konnte. Dadurch haben sich sehr viele veränderte oder neue Verbreitungsgebiete ergeben, die nunmehr in der vorliegenden Bearbeitung auf Einzelkarten dargestellt werden. Für tiergeographische aber auch für phylogenetische Überlegungen sind Verbreitungskarten immer sehr anschaulich, man kann daraus aber auch feststellen, wo noch „weiße" Flecken in der Tiergeographie sind. In der Einleitung werden diese Fragen kurz diskutiert und das Literaturverzeichnis gibt Hinweise auf die wichtigen Quellen. Das Buch bildet eine wichtige Grundlage zur Kenntnis der Gattung *Zygaena*, aber auch für weitergehende tiergeographische Fragen innerhalb der paläarktischen Region. Interessenten für diese Gebiete sollten es kennen.   W. DIERL

SKOU, P.: **Nordens Målere.** Handbuch der dänischen und fennoskandischen Arten der *Drepanidae* und *Geometridae (Lepidoptera).* Danmarks Dyreliv Band 2. – Apollo Bøger, Lundbyvej, Svendborg, 1984. 332 S. mit zahlreichen Abbildungen und 24 Farbtafeln. (11)

Die vorliegende Bearbeitung umfaßt alle Arten der Familien *Drepanidae* mit der Unterfamilie *Thyatirinae* und *Geometridae* aus Dänemark, Norwegen, Schweden und Finnland. Nach einer knappen Einleitung werden die Arten beschrieben, wobei der gegenwärtigen Systematik und Nomenklatur gefolgt wird. In den Beschreibungen werden alle Merkmale erwähnt, die für eine sichere Bestimmung notwendig sind. Wo notwendig, werden diese Angaben durch Habitusbilder und Bilder der Genitalstrukturen ergänzt. Alle Arten sind farbig abgebildet, vielfach mit Varianten. Es folgen Verbreitungsangaben sowohl für das Gebiet als auch allgemein, Hinweise auf Lebensweise und Entwicklung, ebenfalls ergänzt durch Bilder der Lebensräume und Entwicklungsstadien. Die Verbreitung im Gebiet wird durch Tabellen nochmals übersichtlich zusammengestellt. Das abschließende Literaturverzeichnis ist für den Gebrauch des Taxonomen und Faunisten ausgewählt.

Mit diesem Buch ist eine sichere Bestimmung möglich, zumal die relativ geringe Artenzahl eine im Vergleich zu ähnlichen Bearbeitungen anderer Faunengebiete recht ausführliche Darstellung zuläßt, die zusätzlich durch das gute Bildmaterial ergänzt wird. Das Buch ist deshalb auch für den Mitteleuropäer zu empfehlen und sollte in keiner weiter angelegten entomologischen Bibliothek fehlen.   W. DIERL

BURMANN, K., HUEMER, P.: **Die Kleinschmetterlingsammlung von Prof.** Franz GRADL in der Vorarlberger Naturschau, Dornbirn. Berichte des Naturwissenschaftlich-Medizinischen Vereins in Innsbruck, Supplementum 1. – Universitätsverlag Wagner, Innsbruck 1984. 64 S. (12)

Die vorliegende Artenliste der Kleinschmetterlinge aus der Sammlung GRADL stammt aus den Händen bekannter Autoren und bürgt dadurch für ihre Zuverlässigkeit. Für Vorarlberg ist diese Liste von großer faunistischer Bedeutung, da das Gebiet innerhalb Österreichs relativ weniger bekannt war als andere Bundesländer. Insgesamt werden 685 Arten nach vorhandenem Material mit Fundorten beschrieben und weitere 122 Arten nach den vorhandenen Aufzeichnungen erwähnt. Letztere sind zwar nicht in der Sammlung repräsentiert, gehören aber zu jenen Arten, die mit Sicherheit bestimmbar und auch vorhanden sein müssen. Zusätzlich sei vermerkt, daß auch eine Reihe von Funden aus dem benachbarten Fürstentum Liechtenstein stammen. Es ist zu begrüßen, daß diese Faunenliste publiziert werden konnte, denn sie erweitert unsere Kenntnis der Schmetterlingsfauna im Alpenraum um ein gutes Stück und jeder Faunist dieses Gebiets sollte sie besitzen. W. DIERL

ZAHRADNIK, J.: **Käfer Mittel- und Nordwesteuropas.** – Verlag Paul Parey, Hamburg–Berlin, 1985. 498 S., 782 Abb., davon 622 farbig. (13)

Die Käfer, artenreichste Ordnung des Tierreichs, sind in Mittel- und Nordwesteuropa mit rund 8 000 bekannten Spezies vertreten. Mehr als 900 dieser Arten erfaßt nach einer für den Beobachter in freier Natur sinnvollen Auswahl der vorliegende Feldführer. Die Farbabbildungen sind durchwegs exakt und gelungen, allerdings oft etwas zu blaß im Andruck. Schwierigkeiten bereiteten offensichtlich auch die metallischen Grün- und Blautöne, die farblich doch sehr verfälscht ausfallen (z. B. *Geotrupes vernalis*).

Der Allgemeine Teil führt ein in die Morphologie und Entwicklung, Lebensweise und wirtschaftliche Bedeutung, in Namengebung und Systematik der Käfer. Er listet die unter die Bundesartenschutzverordnung (BArtSchV) fallenden Gattungen und Arten auf und gibt nützliche Hinweise zum Sammeln und Präparieren wie für die Anlage einer Sammlung.

Im Systematischen Teil wird jede Käferfamilie knapp beschrieben. Berücksichtigt werden dabei Extremgrößen der Arten, vorwiegende Färbung, morphologische Kennzeichen, Biologie und Ökologie, Systematik, Hauptbestimmungsmerkmale sowie Zahl der Arten: weltweit, in Mitteleuropa und in Großbritannien.

Auf den Vorsatzblättern machen Schemazeichnungen mit der Morphologie des Insektenkörpers vertraut, führen Farbabbildungen je einer typischen Art pro Überfamilie zu den Vertretern der entsprechenden Familien und Unterfamilien auf 64 am Schluß des Buches zusammengefaßten Farbtafeln. Die Tafellegenden geben neben den wissenschaftlichen auch, soweit vorhanden, die deutschen Artnamen an, bringen Größenangaben und enthalten Seitenverweise auf den Textteil.

Die Artbeschreibungen unterrichten übersichtlich und zuverlässig über Aussehen, Variabilität und ähnliche Spezies, über Biologie, Erscheinungszeit, Vorkommen und Verbreitung. Literaturverzeichnis, Register und ein Glossar entomologischer Fachausdrücke vervollständigen den handlichen Käferführer für Naturfreunde und Biologen, Schüler, Lehrer und Studierende. R. GERSTMEIER

TORP, E.: **De danske svirrefluer** *(Diptera: Syrphidae).* – Fauna Bøger, Kopenhagen, 1984. 300 S., 4 Farbtafeln, 380 Textabbildungen und 263 Verbreitungskarten. (14)

Dieses hervorragende Bestimmungsbuch beschäftigt sich mit den Schwebfliegen *(Syrphidae)* Dänemarks. Den Hauptteil bilden, nach einer allgemeinen morphologischen Übersicht der Imago die Bestimmungsschlüssel der Imagines und Larven, unterstützt durch zahlreiche Textzeichnungen und Farbabbildungen. Weiter berichtet der Autor über Paarung, Ei-, Larven- und Puppenstadien, Zelltaxonomie und Mimikryverhalten, Biologie und ökonomische Bedeutung der Arten. Übersichtliche Verbreitungskarten, faunistische und bionomische Daten der einzelnen Arten und ein umfangreiches Literaturverzeichnis runden das gelungene Werk ab. Schade, daß dieses Bestimmungsbuch in dänischer Sprache verfaßt wurde, wird es doch weit über Dänemarks Grenzen hinaus bekannt und gebraucht werden. M. KÜHBANDNER

NEUMANN, V.: **Der Heldbock.** – Die Neue Brehm-Bücherei. A. Ziemsen Verlag, Wittenberg Lutherstadt, 1985. 103 S., 68 Abbildungen. Vertrieb durch Verlag J. Neumann-Neudamm, Postfach 320, 3508 Melsungen. (15)

Dieser broschürte Band über die europäischen Bockkäfer der Gattung *Cerambyx* ist ein gelungenes Fachbuch, in dem alles Wissenswerte ausführlich beschrieben ist. Nach der Einleitung und einer historischen Übersicht der Namensgebung, am Beispiel der Art *Cerambyx cerdo* L., werden die europäischen Arten mit ihrer Verbreitung, der

Biologie und der Flugzeit vorgestellt. In den folgenden Kapitel wird die Morphologie und Anatomie, die Verbreitung in Europa, Entwicklungsstadien und ihre Lebensweise, Biopotentiale, wirtschaftliche Bedeutung, Feinde und Krankheiten, Bedeutung als Nahrungs- und Arzneimittel und der Schutz der Entwicklungsstadien der Käfer behandelt. Dabei wird auf besondere Untersuchungen, z. B. im Kapitel Biopotentiale hingewiesen. In der Erfassung von Sinnesorgan-, Nervensystem- und Muskelapparatleistungen bei der Organisation des Verhaltens (Neuroethologie), sollen die mitgeteilten Biopotentialmessungen zeigen, ob die Ganglien von *Cerambyx cerdo L.* auf Reize reagieren. Über diese und viele andere Probleme spezieller Art informiert dieses Buch nach dem neuesten wissenschaftlichen Stand. Der Band „Der Heldbock" gehört zur wichtigen Fachliteratur über Insekten und darf daher in keiner Zoologenbibliothek fehlen. M. KÜHBANDNER

SKIDMORE, P.: The Biology of the *Muscidae* of the World. Series Entomologica, Vol. 29. – Dr. W. Junk Publishers, The Hague–Boston–Lancaster, 1985. 550 S., zahlreiche Textabbildungen. (16)

Eine Zusammenfassung der Biologie der einzelnen Musciden-Arten der Welt mit Bestimmungsschlüsseln und morphologischen Abbildungen zu vielen Arten, beinhaltet dieser Band. Nach der Morphologie der Entwicklungsstadien wird auf die Verbindung zwischen Morphologie und Biologie der Muscidenlarven und -puppen eingegangen. In weiterem werden Präparation, Identifizierung der Larven und Puppen, Einteilung gemäß der Larvalmorphologie, Synopsis und Schlüssel für die Subfamilien, Gattungen und Arten behandelt. Den Hauptteil bildet ein Überblick über die Biologie der Musciden. Dieses Buch erleichtert in entscheidender Weise die Bestimmung der Entwicklungsstadien der Musciden und schließt somit eine Lücke in der vorhandenen Fachliteratur. Dieses Werk sollte in keiner einschlägigen Bibliothek fehlen. M. KÜHBANDNER

TARMANN G.: Generische Revision der amerikanischen *Zygaenidae* mit Beschreibung neuer Gattungen und Arten *(Insecta, Lepidoptera)*. Teil 1: Text 176 Seiten, Teil 2: Abbildungen 173 Seiten, 438 Abb. – Entomofauna, Suppl. 2, Linz 1984. (17)

Mit dieser, dem Altmeister Burchard Alberti zu seinem 85. Geburtstag gewidmeten Arbeit, legt der Autor die erste brauchbare zusammenfassende Bearbeitung der neuweltlichen *Zygaenidae* vor. Dabei stellt sich heraus, daß unsere derzeitigen Kenntnisse dieser Gruppe noch äußerst dürftig sind, so daß anzunehmen ist, daß sich die Zahl der Gattungen und Arten noch wesentlich vermehren wird, namentlich durch Neuentdeckungen im tropischen Teil Mittel- und Südamerikas. Der Autor untersuchte das in den Museen vorhandene Material gründlichst, namentlich auch die vorhandenen Typen. Neben dem Habitus, auf dem im wesentlichen die bisherigen Darstellungen dieser Gruppe basieren, wurde von TARMANN auch der Schuppenbau und der Schuppenfeinbau, das Flügelgeäder, die Genitalien und der Bau der Sternite und Tergite des Abdomens bei allen erreichbaren Arten vergleichend untersucht. Auf die teilweise überraschenden Ergebnisse kann hier im Rahmen einer Besprechung nicht näher eingegangen werden, immerhin wurden in der Arbeit 5 neue Gattungen und 24 neue Arten beschrieben. Eine weitere Anzahl neuer Arten sind noch zu beschreiben, wenn die entsprechenden Unterlagen ausgewertet sind. Große Lücken zeigen sich auch bezüglich unserer Kenntnis der Lebensweise der einzelnen Arten, von denen bisher in den meisten Fällen nur museales Material bekannt ist. Neben der Untersuchung des vorhanden Materiales wurde auch die einschlägige Literatur gründlich durchgearbeitet mit dem Ergebnis, daß 137 taxonomische und nomenklatorische Änderungen durchgeführt werden mußten. Eine Liste der bisher bekannten amerikanischen Zygaenidenarten mit ihrer Synonymie sowie ein Bestimmungsschlüssel für die Gattungen bringen eine Zusammenfassung unserer bisherigen Erkenntnisse. Ein noch reichlich hypothetisches Kapitel „Gedanken und Überlegungen zur Herkunft und Stammesgeschichte der amerikanischen Zygaenidae" und ein sehr ausführliches, fast lückenloses Literaturverzeichnis schließen diese schöne und wertvolle Arbeit ab, die geeignet ist, als solide Basis für alle weiteren Arbeiten und Untersuchungen an neuweltlichen Zygaeniden zu dienen. Dem Autor ist für diese bahnbrechende Bearbeitung einer bisher noch fast unbekannten Schmetterlingsgruppe zu danken. W. FORSTER

Der große Krüger Weltatlas. – Wolfgang Krüger Verlag, Frankfurt, 1984. 255 S., davon 185 S. mit Karten. (18)

Der große Krüger Weltatlas erfüllt alle Ansprüche, die heute an einen seriösen Weltatlas gestellt werden.

Die Bilder am Beginn des Kartenwerks zeigen die Kontinente aus der „Weltraumperspektive"; sie wurden mit Hilfe eines – extra dafür geschaffenen – Riesenglobusses aufgenommen. Jeder Aufnahme ist eine kurze Beschreibung des jeweiligen Erdteils beigefügt. Die folgenden Erd-Übersichtskarten bringen anschauliche und reich illustrierte Informationen über Astronomie, Geologie, Tektonik, Meteorologie, Klimatologie, Kartographie, Ozeane, Ozeanographie, Tiergeographie sowie über Bündnisse, Sprachen, Religionen, Bildung, Luftverkehr etc.

Die Länderkarten werden durch sinnvoll ausgewählte thematische Karten, deren Themenspektrum von Bodennutzung, Geologie, Niederschläge, Klima, Bevölkerungsdichte, Wirtschaft und Industrie bis zu geschichtlichen Grenzen reicht, ergänzt. Dem abschließenden Index mit über 38 000 Namen geographischer Objekte ist ein kurzer Abschnitt über·Namenschreibung und Ausspracheregeln vorangestellt.   R. Gerstmeier

SCHUMANN, W.: **Der neue BLV Steine- und Mineralienführer.** – BLV Verlagsgesellschaft, München – Wien – Zürich, 1985. 383 S., 125 Farbtafeln. (19)

Steine sammeln ist ein beliebtes Hobby geworden, das immer mehr Freunde gewinnt. Für alle diese Sammler, seien es nun fachlich vorgebildete oder auch Laien, bietet sich der „Neue BLV Steine- und Mineralienführer" als Helfer und Mittler an, um sich über 600 Mineralien, Gesteine und Meteoriten in Originalgröße auf brillianten Farbfotos sowie anschaulichen und präzisen Texten zu informieren. Diese 600 Einzelstücke wurden mit Sorgfalt als typische Vertreter ausgewählt.

Neben den wirklich gelungenen Farbtafeln bietet dieser Führer – für ein Bestimmungsbuch – eine Fülle von Informationen über Entstehung und Aufbau von Mineralien, Erscheinungsformen und Eigenschaften (u. a. Härte, Dichte, Lumineszenz, Strichfarbe). Auf 125 Farbtafeln werden mehr als 390 Gesteine und Meteoriten abgebildet und auf der gegenüberliegenden Textseite knapp und verständlich beschrieben.

Im Anhang finden sich ein kurzes Literatur- und Zeitschriftenverzeichnis, zahlreiche Strichfarben-Tabellen (mit Dichtewerten), eine Bestimmungshilfe für Gesteine sowie ein ausführliches Sachwortverzeichnis.

Ein praktisches Bestimmungsbuch im bewährten „BLV-Stil", das vielen Sammlern und interessierten Laien auch als umfangreiches Nachschlagewerk dienen wird.   R. Gerstmeier

GEPP, J. (ed.): **Rote Liste gefährdeter** Tiere Österreichs. – Grüne Reihe des Bundesministeriums für Gesundheit und Umweltschutz, Wien 1985. Band 2, 243 S. (20)

Rund ein Drittel der in Österreich vorkommenden ca. 30 000 Tierarten wurde unter Mitarbeit von 26 Spezialisten erfaßt und hinsichtlich ihrer Bestandsgefährdung beurteilt. Darunter fallen alle 5 Wirbeltiergruppen, eine Auswahl von 18 Insektengruppen, Weichtiere und die zehnfüßigen Krebse.

Ein obligater B-nd für alle am Naturschutz interessierten Laien und Fachleute.   R. Gerstmeier

AUBRECHT, G., BÖCK, F.: Österreichische **Gewässer als Winterrastplätze für** Wasser vögel. – Grüne Reihe des Bu⁓desmiñisteriums für Gesundheit und Umweltschutz, Wien 1985. Band 3, 270 S., 46 Tab. (21)

Dieser Band beinhaltet die Auswertung der „Mittwinterzählungen" 1970–1983 der „Österreichischen Gesellschaft für Vogelkunde". 31 Arten konnten erfaßt und beschrieben werden, wobei im beschreibenden Teil Angaben zu Verbreitung, Wanderungen, Überwinterung in Österreich sowie Vorkommen und Zahlenangaben in den einzelnen Bundesländer gemacht wurden. Im 2. Teil werden die wichtigsten erfaßten Gewässer hinsichtlich ihrer Wasservogelbestände charakterisiert.   R. Gerstmeier

GEPP, J. (ed.): **Auengewässer als Ökozellen.** – Grüne Reihe des Bundesministeriums für Gesundheit und Umweltschutz, Wien, 1985. Band 4, 322 S., 16 Karten. (22)

Diese Projektstudie behandelt umfassend die Probleme der Auengewässer, wobei eigene Untersuchungen der Mitarbeiter dieses Projektes und die Auswertung von rund 400 Publikationen zugrundeliegen. Folgende Schwerpunkte sind hervorgehoben:

Bestandsaufnahme und Zustandsbeurteilung – Vergleich der noch vorhandenen Auengewässer in Österreich – Ökologie, Pflanzen- und Tierwelt – Möglichkeiten der Reaktivierung.

Ein gelungener, informativer Band mit vielen Farbfotos und anschaulichen Graphiken.   R. Gerstmeier

RIEDL, R. (ed.): **Fauna und Flora des Mittelmeeres.** – 3. neubearb. und erweit. Auflage von „RIEDL, R.: Fauna und Flora der Adria". – Verlag Paul Parey, Hamburg–Berlin, 1983. 836 S. mit 3512 Abb. und 98 Verbreitungskarten. (23)

Nachdem die 2. Auflage der „Fauna und Flora der Adria" lange vergriffen war, konnte jetzt mit der 3. Auflage des „RIEDL" eine Lücke geschlossen werden, die von vielen Studenten der Biologie, ihrer Dozenten, Tauchern, Sammlern, Aquarianern und zoologisch interessierten Laien bedauert wurde.

Nur wenige Autoren haben sich bisher an eine populärwissenschaftliche Bearbeitung der Meeresbiologie gewagt – wohl mit Recht, wie die meist mittelmäßigen bis ausgesprochen schlechten Bücher zeigen. Der „RIEDL" war von seiner ersten Auflage an richtungsweisend und an der bewährten Struktur wurde auch in der dritten Auflage festgehalten. Eine Erweiterung auf das gesamte Mittelmeergebiet war aber längst überfällig und gleichzeitig hat das Werk damit eine gründliche Neubearbeitung erfahren. Die Anzahl der aufgeführten Arten wurde von ca. 1500 (von denen etwa 100 durch typischere Formen ersetzt wurden) auf 2000 erweitert. Ein neuer Stamm *(Placozoa)*, 8 neue Klassen, eine neue Unterklasse und eine neue Ordnung sind dazugekommen, des weiteren 63 neue Tafeln (davon 5 farbig) und erstmalig 98 Verbreitungskarten für solche Arten, bei denen das Vorkommen entweder sehr begrenzt bekannt oder eine Vorkommensgrenze wahrscheinlich ist. Zusätzlich zu den wissenschaftlichen Namen und ihren Synonymen werden Vulgärnamen in 13 Sprachen der Anrainerstaaten aufgeführt.

Das umfangreiche Namensregister (8750 Nennungen) und das für den Praktiker wertvolle Sachlexikon (Erklärung oft erwähnter Geräte, Methoden und ökologischer Begriffe) runden das Werk ab.

Zu bemängeln wäre nur der Preis; vielleicht sollte der Verlag für Studenten eine preisgünstigere Studienausgabe in Taschenbuchform herausbringen. R. GERSTMEIER

LINE, L., MILNE, L., MILNE, M.: Die Wunderwelt der Insekten. – Atlantis-Verlag, Herrsching, 1985. 264 S. (24)

Insekten und Spinnen haben die Menschen seit Jahrhunderten fasziniert, doch erst der modernen Fotografie ist es gelungen, die verborgenen Geschehnisse, bizarre Formen und prachtvolle Farben einem breiten Interessenskreis zugänglich zu machen. In diesem Buch wurden die besten Aufnahmen von führenden Naturfotografen vereinigt. Selten findet man hinsichtlich Motivwahl, Tiefenschärfe und Farbechtheit beim Druck in Bildbänden dieser Art solch hochqualitative Aufnahmen. Die beschreibenden Kapiteltexte gewähren eine Fülle von Informationen über Leben, Verhaltensweisen und Überlebensstrategien der Insekten und Spinnen. R. GERSTMEIER

SCHMITZ, S., SAUER, F.: Zauberreich der Ozeane. – Signum Medien Verlag, München, 1984. 312 S., über 150 Farbaufnahmen. (25)

Ein populärwissenschaftlicher Bildband mit ausgezeichneten, vielfach doppelseitigen Farbfotos und informativem Text, garniert mit einem Vorwort von Prof. Hans Hass.

Im einführenden Kapitel werden in leicht verständlicher Weise Entstehung der Ozeane, Meeresströmungen sowie Ebbe und Flut behandelt. Das nächste Kapitel ist den Meeresküsten (u. a. Watt, Mangrovensümpfe, Tangwälder, Felsküsten) und ihrer Tier- und Pflanzenwelt gewidmet. Es folgen die Kapitel „Lebensraum Hochsee", wobei im wesentlichen Haie, Wale und Delphine vorgestellt werden, die „Tiefen des Meeres", die „farbenprächtige Welt des Korallenriffs" (Entstehung, Räuber, Korallenfische, Symbiosen, Gefahren für Korallenriffe), die „Inseln" (Inseltypen, Pionierarten, Galapagos, Vögel) und die „Polarmeere". Im letzten Kapitel „Nutzung, Bedrohung und Schutz der Ozeane" wird kritisch auf die heutigen Umweltprobleme eingegangen. Im Anhang finden sich eine Zeittafel über Entdeckung und Erforschung der Meere, beginnend im Jahre 2000–1500 v. Chr. mit den Entdeckungsfahrten kretischer Seeleute sowie alte Stiche, Abbildungen und Zeichnungen aus einem Bildatlas des 19. Jahrhunderts. Weiterführende Literatur und ein kurzes Register runden diesen ansprechenden Bildband ab. R. GERSTMEIER

Richtlinien für die Annahme von Beiträgen

1. Die möglichst knapp zu fassenden Manuskripte müssen satzreif einseitig in Maschinenschrift (DIN A 4) in deutscher oder englischer Sprache in doppelter Ausfertigung bei der Schriftleitung eingereicht werden. Sie müssen den allgemeinen Bedingungen für die Abfassung wissenschaftlicher Publikationen entsprechen. Für die Form der Manuskripte ist die jeweils letzte Ausgabe der MITTEILUNGEN maßgebend.

2. Der Titel soll prägnant und informativ sein. Die Zugehörigkeit der behandelten Insektengruppe im System soll am Ende des Titels kenntlich gemacht werden, z. B. (Coleoptera, Chrysomelidae, Alticinae).

3. Der Arbeit ist eine kurze englische Zusammenfassung (Abstract) voranzustellen.

4. Abbildungsvorlagen sind durchlaufend zu numerieren und gesondert beizufügen. Bei Beschriftungen wie auch bei den Zeichnungen selbst ist auf die Möglichkeit einer verkleinerten Wiedergabe zu achten.

5. Lateinische Namen für Familien, Gattungen und Arten sind einfach, Kapitälchen (bei Personennamen) unterbrochen zu unterstreichen, Beispiel: Pieris atlantica Rothschild, 1917.

6. Literaturhinweise:
   Im Text Name und Jahr, z. B. HUBER (1947), HUBER & MAYER (1948), HUBER et al. (1949) wenn es mehr als zwei Autoren sind.
   Literaturverzeichnis:
   FISCHER, M. 1965: Neue Opius-Arten aus Peru (Hymenoptera, Braconidae). – Mitt. Münch. Ent. Ges. 55, 214–243.
   Die Abkürzungen sollten unmißverständlich sein und dem üblichen Gebrauch entsprechen.
   Buch:
   MAYR, E. 1969: Principles of Systematic Zoology. – McGraw-Hill, New York.
   Artikel in einem Buch:
   WEISE, J. 1910: Chrysomelidae und Coccinellidae. In: SJÖSTEDT, Y., Wiss. Ergebn. schwed. zool. Exped. Kilimandjaro-Meru 1 (7), 153–226.

Die Herausgabe dieser Zeitschrift erfolgt ohne gewerblichen Gewinn. Mitarbeiter und Herausgeber erhalten kein Honorar. Die Autoren erhalten 50 Sonderdrucke gratis, weitere können gegen Berechnung bestellt werden.

Preise der besprochenen Publikationen

1. 118,– DM; 2. 200.– Dfl; 3. ?; 4. ?; 5. 98,– DM; 6. 150.– Dfl; 7. 110.– Dfl; 8. 180.– Dfl; 9. 78,– DM; 10. 40,– DM; 11. ?; 12. 100.– ÖS; 13. 58,– DM; 14. ?; 15. ?; 16. 300.– Dfl; 17. ?; 18. 78,– DM; 19. 39,80 DM; 20–22 ?; 23. 148,– DM; 24. 88,– DM; 25. 49,80 DM; 26. 39,80 DM; 27. 48,– DM; 28. 78,– DM; 29. 27.50 £.

| Mitt. Münch. Ent. Ges. | 75 | 1–144 | München, 15. 12. 1985 | ISSN 0340–4943 |

Inhalt

13

Mitteilungen der Münchner Entomologischen Gesellschaft

Band 76
Jahrgang 1986

Mit Unterstützung des Bayerischen Staates, der Stadt München
und des Museums Georg FREY, Tutzing, herausgegeben vom
Schriftleitungsausschuß der Münchner Entomologischen Gesellschaft

Schriftleitung:
Dr. Roland GERSTMEIER

Im Selbstverlag der
MÜNCHNER ENTOMOLOGISCHEN GESELLSCHAFT (E.V.)

Mitt. Münch. Ent. Ges.	76	1–180	München, 31. 12. 1986	ISSN 0340–4943

Münchner Entomologische Gesellschaft (e. V.)

Mitteilungen der Münchner Entomologischen Gesellschaft

Band 76
Jahrgang 1986

Mit Unterstützung des Bayerischen Staates, der Stadt München
und des Museums Georg FREY, Tutzing, herausgegeben vom
Schriftleitungsausschuß der Münchner Entomologischen Gesellschaft

Schriftleitung:
Dr. Roland GERSTMEIER

Im Selbstverlag der
MÜNCHNER ENTOMOLOGISCHEN GESELLSCHAFT (E.V.)

Mitt. Münch. Ent. Ges.	76	1–180	München, 31. 12. 1986	ISSN 0340–4943

Anschrift: Münchner Entomologische Gesellschaft
Münchhausenstraße 21
D-8000 München 60

Postgirokonto München 315 69-807 (Bankleitzahl 700 100 80)

Bayerische Vereinsbank München, Konto Nr. 305 719 (Bankleitzahl 700 202 70)

Mitgliedsbeitrag DM 45,—, für Schüler und Studenten DM 25,— pro Jahr
ab 1987: DM 60,—, für Schüler und Studenten DM 30,— pro Jahr

Gesamtherstellung: Verlag Gebr. Geiselberger, Altötting

Synopsis

Verzeichnis
der im 76. Jahrgang neu beschriebenen bzw. geänderten Taxa

| Mitt. Münch. Ent. Ges. | 76 | 5–66 | München, 31. 12. 1986 | ISSN 0340-4943 |

Die *Cicindelidae* von Sumatra

9. Beitrag zur Kenntnis der *Cicindelidae*

(Coleoptera, Cicindelidae)

The *Cicindelidae* of Sumatra. – 9th Contribution towards the knowledge of *Cicindelidae*
(Coleoptera, Cicindelidae)

Von Jürgen WIESNER

Abstract

65 species and 9 subspecies are recorded for the Tiger beetle-fauna of Sumatra and its offshore islands and characterized by drawings and descriptions. Each taxon is supplied with detailed distributional records and a list of its synonyms. Tribes, genera, species and subspecies are completely keyed out. A check-list is given for the Tiger beetle distribution within the eight provinces of Sumatra and a list of geographical coordinates for about 110 localities. *Neocollyris macrodera* (CHAUDOIR, 1864) is synonymized with *Neocollyris sarawakensis* (THOMSON, 1857) and *Cylindera (Leptinomera) gestroi* (W. HORN, 1892) is synonymized with *Cylindera (Leptinomera) catoptroides* (W. HORN, 1892). *Callytron doriai* (W. HORN, 1897) is newly combined.

Einleitung

Unsere Kenntnis der Sandlaufkäfer Sumatras beruht auf der Tätigkeit zahlreicher Sammler. Bis 1914 hatten nahezu 25 Entomologen, darunter BECCARI, BOUCHARD, JACOBSON, KANNEGIETER, KNAPPERT, MODIGLIANI, SCHULTHEISS, WEYERS und WIEDEMANN, insgesamt 55 verschiedene Arten und Unterarten aufgespürt. Zwischen 1915 und 1945 wurden insgesamt nur noch 38 gefangen. Maßgeblich an diesen Ausbeuten waren CORPORAAL, DRESCHER, HÁYEK, JACOBSON, KARNY, LUCHT und mindestens sieben weitere Sammler beteiligt. Nach 1945 bis jetzt wurden insgesamt 40 Arten und Unterarten gefangen, obwohl 13 Sammler (BALLMER, DIEHL, ERBER, KRIKKEN, v. LOOKEREN, PAUCKSTADT, RIJSHEN, SOLLAART, SOMMERER, STRAATMAN, v. D. VECHT, WEINREICH und der Verfasser) viel Zeit und Geld investierten und modernste Sammelmethoden benutzten (Dr. DIEHL fing zum Beispiel durch konsequente Anwendung des nächtlichen Lichtfanges bisher allein 26 Arten und Unterarten, darunter einige, die durch Tagfang nur äußerst selten nachgewiesen werden konnten). Die Sandlaufkäfer-Fauna von Sumatra wurde in zwei Artenlisten von HORN (1895a, 1926) zusammengestellt. 1895a meldete er 46 und 1926 insgesamt 77 Arten und Unterarten aus diesem Gebiet. Nach Berücksichtigung systematischer Erkenntnisse des inzwischen vergangenen Zeitraumes können in der nun vorliegenden dritten Bearbeitung nur noch 74 Arten und Unterarten für Sumatra angegeben werden. Weitere neue Arten sind aus diesem Gebiet kaum zu erwarten, allenfalls neue Unterarten, die durch Kenntnis der Variationsbreite herausgearbeitet werden. Durch das rasche Vordringen einer einzelnen Art, *Homo sapiens* s. str. L., ist im Gegenteil ein Rückgang des aktuellen Artenbestandes an Cicindeliden für die Tropeninsel Sumatra zu erwarten. Es erscheint deshalb sinnvoll, eine faunistische Bestandsaufnahme und damit die Grundlage für zukünftige Fehllisten (als Indiz für die umsichgreifende Biotopzerstörung) zu geben.

Methodik

In der Tabelle 1 sind die aus Sumatra gemeldeten Cicindeliden-Arten zusammen mit den Provinzen (Abb. 1) angegeben, aus denen Meldungen vorliegen (A = Aceh, SU = Sumatera utara, SB = Sumatera barat, B = Bengkulu, R = Riau, J = Jambi, SS = Sumatera selatan, L = Lampung). Dichotomische Tabellen führen vom Tribus über die Gattungen zu den Arten und Unterarten. Die Position einer hellen Fleckenzeichnung der Flügeldecken (im weiteren Text stets mit Flgd. abgekürzt) wird entsprechend Abb. 2 definiert. Bei den einzelnen Arten und Unterarten folgen nach dem Namen, Autor, Jahr der Erstbeschreibung und Hinweise auf Abbildungen in der vorliegenden Arbeit: 1. die Liste der Synonyme in chronologischer Reihenfolge, 2. Literaturangaben in der oben geschilderten Reihenfolge und, soweit möglich, Angaben zum Verbleib von Typen. Dazu werden nachstehende Abkürzungen benutzt: AMST = Instituut voor taxonomische Zoölogie, Amsterdam, BMNH = British Museum (Nat. Hist.), London, DEI = Institut für Pflanzenschutzforschung, Eberswalde, FISF = Forschungsinstitut Senckenberg, Frankfurt, GMSN = Museo Civico di Storia Naturale, Genova, NHMB = Naturhistorisches Museum, Basel, RNHL = Rijksmuseum van Natuurlijke Historie, Leiden, USNM = National Museum of Natural History, Washington, WIES = Sammlung des Verfassers, WIEN = Naturhistorisches Museum, Wien, ZSM = Zoologische Staatssammlung, München, 3. die allgemeine geographische Verbreitung, 4. die Verbreitung auf Sumatra, geordnet nach den Provinzen (Abkürzungen wie anfangs erwähnt), die Namen der Fundorte in der derzeit üblichen Schreibweise und alphabetischer Reihenfolge. Alte Ortsbezeichnungen und die geographische Lage der Orte, soweit sie auf den einschlägigen Karten (u. a. Atlas van tropisch Nederland) gefunden werden konnten, sind in der Tabelle 2 angegeben, 5. Angaben zur Färbung der Tiere, 6. Protokoll von Körperabmessungen (n = Anzahl der vermessenen Individuen). Die Messungen wurden mit einem Profilprojektor durchgeführt, wobei ein zweidimensionales Bild des Objektes auf eine Mattscheibe projiziert und dieses Bild mit einem elektronischen Zähler über Fadenkreuz auf zwei Dezimalstellen genau abgemessen wurde, Vergrößerung 10×. Im Protokoll sind die Meßwerte (Abb. 3), auf eine Dezimalstelle gerundet, in folgender Reihenfolge angegeben (jeweils kleinster und größter sowie Mittelwert in mm): Gesamtlänge (ohne Labrum), Kopfbreite, Kopftiefe (nur bei *Neocollyris*), Augenzwischenraum (bei *Neocollyris* apikal, sonst zentral), Breite des Halsschildes, Länge des Halsschildes, Halsschildindex und Breite der Flgd. Der Halsschildindex ergibt sich aus

$$\frac{\text{Länge des Halsschildes} \times 100}{\text{Breite des Halsschildes}}$$

Bei Werten größer als 100 ist das Pronotum langgestreckt, bei 100 quadratisch und bei kleineren Werten breiter als lang. Rechnerisch ermittelte Werte beziehen sich stets auf nicht gerundete Original-Meßwerte, 7. Liste des untersuchten Materials, soweit Sumatra als Patria zugeordnet werden konnte, sowie Angaben zum Aufbewahrungsort dieser Tiere (Abkürzungen wie bei Position 2), in chronologischer Reihenfolge nach den Fundorten geordnet, 8. spezielle Hinweise auf Untersuchungsergebnisse.

Tab. 1: Liste der Cicindeliden von Sumatra

Tribus *Collyrini*

Tricondyla LATREILLE	
cyanea cyanea DEJEAN	SU
cyanea brunnea DOKHTOUROFF	A, SU, SB
cyanea wallacei THOMSON	A, SU, SS
cyanipes brunnipes MOTSCHULSKY	A, SU, SB, B
Protocollyris MANDL	
weyersi (W. HORN)	SB, SS
Neocollyris W. HORN	
purpureomaculata W. HORN	

brevithoracica W. HORN	SS
linearis tenuicornis (CHAUDOIR)	SU, SB, B
linearis beccarii (W. HORN)	SB
linearis xanthoscelis (CHAUDOIR)	SB, B, SS
dimidiata (CHAUDOIR)	SU
subtilis (CHAUDOIR)	SU, SB
emarginata (DEJEAN)	SU, SB, B, SS
crassicornis (DEJEAN)	SU, SB, B, SS, L?
richteri W. HORN	SB, B, L?
diardi (LATREILLE)	A, SU, SB, B, SS
pinguis (W. HORN)	SU
bonellii (GUÉRIN-MÉNVILLE)	SU, SB, B, J, SS, L?
celebensis (CHAUDOIR)	A, SU, SB, SS
cruentata (SCHMIDT-GOEBEL)	
elongata (CHAUDOIR)	SU, SB, B, L?
chloroptera (CHAUDOIR)	SB, B
thomsoni (W. HORN)	SU
moesta (SCHMIDT-GOEBEL)	
clavipalpis W. HORN	
punctatella (CHAUDOIR)	SU?
fuscitarsis (SCHMIDT-GOEBEL)	SB
saphyrina (CHAUDOIR)	L?
aptera (LUND)	SU, SB, B, SS
sumatrensis (W. HORN)	B
waterhousei (CHAUDOIR)	SU, SB, B
sarawakensis (THOMSON)	A, SU, SB, B, L?
dohertyi (W. HORN)	SB, L
arnoldi (MAC LEAY)	SB
leucodactyla discolor (CHAUDOIR)	A, SU, SB, B, L

Tribus *Cicindelini*

Subtribus *Prothymina*
Prothyma HOPE *(Genoprothyma* RIVALIER)
    heteromalla (MAC LEAY)
Heptodonta HOPE

· *analis* (FABRICIUS)	SU, SB, L?

Dilatotarsa DOKHTOUROFF

beccarii (GESTRO)	SU, SB, B

Subtribus *Theratina*
Therates LATREILLE

spinipennis xanthophobus W. HORN	A, SU, SB, B, SS, L
spinipennis xanthophilus W. HORN	SB
dimidiatus dejeani CHAUDOIR	A, SU, SB, J, L?
dimidiatus wallacei THOMSON	SB, J, SS
dimidiatus spinipennoides W. HORN	A, SU, SB, B, J, SS, L
coeruleus coeruleus LATREILLE	A, SU, SB, B, SS, L
coeruleus apicalis W. HORN	SU, SB
rugulosus W. HORN	SU
batesi THOMSON	A, SU, SB, B, J, L

Subtribus *Cicindelina*
Lophyridia JEANNEL
    angulata (FABRICIUS)
    funerea funerea (MAC LEAY)
    opigrapha (DEJEAN)   A, SU, SB, B, SS
    decemguttata decemguttata (FABRICIUS)
Cosmodela RIVALIER
    didyma (DEJEAN)   A, SU, SB, B
    aurulenta (FABRICIUS)   A, SU, SB, B, SS, L?
Lophyra MOTSCHULSKY *(Lophyra* s. str.)
    fuliginosa (DEJEAN)   SU, SS
Lophyra MOTSCHULSKY *(Spilodia* RIVALIER)
    striolata striolata (ILLIGER)   SU, SB, B, SS, L?
Cylindera WESTWOOD *(Verticina* RIVALIER)
    versicolor (MAC LEAY)   A, SU, SB, B, SS, L
    elegantissima (W. HORN)   A, SU, SB, B
Cylindera WESTWOOD *(Leptinomera* RIVALIER)
    bouchardi (W. HORN)   SB, B, L?
    catoptroides (W. HORN)   A, SU, SB, B, SS, L
    longipalpis (W. HORN)   A, SU, SB, SS
    maxillaris (W. HORN)   A, SU, SB, J, SS
    pseudolongipalpis (W. HORN)   SU, B
Cylindera WESTWOOD *(Ifasina* JEANNEL)
    foveolata (SCHAUM)
    holosericea (FABRICIUS)   A, SU, SB, B, SS, L
    viduata (FABRICIUS)   A, SU, B, SS, L
    discreta (SCHAUM)   A, SU, SB, B, SS
    reductula (W. HORN)   A, SU, B
    jacobsoni (W. HORN)   A
Cylindera WESTWOOD *(Eugrapha* RIVALIER)
    minuta (OLIVIER)   A, SU, SB, B, SS
Myriochile MOTSCHULSKY *(Myriochile* s. str.)
    specularis brevipennis (W. HORN)   A, SU, SB, B, J, SS, L
Hypaetha LECONTE
    biramosa (FABRICIUS)
Abroscelis HOPE
    longipes longipes (FABRICIUS)   A, SU, SB, B, SS
    longipes flava (W. HORN)   SU
Callytron GISTL
    doriai (W. HORN)   SU

Tab. 2: Fundorte auf Sumatra
(Minutenangaben max. ± 5′ geschätzt)

	ö. L.	Br.		ö. L.	Br.
Agam	?	?	Andalas	?	?
Aek Tarum (SU)	99°25′	2°43′ n.	Aur Kumanis	?	?
Ajer Mantoior	?	?	Anei Kloof (SB)	100°32′	0°24′ s.
Alahanpanjang (SB)	100°45′	1°05′ s.	Babi (Insel, A)	96°50′	1°48′ n.
Alas-vallei (Lae Alas, A)	97°55′	3°04′ n.	Balelutu (A)	97°38′	3°43′ n.

	ö. L.	Br.
Balige (Balighe, SU)	99°03'	2°20' n.
Balimbingan (L?)	?	?
Balun (SB)	100°58'	1°25' s.
Bandahara, Mt. (A)	97°41'	3°43' n.
Bandar Baru (Bandar Baroe, SU)	98°30'	3°15' n.
Bangka (Banka, Insel, SS)	106°	2° s.
Baros	?	?
Barung Pulau	?	?
Batoe (Batu, Insel, SU)	98°25'	0°30' s.
Bedagei	?	?
Belawan (SU)	98°41'	3°47' n.
Benguet panai	?	?
Berastagi (Brastagi, SU)	98°30'	3°11' n.
Bireuen (A)	96°41'	5°12' n.
Bodjo (Insel, SU)	98°30'	0°37' s.
Boekit Gabah	?	?
Bukittinggi (Fort de Kock, SB)	100°23'	0°18' s.
Cauer	?	?
Curup (Tjurup, B)	102°31'	3°28' s.
Dairi Mts. (SU)	99°04'	2°50' n.
Danau Toba (SU)	99°00'	2°25' n.
Deli (Serdang, Bezirk, SU)	98°41'	3°41' n.
Dempo (Dempu, SS)	103°08'	4°02' s.
Doesoen tengah	?	?
Dolok Baros	?	?
Dolok Merangir (SU)	99°07'	3°05' n.
Dolok Tolong	?	?
Fort de Kock (Bukittinggi, SB)	100°23'	0°18' s.
Enggano (Insel, B)	102°10'	5°15' s.
Giesting (L)	104°43'	5°21' s.
Gumpang (A)	97°30'	3°48' n.
Gunung Dempo (SS)	103°08'	4°02' s.
Gunung Gedang (Lubukgedang, J)	101°53'	2°44' s.
Gunung Kaba (B)	102°37'	3°32' s.
Gunung Malayu (SU)	99°10'	2°26' n.
Gunung Marapi (SB)	100°29'	0°23' s.
Gunung Sibayak (SU)	98°29'	3°12' n.
Gunung Singgalang (SB)	100°20'	0°24' s.
Gunungsitoli (Nias, SU)	97°37'	1°16' n.
Huta Padang (Huta Pandjang, SU)	99°14'	2°49' n.
Indragiri	?	?
Indrapoera (Inderapura, SB)	100°58'	2°04' s.
Kaba (B)	102°37'	3°32' s.
Kadjaiophir Distr.	?	?
Kaju Tanam (Kajoetanam, SB)	100°26'	0°33' s.
Kepahiang (B)	102°34'	3°39' s.
Ketambe (A)	97°37'	3°43' n.
Kruengtuan (A)	97°43'	4°50' n.
Kualasimpang (A)	98°04'	4°16' n.

	ö. L.	Br.
Kutacane (A)	97°50'	3°29' n.
Lahat (SS)	103°32'	3°48' s.
Labuhanbajau (Labuan Badjan, Simalur, A)	96°26'	2°20' n.
Langsa (A)	97°56'	4°28' n.
Lasikin (Simalur, A)	96°19'	2°25' n.
Lau Rakit	?	?
Laut Tador (SU)	99°15'	3°17' n.
Laut Tador (L?)	?	?
Lawalo (Nias, SU)	97°52'	1°02' n.
Liangagas	?	?
Loeboe Bangkoe		
Lubukgedang (Loeboegedang, J)	101°53'	2°44' s.
Lubuksikaping (Loeboeksikaping, SB)	100°09'	0°07' n.
Ludeking	?	?
Lumbanjulu (SU)	99°03'	2°38' n.
Manna (B)	102°54'	4°28' s.
Marang (L)	104°04'	5°23' s.
Marapi (Merapi, SB)	100°29'	0°23' s.
Medan (SU)	98°41'	3°35' n.
Misauw	?	?
Mentawei (Inseln, SB)	99°	1° s.
Muara Doea (Muaradua, SS)	104°04'	4°32' s.
Muarakiawai (SB)	99°47'	0°13' n.
Muaraklingi (SS)	103°13'	3°05' s.
Muaralabuh (Moearalaboeh, SB)	101°02'	1°30' s.
Muarasukon (Muarasako, A)	96°58'	3°36' n.
Negerilama (SU)	100°03'	2°19' n.
Nias (Insel, SU)	97°	1° s.
Padang (SB)	100°21'	0°58' s.
Padang (SU)	99°15'	3°24' n.
Padangpandjang (SB)	100°21'	0°29' s.
Padang Sidempoean	?	?
Pager Alam	?	?
Painan (SB)	100°35'	1°21' s.
Pajakombo (Pajakoemboeh, SB)	100°37'	0°14' s.
Pakkat (SU)	98°28'	2°11' n.
Palembang (SS)	104°45'	3°00' s.
Pangherang-Pisang	?	?
Pasar Manduge (SU)	99°14'	2°49' n.
Parapat (Prapat, SU)	98°56'	2°40' n.
Pendeng (A)	97°35'	4°05' n.
Pulau Babi (Insel, A)	96°50'	1°48' n.
Ranau (SS)	103°50'	2°47' s.
Rawas (Distrikt)	?	?
Samosir (Insel, SU)	98°45'	2°44' n.
Sanggaranagung (Sandaran Agong, J)	101°32'	2°07' s.
Seleseh (Selesai, SU)	98°25'	3°37' n.
Semadam (A)	98°02'	4°10' n.
Serangai	?	?

	ö. L.	Br.		ö. L.	Br.
Serapi (Serapai)	?	?	Surulangun		
Serdang (Deli, Bezirk, SU)	98°41'	3°41' n.	(Soeroelangoen, SS)	102°45'	2°37' s.
Sialang (SB)	100°28'	0°14' n.	Taloek (SB)	101°35'	0°30' s.
Sibayak (SU)	98°29'	3°12' n.	Tambang Salida	?	?
Siberut (Insel, SB)	99°	1°30' s.	Tamidi	?	?
Sibigo (Simalur, A)	95°55'	2°50' n.	Tanahmasa (Batu, SU)	98°28'	0°08' s.
Sibolangit (SU)	98°33'	3°21' n.	Tanangtalu	?	?
Sibolga (Siboga, SU)	98°46'	1°44' n.	Tandjung Andalas	?	?
Sidikalang (SU)	98°20'	2°45' n.	Tandjungbalai (SU)	99°20'	3°12' n.
Sidjoendjoeng (Sijunjung, SB)	100°58'	0°42' s.	Tanggamoes		
Simalur (Simeuleu, Insel, A)	96°	2° n.	(Gunung Tanggamus, L)	104°40'	5°26' s.
Sinabang (Simalur, A)	96°23'	2°28' n.	Tanjunggadang (SB)	101°07'	0°46' s.
Sindar Raya (SU)	98°57'	3°07' n.	Tanjungkarang		
Singgalang (SB)	100°20'	0°24' s.	(Tandjoeng Karang, L)	105°15'	5°24' s.
Singkep	?	?	Tanjungkemala		
Sioban (Sipora, SB)	99°43'	2°11' s.	(Tandjoeng Kemala, L)	104°53'	5°23' s.
Si-Rambé	?	?	Tanjung Morawa		
Siulakderas (Siolak Daras, J)	101°19'	1°54' s.	(Tandjong Morawa, SU)	98°47'	3°32' n.
Solok (SB)	100°38'	0°46' s.	Tebingtinggi (SU)	99°09'	3°20' n.
Suban Ajam (Soebanajam, B)	102°36'	3°28' s.	Tele (SU)	98°38'	2°32' n.
Sukaraja (Soekaranda, B)	102°25'	3°58' s.	Toentoengan	?	?
Sungei-Bulu	?	?	Wai Lima (L.?)		?

Vorstellung der Arten

Literatur: HORN 1926 – MANDL 1971.

   Die acht Provinzen von Sumatra sind wegen ihrer unterschiedlichen Erschließung verschieden intensiv besammelt worden. Noch besteht für die Entomologen die Möglichkeit, auch in den weniger bekannten Gebieten das zu erfassen und zu katalogisieren, was später zwischen Monokultur und urbanen
Quartieren nicht mehr zu finden sein wird. Von den insgesamt 74 Cicindeliden-Arten und -Unterarten
sind folgende (in %) aus den einzelnen Provinzen gemeldet: Aceh = 38, Sumatera utara = 66, Sumatera
barat = 64, Bengkulu = 49, Riau = 0, Jambi = 9, Sumatera selatan = 38 und Lampung = 30.

Bestimmungstabelle der Tribus

1   Pronotum viel länger als breit (mindestens das 1,5fache der Breite, meist aber mehr als doppelt
   so lang). Metaepisternen schmal streifenförmig, bis vorn gefurcht . . . . *Collyrini*
–   Pronotum nicht oder nur wenig länger als breit (meist kürzer als breit). Metaepisternen
   plattenförmig, nie bis vorn gefurcht . . . . *Cicindelini*

Tribus *Collyrini*

Literatur: HORN 1926: 21.

Bestimmungstabelle der Gattungen

1   Labrum mit 6 Zähnen (Abb. 103) . . . . *Tricondyla* LATR.
–   Labrum mit 7 Zähnen (Abb. 114) 2

2 Labrum völlig entpigmentisiert hell. Individuen kleiner als 7 mm, grünblau-metallisch gefärbt . . . . *Protocollyris* MANDL
5. *P. weyersi* (W. HORN)
– Labrum dunkel metallisch, höchstens apikal aufgehellt. Individuen deutlich größer als 7 mm.
Wenn nur gering größer, dann Flgd. mit violetten Flecken . . . . *Neocollyris* W. HORN

Tricondyla LATR., 1822

Literatur: HORN 1926: 22. Typus: *T. aptera* (OL., 1790).

Bestimmungstabelle der Arten und Unterarten

1 Pronotum kürzer als seine zweifache Breite, zwischen den Einschnürungen nach vorn und
hinten annähernd gleichmäßig abgerundet 2
– Pronotum länger als seine zweifache Breite. Zwischen den Einschnürungen nach vorn stärker
verjüngt als nach hinten . . . . 4. *T. cyanipes brunnipes* MOTSCH.

2 Flgd. von der Basis bis zum Apex mehr oder weniger gleichmäßig punktiert. Punkte fast
gleichförmig. Individuen größer . . . . 3. *T. cyanea wallacei* THOMS.
– Struktur der Punktierung von Flgd.-Basis und -Zentrum unterschiedlich. Individuen
kleiner 3

3 Flgd.-Basis grob punktiert. Flgd.-Zentrum bis zum Apex punktlos oder mit sehr feinen
Pünktchen. Flgd. apikal mehr oder weniger entpigmentisiert . . . .
. . . . 2. *T. cyanea brunnea* DOKHT.
– Flgd.-Basis grob punktiert. Flgd.-Zentrum bis zum Apex mit deutlicher bis starker
Punktierung . . . . 1. *T. cyanea cyanea* DEJ.

1. *Tricondyla cyanea cyanea* DEJ., 1825
Abb. 5, 61, 103.

Synonym: *atrata* BRULL., 1834.
Literatur: HORN 1897a: 52, 1906: 26, 1908a: 97, 1926: 26, 1938: T. 16, f. 4 – VAN DER LINDEN 1829: 27, 28.
Verbreitung: Sumatra, Java.
Sumatra: SU: Deli, Nias.
Färbung: schwarz, mit oder ohne blauen, blauvioletten oder grünen Schimmer. Taster schwarz, basales Glied
hellrot. Antennenglieder 1 bis 4 mit metallischem Schimmer, die übrigen schwarz, Glieder 2 bis 4 (manchmal auch
1) apikal gelbrot geringelt. Labrum schwarz, mit blaugrünem Schimmer. Beine bis auf die roten Schenkel schwarz,
grünblau glänzend.
Maße: (n = 7) Gesamtlänge 16.5 bis 19.6, Mittel 17.8; Kopfbreite 3.9 bis 4.5, Mittel 4.1; Augenzwischenraum 2.5
bis 2.8, Mittel 2.7; Halsschildbreite 2.5 bis 2.7, Mittel 2.5; Halsschildlänge 4.1 bis 4.8, Mittel 4.4; Halsschildindex
172; Flgd.-Breite 3.3 bis 3.9, Mittel 3.7.
Material: 1 ♂, 1 ♀, Deli, Sumatra, (RNHL); 1 ♂, 3 ♀♀, Dr. H. BOS, Sumatra, (RNHL); 1 ♂, Sumatra, Nias,
Fry Coll., 1905, German Mission, (BMNH).

Die eindeutige Zuordnung von *T. cyanea*-Individuen zu einer der drei auf Sumatra vorkommenden
ssp. ist nicht immer möglich, da Übergangsformen aller Art vorkommen. Die Variationsbreite lokaler
Populationen konnte bisher nicht beurteilt werden, da die Tiere in der Regel nur als Einzelstücke erbeutet wurden. Erst die Untersuchung größerer Serien von definierten Fundorten kann darüber Aufschluß geben, ob und welche ssp. tatsächlich unterscheidbar sind.

2. Tricondyla cyanea brunnea DOKHT., 1883
Abb. 6.

Literatur: HORN 1895 a: 673, 674, 1897 a: 53, 54, 1906: 27, 1908 a: 40, 97, 1926: 26, 1927: 122, 1938: T. 16, f. 5. Type in DEI.

Verbreitung: Malakka, Sumatra, Borneo.

Sumatra: A: Alas vallei. SU: Batu, Deli, Sibolga, Tanjung Morawa. SB: Bukittinggi, Lubuksikaping.

Färbung: wie Nominatform, jedoch mit folgenden Abweichungen: die apikalen zwei Drittel der Flgd. braun, nicht metallisch schwarz. Das apikale Ende der Unterseite sowie die Beine mehr oder weniger aufgehellt.

Maße: (n = 6) Gesamtlänge 16.4 bis 19.2, Mittel 17.7; Kopfbreite 3.8 bis 4.2, Mittel 4.0; Augenzwischenraum 2.5 bis 2.8, Mittel 2.6; Halsschildbreite 2.5 bis 2.8, Mittel 2.6; Halsschildlänge 4.2 bis 4.7, Mittel 4.5; Halsschildindex 172; Flgd.-Breite 3.6 bis 4.4, Mittel 3.9.

Material: 1 ♂, Sumatra, Type DOKHTUROW, Syntype, (DEI); 1 ♂, Deli, Sumatra, Schagen v. Leeuwen, (RNHL); 1 ♀, Tandjong Morawa, Serdang, N. O. Sumatra, Dr. B. HAGEN, (RNHL); 1 ♀, Fort de Kock, Sumatra, 920 m, leg. E. JACOBSON, 1925, (RNHL); 1 ♂, Lubuksikaping, Sumatra's Westkust, 450 m, leg. E. JACOBSON, 1926, (AMST); 1 ♂, Noord Sumatra, Alas-vallei, ca. 450 m, leg. K. BENNER, 8.1940, (AMST).

3. Tricondyla cyanea wallacei THOMS., 1857
Abb. 4.

Synonym: crebrepunctata CHAUD., 1863.

Literatur: HORN 1892 b: 93, 1897 a: 53, 54, 1906: 28, 1908 a: 97, 1910: T. 8, f. 7, 1926: 26, 27, 1938: T. 17, f. 2 – SHELFORD 1902: 233, 234, T. 19, f. 1 – THOMSON 1857: 132.

Verbreitung: Thailand, Malakka, Sumatra, Borneo.

Sumatra: A: Babi, Kruengtuan, Simalur. SU: Nias, Tanjung Morawa, Tebingtinggi. SS: Palembang.

Färbung: wie Nominatform.

Maße: (n = 11) Gesamtlänge 19.1 bis 23.2, Mittel 20.9; Kopfbreite 4.3 bis 5.0, Mittel 4.7; Augenzwischenraum 2.3 bis 3.2, Mittel 2.9; Halsschildbreite 2.6 bis 3.1, Mittel 2.9; Halsschildlänge 4.7 bis 5.5, Mittel 5.1; Halsschildindex 176; Flgd.-Breite 3.6 bis 4.8, Mittel 4.3.

Material: 1 ♀, Sammlung H. MORIN, (ZSM); 1 ♂, Sumatra, Coll. NONFRIED, (DEI); 1 ♀, Sumatra, ex coll. BROWN, (DEI); 1 ♀, Tandjong Morawa, Serdang, N. O. Sumatra, Dr. B. HAGEN, (RNHL); 1 ♀, Tebing-Tinggi, N. O. Sumatra, (ZSM); 1 ♀, Sumatra, Nias, Fry Coll. 1905, German Mission, (BMNH); 2 ♂♂, J. D. PASTEUR, Nias, (AMST); 1 ♂, Pulau Babi, Sim. Sum., E. JACOBSON, 4.1913, (RNHL); 1 ♀, Sumatra, Palembang, M. KNAPPERT, (RNHL); 1 ♀, Aceh, Kruengtuan, 80 m, 30 km W. Peureulak, 30.8.1981, leg. J. WIESNER, (WIES).

Das ♀ von Kruengtuan wurde um die Mittagszeit auf einem Baumstamm im Primärurwald erbeutet, wo es behäbig herumlief.

4. Tricondyla cyanipes brunnipes MOTSCH., 1861
Abb. 7, 62, 104.

Synonyme: beccarii GESTRO, 1874, gibba SHELF., 1902.

Literatur: HORN 1892 c: 209, 1895 a: 674, 1906: 32, 1908 a: 98, 1926: 28, 1938: T. 18, f. 5 – MANDL 1964: 79 – SHELFORD 1902: 234, T. 19, f. 3.

Verbreitung: Malakka, Sumatra, Borneo, Philippinen.

Sumatra: A: Kualasimpang. SU: Batu, Tanjung Morawa. SB: Anei Kloof, Lubuksikaping, Tanjunggadang. B: Manna.

Färbung: hell- bis dunkelbraun, rotbraun oder schwarz. Taster völlig dunkel. Antennenglied 1 rot, 2, 3 und 4 (oder nur 3 und 4) apikal rot geringelt, die übrigen schwarz. Schenkel rot, die übrigen Beinteile schwarz.

Maße: (n = 25) Gesamtlänge 15.4 bis 17.9, Mittel 16.5; Kopfbreite 3.2 bis 3.8, Mittel 3.5; Augenzwischenraum 2.1 bis 2.8, Mittel 2.4; Halsschildbreite 1.9 bis 2.3, Mittel 2.1; Halsschildlänge 4.3 bis 5.6, Mittel 4.9; Halsschildindex 236; Flgd.-Breite 2.9 bis 3.6, Mittel 3.2.

Material: 1 ♂, 1 ♀, Sumatra, (RNHL, ZSM); 2 ♀♀, Sum., Sammlung H. MORIN, (ZSM); 2 ♀♀, Sumatra, WIEDEMANN, (ZSM); 1 ♂, Sumatra, Mus. Solothurn, (DEI); 1 ♀, Ludeking, Sumatra, (RNHL); 1 ♂, Bedagei, Sumatra, 2. Sem. 1889, 200 m, KANNEGIETER, (AMST); 1 ♂, Tandjong Morawa, Serdang, N. O. Sumatra, Dr. B. HA-

GEN, (RNHL); 1 ♂, 1 ♀, Sumatra, Si-Rambé, 12.1890–3.1891, E. MODIGLIANI, (DEI, WIEN); 3 ♂♂, 4 ♀♀, Sumatra, Manna, 1902, M. KNAPPERT, (RNHL); 1 ♂, Lubuksikaping, Par Goreul, 5.1915, E. JACOBSON, (AMST); 1 ♂, Tandjunggadang, Sumatra's Westkust, 1000 m, 11.1925, leg. E. JACOBSON, (WIEN); 1 ♂, Lubuksikaping, Sumatra's Westkust, 450 m, 1926, leg. E. JACOBSON, (RNHL); 1 ♀, Anei Kloof, Sumatra's Westkust, 500 m, 1926, leg. E. JACOBSON, (AMST); 1 ♂, NE. Sumatra, Deli, Kuala Simpang, 5.1953, A. SOLLAART, lowlandforest, (RNHL).

HORN meldet (1927: 123) *cyanipes conicicollis* CHAUD. (Abb. 8) von Sumatra. Im Rahmen der vorliegenden Arbeit konnten aus Sumatra insgesamt 25 *cyanipes* untersucht werden, davon waren 18 als *brunnipes* und 7 als *conicicollis* bestimmt. Als Unterscheidungsmerkmal beider ssp. sind weder die Größe noch die Flgd.-Punktierung brauchbar, da alle Übergangsformen vorkommen. Nach derzeitiger Kenntnis ist eine Trennung nur nach der Färbung des 1. (basalen) Antennengliedes möglich. Es ist bei *brunnipes* rötlich und bei *conicicollis* metallisch gefärbt. Die untersuchten 25 *cyanipes* hatten folgende Fühlerfärbungen: 1. Glied rötlich, die übrigen schwarz, 3. und 4. apikal rot geringelt; oder 1. Glied rötlich, die übrigen schwarz; oder Fühler vollständig rötlich. Somit kommt auf Sumatra nur *brunnipes* vor, die ssp. *conicicollis* ist ein Element der philippinischen Fauna.

Protocollyris MANDL, 1975

Literatur: MANDL 1975a, 1975c: 138. Typus: *P. brevilabris* (W. HORN, 1893).

5. *Protocollyris weyersi* (W. HORN, 1901)
Abb. 9, 21, 63, 105.

Literatur: FOWLER 1912: 238 – HORN 1901a: 84, 1901b: 45, 1908a: 100, 1926: 31, 1932b: 199, 1938: T. 20, f. 1, T. 24, f. 3a, b, f. 21, T. 31, f. 14 – MANDL 1972: 102, 103, 1975a: 22, f., 23, 25, f., 26, 27, 1975c: 138. Type in DEI.
Verbreitung: Sumatra.
Sumatra: SB: Inderapura. SS: Muaradua.
Färbung: Oberseite grün bis grünblau, Unterseite blauschwarz. Flgd. median mit gelbem Fleck. Taster schwarz, apikales Glied hell. Antennenglieder 1 und 2 dunkel metallisch, die übrigen hell. Labrum hell. Beine schwarz, die Schenkel (hier besonders die Hinterschenkel) mehr oder weniger aufgehellt.
Maße: (n = 1) Gesamtlänge 6.9; Kopfbreite 0.9; Augenzwischenraum 0.2; Kopftiefe 0.7; Halsschildbreite 0.7; Halsschildlänge 1.5; Halsschildindex 224; Flgd.-Breite 1.3.
Material: 1 ♂, Sumatra, Indrapoera, C. E. WEYERS, 1888, Lectotype K. MANDL, Type W. HORN, (DEI).

Neocollyris W. HORN, 1901

Literatur: HORN 1901b: 45, 1926: 31. Typus: *N. bonellii* (GUÉR., 1834).

Obwohl die Gattung bereits mehrfach (CHAUDOIR 1864, HORN 1932b) monographisch bearbeitet wurde, sind viele Arten nicht eindeutig definiert; die Gattung ist die systematisch schwierigste aller Cicindeliden und dringend revisionsbedürftig. Die nachfolgende Bestimmungstabelle ist nur mit Vorbehalt anwendbar. Im Zweifelsfall ist es ratsam, auch das dichotomische Gegenargument durchzustimmen.

Bestimmungstabelle der Arten und Unterarten

1 Individuen in der Regel kleiner als 14 mm 2
– Individuen in der Regel größer als 14 mm 19

2 Labrum völlig metallisch gefärbt. Individuen größer als 8 mm 5
– Labrum teilweise entpigmentisiert, hell, oder Individuen kleiner als 8 mm 3

13

3 Flgd. grünblau mit je 2 großen purpurroten Scheibenmakeln . . . .
. . . . 6. *N. purpureomaculata* W. HORN
– Flgd. ohne purpurrote Scheibenmakel 4

4 Individuen kleiner als 8 mm . . . . 7. *N. brevithoracica* W. HORN
– Individuen größer (durchschnittlich 10 bis 12 mm) 29

5 Kopf sehr flach (in der Regel weniger als 1 mm dick) 6
– Kopf nicht so flach (in der Regel dicker als 1 mm) 7

6 Fühler hell, höchstens basal und/oder apikal leicht angedunkelt . . . .
. . . . 10. *N. linearis xanthoscelis* (CHAUD.)
– Mindestens das 1. und 2. Fühlerglied metallisch gefärbt . . . . 12. *N. subtilis* (CHAUD.)

7 Der durch 2 Stirnfurchen zwischen den Augen begrenzte ,,Scheitel" sehr schmal 9
– Stirnfurchenzwischenraum breiter 8

8 Stirnfurchen fließen nach hinten geradlinig aufeinander zu . . . . . 13. *N. emarginata* (DEJ.)
– Stirnfurchen anders ausgebildet 11

9 Apikale Einschnürung des Pronotums halsartig verlängert. Pronotum auf der ganzen Länge
mit kräftigen Querriefen 10
– Apikale Einschnürung des Pronotums nicht halsartig verlängert. Pronotum höchstens mit
schwach angedeuteten Querriefen . . . . 11. *N. dimidiata* (CHAUD.)

10 Lippen- und Kiefertaster hell. Die Zähne des Labrums nicht verlängert, Form stumpfwinklig
dreieckig . . . . 34. *N. arnoldi* (M'LEAY)
– Lippen- und Kiefertaster dunkel, metallisch. Zähne des Labrums ausgezogen, Form spitzwinklig dreieckig 31

11 Die Zwischenräume der Flgd.-Punkte bilden im Bereich der Naht eine parallele reihenartige
Struktur oder die Punkte sind dort deutlich gereiht 15
– Bereich der Flgd.-Naht ohne solche Querreihen 12

12 Flgd. glatt, wenig dicht punktiert. Pronotum glatt, ohne Querstrukturen . . . .
. . . . 21. *N. elongata* (CHAUD.)
– Flgd. dicht, stark bis kräftig punktiert. Pronotum mit Querriefen 13

13 Flgd.-Punkte im Nahtbereich sehr groß, marginal kleiner. Pronotum auf der ganzen Länge
mit Querriefen. Fühler basal (Glied 1 und 2) metallisch, sonst entpigmentisiert, hell . . . . . .
. . . . 24. *N. moesta* (SCHM.-GOEB.)
– Flgd.-Punktierung gleichmäßig. Pronotum nur mit vereinzelten Querriefen. Fühler vollständig dunkel, metallisch, einige Glieder hell geringelt 14

14 Individuen größer als 11 mm. Beine bis auf die hellen Schenkel schwarzblau-metallisch . . . .
. . . . 26. *N. punctatella* (CHAUD.)
– Individuen kleiner als 11 mm. Schenkel, Hintertarsen und apikales Ende der Hintertibien hell.
Rest der Beine metallisch . . . . 22. *N. chloroptera* (CHAUD.)

15 Flgd. in der Mitte sehr kräftig, apikal verlöschend, basal fein und gleichmäßig punktiert. Die
Querreihenstruktur der Punktzwischenräume an der Naht ist sehr ausgeprägt, die Reihen
verbinden sich miteinander . . . . 25. *N. clavipalpis* W. HORN
– Flgd. gleichmäßig punktiert. Querreihenstruktur nicht so prägnant 16

29 Labrum metallisch. Individuen kleiner als 10 mm. Pronotum im vorderen Drittel auf der
   Oberseite ohne Buckel (seitlich betrachtet), schwach bis nicht gestrichelt . . . .
   . . . . 10. *N. linearis xanthoscelis* (CHAUD.)
 – Labrum mehr oder weniger entpigmentisiert, hell. Individuen größer als 10 mm 30
30 Pronotum mit deutlichem Buckel, schwach bis nicht gestrichelt . . . .
   . . . . 8. *N. linearis tenuicornis* (CHAUD.)
 – Pronotum mit schwachem Buckel, deutlich bis stark gestrichelt . . . .
   . . . . 9. *N. linearis beccarii* (W. HORN)
31 Flgd.-Struktur grob. Untergrund glänzend. Querrillen erhaben und sehr deutlich. Nicht
   auf Sumatra . . . . 35. *N. leucodactyla leucodactyla* (CHAUD.)
 – Flgd.-Struktur feiner. Untergrund stumpfer. Querrillen weniger erhaben, undeutlich . . . . .
   . . . . 36. *N. leucodactyla discolor* (CHAUD.)

6. *Neocollyris purpureomaculata* W. HORN, 1922
Abb. 10, 22, 64, 106.

Literatur: HORN 1922: 113, 1926: 32, 1932b: 198, 1938: T. 19, f. 2, T. 26, f. 4, T. 31, f. 8a, b. Type in DEI.
Verbreitung: Malakka, Sumatra.
Färbung: Kopf und Brust grün- bis blauschwarz. Flgd. grünblau mit 2 violetten Flecken. Unterseite schwarz-
blau. Taster schwarz. Antennenglieder 1 grün, 2 und basale Hälfte von 3 schwarz, sonst hell. Labrum schwarz, api-
kal halbmondförmig hell entpigmentisiert. Schenkel rot, Schienen dunkelbraun bis metallisch, Tarsen schwarz,
Hintertarsen hell, Hinterschienen apikal mehr oder weniger aufgehellt.
Maße: (n = 1) Gesamtlänge 8.8; Kopfbreite 1.4; Augenzwischenraum 0.3; Kopftiefe 1.3; Halsschildbreite 1.0;
Halsschildlänge 1.9; Halsschildindex 171; Flgd.-Breite 1.7.
Material: 1 ♂, Sumatra's O. K., Lau Rakit, 5. 9. 1921, 300 m, J. B. CORPORAAL, Type W. HORN, Syntypus,
(DEI).

7. *Neocollyris brevithoracica* W. HORN, 1913

Literatur: HORN 1913b: 3, 1915: 427, 1922: 113, 114, 1926: 32, 1932b: 199, 1938: T. 19, f. 3, T. 26, f. 5a, b, T. 31,
f. 9.
Verbreitung: Sumatra, Borneo.
Sumatra: SS: Muaradua.
Färbung: grün. Flgd. mit violettem Seitenrand. Taster dunkel. Antennenglieder 1, 2 und basale Hälfte von 3
blauschwarz, Rest hell. Labrum grün oder schwarz. Beine rot, Schienen mit metallischem Hauch, Hintertarsen und
apikales Ende der Hinterschienen mehr oder weniger aufgehellt.

Dies ist die einzige Art der Familie *Cicindelidae* aus Sumatra, von der keine Belegexemplare beschafft werden konnten. Durch die Urbeschreibung 1913 sind 2 ♂♂, eins aus Borneo und eins aus Sumatra bekannt geworden. Der Verbleib der Typen war nicht zu klären. Weitere Tiere wurden von
Sammlern bisher nicht gefangen, was jedoch kein Indiz für ihre Seltenheit sein muß. Die geringe Körpergröße (7 mm) und das für die Gattung typische und daher auch hier vermutete fliegenähnliche Verhalten sprechen eher dafür, daß die Art in ihrem Biotop (Primär- oder Sekundärurwald?) einfach über-
sehen wird.

8. *Neocollyris linearis tenuicornis* (CHAUD., 1864)
Abb. 11, 23, 25, 65, 107.

Literatur: CHAUDOIR 1864: 526 – FOWLER 1912: 243, f. 104 – HORN 1895a: 676, 1897: 51, 1901a: 84, 1901b: 46,
1908a: 100, 1926: 31, 1927: 123, 1932b: 200.
Verbreitung: Thailand, Vietnam, Malakka, Sumatra, Borneo, Java.
Sumatra: SU: Dolok Merangir, Tanjung Morawa. SB: Anei Kloof, Inderapura. B: Subanajam.

16

Färbung: Kopf grünblau, Brust grün bis blauviolett, Flgd. grün, blau bis blauviolett, mit heller Medianbinde. Unterseite blau. Taster hell, apikales Glied mehr oder weniger angedunkelt. Antennen hell. Labrum dunkelblau, apikal mehr oder weniger halbmondförmig hell entpigmentisiert. Beine hell.

Maße: (n = 7) Gesamtlänge 10.0 bis 11.6, Mittel 10.9; Kopfbreite 1.3 bis 1.4, Mittel 1.3; Augenzwischenraum 0.4 bis 0.5, Mittel 0.4; Kopftiefe 1.0 bis 1.2, Mittel 1.0; Halsschildbreite 0.9 bis 1.0, Mittel 0.9; Halsschildlänge 2.3 bis 2.6, Mittel 2.5; Halsschildindex 265; Flgd.-Breite 1.6 bis 2.0, Mittel 1.8.

Material: 1 ♂, Sumatra, (RNHL); 1 ♀, Tandjong Morawa, Serdang, N. O. Sumatra, Dr. B. HAGEN, (AMST); 1 ♂, Sum., Suban Ajam, E. JACOBSON, 7.1916, (AMST); 2 ♀♀, Boekit Gabah, Z. W. K. Sumatra, leg. H. LUCHT, 4.1919, (DEI); 1 ♀, Anei Kloof, Sumatra's Westkust, 500 m, leg. E. JACOBSON, 1926, (AMST); 1 ♂, N. Sumatra, Dolok Merangir, 12.–21.4.1979, leg. Dr. DIEHL, (WIES).

9. Neocollyris linearis beccarii (W. HORN, 1893)
Abb. 26.

Literatur: HORN 1895 a: 676, 1901 b: 46, 1908 a: 100, 1926: 31, 1927: 123, 1932 b: 200, 1938: T.24, f.8, T.31, f.17.

Verbreitung: Sumatra.

Sumatra: SB: Gunung Singgalang.

Färbung: wie *tenuicornis*. Zu der Medianbinde der Flgd. kommt bei manchen Individuen noch ein Humeralfleck hinzu. Die Oberseite der Antennen ist manchmal leicht angedunkelt, ebenso die Schenkeloberseiten und die Klauenglieder der Tarsen.

Maße: (n = 5) Gesamtlänge 10.5 bis 11.9, Mittel 11.4; Kopfbreite 1.3 bis 1.4, Mittel 1.4; Augenzwischenraum 0.3 bis 0.5, Mittel 0.4; Kopftiefe 1.0 bis 1.2, Mittel 1.1; Halsschildbreite 0.9 bis 1.0, Mittel 1.0; Halsschildlänge 2.2 bis 2.8, Mittel 2.5; Halsschildindex 253; Flgd.-Breite 1.8 bis 2.1, Mittel 2.0.

Material: 2 ♂♂, 2 ♀♀, Z. W. K. Sumatra, Boekit Gabah, leg. H. LUCHT, 3. und 4.1919, (AMST); 1 ♂, Gunung Singgalang, Sumatra's Westkust, 1000 m, 1925, leg. E. JACOBSON, (DEI).

10. Neocollyris linearis xanthoscelis (CHAUD., 1864)
Abb. 27, 108.

Literatur: CHAUDOIR 1864: 526, 527 – HORN 1892 d: 366, 1895 a: 676, 1901 b: 46, 1908 a: 100, 1926: 32, 1932 b: 200, 1938: T.31, f.18.

Verbreitung: Malakka, Sumatra, Borneo.

Sumatra: SB: Mentawei. B: Sukaraja. SS: Banka.

Färbung: wie *beccarii* und *tenuicornis*, jedoch ist das Labrum völlig dunkelblau. Humeralmakel und Medianbinde sind manchmal durch eine laterale Entpigmentisierung verbunden.

Maße: (n = 2) Gesamtlänge 9.1 bis 9.7; Kopfbreite 1.2 bis 1.3; Augenzwischenraum 0.3 bis 0.4; Kopftiefe 1.0; Halsschildbreite 0.9; Halsschildlänge 2.2 bis 2.3; Halsschildindex 248; Flgd.-Breite 1.7 bis 1.9.

Material: 1 ♂, 1 ♀, Soekaranda, Dr. H. DOHRN, (DEI).

11. Neocollyris dimidiata (CHAUD., 1864)
Abb. 12, 24, 66.

Literatur: CHAUDOIR 1864: 521, 522, T.9, f.18 – HORN 1901 b: 50, 1908 a: 102, 1926: 34, 1932 b: 203, 1938: T.29, f.5 a, b, T.32, f.6.

Verbreitung: Thailand, Laos, Malakka, Sumatra, Borneo.

Sumatra: SS: Tebingtinggi.

Färbung: violett, Flgd. blau bis messinggrün, mit oder ohne helle Medianbinde. Flgd.-Seitenrand rotviolett. Taster schwarz. Antennenglieder 1 bis 5 dunkel, Rest hell, 3 bis 5 apikal hell geringelt. Labrum schwarzviolett. Schenkel rot, Schienen und Tarsen schwarz metallisch, Hintertarsen und apikale Hälfte der Hintertibien hell.

Maße: (n = 2) Gesamtlänge 11.2 bis 12.8; Kopfbreite 1.8 bis 1.9; Augenzwischenraum 0.5; Kopftiefe 1.4; Halsschildbreite 1.2 bis 1.3; Halsschildlänge 2.4 bis 3.2; Halsschildindex 229; Flgd.-Breite 2.0 bis 2.4.

Material: 1 ♀, Sumatra, (DEI); 1 ♂, Nord-Sumatra, Tebing-Tinggi, 3.6.–19.11.1961 leg. Dr. E. DIEHL, (WIEN).

12. *Neocollyris subtilis* (CHAUD., 1863)
Abb. 13, 28, 67.

Synonym: *brachycephala* (W. HORN, 1893).

Literatur: CHAUDOIR 1864: 525 – FOWLER 1912: 240, 241 – HORN 1895 a: 676, 1901 b: 45, 1908 a: 100, 1926: 31, 1927: 123, 1932 b: 204, 1938: T. 25, f. 6 a, b, T. 29, f. 11, T. 32, f. 19. Type in DEI.

Verbreitung: Birma, Thailand, Malakka, Sumatra, Borneo, Java.

Sumatra: SU: Deli, Dolok Merangir, Tanjung Morawa, Tebingtinggi. SB: Bukittinggi, Gunung Singgalang.

Färbung: Kopf violett, Brust grün bis blau, Flgd. grün bis blauviolett, mit oder ohne hellen Medianfleck. Unterseite blau. Taster hell oder mehr oder weniger angedunkelt. Antennenglieder 1 und 2 (bei manchen Individuen auch 3) metallisch, die übrigen hell. Labrum grünblau. Schenkel hellrot. Beine sonst hell oder auch mehr oder weniger angedunkelt, schwarz.

Maße: (n = 17) Gesamtlänge 8.4 bis 11.0, Mittel 9.6; Kopfbreite 1.1 bis 1.8, Mittel 1.3; Augenzwischenraum 0.3 bis 0.5, Mittel 0.4; Kopftiefe 0.8 bis 1.2, Mittel 1.0; Halsschildbreite 0.8 bis 1.2, Mittel 0.9; Halsschildlänge 1.8 bis 2.5, Mittel 2.1; Halsschildindex 230; Flgd.-Breite 1.4 bis 1.9, Mittel 1.7.

Material: 1 ♂, 1 ♀, Deli, Sumatra, (RNHL); 2 ♂♂, 2 ♀♀, Tandjong Morawa, Serdang, N. O. Sumatra, Dr. B. HAGEN, (AMST, RNHL); 1 ♂, Tebing-Tinggi, N. O. Sumatra, (ZSM); 1 ♂, 1 ♀, Fort de Kock, 920 m, 1925, 1926, leg. E. JACOBSON, (AMST, WIEN); 3 ♂♂, 1 ♀, G. Singgalang, Sumatra, 11. 1934, Native collect., (AMST, RNHL); 1 ♂, Fort de Kock, Sumatra, 2. 1935, Native collect., (RNHL); 2 ♂♂, 1 ♀, N. O. Sumatra, Dolok Merangir, 21. 2.–10. 3. 1979/7. 1982, leg. Dr. DIEHL, (WIES).

13. *Neocollyris emarginata* (DEJ., 1825)
Abb. 14, 29, 68, 69, 70, 109.

Literatur: CHAUDOIR 1864: 506, T. 7, f. 8 – HORN 1892 d: 357, 1895 a: 674, 1901 a: 84, 1901 b: 54, 55, 1908 a: 64, 99, 103, 1926: 36, 1927: 123, 1932 b: 204, 1938: T. 25, f. 1 b, f. 8 a–c, T. 29, f. 13 a, b, T. 32, f. 21 – MAC LEAY 1825: 10.

Verbreitung: Malakka, Sumatra, Borneo, Java, Philippinen.

Sumatra: SU: Deli, Medan, Tanjung Morawa, Tebingtinggi. SB: Anei Kloof, Bukittinggi, Inderapura, Padangpanjang. B: Manna, Sukaraja. SS: Palembang.

Färbung: blau, violett oder grün. Flgd. mit oder ohne helle Medianflecken. Unterseite blau. Taster schwarz. Antennenglieder 1 bis 4 metallisch, 3 und 4 apikal hell geringelt, die übrigen völlig hell. Labrum grünblau. Schenkel rot, apikal schwarz. Beine sonst blau metallisch.

Maße: (n = 34) Gesamtlänge 8.7 bis 12.0, Mittel 10.3; Kopfbreite 1.5 bis 2.1, Mittel 1.8; Augenzwischenraum 0.5 bis 0.8, Mittel 0.7; Kopftiefe 1.0 bis 1.4, Mittel 1.3; Halsschildbreite 1.0 bis 1.3, Mittel 1.1; Halsschildlänge 1.7 bis 2.5, Mittel 2.1; Halsschildindex 189; Flgd.-Breite 1.7 bis 3.0, Mittel 2.2.

Material: 1 ♀, Sumatra, M. KNAPPERT, (RNHL); 1 ♂, N. O. Sumatra, Tebing-Tinggi, (ZSM); 1 ♀, Sumatra, Montes Battak, ex coll. FRUHSTORFER, (AMST); 1 ♀, Sumatra, Deli, STAUDINGER, (DEI); 2 ♂♂, Tandjong Morawa, Serdang, N. O. Sumatra, Dr. B. HAGEN, (RNHL); 1 ♂, Sumatra, 800 m, Padg. Pandjang, 1. trim. 1896, KANNEGIETER, (AMST); 1 ♂, Sumatra, Bedagei, 2. Sem. 1889, 200 m, KANNEGIETER, (AMST); 6 ♂♂, 8 ♀♀, Palembang, Sumatra, M. KNAPPERT, (RNHL); 3 ♂♂, 5 ♀♀, Manna, Sumatra, M. KNAPPERT, 1901/1902, (RNHL); 1 ♀, Sumatra, DRESCHER, W. v. AGAM, 4. 1911, (AMST); 1 ♂, Sumatra, Soekaranda, F. BATES Coll., 1911, (BMNH); 2 ♀♀, Sumatra's O. K., Medan, J. B. CORPORAAL, 1917, 20 m, (AMST).

Die unter diesem Artnamen zusammengefaßten Individuen gehören sicher mehreren Species an. Genitaluntersuchungen an ♂♂ ergaben 3 unterschiedliche Aedeagus-Formen (Abb. 68–70) und die Analyse der Größenmessungen (WEBER 1980) läßt 2 oder 3 verschiedene Größengruppen erkennen. Eine Klärung ist bei der (wünschenswerten) Revision der *Neocollyris* zu erwarten.

14. *Neocollyris crassicornis* (DEJ., 1825)
Abb. 15, 30, 36, 71, 110.

Synonyme: *diardi* (M'LEAY, 1825), *macleay* (BRULL., 1834), *purpurata* (KLUG, 1834), *pleuritica* (SCHM.-GOEB., 1846), *clavicornis* (MOTSCH., 1856), *gibbicollis* (MOTSCH., 1857), *vollenhoveni* (CHAUD., 1864), *dejeani* (W. HORN, 1895).

Literatur: CHAUDOIR 1864: 494, 495, T. 7, f. 2 – FOWLER 1912: 261, 262 – HORN 1892 d: 353, 1895 a: 674, 1901 a: 84, 1901 b: 56, 57, 1908 a: 104, 1926: 38, 39, 1932 b: 204, 205, 1938: T. 29, f. 17 a, b, T. 33, f. 2 – MAC LEAY 1825: 10 – MANDL 1972: 105.
Verbreitung: Ceylon, Indien, Birma, Thailand, Vietnam, S.-China, Malakka, Sumatra, Java.
Sumatra: SU: Balige, Deli, Medan, Nias, Serdang, Sibolga, Tandjungbalai, Tanjung Morawa, Tebingtinggi. SB: Inderapura, Padangpandjang, Sijunjung. B: Manna. SS: Palembang. L: ?.
Färbung: schwarzmessing, violett oder blaugrün. Flgd. ohne helle Flecken, mit Medianfleck oder mit Median- und Humeralflecken. Unterseite blauschwarz. Taster schwarz. Antennenglieder 1 bis 5 metallisch, Rest schwarz, 3 und 4 apikal rot geringelt. Labrum blau. Beine bis auf die roten Schenkel schwarz.
Maße: (n = 36) Gesamtlänge 11.7 bis 15.5, Mittel 13.9; Kopfbreite 2.1 bis 2.7, Mittel 2.4; Augenzwischenraum 0.8 bis 1.3, Mittel 1.0; Kopftiefe 1.5 bis 2.0, Mittel 1.8; Halsschildbreite 1.4 bis 2.0, Mittel 1.7; Halsschildlänge 2.7 bis 3.6, Mittel 3.3; Halsschildindex 195; Flgd.-Breite 2.4 bis 3.6, Mittel 3.1.
Material: 1 ♂, Sumatra, (AMST); 2 ♀♀, Sumatra, Deli, (RNHL); 2 ♀♀, Sumatra, Deli, L. P. DE BUSSY, (AMST); 2 ♂♂, 5 ♀♀, Tandjong Morava, Serdang, N. O. Sumatra, Dr. B. HAGEN, (RNHL); 1 ♀, Sum. Exp., Sidjoendjoeng, 7. 1877, (RNHL); 2 ♂♂, N. O. Sumatra, Tebing-Tinggi, 6. 3. 1885, SCHULTHEISS, (RNHL, ZSM); 2 ♀♀, Sumatra, Bedagei, 2. Sem. 1889, 200 m, KANNEGIETER, (AMST); 1 ♂, Sumatra, 800 m, Padg. Pandjang, 1. trim. 1896, KANNEGIETER, (AMST); 7 ♂♂, 4 ♀♀, Sumatra, Manna, M. KNAPPERT, 1901 und 1902, (RNHL); 1 ♀, Sumatra, Palembang, M. KNAPPERT, (RNHL); 1 ♂, Sumatra's O. K., Medan, J. B. CORPORAAL, 27. 11. 1920, 20 m, (WIEN); 1 ♀, J. VAN LEEUWEN, Serdang, N. O. Sumatra, 7.–10. 1921, (RNHL); 1 ♀, Laut Tador, 6. 2. 1949, R. STRAATMAN, (AMST); 1 ♀, Sumatra, SE coast, Laut Tador, 90 m, 10. 6. 1950, R. STRAATMAN leg., (RNHL); 1 ♀, Sumatra, Tandjungbalai, Kokoswald, 2. 10. 1972, leg. D. ERBER, (ERBER).
Die ♂♂ dieser Art haben einen spitz dreieckig ausgezogenen Zipfel am Flgd.-Apex.

15. *Neocollyris richteri* W. HORN, 1901
Abb. 16, 31, 72, 111.

Literatur: HORN 1910: 106, 1926: 42, 1932 b: 206, 1938: T. 20, f. 6, T. 29, f. 23 a–c, T. 30, f. 14, T. 33, f. 9.
Verbreitung: Sumatra, Borneo.
Sumatra: SB: Padangpandjang. B: Sukaraja. L: ?.
Färbung: Kopf und Brust schwarz, mit messingfarbenem Schimmer. Flgd. völlig rotbraun oder basal schwarz, mit metallischem Schimmer. Unterseite rotbraun. Taster schwarz. Atennenglieder schwarz, ab 2 mehr oder weniger aufgehellt, 2 und 3 hell geringelt. Labrum schwarz. Beine bis auf folgende Ausnahmen schwarz: Schenkel rot, Hintertarsen und apikales Ende der Hinterschienen hellgelb.
Maße: (n = 7) Gesamtlänge 14.2 bis 15.4, Mittel 15.1; Kopfbreite 2.0 bis 2.3, Mittel 2.2; Augenzwischenraum 0.6 bis 0.7, Mittel 0.6; Kopftiefe 1.7 bis 1.9, Mittel 1.8; Halsschildbreite 1.5 bis 1.6, Mittel 1.5; Halsschildlänge 3.6 bis 4.1, Mittel 3.9; Halsschildindex 251; Flgd.-Breite 2.9 bis 3.2, Mittel 3.0.
Material: 1 ♂, Sumatra, Soekaranda, DOHRN, (DEI); 1 ♂, Sumatra, Padg. Pandjang, 800 m, (DEI); 1 ♀, West-Sumatra, Padang Pandjang, H. BOLLE, (DEI); 1 ♀, Sumatra, 800 m, Padg. Pandjang, 1. trim. 1896, KANNEGIETER, (AMST); 2 ♂♂, Sumatra, 600 m, Balimbingan, R. STRAATMAN, 9. 8. 1949, (AMST); 1 ♀, l. c., 21. 9. 1949, (AMST).

16. *Neocollyris diardi* (LATR., 1822)
Abb. 17, 32, 37, 73.

Synonyme: *modesta* (DEJ., 1831), *tarsata* (KLUG, 1834), *rufitarsis* (KLUG, 1834), *cribripennis* (THOMS., 1857).
Literatur: CHAUDOIR 1864: 510, 511 – HORN 1892 d: 357, 358, 1895 a: 675, 676, 1901 a: 84, 1901 b: 49, 1908 a: 101, 1926: 33, 1929 a: 464, 1930 a: 2, 1932 b: 206, 1938: T. 25, f. 1 a, T. 26, f. 12 a, b, T. 33, f. 11 – THOMSON 1857: 133, 134.
Verbreitung: Malakka, Sumatra, Borneo, Java.
Sumatra: A: Kualasimpang. SU: Deli, Dolok Merangir, Negerilama, Sibolga, Tanjung Morawa. SB: Anei Kloof, Inderapura, Padang, Padang Pandjang, Pajakombo. B: Manna, Sukaraja. SS: Palembang.
Färbung: Oberseite messingfarben, grünblau bis schwarzviolett. Flgd. mit oder ohne helle Medianflecken. Unterseite dunkelblau bis schwarz. Taster schwarz. Antennenglieder 1 bis 5 schwarz, ab 6 hell, 3 bis 6 apikal hell geringelt. Labrum schwarz bis blauviolett. Beine mit folgenden Ausnahmen schwarz: Schenkel rot, Hintertibien hellgelb, basal schwarz, Hintertarsen hellgelb, Klauen schwarz.

Maße: (n = 132) Gesamtlänge 10.2 bis 15.0, Mittel 12.2; Kopfbreite 1.5 bis 2.3, Mittel 2.0; Augenzwischenraum 0.5 bis 0.9, Mittel 0.7; Kopftiefe 1.3 bis 1.9, Mittel 1.5; Halsschildbreite 1.2 bis 1.6, Mittel 1.4; Halsschildlänge 2.1 bis 3.4, Mittel 2.7; Halsschildindex 199; Flgd.-Breite 1.9 bis 3.1, Mittel 2.4.

Material: 2 ♀♀, Sumatra, (ZSM); 1 ♂, 1 ♀, Sumatra, Deli, (RNHL); 1 ♂, 1 ♀, Sumatra, Soekaranda, DOHRN, (CASSOLA, DEI); 1 ♀, Sumatra, Ludeking, (RNHL); 1 ♀, Sumatra occid., Padang Sidempoean, J. D. PASTEUR, (RNHL); 1 ♂, Sum., Pajakombo, K. BOUYER, (RNHL); 2 ♂♂, 4 ♀♀, Tandjong Morawa, Serdang, N. O. Sumatra, Dr. B. HAGEN, (RNHL); 1 ♀, Sumatra, Kaju Tanam, O. BECCARI, 8./9.1878, (DEI); 1 ♂, Sumatra, HAGEN, 1887, (WIEN); 1 ♂, Sumatra, Padang, 1890, E. MODIGLIANI, (DEI); 1 ♂, 3 ♀♀, Sumatra, 800 m, Padg. Pandjang, 1. trim. 1896, KANNEGIETER, (AMST); 43 ♂♂, 31 ♀♀, Sumatra, Palembang, M. KNAPPERT, (RNHL); 4 ♂♂, Sumatra, Manna, M. KNAPPERT, (AMST, RNHL); 1 ♂, 2 ♀♀, l. c., 1901, (RNHL); 5 ♂♂, 9 ♀♀, l. c., 1902, (AMST, RNHL); 1 ♂, Sumatra, DRESCHER, Kl. v. ANNEI, 4.1911, (DEI); 1 ♀, Sum., Padang, E. JACOBSON, 3.1914, (RNHL); 1 ♀, Aur Kumanis, E. JACOBSON, 3.1914, (RNHL); 1 ♀, Kadjaiophir Distr., Sum., E. JACOBSON, 6.1915, (RNHL); 1 ♀, Serangai, Kurintji, Sum., E. JACOBSON, 7.1915, (RNHL); 2 ♀♀, Boekit Gabah, Z. W. K. Sumatra, leg. H. LUCHT, 4.1919, (AMST); 1 ♀, l. c., 3.1919, (RNHL); 1 ♀, l. c., 10.5.1919, (RNHL); 1 ♂, NE-Sumatra, Deli, Kuala Simpang, 5.1953, A. SOLLAART, lowlandforest, (RNHL); 2 ♂♂, l. c., 11.1954, (RNHL); 1 ♀, NE-Sumatra, Deli, Negerilama, 9.1954, A. SOLLAART, lowlandforest, (RNHL); 1 ♀, N. Sumatra, Dolok Merangir, 1.5.1972, leg. Dr. E. DIEHL, (WIEN); 1 ♀, l. c., 12.–21.4.1979, (WIES).

17. Neocollyris pinguis (W. HORN, 1894)
Abb. 18, 33.

Literatur: HORN 1895a: 676, 1901b: 49, 1908a: 101, 1926: 33, 1932b: 206, 1938: T.33, f.13.
Verbreitung: Malakka, Sumatra.
Sumatra: SU: Deli.
Färbung: blauschwarz. Antennenglieder 1 bis 5 blauschwarz, ab 3 apikal hell geringelt, ab 6 völlig hell. Schenkel rot, Beine sonst blauschwarz.

18. Neocollyris bonellii (GUÉR., 1834)
Abb. 19, 34, 74, 91.

Synonyme: ortygia (BUQUET, 1835), obscura (CAST., 1835), postica (AUD. & BRULL., 1839), ruficornis (AUD. & BRULL., 1839), flavitarsis (AUD. & BRULL., 1839), filiformis (CHAUD., 1843), melanopoda (SCHM.-GOEB., 1846), cribellata (CHAUD., 1860), puncticollis (CHAUD., 1860), cribrosa (CHAUD., 1864), terminalis (CHAUD., 1864), modesta (MOTSCH., 1864), fuscicornis (MOTSCH., 1864), thoracica (W. HORN, 1892), batesi (W. HORN, 1892), cruentata (W. HORN, 1894), diversipes FOWLER, 1912.
Literatur: CHAUDOIR 1864: 502–504, 507–509, T.7, f.6, 7, 9 – FOWLER 1912: 248–250 – HORN 1892b: 92, 1892d: 356, 357, 1895a: 674, 675, 1897a: 49, 1901a: 84, 1901b: 51–53, 1908a: 64, 99, 102, 1926: 34, 35, 1927: 123, 1929: 464, 1930a: 2, 1930b: 41, 42, 1932b: 206, 1938: T.21, f.1, T.25, f.1a, T.33, f.15, 16.
Verbreitung: N.-Indien, Birma, Thailand, Vietnam, S.-China, Malakka, Sumatra, Borneo, Java, Sumbawa, Sumba.
Sumatra: SU: Balige, Danau, Toba, Deli, Lawalo (Nias), Medan, Parapat, Sibolga, Sindar Raya, Tanjung Morawa, Tebintinggi. SB: Anei Kloof, Bukittinggi, Inderapura, Lubuksikaping, Padangpandjang, Padang, Pajakombo, Sijunjung, Tanjunggadang. B: Manna. J: Gunung Gadang. SS: Palembang, Surulangun. L: ?.
Färbung: grün, blau, blauviolett. Flgd. mit oder ohne helle Medianflecken. Taster schwarz. Antennenglieder 1 bis 5 metallisch, 3 bis 5 apikal hell, die übrigen hell oder mehr oder weniger verdunkelt. Labrum blau. Beine bis auf die roten Schenkel schwarzblau.
Maße: (n = 138) Gesamtlänge 9.1 bis 12.2, Mittel 10.2; Kopfbreite 1.5 bis 1.9, Mittel 1.7; Augenzwischenraum 0.3 bis 1.1, Mittel 0.6; Kopftiefe 1.1 bis 1.6, Mittel 1.3; Halsschildbreite 1.0 bis 1.3, Mittel 1.1; Halsschildlänge 1.8 bis 2.6, Mittel 2.2; Halsschildindex 193; Flgd.-Breite 1.7 bis 2.5, Mittel 2.0.
Material: 1 ♀, Sumatra, (DEI); 1 ♂, 2 ♀♀, Sumatra, Deli, (RNHL); 1 ♀, Sumatra, Medan, (ZSM); 1 ♂, Sumatra, Ludeking, (RNHL); 1 ♂, Sumatra, Toba-See, (RNHL); 1 ♂, Sumatra, Pajakombo, K. BOUYER, (RNHL); 1 ♂, 3 ♀♀, N. O. Sumatra, Tebing-Tinggi, (ZSM); 1 ♂, l. c., Dr. SCHULTHEISS, (RNHL); 6 ♂♂, 4 ♀♀, Tandjong Morawa, Serdang, NO. Sumatra, Dr. B. HAGEN, (RNHL); 1 ♂, 1 ♀, Sumatra, Lubukgadang, 12.1877, (RNHL); 1 ♀, Surulangun, 7.1878, (RNHL); 1 ♂, Sumatra, 800 m, Padg. Pandjang, 1. trim. 1896, (AMST); 13 ♂♂, 14 ♀♀, Sumatra, Palembang, M. KNAPPERT, (RNHL); 2 ♂♂, Sumatra, M. KNAPPERT, (CASSOLA); 30 ♂♂, 20 ♀♀, l. c.,

(RNHL); 1♂, Sumatra, Manna, M. KNAPPERT, (CASSOLA); 1♀, l. c., 1901, (AMST); 2♂♂, 2♀♀, l. c., (RNHL); 9♂♂, 7♀♀, l. c., 1902, (RNHL); 1♀, Sumatra's O. K., Medan, 1917, 20 m, J. B. CORPORAAL, (AMST); 1♂, Sumatra, Fort de Kock, 920 m, leg. E. JACOBSON, 1924, (AMST); 1♀, l. c., 1925, (RNHL); 1♂, Sumatra, SE coast, Laut Tador, 90 m, 10.8.1950, leg. R. STRAATMAN, (RNHL); 1♂, N. O. Sumatra, Tandjong Moraw, 16.12.1954, J. v. D. VECHT, (RNHL); 1♂, 1♀, Sumatra, Nias, Lawalo, 26.9.1979, leg. Dr. DIEHL, (WIES); 1♂, l. c., (ERBER); 1♀, Sumatra, 19.1.1980, Sindar Raya, leg. Dr. DIEHL, (WIES); 1♂, l. c., (ERBER); 1♀, Sumatra, 19.1.1980, Sindar Raya, leg. Dr. DIEHL, (WIES); 1♀, N. Sumatra, Parapat, Simalungun, 20.2.1984, 980 m, leg. WIESNER, (WIES).

19. Neocollyris celebensis (CHAUD., 1860)
Abb. 20, 35, 75.

Literatur: CHAUDOIR 1864: 511, 512, T. 8, f. 10 – HORN 1895 a: 676, 1901 b: 51, 1908 a: 102, 1913 a: 249, 1926: 34, 1930 a: 2, 1932 b: 206, 1938: T. 29, f. 24.
Verbreitung: Sumatra, Celebes, Molukken.
Sumatra: A: Babi, Sinabang (Simalur). SU: Nias. SB: Mentawei. SS: Lahat.
Färbung: grün, blau, violett. Flgd. manchmal mit Medianbinde. Taster schwarz. Antennenglieder 1 bis 3 metallisch, ab 4 schwarz, 4 bis 6 (oder 3 bis 6) apikal aufgehellt. Labrum blau. Beine bis auf die roten Schenkel schwarz.
Maße: (n = 3) Gesamtlänge 10.1 bis 12.4, Mittel 11.5; Kopfbreite 1.6 bis 1.9, Mittel 1.8; Augenzwischenraum 0.5 bis 0.7, Mittel 0.6; Kopftiefe 1.2 bis 1.6, Mittel 1.5; Halsschildbreite 1.0 bis 1.3, Mittel 1.2; Halsschildlänge 2.2 bis 2.8, Mittel 2.5; Halsschildindex 210; Flgd.-Breite 1.8 bis 2.2, Mittel 2.1.
Material: 1♀, N. Nias, Hili Madjedja, 4 de trim. 1895, I. Z. KANNEGIETER, (AMST); 1♂, Sinabang, Simalur, Sum., E. JACOBSON, 2.1913, (RNHL); 1♀, Pulau Babi, Sim., Sum., 4.1913, E. JACOBSON, (RNHL).

20. Neocollyris cruentata (SCHM.-GOEB., 1864)
Abb. 38, 49, 76.

Synonym: spuria (W. HORN, 1892).
Literatur: CHAUDOIR 1864: 505 – FOWLER 1912: 252, 253, f. 110 – HORN 1892 d: 360, 361, 1895 a: 675, 1901 b: 54, 1908 a: 103, 1926: 36, 1932 b: 206, 1938: T. 30, f. 15, T. 33, f. 20.
Verbreitung: N.-Indien, Birma, Thailand, Laos, Sumatra, Borneo.
Färbung: blauschwarz. Kopf und Flgd. auch rotviolett. Flgd. manchmal mit heller Medianbinde. Taster blauschwarz, apikal aufgehellt. Antennenglieder 1 und 2 blauschwarz, ab 3 hell, 3 bis 5 mit angedunkeltem Apex (oder Glied 3 blauschwarz mit hellem apikalen Drittel). Labrum blauschwarz. Beine bis auf folgende Ausnahmen blauschwarz: Schenkel rot, Hintertarsen hellgelb.

21. Neocollyris elongata (CHAUD., 1864)
Abb. 39, 50, 77, 112.

Literatur: CHAUDOIR 1864: 509, 510 – HORN 1892 d: 358, 1901 b: 50, 1908 a: 101, 1926: 33, 1932 b: 206, 1938: T. 33, f. 21.
Verbreitung: Malakka, Sumatra.
Sumatra: SU: Tebingtinggi. SB: Padang, Padangpandjang, Sioban (Sipora). B: Manna. L: ?.
Färbung: Kopf violett bis dunkel messingfarben. Brust schwarzgrün, violett oder messingfarben. Flgd. grünschwarz, blauviolett oder dunkel messingfarben, ohne helle Flecken oder mit Medianbinde, mit oder ohne nach hinten verlängertem Humeralmakel. Unterseite grünschwarz. Taster schwarz. Antennenglieder 1 bis 5 (oder 6) dunkel metallisch, ab 6 völlig hell, ab 3 apikal hell geringelt. Labrum blau. Beine bis auf folgende Ausnahmen schwarz: Schenkel rot, Hintertarsen hellgelb, apikales Ende der Hintertibien hell.
Maße: (n = 13) Gesamtlänge 10.8 bis 13.9, Mittel 12.5; Kopfbreite 1.7 bis 2.2, Mittel 1.9; Augenzwischenraum 0.6 bis 0.8, Mittel 0.7; Kopftiefe 1.3 bis 1.7, Mittel 1.5; Halsschildbreite 1.2 bis 1.5, Mittel 1.3; Halsschildlänge 2.4 bis 3.2, Mittel 2.8; Halsschildindex 211; Flgd.-Breite 2.0 bis 2.7, Mittel 2.3.
Material: 1♀, Sumatra, BOUCHARD, (DEI); 1♀, N. O. Sumatra, Tebing-Tinggi, (ZSM); 2♂♂, Sumatra, Padg. Pandjang, 800 m, (DEI); 1♂, Sumatra, Insel Sipora, Bucht von Sioban, A. MAASS S. G., (WIEN); 1♂, Sumatra, 800 m, Padg. Pandjang, 1. trim. 1896, KANNEGIETER, (AMST); 1♂, Sumatra, Manna, 1902, M. KNAPPERT,

21

(RNHL); 1 ♀, Sum., Padang, E. JACOBSON, 1.1913, (RNHL); 1 ♂, 1 ♀, Serapi, Kurintji, Sum., E. JACOBSON, 7.1915, (RNHL); 1 ♂, 1 ♀, Sumatra, 90 m, Laut Tador, 6.10.1949, R. STRAATMAN, (AMST); 1 ♀, Sumatra, 600 m, SE. coast, Balimbingan, 10.9.1950, leg. R. STRAATMAN, (AMST).

22. Neocollyris chloroptera (CHAUD., 1860)
Abb. 40, 51, 78.

Literatur: CHAUDOIR 1864: 522 – HORN 1892 d: 365, 1895 a: 676, 1901 b: 48, 49, 1908 a: 101, 1926: 33, 1932 b: 206, 1938: T.26, f.15 a, T.29, f.25, T.34, f. l.
Verbreitung: Malakka, Sumatra, Borneo.
Sumatra: SB: Mentawei. B: Sukaraja.
Färbung: Kopf und Brust violett bis schwarz. Flgd. grün, blaugrün oder violett. Unterseite blauschwarz. Taster schwarz. Antennenglieder 1 bis 5 metallisch, die übrigen nichtmetallisch dunkel, 3 bis 5 apikal gelb geringelt. Labrum schwarz. Schenkel hell. Vorder- und Mittelbeine sonst metallisch schwarz. Hinterbeine bis auf die basal angedunkelten Schienen und Tarsenspitzen ganz hell.
Maße: (n = 2) Gesamtlänge 9.5 bis 9.9; Kopfbreite 1.4 bis 1.5; Augenzwischenraum 0.4; Kopftiefe 1.1; Halsschildbreite 1.0; Halsschildlänge 2.1; Halsschildindex 206; Flgd.-Breite 1.8 bis 1.9.
Material: 1 ♀, Sumatra, (DEI); 1 ♂, Sumatra, Soekaranda, (DEI).

23. Neocollyris thomsoni (W. HORN, 1894)
Abb. 41, 52, 79.

Literatur: HORN 1901 b: 49, 1908 a: 101, 1926: 33, 1932 b: 206, 1938: T.34, f.3. Type in DEI.
Verbreitung: Malakka, Sumatra, Borneo.
Sumatra: SU: Tanjung Morawa.
Färbung: blau bis blauviolett. Flgd. blauviolett, grünblau oder schwarzgrün. Taster schwarz. Antennenglieder 1 bis 5 (6) schwarz metallisch, die übrigen hell, 3 bis 5 (6) apikal gelb geringelt. Labrum schwarz. Beine bis auf folgende Ausnahmen schwarz metallisch: Schenkel rot, Hintertarsen und apikales Ende der Hinterschienen hell.
Maße: (n = 4) Gesamtlänge 10.5 bis 12.0, Mittel 11.5; Kopfbreite 1.5 bis 1.7, Mittel 1.6; Augenzwischenraum 0.5 bis 0.6, Mittel 0.6; Kopftiefe 1.3 bis 1.6, Mittel 1.3; Halsschildbreite 1.0 bis 1.2, Mittel 1.2; Halsschildlänge 2.2 bis 2.7, Mittel 2.5; Halsschildindex 216; Flgd.-Breite 2.0 bis 2.4, Mittel 2.2.
Material: 1 ♂, sine patria, Holotypus W. HORN, (DEI); 1 ♀, Sumatra, (DEI); 1 ♀, Sumatra, Pisang, (DEI); 1 ♀, Tandjong Morawa, Serdang, N. O. Sumatra, Dr. B. HAGEN, (AMST).

24. Neocollyris moesta (SCHM.-GOEB., 1864)
Abb. 42, 53, 80.

Synonym: *flavicornis* (CHAUD., 1860).
Literatur: CHAUDOIR 1864: 505 – FOWLER 1912: 251, 252 – HORN 1901 b: 54, 1908 a: 103, 1926: 36, 1932 b: 206, 1938: T.21, f.2, T.34, f.4.
Verbreitung: Birma, Thailand, Laos, Vietnam, Malakka, Sumatra, Borneo, Java.
Färbung: blau bis schwarz. Taster schwarz. Antennenglieder 1 und 2 blau, ab 3 hellgelb. Labrum blau. Beine bis auf folgende Ausnahmen schwarz: Schenkel rotgelb, apikal angedunkelt, Hinterschienen apikal gering aufgehellt, Hintertarsen hell.
Maße: (n = 1) Gesamtlänge 12.6; Kopfbreite 1.9; Augenzwischenraum 0.7; Kopftiefe 1.5; Halsschildbreite 1.4; Halsschildlänge 3.2; Halsschildindex 227; Flgd.-Breite 2.6.
Material: 1 ♂, Sumatra, Coll. BADEN, (DEI).

25. Neocollyris clavipalpis W. HORN, 1901
Abb. 43, 54.

Literatur: HORN 1901 b: 50, 1908 a: 102, 1926: 34, 1932 b: 206, 1938: T.21, f.3, T.26, f.16, T.34, f.5.
Verbreitung: Sumatra, Borneo.
Färbung: Kopf und Brust schwarzviolett. Flgd. basal grünschwarz, sonst blauviolett, oder auch apikal grünschwarz, mit roten Median- und Humeralmakeln. Unterseite schwarz. Taster schwarz. Antennenglieder 1 und 2

22

metallisch glänzend, 3 und 4 schwarz mit hellem Apex, die übrigen gelbbraun. Oberlippe schwarzblau. Beine bis auf folgende Ausnahmen schwarz metallisch: Schenkel rot, Hintertarsen hell, apikales Viertel der Hinterschienen hell.

Maße: (n = 1) Gesamtlänge 12.8; Kopfbreite 1.8; Augenzwischenraum 0.5; Kopftiefe 1.5; Halsschildbreite 1.3; Halsschildlänge 3.2; Halsschildindex 240; Flgd.-Breite 2.5.

Material: 1 ♀, Sumatra, (DEI).

26. *Neocollyris punctatella* (CHAUD., 1864)
Abb. 44, 55.

Synonym: *nietneri* (W. HORN, 1895).
Literatur: CHAUDOIR 1864: 525 – FOWLER 1912: 248 – HORN 1895 b: 357, 358, 1901 b: 51, 1908 a: 102, 1911: 315, 1926: 34, 1932 b: 206, 1938: T. 21, f. 4, T. 34, f. 6.
Verbreitung: Ceylon, ?Sumatra.
Sumatra: SU: Gunungsitoli (Nias).
Färbung: schwarz. Taster dunkelbraun. Antennenglieder schwarz, 3 bis 5 apikal rot geringelt. Schenkel rotbraun.
Maße: (n = 1) Gesamtlänge 11.9; Kopfbreite 1.7; Augenzwischenraum 0.4; Kopftiefe 1.4; Halsschildbreite 1.1; Halsschildlänge 2.6; Halsschildindex 228; Flgd.-Breite 2.4.
Material: 1 ♀, Gunung Sitoli, Nias, R. MITSCHKE, 189~, (DEI).

Von dieser Art lag aus Sumatra nur ein ♀ zur Untersuchung vor, und zwar jenes Exemplar, welches HORN dazu veranlaßte, für *N. punctatella* eine diskontinuierliche Verbreitung anzunehmen, Ceylon einerseits und Sumatra (Nias) andererseits (1911: 315). Weiteres Material ist von Sumatra bisher nicht bekannt geworden, weshalb nach wie vor ungeklärt ist, ob es sich bei der Fundortangabe Nias (Gunungsitoli) um einen Irrtum handelt.

27. *Neocollyris fuscitarsis* (SCHM.-GOEB., 1846)
Abb. 45, 56, 81, 113.

Synonyme: *diffracta* (SCHM.-GOEB., 1846), *rufipes* (MOTSCH., 1864), *violacea* (MOTSCH., 1864), *longicornis* (MOTSCH., 1864).
Literatur: CHAUDOIR 1864: 499 – FOWLER 1912: 256, 257, f. 112 – HORN 1892 d: 355, 1901 b: 55, 1908 a: 104, 1926: 37, 1932 b: 206, 1938: T. 34, f. 13 – MANDL & CHUJÔ 1964: 164, T. 1, f. 2.
Verbreitung: N.-Indien, Sikkim, Birma, Thailand, Vietnam, Malakka, Sumatra, Java.
Sumatra: SB: Sialang.
Färbung: blauviolett. Taster schwarz. Antennenglieder 1, 2 und das basale Ende von 3 metallisch, die übrigen hell. Labrum grünblau. Beine bis auf folgende Ausnahmen entpigmentiert, hell: Vorder- und Mitteltarsen, apikaler Teil von Vorder- und Mittelschienen, Klauen und Klauenglieder der Hintertarsen; diese Beinteile können schwarz metallisch sein.
Maße: (n = 1) Gesamtlänge 14.7; Kopfbreite 2.6; Augenzwischenraum 1.0; Kopftiefe 1.6; Halsschildbreite 1.8; Halsschildlänge 3.2; Halsschildindex 178; Flgd.-Breite 3.3.
Material: 1 ♂, Sumatra, Sialang, Dachan, (DEI).

28. *Neocollyris saphyrina* (CHAUD., 1850)
Abb. 46, 57, 59, 82.

Literatur: CHAUDOIR 1864: 498, T. 7, f. 5 – FOWLER 1912: 257, f. 113 – HORN 1901 b: 55, 56, 1908 a: 104, 1926: 38, 1932 b: 206, 1938: T. 34, f. 15.
Verbreitung: N.-Indien, Nepal, Sikkim, Birma, Thailand, Sumatra, Java.
Sumatra: L: ?.
Färbung: blau, violett oder schwarz. Flgd. manchmal mit Medianbinde. Taster schwarz. Antennenglieder 1 bis 6 blau, 3 bis 6 apikal hell geringelt, die übrigen braun. Labrum blau. Schenkel rot. Vorder- und Mittelbeine sonst schwarz. Hintertibien am Apex mehr oder weniger aufgehellt, Tarsen basal hell, jedoch Klauen und apikales Glied der Hintertarsen stets schwarz.

Maße: (n = 1) Gesamtlänge 15.0; Kopfbreite 2.6; Augenzwischenraum 1.0; Kopftiefe 2.1; Halsschildbreite 1.7; Halsschildlänge 3.4; Halsschildindex 198; Flgd.-Breite 3.2.

Material: 1 ♀, Sumatra, 600 m, Balimbingan, 20.9.1950, R. STRAATMAN, (AMST).

Die halsartige Einschnürung des Pronotums ist bei dieser Art recht variabel, sanft bogenförmig bis scharf rechtwinklig abgesetzt (Abb. 57).

29. Neocollyris aptera (LUND, 1790)
Abb. 47, 58, 60, 83.

Synonym: *apicalis* (CHAUD., 1864).

Literatur: CHAUDOIR 1864: 517, 518 – FOWLER 1912: 267, f. 119 – HORN 1895a: 676, 1901b: 59, 1908a: 39, 1910: 105, 1926: 41, 1927: 123, 1932b: 207, 1935: 51, 1937: 56, 57, 1938: T.27, f. 9a–c, T.30, f.6, 17a, b, T.35, f.11. Type in DEI.

Verbreitung: Birma, Thailand, Vietnam, Malakka, Sumatra, Borneo.

Sumatra: SU: Bandar Baru, Batu, Selesai, Tanjung Morawa, Tebingtinggi. SB: Anei Kloof, Bukittinggi, Padang-pandjang. B: Manna. SS: Palembang.

Färbung: blau bis schwarz. Flgd. grün oder blau, apikal violett. Es kommen auch völlig rötliche Individuen vor oder solche, bei denen nur die Flgd.-Querwülste oder die Basis bis zu diesen Wülsten schwarz gefärbt sind. Taster schwarz. Antennenglieder schwarz, 3 und 4 apikal rot geringelt. Labrum blau. Beine bis auf die roten Schenkel schwarz, Schienen apikal leicht aufgehellt.

Maße: (n = 14) Gesamtlänge 13.8 bis 17.7, Mittel 15.6; Kopfbreite 2.3 bis 2.8, Mittel 2.6; Augenzwischenraum 0.9 bis 1.2, Mittel 1.0; Kopftiefe 1.8 bis 2.2, Mittel 2.0; Halsschildbreite 1.6 bis 1.9, Mittel 1.7; Halsschildlänge 3.3 bis 4.5, Mittel 3.9; Halsschildindex 225; Flgd.-Breite 2.9 bis 3.7, Mittel 3.2.

Material: 1 ♂, Sumatra, (RNHL); 1 ♀, N. O. Sumatra, Tebing-Tinggi, (ZSM); 1 ♀, Sumatra, Bandar Baroe, J. J. d. V., (AMST); 1 ♂, Tandjong Morawa, Serdang, N. O. Sumatra, Dr. B. HAGEN, (RNHL); 1 ♂, Sumatra, 800 m, Padg. Pandjang, 1. trim. 1896, leg. KANNEGIETER, (DEI); 1 ♀, Sumatra, Palembang, M. KNAPPERT, (RNHL); 1 ♀, Sumatra, Manna, M. KNAPPERT, (RNHL); 1 ♀, l. c., 1902, (RNHL); 1 ♀, Fort de Kock, Sum., E. JACOBSON, 1.1917, (RNHL); 1 ♀, Anei Kloof, Sumatra's Westkust, 500 m, 1926, leg. E. JACOBSON, (AMST); 1 ♂, l. c., (RNHL); 1 ♀, Sumatra, 600 m, Balimbingan, 4.10.1949, R. STRAATMAN, (AMST); 1 ♀, l. c., 10.9.1950, (AMST); 1 ♀, N. E. Sumatra, Deli, Seleseh, Kuala Limpang, Medang Ara Estate, 4.1954, A. SOLLAART, lowland-forest, (RNHL).

Die halsartige Einschnürung des Pronotums ist ebenso variabel wie bei *saphyrina* (CHAUD.) (Abb. 58).

30. Neocollyris sumatrensis (W. HORN, 1896)
Abb. 48, 84, 93.

Literatur: DOBLER 1973: 413 – HORN 1896: 176, 177, 1901b: 60, 1910: 105, 1926: 41, 1932b: 207, 1938: T.23, f.2, T.28, f.1, T.35, f.17. Type in DEI.

Verbreitung: Sumatra.

Sumatra: B: Sukaraja.

Färbung: schwarz, mit violettem Schimmer. Antennenglied 3 manchmal apikal aufgehellt. Schenkel rot. Tibien manchmal apikal rötlich.

Maße: (n = 4) Gesamtlänge 16.6 bis 18.1, Mittel 17.4; Kopfbreite 2.7 bis 2.9, Mittel 2.8; Augenzwischenraum 0.9 bis 1.0, Mittel 1.0; Kopftiefe 2.0 bis 2.2, Mittel 2.1; Halsschildbreite 1.8 bis 2.1, Mittel 1.9; Halsschildlänge 4.1 bis 4.6, Mittel 4.3; Halsschildindex 223; Flgd.-Breite 3.2 bis 3.7, Mittel 3.4.

Material: 1 ♀, Sumatra, (ZSM); 1 ♂, Sumatra Ost, coll. HENNIG, (DEI); 1 ♂, Sumatra, Soekaranda, DOHRN, (DEI); 1 ♀, l. c., 1.1894, Syntypus, (DEI).

31. Neocollyris waterhousei (CHAUD., 1864)
Abb. 85, 94, 149.

Literatur: CHAUDOIR 1864: 521 – HORN 1892d: 364, 1895a: 676, 1901b: 60, 1910: 105, 1926: 41, 1932b: 208, 1938: T.23, f.4, 5, T.28, f.5, T.35, f.24.

Verbreitung: Sumatra, Borneo, Philippinen.

Sumatra: SU: Tanahmasa (Batu). SB: Padangpandjang. B: Manna.

Färbung: Kopf violett, Brust blau, Flgd. schwarz, blau oder violett. Unterseite blauviolett. Es kommen auch rotbraune Individuen vor. Taster schwarz. Antennenglieder schwarz, 3 und 4 rot geringelt. Labrum violett. Schenkel rot, Rest der Beine blau metallisch. Gelegentlich sind die Tibien aufgehellt, jedoch stets mit metallischem Schimmer.

Maße: (n = 4) Gesamtlänge 17.9 bis 20.1, Mittel 18.9; Kopfbreite 3.1 bis 3.3, Mittel 3.2; Augenzwischenraum 1.2 bis 1.4, Mittel 1.3; Kopftiefe 2.3 bis 2.5, Mittel 2.4; Halsschildbreite 2.0 bis 2.1, Mittel 2.0; Halsschildlänge 4.4 bis 5.1, Mittel 4.8; Halsschildindex 234; Flgd.-Breite 3.6 bis 4.0, Mittel 3.8.

Material: 1 ♀, Sumatra, 800 m, Padg. Pandjang, 1. trim. 1896, KANNEGIETER leg., (DEI); 1 ♀, Ins. Batoe, Tanahmasa, KANNEGIETER, (AMST); 1 ♂, Sumatra, Si-Rambé, 12. 1890–3. 1891, E. MODIGLIANI, (DEI); 1 ♀, Sumatra, Manna, M. KNAPPERT, 1902, (RNHL).

32. *Neocollyris sarawakensis* (THOMS., 1857)
Abb. 86, 95, 114, 148.

Synonym: *macrodera* (CHAUD., 1864), syn. n.

Literatur: BROUERIUS VAN NIDEK 1960: 205 – CHAUDOIR 1864: 531, 532, 536, T. 9, f. 22 – FOWLER 1912: 268, 269 – HORN 1892 d: 367, 1895 a: 677, 1901 b: 61, 1910: 106, 1926: 41, 1927: 123, 1932 b: 209, 210, 1938: T. 25, f. 14, T. 28, f. 11, T. 36, f. 12 – SHELFORD 1902: 234, T. 19, f. 5 – THOMSON 1857: 133.

Verbreitung: Birma, Thailand, Malakka, Sumatra, Borneo.

Sumatra: A: Kualasimpang. SU: Batu, Dolok Merangir, Lauttador, Selesai, Tanjung Morawa, Tebingtinggi. SB: Anei Kloof. B: Sukaraja. L. ?.

Färbung: Oberseite grünschwarz. Flgd. manchmal mit gelben Medianflecken oder apikal mehr oder weniger aufgehellt. Taster schwarz. Antennenglieder schwarz, 3 und 4 apikal dünn rot geringelt, 1 manchmal rot. Labrum grünschwarz, manchmal teilweise entpigmentiert, rot. Beine bis auf folgende Ausnahmen schwarz: Schenkel manchmal rot, Hinterschienen apikal hell, Hintertarsen bis auf das Klauenglied hell.

Maße: (n = 35) Gesamtlänge 14.9 bis 18.7, Mittel 16.6; Kopfbreite 1.9 bis 2.9, Mittel 2.5; Augenzwischenraum 0.5 bis 0.9, Mittel 0.7; Kopftiefe 1.7 bis 2.3, Mittel 2.0; Halsschildbreite 1.5 bis 1.9, Mittel 1.7; Halsschildlänge 3.9 bis 5.1, Mittel 4.5; Halsschildindex 266; Flgd.-Breite 2.0 bis 4.1, Mittel 3.3.

Material: 1 ♀, Sumatra, BOUCHARD, (DEI); 1 ♀, N. O. Sumatra, Tebing-Tinggi, (ZSM); 1 ♂, l. c., SCHULTHEISS, (RNHL); 1 ♀, Sumatra, Liangagas, DOHRN, (CASSOLA); 2 ♂♂, 4 ♀♀, Tandjong Morawa, Serdang, N. O. Sumatra, Dr. B. HAGEN, (RNHL); 1 ♂, Sumatra, Bedagei, 200 m, 2. Sem. 1889, KANNEGIETER, (AMST); 2 ♂♂, 1 ♀, Sumatra, Soekaranda, F. BATES coll., 1911, (BMNH); 1 ♂, Sumatra, 4. 1911, DRESCHER, Kl. v. ANEI, (AMST); 1 ♀, Sumatra, SE. coast, Laut Tador, 90 m, R. STRAATMAN leg., 6. 10. 1948, (RNHL); 1 ♀, l. c., 3. 8. 1949, (AMST); 1 ♂, l. c., 17. 1. 1950, (AMST); 1 ♀, l. c., 3. 7. 1950, (RNHL); 1 ♂, Oostkust Sumatra, 100 m, Laut Tador, R. STRAATMAN, 15. 2. 1949, (AMST); 1 ♀, Sumatra, 600 m, Balimbingan, 6. 9. 1949, R. STRAATMAN, (AMST); 1 ♀, S. Sumatra, 50 m, Lampong, 21. 1. 1953, Bergen Est., A. SOLLAART, (AMST); 1 ♀, NE. Sumatra, Deli, Seleseh, Kuala Limpang, 3. 1954, Medang Ara Estate, A. SOLLAART, lowlandforest, (RNHL); 1 ♂, 2 ♀♀, l. c., 4. 1954, (RNHL); 1 ♂, 3 ♀♀, NE. Sumatra, Deli, Kuala Simpang, A. SOLLAART, lowlandforest, 5. 1953, (RNHL); 1 ♂, 2 ♀♀, l. c., 8. 1953, (RNHL); 1 ♀, l. c., 12. 1953, (RNHL); 1 ♀, N. Sumatra, Dolok Merangir, 21. 2.–10. 3. 1979, leg. Dr. DIEHL, (WIES).

N. macrodera wurde 1864 von CHAUDOIR aus Malakka beschrieben. HORN stellte sie als Varietät (1892 d: 367) zu *sarawakensis* (THOMS.). Sie ist nach der Urbeschreibung 18 mm lang, nach HORN (l. c.) 18.5 bis 19 mm. Im Rahmen dieser Arbeit untersuchten Individuen hatten rot gefärbte erste (basale) Antennenglieder sowie ein teilweise entfärbtes Labrum. Solche Färbungen kommen auch bei *sarawakensis* s. str. häufig vor, die Größe variiert zwischen 14.9 und 18.7 mm. Es wären also extrem große *sarawakensis* mit rotem Antennenglied als *macrodera* anzusprechen. Da aber auch Tiere dieser Größe mit schwarzem Antennenglied vorkommen und weitere Unterschiede nicht vorhanden sind, wird *macrodera* als Synonym zu *sarawakensis* gestellt.

33. *Neocollyris dohertyi* (W. Horn, 1895)
Abb. 87, 96, 115, 150.

Literatur: Fowler 1912: 269 – Horn 1901 b: 61, 62, 1910: 106, 1926: 41, 1932 b: 210, 1938: T. 36, f. 15. Type in DEI.

Verbreitung: Birma, Thailand, Malakka, Sumatra.

Sumatra: SB: Mentawei. L: Giesting, Gunung Tanggamus, Marang.

Färbung: Kopf und Brust blauschwarz bis violett. Flgd. ähnlich, jedoch mehr grünlich, manchmal mit gelben Medianflecken. Unterseite blauschwarz, apikal aufgehellt. Taster hellgelb. Antennenglieder dunkelbraun, 1 bis 4 wesentlich heller oder metallisch mit breiten gelben Ringen. Labrum blauschwarz. Schenkel hellrot, Vorder- und Mittelschienen basal hell, zum Apex hin dunkler, oder ganz metallisch, Tarsen metallisch. Hinterschienen basal dunkel, sonst hell. Hintertarsen hellgelb, Klauen schwarz.

Maße: (n = 10) Gesamtlänge 14.4 bis 18.4, Mittel 16.8; Kopfbreite 2.4 bis 2.8, Mittel 2.5; Augenzwischenraum 0.4 bis 0.9, Mittel 0.7; Kopftiefe 1.9 bis 2.2, Mittel 2.0; Halsschildbreite 1.5 bis 1.8, Mittel 1.7; Halsschildlänge 3.8 bis 4.8, Mittel 4.4; Halsschildindex 259; Flgd.-Breite 2.7 bis 4.2, Mittel 3.1.

Material: 1 ♀, Sumatra, Marang, W. Doherty, 1890, (DEI); 3 ♂♂, 1 ♀, l. c., Fry Coll., 1905, (BMNH); 1 ♀, S. Sumatra, 400 m, SW Lampongs, 12. 1934, Mt. Tanggamoes, Giesting, Wailalaau, Lieftinck/Toxopeus, (DEI); 1 ♂, Z. Sumatra, Giesting, 200 m, 12. 1934, (RNHL); 1 ♀, Giestings, Sumatra, 2. 1935, Native collect., (AMST); 1 ♀, l. c., (RNHL); 1 ♂, l. c., 3. 1935, (AMST).

34. *Neocollyris arnoldi* (M'Leay, 1825)
Abb. 88, 97, 151.

Synonym: *elegans* (Vander Linden, 1829).

Literatur: Chaudoir 1864: 528, 529, T. 9, f. 20 – Fowler 1912: 271, 272 – Horn 1895 a: 676, 1901 b: 63, 1910: 106, T. 8, f. 2, 1926: 42, 1932 b: 210, 1938: T. 36, f. 16 – Mac Leay 1825: 10 – Mandl 1982: 67 – Vander Linden 1829: 23, 24.

Verbreitung: Sumatra, Java.

Sumatra: SB: Anei Kloof, Muaralabuh.

Färbung: Kopf und Brust blau. Flgd. grünblau bis violett, mit hellen Medianflecken. Unterseite grünblau. Taster hell. Antennenglieder 1 und 2 dunkel metallisch, die übrigen heller, 3 und 4 apikal hellgelb. Oberlippe grünblau. Beine hell, Vorder- und Mittelschienen leicht angedunkelt. Apikale Hälfte der Hintertibien und Hintertarsen sehr hell, durchscheinend.

Maße: (n = 1) Gesamtlänge 13.3; Kopfbreite 1.9; Augenzwischenraum 0.6; Kopftiefe 1.5; Halsschildbreite 1.3; Halsschildlänge 3.2; Halsschildindex 247; Flgd.-Breite 2.3.

Material: 1 ♀, Anei Kloof, Sumatra's Westkust, 500 m, 1926, leg. E. Jacobson, (DEI).

35. *Neocollyris leucodactyla leucodactyla* (Chaud., 1860)
Abb. 89.

Synonyme: *albitarsis* (Thoms., 1857), *leucopus* (Schaum, 1861).

Literatur: Chaudoir 1864: 530, 531, T. 9, f. 21 – Horn 1901 b: 63, 1910: 106, 1926: 42, 1932 b: 210, 1938: T. 36, f. 17 – Thomson 1857: 132.

Verbreitung: Borneo.

36. *Neocollyris leucodactyla discolor* (Chaud., 1864)
Abb. 90, 92, 98, 116, 152.

Literatur: Chaudoir 1864: 531 – Horn 1895a: 677, 1901 b: 63, 1910: 106, 1926: 42, 1927: 123, 1932 b: 210, 1938: T. 36, f. 18.

Verbreitung: Malakka, Sumatra, Borneo.

Sumatra: A: Kruengtuan, Kualasimpang, Semadam. SU: Batu, Bodjo, Selesai, Tanjung Morawa. SB: Anei Kloof, Lubuksikaping. B: Manna, Muarakiawai, Sukaraja. L: Gunung Tanggamus.

Färbung: blau bis grünblau. Flgd. in der Mitte bräunlich-messingfarben mit in der Ausdehnung sehr variablen hellen Medianflecken. Taster schwarz. Antennenglieder 1 und 2 dunkel metallisch, die übrigen allmählich aufgehellt. Labrum blau. Schenkel basal hell, zum Apex hin rot, metallisch blau überhaucht. Vorder- und Mittelschienen schwarz, Hinterschienen basal schwarz, zum Apex hin hellgelb. Tarsen hellgelb. Klauen schwarz. Individuell kommen völlig helle Extremitäten vor oder die Beine sind einfarbig braun und nur die Hinterbeine apikal gelb.

Maße: (n = 40) Gesamtlänge 11.6 bis 14.0, Mittel 12.8; Kopfbreite 1.6 bis 2.1, Mittel 1.9; Augenzwischenraum 0.4 bis 0.7, Mittel 0.5; Kopftiefe 1.2 bis 1.6, Mittel 1.4; Halsschildbreite 1.1 bis 1.3, Mittel 1.2; Halsschildlänge 2.9 bis 3.5, Mittel 3.1; Halsschildindex 253; Flgd.-Breite 2.0 bis 2.8, Mittel 2.3.

Material: 1 ♀, Sumatra, (RNHL); 1 ♀, Sumatra, BOUCHARD; (RNHL); 1 ♂, Sumatra, Soekaranda, DOHRN, (CASSOLA); 1 ♂, Tandjong Morawa, Serdang, N. O. Sumatra, Dr. B. HAGEN, (AMST); 2 ♂♂, 3 ♀♀, l. c., (RNHL); 1 ♂, Sumatra, Ile Bodjo, 8. 1884, WEYERS, (DEI); 5 ♂♂, 3 ♀♀, Sumatra, Manna, M. KNAPPERT, 1902, (RNHL); 1 ♀, Sum., Tanangtalu, E. JACOBSON, 5. 1915, (RNHL); 1 ♀, Sum., Muarakiawai, E. JACOBSON, 6. 1915, (RNHL); 1 ♂, Boekit Gabah, Z. W. K. Sumatra, leg. H. LUCHT, 11. 5. 1919, (AMST); 2 ♀♀, Anei Kloof, Sumatra's Westkust, 500 m, 1926, leg. E. JACOBSON, (AMST); 1 ♂, l. c., (WIEN); 1 ♂, Lubuksikaping, Sumatra's Westkust, 450 m, 1926, leg. E. JACOBSON, (AMST); 1 ♂, l. c., (RNHL); 1 ♂, Zuid Sumatra, Gg. Tanggamoes, Oeloebeloe, 500–1500 voet, F. C. DRESCHER, 2. 5. 1929, (DEI); 1 ♀, Sumatra, 600 m, Balimbingan, 10. 9. 1950, R. STRAATMAN, (AMST); 2 ♂♂, NE. Sumatra, Deli, Kuala Simpang, A. SOLLAART, lowlandforest, 8. 1953, (RNHL); 1 ♂, 2 ♀♀, l. c., 12. 1953, (RNHL); 1 ♂, NE. Sumatra, Deli, Kuala Simpang, Semadam Estate, A. SOLLAART, 11. 1954, lowlandforest, (RNHL); 1 ♂, NE. Sumatra, Deli, Seleseh, Kuala Limpang, Medang Ara Estate, 4. 1954, (AMST); 2 ♂♂, 2 ♀♀, l. c., A. SOLLAART, lowlandforest, (RNHL); 1 ♀, Aceh, 30. 8. 1981, Kruengtuan, 80 m, 30 km W Peureulak, leg. WIESNER, (WIES).

Das ♀ von Kruengtuan wurde tagsüber auf einem Blatt inmitten des Primärurwaldes erbeutet, wo es lebhaft herumturnte.

Tribus *Cicindelini*

Literatur: HORN 1926: 83 – RIVALIER 1971: 137.

Bestimmungstabelle der Subtribus

1   Labrum langgestreckt, mit 10 Zähnen (8 apikal, 2 basal). Außenlade des Unterkiefers ein-
    gliedrig . . . . *Theratina*
–   Labrum kurz, mit weniger als 10 Zähnen (meist 1 bis 3). Außenlade des Unterkiefers zwei-
    gliedrig 2

2   Sternite von Pronotum und Abdomen glänzend metallisch, ohne Behaarung . . *Prothymina*
–   Sternite von Pronotum und Abdomen mehr oder weniger behaart . . . . *Cicindelina*

Subtribus *Prothymina*

Literatur: HORN 1926: 95 – RIVALIER 1971: 137.

Bestimmungstabelle der Gattungen (und Arten)

1   Flgd. oberseits mit metallisch reflektierenden Flächen. Mitteltarsen der ♂♂ stark erweitert
    (wie die Vordertarsen) 2
–   Flgd. oberseits ohne reflektierende Flächen. Mitteltarsen der ♂♂ nicht erweitert . . . .
    . . . . *Prothyma* HOPE
                                                          37. *P. heteromalla* (M'LEAY)

27

2 Labrum mit 7 Zähnen . . . . *Heptodonta* HOPE
38. *H. analis* (F.)

– Labrum mit 5 Zähnen, der mittlere bei den ♂♂ reduziert, im Extremfall scheinbar mit
4 Zähnen . . . . *Dilatotarsa* DOKHT.
39. *D. beccarii* (GESTRO)

Prothyma HOPE, **1838**

Literatur: HORN 1926: 96 – RIVALIER 1964, 1971: 138. Typus: *P. quadripunctata* (F., 1801).

Subgenus *Genoprothyma* RIV., **1964**

Literatur: RIVALIER 1964: 149. Typus: *P. heteromalla* (M'LEAY, 1825).

37. *Prothyma (Genoprothyma) heteromalla* (M'LEAY, 1825)
Abb. 99, 117, 118, 153.

 Literatur: HORN 1895 a: 678, 1897 a: 55, 1908 a: 32, f. 88, 61, 1910: 172, 175, 1926: 99 – MAC LEAY 1825: 11, 12 –
RIVALIER 1964: 149, f., 150, f., 151, f. – VANDER LINDEN 1829: 10, 11.
 Verbreitung: Thailand, Laos, Vietnam, Malakka, Sumatra, Java.
 Färbung: Kopf dunkel rotkupfrig. Brust dunkel rotkupfrig bis rotkupfrig. Flgd. lateral grün oliv, zur Mitte hin
dunkel rotkupfrig, mit hellem Humeral-, Marginal-, Mittel- und Apikalmakel. Unterseite blaugrün metallisch. Taster hell, apikal schwarz. Fühler dunkel. Labrum hell, in der Mitte mit metallischem Schimmer. Beine dunkelviolett
metallisch oder dunkelbraun. Schenkel basal hell.
 Maße: (n = 4) Gesamtlänge 10.5 bis 11.0, Mittel 10.7; Kopfbreite 2.9 bis 3.2, Mittel 3.0; Augenzwischenraum 1.8
bis 2.0, Mittel 1.9; Halsschildbreite 1.8; Halsschildlänge 1.9 bis 2.0, Mittel 1.9; Halsschildindex 107; Flgd.-Breite
3.2 bis 3.3, Mittel 3.2.
 Material: 1 ♂, Sumatra, Coll. SCHAUM, (DEI); 1 ♂, Sumatra, BOUCHARD, (DEI); 1 ♂, 1 ♀, Sumatra, HAGEN,
(ZSM).

Heptodonta HOPE, **1838**

Literatur: HORN 1926: 123 – RIVALIER 1971: 138. Typus: *H. analis* (F. 1801).

38. *Heptodonta analis* (F., 1801)
Abb. 100, 119, 120, 154.

 Literatur: HORN 1895 a: 678, 1901 a: 85, 1908 a: 14, 1910: 199, 203, 1915: 439, 1926: 123, 1927: 123, 1932 a: 4 –
MAC LEAY 1825: 11 – MANDL 1970 a: 22, 23.
 Verbreitung: Malakka, Sumatra, Borneo, Java.
 Sumatra: SU: Batu, Dolok Merangir, Huta Padang, Nias, Sibolangit, Sidikalang, Sindar Raya, Tele. SB: Taloek.
L: ?.
 Färbung: Kopf und Brust grün bis oliv. Flgd. grünblau bis oliv, mit zweilappiger, reflektierender Scheinzeich-
nung. Unterseite grünblau, am Apex 2 (oder 3) Segmente entpigmentiert, hell. Taster hell, apikales Glied ange-
dunkelt bis schwarz. Antennenglieder 1 bis 4 metallisch, die übrigen schwarz. Labrum hell. Schenkel rot, apikales
Ende schwarz. Schienen bisweilen basal rötlich, sonst wie die übrigen Beinteile schwarz.
 Maße: (n = 18) Gesamtlänge 10.9 bis 13.3, Mittel 12.3; Kopfbreite 3.1 bis 3.7, Mittel 3.4; Augenzwischenraum
1.9 bis 2.4, Mittel 2.2; Halsschildbreite 2.0 bis 2.5, Mittel 2.3; Halsschildlänge 2.0 bis 2.7, Mittel 2.4; Halsschildindex 105; Flgd.-Breite 3.5 bis 4.3, Mittel 3.8.

Material: 2 ♀♀, Sumatra, (DEI); 1 ♂, Sumatra, BOUCHARD, (DEI); 1 ♀, Sumatra centr., Taloek, Exp. KLEIWEG DE ZWAAN, 1907, (AMST); 1 ♀, Sumatra's O. K., Sibolangit, J. B. CORPORAAL, 19.10.1921, 550 m, (AMST); 1 ♂, Sumatra's O. K., Balimbingan, 600 m, 22.9.1949, STRAATMAN, (AMST); 1 ♀, Sumatra, 1.–8.8.1971, leg. Dr. DIEHL, (WIES); 1 ♂, l. c., 6.–9.1971, (WIES); 1 ♀, Sumatra, Dolok Merangir, 1.–5.1978, Dr. DIEHL, (NHMB); 2 ♂♂, l. c., 13.11.1978, (WIES); 1 ♀, l. c., 25.3.1979, (WIES); 2 ♂♂, N. Sumatra, Huta Padang, 2.4.1979, leg. Dr. DIEHL, (WIES); 2 ♀♀, Sumatra, Sindar Raya, 19.1.1980, leg. Dr. DIEHL, (WIES); 1 ♀, N. Sumatra, 40 km W Sidikalang, 8.2.1981, leg. Dr. DIEHL, (WIES); 1 ♂, Sumatera utara, Dairi Mts., Tele, 1500 m, 22.8.1981, am Licht, leg. WIESNER, (WIES).

Die Art wird häufig nachts an Leuchtfallen gefangen.

Dilatotarsa DOKHT., 1882

Literatur: CASSOLA & MURRAY 1979: 207 – HORN 1926: 104 – RIVALIER 1971: 138. Typus: *D. bigranifera* DOKHT., 1882.

39. *Dilatotarsa beccarii* (GESTRO, 1879)
Abb. 101, 155, 171, 172, 301.

Literatur: CASSOLA & MURRAY 1979: 210, 211, f. – HORN 1895 a: 678, 1910: 178, 1915: 420, 1926: 104 – LAWTON 1972: 15 – MANDL 1970 a: 22, 1975 b: 31.

Verbreitung: Sumatra.

Sumatra: SU: Dairi Mts., Gunung Sibayak. SB: Gunung Marapi, Gunung Singgalang, Solok. B: Gunung Kaba.

Färbung: Kopf und Brust dunkel oliv. Flgd. dunkel oliv, lateral grünlich, mit dreilappiger, reflektierender Scheinzeichnung. Taster hell, apikales Glied metallisch. Antennenglieder 1 bis 4 metallisch, die übrigen schwarz. Labrum hell, schwarz umrandet. Beine metallisch, Schenkel apikal hellrot (ein Drittel bis halbe Schenkellänge).

Maße: (n = 14) Gesamtlänge 10.4 bis 13.3, Mittel 12.0; Kopfbreite 2.9 bis 3.6, Mittel 3.3; Augenzwischenraum 2.0 bis 2.4, Mittel 2.2; Halsschildbreite 1.9 bis 2.4, Mittel 2.2; Halsschildlänge 2.0 bis 2.4, Mittel 2.2; Halsschildindex 100; Flgd.-Breite 3.2 bis 4.3, Mittel 3.7.

Material: 1 ♂, Sumatra, (ZSM); 1 ♂, l. c., (DEI); 1 ♂, Sumatra, Solok, SCHAGEN V. LEEUWEN, (RNHL); 1 ♂, Benguet panai, 6500′′, Coll. by R. C. MC GREGOR, (RNHL); 1 ♂, Sumatra, KARNY, 2.10.1925, 2000 m, Sibayak Vulkan, (DEI); 4 ♂♂, Batak Sumatra, Sibajak, 9.6.1929, ges. H. V. HAYEK, 2000–2200 m, (ZSM); 3 ♂♂, 1 ♀, Sumatera utara, Dairi Mts., nördl. Teil, 1600 m, 23.8.1981, leg. WIESNER, (WIES); 1 ♀, N. Sumatra, Gunung Sibayak, 11.2.1984, 1780 m, leg. WIESNER, (WIES).

Die Art ist an vulkanisches Gestein gebunden, sie kommt jedoch auch weit entfernt von den Vulkankegeln vor, dort, wo die einstigen Lavaflüsse bereits nicht mehr zu erkennen sind. In den Dairi-Bergen wurden die Tiere tagsüber zwischen Grasbüscheln auf einer Waldlichtung entdeckt, wo sie sich unbeweglich verharrten, und, einmal aufgeschreckt, in raschem Lauf davoneilten. Auffliegen oder selbst ein geringes Öffnen der Flgd. als Fluchtreaktion konnte nicht beobachtet werden. Das einzelne ♀ vom Sibayak wurde unterhalb der Gipfelregion in niedrigem Strauchwerk erbeutet.

Subtribus *Theratina*

Literatur: HORN 1926: 109 – RIVALIER 1971: 139.

Therates LATR., 1817

Literatur: HORN 1926: 110 – RIVALIER 1971: 139. Typus: *T. labiatus* (F. 1801).

Bestimmungstabelle der Arten und Unterarten

1 Flgd.-Apex zu einer Spitze ausgezogen 2
– Flgd.-Apex abgerundet 3

2 Flgd.-Spitze sehr lang. Individuen größer als 12 mm 5
– Flgd.-Spitze kurz. Individuen meist kleiner als 12 mm 6

3 Flgd. mit basalem und/oder zentralem Tuberkel 4
– Flgd. ohne Tuberkel, mit sehr grober Punktierung .... 47. *T. rugulosus* W. HORN

4 Flgd. mit einem basalen und einem zentralen Tuberkel, letzterer ist entpigmentisiert ......
  .... 48. *T. batesi* THOMS.
– Flgd. nur mit einem basalen Tuberkel 8

5 Flgd. mit einem großen, nach hinten scharf abgegrenzten, hellen Basalfleck. Weitere entpigmentisierte Flächen sind nicht vorhanden ... 41. *T. spinipennis xanthophilus* W. HORN
– Flgd. mit einem hellen Schulterfleck. Dieser kann bis auf einen Punkt reduziert sein oder
  ganz verschwinden. Dann sind die Flgd. vollkommen schwarzviolett ....
  .... 40. *T. spinipennis xanthophobus* W. HORN

6 Flgd.-Apex hell. Beine hell, höchstens die Tarsen angedunkelt bis schwärzlich. Flgd.-Basis
  hell (meist breit bindenförmig) .... 42. *T. dimidiatus dejeani* CHAUD.
– Flgd.-Apex dunkel, metallisch .... /

7 Beine hell, höchstens die Tarsen angedunkelt bis schwärzlich. Flgd. völlig dunkel, metallisch,
  oder mit einem meist kleinen, hellen Humeralfleck .... 43. *T. dimidiatus wallacei* THOMS.
– Beine, bis auf die Femur-Basis, angedunkelt bis schwarzmetallisch. Flgd.-Basis hell. Die
  Entfärbung spart jedoch den größten Teil des Basal-Tuberkulums aus ....
  .... 44. *T. dimidiatus spinipennoides* W. HORN

8 Flgd.-Apex entpigmentisiert, hell, Rest dunkel, metallisch ....
  .... 46. *T. coeruleus apicalis* W. HORN
– Flgd. auch am Apex dunkel, metallisch .... 45. *T. coeruleus coeruleus* LATR.

---

40. *Therates spinipennis xanthophobus* W. HORN, 1908
Abb. 102, 121, 132, 156, 173.

Literatur: BOUCHARD 1901: 296 – HORN 1901a: 84, 1908b: 411, 1910: 193, 1926: 112, 1927: 123, 1930b: 43.
Type in DEI.

Verbreitung: Sumatra.

Sumatra: A: Muarasukon. SU: Dolok Merangir, Sindar Raya. SB: Anei Kloof, Inderapura. B: Curup, Manna,
Suban Ajam. L: Giesting. SS: Palembang.

Färbung: Kopf grün, blau oder violett. Brust grün und violett. Flgd. schwarzviolett. Unterseite schwarz, die letzten 6 Segmente hell. Schultern mit gelbem Humeralmakel, dessen Größe individuell variiert, er kann bis auf einen
Punkt reduziert sein oder ganz verschwinden. Flgd.-Apex bei Einzelstücken leicht entpigmentisiert. Taster hell,
apikal angedunkelt. Antennenglied 1 hell, die übrigen metallisch. Labrum hell, individuell leicht bis stark gebräunt
oder geschwärzt. Schenkel hell, apikal metallisch, die übrigen Beinteile glänzend schwarz.

Maße: (n = 46) Gesamtlänge 11.9 bis 15.1, Mittel 13.2; Kopfbreite 2.4 bis 4.1, Mittel 3.6; Augenzwischenraum
2.0 bis 2.5, Mittel 2.2; Halsschildbreite 2.0 bis 2.7, Mittel 2.3; Halsschildlänge 2.0 bis 2.9, Mittel 2.4; Halsschildindex 107; Flgd.-Breite 3.4 bis 4.5; Mittel 3.8.

Material: 1 ♀, Sumatra, BOUCHARD, Type W. HORN, (DEI); 1 ♂, Sumatra, Palembang, Type W. HORN,
(DEI); 1 ♂, Palembang, (USNM); 1 ♂, Sumatra, Manna, (AMST); 5 ♂♂, 3 ♀♀, l. c., M. KNAPPERT, (RNHL);
6 ♂♂, 3 ♀♀, l. c., 1902, (RNHL); 1 ♂, Sum., E. JACOBSON, Muara Sako, 10.1915, (RNHL); 1 ♂, Anei Kloof,

Sumatra's Westkust, 500 m, 1926, leg. E. JACOBSON, (AMST); 1 ♀, l. c., (WIEN); 1 ♂, l. c., (RNHL); 1 ♀, l. c., (USNM); 10 ♂♂, 2 ♀♀, Z. Sumatra, Giesting, 200 m, 12. 1934, (RNHL); 2 ♂♂, l. c., 4. 2. 1935, (RNHL); 2 ♀♀, l. c., (AMST); 2 ♂♂, 1 ♀, N. Sumatra, Dolok Merangir, 12.–21. 4. 1979, leg. Dr. DIEHL, (WIES); 1 ♀, Sumatra, 19. 1. 1980, Sindar Raya, leg. Dr. DIEHL, (WIES).

41. *Therates spinipennis xanthophilus* W. HORN, 1908
Abb. 127.

Literatur: HORN 1908 b: 411, 1910: 193, 1926: 112. Type in DEI.
Verbreitung: Sumatra.
Sumatra: SB: Mentawei, Sipora.
Färbung: wie *xanthophobus*, jedoch mit folgenden Abweichungen: Kopf schwarzviolett, grünschwarz. Brust grün, schwarz und violett. Flgd. schwarz, nur mit geringem metallischem Hauch, der Schulterfleck ist groß und deutlich abgesetzt. Labrum hell.
Maße: (n = 2) Gesamtlänge 12.2 bis 12.3; Kopfbreite 3.4 bis 3.5; Augenzwischenraum 2.2; Halsschildbreite 2.2 bis 2.3; Halsschildlänge 2.4; Halsschildindex 106; Flgd.-Breite 3.5 bis 3.6.
Material: 1 ♂, Mentawei Ins., MODIGLIANI, (DEI); 1 ♂, Mentawei, Sipora, Sereinu, 5.–6. 1894, MODIGLIANI, Type W. HORN, (DEI).

42. *Therates dimidiatus dejeani* CHAUD., 1861
Abb. 122, 123, 157.

Synonyme: *scapularis* CHAUD., 1865, *schaumi* CHAUD., 1865, *sumatrensis* PUTZ., 1880.
Literatur: BROUERIUS vAN NIDEK 1977: 21 – HORN 1892 c: 209, 210, 1895 a: 677, 1910: 193, 1926: 113, 1927: 123, 1930 b: 43.
Verbreitung: Malakka, Sumatra, Borneo, Java, Molukken, Neu Guinea.
Sumatra: A: Kualasimpang, Langsa, Semadam. SU: Dolok Merangir, Lauttador, Selesai, Sibolangit, Tanjung Morawa, Tebingtinggi. SB: Anei Kloof, Muarakiawai, Muaralabuh. J: Gunung Gedang. L: ?.
Färbung: Kopf und Brust blauviolett. Flgd. blauviolett, apikal entpigmentisiert, aufgehellt. Schultern breit bindenförmig gelb. Unterseite schwarzblau, die letzten 6 Segmente aufgehellt. Taster hell. Antennenglied 1 hell, die übrigen metallisch. Labrum hell, zentral mehr oder weniger angedunkelt. Beine hell, die Tarsen mehr oder weniger angedunkelt, zumindest apikal geschwärzt.
Maße: (n = 58) Gesamtlänge 9.1 bis 11.3, Mittel 10.4; Kopfbreite 2.3 bis 3.4, Mittel 3.0; Augenzwischenraum 1.6 bis 2.1, Mittel 1.9; Halsschildbreite 1.7 bis 2.2, Mittel 2.0; Halsschildlänge 1.7 bis 2.8, Mittel 2.0; Halsschildindex 101; Flgd.-Breite 2.8 bis 3.8, Mittel 3.2.
Material: 1 ♂, Sumatra, (RNHL); 2 ♂♂, NO. Sumatra, Tebing-Tinggi, (ZSM); 2 ♂♂, Sumatra, Deli, Siboelangit, (RNHL); 1 ♂, Tandjong Morawa, Serdang, NO. Sumatra, Dr. B. HAGEN, (AMST); 13 ♂♂, 4 ♀♀, l. c., (RNHL); 1 ♀, Anei Kloof, Sumatra's Westkust, 500 m, leg. E. JACOBSON, (WIEN); 1 ♀, l. c., (RNHL); 1 ♂, Sumatra Exp., Moiara Laboe, 10. 1877, (RNHL); 1 ♂, Sumatra Exp., Loboegedang, 12. 1877, (RNHL); 1 ♂, Sumatra, Ajer Mantoior, 8. 1878, O. BECCARI, (DEI); 1 ♂, 2de Tobareis, Sumatra, Lussun area gebied, 3.–7. 12. 1883, Dr. B. HAGEN, (RNHL); 1 ♂, Sumatra, Bedagei, 2. Sem. 1889, 200 m, KANNEGIETER, (AMST); 2 ♂♂, Sum., Aur Kumanis, E. JACOBSON, 3. 1914, (RNHL); 1 ♀, Sum., Muara Kiawai, E. JACOBSON, 6. 1915, (RNHL); 1 ♀, Sumatra O. K., Laut Tador, 16. 8. 1949, (AMST); 1 ♀, Sumatra, SE coast, Laut Tador, 90 m, leg. R. STRAATMAN, 6. 8. 1950, (RNHL); 1 ♂, l. c., 14. 8. 1950, (RNHL); 1 ♂, l. c., 9. 2. 1951, (RNHL); 1 ♀, NE Sumatra, Deli, Kuala Simpang, A. SOLLAART, lowlandforest, 5. 1953, (RNHL); 2 ♂♂, l. c., 12. 1953, (RNHL); 1 ♂, NE Sumatra, Deli, Seleseh, Kuala Limpang, Medang Ara Est., A. SOLLAART, lowlandforest, 3. 1954, (RNHL); 2 ♂♂, l. c., 4. 1954, (RNHL); 5 ♂♂, 1 ♀, NE Sumatra, Deli, Bukit Pandjang Est., Langsa, 11. 1954, A. SOLLAART, lowlandforest, (RNHL); 3 ♂♂, 1 ♀, NE Sumatra, Deli, Kuala Simpang, Semadam Estate, 11. 1954, A. SOLLAART, lowlandforest, (RNHL); 1 ♂, N. Sumatra, Dolok Merangir, leg. Dr. DIEHL, 21.2.–10.3.1979, (WIES); 1 ♂, l. c., 12.–21. 4. 1979, (WIES); 1 ♀, l. c., 11. 8. 1979, (WIES); 1 ♂, 1 ♀, l. c., 2. 3. 1980, (WIES).

Die Punktierung der Flgd. ist bei den 3 auf Sumatra vorkommenden *dimidiatus*-ssp. sehr variabel, wobei sich die Punkte von *spinipennoides* am weitesten von der Basis aus nach hinten ausbreiten, während *wallacei* und *dejeani* häufig hinter dem Basaltuberkel und dem ihm nachfolgenden Quereindruck nur noch vereinzelte Punkte aufweisen.

31

43. *Therates dimidiatus wallacei* Thoms., 1857
Abb. 124.

Literatur: Brouerius van Nidek 1977: 21 – Horn 1892 c: 209, 210, 1895 a: 677, 1910: 193, 1926: 113 – Thomson 1857: 131.
Verbreitung: Sumatra, Borneo, Java.
Sumatra: SB: Muaralabuh. J: Gunung Gedang. SS: Palembang.
Färbung: wie *dejeani*, jedoch mit folgenden Abweichungen: Flgd. häufig ohne gelbe Zeichnung, manchmal ist ein kleiner gelber Schulterfleck vorhanden, manchmal ist der Apex gering aufgehellt (durchscheinend, jedoch nicht ausgesprochen gelb gefärbt).
Maße: (n = 1) Gesamtlänge 11.0; Kopfbreite 3.2; Augenzwischenraum 2.0; Halsschildbreite 2.0; Halsschildlänge 2.1; Halsschildindex 102; Flgd.-Breite 3.3.
Material: 1 ♀, Sumatra, Palembang, (DEI).

44. *Therates dimidiatus spinipennoides* W. Horn, 1895
Abb. 125, 126, 174.

Literatur: Brouerius van Nidek 1977: 21 – Horn 1895 a: 677, 678, 1910: 193, 1926: 113, 1927: 123.
Verbreitung: Sumatra.
Sumatra: A: Bandahara, Muarasukon. SU: Batu. SB: Bukittinggi, Muaralabuh, Padangpandjang, Pajakombo. B: Manna, Suban Ajam. J: Sanggaranagung, Siulakderas. SS: Gunung Dempo. L: Giesting.
Färbung: Kopf grün metallisch. Brust grünmetallisch oder grünblau violett. Flgd. grünblau violett. Schultern mit Bindenzeichnung. Diese Binde ist nach innen stark eingebuchtet. Taster hell, apikal angedunkelt oder völlig dunkelbraun. Antennenglied 1 hell, die übrigen metallisch. Labrum hell, zentral angedunkelt, individuell ist der Rand geschwärzt. Schenkel hell, apikal verdunkelt. Die restlichen Beinglieder sind metallisch schwarz.
Maße: (n = 65) Gesamtlänge 10.4 bis 12.2, Mittel 11.4; Kopfbreite 3.1 bis 3.7, Mittel 3.3; Augenzwischenraum 1.8 bis 2.2, Mittel 2.0; Halsschildbreite 1.8 bis 2.4, Mittel 2.1; Halsschildlänge 1.9 bis 2.4, Mittel 2.1; Halsschildindex 101; Flgd.-Breite 3.1 bis 3.8, Mittel 3.4.
Material: 1 ♂, Sumatra, (ZSM); 7 ♂♂, 4 ♀♀, l. c., Wiedemann, (ZSM); 1 ♂, l. c., Sammlung H. Morin, (ZSM); 1 ♂, l. c., W. Morton, (DEI); 1 ♀, l. c., Bouchard, (DEI); 1 ♂, Sumatra, Giestings, Native collect., (AMST); 9 ♂♂, 3 ♀♀, Sumatra, Dolok Baros, (RNHL); 1 ♂, 1 ♀, Sumatra, Pajakombo, K. Boyer, (RNHL); 1 ♂, Sum. Exp., Moeara Laboe, 11. 1877, (RNHL); 1 ♀; Sumatra, Si-Rambé, 12. 1890–3. 1891, E. Modigliani, (CASSOLA); 1 ♀, Sumatra, 800 m, Padg. Pandjang, 1. trim. 1896, Kannegieter, (AMST); 1 ♀, l. c., (RNHL); 1 ♂, Sumatra, Padg. Pandjang, 800 m, (DEI); 4 ♂♂, 2 ♀♀, Sumatra, Manna, M. Knappert, (RNHL); 6 ♂♂, 1 ♀, l. c., 1902, (RNHL); 1 ♀, Sumatra, Siolak Daras, Korinchi Valley, 3100 ft., 3. 1914, (AMST); 1 ♀, Sum., Tandj. Andalas, E. Jacobson, 5. 1914, (RNHL); 4 ♂♂, Sumatra, Sandaran Agong, Korinchi Lake, 2450 ft., 5./6. 1914, (BMNH); 1 ♂, Su., Muara Sako, E. Jacobson, 10. 1915, (RNHL); 3 ♂♂, 5 ♀♀, Sum., Suban Ajam, E. Jacobson, 7. 1916, (RNHL); 1 ♂, Sum., Air Njuruk, Dempu, 1400 m, E. Jacobson, 8. 1916, (RNHL); 1 ♀, N. Sumatra, Bivouac One, Mt. Bandahara, 25. 6.–5. 7. 1972, J. Krikken, ca. 810 m, lowland multistriatal evergreen forest, (RNHL).

45. *Therates coeruleus coeruleus* Latr., 1822
Abb. 128, 133, 158.

Synonyme: *javanicus* Gory, 1831, *cyaneus* Brull., 1834.
Literatur: Bouchard 1901: 296 – Horn 1895 a: 677, 1910: 190, 191, 193, 1926: 113, 1927: 123 – Latreille & Dejean 1822: 64, T. 1, f. 2.
Verbreitung: Sumatra, Java.
Sumatra: A: Kualasimpang, Muarasukon. SU: Sibolangit, Tanahmasa (Batu). SB: Anei Kloof, Inderapura, Padangpandjang, Pajakombo. B: Manna. SS: Palembang. L: Giesting, Gunung Tanggamus.
Färbung: Kopf und Brust blaugrün. Flgd. blaugrün bis violett. Unterseite schwarz. Hinterleibssegmente hellbraun. Taster hellgelb. Antennenglied 1 hellgelb, die übrigen dunkelbraun. Labrum hellgelb. Beine hellgelb, individuell sind die Klauenglieder angedunkelt.
Maße: (n = 76) Gesamtlänge 8.1 bis 11.2, Mittel 9.5; Kopfbreite 2.5 bis 3.4, Mittel 2.9; Augenzwischenraum 1.6 bis 2.1, Mittel 1.8; Halsschildbreite 1.5 bis 2.0, Mittel 1.7; Halsschildlänge 1.5 bis 2.1, Mittel 1.8; Halsschildindex 105; Flgd.-Breite 2.5 bis 3.3, Mittel 2.9.

Material: 1 ♂, Sumatra, WIEDEMANN, (ZSM); 3 ♂♂, Sumatra, Giestings, Native collect., (AMST); 3 ♂♂, l. c., (RNHL); 4 ♂♂, Sumatra, Palembang, M. KNAPPERT, (RNHL); 1 ♀, Sumatra, Pajakombo, H. BOYER, (RNHL); 9 ♂♂, 3 ♀♀, Sumatra, Dolok Baros, (RNHL); 1 ♀, Sum. Exp., Piek van Indrapoera, 12.1877, (RNHL); 1 ♂, Sumatra, 800 m, Padg. Pandjang, KANNEGIETER, l. trim. 1896, (AMST); 4 ♂♂, Ins. Batoe, 9.1896, Tanah Masa, KANNEGIETER, (AMST); 2 ♂♂, Sumatra, Manna, (RNHL); 3 ♀♀, l. c., M. KNAPPERT, (RNHL); 1 ♂, 1 ♀, l. c., 1901, (RNHL); 1 ♂, l. c., 1902, (AMST); 15 ♂♂, 4 ♀♀, l. c., (RNHL); 1 ♂, Sum., Tanangtalu, E. JACOBSON, 5.1915, (RNHL); 1 ♂, Sum., Barung Pulau, Kurintji, E. JACOBSON, 7.1915, (RNHL); 1 ♀, Sum., Muara Sako, E. JACOBSON, 10.1915, (RNHL); 1 ♂, Sumatra's O. K., Lau Rakit, 300 m, J. B. CORPORAAL, 1.9.1921, (DEI); 1 ♂, Anei Kloof, Sumatra's Westkust, 500 m, 1926, leg. E. JACOBSON, (CASSOLA); 1 ♂, l. c., (RNHL); 1 ♂, l. c., (WIEN); 1 ♂, 1 ♀, Sum., Giesting, 500 m, 12.1934, P. H. v. DOESBURG, (RNHL); 1 ♂, S. Sumatra, 400 m, SW Lampongs, Giesting, Mt. Tanggamoes, 12.1934, LIEFTINCK/TOXOPEUS, Wailalaau, (DEI); 1 ♂, NE. Sumatra, Deli, Kuala Simpang, A. SOLLAART, lowlandforest, 5.1953, (RNHL); 2 ♂♂, 1 ♀, l. c., 8.1953, (RNHL); 3 ♂♂, 1 ♀, l. c., 12.1953, (RNHL); 1 ♀, N. O. Sumatra, 450 m, Deli, Sibolangit, 5.1.1954, J. v. D. VECHT, (AMST).

46. Therates coeruleus apicalis W. HORN, 1897
Abb. 129.

Literatur: HORN 1897 b: 270, 1910: 194, 1926: 113.
Verbreitung: Sumatra.
Sumatra: SU: Tanahmasa (Batu). SB: Mentawei, Siberut, Sioban (Sipora).
Färbung: wie Nominatform, jedoch Flgd. mit gelbem Apikalfleck.
Maße: (n = 10) Gesamtlänge 8.2 bis 8.9, Mittel 8.6; Kopfbreite 2.5 bis 2.9, Mittel 2.7; Augenzwischenraum 1.5 bis 1.7, Mittel 1.7; Halsschildbreite 1.5 bis 1.7, Mittel 1.6; Halsschildlänge 1.6 bis 1.8, Mittel 1.7; Halsschildindex 105; Flgd.-Breite 2.4 bis 2.8, Mittel 2.6.
Material: 2 ♂♂, 2 ♀♀, Ins. Batoe, Tanahmasa, KANNEGIETER, (AMST); 1 ♂, l. c., (DEI); 1 ♂, 1 ♀, West Sumatra, Siberut Isl., 9.1924, C. B. K. and N. S., (BMNH); 1 ♂, l. c., (AMST); 2 ♂♂, West Sumatra, Sipora Isl., 10.1924, C.B.K. and N.S., (BMNH).

47. Therates rugulosus W. HORN, 1900
Abb. 130, 159.

Literatur: DOBLER 1973: 407 – HORN 1900: 194, 195, 1910: 190, 194, 1926: 114. Type in DEI.
Verbreitung: Sumatra, Borneo.
Sumatra: SU: Tebingtinggi.
Färbung: Kopf blaugrün. Brust grünschwarz. Flgd. grünschwarz mit gelbem Humeralmakel. Unterseite schwarz. Taster hellgelb. Antennen gelbbraun. Labrum gelb. Beine gelb.

48. Therates batesi THOMS., 1857
Abb. 131, 160, 175.

Literatur: HORN 1901 a: 84, 1908 a: 14, T. 3, f. 23, 1910: 190, 194, 1926: 114, 1927: 123 – THOMSON 1857: 131, 132.
Verbreitung: Sumatra, Borneo.
Sumatra: A: Muarasukon. SU: Tanahmasa (Batu). SS: Anei Kloof, Inderapura. J: Sanggaranagung. B: Kepahiang, Manna. L: Giesting.
Färbung: Kopf schwarzgrün. Brust schwarzblau. Flgd. schwarz mit breiter undeutlich begrenzter heller Humeralbinde und einem deutlich begrenzten gelben Zentralfleck (Tuberkel). Individuell ist der Flgd.-Apex gering aufgehellt. Unterseite schwarz, Hinterleibssegmente hell. Taster hell. Antennenglied 1 hell, die übrigen braun. Labrum hell. Beine hell. Die Klauenglieder sind angedunkelt.
Maße: (n = 19) Gesamtlänge 6.8 bis 8.0, Mittel 7.5; Kopfbreite 2.0 bis 2.4, Mittel 2.3; Augenzwischenraum 1.2 bis 1.6, Mittel 1.4; Halsschildbreite 1.2 bis 1.4, Mittel 1.3; Halsschildlänge 1.2 bis 1.5, Mittel 1.4; Halsschildindex 106; Flgd.-Breite 2.0 bis 2.6, Mittel 2.3.
Material: 1 ♂, Sumatra, BOUCHARD, (DEI); 1 ♂, 1 ♀, Sumatra, Giestings, Native collect., (AMST); 1 ♀, Sum. occ., Tambang Salida, J. L. WEYERS, (RNHL); 3 ♂♂, Ins. Batoe, 9.1896, Tanah Masa, KANNEGIETER, (AMST);

1 ♀, l. c., (DEI); 2 ♂♂, 2 ♀♀, Sumatra, Manna, M. KNAPPERT, (RNHL); 1 ♀, Sum., Aur Kumanis, E. JACOBSON, 3.1914, (RNHL); 1 ♀, Sumatra, Sandaran Agon, Korinchi Lake, 2450 ft., 5./6.1914, (BMNH); 1 ♂, 1 ♀, Sum., Serapai, Kurintji, E. JACOBSON, 7.1915 (RNHL); 1 ♂, Sum., Muara Sako, E. JACOBSON, 10.1915, (RNHL); 1 ♂, Anei Kloof, Sumatra's Westkust, 500 m, 1926, leg. E. JACOBSON, (AMST); 1 ♂, Sumatra, Bengkulu Prov., Kepahiang, 9.2.1971, G. R. BALLMER, (CASSOLA).

Subtribus *Cicindelina*

Literatur: HORN 1926: 126 – RIVALIER 1971: 140.

Es folgen die Arten der früheren Groß-Gattung *Cicindela*, die E. RIVALIER und andere in zahlreiche Gattungen aufteilten. Begründet sind diese hauptsächlich auf die innere und äußere Morphologie der männlichen Genitalien. Soweit möglich wurde im Bestimmungsschlüssel auf die Verwendung solcher Merkmale verzichtet. Ebenso wurde darauf verzichtet, die einzelnen Arten ihren Gattungen und Untergattungen dichotomisch nachzuordnen, wie es bei den vorangegangenen Taxa geschah. Deshalb führt die folgende Bestimmungstabelle direkt zu den Arten und Unterarten; deren Gattungszugehörigkeit ist aus dem Textzusammenhang erkennbar.

W. HORN erwähnt 1911: 315 *Calochroa lacrymans* (SCHAUM) von Nias. 1915: 301 versieht er die Meldung Nias mit einem ? und 1926: 181 nennt er für diese Art ausdrücklich: Ceylon (nicht Nias). Sie kommt auf Sumatra nicht vor und wurde im Rahmen dieser Arbeit nicht berücksichtigt. Ebenfalls nicht berücksichtigt wurde *Diotophora guttula albapicalis* (W. HORN) von Celebes. Diese Form meldet HORN 1892 a: 74 von Sumatra, erkennt später, daß es sich um eine Fundortverwechslung handeln muß und erwähnt *albapicalis* in seinen Katalogen (1915, 1926) nicht mehr von Sumatra.

Bestimmungstabelle der Arten und Unterarten

1 Labrum fast so lang wie breit, nach vorn und hinten gleich stark ausgezogen. Augenzwischenraum hinter der Antenneninsertion sehr schmal. Pronotum metallisch glänzend, an den Seiten weiß behaart 2

– Labrum höchstens ³/₄ so lang wie breit, nach hinten nicht oder nur schwach ausgezogen 3

2 Flgd. mit ausgeprägter Bindenzeichnung . . . . 76. *longipes longipes* (F.)

– Flgd. ohne Bindenzeichnung, fast völlig hell . . . . 77. *longipes flava* (W. HORN)

3 Flgd. mit hellen Makeln oder Binden . . . . /

– Flgd. ohne irgendwelche helle Zeichnung 4

4 Flgd. grün oder blau, mit metallisch glänzenden Flächen. Labrum grünblau, metallisch glänzend . . . . 59. *versicolor* (M'LEAY)

– Flgd. kupfrig, ohne reflektierende Flächen 5

5 Labrum dunkel, metallisch 6

– Labrum entpigmentisiert, hell. Flgd. grob skulpturiert, kupfrig . . 66. *foveolata* (SCHAUM)

6 Flgd. braun- bis schwarzkupfrig, mit deutlichen Längsrunzeln (Tier seitlich und von hinten betrachtet) . . . . 67. *holosericea* (F.)

– Flgd. schwarzkupfrig, ohne Längsrunzeln. Auf der Scheibe ein porenpunktloser (mattschwarzer) Längswisch . . . . 68. *viduata* (F.)

7 Flgd.-Zeichnung besteht nur aus isolierten, mehr oder weniger runden Flecken 8

– Flgd.-Zeichnung besteht aus mehr oder weniger miteinander verbundenen Makeln oder Binden, wenigstens ist eine Apikal- oder Humerallunula vorhanden 18

34

8 Individuen größer als 9 mm 9
– Individuen kleiner als 9 mm 12

9 Labrum sehr kurz, quer rechteckig. Flgd. rein grün mit 2 kleinen, hellen Makeln . . . .
   . . . . 64. *maxillaris* (W. HORN)
– Labrum länger, nach vorn ausgezogen. Flgd. nicht rein grün, mit mehr als 2 Makeln 10

10 Flgd. mit Mittelmakel und 4 Randmakeln . . . . 55. *didyma* (DEJ.)
– Flgd. ohne Mittelmakel 11

11 Flgd. mit 4 Makeln, die abgesehen vom Humeralfleck, relativ groß und in ihrer Lage zur
   Flgd.-Mitte hin orientiert sind. Grundfarbe der Flgd. mattschwarz . . . .
   . . . . 56. *aurulenta* (F.)
– Flgd. mit (meistens 5) sehr kleinen Randflecken. Grundfarbe der Flgd. grün- oder braunkupfrig . . . . 51. *funerea funerea* (M'LEAY)

12 Labrum lang, breit ausgezogen, völlig dunkel metallisch 13
– Labrum kurz, quer rechteckig, völlig oder teilweise entpigmentisiert, hell 14

13 Flgd. braun- bis schwarzkupfrig, mit deutlichen Längsrunzeln (Tier seitlich und von hinten
   betrachtet) . . . . 67. *holosericea* (F.)
– Flgd. schwarzkupfrig, ohne Längsrunzeln. Im Bereich der Mittelmakel ein porenpunktloser
   (mattschwarzer) Längswisch . . . . 68. *viduata* (F.)

14 Flgd. zusätzlich zu den Spiegelflecken der ♀♀ mit metallisch reflektierenden Flächen, dadurch mit zusätzlicher dunkler Zeichnung . . . . 60. *elegantissima* (W. HORN)
– Flgd. neben den Spiegelflecken der ♀♀ oder metallisch glänzenden Schultern oder Hinterecken ohne zusätzliche dunkle Zeichnung 15

15 Labrum zumindest an der Basis metallisch gefärbt 16
– Labrum völlig entpigmentisiert, hell 17

16 Halsschildseiten stark behaart . . . . 61. *bouchardi* (W. HORN)
– Halsschildseiten nicht behaart, oder nur mit vereinzelten Haaren . . . .
   . . . . 62. *catoptroides* (W. HORN)

17 Halsschild und Abdomen stark behaart. Humeralmakel der Flgd. fehlen meist. Spiegelflecken der ♀♀ sehr groß . . . . 65. *pseudolongipalpis* (W. HORN)
– Halsschild und Abdomen schwach behaart. Humeralmakel der Flgd. vorhanden. Spiegelflecken der ♀♀ schmal, zweigeteilt . . . . 63. *longipalpis* (W. HORN)

18 Flgd. vollständig gelb umrandet 19
– Flgd. nicht gelb umrandet oder die Umrandung ist an mehreren Stellen unterbrochen 22

19 Flgd. mit abgewinkelter Mittelbinde 20
– Flgd. ohne abgewinkelte Mittelbinde, schwarz, mit rot- bis grünkupfrigem Glanz . . . .
   . . . . 75. *biramosa* (F.)

20 Labrum mit 3 Zähnen. Flgd. mit isoliertem basalen Nahtfleck . . . . . . 57. *fuliginosa* (DEJ.)
– Labrum mit 1 Zahn. Flgd. ohne Nahtfleck 21

21 Ende der Humerallunula zur Naht hin knopf- bis hakenförmig erweitert. Flgd. der ♀♀ ohne
   Randerweiterung . . . . 50. *saxatilis* (GISTL)
– Ende der Humerallunula nicht erweitert. Flgd.-Seitenrand der ♀♀ vor der Mitte erweitert . .
   . . . . 49. *angulata* (F.)

22 Flgd.-Zeichnung besteht nur aus einem kleinen Humeralfleck oder einer schmalen Humerallunula und einer schmalen Apikallunula. ♀ ♀ mit großem Spiegelfleck . . . .
   . . . . 78. *doriai* (W. Horn)
   − Flgd.-Zeichnung anders 23

23 Flgd. mit abgewinkelter Mittelbinde 24
   − Flgd. ohne abgewinkelte Mittelbinde 26

24 Individuen kleiner als 9 mm. Flgd. der ♀ ♀ ohne Spiegelfleck . . . . 72. *minuta* (Ol.)
   − Individuen größer als 9 mm. ♀ ♀ mit Spiegelfleck 25

25 Humeralmakel meist als vollständige Lunula ausgebildet. Halsschild schwach gekörnt.
   Spiegelfleck der ♀ ♀ metallisch glänzend. Apex des Penis zu einer Spitze ausgezogen . . . . . .
   . . . . 74. *specularis brevipennis* (W. Horn)
   − Humerallunula meist auf einen kleinen Fleck schräg oberhalb des Marginalbandes reduziert.
   Halsschild stärker gekörnt. Der Spiegelfleck der ♀ ♀ wird oft nur durch einen Punkthaufen
   angedeutet. Apex des Penis abgerundet . . . . 73. *undulata* (Dej.)

26 Labrum mit einem Mittelzahn oder mit Mittelzahn und je einem weiteren rechts und links
   daneben 27
   − Labrum mit 5 Zähnen. Grundfarbe der Flgd. mattschwarz . . . . 58. *striolata striolata* (Ill.)

27 Flgd. mit Mittelmakel 31
   − Flgd. ohne Mittelmakel 28

28 Individuen sehr schlank. Beine entpigmentisiert, hell. Flgd. der ♀ ♀ mit Spiegelfleck . . . . .
   . . . . 71. *jacobsoni* (W. Horn)
   − Individuen breiter. Beine metallisch. Flgd. der ♀ ♀ ohne Spiegelfleck 29

29 Flgd. ohne Humerallunula, nur mit kleinem Humeralfleck . . 51. *funerea funerea* (M'Leay)
   − Flgd. mit vollständiger oder am Rand unterbrochener Humerallunula 30

30 Der obere Marginalfleck ist langgestreckt, strebt in seiner Ausdehnung zur Flgd.-Mitte und
   ist länger als die halbe Flgd.-Breite . . . . 53. *opigrapha* (Dej.)
   − Oberer Marginalfleck kürzer, meist wesentlich kürzer als die halbe Flgd.-Breite . . . .
   . . . . 52. *funerea multinotata* (Schaum)

31 Individuen größer als 9 mm 32
   − Individuen kleiner als 9 mm 33

32 Flgd. mit vollständiger oder unterbrochener Apikallunula . . . .
   . . . . 54. *decemguttata decemguttata* (F.)
   − Flgd. ohne Apikallunula . . . . 55. *didyma* (Dej.)

33 Individuen klein. Flgd.-Zeichnung besteht aus Marginal- und Mittelfleck und Apikallunula.
   Marginal- und Mittelfleck können miteinander verbunden sein . . 70. *reductula* (W. Horn)
   − Individuen größer. Neben den oben genannten Zeichnungselementen ist eine Humerallunula
   vorhanden . . . . 69. *discreta* (Schaum)

36

Lophyridia JEAN., 1946

Literatur: JEANNEL 1946: 152 – RIVALIER 1961: 132, 1963: 46, 1971: 142. Typus: *L. dongalensis* (KLUG, 1832).

49. *Lophyridia angulata* (FABRICIUS, 1798)
Abb. 134, 135, 161, 176, 177.

Synonyme: *sumatrensis* (HERBST, 1806), *arcuata* (KOLLAR, 1836), *westerhauseri* (GISTL, 1837), *leguilloui* (GUÉR., 1841), *boyeri* (BLANCH., 1853), *renardi* (FLEUT., 1890).
Literatur: FOWLER 1912: 371, 372, f. 162 – HORN 1895 a: 681, 1908 a: 53, 1915: 252, 280, 281, 283, 295, 324, 1926: 174, 1938: T. 52, f. 15 – MANDL & CHUJÔ 1964: 166, T. 3, f. 15 – RIVALIER 1961: 132. Type in RNHL.
Verbreitung: Ceylon, Indien, Birma, Thailand, Vietnam, China, Formosa, Japan, Malakka, Sumatra, Borneo, Sumbawa, Philippinen.
Färbung: Kopf hellbraun, rotbraun bis grün oliv. Brust grünbraun bis oliv. Flgd.-Grundfarbe hellbraun, grünbraun bis dunkelbraun oliv. Humeral- und Apikallunula, Marginalband und damit verbundene gekniete Mittelbinde gelb. Unterseite grünlich. Taster hell, die 2 apikalen Glieder metallisch. Antennenglieder 1 bis 4 metallisch, die übrigen dunkelbraun. Labrum hell, schwarz umrandet. Beine grünmetallisch.
Maße: (n = 10) Gesamtlänge 10.4 bis 11.7, Mittel 11.0; Kopfbreite 2.8 bis 3.2, Mittel 3.1; Augenzwischenraum 1.8 bis 2.1, Mittel 2.0; Halsschildbreite 2.1 bis 2.5, Mittel 2.3; Halsschildlänge 1.9 bis 2.2, Mittel 2.0; Halsschildindex 86; Flgd.-Breite 3.8 bis 5.1, Mittel 4.4.
Material: 1 ♂, Sumatra, (RNHL); 1 ♀, Sumatra, A. DEYR., (RNHL); 1 ♂, Sumatra, ex coll. BONVOULOIR, Type, (RNHL); 2 ♂♂, 1 ♀, l. c., (RNHL); 2 ♂♂, 2 ♀♀, Sumatra occ., Indragiri, A. E. v. HASSELT, (RNHL).

Lophyridia sumatrensis Herbst ist von ACCIAVATTI & PEARSON (in Druck) als Synonym zu *angulata* F. gestellt worden: alles, was frühere Autoren als *sumatrensis* bezeichnet haben, ist *angulata* F., während für die *angulata*-Zitate der Artname *saxatilis* GISTL gültig wird.

50. *Lophyridia saxatilis* (GISTL, 1837)
Abb. 136, 137, 162, 178, 179.

Synonyme: *designata* (DEJ., 1821), *latipennis* (PARRY, 1844), *angulata* (MAINDRON, 1905).
Literatur: FOWLER 1912: 370, 371 – HORN 1892 a: 86, 87, 1911: 314, 1915: 296, 419, 1926: 175, 1938: T. 52, f. 19 – RIVALIER 1953, 1961: 132. Type in GMSN.
Verbreitung: Indien, Sikkim, Birma, Thailand, Laos, Cambodja, Vietnam, China, Formosa, Malakka.
Färbung: Kopf rötlich, oliv, grün. Brust rot oliv. Flgd. rot oliv bis grün oliv. Makel wie bei *angulata*, gelb. Unterseite grünlich. Taster hell, apikales Glied metallisch. Antennenglieder 1 bis 4 metallisch, die übrigen dunkelbraun. Labrum hell. Beine rotgrün metallisch.

Von *saxatilis* existieren folgende Formen: ssp. *plumigera* W. HORN (Abb. 137) vom südlichen und östlichen indischen Subkontinent, ssp. *saxatilis* s. str. (Abb. 136) von Nordindien, Sikkim, Birma und nach Osten bis Südchina, ssp. *scoliographa* RIVALIER von Laos, Cambodja und Malakka und ssp. *devastata* W. HORN von Formosa. Belegstücke aus Sumatra sind nicht bekannt geworden, lediglich HORN nennt die Art von dort (1911: 314 in seiner Arbeit über die Wedda-Brücke und 1926: 175 im Weltkatalog). Wenn Exemplare von Sumatra auftauchen sollten, so müßte es sich um *scoliographa* RIVALIER handeln.

51. *Lophyridia funerea funerea* (M'LEAY, 1825)
Abb. 138, 163.

Synonyme: *marginepunctata* (DEJ., 1826), *assimilis* (HOPE, 1831).
Literatur: FOWLER 1912: 377 – HORN 1915: 280, 297, 1926: 175, 1938: T. 52, f. 23 – MAC LEAY 1825: 11 – RIVALIER 1961: 132. Type in BMNH.
Verbreitung: Indien, Sikkim, Laos, Vietnam, Sumatra, Java.
Färbung: Oberseite grünkupfrig bis braunkupfrig. Humeral-, oberer und unterer Marginalfleck sowie Apikallunula oder 1 bis 2 Apikalflecken gelb. Unterseite blau violett. Lippentaster metallisch, Kiefertaster hell, apikales

Glied metallisch. Antennenglieder 1 bis 4 metallisch, die übrigen schwarz. Labrum hell. Beine grünblau bis messingblau.

Maße: (n = 1) Gesamtlänge 11.4; Kopfbreite 3.2; Augenzwischenraum 2.0; Halsschildbreite 2.2; Halsschildlänge 2.1; Halsschildindex 97; Flgd.-Breite 4.4.

Material: 1 ♂, Sumatra, BOUCHARD, (DEI).

Von Sumatra lag im Rahmen dieser Arbeit nur ein einziges Exemplar der *funerea* s. str. vor, ohne detaillierte Fundortangabe, so daß ihr Vorkommen auf Sumatra nicht zweifelsfrei belegt ist. Das fragliche Tier, ein ♂, ist jedenfalls *funerea* s. str., wie auch das Genitalpräparat belegt. ACCIAVATTI & PEARSON (in Druck) trennen *funerea* und *opigrapha* wegen morphologischer Unterschiede der ♀♀-Mesaepisternen. Diese spezifische Trennung konnte durch Untersuchung der ♂♂-Genitalien bestätigt werden. Der Penis von *opigrapha* (Abb. 165) ist kürzer als der von *funerea* (Abb. 163) und basal nicht allmählich und schwach, sondern abgesetzt und stärker verdickt.

52. *Lophyridia funerea multinotata* (SCHAUM, 1861)
Abb. 139, 164.

Literatur: HORN 1901 a: 85, 1915: 251, 253, 280, 297, 1926: 175, 1930 b: 46, 47, 1938: T. 52, f. 26 – RIVALIER 1961: 132.

Verbreitung: Borneo, Celebes, Molukken.

Färbung: wie Nominatform, Flgd. jedoch mit durchgehender oder unterbrochener Humerallunula, am Flgd.-Rand ist die helle Humeral-, Apikal- und Marginalzeichnung bisweilen miteinander verbunden.

Nach Untersuchung der ♂♂-Genitalien gehört *multinotata* als ssp. zu *funerea* M'LEAY. Sie kommt auf Sumatra nicht vor. Als *multinotata* determinierte Exemplare aus Sumatra erwiesen sich nach ♀♀-Mesaepisternen und ♂♂-Genitalien als *opigrapha* DEJ.

53. *Lophyridia opigrapha* (DEJ., 1831)
Abb. 140, 141, 142, 165, 166, 169, 180, 181, 302.

Literatur: HORN 1895 a: 681, 1908 a: 80, 1913 a: 250, 1915: 280, 297, 1926: 175, 1927: 124, 1938: T. 52, f. 25 – RIVALIER 1961: 132.

Verbreitung: Sumatra, Borneo, Java, Sumbawa, Bali, Celebes, Molukken.

Sumatra: A: Balelutu, Gumpang, Ketambe, Langsa, Lasikin (Simalur), Sibigo. SU: Balige, Danau Toba, Lawalo (Nias), Medan, Samosir, Tanjung Morawa. SB: Bukittinggi, Inderapura, Muaralabuh. B: Manna, Sukaraja. SS: Palembang.

Färbung: wie *funerea*. Flgd. jedoch mit einer manchmal unterbrochenen Humerallunula und einem nach innen verlängerten oberen Marginalfleck (dieser kann mit dem unteren Marginalfleck verbunden sein). Die helle Zeichnung der Individuen aus Sumatra ist allgemein breiter als die von Tieren des übrigen Verbreitungsgebietes.

Maße: (n = 128) Gesamtlänge 8.8 bis 11.7, Mittel 10.5; Kopfbreite 2.5 bis 3.2, Mittel 2.9; Augenzwischenraum 1.5 bis 2.1, Mittel 1.8; Halsschildbreite 1.7 bis 2.4, Mittel 2.1; Halsschildlänge 1.6 bis 2.1, Mittel 1.9; Halsschildindex 91; Flgd.-Breite 3.5 bis 4.6, Mittel 4.1.

Material: 3 ♂♂, 1 ♀, Sumatra, M. KNAPPERT, (RNHL); 7 ♂♂, 5 ♀♀, Sumatra, Medan, coll. HAYEK, (ZSM); 1 ♂, 1 ♀, Sumatra, DOHRN, Liangagas, (RNHL); 1 ♀, Sumatra, Manna, (AMST); 5 ♂♂, 1 ♀, l. c., M. KNAPPERT, (RNHL); 3 ♂♂, 1 ♀, N. O. Sumatra, Tandjong Morawa, Serdang, (RNHL); 6 ♂♂, 8 ♀♀, Sumatra, Palembang, M. KNAPPERT, (RNHL); 1 ♂, l. c., (AMST); 1 ♂, Sumatra, Fort de Kock, 6. 1884, WEYERS, (DEI); 1 ♂, Sumatra's O. K., Bedagei Int., ± 600′, 2de Sem. 1889, I. Z. KANNEGIETER, (DEI); 1 ♂, Sumatra, Lago Toba, 2. & 11. 1891, E. MODIGLIANI, (WIEN); 1 ♂, Soekaranda, 1. 1894, DOHRN, (CASSOLA); 2 ♂♂, Sum., E. JACOBSON, Aur Kumanis, 3. 1914, (RNHL); 1 ♂, Sumatra, Fort de Kock, 920 m, 4. 1922, leg. E. JACOBSON, (DEI); 1 ♂, l. c., 1925, (DEI); 1 ♂, Sumatra, Tobameer, 1929, Deutsche Limnologische Sunda-Expedition, (AMST); 1 ♀, Sumatra, 20. 3. 1972, DIEHL, (WIEN); 1 ♀, N. Sumatra, Alas Valley, Ketambe, 5.–6. 6. 1972, ca. 320 m, J. KRIKKEN, (AMST); 14 ♂♂, 7 ♀♀, l. c., long grass veg. × bare patches, (RNHL); 10 ♂♂, 11 ♀♀, N. Sumatra, Alas Valley, Gumpang, 11. 6. 1972, J. KRIKKEN, ca. 640–670 m, bare stony sand ridges in the Alas River, (RNHL); 10 ♂♂, 5 ♀♀, Alas Valley, Balelutu, 3.–8. 8. 1972, J. KRIKKEN, ca. 320 m, banks of Alas R., multistriatal evergreen forest area, (RNHL); 1 ♂, 3 ♀♀, Is. Nias, 0–200 m, 24. 7. 1979, leg. Dr. DIEHL, (WIES); 1 ♂, N. Sumatra, Langsa, leg.

Dr. DIEHL, 22./23.8.1979, (WIES); 1 ♂, Sumatra, Nias, Lawalo, Strand, leg. DIEHL, 26.9.1979, (WIES); 1 ♂, Sumatra, Nias, Ostküste, Lawalo, Lichtfang, leg. ERBER, 26.9.1979, (ERBER); 2 ♂♂, 7 ♀♀, Aceh, Is. Simalur, Lasikin, 19.2.1984, 10 m, leg. WIESNER, (WIES).

Die Art ist nachts an Leuchtfallen zu fangen. Auf Simalur war sie tagsüber sehr zahlreich auf der Piste des Flugplatzes von Lasikin und den angrenzenden spärlich bewachsenen Sandflächen. Ob die Sumatra-Tiere eventuell einer eigenen ssp. angehören, konnte nicht geklärt werden, da ausreichend große Serien von anderen Verbreitungsgebieten fehlen.

54. *Lophyridia decemguttata decemguttata* (F., 1801)
Abb. 143, 167, 182, 183.

Literatur: BROUERIUS VAN NIDEK 1957 – HORN 1915: 299, 1926: 178, 1938: T. 53, f. 12 – RIVALIER 1961: 132.
Verbreitung: Sumatra, Java, Celebes, Molukken.
Färbung: Kopf dunkel oliv, grün, rot, blau. Brust dunkel oliv, grün, rot. Flgd. matt schwarz, Humeral- und Apikallunula, oberer Marginalfleck, damit mehr oder weniger verbundener Mittelfleck und unterer Marginalfleck gelb. Unterseite schwarz grün. Taster hell, apikales Glied grün. Antennenglieder 1 bis 4 grün metallisch, die übrigen schwarz. Labrum hell. Beine grün metallisch.
Maße: (n = 2) Gesamtlänge 10.8 bis 12.1; Kopfbreite 3.0 bis 3.2; Augenzwischenraum 1.9 bis 2.0; Halsschildbreite 2.1 bis 2.4; Halsschildlänge 2.1 bis 2.2; Halsschildindex 93; Flgd.-Breite 3.9 bis 4.5.
Material: 1 ♂, 1 ♀, Sumatra, coll. Bruno BERTLING, (FISF).

HORN nennt in seinem Weltkatalog (1926: 178) *decemguttata urvillei* DEJ. mit ? von Sumatra. Nach VAN NIDEK (1957) ist *urvillei* von den Molukken aus in östlicher und südöstlicher Richtung und *decemguttata* s. str. von den Molukken aus in westlicher Richtung verbreitet. Ihr Vorkommen auf Sumatra ist bisher nicht zweifelsfrei belegt. Im Rahmen dieser Arbeit lagen 2 Exemplare von *decemguttata* s. str. aus Sumatra (leider ohne nähere Fundortbezeichnung) zu Untersuchung vor.

Cosmodela RIV., 1961

Literatur: RIVALIER 1961: 128, 1963: 46, 1971: 142. Typus: *C. aurulenta* (F. 1801).

55. *Cosmodela didyma* (DEJ., 1825)
Abb. 144, 145, 168, 184, 185.

Literatur: HORN 1901 a: 85, 1913 a: 251, 1915: 215, 282, 300, 440, 1926: 179, 1927: 124, 1938: T. 53, f. 27 – RIVALIER 1961: 128.
Verbreitung: Nikobaren, Sumatra, Java.
Sumatra: A: Bandahara, Gumpang, Kutacane, Pendeng, Sinabang (Simalur). SU: Bandar Baru, Medan, Nias. SB: Anei Kloof, Balun, Inderapura, Lubuksikaping, Padang. B: Manna.
Färbung: Kopf dunkel grünlich bis schwarz oliv. Brust blaugrün bis messing rötlich, schwarz. Flgd. mattschwarz, oberer und unterer Humeralfleck, oberer Marginalfleck und oberer Apikalfleck gelb. Die Makel können individuell zusammenfließen (Abb. 145). Rand, Naht und Schultern der Flgd. bisweilen leuchtend blaugrün. Unterseite blaugrün. Taster schwarz. Antennenglieder 1 bis 4 metallisch, die übrigen schwarz. Labrum hell, schwarz umrandet. Beine dunkel metallisch. Vereinzelt kommen n-Formen, das heißt, Individuen ohne grüne, rote oder andere farbige Reflexe, mit rein mattschwarzer Oberseite, vor.
Maße: (n = 27) Gesamtlänge 12.9 bis 15.7, Mittel 14.5; Kopfbreite 3.3 bis 4.1, Mittel 3.7; Augenzwischenraum 2.1 bis 2.5, Mittel 2.3; Halsschildbreite 2.5 bis 3.0, Mittel 2.8; Halsschildlänge 2.2 bis 2.8, Mittel 2.6; Halsschildindex 94; Flgd.-Breite 4.7 bis 5.8, Mittel 5.1.
Material: 1 ♀, N. O. Sumatra, (ZSM); 1 ♀, Sumatra, BOUCHARD, (DEI); 1 ♀, Sumatra, 1 400 m, Batakplateau, Medan, (AMST); 1 ♂, 1 ♀, Sumatra, Medan, coll. HAYEK, (ZSBS); 2 ♂♂, Sum., Bandar Baroe, ex coll. KLYNSTRA, (RNHL); 2 ♂♂, 1 ♀, Sumatra, Dolok Baros, (RNHL); 1 ♀, Sumatra, Manna, M. KNAPPERT, (RNHL); 1 ♂, l. c., 1902, (RNHL); 1 ♀, Sumatra occ., Loeboe Bankoe, J. HENZEL, 2. 1904, (RNHL); 2 ♂♂, Sum., Simalur, Sina-

39

bang, E. JACOBSON, 1.1913, (RNHL); 3 ♂♂, l. c., 2.1913, (RNHL); 1 ♂, Sum., E. JACOBSON, Balun, Pad. Bov., 6.1914, (RNHL); 1 ♀, W. Sumatra, 450 m, Loeboek Sikaping, 1923–27, L. HUNDSHAGEN, (AMST); 1 ♂, Anei Kloof, Sumatra's Westkust, 500 m, 1926, leg. E. JACOBSON, (AMST); 1 ♂, N. Sumatra, Atjeh, Pendeng, 400 m, 2.–3.1937, A. HOOGERWERF, (DEI); 1 ♀, Sumatra, Ajeh, Kutacane, 1972, H. D. RIJSHEN, (RNHL); 1 ♂, Sumatra, 20.3.1972, DIEHL, (WIEN); 1 ♂, N. Sumatra, Alas Valley, vic. of Gumpang, J. KRIKKEN, along road in secondgrowth forest, 13.6.1972, (RNHL); 1 ♀, N. Sumatra, Bivouac One, Mt. Bandahara, 25.6.–5.7.1972, ca. 810 m, J. KRIKKEN, lowland multistriatal evergreen forest, at light, (RNHL); 1 ♂, Sumatra, Padang, 24.8.1974, (WIEN).

Die Art ist nachts an Leuchtfallen zu fangen.

56. *Cosmodela aurulenta* (F., 1801)
Abb. 146, 147, 170, 216, 217, 259, 305, 306.

Synonym: *aurantiaca* (FLEUT., 1893).
Literatur: FOWLER 1912: 383, 384 – HORN 1895 a: 682, 1901 a: 85, 1911: 314, 1915: 215, 240, 249, 250, 252, 253, 280–282, 300, 419, 1926: 179, 1927: 124, 1930 b: 46, 1932 a: 3, 1938: T.53, f.28 – MANDL 1964: 93 – MANDL & CHUJÔ 1964: 165, T.2, f.9 – RIVALIER 1961: 128, 129, f. 3.
Verbreitung: Indien, Sikkim, Birma, Thailand, Cambodja, China, Malakka, Sumatra, Borneo, Java.
Sumatra: A: Bandahara, Bireuen, Gumpang, Ketambe, Kruengtuan, Kualasimpang, Langsa. SU: Aek Tarum, Balige, Danau Toba, Deli, Dolok Merangir, Huta Padang, Medan, Nias, Parapat, Samosir, Sidikalang, Tanjung Morawa, Tebingtinggi, Tele. SB: Alahanpandjang, Anei Kloof, Bukittinggi, Inderapura, Muaralabuh, Padang, Painan, Solok. B: Curup, Kepahiang, Manna, Suban Ajam, Sukaraja. SS: Muaraklingi, Palembang, Ranau. L: ?.
Färbung: Kopf gelbgrün bis rotgrün. Brust blau, rot bis grünlich. Flgd. mattschwarz mit vier gelben Makeln, Rand grünlich, Naht rotgrünlich. Unterseite blaugrün. Taster metallisch, apikal vorletztes Glied der Kiefertaster hell. Antennen blaumetallisch. Labrum gelb, schwarz umrandet. Beine gelbgrün metallisch. Die Individuen von Nias haben, im Vergleich zu den Sumatra-Tieren, wesentlich größere rotgelbe Makel (Abb. 146), eine grünlichblaue Grundfarbe der Flgd. sowie einen breiteren rotgrünfarbigen Nahtbereich. Sehr selten kommen n-Formen, ohne metallisch farbige Reflexe auf der Oberseite, vor.
Maße: (n = 131) Gesamtlänge 11.6 bis 14.8, Mittel 13.1; Kopfbreite 3.2 bis 3.9, Mittel 3.6; Augenzwischenraum 2.0 bis 2.6, Mittel 2.3; Halsschildbreite 2.2 bis 2.9, Mittel 2.6; Halsschildlänge 2.0 bis 2.7, Mittel 2.4; Halsschildindex 94; Flgd.-Breite 4.0 bis 5.4, Mittel 4.8.
Material: 1 ♂, 1 ♀, Sumatra, M. KNAPPERT, (RNHL); 1 ♀, Sumatra, Westkust, (RNHL); 1 ♂, Sumatra, Deli, (DEI); 1 ♂, 1 ♀, Sumatra, Dolok Baros, (RNHL); 1 ♂, Sumatra, Ludeking, (RNHL); 1 ♀, Sumatra, Nias, German Mission, (CASSOLA); 2 ♀♀, Sumatra, Medan, v. HEURN, (RNHL); 1 ♀, Sum., Deli, Toentoengan, (RNHL); 1 ♂, Sumatra's Westkust, Padang, leg. E. JACOBSON, (AMST); 1 ♀, Sumatra, 156 km SE Padang, 1000 m, HAYEK, (ZSM); 1 ♂, N. O. Sumatra, Tebing-Tinggi, (ZSM); 1 ♂, l. c., Dr. SCHULTHEISS, (AMST); 2 ♂♂, Sumatra, Palembang, M. KNAPPERT, (RNHL); 1 ♂, 1 ♀, Sumatra, Manna, M. KNAPPERT, (RNHL); 1 ♂, N. O. Sumatra, Tandjong Morawa, Serdang, Dr. B. HAGEN, (RNHL); 1 ♀, Sumatra, Toba-See, Küste, Dr. B. HAGEN, 3.–7.12.1883, (RNHL); 1 ♂, Sumatra, Fort de Kock, 6. 1884, WEYERS, (DEI); 1 ♂, Sumatra's O. K., Bedagei Int., ± 600′, 2de Sem. 1889, I. Z. KANNEGIETER, (DEI); 1 ♂, Soekaranda, DOHRN, 1.1894, (RNHL); 1 ♂, Sumatra, Lampong, Buxton, FRY Coll., 1905, (CASSOLA); 1 ♂, Sumatra, Solok, P. D. STOLZ, 2.7.1913, (RNHL); 1 ♂, Sumatra O. K., 1917, J. B. CORPORAAL, (AMST); 1 ♀, Sumatra, Fort de Kock, 920 m, 1.1922, leg. E. JACOBSON, (AMST); 1 ♂, l. c., (RNHL); 2 ♂♂, Z. Sumatra, Ranau, 500–700 m, 6.1935, (RNHL); 1 ♂, Sumatra, S. E. coast, Balimbingan, 600 m, R. STRAATMAN leg. 10.9.1950, (RNHL); 1 ♂, l. c., 20.9.1950, (RNHL); 1 ♂, Sumatra, S. E. coast, Laut Tador, 90 m, R. STRAATMAN leg. 3.7.1950, (RNHL); 1 ♂, l. c., 6.4.1951, (RNHL); 1 ♂, NE-Sumatra, Deli, Kuala Simpang, 6.1953, A. SOLLAART, lowland cult. area, (RNHL); 2 ♀♀, l. c., 11.1953, (RNHL); 2 ♂♂, 2 ♀♀, NE. Sumatra, Deli, Bukit Pandjang Est., Langsa, 11.1954, A. SOLLAART, lowland cult. area, (RNHL); 1 ♀, Sumatra, 19.2.1970, (WIES); 1 ♀, l. c., 8.1970, (WIES); 2 ♂♂, N. Sumatra, Alas Valley, Ketambe, 5.–6.6.1972, ca. 900 m, J. KRIKKEN, long grass veg. × bare patches, (RNHL); 2 ♂♂, N. Sumatra, Alas Valley, Gumpang: foothills Mt., Kemiri, 10.6.1972, ca. 780 m, J. KRIKKEN, lowland multistriatal evergreen forest, (RNHL); 1 ♀, Sumatra, Aek Tarum, 4.3.1978, Dr. E. DIEHL, (NHMB); 1 ♀, l. c., 4.5.1978, (NHMB); 1 ♀, Sumatra, Atjeh, Bireuen, 28.8.1978, leg. Dr. DIEHL, (WIES); 3 ♂♂, N. Sumatra, Atjeh, 27.5.1979, leg. Dr. DIEHL, (WIES); 1 ♂, Sumatra, Bohorok, nr. Medan, 1.–7.7.1979, M. M. v. LOOKEREN-Campagne, (RNHL); 9 ♂♂, 2 ♀♀, Is. Nias, 0–200 m, 24.7.1979, leg. Dr. DIEHL, (WIES); 1 ♂, N. Sumatra,

Langsa, leg. Dr. DIEHL, 22./23.8.1979, (WIES); 1 ♀, N. Sumatra, Huta Pandjang, leg. Dr. DIEHL, 2.4.1979, (WIES); 1 ♂, l. c., 10.8.1980, (WIES); 3 ♂♂, Sumatra, Süd-Nias, 15.3.1980, leg. Dr. DIEHL, (WIES); 2 ♂♂, N. Sumatra, 800 m, Sidikalang, 14.7.1980, leg. Dr. DIEHL, (WIES); 1 ♀, Dolok Merangir, Sumatra, Dr. E. DIEHL, 3.5.1976, (WIES); 2 ♀♀, l. c., 1.–5.1978, (NHMB); 2 ♂♂, 4 ♀♀, l. c., 21.2.–10.3.1979, (WIES); 1 ♀, l. c., 25.3.1979, (WIES); 1 ♂, 1 ♀, l. c., 11.8.1979, (WIES); 2 ♂♂, 1 ♀, l. c., 1./2.1981, (WIES); 1 ♂, l. c., 28.3.1981, (WIES); 1 ♂, l. c., 7.1982, (WIES); 1 ♂, 1 ♀, l. c., 180 m, am Licht, leg. WIESNER, 2.9.1981, (WIES); 1 ♀, l. c., (WIES); 2 ♀♀, Zentral-Aceh, Mt. Bandahara, 6.6.1981, 1800 m, leg. E. W. DIEHL, (WIES); 3 ♂♂, Sumatera utara, Dairi Mts., Tele, 1800 m, 22.8.1981, am Licht, leg. WIESNER, (WIES); 3 ♂♂, 5 ♀♀, Aceh, 30 km W Peureulak, Kruengtuan, 80 m, am Licht, 29./30.8.1981, leg. WIESNER, (WIES); 8 ♂♂, 5 ♀♀, l. c., Tagfang, 30.8.1981, (WIES); 1 ♂, 1 ♀, N. Sumatra, Balige, 14.2.1984, 930 m, leg. Wiesner, (WIES); 6 ♂♂, 2 ♀♀, N. Sumatra, 13 km NE Parapat, 1150 m, 23.2.1984, leg. Wiesner, (WIES).

Die häufigste Art Sumatras ist sowohl nachts an Leuchtfallen als auch tagsüber auf sandigen Wegen im Urwald und in kultivierten Bereichen zu fangen. Die Tiere aus Nias könnten eine eigene ssp. repräsentieren. Dies zu klären bleibt einer Revision des gesamten *aurulenta*-Komplexes vorbehalten.

Lophyra MOTSCH., 1859
Subgenus *Lophyra* s. str.

Literatur: HORN 1926: 135 – RIVALIER 1948, 1961: 130, 1963: 46, 1971: 142. Typus: *L. catena* (F. 1775).

57. *Lophyra (Lophyra) fuliginosa* (DEJ., 1826)
Abb. 186, 218, 219, 260.

Literatur: FOWLER 1912: 422, 423, f. 186 – HORN 1895 a: 681, 1908 a: 40, 1911: 314, 1915: 242, 281, 306, 419, 1926: 188, 1938: T. 56, f. 25 – RIVALIER 1948: 68, f., 70, 1961: 131. Type in MNHN.
Verbreitung: Ceylon, Birma, Thailand, Laos, Cambodja, Vietnam, S.-China, Malakka, Sumatra, Borneo, Java.
Sumatra: SU: Aek Tarum, Dolok Merangir, Gunung Malayu, Huta Padang. SS: Banka.
Färbung: Kopf grünlich kupfrig. Brust rötlich kupfrig. Grundfarbe der Flgd. grünblau bis kupfrig, mit zusammenhängender Bindenzeichnung sowie einem isolierten basalen Nahtfleck. Unterseite blau. Taster hell, apikales Glied metallisch. Antennen kupfrig. Labrum hell. Beine rötlich grün.
Maße: (n = 20) Gesamtlänge 8.9 bis 11.2, Mittel 10.1; Kopfbreite 2.3 bis 2.9, Mittel 2.6; Augenzwischenraum 1.5 bis 1.8, Mittel 1.6; Halsschildbreite 1.7 bis 2.3, Mittel 2.0; Halsschildlänge 1.5 bis 1.9, Mittel 1.8; Halsschildindex 91; Flgd.-Breite 3.1 bis 4.2, Mittel 3.6.
Material: 1 ♀, Sumatra, BOUCHARD, (DEI); 1 ♂, Sumatra, coll. HAYEK, (ZSM); 1 ♀, Sumatra's O. K., Bedagei Int., ± 600', 2de Sem. 1889, I. Z. KANNEGIETER, (DEI); 1 ♂, N. Sumatra, Gunung Malayu, leg. Dr. DIEHL, (WIES); 1 ♂, Sumatra, 6.–9.1971, leg. Dr. DIEHL, (WIES); 1 ♀, Sumatra, Aek Tarum, 4.3.1978, Dr. E. DIEHL, (NHMB); 2 ♀♀, l. c., 6.5.1978, (NHMB); 1 ♂, l. c., 7.5.1978, (NHMB); 1 ♀, l. c., 2.7.1978, (NHMB); 1 ♂, N. Sumatra, Dolok Ulu, Kora Kora, (Dolok Merangir), Lichtfang, 20.9.1979, ERBER leg., (ERBER); 1 ♂, 1 ♀, N. Sumatra, Huta Pandjang, 2.4.1979, leg. Dr. DIEHL, (WIES); 1 ♀, l. c., 13.7.1980, (WIES); 1 ♀, l. c., 10.8.1980, (WIES); 1 ♂, 1 ♀, N. Sumatra, Dolok Merangir, leg. Dr. DIEHL, 1./2.1981, (WIES); 2 ♀♀, l. c. 18.3.1978, (NHMB); 1 ♀, l. c., 28.3.1981, (WIES).

Die Art ist nachts an Leuchtfallen zu fangen.

Subgenus *Spilodia* RIV., 1961

Literatur: RIVALIER 1961: 131, 1963: 46. Typus: *L. striolata* (ILL. 1800).

58. *Lophyra (Spilodia) striolata striolata* (ILL., 1800)
Abb. 187, 188, 189, 190, 191, 206, 220, 221, 261, 305.

Synonyme: *semivittata* (F., 1801), *vigorsi* (DEJ., 1831), *multiguttata* (FLEUT., 1890).

41

Literatur: FOWLER 1912: 419, 420, f. 183 – HORN 1895 a: 681, 682, 1896: 174, 175, 1901 a: 85, 1915, 215, 249, 281, 282, 306, 1926: 187, 1938: T. 56, f. 10–12 – MAC LEAY 1825: 12 – MANDL 1964: 94 – MANDL & CHUJÔ 1964: 166, T. 3, f. 14 – RIVALIER 1961: 132. Type in Mus. Berlin.

Verbreitung: Indien, Sikkim, Birma, Laos, Vietnam, China, Formosa, Sumatra, Java, Celebes, Philippinen.

Sumatra: SU: Aek Tarum, Balige, Deli, Dolok Merangir, Huta Padang, Padang, Tanjung Morawa, Tebingtinggi. SB: Inderapura. B: Manna. SS: Palembang. L: ?.

Färbung: Kopf dunkel oliv. Brust dunkel oliv, Ränder grünlich. Grundfarbe der Flgd. mattschwarz mit variabler gelber Flecken- und Bindenzeichnung. Unterseite rötlich blau. Taster hell, apikal geschwärzt. Antennen grünschwarz. Labrum hell, apikal mehr oder weniger geschwärzt. Beine grünschwarz.

Maße: (n = 73) Gesamtlänge 9.5 bis 13.1, Mittel 11.3; Kopfbreite 2.6 bis 3.5, Mittel 3.0; Augenzwischenraum 1.5 bis 2.3, Mittel 1.9; Halsschildbreite 1.8 bis 2.7, Mittel 2.2; Halsschildlänge 1.8 bis 2.4, Mittel 2.0; Halsschildindex 90; Flgd.-Breite 3.4 bis 4.8, Mittel 4.1.

Material: 2 ♂♂, 1 ♀, Sumatra, (RNHL); 1 ♂, Sumatra, Coll. MARTIN, (ZSM); 1 ♂, N. Sumatra, (ZSM); 2 ♂♂, Sumatra, Pager Alam, Dr. L. DE VOS, (RNHL); 1 ♀, Sum., Deli, Padang, Emil BÜTTIKOFER, (RNHL); 3 ♂♂, 4 ♀♀, N. O. Sumatra, Tandjong Morawa, Serdang, Dr. B. HAGEN, (RNHL); 3 ♂♂, 1 ♀, N. O. Sumatra, Tebing-Tinggi, (ZSM); 1 ♀, l. c., 28. 1. 1884, Dr. SCHULTHEISS, (WIEN); 1 ♂, Sumatra's O. K., Bedagei Int., ± 600', 2de Sem. 1889, I. Z. KANNEGIETER, (DEI); 1 ♂, Sumatra, Manna, 1902, M. KNAPPERT, (AMST); 16 ♂♂, 10 ♀♀, l. c., (RNHL); 3 ♂♂, 1 ♀, Sumatra, Palembang, M. KNAPPERT, (RNHL); 1 ♀, Sumatra, M. KNAPPERT, (RNHL); 1 ♂, Z. Sum., Lampongs, Wai Lima, KARNY & SIEBERS, 11./12. 1921, (DEI); 1 ♂, Sumatra, Aek Tarum, 4. 3. 1978, Dr. E. DIEHL, (NHMB); 1 ♀, Sumatra, Dolok Merangir, 7. 7. 1978, leg. E. W. DIEHL, (NHMB); 8 ♂♂, 7 ♀♀, N. Sumatra, Huta Padang, 10. 8. 1980, leg. Dr. DIEHL, (WIES); 1 ♂, 1 ♀, N. Sumatra, Balige, 930 m, 14. 2. 1984, leg. WIESNER, (WIES).

RIVALIER (1961: 132) meldet *striolata taliensis* FAIRM. und MANDL (1964: 94) *striolata tenuiscripta* FLEUT. von Sumatra. Beide Meldungen sind falsch. Die echte *taliensis* (Abb. 190) kommt nur in Yünnan vor, Kopf und Brust sind rötlich gefärbt, die Flgd. marginal bis zur gelben Längsbinde mit metallischen Reflexen versehen. Die echte *tenuiscripta* (Abb. 191) ist wesentlich kleiner als die Nominatform und kommt auf den Philippinen, Palawan, Tonkin und Celebes vor. Da die gelbe Zeichnung bei *striolata* sehr stark variiert, kommen auch bei der Nominatform Individuen vor, deren Flgd. die Bindenzeichnung der 2 oben zitierten ssp. haben. Bei Balige lief und flog *striolata* tagsüber auf der dunkelbraunen Erde brachliegender Anbauflächen.

Cylindera Westw., 1831

Literatur: HORN 1926: 134 – RIVALIER 1961: 138, 1963: 46, 1971: 142. Typus: *C. germanica* (L. 1758).

Subgenus Verticina RIV., 1961

Literatur: RIVALIER 1961: 140, 1963: 47. Typus: *C. versicolor* (M'LEAY, 1825).

59. Cylindera (Verticina) versicolor (M'LEAY, 1825)

Abb. 192, 207, 222, 223, 262, 304.

Synonyme: *elegans* (DEJ., 1825), *superba* (KOLLAR, 1836).

Literatur: HORN 1895 a: 678, 1901: 84, 1908 a: 31, f. 84, 40, 1915: 280, 286, 1926: 164, 1932 a: 3, 1938: T. 48, f. 27 – MAC LEAY 1825: 11 – RIVALIER 1961: 140.

Verbreitung: Malakka, Sumatra, Borneo, Java.

Sumatra: A: Kualasimpang, Langsa, Muarasukon. SU: Berastagi, Danau Toba, Dolok Merangir, Gunung Sibayak, Huta Padang, Pakkat, Selesai, Sibolangit, Tanjung Morawa, Tebingtinggi. SB: Inderapura, Padang, Padangpandjang. B: Manna, Suban Ajam, Sukaraja. SS: Surulangun. L: Giesting.

Färbung: Kopf grünblau bis blauviolett. Brust grün bis blauviolett. Flgd. grün bis blauviolett mit metallischen Makeln. Unterseite grünblau. Taster hell, apikales Glied metallisch. Antennen grünmetallisch. Labrum grünblau. Beine grünblau.

Maße: (n = 79) Gesamtlänge 7.4 bis 9.5, Mittel 8.4; Kopfbreite 2.2 bis 2.8, Mittel 2.6; Augenzwischenraum 1.4 bis 1.9, Mittel 1.7; Halsschildbreite 1.6 bis 2.0, Mittel 1.8; Halsschildlänge 1.5 bis 1.8, Mittel 1.6; Halsschildindex 88; Flgd.-Breite 2.5 bis 3.6, Mittel 3.0.

Material: 1 ♂, Sumatra, (DEI); 1 ♂, l. c., HAGEN, (ZSM); 2 ♂♂, 1 ♀, Sumatra, Tebingtinggi, (ZSM); 3 ♂♂, Sum., Deli, Siboelangit, (RNHL); 1 ♀, Sumatra, Soekaranda, DOHRN, (DEI); 1 ♂, Sumatra, Giestings, Native collection, (RNHL); 1 ♂, 1 ♀, Sumatra occ., Padang Sidempoean, J. D. PASTEUR, (RNHL); 7 ♂♂, 3 ♀♀, N. O. Sumatra, Tandjong Morawa, Serdang, Dr. B. HAGEN, (RNHL); 1 ♂, 1 ♀, N. O. Sumatra, tusschen Serdang, En het Tobameer, Dr. B. HAGEN, (RNHL); 1 ♀, Sumatra, 800 m, Padg. Pandjang, 1. trim. 1896, KANNEGIETER, (AMST); 1 ♂, Sumatra, Manna, M. KNAPPERT, (RNHL); 1 ♀, l. c., 1902, (RNHL); 1 ♀, Sumatra, Andalas, Tandjoeng, E. JACOBSON, 5. 1914, (RNHL); 1 ♂, Sum., Muara Sako, E. JACOBSON, 10.1915, (RNHL); 4 ♂♂, Sum., Suban Ajam, E. JACOBSON, 7. 1916, (RNHL); 2 ♂♂, 2 ♀♀, Batak Sumatra, Sibajak, 1400–1800 m, 9. 6. 1929, ges. H. v. HAYEK, (ZSM); 1 ♂, Sumatra, SE coast, Balimbingan, 600 m, 14. 9.1950, R. STRAATMAN leg., (RNHL); 1 ♂, Sumatra, SE coast, Laut Tador, 80 m, 20. 4. 1950, leg. R. STRAATMAN, (RNHL); 1 ♀, l. c., 90 m, 12. 7. 1950, (RNHL); 1 ♀, l. c., 60 m, 11. 8. 1950, (RNHL); 1 ♂, l. c., 90 m, (RNHL); 1 ♂, l. c., 25. 8. 1950, (RNHL); 1 ♀, l. c., 26. 8. 1950, (RNHL); 1 ♂, l. c., 28. 8. 1950, (RNHL); 1 ♂, l. c., 8. 12. 1950, (RNHL); 1 ♂, l. c., 3. 1. 1951, (RNHL); 1 ♂, NE. Sumatra, Deli, Kuala Simpang, 8. 1953, A. SOLLAART, lowlandforest, (RNHL); 1 ♀, NE. Sumatra, Deli, Seleseh, Kuala Limpang, Medang Ara Estate, (AMST); 1 ♂, 1 ♀, l. c., A. SOLLAART, lowlandforest, 3. 1954, (RNHL); 7 ♂♂, 8 ♀♀, l. c., 4. 1954, (RNHL); 1 ♂, NE. Sumatra, Deli, Bukit Pandjang Est., Langsa, 11. 1954, A. SOLLAART, lowlandforest, (RNHL); 4 ♂♂, 4 ♀♀, Sumatra, Berastagi, SW Medan, 1300–1500 m, 14./15. 2. 1976, M. SOMMERER leg., (ZSM); 1 ♂, Sumatra, Dolok Merangir, 3. 5. 1976, leg. Dr. DIEHL, (WIES); 1 ♂, N. Sumatra, Huta Pandjang, 2. 4. 1979, leg. Dr. DIEHL, (WIES); 1 ♀, N. Sumatra, Pakkat, 18. 8. 1979, 600 m, leg. Dr. DIEHL, (WIES); 1 ♀, N. Sumatra, Gunung Sibayak, 11. 2. 1984, 1500 m, leg. WIESNER, (WIES).

Ein ♀ dieser Art wurde tagsüber während des Aufstieges zum Gipfel des Sibayak mitten im Wald gefangen.

60. *Cylindera (Verticina) elegantissima* (W. HORN, 1892)
Abb. 193, 194, 195, 208, 224, 225, 263.

Literatur: HORN 1892a: 77, 78, 1895a: 678, 1901a: 84, 1915: 280, 283, 287, 1926: 164, 1927: 123, 1938: T. 48, f. 28 – RIVALIER 1961: 140.

Verbreitung: Sumatra.

Sumatra: A: Muarasukon. SU: Batu, Bodjo. SB: Anei Kloof, Inderapura, Mentawei, Padangpandjang. B: Sukaraja.

Färbung: Kopf dunkel oliv, grünschwarz, Rand blau. Brust dunkel oliv, grün, grünschwarz, mit blauem oder grünem Rand. Flgd. schwarz, mit gelbem Humeral-, Marginal- und Apikalmakel, Naht leuchtend grün, Schultern grünlich, Apex und apikaler Rand leuchtend violett oder blau. Spiegelfleck der ♀♀ leuchtend grün. Unterseite schwarzgrün metallisch, apikales Hinterleibssegment entpigmentiert, hell. Taster hell, apikales Glied metallisch schwarz. Antennenglied 1 hell, 2 bis 4 hell, metallisch überhaucht bis metallisch schwarz, die übrigen braunschwarz. Labrum hell. Beine metallisch, basale Hälfte der Schenkel hell, oder Schenkel völlig entpigmentiert und Tibien nur apikal metallisch.

Maße: (n = 28) Gesamtlänge 6.2 bis 7.0, Mittel 6.7; Kopfbreite 1.8 bis 2.1, Mittel 2.0; Augenzwischenraum 1.0 bis 1.3, Mittel 1.2; Halsschildbreite 1.1 bis 1.3, Mittel 1.2; Halsschildlänge 1.1 bis 1.3, Mittel 1.2; Halsschildindex 97; Flgd.-Breite 2.0 bis 2.3, Mittel 2.2.

Material: 1 ♂, Sumatra, (RNHL); 1 ♀, l. c., Coll. KAPEZY-HABER, (CASSOLA); 1 ♀, Sumatra, Soekaranda, DOHRN, (DEI); 1 ♂, 2 ♀♀, l. c., (RNHL); 1 ♀, I. Bodjo, (ZSM); 1 ♀, l. c., (RNHL); 1 ♀, l. c., 8. 1884, WEYERS, (RNHL); 1 ♂, l. c., (DEI); 1 ♂, 3 ♀♀, Sum. occ., Tambang salida, J. L. WEYERS, (RNHL); 4 ♂♂, 1 ♀, Sumatra, 800 m, Padg. Pandjang, 1. trim. 1896, KANNEGIETER, (AMST); 1 ♂, 1 ♀, l. c., (RNHL); 1 ♀, Sum., Aur Kumanis, E. JACOBSON, 3. 1914, (RNHL); 1 ♀, Sum., Barung Pulau, Kurintji, E. JACOBSON, 7. 1915, (RNHL); 1 ♀, Sum., Muara Sako, E. JACOBSON, 10. 1915, (RNHL); 1 ♀, Anei Kloof, Sumatra's Westkust, 500 m, 1926, leg. E. JACOBSON, (AMST); 1 ♂, l. c., (DEI); 1 ♂, l. c., (RNHL); 1 ♀, l. c., (WIEN); 1 ♂, Sumatra, 27. 5. 1979, leg. DIEHL, (WIES).

In ZSM befindet sich ein ♀ (Is. Bodjo, det. W. HORN 1928, Abb. 193), das durch seine Größe (7,5 mm) stark von den übrigen untersuchten *elegantissima* abweicht. HORN gibt in der Urbeschreibung für die Art eine Größe von 7 bis 8 mm an, die von ihm selbst bestimmten Tiere aus Museumssammlungen sind aber kleiner. Der Verbleib der Typen ist ungeklärt.

Subgenus *Leptinomera* RIV., 1961

Literatur: RIVALIER 1961: 141, 1963: 47. Typus: *C. longipalpis* (W. HORN, 1892).

Die Arten dieses Subgenus sind nachts an Leuchtfallen zu fangen.

61. *Cylindera (Leptinomera) bouchardi* (W. HORN, 1900)
Abb. 196, 197, 226, 227, 264.

Literatur: BOUCHARD 1901: 296 – HORN 1900: 204, 205, 1915: 280, 283, 284, 1926: 162, 1930b: 47, 49, 1938: T. 47, f. 17 – RIVALIER 1961: 139, f. 9d, 141.
Verbreitung: Sumatra.
Sumatra: SB: Padangpandjang. B: Curup. L: ?.
Färbung: Kopf braunschwarz, Basis lateral grünlich. Brust braunschwarz, Rand grünlich. Flgd. braunschwarz mit gelbem Marginal- und Apikalmakel, Rand grünlich, metallischer Schulterfleck sehr klein und matt. Unterseite grün metallisch. Taster gelb, apikal verdunkelt. Antennenglieder 1 bis 4 metallisch grün bis messingrot, die übrigen braunschwarz. Labrum hell, mit metallischer Basis, schwarz gesäumt. Beine metallisch grün bis messingfarben. Spiegelfleck der ♀♀ rund, schwarz glänzend.
Maße: (n = 2) Gesamtlänge 6.9 bis 7.2; Kopfbreite 1.8 bis 1.9; Augenzwischenraum 1.1; Halsschildbreite 1.3; Halsschildlänge 1.4; Halsschildindex 108; Flgd.-Breite 2.4 bis 2.7.
Material: 1 ♀, Pandjang, Sumatra, (DEI); 1 ♂, Z. Sum., Lampongs, Wai Lima, KARNY & SIEBERS, 11./12. 1921, (DEI).

62. *Cylindera (Leptinomera) catoptroides* (W. HORN, 1892)
Abb. 198, 199, 200, 201, 228, 229, 265.

Synonym: gestroi (W. HORN, 1892), syn. n.
Literatur: BOUCHARD 1901: 296 – HORN 1892a: 78, 79, 1895a: 678, 679, 1901a: 84, 1915: 287, 1926: 165, 1927: 124, 1938: T. 49, f. 7 – RIVALIER 1961: 141. Type in DEI.
Verbreitung: Malakka, Sumatra, Borneo.
Sumatra: A: Bandahara, Bireuen, Ketambe. SU: Dolok Merangir, Huta Padang, Pasar Manduge, Sibolangit, Sidikalang, Sindar Raya. SB: Anei Kloof, Inderapura, Kaju Tanam, Lubuksikaping, Padangpandjang, Pajakombo. B: Sukaraja. SS: Palembang. L: Gunung Tanggamus.
Färbung: Kopf und Brust grünkupfrig bis dunkelblau. Flgd. grünkupfrig, schwarzkupfrig, grün, blaugrün, dunkelblau. Schultern metallisch grünlich. Spiegelflecken der ♀♀ in der Größe variabel, Umriß unregelmäßig. Größe der 4 gelben Flgd.-Makel variiert, die Marginalmakel sind bei manchen Individuen ganz verschwunden (Abb. 200, 201). Unterseite schwarzgrün. Taster hell, apikales Glied metallisch. Antennen metallisch. Labrum metallisch, die Seiten apikal mehr oder weniger entpigmentisiert, hell. Beine metallisch grünschwarz.
Maße: (n = 69) Gesamtlänge 6.4 bis 8.2, Mittel 7.3; Kopfbreite 1.8 bis 2.2, Mittel 2.0; Augenzwischenraum 1.0 bis 1.3, Mittel 1.2; Halsschildbreite 1.2 bis 1.5, Mittel 1.4; Halsschildlänge 1.2 bis 1.6, Mittel 1.4; Halsschildindex 103; Flgd.-Breite 2.2 bis 2.9, Mittel 2.6.
Material: 1 ♂, Sumatra, (RNHL); 1 ♀, l. c., Type, (DEI); 1 ♂, 1 ♀, l. c., BOUCHARD, (DEI); 1 ♂, Sumatra, Liangagas, DOHRN, (RNHL); 1 ♂, Sumatra, Soekaranda, DOHRN, (DEI); 1 ♂, Sumat., Pajakombo, H. BOYER, (RNHL); 1 ♀, Sibolangit, KORTHING, (AMST); 2 ♂♂, Sumatra, Palembang, M. KNAPPERT, (RNHL); 1 ♂, Sumatra Ost, 1896, (RNHL); 2 ♂♂, 3 ♀♀, Sumatra, 800 m, Padg. Pandjang, KANNEGIETER, 1. trim. 1896, (AMST); 1 ♀, Sumatra, Soekaranda, 1898, (BMNH); 7 ♂♂, 3 ♀♀, Sum., Aur Kumanis, E. JACOBSON, 3. 1914, (RNHL); 1 ♀, Sumatra's Westkust, Anei Kloof, 500 m, leg. E. JACOBSON, 1926, (BMNH); 1 ♀, l. c., (WIEN); 1 ♂, (RNHL); 1 ♂, S. Sumatra, 400 m, S. W. Lampongs, Mt. Tanggamoes, Giesting, Wailalaai, 12.1934, LIEFTINCK/TOXOPEUS, (DEI); 1 ♂, N. Sumatra, Bivouac One, Mt. Bandahara, 25.6.–5.7.1972, J. KRIKKEN, ca. 810 m, lowland multistriatal evergreen forest, at light, (RNHL); 1 ♂, 1 ♀, Sumatra, Ost-Atjeh, Bireuen, 28.8.1978, leg. Dr. DIEHL, (WIES); 2 ♀♀, N. Sumatra, Huta Padang, 2.4.1979, leg. DIEHL, (WIES); 4 ♀♀,

N. Sumatra, Atjeh, 27. 5. 1979, leg. Dr. DIEHL, (WIES); 1 ♀, Sumatra, Pasar Manduge, P. Siantar, 30. 8. 1979, leg. ERBER, (ERBER); 1 ♂, 2 ♀♀, Sumatra, Sindar Raya, 19. 1. 1980, leg. Dr. DIEHL, (WIES); 4 ♂♂, 4 ♀♀, N. Sumatra, 8. 2. 1981, 40 km W Sidikalang, leg. Dr. DIEHL, (WIES); 2 ♀♀, N. Sumatra, Ketambe, 700 m, 22. 2. 1981, leg. Dr. DIEHL, (WIES); 5 ♀♀, N. Sumatra, Dolok Merangir, leg. Dr. DIEHL, 3. 5. 1976, (WIES); 1 ♂, 1 ♀, l. c., 25. 3. 1979, (WIES); 1 ♂, 1 ♀, l. c., 10. 9. 1980, (WIES); 3 ♀♀, l. c., 7. 1982, (WIES); 3 ♀♀, l. c., 8. 1982, (WIES).

HORN beschrieb sowohl *catoptroides* als auch *gestroi* von Sumatra, erstere nach einem ♀ und die zweite nach einem ♂. Für die vorliegende Arbeit konnten mehr als 80 Exemplare aus Sumatra, Borneo und Malakka untersucht werden. Die Aedeagi beider Arten sind identisch. Die Grundfarbe der Oberseite ist bei *gestroi* allenfalls etwas intensiver (vv-Form), jedoch kommen alle Übergänge vor. *gestroi* wird als Synonym zu *catoptroides* gestellt.

63. *Cylindera (Leptinomera) longipalpis* (W. HORN, 1892)
Abb. 202, 203, 209, 230, 231, 266.

Literatur: BOUCHARD 1901: 296 – HORN 1892a: 78, 79, 1895a: 679, 1897a: 56, 1915: 239, 240, 280, 288, T. 22, f. 270, 1926: 165, 1938: T. 49, f. 9 – RIVALIER 1961: 141.
Verbreitung: Sumatra, Borneo, Java.
Sumatra: A: Kutacane. SU: Lumbanjulu. SB: Padangpandjang. SS: Palembang.
Färbung: Kopf und Brust blau, rotkupfrig. Flgd. grünlich mattschwarz mit Humeral-, Marginal- und Apikalmakel. Schultern grünlich- oder rotkupfrig. Spiegelfleck der ♀♀ zweiteilig (Abb. 203). Unterseite grünlich, apikales Hinterleibssegment mehr oder weniger aufgehellt. Taster hell, apikales Glied metallisch. Antennen metallisch. Labrum hell. Beine grün, kupfrig metallisch.
Maße: (n = 17) Gesamtlänge 6.0 bis 6.9, Mittel 6.4; Kopfbreite 1.7 bis 2.0, Mittel 1.8; Augenzwischenraum 1.0 bis 1.2, Mittel 1.1; Halsschildbreite 1.1 bis 1.3, Mittel 1.2; Halsschildlänge 1.1 bis 1.7, Mittel 1.2; Halsschildindex 102; Flgd.-Breite 2.1 bis 2.5, Mittel 2.3.
Material: 1 ♂, 2 ♀♀, Sumatra, BOUCHARD, (DEI); 1 ♀, Sumatra, Dolok Baros, (RNHL); 1 ♂, Sumatra, Palembang, M. KNAPPERT, (RNHL); 1 ♀, Sumatra, 800 m, Padg. Pandjang, 1. trim. 1896, KANNEGIETER, (AMST); 5 ♂♂, 2 ♀♀, Sum., Barung Pulau, Kurintji, E. JACOBSON, 7. 1915, (RNHL); 1 ♀, Sumatra, 12. 7. 1973, Dr. DIEHL, (WIEN); 1 ♂, Sumatra, Lumbandjulu, Dr. DIEHL, 7. 10. 1973, (WIEN); 1 ♂, N. Sumatra, W. Kotacane, 30. 12. 1980, leg. Dr. DIEHL, (WIES).

64. *Cylindera (Leptinomera) maxillaris* (W. HORN, 1894)
Abb. 210, 211, 234, 235, 268, 303.

Literatur: BOUCHARD 1901: 296 – DOBLER 1973: 394 – HORN 1895a: 679, 680, 1908a: 40, 1915: 282, 288, 1926: 165, 1927: 124, 1938: T. 49, f. 10 – RIVALIER 1961: 141. Type in DEI.
Verbreitung: Sumatra.
Sumatra: A: Kutacane. SU: Bandar Baru, Berastagi, Dolok Merangir, Medan, Parapat. SB: Anei Kloof, Lubuksikaping. J: Siulakderas. SS: Palembang.
Färbung: Kopf und Brust grün. Flgd. grün, mit gelbem Marginal- und Apikalmakel, Schultern goldgrün metallisch, Spiegelflecken der ♀♀ schwarz. Unterseite gelbgrün. Taster hell, apikales Glied grünmetallisch. Antennen grünmetallisch. Labrum hell. Beine grünmetallisch.
Maße: (n = 17) Gesamtlänge 9.0 bis 10.3, Mittel 9.5; Kopfbreite 2.2 bis 2.6, Mittel 2.4; Augenzwischenraum 1.3 bis 1.5, Mittel 1.4; Halsschildbreite 1.5 bis 1.9, Mittel 1.7; Halsschildlänge 1.5 bis 1.9, Mittel 1.7; Halsschildindex 101; Flgd.-Breite 3.2 bis 4.3, Mittel 3.7.
Material: 1 ♂, Sumatra, Medan, Dolok Baros Estate, Coll. LE MOULT, (DEI); 1 ♀, Sumatra, Bandar Baroe, J. J. DE VOS, (RNHL); 1 ♀, Palembang, BERNHARD, (CASSOLA); 1 ♂, Sumatra Ost, 1896, (RNHL); 1 ♂, Sumatra, Siolak Daras, Kornichi Valley, 3 100 ft., 3. 1914, (AMST); 1 ♀, Sumatra's Westkust, 500 m, 1926, Anei Kloof, leg. E. JACOBSON, (RNHL); 1 ♀, Sumatra's Westkust, 450 m, Lubuksikaping, 1926, leg. E. JACOBSON, (DEI); 1 ♀, N. Sumatra, Brastagi, Lichtfang, 29. 8. 1972, 1 200 m, leg. WEINREICH, (ERBER); 1 ♀, N. Sumatra, Dolok Merangir, 21. 2.–10. 3. 1979, leg. Dr. DIEHL, (WIES); 3 ♂♂, 1 ♀, N. Sumatra, W. Kotacane, 30. 12. 1980, leg. Dr. DIEHL, (WIES); 1 ♀, Sumatera utara, 1 400 m, 21. 8. 1981, Prapat, am Licht, leg. WIESNER, (WIES); 1 ♂, l. c., leg. Dr. DIEHL, 20. 9. 1981, (WIES); 1 ♂, N. Sumatra, 22. 9. 1981, leg. DIEHL, (WIES); 1 ♀, N. Sumatra, Berastagi, 8. 2. 1984, 1 490 m, am Licht, leg. WIESNER, (WIES).

65. *Cylindera (Leptinomera) pseudolongipalpis* (W. Horn, 1930)
Abb. 204, 205, 232, 233, 267.

Literatur: Horn 1930b: 47, 48, 1938: T. 49, f. 16. Typen in RNHL, DEI und CASSOLA.
Verbreitung: Sumatra.
Sumatra: SU: Dolok Merangir. B: Curup.
Färbung: Kopf schwarz. Brust grünlich schwarz. Flgd. mattschwarz mit Marginal- und Apikalmakel, Humeralmakel entweder punktförmig oder ganz verloschen, Schultern gelbgrün metallisch, Schildchen blau, Apex blau gerandet. Spiegelfleck der ♀♀ grünlich bis glänzend schwarz. Unterseite grün metallisch. Taster hell, apikal angedunkelt. Antennen metallisch. Labrum hell, basal angedunkelt. Beine dunkel metallisch.
Maße: (n = 5) Gesamtlänge 7.2 bis 7.9, Mittel 7.5; Kopfbreite 2.0 bis 2.1, Mittel 2.0; Augenzwischenraum 1.2 bis 1.4, Mittel 1.3; Halsschildbreite 1.4 bis 1.6, Mittel 1.5; Halsschildlänge 1.5 bis 1.7, Mittel 1.6; Halsschildindex 107; Flgd.-Breite 2.8 bis 3.1, Mittel 2.9.
Material: 1 ♂, S. Sumatra, Feuerborn, Tjueruep, 1929, Holotypus, (RNHL); 1 ♂, Sumatra, Musi, Tjurup, Thienemann, 6. 5. 1929, Syntypus, (CASSOLA); 2 ♀♀, l. c., Syntypus, (DEI); 1 ♀, Sumatra, Dolok Merangir, 3. 5. 1976, leg. Dr. Diehl, (WIES).

Subgenus *Ifasina* Jean., 1946

Literatur: Jeannel 1946: 153 – Rivalier 1961: 141, 1963: 47. Typus: *C. fallax* (Coqu. 1851).

66. *Cylindera (Ifasina) foveolata* (Schaum 1863)
Abb. 212, 236, 237, 269.

Literatur: Brouerius van Nidek 1957: 3 – Fowler 1912: 345 – Horn 1911: 315, 1915: 251, 253, 295, 419, 1926: 174, 1938: T. 52, f. 14 – Rivalier 1961: 142.
Verbreitung: Indien, Birma, Thailand, Laos, Vietnam, Sumatra, Java, Celebes, Molukken, Philippinen.
Färbung: Kopf grünkupfrig. Brust rotkupfrig mit grünblauem Rand. Flgd. mit Längsrunzeln, rot- bis schwarzkupfrig mit grünlichem Rand, ohne gelbe Zeichnung. Unterseite blaugrün metallisch. Taster hell, apikal angedunkelt. Antennen metallisch schwarz. Labrum hell, apikal schwarz gerandet. Beine kupfrig grün metallisch.

Das Vorkommen dieser Art auf Sumatra ist nicht zweifelsfrei belegt. In den untersuchten Sammlungen waren jedenfalls keine Sumatra-Individuen enthalten. Durch die Meldung von *foveolata* aus Java (van Nidek, 1957: 3) kann jedoch ein Vorkommen auf Sumatra nicht völlig ausgeschlossen werden.

67. *Cylindera (Ifasina) holosericea* (F., 1801)
Abb. 213, 214, 246, 270, 280, 281.

Synonyme: *parvula* (Dej., 1837), *myrrha* (Thoms., 1857), *stygica* (Chaud., 1865).
Literatur: Fleutiaux 1893: 485 – Fowler 1912: 345, 346 – Horn 1892c: 214, 1895a: 680, 1901a: 84, 1915: 224, 283, 290, 1926: 168, 1938: T. 50, f. 11 – Rivalier 1961: 142 – Thomson 1857: 129.
Verbreitung: Birma, Sumatra, Java, Philippinen.
Sumatra: A: Bireuen, Kruengtuan, Langsa. SU: Aek Tarum, Deli, Dolok Merangir, Huta Padang, Medan, Parapat, Sidikalang, Tanjung Morawa, Tele. SB: Inderapura, Padang. B: Manna. SS: Palembang, Surulangun. L: Tanjungkarang.
Färbung: Kopf grün- bis braunkupfrig. Brust grün-, braun- bis schwarzkupfrig. Flgd. braun- bis schwarzkupfrig, mit Längsrunzeln. Am häufigsten kommen Tiere ohne jegliche gelbe Fleckenzeichnung vor, im anderen Fall sind Marginal-, Apikal- und Mittelfleck vorhanden. Dazwischen gibt es alle Übergangsformen. Unterseite schwarzblau. Taster hell, apikal schwarz. Antennen metallisch. Labrum metallisch. Beine grünmetallisch. Rein grüne Individuen (vv-Form) kommen, allerdings sehr selten, vor.
Maße: (n = 67) Gesamtlänge 6.7 bis 7.8, Mittel 7.3; Kopfbreite 1.9 bis 2.3, Mittel 2.1; Augenzwischenraum 1.3 bis 1.6, Mittel 1.5; Halsschildbreite 1.2 bis 1.5, Mittel 1.4; Halsschildlänge 1.2 bis 1.5, Mittel 1.3; Halsschildindex 97; Flgd.-Breite 2.2 bis 2.8, Mittel 2.5.

46

Material: 2 ♂♂, Sumatra, (RNHL); 1 ♂, Sumatra, BOUCHARD, (DEI); 1 ♀, Sumatra, Deli, Medan, (RNHL); 2 ♂♂, 3 ♀♀, N. Sumatra, Serdang, Tandjong Morawa, Dr. B. HAGEN, (RNHL); 1 ♂, Sum. Exp. Doesoen tengah, 11. 1877, (RNHL); 2 ♀♀, Sum. Exp., Soeroelangoen, 4. 1878, (RNHL); 1 ♂, Sumatra, Manna, M. KNAP-PERT, (RNHL); 1 ♀, l. c., 1901, (AMST); 1 ♂, 1 ♀, l. c., 1902, (RNHL); 1 ♀, Sum., Padang, E. JACOBSON, 1. 1914, (RNHL); 1 ♀, Sumatra, Palembang, DOUGLAS, 1916, (AMST); 2 ♀♀, Sumatra, Kedatonbij, Tandjong Karang, 100 m, J. V. D. VECHT, 23. 3. 1937, (RNHL); 1 ♀, Sumatra, Dolok Merangir, leg. Dr. DIEHL, 30. 3. 1976, (WIES); 1 ♀, l. c., 7. 7. 1978, (WIES); 1 ♂, l. c., 21. 2.–10. 3. 1979, (WIES); 1 ♂, l. c., 16. 12. 1980, (WIES); 3 ♂♂, 1 ♀, l. c., 28. 3. 1981, (WIES); 1 ♂, 1 ♀, Sumatra, Aek Tarum, 4. 3. 1978, Dr. E. DIEHL, (NHMB); 2 ♂♂, Sumatra, Ost-Atjeh, Bireuen, 28. 8. 1978, leg. Dr. DIEHL, (WIES); 2 ♀♀, N. Sumatra, Huta Padang, leg. Dr. DIEHL, 2. 4. 1979, (WIES); 7 ♂♂, 7 ♀♀, N. Sumatra, Langsa, leg. DIEHL, 22./23. 8. 1979, (WIES); 1 ♂, N. Sumatra, 800 m, Sidikalang, 14. 7. 1980, leg. Dr. DIEHL, (WIES); 1 ♂, Sumatera utara, Dairi Mts., Tele, 1 500 m, 22. 8. 1981, am Licht, leg. WIESNER, (WIES); 7 ♂♂, 7 ♀♀, Aceh, Kruengtuan, 80 m, 30 km W Peureulak, am Licht, 30. 8. 1981, leg. WIESNER, (WIES); 1 ♂, Sumatera utara, Dolok Merangir, 180 m, 31. 8. 1981, am Licht, leg. WIESNER, (WIES); 1 ♀, N. Sumatra, 13 km NE Parapat, 1 150 m, 21. 10. 1983, leg. Dr. E. W. DIEHL, (WIES).

Die Art ist nachts an Leuchtfallen zu fangen.

68. Cylindera (Ifasina) viduata (F., 1801)
Abb. 215, 271, 282, 283.

Synonyme: *triguttata* (HERBST, 1806), *triguttata* (DEJ., 1825), *sexmaculata* (DEJ., 1825), *chlorochila* (CHAUD., 1825).

Literatur: FOWLER 1912: 343 – HORN 1892 c: 214, 1895 a: 680, 1897 a: 56, 57, 1915: 252, 280, 290, 1926: 167, 168, 1938: T. 50, f. 10 – RIVALIER 1961: 142. Type in Mus. Kopenhagen.

Verbreitung: N.-Indien, Birma, Thailand, Laos, Vietnam, S.-China, Malakka, Sumatra, Borneo, Java, Sumbawa, Celebes, Philippinen.

Sumatra: A: Kruengtuan, Kualasimpang, Langsa. SU: Deli, Medan, Tanjung Morawa. B: Manna. SS: Palembang. L: Tanjungkemala.

Färbung: mit folgenden Ausnahmen wie *holosericea*: Oberseite mehr schwarzkupfrig. Flgd. ohne Längsrunzeln, glatt, im Bereich des Mittelmakels ein porenpunktsloser mattschwarzer Längswisch, ♀♀ mit deutlichem Spiegelfleck. Das Vorhandensein gelber Makel verhält sich umgekehrt, bei *viduata* sind Individuen mit vollständiger Zeichnung (3 Flecken) am häufigsten.

Maße: (n = 21) Gesamtlänge 6.8 bis 7.9, Mittel 7.4; Kopfbreite 1.9 bis 2.1, Mittel 2.0; Augenzwischenraum 1.3 bis 1.5, Mittel 1.4; Halsschildbreite 1.2 bis 1.5, Mittel 1.4; Halsschildlänge 1.2 bis 1.5, Mittel 1.3; Halsschildindex 99; Flgd.-Breite 2.3 bis 2.7, Mittel 2.5.

Material: 1 ♀, Sumatra, Medan, J. J. DE VOS, (RNHL); 2 ♂♂, 1 ♀, N. O. Sumatra, Tandjong Morawa, Serdang, Dr. B. HAGEN, (RNHL); 1 ♂, Sum., Pad. Sidempoean, V. HASSELT, (RNHL); 1 ♂, 1 ♀, Sumatra, Palembang, M. KNAPPERT, (RNHL); 2 ♂♂, Sumatra, Manna, M. KNAPPERT, 1902, (AMST); 3 ♂♂, 1 ♀, l. c., (RNHL); 1 ♂, 1 ♀, Sumatra, Lampung, Buxton, FRY Coll., 1905, (BMNH); 1 ♀, Z. Sumatra, Tandjoeng-Kemala, 10. 1933, (AMST); 1 ♂, Sumatra, SE. coast, Laut Tador, 90 m, 11. 4. 1951, R. STRAATMAN leg. (RNHL); 1 ♂, NE. Sumatra, Deli, Kuala Simpang, 3. 1954, A. SOLLAART, lowland cult. area, (RNHL); 2 ♀♀, N. Sumatra, Langsa, leg. DIEHL, 22./23. 8. 1979, (WIES); 1 ♀, Aceh, Kruengtuan, 80 m, 30 km W Peureulak, am Licht, 30. 8. 1981, leg. WIESNER, (WIES).

ACCIAVATTI & PEARSON (in Druck) haben *viduata* in den Artrang erhoben und *triguttata* synonym dazu gestellt. Die Art ist nachts an Leuchtfallen zu fangen und kommt zusammen mit *holosericea* vor (ist aber viel seltener).

69. Cylindera (Ifasina) discreta (SCHAUM, 1863)
Abb. 238, 239, 247, 272, 284, 285.

Synonyme: *elaphroides* (DOKHT., 1882), *subfasciata* (W. HORN, 1892).

Literatur: DARLINGTON 1971: 183 – HORN 1892 e: 370, 1895 a: 680, 681, 1901 a: 85, 1908 a: 49, 54, 1913 a: 249, 1915: 251, 298, 1926: 177, 1927: 124, 1930 b: 47, 1938: T. 53, f. 1 – MANDL 1964: 91, 1970 b: 71, f. – RIVALIER 1961: 142.

Verbreitung: Cambodja, Sumatra, Borneo, Java, Celebes, Molukken, Neu Guinea, Australien.

Sumatra: A: Kualasimpang, Langsa, Sinabang (Simalur). SU: Deli, Lawalo (Nias), Tanjung Morawa. SB: Inderapura, Lubuksikaping, Painan. B: Manna, Sukaraja. SS: Muaraklingi, Palembang.

Färbung: Kopf und Brust grün- bis braunkupfrig. Flgd. grün-, braun- bis rotkupfrig, bei manchen Individuen fast rein grün, Humerallunula, Marginalband, Mittelfleck, Apikalfleck und Apikallunula gelb. Mittelmakel mit mehr oder weniger schwarzem Hof. Spiegelfleck der ♀♀ schwarz. Unterseite grünkupfrig. Taster hell, apikales Glied metallisch. Antennen metallisch. Labrum hell. Beine grünkupfrig.

Maße: (n = 85) Gesamtlänge 6.9 bis 8.8, Mittel 7.7; Kopfbreite 2.1 bis 2.6, Mittel 2.3; Augenzwischenraum 1.3 bis 1.7, Mittel 1.5; Halsschildbreite 1.2 bis 1.7, Mittel 1.5; Halsschildlänge 1.2 bis 1.7, Mittel 1.5; Halsschildindex 101; Flgd.-Breite 2.4 bis 3.4, Mittel 2.8.

Material: 1 ♀, Sumatra, (DEI); 1 ♂, Sumatra, A. G. VORDERMAN, (RNHL); 1 ♂, Ost Sumatra, A. KRICHELDORFF, (RNHL); 1 ♂, Sumatra, Soekaranda, (DEI); 1 ♂, 2 ♀♀, l. c., DOHRN, (RNHL); 1 ♂, 1 ♀, Sum., Deli, (RNHL); 2 ♂♂, 1 ♀, Sumatra occ., Painan, J. L. WEYERS, (RNHL); 1 ♂, N. O. Sumatra, Tandjong Morawa, Serdang, Dr. B. HAGEN, (AMST); 10 ♂♂, 2 ♀♀, l. c., (RNHL); 1 ♀, Sumatra, Palembang, (RNHL); 9 ♂♂, 7 ♀♀, l. c., M. KNAPPERT, (RNHL); 8 ♂♂, 8 ♀♀, Sumatra, Manna, M. KNAPPERT, (RNHL); 1 ♂, l. c., 1902, (AMST); 1 ♂, 1 ♀, l. c., (RNHL); 1 ♂, 2 ♀♀, Sum., Simalur, Sinabang, E. JACOBSON, 1.1913, (RNHL); 2 ♂♂, 1 ♀, l. c., 2.1913, (RNHL); 1 ♀, l.c., 7.1913, (RNHL); 1 ♂, Sum., Aur Kumanis, E. JACOBSON, 3.1914, (RNHL); 1 ♂, NE. Sumatra, Deli, Kuala Simpang, 12.1953, A. SOLLAART, lowlandforest, (RNHL); 3 ♂♂, 4 ♀♀, Is. Nias, 0–200 m, 24.7.1979, leg. Dr. E. DIEHL, (WIES); 2 ♂♂, N. Sumatra, Langsa, leg. Dr. DIEHL, 22./23.8.1979, (WIES); 1 ♂, Nias, Ostküste, Lawalo, 26.9.1979, Lichtfang, leg. ERBER, (ERBER); 3 ♂♂, 1 ♀, Sumatra, Süd-Nias, 15.3.1980, leg. Dr. E. DIEHL, (WIES).

Die Art ist nachts an Leuchtfallen zu fangen.

70. *Cylindera (Ifasina) reductula* (W. HORN, 1915)
Abb. 240, 241, 242, 273, 286, 287.

Synonyme: *reducta* (W. HORN, 1892), *sikhimensis* (MANDL, 1982).

Literatur: FOWLER 1912: 361 – HORN 1892 a: 370, 1895 a: 681, 1915: 298, 1926: 177, 1938: T. 53, f. 3, 4 – MANDL 1970 b: 71, f, 1982: 64 – RIVALIER 1961: 142. Type in DEI.

Verbreitung: N.-Indien, Birma, Sumatra, Borneo, Molukken.

Sumatra: A: Ketambe. SU: Medan, Tanjung Morawa. B: Manna, Sukaraja.

Färbung: Kopf und Brust grün- bis braunkupfrig. Flgd. grün-, braun- bis rotkupfrig, mit oberem Marginalfleck und Apikallunula. Mittelmakel mit oder ohne dunklen Hof, Marginalfleck und Mittelmakel manchmal miteinander verbunden. Spiegelfleck der ♀♀ schwarz, in seltenen Fällen nur durch ein Grüppchen dunkler Porenpunkte angedeutet. Unterseite grünkupfrig. Taster hell, apikales Glied metallisch. Labrum hell. Beine grünkupfrig.

Maße: (n = 31) Gesamtlänge 5.6 bis 6.8, Mittel 6.3; Kopfbreite 1.7 bis 2.0, Mittel 1.9; Augenzwischenraum 1.0 bis 1.2, Mittel 1.1; Halsschildbreite 1.1 bis 1.3, Mittel 1.2; Halsschildlänge 1.0 bis 1.3, Mittel 1.2; Halsschildindex 101; Flgd.-Breite 2.0 bis 2.6, Mittel 2.3.

Material: 2 ♂♂, 2 ♀♀, Sumatra, Medan, MJOBERG, (AMST); 1 ♀, Sumatra, Medan, v. HEURN, (RNHL); 3 ♂♂, 2 ♀♀, Sumatra, Bindjei, Medan, Dr. C. R. PFISTER, (RNHL); 1 ♂, Sumatra, DOHRN, Liangagas, (RNHL); 1 ♀, Sumatra, Soekaranda, (CASSOLA); 1 ♀, l. c., DOHRN, (RNHL); 1 ♂, 2 ♀♀, N. O. Sumatra, Tandjong Morawa, Serdang, Dr. B. HAGEN, (RNHL); 1 ♂, 1 ♀, Sumatra's O. K., Bedagei int., ± 600', 2de Sem. 1889, I. Z. KANNEGIETER, (DEI); 3 ♂♂, 4 ♀♀, Sumatra, Manna, M. KNAPPERT, (RNHL); 2 ♂♂, Sumatra, Soekaranda, F. BATES Coll., 1911, (BMNH); 1 ♂, Sumatra's O. K., Medan, J. B. CORPORAAL, 1917, 20 m, (DEI); 2 ♂♂, 1 ♀, N. Sumatra, Alas Valley, Ketambe, 5.–6.6.1972, ca. 320 m, J. KRIKKEN, long grass veg. × bare patches, (RNHL).

ACCIAVATTI & PEARSON (in Druck) haben *discreta* und *reductula* spezifisch voneinander getrennt. Diese Trennung konnte durch Untersuchung der ♂♂-Genitalien bestätigt werden (Abb. 272, 273). Weitere Unterscheidungsmerkmale sind die Flgd.-Zeichnung und die Flgd.-Randerweiterung der ♀♀ (bei *reductula* nicht vorhanden).

71. ? *Cylindera (Ifasina) jacobsoni* (W. HORN, 1913)
Abb. 243, 288.

Literatur: HORN 1913 a: 249, 250, 1915: 241, 281–283, 298, 1926: 177, 1938: T. 52, f. 28. Type in RNHL.
Verbreitung: Sumatra.
Sumatra: A: Labuhanbajau (Simalur), Lasikin (Simalur).
Färbung: Kopf und Brust grünlich, messingfarben. Flgd. grünlich oliv, mit gelber Humeral- und Apikallunula sowie einem Marginalfleck. ♀♀ mit glänzend kupfrigem Spiegelfleck. Unterseite basal messingfarben, zum Apex hin schwärzlich, apikales Segment entpigmentisiert, hell. Taster gelblich. Antennenglieder gelblich, ab 3 mit metallischem Hauch. Labrum und Beine gelb.
Maße: (n = 3) Gesamtlänge 7.7 bis 8.0, Mittel 7.8; Kopfbreite 2.4 bis 2.5, Mittel 2.4; Augenzwischenraum 1.3 bis 1.5, Mittel 1.4; Halsschildbreite 1.4; Halsschildlänge 1.4 bis 1.5, Mittel 1.4; Halsschildindex 102; Flgd.-Breite 2.3 bis 2.5, Mittel 2.4.
Material: 1 ♀, Sum., Sim., Lasikin, 4. 1913, E. JACOBSON, (RNHL); 1 ♀, l. c., Type, (RNHL); 1 ♀, Sum., Sim., Labuan Badjan, E. JACOBSON, 6. 1913, (DEI).

Die Gattungszugehörigkeit dieser Art (sensu RIVALIER) kann nach wie vor nicht geklärt werden. Es existieren lediglich die drei ♀♀ der Urbeschreibung. Auch eine zur Vorbereitung dieser Arbeit durchgeführte mehrtägige Exkursion auf Simalur erbrachte keine weiteren Exemplare.

Subgenus *Eugrapha* RIV., 1950

Literatur: RIVALIER 1950: 233, 1961: 143, 1963: 47. Typus: C. *trisignata* (DEJ. 1822).

72. *Cylindera (Eugrapha) minuta* (OL., 1790)
Abb. 244, 245, 257, 274, 289, 290.

Synonyme: *baltimorensis* (HERBST, 1806), *tremebunda* (M'LEAY, 1825), *pumila* (DEJ., 1826), *prinsepi* (SAUND., 1834), *acuminata* (KOLLAR, 1836), *discreta* (KONINGS., 1901).
Literatur: FOWLER 1912: 366 – HORN 1895 a: 680, 1901 a: 84, 1915: 292, 1926: 170, 1938: T. 51, f. 8 – MAC LEAY 1825: 12 – RIVALIER 1961: 143.
Verbreitung: Indien, Sikkim, Birma, Thailand, Laos, Vietnam, Malakka, Sumatra, Borneo, Java, Philippinen.
Sumatra: A: Kualasimpang, Langsa. SU: Deli, Medan, Nias, Tanjung Morawa, Tebingtinggi. SB: Inderapura, Kaju Tanam, Muaralabuh, Pajakombo. B: Enggano, Manna, Sukaraja. SS: Palembang.
Färbung: Oberseite grün- bis braunkupfrig. Flgd. mit gelber Humeral- und Apikallunula, Marginalband und damit verbundener geknieter Medianbinde. ♀♀ ohne Spiegelfleck. Unterseite metallisch. Taster hell, apikales Glied metallisch. Antennen metallisch. Labrum hell. Beine grün- und braunkupfrig.
Maße: (n = 138) Gesamtlänge 6.8 bis 8.2, Mittel 7.5; Kopfbreite 2.0 bis 2.5, Mittel 2.2; Augenzwischenraum 1.3 bis 1.6, Mittel 1.4; Halsschildbreite 1.4 bis 1.8, Mittel 1.5; Halsschildlänge 1.2 bis 1.6, Mittel 1.4; Halsschildindex 90; Flgd.-Breite 2.5 bis 3.3, Mittel 2.9.
Material: 18 ♂♂, 19 ♀♀, Sumatra, (RNHL); 1 ♂, West-Sumatra, (CASSOLA); 1 ♂, N. O. Sumatra, Tebing-Tinggi, (ZSM); 1 ♂, Sumatra, Payakombo, (RNHL); 1 ♂, l. c., K. BOYER, (RNHL); 1 ♂, Sumatra, Palembang, Boenga Maas, J. C. v. HASSELT, (RNHL); 1 ♂, 4 ♀♀, Sumatra, Medan, v. HEURN, (RNHL); 1 ♂, Sumatra or., Indragiri, A. L. v. HASSELT, (RNHL); 1 ♂, 2 ♀♀, Sumatra, Soekaranda, DOHRN, (RNHL); 5 ♂♂, 2 ♀♀, Sum., Deli, Bedagei, (RNHL); 2 ♂♂, 7 ♀♀, N. O. Sumatra, Serdang, Tandjong Morawa, Dr. B. HAGEN, (RNHL); 1 ♂, Sum. Exp., Misauw, 7. 1878, (RNHL); 2 ♂♂, Sumatra, Kaju Tanam, 8./9. 1878, O. BECCARI, (DEI) 1 ♂, Sumatra, Bedagei, KANNEGIETER, 2. Sem. 1889, 200 m, (AMST); 1 ♀, l. c., (RNHL); 1 ♂, Sumatra, Manna, M. KNAPPERT, (AMST); 13 ♂♂, 8 ♀♀, l. c., (RNHL); 2 ♂♂, 1 ♀, l. c., 1901, (RNHL); 1 ♂, l. c., 1902, (RNHL); 4 ♂♂, Sumatra, Palembang, (RNHL); 1 ♂, l. c., M. KNAPPERT, (AMST); 1 ♀, l. c., (CASSOLA); 4 ♂♂, 1 ♀, l. c., (RNHL); 3 ♂♂, 2 ♀♀, Sum., Aur Kumanis, E. JACOBSON, 3. 1914, (RNHL); 1 ♂, 2 ♀♀, Sum., Kurintji, Tamidi, E. JACOBSON, (RNHL); 1 ♀, NE. Sumatra, Deli, Kuala Simpang, 2. 1954, A. SOLLAART, lowland cult. area, (RNHL); 1 ♂, NE. Sumatra, Deli, Bukit Pandjang Est., Langsa, 11. 1954, A. SOLLAART, lowland cult. area, (RNHL); 6 ♂♂, 4 ♀♀, Is. Nias, 24. 7. 1979, leg. Dr. DIEHL, (WIES); 4 ♂♂, 4 ♀♀, N. Sumatra, Langsa, 22./23. 8. 1979, leg. DIEHL, (WIES).

Myriochile Motsch., 1862

Subgenus *Myriochile* s. str.

Literatur: Horn 1926: 135 – Rivalier 1950: 234, 1961: 144, 1963: 48, 1971: 142. Typus: *Melancholica* (F., 1798).

73. *Myriochile (Myriochile) undulata* (Dej., 1825)
Abb. 248, 249, 275, 291, 292.

Literatur: Fowler 1912: 356, 357 – Horn 1895 a: 680, 1915: 294, 1926: 172, 1938: T. 51, f. 27 – Rivalier 1961: 144. Type in MNHN.
Verbreitung: Ceylon, Indien.
Färbung: Oberseite olivgrün. Flgd. mit Apikallunula, Marginalband, damit verbundener geknieter Mittelbinde, kleinem isolierten Mittelfleck. Meist ist keine Humerallunula vorhanden, sondern nur ein winziger unterer Humeralfleck. Spiegelfleck der ♀♀ hell-kupfrig oder nur durch ein Grüppchen dunkler Porenpunkte angedeutet. Unterseite blaugrün. Taster hell, apikales Glied metallisch. Antennenglieder 1 bis 3 grün, die übrigen schwarz. Labrum hell. Beine grün metallisch.

Horn meldet (1895 a: 680) 2 Exemplare aus Sumatra. Diese oder irgendwelche anderen Belegexemplare aus Sumatra konnten in den Sammlungen nicht ausfindig gemacht werden. Wahrscheinlich handelt es sich um eine Verwechslung mit *specularis brevipennis*, denn 1926 meldet Horn *undulata* nicht mehr von Sumatra.

74. *Myriochile (Myriochile) specularis brevipennis* (W. Horn, 1897)
Abb. 250, 251, 276, 293, 294.

Literatur: Horn 1897 a: 58, 1901 a: 85, 1913 a: 249, 1915: 294, 1926: 173, 1938: T. 52, f. 8 – Rivalier 1961: 144.
Verbreitung: Sumatra, Java, Sumbawa, Celebes.
Sumatra: A: Lasikin (Simalur), Sibigo (Simalur), Sinabang (Simalur). SU: Dolok Merangir, Nias, Tanjung Morawa. SB: Inderapura, Padang. B: Manna. J: Lubukgedang. SS: Palembang. L: Tanjungkarang.
Färbung: Oberseite grün bis braunkupfrig. Flgd. mit Humeral- und Apikallunula, Marginalband, damit verbundener geknieter Mittelbinde und einem Mittelfleck unterhalb dieser Binde. Spiegelfleck der ♀♀ glänzend schwarz. Taster hell, apikales Glied metallisch. Antennenglieder hell. Labrum hell. Beine grün- bis braunkupfrig.
Maße: (n = 47) Gesamtlänge 8.5 bis 11.5, Mittel 10.4; Kopfbreite 2.5 bis 3.3, Mittel 2.9; Augenzwischenraum 1.4 bis 2.0, Mittel 1.7; Halsschildbreite 1.6 bis 2.4, Mittel 2.1; Halsschildlänge 1.6 bis 2.1, Mittel 1.9; Halsschildindex 93; Flgd.-Breite 2.9 bis 4.4, Mittel 3.8.
Material: 1 ♂, Sumatra, (RNHL); 1 ♀, Sumatra, Palembang, Knappenberg, (AMST); 2 ♂♂, Sumatra occ., Padang, J. D. Pasteur, (RNHL); 1 ♂, 1 ♀, N. O. Sumatra, Serdang, Tandjong Morawa, Dr. B. Hagen, (RNHL); 1 ♂, Sum. Exp., Loeboegedang, 12. 1899, (RNHL); 3 ♂♂, Sumatra, Palembang, M. Knappert, (RNHL); 5 ♂♂, 2 ♀♀, Sumatra, Manna, M. Knappert, (RNHL); 2 ♂♂, 2 ♀♀, l. c., 1901, (RNHL); 1 ♂, l. c., 1902, (AMST); 1 ♂, Sum., Sim., Lasikin, E. Jacobson, 4. 1913, (RNHL); 2 ♂♂, 3 ♀♀, Sum., Simalur, Sinabang, E. Jacobson, 2. 1913, (RNHL); 1 ♂, l. c., 3. 1913, (RNHL); 1 ♂, l. c., 5. 1913, (RNHL); 3 ♂♂, 3 ♀♀, l. c., 6. 1913, (RNHL); 1 ♀, l. c., 8. 1913, (RNHL); 1 ♀, Sum., Sim., Sibigo, E. Jacobson, 8. 1913, (RNHL); 1 ♂, 1 ♀, Sum., Aur Kumanis, E. Jacobson, 3. 1914, (RNHL); 1 ♀, Tg. Karang, 3. 1950, (AMST); 2 ♂♂, 1 ♀, Is. Nias, 24. 7. 1979, leg. Dr. Diehl, (WIES); 1 ♂, N. Sumatra, Dolok Merangir, 180 m, 17. 1. 1981, leg. Dr. Diehl, (WIES); 1 ♂, 1 ♀, l. c., 28. 3. 1981, (WIES).

Hypaetha LEC., 1860

Literatur: HORN 1926: 135 – RIVALIER 1961: 144, 1963: 48, 1971: 146. Typus: *H. quadrilineata* (F., 1781).

75. *Hypaetha biramosa* (F., 1781)
Abb. 252, 277, 295, 296.

Literatur: FOWLER 1912: 431, 432 – HORN 1895a: 681, 1908a: 34, 40, 53, 1910: 146, 1915: 211, 236, 240, 241, 252, 253, 281, 282, 308, 1926: 190, 1938: T. 57, f. 8. – RIVALIER 1961: 144. Type in Mus. Kopenhagen.

Verbreitung: Ceylon, Indien, Birma, Andamanen, Nikobaren, Sumatra, Java.

Färbung: Oberseite schwarz, mit rot- bis grünkupfrigem Glanz, selten blauschwarz. Flgd. mit gelber Längsbindenzeichnung. Unterseite rotschwarz. Taster hell, apikales Glied schwarz. Antennenglieder metallisch. Labrum hell. Beine grünkupfrig.

Maße: (n = 4) Gesamtlänge 10.8 bis 11.2, Mittel 10.9; Kopfbreite 2.7 bis 2.8, Mittel 2.8; Augenzwischenraum 1.8 bis 1.9, Mittel 1.9; Halsschildbreite 2.3 bis 2.4, Mittel 2.4; Halsschildlänge 1.7 bis 1.9, Mittel 1.9; Halsschildindex 79; Flgd.-Breite 3.5 bis 3.9, Mittel 3.8.

Material: 1 ♂, Sumatra, (DEI); 2 ♂♂, 1 ♀, l. c., (RNHL).

Von dieser Art liegt zwar kein Exemplar mit genauer Fundortangabe aus Sumatra vor, nach Berücksichtigung ihres Verbreitungsgebietes müßte sie jedoch an Stränden der Westküste vorkommen.

Abroscelis HOPE, 1838

Literatur: HORN 1926: 134 – RIVALIER 1961: 145, 1963: 48, 1971: 143. Typus: *A. tenuipes* (DEJ., 1826).

76. *Abroscelis longipes longipes* (F., 1798)
Abb. 253, 258, 278, 297, 298.

Literatur: HORN 1895a: 681, 1901a: 85, 1908a: 35, f. 124, 1913a: 251, 1915: 236, 255, 281, 308, T. 22, f. 277, 1926: 191, 1927: 124, 1938: T. 57, f. 18, 19 – RIVALIER 1961: 145, f. 11, 146.

Verbreitung: Sumatra, Java, Bali.

Sumatra: A: Lasikin (Simalur). SU: Batu, Lawalo (Nias). SB: Inderapura, Padang, Painan. B: Manna. SS: Palembang.

Färbung: Kopf und Brust schwarz, grünmetallisch, rotkupfrig mit grünrotem Schimmer. Flgd. grün bis rotkupfrig mit variabler, breiter, gelber Bindenzeichnung. Unterseite grünmetallisch, apikales Hinterleibssegment hell. Taster hell, apikales Glied angedunkelt. Antennenglieder 1 bis 4 grünmetallisch, die übrigen hellgelb. Labrum hell. Beine grünmetallisch.

Maße: (n = 41) Gesamtlänge 8.4 bis 11.3, Mittel 10.0; Kopfbreite 2.3 bis 3.1, Mittel 2.7; Augenzwischenraum 1.4 bis 2.0, Mittel 1.7; Halsschildbreite 1.7 bis 2.6, Mittel 2.2; Halsschildlänge 1.5 bis 1.8, Mittel 1.6; Halsschildindex 72; Flgd.-Breite 2.9 bis 4.0, Mittel 3.5.

Material: 1 ♂, 2 ♀♀, Sumatra, Palembang, M. KNAPPERT, (RNHL); 3 ♂♂, 13 ♀♀, Sumatra, Manna, M. KNAPPERT, (RNHL); 1 ♂, l. c., 1902, (AMST); 1 ♂, 1 ♀, Sum., Sim., Lasikin, E. JACOBSON, 3. 1913, (RNHL); 3 ♂♂, 6 ♀♀, l. c., 4. 1913, (RNHL); 1 ♀, Sum., Padang, E. JACOBSON, 1. 1914, (RNHL); 1 ♀, Sumatra, Benkoelen, 1926, (AMST); 3 ♂♂, 5 ♀♀, Nias, Lawalo, Strand, 26. 9. 1979, leg. DIEHL, (WIES).

Diese Art ist mit ihren extrem langen Beinen ein typischer Bewohner ausgedehnter Sandflächen. Sie ist tagsüber am Strand zu beobachten.

77. *Abroscelis longipes flava* (W. HORN, 1892)
Abb. 254.

Literatur: HORN 1892a: 82, 1895a: 681, 1915: 211, 308, 1926: 191, 1938: T. 57, f. 20.

Verbreitung: Sumatra.

Sumatra: SU: Bodjo.

Färbung: wie Nominatform, jedoch Flgd. bis auf einen kupfrigen Nahtfleck in Verlängerung des Schildchens und eine dünne bis fast verloschene S-förmige Linie auf der Scheibe gelb.

Maße: (n = 5) Gesamtlänge 8.1 bis 10.3, Mittel 9.3; Kopfbreite 2.3 bis 2.9, Mittel 2.6; Augenzwischenraum 1.4 bis 1.7, Mittel 1.5; Halsschildbreite 1.9 bis 2.4, Mittel 2.2; Halsschildlänge 1.4 bis 1.7, Mittel 1.6; Halsschildindex 72; Flgd.-Breite 2.9 bis 3.7, Mittel 3.2.

Material: 3 ♂♂, 2 ♀♀, Sumatra, Ile Bodjo, WEYERS, 8.1884, (DEI).

Callytron GISTL, 1848

Literatur: HORN 1926: 134 – RIVALIER 1961: 146, 1963: 48, 1971: 143. Typus: C. *limosum* (SAUND., 1834).

78. *Callytron doriai* (W. HORN, 1897) comb. n.
Abb. 255, 256, 279, 299, 300.

Literatur: HORN 1897b: 273, 1915: 310, 1926: 192, 1938: T.58, f.8 – RIVALIER 1961: 149. Type in GMSN.

Verbreitung: Sumatra, Borneo.

Sumatra: SU: Belawan.

Färbung: Oberseite dunkelbraun kupfrig. Flgd. mit schmalem gelben Humeralfleck oder Humerallunula und schmaler Apikallunula. Spiegelfleck der ♀♀ schwarz. Unterseite grünkupfrig. Taster hell, zum Apex hin angedunkelt, apikales Glied schwarz. Antennen metallisch. Labrum hell. Beine grünkupfrig, Schenkel apikal und Schienen basal entpigmentisiert, hell.

Maße: (n = 2) Gesamtlänge 8.0 bis 9.2; Kopfbreite 2.1 bis 2.4; Augenzwischenraum 1.4 bis 1.6; Halsschildbreite 1.7 bis 2.0; Halsschildlänge 1.6 bis 1.8; Halsschildindex 92; Flgd.-Breite 2.8 bis 3.4.

Material: 1 ♂, Sumatra, PLASON, (DEI); 1 ♀, Sumatera utara, Belawan, 4.7.1974, leg. H. PAUCKSTADT, (WIES).

Diese Art ist, ähnlich wie *jacobsoni* W. HORN, in Sammlungen sehr selten vertreten. Zur Untersuchung lagen insgesamt nur 4 Exemplare vor, davon 1 ♂ aus dem DEI. RIVALIER (1961: 149) konnte die Art keiner der von ihm errichteten Gattungen zuordnen, da ihm kein ♂ vorlag. Nach Untersuchung des nun verfügbaren ♂ wird *doriai* W. HORN zur Gattung *Callytron* GISTL gestellt.

Zoogeographische Bemerkungen

Bei Auswertung der 73 auf Sumatra vorkommenden Cicindeliden-Arten und -Unterarten *(Neoc. punctatella* wurde hier nicht berücksichtigt) ergibt sich folgende geographische Verteilung: neben 13 Endemiten (= 17.8 %) kommen die Arten im Bereich des Malayischen Archipels vor. Im einzelnen hat Sumatra gemeinsam mit: Borneo 38 (= 52.1 %), Malakka 31 (= 42.5 %), Java 33 (= 45.2 %), Kleine Sunda-Inseln 6 (= 8.2 %), Celebes 8 (= 11.0 %) und Molukken 7 Formen (= 9.6 %). Auf den Philippinen kommen 9 (= 12.3 %) von Sumatra bekannte Cicindeliden vor, auf Neu Guinea 2, in Australien 1 *(Cyl. discreta)*. Das an die Halbinsel Malakka angrenzende Gebiet von Thailand, Laos bis Vietnam hat 22 (= 30.1 %) mit Sumatra gemeinsame Formen. 6 (= 8.2 %) reichen in ihrer Verbreitung bis nach China hinein, 2 kommen auf Formosa vor und 1 *(Loph. angulata)* erreicht Japan. Von Sumatra nach Norden in den Golf von Bengalen und von dort südlich bis Ceylon sind noch folgende auch auf Sumatra lebende Formen gemeldet: Nikobaren 2, Andamanen 1 *(Hyp. biramosa),* Birma 19 (= 26.0 %), Sikkim 6, Nepal 1 *(Neoc. saphyrina),* Indien 13 (= 17.8 %) und Ceylon 4 (= 5.5 %), wobei die Formen von Ceylon auch auf dem indischen Festland vorkommen. Eine diskontinuierliche Verbreitung von Arten (auf Ceylon einerseits und andererseits auf Sumatra) konnte nicht festgestellt werden. Bezogen auf die 64 auf Sumatra vorkommenden Cicindeliden-Spezies verändern sich die eben genannten Größen neben der Anzahl der Endemiten (12 = 18.8 %) nur bei folgenden geographischen Gebieten: Borneo (35 = 54.7 %), Java (32 = 50.0 %) und Halbinsel Malakka (29 = 45.3 %). Die übrigen bleiben in ihren absoluten Summen unverändert. Die Sandlaufkäfer-Fauna Sumatras ist somit rein orientalischen Ursprungs und hat ihr Ausbreitungszentrum im Bereich des Sundaschelfs (ROESLER & KÜPPERS 1981: 204). Von dort wanderten einige Arten nach Hinter- und Vorderindien, nach Südchina, auf die Philippinen, über Celebes und die Molukken bis nach Neu Guinea und Australien.

Zusammenfassung

Für die Sandlaufkäfer-Fauna von Sumatra und den vorgelagerten Inseln werden 65 Arten und 9 Unterarten nachgewiesen und durch Abbildungen und Beschreibungen gekennzeichnet. Jedes Taxon ist mit ausführlichen Verbreitungsangaben und der Auflistung seiner Synonyme versehen. Bestimmungstabellen führen über Tribus, Gattung und Art bis zu den Unterarten. In Tabellenform werden zusätzlich die Sandlaufkäfer Sumatras und ihr Vorkommen in den acht Provinzen vorgestellt sowie geographische Koordinaten für ca. 110 Fundorte angegeben.

Neue Synonyme oder Kombinationen:
Neocollyris macrodera (CHAUDOIR, 1864), syn. n.
Cylindera (Leptinomera) gestroi (W. HORN, 1892), syn. n.
Callytron doriai (W. HORN, 1897), comb. n.

Danksagung

Diese Arbeit war nur durch die Hilfe zahlreicher Institute und Kollegen möglich. Herzlicher Dank gilt all denen, die durch Material-, Typen- und Literaturentleih und Stellungnahmen zu Anfragen Unterstützung gewährten, insbesondere folgenden Damen und Herren: Dr. R. E. ACCIAVATTI (USDA, Forest Service, Morgantown), A. BERTI (Muséum National d'Histoire Naturelle, Paris), Dipl.-Met. M. BÜHRLEIN (Südasien-Institut, Heidelberg), Dr. M. BRANCUCCI (Naturhistorisches Museum, Basel), C. M. C. BROUERIUS VAN NIDEK (Voorburg), Dr. F. CASSOLA (Roma), Dr. L. DIECKMANN (Institut für Pflanzenschutzforschung, Eberswalde), Dr. E. W. DIEHL (Dolok Merangir), Dr. D. ERBER, (Gießen), Dr. T. L. ERWIN (National Museum of Natural History, Washington), Dr. W. FORSTER (Münchner Entomologische Gesellschaft), Dipl.-Ing. E. HEISS (Innsbruck), G. N. HOUSE (National Museum of Natural History, Washington), Dr. F. JANCZYK † (Naturhistorisches Museum, Wien), Dr. J. JELINEK (Národni Museum, Praha), E. JÜNGER (Wilflingen), G. KIBBY (British Museum, Nat. Hist., London), A. KORELL (Kassel), Dr. J. KRIKKEN (Rijksmuseum van Natuurlijke Historie, Leiden), M. KÜHBANDNER (Zoologische Staatssammlung, München), Prof. Dr. K. MANDL (Wien), Prof. Dr. G. MORGE (Institut für Pflanzenschutzforschung, Eberswalde), Dr. R. POGGI (Museo Civico di Storia Naturale, Genova), Dr. V. PUTHZ (Schlitz), Dr. W. SCHAWALLER (Staatliches Museum für Naturkunde, Stuttgart), Dr. G. SCHERER (Zoologische Staatssammlung, München), Dr. R. ZUR STRASSEN (Forschungsinstitut Senckenberg, Frankfurt) und Dr. W. WITTMER (Naturhistorisches Museum, Basel).

Literatur

ACCIAVATTI, R. E., PEARSON, D. L. (in Druck): A review of *Cicindela* from the indian Subcontinent.
ANDREWES, H. E. 1933: Catalogue of the *Carabidae* of Sumatra. – Tijdsch. Ent., **76**, 319–377.
BOUCHARD, M. 1901: Sur quelques Cicindélètes de Sumatra *(Col.).* – Bull. Soc. Ent. France, 295–296.
BROUERIUS VAN NIDEK, C. M. C. 1957: *Cicindelidae* from Indonesia. – Treubia 24 (1), 1–5.
– – 1960: *Cicindelidae* from Borneo. – Treubia **25** (2), 205–206.
– – 1977: Notes on subspecies of *Therates dimidiatus* with the description of a new subspecies and a correction. – Cicindela 19 (2), 21–24.

53

CASSOLA, F., MURRAY, R. R. 1979: A Review of the Genus *Dilatotarsa* DOKHT., with description of a new species from Palawan Island, Philippines. – Estr. da Redia **62**, 205–228.

CHAUDOIR, M. DE 1864: Monographie du genre *Collyris* FABRICIUS. – Ann. Soc. Ent. France 4 (4), 483–536.

DARLINGTON jr., P. J. 1971: The Carabid Beetles of New Guinea, Part IV. General Considerations. – Bull. Mus. Comp. Zool. **142** (2), 129–337.

DIEHL, E. W. 1981: Heterocera Sumatrana, 1. *Sphingidae*. – E. W. Classey LTD, London.

DÖBERL, H. 1973: Katalog der in den Sammlungen des ehemaligen Deutschen Entomologischen Instituts aufbewahrten Typen, 9, *Coleoptera, Cicindelidae*. – Beitr. Ent. **23** (5/8), 355–419.

ERBER, D. 1978: Vulkanismus in Nord-Sumatra. – Natur und Museum **108** (3), 65–71.

FLEUTIAUX, E. 1893: Remarques sur quelques *Cicindelidae* et descriptions d'espèces nouvelles. – Ann. Soc. Ent. France **62**, 483–502.

FOWLER, W. W. 1912: *Cicindelidae*. In: The Fauna of British India, including Ceylon and Burma. p. **219** – 443.

FREITAG, R. 1974: Selection for a non-genitalic mating structure in female tiger beetles of the Genus *Cicindela (Col., Cicindelidae)*. – Can. Ent. **106** (6), 561–568.

HORN, W. 1892a: Fünf Dekaden neuer Cicindeleten. – Deutsche Ent. Zeitschr. (1), 65–92.

— — 1892b: Die Cicindeliden des Wiener Hof-Museums. – Deutsche Ent. Zeitschr. (1), 92–98, 144.

— — 1892c: 3. Beitrag zur Kenntnis der Cicindeleten. – Deutsche Ent. Zeitschr. (2), 209–219.

— — 1892d: Nachträge zur Monographie der Cicindeliden-Gattung *Collyris*. – Deutsche Ent. Zeitschr. (2), 353–368.

— — 1892e: Einige neue Cicindeliden-Arten und Varietäten. – Deutsche Ent. Zeitschr. (2), 369–372.

— — 1895a: Les Cicindélètes de Sumatra. – Ann. Mus. Civ. Stor. Nat. Genova, Serie 2, **14**, 673–682.

— — 1895b: Novae Cicindelidarum Species. – Deutsche Ent. Zeitschr. (2), 353–361.

— — 1896: Die Cicindeliden der DOHRN'schen Sammlung. – Stettiner ent. Zeitung **57**, 164–177.

— — 1897a: Die Cicindeliden-Fauna von Java nebst Beiträgen über verwandte Arten. – Deutsche Ent. Zeitschr. (1), 49–60.

— — 1897b: Cicindélides nouvelles du Musée civique de Gênes. – Ann. Mus. Civ. Stor. Nat. Genova **37**, 270–274.

— — 1900: De novis Cicindelidarum speciebus. – Deutsche Ent. Zeitschr. (1), 193–212.

— — 1901a: Contribution a l'étude de la faune entomologique de Sumatra. – Ann. Soc. Ent. Belg. **45**, 84–85.

— — 1901b: Revision der Cicindeliden mit besonderer Berücksichtigung der Variationsfähigkeit und geographischen Verbreitung. – Deutsche Ent. Zeitschr., Beiheft, 33–64.

— — 1906: Das Genus *Tricondyla* LATR. et DEJ. – Deutsche Ent. Zeitschr. (1), 17–33.

— — 1908a: *Cicindelinae*. In: WYTSMAN, P., Genera Insectorum **82**, 1–104.

— — 1908b: Six new *Cicindelidae* from the oriental Region. – Records of the Indian Museum **2**, 409–412.

— — 1910: *Cicindelinae*. In: WYTSMAN, P., Genera Insectorum **82**, 105–208.

— — 1911: Die „Weddabrücke". – I. Congr. Int. Ent. Bruxelles 1910, **2**, 313–316.

— — 1913a: Fauna Simalurensis, *Coleoptera*, Fam. *Cicindelidae*. – Notes Leyden Mus. **35**, 249–251.

— — 1913b: 50 neue *Cicindelidae*. – Archiv für Naturgeschichte, A **11**, 1–33.

— — 1915: *Cicindelinae*. In: WYTSMAN, P., Genera Insectorum **82**, 209–487.

— — 1922: Zwei neue *Collyris* aus Sumatra und Borneo. – Treubia **3** (1), 113–114.

— — 1926: *Carabidae: Cicindelinae*. In: JUNK, W. & SCHENKLING, S., Coleopterorum Catalogus, pars 86, 1–345.

— — 1927: Fauna sumatrensis (Beitrag Nr. 44), *Cicindelidae*. – Suppl. Ent. **15**, 122–124.

— — 1929: Some *Cicindelidae* from British North Borneo. – Journ. Fed. Malay. States Mus. **14**, 464–468.

— — 1930a: Beiträge zur Kenntnis neuer und alter Cicindelinen des Indopapuanischen Faunen-Gebietes. – Wiener Ent. Zeitung **47** (1), 1–9.

— — 1930b: Cicindelinen aus Sumatra und Java. – Archiv f. Hydrobiologie, Suppl. **8**, 41–49.

— — 1931: Some *Cicindelinae* from Mt. Kinabalu, North Borneo, including a new species. – Journ. Fed. Malay. States Mus. **16**, 287–289.

— — 1932a: *Cicindelidae*. In: Résultats Scient. du Voyage aux Indes Orientale Néerlandaises **4**, 4 (1), 3–4.

— — 1932b: Über die Gattung *Collyris*. – Livre Centen. Soc. ent. France, 195–211.

— — 1935: Neues über *Collyris*-Formen. – Koleopt. Rundschau **21** (1/2), 49–54.

— — 1937: Drei neue orientalische Cicindelinen aus dem Nat.-Mus. in Washington. – Ent. Blätter **33** (1), 55–57.

— — 1938: 2 000 Zeichnungen von *Cicindelinae*. – Ent. Beihefte **5**, 1–71.

— — & ROESCHKE, H. 1891: Monographie der palaearktischen Cicindelen. – Berlin.

JEANNEL, R. 1946: Coléoptères Carabiques de la Région Malgache (Première Partie). – Faune de l'Empire Francais 6, 1–372.

LATREILLE, P. A., DEJEAN, P. F. M. A. 1822: Famille première, Tribu 1, Cicindélètes, Genre 5, Thérate. – Hist. Nat. Col. 1, 63–65.

LAWTON, J. K. 1972: Translation and condensation of HORN's notes on the habits of the world genera of Cicindelidae. – Cicindela 4(1), 9–18.

MAC LEAY, J. 1825: Cicindelidae. – Annulosa Javanica 1, 9–12.

MANDL, K. 1964: Ergebnisse einer Teilrevision des Cicindeliden-Materials des Chikago Natural History Museum. – Reichenbachia 4(12), 75–96.

— — 1970a: Berichtigungen zu meiner Publikation: ,,Zwei neue Heptodonta-Arten aus Nord-Borneo". – Zeitschr. Arbeitsgem. Österr. Ent. 22(1), 22–24.

— — 1970b: Neue Cicindelidae-Formen aus der Sammlung des zoologischen Museums der Humboldt-Universität zu Berlin. – Zeitschr. Arbeitsgem. Österr. Ent. 22(3), 65–80.

— — 1971: Wiederherstellung des Familienstatus der Cicindelidae. – Beitr. Ent. 21(3/6), 507–508.

— — 1972: Bausteine zur Kenntnis der Familie Cicindelidae. Beschreibung neuer Formen und Bemerkungen zu bekannten Formen. – Zeitschr. Arbeitsgem. Österr. Ent. 24(3), 102–110.

— — 1975a: Revision der brevilabris HORN-Gruppe der Collyrini. – Beitr. Ent. Berlin 25(1), 21–28.

— — 1975b: Über die Gattungen Heptodonta HOPE und Dilatotarsa DOKHTOUROV. – Beitr. Ent. Berlin 25(1), 29–32.

— — 1975c: Ergebnisse der Bhutan-Expedition 1972 des Naturhistorischen Museums in Basel – Cicindelidae. – Entomologica Basiliensia 1, 135–143.

— — 1982: Neue Cicindelidenformen aus der Sammlung des Britischen Museums. – Koleopt. Rundschau 56, 59–73.

— — & CHUJÔ, M. 1964: Cicindelidae. – In: Nature and Life in Southeast Asia 3, 164–166.

RIVALIER, E. 1948: Les Cicindèles du Genre Lophyra. – Rev. Franc. Ent. 15 (2), 49–74.

— — 1950: Démembrement du Genre Cicindela LINNÉ (Travail préliminaire limité à la faune paléarctique). – Rev. Franc. Ent. 17(4), 217–244.

— — 1953: Note sur une Sous-Espèce méconnue de Lophyridia angulata F. – Rev. Franc. Ent. 20(1), 81–84.

— — 1961: Démembrement du Genre Cicindela L., 4. Faune Indomalaise. – Rev. Franc. Ent. 28(3), 121–149.

— — 1963: Démembrement du Genre Cicindela L., 5. Faune Australienne. (Et liste récapitulative des genres et sousgenres proposés pour la faune mondiale). – Rev. Franc. Ent. 30(1), 30–48.

— — 1964: Le genre Prothyma HOPE. Révision et description de quatre espèces nouvelles. – Rev. Franc. Ent. 31(3), 127–164.

— — 1971: Remarques sur la tribu des Cicindelini (Col., Cicindelidae) et sa subdivision en sous-tribus. – Nouv. Rev. Ent. 1, 135–143.

ROESLER, U. R., KÜPFERS, P. V. 1981: Auswirkungen der Landschaftsveränderungen auf die Tagfalterfauna Südostasiens. – Mitt. Pollichia 69, 200–239.

SHELFORD, R. 1902: Observations on some mimetic Insects and Spiders from Borneo and Singapore. – Proc. Zool. Soc. London, 230–284.

THOMSON, J. 1857: Description de quatorze espèces nouvelles. – Arch. Ent. 1, 129–136.

VANDER LINDEN, P.-L. 1829: Essai sur les Insectes de Java et des iles Voisines. Premier mémoire. Cicindelétes. – Mém. Académie Sc. Bruxelles 5: 1–28.

WEBER, E. 1980: Grundriß der biologischen Statistik. 8. Auflage. – Gustav Fischer Verlag, Stuttgart-New York.

Anschrift des Verfassers:
Jürgen WIESNER, Dresdener Ring 11, D-3180 Wolfsburg 1

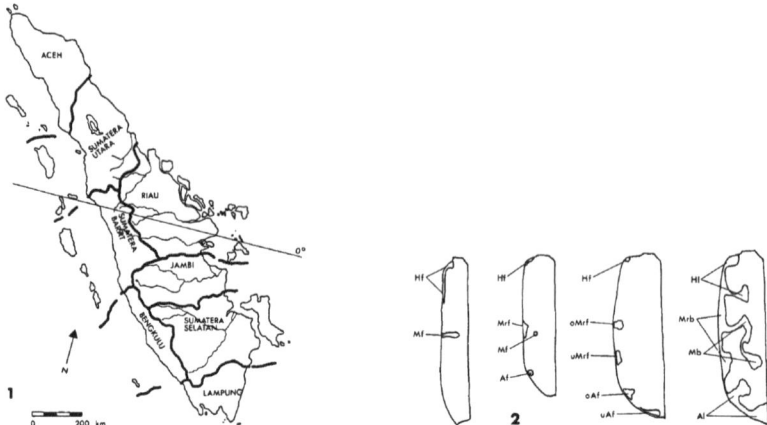

Abb. 1: Das in der vorliegenden Arbeit berücksichtigte Gebiet von Sumatra und benachbarten Inseln.

Abb. 2: Terminologie der Flügeldeckenzeichnung von *Cicindeliden:* Hf = Humeralfleck; Hl = Humerallunula; Mf = Mittelfleck; Mb = Mittelbinde; Mrf = Marginalfleck; o... = oberer ...; u... = unterer ...; Mrb = Marginalband; Af = Apikalfleck; Al = Apikallunula.

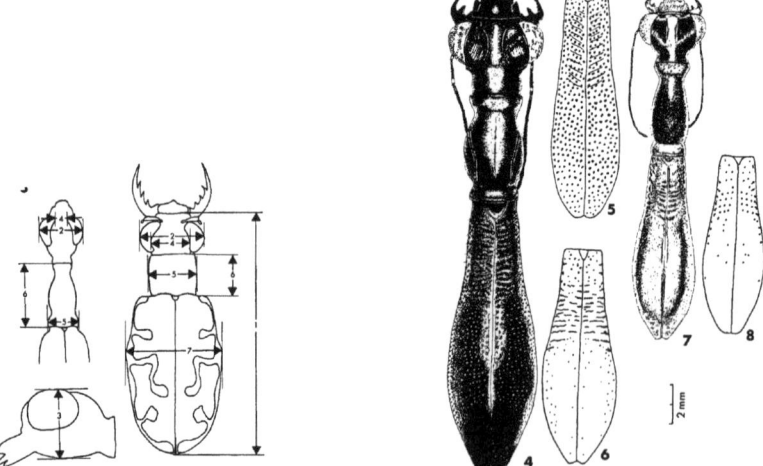

Abb. 3: Schema der dokumentierten Körperabmessungen: 1 = Gesamtlänge (ohne Labrum); 2 = Kopfbreite; 3 = Kopftiefe; 4 = Augenzwischenraum; 5 = Breite des Halsschildes; 6 = Länge des Halsschildes; 7 = Breite der Flgd.

Abb. 4–8: 4, *Tricondyla cyanea wallacei* THOMS., Habitus ♀. 5–6, Flgd. von: 5, *T. cyanea* s. str. DEJ. ♂, 6, *T. cyanea brunnea* DOKHT. ♂. 7, *T. cyanipes brunnipes* MOTSCH., Habitus ♀. 8, *T. cyanipes conicicollis* CHAUD., Flgd. ♀.

56

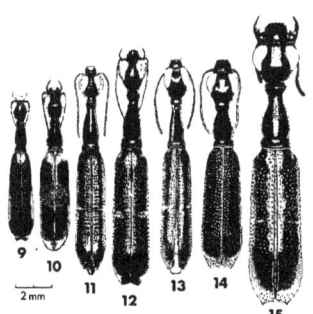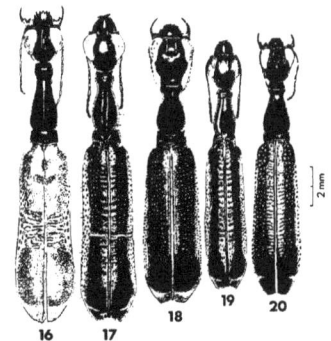

Abb. 9–15: Habitus von: 9, *Protocollyris weyersi* W. HORN ♂. 10, *Neocollyris purpureomaculata* W. HORN ♂. 11, *N. linearis tenuicornis* W. HORN ♂. 12, *N. dimidiata* CHAUD. ♀. 13, *N. subtilis* CHAUD. ♂. 14, *N. emarginata* DEJ. ♂. 15, *N. crassicornis* DEJ. ♂.

Abb. 16–20: Habitus von: 16, *Neocollyris richteri* W. HORN ♀. 17, *N. diardi* LATR. ♀. 18, *N. pinguis* W. HORN ♀. 19, *N. bonellii* GUÉR. ♀. 20, *N. celebensis* CHAUD. ♀.

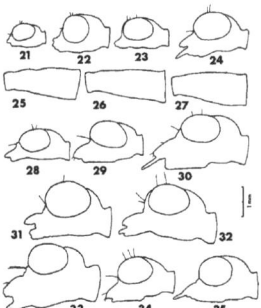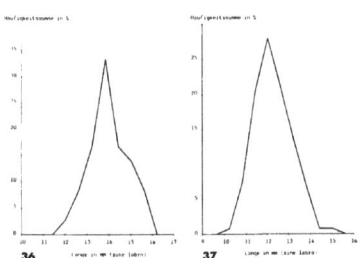

Abb. 21–35: ·21–24. Lateralansicht des Kopfes von: 21, *Protocollyris weyersi* W. HORN ♂. 22, *Neocollyris purpureomaculata* W. HORN ♀. 23, *N. linearis tenuicornis* W. HORN ♂. 24, *N. dimidiata* CHAUD. ♀. 25–27. Lateralansicht des Halsschildes von: 25, *N. linearis tenuicornis* CHAUD. ♀. 26, *N. linearis beccarii* W. HORN ♀. 27, *N. linearis xanthoscelis* CHAUD. ♀. 28–35. Lateralansicht des Kopfes von: 28, *N. subtilis* CHAUD. ♂. 29, *N. emarginata* DEJ. ♂. 30, *N. crassicornis* DEJ. ♂. 31, *N. richteri* W. HORN ♀. 32, *N. diardi* LATR. ♀. 33, *N. pinguis* W. HORN ♀. 34, *N. bonellii* GUÉR. ♂. 35, *N. celebensis* CHAUD. ♀.

Abb. 36–37: Häufigkeitspolygone der Körperlängen von: 36, *Neocollyris crassicornis* DEJ. (n = 36). 37, *N. diardi* LATR. (n = 132).

57

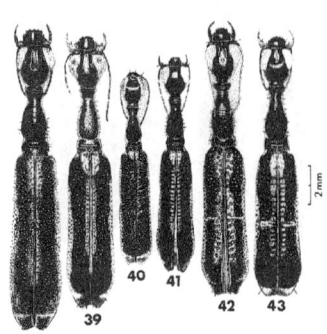 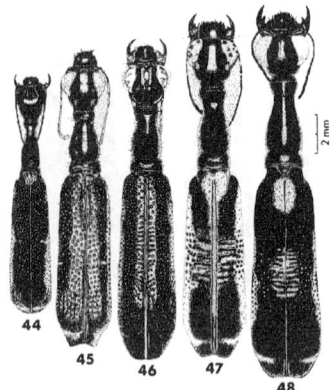

Abb. 38–43: Habitus von: 38, *Neocollyris cruentata* SCHM.-GOEB. ♀. 39, *N. elongata* CHAUD. ♀. 40, *N. chloroptera* CHAUD. ♂. 41, *N. thomsoni* W. HORN ♀. 42, *N. moesta* SCHM.-GOEB. ♂. 43, *N. clavipalpis* W. HORN ♀.

Abb. 44–48: Habitus von: 44, *Neocollyris punctatella* CHAUD. ♀. 45, *N. fuscitarsis* SCHM.-GOEB. ♀. 46, *N. saphyrina* CHAUD. ♀. 47, *N. aptera* LUND. ♀. 48, *N. sumatrensis* W. HORN ♀.

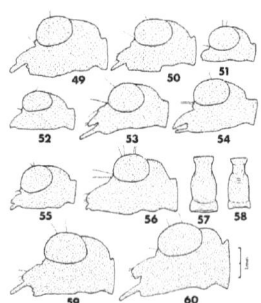 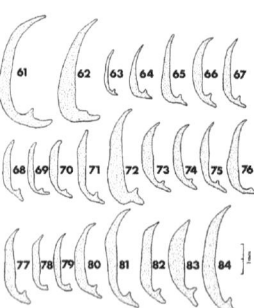

Abb. 49–60: 49–56. Lateralansicht des Kopfes von: 49, *Neocollyris cruentata* SCHM.-GOEB. ♀. 50, *N. elongata* CHAUD. ♀. 51, *N. chloroptera* CHAUD. ♂. 52, *N. thomsoni* W. HORN ♀. 53, *N. moesta* SCHM.-GOEB. ♂. 54, *N. clavipalpis* W. HORN ♀. 55, *N. punctatella* CHAUD. ♀. 56, *N. fuscitarsis* SCHM.-GOEB. ♀. 57–58: Halsschild von: 57, *N. saphyrina* CHAUD. ♀. 58, *N. aptera* LUND ♂. 59–60. Lateralansicht des Kopfes von: 59, *N. saphyrina* CHAUD. ♀. 60, *N. aptera* LUND ♀.

Abb. 61–84: Lateralansicht des Aedeagus von: 61, *Tricondyla cyanea* s. str. DEJ. 62, *T. cyanipes brunnipes* MOTSCH. 63, *Protocollyris weyersi* W. HORN. 64, *Neocollyris purpureomaculata* W. HORN. 65, *N. linearis tenuicornis* CHAUD. 66, *N. dimidiata* CHAUD. 67, *N. subtilis* CHAUD. 68–70, *N. emarginata* DEJ. 71, *N. crassicornis* DEJ. 72, *N. richteri* W. HORN. 73, *N. diardi* LATR, 74, *N. bonellii* GUÉR. 75, *N. celebensis* CHAUD. 76, *N. cruentata* SCHM.-GOEB. 77, *N. elongata* CHAUD. 78, *N. chloroptera* CHAUD. 79, *N. thomsoni* W. HORN. 80, *N. moesta* SCHM.-GOEB. 81, *N. fuscitarsis* SCHM.-GOEB. 82, *N. saphyrina* CHAUD. 83, *N. aptera* LUND. 84, *N. sumatrensis* W. HORN.

58

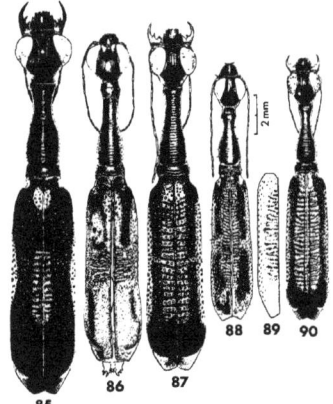

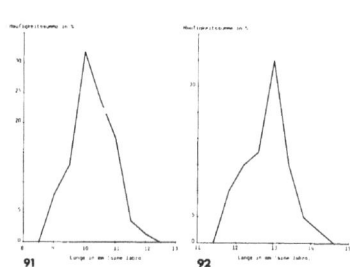

Abb. 85–90: 85–88. Habitus von: 85, *Neocollyris waterhousei* CHAUD. ♂. 86, *N. sarawakensis* THOMS. ♀. 87, *N. dohertyi* W. HORN, ♂. 88, *N. arnoldi* M'Leay ♂. 89, *N. leucodactyla* s. str. CHAUD., Flgd. ♀. 90, *N. leucodactyla discolor* CHAUD., Habitus ♀.

Abb. 91–92: Häufigkeitspolygone der Körperlängen von: 91, *Neocollyris bonellii* GUÉR. (n = 138). 92, *N. leucodactyla discolor* CHAUD. (n = 40).

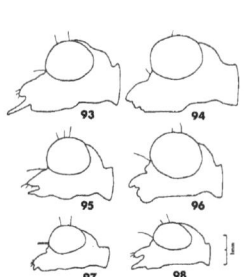

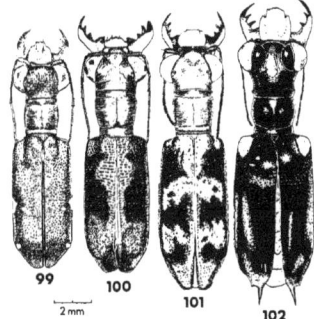

Abb. 93–98: Lateralansicht des Kopfes von: 93, *Neocollyris sumatrensis* W. HORN ♀. 94, *N. waterhousei* CHAUD. ♂. 95, *N. sarawakensis* THOMS. ♀. 96, *N. dohertyi* W. HORN ♂. 97, *N. arnoldi* M'LEAY ♂. 98, *N. leucodactyla discolor* CHAUD. ♀.

Abb. 99–102: Habitus von: 99, *Prothyma heteromalla* M'LEAY ♂. 100, *Heptodonta analis* F. ♂. 101, *Dilatotarsa beccarii* GESTRO ♂. 102, *Therates spinipennis xanthophobus* W. HORN ♀.

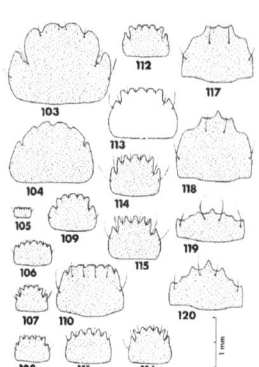

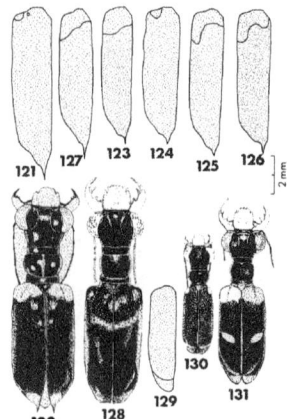

Abb. 103–120: Labrum von: 103, *Tricondyla cyanea* s. str. DEJ. ♂. 104, *T. cyanipes brunnipes* MOTSCH. ♀. 105, *Protocollyris weyersi* W. HORN ♂. 106, *Neocollyris purpureomaculata* W. HORN ♀. 107, *N. linearis tenuicornis* CHAUD. ♂. 108, *N. linearis xanthoscelis* CHAUD. ♀. 109, *N. emarginata* DEJ. ♀. 110, *N. crassicornis* DEJ. ♀. 111, *N. richteri* W. HORN ♀. 112, *N. elongata* CHAUD. ♂. 113, *N. fuscitarsis* SCHM.-GOEB. ♂. 114, *N. sarawakensis* THOMS. ♂. 115, *N. dohertyi* W. HORN ♂. 116, *N. leucodactyla discolor* CHAUD. ♀. 117, *Prothyma heteromalla* M'LEAY ♂. 118, ♀. 119, *Heptodonta analis* F. ♂. 120, ♀.

Abb. 121–131: 121, *Therates spinipennis xanthophobus* W. HORN, Flgd. ♂. 122, *T. dimidiatus dejeani* CHAUD., Habitus ♂. 123–127. Flgd. von: 123, *T. dimidiatus dejeani* CHAUD. ♀. 124, *T. dimidiatus wallacei* THOMS. ♀. 125–126, *T. dimidiatus spinipennoides* W. HORN ♂. 127, *T. spinipennis xanthophilus* W. HORN ♂. 128, *T. coeruleus* s. str. LATR., Habitus ♂. 129, *T. coeruleus apicalis* W. HORN, Flgd. ♂. 130–131. Habitus von: 130, *T. rugulosus* W. HORN ♂. 131, *T. batesi* THOMS. ♀.

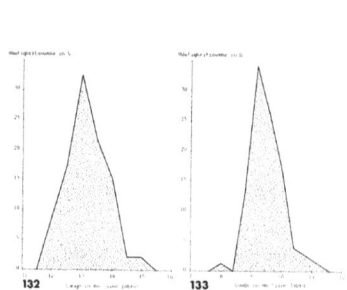

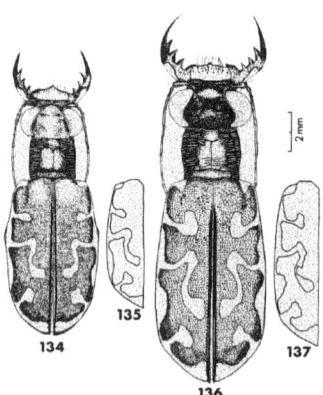

Abb. 132–133: Häufigkeitspolygone der Körperlängen von: 132, *Therates spinipennis xanthophobus* W. HORN, (n = 46). 133, *T. coeruleus* s. str. LATR. (n = 76).

Abb. 134–137: 134, *Lophyridia angulata* F., Habitus ♀. 135, Flgd. ♂. 136, *L. saxatilis* s. str. GISTL, Habitus ♀. 137, *L. saxatilis plumigera* W. HORN, Flgd. ♂.

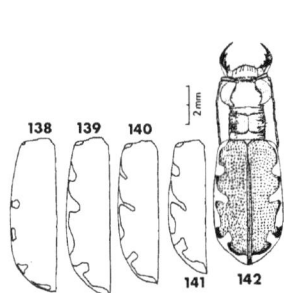

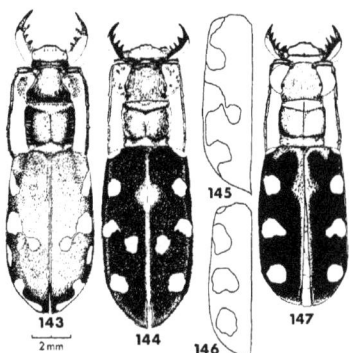

Abb. 138–142: 138–141. Flgd. von: 138, *Lophyridia funerea* s. str. M'LEAY ♀. 139, *L. funerea multinotata* SCHAUM ♂. 140, *L. opigrapha* DEJ. ♀, Java. 141, ♀, Sumatra. 142, Habitus ♂, Sumatra.

Abb. 143–147: 143–144. Habitus von: 143, *Lophyridia decemguttata* s. str. F. ♂. 144, *Cosmodela didyma* DEJ. ♂. 145–146. Flgd. von: 145, *C. didyma* DEJ. ♂. 146, *C. aurulenta* F. ♂, Nias. 147, *C. aurulenta* F., Habitus ♂.

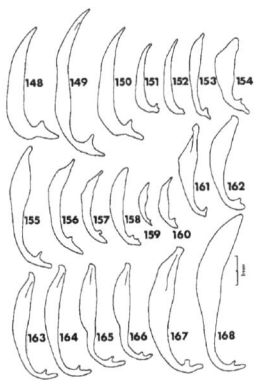

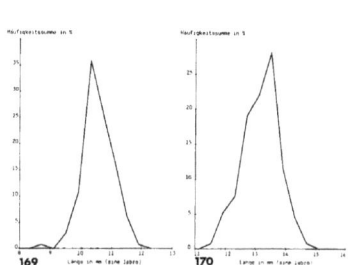

Abb. 148–168: Lateralansicht des Aedeagus von: 148, *Neocollyris sarawakensis* THOMS. 149, *N. waterhousei* CHAUD. 150, *N. dohertyi* W. HORN. 151, *N. arnoldi* M'LEAY. 152, *N. leucodactyla discolor* CHAUD. 153, *Prothyma heteromalla* M'LEAY. 154, *Heptodonta analis* F. 155, *Dilatotarsa beccarii* GESTRO. 156, *Therates spinipennoides xanthophobus* W. HORN. 157, *T. dimidiatus dejeani* CHAUD. 158, *T. coeruleus* s. str. LATR. 159, *T. rugulosus* W. HORN. 160, *T. batesi* THOMS. 161, *Lophyridia angulata* F. 162, *L. saxatilis* GISTL. 163, *L. funerea* s. str. M'LEAY, Sumatra. 164, *L. funerea multinotata* SCHAUM, Celebes. 165, *L. opigrapha* DEJ., Java. 166, Sumatra. 167, *L. decemguttata* s. str. F. 168, *Cosmodela didyma* DEJ.

Abb. 169–170: Häufigkeitspolygone der Körperlängen von: 169, *Lophyridia opigrapha* DEJ. (n = 128). 170, *Cosmodela aurulenta* F. (n = 131).

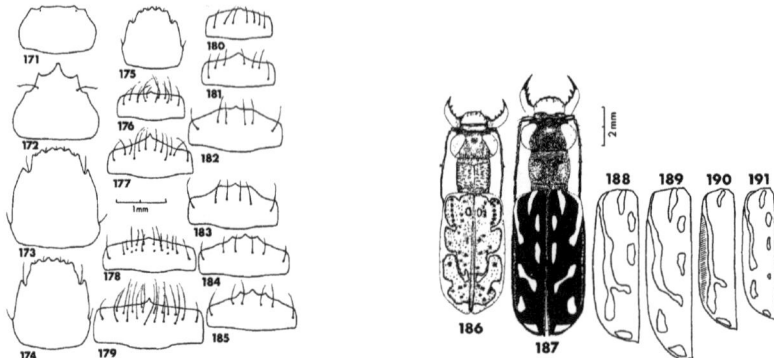

Abb. 171–185: Labrum von: 171, *Dilatotarsa beccarii* GESTRO ♂. 172, ♀. 173, *Therates spinipennis xanthophobus* W. HORN ♀. 174, *T. dimidiatus spinipennoides* W. HORN ♂. 175, *T. batesi* THOMS. ♂. 176, *Lophyridia angulata* F. ♂. 177, ♀. 178, *L. saxatilis* GISTL ♂. 179, ♀. 180, *L. opigrapha* DEJ. ♂. 181, ♀. 182, *L. decemguttata* s. str. F. ♂. 183, ♀. 184, *Cosmodela didyma* DEJ. ♂. 185, ♀.

Abb. 186–191: 186–187. Habitus von: 186, *Lophyra fuliginosa* DEJ. ♂. 187, *L. striolata* s. str. ILL. ♂. 188–191. Flgd. von: 188, 189, *L. striolata* s. str. ILL. ♀. 190, *L. striolata taliensis* FAIRM. ♂. 191, *L. striolata tenuiscripta* FLEUT. ♂.

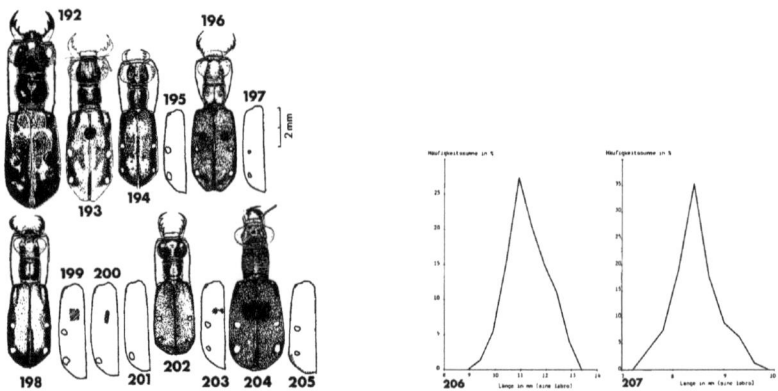

Abb. 192–205: 192, *Cylindera versicolor* M'LEAY, Habitus ♂. 193, *C. elegantissima* W. HORN ?, Habitus ♀ (ZSM). 194, *C. elegantissima* W. HORN, Habitus ♂. 195, Flgd. ♀. 196, *C. bouchardi* W. HORN, Habitus ♀, 197, Flgd. ♂. 198, *C. catoptroides* W. HORN, Habitus ♂. 199, 200, Flgd. ♀. 201, Flgd. ♂. 202, *C. longipalpis* W. HORN, Habitus ♂. 203, Flgd. ♀. 204, *C. pseudolongipalpis* W. HORN, Habitus ♀. 205, Flgd. ♂.

Abb. 206–207: Häufigkeitspolygone der Körperlängen von: 206, *Lophyra striolata* s. str. ILL. (n = 73). 207, *Cylindera versicolor* M'LEAY, (n = 79).

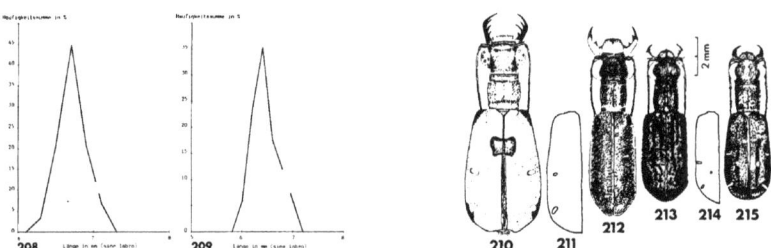

Abb. 208–209: Häufigkeitspolygone der Körperlängen von: 208, *Cylindera elegantissima* W. HORN, (n = 28). 209, *C. longipalpis* W. HORN, (n = 17).

Abb. 210–215: 210, *Cylindera maxillaris* W. HORN, Habitus ♀. 211, Flgd. ♂. 212, *C. foveolata* SCHAUM, Habitus ♂. 213, *C. holosericea* F., Habitus ♂. 214, Flgd. ♀. 215, *C. viduata* F., Habitus ♀.

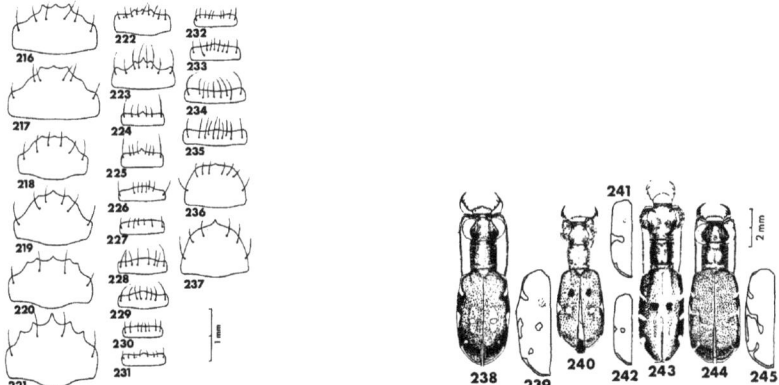

Abb. 216–237: Labrum von: 216, *Cosmodela aurulenta* F. ♂. 217, ♀. 218, *Lophyra fuliginosa* DEJ. ♂. 219, ♀. 220, *L. striolata* s. str. ILL. ♂. 221, ♀. 222, *Cylindera versicolor* M'LEAY ♂. 223, ♀. 224, *C. elegantissima* W. HORN ♂. 225, ♀. 226, *C. bouchardi* W. HORN ♂. 227, ♀. 228, *C. catoptroides* GESTRO ♂. 229, ♀. 230, *C. longipalpis* W. HORN ♂. 231, ♀. 232, *C. pseudolongipalpis* W. HORN ♂. 233, ♀. 234, *C. maxillaris* W. HORN ♂. 235, ♀. 236, *C. foveolata* SCHAUM ♂. 237, ♀.

Abb. 238–245: 238, *Cylindera discreta* SCHAUM, Habitus ♂. 239, Flgd. ♀. 240, *C. reductula* W. HORN, Habitus ♀. 241, Flgd. ♀. 242, Flgd. ♂. 243, *C. jacobsoni* W. HORN, Habitus ♀. 244, *C. minuta* OL., Habitus ♂. 245, Flgd. ♀.

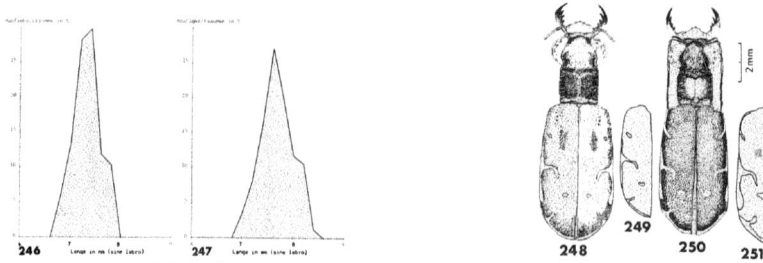

Abb. 246–247: Häufigkeitspolygone der Körperlängen von: 246, *Cylindera holosericea* F. (n = 67). 247, C. *discreta* SCHAUM, (n = 85).

Abb. 248–251: 248, *Myriochile undulata* DEJ., Habitus ♀. 249, Flgd. ♂. 250, *M. specularis brevipennis* W. HORN, Habitus ♂. 251, Flgd. ♀.

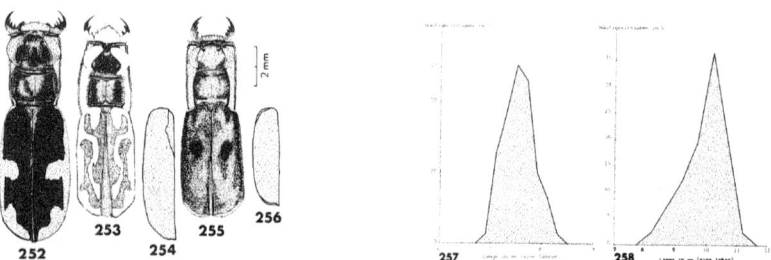

Abb. 252–256: 252, *Hypaetha biramosa* F., Habitus ♂. 253, *Abroscelis longipes* s. str. F., Habitus ♂. 254, *A. longipes flava* W. HORN, Flgd. ♀. 255, *Callytron doriai* W. HORN, Habitus ♀. 256, Flgd. ♂.

Abb. 257–258: Häufigkeitspolygone der Körperlängen von: 257, *Cylindera minuta* OL. (n = 138). 258, *Abroscelis longipes* s. str. F. (n = 41).

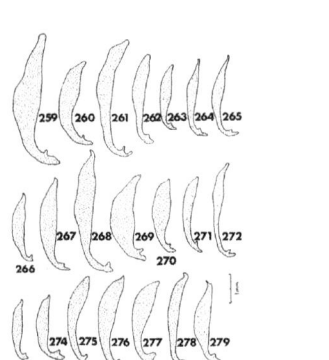

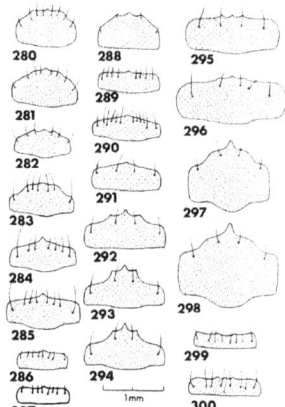

Abb. 259–279: Lateralansicht des Aedeagus von: 259, *Cosmodela aurulenta* F. 260, *Lophyra fuliginosa* DEJ. 261, *L. striolata* s. str. ILL. 262, *Cylindera versicolor* M'LEAY. 263, *C. elegantissima* W. HORN. 264, *C. bouchardi* W. HORN. 265, *C. catoptroides* W. HORN. 266, *C. longipalpis* W. HORN. 267, *C. pseudolongipalpis* W. HORN. 268, *C. maxillaris* W. HORN. 269, *C. foveolata* SCHAUM. 270, *C. holosericea* F. 271, *C. viduata* F. 272, *C. discreta* SCHAUM. 273, *C. reductula* W. HORN. 274, *C. minuta* OL. 275, *Myriochile undulata* DEJ. 276, *M. specularis brevipennis* W. HORN. 277, *Hypaetha biramosa* F. 278, *Abroscelis longipes* F. 279, *Callytron doriai* W. HORN.

Abb. 280–300: Labrum von: 280, *Cylindera holosericea* F. ♂. 281, ♀. 282, *C. viduata* F. ♂. 283, ♀. 284, *C. discreta* SCHAUM ♂. 285, ♀. 286, *C. reductula* W. HORN ♂. 287, ♀. 288, *C. jacobsoni* W. HORN ♀. 289, *C. minuta* OL. ♂. 290, ♀. 291, *Myriochile undulata* DEJ. ♂. 292, ♀. 293, *M. specularis brevipennis* W. HORN ♂. 294, ♀. 295, *Hypaetha biramosa* F. ♂. 296, ♀. 297, *Abroscelis longipes* F. ♂. 298, ♀. 299, *Callytron doriai* W. HORN ♂. 300, ♀.

Abb. 301–303: Habitat von: 301, *Dilatotarsa beccarii* GESTRO am Gunung Sibayak (Tanah Karo – Sumatera utara), 1780 m. 302, *Lophyridia opigrapha* DEJ. bei Lasikin auf der Insel Simalur (Aceh), 10 m. 303, *Cylindera maxillaris* W. HORN bei Berastagi (Tanah Karo – Sumatera utara), 1490 m.

Abb. 304–306: Habitat von: 304, *Cylindera versicolor* M'LEAY am Gunung Sibayak (Tanah Karo – Sumatera utara), 1500 m. 305, *Cosmodela aurulenta* F. und *Lophyra striolata* s. str. ILL. bei Balige (Tapanuli utara – Sumatera utara), 930 m. 306, *Cosmodela aurulenta* F., 13 km NE von Parapat (Simalungun – Sumatera utara), 1150 m.

| Mitt. Münch. Ent. Ges. | 76 | 67–70 | München, 31. 12. 1986 | ISSN 0340-4943 |

Parophonus australicus sp. n., first record of Selenophorina from Australia

(Coleoptera, Carabidae, Harpalinae) *

By Martin BAEHR

Abstract

Parophonus australicus sp. n. is described from northwestern Northern Territory, Australia. This is the first record of the large and widespread Harpaline subtribe Selenophorina from Australia. Distribution of the species is perhaps evidence of immigration of this species or of its ancestor directly into Northern Territory rather than via northern Queensland.

Introduction

Harpalinae is one of the largest subfamilies of Ground Beetles. The Australian Harpaline fauna, however, is rather poor and less diverse than the faunas of other large zoogeographical regions. The subtribe Selenophorina, widespread in all other continents, was not known from Australia till recently, when BAEHR (1983, 1985) recorded two Trichotichnus-species from north Queensland. Very recently, however, NOONAN (1985a) excluded Trichotichnus from the subtribe Selenophorina and allocated the genus to an incertain state. NOONAN also claimed that Australia was never colonized by Selenophorina (sensu NOONAN 1985b) and that the chance for a colonization in future is rather small, because environmental conditions in Australia are generally not suitable for Selenophorina.

Recently, however, a small series of a new species of the genus Parophonus (sensu NOONAN 1985a) was discovered in northern Australia which is described below.

Parophonus australicus sp. n.
(Figs 1–2)

Holotype:
♂, Australia, Northern Territory, 17 km NE. of Willeroo, 8. 11. 1984, at light, M. & B. BAEHR (Australian National Insect Collection, Canberra). Paratypes: 1 ♂, 2 ♀♀, same locality, same date (Coll. M. BAEHR, München, and Zoologische Staatssammlung, München).

Type locality: 17 km NE of Willeroo about 110 km ssw of Katherine, Northern Territory, Australia.

Diagnosis: A medium-sized, rather wide, bluish species with wide pronotum and very dense pilosity on elytra, best characterized by structure of aedeagus.

---

* Supported by a travel grant of the Deutsche Forschungsgemeinschaft (DFG).

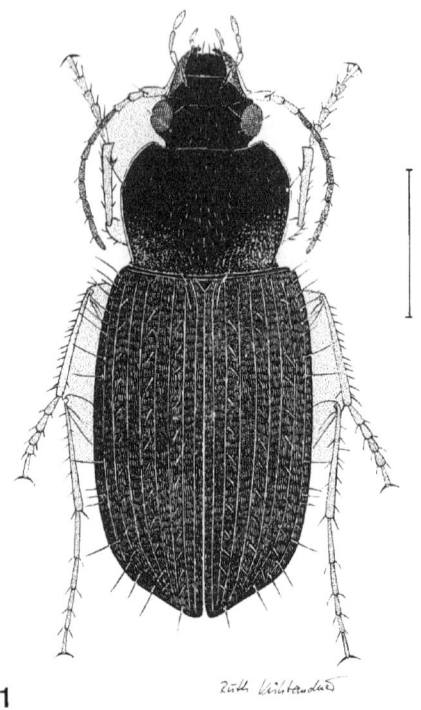

1

Fig. 1. *Parophonus australicus* sp. n., ♂ holotype. Scale: 2 mm.

Description

Measurements: Length: 7.6–8.6 mm, width: 3.15–3.5 mm. Holotype: Length: 7.6 mm, width: 3.15 mm. Ratio width/length of pronotum: 1.56; ratio width of pronotum/width of head: 1.55; ratio length/width of elytra: 1.59.

Colour: Black, elytra with a faint bluish tinge. Pronotum with narrow reddish border. Lower surface black, tip of last abdominal segment reddish. Mouthparts and legs yellow, antennae with 1st and 2nd segments yellow, then gradually darker. Pilosity of elytra yellow.

Head: Much narrower than pronotum. Eyes large, protruding, temples short, oblique. Labrum with a small triangular tooth. Glossa apically square, with two elongate setae, paraglossae slightly surpassing glossa. Palpi sparsely pilose. Clypeoocular furrow nearly complete. Antennae rather short, last two segments surpassing basal border of pronotum. Surface densely punctate, punctures somewhat confluent.

Pronotum: Much wider than head, about 1.5× as wide as long. Apex considerably excavate, not bordered medially. Lateral borders convex to posterior angles, base almost straight. Anterior angles widely rounded, posterior angles obtuse, with a tiny denticle. Base bordered throughout, lateral channel anteriorly narrow, posteriorly widened, rather deep. Pronotum widest at middle, at some distance from lateral seta. Median line faint. Basal grooves shallow. Puncturation dense, strong, laterally and near base confluent, less dense medially. Pilosity rather dense, inconspicuous, depressed.

Elytra: Wide and depressed, about 1.5× as long as wide. Sides slightly convex, elytra widest behind middle. Shoulders rounded off, without tooth, apex in both sexes fairly excised. Striae rather deep, smooth, intervals slightly convex, very densely punctate, punctures transversely confluent to some extent. Pilosity regular, depressed, very dense, median intervals with about 10 hairs each, hairs rather elongate. Rows of punctures at 3rd, 5th, and 7th intervals very inconspicuous, erect setae extremely short. Surface of elytra rather iridescent.

Lower surface: Finely pilose, proepisterna smooth. Last sternite of ♂ with one, of ♀ with two setae each side.

Legs: 1st to 4th segments of ♂ protarsus clothed. Basal segment of metatarsus about as long as two following segments.

Aedeagus (Fig. 2): Strongly narrowed to apex, extreme tip slightly bent down. Internal sac with a strongly sclerotized tooth each side. Right paramere small, left paramere large, rather square apically.

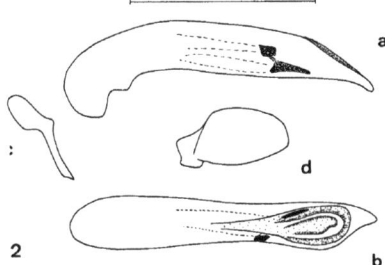

Fig. 2. *Parophonus australicus* sp. n., ♂ aedeagus. a. left side; b. ventral side; c. right paramere; d. left paramere. Scale: 1 mm.

Variation: Not noted, apart from some minor variation of size and of relative width of pronotum.

Distribution: So far only known from type locality in northwestern Northern Territory.

Habits: All specimens flew to light in open Tropical Eucalypt Woodland, comparable to open Savannah of other countries. The species was caught in November, just before onset of wet season.

Discussion

This is the single *Parophonus*-species so far recorded from Australia. Without doubt the species belongs to that genus in the wide sense used by NOONAN (1985a). This Australian species is geographically rather widely separated from the next *Parophonus*-species, which are *P. javanus* GORY from the Greater Sunda Islands, and *P. cyanellus* BATES and *P. cyanotinctus* BATES, both from southern Asia. *P. australicus* is at once distinguished from *P. cynotinctus* by its considerably smaller size, from *P. cyanellus* by its bluish rather than greenish lustre and by slightly larger size, and from *P. javanus* by wider and more convex pronotum and by stouter aedeagus with less strongly bent down apex.

NOONAN (1985b) stresses that *Parophonus*-species typically occur in tropical-subtropical Savannah areas and he thinks that the absence of the genus from Australia (and New Guinea) is due to the small extent of suitable environments in both countries, which in general is a correct observation. However, in northern Australia a rather narrow fringe of moderately wet open Savannah woodland extends from northern Queensland (Cape York Peninsula) to northern parts of Northern Territory and Western Australia. However, there is a barrier of dry grassland country in northwestern Queensland and adjacent Northern Territory. This zone of open Tropical Woodland is well comparable to the "Wet Savannahs" of other continents. On these grounds it is possible that still more species of *Parophonus* or even other Selenophorine genera will be discovered in future. Species might occur in similar areas of northern Queensland and northern Western Australia.

Nevertheless, the Carabid fauna of north Queensland is much better known than the fauna of northern Northern Territory or Western Australia, therefore it is doubtful, whether northern Queensland has been colonized at all by this genus, as more, as *Parophonus* is not known from New Guinea. Perhaps immigration of *Parophonus australicus* or of its ancestors into Australia took place directly from the Sunda Archipelago to Northern Territory, but not along the regular immigration route for Oriental faunal elements (DARLINGTON 1961, 1971) via New Guinea and Cape York Peninsula in northern Queensland.

Acknowledgements

For loan of specimens for comparison thanks are due to Dr. N. E. STORK (London).

Zusammenfassung

Parophonus australicus sp. n. aus dem nordwestlichen Northern Territory, Australien, wird beschrieben. Die Art bildet den ersten Fund der artenreichen und weit verbreiteten Subtribus *Selenophorina* der Unterfamilie *Harpalinae* in Australien. Die Verbreitung der Art deutet darauf hin, daß sie oder ihre Vorfahren direkt in das Northern Territory eingewandert sind, nicht aber auf dem Wege über Nordostqueensland.

Literature

BAEHR, M. 1983: *Trichotichnus demarzi* sp. nov., eine weitere *Trichotichnus*-Art neu für Australien *(Insecta, Coleoptera, Carabidae)*. – Spixiana 6, 109–112.
— — 1985: *Trichotichnus* Morawitz, a genus new to Australia *(Coleoptera: Carabidae: Harpalinae)*. – Aust. Ent. Mag. 12, 21–22.
DARLINGTON, P. J. Jr. 1961: Australian Carabid beetles V. Transition of wet forest faunas from New Guinea to Tasmania. – Psyche, Cambridge 68, 1–24.
— — 1971: The Carabid beetles of New Guinea. Part IV. General considerations, analysis and history of the Fauna, taxonomic supplement. – Bull. Mus. comp. Zool. 142, 129–337.
NOONAN, G. R. 1985 a: Classification and names of the Selenophori Group *(Coleoptera: Carabidae: Harpalini)* and of nine genera and subgenera placed in incertae sedis within Harpalina. – Milwaukee Publ. Mus. Contr. 64, 1–92.
— — 1985 b: Reconstructed Phylogeny and Zoogeography of the genera and subgenera of the Selenophori Group *(Insecta: Coleoptera: Carabidae: Harpalini: Harpalina)*. – Milwaukee Publ. Mus. Contr. 65, 1–33.

Address of author:
Dr. Martin BAEHR, Zoologische Staatssammlung
Münchhausenstr. 21, D-8000 München 60

| Mitt. Münch. Ent. Ges. | 76 | 71–78 | München, 31. 12. 1986 | ISSN 0340-4943 |

Tenebrionidae aus Niger und Mali

(*Coleoptera, Tenebrionidae*)

Von Roland GRIMM

Abstract

Tenebrionids from Niger and Mali collected by the author in 1981 are dealt with. The material consists of 37 species. The collecting data of these species and short zoogeographical informations are given; in some instances taxonomical informations are added.

Einleitung

Wie reichhaltig die Tenebrionidenfauna der Republik Niger ist, deutete sich schon bei GRIDELLI (1950) an. Dieser wertete das von CHOPARD & VILLIERS 1947 vorwiegend im Aïr-Gebirge gesammelte Material aus. Bis ROUGON & ARDOIN (1976) lagen ansonsten nur Einzelmeldungen vor, im Rahmen von Publikationen, die sich nicht speziell mit der Tenebrionidenfauna von Niger befaßten. ROUGON & ARDOIN sammelten in den Jahren 1971 bis 1975 und konnten 95 Arten für Niger nachweisen. Das Ergebnis ihrer Sammeltätigkeit faßten sie 1976 als ,,Premier inventaire des *Tenebrionidae*" zusammen. Angaben aus der Literatur wurden dabei nicht berücksichtigt.

In der ersten August-Hälfte 1981 hatte der Verfasser selbst Gelegenheit in Niger zu sammeln. Die Sammelperiode fiel in die Regenzeit, die in der Regel von Juni bis Anfang Oktober dauert. Der kurzen Aufenthaltsdauer entsprechend gering ist die Zahl der dabei gefundenen 37 Tenebrionidenarten. Doch stellen die Funde eine willkommene Ergänzung zu ROUGON & ARDOIN (1976) dar. So wurden einige von letzteren nicht erwähnte Arten gefunden, bei denen es sich teils um Bestätigungen älterer Meldungen, teils um Neufunde für Niger handelt. Ergänzende Angaben können ferner zum jahreszeitlichen Vorkommen und zur Verbreitung innerhalb Nigers gemacht werden.

Der folgenden Artenliste sind auch ein paar Funde aus Mali beigefügt. Die einzige Sammelstelle war die Grenzstation bei Labezzenga, an der Straße von Niamey nach Gao (Fundort 22). Eine zusammenfassende Arbeit über die Tenebrioniden von Mali ist mir nicht bekannt.

Fundorte (Karte 1)

1. Arlit, 31.7.1981
2. 20 km SE Arlit, 30.–31.7.1981
3. 150 km N Agadez, Umgebung des Ânou Mekkerene, 31.7.1981
4. 65 km N Agadez, 1.8.1981
5. N Agadez, Uferbereich des Teloua, 1.8.1981
6. 40 km S Agadez, 2.8.1981
7. 220 km NE Tahoua, 3.8.1981
8. 60 km E Tahoua, 3.8.1981

9. 25 km E Tahoua, 3.8.1981
10. 50 km S Tahoua, 3.8.1981
11. 15 km NE Birnin n'Konni, 4.8.1981
12. 135 km NW Maradi, W Malley, 4.8.1981
13. 120 km NW Maradi, E Malley, 4.8.1981
14. 40 km NW Maradi, 4.–5.8.1981
15. Maradi, 5.–7.8.1981
16. S Maradi, Umgebung Madarounfa-See, 6.8.1981
17. 55 km E Birnin n'Konni, 7.–8.8.1981
18. 25 km SE Niamey, 8.8.1981
19. SE Niamey, 2 km NW Kolo, 9.–12.8.1981
20. Niamey, 9.–14.8.1981
21. 5 km SE Ayorou, 13.8.1981
22. Labbezenga, 13.8.1981

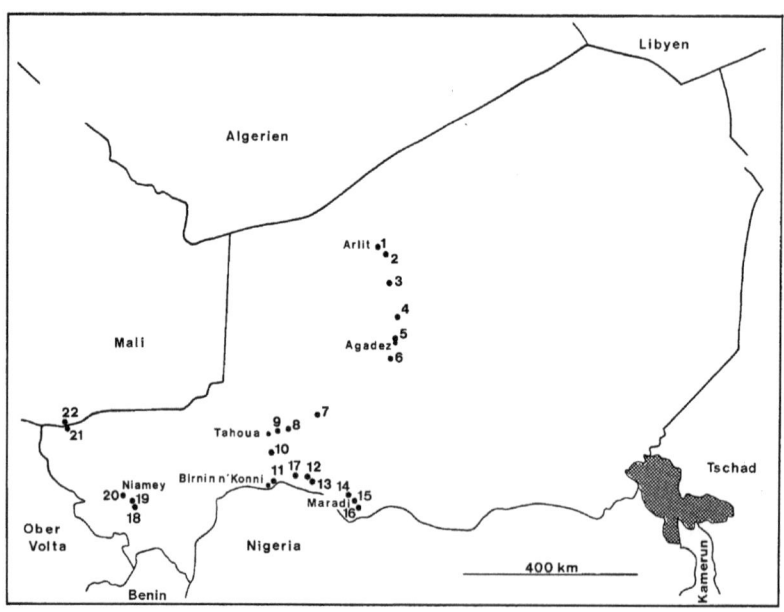

Karte 1:   Lage der Tenebrioniden-Fundorte.

Artenliste

Vieta dongolensis (Laporte, 1840)

Niger: 7 (2 Ex.), 11 (9 Ex.), 14 (1 Ex.), 16 (1 Ex.), 17 (2 Ex.).
Verbreitung: Niger bis Sudan (Rougon & Ardoin 1976), Senegal (Gridelli 1950).

Anmerkung: *V. dongolensis* liegt mir ferner aus Mali vor, NW Bamako, 60 km W Kolokani, IX. 1983, 2 Ex., leg. KLÄGER. Für das Überlassen der Tiere möchte ich Frau Dipl.-Biol. S. KLÄGER (Tübingen) auch an dieser Stelle danken.

Phrynocolus dentatus (SOLIER, 1843)
Niger: 14 (2 Ex.), 17 (1 Ex.).
Verbreitung: Senegal bis Tschad (ROUGON & ARDOIN 1976).

Erodius laevigatus OLIVIER, 1791
Niger: 19 (13 Ex.), 21 (1 Ex.).
Verbreitung: Senegal bis Niger (ROUGON & ARDOIN 1976), Mauretanien (ARDOIN 1963 a, 1972 b).

Diodontes porcatus SOLIER, 1834
Niger: 6 (1 Ex.), 8 (1 Ex.), 10 (1 Ex.), 14 (1 Ex.), 17 (3 Ex.), 21 (6 Ex.).
Verbreitung: Senegal bis Tschad (ROUGON & ARDOIN 1976), Mauretanien (ARDOIN 1972 b).

Mesostena angustata (FABRICIUS, 1775)
Niger: 1 (2 Ex.), 2 (2 Ex.), 5 (2 Ex.), 11 (1 Ex.), 13 (1 Ex.), 14 (1 Ex.), 18 (5 Ex.).
Mali: 22 (2 Ex.).
Verbreitung: Mauretanien (ARDOIN 1972 b), West-Sahara (ESPAÑOL 1943), Marokko (KOCHER 1958), Algerien, Tunesien, Libyen (KOCH 1937), Ägypten, Sinai (KOCH 1935 b), Syrien, Jordanien (SCHAWALLER 1982), Sudan (ARDOIN 1972), Tschad (KASZAB 1963), Niger (GRIDELLI 1950; ROUGON & ARDOIN 1976), Senegal (ARDOIN 1971).

Rhytinota praelonga desertica KOCH, 1943
Niger: 10 (1 Ex.).
Verbreitung: Mauretanien bis Niger (ROUGON & ARDOIN 1976), Tschad (KASZAB 1963, ESPAÑOL 1973).
Anmerkung: Die Verbreitung von *R. praelonga* s. l. erstreckt sich nach KOCH (1943) quer durch den afrikanischen Kontinent von Mauretanien im Westen bis nach Äthiopien, Kenia und Tansania im Osten. In seiner Revision der Gattung *Rhytinota* unterscheidet KOCH (1943) sechs Subspezies.

Thalpophilodes abbreviata subcostata (KRAATZ, 1865)
Niger: 5 (1 Ex.).
Verbreitung: Niger, Tschad (KOCH 1943).
Anmerkungen: siehe *T. abbreviata zinderensis.*

Thalpophilodes abbreviata zinderensis (KOCH, 1943)
Niger: 7 (1 Ex.), 11 (2 Ex.), 17 (3 Ex.).
Verbreitung: Niger (ROUGON & ARDOIN 1976).
Anmerkungen: *T. abbreviata* s. l. ist in Westafrika weit verbreitet und reicht von Mauretanien bis zum Tschad (KOCH 1943, ARDOIN 1972 b). Die systematischen Verhältnisse des *abbreviata*-Komplexes scheinen jedoch noch nicht völlig geklärt zu sein. So unterscheidet KOCH (1943) aufgrund morphologischer Merkmale sechs Subspezies, von denen zwei nebeneinander vorkommen. Diese Koexistenz wird bereits von GRIDELLI (1950) in Frage gestellt.
T. abbreviata ist in der Sahelzone eine charakteristische Art der Regenzeit (ROUGON & ARDOIN 1976), die von KOCH (1943) und GRIDELLI (1950) auch aus dem Aïr-Gebirge angeführt wird, aber von ROUGON & ARDOIN nur im Süden von Niger gefunden wurde, was vermutlich daran lag, daß deren Sammelperiode in die Zeit der extremen Trockenheit in den Jahren 1968–74 fiel.

Thalpophilodes schweinfurthi carinifrons (FAIRMAIRE, 1891)
Niger: 10 (1 Ex.), 11 (3 Ex.), 12 (1 Ex.), 13 (2 Ex.), 17 (1 Ex.).
Verbreitung: Obervolta und Niger (ROUGON & ARDOIN 1976), Mali, Obervolta, Niger, Nigeria (KOCH 1943).
Anmerkung: Die Gesamtverbreitung von *T. schweinfurthi* s. l. erstreckt sich nach KOCH (1943), der drei Subspezies unterscheidet, von Mali und Obervolta über Niger, Nigeria und den Tschad bis zum Sudan. Neuere Meldungen liegen aus Tschad (KASZAB 1963), Sudan (ARDOIN 1972 a), und Niger (GRIDELLI 1950, ROUGON & ARDOIN 1976) vor.

Adesmia antiqua (KLUG, 1830)

Niger: 11 (3 Ex.).

Verbreitung: Mauretanien bis Sudan (ROUGON & ARDOIN 1976).

Anmerkung: Die Gesamtverbreitung der Art reicht bis nach Äthiopien. Über die Ausbildung von Subspezies und deren Verbreitung siehe KOCH (1948), GRIDELLI (1950, 1952) und ARDOIN (1972 b).

Adesmia variolaris togonica (KUNTZEN, 1915)

Niger: 17 (3 Ex.).

Verbreitung: Obervolta, Niger, Togo (KOCH 1948).

Anmerkung: *A. variolaris* s. l. ist vom Senegal bis nach Äthiopien verbreitet. KOCH (1948) unterscheidet acht Subspezies.

Zophosis quadrilineata (OLIVIER, 1795)

Niger: 14 (1 Ex.).

Mali: 22 (1 Ex.).

Verbreitung: Sahelzone; Mauretanien, Senegal, Guinea-Bissau, Guinea, Mali, Niger, Tschad, Sudan, Nigeria, Zaire (PENRITH 1983).

Zophosis parallela MILLER, 1861

Niger: 12 (1 Ex.).

Verbreitung: Senegal bis Äthiopien (PENRITH 1983).

Anmerkung: Wird von ROUGON & ARDOIN (1976) sub nom. *Z. longula* FAIRM. (Synonym von *Z. parallela* MILLER; cf. PENRITH 1983) aufgeführt.

Zophosis posticalis DEYROLLE, 1867

Niger: 6 (1 Ex.), 11 (1 Ex.), 14 (2 Ex.).

Verbreitung: Mauretanien, Algerien, Libyen, Mali, Niger, Nigeria, Tschad, Sudan (PENRITH 1982).

Anmerkung: *Z. lapruni* CHATANAY bei GRIDELLI (1950) und *Z. posticalis lapruni* CHAT. bei ROUGON & ARDOIN (1976). *Z. lapruni* ist nach PENRITH (1982) mit *Z. posticalis* identisch.

Trachyderma hispida (FORSKÅL, 1775)

Niger: 3 (2 Ex.), 5 (1 Ex.).

Verbreitung: Sahara, Sudan, Arabien, Irak, Iran (GRIDELLI 1950, ESPAÑOL 1973).

Pimelia angulata tschadensis KOCH, 1940

Niger: 5 (10 Ex.).

Verbreitung: Niger und Tschad (ROUGON & ARDOIN 1976).

Anmerkung: Nach KOCH (1940), der 13 Unterarten unterscheidet, umfaßt das Verbreitungsareal von *P. angulata* s. l. die ganze Sahara und den Sudan und reicht im Osten bis nach Palästina. Eine weitere Subspezies wurde von ARDOIN (1963 a) beschrieben. In seinem „Esquisse phylogénétique du genre *Pimelia* F." diskutiert KWIETON (1977 a) die Beziehungen der *angulata*-Rassen untereinander. Über Spezies- und Subspezieseinteilung siehe KWIETON (1977 a, Fig. 4).

Pimelia grandis s. l.

Niger: 3 (2 Ex.), 4 (1 Ex.), 6 (2 Ex.), 13 (1 Ex.), 15 (1 Ex.).

Verbreitung: Sahara, praesaharianische Steppen, Sudan, Äthiopien (KOCH 1941).

Anmerkung: GRIDELLI (1937) unterscheidet zwei Unterarten und KOCH (1941) zusätzlich vier Varietäten. Eine sichere Zuordnung der im Untersuchungsgebiet gefundenen Tiere ist nach den bei KOCH (1941) angegebenen Merkmalen nicht möglich. Im präsaharianischen Bereich und im Aïr-Gebirge kommt laut ROUGON & ARDOIN (1976) die Nominalform vor und in der Sahelzone *P. grandis lastastei* var. *mixta* KOCH. GRIDELLI (1950) zählt auch die Tiere aus dem Aïr-Gebirge zur ssp. *lastastei* SENAC und bezweifelt, daß die var. *mixta* gut begründet ist. Letztere wird von KWIETON (1977) als eigene Unterart betrachtet und auch bei PIERRE (1961), KASZAB (1963) und ESPAÑOL (1973) als solche aufgeführt. – Die von KOCH (1941) beschriebene Form *P. grandis lastastei* var. *politidorsum* ist nach KWIETON (1977 b, 1982) mit *P. obsoleta* SOL. identisch. Über weitere, von PIERRE (1978) aus Marokko beschriebene Unterarten vergleiche KWIETON (1982).

Pimelia cultrimargo SENAC, 1884

Niger: 5 (1 Ex.). 6 (1 Ex.). 7 (6 Ex.), 8 (2 Ex.), 9 (2 Ex.), 11 (4 Ex.), 13 (1 Ex.), 14 (2 Ex.), 15 (2 Ex.), 16 (2 Ex.),
17 (2 Ex.), 18 (2 Ex.), 19 (5 Ex.), 21 (2 Ex.).
Mali: 22 (2 Ex.).
Verbreitung: Niger bis Sudan (ROUGON & ARDOIN 1976).

Pimelia priesneri KOCH, 1935

Niger: 11 (3 Ex.), 13 (2 Ex.), 14 (1 Ex.), 18 (1 Ex.).
Verbreitung: Niger (ROUGON & ARDOIN 1976); Niger, Sudan (GRIDELLI 1950).
Anmerkung: *P. priesneri* wurde von KOCH (1935 b) aus dem Sudan (Mersa Halaib am Roten Meer) beschrieben.
Später (GRIDELLI 1950, ROUGON & ARDOIN, 1976) wird *P. priesneri* als Subspezies von *P. gibba* FABR.
(= *P. simplex* SOL.; cf. ANTOINE 1947) aus Niger gemeldet. Nach KWIETON (1977 a) gehört *priesneri* jedoch nicht
zum Rassenkomplex von *P. gibba*.

Opatrinus niloticus MULSANT & REY, 1835

Niger: 6 (15 Ex.).
Verbreitung: West-Sahara, Mauretanien, Niger, Sudan, Äthiopien, Somalia, Jemen (GRIDELLI 1950), Kap Verdische Inseln (ESPAÑOL & LINDBERG 1963).

Leichenum mülleri tschadensis KASZAB, 1963

Niger: 19 (30 Ex.).
Verbreitung: Niger, Tschad (ROUGON & ARDOIN 1976).
Anmerkung: Die Nominalform ist nach GRIDELLI (1939) aus dem Sudan, aus Äthiopien, Somalia und Arabien
bekannt.

Anemia humeralis ARDOIN, 1971

Niger: 6 (3 Ex.).
Verbreitung: Mauretanien, Senegal, Niger, Tschad, Sudan (ARDOIN 1971 a).

Anemia cornuta panelii ARDOIN, 1971

Niger: 6 (22 Ex.), 7 (6 Ex.).
Verbreitung: Mauretanien, Niger, Sudan (ARDOIN 1971 a).
Anmerkung: ARDOIN (1971 a), der die afrikanischen und madegassischen Arten der Gattung *Anemia* revidierte,
war von der Nominalform nur der Typus aus Arabien bekannt.

Anemia brevicollis (WOLLASTON, 1864)

Niger: 6 (2 Ex.).
Verbreitung: Das Verbreitungsareal von *A. brevicollis* reicht von den Kanarischen Inseln bis nach West-Pakistan
(ARDOIN 1971 a).

Mesomorphus tschadensis KASZAB, 1963

Niger: 14 (1 Ex.), 15 (1 Ex.).
Verbreitung: Mauretanien, Senegal, Ober Volta, Niger, Nigeria, Tschad, Sudan (KASZAB 1963).
Anmerkung: Wie aus KASZAB (1963) ersichtlich ist, handelt es sich bei dem von GRIDELLI (1950) sub nom. *Meso-
morphus* spec. aufgeführten Exemplar ebenfalls um *M. tschadensis*.

Gonocephalum prolixum (ERICHSON, 1843)

Niger: 20 (2 Ex.).
Verbreitung: zentrale Sahara, Westküste Afrikas (Mauretanien bis Angola), Kanarische und Kap Verdische Inseln (ESPAÑOL & VIÑOLAS 1983), Niger (ROUGON & ARDOIN 1976).

Gonocephalum setulosum FALDERMANN, 1837

Niger: 2 (1 Ex.), 6 (2 Ex.).
Verbreitung: Sardinien, Sizilien, Griechenland, Klein Asien, Irak, Iran, Südrußland, Transkaspien, Sinai, Arabi-
en, Küstenzone Nordafrikas und Sahara (GRIDELLI 1952, KASZAB 1982).

Gonocephalum humeridens occidentale ARDOIN, 1965

Niger: 6 (4 Ex.).
Verbreitung: Mauretanien, Senegal, Mali, Niger.
Anmerkung: Die Nominalform ist in Äthiopien zu Hause (GRIDELLI 1948, ARDOIN 1965).

Gonocephalum inquinatum SAHLBERG, 1823

Niger: 10 (1 Ex.), 20 (1 Ex.).
Verbreitung: West- und Zentralafrika (ARDOIN 1971 b).

Opatropis hispida (BRULLÉ, 1838)

Niger: 16 (1 Ex.).
Verbreitung: Madeira (ARDOIN 1963), Kap Verdische Inseln (ESPAÑOL & LINDBERG 1963), Kanarische Inseln, Nordafrika und tropisches Afrika (ARDOIN 1971), Jemen (KASZAB 1982), Rhodos (KOCH 1935 a), Spanien (ESPAÑOL 1963).

Opatroides punctulatus BRULLÉ, 1832

Niger: 10 (3 Ex.).
Verbreitung: Weit verbreitete Art, die nahezu das ganze Mittelmeergebiet bewohnt, nach Osten bis Zentralasien und Sibirien und nach Süden bis Somalia reicht.

Scleron orientale (FABRICIUS, 1775)

Niger: 6 (6 Ex.).
Verbreitung: Kamerun, Tschad, Sudan, Äthiopien, Ägypten, Somalia, Saudi Arabien, Jemen (KASZAB 1982), Mauretanien (ARDOIN 1972 b), Niger (ROUGON & ARDOIN 1976).
Anmerkung: Nach ROUGON & ARDOIN (1976) kommt die Art nur während der Trockenzeit vor.

Caedius latipes MULSANT & REY, 1859

Niger: 10 (1 Ex.), 18 (18 Ex.).
Verbreitung: Senegal bis Niger (ROUGON & ARDOIN 1976), Tschad (KASZAB 1963).

Alphitobius laevigatus (FABRICIUS, 1781)

Niger: 15 (1 Ex.), 20 (2 Ex.).
Verbreitung: Kosmopolit.

Tenebrio guineensis IMHOFF, 1843

Niger: 15 (3 Ex.).
Verbreitung: West- und Zentralafrika (ROUGON & ARDOIN 1976).

Belopus aegyptiacus ZOUFAL, 1893

Niger: 6 (1 Ex.).
Verbreitung: Ägypten (ZOUFAL 1893, KOCH 1935), Tschad (ESPAÑOL 1973).
Anmerkung: In der Sammlung des Staatlichen Museum für Naturkunde in Stuttgart befindet sich 1 Exemplar aus dem Sudan, Prov. Blue Nile, Wad Medani, 24.8.1976, BREMER leg., P. ARDOIN det. 1977.

Oncosoma gemmatum (FABRICIUS, 1801)

Niger: 17 (2 Ex.), 18 (2 Ex.).
Verbreitung: Westafrika (ROUGON & ARDOIN 1976), Sudan (ARDOIN 1972).

Oncosoma hirsutulum (SOLIER, 1844)

Niger: 10 (1 Ex.), 14 (1 Ex.), 18 (1 Ex.).
Verbreitung: Westafrika (ROUGON & ARDOIN 1976).

Schlußfolgerungen

Einziger Vertreter der hier behandelten Tenebrioniden mit kosmopolitischer Verbreitung ist *Alphitobius laevigatus*. In Nordafrika weit verbreitete Arten sind *Mesostena angustata* (+ Sinai, Jordanien, Syrien), *Trachyderma hispida* (+ Arabien, Irak, Iran), *Pimelia grandis*, *Opatrinus niloticus*, *Anemia brevicollis* (nach Osten bis Pakistan), *Gonocephalum setulosum* (+ nordöstliches Mediterraneum, nach Osten bis Transkaspien), *Opatropis hispida* (+ Arabien), *Opatroides punctulatus* (+ nördliches Mediterraneum, nach Osten bis Zentralasien) und *Scleron orientale* (+ Arabien). *Gonocephalum prolixum* ist aus der zentralen Sahara, aus Niger und von der Westküste Afrikas (+ Kanarische und Kapverdische Inseln) bekannt. In West- und Zentralafrika sind *Gonocephalum inquinatum* und *Tenebrio guineensis* verbreitet. Westafrikanische Arten sind *Oncosoma hirsutulum* und *O. gemmatum*, wobei letztere den Westen des Sudan erreicht. Um eine ostsaharianische Art handelt es sich bei *Belopus aegyptiacus*. Die noch verbleibenden Arten resp. Unterarten sind typische Bewohner der Sahelzone und angrenzender Gebiete: *Vieta dongolensis*, *Phrynocolus dentatus*, *Erodius laevigatus*, *Diodontes porcatus*, *Rhytinota praelonga desertica*, *Thalpophilodes abbreviata subcostata*, *T. a. zinderensis*, *T. schweinfurthi carinifrons*, *Adesmia antiqua* s. str., *A. variolaris togonica*, *Zophosis quadrilineata*, *Z. parallela*, *Pimelia angulata tschadensis*, *P. cultrimargo*, *P. priesneri*, *Leichenum mülleri tschadensis*, *Anemia humeralis*, *A. cornuta panelii*, *Mesomorphus tschadensis*, *Gonocephalum humeridens occidentale*, *Caedius latipes*. Sie stellen mit knapp 57 % den Hauptteil der im Untersuchungsgebiet gefundenen Tenebrioniden dar.

Bei Rougon & Ardoin (1976) nicht erwähnte, aber aus Niger schon bekannte Arten sind *Thalpophilodes abbreviata subcostata*, *Opatrinus niloticus*, *Mesomorphus tschadensis* und *Gonocephalum humeridens occidentale*. Neu für das Gebiet von Niger scheinen *Gonocephalum setulosum*, *G. inquinatum* und *Belopus aegyptiacus* zu sein.

Literatur

Antoine, M. 1947: Notes d'entomologie marocaine XLVIII. Tableaux de détermination des *Pimelia* du Maroc. *(Col., Tenebrionidae)*. – Annls Soc. entomol. Fr. 116, 17–58; Paris.

Ardoin, P. 1963 a: Récoltes de M. A. Villiers dans les dunes cotières du Sénégal (1961). Coléoptères *Tenebrionidae*. – Bull. Inst. fond. Afr. noire, sér. A, 25, 372–388; Dakar.

— — 1963 b: A contribution to the study of beetles in the Madeira Islands. Results of expeditions in 1957 and 1959. XIV. *Tenebrionidae* de Madère. – Comment. biol. 25 (2), 112–119; Helsingfors.

— — 1965: Description de *Gonocephalum* africains nouveaux *(Col. Tenebrionidae)*. – Bull. Inst. fond. Afr. noire, sér. A, 27, 1321–1325; Dakar.

— — 1971 a: Contribution à l'étude des espèces africaines et malgaches du genre *Anemia* Laporte *(Col., Tenebrionidae)*. – Annls Soc. entomol. Fr. (N. S.) 7, 357–422; Paris.

— — 1971 b: Contribution à l'étude biologique du Sénégal septentrional. VIII. Coléoptères *Tenebrionidae*. – Bull. Inst. fond. Afr. noire, sér. A, 33, 102–124; Dakar.

— — 1972 a: Liste des especes de *Tenebrionidae (Coleoptera)* récoltées au Sudan par les expéditions finlandaises (1962–1964). – Comment. biol. 49, 1–20; Helsingfors.

— — 1972 b: *Tenebrionidae (Coleoptera)* récoltés dans les environs de Rosso, Mauretanie, par M. J.-L. Amiet. – Annls Fac. Sci. Univ. féd. Cameroun 10, 85–105; Yaoundé.

Español, F. 1943: Misión cientifica de M. Morales Agacino, Ch. Rungs y B. Zolotarevsky a Ifni y Sáhara Español. *Tenebrionidae (Col.)*. – 1.ª Parte. – Eos 19, 119–148; Madrid.

— — 1963: Datos para el conocimiento de los Tenebriónidos del Mediterráneo occidental *(Coleoptera)*. – Eos 39, 185–209; Madrid.

— — 1973: Coleópteros Tenebriónidos recogidos por J. Mateu en el macizo del Ennedi y en el norte Tchad. – Bull. Inst. fond. Afr. noire, sér. A, 35, 303–330; Dakar.

Español, F., Lindberg, H. 1963: Coleópteros Tenebriónidos de las Islas de Cabo Verde. – Comment. biol. 25 (3), 1–51; Helsingfors.

Español, F., Viñolas, A. 1983: Revisión de los *Gonocephalum* del grupo prolixum *(Col., Opatrinae)*. – Eos 59, 31–39; Madrid.

GRIDELLI, E. 1937: Coleotteri raccolti dal Prof. G. SCORTECCI nel Fezzan (Missione R. Società Geografica 1934). – Atti Soc. ital. Sci. nat. Mus. civ. Stor. nat. Milano **76**, 17–54; Milano.

— — 1939: Coleotteri dell'Africa orientale italiana. 10. Contributo. Revisione delle specie del genere *Leichenum* BLCH. *(Coleopt., Tenebrionidae)*. – Atti Mus. civ. Stor. nat. Trieste **14**, 207–242; Trieste.

— — 1948: Coleott. dell'Africa tropicale, XVII contributo. Ulteriori appunti per una monografia delle specie del genere *Gonocephalum* SOL. *(Coleopt., Tenebr.)*. – Atti Mus. civ. Stor. nat. Trieste **17**, 1–56; Trieste.

— — 1950: Contribution à l'étude de l'Aïr (Mission L. CHOPARD et A. VILLIERS). Coléoptères *Tenebrionidae*. – Mem. Inst. franç. Afr. noire **10**, 153–180; Paris.

— — 1952: Contribution ä l'étude du peuplement de la Mauretanie. Coléoptères Ténébrionides. – Bull. Inst. franç. Afr. noire **14**, 60–96; Paris.

KASZAB, Z. 1963: Angaben zur Kenntnis der Tenebrioniden des Tschadsee-Gebietes, nebst einer Revision der afrikanischen *Mesomorphus*-Arten *(Coleoptera)*. – Rev. Zool. Bot. afr. **67**, 341–387; Brüssel.

— — 1982: Insects of Saudi Arabia. *Coleoptera: Fam. Tenebrionidae* (Part 2). – Fauna Saudi Arabia **4**, 124–243; Basel.

KOCH, C. 1935 a: Risultati scientifici delle cacce entomologiche di S. A. S. il Principe Alessandro DELLA TORRE E TASSO nelle Isole dell'Egeo. V. *Tenebrionidae*. – Boll. Lab. Zool. Portici **28**, 309–320; Portici.

— — 1935 b: Wissenschaftliche Ergebnisse der entomologischen Expedition seiner Durchlaucht des Fuersten A. DELLA TORRE E TASSO nach Aegypten und auf die Halbinsel Sinai. – Bull. Soc. roy. entomol. Egypte **19**, 2–111; Kairo.

— — 1937: Wissenschaftliche Ergebnisse über die während der Expeditionen Seiner Durchlaucht des Fürsten Alessandro C. DELLA TORRE E TASSO in Lybien aufgefundenen Tenebrioniden. – Pubbl. Mus. entomol. P. Rossi **2**, 285–500; Udine.

— — 1940: Phylogenetische, biogeographische und systematische Studien über ungeflügelte Tenebrioniden *(Col., Tenebr.)*. – Mitt. Münch. Ent. Ges. **30**, 254–337; München.

— — 1941: Die Verbreitung und Rassenbildung der marokkanischen Pimelien *(Col., Tenebr.)*. (Eine biogeographisch-systematische Studie). – Eos **16**, 7–123; Madrid.

— — 1943: Revision der Tenebrionidengattungen *Thalpophila* und *Rhytinota (Col., Tenebr.)*. – Mitt. Münch. Ent. Ges. **33**, 759–889; München.

— — 1948: Die *Adesmiini* der tropischen und subtropischen Savannen Afrikas. – Rev. Zool. Bot. afr. **41**, 133–201; Brüssel.

KOCHER, L. 1958: Catalogue commenté des Coléoptères du Maroc VI. Ténébrionides. – Trav. Inst. sci. chérifien, sér. Zool. **12**, 1–185; Rabat.

KWIETON, E. 1977 a: Esquisse phylogénétique du genre *Pimelia* F. – Acta entomol. Mus. natn. Pragae **39**, 559–589; Prag.

— — 1977 b: Révision phylogénétique du groupe de *Pimelia obsoleta (Col., Tenebrionidae)*. – Bull. Soc. entomol. Mulhouse **1977**, 17–24; Mulhouse.

— — 1982: Contribution ultérieurs à la connaissance du genre *Pimelia*, F. *(Col., Tenebrionidae)*. – Annot. zool. bot. **145**, 1–38; Bratislava.

PENRITH, M.-L. 1982: Revision of the Zophosini *(Coleoptera: Tenebrionidae)*. Part 5. A derived subgenus from Northern Africa. – Cimbebasia (A), **6**, 165–226; Windhoek.

— — 1983: Revision of the Zophosini *(Coleoptera: Tenebrionidae)*. Part 7. The african species of the subgenus *Oculosis* PENRITH. – Cimbebasia (A) **6**, 291–367; Windhoek.

PIERRE, F. 1961: Les Ténébrionides du Tibesti et du Borkou (Missions P. DE MIRÉ et P. QUÉZEL). – Bull. Inst. fond. Afr. noire, sér. A, **23**, 1030–1053; Dakar.

— — 1978: Note sur la distribution et la variation géographique des *Pimelia* du Maroc méridional, avec descriptions de nouvelles sousespèces *(Col., Tenebrionidae)*. – Bull. Soc. entomol. France **83**, 197–206; Paris.

ROUGON, D., ARDOIN, P. 1976: Contribution à l'étude de la faune entomologique de la République du Niger. III. Premier inventaire des *Tenebrionidae (Coleoptera)*. – Bull. Inst. fond. Afr. noire, sér. A, **38**, 303–341; Dakar.

SCHAWALLER, W. 1982: *Tenebrionidae* aus dem Vorderen Orient I *(Insecta, Coleoptera)*. – Stuttgarter Beitr. Naturk., Ser. A, **359**, 1–14; Stuttgart.

ZOUFAL, V. 1893: Revision der Gattungen *Centorus* und *Calcar* aus Europa und den angrenzenden Ländern. – Wien. entomol. Ztg. **12**, 115–119; Wien.

Anschrift des Verfassers:
Dr. Roland GRIMM, Denzenbergstraße 44, D-7400 Tübingen 1

Mitt. Münch. Ent. Ges.	76	79–141	München, 31. 12. 1986	ISSN 0340-4943

4. Beitrag zur Erfassung der *Noctuidae* der Türkei.

Beschreibung neuer Taxa, Erkenntnisse zur Systematik der kleinasiatischen Arten und faunistisch bemerkenswerte Funde aus den Aufsammlungen von GROSS und KUHNA aus den Jahren 1968–1984.

(Lepidoptera, Noctuidae)

Von Hermann HACKER, Peter KUHNA und Franz-Josef GROSS (†)

Abstract

The present paper, dealing with the *Noctuidae* fauna of Turkey, is the fourth part of a series intend to publish under the same title. This part contains 633 species, of which the species *Eugnorisma kurdistana, Hadena defreinai, Güselderia lutea, Gortyna hethitica,* and the genus *Güselderia* are new.

The high expensive material of 20000 specimens is based on the collections of Dr. F.-J. GROSS and P. KUHNA during the years 1968–1984.

The following species are described as new:

Eugnorisma kurdistana sp. n.
Hadena defreinai sp. n.
Güselderia gen. n.
Güselderia lutea sp. n.
Gortyna hethitica sp. n.

The following species are found for the first time in Turkey:

1. *Agrotis sardzeana sardzeana* BRANDT, 1941
2. *Eugnorisma eminens eminens* (LEDERER, 1855)
3. *Hada persa* (ALPHERAKY, 1897)
4. *Lacanobia thallasina* (HUFNAGEL, 1766)
5. *Tholera cespitis* ([DENIS & SCHIFFERMÜLLER], 1775)
6. *Tholera decimalis* (PODA, 1761)
7. *Aletia straminea* (TREITSCHKE, 1825)
8. *Cucullia celsiae* HERRICH-SCHÄFFER, 1850
9. *Cucullia scrophulariae scrophulariae* ([DENIS & SCHIFFERMÜLLER], 1775)
10. *Oncocnemis nigricula* (EVERSMANN, 1847)
11. *Callierges ramosa ramosa* (ESPER, 1786)
12. *Lithophane socia* (HUFNAGEL, 1766)
13. *Lithophane merckii* (RAMBUR, 1832)
14. *Rileyiana fovea* (TREITSCHKE, 1825)
15. *Blepharita rjabovi* (BOURSIN, 1943)
16. *Valerietta niphopasta* (HAMPSON, 1906)
17. *Polymixis philippsi* (PÜNGELER, 1911)
18. *Antitype chi chi* (LINNAEUS, 1758)
19. *Conistra torrida* (LEDERER, 1857)
20. *Conistra rubiginea* ([DENIS & SCHIFFERMÜLLER], 1775)
21. *Agrochola egorovi* (BANG-HAAS, 1934)

22. *Xanthia aurago* ([DENIS & SCHIFFERMÜLLER], 1775)
23. *Xanthia fulvago* (CLERCK, 1759)
24. *Xanthia icteritia* (HUFNAGEL, 1766)
25. *Xanthia togata* (ESPER, 1788)
26. *Acronicta alni alni* (LINNAEUS, 1767)
27. *Cryphia labecula* (LEDERER, 1855)
28. *Enargia paleacea* (ESPER, 1788)
29. *Apamea sublustris sublustris* (ESPER, 1788)
30. *Eremodrina bodenheimeri chlorotica* (BOURSIN, 1936)
31. *Panthea coenobita* (ESPER, 1785)
32. *Euchalcia chalcophanes* DUFAY, 1963
33. *Diachrysia chryson chryson* (ESPER, 1789)
34. *Armada panaceorum* (MÉNESTRIES, 1849)
35. *Metoponrhis albirena* (CHRISTOPH, 1887)
36. *Lygephila limosa* (TREITSCHKE, 1826)

Einleitung

Die vorliegende Arbeit ist die vierte innerhalb einer Reihe, die die systematische Erforschung der Verbreitung der *Noctuidae* der Türkei zum Ziel hat.

Um dem Ziel einer Gesamtbearbeitung der kleinasiatischen *Noctuidae* näher zu kommen, ergeht vom Erstautor ein Aufruf zur Mitarbeit. Diese Mitarbeit besteht vor allem darin, alle verfügbaren Daten und Sammlungsbestände zur wissenschaftlichen Auswertung zugänglich zu machen. Da noch eine ganze Reihe von taxonomischen Problemen zu lösen sind, werden die notwendigen Vorarbeiten vermutlich noch zwei bis drei Jahre in Anspruch nehmen.

Waren die Beiträge von STAUDINGER (1879), WAGNER (1929–1932) und OSTHELDER (1933) bereits bedeutende Beiträge, so können in den ersten drei Beiträgen dieser Reihe und in der vorliegenden Auflistung Erkenntnisse gewonnen werden, die eine Gesamtbearbeitung der türkischen Noctuidae in greifbare Nähe rücken lassen. Sehr zum Vorteil wirkt sich dabei aus, daß die ausgewerteten Daten der neueren Aufsammlungen nicht an bestimmten, eng umgrenzten Plätzen wie Akşehir, Maraş, Kizilcahamam oder Gürün gewonnen wurden, sondern sich – wie in der vorliegenden Arbeit mit insgesamt 93 Fundstellen – auf die gesamte Türkei verteilen. Zudem werden auch die wenig besammelten Frühjahrs- und Herbstmonate mit ihrer spezifischen Fauna mit berücksichtigt.

In der vorliegenden Arbeit wird das mit etwa 20000 Exemplaren sehr umfangreiche *Noctuidae*-Material der Sammlungen GROSS und KUHNA ausgewertet. Von den insgesamt 633 belegten Exemplaren werden 336 faunistisch interessante Arten näher besprochen, die restlichen Arten werden aus Platzgründen nur namentlich erwähnt.

Fundortverzeichnis
(Abb. 1)

1. Pr. Adiyaman, Gölbaşi, 20 km nördl., 800 m, 37°52′N 37°45′E, 17.6.1977 (leg. KUHNA)
2. Pr. Adiyaman, Sincik, Nemrut Dagi, 2000 m, 37°44′N 38°45′E, 14.7.1978 (leg. KUHNA)
3. Pr. Agri, 7 km nördl. Cumaçay, 2000 m, 39°57′N 43°12′E, 11.7.1979 (leg. GROSS u. KUHNA) dito 26.9.1981 (leg. GROSS u. KUHNA), dito 6.8.1984 (leg. GROSS u. KUHNA)
4. Pr. Ankara, Beynam Ornam, bei Beynam, 1400–1500 m, 39°42′N 32°55′E, 2.–3.8.1976 (leg. GROSS), dito 10.6.1975 (leg. KUHNA), dito 6.6.1976 (leg. KUHNA), dito 8.6.1977 (leg. KUHNA), dito 5.7.1978 (leg. KUHNA), dito 29.8.1980 u. 10.9.1980 (leg. KUHNA), dito 17.7.1982 (leg. KUHNA), 19.6.1979 (leg. GROSS u. KUHNA), dito 9.9.–10.9.1981 (leg. GROSS u. KUHNA) dito 10.7.1984 (leg. GROSS u. KUHNA)
5. Pr. Ankara, Kizilcahamam Ornam, 1500 m, 40°29′N 32°34′E, 1.8.1976 (leg. GROSS) dito 31.7.1976 (leg. GROSS), dito 22.7.1979 (leg. GROSS u. KUHNA)

6. Pr. Ankara, 5 km nordwestl. Sereflikochişar, 1 000 m, 38°58′ N 33°32′ E, 19.–20.6.1974 (leg. GROSS), 1.6.1971 (leg. KUHNA), dito 31.5.1973 (leg. KUHNA), dito 20.6.1974 (leg. KUHNA), dito 9.6.1975 (leg. KUHNA), dito 30.8.1980 (leg. KUHNA)
7. Pr. Antalya, Kalkan, 50 m, 36°15′ N 29°25′ E, 24.5.1975 (leg. KUHNA)
8. Pr. Antalya, Termessos, 700–800 m, Bey Dağlari, 37° N 30°31′ E, 30.5.–1.6.1974 (leg. GROSS)
9. Pr. Antalya, Küste bei Side, 36°47′ N 31°23′ E, 1.–2.6.1974 (leg. GROSS)
10. Pr. Antalya, Umgeb. Topraktepe, Haydar Daği, 600 m, 36°47′ N 31°37′ E, 2.6.1974 (leg. GROSS)
11. Pr. Antalya, Küste bei Alanya, 36°33′ N 32°1′ E, 3.6.1974 (leg. GROSS)
12. Pr. Antalya, Avlan-See, 36°35′ N 29°55′ E, 29.5.1975 (leg. KUHNA)
13. Pr. Antakya, Amanus, westl. Hassa, Buchenwald, 1 300 m, 36°52′ N 36°24′ E, 6.–7.6.1974 (leg. GROSS), dito 5.10.1984 (leg. GROSS u. KUHNA)
14. Pr. Balikeşir, Küste 5 km östl. Küçükkuyu, 39°32′ N 26°35′ E, 25.7.1976 (leg. GROSS)
15. Pr. Balikeşir, 20 km südl. Suşurluk, 300 m, 39°48′ N 28°3′ E, 23.7.1976 (leg. GROSS)
16. Pr. Balikeşir, 10 km südwestl. Sindirği, 39°11′ N 28°12′ E, 21.5.1975 (leg. KUHNA)
17. Pr. Bileçik, 20 km nördl. Bileçik, 500 m, 40°16′ N 29°59′ E, 25.6.1974 (leg. GROSS)
18. Pr. Bingöl, Bulğan Geçidi, 1650–1800 m, 38°55′ N 41°8′ E, 30.9.1981 (leg. GROSS u. KUHNA), dito 12.8.1984 (leg. GROSS u. KUHNA)
19. Pr. Bingöl, Kuruca Ceçidi, 1 700 m, 39° N 40°10′ E, 1.7.1979 (leg. GROSS u. KUHNA)
20. Pr. Bitlis, Kuzgunkiran Geçidi, 2 250 m, 38° 17′ N 42°46′ E, 16.7.1976 (leg. GROSS) 3.7.1979 (leg. GROSS u. KUHNA)
21. Pr. Bitlis, 23 km nordwestl. Tatvan, 1 600 m, 38°30′ N 42°5′ E, 3.7.1979 (leg. GROSS u. KUHNA), dito 29.9.1981 (leg. GROSS u. KUHNA)
22. Pr. Bolu, Mudurnu, 500 m, 40°29′ N 31°12′ E, 19.5.1976 (leg. KUHNA)
23. Pr. Bolu, Wald südwestl. Mengen, 1 000 m, 40°5′ N 32°45′ E, 1.–2.8.1976 (leg. GROSS), dito 21.5.1976 (leg. KUHNA), dito 7.6.1977 (leg. KUHNA), dito 13.7.1982 (leg. KUHNA), dito 18.6.1979 (leg. GROSS u. KUHNA), dito 11.10.1981 (leg. GROSS u. KUHNA), dito 18.8.1984 (leg. GROSS u. KUHNA)
24. Pr. Bolu, Abant-See, 1 300–1 400 m, 40°46′ N 31°16′ E, 29.–30.7.1976 (leg. GROSS), dito 4.7.1978 (leg. GROSS), dito 11.9.1981 (leg. KUHNA)
25. Pr. Burdur, Paß oberhalb Sagalassos, bei Aglasun, 1 800 m, 37°40′ N 30°30′ E, 29.5.1974 (leg. GROSS), dito 27.5.1975 (leg. KUHNA)
26. Pr. Bursa, Ulu Dağh bei Keles, 1 750 m, 39°55′ N 29°14′ E, 26.5.1974 (leg. GROSS)
27. Pr. Bursa, Ulu Dağh, 2 200 m, 40°46′ N 29°12′ E, 27.–28.7.1976 (leg. GROSS), dito 18.5.1976 (leg. KUHNA)
28. Pr. Çanakkale, Paß nördl. Ezine, 150 m, 39°50′ N 26°18′ E, 25.7.1976 (leg. GROSS), dito 18.5.1971 (leg. KUHNA)
29. Pr. Çanakkale, 3 km westl. Yenice, 250 m, 39°56′ N 27°16′ E, 30.4.1968 (leg. KUHNA) dito 18.7.1984 (leg. GROSS u. KUHNA)
30. Pr. Čorum, Paßstraße 12 km nördl. Iskilip, 1 100 m, 40°46′ N 34°22′ E, 4.8.1976 (leg. GROSS)
31. Pr. Čorum, Alaçahüyük, 1 200 m, 40°15′ N 34°43′ E, 5.8.1976 (leg. GROSS)
32. Pr. Čorum, Straße nach Durağan, 10 km östl. Kargi, 41°9′ N 34°35′ E, 12.5.1973 (leg. KUHNA)
33. Pr. Edirne, Edirne, 41°38′ N 26°34′ E, 7.5.1973 (leg. KUHNA)
34. Pr. Edirne, Dirmirköy, 300 m, 41°47′ N, 27°43′ E, 9.5.1973 (leg. KUHNA)
35. Pr. Edirne, Koru Geçidi bei Keşan, 350 m, 40°43′ N 26°47′ E, 17.7.1984 (leg. GROSS u. KUHNA)
36. Pr. Elâziğ, Hasar-See, NO-Ufer, 1 250 m, 38°30′ N 39°19′ E, 11.6.1974 (leg. GROSS), dito 17.8.1976 (leg. GROSS), 13.6.1977 (leg. KUHNA) dito 13.7.1978 (leg. KUHNA), dito 19.7.1982 (leg. KUHNA), 29.6.1979 (leg. GROSS u. KUHNA), dito 19.9. u. 2.10.1981 (leg. GROSS u. KUHNA), dito 13.8.1984 (leg. GROSS u. KUHNA)
37. Pr. Elazig, Euphrat bei Kale, 700 m, 38°27′ N 38°49′ E, 13.–14.6.1974 (leg. GROSS), 12.6.1977 (leg. KUHNA), dito 11.7.1978 (leg. KUHNA), dito 18.7.1982 (leg. KUHNA), 19.7.1981 (leg. GROSS u. KUHNA), dito 27.7.1984 (leg. GROSS u. KUHNA)
38. Pr. Erzurum, 23 km südwestl. Göle, 1 500 m, 40°47′ N 42°24′ E, 11.7.1976 (leg. GROSS)
39. Pr. Erzurum, 23 km westl. Oltu, 1 800 m, 40°28′ N 41°43′ E, 15.7.1979 (leg. GROSS u. KUHNA), dito 22.9.1981 (leg. GROSS u. KUHNA), dito 2.8.1984 (leg. GROSS u. KUHNA)
40. Pr. Erzurum, 8 km nordöstl. Akşar, 1 500 m, 40°40′ N 42°23′ E, 29.9.1981 (leg. GROSS u. KUHNA), dito 3.8.1984 (leg. GROSS u. KUHNA)
41. Pr. Erzurum, Palandöken Dağh, 2 500–2 700 m, 39°49′ N 41°21′ E, 16.–17.7.1979 (leg. GROSS u. KUHNA), dito 1.8.1984 (leg. GROSS u. KUHNA)

42. Pr. Gemüşhane, Soğanli Dağlari, Soğanli Geçidi, 2300 m, 40°32′ N 40°15′ E, 2.7.1981 (leg. MERTENS)
43. Pr. Gemüşhane, Kop Daği Geçidi, 2200 m–2400 m, 40°2′ N 40°31′ E, 10.8.1976 (leg. GROSS), 21.7.1982 (leg. KUHNA), 18.7.1979 (leg. GROSS u. KUHNA), dito 21.9.1981 (leg. GROSS u. KUHNA), dito 29.–30.7.1984 (leg. GROSS u. KUHNA)
44. Pr. Hakkari, 47 km nordöstl. Hakkari, Bağisli, 1600–1800 m, 37°42′ N 44°8′ E, 8.–9.7.1979 (leg. GROSS u. KUHNA), dito 8.8.1984 (leg. GROSS u. KUHNA)
45. Pr. Hakkari, Kontraniş, 2200 m, 37°42′ N 43°52′ E, 9.8.1984 (leg. GROSS u. KUHNA)
46. Pr. Istanbul, Küste westl. Silivri, 41°4′ N 28°4′ E, 24.8.1976 (leg. GROSS)
47. Pr. Istanbul, Kurtköy bei Istanbul, 200 m, 40°57′ N 29°14′ E, 6.6.1977 (leg. KUHNA), dito 26.8.1980 (leg. KUHNA)
48. Pr. Istanbul, 3 km südwestl. Mollafeneri, 200 m, 40°54′ N 29°29′ E, 7.9.1981 (leg. GROSS u. KUHNA)
49. Pr. Izmit, Karamürşel, Iznik Geçidi, 350 m, 40°32′ B 29°32′ E, 25.5.1974 (leg. GROSS)
50. Pr. Kars, 20 km westl. Karakurt, 40°7′ N 42°25′ E, 11.8.1976 (leg. GROSS)
51. Pr. Kars, 11 km südwestl. Göle, 1800 m, 40°37′ N 42°35′ E, 12.8.1976 (leg. GROSS) 1.7.1979 (leg. GROSS u. KUHNA), dito 23.9.1981 (leg. GROSS u. KUHNA)
52. Pr. Kars, 40 km südwestl. Kars, Selim, 1800 m, 40°28′ N 42°47′ E, 12.8.1976 (leg. GROSS)
53. Pr. Kars, 8 km südl. Sarikamiş, 2200–2300 m, 40°19′ N 42°37′ E, 13.–14.8.1976 (leg. GROSS), 12.–13.7.1979 (leg. GROSS u. KUHNA), dito 25.9.1981 (leg. GROSS u. KUHNA)
54. Pr. Kars, Kötek, 1150 m, 40°13′ N 42°59′ E, 15.8.1973 (leg. KUHNA), 5.8.1984 (leg. GROSS u. KUHNA)
55. Pr. Kayseri, Erçiyas Daği, Kayak evi, 1880 m, 38°34′ N 35°31′ E, 20.8.1976 (leg. GROSS), dito 18.–19.6.1974 (leg. GROSS), 10.6.1977 (leg. KUHNA), dito 8.7.1978 (leg. KUHNA), 22.7.1984 (leg. GROSS u. KUHNA)
56. Pr. Kayseri, Erçiyas Daği, Kayak evi, 2000 m, 38°33′ N 35°31′ E, 17.6.1974 (leg. GROSS), 10.7.1979 (leg. GROSS u. KUHNA), dito 23.7.1984 (leg. GROSS u. KUHNA)
57. Pr. Kayseri, Pinarbaşi, 38°44′ N 36°25′ E, 7.10.1981 (leg. GROSS u. KUHNA)
58. Pr. Konya, Sultan Dağlari, Akşehir Geçidi, 1700–1800 m, 38°30′ N 31°10′ E, 28.5.1974 (leg. GROSS)
59. Pr. Konya, Straße Konya-Beyşehir, 50 km westl. Konya, 1300 m, 37°53′ N 32°2′ E, 21.–23.6.1974 (leg. GROSS), dito 23.8.1976 (leg. GROSS)
60. Pr. Konya, Beysehir Gölü, 37°41′ N 31°42′ E, 10.5.1968 (leg. KUHNA)
61. Pr. Konya, 2 km nördl. Hadim, 37°1′ N 32°29′ E, 29.5.1975 (leg. KUHNA)
62. Pr. Konya, Aladağ, Göksu-Tal, 1500 m, 37°3′ N 32°1′ E, 30.5.1975 (leg. KUHNA), dito 30.5.1976 (leg. KUHNA)
63. Pr. Konya, Ayrançi Baraj 37°21′ N 33°45′ E, 31.5.1975 (leg. KUHNA), dito 2.6.1976 (leg. KUHNA), dito 2.9.1980 (leg. KUHNA)
64. Pr. Konya, Sarajönü, 38°18′ N 32°23′ E, 5.6.1976 (leg. KUHNA)
65. Pr. Konya, 5 km westl. Akşehir, 1100 m, 38°18′ N 31°27′ E, 24.6.1974 (leg. KUHNA)
66. Pr. Konya, Ereğli Bögeçik, 1000 m, 37°27′ N 33°48′ E, 25.5.1973 (leg. KUHNA)
67. Pr. Konya, Karapinar, 25 km nordöstl., 1200 m, 37°47′ N 33°45′ E, 27.5.1973 (leg. KUHNA), dito 3.6.1975 (leg. KUHNA), dito 4.6.1976 (leg. KUHNA), dito 1.8.1980 (leg. KUHNA)
68. Pr. Malatya, Recadiye Geçidi, südl. Sürgü, 1600 m, 37°59′ N 38° E, 15.–16.6.1974 (leg. GROSS), 27.6.1979 (leg. GROSS u. KUHNA)
69. Pr. Maraş, 20 km südöstl. Narli, 900 m, 37°25′ N 37°6′ E, 9.6.1974 (leg. GROSS).
70. Pr. Maraş, 24 km nordöstl. Parzarçik, 950 m, 37°38′ N 37°26′ E, 3.10.1981 (leg. GROSS u. KUHNA), dito 6.10.1981 (leg. GROSS u. KUHNA), dito 26.7.1984 (leg. GROSS u. KUHNA)
71. Pr. Mersin, Bolkar Dağlari, unterhalb Arslanköy, 800 m, 37°2′ N 34°19′ E, 4.6.1974 (leg. GROSS)
72. Pr. Mersin, Aydinçik, Gilindire, 5 m, 36°9′ N 33°19′ E, 29.5.1976 (leg. KUHNA), dito 27.5.1971 (leg. KUHNA)
73. Pr. Mersin, 20 km nördl. Mut, 1500 m, 36°51′ N 33°18′ E, 31.5.1976 (leg. KUHNA)
74. Pr. Muğla, Fethiye Esen, 20 m, 36°26′ N 29°16′ E 23.7.1971 (leg. KUHNA)
75. Pr. Muğla, 15 km nordöstl. Güllük, 20 m, 37°13′ N 27°42′ E, 21.5.1971 (leg. KUHNA)
76. Pr. Muğla, 25 km südlich, Dalaman, 20 m, 36°49′ N 28°50′ E, 23.5.1975 (leg. KUHNA)
77. Pr. Nevesehir, Göreme bei Ürgüp, 1300 m, 38°39′ N 34°54′ E, 19.6.1974 (leg. GROSS)
78. Pr. Nevsehir, 12 km westl. Ürgüp, 1400 m, 38°38′ N 34°52′ E, 9.6.1977, 7.7.1978 (leg. KUHNA), dito 4.9.1980 (leg. KUHNA), dito 15.7.1982 (leg. KUHNA), dito 21.–26.6.1983 (leg. MERTENS), dito 21.6.1979 (leg. GROSS u. KUHNA), dito 21.7.1979 (leg. GROSS u. KUHNA), dito 11.9.1981 (leg. GROSS u. KUHNA), dito 21.7.1984 (leg. GROSS u. KUHNA), dito 15.8.1984 (leg. GROSS u. KUHNA)

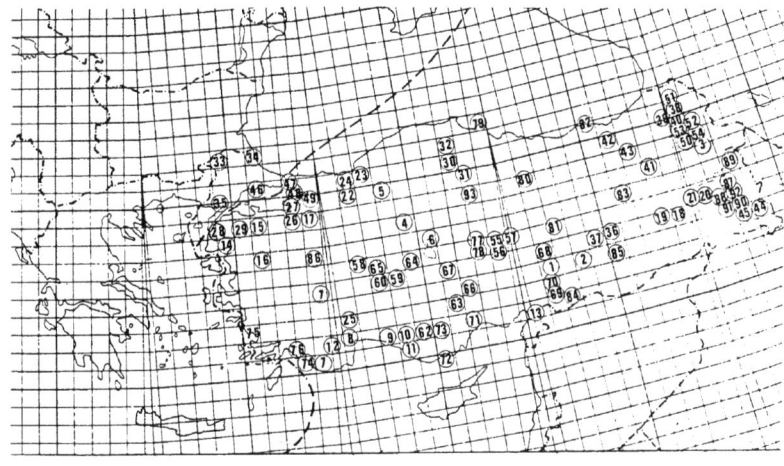

Abb. 1: Fundortverzeichnis

79. Pr. Samsun, Alaçam, 10 m, 41°37′N 35°35′E, 13.5.1973 (leg. KUHNA)

80. Pr. Sivas, Çamlibel Geçidi, 1600–1700 m, 39°59′N 36°32′E, 7.8.1976 (leg. GROSS)

81. Pr. Sivas, Gürün (Gökpinar), 1400–1500 m, 38°44′N 37°16′E, 11.6.1977 (leg. KUHNA) dito 9.7.1978 (leg. KUHNA), dito 3.9.1980 (leg. KUHNA), dito 17.7.1982 (leg. KUHNA), dito 25.–26.6.1979 (leg. GROSS u. KUHNA), dito 14.–16.9.1981 (leg. GROSS u. KUHNA), dito 24.7.1984 (leg. GROSS u. KUHNA), dito 14.8.1984 (leg. GROSS u. KUHNA)

83. Pr. Tunceli, 15 km nördl. Pülümür, 1800 m, 39°33′N 39°55′E, 20.9.1981 (leg. GROSS u. KUHNA), dito 28.7.1984 (leg. GROSS u. KUHNA), 20.7.1982 (leg. KUHNA)

84. Pr. Urfa, Bireçik, 37°2′N 37°57′E, 23.5.1973 (leg. KUHNA), dito 15.7.1978 (leg. KUHNA)

85. Pr. Urfa, 8 km westl. Siverek, 700 m, 37°4′N 39°50′E, 22.5.1973 (leg. KUHNA), 9.–10.6.1974 (leg. GROSS)

86. Pr. Uşak, 15 km westl. Uşak, 500 m, 38°40′N 29°17′E, 4.5.1968 (leg. KUHNA)

87. Pr. Van, Van-Felsen, 1800 m, 38°28′N 43°29′E, 15.8.1976 (leg. GROSS)

88. Pr. Van, 15 km südwestl. Van bei Gevaş, 1700 m, 38°17′N 43°6′E, 16.8.1976 (leg. GROSS)

89. Pr. Van, Eriş, 1800 m, 38°59′N 43°20′E, 10.7.1979 (leg. GROSS u. KUHNA)

90. Pr. Van, 12 km nordwestl. Başkale, 1800 m, 38°4′N 44°2′E, 28.9.1981 (leg. GROSS u. KUHNA)

91. Pr. Van, Güseldere, Ceçidi, 2700 m, 38°14′N 43°56′E, 6.–7.7.1979 (leg. GROSS u. KUHNA), dito 28.9.1981 (leg. GROSS u. KUHNA), dito 7.8.1984 (leg. GROSS u. KUHNA)

92. Pr. Van, 14 km westl. Güselsu, 2000 m, 38°19′N 43°44′E, 27.9.1981 (leg. GROSS u. KUHNA)

93. Pr. Yozgat, Milli Park, 1500–1600 m, 39°49′N 34°49′E, 6.8.1976 (leg. GROSS), 12.9.1981 (leg. GROSS u. KUHNA), dito 9.10.1981 (leg. GROSS u. KUHNA)

Systematische Auflistung der einzelnen Arten

Euxoa agricola (BOISDUVAL, 1829)

Euxoa friedeli PINKER, 1979
  Euxoa (Chorizagrotis) friedeli (Z. Arb. Gem. Öster. Ent., 31: 65)

83

E. friedeli PINKER wurde aus Gürün beschrieben und bisher nur hier gefunden.
Pr. Sivas, Gürün (Gökpinar), 1400–1500 m, 10.7.1978, dito 25.6.1979, dito 24.7.1984.

Euxoa obelisca obelisca ([DENIS & SCHIFFERMÜLLER], 1775)
Euxoa tritici tritici (LINNAEUS, 1761)

Euxoa segnilis segnilis (DUPONCHEL, 1836)
    Agrotis segnilis (Histoire Naturelle des Lépidoptères (Continuation de l'ouvrage de GODART), Supplement, 3: 649)
Pr. Elazig, Hasar-See, NO-Ufer, 1250 m, 13.7.1978, dito 29.6.1979.
    Das Taxon *pseudoobelisca* CORTI, 1932 bezeichnet möglicherweise nur eine Form von *E. segnilis* DUP.

Euxoa spec.
Pr. Nevsehir, Göreme bei Ürgüp, 1300 m, 4.9.1980, dito 11.9.1981 – Pr. Ankara, Beynam Ornam, bei Kmaali, 1400–1500 m, 2.–3.8.1976.
    Eine vermutlich halophile Art, die nicht mit den hellen Formen *cortii* (F. WAGNER, 1930) und *costaevitta* (F. WAGNER, 1930) von *Euxoa segnilis* DUP. verwechselt werden darf. Die Artzugehörigkeit ist gegenwärtig noch unklar.
Euxoa nigricans nigricans (LINNAEUS, 1761)
Euxoa temera temera (HÜBNER, [1803–1808])

Euxoa hastifera geghardica VARGA, 1979
    Euxoa hastifera geghardica (Z. Arb. Gem. Öster. Ent., 31: 1)
Pr. Ağri, 7 km nördl. Cumaçay, 2000 m, 29.9.1981 – Pr. Bingöl, Buğlan, Geçidi, 1700–1800 m, 30.9.1981 – Pr. Tunceli, 15 km nördl. Pülümür, 1800 m, 20.9.1981.
    Die ssp. *geghardica* VARGA wurde aus Russisch-Armenien beschrieben und zeigt eine aufgehellte, rötliche Grundfarbe. Alle *E. hastifera* (DONZEL, 1847) – Populationen aus der östlichen Türkei gehören zu dieser gut ausgeprägten Unterart.
Euxoa distinguenda akschehirensis CORTI, 1932

Euxoa sulcifera (CHRISTOPH, 1893)
    Agrotis sulcifera (Dt. Ent. Z. Iris, 6: 91)
Pr. Ağri, 7 km nördl. Cumaçay, 2000 m, 6.8.1984 – Pr. Van, Güseldere Geçidi, 2700 m, 7.8.1984, dito 7.8.1978 – Pr. Tunceli, 15 km nördl. Pülümür, 1800 m, 20.9.1981, dito 20.7.1982 – Pr. Erzurum, Palandöken Dağh, 2500–2700 m, 28.7.–2.8.1978 – Pr. Gemüşhane, Kop Daği Gecidi, 2200–2400 m, 27.–31.7.1978 (leg. THOMAS, coll. GROSS).

Euxoa zernyi BOURSIN, 1943 (Taf. 1, Fig. 1, 2)
    Euxoa zernyi (Revue Francaise d'Ent., 10: 159, Taf. 5, Figs. 1, 2, Taf. 6, Fig. 1)
Pr. Sivas, Gürün (Gökpinar), 1400–1500 m, 3.–4.9.1980.

Euxoa anatolica DRAUDT, 1936 (Taf. 1, Fig. 3)
    Euxoa mendelis Fdz. *anatolica* (Ent. Redsch., 53: 459)
Pr. Sivas, Gürün (Gökpinar), 1400–1500 m, 14.9.1981.
Euxoa aquilina obeliscata (CORTI, 1929)
Euxoa glabella (F. WAGNER, 1930)

Euxoa robiginosa robiginosa (STAUDINGER, 1895)
    Agrotis robiginosa (Dt. Ent. Z. Iris, 7: 271)
Pr. Ankara, Beynam Ornam, 1400–1500 m, 9.9.1981 – Pr. Konya, Karapinar, Karaören, 1200 m, 1.9.1980 – Pr. Sivas, Gürün (Gökpinar), 1400–1500 m, 14.9.1981 – Pr. Elazig, Hasar-See, NO-Ufer, 1250 m, 18.9.1981.
    E. robiginosa STGR. wurde nach Tieren aus Jerusalem beschrieben und in der Zwischenzeit im gesamten vorderasiatischen Raum (Palästina, Libanon, Irak, Iran, Türkei) gefunden.

Euxoa cos cos (HUBNER, [1823–1824]
Euxoa heringi (STAUDINGER, 1877)

Euxoa birivia birivia ([DENIS & SCHIFFERMÜLLER], 1775)
    Noctua birivia (Ankündung eines systematischen Werkes von den Schmetterlingen der Wienergegend: 71)
Pr. Sivas, Gürün (Gökpinar), 1400–1500 m, 10.7.1978 – Pr. Kars, 11 km südwestl. Göle, 1800 m, 11.8.1976 –
Pr. Erzurum, 23 km westl. Oltu, 1800 m, 15.7.1979, dito 2.8.1984.

Euxoa luteomixta (F. WAGNER, 1932)
    Agrotis luteomixta (Int. Ent. Z., 25: 151)
Pr. Ankara, Beynam Ornam, 1400–1500 m, 9.9.1981 – Pr. Nevsehir, Göreme bei Urgüp, 1300 m, 4.–11.9.1981 –
Pr. Sivas, Gürün (Gökpinar), 1400–1500 m), 8.–16.9.1981.
Die aus Akşehir beschriebene und sehr variable Art wurde in der Zwischenzeit an vielen Stellen im
anatolischen Hochland gefunden. Sie scheint aber darüberhinaus wenig verbreitet zu sein.

Euxoa scurrilis DRAUDT, 1937
    Euxoa scurrilis (Die Palaearktischen Eulenartigen Nachtfalter, Supplement: 268)
Pr. Sivas, Gürün (Gökpinar), 1400–1500 m, 24.7.1984 – Pr. Van, 14 km westl. Güselsu, 2000 m, 27.8.1981 – Pr.
Hakkari, 47 km nordöstl. Hakkari, Bağisli, 1600–1800 m, 9.7.1979.
E. scurrilis Drdt. ist eine iranisch-anatolisch verbreitete Xeromontanart und wurde in der Türkei
bisher nur in der östlichen Hälfte gefunden. Der westlichste Fundplatz liegt im Taurus (Pr. Seyhan,
Tufanbeyli).
Euxoa homicida homicida (STAUDINGER, 1901)

Euxoa recussa recussa (HÜBNER, [1814–1817])
    Noctua recussa (Sammlung Europäischer Schmetterlinge, Noctuae 2, Taf. 138, Fig. 630)
Pr. Kars, 11 km südwestl. Göle, 2000 m, 23.9.1981 (Genital-Präp. HACKER N 2365 ♂).
E. recussa HBN. wurde bisher nur von VARGA (1975) für die Türkei gemeldet, ebenfalls für den äußersten Nordosten.
Euxoa inclusa CORTI & DRAUDT, 1931

Euxoa hilaris (FREYER, 1839)
    Agrotis hilaris (Neuere Beiträge zur Schmetterlingskunde, 3: 89, Taf. 255, Fig. 4)
Pr. Sivas, Gürün (Gökpinar), 1400–1500 m, 11.6.1977, dito 10.7.1978, dito 25.6.1979.
Nach VARGA (schriftliche Mitteilung vom 22.11.1984 an HACKER) sind möglicherweise sehr viele der
bisher als *E. inclusa* CTI. & DRDT. gemeldeten Tiere in Wirklichkeit zu dieser Art zu stellen. Die vorliegenden Tiere aus Gürün zeigen eine – entsprechend dem fast weißen Untergrund dieser Gegend –
sehr helle Grundfarbe.

Euxoa difficillima (DRAUDT, 1937)
    Mesoeuxoa difficillima (Die Palaearktischen Eulenartigen Nachtfalter, Supplement: 243)
Pr. Van, Güseldere Geçidi, 2700 m, 4.8.1978 (leg. THOMAS, coll. GROSS), dito 7.8.1984 – Pr. Kayseri, Erçiyas
Daği, 2000 m, 20.8.1978.
Der Nachweis dieser vorder- und zentralasiatisch verbreiteten Hochgebirgsart am Erçiyas Dağh ist
der bisher geographisch absolut westlichste.

Euxoa foeda (LEDERER, 1885)
    Agrotis foeda (Verh. Zool. Bot. Ges. Wien: 107, Taf. 1, Fig. 6)
    (= *Mesoeuxoa vanensis* DRAUDT, 1937)
Pr. Ankara, Beynam Ornam, 1400–1500 m, 9.9.1981 – Pr. Elazig, Hasar-See, NO-Ufer, 1250 m, 19.9.1981 – Pr.
Van, Güseldere Geçidi, 2700 m, 28.9.1981 – Pr. Ağri, 7 km nördl. Cumaçay, 2000 m, 26.9.1981 – Pr. Tunceli,
15 km nördl. Pülümür, 1800 m, 20.9.1981 – Pr. Kars, 11 km südwestl. Göle, 1800 m, 23.9.1981.
E. foeda LED. ist im vorder- und westzentralasiatischen Raum weit verbreitet.

Agrotis cinerea cinerea ([DENIS & SCHIFFERMÜLLER], 1775)
  Noctua cinerea (Ankündung eines systematischen Werkes von den Schmetterlingen der Wienergegend: 80)
  Pr. Gemüşhane, Kop Daği Gecidi, 2200–2400 m, 18.7.1979 – Pr. Kars, 8 km südl. Sarikamiş, 2200–2300 m, 13.7.1979.
Agrotis biconica KOLLAR, 1844 (= *spinifera* HUBNER, [1803–1808])
Agrotis segetum ([DENIS & SCHIFFERMÜLLER], 1775)
Agrotis clavis clavis (HUFNAGEL, 1766)
Agrotis exclamationis exclamationis (LINNAEUS, 1758)
Agrotis trux trux (HUBNER, [1823–1824])

Agrotis sardzeana sardzeana BRANDT, 1941 (Taf. 1, Fig. 4)
  Agrotis sardzeana (Mitt. Münch. Ent. Ges., 31: 840, Taf. 23; Fig. 6)
  Pr. Van, Güseldere, Geçidi, 2700 m, 28.9.1981 – Pr. Van, Güselsu, 2000 m, 27.9.1981 – Pr. Van, 12 km nordwestl. Başkale, 1800 m, 28.9.1981.
  Agrotis sardzeana BRANDT, 1941 (Mitt. Münch. Ent. Ges., 31: 840, Taf. XXIII, Fig. 6) wurde aus dem Iran beschrieben und ist als paneremische Art von den Canaren (ssp. *saharae* PINKER, 1974) über Nordafrika und die Arabische Halbinsel bis nach Südpersien verbreitet. Neu für die türkische Fauna.
Agrotis ipsilon (HUFNAGEL, 1766)
Agrotis puta puta (HUBNER, [1800–1803])

Agrotis herzogi herzogi REBEL, 1911
  Agrotis haifae herzogi (Verh. Zool. Bot. Ges. Wien, 61: 142)
  Pr. Elazig, Hasar-See, NO-Ufer, 1250 m, 2.10.1981 – Pr. Van, 12 km nordöstl. Parzarçik, 950 m, 2.10.1981.
  Die in den eremischen Gebieten Nordafrikas und Vorderasiens verbreitete Art wurde aus dem Libanon beschrieben und auf dem türkischen Festland bisher noch nicht gefunden. Aus dem Iran, Irak, aus Cypern und aus Griechenland liegen bereits Nachweise vor.
Agrotis wagneri CORTI & DRAUDT, 1933
Agrotis crassa crassa (HUBNER, [1800–1803])

Agrotis obesa scytha ALPHERAKY, 1889
  Agrotis obesa B. var. *scytha* (ROMANOFF, Mém. Lep., 5: 143)
  Pr. Ankara, Beynam Ornam, 1400–1500 m, 10.9.1980 – Pr. Sivas, Gürün (Gökpinar), 1400–1500 m, 8.–16.9.1981 – Pr. Maraş, 24 km nordöstl. Parzarçik, 950 m, 6.10.1981.
  Die Tiere von den folgenden beiden, nordosttürkischen Fundorten gehören zur Nominatunterart aus dem westlichen Mittelmeerraum (Marokko, Portugal, Spanien, Südfrankreich, Nordwestitalien):
  Pr. Erzurum, 23 km westl. Oltu, 1800 m, 22.9.1981 – Pr. Erzurum, 8 km nordöstl. Akşar, 1500 m.
  Weitere Untersuchungen sind notwendig, um zu klären, ob das Taxon *scytha* ALPH. im subspezifischen Raum Gültigkeit behalten kann.

Pachyagrotis ankarensis (REBEL, 1931)
  Episema ankarensis [Ann. Natushist. Mus. Wien, 46: 7 (Sonderdruck)]
  Pr. Kayseri, 38 km östl. Kayseri, 8.10.1981.

Dichagyris vallesiaca (BOISDUVAL, 1832)
  Agrotis vallesiaca (Icones Histórique des Lépidoptères nouveaux ou peu connus de l'Europe, Taf. 78, Fig. 3)
  Pr. Nevsehir, Göreme bei Ürgüp, 1300 m, 15.8.1984 – Pr. Van, Eriş, 1800 m, 10.7.1979.
  Die subspezifische Zugehörigkeit der vorderasiatischen Populationen ist nicht geklärt, nachdem das Taxon *griseotincta* F. WAGNER, 1931 eine Art bezeichnet und keine Unterart von *D. vallesiaca* BSD. darstellt.

Dichagyris celebrata armeniaca KOZHANTSHIKOV, 1930
  Dichagyris armeniaca (Rev. Russ. d.'Ent., 24: 7)
Pr. Erzurum, Palandöken Dağh, 2500–2700 m, 1.8.1984 – Pr. Ankara, 5 km nordwestl. Serefikochisar, 1000 m, 20.6.1974.

Dichagyris squalorum (EVERSMANN, 1856)
  Agrotis squalorum (Bull. Soc. Imp. Nat. Moscou, 27: 221)
Pr. Adiyaman, Sinçik, Nemrut Dağı, 2000 m, 14.7.1978 – Pr. Malatya, Recadiye Gecidi, südi. Sürgü, 1600 m, 27.VI.1979 – Pr. Hakkari, 47 km nordöstl. Hakkari, Bağisli, 1600–1800 m, 8.7.1979 – Pr. Sivas, Gürün (Gökpinar), 9.–10.7.1978 – Pr. Elazig, Hasar-See, NO-Ufer, 1250 m, 27.6.1979 – Pr. Gemüşhane, Kop Daği Geçidi, 2200–2400 m, 27.–30.7.1978 (leg. Thomas, coll. Groß).

Dichagyris squalidior (STAUDINGER, 1901)
  Agrotis squalorum v. squalidior (Catalog der Lepidopteren des Palaearktischen Faunengebietes: 146)
Pr. Elazig, Euphrat bei Kale, 700 m, 12.6.1977, dito 13.–14.6.1974 – Pr. Elazig, Hasar-See, NO-Ufer, 1250 m, 13.6.1977, dito 26.7.1979 – Pr. Hakkari, 47 km nordöstl. Hakkari, Bağisli, 1600–1800 m, 8.7.1979 – Pr. Malatya, Recadiye Geçidi, südl. Sürgü, 1600 m, 27.6.1979 – Pr. Van, Eriş, 1800 m, 10.7.1979 – Pr. Kars, 11 km südwestl. Göle, 1800 m, 11.8.1976.
  Die beiden habituell sehr ähnlichen Arten *D. squalorum* Ev. und *D. squalidior* STGR. wurden in der Vergangenheit oftmals verwechselt, so daß es zur Kenntnis der Verbreitung beider Arten nötig ist, alle authentischen Funde zu publizieren. Die Unterschiede in Habitus und männlicher Genitalmorphologie werden von HACKER (1985) näher dargestellt.

Dichagyris terminicincta terminicincta CORTI & DRAUDT, 1933
  Dichagyris terminicincta (Die Palaearktischen Eulenartigen Nachtfalter, Supplement: 58)
Pr. Sivas, Gürün (Gökpinar), 1400–1500 m, 9.7.1978, dito 25.6.1979, dito 17.7.1982 – Pr. Malatya, Recadiye Geçidi, südl. Sürgü, 1600 m, 27.6.1979 – Pr. Adiyaman, Sinçik, Nemrut Dağı, 2000 m, 14.7.1978 – Pr. Hakkari, 47 km nordöstl. Hakkari, Bağisli, 1600–1800 m, 8.7.1979 – Pr. Gemüşhane, Kop Daği Geçidi, 2200–2400 m, 27.7.1984.
Dichagyris melanura melanura (KOLLAR, 1846)

Dichagyris renigera renigera (HÜBNER, [1803–1808])
  Noctua renigera (Sammlung Europäischer Schmetterlinge, Noctuae 2, Taf. 82, Fig. 384)
Pr. Erzurum, Palandöken Dağh, 2500–2700 m, 26.7.1979.
In der *f. funebris* STGR.
Dichagyris forficula forficula (EVERSMANN, 1851)
Dichagyris erubescens (STAUDINGER, 1892)

Dichagyris sp. (vorläufig unbestimmt)

Dichagyris amoena (STAUDINGER, 1892)
  Agrotis amoena (Dt. Ent. Z. Iris, 4: 267)
  (= *Rhyacia flavida* CORTI & DRAUDT, 1933)
Pr. Ağri, 7 km nördl. Cumaçay. 2000 m, 26.9.1981 – Pr. Elazig, Hasar-See, NO-Ufer, 1250 m, 2.10.1981 – Pr. Erzurum, 23 km westl. Oltu, 1800 m, 22.9.1981 – Pr. Gemüşhane, Kop Daği Geçidi, 2200–2400 m, 21.9.1981 – Pr. Tunceli, 15 km nördl. Pülümür, 1800 m, 20.9.1981.
Yigoga flavina flavina (HERRICH-SCHÄFFER, 1852)

Yigoga serraticornis (STAUDINGER, 1898)
  Agrotis ochrina var. serraticornis (Dt. Ent. Z. Iris, 10: 274)
Pr. Elazig, Hasar-See, NO-Ufer, 1250 m, 29.6.1979 – Pr. Elazig, Euphrat bei Kale, 700 m, 12.6.1977 – Pr. Kars, 40 km südwestl. Kars, Selim, 1800 m, 12.8.1976 – Pr. Nevsehir, Göreme bei Ürgüp, 1300 m, 21.7.1984 – Pr. Bitlis, 23 km nordwestl. Tatvan, 1600 m, 2.7.1974 – Pr. Sivas, Gürün (Gökpinar), 1400–1500 m, 26.6.1979 – Pr. Urfa, 8 km westl. Siverek, 700 m, 9.–10.6.1974.

Yigoga anastasia (DRAUDT, 1936) (Taf. 1, Fig. 5)
Agrotis anastasia (Ent. Rdsch., 53: 462)
Pr. Van, Güseldere Gecidi, 2700 m, 28.9.1981, 1 ♀.
Die hochseltene Art wurde aus den Provinzen Van, Maras und dem Irak bekannt. Ob das Taxon *anastasia* DRDT. eine Art bezeichnet oder möglicherweise nur eine Form oder ssp. von *Yigoga romanovi* (CHRISTOPH, 1885) (ROMANOFF, Mém. Lep., 2: 37) darstellt, konnten wir nicht feststellen. „*Agrotis*" *romanovi* CHR. wurde aus Türkisch Armenien (Kasikoporan) beschrieben.

Yigoga lutescens (EVERSMANN, 1884)
Agrotis lutescens (Bull. Soc. Imp. Nat. Moscou, 3: 591)
Pr. Malatya, Recadiye Gecidi, südl. Sürgü, 1600 m, 1 ♂ (Genital-Präp. HACKER N 2894 ♂) – Pr. Ankara, Beynam Ornam, 1400–1500 m, 20.6.1979, 2 ♂.
Die südrussisch-zentralasiatische Art wurde erst kürzlich erstmals für die Fauna der Türkei in Gürün nachgewiesen. Vermutlich ist sie in der Türkei weiter verbreitet und wurde mit *Y. serraticornis* STGR. oder *Y. flavina* H.-S. verwechselt. Falter und männliche Genitalstrukturen werden bei HACKER (l. c.) abgebildet.

Yigoga nigrescens nigrescens (HÖFNER, 1888)
Yigoga forcipula amasina (F. WAGNER, 1929)
Yigoga gracilis gracilis (F. WAGNER, 1929)

Yigoga celsicola sincera DE FREINA & HACKER, 1985
Yigoga celsicola sincera (Entomofauna, 6: 242)
Pr. Elazig, Hasar-See, NO-Ufer, 1250 m, 13.6.1977 – Pr. Bingöl, Kuruca Geçidi, 1700 m, 1.7.1979 – Pr. Bitlis Kuzgunkiran Geçidi, 2250 m, 3.7.1979 – Pr. Bitlis, 23 km nordwestl. Tatvan, 1600 m, 3.7.1979 – Pr. Hakkari, 47 km nordöstl. Hakkari, Bağisli, 1600–1800 m 8.7.1979.
Y. celsicola sincera DE FREINA & HACKER wurde bisher nur aus Türkisch-Kurdistan bekannt. Sie überschreitet nach der jetzigen Kenntnis der Verbreitung den Euphrat nach Westen nicht, ist aber in der Südosttürkei oft sehr häufig und dürfte auch im angrenzenden iranischen und irakischen Teil Kurdistans vorkommen.

Yigoga truculenta (LEDERER, 1853)
Agrotis truculenta (Verh. Zool. Bot, Ges. Wien: 367)
Pr. Kayseri, Erçiyas Daği, 2000 m, 20.8.1976 – Pr. Sivas, Gürün (Gökpinar), 1400–1500 m, 8.9.1980 – Pr. Tunceli, 15 km nördl. Pülümür, 1800 m, 20.9.1981 – Pr. Van, Güseldere Geçidi, 2700 m, 7.8.1984 – Pr. Van. 14 km westl. Güselsu, 2000 m, 27.9.1981 – Pr. Ağri, 7 km nördl. Cumaçay, 2000 m, 26.9.1981 – Pr. Gemüşhane, Kop Daği Geçidi, 2200–2400 m, 21.9.1981.
Yigoga signifera signifera ([DENIS & SCHIFFERMÜLLER], 1775)

Yigoga wiltshirei (BOURSIN, 1936)
Agrotis (Ogygia) wiltshirei (Bull. Soc. Ent. France: 224)
Pr. Bitlis Kuzgunkiran Geçidi, 2250 m, 3.7.1974 – Pr. Hakkari, 47 km nordöstl. Hakkari, Bağisli, 1600–1800 m, 8.7.1979.
Diese seltene, iranisch-anatolisch verbreitete Hochgebirgsart wurde in der Türkei bisher nur in der Provinz Hakkari gefunden, ist dort aber nicht gerade selten.

Yigoga orientis orientis (ALPHÉRAKY, 1883)
Agrotis orientis (Hor. Soc. Ent. Ross., 17:54)
Pr. Konya, Ayrançi Baraj. 2.6.1976.

Yigoga nachadira pseudorientis (BOURSIN, 1952)
Ogygia nachadira pseudorientis (Z. für Lepidopt., 2:52)
Pr. Sivas, Gürün (Gökpinar), 1400–1500 m, 26.6.–10.7.1979 – Pr. Van, Güseldere Geçidi, 2700 m, 7.8.1984.
Yigoga sureyae sureyae (REBEL, 1931) und *Yigoga sureyae kuhnae* HACKER, 1985, im Druck

Ochropleura candelisequa rana (LEDERER, 1853)
Ochropleura flammatra deleta (KOLLAR, 1849)

Ochropleura elbursica (DRAUDT, 1937)
   Rhyacia elbursica (Die Palaearktischen Eulenartigen Nachtfalter, Supplement: 250)
Pr. Hakkari, 47 km nordöstl. Hakkari, Bağisli, 1600–1800 m, 8.7.1979.
   O. elbursica DRDT. ist eine ausgesprochen seltene Art und wurde in der Türkei bisher nur in wenigen
Exemplaren aus den Provinzen Hakkari und Kars bekannt.
Ochropleura plecta plecta (LINNAEUS, 1761)
Ochropleura leucogaster (FREYER, 1831)

Ochropleura carthalina (CHRISTOPH, 1893)
   Agrotis carthalina (Dt. Ent. Z. Iris, 6:91)
Pr. Erzurum, Palandöken Dağh, 2500–2700 m, 16.7.1979 – Pr. Kars, 8 km südl. Sarikamiş, 2200–2300 m,
12.–13.7.1979 – Pr. Van, Güseldere Geçidi, 2700 m, 5.7.1979.
   O. carthalina CHR. ist eine Hochgebirgsart, die von DE FREINA erstmals für die Türkei nachgewiesen
wurde (HACKER, im Druck: 2. Beitrag zur Erfassung der Noctuidae der Türkei). Sie fliegt nur in größeren Höhen. Obwohl die Männchen teilweise in großer Anzahl am Licht erscheinen, ist das Weibchen
bis heute unbekannt.

Parexarnis pseudosollers (BOURSIN, 1940)
   Rhyacia pseudosollers (Mitt. Münch. Ent. Ges., 30: 493)
Pr. Konya, Sultan Dağlari, Akşehir Geçidi, 1700–1800 m, 23.–24.6.1974 – Pr. Nevsehir, Göreme bei Ürgüp,
1300 m, 22.6.1979 – Pr. Kayseri, Erçiyas Dağh, 2000 m, 24.–28.6.1979 – Pr. Elazig, Hasar-See, NO-Ufer,
1250 m, 13.6.1977.

Protexarnis opisoleuca (STAUDINGER, 1888)
   Agrotis opisoleuca (Stett. Ent. Z., 42: 423)
Pr. Sivas, Gürün (Gökpinar), 1400–1500 m, 10.7.1978 – Pr. Gemüşhane, Kop Daği Geçidi, 2200–2400 m,
29.8.1984.

Eugnorisma enargiaris (DRAUDT, 1936) (Taf. 2, Fig. 11)
   Xestia enargiaris (Ent. Rdsch., 53: 469)
Pr. Ağri, 7 km nördl. Cumaçay, 2000 m, 26.9.1981 – Pr. Bingöl, Buğlan Geçidi, 1650–1800 m, 30.9.1981.
   E. enargiaris DRDT. war bisher nur aus der Südosttürkei (Maraş, Amanus) bekannt.
Eugnorisma insignata insignata (LEDERER, 1853)

Eugnorisma kurdistana sp. n. (Taf. 2, Fig. 9, 10; Taf. 6, Fig. 43–45)
Material:
   Holotypus, ♂, Pr. Bingöl, Buğlan Geçidi, 1650–1800 m, 30.IX.1981 (leg. KUHNA, coll. HACKER)
   Paratypen 32 ♂♀ vom gleichen Fundplatz (leg. et coll. KUHNA), 82 ♂♀ (leg. et coll. GROSS) und 2 ♂ mit den
gleichen Daten (Genital-Präp. HACKER N 2906 ♂) (leg. KUHNA, coll. HACKER), 18 ♂♀ Pr. Bitlis, 23 km nordwestl. Tatvan, 1600 m, 29.9.1981 (leg. et coll. KUHNA), 2 ♂ mit den gleichen Daten (Genital-Präp. HACKER N
2893 ♂) (leg. KUHNA, coll. HACKER). 40 ♂, 7 ♀ Pr. Bitlis, 6 km sö Güroymak, 23 km wnw Tatvan, 1620 m,
17.9.1985 (leg. et coll. HACKER), 1 ♂ 1 ♀ mit den gleichen Daten (leg. HACKER, coll. VARGA), 1 ♂ mit den gleichen
Daten (leg. HACKER, coll. Museum Budapest) 1 ♀ Pr. Hakkari, 5 km n Agaçsiz, 12.9.1985 (leg. et coll. HACKER)
1 ♀ Pr. Bitlis, Başor-Tal, 1400 m, 25 km sw Bitlis, 16.9.1985 (leg. et coll. HACKER) 1 ♂ Pr. Bitlis, Bitlis Çay-Tal,
vic. Sarikonak, 1050 m, 13.10.1985 (leg. et coll. WEIGERT).

Beschreibung:
   Spannweite 38–41 mm, durchschnittlich 40 mm.
   Grundfarbe der Vorderflügel hell-bräunlich-gräulich, damit in etwa eine Mittelstellung einnehmend
zwischen der bläulich-grauen *Eugnorisma caerulea* (F. WAGNER, 1932) und *Eugnorisma chaldaica*
(BOISDUVAL, 1840), die eine hellbraune bis rötlich-braune Grundfarbe besitzt. Die Vorderflügelzeich-

nung stimmt mit der von *E. caerulea* (F. WAGNER, 1932) (Int. Ent. Z., 26: 141) überein. Die Hinterflügel sind nicht rein-weiß, sondern gelblich überstäubt.

Caput, Thorax und Abdomen sind in der Vorderflügelgrundfarbe gefärbt.

In den männlichen Genitalstrukturen stimmt die neue Art im wesentlichen mit *E. caerulea* F. WGNR. überein. Die Valven zeigen am distalen Ende die beiden charakteristischen Spitzen, die bei *E. chaldaica* BSD. fehlen oder nur gering ausgeprägt sind und nicht spitz, sondern rund enden. Die beiden abgebildeten Genitale (Taf. 6, Fig. 44, 45) zeigen eine für die Gattung *Eugnorisma* BOURSIN, 1946 beachtliche Variabilität in den angesprochenen Merkmalen.

Differentialdiagnose:

Die neue Art steht nahe *E. caerulea* F. WGNR. und wurde – da die Unterschiede vor allem im habituellen Bereich liegen – zunächst als gut ausgeprägte Unterart von *caerulea* F. WGNR. aufgefaßt. Weitere Untersuchungen (siehe auch HACKER, im Druck) zeigten jedoch, daß in der Provinz Bitlis beide sympatrisch vorkommen, *caerulea* F. WGNR. dabei in einer Population, die sich habituell nicht von denen aus Zentralanatolien unterscheidet.

Gegenüber *E. caerulea* F. WGNR. unterscheidet sich die neue Art durch:
– die Größe (Spannweite von Exemplaren von *caerulea* F. WGNR. am gleichen Fundplatz 33–37 mm)
– die hell-bräunlich-gräuliche Grundfarbe.

Von *E. chaldaica* BSD. ist die neue Art – neben habituellen Unterschieden – durch die abweichenden Genitalstrukturen zu unterscheiden.

Eugnorisma eminens eminens (LEDERER, 1855) (Taf. 2, Fig. 13)
Graphophora eminens (Verh. Zool. Botan. Ges. Wien: 106, Taf. 1, Fig. 5)
Pr. Van, 14 km westl. Güselsu, 2000 m, 27. 9. 1981, in größerer Anzahl.

Bei der Beschreibung der ssp. *clarior* von *E. eminens* LED. weist VARGA (1975) darauf hin, daß die Populationen von *E. eminens* LED. aus dem nordiranischen Elbursgebirge sich trotz der großen Entfernungen kaum von denen der Nominatunterart aus Zentralasien unterscheiden und deshalb auch zu dieser zu stellen sind. Das gleiche trifft auch für die osttürkischen Populationen zu. *E. eminens* ist neu für die Fauna der Türkei und belegt einmal mehr die vom zoogeographischen Standpunkt her große Ähnlichkeit der osttürkischen Hochgebirgsfauna mit der des Elbursgebirges, Afghanistans und Zentralasiens.

Eugnorisma depuncta depuncta (LINNAEUS, 1761)
Phalaena (Noctua) depuncta [Fauna Suecica (Edn 2): 321]
Pr. Bolu, Abant-See, 1300–1400 m, 11. 9. 1980.
Die Art ist in der Türkei nur wenig verbreitet.

Eugnorisma pontica pontica (STAUDINGER, 1892)
Agrotis depuncta L. var. *pontica* (Dt. Ent. Z. Iris, 4: 266)
Pr. Ankara, Beynam Ornam, 1400–1500 m, 28. 8.–10. 9. 1981 – Pr. Elazig, Hasar-See, NO-Ufer, 1250 m, 19. 9. 1981 – Pr. Yozgat, Milli-Park, 1500–1600 m, 12. 9. 1981 – Pr. Bingöl, Bğlan Geçidi, 1650–1800 m, 30. 9. 1981 – Pr. Erzurum, 8 km nordöstl. Akşar, 1500 m, 24. 9. 1981.

Die Stücke aus der nordosttürkischen Provinz Erzurum zeichnen sich durch eine rötliche Grundfärbung aus und zeigen einen stark betonten Querbindenverlauf. Sie gehören damit zu einer neuen Unterart (RONKAY & VARGA, im Druck), die Russisch und Türkisch Armenien bewohnt.

Eugnorisma sp. n., RONKAY & VARGA, im Druck (Taf. 2, Fig. 12; Taf. 6, Fig. 46)
Pr. Bingöl, Bğlan Geçidi, 1650–1800 m, 30. 9. 1981 (Genital-Präp. HACKER N 2900 ♂).

Die neue Art wird im Rahmen der Revision der Gattung *Eugnorisma* BOURSIN, 1946 (RONKAY & VARGA, im Druck) nach Tieren aus Russisch-Armenien, der Osttürkei und aus dem Taurus beschrieben.

Standfussiana lucernea illyria (REBEL & ZERNY, 1931)
  Agrotis (Epipsilia) lucernea illyria (Denkschriften d. Akad. d. Wiss. in Wien, Math. Naturw. Kl., Bd. 103: 90)
Pr. Ankara, Beynam Ornam, 1400–1500 m, 19.6.1979, 1 ♂.
  Standfussiana lucernea (LINNAEUS, 1758) kommt in einem durch große Disjunktionen gekennzeichneten Areal von Island über das europäische Festland bis nach Persien vor. Die östlichsten Fundplätze liegen im nordiranischen Elbursgebirge. Infolge der Tatsache, daß die Art früher mit anderen Arten der Gattung zusammengeworfen oder verwechselt wurde, ist die Verbreitung im vorderasiatischen Raum noch unklar. Nach unseren Untersuchungen sind alle bisher in der Literatur als *St. lucernea* L. angeführten Funde in Wirklichkeit zu *St. nictymera* (BOISDUVAL, 1834) zu stellen. Eine Ausnahme mag das Exemplar, das DRAUDT (1937) als „ganz sicheres Einzelstück aus Marasch, Ende September, Anfang Oktober" anführt, sein. Alle in den Sammlungen OSTHELDER und PFEIFFER sich befindlichen weiteren Stücke aus Marasch gehören zu *St. nictymera* BSD. (jetzt coll. ZSM, überprüft HACKER). Das Stück aus dem nordwestlichen Teil der Türkei stellen wir vorläufig zur ssp. *illyria* REBEL & ZERNY, die aus dem Balkanraum beschrieben wurde.
Standfussiana nictymera osmana (F. WAGNER, 1929)

Rhyacia cervantes (ssp?) REISSER, 1935
  Rhyacia cervantes (Ent. Rdsch., 53: 41)
Pr. Van, Güseldere, Geçidi, 2700 m, 7.8.1984.

Rhyacia helvetina bang-haasi, BOURSIN, 1940
  Rhyacia helvetina bang-haasi (Mitt. Münch. Ent. Ges., 30: 495)
Pr. Konya, Sultan Dağlari, Akşehir Ceçidi, 1700–1800 m, 23.–24.6.1974 – Pr. Kayseri, Erçiyas Daği, 2000 m, 20.6.1976 – Pr. Sivas, Gürün (Gökpinar), 1400–1500 m, 25.6.1975 – Pr. Van, Güseldere Geçidi, 2700 m, 7.8.1984 – Pr. Erzurum, Palandöken Dağh, 2500–2700 m, 1.8.1984.
Rhyacia lucipeta ([DENIS & SCHIFFERMÜLLER], 1775)
Rhyacia nyctymerides nyctymerides (BANG-HAAS, 1922)

Rhyacia simulans simulans (HUFNAGEL, 1766)
  Phalaena simulans (Berliner Magazin, 3: 396)
Pr. Nevsehir, Göreme bei Ürgüp, 1300 m, 11.7.1977 – Pr. Sivas, Gürün (Gökpinar), 1400–1500 m, 7.7.1976.

Chersotis maraschi CORTI & DRAUDT, 1933
  Chersotis maraschi (Die Palaearktischen Eulenartigen Nachtfalter, Supplement: 61)
Pr. Malatya, Resadiye Geçidi, südl. Sürgü, 1600 m, 15.–16.6.1974 (leg. BROSZKUS, coll. GROSS).
Chersotis rectangula ([DENIS & SCHIFFERMÜLLER], 1775)

Chersotis anachoreta anachoreta (HERRICH-SCHÄFFER, 1851)
  Agrotis anachoreta (Systematische Bearbeitung der Schmetterlinge von Europa, 2: 349)
Pr. Gemüşhane, Soğanli Dağlari, Soğanli Geçidi, 2300 m, 6.7.1979 (leg. THOMAS, coll. GROSS) – Pr. Van, Güseldere Geçidi, 2700 m, 1.7.1978.
  Ch. anachoreta H.-S. ist ein kaukasisches Faunenelement und war in der Türkei bisher nur vom Rize-, Kaçkar- und Soğanli-Daglari bekannt. Der Nachweis aus der Südosttürkei läßt eine weitere Verbreitung in den alpinen Lagen der gesamten Osttürkei vermuten.
Chersotis alpestris ponticola (DRAUDT, 1936)
Chersotis multangula multangula (HÜBNER, [1800–1803])
Chersotis semna (PÜNGELER, 1906)
Chersotis capnistis capnistis (LEDERER, 1871)
Chersotis margaritacea margaritacea (DE VILLERS, 1798)

Chersotis juvenis (STAUDINGER, 1901)
  Agrotis juvenis (Catalog der Lepidopteren des Palaearktischen Faunengebietes: 141)

Pr. Ankara, Beynam Ornam, 1400–1500 m, 2.–3. 8. 1976 – Pr. Nevsehir, Göreme bei Ürgüp, 1300 m, 21. 7. 1974 –
Pr. Kayseri, Erçiyas Daği, 1880 m, 20. 8. 1976 – Pr. Sivas, Gürün (Gökpinar), 1400–1500 m, 10. 7.–8. 8. 1980 – Pr.
Yozgat, Milli-Park, 1500–1600 m, 6. 8. 1976 – Pr. Gemüşhane, Kop Daği Geçidi, 2200–2400 m, 29. 7. 1984 – Pr.
Adiyaman, Sinçik, Nemrut Daği, 2000 m, 14. 7. 1978.

Chersotis glebosa (STAUDINGER, 1900)
  Agrotis glebosa (Dt. Ent. Z. Iris, 12: 359)
Pr. Kayseri, Erçiyas Daği, 1880 m, 20. 8. 1976, dito 22. 7. 1984 – Pr. Van, Güseldere Geçidi, 2700 m, 6. 7. 1974 –
Pr. Gemüşhane, Kop Daği Geçidi, 2200–2400 m, 18. 7. 1979, dito 29. 7. 1980 – Pr. Erzurum, Palandöken Dağh,
2500–2700 m, 17. 7. 1979 – Pr. Erzurum, 23 km westl. Oltu, 1800 m, 15. 7. 1974.

Chersotis elegans (EVERSMANN, 1837)

Chersotis larixia (GUENÉE, 1852)
  Agrotis larixia (Histoire Naturelle des Insectes, Noctuélites, 1: 310)
Pr. Kayseri, Erçiyas Daği, 1800–2000 m, 20. 8. 1976, dito 23. 6. 1979 – Pr. Van, Güseldere Geçidi, 2700 m,
7. 8. 1984, dito 3. 8. 1978 – Pr. Gemüşhane, Kop Daği Geçidi, 2200–2400 m, 29. 8. 1984 – Pr. Erzurum, Palandöken Dağh, 2500–2700 m, 16. 7. 1974.

Chersotis gratissima (CORTI, 1932) (Taf. 1, Fig. 5)
  Agrotis (Rhyacia) gratissima (Int. Ent. Z., 26: 152)
Pr. Ankara, Beynam Ornam, 1400–1500 m, 9. 9. 1981 – Pr. Elazig, Hasar-See, NO-Ufer, 1250 m, 14. 9. 1981 – Pr.
Gemüşhane, Kop Daği Geçidi, 2200–2400 m, 21. 9. 1981 – Pr. Kars, 11 km südwestl. Göle, 1800 m, 23. 8. 1981.
Ch. gratissima CTI. wurde in der Türkei bisher nur sporadisch gefunden.

Chersotis cuprea livescens (DRAUDT, 1933)
  Rhyacia cuprea f. *livescens* (Die Palaearktischen Eulenartigen Nachtfalter, Supplement: 81)
  (= *Rhyacia cuprea pertexta* DRAUDT, 1936)
Pr. Bolu, Abant-See, 1300–1400 m, 29.–30. 7. 1976.
  Chersotis cuprea ([DENIS & SCHIFFERMÜLLER], 1775) ist eurasiatisch verbreitet und zeigt im südeuro-
päisch-vorderasiatischen Raum ein sehr disjunktes Arealbild. Die Populationen Mittelitaliens, des
Balkanraumes und Kleinasiens sind in der Flügelgrundfärbung heller als die mitteleuropäischen. Die
Zeichnungselemente sind dadurch wesentlich besser anzusprechen.

Chersotis fimbriola (ESPER, [1803])
Chersotis laeta (REBEL, 1904)
Noctua orbona (HUFNAGEL, 1766)
Noctua pronuba (LINNAEUS, 1758)
Noctua comes HÜBNER, [1809–1813]
Noctua janthina ([DENIS & SCHIFFERMÜLLER], 1775)
Noctua fimbriata (SCHREBER, 1759)
Noctua tirrenica BIEBINGER, SPEIDEL & HANICK, 1983

Noctua interjecta interjecta HÜBNER, [1800–1803]
  Noctua interjecta (Sammlung Europäischer Schmetterlinge, Noctuae 2, Taf. 23, Fig. 107)
Pr. Bolu, Wald südwestl. Mengen, 1000 m, 1. 8. 1976 – Pr. Elazig, Hasar-See, NO-Ufer, 1250 m, 6.–7. 6. 1974,
Pr. Edirne, Koru Geçidi bei Keşan, 350 m, 17. 7. 1984.
Bisher wurden von dieser Art in der Türkei nur zwei Fundplätze bekannt.

Noctua haywardi (TAMS, 1926)
  Lycophotia haywardi (Ent. Rec., 38: 129, Taf. 4)
Pr. Edirne, Koru Geçidi bei Keşan, 350 m, 17. 7. 1984, in großer Anzahl – Pr. Ankara, Beynam Ornam,
1400–1500 m, 5. 7. 1978, dito 19. 7. 1984 – Pr. Yozgat, Milli-Park, 1500–1600 m, 6. 8. 1976.

Epilecta linogrisea ([DENIS & SCHIFFERMÜLLER], 1775)
  Noctua linogrisea (Ankündung eines systematischen Werkes von den Schmetterlingen der Wiener-
gegend: 79, 313)
Pr. Ankara, Beynam Ornam, 1400–1500 m, 28. 8.–10. 9. 1980.

Spaelotis ravida ravida ([DENIS & SCHIFFERMÜLLER], 1775)
   Noctua ravida (Ankündung eines systematischen Werkes von den Schmetterlingen der Wienergegend: 80)
Pr. Ankara, Beynam Ornam, 1400–1500 m, 19.–20. 6. 1979 – Pr. Nevsehir, Göreme bei Urgüp, 1300 m, 7. 6. 1976
– Pr. Konya, Beyşehir Gölü, 21.–22. 6. 1974.

Spaelotis demavendi (F. WAGNER, 1937)
   Rhyacia demavendi (Z. Österr. Ent. Ver., 22: 61)
Pr. Gemüshane, Kop Daği Geçidi, 2200–2400 m, 29.7.1984, 2 ♀.

Spaelotis senna contorta (REBEL & ZERNY, 1931)
   Agrotis contorta (Denkschriften d. Akad. d. Wiss. in Wien, Math. Naturw. Kl., Bd. 103: 89)
   (= *Rhyacia senna eisenbergeri* HARTIG, 1934)
Pr. Ankara, Beynam Ornam, 1400–1500 m, 9. 6.–5. 7. 1979 – Pr. Ankara, Tuz Gölü Nordufer, 19.–20. 6. 1974 –
Pr. Nevsehir, Göreme bei Urgüp, 21. 6. 1979 – Pr. Sivas, Gürün (Gökpinar), 1400–1500 m, 25. 6. 1979 – Pr. Ağri,
7 km nördl. Cumaçay, 2000 m, 11.7.1979 – Pr. Erzurum, Palandöken Dağh, 2500–2700 m, 28.7.1984.
   Die kritische Überprüfung der Unterarten von *P. senna* (HUBNER-GEYER, [1828–1832]) (HACKER,
im Druck) erbrachte eine Teilung in einen westlichen (ssp. *senna* HBN., Schweiz, Südwestdeutschland,
Südfrankreich, Spanien, Marokko) und einen östlichen Komplex (ssp. *contorta* REBEL & ZERNY, Süd-
alpen, Mittelitalien, Balkan, Vorderasien). Die Exemplare der östlichen Unterart sind meist etwas größer und kontrastreicher gezeichnet, die Grundfärbung ist weniger bräunlich, sondern mehr gräulich.

Hermonassa multifida multifida (LEDERER, 1870)
   Agrotis multifida (Ann. Soc. Belg.: 46)
Pr. Van, Güseldere Geçidi, 2700 m, 7. 8. 1984, 1 ♂, 1 ♀ (leg. et coll. KUHNA).
   Diese im vorderasiatischen Bereich äußerst seltene Xeromontanart wurde in der Türkei bisher nur in
einem Männchen am Tahir Geçidi (Pr. Ağri) nachgewiesen (HACKER, 1985).

Opigena polygona ([DENIS & SCHIFFERMÜLLER], 1775)
Peridroma saucia (HÜBNER, [1821])

Diarsia mendica mendica (FABRICIUS, 1775)
   Noctua mendica (Systema Entomologiae: 611)
Pr. Bolu, Abant-See, 1300–1400 m, 29.–30. 7. 1976 – Pr. Bolu, Wald südwestl. Mengen, 1000 m, 1. 8. 1976 – Pr.
Kars, 11 km südwestl. Göle, 1800 m, 14.7.1979 – Pr. Kars, 8 km südl. Sarikamiş, 2200–2300 m, 13.7.1979.
   D. mendica F. kommt in der Türkei wie viele eurasiatisch verbreitete Arten nur im Bereich der Pon-
tischen Gebirge vor.

Diarsia rubi (VIEWEG, 1790)
   Noctua rubi (Tabellarisches Verzeichnis der in der Churmark Brandenburg einheimischen Schmet-
terlinge, 2:57, Taf. 3, Fig. 5)
Pr. Van, Güseldere Geçidi, 2700 m, 6.7.1979.
   Die Art wurde von DE FREINA am gleichen Platz erstmals für die Türkei gefunden.

Xestia c-nigrum c-nigrum (LINNAEUS, 1758)

Xestia triangulum triangulum (HUFNAGEL, 1766)
   Phalaena triangulum (Berliner Magazin, 3:306)
Pr. Bolu, Wald südwestl. Mengen, 1000 m, 13.7.1982, dito 1.8.1976.
   Zweiter Nachweis für die Fauna der Türkei. Der Erstnachweis kam aus der Nordosttürkei (Pr. Art-
vin, HACKER, im Druck).

Xestia ashworthii candelarum (STAUDINGER, 1871)
   Agrotis candelarum (Catalog der Lepidopteren des Europäischen Faunengebietes, 2:82)
Pr. Kars, 8 km südl. Sarikamiş, 2200–2300 m, 12.–13.7.1979 – Pr. Kars, 11 km südwestl. Göle, 1800 m,
14.7.1979 – Pr. Erzurum, Palandöken Dağh, 2500–2700 m, 16.7.1979.

Xestia baja ([DENIS & SCHIFFERMÜLLER], 1775)
   Noctua baja (Ankündung eines systematischen Werkes von den Schmetterlingen der Wienergegend: 77)
Pr. Bolu, Wald südwestl. Mengen, 1000 m, 18.8.1984.

Xestia castanea (ESPER, 1796)
   Phalaena (Noctua) castanea (Die Schmetterlinge in Abbildungen nach der Natur, 4(2), Taf. 187, Fig. 8–11)
Pr. Maraş, 24 km nordöstl. Parzarçik, 950 m, 6.10.1981.

Xestia iobaphes (BOURSIN, 1940)
   Rhyacia iobaphes (Mitt. Münch. Ent. Ges., 30: 496)
Pr. Nevşehir, Göreme bei Ürgüp, 1300 m, 11.9.1981 – Pr. Sivas, Gürün (Gökpinar), 1400–1500 m, 15.9.1981.
   X. iobaphes BRSN. wurde aus dem Libanon beschrieben und darüberhinaus bisher nur in der zentral-anatolischen Provinz Nevşehir (HACKER, im Druck) und in Russisch Armenien (persönliche Mitteilung VARGA an HACKER vom 27.7.1985) gefunden.

Xestia ochreago pallidago (STAUDINGER, 1900)
   Xanthia pallidago (Dt. Ent. Z. Iris, 12: 377)
Pr. Ağri, 7 km nördl. Cumaçay, 2000 m, 5.8.1984.

Xestia cohaesa (HERRICH-SCHÄFFER, 1849)

Xestia xanthographa ([DENIS & SCHIFFERMÜLLER], 1775)
   Noctua xanthographa (Ankündung eines systematischen Werkes von den Schmetterlingen der Wienergegend: 83)
Pr. Konya, Ayrançi, Baraj, 2.9.1980.

Xestia palaestinensis (KALCHBERG, 1897) (Taf. 1, Fig. 7, 8)
   Agrotis xanthographa var. palaestinensis (Dt. Ent. Z. Iris, 10: 168)
Pr. Elazig. Euphrat bei Kale, 700 m, 17.9.1981, in Anzahl – Pr. Maraş, 24 km nordöstl. Parzarçik, 950 m, 3.10.1981, häufig.
   Die Art kommt im Iran, Irak, in der südöstlichen Türkei, in Syrien, im Libanon, Palästina und auf Cypern vor und wurde auch bereits in Griechenland und auf Kreta nachgewiesen.

Xenophysa junctimacula (CHRISTOPH, 1887)
   Agrotis junctimacula (ROMANOFF, Mém. Lep., 3: 57, Taf. 3, Fig. 11)
Pr. Van, Güseldere Geçidi, 2700 m, 5.7.1979, in Anzahl.
   X. junctimacula CHR. wurde nach Tieren aus Schahkuh (Nordpersien) und Aschabad beschrieben und in der Türkei bisher nur von ZUKOWSKY (1938) gefunden.

Eurois occulta occulta (LINNAEUS, 1758)
   Phalaena (Noctua) occulta [Systema Naturae (Edn 10), 1: 514]
Pr. Erzurum, 8 km nördl. Akşar, 1500 m, 3.8.1984.
   Zweiter Nachweis dieser eurosibirischen Art in der Türkei. Erstmals wurde sie von DE FREINA in der Provinz Artvin gefunden.

Anaplectoides prasina ([DENIS & SCHIFFERMÜLLER], 1775)
   Noctua prasina (Ankündung eines systematischen Werkes von den Schmetterlingen der Wienergegend: 82)
Pr. Bolu, Wald südwestl. Mengen, 1000 m, 1.8.1976, dito 7.6.1977 – Pr. Mengen, Abant-See, 1300–1400 m, 29.–30.7.1976 – Pr. Gemüşhane, Soğanli Dağlari, Soğanli Geçidi, 2300 m, 2.7.1981.
   Ebenfalls eine eurosibirisch verbreitete Art, die in der Türkei nur die warmfeuchten Teile der Pontischen Gebirge besiedelt.

Cerastis rubricosa ([DENIS & SCHIFFERMÜLLER], 1775)
  Noctua rubricosa (Ankündung eines systematischen Werkes von den Schmetterlingen der Wiener-
gegend: 77)
Pr. Bolu, Wald südwestl. Mengen, 1000 m, 21.5.1976.
Mesogona acetosellae acetosellae ([DENIS & SCHIFFERMÜLLER], 1775)
Discestra trifolii trifolii (HUFNAGEL, 1766)

Discestra furca (EVERSMANN, 1852)
  Hadena furca (Bull. Soc. Imp. Nat. Moscou, 25: 154)
Pr. Erzurum, Palandöken Dağh, 2500–2700 m, 16.–17.7.1979 – Pr. Ağri, 7 km nördl. Cumaçay, 2000 m,
11.7.1979 – Pr. Van, Güseldere Geçidi, 2700 m, 5.–6.7.1979.
  D. furca Ev. ist holarktisch verbreitet und wurde in der Türkei bisher nur am Güseldere Geçidi
(Pr. Van) gefunden (HACKER, im Druck).
  Discestra mendax (STAUDINGER, 1879)

Discestra latemarginata WILTSHIRE, 1975
  Discestra trifolii latemarginata (Z. Arb. Gem. Öster. Ent., 27: 75)
Pr. Erzurum, Palandöken Dağh, 2500–2700 m, 17.7.1979 – Pr. Gemüşhane, Kop Daği Geçidi, 2200–2400 m,
18.7.1979 – Pr. Kars, 8 km südl. Sarikamiş, 2200–2300 m, 12.7.1979 – Pr. Ağri, 7 km nördl. Cumaçay, 2000 m,
11.7.1979 – Pr. Van, Güseldere Geçidi, 2700 m, 5.7.1979.

Discestra pugnax intermedia PINKER, 1979
  Discestra pugnax intermedia (Z. Arb. Gem. Österr. Ent., 31: 70)
Pr. Sivas, Gürün (Gökpinar), 1400–1500 m, 11.6.–9.7.1979 – Pr. Nevşehir, Göreme bei Ürgüp, 1300 m,
21.6.1979 – Pr. Kars, 11 km südwestl. Göle, 1800 m, 11.8.1976, dito 14.7.1979 – Pr. Konya, Ayrançi Baraj,
31.5.1975, dito 2.9.1980.
  D. pugnax intermedia PINKER wurde aus Gürün beschrieben und darüberhinaus nur in der Provinz
Hakkari gefunden. Die vorliegenden Daten deuten auf eine weitere Verbreitung in der Türkei. Zwei
Generationen sind an günstigen Stellen anzunehmen.
Discestra dianthi dianthi (TAUSCHER, 1809)
Discestra stigmosa stigmosa (CHRISTOPH, 1887)

Discestra mendica (STAUDINGER, 1895)
  Mamestra mendica (Dt. Ent. Z. Iris, 7: 272)
Pr. Mersin, 20 km nördl. Mut, 1500 m, 27.5.1975 – Pr. Konya, 2 km nördl. Hadim, 29.5.1975.
Cardepia sociabilis irrisoria (ERSHOV, 1874)
Cardepia arenbergeri PINKER, 1972
Hada draudti (F. WAGNER, 1936)
Hada proxima proxima (HÜBNER, [1808–1809])
Hada nana nana (HUFNAGEL, 1766)

Hada persa (ALPHERAKY, 1897)
  Mamestra persa (ROMANOFF, Mém. Lep., 9: 212)
Pr. Van, Güseldere Geçidi, 6.7.1979, insgesamt 3 ♂.
  H. persa ALPH. wurde aus dem nordpersischen Elbursgebirge beschrieben und wird erstmals für die
Fauna der Türkei erwähnt.
Polia bombycina (ssp. ?) (HUFNAGEL, 1766)
Polia nebulosa nebulosa (HUFNAGEL, 1766)
Polia serratilinea serratilinea (TREITSCHKE, 1825)
Pachetra sagittigera sagittigera (HUFNAGEL, 1766)

Sideridis anapheles NYE, 1975 (= *S. evidens* HÜBNER, [1803–1808])
  Sideridis anapheles (The Generic Names of Moths of the World, 1:450)

Pr. Gemüshane, Kop Daği Geçidi, 2200–2400 m, 18.7.1979.
Bisher nur in wenigen Exemplaren für die Türkei bekannt.

Sideridis implexa (HÜBNER, [1808–1809])
   Noctua implexa (Sammlung Europäischer Schmetterlinge, Noctuae 2, Taf. 88, Fig. 414)
Pr. Ankara, Beynam Ornam, 1400–1500 m, 6.6.1976 – Pr. Nevşehir, Göreme bei Ürgüp, 1300 m, 9.7.1977 – Pr. Balikeşir, 10 km südwestl. Sindirği, 21.5.1975.
   S. implexa HBN. ist eine Charakterart eremischer Gebiete. Ihr Hauptareal liegt in Nordafrika. In Europa wurde sie aus dem südlichen Teil Spaniens und aus dem Balkanraum (nördlich bis Ungarn und in das östlichste Österreich) bekannt.

Sideridis albicolon (HÜBNER, [1809–1813])

Conisania capsivora (DRAUDT, 1933)
   Dianthoecia capsivora (Ent. Rdsch., 50: 321)
Pr. Ankara, Beynam Ornam, 1400–1500 m, 24.5.–6.6.1976 – Pr. Bitlis Kuzgunkiran Geçidi, 2250 m, 3.7.1979 – Pr. Van, Güseldere Geçidi, 2700 m, 6.7.1979 – Pr. Erzurum, Palandöken Dağh, 2500–2700 m, 17.7.1979 – Pr. Gemüşhane, Kop Daği Geçidi, 2200–2400 m, 18.7.1979 – Pr. Ağri, 7 km nördl. Cumaçay, 2000 m, 11.7.1979.
Heliophobus reticulata (GOEZE, 1781)

Melanchra persicariae (LINNAEUS, 1761)
   Phalaena (Noctua) persiçariae [Fauna Suecica (Edn 2): 319]
Pr. Bolu, Wald südwestl. Mengen, 1000 m, 13.7.1982.
   M. persicariae L. kommt in der Türkei nur in den Gebieten nahe dem Schwarzen Meer vor und wurde erst kürzlich erstmals für die türkische Fauna nachgewiesen (HACKER, 1985).

Lacanobia contigua ([DENIS & SCHIFFERMÜLLER], 1775)
   Noctua contigua (Ankündung eines systematischen Werkes von den Schmetterlingen der Wienergegend: 82)
Pr. Bitlis, Kuzgunkiran Geçidi, 2250 m, 3.7.1979 – Pr. Gemüşhane, Soğanli Dağlari, Soğanli Geçidi, 2300 m, 2.7.1981 – Pr. Kars, 8 km südl. Sarikamiş, 2200–2300 m, 13.7.1979 – Pr. Erzurum, 23 km westl. Oltu, 1800 m, 15.7.1979.
   Ebenfalls eine eurasiatisch verbreitete und in der Türkei seltene Art.
Lacanobia w-latinum (HUFNAGEL, 1766)

Lacanobia thallasina (HUFNAGEL, 1766)
   Phalaena thallasina (Berliner Magazin, 3: 298)
Pr. Bolu, Abant-See, 1300–1400 m, 29.–30.7.1976.
   Erstnachweis für die Fauna der Türkei. Die südliche Arealgrenze verlief bisher von Mittelitalien nach Bulgarien und durch das Schwarze Meer in das Kaukasus-Gebiet.
Lacanobia suasa ([DENIS & SCHIFFERMÜLLER], 1775)
Lacanobia oleracea (LINNAEUS, 1758)

Lacanobia blenna (HÜBNER, [1823–1824])
   Noctua blenna (Sammlung Europäischer Schmetterlinge, Noctuae 2, Taf. 152, Fig. 706)
Pr. Denizli, 15 km nordöstl. Güllük (südwestl. Milas), 20 m, 21.5.1971.

Lacanobia praedita (HÜBNER, [1809–1813])
   Noctua praedita (Sammlung Europäischer Schmetterlinge, Noctuae 2, Taf. 130, Fig. 595)
Pr. Elazig, Euphrat bei Kale, 28.6.1979, dito 18.7.1982.
   L. praedita HBN. ist eine Charakterart von Steppen und Halbwüsten. In der Türkei wird sie vor allem in den heißen und syrisch beeinflußten Südostprovinzen gefunden.
Hecatera bicolorata (HUFNAGEL, 1766)
Hecatera dysodea ([DENIS & SCHIFFERMÜLLER], 1775)

Hecatera cappa (HÜBNER, [1808–1809])
Hecatera rhodocharis rhodocharis (BRANDT, 1938) und *Hecatera rhodocharis herkia* (WILTSHIRE, 1957)
Hadena rivularis (FABRICIUS, 1775)
Hadena perplexa ([DENIS & SCHIFFERMÜLLER], 1775)
Hadena syriaca (OSTHELDER, 1933)

Hadena musculina (STAUDINGER, 1892)
   Dianthoecia musculina (Dt. Ent. Z. Iris, 4: 272)
Pr. Sivas, Gürün (Gökpinar). 1 400–1 500 m, 11.–26. 6. 1979 – Pr. Burdur, Paß oberhalb Sagalassos, bei Aglasun,
1 800 m, 28.–29. 5. 1974 – Pr. Van, Güseldere Geçidi, 2 700 m, 5.–6. 7. 1979 – Pr. Erzurum, Palandöken Dağh,
2 500–2 700 m, 16.–17. 7. 1979 – Pr. Kars, 11 km südwestl. Göle, 1 800 m, 11. 8. 1976.

Hadena silenes silenes (HÜBNER, [1819–1822])
Hadena luteago nigrescens (F. WAGNER, 1926) und *Hadena luteago luteago* ([DENIS & SCHIFFERMÜL-
LER], 1775)

Hadena guenéei (STAUDINGER, 1901)
   Dianthoecia guenéei (Catalog der Lepidopteren des Palaearktischen Faunengebietes: 163)
Pr. Ankara, 5 km nordwestl. Serefikochişar, 1 000 m, 19.–20. 6. 1974 – Pr. Burdur, Paß oberhalb Sagalassos, bei
Aglasun, 1 800 m, 28.–29. 5. 1974 – Pr. Konya, Ayrançi Baraj, 2. 6. 1976 – Pr. Konya, Ala Dağh, Göksu-Tal,
1 500 m, 30. 5. 1976 – Pr. Nevşehir, Göreme bei Ürgüp, 1 300 m, 21. 6. 1979 – Pr. Sivas, Gürün (Gökpinar),
25. 6. 1979 – Pr. Bitlis, Kuzgunkiran Geçidi, 2 250 m, 3. 7. 1979 – Pr. Hakkari, 47 km nordöstl. Hakkari, Bağisli,
1 600–1 800 m, 8. 7. 1979 – Pr. Kars, 11 km südwestl. Göle, 1 800 m, 11. 8. 1976.
Hadena staudingeri (F. WAGNER, 1931)

Hadena pfeifferi (DRAUDT, 1934)
   Dianthoecia pfeifferi (Ent. Rdsch., 51: 93)
Pr. Elazig, Hasar-See, NO-Ufer, 1 250 m, 13. 6. 1977.
   Die Art wurde aus dem Libanon beschrieben und war in der Türkei bisher nur aus der Provinz Hak-
kari bekannt.
Hadena pumila (STAUDINGER, 1879)
Hadena compta compta ([DENIS & SCHIFFERMÜLLER], 1775)
Hadena confusa confusa (HUFNAGEL, 1766)
Hadena stenoptera (REBEL, 1933)

Hadena vulpecula (BRANDT, 1938)
   Lasiestra vulpecula (Ent. Rdsch., 55: 701)
Pr. Ankara, Beynam Ornam, 2.–3. 8. 1976, dito 5. 7. 1978 – Pr. Sivas, Gürün (Gökpinar), 1 400–1 500 m),
14. 8. 1984, dito 8. 9. 1980 – Pr. Tunceli, 15 km nördl. Pülümür, 1 800 m, 20. 8. 1981.
   Mit den genannten Fundplätzen erweitert sich die Kenntnis der Verbreitung dieser aus dem Iran be-
schriebenen Art wesentlich, denn bisher wurde sie nur in der Provinz Sivas gefunden.
Hadena albimacula (BORKHAUSEN, 1792)
Hadena bicruris (HUFNAGEL, 1766)
Hadena laudeti (BOISDUVAL, 1840)
Hadena magnolii (BOISDUVAL, 1829)
Hadena filigrama (ESPER, 1788)
Hadena luteocincta (ssp.?) (RAMBUR, 1834)
Hadena melanochroa (STAUDINGER, 1891)

Hadena pseudohyrcana DE FREINA & HACKER, 1985
   Hadena pseudohyrcana (Entomofauna, 6: 249)
Pr. Van, Güseldere Geçidi, 2 700 m, 6. 7. 1979 – Pr. Tunceli, 15 km nördl. Pülümür, 1 800 m, 20. 7. 1981 – Pr. Bit-
lis, Kuzgunkiran Geçidi, 2 250 m, 3. 7. 1979.
   Die Tiere der Typenserie dieser neu beschriebenen Art kamen aus der Provinz Hakkari.

Hadena defreinai sp. n. (Taf. 2, Fig. 14; Taf. 6, Fig. 48–49)

Material:

Holotypus, ♂, Pr. Erzurum, Palandöken Dağh, 2500–2700 m, 17. 7. 1979 (leg. et coll. KUHNA)
Paratypen mit den gleichen Daten 3 ♂, 21 ♀ (leg. et coll. KUHNA), 6 ♂, 24 ♀ (leg. et coll. GROSS), 2 ♂, 1 ♀ (Genital-Präp. HACKER N 2913 ♂, 2918 ♂ (leg. KUHNA, coll. HACKER), 1 ♂, 2 ♀ Pr. Van, Güseldere Geçidi, 2700 m, 6. 7. 1979 (leg. et coll. KUHNA), mit den gleichen Daten 1 ♂, 2 ♀ (leg. et coll. GROSS), mit den gleichen Daten 1 ♂ (leg. KUHNA, coll. HACKER) 12 ♂, 3 ♀ Pr. Agri, Tahir Geçidi, 2780 m, 7. 7. 1986 (leg. et coll. WEIGERT), mit gleichen Daten 6 ♂, 2 ♀ (leg. WEIGERT, coll. HACKER).

Beschreibung:

Spannweite der Vorderflügel 23–26 mm.

Die Färbung und Zeichnung läßt sich am besten im Vergleich mit der bekannten *Hadena tephroleuca tephroleuca* (BOISDUVAL, 1833) (nicht der ssp. *asiatica* [F. WAGNER, 1931]) aus dem Alpengebiet beschreiben. Grundfarbe der Vorderflügel grau-oliv, insgesamt etwas heller als die von *tephroleuca* BSD., auch mehr oliv und weniger dunkel-grau und schwarz. Zeichnungsanlage sehr ähnlich, durch olivgraue Überlagerung der helleren Elemente insgesamt wesentlich weniger kontrastreich, zudem unschärfer als die sehr klare *tephroleuca* BSD.-Zeichnung. Alle Elemente einer typischen Hadeninae-Zeichnung vorhanden und gut ausgeprägt, wenn auch unscharf. Mittelfeld zum Teil geringfügig aufgehellt, aber wesentlich geringer als dies bei *Hadena stenoptera* (REBEL, 1933) der Fall ist.

Hinterflügel und Flügelunterseite oliv-gräulich, ebenso der gesamte Körper.

Die beiden Geschlechter gleichen sich, das Weibchen ist geringfügig größer.

Männlicher Genitalapparat:

Von der Genitalmorphologie gehört die Art nicht in die *Hadena tephroleuca* (BOISDUVAL, 1833)/*Hadena inexpectata* VARGA, 1979-Gruppe, der sie habituell am nächsten steht, sondern in die *Hadena compta* ([DENIS & SCHIFFERMÜLLER], 1775)/*Hadena stenoptera* (REBEL, 1933)-Gruppe. Das Genital ähnelt am meisten dem von *H. stenoptera* RBL. mit dem Unterschied, daß die vorspringende „Nase" am distalen Ende der Valve mehr zum Körper hin gebogen ist als dies bei *H. stenoptera* der Fall ist, zudem ist die gesamte Valve am äußeren Rand weniger ausgebaucht als bei *H. stenoptera* RBL., deren Valve eine ausgeprägte Ausbauchung zeigt. Unterschiede bestehen weiterhin in der Form des Sacculus (Abb. 2).

Differentialdiagnose:

Hadena defreinai sp. n. steht genitalmorphologisch nahe *H. stenoptera* RBL., habituell nahe *H. tephroleuca* BSD. Im System steht sie neben *H. stenoptera* RBL., mit der sie in den hohen Lagen der Osttürkei auch teilweise sympatrisch fliegt. Von den ähnlichen Arten wie *Hadena luteocincta tristis* (DRAUDT, 1934), *Hadena filigrama filigrama* (ESPER, 1788), *Hadena canescens occidentalis* DE FREINA & HACKER, 1985 oder *Hadena consparcatoides* (SCHAWERDA, 1928) unterscheidet sich die neue Art neben deutlichen habituellen Unterschieden vor allem durch die Genitalmorphologie.

Die neue Art ist Herrn J. DE FREINA, München, gewidmet, der sich in den letzten Jahren sehr um die Erforschung der nachtaktiven Lepidopteren der Türkei verdient gemacht hat.

Hadena caesia bulgarica BOURSIN, 1959
  Hadena caesia bulgarica (Z. Wien. Ent. Ges., 44: 126)
Pr. Gemüşhane, Soğanli Dağlari, Soğanli Geçidi, 2300 m, 2. 7. 1981 – Pr. Kars, 8 km südl. Sarikamiş, 2200–2300 m, 12. 7. 1979.

Hadena caesia ([DENIS & SCHIFFERMÜLLER], 1775) dürfte in den höheren Lagen der Pontischen Gebirge weiter verbreitet sein als es die bisher drei bekannten Fundplätze vermuten lassen.

Hadena clara (STAUDINGER, 1901)
  Dianthoecia caesia v. clara (Catalog der Lepidopteren des Palaearktischen Faunengebietes: 162)
Pr. Sivas, Gürün, 25. 6.–10. 7. 1979 – Pr. Van, Güseldere Geçidi, 2700 m, 6. 7. 1979 – Pr. Erzurum, Palandöken Dağh, 2500–2700 m, 17. 7. 1979.

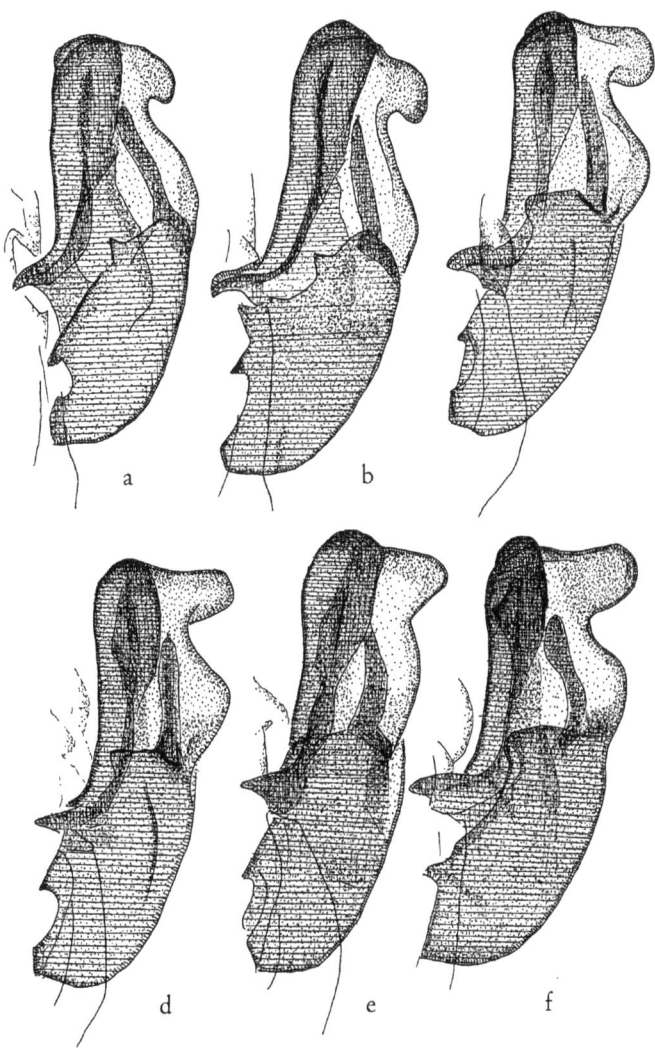

Abb. 2: a) *Hadena defreinai* sp. n. Pr. N 2913 Valve, b) *Hadena defreinai* sp. n. Pr. N 2918 Valve, c) *Hadena stenoptera* (REBEL, 1933) Pr. N 1644 (Türkei, Arvaçik, 16. 6. 1978, coll. BEHOUNEK), d) *Hadena stenoptera* (REBEL, 1933) Pr. N 1383 (Türkei, Provinz Corum, Boğazkale, 4. 7. 1981, coll. DE FREINA), e) *Hadena stenoptera* (REBEL, 1933) Pr. N 3002 (Türkei, Provinz Van, Güseldere-Geçidi, 2 700 m, 30. 6. 1984, coll. HACKER), f) *Hadena stenoptera* (REBEL, 1933) Pr. N 1427 (Türkei, Provinz Antalya, Termessos, 22.–24. 5. 1981 (leg. et coll. DE FREINA)

In Anbetracht des umfangreichen Materials aus der gesamten Türkei wird die Unterartengliederung dieser Art immer fragwürdiger. Obwohl es sich um eine Xeromontanart handelt, bei der bestimmte Isolationsmechanismen in Betracht zu ziehen sind, ändert die Art von Population zu Population – je nach ökologischen Verhältnissen – derartig stark ab, daß eine grundlegende Revision der gesamten Gruppe notwendig erscheint, weswegen wir auf eine genaue Aufgliederung verzichten.

Hadena urumovi (DRENOWSKI, 1931)

Dianthoecia urumovi (Mitt. Bulg. Ent. Ges., 6: 57)

Pr. Nevşehir, Göreme bei Ürgüp, 1300 m, 21.6.1979 – Pr. Van, Güseldere Geçidi, 2700 m, 6.7.1979 – Pr. Erzurum, Palandöken Dağh, 2500–2700 m, 16.7.1979.

Für diese Art gilt das gleiche wie für *Hadena clara* STGR.

Hadena cavalla PINKER, 1979

Hadena cavalla (Z. Arb. Gem. Öster. Ent., 31: 66)

Pr. Sivas, Gürün (Gökpinar), 1400–1500 m, 11.6.1977 – Pr. Bitlis Kizgunkiran Geçidi, 2250, 3.7.1979 – Pr. Van, Güseldere Geçidi, 6.7.1979 – Pr. Agri, 7 km nördl. Cumaçay, 2000 m, 11.7.1979 – Pr. Gemüşhane, Kop Daği Geçidi, 2200–2400 m, 18.7.1979 – Pr. Erzurum, Palandöken Dağh, 2500–2700 m, 16.7.1979.

H. cavalla PINKER scheint in der gesamten östlichen Türkei weit verbreitet zu sein, beschrieben wurde sie aus Gürün.

Hadena drenowskii (REBEL, 1930)

Mamestra drenowskii (Verh. Zool. Botan. Ver. Wien, 80: 12)

Pr. Kayseri, Erçiyas Daği, 1850–2000 m, 20.8.1976, dito 22.7.1984 – Pr. Nevşehir, Göreme bei Ürgüp, 1300 m, 7.7.1978 – Pr. Erzurum, 23 km westl. Oltu, 1800 m, 15.7.1979 – Pr. Erzurum, Palandöken Dağh, 2500–2700 m, 17.7.1979.

Hadena tephroleuca asiatica (F. WAGNER, 1931)

Eriopygodes imbecilla (FABRICIUS, 1794)

Noctua imbecilla [Entomologica Systematica, 3(2): 113]

Pr. Kars, 11 km südwestl. Göle, 1800 m, 14.7.1979 – Pr. Kars, 8 km südl. Sarikamiş, 2200–2300 m, 12.7.1979 – Pr. Erzurum, 23 km westl. Oltu, 1800 m, 15.7.1979.

Erstaunlich für die Fauna der Türkei ist die Fülle der im Nordosten vorkommenden, eurosibirisch verbreiteten, Arten. *E. imbecilla* F. wurde erst kürzlich erstmals für die Türkei in der Provinz Kars nachgewiesen, scheint aber weiter verbreitet zu sein. Sie besiedelt feuchte bis anmoorige Wiesen und Quellmoore.

Tholera cespitis ([DENIS & SCHIFFERMÜLLER], 1775)

Noctua cespitis (Ankündung eines systematischen Werkes von den Schmetterlingen der Wienergegend: 82)

Pr. Ankara, Beynam Ornam, 1400–1500 m, 9.9.1981 – Pr. Van, Güseldere Geçidi, 2700 m, 28.9.1981 – Pr. Yozgat, Milli-Park, 1500–1600 m, 12.9.1981.

Erstnachweis für die Fauna der Türkei. Die Art wurde in den letzten Jahren auch in Griechenland gefunden.

Tholera decimalis (PODA, 1761)

Phalaena (Geometra) decimalis (Insecta Musei Graecensis: 92)

Pr. Bingöl, Buğlan Geçidi, 1650–1800 m, 30.9.1981 – Pr. Van, 14 km westl. Güselsu, 2000 m, 27.9.1981 – Pr. Bitlis, 23 km nordwestl. Tatvan, 1600 m.

Erster authentischer Nachweis für die Türkei. Alle Angaben in der faunistischen Literatur beziehen sich auf die nachfolgende Art (überprüft HACKER). In der Zoologischen Staatssammlung München befindet sich ein weiteres Exemplar von *T. decimalis* PODA mit den Daten: Amasya, 9.1888 (leg. KORB).

Tholera hilaris (STAUDINGER, 1901)

Epineuronia popularis v. (et ab.) hilaris (Catalog der Lepidopteren des Palaearktischen Faunengebietes: 155)

Pr. Ankara, Beynam Ornam, 1400–1500 m, 9.–10.9.1981 – Pr. Sivas, Gürün (Gökpinar), 1400–1500 m, 14.9.1981 – Pr. Gemüşhane, Kop Dağı Geçidi, 2200–2400 m, 21.9.1981.

T. hilaris STGR. ist eine gute und von *T. decimalis* PODA durch Unterschiede in Habitus und Genitalmorphologie gut zu trennende Art. In Südrußland fliegen beide Arten syntop. *T. hilaris* STGR. wurde bisher nur in Kleinasien, im armenisch-kaukasischen Raum und in Südrußland gefunden.

Panolis flammea flammea ([DENIS & SCHIFFERMÜLLER], 1775)
   Noctua flammea (Ankündung eines systematischen Werkes von den Schmetterlingen der Wienergegend: 87)
Pr. Bursa, Ulu Dağh, 26.5.1974.
   Zweiter Fundplatz für die Türkei. In den großen Kiefernaufforstungen Anatoliens sicher weiter verbreitet, wegen der frühen Flugzeit bisher aber noch nicht nachgewiesen.

Egira conspicillaris (LINNAEUS, 1758)
   Phalaena (Noctua) conspicillaris [Systama Naturae (Edn 10), 1: 515]
Pr. Bolu, Wald südwestl. Mengen, 1000 m, 21.5.1976 – Pr. Burdur, Paß oberhalb Sagalassos, 1800 m, 29.5.1974.

Egira anatolica (HERING, 1933)
   Xylomiges conspicillaris anatolica (Int. Ent. Z., 26: 412)
Pr. Ankara, Beynam Ornam, 1400–1500 m, 6.6.1976 – Pr. Sivas, Gürün (Gökpinar), 1400–1500 m, 21.6.1979 – Pr. Bitlis, 23 km nordwestl. Tatvan, 1600 m, 1.6.1973.

Orthosia miniosa ([DENIS & SCHIFFERMÜLLER], 1775)
   Noctua miniosa (Ankündung eines systematischen Werkes von den Schmetterlingen der Wienergegend: 88)
Pr. Bitlis, 23 km nordwestl. Tatvan, 1600 m, 1.6.1973.
   Wie alle jahreszeitlich früh und spät fliegenden Arten bisher wenig nachgewiesen.

Perigrapha cilissa PÜNGELER, 1917 (Taf. 2, Fig. 15)
   Perigrapha cilissa (Mitt. Münch. Ent. Ges., 8: 19)
Pr. Bitlis, 23 km nordwestl. Tatvan, 1600 m, 1.6.1973.
   Eine sehr seltene, bisher nur im Taurus, in Anatolien und im Irak gefundene Art.
Aletia conigera ([DENIS & SCHIFFERMÜLLER], 1775)
Aletia ferrago argyristis (RAMBUR, 1858)
Aletia albipuncta ([DENIS & SCHIFFERMÜLLER], 1775)
Aletia vitellina (HÜBNER, [1803–1808])

Aletia pudorina ([DENIS & SCHIFFERMÜLLER], 1775)
   Noctua pudorina (Ankündung eines systematischen Werkes von den Schmetterlingen der Wienergegend: 85)
Pr. Hakkari, 47 km nordöstl. Hakkari, Bağisli, 1600–1800 m, 7.–8.7.1979.
   STAUDINGER (1879) gibt die Art für Bursa an, seither wurden keine neueren Nachweise bekannt. *A. pudorina* D. & S. ist im mittleren und nördlichen Europa und im gesamten nördlichen Asien, östlich bis Japan, weit verbreitet und dürfte auch in der Nordosttürkei und in den Pontischen Gebirgen noch zu finden sein. Typische Habitate sind schilfreiche, teilweise anmoorige Stellen und feuchte Ruderalfluren.

Aletia straminea (TREITSCHKE, 1825)
   Leucania straminea [Die Schmetterlinge von Europa 5(2): 297]
Pr. Urfa, 8 km westl. Siverek, 700 m, 22.5.1973.
   Neu für die Fauna der Türkei. Die nächsten Fundplätze liegen im Libanon und in Griechenland.
Aletia congrua (HÜBNER, [1814–1816])

Aletia consanguis (Guenée, 1852)
   Hadena consanguis (Histoire Naturelle des Insectes, Lépidoptères, 6: 97)
   Pr. Antalya, Kalkan, 50 m, 24.5.1975.

Aletia noacki (Boursin, 1967)
   Mythimna noacki (Z. Wien. Ent. Ges., 52: 90)
   Pr. Erzurum, Palandöken Dağh, 2500–2700 m, 16.–17.7.1979, häufig – Pr. Van, Güseldere Geçidi, 2700 m, 6.7.1979.
   Die seltene Art besiedelt die osttürkischen Hochgebirgssteppen und scheint weiter verbreitet zu sein, als nach den bisher nur drei bekannten Fundplätzen zu vermuten war.

Aletia pallens (Linnaeus, 1758)
   Phalaena (Noctua) pallens [Systema Naturae (Edn 10), 1: 510]
   Pr. Burdur, Paß oberhalb Sagalassos, 28.–29.5.1974.
   Ganz im Gegensatz zu Mitteleuropa ist *A. pallens* L. in der Türkei nur gering verbreitet.

Aletia l-album (Linnaeus, 1767)
Aletia sicula (Treitschke, 1835)
Aletia scirpi (Duponchel, 1836)

Aletia sassanidica Hacker, im Druck
   Pr. Kars, 8 km südl. Sarikamiş, 2200–2300 m, 12.7.1979 – Pr. Erzurum, Palandöken Dağh, 2500–2700 m, 16.7.1979 – Pr. Van, Güseldere Geçidi, 2700 m, 6.7.1974.

Aletia prominens hispanica (Bellier, 1863)
   Leucania hispanica (Ann. Soc. Ent. France: 421, Taf. 9, Fig. 5)
   Pr. Antakya, Iskenderun, 19.6.1974 (leg. Thomas, coll. Gross) – Pr. Mersin, Tarsus, 16.7.1974 (leg. Thomas, coll. Gross).

Aletia alopecuri (Boisduval, 1840)
   Leucania alopecuri (Genera et Index Methodicus Europaeorum Lepidopterorum: 132)
   Pr. Elazig, Hasar-See, NO-Ufer, 1250 m, 18.–19.9.1981, dito 2.10.1981, häufig – Pr. Maraş, 24 km nordöstl. Parzarçik, 950 m, 3.10.1981.
   Das nach Tieren aus Maraş aufgestellte Taxon *syriaca* (Osthelder, 1933) gehört zu *Aletia alopecuri* Bsd. Die Art wurde auch im Irak gefunden, scheint aber in der Türkei nur sehr wenig verbreitet zu sein.

Pseudaletia unipuncta (Haworth, 1809)
Leucania obsoleta (Hübner, [1800–1803])
Leucania comma comma (Linnaeus, 1761)
Leucania putrescens putrescens (Hübner, [1823–1824]
Leucania punctosa punctosa (Treitschke, 1825)

Leucania herrichi Herrich-Schäffer, 1849
   Leucania herrichi (Systematische Bearbeitung der Schmetterlinge von Europa, 2: 238)
   Pr. Konya, Karapinar, Karaören, 1200 m, 1.9.1980.
Acantholeucania loreyi (Duponchel, 1827)

Cucillia argentina (Fabricius, 1787)
   Noctua argentina (Mantissa Insectorum, 2: 174)
   Pr. Ankara, Beynam Ornam, 1400–1500 m, 6.6.1976 – Pr. Ankara, 5 km nordwestl. Serefikochişar, 1000 m, 31.V.1973 – Pr. Konya, Karapinar, Karaörem, 1200 m, 3.6.1975 – Pr. Konya, Ereğli, Bögeçik, 1000 m, 4.5.1968 – Pr. Nevsehir, Göreme bei Ürgüp, 24.–28.7.1976 (leg. Junge, coll. Kuhna) – Pr. Bitlis Kizgunkiran Geçidi, 2250 m, 3.7.1979, in Anzahl – Pr. Sivas, Gürün (Gökpinar), 1400–1500 m, 11.6.1977 – Pr. Hakkari, 47 km nordöstl. Hakkari, Bağisli, 1600–1800 m, 8.7.1979 – Pr. Kars, Kötek, 1550 m, 5.8.1984.

Cucullia santonici santonici (HÜBNER, [1809–1813])
  Noctua santonici (Sammlung Europäischer Schmetterlinge, Noctuae 2, Taf. 127, Fig. 584, 585)
  Pr. Ankara, Beynam Ornam, 1400–1500 m, 6.6.1976 – Pr. Konya, Ayrançi Baraj, 2.6.1976 – Pr. Erzurum, 8 km nordöstl. Akşar, 1500 m, 3.8.1984.

Cucullia umbratica clarior FUCHS, 1904
Cucullia chamomillae ([DENIS & SCHIFFERMÜLLER], 1775)

Cucullia lucifuga ([DENIS & SCHIFFERMÜLLER], 1775)
  Noctua lucifuga (Ankündung eines systematischen Werkes von den Schmetterlingen der Wienergegend: 312)
  Pr. Konya, 5 km westl. Akşehir, 1100 m, 15.7.1979 – Pr. Gemüşhane, Soğanli Dağlari, Soğanli Geçidi, 2300 m, 2.7.1981.
  C. *lucifuga* D. & S. ist in der Türkei nur wenig verbreitet.

Cucullia celsiae HERRICH-SCHÄFFER, 1850
  Cucullia celsiae (Systematische Bearbeitung der Schmetterlinge von Europa, 2: 311)
  Pr. Bolu, Wald südwestl. Mengen, 1000 m, 21.5.1976.
  Die Verbreitung von C. *celsiae* H.-S. ist noch unklar. Relativ häufig fliegt die Art am südlichen Balkan, insbesondere in Griechenland. Der bisher nördlichste Fundplatz ist Băile Herculane (Herkulesbad) in den südwestlichen Karpathen (Rumänien). Im gesamten vorderasiatischen Raum fehlen bisher Nachweise, lediglich für Palästina liegt eine Meldung (STAUDINGER & REBEL, 1901) vor. Erstfund für die türkische Fauna.

Cucullia gnaphalii gnaphalii (HÜBNER, [1809–1813])
  Noctua gnaphalii (Sammlung Europäischer Schmetterlinge, Noctuae, 1, Taf. 126, Fig. 582, 583)
  Pr. Erzurum, 23 km westl. Oltu, 1800 m, 15.7.1979, 1 ♀.
  Die Art wurde in der Türkei bisher nur am Soğanli Geçidi (Pr. Gemüşhane, 2400 m) gefunden (HACKER, 1985).
Cucullia anceps STAUDINGER, 1880
Cucullia barthae BOURSIN, 1933
Cucullia blattariae (ESPER, 1796)

Cucullia lychnitis lychnitis RAMBUR, 1833
  Cucullia lychnitis (Ann. Soc. Ent. France, 2: 17)
  Pr. Bolu, Wald südwestl. Mengen, 1000 m, 21.5.1976.
  Für die Türkei nur von STAUDINGER (1879) angegeben, aber auch aus dem Libanon *(ssp. albicans* WILTSHIRE, 1975) und Irak gemeldet, so daß eine weitere Verbreitung in der Türkei zu vermuten ist.

Cucullia scrophulariae scrophulariae ([DENIS & SCHIFFERMÜLLER], 1775)
  Noctua scrophulariae (Ankündung eines systematischen Werkes von den Schmetterlingen der Wienergegend: 312)
  Pr. Edirne, Demirköy, 9.5.1973.
  Der erste authentische Nachweis für die Fauna der Türkei aus dem europäischen Teil. Alle gemeldeten Funde aus dem asiatischen Teil gehören artlich zu *Cucullia osthelderi* BOURSIN, 1933, allerdings sind die taxonomischen Verhältnisse innerhalb dieser Gruppe noch nicht geklärt. Möglicherweise ist *osthelderi* BRSN. nur eine Unterart von C. *scrophulariae* D. & S.
Cucullia verbasci verbasci (LINNAEUS, 1758)

Metalopha gloriosa STAUDINGER, 1892
  Metalopha gloriosa (Dt. Ent. Z. Iris, 4: 314)
  Pr. Ankara, Beynam Ornam, 1400–1500 m, 24.5.–6.6.1976 – Pr. Usak, 15 km westl. Uşak, 500 m 4.5.1968.

Metalopha liturata (CHRISTOPH, 1887)
  Megalodes liturata (ROMANOFF, Mém. Lep., 3: 89)
Pr. Elazig, Hasar-See, NO-Ufer, 1250 m, 13.6.1977 – Pr. Elazig, Euphrat bei Kale, 700 m, 12.6.1977 – Pr. Urfa, 8 km westl. Siverek, 700 m, 22.5.1973.
  Die beiden *Metalopha*-Arten sind vor allem in der südöstlichen Türkei weiter verbreitet.

Calophasia lunula anatolica DRAUDT, 1936
  Calophasia lunula anatolica (Ent. Rdsch., 53: 491)
Pr. Konya, 2 km nördl. Hadim, 29.5.1975 – Pr. Konya, Sultan Dağlari, Akşehir Geçidi, 1700–1800 m, 23.–24.6.1974 – Pr. Sivas, Gürün (Gökpinar), 1400–1500 m, 10.7.1978 – Pr. Bitlis, Kizgunkiran Geçidi, 2250 m, 3.7.1979 – Pr. Hakkari, 47 km nordöstl. Hakkari, Bağisli, 1600–1800 m, 8.7.1979 – Pr. Erzurum, Palandöken Dağh, 2500–2700 m, 16.7.1979 – Pr. Kars, 8 km südl. Sarikamiş, 2200–2300 m, 13.7.1979 – Pr. Kars, 11 km südl. Göle, 1800 m, 14.7.1979 – Pr. Van, Güseldere Ceçidi, 2700 m, 5.7.1979.

Calophasia platyptera platyptera (ESPER, 1788)
Calophasia freyeri (FRIVALDSKY, 1835)
Calophasia casta (BORKHAUSEN, 1793)

Calophasia barthae F. WAGNER, 1929
  Calophasia barthae (Mitt. Münch. Ent. Ges., 19: 79)
Pr. Ankara, Beynam Ornam, 6.6.1976 – Pr. Konya, Ereğli, Bögeçik, 1000 m, 25.5.–1.6.1975.
  C. *barthae* F. WGNR. wurde aus Akşehir beschrieben und in der Zwischenzeit auch in Bulgarien und Griechenland gefunden. In der Türkei scheint die Art nicht sehr verbreitet zu sein, möglicherweise wird sie aber auch mit C. *platyptera* ESP. verwechselt.

Calophasia acuta (FREYER, 1839)
  Acronycta acuta (Neuere Beiträge zur Schmetterlingskunde, 3: 88)
  (= *Calophasia producta* LEDERER, 1857)
  (= *Dianthoecia pygmaea* STAUDINGER, 1871)
Pr. Ankara, Beynam Ornam, 1400–1500 m, 24.5.–6.6.1976 – Pr. Konya, 2 km nördl. Hadim, 24.5.1975.
  C. *acuta* FRR. paßt mit ihren breiten und runden Valven nicht in die C. *lunula* HFN./*platyptera* ESP.-Gruppe, die sehr einheitliche Genitalstrukturen zeigt. Mit C. *freyeri* FRIV. enthält die Gattung *Calophasia* STEPHENS, 1829 eine weitere, genitalmorphologisch vollkommen abweichende Art, so daß eine grundlegende Überarbeitung angebracht scheint.

Copiphana olivina (HERRICH-SCHÄFFER, 1852)
Copiphana oliva (STAUDINGER, 1895)
Cleonymia opposita (LEDERER, 1870)
Amephana dalmatica (REBEL, 1919)
Omphalophana antirrhinii (HUBNER, [1800–1803])
Omphalophana anatolica (LEDERER, 1857)
Metopoceras beata STAUDINGER, 1892

Episema glaucina glaucina (ESPER, 1789)
  Phalaena (Noctua) glaucina [Die Schmetterlinge in Abbildungen nach der Natur, 4(1), Taf. 81, Figs. 4, 5]
Pr. Kars, 11 km südwestl. Göle, 1800 m, 23.9.1981.

Episema tersa ([DENIS & SCHIFFERMÜLLER], 1775)
  Noctua tersa (Ankündung eines systematischen Werkes von den Schmetterlingen der Wienergegend: 312)
Pr. Ankara, Beynam Ornam, 10.10.1981 – Pr. Maraş, 24 km nordöstl. Parzarçik, 950 m, 3.10.1981 – Pr. Tunceli, 15 km nördl. Pülümür, 1800 m, 20.9.1981.

Episema lederi CHRISTOPH, 1885
  Episema lederi (ROMANOFF, Mém. Lep., 2: 44)

(= *Episema sareptana* ALPHÉRAKY, 1897)
Pr. Nevşehir, Göreme bei Ürgüp, 1 300 m, 8. 10. 1981 – Pr. Kayseri, Erçiyas Dağh, 1 850–2 000 m, 8. 10. 1981 – Pr. Van, Güseldere Ceçidi, 2 700 m, 28. 9. 1981 – Pr. Van, 14 km westl. Güselsu, 2 000 m, 27. 9. 1981 – Pr. Van, 12 km nordwestl. Başkale, 1 800 m, 28. 9. 1981 – Pr. Maraş, 24 km nordöstl. Parzarçik, 950 m, 3.–6. 10. 1981.

Episema amasina (HAMPSON, 1906)
 Derthisa amasina (Catalog of the Lepidoptera Phalaenae in the British Museum, VI: 232, Taf. 102, Fig. 2)
Pr. Van, Güseldere Geçidi, 2 700 m, 28. 9. 1981.

Episema korsakovi (CHRISTOPH, 1885)
 Agrotis korsakovi (ROMANOFF, Mém. Lep., 2: 35)
Pr. Ankara, Beynam Ornam, 9. 9. 1981 – Pr. Elazig, Hasar-See, NO-Ufer, 1 250 m, 19. 9. 1981 – Pr. Maraş, 24 km nordöstl. Parzarçik, 950 m, 6. 10. 1981.

Episema scoriacea (ESPER, 1789)
 Phalaena (Noctua) scoriacea [Die Schmetterlinge in Abbildungen nach der Natur, 3 (Suppl. 1): 22, Taf. 83, Fig. 4, 5]
Pr. Ankara, Beynam Ornam, 10. 9. 1981 – Pr. Yozgat, Milli Park, 12. 9. 1981.

Metopodicha ernesti DRAUDT, 1936
 Metopodicha ernesti (Ent. Rdsch., 53: 492)
Pr. Bingöl, Buğlan Geçidi, 1 650–1 800 m, 30. 9. 1981 – Pr. Tunceli, 15 km nördl. Pülümür, 1 800 m, 20. 9. 1981 (Genital-Präp. HACKER N 2390 ♂).
 M. ernesti DRDT. wurde aus Maraş beschrieben und darüberhinaus bisher nur aus dem Irak und Iran bekannt (WILTSHIRE, 1957). In der Zoologischen Staatssammlung München befindet sich ein Weibchen mit den Daten: Asia minor, Gürün, 13.–21. 9. 1975 (leg. FRIEDEL).

Güselderia gen. n.
   Typusart: *Güselderia lutea* sp. n.
   Monotypisch, mit den Merkmalen der Typusart.
   Systematische Stellung: Eine nähere Verwandtschaft der Typusart zu irgendeiner bekannten Art innerhalb der Unterfamilie *Cucullinae* läßt sich nicht finden, ebensowenig eine sinnvolle Zuordnung zu einer der vorhandenen Genera; die Errichtung eines eigenen Genus für die Species ergibt sich daher ganz zwangsläufig. Sowohl von habituellen Merkmalen als auch von der männlichen Genitalmorphologie der Typusart steht die neue Gattung nahe *Ulochlaena* LEDERER, 1857 sowie den Gattungen *Episema* OCHSENHEIMER, 1816 und *Metopodicha* DRAUDT, 1936.
   Die Arten des Genus *Metopodicha* DRAUDT, 1936, zu der die neue Art habituell zunächst am nächsten zu stehen schien, zeichnen sich durch eine einfach gebaute, breite Valve mit einer kräftigen und dicken Harpe aus. Die Arten des Genus *Episema* OCHSENHEIMER, 1816 zeigen eine breite, distal rasch schmaler werdende und rund endende Valve mit einer kräftigen und die Valve meist überragenden Harpe. Am nächsten kommt das neue Genus *Ulochlaena* LEDERER, 1857; dieses Genus zeigt eine längliche und distal rund endende Valve mit einer schwach ausgeprägten Harpe und einen breiten Uncus.
   Das neue Genus zeichnet sich durch eine längliche, einfach gebaute Valve mit einem stark chitinisierten inneren Rand und einem dreiecksförmigen Fortsatz aus. Die Harpe fehlt. Der Uncus ist normal ausgebildet.

Güselderia lutea sp. n. (Taf. 3, Fig. 17; Taf. 7, Fig. 50–52)
Material:
Holotypus, ♂, Pr. Van, Güseldere Geçidi, 2 700 m, 28. 9. 1981 (Genital-Präp. HACKER N 2370 ♂) (leg. et coll. KUHNA)
Paratypen vom gleichen Fundplatz, 2 ♂ (leg. et coll. KUHNA), 4 ♂ (leg. et coll. GROSS), 1 ♂ (leg. KUHNA, coll. HACKER), Pr. Erzurum, Arac-Tal 11 km n Söylemez, 1 850 m, 28. 9 1986, 4 ♂ (leg. et coll. HACKER), dito 7 km ö Karakurt, 1 600 m, 27. 9. 1986, (6 ♂ (leg. et coll. HACKER), Pr. Erzurum, 14 km n Hinis, 1 900 m, 30. 9. 1986 5 ♂

(leg. et coll. HACKER), dito 15 km s Hinis, 1750 m, 16.10.1985, 11 ♂ (leg. et coll. WEIGERT), dito 14 ♂ (leg. et coll. DE FREINA), dito 10 km nw Hinis, 1700 m 17.10.1985, 2 ♂ (leg. et coll. WEIGERT), dito 2 ♂ (leg. et coll. DE FREINA).

Beschreibung:

Männchen: Spannweite 29–32 mm. Wurzel- und Saumfeld der Vorderflügeloberseite gelblich, Mittelfeld gräulich-gelb und gut abgesetzt. Ante- und Postmediane zur Mitte hin dunkler, zum Wurzel- und Saumfeld hin deutlich heller abgesetzt als die umgebenden Bereiche und dadurch gut zur Geltung kommend. Nieren- und Ringmakel gelblich, Zapfenmakel nicht erkennbar.

Fransen in den beiden Grundfarben gescheckt.

Hinterflügeloberseite einschließlich des Saumes einfarbig gelblich-weiß.

Flügelunterseite gelblich-weiß; als die einzigen, dunkleren Elemente sind der Mittelschatten und die gescheckten Fransen der Vorderflügel gut sichtbar.

Caput, Thorax und Abdomen gelblich-weiß, verhältnismäßig stark behaart. Fühler wie bei vielen, zu späten Jahreszeiten aktiven, Arten stark gekämmt.

Weibchen: unbekannt.

Männliche Genitalstrukturen:

Valve länglich und distal rund endend, einfach gebaut, ohne Harpe. Innerer Rand und angedeuteter Cucullus stärker chitinisiert. Auffallend ein dreieckförmiger, vorstehender „Dorn" etwa im mittleren Bereich der Valve. Der Aedoeagus zeigt bei evertierter Versica vier längere, abstehende Cornuti.

Differentialdiagnose:

Güselderia lutea sp. n. kann möglicherweise mit Arten der Gattung *Metopodicha* DRAUDT, 1936 verwechselt werden. Gewisse Ähnlichkeiten bestehen auch mit Arten der Gattung *Episema* OCHSENHEIMER, 1816. Von der Genitalmorphologie her ist die neue Art sofort ohne Probleme anzusprechen.

Leucochlaena muscosa (STAUDINGER, 1892)

    Epunda muscosa (Dt. Ent. Z., 4: 281)

Pr. Ankara, Beynam Ornam, 9.9.1981 – Pr. Elazig, Hasar-See, NO-Ufer, 1250 m, 19.9.1981 – Pr. Maraş, 24 km nordöstl. Parzarçik, 950 m, 3.–6.10.1983.

Leucochlaena hirsutus (STAUDINGER, 1892)

    Heliophobus hirsutus (Dt. Ent. Z., 4: 277)

Pr. Ankara, Beynam Ornam, 1400–1500 m, 9.9.1981.

Nach der bisherigen Kenntnis der Verbreitung ist *L. hirsutus* STGR. eine seltene, auf Anatolien und den Taurus beschränkte, Art.

Oncocnemis confusa (FREYER, [1842])

    Amphipyra confusa (Neuere Beiträge zur Schmetterlingskunde, 4: 26)

Pr. Kars, 40 km südwestl. Kars, Selim, 1800 m, 12.8.1976 – Pr. Ağri, 7 km nördl. Cumaçay, 2000 m, 5.8.1984 – Pr. Tunceli, 15 km nördl. Pülümür, 1800 m, 28.7.1984.

Oncocnemis mongolica iranica SCHWINGENSCHUSS, 1937

    Oncocnemis mongolica iranica (Z. Österr. Ent. Ver., 22: 59)

Pr. Hakkari, 47 km nordöstl. Hakkari, Bağisli, 1600–1800 m, 8.7.1979.

O. mongolica STAUDINGER 1896 wurde von DE FREINA erstmals für die Türkei gefunden (HACKER, im Druck). Sie scheint auf die Provinz Hakkari, die zoogeographisch in der Türkei sicherlich eine Sonderstellung einnimmt, beschränkt zu sein.

Oncocnemis strioligera anatolica HACKER, im Druck (Taf. 3, Fig. 19)

    Oncocnemis strioligera anatolica (Atalanta)

Pr. Hakkari, 47 km nordöstl. Hakkari, Bağisli, 1600–1800 m, 8.8.1984 (Genital-Präp. HACKER N 3038 ♂)

Die vorliegenden Tiere sind wesentlich dunkler als die der hellgräulichen ssp. *anatolica* HACKER von der anatolischen Hochebene. Es liegt aber zu wenig Material vor, um Aussagen über die Zugehörigkeit zu einer Unterart machen zu können, so daß die südosttürkischen Exemplare vorläufig zu *anatolica* HACKER gestellt werden.

Oncocnemis nigricula (EVERSMANN, 1847) (Taf. 3, Fig. 20)
   Hadena nigricula (Bull. Soc. Imp. Nat. Moscou, 3: 79)
Pr. Kars, 11 km südwestl. Göle, 1 800 m, 23.9.1981 – Pr. Erzurum, 8 km nordöstl. Akşar, 1 500 m, 24.9.1981 – Pr. Tunceli, 15 km nördl. Pülümür, 1 800 m, 20.9.1981 (Genital-Präp. HACKER N 2368 ♂).
   Erstnachweis für die Fauna der Türkei. Die Art wurde aus Südrußland (Sarepta) beschrieben und ist nach VARGA (1976) eine eremische und insbesondere in Zentralasien, Südsibirien und in der Mongolei verbreitete Art.

Ulochlaena hirta (HÜBNER, [1809–1813])

Ostheldera gracilis (OSTHELDER, 1933) (Taf. 3, Fig. 18)
   Pfeifferella gracilis (Mitt. Münch. Ent. Ges., 23: 54)
Pr. Elazig, Hasar-See, NO-Ufer, 1 250 m, 18.9.1981.
   O. gracilis OSTH. ist eine sehr seltene Art und wurde aus Maras beschrieben.
   Für die Türkei liegt uns ein weiterer Fund mit den Daten:
Pr. Ankara, Chubuk Baraj, 24.–25.9.1968 (leg. FRIEDEL, coll. ZSM) vor.
   Darüber hinaus wurde die Art nur aus Afghanistan (Sarobi, det. BOURSIN, coll. ZSM) nachgewiesen.

Dasypolia ferdinandi transcaucasica RONKAY & VARGA, 1985
   Dasypolia ferdinandi transcaucasica (Z. Arb. Gem. Öster. Ent., 36: 88)
Pr. Kars, 11 km südwestl. Göle, 1 800 m, 23.9.1981.
   Dasypolia ferdinandi RÜHL, 1892 kommt in der Türkei in zwei Unterarten vor, der ssp. *dichroa* RONKAY & VARGA, 1985 (l. c.) aus Anatolien und dem Taurus, sowie der stärker gezeichneten ssp. *transcaucasica* RONKAY & VARGA, 1985 aus der Osttürkei und aus Russisch-Armenien.

Lophoterges hörhammeri (F. WAGNER, 1931)
   Lithocampa millierei hörhammeri (Int. Ent. Z., 24: 481)
Pr. Ankara, Beynam Ornam, 1 400–1 500 m, 2.–3.8.1976 – Pr. Konya, Straße Konya Beyşehir, 50 km westl. Konya, 1 300 m, 21.–22.6.1974.

Callierges ramosa ramosa (ESPER, 1786)
   Phalaena (Noctua) ramosa (Die Schmetterlinge in Abbildungen nach der Natur, 3, Taf. 78, Fig. 3)
Pr. Bolu, Wald südwestl. Mengen, 1 000 m, 18.6.1974.
   Neu für die Fauna der Türkei. Zwischen den südlichsten Vorkommen dieser Art in Griechenland und dem nordpersischen Elbursgebirge klaffte bisher eine breite Lücke, die durch den Fund in der Nordwesttürkei zum Teil geschlossen werden kann. Die Art dürfte in den Pontischen Gebirgen sicherlich weiter verbreitet sein.

Bryomima hakkariensis DE FREINA & HACKER, 1985
   Bryomima hakkariensis (Entomofauna, 6: 252)
Pr. Hakkari, 47 km nordöstl. Hakkari, Bağisli, 1 600–1 800 m, 8.8.1984.
Aporophila australis australis (BOISDUVAL, 1829)
Aporophila nigra (HAWORTH, 1809)

Scotochrosta pulla ([DENIS & SCHIFFERMÜLLER], 1775)
   Noctua pulla (Ankündung eines systematischen Werkes von den Schmetterlingen der Wienergegend: 76)
Pr. Ankara, Beynam Ornam, 1 300–1 400 m, 10.10.1981.
   Der einzige Hinweis für das Vorkommen dieser Art in der Türkei findet sich bei SCHWINGENSCHUSS (1938), der die Populationen vom Sultan Dağh als ssp. *caerulescens* beschreibt.

Lithophane socia (HUFNAGEL, 1766)
  Phalaena socia (Berliner Magazin, 3: 418)
Pr. Bolu, Wald südwestlich Mengen, 1000 m, 21.5.1976 (Genital-Präp. HACKER N 3039 ♂).
Die von Europa bis Japan transpaläarktisch verbreitete Art wird erstmals für die Fauna der Türkei nachgewiesen.

Lithophane merckii (RAMBUR, 1832)
  Xylina merckii (Ann. Soc. Ent. France, 1: 293)
Pr. Bolu, Wald südwestl. Mengen, 21.5.1976.
Die Art wird erstmals für die Fauna der Türkei erwähnt. Folgende weitere Funddaten wurden uns bekannt: Konstantinopel (ohne weitere Angaben) (coll. ZSM), Ost-Anatolien, Torul, 1500 m, 20.4.1971 (leg. DE FREINA, coll. ZSM), Anatolia merid., Eǧridir gól, 950 m, 4.1976 (leg. CZIPKA, coll. HACKER).

Xylena vetusta (HÜBNER, [1809–1813])
  Noctua vetusta (Sammlung Europäischer Schmetterlinge, Noctuae, 2, Taf. 97, Fig. 459)
Pr. Ankara, Beynam Ornam, 1300–1400 m, 10.10.1981 – Pr. Yozgat, Milli-Park, 1500–1600 m, 9.10.1981.
X. vetusta HBN. wurde erstmals von DE FREINA für die Türkei gefunden (HACKER, im Druck), kommt aber auch im Libanon vor.

Xylena exsoleta (LINNAEUS, 1758)
  Phalaena (Noctua) exsoleta [Systema Naturae (Edn 10), 1: 515]
Pr. Ankara, Beynam Ornam, 1300–1400 m, 10.10.1981 – Pr. Yozgat, Milli-Park, 1500–1600 m, 9.10.1981.

Xylena lunifera lunifera (WARREN, 1910)
  Xylina lunifera (Die Groß-Schmetterlinge des Palaearktischen Faunengebietes, 3: 127, Taf. 31, Fig. e)
Pr. Tunceli, 15 km nördl. Pülümür, 1800 m, 20.9.1981 – Pr. Kars, 11 km südwestl. Göle, 1800 m, 23.9.1981.
X. lunifera WARR. wurde aus Amasia beschrieben, aber auch bereits am Balkan und in Marokko und Südspanien (ssp. *buckwelli* RUNGS, 1952) gefunden.
Meganephria bimaculosa bimaculosa (LINNAEUS, 1767)

Allophyes asiatica (STAUDINGER, 1892)
  Miselia oxyacanthae var. asiatica (Dt. Ent. Z. Iris, 4: 283)
Pr. Bolu, Wald südwestl. Mengen, 1000 m, 11.10.1981 – Pr. Ankara, Beynam Ornam, 1400–1500 m, 10.10.1981 – Pr. Yozgat, Milli-Park, 1500–1600 m, 4.10.1981.
Die in der Türkei wohl allgemein verbreitete Art wurde in der Vergangenheit wegen der späten Flugzeit nur sehr wenig gefunden.

Dichonia aprilina (LINNAEUS, 1758)
  Phalaena (Noctua) aprilina [Systema Naturae (Edn 10), 1: 514]
Pr. Bolu, Wald südwestl. Mengen, 1000 m, 11.9.1980.
Dichonia aprilina L. fliegt in der Türkei teilweise syntop mit *Dichonia pinkeri* (KOBES, 1973)
Dichonia aeruginea (HÜBNER, [1803–1808])

Dichonia convergens ([DENIS & SCHIFFERMÜLLER], 1775)
  Noctua convergens (Ankündung eines systematischen Werkes von den Schmetterlingen der Wienergegend: 84)
Pr. Gemüşhane, Kop Daǧi Geçidi, 2200–2400 m, 21.9.1981.

Lamproctica culta ([DENIS & SCHIFFERMÜLLER], 1775)
  Noctua culta (Ankündung eines systematischen Werkes von den Schmetterlingen der Wienergegend: 70)
Pr. Bolu, Wald südwestl. Mengen, 1000 m, 21.5.1976, dito 1.8.1976.

Pr. Konya, Straße Konya-Beyşehir, 50 km westl. Konya, 1300 m, 21.–22. 6. 1974 – Pr. Nevşehir, Göreme bei Ür-güp, 1300 m, 21. 6. 1979 – Pr. Yozgat, Milli-Park, 1500–1600 m, 6. 8. 1976 – Pr. Tunceli, 15 km nördl. Pülümür, 1800 m, 28. 7. 1984.

Dryobotodes eremita (FABRICIUS, 1775)
Dryobotodes carbonis (F. WAGNER, 1931)

Dryobotodes monochroma (ESPER, 1790)
  Phalaena (Noctua) monochroma [Die Schmetterlinge in Abbildungen nach der Natur, 4(1), Taf. 155, Fig. 3–6]
Pr. Ankara, Beynam Ornam, 1400–1500 m, 9. 9. 1981.

Rileyiana fovea (TREITSCHKE, 1825)
  Phlogophora fovea [Die Schmetterlinge von Europa, 5(1): 380]
Pr. Ankara, Beynam Ornam, 1400–1500 m, 10. 10. 1981.
  R. fovea TR. wird erstmals für die Fauna der Türkei erwähnt. Weitere Belegtiere aus der Türkei be-finden sich in der Zoologischen Staatssammlung München:
Pr. Ankara, Umgeb. Kizilcahamam, 1.–30. X. 1969 (leg. PINKER).

Blepharita adusta adusta (ESPER, 1790)

Blepharita rjabovi (BOURSIN, 1943) (Taf. 3, Fig. 21; 6, Fig. 47)
  Crino rjabovi (Revue Francaise d'Ent., 10: 77)
Pr. Ağri, 7 km nördl. Cumaçay, 26. 9. 1981, insgesamt 11 Exemplare (Genital-Präp. HACKER N 2367 ♂).
  Erstnachweis für die Fauna der Türkei. *B. rjabovi* BRSN. wurde aus Russisch-Armenien (Negram sur l'Arax, 17. 10. 1931, leg. RJABOV, coll. Naturhist. Mus. Wien) beschrieben.
Blepharita leuconota (HERRICH-SCHÄFFER, 1850)

Valerietta boursini DE FREINA & HACKER, 1985
  Valerietta boursini (Entomofauna, 6: 254)
Pr. Hakkari, 47 km nordöstl. Hakkari, Bağisli, 1600–1800 m, 8. 8. 1984.
  Die neu beschriebene Art wurde bisher nur aus den südosttürkischen Provinzen Hakkari und Bitlis bekannt.

Valerietta niphopasta (HAMPSON, 1906) (Taf. 2, Fig. 16)
  Lamprosticta niphopasta (Catalogue of the Lepidoptera Phalaenae in the British Museum, VI: 313, Taf. 103, Fig. 23)
  (= *Valerietta forsteri* DRAUDT, 1938)
Pr. Konya, 2 km nördl. Hadim, 20. 5. 1975 – Pr. Antalya, Avian-See, 25. 5. 1975.
  V. forsteri DRDT., beschrieben aus dem Elbursgebirge, ist ein Synonym zu *V. niphopasta* HPS. (lo-cus typicus Akbès, Syrien). *V. niphopasta* HPS. wird erstmals für die Fauna der Türkei erwähnt.
Polymixis canescens canescens (DUPONCHEL, 1826)

Polymixis manisadjiani (STAUDINGER, 1881)
  Polia manisadjiani (Hor. Soc. Ent. Ross., 16: 73)
Pr. Ankara, Beynam Ornam, 9. 9. 1981 – Pr. Maraş, 24 km nordöstl. Parzarçik, 950 m, 3. 10. 1981 – Pr. Turiceli, 15 km nördl. Pülümür, 1800 m, 20. 9. 1981.
Polymixis rufocincta rufocincta (HÜBNER-GEYER, [1827–1828])

Polymixis chrysographa (F. WAGNER, 1931)
  Polia chrysographa (Int. Ent. Z., 25: 368)
Pr. Van, Güseldere Geçidi, 2700 m, 28. 9. 1981 – Pr. Kars, 11 km südwestl. Göle, 1800 m, 23. 9. 1981.

Polymixis philippsi (PÜNGELER, 1911) (Taf. 3, Fig. 22)
  Antitype (Polia) philippsi (Z. für Wissensch. Insektenbiologie, 7: 160)
Pr. Ağri, 7 km nördl. Cumaçay, 2000 m, 26. 9. 1981 (Genital-Präp. HACKER N 2366 ♂).

Neu für die Fauna der Türkei. *P. philippsi* PGL. wurde aus Nordpersien (Sultanabad) beschrieben und kommt auch in Russisch-Armenien vor. Zur Determination lagen aus beiden Gebieten Exemplare (coll. ZSM) vor (Sultanabad, Genital-Präp. HACKER N 2751 ♂, Cotype; Transkaukasien, Dshulfa, 3.11.1931, leg. RJABOV, Genital-Präp. HACKER N 2749 ♂).

Antitype chi chi (LINNAEUS, 1758)
  Phalaena (Noctua) chi [Systema Naturae (Edn 10), 1: 514]
Pr. Yozgat, Milli. Park, 1500–1600 m, 12.9.1981 – Pr. Bingöl, Buglan, Geçidi, 1650–1800 m, 30.9.1983 – Pr. Kars, 8 km südl. Sarikamiş, 2200–2300 m, 25.9.1981.
  OSTHELDER (1933) gibt die Art für Maras an, jedoch ist die Angabe in Zweifel zu ziehen, zumal das betreffende Weibchen vom Juli datierte und in der Sammlung OSTHELDER (coll. ZSM) nicht mehr auffindbar ist. Wir betrachten die Funde daher als erste authentische Nachweise für die Fauna der Türkei.

Antitype jonis (LEDERER, 1865)
  Polia jonis (Ann. Soc. Ent. Belg., 9: 78)
Pr. Nevşehir, Göreme bei Ürgüp, 1300 m, 8.10.1981 – Pr. Kayseri, 33 km westl. Kayseri, 1250 m, 8.10.1981 (Genital-Präp. HACKER N 2902 ♂) – Pr. Tunceli, 15 km nördl. Pülümür, 1800 m, 20.9.1981 (Genital-Präp. HACKER N 2901 ♂) – Pr. Ağri, 7 km nördl. Cumaçay, 2000 m, 26.9.1981 – Pr. Erzurum, 23 km westl. Oltu, 1800 m, 22.9.1981 – Pr. Gemüşhane, Kop Daği Geçidi, 2200–2400 m, 21.9.1981.

Ammoconia caecimacula caecimacula ([DENIS & SCHIFFERMÜLLER], 1775)
  Noctua caecimacula (Ankündung eines systematischen Werkes von den Schmetterlingen der Wienergegend: 81)
Pr. Bolu, Abant-See, 1300–1400 m, 11.9.1980 – Pr. Yozgat, Milli-Park, 1500–1600 m, 9.10.1981 – Pr. Bingöl, Buğlan Geçidi, 1650–1800 m, 30.9.1981 – Pr. Kars, 8 km südl. Sarikamiş, 2200–2300 m, 25.9.1981 – Pr. Kars, 5 km südwestl. Göle, 1800 m, 23.9.1981 – Pr. Tunceli, 15 km nördl. Pülümür, 1800 m, 20.9.1981.
Ammoconia senex victoris RONKAY & VARGA, 1984 und ssp. *rjabovi* RONKAY & VARGA, 1984
Eupsilia transversa (HUFNAGEL, 1766)
Jodia croceago croceago ([DENIS & SCHIFFERMÜLLER], 1775)
Conistra vaccinii (LINNAEUS, 1761)

Conistra torrida (ssp.?) (LEDERER, 1857) (Taf. 3, Fig. 23)
  Cerastis torrida (Wien. Ent. Monatschrift, 1: 81)
Pr. Ankara, Beynam Ornam, 1400–1500 m, 10.10.1981.
  Erstnachweis für die Türkei.

Conistra rubiginea ([DENIS & SCHIFFERMÜLLER], 1775)
  Noctua rubiginea (Ankündung eines systematischen Werkes von den Schmetterlingen der Wienergegend: 86)
Pr. Bursa, Ulu Dağh, 1750 m, 14.5.1975.
  Erstnachweis für die Türkei.

Conistra erythrocephala ([DENIS & SCHIFFERMÜLLER], 1775)
  Noctua erythrocephala (Ankündung eines systematischen Werkes von den Schmetterlingen der Wienergegend: 77)
Pr. Ankara, Beynam Ornam, 1400–1500 m, 10.10.1981 – Pr. Yozgat, Milli-Park, 1500–1600 m, 9.10.1981.
  Diese Art wird ebenfalls nur von STAUDINGER & REBEL (l. c.) für die Türkei erwähnt. In der Zoologischen Staatssammlung München finden sich weitere Belegstücke mit den Daten:
Pr. Ankara, Umgeb. Kizilcahamam, 7.–9.10.1968, dito 1.11.1977 (leg. FRIEDEL).

Agrochola lactiflora (DRAUDT, 1934) (Taf. 3, Fig. 24)
  Amathes lactiflora (Die Palaearktischen Eulenartigen Nachtfalter, Supplement: 151, Taf. 19, Fig. a)
Pr. Bingöl, Buğlan Geçidi, 1650–1800 m, 30.9.1981 – Pr. Tunceli, 15 km nördl. Pülümür, 1800 m, 20.9.1981 – Pr. Gemüşhane, Kop Daği Geçidi, 2200–2400 m, 21.9.1981 – Pr. Erzurum, 8 km nordöstl. Akşar, 1500 m,

24.9.1981 – Pr. Kars, 8 km südi. Sarikamiş, 2200–2300 m, 25.9.1981 – Pr. Kars, 11 km südwestl. Göle, 1800 m, 23.9.1981 – Pr. Ağri, 7 km nördl. Cumaçay, 26.9.1981.

A. *lactiflora* DRDT. wurde nach einem Männchen aus Diarbekr beschrieben und für die Türkei darüber hinaus nur von ZUKOWSKY (1938) für Sivas erwähnt. ELLISON & WILTSHIRE (1939) geben die Art auch für den Libanon an, DUFAY (1975) führt bei der Beschreibung von *Agrochola wautieri* aus Macedonien als weiteren Fundplatz für *A. lactiflora* DRDT. Maraş an. Die Bestimmung ist vorläufig.

Agrochola egorovi (BANG-HAAS, 1934)
  Amathes (Orthosia) egorovi (Ent. Z., 48: 56)
Pr. Gemüşhane, Kop Daği Geçidi, 2200–2400 m, 21.9.1981 – Pr. Ağri, 7 km nördl. Cumaçay, 2000 m, 26.9.1981 – Pr. Van, Güseldere Geçidi, 2700 m, 28.9.1981.

A. *egorovi* B.-H. wurde aus dem östlichen Kaukasus (Daghestan, Chodzhal-Machi, 3200 m, 22.–26.9.1933, leg. RJABOV) beschrieben. SCHWINGENSCHUSS (1939) erwähnt die Art zwar für die Umgebung vor Erzurum, jedoch scheint es sich bei dieser bisher einzigen Meldung für die Türkei um eine Fehlbestimmung zu handeln („soweit ich nach der Abbildung in SEITZ beurteilen kann, dürfte es sich um diese Art handeln; das einzige erbeutete Stück ist noch gut erhalten, zeigt wohl den für *egorovi* charakteristischen dunklen Mittelschatten auf den Vorderflügeln, steht aber sonst der *lactiflora* DRDT. so nahe, daß es vielleicht doch nur eine Form dieser Art ist."). Die Abbildung von DRAUDT (1934, Taf. 18, Fig. m) zeigt tatsächlich wenig Ähnlichkeit zu *A. egorovi* DRDT., so daß wir die vorliegenden Funde als erste authentische Nachweise für die Türkei führen.

Agrochola gratiosa (STAUDINGER, 1881)
  Orthosia gratiosa (Hor. Soc. Ent. Ross, 16: 76)
Pr. Bingöl, Buğlan Geçidi, 1650–1800 m, 30.9.1981 – Pr. Tunceli, 15 km nördl. Pülümür, 1800 m, 20.9.1981.
Agrochola lota (CLERCK, 1759)
Agrochola nitida nitida (HÜBNER, [1808–1809])
Agrochola helvola pallescens (WARREN, 1911)
Agrochola humilis anatolica PINKER, 1979
Agrochola deleta (STAUDINGER, 1881)
Agrochola osthelderi BOURSIN, 1951
Agrochola litura luteogrisea (WARREN, 1911)
Agrochola kindermanni (FISCHER VON RÖSLERSTAMM, 1834)
Agrochola rupicapra rupicapra (STAUDINGER, 1878)
Agrochola laevis (HÜBNER, [1800–1803])

Atethmia ambusta ([DENIS & SCHIFFERMÜLLER], 1775)
  Noctua ambusta (Ankündung eines systematischen Werkes von den Schmetterlingen der Wienergegend: 88)
Pr. Ankara, Beynam Ornam, 9.9.1981 (Genital-Präp. HACKER N 2392 ♂).

Athetmia pinkeri (BOURSIN, 1970)
  ?„*Evisa*" *pinkeri* (Entomops, Nice, 18: 49)
Pr. Yozgat, Milli-Park, 1500–1600 m, 12.9.1981 – Pr. Tunceli, 15 km nördl. Pülümür, 1800 m.

A. *pinkeri* BRSN. (nach einem Weibchen aus Kizilcahamam beschrieben) wurde von HACKER (Atalanta, im Druck) nach Auffinden des bis dahin unbekannten Männchens in die Gattung *Atethmia* HÜBNER, [1821] gestellt.
Atethmia centrago maculifera (STAUDINGER, 1892)

Xanthia aurago ([DENIS & SCHIFFERMÜLLER], 1775)
  Noctua aurago (Ankündung eines systematischen Werkes von den Schmetterlingen der Wienergegend: 86)
Pr. Bolu, Wald südwestl. Mengen, 1000 m, 11.10.1981.
Erstnachweis für die Türkei, zugleich erster Fund dieser Art außerhalb von Europa.

Xanthia fulvago (CLERCK, 1759)
  Phalaena fulvago (Icones Insectorum, Taf. 6, Fig. 15)
Pr. Bolu, Wald südwestl. Mengen, 1000 m, 11.10.1981 – Pr. Bolu, Abant-See, 1300–1400 m, 11.9.1980.
Neu für die Fauna der Türkei.

Xanthia icteritia (HUFNAGEL, 1766)
  Phalaena icteritia (Berliner Magazin, 3: 296)
Pr. Yozgat, Milli-Park, 1500–1600 m, 12.9.1981 – Pr. Tunceli, 15 km nördl. Pülümür, 1800 m, 20.9.1981 – Pr.
Kars, 11 km südwestl. Göle, 23.9.1981 – Pr. Kars, 8 km südi. Sarikamiş, 2200–2300 m, 25.9.1981.
Die eurasiatisch verbreitete Art wird ebenfalls erstmals für die Türkei erwähnt.

Xanthia togata (ESPER, 1788)
  Phalaena (Noctua) togata [Die Schmetterlinge in Abbildungen nach der Natur, 4(1), Taf. 124,
Fig. 1]
Pr. Bolu, Wald südwestl. Mengen, 1000 m, 11.10.1981 – Pr. Tunceli, 15 km nördl. Pülümür, 1800 m, 20.9.1981.
Ein weiterer Erstnachweis für die Fauna der Türkei.

Xanthia cypreago (HAMPSON, 1906)
  Cosmia cypreago (Catalog of the Lepidoptera Phalaenae in the British Museum, VI: 506, Taf. 107,
Fig. 14)
Pr. Erzurum, 8 km nordöstl. Akşar, 1500 m, 24.9.1981 – Pr. Maraş, 24 km nordöstl. Parzarçik, 950 m,
3.10.1981.
X. cypreago HPS. wurde aus Cypern beschrieben und kommt auch auf dem südlichen Balkan (Yugo-
slawien, Griechenland, Bulgarien) vor.

Simyra albovenosa (GOEZE, 1781)
  Phalaena (Noctua) albovenosa [Entomologische Beyträge 3(3): 251]
Pr. Edirne, Edirne, 7.5.1973.
Simyra dentinosa (FREYER, 1838)

Moma alpium alpium (OSBECK, 1778)
  Phalaena (Noctua) alpium (Götheb. Wet. Sam. Handl. Westensk. Afd., 1: 52)
Pr. Bolu, Wald südwestl. Mengen, 1000 m, 13.7.1982 – Pr. Samsun, Alaçam, 10 m, 13.5.1973.
DE FREINA fand die Art erstmals für die Türkei in der Provinz Istanbul (Belgrader Wald) (HACKER, im
Druck).
Aconicta megacephala megacephala ([DENIS & SCHIFFERMÜLLER], 1775)
Acronicta aceris aceris (LINNAEUS, 1758)

Acronicta leporina leporina (LINNAEUS, 1758)
  Phalaena (Noctua) leporina [Systema Naturae (Edn 10), 1: 510]
Pr. Bolu, Wald südwestlich Mengen, 1000 m, 13.7.1982.
Zweiter Fundplatz für die Türkei, nachdem die Art erstmals in der Provinz Rize nachgewiesen wer-
den konnte (HACKER, 1985).

Acronicta alni alni (LINNAEUS, 1767) (Taf. 4, Fig. 26)
  Phalaena (Noctua) alni [Systema Naturae (Edn 10), 1: 845]
Pr. Mengen, Wald südwestl. Mengen, 1000 m, 18.6.1974.
Bemerkenswerter Erstfund dieser transpaläarktisch verbreiteten Art in der Türkei.

Acronicta psi psi (LINNAEUS, 1758)
Acronicta tridens ([DENIS & SCHIFFERMÜLLER], 1775)
Acronicta euphorbiae euphorbiae ([DENIS & SCHIFFERMÜLLER], 1775)
Acronicta orientalis (MANN, 1862)
Acronicta rumicis pallida ROTHSCHILD, 1920
Craniophora pontica (STAUDINGER, 1879)

Craniophora ligustri ligustri ([DENIS & SCHIFFERMÜLLER], 1775)
  Noctua ligustri (Ankündung eines systematischen Werkes von den Schmetterlingen der Wiener-
  gegend: 70)
Pr. Bolu, Wald südöstl. Mengen, 1000 m, 18.6.1974, dito 1.8.1976.

Cryphia receptricula (HUBNER, [1800–1803])
  Noctua receptricula (Sammlung Europäischer Schmetterlinge, Noctuae 1, Taf. 6, Fig. 27)
Pr. Yozgat, Milli-Park, 1500–1600 m, 12.9.1981 – Pr. Maraş, 24 km nordöstl. Parzarçik, 950 m, 26.7.1984 – Pr.
Elazig, Hasar-See, NO-Ufer, 1250 m, 14.9.1981, dito 12.8.1984.

Cryphia ochsi (BOURSIN, 1941)
  Bryophila ochsi (Mitt. Münch. Ent. Ges., 31: 316)
Pr. Bileçik, 20 km nördl. Bileçik, 500 m, 15.7.1978 – Pr. Nevşehir, Göreme bei Urgüp, 1300 m, 21.7.1979 – Pr.
Elazig, Euphrat bei Kale, 700 m, 28.6.1979.

Cryphia algae (FABRICIUS, 1775)
  Noctua algae (Systema Entomologiae: 614)
Pr. Ankara, Beynam Ornam, 1400–1500 m, 23.8.1976, dito 29.8.–10.9.1980 – Pr. Bolu, Wald südwestl. Mengen,
1000 m, 1.8.1976 – Pr. Yozgat, Milli-Park, 1500–1600 m, 6.8.1976 – Pr. Maraş, 24 km nordöstl. Parzarçik,
950 m, 3.10.1981 – Pr. Erzurum, 8 km nordöstl. Akşar, 1500 m, 24.9.1981.

Cryphia rectilinea (WARREN, 1909)
  Metachrostis rectilinea (Die Groß-Schmetterlinge des Palaearktischen Faunengebietes, 3: 22)
Pr. Elazig, Euphrat bei Kaie, 7.9.1981.

Cryphia tephrocharis BOURSIN, 1954
  Cryphia tephrocharis (Z. Wien. Ent. Ges., 39: 85)
Pr. Konya, Karapinar, Karaören, 1200 m, 1.9.1980 – Pr. Nevşehir, Göreme bei Urgüp, 1300 m, 21.7.1979 – Pr.
Elazig, Euphrat bei Kale, 12.6.1977, dito 13.–14.6.1974 – Pr. Elazig, Hasar-See, NO-Ufer, 1250 m, 30.6.1979 –
Pr. Urfa, 8 km westl. Siverek, 700 m, 9.–10.6.1974.

Cryphia seladona seladona (CHRISTOPH, 1885)
  Bryophila seladona (ROMANOFF, Mém. Lep., 2: 28)
Pr. Yozgat, Milli-Park, 1500–1600 m, 6.8.1976 – Pr. Ankara, Beynam Ornam, 1400–1500 m, 29.8.1980.
  Cryphia raptricula raptricula ([DENIS & SCHIFFERMÜLLER], 1775)

Cryphia petricolor petricolor (LEDERER, 1870)
  Bryophila petricolor (Ann. Soc. Ent. Belg., 14: 32)
Pr. Kars, 11 km südwestl. Göle, 1800 m, 11.8.1976 – Pr. Erzurum, 23 km westl. Oltu, 1800 m, 15.7.1979 – Pr.
Erzurum, 8 km nordöstl. Akşar, 1500 m, 24.9.1981, dito 3.8.1984.
  Cryphia maeonis (LEDERER, 1865)

Cryphia labecula (LEDERER, 1855)
  Bryophila labecula (Verh. Zool. Botan. Ges. Wien: 204)
Pr. Antakya, Iskenderun, 19.6.1974 (leg. THOMAS, coll. GROSS).
  C. *labecula* LED. wurde aus dem Libanon beschrieben und ist neu für die Fauna der Türkei.

Cryphia muralis (FORSTER, 1771)
  Phalaena muralis (Nova Species Insectorum: 74)
Pr. Konya, Karapinar, Karaören, 1200 m, 1.9.1980 – Pr. Kars, 11 km südwestl. Göle, 1800 m, 11.8.1976 – Pr.
Erzurum, 8 km nordöstl. Akşar, 1500 m, 24.9.1981.
  Die Frage, ob es sich um *amasina* (DRAUDT, 1931) um eine Art oder nur um eine Unterart oder Form von
C. *muralis* (FORSTER, 1771) handelt, scheint uns noch nicht geklärt zu sein. BOURSIN (1954) behan-
delt sie als Art, unserer Meinung nach ist die Betrachtung einer großen Serie von Genitalien möglich,
um hier eine wirklich eindeutige Aussage treffen zu können.

Victrix karsiana STAUDINGER, 1879
   Victrix karsiana (Hor. Soc. Ent. Ross., 14: 490)
Pr. Ağri, 7 km nördl. Cumaçay, 2000 m, 28.9.1981 (Genital-Präp. HACKER N 2389 ♂).
   V. karsiana STGR. wurde aus der Provinz Kars beschrieben und in der Türkei bisher nur vom Typen-
fundplatz bekannt. Weiter im Osten liegen Meldungen aus Afghanistan vor.

Victrix gracilis (F. WAGNER, 1931)
   Amelia gracilis (Int. Ent. Z., 25: 368)
Pr. Konya, Karapinar, Karaören, 1200 m, 14.9.1981 – Pr. Sivas, Gürün (Gökpinar), 1400–1500 m, 8.9.1980.
   Nach RONKAY (Mitteilung vom 18.5.1984 an HACKER), ist *gracilis* F. WGNR. keine Synonym zu *Vic-
trix karsiana* STGR., sondern eine Art, was anhand des vorliegenden Materials bestätigt werden kann.

Victrix boursini (DRAUDT, 1937)
   Meroleuca boursini (Die Palaearktischen Eulenartigen Nachtfalter, Supplement: 239, Taf. 25,
Fig. d)
Pr. Ankara, Beynam Ornam, 1400–1500 m, 29.8.–4.9.1981 – Pr. Ankara, 5 km nordwestl. Serefikochişar,
1000 m, 31.8.1980 – Pr. Elazig, Hasar-See, NO-Ufer, 1250 m, 10.–19.9.1981.
   V. boursini DRDT. wurde bisher nur vom Typenfundplatz (Pr. Van, 2000 m) bekannt.
   In den Ausbeuten befindet sich Material von zwei weiteren, vermutlich noch unbeschriebenen *Vic-
trix*-Arten. Für die Klärung der anstehenden taxonomischen Fragen und die Abgrenzung zu einer
Reihe anderer, vor allem aus dem afghanisch-zentralasiatischen Raum beschriebener Taxa, ist eine Revision der gesamten Gattung *Victrix* STGR. notwendig. In diese Revision müssen auch Teile der Gattung *Cryphia* HÜBNER, 1818 miteinbezogen werden, da die Abgrenzung beider zueinander nach dem
gegenwärtig üblichen Gebrauch unklar ist (Taf. 4, Fig. 27–28).
Amphipyra pyramidea pyramidea (LINNAEUS, 1758)

Amphipyra berbera svenssoni FLETCHER, 1968
   Amphipyra berbera svenssoni (Entomologist's Gazette, 19: 102)
Pr. Bolu, Wald südwestl. Mengen, 1000 m, 18.7.1982.

Amphipyra perflua (FABRICIUS, 1787)
   Noctua perflua (Mantissa Insectorum, 2: 179)
Pr. Bolu, Wald südwestl. Mengen, 1000 m, 18.8.1984.

Amphipyra livida ([DENIS & SCHIFFERMÜLLER], 1775)
   Noctua livida (Ankündung eines systematischen Werkes von den Schmetterlingen der Wiener-
gegend: 85)
Pr. Bingöl, Buğian Geçidi, 1650–1800 m, 30.9.1981.
Amphipyra tragopoginis (CLERCK, 1759)
Amphipyra tetra (FABRICIUS, 1787)
Amphipyra stix HERRICH-SCHÄFFER, 1850
Amphipyra micans LEDERER, 1857
Mormo maura (LINNAEUS, 1758)

Dypterygia scabriuscula (LINNAEUS, 1758)
   Phalaena (Noctua) scabriuscula [Systema Naturae (Edn 10) 1:516]
Pr. Bolu, Wald südwestl. Mengen, 1000 m, 21.5.1976.
Rusina ferruginea (ESPER, 1785)
Anthracia eriopoda (HERRICH-SCHÄFFER, 1851)
Polyphaenis subsericata HERRICH-SCHÄFFER, [1861]
Polyphaenis sericata sericata (ESPER, 1787)
Heterophysa dumetorum mutica (CHRISTOPH, 1885)
Phlogophora meticulosa (LINNAEUS, 1758)

Phlogophora scita (HUBNER, 1790)
Pseudenargia regina (STAUDINGER, 1892)

Pseudenargia basilissa (BRANDT, 1938) (Taf. 7, Fig. 53)
    Enargia basilissa (Ent. Rdsch., 55: 552)
    (=*Enargia regina* STGR. f. *badiofasciata* DRAUDT, 1936)
Pr. Sivas, Gürün (Gökpinar), 1400–1500 m, 16.9.1981 – Pr. Elazig, Hasar-See, NO-Ufer, 1250 m,
19.9.–2.10.1981 – Pr. Maraş, 24 km nordöstl. Parzarçik, 950 m, 3.10.1981.
    Pseudenargia regina STGR. besiedelt mehr den anatolischen Teil, *P. basilissa* BRDT. mehr den östii-
chen Teil der Türkei. In Gürün und wahrscheinlich im gesamten ostanatolischen Bereich, fliegen beide
Arten syntop.

Callopistria juventina juventina (STOLL, 1782)
Callopistria latreillei (DUPONCHEL, 1827)

Ipimorpha subtusa ([DENIS & SCHIFFERMÜLLER], 1775)
    Noctua subtusa (Ankündung eines systematischen Werkes von den Schmetterlingen der Wienerge-
gend: 88)
Pr. Bolu, Abant-See, 1300–1400 m, 11.9.1980.
    Zweiter Fundplatz für die Türkei. Vermutlich ist die Art wie viele eurasiatisch verbreitete Arten im
Gebiet der Pontischen Gebirge noch an vielen Plätzen zu finden.

Enargia paleacea (ESPER, 1788)
    Phalaena (Noctua) paleacea [Die Schmetterlinge in Abbildungen nach der Natur, 4(1): 323,
Taf. 122, Fig. 3, 4]
Pr. Kars, 8 km südl. Sarikamiş, 2200–2300 m, 25.9.1981 – Pr. Kars, 11 km südwestl. Göle, 1800 m, 23.9.1981.
    Erstnachweis für die Fauna der Türkei.

Enargia pinkeri DE FREINA & HACKER, 1985
    Enargia pinkeri (Entomofauna, 6: 256)
Pr. Kayseri, Erçiyas Daği, 1800 m, 22.7.1981.

Dyschorista ypsillon ([DENIS & SCHIFFERMÜLLER], 1775)
Dicycla oo (LINNAEUS, 1758)
Cosmia confinis (HERRICH-SCHÄFFER, 1849)

Cosmia trapezina (LINNAEUS, 1758)
    Phalaena (Noctua) trapezina [Systema Naturae (Edn 10), 1: 510]
Pr. Bolu, Wald südwestl. Mengen, 1000 m, 1.8.1976, dito 18.8.1984 – Pr. Bolu, Abant-See, 1300–1400 m,
24.–30.7.1976 – Pr. Bursa, Ulu Dağh, 2000–2200 m, 26.–28.7.1976.

Hyppa rectilinea (ESPER, 1788)
    Phalaena (Noctua) rectilinea (Die Schmetterlinge in Abbildungen nach der Natur, 4: 379)
Pr. Kars, 8 km südl. Sarikamiş, 2200–2300 m, 12.7.1979.
    Zweiter Fundplatz in der Türkei, nachdem die Art bereits in der Provinz Gemüşhane (Soğanli Geçi-
di) gefunden wurde (HACKER, 1985).

Auchmis detersa (ESPER, 1791)
Actinotia hyperici hyperici ([DENIS & SCHIFFERMÜLLER], 1775)

Actinotia laciniosa (CHRISTOPH, 1887) (Taf. 4, Fig. 29)
    Chloantha laciniosa (ROMANOFF, Mém. Lep., 3: 77)
Pr. Elazig, Euphrat bei Kale, 700 m, 13.–14.6.1974, dito 12.6.1977 – Pr. Malatya, Recadiye, Geçidi, südl. Sürgü,
1600 m, 27.6.1979 – Pr. Hakkari, 47 km nordöstl. Hakkari, Bağisli, 9.7.1979 – Pr. Konya, AlaDağh, Göksu-Tal,
1500 m, 11.6.1974 (leg. THOMAS, coll. GROSS).

Apamea sicula syriaca (OSTHELDER, 1933)
Apamea monoglypha monoglypha (HUFNAGEL, 1766)

Apamea lithoxylea lithoxylea ([Denis & Schiffermüller], 1775)
  Noctua lithoxylea (Ankündung eines systematischen Werkes von den Schmetterlingen der Wiener-
gegend: 75)
Pr. Ankara, Umgeb. Kizilcahamam, 22.7.1979 – Pr. Antalya, Avlan-See, 29.5.1975.

Apamea sublustris sublustris (Esper, 1788)
  Phalaena (Noctua) sublustris (Die Schmetterlinge in Abbildungen nach der Natur, 4: 408, Taf. 133,
Fig. 1)
Pr. Kars, 8 km südl. Sarikamiş, 2 200–2 300 m, 12.7.1979 – Pr. Ağri, 7 km nördl. Cumaçay, 2 000 m, 11.7.1979.
Erstnachweis für die Türkei, zugleich die ersten Funde außerhalb Europas.

Apamea crenata crenata (Hufnagel, 1766)
  Phalaena crenata (Berliner Magazin, 3: 402)
Pr. Van, Güseldere Geçidi, 2700 m, 7.8.1984.
  A. *crenata* Hfn. wurde in der Türkei bisher nur aus den Pontischen Gebirgen und aus den nordöst-
lichen Provinzen bekannt.
Apamea lateritia lateritia (Hufnagel, 1766)
Apamea ferrago (Eversmann, 1837)
Apamea furva ([Denis & Schiffermüller], 1775)

Apamea oblonga (Haworth, 1809)
  Noctua oblonga (Lepidoptera Britannica, 2: 188)
Pr. Sivas, Gürün (Gökpinar), 1 400 m, 25.7.1984 – Pr. Ağri, 7 km nördl. Cumaçay, 2 000 m, 6.8.1984.

Apamea polyglypha maraschi (Draudt, 1934)
  Parastichtis monoglypha f. maraschi (Die Palaearktischen Eulenartigen Nachtfalter, Supplement:
157)
Pr. Elazig, Euphrat bei Kale, 12.6.1977 – Pr. Elazig, Hasar-See, NO-Ufer, 1 250 m, 11.–12.6.1974.
Apamea platinea montana (Herrich-Schäffer, 1852)
Apamea anceps ([Denis & Schiffermüller], 1775)
Apamea leucodon anatolica (Rebel, 1933)

Apamea sordens sordens (Hufnagel, 1766)
  Phalaena sordens (Berliner Magazin, 3: 306)
Pr. Bolu, Wald südwestl. Mengen, 1 000 m, 18.6.1974.

Oligia strigilis (Linnaeus, 1758)
  Phalaena (Noctua) strigilis [Systema Naturae (Edn 10), 1: 516]
Pr. Antakya, Amanus, westl. Hassa, Buchenwald, 1 300 m, 6.–7.6.1974, in Anzahl (Genital-Präp. Hacker
N 3034 ♂).
Oligia latruncula latruncula ([Denis & Schiffermüller], 1775)
Mesoligia furuncula ([Denis & Schiffermüller], 1775)
Mesoligia literosa subarcta (Staudinger, 1898)
Mesapamea secalis (Linnaeus, 1758)

Mesapamea vaskeni Varga, 1979
  Mesapamea vaskeni (Z. Arb. Gem. Öster. Ent., 31: 11)
Pr. Erzurum, Palandöken Dağh, 2 500–2 700 m, 16.7.1979 – Pr. Ağri, 7 km nördl. Cumaçay, 2 000 m, 11.7.1979 –
Pr. Kars, 11 km südwestl. Göle, 1 800 m, 14.7.1979 – Pr. Kars, 8 km südl. Sarikamiş, 2 200–2 300 m, 13.7.1979.
  Die vorliegenden vier Fundorte stellen eine erfreuliche Erweiterung der Kenntnis der Verbreitung
der bisher in der Türkei nur aus der Provinz Artvin bekannten, seltenen Art dar. Beschrieben wurde
M. *vaskeni* Varga aus Russisch-Armenien (Geghard).

Photedes fluxa (HUBNER, [1808–1809])
   Noctua fluxa (Sammlung Europäischer Schmetterlinge, Noctuae, 2, Taf. 88, Fig. 413)
Pr. Kars, 8 km südl. Sarikamiş, 2200–2300 m, 8.7.1979 – Pr. Hakkari, 47 km nordöstl. Hakkari, Baǧisli, 1600–1800 m, 8.7.1979.
Eremobia ochroleuca asiatica DRAUDT, 1936

Margelana flavidior (F. WAGNER, 1931) (Taf. 4, Fig. 30)
   Margelana flavidior (Int. Ent. Z., 25: 36)
Pr. Nevşehir, Göreme bei Ürgüp, 8.10.1981 – Pr. Kayseri, Erçiyas Daǧi, 1800 m, 8.10.1981 – Pr. Kayseri, Pinarbaşhi, 7.10.1981 – Pr. Bingöl, Buǧlan Gecidi, 1650–1800 m, 30.9.1981.
   M. flavidior F. WGNR. ist in der Türkei verbreitet und wurde auch aus dem Iran und aus Afghanistan gemeldet.
Luperina dumerilii hirsuta (F. WAGNER, 1931)

Luperina diversa diversa (STAUDINGER, 1892)
   Apamea dumerilii var. diversa (Dt. Ent. Z. Iris, 4: 284)
Pr. Ankara, Beynam Ornam, 1400–1500 m, 9.9.1981, – Pr. Sivas, Gürün (Gökpinar), 1400–1500 m, 14.9.1981 – Pr. Yozgat, Milli-Park, 1500–1600 m, 12.9.1981 – Pr. Bingöl, Buǧlan Geçidi, 1650–1800 m, 30.9.1981 – Pr. Maraş, 24 km nordöstl. Parzarçik, 950 m, 6.10.1981.
Luperina rubella rubella (Duponchel, 1835)

Amphipoea oculea (LINNAEUS, 1761)
   Phalaena (Noctua) oculea [Fauna Suecica (Edn 2): 321]
Pr. Kars, 8 km südl. Sarikamiş, 2200–2300 m, 25.9.1981 (Genital-Präp. Hacker N 2364 ♂), dito 13.8.1976 – Pr. Erzurum, 8 km nordöstl. Akşar, 1500 m.
   A. oculea L. wurde von DE FREINA erstmals für die Fauna der Türkei nachgewiesen (Provinz Kastamonu, HACKER, im Druck).

Ecbolemia misella (PÜNGELER, 1907)
   Margelana misella (Dt. Ent. Z. Iris, 19: 219)
Pr. Ankara, 5 km nordwestl. Serefikochişar, 1000 m, 1.9.1980 – Pr. Nevşehir, Göreme bei Ürgüp, 1300 m, 4.9.1980, dito 15.8.1984.
   Die Art wurde aus Zentralasien (Kuldja) beschrieben und von HACKER (im Druck) erstmals für die Türkei nachgewiesen.

Metopoplus excelsa (CHRISTOPH, 1885)
   Clidia excelsa (ROMANOFF, Mém. Lep., 2: Taf. 13, Fig. 4)
Pr. Kars, 20 km westl. Karakurt, 1977, ex larva – Pr. Kars, Kötek, 1150 m, 5.8.1984 – Pr. Hakkari, 47 km nordöstl. Hakkari, Baǧisli, 1600–1800 m, 8.8.1984.
   Die erwachsenen Raupen sind rot und fressen die Samen von Umbelliferen.

Metopoplus boursini BRANDT, 1938
   Metopoplus boursini (Ent. Rdsch., 55: 552)
Pr. Hakkari, 47 km nordöstl. Hakkari, BAGISLI, 1600–1800 m, 7.–9.7.1979.

Gortyna cervago EVERSMANN, 1844
   Gortyna cervago (Bull. Soc. Imp. Nat. Moscou, 3: 594)
Pr. Sivas, Gürün (Gökpinar), 1400–1500 m, 24.9.1981 – Pr. Van, Güseldere Geçidi, 2700 m, 28.9.1981 – Pr. Tunceli, 15 km nördl. Pülümür, 1800 m, 20.9.1981 – Pr. Aǧri, 7 km nördl. Cumaçay, 2000 m, 25.9.1981 – Pr. Kars, 8 km südl. Sarikamiş, 2200–2300 m, 25.9.1981 – Pr. Kars, 11 km südwestl. Göle, 1800 m, 23.9.1981 – Pr. Erzurum, Kop Daǧi Geçidi, 2200–2400 m, 21.9.1981 – Pr. Erzurum, 8 km nordöstl. Akşar, 1500 m, 24.9.1981.
   Nach den vorliegenden Daten ist die Art in den höheren Lagen der gesamten Osttürkei weit verbreitet.

Gortyna flavago flavago ([DENIS & SCHIFFERMÜLLER], 1775) (Taf. 5, Fig. 36)

Noctua flavago (Ankündung eines systematischen Werkes von den Schmetterlingen der Wiener-gegend: 86)

Pr. Bolu, Wald südwestl. Mengen, 1 000 m, 11.10.1981.

Gortyna sp. n. (Taf. 5, Fig. 35)

Pr. Kars, 11 km südwestl. Göle, 1 800 m, 23.9.1981 – Pr. Kars, 8 km südl. Sarikamiş, 2 200–2 300 m, 29.9.1981 – Pr. Ağri, 7 km nördl. Cumaçay, 2 000 m, 26.9.1981.

Die Art wird in einer getrennten Arbeit beschrieben.

Gortyna hethitica sp. n. (Taf. 5, Fig. 33, 34; Taf. 7, Fig. 54–56)

Material:

Holotypus, 1 ♂, Pr. Kars, 8 km westl. Göle, 2 000 m, 23.9.1981 (Genital-Präp. HACKER N 2903 ♂) (leg. KUHNA, coll. HACKER).

Paratypen 1 ♀ mit den gleichen Daten (leg. KUHNA, coll. GROSS), Armenien, G. Aragats, Nov-Ambert, 1 900 m, 15.9.1974 (leg. W. MURSIN) Genital-Präp. VARGA Nr. 3363 ♂, 5 Expl. coli. MURSIN, 1 Expl. coll. Zool. Mus. Moskau, 17 ♂, 1 ♀, Pr. Agri, Takir Geçidi, 2 600 m, 28.9.1986 (leg. et coll. HACKER), Pr. Erzurum, 15 km s Hi-nis, 1 750 m, 16.10.1985, 1 ♂ (leg. et coll. WEIGERT) (Genital-Präp. HACKER N 3453 ♂).

Beschreibung

Spannweite 41–44 mm

Zeichnung und Färbung lassen sich am besten im Vergleich mit *Gortyna puengeleri* (TURATI, 1909) (Naturalista Siciliano, 9: 98) beschreiben. Grundfarbe hellgelblich. Zeichnung ähnlich *G. puengeleri* TRTI., Postmediane und Subterminale der Vorderflügeloberseite deutlich, ebenfalls Ring-, Nieren- und Zapfenmakel. Die Unterschiede zu *G. puengeleri* TRTI. bestehen vor allem in der Färbung. *G. puengeleri* TRTI. zeigt eine mehr oder weniger gelblich-gräuliche Grundfarbe mit stärker verdun-kelten Bereichen von den Makeln zur Flügelwurzel hin und im Saumbereich. *G. hethitica* sp. n. zeich-net sich durch eine klare, hellgelbliche Grundfärbung aus, von der das Saumfeld und der Bereich zwi-schen Nieren- und Ringmakel sowie Ringmakel und Subbasale deutlich und scharf gelblich-gräulich abgesetzt sind. Die Falter unterscheiden sich darüber hinaus habituell kaum von denen von *G. puenge-leri* TRTI., mit der Ausnahme, daß Körperbehaarung und Flügelunterseiten weniger Grauanteile ent-halten und in der Vorderflügelgrundfärbung erscheinen.

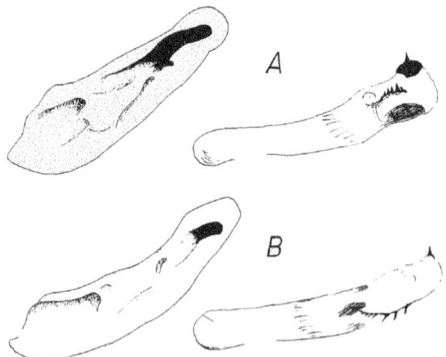

Abb. 3: a) *Gortyna puengeleri* (TURATI, 1909): Valve und Aedoeagus, b) *Gortyna hethitica* sp. n.: Valve und Aedoeagus

Männliche Genitalstrukturen

G. hethitica sp. n. unterscheidet sich von *G. puengeleri* TRTI. vor allem durch den männlichen Genitalbau (siehe Abb. 3). Die Valven sind schmaler, geringfügig länger und zeichnen sich durch eine etwas andere Form aus. Die Harpe ist nur etwa halb so lang, deutlich geringer chitinisiert und bereits am Cucullusansatz mit der Valve verwachsen. Der Sacculus erscheint rechteckig und nicht wie bei *G. puengeleri* TRTI. oval und ohne feste Konturen. Die Unterschiede in der Form der Valve und der Juxta können am besten anhand der Genitalfotos (Taf. 7 Fig. 54–56) angesprochen werden.

Der Aedoeagus zeigt einen scharf gezähnten Kranz von Cornuti (länger und dünner als bei *G. puengeleri* TRTI.) und einen dünneren und insbesondere an der Basis weniger chitinisierten Cornutus am Ende der evertierten Vesica.

Differentialdiagnose

G. hethitica sp. n. steht nahe *G. puengeleri* TRTI., unterscheidet sich aber durch eine Reihe von konstanten habituellen und genitalmorphologischen Unterschieden. Mit anderen Arten der Gattung wie *Gortyna moesiaca* HERRICH-SCHÄFFER, 1849 oder *Gortyna flavago* ([DENIS & SCHIFFERMÜLLER], 1775) ist die Art nicht zu verwechseln. Im Gegensatz zu *G. puengeleri* TRTI., die aus Italien, Nordwestjugoslawien und Südspanien bekannt wurde, bleibt sie zunächst auf die Nordost-Türkei und Russisch Armenien beschränkt.

Calamia staudingeri WARNECKE, 1941

Oria musculosa (HÜBNER, [1803-1808])

Archanara algae (ESPER, 1789)

Phalaena (Noctua) algae [Die Schmetterlinge in Abbildungen nach der Natur, 4 (1/2): 441, Taf. 140, Fig. 1, 2]

Pr. Elazig, Hasar-See, NO-Ufer, 1 250 m, 2. 10. 1981.

Zweiter Fundplatz für die Türkei, nachdem die Art erstmals am Beyşehir Gölü nachgewiesen wurde (HACKER, im Druck).

Arenostola phragmitidis (HÜBNER, [1800–1803]) (Taf. 4, Fig. 32)

Noctua phragmitidis (Sammlung Europäischer Schmetterlinge, Noctuae 2, Taf. 49, Fig. 330)

Pr. Elazig, Hasar-See, NO-Ufer, 1250 m, 29.–30. 6. 1979 – Pr. Urfa, 8 km westl. Siverek, 700 m, 9. 6. 1974 – Pr. Adiyaman, Gölbaşhi, 17. 6. 1977 – Pr. Elazig, Euphrat bei Kaie, 700 m, 12. 6. 1977.

Die Art wurde bereits wiederholt in der Türkei nachgewiesen und kommt auch im Irak und in Afghanistan vor.

Agyrospila succinea (ESPER, 1798)

Phalaena (Noctua) succinea [Die Schmetterlinge in Abbildungen nach der Natur, 4 (2): 37, Taf. 190, Fig. 3]

Pr. Van, Van-See, 11.–17. 7. 1965 (leg. Noack, coll. Gross) – Pr. Erzurum, Palandöken Dağh, 2 500–2 700 m.

A. succinea Esp. ist in der Türkei wenig verbreitet.

Sesamia cretica LEDERER, 1857

Sesamia cretica (Die Noctuinen Europa's: 225)

Pr. Elazig, Euphrat bei Kale, 700 m, 28. 6. 1973 – Pr. Urfa, 8 km westl. Siverek, 700 m, 22. 5. 1973 – Pr. Denizli, 15 km nordöstl. Güllük (südwestl. Milas), 20 m, 21. 5. 1971.

Charanyca trigrammica trigrammica (HUFNAGEL, 1766)

Hoplodrina alsines alsines (BRAHM, 1791)

Phalaena alsines (Insektenkalender für Sammler und Oekonomen, 2: 114, 298)

Pr. Bolu, Wald südwestl. Mengen, 1. 8. 1976, dito 13. 7. 1982 – Pr. Bolu, Abant-See, 1 300–1 400 m, 29.–30. 7. 1976.

Hoplodrina pfeifferi (BOURSIN, 1932)

Athetis pfeifferi (Int. Ent. Z., 26: 246)

Pr. Sivas, Gürün (Gökpinar), 1 400–1 500 m, 10. 7. 1978, dito 25. 6. 1979 – Pr. Konya, Straße Konya-Beyşehir, 50 km westl. Konya, 1 300 m, 21.–22. 6. 1974 – Pr. Elazig, Hasar-See, NO-Ufer, 1 250 m, 30. 6. 1979 – Pr. Bitlis

Kizgunkiran Geçidi, 2250 m, 3.7.1979 – Pr. Hakkari, 47 km nordöstl. Hakkari, Bağisli, 1600–1800 m, 7.–8.7.1979 – Pr. Kars, 11 km südwestl. Göle, 1800 m.

Hoplodrina blanda blanda ([DENIS & SCHIFFERMÜLLER], 1775)
Hoplodrina ambigua ([DENIS & SCHIFFERMÜLLER], 1775)
Hoplodrina superstes (OCHSENHEIMER, 1816)

Atypa pulmonaris pulmonaris (ESPER, 1790)
   Phalaena (Noctua) pulmonaris [Die Schmetterlinge in Abbildungen nach der Natur, 4(2): 499, Taf. 151, Fig. 5]
Pr. Bolu, Wald südwestl. Mengen, 1000 m, 1.8.1976, dito 18.6.1979, dito 13.7.1982.
   Zweiter Fundplatz für die Türkei, nachdem die Art ebenfalls in der Provinz Bolu für die Türkei entdeckt wurde (HACKER, 1985).

Spodoptera exigua (HÜBNER, [1803–1808])
Spodoptera cilium latebrosa (LEDERER, 1855)
Caradrina morpheus morpheus (HUFNAGEL, 1766)
Platyperigea albina (EVERSMANN, 1848)
Platyperigea terrea matrona (RONKAY & VARGA, 1985)
Platyperigea aspersa aspersa (RAMBUR, 1834)
Platyperigea kadenii kadenii (FREYER, 1836)

Platyperigea syriaca (STAUDINGER, 1892)
   Caradrina vicina var. syriaca (Dt. Ent. Z. Iris, 4: 294)
Pr. Maraş, 24 km nordöstl. Parzarçik, 950 m, 3.10.1981.
Paradrina selini selini (BOISDUVAL, 1840)
Paradrina flavirena (GUENÉE, 1852)

Paradrina boursini (F. WAGNER, 1936)
   Athetis boursini (Z. Öster. Ent. Ver., 21: 74)
Pr. Van, Güseldere Geçidi, 2700 m, 5.–6.7.1979 – Pr. Bitlis, Kizgunkiran Geçidi, 2250 m, 3.7.1979.
   Die Art wurde aus dem Elbursgebirge beschrieben und in der Türkei bisher nur aus der Provinz Hakkari bekannt.

Paradrina poecila (BOURSIN, 1939)
   Elaphria poecila (Ent. Rdsch., 56: 322)
Pr. Ağri, 7 km nördl. Cumaçay, 2000 m, 11.7.1979
Pr. Gemüşhane, Kop Daği Geçidi, 2200–2400 m, 18.7.1979
Pr. Erzurum, Palandöken Dağh, 2500–2700 m, 16.7.1979
Pr. Erzurum, 23 km westl. Oltu, 1800 m, 15.7.1979.
Paradrina wullschlegeli schwingenschussi (BOURSIN, 1936)
Paradrina clavipalpis clavipalpis (SCOPOLI, 1763)
Eremodrina vicina (STAUDINGER, 1870)

Eremodrina conditorana (PINKER, 1979)
   Caradrina (Eremodrina) conditorana (Z. Arb. Gem. Öster. Ent., 31: 65)
Pr. Sivas, Gürün (Gökpinar), 1400–1500 m, 15.9.1981, zwei Exemplare.
   Das Taxon *conditorana* PINKER wurde nach Tieren aus Gürün aufgestellt.

Eremodrina inumbrata (STAUDINGER, 1900)
   Agrotis inumbrata (Dt. Ent. Z. Iris, 12: 363)
Pr. Sivas, Gürün (Gökpinar), 1400–1500 m, 8.–15.9.1981 (Genital-Präp. HACKER N 2385 ♂) – Pr. Tunceli, 15 km nördl. Pülümür, 1800 m, 20.9.1981 (Genital-Pr. HACKER N 2359 ♂) – Pr. Erzurum, 23 km westl. Oltu, 1800 m, 22.9.1981 – Pr. Erzurum, 8 km nordöstl. Akşar, 1500 m, 24.9.1981.

Eremodrina zernyi (BOURSIN, 1936)
  Athetis zernyi (Bull. Soc. Ent. France: 87)
Pr. Sivas, Gürün (Gökpinar), 1400–1500 m, 8.9.1980 (Genital-Präp. Hacker N 2914 ♂).

Eremodrina draudti (BOURSIN, 1936)
  Athetis draudti (Bull. Soc. Ent. France: 89)
Pr. Elazig, Hasar-See, NO-Ufer, 1250 m, 19.9.1981, 1 ♀.

Eremodrina pertinax (STAUDINGER, 1879)
  Caradrina pertinax (Hor. Soc. Ent. Ross, 14: 387)
Pr. Kars, 11 km südwestl. Göle, 1800 m, 11.8.1976. – Pr. Erzurum, 8 km nordöstl. Akşar, 1500 m, 3.8.1984 –
Pr. Kars, 11 km südwestl. Göle, 1800 m, 11.8.1976.

Eremodrina bodenheimeri chlorotica (BOURSIN, 1936) (Taf. 5, Fig. 38)
  Athetis bodenheimeri chlorotica (Bull. Soc. Ent. France: 94)
Pr. Elazig, Hasar-See, NO-Ufer, 1250 m, 2.10.1981 (Genital-Präp. Hacker N 2387 ♂).
  Neu für die Fauna der Türkei. Die Art wurde aus Palästina beschrieben und auch im Irak, Iran und in Afghanistan gefunden.

Eremodrina gilva orientalis (BOURSIN, 1936)
  Athetis gilva orientalis (Bull. Soc. Ent. France: 93)
Pr. Konya, Sultan Dağh, Akşehir Geçidi, 1700–1800 m, 23.–24.6.1974 – Pr. Ankara, Beynam Ornam, 1400–1500 m, 20.6.1981.

Chilodes maritimus (TAUSCHER, 1806)
  Noctua maritimus (Mém. Soc. Nat. Moscou, 1: 211)
Pr. Konya, Karapinar, Karaören, 1200 m, 3.6.1975 – Pr. Konya, Ereğli, Bögeçik, 1000 m, 1.6.1975 – Pr. Mersin, Tarsus, 2.6.1971.

Athetis hospes (FREYER, [1831])
  Noctua hospes (Neue Beiträge zur Schmetterlingskunde, 1: 40)
Pr. Istanbul, Kurtköy bei Istanbul, 200 m, 6.6.1977.
  In der Türkei wurde diese im mediterranen Raum allgemein verbreitete Art bisher erstaunlicherweise nur sehr wenig gefunden.

Praestilbia armeniaca STAUDINGER, 1892
  Praestilbia armeniaca (Dt. Ent. Z. Iris, 4: 288, Taf. 3, Fig. 10)
Pr. Ankara, Beynam Ornam, 1400–1500 m, 9.9.1981.

Stilbina hypaenides STAUDINGER, 1892
  Stilbina hypaenides (Dt. Ent. Z. Iris, 4: 290)
Pr. Maraş, 24 km nordöstl. Parzarçik, 950 m, 3.–6.10.1981, häufig.
  St. Hypaenides STGR. wurde aus Palästina und dem Libanon beschrieben und bereits von OSTHELDER (1933) in Maras gefunden. Die Art kommt auch im Irak vor.

Megalodes eximia (FREYER, 1845)
  Cosmia eximia (Neuere Beiträge zur Schmetterlingskunde, 5: 104, Taf. 442, Fig. 3)
Pr. Konya, Ayrançi, Baraj, 2.6.1976 – Pr. Nevşehir, Göreme bei Ürgüp, 1300 m, 21.6.1979 – Pr. Elazig, Hasar-See, NO-Ufer, 11.–12.6.1979 – Pr. Bitlis, 23 km nordwestl. Tatvan, 1800 m, 3.7.1979 – Pr. Bitlis, Kizgunkiran Geçidi, 2250 m, 3.7.1979 – Pr. Van, Eriş, 1800 m, 10.7.1979 – Pr. Hakkari, 47 km nordöstl. Hakkari, Bağisli, 1600–1800 m, 7.–8.7.1979 – Pr. Urfa, 8 km westl. Siverek, 700 m, 22.5.1973 – Pr. Antalya, Umgeb. Topraktepe, Haydar Daği, 600 m, 2.6.1974 – Pr. Mersin, Boikar Dağlari, unterhalb Arslanköy, 800 m, 4.6.1974.

Aegle nubila (STAUDINGER, 1892)
  Metoponia nubila (Dt. Ent. Z. Iris, 4: 326
Pr. Urfa, 8 km westl. Siverek, 700 m, 22.5.1973, häufig, dito 11.8.1976.

A. nubila STGR. kommt in der Türkei nur im syrisch beeinflußten Südosten vor.
Aegle vespertalis (HUBNER, [1811-1813])

Haemerosia renalis (HUBNER, [1811-1813])
  Pyralis renalis (Sammlung Europäischer Schmetterlinge, Pyralidae, 2, Taf. 24, Fig. 157)
  Pr. Tunceli, 15 km nördl. Pülümür, 1800 m, 28.7.1984 – Pr. Hakkari, 47 km nordöstl. Hakkari, Bağisli, 1600–1800 m, 9.7.1979.

Elaphria venustula (HUBNER, 1790)
  Phalaena (Noctua) venustula [Beiträge zur Geschichte der Schmetterlinge, 2(3): 78]
  Pr. Bolu, Wald südwestl. Mengen, 1000 m, 21.5.1976 – Pr. Samsun, Alaçam, 10 m, 13.5.1973.
  E. venustula HBN. war in der Türkei bisher nur aus der Provinz Bolu bekannt (HACKER, 1985).

Schinia cardui (HUBNER, 1790)
  Phalaena (Noctua) cardui [Beiträge zur Geschichte der Schmetterlinge, 2(4): 84, 127]
  Pr. Kars, 20 km westl. Karakurt, 11.8.1976.

Schinia cognata (FREYER, 1830)
  Noctua cognata (Beitrage zur Geschichte Europäischer Schmetterlinge, 3: 134)
  Pr. Nevşehir, Göreme bei Ürğup, 1300 m, 21.7.1979, dito 15.8.1984.

Schinia purpurascens (TAUSCHER, 1809)
  Noctua purpurascens (Mém. Natural. Moscou, 2: 319)
  Pr. Kars, 11 km südwestl. Göle, 1800 m, 14.7.1979.
Heliothis viriplaca viriplaca (HUFNAGEL, 1766)
Heliothis maritima bulgarica (DRAUDT, 1938)
Heliothis peltigera ([DENIS & SCHIFFERMULLER], 1775)
Heliothis nubigera HERRICH-SCHÄFFER, 1851
Heliothis armigera (HUBNER, [1803-1808])

Heliothis ononis (FABRICIUS, 1787)
  Noctua ononis (Mantissa Insectorum, 2: 143)
  Pr. Kars, 8 km südl. Sarikamiş, 2200–2300 m, 14.7.1979.
  H. ononis F. ist in der Türkei nur sehr wenig verbreitet.
Protoschinia scutosa ([DENIS & SCHIFFERMULLER], 1775)

Pyrrhia umbra (HUFNAGEL, 1966)
  Phalaena umbra (Berliner Magazin, 3: 294)
  Pr. Bitlis, Kizgunkiran Geçidi, 2250 m, 3.7.1979 – Pr. Gemüşhane, Soğanli Dağlari, Soğanli Geçidi, 2200–2300 m, 2.7.1981 – Pr. Erzurum, 23 km westl. Oltu, 1800 m, 15.7.1979.
Periphanes delphinii (LINNAEUS, 1758)

Periphanes victorina (SODOFFSKY, 1849)
  Heliothis victorina (Stett. Ent. Z., 10: 130)
  Pr. Ankara, Beynam Ornam, 1400–1500 m, 6.6.1976 – Pr. Ankara, 5 km nordwestl. Serefikochişar, 1000 m, 11.6.1971 – Pr. Burdur, Oaß oberhalb Sagalassos, bei Aglasun, 1800 m, 29.5.1974 – Pr. Sivas, Gürün (Gökpinar), 1400–1500 m, 25.–26.6.1979 – Pr. Mersin, Bolkar Dağlari, unterhalb Aslanköy, 800 m, 4.6.1974 – Pr. Elazig, Hasar-See, NO-Ufer, 1250 m, 13.6.1977 – Pr. Erzurum, 23 km westl. Oltu, 1800 m, 15.7.1979.

Periphanes treitschkei (FRIVALDSKY, 1835)
  Heliothis treitschkei (Tars. Esk., 2: 273)
  Pr. Antalya, Umgeb. Topraktepe, Haydar Daği, 600 m, 2.6.1974 – Pr. Bitlis, Kizgunkiran Geçidi, 2250 m, 3.7.1979.
Rhodocleptria incarnata (FREYER, 1838)
Aedophron phlebophora LEDERER, 1858

Oxytrypia noctivolans PINKER, 1979
 Oxytripia noctivolans (Z. Arb. Gem. Öster. Ent., 31: 65)
Pr. Kayseri, Pinarbaşhi, 7.10.1981.
 Die Art wurde aus Gürün beschrieben und ist sicher eine der interessantesten Neuentdeckungen der letzten Jahrzehnte in der Türkei. Die Gattung *Oxytrypia* STAUDINGER, 1871 enthält mit *Oxytrypia stephania* SUTTON, 1964 eine weitere Art aus dem vorderasiatischen Raum.

Metachrostis velocior (STAUDINGER, 1892)
 Thalpochares velox var. velocior (Dt. Ent. Z. Iris, 5: 288)
Pr. Mersin, Mersin, 14.6.1974 (leg. Thomas, coll. GROSS) – Pr. Antalya, Kalkan, 50 m, 24.5.1975.

Metachrostis dardouini (BOISDUVAL, 1840)
 Bryophila dardouini (Genera et Index Methodicus Europaeorum Lepidopterorum: 96)
Pr. Ankara, Beynam Ornam, 1400–1500 m, 24.5.1975 – Pr. Nevşehir, Göreme bei Ürgüp, 1300 m, 9.6.1977 – Pr. Elazig, Hasar-See, NO-Ufer, 1250 m, 13.6.1977.
Rhypagla lacernaria lacernaria (HÜBNER, [1809–1813])
Eublemma ostrina ostrina (HÜBNER, [1803–1808])
Eublemma parva parva (HÜBNER, [1803–1808])
Eublemma noctualis (ssp.?) (HÜBNER, 1796)

Eublemma wagneri (HERRICH-SCHÄFFER, 1851)
 Micra wagneri (Systematische Bearbeitung der Schmetterlinge von Europa, 2: 441)
Pr. Nevşehir, Göreme bei Ürgüp, 21.7.1979 – Pr. Sivas, Gürün (Gökpinar), 1400–1500 m, 25.–26.7.1979 – Pr. Elazig, Hasar-See, NO-Ufer, 1250 m, 11.–12.6.1974, dito 13.7.1978, dito 30.6.1979 – Pr. Bitlis, 23 km nordwestl. Tatvan, 1600 m, 3.7.1979 – Pr. Elazig, Euphrat bei Kaie, 700 m, 13.–14.6.1974 – Pr. Hakkari, 47 km nordöstl. Hakkari, Bağisli, 1600–1800 m, 7.–8.7.1979 – Pr. Kars, 11 km südwestl. Göle, 1800 m, 11.8.1976 – Pr. Erzurum, 23 km westl. Oltu, 1800 m.
Eublemma pannonica lenis (EVERSMANN, 1844)
Eublemma rosea (HÜBNER, 1790)
Eublemma respersa (HÜBNER, 1790)
Eublemma purpurina ([DENIS & SCHIFFERMÜLLER], 1775)
Eublemma ragusana (FREYER, 1844)
 Anthophila ragusana (Neuere Beiträge zur Schmetterlingskunde, 5: 92, Taf. 437, Fig. 1)
Pr. Mersin, Aydinçik, Gilindire, 5 m, 27.5.1971 – Pr. Çanakkale, Paß nördl. Ezine, 150 m, 18.5.1971 – Pr. Muğla, Fethiye Esen, 20 m, 23.5.1971.
Eublemma polygramma (DUPONCHEL, 1836)
Eublemma parallela (FREYER, 1841)
Eublemma albida gratissima (STAUDINGER, 1892)

Eublemma caelestis (BRANDT, 1938)
 Porphyrinia caelestis (Ent. Rdsch., 55: 558)
Pr. Sivas, Gürün (Gökpinar), 1400–1500 m, 9.7.1978 – Pr. Elazig, Hasar-See, NO-Ufer, 1250 m, 29.6.–13.7.1979 – Pr. Elazig, Euphrat bei Kale, 700 m, 12.6.1977.
E. caelestis BRDT. wurde in der Türkei bisher nur von wenigen Plätzen, meist im Südosten, bekannt.

Eublemma pallidula (HERRICH-SCHÄFFER, 1845)
 Micra pallidula (Systematische Bearbeitung der Schmetterlinge von Europa, 6: 178)
Pr. Sivas, Gürün (Gökpinar), 1400–1500 m, 10.7.1978 – Pr. Malatya, Resadiye Geçidi, südi. Sürgü, 1600 m, 15.–16.6.1974, dito 27.6.1979.

Eublemma suppura (STAUDINGER, 1892)
 Thalpochares suppura (Dt. Ent. Z. Iris, 4: 320)
Pr. Elazig, Hasar-See, NO-Ufer, 1250 m, 13.6.1977 – Pr. Elazig, Euphrat bei Kaie, 13.–14.6.1974, dito 12.6.1977, dito 28.6.1979 – Pr. Urfa, 8 km westl. Siverek, 700 m, 22.5.1973, dito 9.–10.6.1974.

123

Eublemma chlorotica (LEDERER, 1858)
 Thalpochares chlorotica (Wien. Ent. Monatschrift, 2: 144)
Pr. Ankara, 5 km nordwestl. Serefikochişar, 1000 m, 9.6.1975 – Pr. Konya, Ereğli, Bögeçik, 1000 m, 25.5.1973 –
Pr. Ankara, Tuz Gölü, 19.–20.6.1974 – Pr. Elazig, Hasar-See, NO-Ufer, 1250 m, 13.6.1977.

Odice arcuinna arcuinna (HÜBNER, 1790)
Odice suava (HÜBNER, [1809–1813])

Odice kuelekana (STAUDINGER, 1871)
 Thalpochares arcuinna v. kuelekana (Catalog der Lepidopteren des Europäischen Faunengebietes:
131)
Pr. Elazig, Hasar-See, NO-Ufer, 1250 m, 29.–30.6.1979 – Pr. Elazig, Euphrat bei Kale, 28.–29.6.1979 – Pr. Ma-
latya, Resadiye Geçidi, südl. Sürgü, 1600 m, 27.6.1979 – Pr. Tunceli, 15 km nördl. Pülümür, 1800 m, 18.7.1984.
Calymma communimacula communimacula ([DENIS & SCHIFFERMÜLLER], 1775)

Ozarba moldavicola (HERRICH-SCHÄFFER, 1851)
 Acontia moldavicola (Systematische Bearbeitung der Schmetterlinge von Europa, 2: 419)
Pr. Konya, 2 km nördl. Hadim, 29.5.1975 – Pr. Urfa, 8 km westl. Siverek, 700 m, 9.–10.6.1974.
 Die kleine Art scheint in der Türkei nur sehr wenig verbreitet zu sein, wurde aber bereits aus dem
Irak gemeldet (WILTSHIRE, 1957).

Lithacodia pygarga (HUFNAGEL, 1766)
 Phalaena pygarga (Berliner Magazin, 3: 408)
Pr. Izmit, Karamürsel, Iznik Geçidi, 350 m, 25.5.1974.
Emmelia trabealis (SCOPOLI, 1763)
Acontia urania (FRIVALDSKY, 1835)
Acontia lucida (HUFNAGEL, 1766)
Thalerastria diaphora (STAUDINGER, 1879)

Chionoxantha staudingeri (STANDFUSS, 1892) (Taf. 5, Fig. 37)
 Erastria staudingeri (ROMANOFF, Mém. Lep., 6: 667, Taf. 15, Fig. 7)
Pr. Urfa, 8 km westl. Siverek, 700 m, 22.5.1973, dito 9.–10.6.1974.
 Verbreitung: bisher nur vom Typenfundplatz Mardin und aus dem Irak bekannt.
Eutelia adulatrix (HÜBNER, [1809–1813])
Eutelia adoratrix (STAUDINGER, 1892)

Nycteola siculana (FUCHS, 1899)
 Sarrothripus undulana var. siculana (Jahrb. Nass. Ver. Naturk., 52: 128)
Pr. Nevşehir, Göreme bei Ürgüp. 1300 m, 21.6.1979.

Nycteola columbana (TURNER, 1925)
 Sarrothripus revayana columbana (Ent. Rec., 37: 77)
Pr. Konya, 2 km nördl. Hadim, 29.5.1975 – Pr. Antalya, Kalkan, 50 m, 24.5.1975 – Pr. Konya, Ayrançi, Baraj,
2.6.1976 – Pr. Konya, Ala Dağh, Göksu-Tal, 1500 m, 30.5.1975.

Nycteola asiatica (KRULIKOVSKI, 1904)
 Sarrothripus revayana var. asiatica (Rev. Russe d' Ent. 4: 91)
Pr. Konya, Ayrançi Baraj, 2.9.1980 – Pr. Sivas, Gürün (Gökpinar), 1400–1500 m, 26.6.1979, dito 8.9.1980 – Pr.
Elazig, Euphrat bei Kale, 700 m, 17.9.1981, dito 13.–14.6.1974 – Pr. Urfa, 8 km westl. Siverek, 700 m,
9.–10.6.1974 – Pr. Erzurum, 8 km nordöstl. Akşar, 1500 m, 24.9.1981 – Pr. Kars, 11 km südwestl. Göle,
1800 m, 23.9.1981 – Pr. Erzurum, 23 km westl. Oltu, 1800 m, 15.7.1979.

Bryophilopsis roederi (STANDFUSS, 1891)
 Bryophila roederi (ROMANOFF, Mém. Lep., 6: 665)
Pr. Konya, Ala Dağh, Göksu-Tal, 1500 m, 30.5.1976 – Pr. Antalya, Termʼessos, Bey Dağlari, 700–800 m,
30.5.–1.6.1974.

Die Art ist vor allem in der Südosttürkei weit verbreitet.

Earias insulana (Boisduval, 1833)
Earias clorana clorana (LINNAEUS, 1761)

Pseudoips fagana fagana (FABRICIUS, 1781)
  Pyralis fagana (Species Insectorum, 2: 276)
Pr. Bolu, Wald südwestl. Mengen, 1000 m, 18.6.1979.
  P. fagana F. wurde erst vor kurzem erstmals für die Türkei aus der Provinz Istanbul und aus dem Bereich des Pontischen Gebirge bekannt. Wie viele eurasiatisch verbreitete Arten dürfte sie im gesamten Bereich der sommerkühlen und feuchten Nordabhänge zum Schwarzen Meer hin weit verbreitet sein.

Bena prasinana (LINNAEUS, 1758)
Colocasia coryli (LINNAEUS, 1758)

Panthea coenobita (ESPER, 1785) (Taf. 4, Fig. 25)
  Phalaena (Noctua) coenobita (Die Schmetterlinge in Abbildungen nach der Natur, 3: 196, Taf. 37, Fig. 7)
Pr. Bolu, Wald südwestl. Mengen, 1000 m, 13.7.1984.
  Erstnachweis für die Fauna der Türkei. *P. coenobita* ESP. ist eine Charakterart von Nadelholzbeständen (auch Kunstforste). Infolge der vermehrten Einbringung von Picea-, Pinus- und Abies-Arten durch die moderne Forstwirtschaft hat die Art ihr Areal in den letzten Jahrzehnten ausweiten können.

Abrostola triplasia (LINNAEUS, 1758)
  Phalaena (Noctua) triplasia [Systema Naturae (Edn 10), 1: 517]
Pr. Kayseri, Erçiyas Daği, 2000 m, 20.8.1976 – Pr. Bitlis, Kizgunkiran Geçidi, 2250 m, 3.7.1979 – Pr. Kars, 11 km südwestl. Göle, 1800 m, 11.8.1976 – Pr. Aĝri, 7 km nördl. Cumaçay, 2000 m, 11.7.1979.

Abrostola clarissa (STAUDINGER, 1900)

Euchalcia cuprescens DUFAY, 1966 (Taf. 6, Fig. 41)
  Euchalcia cuprescens (Entomops, Nice, 4: 125)
Pr. Bolu, Wald südwestl. Mengen, 1000 m, 1.8.1976, dito 18.8.1984, insgesamt 2♂ 1♀ – Pr. Bolu, Abant-See, 1300–1400 m, 29.–30.7.1976, 2♂ 1♀.
  Die vorliegenden Exemplare werden vorläufig zu *E. cuprescens* DUFAY gestellt, nachdem die Untersuchungen von HACKER (1985) erbracht hatten, daß sie habituell zwar mitteleuropäischen *Euchalcia modesta* (HÜBNER, 1786) sehr nahe stehen, von der männlichen Genitalstruktur her aber in etwa eine Mittelstellung zwischen *E. modesta* HBN. und *E. cuprescens* DUF. einnehmen.

Euchalcia hyrcaniae armeninae DUFAY, 1968
  Euchalcia armeninae (Entomops, Nice, 4: 124)
Pr. Van, Güseldere Geçidi, 2700 m, 5.–6.7.1979 – Pr. Gemüşhane, Kop Daği Geçidi, 2200–2400 m, 18.7.1979, dito 29.8.1984.
Die Art scheint in den Hochlagen der gesamten östlichen Türkei verbreitet zu sein.
Euchalcia siderifera siderifera EVERSMANN, 1846)

Euchalcia chalcophanes DUFAY, 1963 (Taf. 6, Fig. 42; 7, Fig. 57)
  Euchalcia chalcophanes (Bull. Soc. Linn. Lyon: 69–70)
Pr. Bitlis, 23 km nordöstl. Tatvan, 1700 m, 3.7.1979 (Genital-Präp. HACKER N 2371♂).
  Neu für die Fauna der Türkei. Die Art wurde aus dem Elbursgebirge beschrieben. Die Fauna der Hochgebirge der Osttürkei zeigt in vieler Hinsicht Ähnlichkeiten mit der des nordiranischen Elbursgebirges.
  Euchalcia taurica (OSTHELDER, 1933)

Euchalcia biezankoi (ALBERTI, 1965)
  Plusia biezankoi (Dt. Ent. Z., N. F., 12: 365)
Pr. Van, Güseldere Geçidi, 2700 m, 6.7.1979.

Euchalcia viridis (STAUDINGER, 1901)
  Plusia modesta var. viridis (Catalog der Lepidopteren des Palaearktischen Faunengebietes: 236)
Pr. Bitlis, Kizgunkiran Geçidi, 2250 m, 3.7.1979 – Pr. Van, Güseldere Geçidi, 2700 m, 5.–6.7.1979 – P. Erzurum,
Palandöken Dağh, 2500–2700 m, 16.–17.7.1979 – Pr. Gemüşhane, Kop Daği Geçidi, 2200–2400 m, 18.7.1979 –
Pr. Kars, 8 km südl. Sarikamiş, 2200–2300 m, 13.7.1979 – Pr. Kars, 11 km südwestl. Göle, 1800 m, 14.7.1979 –
Pr. Ağri, 7 km nördl. Cumaçay. 2000 m, 11.7.1979.

Euchalcia phrygiae DUFAY, 1963
  Euchalcia phrygiae (Bull. Soc. Linn. Lyon: 71)
Pr. Konya, Ayrançi Baraj, 31.5.1975 – Pr. Konya, Karapinar, Karaören, 1200 m, 4.6.1976 – Pr. Konya, Ereğli,
Bögeçik, 1000 m, 1.6.1975 – Pr. Konya, Straße Konya-Beyşehir, 50 km westl. Konya, 1300 m, 15.5.1969 – Pr.
Sivas, Gürün (Gökpinar), 1400–1500 m, 11.6.1977.
  E. phrygiae DUFAY scheint nach dem gegenwärtigen Stand der Kenntnisse auf die anatolischen
Hochebenen beschränkt zu sein.

Euchalcia emichi (ROGENHOFER & MANN, 1873)

Euchalcia dorsiflava (STANDFUSS, 1891)
  Plusia dorsiflava (ROMANOFF, Mém. Lep., 6: 666, Taf. 15, Fig. 6)
Pr. Bitlis, 23 km nordwestl. Tatvan, 1600 m, 2.7.1979 – Pr. Bitlis Kizgunkiran Ceçidi, 2250 m, 3.7.1979.
  E. dorsiflava STANDFUSS besiedelt vor allem den Südosten der Türkei, der westlichste Fundplatz liegt
in der Provinz Kayseri (Erçiyas Dağh).

Euchalcia augusta (STAUDINGER, 1892)
  Plusia augusta (Dt. Ent. Z. Iris, 4: 309)
Pr. Elazig, Hasar-See, NO-Ufer, 1250 m, 13.6.1977, dito II.–12.6.1974.
  Ebenfalls eine Art des heißen und syrisch beeinflußten Südostens.

Diachrysia chrysitis generosa (STAUDINGER, 1900)
  Plusia generosa (Dt. Ent. Z. Iris, 12: 380)
Pr. Konya, Akşehir, 13.–30.6.1964 (leg. Noack, coll. Gross) – Pr. Bitlis, 23 km nordwestl. Tatvan, 1600 m,
2.7.1979 – Pr. Hakkari, 47 km nordöstl. Hakkari, Bağisli, 1600–1800 m, 8.7.1979 – Pr. Bolu, Abant-See,
1300–1400 m, 11.9.1980.
  Die Stücke aus der nordwesttürkischen Provinz Bolu bilden einen Übergang zur europäischen und
nordasiatischen Nominatunterart.

Diachrysia chryson chryson (ESPER, 1789)
  Phalaena (Noctua) chryson [Die Schmetterlinge in Abbildungen nach der Natur, 4(2/1), Taf. 141,
Fig. 2]
Pr. Bolu, Wald südwestl. Mengen, 1000 m, 18.8.1984.
  Erstfund für die Fauna der Türkei. Aus den Nachbarländern Griechenland (HACKER, im Druck),
Bulgarien und Russisch-Armenien war die Art bereits bekannt, so daß sie auch für die Nordtürkei zu
erwarten war.
Macdunnoughia confusa (STEPHENS, 1850)
  Plusia festucae festucae (LINNAEUS, 1758)

Autographa aemula elongata (ALBERTI, 1969)
  Phytometra aemula elongata (Dt. Ent. Z., N. F., 16: 198)
Pr. Ankara, Beynam Ornam, 1400–1500 m, 10.6.1975 – Pr. Konya, Ereğli, Bögeçik, 1000 m, 1.6.1975 – Pr. Mer-
sin, 20 km nördl. Mut, 1500 m, 11.5.1969 – Pr. Sivas, Gürün (Gökpinar), 1400–1500 m, 9.7.1978 – Pr. Elazig,
Hasar-See, NO-Ufer, 1250 m, 13.6.1977 – Pr. Gemüşhane, Kop Daği Geçidi, 2200–2400 m, 27.–31.7.1978 (leg.
THOMAS, coll. GROSS), dito 18.7.1979 – Pr. Ağri, 7 km nördl. Cumaçay, 2000 m, 11.7.1979.
Autographa gamma (LINNAEUS, 1758)
Autographa jota jota (LINNAEUS, 1758)

Autographa bella (CHRISTOPH, 1887)
  Plusia bella (Stett. Ent. Z., 48: 164)
Pr. Van, Güseldere Geçidi, 2700 m, 6.7.1979 – Pr. Erzurum, Palandöken Dağh, 2500–2700 m, 16.7.1979 – Pr.
Ağri, 7 km nördl. Cumaçay, 2000 m, 11.7.1979.
Cornutiplusia circumflexa (LINNAEUS, 1758)

Plusidia cheiranthi (TAUSCHER, 1809)
  Noctua cheiranthi (Mém. Natural. Moscou, 2: 322)
Pr. Bitlis, Kizgunkiran Geçidi, 2250 m, 3.7.1979 – Pr. Van, Güseldere Geçidi, 2700 m, 6.7.1979 – Pr. Hakkari,
47 km nordöstl. Hakkari, Bağisli, 1600–1800 m, 8.7.1979 – Pr. Gemüşhane, Kop Daği Geçidi, 2200–2400 m,
29.7.1984.

Trichoplusia daubei (BOISDUVAL, 1840)
  Plusia daubei (Genera et Index Methodicus Europaeorum Lepidopterorum: 159)
Pr. Muğla, 25 km südlich, Dalaman, 20 m, 23.5.1975.
    Zweiter Nachweis für die Fauna der Türkei. Im Mittelmeergebiet, insbesondere in den subtropisch
geprägten, südlichen Teilen, ist die Art weit verbreitet.
Trichoplusia ni (HUBNER, [1800–1803])
Chrysodeixis chalcytes (ESPER, 1789)
Ctenoplusia accentifera (LEFEBVRE, 1827)

Catocala neonympha (ESPER, 1796)
  Phalaena (Noctua) neonympha [Die Schmetterlinge in Abbildungen nach der Natur, 4(1/2): 198]
Pr. Elazig, Euphrat bei Kale, 700 m, 28.–29.6.1979.

Catocala fraxini (LINNAEUS, 1758)
  Phalaena (Noctua) fraxini [Systema Naturae (Edn 10), 1: 512]
Pr. Bolu, Wald südwestl. Mengen, 1000 m, 11.10.1981 – Pr. Kars, 11 km südwestl. Göle, 1800 m, 23.9.1981 –
Pr. Erzurum, 8 km nordöstl. Akşar, 1500 m, 24.9.1981.
    Die große Art wurde bisher nur von ZUKOWSKY (1938) für die Türkei angegeben.

Catocala elocata (ESPER, 1786)

Catocala lesbia (CHRISTOPH, 1887)
  Catocala lesbia (Stett. Ent. Z., 48: 165)
Pr. Elazig, Hasar-See, NO-Ufer, 1250 m, 19.9.1981.
    Die Art wurde in der Türkei bisher nur in wenigen Tieren aus den südöstlichen Provinzen Elazig,
Hakkari und Siirt bekannt.

Catocala puerpera (GIORNA, 1791)
Catocala promissa ([DENIS & SCHIFFERMÜLLER], 1775)

Catocala lupina HERRICH-SCHÄFFER, 1851
  Catocala lupina (Systematische Bearbeitung der Schmetterlinge von Europa, 2: 409)
Pr. Ankara, Beynam Ornam, 1400–1500 m, 29.8.–24.9.1981 – Pr. Sivas, Gürün (Gökpinar), 1400–1500 m,
15.9.1981 – Pr. Tunceli, 15 km nördl. Pülümür, 1800 m, 20.9.1981 – Pr. Erzurum, 8 km nordöstl. Akşar,
1500 m, 24.9.1981 – Pr. Erzurum, 23 km westl. Oltu, 1800 m, 22.9.1981.

Catocala abacta STAUDINGER, 1900
  Catocala abacta (Dt. Ent. Z. Iris, 13: 113)
Pr. Konya, Ala Dağh, Göksu-Tal, 1500 m, 14.6.1974 – Pr. Elazig, Euphrat bei Kale, 700 m, 12.6.1977, dito
29.6.1979 – Pr. Elazig, Hasar-See, NO-Ufer, 29.6.1979 – Pr. Adiyaman, Gölbaşhi, 17.6.1977 – Pr. Adiyaman,
Sinçik, Nemrut Daği, 2000 m, 14.7.1978.
Catocala nymphagoga (ESPER, 1788)
Catocala conversa (ESPER, 1788)

Catocala hymenaea ([DENIS & SCHIFFERMÜLLER], 1775) ·
Ephesia nymphaea (ESPER, 1788)
Ephesia disjuncta (HÜBNER-GEYER, [1827–1828])
Ephesia diversa (HÜBNER-GEYER, [1827–1828])
Ephesia eutychea (TREITSCHKE, 1835)
Minucia lunaris ([DENIS & SCHIFFERMÜLLER], 1775)
Clytie syriaca (BUGNION, 1837)
Dysgonia algira (LINNAEUS, 1767)
Grammodes stolida (FABRICIUS, 1775)
Euclidia glyphica (LINNAEUS, 1758)

Euclidia triquetra aurantiaca STAUDINGER, 1881
   Euclidia triquetra var. aurantiaca (Hor. Soc. Ent. Ross, 16: 79)
Pr. Ankara, Beynam Ornam, 6.6.1976.

Heteropalpia vetusta (WALKER, 1865)
   Polydesma vetusta (List of the Specimens of Lepidopterous Insects in the coll. of British Museum,
33: 875)
Pr. Urfa, Bireçik, 15.7.1978, 1 ♀.
   In der Türkei kommt die Art nur im subtropisch beeinflußten Südosten und auf Cypern vor.

Pericyma squalens LEDERER, 1855
   Pericyma squalens (Verh. Zool. Botan. Ges. Wien: 184)
Pr. Ankara, 5 km nordwestl. Serefikochişar, 1000 m, 19.–20.6.1974 – Pr. Elazig, Hasar-See, NO-Ufer, 1250 m,
29.6.1979 – Pr. Elazig, Euphrat bei Kale, 700 m, 13.–14.6.1974 – Pr. Urfa, Bireçik, 15.7.1978.

Pericyma albidentaria (FREYER, 1842)
   Acidalia albidentaria (Neuere Beiträge zur Schmetterlingskunde, 4: 115, Taf. 354, Fig. 1)
Pr. Konya, Ala Dağh, Göksu-Tal, 1500 m, 4.6.1974 (leg. Thomas, coll. Gross), dito 30.5.1976 – Pr. Elazig,
Euphrat bei Kale, 700 m, 28.6.1979 – Pr. Mersin, Tarsus, 2.6.1971 – Pr. Konya, Ereğli, Bögeçik, 1000 m,
1.6.1975 – Pr. Ankara, Beynam Ornam, 1400–1500 m, 10.6.1975 – Pr. Ankara, 5 km nordwestl. Serefikochişar,
1000 m, 11.6.1971.
Drasteria cailino cailino (LEFEBVRE, 1827)

Drasteria caucasica (KOLENATI, 1846)
   Euclidia caucasica (Meletemata Entomoligica, Petropoli, 5: 104)
Pr. Nevşehir, Göreme bei Ürgüp, 1300 m, 9.6.–7.7.1979, in Anzahl – Pr. Sivas, Gürün (Gökpinar),
1400–1500 m, 25.6.1979 – Pr. Elazig, Euphrat bei Kale, 700 m, 13.–14.6.1979, dito 28.6.1979.

Drasteria saisani (STAUDINGER, 1882)
   Leucanitis saisani (Stett. Ent. Z., 43: 53)
Pr. Ankara, Beynam Ornam, 24.5.–6.6.1976 – Pr. Konya, Sultan Dağlari, Akşehir Geçidi, 1700–1800 m,
23.–24.6.1974 – Pr. Yozgat, Milli-Park, 1500–1600 m, 6.8.1976 – Pr. Sivas, Gürün (Gökpinar), 1400–1500 m,
11.6.1977 – Pr. Hakkari, 47 km nordöstl. Hakkari, Bağisli, 1600–1800 m, 7.–8.7.1979 – Pr. Kars, Kötek,
1550 m, 5.8.1984.

Drasteria flexuosa (MÉNÉTRIES, 1849)
   Ophiusa flexuosa (Descriptions des Insectes, récueillis par feu M. LEHMANN, St. Petersbourg: 76,
Taf. 6, Fig. 5)
Pr. Elazig, Euphrat bei Kale, 13.–14.6.1974, dito 28.6.1979 – Pr. Urfa, Bireçik, 15.7.1978.
   Die paneremische Art besiedelt die Steppen- und Halbwüstengebiete von Pakistan über die Arabi-
sche Halbinsel bis Ägypten. Aus der Türkei lagen bisher nur einige alte Angaben vor.

Drasteria rada (BOISDUVAL, 1848)
   Microphisa rada (Bull. Soc. Ent. France, 6: 30)

Pr. Kars, Kötek. 1550 m, 18.5.1973.

D. rada BSD. wurde in der Türkei bisher nur in der Provinz Kars gefunden (HACKER 1985).

Armada panaceorum (MÉNETRIES, 1849) (Taf. 5, Fig. 40)
  Ophiusa panaceorum (Descriptions des Insectes, récueillis par feu M. LEHMANN, St. Petersbourg: 292, Taf. 6, Fig. 6)
Pr. Nevşehir, Göreme bei Urgüp, 1300 m, 11.–13.6.1977 (leg. NAUMANN, coll. GROSS).

  Eine paneremische Art, die von Zentralasien, Afghanistan, dem Iran, der Arabischen Halbinsel und Ägypten bis nach Marokko vorkommt. WARREN (1913) nennt bei der Aufzählung der einzelnen Gebiete auch den Taurus, jedoch wurden mir hierzu keine authentischen Angaben bekannt. Auch bei WILTSHIRE (1979) fehlen diesbezüglich nähere Angabe, so daß wir *A. panaceorum* Mén. als neu für die türkische Fauna führen.

Metoponrhis albirena (CHRISTOPH, 1887) (Taf. 5, Fig. 39)
  ? *Phothedes albirena* (ROMANOFF, Mém. Lep., 3: 87)
  (= *Photedes kisilkumensis* ERSHOV, 1884)
Pr. Erzurum, 23 km westl. Oltu, 1800 m, 15.7.1979.
  Erstnachweis für die Fauna der Türkei. Die Art wurde bisher aus Transkaspien, West-Turkestan, dem Iran und dem Irak bekannt.
Catephia alchymista alchymista ([DENIS & SCHIFFERMÜLLER], 1775)
Aedia funesta funesta (ESPER, 1786)
Aedia leucomelas leucomelas (LINNAEUS, 1758)
Lygephila lusoria lusoria (LINNAEUS, 1758)

Lygephila subpicata WILTSHIRE, 1971
  Lygephila lusoria subpicata (Ann. Naturhist. Mus. Wien, 75: 638, Taf. 1, 2, Fig. 6–8)
Pr. Gemüşhane, Kop Daği Geçidi, 2200–2400 m, 29.7.1984.
  L. subpicata WLTSH. ist eine Art. Auf dem genannten Fundbiotop fliegen *L. lusoria* L. und *L. subpicata* WLTSH. syntop.

Lygephila ludicra (HÜBNER, 1790)
  Phalaena (Noctua) ludicra [Beiträge zur Geschichte der Schmetterlinge, 2: 95, 128, Taf. 4(3), Fig. R]
Pr. Gemüşhane, Kop Daği Geçidi, 2200–2400 m, 27.–31.7.1978 (leg. THOMAS, coll. GROSS), dito 18.7.1979.
Lygephila craccae craccae ([DENIS & SCHIFFERMÜLLER], 1775)

Lygephila limosa (TREITSCHKE, 1826)
  Ophiusa limosa [Die Schmetterlinge von Europa, 5(3): 298]
Pr. Bolu, Mudurnu, 19.5.1976.
  Neu für die Fauna der Türkei. In den Balkanländern tritt die Art zum Teil ausgesprochen häufig auf.

Autophila hirsuta (STAUDINGER, 1870)
  Spintherops hirsuta (Berliner Ent. Z.: 123)
Pr. Gemüşhane, Kop Daği Geçidi, 2200–2400 m, 29.7.1984.

Autophila osthelderi BOURSIN, 1940
  Autophila osthelderi (Mitt. Münch. Ent. Ges., 30: 515)
Pr. Ankara, Beynam Ornam, 1400–1500 m, 20.6.1979 – Pr. Ankara, 5 km nordwestl. Serefikochişar, 1000 m, 19.–20.6.1974.

Autophila libanotica draudti (OSTHELDER, 1933)
  Dasythorax draudti (Mitt. Münch. Ent. Ges., 23: 63)
Pr. Malatya, Resadiye Geçidi, südl. Sürgü, 1600 m, 27.6.1979 – Pr. Elazig, Hasar-See, NO-Ufer, 1250 m, 13.6.1977, dito 30.6.1979.

Autophila bang-haasi BOURSIN, 1940
 Autophila bang-haasi (Mitt. Münch. Ent. Ges., 30: 517)
Pr. Ankara, Beynam Ornam, 2.–3.8.1976 – Pr. Burdur, Paß oberhalb Sagalassos, 1800 m, 29.5.1974 – Pr. Kayseri, Erçiyas Daği, 1850–2000 m, 20.8.1976 – Pr. Elazig, Hasar-See, NO-Ufer, 1250 m, 29.6.1979 – Pr. Tunceli, 15 km nördl. Pülümür, 1800 m, 28.7.1974 – Pr. Bitlis, 23 km nordwestl. Tatvan, 1600 m, 3.7.1979.

Autophila luxuriosa taurica BOURSIN, 1940
 Autophila luxuriosa taurica (Mitt. Münch. Ent. Ges., 30: 519)
Pr. Ankara, Beynam Ornam, 1400–1500 m, 5.7.1978 – Pr. Elazig, Euphrat bei Kale, 700 m, 13.–14.6.1974 – Pr. Elazig, Hasar-See NO-Ufer, 1250 m, 29.6.1979.

Autophila asiatica (STAUDINGER, 1888)
 Spintherops dilucida var. asiatica (Stett. Ent. Z., 49: 63)
Pr. Nevşehir, Göreme bei Ürgüp, 1300 m, 26.–28.7.1976 (leg. JUNGE, coll. GROSS), dito 20.7.1979 – Pr. Kayseri, Erçiyas Daği, 2000 m, 8.7.1978, dito 22.7.1984 – Pr. Sivas, Gürün (Gökpinar), 1400–1500 m, 10.7.1978 – Pr. Elazig, Euphrat bei Kale, 700 m, 28.6.1979 – Pr. Kars, Kötek, 1550 m, 18.5.1978.

Autophila ligaminosa (ssp. ?) (EVERSMANN, 1851)
 Amphipyra ligaminosa (Bull. Soc. Imp. Nat. Moscou, 24: 630)
Pr. Bolu, Mudurnu, 19.5.1976 – Pr. Ankara, Beynam Ornam, 1400–1500 m, 6.6.1976 – Pr. Nevşehir, Göreme bei Ürgüp, 1300 m, 9.6.1977 – Pr. Erzurum, 23 km westl. Oltu, 1800 m, 22.9.1981.

Apopestes spectrum (ESPER, 1787)
 Phalaena (Noctua) spectrum [Die Schmetterlinge in Abbildungen nach der Natur, 4(1), Taf. 100, Fig. 3, 4]
Pr. Ankara, Beynam Ornam, 1400–1500 m, 9.10.1981 (Genital-Präp. HACKER N 2939 ♂).
Scoliopteryx libatrix (LINNAEUS, 1758)
Calyptra thalictri (BORKHAUSEN, 1790)

Acantholipes regularis (HÜBNER, [1809–1813])
 Noctua regularis (Sammlung Europäischer Schmetterlinge, Noctuae 2, Taf. 128, Fig. 588)
Pr. Bolu, Wald südwestl. Mengen, 1000 m, 21.5.1976 – Pr. Mersin, Tarsus, 18.6.1977 – Pr. Elazig, Euphrat bei Kale, 700 m, 13.–14.6.1974, dito 28.6.1979.

Laspeyria flexula flexula ([DENIS & SCHIFFERMÜLLER], 1775)
 Bombyx flexula (Ankündung eines systematischen Werkes von den Schmetterlingen der Wienergegend: 64)
Pr. Bolu, Wald südwestl. Mengen, 1000 m, 1.8.1976, dito 18.8.1984.
 L. flexula D. & S. ist in der Türkei nur sehr wenig verbreitet.

Parascotia fuliginaria (LINNAEUS, 1761)
 Phalaena (Geometra) fuliginaria [Fauna Suecica (Edn 2): 327]
Pr. Çanakkale, 3 km westl. Yeniçe, 250 m, 18.7.1984.
 Die Art wird in der faunistischen Literatur nur von STAUDINGER (1879) mit Berufung auf MANN für die Türkei angegeben.

Parascotia robiginosa (STAUDINGER, 1892)
 Boletobia robiginosa (Dt. Ent. Z. Iris, 4: 332)
Pr. Ankara, Beynam Ornam, 1400–1500 m, 2.–3.8.1976, dito 28.9.1980 – Pr. Mersin, Mersin, 14.6.1976 (leg. THOMAS, coll. GROSS).

Parascotia detersa (STAUDINGER, 1892)
 Boletobia detersa (Dt. Ent. Z. Iris, 4: 333)
Pr. Çanakkale, 3 km westl. Yeniçe, 250 m, 18.7.1984 – Pr. Antalya, Bey Dağlari, Termessos, 700–800 m, 30.5.–2.6.1974 – Pr. Mersin, Bolkar Dağlari, unterhalb Arslanköy, 800 m, 4.6.1974.
Plecoptera inquinata (LEDERER, 1857)

Epizeuxis calvaria calvaria ([Denis & Schiffermüller], 1775)
Noctua calvaria (Ankündung eines systematischen Werkes von den Schmetterlingen der Wiener-gegend: 71, 316)
Pr. Antalya, Bey Dağlari, Termessos, 700–800 m, 30.5.–1.6.1974.

Thria robusta Walker, 1857
Thria robusta (List. Spec. Lep. Insects Colln Br. Mus., 13: 1112)
Pr. Elazig, Hasar-See, NO-Ufer, 1250 m, 13.6.1977.

Zethes insularis Rambur, 1833
Zethes insularis (Ann. Soc. Ent. France, 2: 29)
Pr. Bolu, Mudurnu, 19.5.1976 – Pr. Antalya, Kalkan, 50 m, 24.6.1975 – Pr. Antalya, Küste bei Side, 1.–2.6.1974 – Pr. Antalya, Bey Dağlari, Termessos, 700–800 m, 30.5.–1.6.1974 – Pr. Konya, Ala Dağh, Göksu-Tal, 1500 m, 30.5.1976 – Pr. Mersin, Bolkar Dağlari, unterhalb Arslanköy, 800 m, 4.6.1974.

Phytometra viridaria (Clerck, 1759)

Phytometra leda (Herrich-Schäffer, 1851)
Micra leda (Systematische Bearbeitung der Schmetterlinge von Europa, 2: 441)
Pr. Ankara, Beynam Ornam, 1400–1500 m, 10.–20.6.1979 – Pr. Konya, 2 km nördl. Hadim, 29.5.1975 – Pr. Konya, Ala Dağh, Göksu-Tal, 1500 m, 30.5.1976 – Pr. Nevşehir, Göreme bei Ürgüp, 21.6.1979 – Pr. Antalya, Avlan-See, 29.5.1975 – Pr. Sivas, Gürün (Gökpinar), 1400–1500 m, 11.6.1977.

Orectis proboscidata (Herrich-Schäffer, 1851)
Helia proboscidata (Systematische Bearbeitung der Schmetterlinge von Europa, 2: 430)
Pr. Kars, 11 km südwestl. Göle, 1800 m, 11.8.1976.
Pechipogo plumigeralis (Hübner, [1825])
Herminia lunalis (Scopoli, 1763)

Paracolax derivalis derivalis (Hübner, 1796)
Pyralis derivalis (Sammlung Europäischer Schmetterlinge, Pyralides, 2, Taf. 3, Fig. 19)
Pr. Istanbul, 3 km südwestl. Mollaferenі, 200 m, 7.9.1981 – Pr. Bolu, Wald südwestl. Mengen, 1000 m, 13.7.1982 – Pr. Nevsehir, Göreme bei Ürgüp, 1300 m, 7.6.1972.

Hypena obesalis Treitschke, 1829
Hypena obesalis (Die Schmetterlinge von Europa, 7: 27)
Pr. Kars, 11 km südwestl. Göle, 1800 m.
Hypena obsitalis (Hübner, [1811–1813])
Hypena munitalis Mann, 1861
Rhynchodontodes antiqualis (Hübner, [1800–1809])
Rhynchodontodes revolutalis (Zeller, 1852)

Schrankia taenialis (Hübner, [1800–1809])
Pyralis taenialis (Sammlung Europäischer Schmetterlinge, Pyralides, 1, Taf. 23, Fig. 151)
Pr. Bolu, Wald südwestl. Mengen, 1.8.1976.
Schrankia taenialis Hbn. wurde in der Türkei bisher nur aus der Provinz Bolu bekannt (Hacker, 1985).

Schrankia kalchbergi (Staudinger, 1876)
(Stett. Ent. Z. 37: 139)
Pr. Konya, Akşehir, 21.–31.7.1964 (leg. Noack, coll. Gross, det. Boursin).

Zusammenfassung

Das in den Jahren 1968, 1969, 1971, 1973, 1974, 1975, 1976, 1977, 1979, 1980, 1981, 1982 und 1984 zusammengetragene, umfangreiche Material der Sammlungen GROSS und KUHNA umfaßt 633 Arten. Insgesamt 36 Arten werden erstmals für die türkische Landesfauna erwähnt. Vier Arten: *Eugnorisma kurdistana, Hadena defreinai, Güselderia lutea* und *Gortyna hethitica* sowie das Genus *Güselderia* werden neu beschrieben.

Danksagung

Für die Unterstützung in einigen taxonomischen Fragen danken wir Herrn Dr. L. RONKAY, Budapest, Herrn R. PINKER, Wien, Herrn Dr. Z. VARGA, Debrecen, und Herrn E. P. WILTSHIRE, Wychwood, sehr herzlich. Unser Dank gilt weiterhin Herrn Dr. W. DIERL für die Förderung einiger Untersuchungen an Material der Zoologischen Staatssammlung München und Herrn M. FIBIGER, Sorø, für die gewährte Unterstützung.

Literatur

AMSEL, H. G. 1933: Die Lepidopteren Palästinas. Eine zoogeographische Studie. – Zoogeographica 2, 1–146.

AMSEL, H. G. 1935: Weitere Mitteilungen über palästinensische *Lepidopteren*. – Veröff. aus dem dt. Kolonial- u. Überseemuseum 1, 223–247.

BANG-HAAS, O. 1922: Die Typen der Gattung *Agrotis* der Collection STAUDINGER und Collection BANG-HAAS in Dresden-Blasewitz. – Dt. Ent. Z. Iris 36, 1–9, Taf. 3–17 (Sonderdruck).

BEHOUNEK, G. 1983: Kleiner Beitrag zur *Noctuidae*-Fauna Kleinasiens. – Entomofauna 4, 401–404.

— — 1984: Ergebnisse einer Sammelreise durch Nordgriechenland und Anatolien (*Lepidoptera: Noctuidae*). – Nachr. Ent. Ver. Apollo, Frankfurt, N. F. 4, 71–80.

BEHOUNEK, G., HACKER, H. (1986): *Lygephila schachti* n. sp., eine neue *Noctuidenart* aus der Ost-Türkei, nebst faunistischen Angaben für neunundzwanzig weitere *Noctuidenarten* aus der Ost-Türkei (*Lepidoptera, Noctuidae*). – Entomofauna 7, 41–53.

BOURSIN, CH. 1937: Morphologische und systematische Studien über die Gattung *Athetis* HBN. (*Caradrina* auct.). – Ent. Rdsch. 54, 364–368, 388–391, 419–423, 429–432, 437–440.

— — 1940: Neue palaearktische Arten und Formen mit besonderer Berücksichtigung der Gattung *Autophila* HBN. – Mitt. Münch. Ent. Ges. 30, 474–543, Taf. 8–12.

— — 1954: Zwei neue *Cryphia* HB. (*Bryophila*)-Arten aus Französisch-Nordafrika. – Z. Wien. Ent. Ges. 39, 122–126.

— — 1959: Über zwei für Europa neue *Hadena*-Arten (=*Dianthoecia* B.). – Z. Wien. Ent. Ges. 44, 113–131, Taf. 5–11.

— — 1961: Ergebnisse der Deutschen Afghanistan-Expedition der Landessammlungen für Naturkunde. – Beitr. naturk. Forsch. SW-Deutschl. 19, 373–398.

— — 1962: Eine neue *Aegle* HBN. aus Anatolien. – Z. Wien. Ent. Ges. 47, 183–186, Taf. 18, 19.

BRANDT, W. 1938/1939: Beitrag zur Lepidopteren-Fauna von Iran. – Ent. Rdsch. 55/56, 497–505, 517–523, 548–554, 558–561, 567–569. 11–15, 23–24, 32–34, 59–61, 86–87, 109–111, 139–141.

— — 1939: Beitrag zur Lepidopteren-Fauna von Iran. Einige neue *Agrotiden* aus Laristan und Beloutchistan. – Ent. Rdsch. 56, 241–246, 268–273, 294–299, Taf. 1–3.

— — 1941: Beitrag zur Lepitopteren-Fauna von Iran (3). Neue 6 Agrotiden nebst Faunenverzeichnissen. – Mitt. Münch. Ent. Ges. 31, 835–863, Taf. 23–27.

BYTINSKY-SALZ, H. 1936: New *Heterocera* from Asia Minor. – Ent. Rec. (Suppl.) 48, (1)–(6).

BYTINSKY-SALZ, H., BRANDT, W. 1937: New *Lepidoptera* from Iran. – Ent. Rec. & Journ. Var. 49 (Suppl.), (1)–(9).

CALLE, J. A. 1982: Noctuidos Españoles. – Madrid.

DRAUDT, M. 1936: Neue Arten und Formen von Noctuiden. – Ent. Rdsch. **53**, 457–462, 466–471, 490–493.
– – 1937: *Agrotidae*. In: OSTHELDER, L., PFEIFFER, E. Lepidopteren-Fauna von Marasch in türkisch Nordsyrien. – Mitt. Münch. Ent. Ges. **27**, 154–159.
DUFAY, C. 1968: Revision des *Plusiinae* Paléarctiques I. Monographie du Genre *Euchalcia* HUBNER. – Veröff. Zool. Staatssammlung München **12**, 21–154, Taf. 1–13.
– – 1975: *Agrochola wautieri* n. sp., espece meconnue de Macedoine (Lep., *Noctuidae Cuculliinae*). – Bull. Soc. Linn. Lyon **44**, 150–153.
ELLISON, R. E., WILTSHIRE, E. P. 1939: The Lepidoptera of the Lebanon; with notes on their season and distribution. – Trans. Royal Ent. Soc. London **88**, 1–56, Taf. 1.
DE FREINA, J., HACKER, H. Neue Arten und Unterarten der Familie *Noctuidae* aus Anatolien und Türkisch Kurdistan *(Lepidoptera, Noctuidae)*. – Entomofauna **6**, 241–260.
HACKER, H. (im Druck): Erster Beitrag zur systematischen Erfassung der *Noctuidae* der Türkei (Lepidoptera). – Atalanta.
– – (im Druck): 2. Beitrag zur Erfassung der *Noctuidae* der Türkei, Beschreibung neuer Taxa, Erkenntnisse zur Systematik der kleinasiatischen Arten und faunistisch bemerkenswerte Funde aus den Aufsammlungen von DE FREINA aus den Jahren 1976–1983 *(Lepidoptera)*. – Spixiana.
HACKER, H. 1985: 3. Beitrag zur Erfassung der *Noctuidae* der Türkei, Beschreibung neuer Taxa, Erkenntnisse zur Systematik der kleinasiatischen Arten und faunistisch bemerkenswerte Funde aus den Aufsammlungen von HACKER und WOLF aus dem Jahr 1984 *(Lepidoptera)*. – Neue Entomologische Nachrichten **15**, 1–66.
– – (im Druck): Die *Noctuidae* Griechenlands mit einem Überblick über die Fauna des Balkanraumes *(Lepidoptera)*. – Herbipoliana **2**.
– – , KUHNA, P. (im Druck): Drei neue *Noctuidae*-Arten aus der Türkei *(Lepidoptera)*. – Nota lepid.
HEINICKE, W., NAUMANN, C. 1980–1982: Beiträge zur Insektenfauna der DDR: *Lepidoptera-Noctuidae*. – Beiträge zur Entomologie **30**, 385–448, **31**: 93–174, 341–448, **32**: 39–188.
HEMMING, F. 1937: HÜBNER, A bibliographical and systematic account of the entomological works of Jacob HÜBNER. – Royal Ent. Soc. London.
HERING, M. 1933: Lepidoptera Sureyana. Weitere Noctuiden und Geometriden von Ankara. – Int. E. Z. **26**, 411–414.
HEYDEMANN, F., SCHULTE, A, REMANE, R. 1963: Beitrag zur Macrolepidopterenfauna des Irak. – Mitt. Münch. Ent. Ges. **53**, 80–107.
HOLTZ, M. 1897: Die Macrolepidopteren-Fauna Ciliciens. – Ill. Wochenschr. Ent. **2**, 42–47, 60–63, 77–79, 83–93.
KOCAK, A. Ö. 1975: New *Lepidoptera* from Turkey I. – Atalanta **6**, 24–30.
– – 1977: New *Lepidoptera* from Turkey V. – Atalanta **7**, 126–147.
– – 1980a: Some notes on the Nomenclature of *Lepidoptera*. – Communic. Facult. Scienc. Univers. Ankara, Ser. C3, Zool., Tome 24 (8).
– – 1980b: On the nomenclature of some genus- and species-groupnames of *Lepidoptera*. – Nota lepid. **2**, 139–146.
– – 1981: On the nomenclature of some Genera of *Lepidoptera*. – Priamus **1**, 97–98.
KOBES, L., PINKER, R. 1976: *Xylocampa mustapha* und ihre Subspecies, mit Beschreibung einer neuen Unterart *(Lep. Noctuidae)*. – Ent. Z. **86**, 249–253.
KRAUS, O. 1970: Internationale Regeln für die Zoologische Nomenklatur, beschlossen vom XV. Internat. Kongreß für Zoologie. – Dtsch. Text, 2. Auflage 1970, Frankfurt/Main.
LEDERER, J. 1857: Die Noctuinen Europa's mit Zuziehung einiger bisher meist dazu gezählter Arten des asiatischen Rußland's, Kleinasien's, Syrien's und Labrador's. – Manz, Wien.
MENTZER, VON, E. 1984: Die Genera bei DENIS & SCHIFFERMÜLLER als Nomenklaturfrage *(Lepidoptera)*. – Nota lepid. **7**, 59–70.
NYE, I. W. B. 1975: The Generic Names of the Moths of the World, Vol 1 *Noctuoidea* (part): *Noctuidae, Agaristidae* and *Nolidae*. – Trustees of the British Museum (NH), London.
OSTHELDER, L. 1933: Lepidopteren-Fauna von Marasch in türkisch Nordsyrien, *Noctuidae*. – Mitt. Münch. Ent. Ges. **23**, 45–107.
PINKER, R. 1979: Neue Lepidopteren aus Kleinasien und dem Mittelmeerraum. – Z. Arb. Gem. Öster. Ent. **31**, 65–74.
REBEL, H. 1906: Ergebnisse einer naturwissenschaftlichen Reise zum Erdschias-Dagh (Kleinasien), Lepidopteren. – Ann. K. K. Naturhist. Hofmus. **20**, 1–31 (Sonderdruck).
– – 1916: Über die Lepidopterenfauna Cyperns. – Jahresber. Wien. Ent. Ver. **26**, 1–18 (Sonderdruck).

— — 1917: Eine Lepidopterenausbeute aus dem Amanusgebirge (Alman Dagh). – Sitz. Ber. Österr. Akad. Wiss. Math. Nat. Kl., Abt. 1, Bd. **126**, 243–272.

— — 1931: Lepidopteren aus der Umgebung Ankaras. – Ann. Nat. Hist. Mus. Wien **46**, 1–12 (Sonderdruck).

— — 1936: Lepidopteren aus der Umgebung Ankaras, II. Teil. – Ann. Nat. His. Mus. Wien **47**, 43–58.

— — 1939: Zur Lepidopterenfauna Cyperns. – Mitt. Münch. Ent. Ges. **29**, 487–565, Taf. 15.

REISSER, H. 1958: Ergebnisse der Österreichischen Iran-Expedition 1949/50, *Lepidoptera* I. – Sitz. Ber. Österr. Akad. Wiss. Wien **167**(10), 519–551.

RÖBER, J. 1897: Die Schmetterlings-Fauna des Taurus. – Ent. Nachr. **12**, 257–280.

RUNGS, CH 1979: Catalogue Raisonné des Lépidoptères du Maroc. – Rabat-Agdal.

SCHIMITSCHEK, E. 1944: Forstinsekten der Türkei und ihre Umwelt. – Prag.

SCHWINGENSCHUSS, L. 1938: Sechster Beitrag zur Lepidopterenfauna Inner-Anatoliens. – Ent. Rdsch. **55**, 141–147, 158–164, 173–177, 181–184, 199–202, 223–226, 299–300, 337–340, 411–412, 454–457.

— — 1938/39: Beitrag zur Lepidopterenfauna von Iran (Persien). – Ent. Z. **52/53**, 1–45 (Sonderdruck).

— — 1939: Kleiner Beitrag zur Fauna der Umgebung Erzurums in Klein-Asien. – Z. Österr. Ver. **24**, 97–100.

STAUDINGER, O. 1871: Catalog der Lepidopteren des Europäischen Faunengebiets I. Macrolepidoptera. – Dresden.

— — 1879: Lepidopterenfauna Kleinasien's. – Horae Soc. Ent. Ross. **16**, 176–482.

— —, REBEL, H. 1901: Catalog der Lepidopteren des Palaearktischen Faunengebietes. – Friedländer & Sohn, Berlin.

SUGI, S. 1982: *Noctuidae* (in Moths of Japan). – Tokyo.

SUTTON, S. L. 1964: South Caspian Insect Fauna 1961. – Ann. Mag. Nat. Hist (13)**6**, 353–374, Taf. 14.

VARGA, Z. 1975: Eine Noctuiden-Ausbeute aus Ost-Anatolien (Lep.). – Int. Ent. Z. **85**, 172–174.

— — 1982: *Noctuidae (Lepidoptera)* aus der Mongolei, IV Subfamilie *Amphipyrinae*. – Folia Ent. Hung. **18**, 205–227.

VARTIAN, E. 1964: Österreichische entomologische Iran-Afghanistan-Expedition, Beiträge zur Lepidopterenfauna, 3. Eine neue *Ephesia* Hbn. aus Afghanistan *(Lep., Catocalinae)*. – Z. Wien. Ent. Ges. **49**, 117–118.

WAGNER, F. 1929: Zweiter (III.) Beitrag zur Lepidopteren-Fauna Inner-Anatoliens. – Int. Ent. Z. Guben **24**, 545–558, 16–22.

— — 1931: Dritter (IV.) Beitrag zur Lepidopteren-Fauna Inner-Anatoliens. – Int. Ent. Z. Guben **26**, 467–493.

— — 1936: Zwei neue Noctuiden aus Nordpersien. – Z. Öster. Ent. Ver. **21**, 73–75.

— — 1937a: Drei weitere Neuheiten aus Nord-Persien. – Z. Öster. Ent. Ver. **22**, 21–24.

— — 1937b: Einige weitere persische Neuheiten *(Lep.)* – Z. Öster. Ent. Ver. **22**, 61–63.

WARREN, E. 1909–1913: Eulenartige Nachtfalter. In: SEITZ, A., Die Gross-Schmetterlinge der Erde, I. Abteilung, Die Gross-Schmetterlinge des Palaearktischen Faunengebietes. – Kernen, Stuttgart.

WILTSHIRE, E. P. 1957: The *Lepidoptera* of Iraq. – Nicholas Kaye Limited, London.

— — 1958: New Species and Forms of *Lepidoptera* from Afghanistan and Iraq. – Journ. Bombay Nat. Hist. Soc. 1958, 228–237.

— — 1961: Ergebnisse der Deutschen Afghanistan-Expedition 1956 der Landessammlungen für Naturkunde Karlsruhe. – Beitr. naturk. Forsch. SW-Deutschl. **19**, 337–371.

— — 1979: A revision of the *Armadini* (Lep. Noctuidae). Scandinavian Science Press Ltd.

— — 1980: Insects of Saudi-Arabia. *Lepidoptera*. – Fauna of Saudi Arabia **2**, 179–240.

— — 1982: Insects of Saudi Arabia. *Lepidoptera*. – Fauna of Saudi Arabia **4**, 271–332.

ZUKOWSKY, B. 1938: Herbstreise nach Kleinasien, Nordost-Anatolien und zilizischer Taurus *(Lep.)*. – Ent. Rdsch. **55**, 529–531, 623–627, 648–651, 657–659, 708.

Anschriften der Verfasser:
Hermann HACKER, Kilianstr. 10, D-8623 Staffelstein
Peter KUHNA, Memellandstr. 26, D-5272 Wipperfürth
Franz-Josef GROSS, Widderstr. 53, D-5020 Frechen-Königsdorf

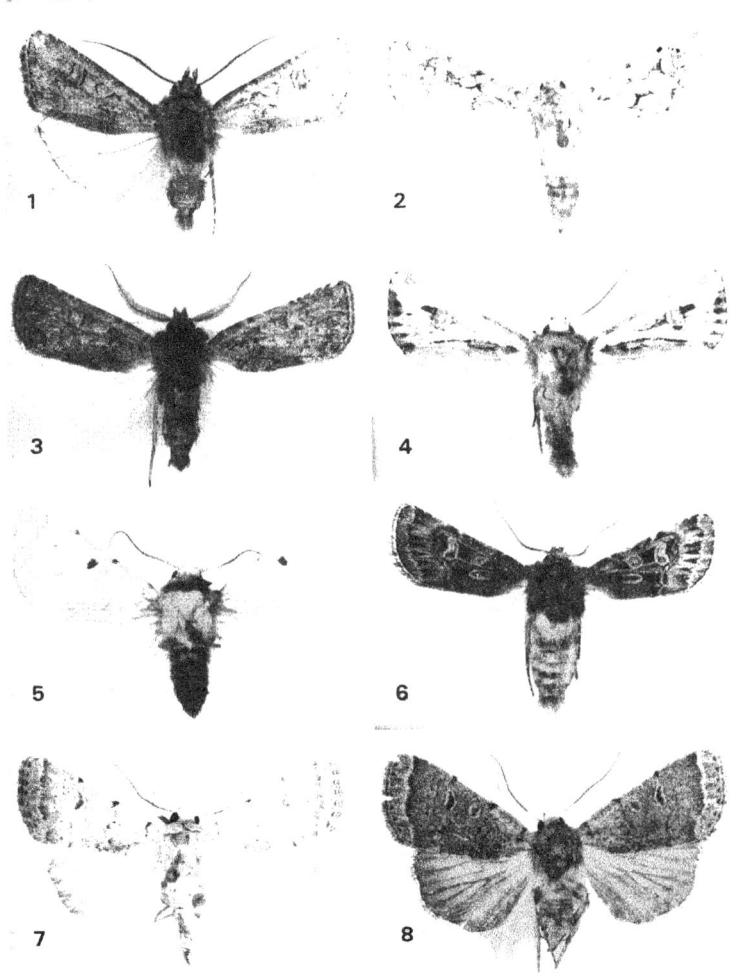

Tafel 1: Fig. 1 *Euxoa zernyi* BOURSIN, 1943, ♂, Pr. Sivas, Gürün; Fig. 2 *Euxoa zernyi* BOURSIN, 1943, ♀, Pr. Sivas, Gürün; Fig. 3 *Euxoa anatolica* DRAUDT, 1936, ♂, Pr. Sivas, Gürün; Fig. 4 *Agrotis sardzeana* BRANDT, 1941, ♂, Pr. Van, Güseldere Geçidi; Fig. 5 *Yigoga anastasia* (DRAUDT, 1936), ♀, Pr. Van, Güseldere Geçidi; Fig. 6 *Chersotis gratissima* (CORTI, 1932), ♂, Pr. Ankara, Beynam Ornam; Fig. 7 *Xestia palaestinensis* (KALCHBERG, 1897), ♂, Pr. Maraş, Parzarçik; Fig. 8 *Xestia palaestinensis* (KALCHBERG, 1897), ♀, Pr. Maraş, Parzarçik.

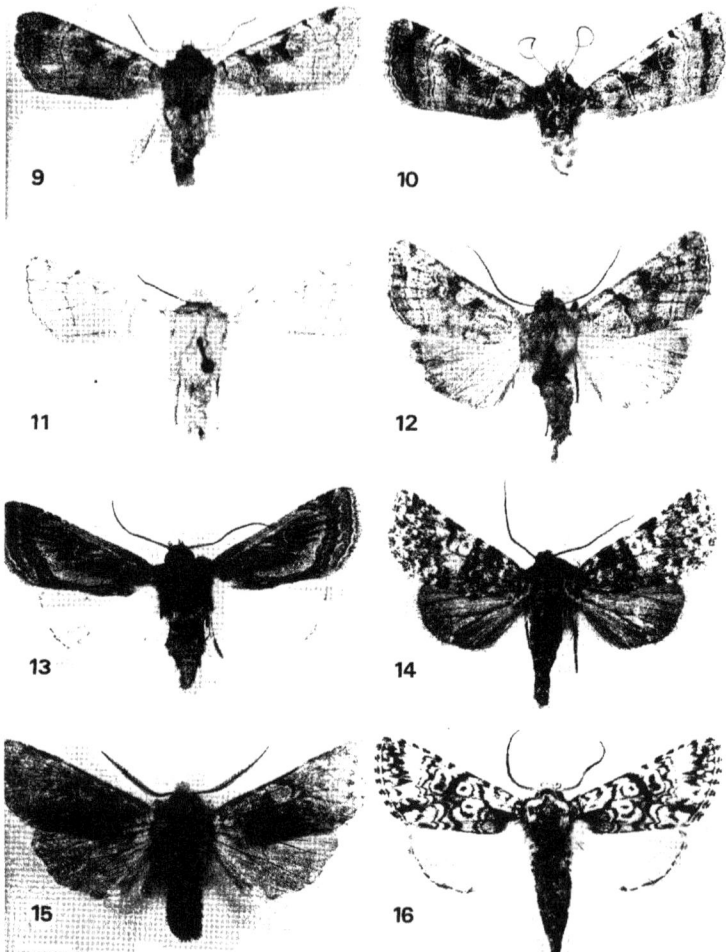

Tafel 2: Fig. 9 *Eugnorisma kurdistana* sp. n., ♂, Pr. Bitlis, Tatvan; Fig. 10 *Eugnorisma caerulea* (F. WAGNER, 1932), ♂, Pr. Nevsehir, Göreme (coll. HACKER); Fig. 11 *Eugnorisma enargiaris* (DRAUDT 1936), ♂, Pr. Bingöl, Buğlan Geçidi; Fig. 12 *Eugnorisma sp. n.* RONKAY & VARGA (im Druck), ♂, Pr. Bingöl, Buğlan Geçidi; Fig. 13 *Eugnorisma eminens* (LEDERER, 1855), ♂ Pr. Van, Güselsu; Fig. 14 *Hadena defreinai* sp. n., ♂, Pr. Erzurum, Palandöken Dağh; Fig. 15 *Perigrapha cilissa* PUNGELER, 1917, ♂, Pr. Bitlis, Tatvan; Fig. 16 *Valerietta niphopasta* (HAMPSON, 1906), ♂, Pr. Antalya, Avlan-See.

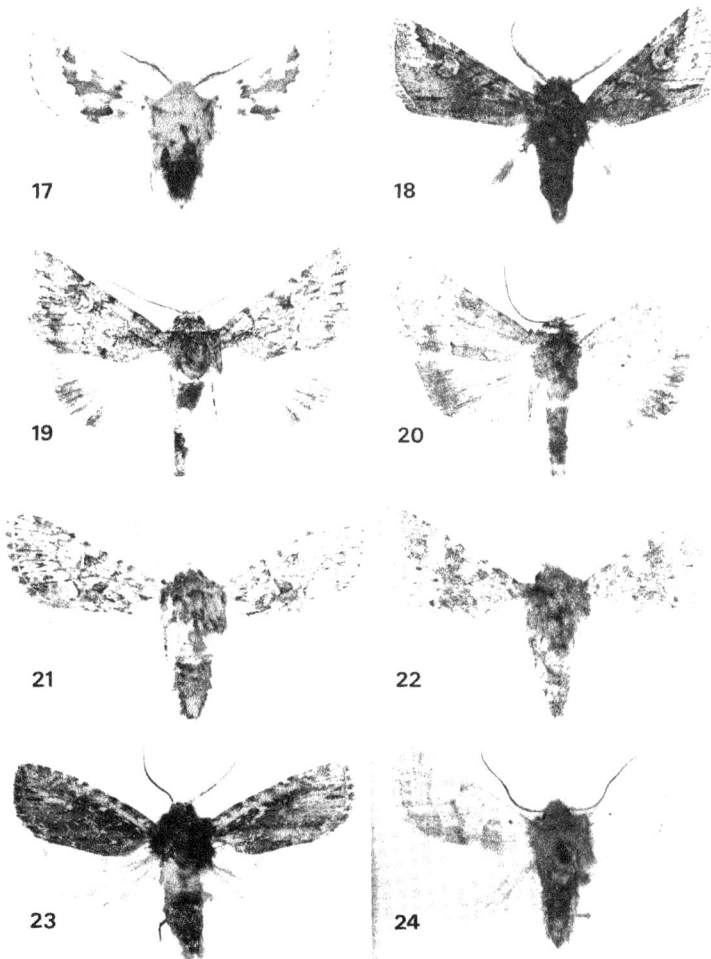

Tafel 3: Fig. 17 *Güselderia lutea* sp. n., ♂, Pr. Van, Güseldere Geçidi; Fig. 18 *Ostheldera gracilis* (OSTHELDER, 1933), ♂, Pr. Elazig. Hasar-See; Fig. 19 *Oncocnemis strioligera anatolica* HACKER (im Druck), ♂, Pr. Hakkari, Bağisli; Fig. 20 *Oncocnemis nigricula* (EVERSMANN, 1847), ♂, Pr. Kars, Göle; Fig. 21 *Blepharita rjabovi* (BOURSIN, 1943), ♂, Pr. Ağri, Cumaçay; Fig. 22 *Polymixis philippsi* (PÜNGELER, 1911), ♂, Pr. Ağri, Cumaçay; Fig. 23 *Conistra torrida* (LEDERER, 1857), ♂, Pr. Ankara, Beynam Ornam; Fig. 24 *Agrochola lactiflora* (DRAUDT, 1934), Pr. Bingöl, Buğlan-Geçidi.

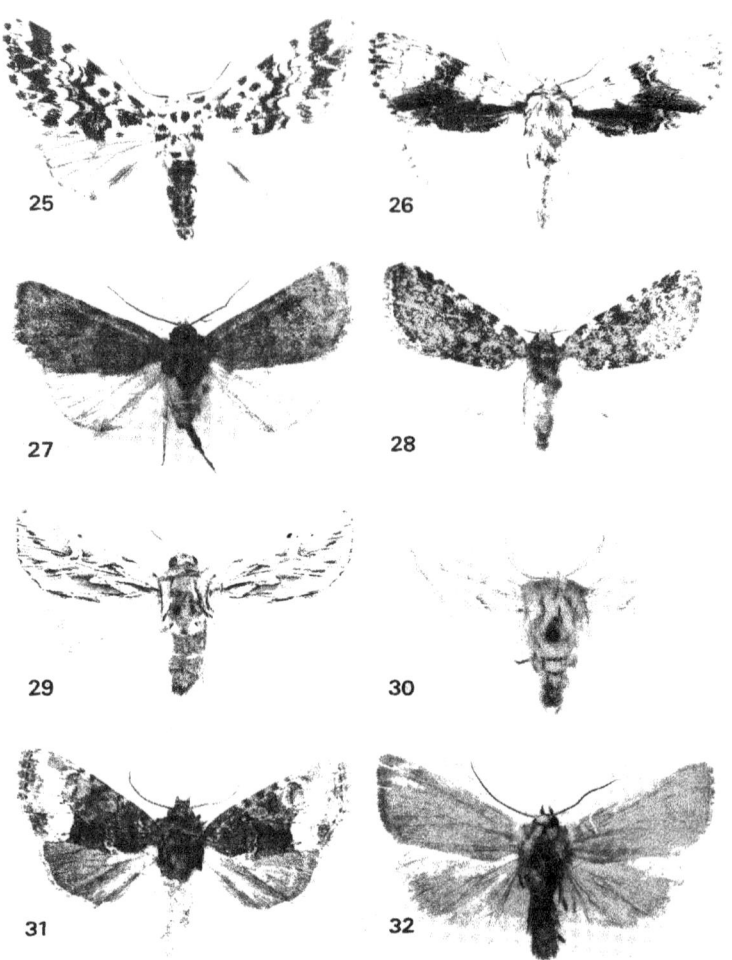

Tafel 4: Fig. 25 *Panthea coenobita* (ESPER, 1785), ♂, Pr. Bolu, Mengen; Fig. 26 *Acronicra alni* (LINNAEUS, 1767), ♂, Pr. Bolu, Mengen; Fig. 27 *Victrix sp.*, ♂, Pr. Kars, Göle; Fig. 28 *Victrix sp.*, ♂, Pr. Ağri, Cumaçay; Fig. 29 *Actinotia laciniosa* (CHRISTOPH, 1887), ♂, Pr. Elazig, Euphrat bei Kale; Fig. 30 *Margelana flavidior* (F. WAGNER, 1931), ♂, Pr. Pr. Kayseri, Pinarbaşhi; Fig. 31 *Oligia strigilis* (LINNAEUS, 1758), ♂, Pr. Antakya, Amanus; Fig. 32 *Arenostola phragmitidis* (HUBNER, [1800–1803]).

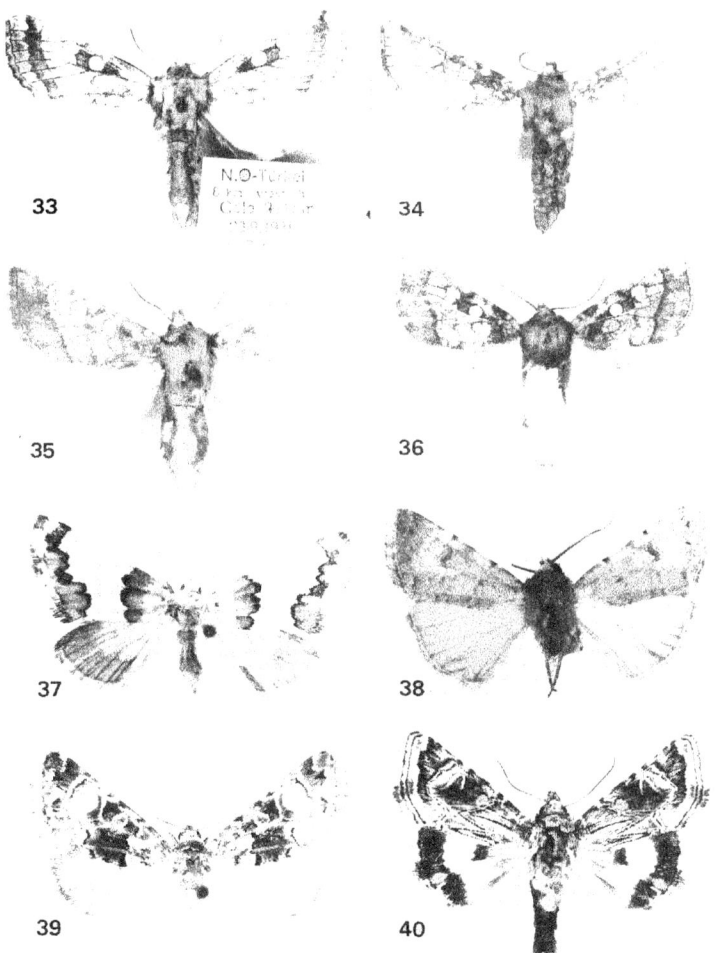

Tafel 5: Fig. 33 *Gortyna hethitica* sp. n., ♂, Pr. Kars, Göle; Fig. 34 *Gortyna puengeleri* (TURATI, 1909), ♂, Jugoslawien, Istrien (coll. ZSM); Fig. 35 *Gortyna* n. sp. (HACKER & KUHNA, im Druck), ♂, Pr. Tunceli, Pülümür; Fig. 36 *Gortyna flavago* ([DENIS & SCHIFFERMÜLLER], 1775), ♂, West-Deutschland, Nordbayern (coli. HAKKER); Fig. 37 *Chionoxantha staudingeri* (STANDFUSS, 1892), ♀, Pr. Urfa, Siverek; Fig. 38 *Eremodrina bodenheimeri chlorotica* (BOURSIN, 1936), ♂, Pr. Elazig, Hasar-See; Fig. 39 *Metoponrhis albirena* (CHRISTOPH, 1887), ♂, Pr. Erzurum, Oltu; Fig. 40 *Armada panaceorum* (Ménestries, 1849), ♂, Pr. Nevşehir, Göreme.

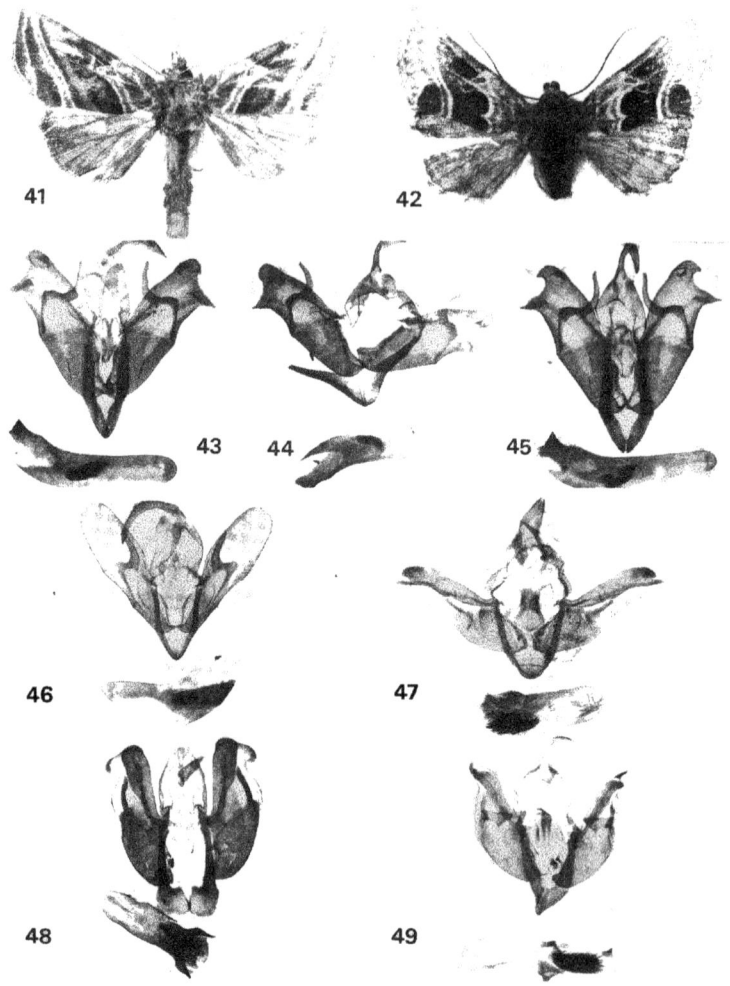

Tafel 6: Fig. 41 *Euchalcia cuprescens* DUFAY, 1966, ♂, Pr. Bolu, Mengen; Fig. 42 *Euchalcia chalcophanes* DU-FAY, 1968, ♂, Pr. Bitlis, Tatvan
Männliche Genitalstrukturen:
Fig. 43 *Eugnorisma caerulea* (F. WAGNER, 1932), Pr. Nevsehir, Göreme, Pr. HACKER N 2020. – Fig. 44 *Eugnorisma kurdistana* sp. n., Pr. Bitlis, Tatvan, Pr. HACKER N 2893. – Fig. 45 *Eugnorisma kurdistana* sp. n., Pr. Bingöl, Buglan Gecidi, Pr. HACKER N 2906. – Fig. 46 *Eugnorisma* sp. n. RONKAY & VARGA (im Druck), Pr. Bingöl, Buglan Gecidi, Pr. HACKER N 2900. – Fig. 47 *Blepharita rjabovi* (BOURSIN, 1943), Pr. Agri, Cumacay, Pr. HAK-KER N 2367. – Fig. 48 *Hadena defreinai* sp. n., Pr. Erzurum, Palandöken, Dagh, Pr. HACKER N 2913. – Fig. 49 *Hadena tephroleuca asiatica* (F. WAGNER, 1931), Pr. Van, Güseldere Gecidi, Pr. HACKER N 3006.

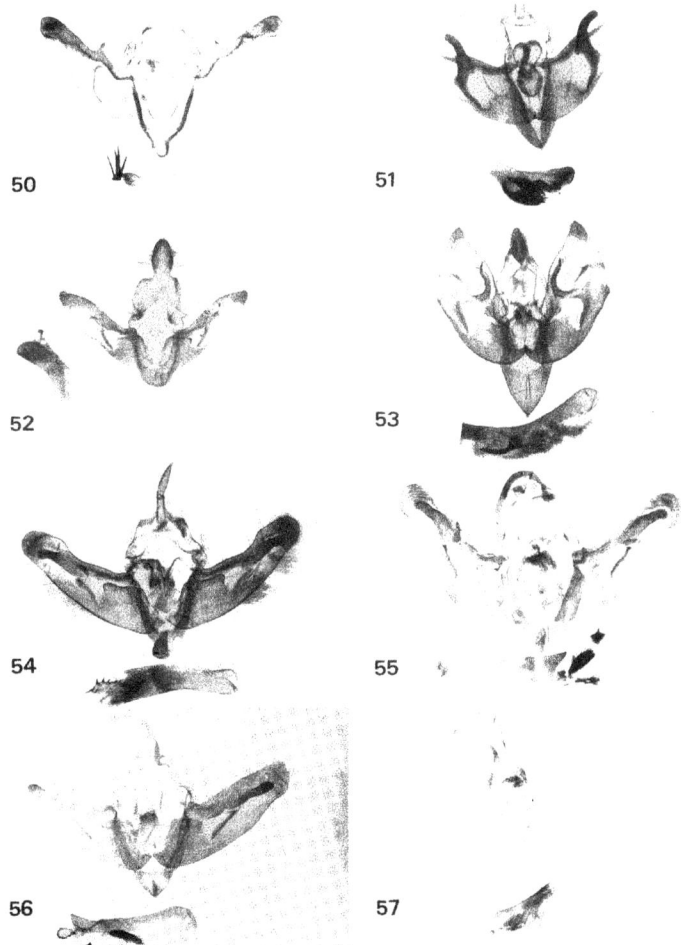

Tafel 7: Fig. 50 *Güselderia lutea* sp. n., Pr. Van, Güseldere Gecidi, Pr. HACKER N 2370; Fig. 51 *Episema gozma-nyi* RONKAY & HACKER, 1985, Creta, Knossos (coll. ZSM), Pr. HACKER N 2739; Fig. 52 *Ulochlaena hirta* (HÜB-NER, 1809–1813), Pr. Sivas, Gürün (coll. HACKER), Pr. HACKER N 892; Fig. 53 *Pseudenargia basilissa* (BRANDT, 1938), Pr. Elazig, Hasar-See, Pr. HACKER N 2898; Fig. 54 *Gortyna hethitica* sp. n., Pr. Kars, Göle, Pr. HACKER N 2903; Fig. 55 *Gortyna puengeleri* (TURATI, 1909), Norditalien, Gardasee (coll. HACKER), Pr. HACKER N 2986; Fig. 56 *Gortyna* sp. n. (HACKER & KUHNA, im Druck), Pr. Kars, Göie, Pr. HACKER N 2369; Fig. 57 *Euchalcia chalcophanes* DUFAY, 1968, Pr. Bitlis, Tatvan, Pr. HACKER N 2371.

Buchbesprechungen

HECKER, U.: **Laubgehölze.** Wildwachsende Bäume, Sträucher und Zwerggehölze. – BLV Verlagsgesellschaft, München–Wien–Zürich, 1985. 319 S. 268 Farbfotos. (1)

Das vorliegende, handliche Taschenbuch aus der Reihe der BLV Intensivführer erhebt keinen Anspruch auf die vollständige Erfassung aller einheimischen Gehölzarten, vielmehr soll dem Leser Einblick in den enormen Artenreichtum der heimatlichen Laubgehölze gegeben werden.

In der Einführung werden die wichtigsten Gestaltmerkmale erklärt bzw. durch Skizzen veranschaulicht. Es folgen Erläuterungen zu den Lebensformen der Gehölze, den Vegetationszonen und Höhenstufen sowie zur Nomenklatur. Im Speziellen Teil werden die Arten ausführlich beschrieben. Habitusbilder, Detailzeichnungen (z. B. Winterzustand) und Farbfotos ermöglichen ein sicheres Ansprechen der Arten. Auf einen Bestimmungsschlüssel wurde verzichtet. In Kurzform informieren leicht verständliche Texte über die Biologie der jeweiligen Art, ihrer Verbreitungsmechanismen, Anpassungsweisen und Umbildung von Pflanzenorganen. Ebenso wird die Bedeutung der Laubgehölze in Heilkunde, als Nahrungsmittel, als Zierpflanzen oder in der technischen Nutzung dargestellt. Ein Literaturverzeichnis verweist auf weiterführende Werke.   R. GERSTMEIER

SCHÖNFELDER I., SCHÖNFELDER P.: **Die Kosmos-Mittelmeerflora.** – Franckh'sche Verlagshandlung, Stuttgart, 1984. 318 S. mit über 500 Farbfotos. (2)

Den unzähligen populärwissenschaftlichen Florenwerken und farbigen Bestimmungsbüchern Mitteleuropas stehen nur wenige gute Bücher für den mediterranen Raum gegenüber. Die Kosmos-Mittelmeerflora muß zu diesen gerechnet werden.

Nach einer Einführung mit Hinweisen zur Benutzung des Buches werden in knappen, aber informativen Kapiteln Bemerkungen zum Naturschutz, über Klima und Lebensformen der Pflanzen sowie Vegetationsstufen und Vegetationszonen gemacht. Anschließend werden die wichtigsten Lebensgemeinschaften (Fels- und Sandküsten, Wälder, Strauchformationen, Gras- und Felsfluren, Kulturland) ausreichend beschrieben. Anhand von Strichzeichnungen sind die wichtigsten botanischen Fachausdrücke erläutert, die das Rüstzeug für den Bestimmungsschlüssel der Pflanzenfamilien darstellen.

Der Bestimmungsteil enthält fast 1 000 Pflanzenarten, von denen 506 farbig abgebildet sind. Dem beschreibenden Textteil (Größe, Blütezeit, Beschreibung, Standort, Hinweise zur Verbreitung, Unterscheidung ähnlicher, nicht abgeb. Arten) steht eine Seite mit den entsprechenden Farbfotos direkt gegenüber, so daß lästiges Suchen und Umblättern vermieden wird. Die überwiegend von den Autoren stammenden Farbfotos sind durchwegs von guter Qualität und lassen meist die wichtigsten Unterscheidungsmerkmale erkennen. Kurze Literaturauswahl und Register beschließen dieses gelungene Bestimmungsbuch, welches in das Reisegepäck eines jeden naturinteressierten Mittelmeerreisenden gehört.   R. GERSTMEIER

SCHUBERT, R. (ed.): **Lehrbuch der Ökologie.** – VEB Gustav Fischer, Jena, 1984, 595 S. – Alleinvertrieb f. BRD, Österreich u. Schweiz: Gustav Fischer Verlag, Stuttgart. (3)

In diesem Lehrbuch der Ökologie werden, bei ausgewogenem Verhältnis zwischen pflanzlichen und tierischen Organismen, die terrestrische, limnische und marine Ökologie einschließlich ökologischer Richtungen in Nachbardisziplinen erörtert.

Die Kapitelfolge reicht von allgemeinen Grundlagen der Ökosystemlehre über biochemische Wechselbeziehungen zwischen Organismen und ihrer Umwelt bis zur Autökologie und Ökologie von Populationen und Biocoenosen. Bemerkenswert sind lediglich die Kapitel „Ökologie von Landschaften", „Ökologie des Mensch-Biogeocoenose-Komplexes" und die „Anwendungsbereiche der Ökologie", denen (im Gegensatz zu vielen anderen Ökologiebüchern) viel Platz eingeräumt wurde. Die umfangreiche Literatur findet sich kapitelweise am Ende des Buches. Da dieses Buch im wesentlichen für Studenten konzipiert ist, dürfte – besonders in Anbetracht der im Ostblock üblichen (billigen) Ausstattung – der Preis des westdeutschen Vertreibers etwas überzogen sein.   R. GERSTMEIER

| Mitt. Münch. Ent. Ges. | 76 | 143–164 | München, 31. 12. 1986 | ISSN 0340-4943 |

Bemerkungen zur Systematik einiger Gattungen der *Campopleginae.* III*

(Hymenoptera, Ichneumonidae)

Von Klaus HORSTMANN

Abstract

In this paper the genera *Chromoplex* (type species *Anilasta picticollis* THOMSON), *Clypeoplex* (type species *Campoplex cerophagus* GRAVENHORST) and *Melanoplex* (type species *Limneria bucculenta* HOLMGREN) are described as new, the European species of *Phaedroctonus* FORSTER are revised, and remarks to species of the genera *Bathyplectes* FORSTER, *Biolysia* SCHMIEDEKNECHT, *Cymodusa* HOLMGREN, *Diadegma* FORSTER, *Leptoperilissus* SCHMIEDEKNECHT, *Pyracmon* HOLMGREN, *Sesioplex* VIERECK, *Tranosema* FORSTER, *Tranosemella* HORSTMANN and *Venturia* SCHROTTKY are given. *Sagaritis* HOLMGREN (praeocc.; syn. *Sagaritopsis* HINCKS) is considered to be a synonym of *Cymodusa* HOLMGREN, and *Neoarthula* RAO a synonym of *Hyposoter* FORSTER. The species *Leptoperilissus hispanicus*, *L. ibericus*, *Phaedroctonus humuli*, *P. albistriae*, *Pyracmon brevicauda*, *Tranosema mendicae* and *Venturia anatolica* are described as new. The lectotypes of six species are designated, and eight new synonyms of species are indicated. In an appendix *Campoplex nitens* GRAVENHORST is transferred to *Dimophora* FORSTER (Cremastinae).

Bemerkungen zu einzelnen Gattungen

1. *Bathyplectes* FORSTER

a) *Bathyplectes tibiator* (GRAVENHORST)

Ichneumon tibiator GRAVENHORST wurde von TASCHENBERG (1866: 254f.) nach einer Untersuchung der Typen zu den *Cryptinae* gestellt, von RASNITSYN (1981: 105) zu den *Campopleginae*. Darüber hinaus blieb die Art ungedeutet. Eine Untersuchung der Typen (2 ♂♂) aus Coll. GRAVENHORST (in Breslau) ergab, daß die Art zu *Bathyplectes* FORSTER gehört und ein älteres Synonym von *B. corvinus* (THOMSON) darstellt (syn. nov.). Lectotypus von SAWONIEWICZ beschriftet und hiermit festgelegt (♂): ohne Fundortangaben (nach der Beschreibung aus Norditalien).

Bathyplectes tibiator und *B. incisus* HORSTMANN sind einander sehr ähnlich, deshalb stelle ich hier noch einmal einige Unterscheidungsmerkmale zusammen (vgl. auch HORSTMANN 1974):

B. tibiator: Schläfen, von oben gesehen, länger als die Breite der Facettenaugen, nach hinten wenig verengt; Präpectalleiste median nicht ausgerandet; Tibien III basal schwarz (selten basal außen mit einem kleinen gelblichen Fleck).

B. incisius: Schläfen kürzer und nach hinten stärker verengt (Abb. in HORSTMANN 1974: 64); Präpectalleiste median an einer kleinen Stelle ausgerandet; Tibien III basal außen deutlich weißgelb gezeichnet. Von dieser Art sah ich inzwischen auch zwei Männchen, je eins aus Ruhpolding/Oberbayern (Coll. R. BAUER) und aus Peißenberg/Oberbayern (Coll. HAESELBARTH). Auf diese treffen die angegebenen Merkmale ebenfalls zu.

---

* Die vorliegende Arbeit ist eine Fortsetzung zweier früherer Veröffentlichungen zum gleichen Thema (HORSTMANN 1970b, 1977).

b) *Bathyplectes sessiliator* Aubert

Bathyplectes sessiliator wurde zuerst als „forma aut species nova" zu *B. immolator* (Gravenhorst (Gravenhorst) beschrieben (Aubert 1974a: 2f.). Da das eine bedingte Neubeschreibung darstellt, hat der Name mit diesem Datum keinen nomenklatorischen Status (Diskussion bei Horstmann 1980a: 141f.). Ein Jahr später hat Aubert (1975: 17) die Form eindeutig in den Rang einer Art erhoben, und der Name ist deshalb mit dem Datum 1975 zu zitieren.

Meines Erachtens handelt es sich bei dem Holotypus von *B. sessiliator* um ein Weibchen von *B. cingulatus* (Brischke) (syn. n.). Bei dem Typus von *sessiliator* ist die Area superomedia zum Ende etwas verengt, bei typischen *cingulatus* ist sie in der Regel zum Ende erweitert, aber ich habe zwischen beiden Formen alle Übergänge gesehen.

Die von Aubert (1975: 17) erwähnten Weibchen aus dem Britischen Museum (in London) gehören ebenfalls zu *B. cingulatus*.

2. *Biolysia* Schmiedeknecht

a) *Biolysia infernalis* (Gravenhorst)

Der Holotypus von *Ichneumon infernalis* Gravenhorst (syn. *Mesoleptus infernalis* Gravenhorst) ist verschollen (Townes 1959: 77), aber Pfankuch (1906: 19f.) hat den Typus untersucht und gibt eine kurze Beschreibung. Pfankuch stellt die Art zu *Lathroplex* Forster, aber nur auf Grund der Tatsache, daß der Typus ein entsprechendes Etikett von der Hand Forsters trug, und ohne die Art näher deuten zu können. Morley (1915: 158) identifiziert Material aus dem Britischen Museum (in London) mit dieser Art, aber es ist unsicher, ob diese Deutung korrekt ist. Eine sichere Deutung der Art ist dagegen mit Hilfe der von Forster hinterlassenen Schriften und von Material aus der Sammlung Forster möglich:

1. In hinterlassenen Schriften Forsters, die sich im U.S. Department of Agriculture (in Washington, D.C.) befinden, werden die Arten *Campoplex tristis* Gravenhorst und *Campoplex immolator* Gravenhorst zur Gattung *Lathroplex* gestellt, und aus den Angaben Pfankuchs ist ersichtlich, daß Forster auch die Art *Mesoleptus infernalis* (Gravenhorst) zu *Lathroplex* gestellt hat.

2. Im Zoologischen Museum (in Berlin) findet sich ein aus der Sammlung Forster stammendes Weibchen von *Biolysia tristis* (Gravenhorst) mit der Beschriftung „*Lathroplex (Mesoleptus) infernalis* Grv. *(Campoplex tristis)* Grv." von der Hand Forsters.

Aus diesen Angaben wird klar, daß *Lathroplex* Forster (in litt.) mit *Biolysia* Schmiedeknecht identisch ist und daß Forster auf Grund eines Studiums der Typen *Mesoleptus infernalis* (Gravenhorst) mit *Campoplex tristis* Gravenhorst identifiziert hat. Ein Vergleich der Beschreibungen, die Gravenhorst (1820: 359; 1829: II/16) und Pfankuch (1906: 19f.) von dem Typus von *Ichneumon infernalis* geben, mit Material von *Biolysia tristis* bestätigen diese Vermutung. Somit wird *Biolysia infernalis* ein älteres Synonym von *Biolysia tristis* (syn. n.).

Die Deutung von *Lathroplex* Forster wird durch diese Bemerkungen nicht beeinflußt, denn Forster hat seine Deutung nicht publiziert, und die Deutung Thomsons (1887: 1135) ist nomenklatorisch gültig geworden (vgl. Horstmann 1977: 67f.).

3. *Chromoplex* gen. n.

(Typusart: *Anilasta picticollis* Thomson)

In einer früheren Arbeit (Horstmann 1973a: 136) hatte ich die Typusart provisorisch zu *Diadegma* Forster gestellt. Es scheint mir jetzt berechtigt, eine eigene Gattung dafür zu errichten.

Chromoplex unterscheidet sich von *Hyposoter* Forster durch das glatte Speculum, die Form der Area superomedia (Abb. 1) und den langen Bohrer (Bohrerklappen fast so lang wie die Tibien III). In diesen Merkmalen stimmt *Chromoplex* mit vielen *Diadegma*-Arten überein, unterscheidet sich aber von *Diadegma* durch die median weiß, basal und apikal dunkelbraun gezeichneten Tibien III. Von *Tranosemella* HORSTMANN unterscheidet sich die neue Gattung durch das glatte Speculum und die Form der Area superomedia, dazu anscheinend durch das Wirtsspektrum (vgl. unten). Weitere Sondermerkmale sind die langen Tibiensporne III und die rote und gelbe Zeichnung von Kopf und Thorax. Eine ausführliche Beschreibung der einzigen bisher bekannten Art findet sich bei HORSTMANN (1973a: 136).

Chromoplex picticollis (THOMSON) wurde bisher nachgewiesen aus Südfrankreich (AUBERT 1959: 162) Jugoslawien/Dalmation (Coll. THOMSON, Mus. Budapest), Rumänien (Coll. HINZ), Bulgarien (Biological Station Delémont), Griechenland (Mus. Berlin), Israel (AUBERT 1965: 68) und Ägypten (Mus. Berlin). Als Wirte wurden bekannt: *Helicoverpa armigera* (HUBNER) *(Noctuidae)* (Biol. Stat. Delémont) und *Doritis apollinus* (HERBST) *(Papilionidae)* (AUBERT 1965: 68).

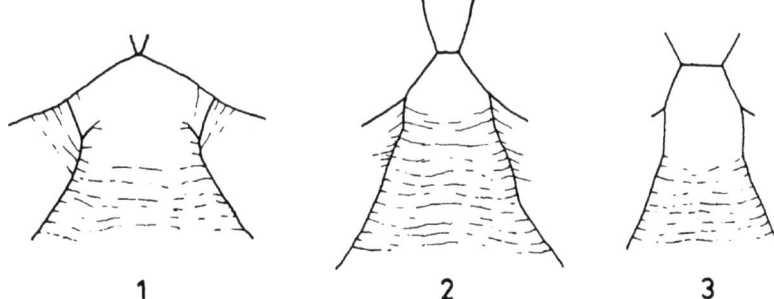

Abb. 1–3: Form der Area superomedia. 1. *Chromoplex picticollis* (♀); 2. *Clypeoplex cerophagus* (♀); 3. *Melanoplex bucculentus* (♀).

4. *Clypeoplex* gen. n.
(Typusart: *Campoplex cerophagus* GRAVENHORST)

Sowohl die Deutung als auch die systematische Position der einzigen bekannten Art dieser Gattung waren lange umstritten; sie stand bisher bei *Campoplex* GRAVENHORST (syn. *Omorgus* FORSTER), *Diadegma* FORSTER und *Sesioplex* VIERECK (vgl. HORSTMANN 1977: 74f.). SÂNBORNE (1983) hat gute Argumente dafür beigebracht, die Art aus der Gattung *Sesioplex* zu entfernen (Diskussion vgl. unten unter *Sesioplex).* Deshalb wird hier eine eigene Gattung dafür errichtet.

Clypeoplex unterscheidet sich von *Campoplex* durch die Ausbildung des Petiolus, bei dem die Sternitgrenze deutlich unterhalb der Mitte liegt und bei dem Dorsolateralleisten und Seitenfelder deutlich ausgebildet sind, ausgesprochene Seitengruben (Glymmen) aber fehlen. Von *Sesioplex* unterscheidet sich die neue Gattung durch den deutlich gerundeten Clypeus und die fast ungebogene Discoidella des Hinterflügels, dazu durch die sehr schiefe Areola, den kurzen Bohrer (Bohrerklappen deutlich kürzer als die Tibien III) und den völlig fehlenden dorsalen Höcker vor dem Einschnitt des Bohrers. *Pyracmon* HOLMGREN, *Tranosema* FÖRSTER und verwandte Gattungen weichen durch die vorhandenen Glymmen und die basal in der Regel nicht aufgehellten Tibien III ab.

Schläfen kurz, hinter den Augen deutlich verengt; Augen kahl, innen wenig ausgerandet; Ocellendreieck rechtwinklig; Abstand zwischen den hinteren Ocellen 0,65mal so lang wie ihr Abstand zu den Facettenaugen; Occipitalleiste gerundet; Gesicht deutlich etwas schmäler als die Stirn; Führer

145

32gliedrig, etwas zugespitzt, viertes Glied 2,8mal so lang wie breit, vorletzte Glieder etwa 1,4mal so lang wie breit; Clypeus deutlich gerundet, im Profil vom Gesicht deutlich getrennt, Endrand flach vorgerundet, scharfkantig, ohne Zahn; Wangenraum knapp halb so breit wie die Mandibelbasis; Unterrand der Mandibeln basal breit lamellenförmig, Zähne gleich lang; Wangenleiste deutlich vor der Mandibelbasis auf die Mundleiste treffend; Kopf und Thorax gekörnelt, matt, nicht deutlich punktiert; Pronotum lateral überwiegend längsgestreift; Speculum sehr fein gekörnelt, glänzend, nur an einer kleinen Stelle glatt; Eindruck davor mit feinen Körnelreihen, nicht gestreift; beide Pectalleisten vollständig und ohne Besonderheiten; Areola lang gestielt, mit dem Ansatz des rücklaufenden Nervs deutlich hinter der Mitte; dieser etwas schräg nach außen gestellt, Discoidalwinkel 70°; Nervus parallelus in der Mitte der Brachialzelle ansetzend; Nervulus etwas postfurcal; Nervellus ganz weit unten gebrochen (Brechung bei einigen Individuen nicht deutlich sichtbar); Discoidella des Hinterflügels fast ganz gerade; Beine schlank, Femora III 4,4mal so lang wie hoch; Tibiensporne III die Mitte der Metatarsen erreichend; Klauen kurz, basal mit 2–3 Kammzähnen; Mittelsegment kurz, deutlich gefeldert; Area basalis trapezförmig, etwa 1,5mal so lang wie breit; Area superomedia klein, etwa so lang wie breit, zum Ende parallelseitig oder wenig erweitert, offen, flach oder sehr wenig eingesenkt, 0,3mal so breit wie die Entfernung der Mittelsegment-Stigmen (Abb. 2); Area petiolaris von der Area superomedia durch einen kleinen Winkel in der Seitenbegrenzung abgesetzt, breit und deutlich eingesenkt, deutlich quergerunzelt; Costulae nur fein ausgebildet oder stellenweise verloschen; obere Felder nur gekörnelt, hintere Felder zusätzlich fein gerunzelt; Mittelsegment-Stigmen groß, rundlich; Petiolus mit der Sternitgrenze weit unterhalb der Mitte; Dorsolateralleisten und Seitenfelder deutlich ausgebildet, Petiolus deshalb im Querschnitt abgerundet rechteckig; Seitenfelder fein quergerunzelt; Sternit die Stigmen nicht erreichend, diese hinter der Mitte gelegen; Postpetiolus dorsal rundlich, Seitenbegrenzung zum Ende divergierend; zweites Gastersegment etwa so lang wie breit; letzte Tergite dorsal nicht ausgerandet; Bohrer kräftig, fast gerade, median etwa so hoch wie die Breite der Metatarsen III; dorsaler Einschnitt scharf, vor dem Einschnitt keine Spur eines Höckers; Spitze hinter dem Einschnitt so lang wie das fünfte Glied der Tarsen III; Bohrerklappen wenig länger als das erste Gastersegment; Tibien III basal und median außen weißgelb, subbasal und apikal außen dunkelbraun.

Die Typusart kommt vor in Schweden (Coll. THOMSON), Dänemark (Coll. HINZ, HORSTMANN), Deutschland (Coll. HAESELBARTH, HINZ, HORSTMANN), Polen (Coll. GLOWACKI, SAWONIEWICZ) und Österreich (Coll. HINZ). Sie wurde aus *Ypsolopha sylvella* (LINNAEUS) (*Yponomeutidae*) gezogen (PFANKUCH 1935: 17).

5. *Cymodusa* HOLMGREN

a) *Cymodusa declinator* (GRAVENHORST)

Seit HOLMGREN (1859: 325) ist *Campoplex declinator* GRAVENHORST zu der Gattung gestellt worden, die jetzt *Campoletis* FORSTER heißt, aber fast 100 Jahre lang unter dem Namen *Sagaritis* HOLMGREN bekannt war. Dieser Name ist allerdings präokkupiert. Nach einer Untersuchung der Typen THUNBERGS hat ROMAN (1912: 250) für die Art den Namen *Campoletis dilatator* (THUNBERG) eingeführt. Ich habe diese Typen nachuntersucht, ihre Deutung durch ROMAN ist korrekt, ebenso die Deutung von *Porizon mediator* ZETTERSTEDT als jüngeres Synonym der Art durch HOLMGREN (1860: 43). Man muß nur berücksichtigen, daß die Autoren die Art *Sagaritis declinator* nennen, zurückgehend auf die Deutung durch HOLMGREN (1860: 43).

Die Typen von *Campoplex declinator* GRAVENHORST wurden bisher nicht untersucht. GRAVENHORST (1829: III/589f.) hat die Art nach mehreren Männchen und Weibchen beschrieben. Ein genaues Studium der Beschreibung läßt vermuten, daß GRAVENHORST Material mehrerer Arten vor sich hatte. So beschreibt er die Farbe der Tegulae bei den Weibchen als gelb, bei den Männchen als schwarz, ein Sexualdimorphismus, der bei Arten der *Campopleginae* nur selten vorkommt. Die Typen der Art in Coll. GRAVENHORST in Breslau sind verschollen (TOWNES 1959: 77), aber in dem Teil der Sammlung GRAVEN-

HORST in Turin ist ein Männchen vorhanden (FRILLI & HORSTMANN 1982: 65). Dieses ist gut erhalten (es fehlt der größte Teil eines Fühlers) und stimmt mit GRAVENHORSTS Beschreibung der Männchen seiner Art gut überein. Es wird hiermit als Lectotypus festgelegt (Beschriftung: ,,5234"). Der Typus gehört zu *Cymodusa fasciata* (BRIDGMAN et FITCH) (syn. *Thymaris fasciatus* BRIDGMAN). Damit wird *Cymodusa declinator* (GRAVENHORST) ein älteres Synonym dieser Art (syn. n.), während für *Sagaritis declinator* sensu HOLMGREN et auct. der Name *Campoletis dilatator* (THUNBERG) gültig bleibt.

Cymoduda declinator ist bisher wahrscheinlich in der Regel mit *Cymodusa leucocera* HOLMGREN vereinigt worden. Unterscheidungsmerkmale zwischen beiden Arten finden sich bei HORSTMANN (1970a: 33), dort wird allerdings C. *declinator* noch als unbenannte Varietät oder Art neben *leucocera* geführt.

Da *Campoplex declinator* GRAVENHORST die Typusart sowohl von *Sagaritis* HOLMGREN als auch von *Sagaritopsis* HINCKS darstellt, werden beide Gattungen hiermit als jüngere Synonyme zu *Cymodusa* HOLMGREN gestellt (syn. n.). Es kann kein Zweifel bestehen, daß HOLMGREN und HINCKS bei der Festlegung der Typusart ihrer Gattungen einer Fehldetermination zum Opfer gefallen sind, wenn man die oben durchgeführte Festlegung eines Lectotypus zu Grunde legt. Es wäre also Artikel 70 (a) der Nomenklaturregeln anzuwenden. Da beide Gattungen jüngere Synonyme sind und da *Sagaritis* überdies präokkupiert ist, so daß sich keine Änderung eines gültigen Namens ergibt, wird hier auf eine Verweisung des Falls an die Nomenklaturkommission verzichtet.

6. *Diadegma* FÖRSTER

a) Abgrenzung der Gattung

Von den Arten, die ursprünglich zu *Diadegma* gestellt worden waren (vgl. HORSTMANN 1969; 1973a), sind einige inzwischen bei anderen Gattungen eingeordnet worden oder werden in dieser Arbeit aus *Diadegma* entfernt. Einige dieser Fälle werden im folgenden diskutiert:

Die Arten *Campoplex dorsalis* GRAVENHORST und C. *terebrans* GRAVENHORST müssen zu *Eriborus* FÖRSTER gestellt werden. Meine Bemerkungen zu diesem Problem (HORSTMANN 1969: 414) beruhten auf einer mangelhaften Kenntnis der von TOWNES et al. (1961: 243) und TOWNES (1965: 410) korrekt eingeordneten Arten.

Die Gattung *Enytus* CAMERON (syn. *Dioctes* FÖRSTER, praeocc.; syn. *Inareolata* ELLINGER et SACHTLEBEN) wurde von TOWNES et al. (1961: 234) als Synonym zu *Diadegma* FÖRSTER gestellt, in späteren Arbeiten aber als eigene Gattung behandelt (TOWNES et al. 1965: 293; TOWNES 1970: 160). Ich habe mehrfach darauf hingewiesen, daß die von TOWNES verwendeten Merkmale unzureichend sind und eine Auftrennung der europäischen Arten in zwei Gattungen nicht zulassen (HORSTMANN 1969: 414; 1970b: 82f.). Es handelt sich aber bei den *Enytus* gestellten Arten zweifellos um eine eigene Artengruppe, und ich würde es vorziehen, diese als Untergattung von *Diadegma* zu behandeln. Die große Mehrheit der lebenden Autoren ist allerdings anderer Auffassung und behandelt *Enytus* als eigene Gattung. Um die Benennungen zu vereinheitlichen, schließe ich mich dieser Auffassung an. Folgende Merkmale sind geeignet, die europäischen Arten von *Diadegma* und *Enytus* zu trennen:

Diadegma: Areola geschlossen und/oder Tibien III basal und median außen weißgelb bis gelb, subbasal und apikal außen dunkel gezeichnet.

Enytus: Areola offen und gleichzeitig Tibien III entweder ganz rot oder nur apikal oder basal und apikal dunkel gezeichnet (nie basal hell und subbasal dunkel).

Der Holotypus (♂, Beschriftung: ,,Ünökö Dr. KISS", Mus. Budapest) von *Meloboris rodnensis* KISS gehört zu *Campoletis* FÖRSTER.

Die Gattung *Ebiicha* SEYRIG wurde von TOWNES et al. (1965: 294) zu *Diadegma* gestellt, später aber von TOWNES & TOWNES (1973: 157) bei *Hyposoter* FÖRSTER eingeordnet. Nach einer Untersuchung der Typusart *(Ebiicha croccata* SEYRIG) stimme ich der letztgenannten Auffassung zu.

Die Gattung *Neoarthula* RAO, die von TOWNES et al. (1961: 234) zu *Diadegma* gestellt wurde, gehört zu *Hyposoter* FORSTER (syn. n.) und die Typusart, *Neoarthula pierisae* RAO, ist ein jüngeres Synonym von *Hyposoter ebeninus* (GRAVENHORST) (syn. n.; nach einer Untersuchung der Typen aus Dehra Dun/Indien). Die Beschreibung des Mittelsegments durch RAO (1953: 179) „Propodeum without an areola" ist nicht korrekt. Innerhalb der Gattung *Hyposoter* gehört *ebeninus* zusammen mit einigen anderen Arten in eine eigene Artengruppe, die vielleicht einmal als Untergattung abgetrennt werden wird.

Die Art *Anilasta picticollis* THOMSON wird in eine eigene Gattung gestellt (vgl. oben unter *Chromoplex)* und die Art *Diadegma completa* HORSTMANN wird bei *Tranosemalla* HORSTMANN eingeordnet (vgl. unten).

b) Einteilung in Untergattungen

Ursprünglich hatte ich drei Untergattungen von *Diadegma* anerkannt: *Diadegma* s. str., *Nythobia* FORSTER (inklusive *Enytus* CAMERON) und *Neoangitia* HORSTMANN (HORSTMANN 1969: 414f.). Zwischenzeitlich hatte ich auch *Enytus* als eigene Untergattung geführt (HORSTMANN 1980b: 122; 1980c: 131); diese wird jetzt als eigene Gattung angesehen (vgl. oben). Dagegen hat sich gezeigt, daß *Areolina* ENDERLEIN (syn. *Nothanomaloides* VIERECK) eine weitere Untergattung von *Diadegma* darstellt, von der auch ein Vertreter in Europa vorkommt. Die derzeit abgetrennten Untergattungen weisen folgende Merkmale auf:

Diadegma s. str.: Klauen lang, nicht oder nur basal kurz gekämmt; Area superomedia so lang wie oder länger als breit, zum Ende verengt und dort oft geschlossen; Tibien III rot, ungezeichnet; Gaster median breit rot oder fast ganz rot. TOWNES (1965: 143) hält einen Teil dieser Merkmale für voneinander unabhängig entstandene Anpassungen von Campopleginen-Arten, die in feuchten Wiesen vorkommen. In ihrer Kombination sind sie meines Erachtens aber doch charakteristisch (vgl. HORSTMANN 1973a: 143).

Areolina (syn. *Nothanomaloides):* Mittelsegment sehr lang, apikal weit über die Basis der Coxen III hinaus verlängert; Gaster sehr schlank; letzte Tergite fein gekörnelt, matt oder mit Seidenglanz; siebentes Tergit beim Weibchen tief und rechteckig ausgerandet; ventrale Bohrerstilete fein längsgerieft[1]). Mir wurden drei Arten der Untergattung bekannt: *Areolina imbecilla* ENDERLEIN aus Südamerika, *Nothanomaloides stenosomus* VIERECK aus Nordamerika und *Diadegma valesiator* AUBERT aus Europa. Diese sind nah miteinander verwandt.

Neoangitia (syn. *Angitia,* praeocc.): Mittelsegment und Gaster mehr oder weniger schlank; letzte Tergite beim Weibchen glatt und glänzend; siebentes Tergit beim Weibchen dorsal schmal und tief ausgerandet (Form der Ausrandung rechteckig oder schmal dreieckig); ventrale Bohrerstilete glatt; Parasiten von *Coleophora-*Arten *(Coleophoridae)* (soweit bekannt).

Nythobia (syn. *Pectinella,* praeocc., vgl. unten): Mittelsegment und Gaster nicht besonders schlank; letzte Tergite fein gekörnelt; siebentes Tergit beim Weibchen dorsal oft ausgerandet, wenn ausgerandet, dann breit dreieckig und nicht schmal und tief; Tibien III in aller Regel basal und median außen hell, subbasal und apikal außen dunkel gezeichnet (Stärke dieser Zeichnung sehr unterschiedlich).

Ursprünglich hatte SCHMIEDEKNECHT (1907: 599) nur die eine Art *Meloboris pusio* HOLMGREN in die Gattung *Nythobia* FORSTER gestellt. PERKINS (1962: 428f.) hat als erster die Gattung in einem ähnlich weiten Umfang aufgefaßt, wie es auch hier geschieht (PERKINS faßt *Nythobia* als eigene Gattung neben *Diadegma* auf und stellt auch *Enytus* zu *Nythobia;* das ist für die hier geführte Diskussion aber unwichtig). Diese Meinung ist von TOWNES (1965: 413ff.) und CARLSON (1979: 664) angegriffen worden. Wie aus den oben angeführten Erörterungen hervorgeht, stimme ich mit TOWNES und CARLSON darin überein, daß *Diadegma* und *Nythobia* nach dem gegenwärtigen Stand der Kenntnis in einer Gattung vereinigt werden sollten. Ich bin aber mit PERKINS (und gegen CARLSON) der Auffassung, daß sich der

---

[1]) Einen Hinweis auf dieses Merkmal verdanke ich Herrn Dr. H. TOWNES.

Umfang von *Nythobia* s. str. nicht auf die eine Art *pusio* (mit dem möglichen Synonym *Limneria crassa* BRIDGMAN) beschränken läßt. Durch den kleinen Körper, die offene Areola und den für *Diadegma* sehr kurzen Bohrer steht *D. pusio* zweifellos innerhalb der Gattung *Diadegma* relativ isoliert. Wie aber PERKINS richtig angegeben hat, gibt es in Europa eine Reihe von kleinen *Diadegma*-Arten mit teilweise offener Areola und kurzem Bohrer (*Angitia melania* THOMSON, *A. micrura* THOMSON, *A. anura* THOMSON, *Limneria elishae* BRIDGMAN, *Diadegma exareolator* AUBERT, *D. lithocolletis* HORSTMANN und andere), die auch in der relativen Länge des Areolarquernervs und in der Form der Area superomedia teilweise mit *pusio* übereinstimmen, so daß sich eine Abtrennung dieser Art in einer eigenen Untergattung meines Erachtens nicht rechtfertigen läßt. Und diese Arten sind wiederum durch Übergänge mit größeren *Diadegma*-Arten verbunden, die sich durch eine geschlossene Areola, dorsal ausgerandete letzte Gastertergite der Weibchen und einen langen Bohrer auszeichnen. Aus diesen Gründen wird *Nythobia* hier in einem weiten Sinn aufgefaßt.

Zwischen TOWNES (1965: 414) und CARLSON (1979: 664) gibt es Differenzen über den Gebrauch des Namens *Pectenella/Pectinella* MORLEY. MORLEY (1915) hat beide Schreibweisen verwendet. TOWNES (l. c.) hat ganz richtig darauf hingewiesen, daß NEAVE (1940: 630f) als erster revidierender Autor auf diesen Umstand aufmerksam gemacht und sich für *Pectinella* als gültige Schreibweise entschieden hat (nach Artikel 24 und 32 der Nomenklaturregeln). *Pectenella* ist damit eine ,,inkorrekte ursprüngliche Schreibweise" ohne nomenklatorischen Status. Für diese Entscheidung ist irrelevant, daß die Schreibweise *Pectenella* bei MORLEY (1915) häufiger auftaucht als *Pectinella* (vgl. CARLSON, l. c.). Wenn *Pectenella* MORLEY ohne nomenklatorischen Status ist, wäre der Name *Pectenella* CARLSON (l. c.) zu prüfen. Dieser ist aber ebenfalls nicht verfügbar, da er primär als Synonym veröffentlicht wurde (Artikel 11, d der Nomenklaturregeln). Da *Pectinella* MORLEY präokkupiert ist, ist also keiner der hier diskutierten Namen verfügbar.

7. *Leptoperilissus* SCHMIEDEKNECHT

a) *Leptoperilissus oraniensis* SCHMIEDEKNECHT

Die Art ist die Typusart der Gattung *Leptoperilissus* SCHMIEDEKNECHT. Die Typen galten als verschollen, aber AUBERT (1971: 38; 1974b: 57) hat die Art gedeutet, und ich habe sie auf Grund dieser Deutung in eine Tabelle eingeordnet (HORSTMANN 1973b: 739). Bei einem Besuch im Zoologischen Museum in Berlin konnte ich einen Typus auffinden, der hiermit als Lectotypus festgelegt wird (♀, Etiketten: ,,Oran", orangenes unbeschriftetes Etikett, ,,*Leptoperilissus oraniensis* SCHMIED."). Eine Untersuchung zeigt, daß AUBERT die Gattung korrekt, die Art aber falsch gedeutet hat.

Merkmale ♀: Schläfen hinter den Augen stark verengt (Abb. 4); Ocellen mäßig groß, Abstand der hinteren Ocellen von den Facettenaugen so groß wie 0,6 des Ocellen-Durchmessers (Abb. 7); Fühler sehr schlank, über 27gliedrig (an beiden Fühlern die äußersten Spitzen abgebrochen), die vorletzten Glieder etwa 1,8mal so lang wie breit; Clypeus groß, glänzend, basal sehr fein gekörnelt, apikal sehr fein zerstreut punktiert; Wangenraum so breit wie 0,8 der Mandibelbasis; Kopf und Thorax fein gekörnelt, mit Seidenglanz; Pronotum ventrolateral an einer kleinen Stelle fein gestreift; Speculum stark glänzend, an einer kleinen Stelle glatt; beide Pectalleisten fein, gerade; Areola groß, schmal sitzend, mit dem rücklaufenden Nerv weit vor der Mitte ansetzend, dieser vertikal; Nervulus wenig antefurkal; Nervellus bei ²/₅ seiner Länge gebrochen und wenig schräg nach innen gestellt; Beine schlank; Tibiensporne III so lang wie die Breite des Tibienendes; Trochantellen III unterseits etwas flach, aber nicht deutlich abgeplattet; Klauen wenig länger als der Pulvillus, fein beborstet; Mittelsegment rundlich, nur die dorsalen Längsleisten ausgebildet; Area superomedia und petiolaris innen fein quergestreift (Abb. 10); Bohrer relativ schlank, die Spitze (hinter dem dorsalen Einschnitt) etwa fünfmal so lang wie hoch (Abb. 13); Bohrerklappen gut halb so lang wie das erste Gastersegment.

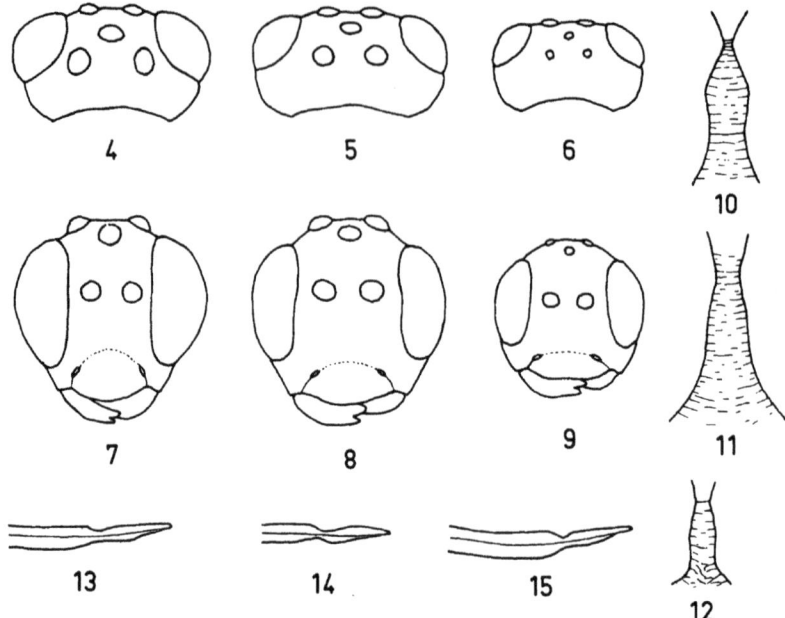

Abb. 4–6: Dorsalansicht des Kopfes. 4. *Leptoperilissus oraniensis* (♀); 5. *L. hispanicus* (♀); 6. *L. ibericus* (♀).

Abb. 7–9: Frontalansicht des Kopfes. 7. *L. oraniensis* (♀); 8. *L. hispanicus* (♀); 9. *L. ibericus* (♀).

Abb. 10–12: Form der Area superomedia. 10. *L. oraniensis* (♀); 11. *L. hispanicus* (♀); 12. *L. ibericus* (♀).

Abb. 13–15: Lateralansicht der Bohrerspitze. 13. *L. oraniensis* (♀); 14. *L. hispanicus* (♀); 15. *L. ibericus* (♀).

b) *Leptoperilissus hispanicus* sp. n.

Holotypus (♀): „Spanien S. Roque, 13. IV. 75, W. GRÜNEWALD leg." (Zool. Staatssamml. München).

Die neue Art ist *L. oraniensis* recht ähnlich. Sie unterscheidet sich durch die weniger stark verengten Schläfen, die kleineren Ocellen, das stärker gefelderte Mittelsegment und den kürzeren Bohrer. Möglicherweise gehört hierher auch das Weibchen, das AUBERT zu *L. oraniensis* gestellt hat (vgl. oben).

♀: Schläfen hinter den Augen mäßig stark verengt (Abb. 5); Ocellen mäßig groß, hintere Ocellen etwa um ihren Durchmesser von den Facettenaugen entfernt; Gesicht etwas breiter als die Stirn (Abb. 8); Fühler 28gliedrig, sehr schlank, vorletzte Glieder etwa 1,6mal so lang wie breit; Clypeus groß, etwa flach, basal sehr fein gekörnelt, median grob zerstreut punktiert, apikal glatt; Wangenraum so breit wie ³/₅ der Mandibelbasis; Mandibeln sehr schlank, der obere Zahn deutlich länger als der untere; Wangenleiste apikal verloschen; Kopf und Thorax fein gekörnelt; Pronotum ventrolateral wenig gestreift; Speculum sehr fein gekörnelt, nur an einer kleinen Stelle glatt; Eindruck davor mit wenigen Körnelreihen; Präpectalleiste fein; Postpectalleiste median breit unterbrochen; Areola groß, punktförmig sitzend, mit dem rücklaufenden Nerv deutlich vor der Mitte, dieser vertikal; Nervulus interstitial; Nervus parallelus in der Mitte der Brachialzelle ansetzend; Nervellus vertikal, bei ²/₅ seiner Länge sehr schwach und kaum sichtbar gebrochen; Beine schlank, Femora III 4,9mal so lang wie hoch; Trochantellen III auf der Unterseite nicht besonders abgeflacht; Tibiensporne III so lang wie die Breite des Tibienendes; Klauen deutlich länger als der Pulvillus, fein beborstet; Mittelsegment fast flach; Längsleisten fast vollständig, Querleisten fehlend (Abb. 11); Area basalis, superomedia und petiolaris fein quergestreift, letztere nicht eingesenkt; Seitenfelder neben der Körnelung fein gerunzelt; erstes Gastersegment dorsal fein gekörnt, Petiolus lateral mit feinen Körnel-Längsreihen; Bohrer kurz, die Spitze (hinter dem dorsalen Einschnitt) etwa viermal so lang wie hoch (Abb. 14).

Schwarz; Palpen, Mandibeln (Zähne dunkel), Tegulae, Flügelbasis und Trochantellen gelb; Femora und Tibien gelbrot bis gelbbraun; Femora III basal schwarzbraun gezeichnet; Tibien III basal und median außen gelblich, innen, subbasal und apikal mittelbraun; die vorderen Beine zeigen die gleiche Zeichnung abgeschwächt; Tarsen dunkelbraun; Pterostigma hell ockergelb; Tergite des Gasters vom zweiten an mit schmalen gelben Endrändern.

Kopf 97 breit[2]); Thorax 174 lang, 80 breit (Mesoscutum); Vorderflügel 455 lang; 1. Gastersegment 77 lang; Postpetiolus 28 lang, 28 breit; 2. Segment 71 lang, 58 breit; Bohrerklappen etwa 28 lang; Körper etwa 500 lang.

♂ unbekannt.

Verbreitung: Spanien.

c) *Leptoperilissus ibericus* sp. n.

Holotypus(♀): „Museum Leiden, Exc. Spanje 1960. Ten Z. van Monesterio, prov. Badajoz, 700 m, 7–8–V" (Mus. Leiden).

Die neue Art unterscheidet sich von den beiden oben beschriebenen durch die noch kleineren Ocellen, die unterseits deutlich abgeplatteten Trochantellen III, den relativ langen Bohrer und die dunklen Femora.

♀: Schläfen lang, hinter den Augen wenig verengt (Abb. 6); Ocellen klein, die hinteren fast um das Doppelte ihres Durchmessers von den Facettenaugen entfernt; Gesicht etwas breiter als die Stirn (Abb. 9); Fühler 25gliedrig, schlank, vorletzte Glieder etwa 1,3mal so lang wie breit; Clypeus groß, etwa flach, basal fein gekörnt, median deutlich zerstreut punktiert, apikal glatt; Wangenraum so breit wie $^3/_5$ der Mandibelbasis; Mandibeln sehr schlank, der obere Zahn deutlich länger als der untere; Wangenleiste apikal verloschen; Kopf und Thorax fein gekörnt; Pronotum ventrolateral deutlich längsgerunzelt; Speculum glänzend, zentral glatt; Eindruck davor deutlich längsgerunzelt; Scheibe der Mesopleuren neben der Körnelung stellenweise fein längsgerunzelt und fein zerstreut punktiert; beide Pectalleisten fein, gerade; Radialzelle auffällig kurz; Areola groß, punktförmig sitzend, mit dem rücklaufenden Nerv wenig vor der Mitte, dieser vertikal; Nervulus antefurkal; Nervus parallelus etwas unterhalb der Mitte der Brachialzelle ansetzend; Nervellus in der Mitte gebrochen, wenig nach außen gestellt; Beine gedrungen, Femora III 3,6mal so lang wie hoch; Trochantellen III unterseits auffällig abgeflacht, dieser Bereich scharf begrenzt; Tibiensporne III kaum länger als die Breite des Tibienendes; Klauen kaum länger als der Pulvillus, fein beborstet; Mittelsegment rundlich; Längsleisten fast vollständig, Querleisten fehlend (Abb. 12); Felder überwiegend fein runzlig gekörnt; Area petiolaris deutlicher gerunzelt, nicht eingesenkt; Gaster sehr fein gekörnt; Petiolus lateral fein gerunzelt; Bohrerspitze (hinter dem dorsalen Einschnitt) etwa viermal so lang wie hoch (Abb. 15).

Schwarz; Palpen braun; Mandibeln (Zähne dunkel), Tegulae, Flügelbasis und Trochantellen gelb; Femora dunkelbraun; Tibien und Tarsen gelbbraun, erstere basal aufgehellt, letztere zum Ende verdunkelt; Pterostigma ockergelb.

Kopf 77 breit; Thorax 119 lang, 60 breit (Mesoscutum); Vorderflügel 283 lang; 1. Gastersegment 52 lang; Postpetiolus 24 lang, 25 breit; 2. Segment 42 lang, 49 breit; Bohrerklappen 39 lang; Körper etwa 330 lang.

♂ unbekannt.

Verbreitung: Spanien.

---

[2]) Maße hier und in den folgenden Beschreibungen in $^1/_{100}$ mm.

8. *Melanoplex* gen. n.

(Typusart: *Limneria bucculenta* HOLMGREN)

Die einzige bekannte Art dieser Gattung stand bisher bei *Limneria* HOLMGREN (HOLMGREN 1860: 63), *Pyracmon* HOLMGREN (THOMSON 1887: 1110; HORSTMANN 1977: 72; BARRON & WALLEY 1983: 232) und *Campoplex* GRAVENHORST (syn. OMORGUS Förster) (CLÉMENT 1924: 110; HINZ 1964: 67). Sie paßt aber zu keiner dieser Gattungen. Insbesondere von *Pyracmon* weicht sie durch den deutlich vorgerundeten und auf der Rundung kräftig und dicht punktierten Clypeus ab, dazu durch den relativ langen und im Querschnitt runden Bohrer. Bei einigen Arten der Gattung *Tranosema* FÖRSTER ist der Clypeus ebenfalls vorgewölbt und/oder der Bohrer ist relativ lang (vgl. unten). Die Vorwölbung und Punktierung des Clypeus ist aber bei *Melanoplex bucculentus* noch stärker ausgeprägt, außerdem ist das Mittelsegment länger und die Area superomedia ist länger als breit und kaum eingesenkt.

Schläfen mäßig lang, deutlich verengt; Augen kahl, innen kaum ausgerandet; Ocellen ein rechtwinkliges Dreieck bildend; Abstand zwischen den hinteren Ocellen so lang wie ihr Abstand zu den Facettenaugen; Fühler fadenförmig, etwa 30gliedrig, vorletzte Glieder so lang wie breit; Clypeus im Profil deutlich vorgewölbt, auf gekörneltem Grund dicht und kräftig punktiert, die Punkte stellenweise breiter als die Zwischenräume; Endrand etwas vorgerundet, schmal lamellenförmig; Wangenraum 0,7mal so breit wie die Mandibelbasis; Mandibeln mit gleichlangen Zähnen und schmal lamellenförmigem Unterrand; Wangenleiste dicht an der Mandibelbasis auf die Mundleiste treffend; Kopf und Thorax gekörnelt; Pronotum lateral überwiegend gestreift; Mesoscutum neben der Körnelung fein und mäßig dicht punktiert; Speculum der Mesopleuren glänzend und an einer kleinen Stelle glatt, Eindruck mit langen deutlichen Streifen; Scheibe der Mesopleuren neben der Körnelung fein, dicht und stellenweise etwas runzlig punktiert; beide Pectalleisten schmal und ohne Besonderheiten; Metapleuren rauh gekörnelt; Areola groß, regelmäßig, punktförmig sitzend; Discoidalwinkel spitz; Nervulus wenig postfurcal; Nervellus bei $^1/_5$ seiner Länge gebrochen, der vordere Ast wenig nach innen durchgebogen; Tibiensporne III halb so lang wie die Metatarsen; Klauen kurz, nicht erkennbar gekämmt; Mittelsegment wenig verlängert; Area basalis trapezförmig; Area superomedia etwas länger als breit, zum Ende parallelseitig, offen, innen flach, gekörnelt; Costulae verkürzt (Abb. 3); Area petiolaris wenig eingesenkt, zentral fein quergestreift; erstes Gastersegment schlank; Stigmen deutlich hinter der Mitte liegend; Glymmen schmal und tief; Dorsolateralleisten deutlich; Sternit die Stigmen erreichend; zweites Segment so lang wie breit; letzte Tergite dorsal nicht ausgerandet; Bohrer schlank, fast gerade, im Querschnitt etwa rund, dorsal vor der Spitze mit scharfem Einschnitt; Bohrerklappen etwas länger als die Tibien III.

Die Typusart kommt in Schweden (Coll. HOLMGREN, THOMSON) und in Ostdeutschland (Mus. Berlin) vor. Wirte sind nicht bekannt.

9. *Phaedroctonus* FÖRSTER

a) Abgrenzung der Gattung

Die Mehrzahl der beschriebenen europäischen Arten, die hier zu *Phaedroctonus* FÖRSTER gestellt werden, sind bereits von SCHMIEDEKNECHT (1909: 1639ff.) in diese Gattung eingeordnet worden. Seit 1961 haben TOWNES und die ihm folgenden Autoren (TOWNES et al. 1961: 220; PERKINS 1962: 444) *Phaedroctonus* mit *Campoplex* GRAVENHORST synonymisiert und die in die Gattung enthaltenen Arten teils zu *Campoplex*, teils zu *Venturia* SCHROTTKY gestellt. Erst CARLSON (1979: 631 f.) hat die hier diskutierte Gattung wieder als eigenes Taxon geführt, unter dem Namen *Porizon* FALLÉN (syn. *Phaedroctonus* FÖRSTER).

Ich stimme mit CARLSON darin überein, daß *Phaedroctonus* ein eigenes Taxon neben *Campoplex* und *Venturia* darstellt. Der Name *Porizon* FALLÉN ist aber für diese Gattung nicht verfügbar (nach Artikel 65 und 70 der Nomenklaturregeln; vgl. HORSTMANN 1970b: 78; FITTON & GAULD 1976: 248 f.), deshalb wird hier der Name FORSTERS wieder verwendet. Nach CARLSON (l. c.) sind die nordamerikanischen Arten dieser Gattung morphologisch und biologisch sehr eng miteinander verwandt. Für die europäischen Arten trifft dies nicht in gleichem Ausmaß zu. Mir scheint aber zur Zeit nichts dafür zu sprechen, die Gattung noch weiter aufzuspalten.

Gemeinsame Merkmale der hier zusammengestellten Arten: Areola offen (geschlossen nur als seltene Aberration); Nervellus gebrochen; Mittelsegment apikal über die Basis der Coxen III hinaus deutlich verlängert; Area superomedia deutlich länger als breit, parallelseitig, mit dem Ansatz der Costulae weit vor der Mitte (Abb. 23–24); Sternitgrenze des ersten Gastersegments im Bereich des Petiolus stellenweise deutlich etwas über der Mitte gelegen; Bohrerklappen etwa so lang wie das erste Gastersegment oder wie die Tibien III; Genitalklappen der Männchen dorsal wenig ausgerandet (Abb. 34–35; HORSTMANN 1973c: 11, Abb. 12–13).

b) Tabelle der europäischen Arten

1. Wangenraum höchstens so breit wie $^1/_3$ der Mandibelbasis; Bohrerklappen deutlich etwas länger als die Tibien III; Körperlänge etwa 6 mm (syn. *Campoplex flaviventris* RATZEBURG, syn. *Limneria ensifera* BRISCHKE) . . . . *moderator* (LINNAEUS)
   – Wangenraum mindestens halb so breit wie die Mandibelbasis; Bohrerklappen höchstens so lang wie die Tibien III; Körperlänge höchstens 5 mm . . . . 2.

2. Gaster beim Weibchen hinter dem ersten Segment fast ganz rotgelb, beim Männchen dorsal und lateral deutlich rotgelb gezeichnet; Bohrerklappen etwas kürzer als das erste Gastersegment; Bohrer am Ende deutlich stärker als an der Basis nach oben gekrümmt (syn. *Dioctes cleui* SEYRIG) . . . . *cleui* (CLEU)
   – Gaster höchstens lateral rotgelb gezeichnet (beim Männchen kaum, beim Weibchen zuweilen etwas deutlicher); Bohrerklappen mindestens so lang wie das erste Gastersegment . . . . 3.

3. Hintere Querleiste des Mittelsegments fast durchgehend ausgebildet, sublateral sehr deutlich und etwas lamellenförmig verbreitert, median fast oder ganz verloschen (Abb. 23); Bohrer über die ganze Länge wenig gebogen; Bohrerklappen etwa so lang wie das erste Gastersegment . . . . *humuli* sp. n.
   – Hintere Querleiste des Mittelsegments als einheitliche Leiste nicht erkennbar (Abb. 24); Bohrer unterschiedlich . . . . 4.

4. Femora III gelb bis gelbrot, selten wenig dunkel gezeichnet; Bohrer am Ende deutlich stärker als an der Basis gebogen; Bohrerklappen knapp so lang wie das erste Gastersegment; Genitalklappen des Männchens dorsal sehr flach und breit ausgerandet (Abb. 35) . . . . *albistriae* sp. n.
   – Femora III oft deutlich braun gezeichnet; Bohrer über die ganze Länge wenig gebogen; Bohrerklappen etwa so lang wie die Tibien III; Genitalklappen des Männchens dorsal apikal deutlich ausgerandet (HORSTMANN 1973c: 11, Abb. 13) (syn. *Phaedroctonus syringellae* HEDWIG) . . . . *transfuga* (GRAVENHORST)

c) *Phaedroctonus humuli* sp. n.

Holotypus (♀): ,,Nieder-Weser, Brem.-Oberneuland, Z. *Humulus lupulus*, A. V. 1940 E. JÄCKH, *Cosm. eximia* (Zool. Staatssamml. München).

Paratypen: 3♂♂, 5♀♀ vom gleichen Fundort aus dem gleichen Wirt (2♂♂, 2♀♀ Coll. HORSTMANN; 1♂, 3♀♀ Zool. Staatssamml. München).

♀: Schläfen hinter den Augen deutlich verengt (Abb. 16); Fühler 26gliedrig, sehr schlank, etwa fadenförmig, viertes Glied viermal so lang wie breit, die vorletzten Glieder knapp zweimal so lang wie breit; Gesicht deutlich schmäler als die Stirn; Clypeus im Profil fast flach, sein Endrand fast gerade; Wangenraum halb so breit wie die Mandibelbasis; Wangenleiste dicht an der Mandibelbasis auf die

Mundleiste treffend; Mandibelzähne etwa gleichlang; Kopf und Thorax gekörnelt, matt; Pronotum ventrolateral gestreift; Speculum der Mesopleuren sehr fein gekörnelt, glänzend, nur stellenweise ganz glatt; Eindruck davor deutlich gestreift; Scheibe neben der Körnelung sehr fein und zerstreut punktiert; beide Pectalleisten gerade und ohne Besonderheiten; Areola offen, der Areolarquernerv etwa so lang wie der Cubitusabschnitt zwischen Areolarquernerv und rücklaufendem Nerv; rücklaufender Nerv sehr schräg, Discoidalwinkel deshalb spitz; Nervus parallelus etwa in der Mitte der Brachialzelle ansetzend; Nervulus wenig postfurcal; Nervellus etwa bei $^1/_4$ seiner Länge gebrochen, etwa vertikal; Beine mäßig schlank, Femora III 4,3mal so lang wie hoch; Tibiensporne III die Mitte der Metatarsen erreichend; Klauen klein, fein gekämmt; Area basalis 2–3mal so lang wie breit; Area superomedia etwa zweimal so lang wie breit, etwa parallelseitig, seitlich nur schwach begrenzt, apikal offen oder durch eine Querrunzel geschlossen; hintere Querleiste sublateral sehr deutlich entwickelt, median fast oder ganz verloschen (Abb. 23); Area petiolaris flach, neben der Körnelung fein quergerunzelt, die Seitenbegrenzung teilweise in Runzeln aufgelöst; die anderen Felder nur gekörnelt; Mittelsegment apikal bis etwa zur Mitte der Coxen III verlängert; Petiolus und Postpetiolus dorsal und lateral rundlich; letzte Tergite dorsal apikal nicht ausgerandet; Bohrer über die ganze Länge wenig gebogen, dorsal subapikal scharf eingeschnitten, davor mit einem dorsalen Höcker (Abb. 29).

Schwarz; Palpen, Mandibelmitte, Scapus und Pedicellus fast ganz, Tegulae, Flügelbasis und die Beine gelb; an letzteren nur die Basis der Coxen I und II (unterschiedlich ausgedehnt) und die Coxen III schwarz; Tibien III subbasal und apikal schwach braun gezeichnet, ebenso die Spitzen der Tarsen I und II und die Glieder 2–5 der Tarsen III; Pterostigma hellbraun; letzte Gastertergite lateral zuweilen schmal braun gezeichnet.

Kopf 74 breit; Thorax 137 lang, 55 breit (Mesoscutum); Vorderflügel 290 lang; Tibien III 105 lang; 1. Gastersegment 59 lang; Postpetiolus 28 lang, 22 breit; 2. Segment 53 lang, 38 breit; Bohrerklappen 68 lang; Körper etwa 380 lang.

♂: Genitalklappen dorsal apikal ausgerandet (Abb. 34); sonst wie ♀.
Wirt: *Cosmopterix zieglerella* (HUBNER) (syn. *eximia* HAWORTH) *(Momphidae).*
Verbreitung: Norddeutschland.

d) *Phaedroctonus albistriae* sp. n.

Holotypus (♀): ,,Bayreuth, E. März 81, e. p. 15.7.81", ,,ex (Lep.) *Argyresthia albistria* HAW.", ,,leg. G. HEU-SINGER, Coll. HORSTMANN" (Coll. HORSTMANN).
Paratypen: 3♂♂, 4♀♀ aus dem gleichen Wirt, von den Fundorten Ebelsbach/Bamberg, Effeltrich/Erlangen, Bayreuth, Döhlau/Hof, Stettfeld/Bamberg (2♂♂, 2♀♀ Coll. HORSTMANN, 1♂, 2♀♀ Lehrstuhl für Tierökologie Bayreuth), 1♀ ,,Worms, 21/10 1921, HABERMEHL " (Senckenberg-Museum Frankfurt).

♀: Schläfen hinter den Augen deutlich verengt (Abb. 17); Fühler 25gliedrig, schlank, etwa fadenförmig, viertes Glied 3,5mal so lang wie breit, vorletzte Glieder etwa 1,5mal so lang wie breit; Gesicht deutlich schmäler als die Stirn; Clypeus im Profil flach, sein Endrand fast gerade; Wangenraum halb so breit wie die Mandibelbasis; Wangenleiste dicht an der Mandibelbasis auf die Mundleiste treffend; Mandibelzähne etwa gleichlang; Kopf und Thorax fein gekörnelt; Pronotum ventrolateral fein gestreift; Speculum der Mesopleuren glänzend und stellenweise glatt; Eindruck davor mit feinen Streifen und Körnelreihen; Scheibe der Mesopleuren neben der Körnelung kaum sichtbar punktiert; beide Pectalleisten gerade und ohne Besonderheiten; Areola offen, der Areolarquernerv deutlich länger als der Cubitusabschnitt zwischen Areolarquernerv und rücklaufendem Nerv; rücklaufender Nerv sehr schräg, Discoidalwinkel deshalb spitz; Nervus parallelus in der Mitte der Brachialzelle ansetzend; Nervulus deutlich postfurcal; Nervellus etwa bei $^1/_3$ seiner Länge gebrochen und etwas nach innen gestellt; Beine mäßig schlank, Femora III 4,2mal so lang wie hoch; Tibiensporne III die Mitte der Metatarsen erreichend; Klauen klein, fein gekämmt; Area basalis etwa 1,5mal so lang wie breit; Area superomedia etwa 1,5mal so lang wie breit, parallelseitig, apikal offen (Abb. 24); Area petiolaris wenig eingesenkt, apikal fein quergerunzelt; die anderen Felder nur gekörnelt; Mittelsegment apikal etwa bis zu $^1/_3$ der Länge der Coxen III verlängert; Petiolus und Postpetiolus dorsal und lateral rundlich; letzte

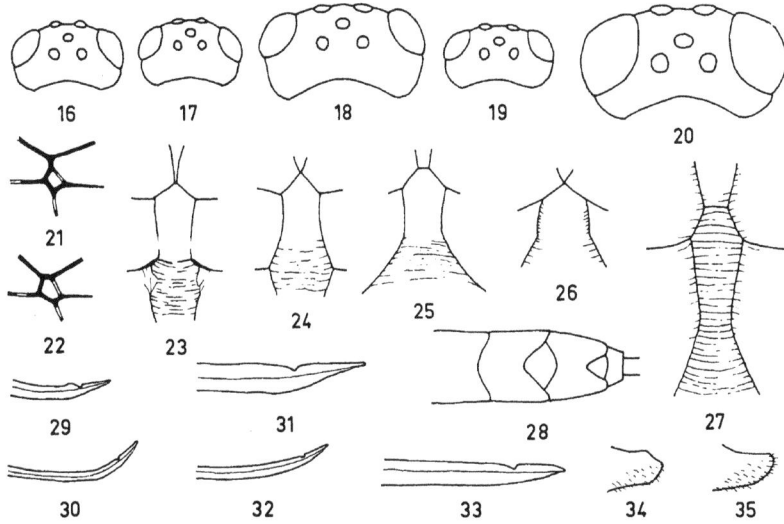

Abb. 16–20: Dorsalansicht des Kopfes. 16. *Phaedroctonus humuli* (♀); 17. *P. albistriae* (♀); 18. *Pyracmon brevicauda* (♀); 19. *Tranosema mendicae* (♀); 20. *Venturia anatolica* (♀).

Abb. 21–22: Form der Areola. 21. *Pyracmon brevicauda* (♀); 22. *Tranosema mendicae* (♀).

Abb. 23–27: Form der Area superomedia. 23. *Phaedroctonus humuli* (♀); 24. *P. albistriae* (♀); 25. *Pyracmon brevicauda* (♀); 26. *Tranosema mendicae* (♀); 27. *Venturia anatolica* (♀).

Abb. 28: Dorsalansicht der letzten Gastersegmente bei *Venturia anatolica* (♀).

Abb. 29–33: Lateralansicht der Bohrerspitze. 29. *Phaedroctonus humuli* (♀); 30. *P. albistriae* (♀); 31. *Pyracmon brevicauda* (♀); 32. *Tranosema mendicae* (♀); 33. *Venturia anatolica* (♀).

Abb. 34–35: Lateralansicht der Genitalklappen. 34. *Phaedroctonus humuli* (♂); 35. *P. albistriae* (♂).

Tergite dorsal apikal nicht ausgerandet; Bohrer am Ende deutlich stärker als an der Basis gebogen, dorsal subapikal scharf eingeschnitten (Abb. 30).

Schwarz; Palpen, Mandibeln (Zähne dunkel), Unterseite von Scapus und Pedicellus, Tegulae, Flügelbasis, Coxen I fast ganz, Spitze der Coxen II, Trochanteren I–II und alle Trochantellen gelb; Trochanteren III gelbbraun; Femora, Tibien und Tarsen gelbrot; Femora III zuweilen rotbraun überlaufen; Tibien III subbasal und apikal hellbraun gezeichnet, ebenso die Spitzen der Tarsen I und II und die Tarsen III fast ganz; Pterostigma hellbraun; letzte Gastertergite lateral rotbraun gezeichnet.

Kopf 68 breit; Thorax 118 lang, 55 breit (Mesoscutum); Vorderflügel 275 lang; Tibien III 89 lang; 1. Gastersegment 55 lang; Postpetiolus 23 lang, 21 breit; 2. Segment 46 lang, 38 breit; Bohrerklappen 61 lang; Körper etwa 330 lang.

♂: Genitalklappen dorsal breit und sehr flach ausgerandet (Abb. 35); Coxen II fast ganz gelb; sonst wie ♀.

Wirt: *Argyresthia albistria* (HAWORTH) *(Yponomeutidae)*.

Verbreitung: Süddeutschland.

10. *Pyracmon* HOLMGREN

a) Abgrenzung der Gattung

Nachdem jetzt mehr Arten dieser Gattung bekannt geworden sind, kann sie auch besser abgegrenzt werden. Von den von mir früher hierher gestellten Arten (HORSTMANN 1977: 72 f.) ist *Synetaeris carbonella* THOMSON von BARRON & WALLEY (1983: 227) zu Recht aus *Pyracmon* entfernt worden (vgl. unter *Tranosema* FORSTER), *Limneria bucculenta* HOLMGREN wird hier ebenfalls entfernt (vgl. unter *Melanoplex* gen. n.), und *Omorgus atramentarius* SCHMIEDEKNECHT kann ohne Kenntnis des Weibchens nicht sicher einer Gattung zugeordnet werden (vgl. Anhang). Andererseits kommen zwei von BARRON & WALLEY (l. c.) aus Nordamerika beziehungsweise Japan neu beschriebene Arten hinzu, schließlich wird hier eine neue Art aus Europa beschrieben, so daß der Bestand an bekannten Arten wieder auf sieben ansteigt. Die hier neu beschriebene Art steht in einigen Merkmalen zwischen *Pyracmon heteropus* (THOMSON) und den anderen Arten. Dies unterstützt meine Auffassung, daß *Synetaeris* FORSTER (mit der einzigen Art *heteropus* THOMSON) trotz einiger Abweichungen zu *Pyracmon* zu stellen ist (HORSTMANN 1977: 71).

b) *Pyracmon brevicauda* sp. n.

Holotypus (♀): ,,4. 6. 1966 Hinterstein 1400 m', ,,über Hindelang/Allgäu, leg. R. BAUER'' (Zool. Staatssamml. München).

Die neue Art steht durch die gestielte Areola *heteropus* (THOMSON) nahe. Im Unterschied zu dieser ist bei der neuen Art der Nervellus ganz weit hinten gebrochen, das erste Gastersegment gedrungen und der Bohrer kürzer als bei allen bekannten *Pyracmon*-Arten.

♀: Schläfen mäßig lang, hinter den Augen deutlich aber nicht stark verengt (Abb. 18); Augen innen kaum ausgerandet; Gesicht wenig schmäler als die Stirn; Fühler 31gliedrig, zum Ende wenig verjüngt, die vorletzten Glieder wenig länger als breit; Clypeus im Profil fast flach, fein gekörnelt und fein und mäßig dicht punktiert; Endrand gerade; Wangenraum 0,7mal so breit wie die Mandibelbasis; Unterrand der Mandibeln basal deutlich lamellenförmig; oberer Zahn etwas länger als der untere; Wangenleiste dicht an der Mandibelbasis auf die Mundleiste treffend; Kopf und Thorax gekörnelt, matt; Schläfen mit Seidenglanz; Pronotum ventrolateral gestreift; Speculum glatt, Eindruck davor mit feinen langen Streifen; Scheibe der Mesopleuren neben der Körnelung stellenweise fein gerunzelt; beide Pectalleisten fein, ohne Besonderheiten; Areola gestielt, rücklaufender Nerv deutlich hinter der Mitte ansetzend (Abb. 21); Discoidalwinkel spitz; Nervulus etwas postfurcal; Nervellus ganz weit hinten (bei $^1/_8$ seiner Länge) gebrochen, der vordere Ast nur wenig nach innen gestellt und kaum nach innen durchgebogen; Beine mäßig schlank, Femora III 4,7mal so lang wie hoch; Tibiensporne III etwas länger als die Hälfte der Metatarsen; Klauen kurz, basal mit wenigen Zähnen; Mittelsegment relativ lang; Area basalis trapezförmig; Area superomedia länger als breit, zum Ende etwas verengt, offen (Abb. 25), innen flach, gekörnelt; Costulae verkürzt; Area petiolaris sehr wenig eingesenkt und fein quergestreift; erstes Gastersegment gedrungen; Petiolus mit deutlichen Glymmen und Dorsolateralleisten bis zu den Stigmen; Postpetiolus zum Ende erweitert; Sternit die Stigmen erreichend; Thyridien nur angedeutet; letzte Tergite dorsal apikal nicht ausgerandet; Bohrer kurz, fast gerade, kräftig (Abb. 31), im Querschnitt etwa doppelt so hoch wie breit.

Schwarz; Palpen (etwas verdunkelt), Mitte der Mandibeln, Femora, Tibien und Tarsen rotbraun; Tibien III basal, Tarsen I und II am Endglied und Tarsen III auf den letzten drei Gliedern verdunkelt; Flügelbasis hellgelb; Pterostigma dunkelbraun; Flügel ganz schwach getrübt.

Kopf 107 breit; Thorax 126 lang, 83 breit (Mesoscutum); Vorderflügel 432 lang; Tibien III 151 lang; 1. Gastersegment 89 lang; Postpetiolus 49 lang, 47 breit; 2. Segment 58 lang, 80 breit; Bohrerklappen 83 lang; Körper etwa 520 lang.

♂ unbekannt.

Verbreitung: Süddeutschland.

11. *Sesioplex* VIERECK

a) Abgrenzung der Gattung

TOWNES (1945: 592) hatte *Sesioplex* VIERECK mit *Campoplex* GRAVENHORST synonymisiert. Ich habe die Gattung wieder von *Campoplex* getrennt und neben der Typusart, *Campoplex (Sesioplex) depressus* VIERECK, zwei westpaläarktische Arten *(Campoplex cerophagus* GRAVENHORST, *Sesioplex punctulatus* HORSTMANN) zu *Sesioplex* gestellt (HORSTMANN 1977: 74f.). SANBORNE (1981; 1983) hat schließlich eine nearktische *(californicus* SANBORNE) und zwei paläarktische Arten *(brunipalpus* SANBORNE, *cribus* SANBORNE) in *Sesioplex* neu beschrieben und stattdessen die von mir zu *Sesioplex* gestellten zwei westpaläarktischen Arten bei *Campoplex* eingeordnet.

Mir kam es 1977 darauf an, zwei europäische Arten, von denen ich überzeugt war, daß sie nicht zu *Campoplex* GRAVENHORST gehören, einer beschriebenen Gattung zuzuordnen. Für das wichtigste gemeinsame Unterscheidungsmerkmal zu *Campoplex* hielt ich die Ausbildung der Petiolus-Seiten; bei *depressus, cerophagus* und *punctulatus* liegt die Sternitgrenze deutlich unterhalb der Mitte, die Dorsolateralleisten sind ausgebildet und begrenzen deutliche Seitenfelder, die aber mehr oder weniger flach sind, so daß eigentliche Seitengruben (Glymmen) fehlen, und der Petiolus ist im Querschnitt abgerundet rechteckig (wie bei vielen *Sinophorus*-Arten, aber ganz im Gegensatz zu den Verhältnissen bei *Campoplex)*. Ich halte diesen Merkmalskomplex immer noch für entscheidend wichtig und denke, daß eine Einordnung der fraglichen Arten bei *Campoplex* (s. str.) nicht in Frage kommt.

SANBORNE (1981; 1983) hält die Ausbildung der Bohrerspitze für das entscheidende Merkmal von *Sesioplex:* bei allen von ihm zu dieser Gattung gestellten Arten befindet sich vor dem dorsalen Einschnitt ein deutlicher stumpfer Höcker (Abhn. bei SANBORNE, l. c.). SANBORNE (1983: 169f.) nennt auch noch andere, weniger zuverlässige Unterscheidungsmerkmale zwischen *Campoplex* und *Sesioplex*. Ich halte diese für noch unzuverlässiger, als SANBORNE es tut, denn die Variationsbreite dieser Merkmale bei *Campoplex* und bei *Sesioplex* ist größer, als bisher angenommen wurde, und in den meisten genannten Merkmalen überlappen sich beide Gattungen völlig. So ist die Bohrerspitze bei *Campoplex rothii* (HOLMGREN) 1,4mal so lang wie das letzte Glied der Tarsen III (Maße jeweils nach SANBORNE 1983), und bei *Sesioplex depressus* ist die Area supermedia 0,3mal so breit wie die Entfernung der Mittelsegment-Stigmen (also wie bei *Campoplex* und wie bei den beiden von mir zu *Sesioplex* gestellten europäischen Arten). Die Discoidella des Hinterflügels ist bei *S. depressus* etwa ebenso stark gebogen wie bei *S. punctulatus*.

Von den von SANBORNE (1983) genannten Unterscheidungsmerkmalen zwischen *Campoplex* und *Sesioplex* bleibt meines Erachtens nur die Form der Bohrerspitze übrig. Dies ist sicher ein sehr auffälliges Merkmal. Trotzdem ist die Situation aus zwei Gründen unbefriedigend: Einmal ist der Legebohrer ein für die Reproduktion entscheidend wichtiger Körperteil und ist deshalb starken Selektionsdrücken ausgesetzt. So variieren die Länge, Höhe und Krümmung des Bohrers und die Form der Bohrerspitze in vielen Gattungen der *Campopleginae*, und man muß stets mit Konvergenzen rechnen. Ein deutlicher Höcker vor dem Einschnitt des Bohrers findet sich zum Beispiel auch bei *Phaedroctonus humuli* spec. nov. (Abb. 29), *Tranosema hyperboreum* (THOMSON) und *Diadegma latungulum* (THOMSON). Zum anderen halte ich es grundsätzlich für bedenklich, Gattungen auf ein einziges Merkmal zu gründen, das dazu nur bei einem Geschlecht vorkommt. Zu einem solchen Merkmal sollten wenigstens noch Unterschiede im Wirtsspektrum oder in der Lebensweise kommen, oder tendenzielle Unterschiede in anderen Merkmalen, auch wenn sich diese in Bestimmungsschlüsseln nur schlecht verwenden lassen. Solche anderen Merkmale kann ich für *Sesioplex* sensu SANBORNE (also unter Ausschluß von *cerophagus* und *punctulatus)* nicht erkennen.

Andererseits hat SANBORNE darin recht, daß *cerophagus* und *punctulatus* in zwei Merkmalen auffällig voneinander abweichen: Einmal ist bei *cerophagus* der Clypeus rundlich vorgewölbt und dadurch im Profil vom Gesicht deutlich getrennt, während er bei *punctulatus* fast flach und vom Gesicht nicht getrennt ist. Zum anderen ist die Discoidella bei *cerophagus* fast gerade, bei *punctulatus* deutlich gebogen. In beiden Merkmalen stimmt *punctulatus* mit *Sesioplex* sensu SANBORNE überein, *cerophagus* dagegen mit *Campoplex*. Ich schlage deshalb vor, *punctulatus* in *Sesioplex* zu belassen und für *cerophagus* eine eigene Gattung zu errichten (vgl. oben unter *Clypeoplex*).

Sesioplex VIERECK würde danach folgende gemeinsamen Merkmale besitzen: Clypeus flach, nicht deutlich vom Gesicht getrennt; Areola groß, mit dem rücklaufenden Nerv in oder wenig hinter der Mitte; Nervellus schwach gebrochen; Discoidella deutlich gebogen; Area superomedia flach oder mäßig eingesenkt, 0,3–0,4mal so breit wie die Entfernung der Mittelsegment-Stigmen (in diesem Merkmal kein Unterschied zu *Campoplex* oder zu *Sinophorus* FORSTER); Sternitgrenze des Petiolus deutlich unterhalb der Mitte, Dorsolateralleisten und Seitenfelder vorhanden (bei *californicus* und *cribus* fehlend); Bohrer lang, Bohrerklappen länger als die Tibien III; Bohrerspitze vor dem dorsalen Einschnitt mit einem stumpfen Höcker (dieser bei *punctulatus* nicht deutlich ausgebildet, aber doch schwach angedeutet; vgl. HORSTMANN 1977: 70, Abb. 21); Tibien III basal und median außen weißgelb, subbasal und apikal außen verdunkelt; Wirte Microlepidoptera (soweit bekannt).

12. *Tranosema* FÖRSTER

a) Gliederung der Gattung in Artengruppen

Nachdem *Synetaeris carbonella* THOMSON von BARRON & WALLEY (1983: 227) zu *Tranosema* FÖRSTER gestellt worden ist und nach Auffindung einer noch unbeschriebenen Art lassen sich die mir bekannten Arten der Gattung auf vier Artengruppen verteilen:

Artengruppe *rostrale* (BRISCHKE): Clypeus gerundet; Glymmen tief; Bohrer kurz, fast gerade, Klappen kürzer als die Tibien III; Tibien III ganz rot. Arten: *rostrale* (BRISCHKE), *hyperboreum* (THOMSON), *latiusculum* THOMSON, *intermedium* (SZÉPLIGETI).

Artengruppe *nigridens* (THOMSON): Clypeus im Profil flach; Glymmen nur flach; Bohrer schwach nach oben gebogen, Klappen länger als die Tibien III; Tibien III basal und apikal deutlich dunkel gezeichnet, median außen weiß bis gelb. Arten: *nigridens* (THOMSON), *exoletum* (THOMSON).

Artengruppe *carbonellum* (THOMSON): Clypeus unterschiedlich; Glymmen deutlich ausgebildet; Bohrerklappen so lang wie oder etwas länger als die Tibien III, Bohrer wenig gebogen oder apikal stärker als basal; Tibien III gelbrot bis braun, basal schmal verdunkelt. Arten: *carbonellum* (THOMSON), *atramentarium* (SCHMIEDEKNECHT (vgl. Anhang), *tenuifemur* (WALLEY).

Artengruppe *mendicae* sp. n.: Clypeus im Profil wenig gerundet; Glymmen deutlich ausgebildet; Bohrer apikal stärker gebogen als basal, Klappen etwas kürzer als die Tibien III; Tibien III basal weißlich gezeichnet. Art: *mendicae* sp. n.

b) *Tranosema carbonellum* (THOMSON)

Die Art kommt auch in Nordamerika vor (1♀ aus Edmonton/Alberta im Mus. Ottawa).

c) *Tranosema exoletum* (THOMSON)

Ein jüngeres Synonym dieser Art ist *Omorgus excavatus* (BRISCHKE) var. *geniculatus* ULBRICHT (syn. n.). Lectotypus von var. *geniculatus* hiermit festgelegt (♀): „Crefeld F. ULBRICHT 5." (unter *Omorgus excavatus* in Coll. ULBRICHT, Krefeld).

d) *Tranosema mendicae* sp. n.

Holotypus (♀): „Bayreuth (EZ), e. p. 8.3.83, e. *Arg. mendica*" (Coll. HORSTMANN).

Paratypen: 3♂♂, 11♀♀ aus der Umgebung von Bayreuth und aus dem gleichen Wirt (2♂♂, 9♀♀ Coll. HORSTMANN; 1♂, 2♀♀ Lehrstuhl für Tierökologie Bayreuth).

Die neue Art ist außer durch die geringe Körpergröße vor allem durch den am Ende deutlich aufgebogenen Bohrer, die dunklen Femora, die basal hell gezeichneten Tibien III und die sitzende Areola gekennzeichnet.

♀: Schläfen lang, hinter den Augen wenig verengt (Abb. 19); Ocellendreieck stumpfwinklig, Abstand zwischen den hinteren Ocellen wenig länger als ihr Abstand zu den Facettenaugen; Gesicht wenig schmäler als die Stirn; Augen innen kaum ausgerandet; Fühler 27gliedrig, wenig zugespitzt, das vierte Glied 2,9mal so lang wie breit, die vorletzten Glieder 1,6mal so lang wie breit; Clypeus im Profil wenig gerundet, gekörnelt, apikal zusätzlich deutlich punktiert, Endrand etwa gerade; Wangenraum 0,7mal so breit wie die Mandibelbasis; Unterrand der Mandibeln basal lamellenförmig, Zähne etwa gleichlang; Wangenleiste kurz vor der Mandibelbasis auf die Mundleiste treffend; Kopf und Thorax gekörnelt; Speculum sehr fein gekörnelt, glänzend; Eindruck davor nur dorsal mit wenigen feinen Streifen oder Körnelreihen; Präpectalleiste fein, ohne Besonderheiten; Postpectalleiste median unterbrochen; Areola groß, schief, schmal sitzend (Abb. 22); Discoidalwinkel spitz; Nervus parallelus wenig vor der Mitte der Brachialzelle ansetzend; Nervulus deutlich postfurcal; Nervellus bei $^1/_3$ bis $^1/_4$ seiner Länge gebrochen, etwas nach innen gestellt; Beine mäßig schlank, Femora III 4,7mal so lang wie hoch; Tibiensporne III erreichen $^2/_5$ der Länge der Metatarsen; Klauen klein, nur basal fein gekämmt; Mittelsegment kurz, fein gefeldert, in den Feldern gekörnelt; Area basalis dreieckig, etwa so lang wie breit; Area superomedia zum Ende erweitert und in der Regel ohne deutliche Grenze in die Area petiolaris übergehend (Abb. 26), beide flach, sehr fein gekörnelt, glänzend; Costulae verkürzt; Gaster gekörnelt; Petiolus lateral mit deutlichen Dorsolateralleisten und Glymmen; Bohrer am Ende stärker gekrümmt als an der Basis (Abb. 32).

Schwarz; Mandibeln zuweilen braun überlaufen; Flügelbasis hellgelb; Tibien und Tarsen braun bis schwarzbraun, Tibien basal deutlich weißgelb gezeichnet, zuweilen auch median etwas bräunlich; Pterostigma dunkelbraun.

Kopf 73 breit; Thorax 127 lang, 58 breit (Mesoscutum); Vorderflügel 330 lang; Tibien III 104 lang; 1. Gastersegmernt 63 lang; Postpetiolus 25 lang, 25 breit; 2. Segment 42 lang, 55 breit; Bohrerklappen 96 lang; Körper etwa 370 lang.

♂: Area superomedia und petiolaris wenig quergerunzelt; sonst etwa wie ♀.

Wirt: *Argyresthia mendica* (Haworth) *(Yponomeutidae).*

Verbreitung: Nordbayern.

13. *Tranosemella* Horstmann

a) Erweiterung des Artenbestands

Limneria coxalis Brischke wird hiermit zu *Tranosemella* Horstmann gestellt, und zwar als älteres Synonym von *T. taeniopa* (Viereck) (syn. n.; vgl. Horstmann 1977: 80). Die Art Brischkes, deren Typen verloren sind, wird nach der Originalbeschreibung und nach Schmiedeknecht (1909: 1814) gedeutet.

Folgende beiden Arten werden ebenfalls zu dieser Gattung gestellt: *Anilasta citrofrontalis* Hedwig (vgl. Horstmann 1981: 70f.) und *Diadegma completa* Horstmann. Vermutlich gehören noch andere Arten hierher, die bisher bei *Hyposoter* Förster eingeordnet sind.

b) Diagnose der Gattung

Die Arten sind durch folgende gemeinsamen Merkmale gekennzeichnet: Clypeus gerundet, Endrand vorgerundet; Speculum der Mesopleuren gekörnelt, höchstens an einer kleinen Stelle glatt, mit Seidenglanz; Areola geschlossen, schief; Nervellus nicht gebrochen; Längsleisten des Mittelsegments stärker ausgebildet als die Querleisten, letztere in der Regel teilweise verloschen; Petiolus mit deutlichen Glymmen; letzte Tergite dorsal nicht ausgerandet; Bohrerklappen etwa so lang wie das erste Gastersegment oder länger; Tibien III median außen weißgelb, basal und apikal breit und deutlich braun bis schwarz gezeichnet; Wirte Microlepidoptera (soweit bekannt).

14. *Venturia* SCHROTTKY

a) Abgrenzung der Gattung

In meiner Übersicht über die europäischen Arten von *Venturia* SCHROTTKY (HORSTMANN 1973c; Ergänzung in HORSTMANN 1977: 80) hatte ich provisorisch alle Arten zu dieser Gattung gestellt, die sich durch die von TOWNES (1970: 150ff.) angegebenen Merkmale von *Campoplex* GRAVENHORST unterscheiden. Zwischenzeitlich angestellte Untersuchungen haben mich davon überzeugt, daß dabei die Gattung *Venturia* zu weit aufgefaßt worden ist. Folgende Arten oder Artengruppen können unterschieden werden:

1. Die Arten *Campoplex spurius* GRAVENHORST, *Nemeritis discrepans* PFANKUCH, *Omorga investigator* HABERMEHL und *Venturia campoplegiformis* HORSTMANN gehören zu verschiedenen Artengruppen von *Campoplex* (s. l.) (vgl. HORSTMANN 1985).

2. Die Arten *Ichneumon moderator* LINNAEUS, *Campoplex transfuga* GRAVENHORST und *Dioctes cleui* CLEU werden zu *Phaedroctonus* FORSTER gestellt (vgl. oben).

3. Die Arten *Campoplex deficiens* GRAVENHORST, *Nemeritis robustus* CEBALLOS, *Idechthis atricolor* GYÖRFI und *Venturia picturator* AUBERT gehören zu einer Artengruppe, die in manchen Merkmalen intermediär zwischen *Campoplex* und *Venturia* steht. Für diese Artengruppe habe ich einen Bestimmungsschlüssel veröffentlicht (HORSTMANN 1979: 197).

4. In der Gattung *Venturia* (s. str.) verbleiben von den beschriebenen europäischen Arten nur *Campoplex canescens* GRAVENHORST und *Venturia arenicola* HORSTMANN. Eine dritte Art aus der Türkei wird hier neu beschrieben. Die Gattung *Venturia* ist anscheinend überwiegend in den Tropen der alten und neuen Welt verbreitet. Ihr wahrer Umfang kann auf Grund einer Untersuchung der wenigen Arten der gemäßigten Breiten nicht angegeben werden.

b) *Venturia anatolica* sp. n.

Holotypus (♀): „TR, Savsat-Artvin, 25.7.74, SEKENDIZ"(Coll. HORSTMANN).

Die neue Art ist *Venturia canescens* in den Proportionen sehr ähnlich. Sie ist aber um etwa ein Drittel größer, dunkler gefärbt (vor allem die Hinterbeine und der Gaster), mit deutlicher gefeldertem Mittelsegment und stärker verlängerter Area superomedia.

♀: Schläfen kurz, hinter den Augen deutlich verengt (Abb. 20); Fühler 35gliedrig, etwas zugespitzt, die vorletzten Glieder etwa 1,2mal so lang wie breit; Clypeus im Profil flach, Endrand median gerade; Wangenraum halb so breit wie die Mandibelbasis; Mandibelzähne gleichlang; Kopf gekörnelt und stellenweise sehr fein runzlig punktiert; Pronotum lateral überwiegend längsgestreift, nur dorsolateral-caudal dicht punktiert; Mesoscutum, Scheibe der Mesopleuren, Mesosternum und Metapleuren auf gekörneltem Grund deutlich und dicht punktiert; Speculum glatt, Eindruck davor dorsal mit deutlichen Streifen; Präpectalleiste gerade und ohne Besonderheiten; Postpectalleiste beim Holotypus verdeckt; Areola groß, kurz gestielt, mit dem rücklaufenden Nerv hinter der Mitte; Discoidalwinkel spitz; Nervulus etwa interstitial; Nervellus bei $^1/_5$ seiner Länge gebrochen, nach innen gestellt, vorderer Ast kaum nach innen durchgebogen; Beine schlank, Femora III 5,4mal so lang wie hoch; Tibiensporne III $^2/_5$ der Länge der Metatarsen erreichend; Klauen klein, deutlich gekämmt; Mittelsegment deutlich und vollständig gefeldert; Area basalis etwas länger als breit; Area superomedia mehr als zweimal so lang wie breit (Abb. 27); Area petiolaris scharf begrenzt; beide innen flach, deutlich quergestreift; Seitenfelder neben der Körnelung deutlich und dicht punktiert; Spitze des Mittelsegments die Mitte der Coxen III erreichend; Petiolus und Postpetiolus dorsal und lateral rundlich, beide breiter als hoch; sechstes und siebentes Tergit dorsal apikal deutlich ausgerandet (Abb. 28); Gaster gekörnelt und mit sehr feinen Haarpunkten; Bohrer schlank, über die ganze Länge schwach gebogen, dorsal vor der Spitze mit scharfem Einschnitt (Abb. 33).

Schwarz; Palpen, Mandibeln (Zähne dunkel), Schaft unten, Tegulae, Flügelbasis, Coxen I und II, Trochanteren und Trochantellen I und II gelb; Femora, Tibien und Tarsen I gelbrot, letztere apikal dunkel; Femora, Tibien und Tarsen II bräunlich, Tibien II basal und median gelb; Beine III fast ganz dunkelbraun, nur die Spitze der Coxen, die Basis der Trochantellen und ein kleiner Fleck an der Außenseite der Tibienbasis gelblich; Pterostigma und Flügelnervatur dunkelbraun; Flügel klar; am Gaster das vierte bis siebente Tergit lateral und apikal gelbrot gezeichnet, das dritte Tergit lateral schwach braun gezeichnet.

Kopf 136 breit; Thorax 269 lang, 105 breit (Mesoscutum); Vorderflügel 480 lang; Tibien III 201 lang; 1. Gastersegment 151 lang; Postpetiolus 62 lang, 43 breit; 2. Segment 136 lang, 62 breit; 3. Segment 77 lang, 62 breit; Bohrerklappen 309 lang; Körper etwa 870 lang.

♂ unbekannt.

Verbreitung: Türkei.

Anhang 1: Deutung von *Campoplex nitens* GRAVENHORST

Die Art *Campoplex nitens* GRAVENHORST ist bis jetzt ungedeutet geblieben. Die Typen in Coll. GRAVENHORST in Breslau sind verschollen (TOWNES 1959: 77), aber Typen in dem Teil der Sammlung GRAVENHORST in Turin sind erhalten (FRILLI & HORSTMANN 1982: 66). Sie stecken dort unter dem Namen „*Ophion Nitidus*" (!). GRAVEN-HORST selbst hat darauf hingewiesen, daß er diesen Namen zeitweilig benutzt und später geändert hat (GRAVEN-HORST 1829: I/796 und II/437f.). Man muß berücksichtigen, daß GRAVENHORST das Material schon 1823 nach Turin gesandt hat, während seine Beschreibung erst sechs Jahre später erschienen ist.

In Turin ist ein Pärchen erhalten, in sehr gutem Erhaltungszustand, und beide Tiere stimmen gut mit der Beschreibung GRAVENHORSTs (1829: III/618f.) überein. Das Weibchen (ohne Beschriftung) wird hiermit als Lectotypus festgelegt. Beide Typen gehören zu *Dimorphora robusta* BRISCHKE. Damit wird diese Art ein jüngeres Synonym von *Dimorphora nitens* (GRAVENHORST) (syn. n.). *Campoplex nitidus* (GRAVENHORST 1829: II/437f.) wird als inkorrekte ursprüngliche Schreibweise gedeutet, sie besitzt deshalb keinen nomenklatorischen Status.

Anhang 2: Deutung von *Omorgus atramentarius* SCHMIEDEKNECHT

Während der Drucklegung der Arbeit konnte ich im Zoologischen Museum in Berlin einen weiblichen Syntypus von *Omorgus atramentarius* SCHMIEDEKNECHT auffinden, der hier als Lectotypus festgelegt wird (Etiketten: „Coll. SCHMIEDEKNECHT", „*Omorgus atramentarius* SCHMIED. ♀"). Es handelt sich um eine Art der Gattung *Tranosema* FÖRSTER, nahe *carbonellum* (THOMSON). Zu ihr gehört auch der schon früher bekannt gewordene männliche Syntypus in Wageningen (vgl. HORSTMANN 1977: 73f.).

Merkmale der Art (♀): Schläfen kurz, hinter den Augen etwas verengt; Fühlerglieder im letzten Drittel etwas breiter als lang (beide Fühlerspitzen abgebrochen); Clypeus im Profil etwas gerundet, fein und zerstreut punktiert auf fast glattem Grund, Endrand etwas gerundet; Wangenraum wenig schmäler als die Mandibelbasis; oberer Mandibelzahn wenig länger als der untere; Kopf und Thorax gekörnelt; Schläfen mit Seidenglanz; Pronotum ventrolateral sehr fein gestreift; Mesoscutum neben der Körnelung sehr fein punktiert; Speculum glänzend, nur an einer kleinen Stelle glatt; Mesopleuren sonst neben der Körnelung fein und zerstreut punktiert, zentral auch gerunzelt; beide Pectalleisten fein und ohne Besonderheiten; Areola groß, kurz gestielt oder punktförmig sitzend, mit dem rücklaufenden Nerv vor der Mitte; Diskoidalwinkel spitz; Nervellus bei $^1/_5$ seiner Länge gebrochen, etwa vertikal; Area basalis trapezförmig, etwas länger als breit; Area superomedia etwa so lang wie breit, zum Ende wenig verengt, offen, innen gekörnelt; Area petiolaris etwas eingesenkt, stellenweise fein quergestreift oder mit Quer-Körnelreihen; Petiolus lateral mit Seitenfeldern und deutlichen, wenn auch kleinen Glymmen; zweites Gastersegment 1,3mal so lang wie breit; Bohrerklappen 1,2mal so lang wie die Tibien III; Bohrer fast gerade, dorsal subapikal deutlich eingeschnitten; Körperlänge 5,2 mm.

Schwarz; Palpen und Tegulae dunkelbraun; Mitte der Mandibeln rotbraun; Flügelbasis hellgelb; Pterostigma hell ockerbraun; Trochantellen apikal gelb gefleckt; Femora I apikal gelb und die Tibien und Tarsen hellrot; Tibien III basal und apikal schmal verdunkelt; Tarsen III fast ganz braun.

Danksagung

Für die Zusendung von Typen und anderem Sammlungsmaterial danke ich sehr herzlich: Dr. C. VAN ACHTERBERG (Rijksmuseum van Natuurlijke Historie, Leiden), Dr. J.-F. AUBERT (Laboratoire d'Évolution des Êtres Organisés, Paris), Dr. J. R. BARRON (Biosystematics Research Institute, Agriculture Canada, Ottawa), Dr. R. BAUER (Wendelstein/Nürnberg), Dr. K. P. CARL (Commonwealth Institute of Biological Control, Delémont), Dr. R. DANIELSSON (Zoologiska Institution, Lund), E. DILLER (Zoologische Staatssammlung, München), J. GLOWACKI (Brwinow/Warszawa), Dr. E. HAESELBARTH (Lehrstuhl für Angewandte Zoologie, München), Dr. G. HEUSINGER (Lehrstuhl für Tierökologie, Bayreuth), R. HINZ (Einbeck/Göttingen), Dr. M. KAK (Muzeum Przyrodnicze, Wroclaw/Breslau), Dr. S. KELNER-PILLAULT (†)(Muséum National d'Histoire Naturelle, Paris), Dr. F. KOCH (Zoologisches Museum, Berlin), Dr. J. P. KOPELKE (Natur-Museum Senckenberg, Frankfurt/Main), Dr. T. KRONESTEDT (Naturhistoriska Riksmuseet, Stockholm), Dr. P. PASSERIN D'ENTRÈVES (Istituto di Zoologia Sistematica, Torino), Dr. J. SAWONIEWICZ (Instytut Zoologiczny, Polska Akademia Nauk, Warszawa), Dr. P.-K. SEN SARMA (Forest Research Institute and Colleges, Dehra Dun/India), M. SORG (als Kustos der Sammlung ULBRICHT, Krefeld) und Dr. L. ZOMBORI (Természettudományi Múzeum Állattára, Budapest). Zusätzlich danke ich Herrn Dr. R. W. CARLSON (seinerzeit im U. S. Nationalmuseum, Washington) für einen Hinweis auf hinterlassene Schriften FÖRSTERs, die eine Deutung der Art *Ichneumon infernalis* GRAFENHORST ermöglichen, sowie für Kopien einiger Seiten daraus.

Zusammenfassung

Die Arbeit enthält Neubeschreibungen der Gattungen *Chromoplex* (Typusart *Anilasta picticollis* THOMSON), *Clypeoplex* (Typusart *Campoplex cerophagus* GRAVENHORST) und *Melanoplex* (Typusart *Limneria bucculenta* HOLMGREN), eine Revision der europäischen Arten von *Phaedroctonus* FORSTER und Bemerkungen zu Arten der Gattungen *Bathyplectes* FORSTER, *Biolysia* SCHMIEDEKNECHT, *Cymodusa* HOLMGREN, *Diadegma* FORSTER, *Leptoperilissus* SCHMIEDEKNECHT, *Pyracmon* HOLMGREN, *Sesioplex* VIERECK, *Tranosema* FORSTER, *Tranosemella* HORSTMANN und *Venturia* SCHROTTKY. *Sagaritis* HOLMGREN (praeocc.; syn. *Sagaritopsis* HINCKS) wird als Synonym zu *Cymodusa* HOLMGREN gestellt, ebenso *Neoarthula* RAO als Synonym zu *Hyposoter* FORSTER. Die Arten *Leptoperilissus hispanicus, L. ibericus, Phaedroctonus humuli, P. albistriae, Pyracmon brevicauda, Tranosema mendicae* und *Venturia anatolica* werden neu beschrieben. Sechs Lectotypen werden festgelegt und acht neue Art-Synonyme aufgestellt. In einem Anhang wird *Campoplex nitens* GRAVENHORST zu *Dimophora* FORSTER (Cremastinae) gestellt.

Literatur

AUBERT, J.-F. 1959: Les Ichneumonides du rivage méditerranéen français (Côte d'Azur) *(Hym.)*. – Ann. Soc. ent. France **127** (1958), 133–166.
— — 1965: Six Ichneumonides inédites d'Europa et du Bassin méditerranéen. – Bull. Soc. ent Mulhouse **1965**, 65–68.
— — 1971: Supplément aux Ichneumonides pétiolées avec neuf espèces nouvelles. – Bull. Soc. ent. Mulhouse **1971**, 35–43.
— — 1974a: Douze Ichneumonides pétiolées inédites. – Bull. Soc. ent. Mulhouse **1974**, 1–6.
— — 1974b: Ichneumonides pétiolées inédites avec un genre nouveau. – Bull. Soc. ent. Mulhouse **1974**, 53–60.
— — 1975: Les Ichneumonides pétiolées ouest-paléarctiques de MORLEY. – Bull. Soc. ent. Mulhouse **1975**, 13–17.
BARRON, J. R., WALLEY, G. S. 1983: Revision of the Holarctic genus *Pyracmon (Hymenoptera: Ichneumonidae)*. – Can. Ent. **115**, 227–241.
CARLSON, R. W. 1979: Family *Ichneumonidae*. – In: KROMBEIN, K. V., HURD, P. D., SMITH, D. R., BURKS, B. D., (eds.), Catalog of Hymenoptera in America North of Mexico. Vol. 1, Washington, 315–740.
CLÉMENT, E. 1924: Opuscula Hymenopterologica I. Die Ophioninen-Gattungen *Pyracmon* HLGR. und *Rhimphoctona* FORST. *(Ichneumonidae, Ophioninae)*. – Dtsch. ent. Z. **1924**, 105–133.
FITTON, M. G., GAULD, I. D. 1976: The family-group names of the *Ichneumonidae* (excluding *Ichneumoninae*) *(Hymenoptera)*. – Syst. Ent. **1**, 247–258.

FRILLI, F., HORSTMANN, K. 1982: Gli Imenotteri Icneumonidi studiati da GRAVENHORST e conservati nel Museo di Zoologia sistematica dell'Università di Torino. – Boll. Mus. Zool. Univ. Torino 4, 47–72.

GRAVENHORST, J. L. C. 1820: Monographia ichneumonum Pedemontanae regionis. – Mem. R. Acad. Sci. Torino 24, 275–388.

— — 1829: Ichneumonologia Europaea. Pars I–III, Vratislaviae. 830 + 989 + 1097 pp.

HINZ, R. 1964: Über einige Typen der HOLMGRENschen Gattung Limneria (Hym., Ichn., Ophioninae) – Entomophaga 9, 67–73.

HOLMGREN, A. E. 1859: Conspectus generum Ophionidum Sueciae. – Öfv. K. Vet. Akad. Förh. 15, 321–330.

— — 1860: Försök till uppställning och beskrifning af de i Sverige funna ophionider (Monographia Ophionidum Sueciae). – K. Svensk. Vet. Akad. Handl., N. F., 2, No. 8, 1–158.

HORSTMANN, K. 1969: Typenrevision der europäischen Arten der Gattung Diadegma FOERSTER (syn. Angitia HOLMGREN) (Hymenoptera: Ichneumonidae). – Beitr. Ent. 19, 413–472.

— — 1970a: Ökologische Untersuchungen über die Ichneumoniden (Hymenoptera) der Nordseeküste Schleswig-Holsteins. – Oecologia (Berl.) 4, 29–73.

— — 1970b: Bemerkungen zur Systematik einiger Gattungen der Campopleginae (Hymenoptera, Ichneumonidae). – Nachrichtenbl. Bayer. Ent. 19, 77–84.

— — 1973a: Nachtrag zur Revision der europäischen Diadegma-Arten (Hymenoptera: Ichneumoidae). – Beitr. Ent. 23, 131–150.

— — 1973b: Revision der Gattung Nepiesta FOERSTER (mit einer Übersicht über die Arten der Gattung Leptoperilissus SCHMIEDEKNECHT) (Hymenoptera, Ichneumonidae). – Pol. Pismo Ent. 43, 729–741.

— — 1973c: Übersicht über die europäischen Arten der Gattung Venturia SCHROTTKY (Hymenoptera,·Ichneumonidae). – Mitt. Dtsch. ent. Ges. 32, 7–12.

— — 1974: Revision der westpaläarktischen Arten der Schlupfwespen-Gattungen Bathyplectes und Biolysia (Hymenoptera: Ichneumonidae). – Ent. Germ. 1, 58–81.

— — 1977: Bemerkungen zur Systematik einiger Gattungen der Campopleginae II (Hymenoptera, Ichneumonidae). – Mitt. Münch. Ent. Ges. 67, 65–83.

— — 1979: Revision der von KOKUJEV beschriebenen Campopleginae-Arten (mit Teiltabellen der Gattungen Venturia SCHROTTKY, Campoletis FÖRSTER und Diadegma FÖRSTER). – Beitr. Ent. 29, 195–199.

— — 1980a: Revision der europäischen Arten der Gattung Aclastus FORSTER (Hymenoptera, Ichneumonidae). – Pol. Pismo Ent. 50, 133–158.

— — 1980b: Über die Campopleginae der Makaronesischen Inseln (Hymenoptera, Ichneumonidae). – Spixiana 3, 121–136.

— — 1980c: Neue westpaläarktische Campopleginen-Arten (Hymenoptera, Ichneumonidae). – Mitt. Münch. Ent. Ges. 69, 117–132.

— — 1981: Typenrevision der von Karl HEDWIG beschriebenen Arten und Formen der Familie Ichneumonidae (Hymenoptera). – Ent. Mitt. Zool. Mus. Hamburg 7, 65–82.

— — 1985: Revision der mit difformis (GMELIN, 1790) verwandten westpaläarktischen Arten der Gattung Campoplex GRAVENHORST, 1829 (Hymenoptera, Ichneumonidae). – Entomofauna 6, 129–163.

MORLEY, C. 1915: Ichneumonologia Britannica, V. The Ichneumons of Great Britain. Ophioninae. London. 400 pp.

NEAVE, S. A. 1940: Nomenclator zoologicus. Vol. III, London. 1065 pp.

PERKINS, J. F. 1962: On the type species of FOERSTERs genera (Hymenoptera: Ichneumonidae). – Bull. Brit. Mus. Nat. Hist., Ent., 11, 383–483.

PFANKUCH, K. 1906: Die Typen der GRAVENHORSTschen Gattungen Mesoleptus und Tryphon (Hym.). – Z. syst. Hymenopt. Dipt. 6, 17–32.

— — 1935: Verzeichnis der Ichneumoniden von Bremen und Umgegend. – Mitt. ent. Ver. Bremen 22 (1934), 6–31.

RAO, S. N. 1953: On a collection of Indian Ichneumonidae (Hymenoptera) in the Forest Research Institute, Dehra Dun. – Indian Forest Rec. 8, 159–225.

RASNITSYN, A. P. 1981: GRAVENHORSTs and BERTHOUMIEUs types of Ichneumonidae Stenopneusticae preserved in Wroclaw and Cracow, Poland (Hymenoptera, Ichneumonidae). – Pol. Pismo Ent. 51, 101–145.

ROMAN, A. 1912: Die Ichneumonidentypen C. P. THUNBERGs. – Zool. Bidrag Uppsala 1, 229–293.

SANBORNE, P. M. 1981: A revision of the genus Sesioplex (Hymenoptera: Ichneumonidae) of North America. – Can. Ent. 113, 623–629.

163

— — 1983: Two new Palearctic species of *Sesioplex* VIERECK *(Hymenoptera: Ichneumonidae)* including phylogeny, zoogeography and a key to the world species. – Contrib. Amer. Ent. Inst. **20**, 166–176.

SCHMIEDEKNECHT, O. 1907: Die Hymenopteren Mitteleuropas, nach ihren Gattungen und zum großen Teil auch nach ihren Arten analytisch bearbeitet. Jena. 804 pp.

— — 1909: Opuscula Ichneumonologica. IV. Unterfamilie *Ophioninae.* – Fasc. 21–23, Blankenburg i. Thür., 1601–1840.

TASCHENBERG, E. L. 1866: Die drei ersten Sectionen der Gattung *Ichneumon* GR. (unter Durchsicht der Typen aus GRAVENHORSTs Sammlung). – Z. gesamt. Naturwiss. **27**, 228–318.

THOMSON, C. G. 1887: Försök till uppställning och beskrifning af arterna inom slägtet *Campoplex* (GRAV.). – Opuscula entomologica, Lund, Fasc. **11**, 1043–1182.

TOWNES, H. 1945: A catalogue and reclassification of the Nearctic *Ichneumonidae (Hymenoptera).* Part. II. The subfamilies *Mesoleiinae, Plectiscinae, Orthocentrinae, Diplazoninae, Metopiinae, Ophioninae, Mesochorinae.* – Mem. Amer. ent. Soc. **11**, 479–925.

— — 1959: The present condition of the GRAVENHORST collection of *Ichneumonidae.* – Proc. ent. Soc. Washington **61**, 76–78.

— — 1965: Nomenclatural notes on European *Ichneumonidae (Hymenoptera).* – Pol. Pismo ent. **35**, 409–417.

— — 1970: The genera of *Ichneumonidae,* part 3. – Mem. Amer. ent. Inst. **13**, 307 pp.

TOWNES, H., MOMOI, S., TOWNES, M. 1965: A catalogue and reclassification of the Easthern Palearctic *Ichneumonidae.* – Mem. Amer. ent. Inst. **5**, 661 pp.

TOWNES, H., TOWNES, M. 1973: A catalogue and reclassification of the Ethiopian *Ichneumonidae.* – Mem. Amer. ent. Inst. **19**, 416 p.

TOWNES, H., TOWNES, M., GUPTA, V. K. 1961: A catalogue and reclassification of the Indo-Australian *Ichneumonidae.* – Mem. Amer. ent. Inst. **1**, 522 p.

Anschrift des Verfassers:
Dr. Klaus HORSTMANN, Zoologisches Institut,
Röntgenring 10, D-8700 Würzburg

| Mitt. Münch. Ent. Ges. | 76 | 165–180 | München, 31. 12. 1986 | ISSN 0340-4943 |

Buchbesprechungen

DOWNING, J. A., RIGLER, F. H. (eds.): A manual on methods for the assessment of secondary productivity in fresh waters. 2nd edition. – Blackwell Scientific Publications, Oxford. 501 S. (4)

Die langersehnte 2. Auflage des IBP-(International Biological Programme) Handbooks No. 17 hat sich gegenüber der 1. Auflage von 1971 total verändert, was sowohl für den Umfang als auch für Aufbau und Text dieses Buches gilt. Dies ist keineswegs verwunderlich, da Produktionsberechnungen in den meisten wissenschaftlichen Arbeiten innerhalb der aquatischen Ökologie schon seit längerer Zeit üblich sind. Dementsprechend sind auch viele Verbesserungsvorschläge zur Berechnungsweise der Sekundärproduktion gemacht und angewendet worden. Mit ein Grund für die komplette Neugestaltung ist die Auswechslung des gesamten Autorenteams von 1971 (abgesehen von Co-editor Frank Rigler) durch „jüngere" Wissenschaftler.

Gegliedert ist das Buch in 10 Kapitel, die jeweils mit einer Einführung beginnen und mit abschließenden Bemerkungen sowie der zitierten Literatur enden.

Das 1. Kapitel beinhaltet eine Einführung zur Abschätzung der Sekundärproduktion und ihrer Konzeption. Im 2. Kapitel werden die Berechnungsmethoden der Sekundärproduktion diskutiert. Hier haben sich durch eine Fülle neuerer Literatur wesentliche Veränderungen ergeben. Kapitel 3 behandelt die verschiedenen Methoden zur Besammelung und Konservierung des Zooplanktons. In Kapitel 4 und 5 werden Geräte und Methodik für Benthosuntersuchungen in stehenden bzw. fließenden Gewässern vorgestellt. Hier vermißt man allerdings die so wichtige Thematik der weiteren Aufarbeitung (u. a. Unterproben) der Benthosproben. Eine umfangreiche Erweiterung erfuhr das 6. Kapitel, in dem die Problematik zur Emergenz aquatischer Insekten ausführlich dargestellt wird. Kapitel 7 hat die Abschätzung von Abundanz und Biomasse des Zooplanktons (Crustaceen, Rotatorien, Protozoen) zum Inhalt. Die zur statistischen Absicherung der Probenahme und Durchführung von Labor- und Felduntersuchungen notwendigen Tests und Analysen finden sich in Kapitel 8. Kapitel 9 zeigt Methoden zum Studium der Nahrungsaufnahme, Filtermechanismen und Assimilation des Zooplanktons auf. Den Abschluß bildet das 10. Kapitel mit der Messung der Respiration.

Autoren- und taxonomischer Index sowie ein ausführliches Stichwortverzeichnis entsprechen dem üblichen Standard.

Im wahrsten Sinne des Wortes ein *Handbuch,* das für viele Biologiestudenten und -lehrer, Limnologen, Ökologen und Entomologen zum unentbehrlichen Nachschlagewerk werden wird.   R. GERSTMEIER

EBERSOLDT, M., EBERSOLDT, F.: Unterwasserwelt des Mittelmeeres. – Birkhäuser Verlag, Basel–Boston–Stuttgart, 1985. 310 S., 130 Farbfotos. (5)

Ein stetig wachsendes Interesse an unserer belebten Umwelt sowie für Probleme des Naturschutzes, kombiniert mit einer Begeisterung am Reisen in fremde Länder, förderte eine rapide Entwicklung im Bereich der Reiseliteratur sowie anschaulicher, bebilderter Naturführer und Bestimmungsbücher.

Mit der „Unterwasserwelt des Mittelmeeres" legt der Birkhäuser-Verlag einen handlichen Naturführer in Taschenbuchformat vor, der laut Umschlagstext „in das Handgepäck jedes Mittelmeerurlaubers, insbesondere des Schnorchlers und Sporttauchers gehört".

In einführenden Kapiteln wird in allgemeinverständlichem Text auf die Entstehung des Mittelmeeres, Wärme, Salzgehalt und Strömungen, die „Farbe" und die Gefährdung des Mittelmeeres eingegangen. Im Anschluß daran werden die Lebensräume des Küstensaumes (Spritzwasser-, Gezeiten- und Unterwasserzone) besprochen. Den Hauptteil des Buches bilden die Beschreibungen der einzelnen Meerestiere und -pflanzen. Die Farbfotos sind durchwegs von guter Qualität, die Texte knapp bis ausführlich und informativ. Neben Hinweisen zum Tauchen und zur Unterwasser-Photographie findet sich im Anhang eine sehr nützliche Gegenüberstellung deutscher, wissenschaftlicher und ausländischer (italienisch, französisch, spanisch) Fischnamen.   R. GERSTMEIER

SIOLI, H. (ed.): **The Amazon.** Limnology and landscape ecology of a mighty tropical river and its basin. – Dr. W. Junk Publishers, Dordrecht–Boston–Lancaster, 1984. 763 S. (6)

Mit dem 56. Band der Reihe M o n o g r a p h i a e B i o l o g i c a e legt der Dr. W. Junk Verlag ein gewaltiges Werk über das (ehemals) größte zusammenhängende Waldökosystem unserer Erde vor. Dieses einmalige Regenwald-Ökosystem das auf äußere Eingriffe sehr empfindlich reagiert, steht eigentlich erst am Anfang seiner Erforschung, denn viele Tiere und Pflanzen sind noch gar nicht bekannt. Wie viele Arten schon verschwunden sind oder vernichtet wurden, können wir kaum abschätzen.

25 anerkannte ,,Amazonas-Forscher'' konnte Herausgeber Harald SIOLI für die Mitarbeit an diesem Buch gewinnen, 29 Kapitel über Geologie, Klimatologie, Limnologie, Vegetationskunde, Landnutzung und Naturschutz sind das Ergebnis. Trotzdem ist dieses Buch weit davon entfernt, vollständig zu sein, was SIOLI in seinem Vorwort damit begründet, daß einmal das Wissen über Amazonien zu umfangreich für ein einziges Buch ist, zum anderen konnten 2 Autoren wegen anderweitiger Beschäftigung nicht mitarbeiten. Dies ist besonders schade, da gerade das fehlende Kapitel über die aquatische Invertebratenfauna und ihrer Biotope in solch einem limnologischen Werk eine schmerzliche Lücke hinterläßt.

Ein empfehlenswertes, allerdings nicht gerade billiges Standard- und Nachschlagewerk.   R. GERSTMEIER

RICHTER, O.: **Simulation des Verhaltens ökoloigischer Systeme.** Mathematische Methoden und Modelle. – VCH Verlagsgesellschaft, Weinheim, 1985. 219 S. (7)

Die Simulation des Verhaltens ökologischer Systeme ist ein wichtiges Hilfsmittel, um die Folgen von Eingriffen in solche Systeme abschätzen zu können. Dieses Buch beginnt sehr ausführlich mit den mathematischen Grundlagen sowie einigen grundlegenden Modellen: Differentialgleichungen und klassische Lotka-Volterra-Systeme (2 konkurrierende Arten, Räuber-Beute-Interaktionen). Ausbeutung von Ökosystemen, Stabilität einfacher Agrarökosystemmodelle, Temperatur und Entwicklung, Modelle zur Schädlingsbekämpfung, Elemente detaillierter Ökosystemmodelle sowie die Belastung von Ökosystemen durch Fremdstoffe sind die weiteren Kapitel.

Wer gerne ökologische Verhaltensweisen anhand mathematischer Modelle beschreibt, wird an diesem formelgespickten Buch seine Freude haben.   R. GERSTMEIER

KALMRING, K., ELSNER, N.: **Acoustic and vibrational communication in insects.** – Verlag Paul Parey, Berlin–Hamburg, 1985. 230 S. (8)

Dieses Buch enthält die wissenschaftlichen Beiträge, die auf zwei Symposien während des Internationalen Kongresses für Entomologie in Hamburg (1984) diskutiert wurden. Sie geben einen Überblick über den internationalen Stand der Erforschung akustischer und vibrationaler Kommunikation innerhalb der Insekten. Abgesehen von wenigen Ausnahmen leitet sich dieses Wissen im wesentlichen anhand der Untersuchungen von Heuschrecken und Grillen ab. Die Beiträge beschäftigen sich mit biophysikalischen Aspekten, Rezeptor-Mechanismen, Steuerung durch das Zentralnervensystem und verhaltensbiologischen Aspekten. Die Erforschung akustischer und vibrationaler Kommunikation vermittelt so zwischen vielen Disziplinen wie Verhaltensforschung, Ökologie, Biophysik und Neurobiologie.   R. GERSTMEIER

ENRÖDI, S.: **The** Dynastinae **of the world.** – Dr. W. Junk Publishers, Dordrecht–Boston–Lancaster, 1985. 800 S., 46 Schwarz-Weiß-Tafeln. (9)

Die letzte umfassende Arbeit über die *Dynastinae* der Welt von Hermann BURMEISTER liegt über 130 Jahre zurück; er erwähnte ca. 350 Arten dieser Unterfamilie. Inzwischen ist die Zahl der beschriebenen Arten auf 1 366 gestiegen und der Autor rechnet mit etwa 2 000 Arten.

Der vorliegende Band ist keine Monographie, sondern ein reines Bestimmungsbuch. Da die meisten Gattungen auf bestimmte zoogeographische Regionen beschränkt sind, wurden sie dementsprechend zusammengefaßt. Bei vielen Arten ist ein auffälliger Sexualdimorphismus ausgeprägt, so daß in solchen Fällen getrennte Bestimmungstabellen für die Geschlechter vorliegen. Die ergänzenden Strichzeichnungen beschränken sich fast ausschließlich auf den männlichen Genitalapparat, wobei die Parameren so charakteristisch sind, daß sie allein zur Artdifferenzierung ausreichen würden (Ausnahme: Gattung *Dynastes).*

Eine umfassende Bibliographie, Index zu den einzelnen Taxa und 46 Schwarz-Weiß-Tafeln mit Habitus-Fotografien runden dieses Werk ab.

Ein Buch, wie man es sich für jede Insektengruppe nur wünschen kann, unerläßlich für die Museumsarbeit und hilfreich für Spezialisten und Amateure.   R. GERSTMEIER

RYSY, W.: Orchideen. Tropische Orchideen für Zimmer und Gewächshaus. BLV-Gartenberater. – BLV Verlagsgesellschaft, München, 1985. 191 S., 122 Farbfotos. (10)

In der Einführung schreibt der Autor Wissenswertes über den Aufbau der Pflanzen, über Samen und ihre Keimung, Kultur- und Pflegehinweise, Kulturräume, Krankheiten und Schädlinge, botanische Einordnung und die Untergliederung der Orchideen. Im Hauptteil des Buches wird eine Artenauswahl der etwa 25 000 bisher bekannten Wildorchideenarten vorgestellt. Nach der Beschreibung der einzelnen Gattungen und Arten folgen Hinweise über Blütezeit und Verbreitung, ergänzt durch hervorragend wiedergegebene Farbfotos. In weiteren Kapiteln wird über die Temperaturansprüche der Orchideen und ihre Bezugsquellen berichtet. Den Schluß des Bandes bildet ein Register der Gattungs- und Artnamen.

Fast jeder Naturfreund hat sich schon einmal mehr oder weniger mit Orchideen beschäftigt. Es geht von diesen Pflanzen eine geheimnisvolle Ausstrahlung aus. Betrachter, Fotografen und Sammler sind immer wieder von der Formen- und Farbenfülle beeindruckt. Dieses gut gelungene Buch wird nicht nur den Naturliebhaber ansprechen, sondern auch manch anderen für diese botanischen Kostbarkeiten begeistern.   M. KUHBANDNER

BAUER, E.: Einleitung zu ROESEL VON ROSENHOF: Insektenbelustigung. – Verlag Müller & Schindler, Stuttgart 1985. 80 S., 8 farbige Stiche, einige Schwarzweiß-Abbildungen. (11)

Nachdem der letzte Band der Faksimile-Ausgabe der berühmten „Insektenbelustigung" von Roesel von Rosenhof im Verlag Müller und Schindler, Stuttgart, erschienen ist, bringt derselbe Verlag dieses Text-Begleitbuch auf den Markt. Erich Bauer berichtet über Roesel von Rosenhof als Kupferstecher und Miniaturmaler zu Nürnberg und seine Bedeutung als Künstler, Verleger und Wissenschaftler. Gleichzeitig werden in dieser Ausgabe einige Stiche und Zeichnungen erstmals veröffentlicht. Dieser Band gibt außerdem einen Abriß der Geschichte der entomologischen Literatur bis zur Mitte des 18. Jahrhunderts.

Roesels „Insektenbelustigung" ist im Original nur in wenigen Bibliotheken vorhanden und falls zum Verkauf angeboten, fast unerschwinglich. Aus diesem Grunde bedeutet die Faksimile-Ausgabe ein Juwel in jedem Bücherregal. Der hier besprochene Textteil alleine ist in seiner luxuriösen Aufmachung eine wertvolle Bereicherung, besonders für den Entomologen.   M. KUHBANDNER

ZAHRADNIK, J.: Bienen, Wespen, Ameisen. Die Hautflügler Mitteleuropas. – Kosmos, Franckh'sche Verlagshandlung, Stuttgart, 1985. 192 S., 144 Farbfotos, 124 Farbzeichnungen und 37 Schwarzweißzeichnungen im Text. (12)

Die Hautflügler oder Hymenopteren umfassen die staatenbildenden Ameisen, Wespen, Bienen und Hummeln, aber auch viele solitär lebende Arten, von denen Schlupfwespen und Gallwespen wohl am bekanntesten sind. Man schätzt ihre Artenzahl in Mitteleuropa auf etwa 15 000, auf der ganzen Erde kennt man über 100 000 Arten.

Unterschätzt wird aber wohl allgemein die Bedeutung der Hautflügler in der Natur und damit auch für uns Menschen: Sie stellen die meisten Blütenbestäuber, ohne die die Obstbäume keine Früchte und die Blumen keine Samen bilden könnten; die Honigbiene liefert uns Wachs und Honig; Ameisen, Wespen und Hornissen vertilgen viele Schadinsekten; Schlupfwespen und Brackwespen sind wichtige Insektenparasiten. Erzwespen werden gezielt in der Biologischen Schädlingsbekämpfung eingesetzt.

Dr. Jiri ZAHRADNIK beschreibt Lebensweise und Entwicklung der verschiedenen Hautflügler-Arten, berichtet über Werden und Vergehen der Insektenstaaten, erzählt von „Kuckucksinsekten" und „Sklavenhaltern". Im umfangreichen Bestimmungsteil bildet er die wichtigen und häufigen Arten in ausgewählten Farbfotos und in für die eindeutige Bestimmung nötigen Farbzeichnungen ab.

Für alle Tierliebhaber, die ihr Interesse an der Insektenfauna vertiefen wollen, ist dieser Kosmos-Naturführer ein Nachschlagewerk und ein ästhetischer Gewinn.   E. DILLER

SCHWENCKE, W. (Hrsg.): Die Forstschädlinge Europas. Fünfter Band: Wirbeltiere. – Verlag Paul Parey, Hamburg–Berlin, 1986. 300 S., 107 Abb. (13)

Das vorliegende Buch beschließt eine Handbuchreihe über Forstschädlinge in Europa, ihre Verbreitung, Schadensweise und Bekämpfung. Die ersten vier Bände, die bereits in den Jahren 1972–1982 erschienen, enthielten die wirbellosen Tiere einschließlich der Insekten, der nun erschienene 5. und letzte Band behandelt die forstwirtschaftlich relevanten Arten der Wirbeltiere, also Vögel, Kleinsäuger (Insektenfresser, Nagetiere und Hasenartige) und Huftiere. Jede Art wird nach einem weitgehend gleichbleibenden Schema abgehandelt: nach einer kurzen Darstellung von Morphologie und Verbreitung werden Lebensweise, Schadensbild und Abhilfemaßnahmen ausführlich erläutert.

167

Die Vögel, die von M. POSTNER bearbeitet wurden, nehmen den geringsten Umfang ein. Die von ihnen verursachten Forstschäden halten sich im allgemeinen in vertretbaren Grenzen, zudem sind viele der schadensverursachenden Arten als bedroht oder gefährdet eingestuft, direkte Bekämpfung wird deshalb nur in Ausnahmefällen empfohlen statt dessen werden überwiegend indirekte Abwehrmaßnahmen z. B. Abdecken von Baumsaaten mit Reisig, zum Einsatz kommen.

Anders bei den Nagetieren und Hasenartigen (bearbeitet von W. BÄUMLER), von denen manche Arten durch Vernichtung von Samen und Keimlingen oder durch Benagen von Rinde und Wurzeln hohe Waldschäden verursachen können. Hier werden vor allem direkte Bekämpfungsmaßnahmen erläutert, z. B. das Auslegen von Giftködern oder Flächensprühverfahren. Im Handel befindliche Präparate werden aufgezählt ihre Anwendung und Wirkungsweise erklärt und auf mögliche Gefahren hingewiesen.

Die Huftiere stehen als Verursacher von Waldschäden an erster Stelle, deshalb nimmt die Besprechung dieser Tiergruppe (Bearbeiter: E. UECKERMANN) umfangmäßig den breitesten Raum ein. Behandelt werden nur diejenigen Arten, die eine Belastung für die Forstwirtschaft darstellen, also in erster Linie die dem Jagdrecht unterliegenden Cerviden und Boviden sowie das Wildschwein, wobei auch eingebürterte Arten, z. B. Sika- und Axishirsch berücksichtigt werden. Auch hier werden für jede Art die charakteristischen Schadensbilder, die sich durch Verbiß, Rindenschälen oder Fegen ergeben, beschrieben und Abhilfemaßnahmen erläutert. Das Anbringen mechanischer und chemischer Verbißschutzmittel wird zwar ausführlich besprochen, der Autor macht aber deutlich, daß unter den Abwehrmaßnahmen die Herstellung einer tragbaren Wilddichte an erster Stelle steht und technische Hilfsmittel bei überhöhter Wilddichte versagen. Dementsprechend wird bei jeder einzelnen Art ausführlich auf die natürliche Siedlungsdichte und die maximalen Werte der Wilddichte eingegangen.

Wirbeltiere sind als Waldschadensverursacher in dieser Ausführlichkeit bisher nicht zusammenfassend behandelt worden, das Buch füllt also eine wichtige Lücke und kann als Handbuch und Nachschlagewerk allen Stellen, die mit Waldbewirtschaftung zu tun haben, empfohlen werden. Als einziger Schönheitsfehler ist anzumerken, daß die Taxonomie der behandelten Insectivora teilweise nicht dem neuesten Kenntnisstand entspricht, da offensichtlich überwiegend auf ältere Literatur zurückgegriffen wurde. So stellt die „östliche Form" des Igels eine eigene Art (Erinaceus concolor) dar, die zudem auch auf Kreta vorkommt, bei der Wildspitzmaus wurde die Abtrennung von Schabrakenspitzmaus, Kastilienspitzmaus und Apenninenspitzmaus als eigenständige Arten nicht berücksichtigt, der Römische Maulwurf kommt auch auf dem Balkan vor. Der positive Gesamteindruck wird dadurch jedoch nicht beeinträchtigt, wohl aber durch den unverhältnismäßig hohen Preis.   R. KRAFT

SANDHALL, A., BERGGREN, H.: **Planktonkunde.** Bilder aus der Mikrowelt von Teich und See. – Kosmos, Franckh'sche Verlagshandlung, Stuttgart, 1985. 107 S., 238 Farbfotos, 12 Schwarz-Weiß-Fotos. (14)

Die Kosmos-Planktonkunde gibt einen ersten Ein- und Überblick in die Welt der mikroskopisch kleinen Wasserorganismen, wie er mit einem einfachen Kursmikroskop erreicht werden kann. Das Buch zeigt eine Auswahl häufiger Arten in Farbfotos (alle Organismen sind lebend aufgenommen), und zwar mit einer einfachen Durchlicht-Hellfeld-Optik. Meist kann man nur die Gattung bestimmen, eine Artbestimmung erfordert im allgemeinen Spezialkenntnisse und entsprechende Fachliteratur.

Dieses Buch ist eine ideale Anleitung für Schüler um das Interesse für Studien an der faszinierenden Mikrowelt zu wecken. Aber auch erwachsene Hobbybiologen werden daran Freude finden, vorausgesetzt ein einfaches Durchlicht-Mikroskop steht zur Verfügung.   R. GERSTMEIER

TAYLOR, J. M.: **The Oxford guide to mammals of Australia.** – Oxford University Press, Melbourne, 1984. 148 S. (15)

Mammals of Australia ist kein Bilderbuch – leider. Ansonsten enthält es aber alle Säugetier-Gattungen Australiens, mit Beschreibung (Längen- und Gewichtsangabe), Angaben zur Fortpflanzungsbiologie, Biologie und Habitat und Auflistung der einzelnen Arten. Verbreitungskarten und Silhouetten sind die einzigen Abbildungen in diesem Buch. Ohne den wissenschaftlichen Wert schmälern zu wollen, hätte das Buch in dieser Aufmachung hierzulande keine Verbreitungschancen.   R. GERSTMEIER

HARPPRECHT, K., HÖPKER, T.: **Amerika.** Die Geschichte der Eroberung von Florida bis Kanada. – Geo im Verlag Gruner & Jahr, Hamburg, 1986. 348 S. (16)

Dieser, im bewährten „Geo-Stil" mit prächtigen Farbabbildungen ausgestattete Bildband, beschäftigt sich mit der Geschichte der Eroberung Nordamerikas, nach der Entdeckung der Neuen Welt durch Kolumbus. Es beginnt mit vier spanischen Expeditionen in den Sümpfen und Urwäldern Floridas, dem Aufbruch ins Land der Pueblos und dem Verlust der französischen Kolonien in Carolina. Es folgt die Entdeckung Kanadas, die Erkundung des Mississippi und zuletzt die erste wissenschaftliche Expedition bis hinüber zum Stillen Ozean. Neben Fotos aus der ,,Neuzeit'', beeindrucken vor allem die zahlreichen Darstellungen zeitgenössischer Maler. Wer sich für die Entdeckungsgeschichte Nordamerikas und die Auseinandersetzung mit den Ureinwohnern interessiert, wird kaum ein informativeres Buch finden. R. GERSTMEIER

STIRRUP, M., HEIERLI, H.: Grundwissen in Geologie. – Ott Verlag, Thun, 1984. 274 S., 223 Abb., 4 Farbbilder. (17)

Seit vielen Jahren fehlt ein aktuelles Lehrbuch für Geologie. Dieses aus dem Englischen übertragene Werk versucht, diese Lücke zu schließen. Gedacht als eine Einführung in die Geologie und ihre Begleitwissenschaften (Mineralogie, Petrographie, Paläontologie), wird dem Leser der neueste Stand des Wissens anhand eines leicht verständlichen Textes und anschaulichen Abbildungen vermittelt. Bemerkenswert ist hier das aktualisierte Kapitel Plattentektonik und die Baugeschichte Mitteleuropas, speziell die der Alpen.

Einem Blick auf die Erde, als Teil des Weltalls und dem Aufbau der Erdkruste folgen Kapitel zu Mineralogie, Gesteinskunde, Vulkanismus, Vorgängen an der Erdoberfläche (Erosion), Gebirgsbildung und Plattentektonik. Im paläontologischen Teil werden zahlreiche urweltliche Tier- und Pflanzengruppen in ihrer Umwelt vorgestellt. Angewandte Geologie (Wasserversorgung, Öl, Gas, Kohle, Erze), Anleitung zur geologischen Feldarbeit, ein Fragenkatalog, Erklärung geologischer Fachausdrücke sowie Literatur- und Stichwortverzeichnis vervollständigen den Band.

Ein gelungenes Buch für Lehrer, Schüler, Studenten mit Geologie als Nebenfach, aber auch für den an Gesteinen und Bauformen interessiertem Naturfreund. R. GERSTMEIER

ENGELHARDT, W.: Was lebt in Tümpel, Bach und Weiher? Pflanzen und Tiere unserer Gewässer in Farbe. – Kosmos, Franckh'sche Verlagshandlung, Stuttgart, 1986. 270 S., 53 Farbtafeln. (18)

Seit dem ersten Erscheinen dieses Werkes 1954, hat es inzwischen 10 Auflagen gegeben – ein Beweis für den Erfolg dieses wohl einmaligen Bestimmungsbuches unserer aquatischen Kleingewässerflora und -fauna.

Im großen und ganzen ist der Autor der bewährten Struktur treu geblieben; verändert wurden die Bildtafeln, die jetzt sämtlich koloriert sind, die einleitenden Texte über ,,Die mitteleuropäischen Kleingewässer als Lebensräume'' und die Beschreibung der Pflanzengesellschaften. Hinzugekommen sind eine Anleitung zur richtigen Gestaltung eines naturnahen Gartenteiches sowie zwei Tabellen, die die Gesamtartenzahl und Anteile gefährdeter Arten verschiedener systematischer Einheiten der Pflanzen- und Tierwelt der Binnengewässer der BRD zeigen.

Für den besonders interessierten Naturforscher wäre vielleicht noch ein Kapitel ,,Weiterführende Bestimmungsliteratur'' wünschenswert. R. GERSTMEIER

GEORGE, U.: Regenwald. Vorstoß in das tropische Universum. – Geo im Verlag Gruner & Jahr, Hamburg, 1985. 380 S. (19)

Rund 11 Millionen Hektar tropischer Wälder werden zur Zeit weltweit pro Jahr zerstört, vor allem in der dritten Welt, wo Waldgebiete in Ackerland oder Feuerholz verwandelt werden. Man schätzt, daß bereits 40 % der tropischen Wälder verschwunden sind.

Uwe GEORGE dokumentiert hier mit fachlich fundiertem Text und einzigartigen Farbfotos eine Lebenswelt, die wohl am empfindlichsten auf Eingriffe des Menschen reagiert. Bevölkerungsdruck und Profitgier vernichten diese fruchtbarste und produktivste Lebensgemeinschaft der Erde schneller, als sie erforscht werden kann.

Das erste Kapitel ist den großen Forschern (HUMBOLDT, DARWIN) und den abenteuerlichen Entdeckungen des tropischen Regenwaldes gewidmet. Der zweite Teil handelt von der amphibischen Welt des tropischen Mangrovewaldes. Mit ,,Der Kampf ums Licht'' ist das dritte Kapitel überschrieben: hier werden die absonderlichsten pflanzlichen Lebensformen vorgestellt. Die Tierwelt und ihre Erforschung ist Gegenstand des 4. Kapitels, wobei ausführlich über die Untersuchungen von Donald PERRY im 40 m hohen Kronendach des Urwaldes von Costa Rica berichtet wird. Über den Nährstoffkreislauf informiert Kapitel 5. Der Amazonas mit seinen Nebenflüssen ist Hauptakteur des 6. Kapitels. Im letzten Kapitel wird die Anpassung der Ureinwohner an ihren Lebensraum und die Zerstörung durch unsere ,,moderne Technik'' aufgezeigt.

Ein fesselndes Buch, das vor allem durch die ausgezeichneten, meist großformatigen Farbabbildungen begeistert. R. GERSTMEIER

EDLIN, H., NIMMO, M.: **BLV** Bildatlas der Bäume. – BLV Verlagsgesellschaft, München–Wien–Zürich, 1985. 255 S. (20)

Der „BLV Bildatlas der Bäume" bietet eine Fülle an Wissenswertem über Bäume und Wälder. Mit über 800 farbigen Abbildungen stellt er die wichtigsten europäischen Laub- und Nadelbäume, aber auch einige tropische Bäume mit ihren Merkmalen vor.

Der Bildatlas befaßt sich im ersten Teil mit Wachstum und Aufbau der Bäume, mit Evolution von Baum und Wäldern und mit den Bewohnern der Bäume. Ernte, Verwertung und Verwendung des Holzes nehmen einen großen Raum ein. Im zweiten Teil werden die einzelnen Baumarten, unterteilt nach Nadel- und Laubbäumen sowie Bäumen der Tropen und der Südhalbkugel vorgestellt. Ein Verzeichnis von Fachausdrücken, eine Übersicht über morphologische Grundbegriffe (z. B. Blattformen, Blattränder, Blütenstände) und ein Register beschließen dieses Werk.

Ein informativer, großartiger Band für alle, die sich für Bäume und Wälder interessieren.   R. GERSTMEIER

MERIAN, M. S.: **Schmetterlinge, Käfer und** andere Insekten. Leningrader Studienbuch. – VCH Verlagsgesellschaft, Weinheim, 1985. Einmalig limitierte Weltauflage von 1 750 Exemplaren. 470 S. Teil 1: 120 Lichtdrucktafeln der Aquarelle in Halblederkassette. Teil 2: 266 Faksimiles der Handschrift, Transkriptionen, Kommentare, Register. (21)

Maria Sibylla MERIAN war eine der berühmtesten Blumen- und Insektenmalerinnen der frühen Neuzeit. Das bis zum 20. Jahrhundert unbekannt gebliebene „Leningrader Studienbuch" umfaßt Material von 1660 an, enthält also auch Unterlagen für ihr berühmtes Buch „Der Raupen wunderbare Verwandlung". Dieses Studienbuch entstand über einen Zeitraum von 30 Jahren. Einen Schwerpunkt bilden umfangreiche Studien, die sie während ihres Aufenthaltes in Surinam (1699–1701) machte. Neben den „nach der Natur gemalten" und „in natürlicher Größe dargestellten" Kupferstichen, den zahlreichen kleinformatigen Insektenstudien und den Darstellungen der einzelnen Entwicklungsstadien bieten die begleitenden Texte über Insektenzuchten eine einmalige Dokumentation der wissenschaftlichen Studien und der Arbeitsweise der Künstlerin. Ihre Aquarelle, Zeichnungen und kolorierten Kupferstiche zeugen bei aller künstlerischen Empfindung von einer ungemein genauen und wissenschaftlichen Beobachtungsgabe.

Teil 1 dieses Werkes enthält 120 Lichtdrucktafeln mit 288 Aquarell- und Deckfarbenmalereien sowie handschriftliche Aufzeichnungen. Diese auf Pergamentstücke gemalten Aquarelle zeigen vor allem Schmetterlinge, Käfer und andere Insekten, darüber hinaus auch Frösche und Schnecken.

Teil 2 beinhaltet neben einem Vorwort folgende Kapitel: „Zur Geschichte des Leningrader Studienbuches" – Zur biographischen und werkgeschichtlichen Bedeutung des „Leningrader Studienbuches" – Faksimile und Transliteration – Wichtige Ausgaben von Werken der Merian – Zur Bestimmung der dargestellten Insekten und zur Abfassung der Legenden – Anmerkungen zu den Tafellegenden – Systematisches Register der dargestellten Tiere – Kommentiertes Register der von der Merian verwendeten Pflanzennamen – Personen- und Ortsregister (Abgesehen von „Faksimile und Transliteration" in Deutsch, Englisch, Französisch und Russisch).

Ein luxuriös ausgestattetes und perfekt angelegtes Werk, welches dank seiner hervorragenden Qualität der Lichtdrucktafeln nicht nur für den Freund und Sammler von Faksimile-Ausgaben, sondern auch für den wissenschaftlich interessierten Biologen eine wertvolle Bereicherung seiner Bibliothek darstellt.   R. GERSTMEIER

BANNISTER, A., GORDON, R.: Nationalparks in Südafrika. – Landbuch Verlag, Hannover, 1985. 189 S. (22)

Das vorliegende Buch porträtiert in Wort und Bild Schönheit und Großartigkeit der 10 südafrikanischen Nationalparks. Der anschaulich geschriebene Text stammt von René GORDON, die sich dem Naturschutz sehr verbunden fühlt. Mit aller fachlichen Kompetenz berichtet sie in mitreißender Art über die Nationalparks, deren Entstehung und Geschichte, ihrer Besonderheiten innerhalb der Tier- und Pflanzenwelt, aber auch über Probleme und Widersprüche, denen sich die für die Parks Verantwortlichen heute und zukünftig ausgesetzt sehen. Die brillianten Fotos von Anthony BANNISTER (in gewohnt guter „Landbuch-Qualität") bringen einem die Pracht dieser Tierparadiese hautnah dar. Zu bemängeln ist lediglich die Abbildung des Wüstenluchses auf S. 128/129, dessen „Physiognomie" durch die doppelseitige Anordnung „zerstört" wird.

Alle Naturliebhaber und Afrikafreunde werden an diesem informativen Buch sehr viel Freude haben.   R. GERSTMEIER

170

von MAYDELL, H.-J.: Arbres et arbustes du Sahel. – Schriftenreihe der GTZ, No. 147, Eschborn, 1983. 531 S. (23)

In diesem Buch werden 114 Arten von Bäumen und Sträuchern des Sahel beschrieben und farbig abgebildet, wobei auch Habitus, Blätter, Blüten und Früchte berücksichtigt werden. Des weiteren finden sich im Text Angaben über Synonyme, Verbreitung, Standort, Nutzung und eine ausführliche Bibliographie. Im umfangreichen Anhang finden sich unter anderem auch die Eigennamen in den Sprachen der im Sahel vorkommenden Stämme. Ein für Biologen, Botaniker, Forstbiologen und Entomologen ausgesprochen nützliches Nachschlagewerk mit guten Farbfotos, die eine einwandfreie Bestimmung erlauben. R. GERSTMEIER

WHITTEN, A. J. et al.: The ecology of Sumatra. – Gadjah Mada University Press, Yogyakarta, 1984. 583 S. (24)

Die ,,Ökologie Sumatras" wurde von einem Team des ,,Centre for Resource and Environmental Studies" an der Universität von Nord-Sumatra geschrieben und stellt kein ökologisches Lehrbuch im herkömmlichen Sinne dar. Vielmehr werden die einzelnen Ökosysteme der Inseln für sich beschrieben, wobei fast 1 200 Literaturzitate und die eigenen Untersuchungen der Autoren herangezogen wurden. Folgende Kapitel werden dabei u. a. behandelt: ,,Background" (Geologie, Böden, Klima, Biogeographie), Mangroven-Wald, Seen und Flüsse, Sumpfwälder, Tieflandwälder, Berge und Höhlen. Diesen natürlichen Ökosystemen ist ein Kapitel mit von Menschen geschaffenen und landwirtschaftlichen Ökosystemen gegenübergestellt.

Trotz der etwas einfachen Aufmachung des Buches, kann es inhaltlich allen Biologen und Naturforschern empfohlen werden, die sich etwas näher mit Südost-Asien befassen wollen. R. GERSTMEIER

STEITZ, E., STENGEL, G.: Die Stämme und Klassen des Tierreichs. Eine Übersicht. Reihe: studium biologae. – Verlag Chemie, Weinheim, 1984. 413 S. (25)

Die Autoren haben in ihrem Buch versucht, die nahezu unfaßbare Mannigfaltigkeit der Tierwelt durch prägnante, kurz gefaßte Texte und eine wohldurchdachte Gliederung so aufzubereiten, daß dem Leser ein Nachschlagewerk vorliegt, dessen Inhalt er überschauen und bewältigen kann. Die Einleitung beinhaltet eine kurze Charakterisierung der Erdzeitalter, die sehr nützliche Lagebezeichnung von Organen, ein Verzeichnis der Abkürzungen, einem kurzen Abriß der Grundlagen der zoologischen Systematik und die Großgliederung des Tierreichs. Die Beschreibung der einzelnen Tiergruppen folgt einem einheitlichen Schema. Am Anfang stehen Angaben über Artenzahl, Lebensweise und Vorkommen. Daran schließt sich eine Beschreibung der Anatomie und Morphologie sowie der Fortpflanzung, Entwicklung und Stammesgeschichte an. Es folgen die untergeordneten Kategorien der Systematik, die nach demselben Schema beschrieben werden.

Dieses Buch gibt, als unschätzbares Nachschlagewerk, jedem Biologen und interessiertem Laien schnell und sicher Auskunft über eine Tiergruppe und deren Stellung im Tierreich. R. GERSTMEIER

DREYER, W.: Die Libellen. – Gerstenberg Verlag, Hildesheim, 1986. 219 S. (26)

Dieses Standardwerk der Libellenkunde stellt alle 80 mitteleuropäischen Arten ausführlich und allgemeinverständlich vor. Jede Art wird mit einem Farbfoto vorgestellt, die Kennzeichen von Männchen und Weibchen werden beschrieben und ausführliche Angaben werden zur Biologie gemacht. Ergänzende Symbole charakterisieren den jeweiligen Gefährdungsgrad. Nach diesen 80 ,,Lebensläufen" finden sich Kapitel über Körperbau, Flug, Nahrung, Partnerfindung, Paarung, Eiablage, Larven, Schlüpfen und die Lebensräume. Ein Kapitel über ,,Gefährdung und Schutz" informiert u. a. über Erhaltungs- und Renaturierungsmaßnahmen, die Neugestaltung von Biotopen und die libellengerechte Gestaltung eines Gartenteiches. Eine nach Bundesländern aufgeschlüsselte Übersicht stellt die aktuelle Verbreitung dar. Im Anhang finden sich Bestimmungsschlüssel für Imagines und Larven sowie ein umfangreiches Literaturverzeichnis.

Ein sehr empfehlenswertes Buch für alle Naturfreunde, insbesondere Insektenliebhaber. R. GERSTMEIER

KRIEG, A.: *Bacillus thuringiensis*, ein mikrobielles Insektizid. Grundlagen und Anwendung. – Paul Parey, Berlin–Hamburg, 1986. 191 S. (27)

,,Die ökologisch begründete und von WHO und FAO unterstützte Forderung, in Zukunft die Anwendung breitenwirksamer Pestizide weiter einzuschränken, läßt alternative Verfahren der Schädlingsbekämpfung zunehmend in den Vordergrund treten. An Biologische Methoden, die zur Bekämpfung von Schadinsekten eingesetzt werden, muß man allerdings die Forderung stellen, außer anderen Nicht-Zielorganismen (wie Wirbeltiere und Pflanzen), auch Nutzinsekten (Entomophagen, Honigbiene) zu verschonen. Entsprechende mikrobiologische Präparate ent-

171

halten ausschließlich auf Insekten wirkende Bakterien, Pilze, Protozoen oder Viren. Unter ihnen hat derzeit *Bacillus thuringiensis* mit seinen auf bestimmte Insektengruppen selektiv wirkenden Pathotypen weltweit die größte Bedeutung" (aus dem Vorwort von Dr. A. KRIEG).

In 5 Kapiteln (Mikrobiologie, Insektenpathologie, Produktionstechnik, Anwendung, Sicherheit der Präparate) bringt diese für Mikrobiologen, Phyto- und Insektenpathologen interessante Monographie eine zusammenfassende Darstellung des heutigen Wissensstandes über Grundlagen und Anwendung dieses mikrobiellen Insektizids.

R. GERSTMEIER

KLEE, O.: Angewandte Hydrobiologie. Trinkwasser– Abwasser–Gewässerschutz. – Georg Thieme Verlag, Stuttgart–New York, 1985. 271 S. (28)

Mit den Methoden der angewandten Hydrobiologie können die Umweltbedingungen im Wasser analysiert, die pflanzlichen und tierischen Lebensformen erforscht und die Leistung der einzelnen Komponenten des Ökosystems festgestellt werden. Otto KLEE hat den Versuch unternommen, ein so komplexes Arbeitsfeld wie die „Angewandte Hydrobiologie" aus der Sicht eines einzelnen darzustellen und dies ist ihm durchaus geglückt. Folgende Kapitel werden angesprochen: Einführung – Wasserkreislauf – Grundlegende Eigenschaften des Wassers – Grundlagen des Wasserbaus – Grundlagen der Biologie natürlicher Gewässer – Biologische Abwasserreinigung – Trinkwasser – Fischökologie, Fischerei und Aquakultur. 188 Literaturzitate und ein erfreulich ausführliches Sachverzeichnis beschließen das Taschenbuch. Bemerkenswert sind die exakten und informativen Abbildungen, wohingegen der Text stellenweise sehr vereinfachend ist, z. B. „Reduziert man die Zahl der zooplanktonfressenden Fische . . . und läßt im See nur Raubfische – wie Hechte – zurück, so erreicht man eine wesentliche Minderung der Algenpopulationen, und der See wird auf natürlichem Wege klar." Ganz so einfach geht das in Wirklichkeit nicht! Insgesamt gesehen, aber ein brauchbares Buch für alle, die sich für das Lebenselexier Wasser und den Gewässerschutz interessieren.

R. GERSTMEIER

D'AGUILAR, J., DOMMANGET, J.-L., PRÉCHAC, R.: Guide des Libellules d'Europe et d'Afrique du Nord. – Delachaux et Niestlé Éditeurs, Neuchâtel–Paris, 1985. 341 pp. (29)

Dieser Naturführer in französischer Sprache, der die Libellen Europas und Nordafrikas aufführt, behandelt in besonderer Weise die geographische Verbreitung und die Ausbreitungstendenzen. Zudem werden die historische Bearbeitung und die Beziehung des Menschen zu dieser Insektengruppe sowie die Biotopbindungen, die Biologie, das Territorialverhalten und die Feinde sowie Parasiten in kurzer Form behandelt. Auch fehlen nicht die Hinweise zur Ökologie, der Phylogenie und vor allem zum Rückgang der Arten, deren Ursachen neben den naturnahen Habitaten und einzelnen Arten in einem separaten Teil mit Fotografien festgehalten sind. Ebenso prägnant und kurz wird auf die Präparation und die Fotodokumentation eingegangen. Im morphologisch-systematischen Teil werden vor allem Bestimmungskriterien vorgestellt, die als Grundlage zu den Bestimmungstabellen zu verstehen sind. In diesen sind wie häufig die Larven zu wenig berücksichtigt, die sich an Hand der Tabelle nur bis zur Familie bestimmen lassen. Die Schwachstelle dieses Buches zeigt sich jedoch gerade hier im Bestimmungsteil, der den Großteil des Bandes ausmacht. Die Bestimmungstabellen mit den sehr wenigen angebotenen Merkmalszuordnungen führen nur bis zu den Gattungen der Imaginalstadien, Artschlüssel fehlen. Auch die Beschreibungen mit vereinzelten artspezifischen Detailzeichnungen führen nicht zu einer Differentialdiagnose, die man von einem derartigen Führer für so wenige Arten erwarten dürfte. Etwa bei den Sympetrum-Arten sind die Genitalabbildungen auch sehr schematisch. Die Farbtafeln zeigen vielfach unscharfe Umrisse und Zeichnungen, eine Artzuordnung ist vielfach nicht möglich. Die eingestreuten farbigen Detailzeichnungen hätten besser durch anschaulichere Schwarz-Weiß-Darstellungen ersetzt werden sollen. Es ist schade, daß dieser Führer nicht die entscheidende Bestimmungshilfe für alle europäischen und nordafrikanischen Libellen sein kann. Auch fehlen Literaturhinweise, da doch Detailzeichnungen offensichtlich anderen Arbeiten entnommen sind.

E. G. BURMEISTER

NOVÁK, V., HROZINKA, F., STARÝ, B.: Atlas schädlicher Forstinsekten. – Ferdinand Enke Verlag, Stuttgart, 1986. 126 pp. (30)

Bereits seit 1974 ist dieser Atlas der Forstschädlinge im Gebrauch und auch die vorliegende 3. übersetzte Auflage bedurfte nur weniger Korrekturen, um den aktuellen Bezug und den neuesten Stand des Wissens wiederzugeben. Aufgeschlüsselt nach der forstwirtschaftlichen Bedeutung der Wirtspflanze werden 128 Schadinsekten erwähnt, wobei besonders auf ein breites Spektrum der Schadwirkung geachtet wurde. So sind exemplarisch aus dem Heer der Insekten, die durch die Nutzungsansprüche des Menschen auf eine Feindliste gesetzt wurden, solche herausgegriffen, die Wurzel, Borke bzw. Rinde, Kernholz und Blätter fressen, bzw. sich in diesen Pflanzenteilen entwikkeln. Die Auswahl der Arten bezieht sich auch auf die in den letzten 30 Jahren stabilisierte Bedeutung, was bedeutet, daß kurzfristig auftretende Kalamitäten von Schädlingen nicht unbedingt hier zu finden sind, bzw. die Verursacher nicht aufgenommen wurden. Trotz der besonderen Berücksichtigung der Schädlingsmeldungen der CSSR lassen sich alle Angaben auf Mitteleuropa beziehen. Kernstück des großformatigen Buches sind sicher die Farbtafeln, die neben den Arten, meist in beiden Geschlechtern abgebildet, auch Entwicklungsstadien und Schadbilder zeigen. Zu diesen gibt der Text mit der Beschreibung und Angabe der Lebensweise sowie dem Entwicklungsverlauf und der Verbreitung die notwendigen Hinweise. Dem Forstzoologen gibt dieser Band sicher wesentliche Hinweise auf die Verursacher des Schadensfalles aber auch dem Biologen Einblick in die Problematik der Schadwirkung von Insekten bei auftretendem und meist provoziertem Massenbefall. Nicht vergessen sollte man jedoch, daß es sich hier nicht um ein Bestimmungswerk handelt, sondern um ein Nachschlagewerk, das exemplarisch einige der zahllosen Baumschädlinge aufführt. Die vielen Bestimmungsbücher und die Kenntnis der Spezialisten können auch durch die besonders gelungenen Abbildungen und Beschreibungen nicht ersetzt werden.   E. G. BURMEISTER

VAN DER DONK, M., VAN GERWEN, T.: Das **Kosmosbuch der Insekten**. Vielfalt, Anpassung und Lebensweise. – Kosmos-Gesellschaft der Naturfreunde Franckh'sche Verlagshandlung, Stuttgart, 1985. 183 pp. (31)

Die Insekten, artenreichste Gruppe des Tierreichs, werden in diesem großformatigen Buch mit ihrer Formenvielfalt vorgestellt. Dabei wird besonders die Beziehung zur Umwelt, d. h. zum jeweiligen Lebensraum berücksichtigt, die sich bei den Kerbtieren, die verständlicherweise nur exemplarisch vorgestellt werden können, in Baueigentümlichkeiten und im Verhalten erkennen läßt. Deutlicher Schwerpunkt liegt bei der Behandlung der Schmetterlinge, die auch für den Laien besonders augenfällig und sicher die bestbekannte Insektengruppe sind. Die einzelnen Kapiteln, denen jeweils ein Schlagwort vorangestellt ist, vorgestellte Gruppe wird in besonders übersichtlicher Weise erläutert, wobei die Bildunterschriften den kurzen erklärenden Text sehr gut ergänzen und eine Fülle zusätzlicher Information liefern. Bedauerlicherweise ist jedoch eine kritische Durchsicht bei der Abstimmung der Abbildungen – neben Farbfotos, die den Lebensraum zeigen, sind die Einzelobjekte gesondert hervorgehoben – mit den jeweiligen Texten nicht erfolgt. Eine Fülle von Arten sind mit falschen Artnamen versehen oder sogar die Zuordnung zur Familie wurde verwechselt. So wurde der südostasiatische Prachtkäfer *Chrysochroa* zum prächtigen südamerikanischen Schnellkäfer (s. 66) und die kleine Binsenjungfer (*Lestes virens*), ein Weibchen, zum Männchen der Frühen Adonislibelle (*Pyrrhosoma nymphula*) (S. 107). Auch sucht man eine Bildlegende bei einigen Arten vergeblich und auch sind Vertreter von Insektenordnungen in die falsche Gruppe geraten, wie etwa die Köcherfliege *Oligostomis reticulata* hier zu den Netzflüglern (Neuroptera) gehört, die unter der Überschrift „Mit Elfenflügeln" vorgestellt werden (S. 121).

Ein abschließendes Kapitel ist der Systematik und Namensgebung in Tier- und Pflanzenreich gewidmet. Auch hier treten bei den Abbildungsbeschriftungen gravierende Fehler auf, so daß etwa die Familienaufspaltung der Kamelhalsfliegen zu einigen wenigen Schmetterlingsfamilien führt. Bei kritischer Durchsicht hätten derartige Fehler vermieden werden können.

Ansonsten vermittelt dieses Kosmosbuch der Insekten dem interessierten Laien eine schöne Übersicht über diese artenreiche und auffällige Tiergruppe.   E. G. BURMEISTER

BLAB, J.: **Grundlagen des Biotopschutzes für Tiere**. Ein Leitfaden zum praktischen Schutz der Lebensräume unserer Tiere. 2. erweiterte und neubearbeitete Auflage. – Kilda Verlag, Greven, 1986. 257 pp. (32)

Daß bereits nach 2 Jahren diese bearbeitete Neuauflage zum Biotopschutz der Tiere erscheint, zeigt, welche aktuelle Bedeutung dieses Thema besitzt. In hervorragender Weise ist es dem Autor gelungen, die theoretischen Grundlagen der Anpassung der Tiere an den jeweiligen Lebensraum und damit ihre ökologische Ansprüche darzustellen. Er erläutert vor allem die Bedrohungssituation und die jeweiligen Nutzungsansprüche und entwickelt einen entsprechenden Maßnahmenkatalog zum Schutz der Arten bzw. Bausteine der Lebensgemeinschaften. Trotz der Fülle von Literatur, die sich dem Naturschutz widmet und die im besonders ausführlichen Literaturverzeichnis dieses Buches Eingang gefunden hat, ist dieser Leitfaden erstmals auch eine wirkliche Hilfe für die Praxis und soll und muß den Verantwortlichen in den jeweiligen Naturschutzbehörden die Grundlage für ihre Arbeit liefern. Gerade für diesen Personenkreis wurden die Kapitel „Biotopschutzplanung im räumlichen Verbund", „Ersatz- und Gestaltbarkeit von Biotopen", „Grundsätzliche Anforderungen an Biotopgestaltung, -entwicklung und -pflege" neu aufgenommen. Diese sollen dazu beitragen, das Verständnis für die Aussagen des speziellen Teils, der die Biotopschlüssel für Tierarten und damit die Charakteristika der verschiedenen Lebensräume (außer alpiner Region, Küstenhabitate, bzw. marinem Bereich) enthält, und seine Anwendung im Zusammenhang mit Fragen etwa der Planung von Biotopverbundsystemen, der Biotopneuschaffung und -gestaltung zusätzlich zu fördern. Neben der

Aufzählung der Biotoptypen und der besonders schützenswerten Bio- bzw. Zoozönosen wird erklärt, was aus tier-ökologischer Sicht unter Eingriffen in die Faunenbestände und in den Naturhaushalt zu verstehen ist und auf welche Weise und mit welchem Gewicht die Schadfaktoren wirksam werden. Dabei muß man sich leider auch heute noch vielfach auf Mutmaßungen stützen. Sicherungs-, Pflege- und Gestaltungsmaßnahmen sollen dem Schwund an geeigneten Habitaten entgegenwirken, nicht erst, wenn Schäden erkannt werden.

Dieses Buch, das durch klare Konzeption und vor allem übersichtliche Gliederung auffällt, sollte jeder im Naturschutz und der Landschaftspflege Tätigen sowie allen an diesem Fragenkomplex interessierten Laien praktischer und theoretischer Ratgeber sein. Nicht zuletzt der niedrige Preis macht diese Zusammenfassung, die auch als Lehrbuch gehandhabt werden, ebenso wie sie als Nachschlagewerk dienen kann, zu einem Grundlagenwerk und für jedermann benutzbar. Besonders erfreulich wäre es, wenn sich in der Praxis die hier enthaltenen Maßnahmenvorschläge landesweit durchsetzen würden.   E. G. BURMEISTER

MAHUNKA, S. (ed.): **The Fauna of the Kiskunság National Park, Bd. I.** Natural History of the National Parks of Hungary 4. – Akadémiai Kiadó, Budapest. 1986, 491 pp. (33)

Ähnlich wie die erste monographische Bearbeitung des Hortobágy Nationalparkes ist dieser erste Band zur Fauna des Nationalparkes von Kiskunság in Ungarn, der eine Reihe von kleineren Schutzgebieten zusammenfaßt, aufgebaut. Sieht man von der knappen Einleitung und den Angaben zur Flora und den Florengesellschaften ab, letztere geben wichtige Hinweise zu den Habitatstrukturen, deren Extreme Wanderdünen und Salzseen sind, so ist der Band komprimiert der Fauna gewidmet, ohne daß der Schutzcharakter und die Schutzmaßnahmen in den Vordergrund gerückt werden. Die Einzelartikel der zahlreichen Autoren stellen jeweils eine abgeschlossene Bestandserfassung der jeweiligen Tiergruppe dar. Dabei liegt der deutliche Schwerpunkt auf der Bearbeitung der Insekten, wobei auch weniger attraktive Gruppen berücksichtigt wurden. Derartige Monographien bzw. Dokumentationen mit faunistischem Inhalt sollten auch bei uns gefördert werden.   E. G. BURMEISTER

LINDROTH, C. H.: **The Carabidae (Coleoptera) of Fennoskandia and Denmark.** Fauna Entomologica Scandinavica Vol. 15, part 1. – E. J. Brill, Scandinavian Science Press, Leiden–Copenhagen, 1985. 225 pp, 246 figs, 8 colour plates. (34)

Der vorliegende erste Teil des letzten, unvollendeten Werkes des bedeutenden Systematikers und Ökologen C. H. LINDROTH ist ein Bestimmungsbuch für die skandinavischen Laufkäfer. Der erste Band reicht von den Cicindelinae bis zu den Pogonini. An eine kurze Einleitung mit allgemeinen Angaben zu Morphologie, Nomenklatur und technischen Fragen schließt sich eine neuartige Klassifikation der Laufkäfer an, die von Erwin und Simms entworfen wurde und wahrscheinlich nicht die ungeteilte Zustimmung Lindroth's erfahren hätte. Die folgenden Gattungs- und Artenschlüssel sind sehr gut zu benutzen, zumal die wichtigsten Typen der Laufkäfer in etwa 130 Farbabbildungen vorgestellt werden. Die Beschreibung der einzelnen Arten umfaßt das Zitat der wichtigsten Synonyme, eine kurze morphologische Charakteristik, die Verbreitung inner- und außerhalb Skandinaviens und eine kurze ökologische Charakterisierung, die auch für den deutschen Benutzer von großem Interesse ist. Eine ausführliche Liste der Verbreitung in den Provinzen der skandinavischen Länder beschließt den Band. Das Buch ist auch für unsere Region als Bestimmungsbuch von großem Wert, vorausgesetzt, der Benutzer weiß, welche bei uns zu erwartenden Arten nicht enthalten sind.   M. BAEHR

BELLMANN, H.: **Heuschrecken beobachten – bestimmen.** – Neumann-Neudamm, Melsungen 1985. 210 pp., 163 Farbabb. (35)

Nach dem vorhergehenden Band „Spinnen" erscheint nun vom gleichen Autor in gleicher Aufmachung ein Band über die einheimischen Heuschrecken. Der vorliegende Band ist noch mehr zu empfehlen als das Spinnenbuch, weil er alle einheimischen Heuschrecken in Bild, Beschreibung und Aufnahme der Lautäußerungen enthält, also ein echtes und vorzügliches Bestimmungsbuch darstellt. Auch die Abbildungen scheinen noch besser gelungen und können nur als vorzüglich bezeichnet werden. Die Bestimmung auch schwierigerer Gruppen wird durch die guten Schlüssel und die hervorragenden Bilder sehr erleichtert und die biologischen Angaben zu jeder Art sind reichhaltig und informativ. Besonders sei auf die Bestimmungstabelle der Gesänge hingewiesen, die sowohl als Sonargramme abgebildet als auch in der beiliegenden Kassette akustisch zugänglich sind. Insgesamt ein Buch, das jedem, der sich in irgendeiner Weise mit einheimischen Heuschrecken beschäftigt, nur dringend anempfohlen werden kann. Auch dem nur nebenbei biologisch Interessierten darf es wegen seiner vorzüglichen Abbildungen empfohlen werden.   M. BAEHR

HEIE, O. E.: The Aphidoidea (Hemiptera) of Fennoscandia and Denmark. III. Family Aphididae: subfamily Pterocommatinae & tribe Aphidini of subfamily Aphidinae. Fauna Entomologica Scandinavica, Vol. 17. – E. J. Brill/Scandinavian Science Press Ltd., Leiden–Copenhagen, 1986. 314 pp., 502 Abb. im Text, 2 Tafeln. (36)

Dieser dritte Band über die Blattlausartigen Skandinaviens setzt in der bekannten, vorzüglichen Weise der Fauna Entomolociga Scandinavica die Bearbeitung der echten Blattläuse fort. Die Bestimmungsschlüssel, die ausführlichen Beschreibungen und die hervorragenden Abbildungen ermöglichen wohl in den meisten Fällen die eindeutige Bestimmung der Arten. Die genaue Aufschlüsselung der Verbreitung jeder Art nach Ländern und Provinzen ist für den deutschen Leser weniger wichtig, erfreulich ist aber, daß wenigstens Norddeutschland in die Verbreitungstabelle eingeschlossen wurde. Damit ist dieser Band auch für den deutschen Leser sehr hilfreich und er kann allen wärmstens empfohlen werden, die sich mit dieser schwierigen und wirtschaftlich wichtigen Insektengruppe beschäftigen.   M. BAEHR

HOLST, K. T.: The Saltatoria (Bush-crickets, crickets and grasshoppers) of Northern Europe. Fauna Entomologica Scandinavica, Vol. 16. – E. J. Brill/Scandinavian Science Press Ltd., Leiden–Copenhagen. 127 pp., 90 Abb. (37)

Ein weiterer Band aus der bewährten und vorzüglich gestalteten Reihe Fauna Entomologica Scandinavica behandelt die nordischen Heuschrecken. Wenn auch der süddeutsche Leser eine Reihe von Arten zwangsläufig vermißt, ist dieser vorzügliche Überblick über die skandinavischen Heuschrecken, ihre Biologie und Verbreitung auch für den deutschen Leser von großem Nutzen. Die Bestimmungsschlüssel sind gut benutzbar und die Arten sind, abweichend von einer Reihe neuerer Heuschreckenbücher, nicht farbig, sondern in hervorragenden Schwarz-Weiß-Abbildungen dargestellt. Diese Darstellungsweise ist in mancher Hinsicht vorteilhaft, denn sie gestattet es, wichtige Bestimmungsmerkmale noch besser herauszuarbeiten, als dies oft an Farbfotografien möglich ist. Der Band kann allen an Heuschrecken interessierten Zoologen und Naturfreunden nur empfohlen werden.   M. BAEHR

DOBLER, G.: Ökologische Untersuchungen an Wirbellosen des zentralalpinen Hochgebirges (Obergurgl, Tirol). VIII. Abundanzdynamik und Entwicklungszyklen von Zikaden (Homoptera, Auchenorrhyncha) im zentralalpinen Hochgebirge. Alpin-Biologische Studien XVIII. – Veröffentlichungen der Universität Innsbruck, Vol. 148. – Wagner'sche Universitätsbuchhandlung Innsbruck, 1985. (38)

Eine gründliche ökologische Arbeit an Zikaden von extremen Gebirgsbiotopen, dargestellt am Vergleich einer Mähwiese und einer Grasheide. Nach einer kurzen Beschreibung des Untersuchungsgebietes und einer sehr ausführlichen Darstellung der angewandten Sammel- und Zuchtmethoden werden an Hand einer ausgewählten Tiergruppe, der Zikaden, verschiedene ökologische Parameter, wie Abundanz, Dominanz, Diversität, sowie Phänologie und Dynamik der Arten ausführlich behandelt. Zusätzlich wurde die Entwicklung der untersuchten Arten im Labor beobachtet. Eine gründliche und datenreiche Untersuchung, die jedoch eine abschließende Umsetzung der vielfältigen Daten in biologisch relevante Ergebnisse sowie eine Diskussion der besonderen Bedingungen vermissen läßt, die im Untersuchungsgebiet für die untersuchte Tiergruppe wirksam werden.   M. BAEHR

CHVÁLA, M.: The Empidoidea (Diptera) of Fennoscandia and Denmark. II. General Part. The Families Hybotidae, Atelestidae and Microphoridae. Fauna Entomologica Scandinavica Volume 12. – Scandinavian Science Press Ltd., Kopenhagen oder Klampenborg, Dänemark, 1983. 281 S., mit 639 Fig. im Text, 4 Verbreitungstabellen und 2 Karten. (39)

Mit der vorliegenden Bearbeitung im Rahmen der skandinavischen Bestimmungsbuchreihe schlägt der Verfasser eine neue Einteilung der Empidoidea vor, indem er die bisherigen „Empididae" als wahrscheinlich paraphyletische Gruppierung in vier Familien aufteilt: Empididae (mit den Unterfamilien Oreogetoninae, Empidinae, Hemerodromiinae, Clinocerinae, Ceratomerinae und Brachystomatinae), Hybotidae (Ocydromiinae, Hybotinae und Tachydromiinae), Atelestidae und Microphoridae. Die fünfte Familie bilden nach diesem Konzept die Dolichopodiden, die mutmaßliche Schwestergruppe der Microphoriden. Diese Einteilung ist nach dem gegenwärtigen Stand der Kenntnisse von der Phylogenie der Empidoidea wohlbegründet. Je nach der Stelle, an der die Abzweigung zu den „höheren Fliegen" vermutet wird, können allerdings noch Änderungen nötig werden. Falls die Atelestiden sich als Schwestergruppe der Cyclorrhaphen erweisen, müssen sie aus den Empidoidea ausgeschlossen werden. Der Stammbaumentwurf Fig. 140 legt dies nahe; sollte er die Abzweigungsstellen richtig wiedergeben, so müßten auch die Hybotiden, Microphoriden und Dolichopodiden abgetrennt und, vielleicht als eigene Überfamilie, enger an die Cyclorrhaphen und Atelestiden angeschlossen werden. Es scheint aber mehr für eine frühere Abspaltung der Cyclorrhapha und für die monophyletische Natur der Empidoidea im Sinne Chválas zu sprechen, vielleicht unter

175

Ausschluß der Atelestiden. Auch die Stellung der Parathalassiinae (zitiert als Tribus) innerhalb der Microphoriden ist nur als provisorisch zu werten; sollte sich die Annahme ihrer näheren Verwandtschaft mit den Dolichopoden bestätigen, so müssen sie diesen eingegliedert und die Microphoridae auf die Gattungen Microphor und Schistostoma beschränkt werden.

Im umfangreichen allgemeinen Teil (72 Seiten) wird zunächst die äußere Morphologie der Imagines behandelt. Besonders ausführlich und informativ sind die Abschnitte über die Mundwerkzeuge und den männlichen Genitalapparat. Hier wird eine Fülle von Tatsachenmaterial auf Grund eigener Untersuchungen geboten und in Abbildungen anschaulich wiedergegeben. Daß hinsichtlich der Homologie der Teile des Kopulationsapparats in einigen Fällen Zweifel aufkommen können, schmälert den Wert der Darstellung nicht und war angesichts der Unsicherheit, in der sich die Diskussion der Homologieverhältnisse des Brachyceren-Hypopygiums gegenwärtig befindet, auch kaum zu vermeiden. Hier werden wohl nur detaillierte Untersuchungen unter Einbeziehung der Weichteile eine Entscheidung ermöglichen. Die folgenden Kapitel behandeln die Stellung der Empidoidea im Dipterensystem, die Geschichte des Familienkonzepts fossile Vertreter und den mutmaßlichen Ablauf der Phylogenie. Unter der Überschrift „Classification" werden anschließend die einzelnen Familien besprochen, mit Auflistungen ihrer Merkmale, wobei im Sinne HENNIGS zwischen Apomorphien und Plesiomorphien unterschieden wird. Kapitel über Lebensweise und geographische Verbreitung schließen den allgemeinen Teil ab.

Der spezielle Teil (systematic part) beginnt mit einer Tabelle zur Bestimmung der Familien der Empidoidea und bildet das eigentliche Bestimmungsbuch für die im Titel genannten Familien, mit Ausnahme der Tachydromiinae, deren Bearbeitung, vom gleichen Autor, schon 1975 als Vol. 3 der Reihe erschienen ist. Er setzt sich aus Bestimmungstabellen und Beschreibungen zusammen, ergänzt durch Angaben zu Synonymie, Lebensweise, Verbreitung und Phänologie, ist sorgfältig bearbeitet, gut illustriert und sicher geeignet, die Arten eindeutig zu charakterisieren und auch für den Nichtspezialisten bestimmbar zu machen. Als Bestimmungswerk ist er nicht nur für die skandinavischen Länder, sondern mindestens auch für die mittleren Breiten Europas von großem Nutzen.

Dieses Buch ist jedem, der sich für die Empidoidea interessiert, vorbehaltlos zu empfehlen, und dem Erscheinen dreier weiterer Lieferungen, die die artenreiche Familie Empididae behandeln und damit die Bearbeitung der ehemaligen „Empididen" abschließen sollen, kann mit Spannung entgegengesehen werden.   H. ULRICH

GOATER, B.: British Pyralid Moths. A guide to their Identification. – Harley Books (Martins, Great Horkesley, Colchester, Essex), 1986. 175 pp., 8 colour plates. (40)

Längst ist auch in Amateur-Kreisen bekannt, daß die leider immer noch von den Handbüchern getroffene Unterscheidung in Groß- und Kleinschmetterlinge keine wissenschaftliche Grundlage besitzt. Dennoch werden die „Mikros" immer noch sträflich vernachlässigt, so daß es selbst für die faunistisch vergleichsweise am besten durchforschten Gebiete West- und Mitteleuropas kaum möglich ist, einigermaßen zutreffende Verbreitungskarten vorzulegen. Die Briten sind – was die Erforschung und Dokumentation der heimischen Fauna angeht – den kontinentaleuropäischen Entomologen weit voraus. Dies schlägt sich nicht zuletzt in den zahlreichen ausgezeichneten Handbüchern und Bestimmungsbüchern nieder, die in den letzten zwanzig Jahren zuerst in England erschienen sind, um dann für nationalsprachliche Ausgaben des Kontinents übersetzt zu werden. An diese Leistungen knüpft auch das vorliegende Büchlein von Barry GOATER an. Im Einleitungsteil wird neben einer check-list der 208 britischen Pyraliden-Arten knapp auf die Imaginalmerkmale (Habitus und äußere Genitalien) eingegangen, wobei einige Schemazeichnungen das Verständnis unterstützen. Die folgende systematische Abhandlung enthält jeweils Angaben zur Imago und deren Phaenologie, zur Larve und ihrer Futterpflanze sowie zur Verbreitung auf den britischen Inseln. Die acht Farbtafeln geben die einzelnen Arten nach recht guten Farbfotos präparierter Imagines wieder. Dort, wo Habitusmerkmale die Bestimmung der einzelnen Arten nur unzureichend ermöglichen, sind im Text ausreichend klare Strichzeichnungen der äußeren Genitalorgane beigegeben. Eine recht umfangreiche Literaturliste verweist auf Spezialliteratur zu einzelnen Taxa. Ihm folgt ein Glossar wichtiger Fachtermini, ein alphabetisches Verzeichnis larvaler Futterpflanzen und ein Namens-Index. – Alles zusammen eine erfreuliche Bereicherung des entomologischen Büchermarktes. Man wünscht sich eine ähnliche, vielleicht etwas ausführlichere Darstellung der Pyraliden Mittel- und Westeuropas. Allerdings dürfen diese und ähnliche handliche Bestimmungsbücher nicht darüber hinwegtäuschen, daß eine sichere und überprüfbare Determination in diesen und ähnlichen Gruppen nur über eine sorgfältig zusammengetragene und dokumentierte Vergleichssammlung möglich ist!   C. NAUMANN

HEATH, J., EMMET, A. M. (eds.): The moths and butterflies of Great Britain and Ireland. Vol. 2 (Cossidae – Heliodinidae). – Harley Books, Colchester, 1985. 460 pp., 15 pls. (41)

Die von J. HEATH & A. M. EMMET herausgegebene Serie „The Moths and Butterflies of Great Britain and Ireland" stellt den großangelegten Versuch dar, die Lepidopteren eines geographisch gut definierbaren Raumes einer gleichförmigen modernen Bearbeitung zu unterziehen und einen Großteil der verfügbaren Information über die einzelnen Arten zusammenfassend darzustellen. Die systematische Betrachtungsweise wird ergänzt durch die Darstellung einzelner übergeordneter biologisch-ökologischer Themenkreise (z. B. Morphologie, Parasitismus, Krankheiten, Schädlinge, Naturschutz, Wandererscheinungen, eversible Duftorgane etc.). Der vorliegende Band 2 darf mit Abstand als der bisher gelungenste dieser Serie bezeichnet werden. Das allgemeine Kapitel dieses Bandes enthält eine umfassende Darstellung zum Thema Aposematismus („Warnfarbigkeit") aus der wohl berufensten Feder zu diesem Thema, der von Lady Myriam ROTHSCHILD. Deren zahlreiche Beiträge zur chemischen Ökologie der Insekten, insbesondere der Lepidopteren, haben erheblich dazu beigetragen, dieses Gebiet aufzugreifen und zu erforschen. So verwundert es nicht, hier eine gelungene Darstellung aktueller Fragen der chemischen Ökologie der Lepidopteren zu finden. – Den zweiten Höhepunkt dieses Bandes stellt die Bearbeitung der Zygaenidae durch W. G. TREMEWAN, den britischen Spezialisten dieser Gruppe, dar. Man darf mit Fug und Recht behaupten, daß dieser Beitrag auf Jahre hinaus die Einführung in die Biologie der Zygaeniden darstellen wird, die nahezu alle Aspekte dieser Tiere umfaßt. Dies ist um so wichtiger, als die Evolutionsökologie der Zygaeniden von zunehmendem Interesse ist und laufend neue Aspekte aus der Biologie der Zygaeniden bekannt werden. Im übrigen sei darauf hingewiesen, daß in diese allgemeine Behandlung der Zygaenidae umfangreiche neue Forschungsergebnisse des Autors (z. B. zur Chaetotaxie der Larven und über die Parasiten der Zygaenidae) eingeflossen sind. Die beigegebenen Farbtafeln der Imagines durch M.-D. CRAPON de CAPRONA und die der Larven durch C. F. THREADGALL sind von herausragender Qualität und übertreffen die bisher in dieser Serie veröffentlichten Tafeln bei weitem. Auf die Besprechung der übrigen in diesem Band behandelten Familien, überwiegend sogenannte „Kleinschmetterlinge", hier einzugehen, ist leider nicht möglich. Auch sie macht einen gediegenen Eindruck.

Abschließend noch eine Bemerkung: die Tatsache, daß ein derartiges Werk nicht bereits seit langem auch für die kontinental-europäischen Lepidopteren in Angriff genommen wurde, ist symptomatisch für die Lage der systematisch-taxonomischen Entomologie und die der Lepidopterologie in Mitteleuropa im besonderen. Dieses Gebiet – noch vor 80 Jahren eine Hochburg der systematischen Forschung – hat aufgrund fehlgesteuerter Wissenschaftspolitik und falschen Wissenschaftsverständnisses einen Zustand erreicht, der für die Zukunft Schlimmstes befürchten läßt. Es ist symptomatisch, daß sogar die meisten neueren Feldführer von ausländischen Kollegen verfaßt und dann ins Deutsche übertragen werden müssen. Die Entwicklung einer fehlgesteuerten Naturschutzpolitik (Artenschutz-Gesetzgebung!) wird dieser Entwicklung durch das fortschreitende Ausbluten eines engagierten Nachwuchses weiteren Vorschub leisten. So können wir Kontinentaleuropäer das Fortschreiten der monographischen Bearbeitung der Lepidopteren der Britischen Inseln und Irlands nur neidvoll begrüßen!   C. Naumann.

HAGEN, V. E.: Hummeln bestimmen, ansiedeln, vermehren, schützen. – Verlag Neumann-Neudamm, Melsungen. 1986, 221 S. (42)

Hier schreibt ein Kenner über ein Thema, mit dessen Erforschung er sich von Kindheit an beschäftigt hat. Eberhard von Hagen hat seine Lebensarbeit den Hummeln, ihrem Schutz, ihrer Wiederansiedelung und Vermehrung gewidmet. Dieses Buch behandelt ohne Ausnahmen alles, was mit Hummeln zu tun hat: Vorkommen und Artenvielfalt, Verhalten, Entwicklung eines Hummelvolkes, physiologische Vorgänge, wirtschaftliche Bedeutung, Nistkästen und Ansiedelungsmethode, Überwinterung, Gefährdungen, Schutzmaßnahmen, Haltung, Hummeltrachtpflanzen (mit Blütezeit, Nektar- und Pollengehalt) und natürlich die Artenbeschreibungen aller mitteleuropäischer Hummeln mit Farbfotos der Tiere und vom Nest. Auf 221 Seiten werden kompakte, umfassende und fachlich einwandfreie Informationen geboten, die ihresgleichen suchen.

Ein empfehlenswertes Buch für Naturschützer, Gartenbesitzer, Landwirte, Lehrer, Schüler, Zoologen und Biologen.   R. GERSTMEIER

THOMSON, G., COLDREY, J., BERNARD, G.: Der Teich. – Kosmos, Franckh'sche Verlagshandlung, Stuttgart, 1986. 256 S., 414 Farbfotos. (43)

Mit der Beobachtung der Lebensgemeinschaft in und am Teich im eigenen Garten oder draußen in der Natur wächst das Interesse vor allem auch an den Wandlungen in der Artenzusammensetzung, und immer wieder taucht die Frage auf, wo denn ein anschauliches Werk zur Verfügung steht, in dem die „Hauptkomponenten der Biozönose" ermittelt und nachgeschlagen werden können. Das vorliegende Buch, sicher einmalig in seiner Gestaltung und der fachlichen Zusammenstellung, kann diesen Ansprüchen in vollem Umfang gerecht werden. Der interessierte Leser, angeregt durch die Vorgänge in Zusammenhang mit dem Garten- oder Naturteich, der unterschiedlichsten Ursprungs sein kann, wird hier nicht nur zahllose Tier- und Pflanzengruppen vorgestellt bekommen, die er zunächst an Hand tabellarischer Bilder und Merkmale zuordnen lernt, sondern auch umfangreiche Informationen über Lebensweise, Fortpflanzung und besondere Anpassungen an das Leben im Wasser erhalten. Auch die Gegenüberstellung von Sommer und Winter im Teich veranschaulicht an Hand von schematischen Darstellungen und besonders informativen Begleittexten die verschiedenen Überlebensstrategien. In übersichtlicher Form werden die Eigenschaften und Besiedler dieser Kleingewässer vorgestellt, wobei zahlreiche Pflanzen und Pflanzengesellschaften vorangestellt werden. Der Aufzählung der Teichtiere bzw. Tiergruppen wird die von ihnen durch den Lebensraum geforderte Anpassung der Atmung und des Schwimmens sowie die Notwendigkeit Wechselfälle zu überstehen vorangestellt. Die Darstellung des auf dem Umschlag (im Text teilweise wiedergegeben) eintauchenden amerikanischen Leopardfrosches soll nicht darüber hinwegtäuschen, daß weitgehend europäische Pflanzen und Tiere Erwähnung finden, nur in Einzelfällen sind nordamerikanische Vertreter zur Vervollständigung der Teich-Tierwelt mit herangezogen worden, die vom Bakterium bis zum Elch hier dokumentiert wird. Eine Erklärung der Fachausdrücke und die Klassifizierung der Teichpflanzen und -tiere runden dieses Buch ab, das in erfreulicher Weise vermeidet, als Bestimmungsbuch mißbraucht zu werden, was bei mehreren tausend Arten von Teichbewohnern kein noch so umfangreiches Werk leisten kann. Auch ein Verhalten im und am Lebensraum Teich wird nahegebracht, damit wir zu aller Zeit dieses „Auge der Landschaft" mit seinen wechselnden Bildern genießen und verstehen lernen. Die exzellenten Farbabbildungen, teilweise durch Strichzeichnungen unterstützend kommentiert, zeigen besonders anschaulich die Komponenten der Lebensgemeinschaft „Teich" und können jede für sich allein als Meisterdokumentation gelten. E.-G. BURMEISTER

HAUGUM, J., & LOW, A. M.: A Monograph of the Birdwing Butterflies. Vol. 1 part 1–3: The genus Ornithoptera – Scandinavian Science Press, Klampenborg-Dänemark, 1978–79. 308 Seiten, 270 Abb. im Text, 11 Farbtafeln. Vol. 2 part 1–2: Trogonoptera, Ripponia und Troides (part.), 240 Seiten, 264 Abb. im Text, 12 Farbtafeln. (44)

Die schon lange notwendige Neubearbeitung der Vogelflügler liegt nun im Band 1 mit der Gattung Ornithoptera vollständig vor, während von der weiteren Bearbeitung bis jetzt 2 Hefte mit den Gattungen Trogonoptera, Ripponia und Teilen der Troides erschienen sind. Die Bearbeitung ist sehr ausführlich und ansprechend gestaltet. Sie umfaßt eigentlich alle bekannten Informationen nicht nur zur Taxonomie, sondern auch zur Verbreitung, Lebensweise, Phylogenie und Bionomie, die mit zahlreichen Abbildungen des Habitus, der Genitalapparate und der Entwicklungsstadien – oft in vielen Details – die Beschreibung ergänzen. Hervorzuheben sind die zahlreichen auf gut gelungenen Farbtafeln, die einen ausgezeichneten Eindruck von den auch ästhetisch so bemerkenswerten Schmetterlingen vermitteln. Man kann nur wünschen, daß dieses anspruchsvolle Werk in absehbarer Zeit abgeschlossen werden kann, denn es wird sicher für viele Jahre von grundlegender Bedeutung sein. Da die Vogelflügler heute zu den besonders gefährdeten Schmetterlingsarten gehören, bildet die vorliegende Bearbeitung auch auf diesem Gebiet wichtige Unterlagen für notwendige Schutzmaßnahmen, die leider mit dem Washingtoner Artenschutzabkommen sicher nicht erfüllt werden können, da das Handelsverbot am Grundproblem der Gefährdung, nämlich der Zerstörung der tropischen Wälder, nichts ändert. W. DIERL

CULOT, J.: Noctuelles et Géomètres d'Europe. Première Partie: Noctuelles. – Apollo Books, Svendborg. Reprint Edition 1986. 220 S., 38 Farbtafeln. (45)

Die ältere Literatur, vor allem jene vor dem Ersten Weltkrieg, ist vielfach nur noch schwer zugänglich, sollte aber für den Taxonomen und Faunisten leicht erreichbar sein, da viele Fragen auch heute noch nur mit Hilfe dieser Werke beantwortbar sind. Eines dieser Standardwerke ist der nun vorliegende erste Band der Europäischen Noctuiden, der in den Jahren 1909–1913 erschien. Er enthält eine für die damalige Zeit gute Zusammenstellung der Arten, die von sehr guten Farbbildern – auch im Reprint – ergänzt wird. Daneben dürfte der Freund schöner Schmetterlingsbilder daran seine Freude haben. Dem Sammler europäischer Noctuiden ist der „CULOT" sehr zu empfehlen und sollte in keiner einschlägigen Bibliothek fehlen. Es wäre wünschenswert, wenn auch andere, schwer zugängliche 3 Bücher dieser Art wieder als Nachdrucke erhältlich sein könnten. W. DIERL

SBORDONI, V., FORESTIERO, S.: Weltenzyklopädie der Schmetterlinge – Arten, Verhalten, Lebensräume. – Südwest Verlag München, 1985. 312 S. mit zahlreichen Textfiguren und Farbtafeln. (46)

Dieses eindrucksvolle Werk bringt eine ausgezeichnete Übersicht nicht nur der enormen Formenfülle der so artenreichen Ordnung der Schmetterlinge, sondern viel mehr noch ihrer vielfältigen Lebensweisen und Umweltbeziehungen, die in diesem Umfang noch kaum dargestellt wurden. Alle wichtigen Aspekte der Falter, ihres Lebens und ihrer Entwicklung werden in einem sehr informativen und leicht verständlichen Text behandelt und mit zahlreichen schönen und sehr lebendigen Farbbildern illustriert. Im ersten Abschnitt wird der Körperbau und die stammesgeschichtliche Verwandtschaft zu anderen Insektengruppen behandelt. Dann folgt ein Abschnitt über den Entwicklungszyklus und die damit verbundene komplizierte Metamorphose vom Ei über die Raupe und Puppe zum Falter. Hier werden die vielen Eiformen, Raupengestalten und Puppen beschrieben und abgebildet. Weitere Abschnitte behandeln Mannigfaltigkeit und Evolution und daran anschließend die Fragen nach der Entstehung der Arten, die in ihrer Theorie mit leicht verständlichen Beispielen belegt werden. Grundsätzliche Fragen wie die geographische Isolation werden hier aufgegriffen. Ein umfangreicher Abschnitt widmet sich natürlich der systematischen Einteilung, der damit verbundenen Formenfülle und der Verwandtschaftsbeziehungen innerhalb der Schmetterlinge. Aus allen Gruppen werden hier verschiedenartigste Vertreter vorgestellt. In den vergangenen Jahrzehnten hat die Verhaltensforschung auch bei den Schmetterlingen viele neue Ergebnisse erzielt, von denen in einem eigenen Abschnitt die bedeutendsten gezeigt werden wie die besonderen Paarungsspiele. Ein Abschnitt befaßt sich mit den Populationen und Wanderungen, ein anderer mit den ökologischen Beziehungen und ein weiterer mit der ökologischen Verbreitung vor allem in den klimatisch bedingten unterschiedlichen Lebensräumen unserer Erde. Von besonderem Interesse sind wohl die Abwehrstrategien gegen Feinde, von denen hier nur die Mimikry genannt sein soll. Schließlich sei noch die geographische Verbreitung genannt und die Beziehung der Schmetterlinge zu Menschen selbst, die im Nutzen und Schaden liegt und die heute im Bereich des Natur- und Artenschutzes eine große Rolle spielt. Ein Glossar und eine kurze Literaturübersicht beschließen das Buch.

Dieses Buch ist von Inhalt und Aufmachung so gut gelungen, daß man es nur jedem Schmetterlingsfreund und Naturliebhaber empfehlen kann. W. DIERL

CARTER, D., J.: Pest Lepidoptera of Europe with Special Reference to the British Isles. – Dr. W. Junk Publishers, Dordrecht, 1984. 431 S., 41 Tafeln. (47)

Dieses Buch hat sich zur Aufgabe gemacht, die in Europa vorkommenden schädlichen Schmetterlingsarten mit ihren Entwicklungsstadien zu beschreiben so daß sie nicht nur vom angewandten Entomologen, sondern auch von anderen Interessenten auf dieser Grundlage bestimmbar sind. Daneben werden eine Menge Informationen über die Biologie, Wirtspflanzen, Verbreitung und Status als Schädling gegeben. Nach der Einführung, die die wesentlichen und für die Bestimmung wichtigen Körperteile aller Entwicklungsstadien behandelt, folgen Bestimmungstabellen, die sich mit den Raupen beschäftigen und zu den Familien führen, daneben weitere zu den Arten der Tineiden, Lager- und Hausschädling der Pyraliden und die „Cutworms", die auf Feldern Schäden anrichten. Die anschließende Liste enthält 228 Arten, die im nachfolgenden Text ausführlich behandelt werden. Diese enthält für jede Art Beschreibungen zur Nahrungspflanze, Schadwirkung und Verbreitung. Die Abschnitte zu den Entwicklungsstadien und zur Imago weisen auf die charakteristischen Merkmale hin, wobei bei vielen Arten Abbildungen der Raupen wie Kopfkapsel und Beborstung des Körpers ergänzend beigegeben sind. Die Imagines sind auf zahlreichen Tafeln abgebildet und in vielen Fällen gibt es auch Figuren der Genitalapparate. Eine Anzahl von Weltverbreitungskarten ergänzt die Darstellung. Hinweise auf relevante Literaturstellen sind natürlich vorhanden. Alphabetisch geordnet folgt dann eine Liste der Wirtspflanzen mit den jeweils daran lebenden Schädlingen nach Familien geordnet, immer mit Angaben über die Art der Schadwirkung. Dieses Buch ist für solche Benützer geschrieben, die ein gewisses Maß an Vorkenntnissen besitzen, ist aber unter diesen Voraussetzungen leicht zu handhaben und ermöglicht die sichere Bestimmung der üblichen Schädlinge. Es ist nicht nur für den Schädlingsbekämpfer von Interesse, sondern bringt auch dem allgemein interessierten Entomologen eine Menge von Informationen, die sonst in der Bestimmungsliteratur nicht immer zu finden sind. W. DIERL

KUDRNA, O.: Butterflies of Europe. Vol. 1. Concise Bibliography of European Butterflies. – Aula Verlag, Wiesbaden, 1985. 447 S. (48)

Das auf 8 Bände konzipierte anspruchsvolle Werk liegt nun im ersten Band vor, der die Literatur zwischen den Jahren 1901 und 1983 umfaßt. Es werden 5 319 Zitate gebracht, die nach Meinung des Autors alle wesentlichen Literaturstellen erfassen. Natürlich gibt es bedeutend mehr Literatur über dieses Gebiet, so daß eine auswählende Beschränkung sicher notwendig war. Es wird sich bei der praktischen Arbeit mit diesem Literaturverzeichnis herausstellen, ob die richtige Auswahl getroffen wurde. Es ist auf jeden Fall zu begrüßen, daß nun innerhalb der gesteckten Grenzen eine solche Übersicht vorliegt, die es bisher nicht gab. Andererseits erhebt sich die Frage, ob man heute im Zeitalter der Datenverarbeitung bei der Zusammenstellung von Literatur nicht einen anderen, kostengünstigeren und zugleich vollständiger erfassenden Weg eines Literaturverzeichnisses gehen kann. Wenn man das vorliegende Verzeichnis durchblättert, fällt auf, daß manche wichtige Arbeit aus dem Gebiet der Physiologie und Genetik fehlt, da sie Entomologen, die überwiegend im Bereich der Systematik, Faunistik und verwandten Bereichen arbeiten, nicht bekannt sind oder nicht als so wichtig erachtet werden. Es wäre wünschenswert, wenn auch diese Zweige der Schmetterlingskunde berücksichtigt werden könnten. Sie könnten der Zielsetzung, die Schmetterlinge als Ganzes zu beschreiben, sehr wesentlich dienen. Es bleibt abzuwarten, ob in den folgenden Bänden solche Erkenntnisse Eingang finden. W. DIERL

PALM, E.: Nordeuropas Pyralider – med saerlig henblik på den danske fauna (Mit besonderem Hinweis auf die dänische Fauna) (Lepidoptera: Pyralidae). Danmarks Dyreliv, Band 3. – Fauna Boger, Kopenhagen, 1986. 287 S. mit zahlreichen Abb. im Text, 8 Farbtafeln. (49)

Diese Bearbeitung umfaßt alle in Fennoskandien (Dänemark, Norwegen, Schweden und Finnland) vorkommenden Pyraliden, die in einer sehr übersichtlichen Weise vorgestellt werden. In der Einleitung werden die Merkmale eines Pyraliden und seiner Entwicklungsstadien kurz beschrieben. Dann folgt ein Abschnitt über die tiergeographischen Bezirke des behandelten Gebiets und schließlich ein Bestimmungsschlüssel zu den Unterfamilien. Die anschließend einzeln behandelten Arten erfahren zwar eine nur kurze Beschreibung mit den wichtigsten Erkennungsmerkmalen, die Hinweise auf die Abbildung der Genitalien zum Beispiel ermöglicht aber jederzeit das Auffinden dieser wichtigen Merkmalsbeschreibungen. Unter den Angaben zur Verbreitung finden wir nicht nur solche aus dem behandelten Gebiet, sondern auch recht informative über das Gesamtverbreitungsgebiet. Ein weiterer Abschnitt beschreibt die Bionomie in ihren verschiedenen Aspekten. Jeder Art ist eine Verbreitungskarte beigegeben und in vielen Fällen ergänzen Textfiguren der Genitalien oder der Flügelmuster die Darstellung der taxonomisch wichtigen Merkmale. Alle Arten sind schließlich auf gesonderten Tafeln farbig abgebildet. Ein ausführliches Literaturverzeichnis beschließt das Buch, das man jedem Taxonomen und Faunisten empfehlen kann. W. DIERL

Richtlinien für die Annahme von Beiträgen

1. Die möglichst knapp zu fassenden Manuskripte müssen satzreif einseitig in Maschinenschrift (DIN A 4) in deutscher oder englischer Sprache in doppelter Ausfertigung bei der Schriftleitung eingereicht werden. Sie müssen den allgemeinen Bedingungen für die Abfassung wissenschaftlicher Publikationen entsprechen (1½zeiliger Abstand, ausreichender Rand etc). Für die Form der Manuskripte ist die jeweils letzte Ausgabe der MITTEILUNGEN maßgebend.

2. Der Titel soll prägnant und informativ sein. Die Zugehörigkeit der behandelten Insektengruppe im System muß in einer neuen Zeile kenntlich gemacht werden, z. B. (Coleoptera, Chrysomelidae, Alticinae).

3. Der Arbeit ist eine kurze englische Zusammenfassung (Abstract) voranzustellen. Neu beschriebene Taxa bzw. nomenklatorische Veränderungen sollten im Abstract erwähnt oder im Anschluß daran aufgelistet werden. Eine mögliche Danksagung ist vor der deutschen Zusammenfassung anzubringen. Die ,,Literatur" bildet den Abschluß des Artikels.

4. Abbildungsvorlagen und -legenden sind gesondert beizufügen und durchlaufend zu numerieren (entsprechende Hinweise im Text sind anzufügen). Bei Beschriftungen wie auch bei den Zeichnungen selbst ist auf die Möglichkeit einer verkleinerten Wiedergabe zu achten.

5. Lateinische Namen für Gattungen und Arten sind einfach, Kapitälchen (bei Personennamen) unterbrochen zu unterstreichen, Beispiel: Pieris atlantica Rothschild, 1917.

6. Literaturhinweise:
Im Text Name und Jahr, z. B. HUBER (1947), HUBER & MAYER (1948), HUBER et al. (1949) wenn es mehr als zwei Autoren sind.
Literaturverzeichnis:
FISCHER, M. 1965: Neue Opius-Arten aus Peru (Hymenoptera, Braconidae). – Mitt. Münch. Ent. Ges. 55, 214–243.
Die Abkürzungen sollten unmißverständlich sein und dem üblichen Gebrauch entsprechen.
Buch:
MAYR, E. 1969: Principles of Systematic Zoology. – McGraw-Hill, New York.
Artikel in einem Buch:
WEISE, J. 1910: Chrysomelidae und Coccinellidae. In: SJÖSTEDT, Y., Wiss. Ergebn. schwed. zool. Exped. Kilimandjaro-Meru 1 (7), 153–226.
Alle im Literaturverzeichnis aufgeführten Zitate müssen im Text erwähnt sein.

Die Herausgabe dieser Zeitschrift erfolgt ohne gewerblichen Gewinn. Mitarbeiter und Herausgeber erhalten kein Honorar. Die Autoren erhalten 50 Sonderdrucke gratis, weitere können gegen Berechnung bestellt werden.

Preise der besprochenen Publikationen

1. 39.80 DM; **2.** 48,– DM; **3.** 78,– DM; **4.** 27.50 £; **5.** 39,80 DM; **6.** 450.– Dfl. **7.** 58,– DM; **8.** 98,– DM; **9.** 425.– Dfl.; **10.** 34,– DM; **11.** 85,– DM; **12.** 29,50 DM; **13.** 336,– DM; **14.** 39,50 DM; **15.** 11,99 Austral. $; **16.** 98,– DM; **17.** 49,– DM; **18.** 38,– DM; **19.** 98,– DM; **20.** 58,– DM; **21.** 1 180,– DM; **22.** 78,– DM; **23.** ?; **24.** ?; **25.** 72,– DM; **26.** 58,– DM; **27.** 58,– DM; **28.** 25,– DM; **29.** 47,– FF; **30.** 52,– DM; **31.** 48,– DM; **32.** 29,50 DM; **33.** 115,– DM; **34.** 80,– Gld. **35.** 32,– DM; **36.** 92.– Gld. **37.** 48,– Gld.; **38.** 270,– öS.; **39.** ?; **40.** ?; **41.** 35.– £; **42.** 32,– DM; **43.** 98,– DM; **44.** ?; **45.** 690.– DKK; **46.** 128,– DM; **47.** 235.– Dfl.; **48.** 248,– DM; **49.** 400.– DKK.

| Mitt. Münch. Ent. Ges. | 76 | 1–180 | München, 31. 12. 1986 | ISSN 0340–4943 |

Inhalt

Band 77
Jahrgang 1987

Schriftleitung   Dr. Roland Gerstmeier

Selbstverlag   Münchner Entomologische Gesellschaft e. V.

Mit Unterstützung des Bayerischen Staates, der Stadt München
und des Museums Georg FREY, Tutzing

Mitt. Münch. Ent. Ges.	77	1–158	München, 1. 12. 1987	ISSN 0340–4943

MITTEILUNGEN

DER MÜNCHNER
ENTOMOLOGISCHEN GESELLSCHAFT

Band 77

Jahrgang 1987

Mit Unterstützung des Bayerischen Staates, der Stadt München
und des Museums Georg FREY, Tutzing, herausgegeben vom
Schriftleitungsausschuß der Münchner Entomologischen Gesellschaft

Schriftleitung:
Dr. Roland GERSTMEIER

Im Selbstverlag der
MÜNCHNER ENTOMOLOGISCHEN GESELLSCHAFT (E. V.)

| Mitt. Münch. Ent. Ges. | 77 | 1–158 | München, 1. 12. 1987 | ISSN 0340–4943 |

Anschrift: Münchner Entomologische Gesellschaft
Münchhausenstraße 21
D - 8000 München 60

Postgirokonto München 315 69 - 807 (Bankleitzahl 700 100 80)

Bayerische Vereinsbank München, Konto Nr. 305 719 (Bankleitzahl 700 202 70)

Mitgliedsbeitrag DM 60,—, für Schüler und Studenten DM 30,— pro Jahr

Gesamtherstellung: Verlag Gebr. Geiselberger, Altötting

Synopsis

Verzeichnis
der im 77. Jahrgang neu beschriebenen bzw. geänderten Taxa

(Coleoptera: Coccinellidae)

Coleoptera: Tenebrionidae

Coleoptera: Berendtimiridae fam. n.

Coleoptera: Lycidae

Coleoptera: Leiodidae

Coleoptera: Cicindelidae

Coleoptera: Carabidae

| Mitt. Münch. Ent. Ges. | 77 | 5–31 | München, 1. 12. 1987 | ISSN 0340–4943 |

Die afrikanischen Vertreter der Gattungen *Micraspis, Declivitata* und *Xanthadalia*

(Coleoptera, Coccinellidae)

Von Helmut FÜRSCH

Abstract

Many years of studies enables a revision of genera *Micraspis* CHEVROLAT, 1837, *Declivitata* FURSCH, 1964 and *Xanthadalia* CROTCH, 1874. For this purpose extensive material and all types within reach were studied. 3 new subspecies: *Declivitata hamata pygmaea* subsp. n., *Declivitata usambarica upembaensis* subsp. n., *Declivitata usambarica ererensis* subsp. n. and a new species *Declivitata alvesae* sp. n. are described.

New combinations:

Micraspis amoenula (GERSTAECKER, 1871)
Micraspis angolensis (MADER, 1952)
Micraspis nuda (SICARD, 1930)
Micraspis trivittata (REICHE, 1847)
Xanthadalia effusa (ERICHSON, 1843)
Xanthadalia effusa bifasciata (WEISE, 1888)
Xanthadalia effusa rufescens (MULSANT, 1850)
Xanthadalia neumanni (WEISE, 1907)
Declivitata annulata (REICHE, 1847)
Declivitata bigata (WEISE, 1907)
Declivitata bohemani (MULSANT, 1850)
Declivitata exsanquis (SICARD, 1930)
Declivitata goudoti (WEISE, 1909)
Declivitata inclusa (MULSANT, 1850)
Declivitata kwaiensis (WEISE, 1897)
Declivitata madecassa (SICARD, 1909)
Declivitata oberthueri (WEISE, 1895)
Declivitata trilineata (WEISE, 1909)
Declivitata trilineatoides (MADER, 1941)
Declivitata usambarica (WEISE, 1897)
Cheilomenes coccinelloides (FÜRSCH, 1961)
Cheilomenes singularis (MADER, 1954)
Cheilomenes vittata (FABRICIUS, 1792)
Harmonia problematica (FURSCH, 1963)

New synonyms:

Alesia difficilis MADER, 1954 = *Declivitata trilineatoides* (MADER, 1941);
Adalia effusa v. inclusa WEISE, 1898 = *Xanthadalia effusa gabunensis* (WEISE, 1898).

New names:

Micraspis weisei (= *Adalia trivittata* WEISE, 1905).

Einleitung

Die Bearbeitung der Vertreter aus den Gattungen *Micraspis, Declivitata* und *Xanthadalia* erfordert eine Neuordnung. Den Anstoß dazu gab IABLOKOFF-KHNZORIANs Revision der Coccinellini (1982). Auf die ausführliche Darstellung der Coccinelliden durch MADER (1941, 1954, 1957) sei lediglich hingewiesen. Die zahlreichen von ihm beschriebenen Colorformen finden gemäß Art. 1 und 45 (c) der internationalen Regeln für die zoologische Nomenklatur keine Berücksichtigung. MADERS Determinationen sind in manchen Fällen unzuverlässig, so daß er in dieser Arbeit nur zitiert wird, wenn es sich um überprüfte Belege handelt. Literaturangaben sind nur aufgenommen, wenn sie seit KORSCHEFSKY (1931–32) veröffentlicht worden sind. Frühere Zitate erscheinen nur dann, wenn es sich um neue Kombinationen handelt.

In den Differentialdiagnosen sind als Punkte eingestochene Vertiefungen bezeichnet und als Makel oder Flecken farbige oder schwarze Zeichnungsmuster.

Die Genitalpräparate sind in Euparal oder HOYERS Gemisch eingebettet und mit Zeichenapparat im Durchlicht in gleichen Vergrößerungsmaßstäben gezeichnet. Diese Art der Einbettung bewirkt bei den Spermatheken unreifer ♀♀ zuweilen eine Schrumpfung, die bei Betrachtung der fig. einkalkuliert werden sollte. Die Buchstaben a–c bei den Legenden zu den Figuren weisen auf die Maßstäbe neben fig. 64.

Tabelle der Gattungen

1 Elytrenseitenrand schmal und mindestens an den Schultern (meist in den zwei vorderen Dritteln) rinnenförmig aufgebogen 2

– Elytrenseitenrand auch an den Schultern breit abgedacht, mindestens aber horizontal. Basallobus mit voluminösem, beborstetem Dorsalsack . . . . *Declivitata*

2 Länglich oval, Basallobus kaum zu den Parameren gekrümmt, ohne oder nur mit unauffälligem, beborstetem Dorsalsack . . . . *Xanthadalia*

– Breitoval, Basallobus an seiner Spitze auffällig zu den Parameren gekrümmt, ohne auffallenden Dorsalsack . . . . *Micraspis*

Micraspis CHEVROLAT

CHEVROLAT, 1837: 459.

Typusart: *Coccinella lineata* THUNBERG, 1781: 21, indic. n. FÜRSCH 1964 d: 70. (Ursprüngliche Typusart *Coccinella striata* FABRICIUS (Mus. Kopenhagen, Festlegung von HOPE 1840: 157: Jüngeres Synonym von *Coccinella lineata*) syn. n. Beweise für diese Synonymie: FABRICIUS (1792: 269) fügt in seiner Beschreibung der *Coccinella striata* ein: „*Coccinella lineata* Thunb. nov. sp. habitat in Guinea. Dom. ISERT.". 1801: 360 führt FABRICIUS *Coccinella lineata* THUNBERG wiederum als Synonym seiner 25. Art „striata" an. Weitere Beweise für die Synonymie sind Ausführungen früherer Autoren, die die Sammlungen von FABRICIUS und THUNBERG wohl aus eigener Anschauung gekannt haben dürften, z. B. HERBST (1793: 273), der *Coccinella lineata* als Synonym von *Coccinella striata* anführt. Auf T. 55, fig. 13 bildet HERBST als *Coccinella striata* die THUNBERGsche *Coccinella lineata* ab (eine Kopie der THUNBERGschen fig. 31). Diese Abbildungen decken sich mit dem Typus von *C. striata*, den FÜRSCH (1964: 70) beschrieben hat. Alte Belegstücke erbringen neue Beweise für die Identität der Taxa „lineata" und „striata" ZSM: ♀ mit dem Etikett: „Stockh. S./C. *lineata* THUNB." in einer Handschrift, die wohl GEMMINGER zuzuschreiben ist. Dies dürfte bedeuten, daß dieses Exemplar aus dem Museum

Stockholm als Dublette erworben worden ist. CF: ein ♂ mit dem Etikett: „Leyden/Cap" was bedeutet, daß dieses Exemplar aus dem Rijksmuseum van Natuurlijke Historie Leiden, an den Insektenhändler Ewald Reitter gekommen ist, und von hier in CF. Den gleichen Weg nahm wohl ein ganz ähnliches Exemplar mit dem Zettel „Guinée", dieser Beleg und der Umstand, daß Isert 1783–87 in Dänisch-Guinea (an der Goldküste) und nie in SE Asien tätig war, dürften als Beweis für die Echtheit des Fundorts ausreichen. Iserts Käfer kamen in die Fabricius-Sammlung. Damit ist *Micraspis* durch *Coccinella lineata* definiert. Die jüngeren Interpretationen (C. *striata* Fabricius als Gattungstypus) gehen auf Schönherr (1808: 157, Trennung von C. *lineata* und C. *striata*), vor allem aber auf Mulsant zurück (1850: 361). Letzterer bezieht Herbsts Ansicht auf „*Verania lineata*" und die aus Guinea beschriebene „*Coccinella striata*" auf „*olivieri*". Auch Crotch (1874: 174, 176) folgt dieser Ansicht, die sich nun in der Literatur durchsetzt. Die Untersuchungen von Fürsch (1964d: 70) am Typus von *Coccinella striata* Fabricius wurden von Iablokoff-Khnzorian (1979, 1982) wohl zitiert, aber nicht beachtet. 1982: 517, fig. 97e bildet Iablokoff-Khnzorian höchstwahrscheinlich *M. olivieri* (Gerstaecker) als vermeintliche *M. striata* (F.) ab. Nachdem eine Neuordnung wegen der Synonymie von *Alesia* und *Verania* einerseits und der Heterospezifität der als *Coccinella striata* sensu auct. andererseits notwendig war, studierte ich den Typus des Fabricius 1985 noch einmal, um die Benennung dieser häufigen afrikanischen Arten auf eine sichere Grundlage stellen zu können. Damit wird *Micraspis* nur auf die Arten bezogen, die von allen Autoren (mit Ausnahme von Iablokoff-Khnzorian) seit Mulsant als *Verania* angesehen worden sind. Diese Festlegung entspricht dem Prinzip der Kontinuität und auch der Priorität.

Gattungssynonyme: *Cisseis* Mulsant, 1850: 74, 124; *Alesia* Mulsant, 1850: 343; *Verania* Mulsant, 1850: 343, 358; *Cissella* Weise, 1895: 153 nom. n.); *Menevillidia* Bréthes, 1923: 227; *Micraspis* Kiaer, 1911 (homonym) für eine agnathe Fischgattung. *Micraspis* Capra 1925: 136; *Micraspis* Timberlake 1943: 16; *Micraspis* Fürsch 1964: 71; *Pseudoverania* Mader, 1941: 358 (Gattungstypus: *Pseudoverania sicardi* Mader) syn. n.

Merkmale: breitoval, Elytrenseitenrand mindestens in der Schulterrundung rinnenförmig. Basallobus im Spitzenviertel winkelig zu den Parameren gebogen, ohne auffälligen Dorsalsack. Siphospitze mit deutlichen Spiculae. Nodulus reduziert.

Micraspis lineata (Thunberg)
(figs. 1, 2, 36–48)

Coccinella lineata Thunberg, 1781: 21, fig. 31 (Typus: Caput bona spei; Universitets Zoologiska Institution Uppsala).
Coccinella striata Fabricius, 1792: 269 (siehe oben) (Holotypus: Dänisch Guinea; Zool. Mus. Kopenhagen);
Coccinella vittata Olivier (nec Fabricius), 1808: 994;
Verania lineata Weise, 1898: 522, Bielawski 1959: 162, Abb. 73–78, Raimundo & Alves 1971: 10, fig. 48;
Micraspis lineata Iablokoff-Khnzorian 1982: 514, fig. 93b, hier weitere Synonyme).

Differentialdiagnose: Sehr kleines Scutellum. Gelb mit breitem (selten etwas schmälerem) schwarzem Längsstreifen auf den Elytren. Deutliche Punktierung auf glattem Untergrund. Das Pronotum dagegen fein genetzt mit ähnlichen Punkten wie auf den Elytren, die aber enger gestellt sind. Elytrenseitenrand ziemlich breit, horizontal oder etwas abgedacht. (Auch *Micraspis inops* besitzt auffallend punktiertes Pronotum mit fast glattem Untergrund.) Elytrenseitenrand schmal, Außenrandkante etwas verdickt. Sehr ähnlich *Micraspis discolor* (fig. 49–50) und *M. inops* (fig. 51–54); Seitenrand schmal mit Außenkante, Elytren glatt mit deutlicher Punktierung, Pronotum mit größeren Punkten (ähnlich den Elytren aber deutlicher genetzt). Die systematische Stellung der orientalischen *Micraspis*-Arten *discolor* und *inops* soll hier nicht geklärt werden.

Untersucht: Holotypus von C. *striata* sowie Einzelstücke aus Guinea, Kap und große Serien aus SE Asien.

Micraspis frenata (ERICHSON)
(figs. 55–58)

Coccinella frenata ERICHSON, 1842: 239
Verania frenata BIELAWSKI, 1962: 203, RAIMUNDO & ALVES 1971: 8;
Micraspis lineata IABLOKOFF-KHNZORIAN, 1962: 514.

Differentialdiagnose: Abgesehen von der markanten, gleichartigen Zeichnung ist die Elytrenpunktierung viel feiner als bei *M. lineata* und der Elytrenseitenrand von *M. frenata* ist schmäler.

Untersucht: Große Serien aus New South Wales und Neukaledonien. Nach RAIMUNDO & ALVES auch in Timor verbreitet. MHB ein sehr altes Stück ♀: „Prom. b. sp. Licht", also Kap der Guten Hoffnung, wahrscheinlich eingeschleppt.

Micraspis amoenula (GERSTAECKER) comb. n.
(figs. 3, 59–66)

Alesia amoenula GERSTAECKER, 1871: 346. (Lectotypus, ♀: Sansibar; MHB. Paralectotpyen mit den gleichen Daten MHB und ZSM).
Alesia amoenula CAPRA 1934: 281, fig. 138 B, C; MADER 1941: 185, 157: 34.

Differentialdiagnose: Kleines Scutellum, Kopf bei ♀♀ schwarz, bei ♂♂ gelb mit schwarzem Fleck auf Vorderkopf oder ganz gelb. Pronotum mit schwarzem Basisband, feine polygonale Netzung, wenige sehr seichte Punkte. Elytren mit schwarzem Naht- und Außensaum, deutliche Netzung, Punkte kaum zu erkennen. Elytrenseitenrand an den Schultern abgedacht, in der Elytrenmitte wenig aufgewölbt, dieser Seitenrand verschwindet gegen die Elytrenhinterwinkel.

Untersucht: Lectotypen; Kenia: Umgebung Malindi; Somalia: Ghersale; Tansania: Tana, Daresalaam; Zaire: Urwald Beni, Rutshuru.

Micraspis nuda (SICARD) comb. n.
(figs. 4, 67–69)

Verania nuda SICARD, 1930: 72 (Holotypus Kinshasa; MRAC, Paratypen mit den gleichen Daten MRAC, CF);
MADER 1974: 91

Differentialdiagnose: Elytrenseitenrand mit großen Punkten.
Untersucht: Typen.

Micraspis sicardi (MADER)
(figs. 5, 70–73)

Pseudoverania nuda MADER nec SICARD, 1941: 193;
Pseudoverania sicardi MADER, 1954: 90 (Lectotypus Zaire: PNA, Ruhengeri source; MRAC, zahlreiche Paralectotypen, MRAC, ZSM-MF, CF).
Micraspis sicardi FÜRSCH 1967: 1283.

Differentialdiagnose: Die von Mader beschriebene Ausnehmung auf den Elytrenhinterenden ist nur bei einigen unreifen Exemplaren zu sehen, deren Elytren noch nicht ausgereift sind (nicht einmal bei den meisten Typen!). Von MADER determiniertes Nichttypen-Material gehört zu *Declivitata trilineatoides* (MADER) oder *kwaiensis* (WEISE). Elytren gelb, nur mit schmalem schwarzem Außen- und Nahtsaum. Pronotum mit Basalschwärzung zwischen den Schultern. Davon geht median eine schmale oder breitere Spitze craniad, die sich mit den beiden (meist zusammengeflossenen) schwarzen

Punkten in der Pronotummitte verbindet. Etwa in der Mitte der Elytrenbasen geht von der schwarzen Basis des Pronotums ein Fortsatz craniad, der sich mit den beiden schwarzen Punkten in der Pronotummitte verbinden kann. Vielfach ist die Pronotumschwärzung so stark, daß – abgesehen von einem schmalen Vorder- und einem breiten Seitensaum – Basis und Zentrum schwarz sind mit Ausnahme von zwei gelben Schrägstrichen oder länglichen Flecken nahe der Pronotumbasis. Seitenrand der Elytren breit horizontal.

Untersucht: Typen.

Micraspis comma (THUNBERG)
(fig. 31, 74–78)

Coccinella comma THUNBERG, 1781: 20, fig. 30 (Typus Caput bona spei, Universitets Zoologiska Institution Uppsala).
Verania comma MULSANT, 1850: 358;
Alesia comma GEMMINGER & HAROLD, 1876: 3773;
Micraspis comma IABLOKOFF-KHNZORIAN 1982: 508.

Differentialdiagnose: Leicht kenntlich an der Zeichnung: Der breite schwarze Längsstrich auf der Elytrenmitte ist nahe dem Elytrenvorderrand hakenförmig gebogen. Der breite schwarze Seitenstreifen hat etwa in der Mitte der Elytren eine Erweiterung in der Länge. Elytren auf deutlich genetztem Untergrund, fein punktiert, Elytren deshalb matt erscheinend. Seitenrandabdachung schmal und fast horizontal. Randkante etwas gewölbt.

Untersucht: Größere Serien aus der Cape Province.

Micraspis trivittata (REICHE) comb. n.
(figs. 32, 79–81)

Verania trivittata REICHE, 1847: 413, 6 26, fig. 10 (Lectotypus: Abyss., ZMC).
Alesia comma WEISE, 1898: 522;
Verania comma var. *trivittata* KORSCHEFSKY, 1931–32: 308;
Verania trivittata MADER, 1954: 151;
Micraspis comma (?) IABLOKOFF-KHNZORIAN, 1982: 508.

Differentialdiagnose: Sehr nahe mit *M. comma* verwandt aber etwas schmaler. Elytrenzeichnung anders, vor allem auch ohne die Schwärzung am Elytrenrand. Elytrenseitenrand schmaler als bei *M. comma* aber die Randkante wie bei der verglichenen Art gewulstet. Elytrenpunktierung etwas deutlicher als bei *M. comma*.

Untersucht: Lectotypus und die bei CROTCH (1874: 175) genannte Serie aus Tigre (ZSM); Kamerun: Joko; Congo (MHB); Boma (IRSB); „Cap" (CF ex coll. MADER). Nachdem keine Zweifel bestehen, daß dieses Exemplar vom Cap zu *M. trivittata* gehört, könnte an eine Fundortverwechslung dieses alten Stücks gedacht werden, möglich ist auch eine Verbreitung dieser sehr seltenen Art über ganz Afrika.

Micraspis weisei nom. n.
(figs. 35,82)

Adalia trivittata WEISE, 1905: 48 (Holotypus, ♀: Natal, Böttcher 31. 9. 1897, MHB). nom. n. wegen Homonymie.

Sehr ähnlich *Micraspis longula* (WEISE). Klauen mit Zähnen, 4,8 mm lang. Färbung ganz ähnlich *M. trivittata* (REICHE). Punktierung: Pronotum deutlich genetzt und nur undeutlich punktiert. Pronotumvorderrand geschwungen, Seitenrand ziemlich breit aufgebogen, aber ganz schmal gekantet.

Elytren mit schmalem, nur wenig rinnenförmig aufgebogenem Seitenrand. Punkte auf den Elytren deutlicher als auf dem Pronotum, Untergrund nicht ganz so deutlich genetzt wie auf Pronotum. Scutellum von normaler Größe. Von *M. trivittata* durch schmäleren Elytrenlängsstrich zu unterscheiden. Da ♂♂ fehlen, Gattungszuordnung unsicher!

Untersucht: Holotypus.

Xanthadalia CROTCH

CROTCH, 1874: 99.
Gattungstypus: *Harmonia rufescens* MULSANT, Festlegung CROTCH, 1874: 99.
Adalia WEISE, 1888: 94.

Folgender Angabe CROTCHS muß widersprochen werden: „The abdominal plates however only cover half the segment and are often complete, though occasionally obliterated externally." Die Schenkellinie unterscheidet sich bei den meisten Exemplaren nicht von der bei *Micraspis*, vielfach jedoch ist die Schenkellinie unterbrochen oder „obliterated", manchmal − und darauf ist wohl die Angabe CROTCHS zurückzuführen − gabelt sie sich ähnlich wie bei *Coccinella* und der proximale Ast kann der deutlichere sein, während der distale sich dem Sternithinterrand nähert und sich an diesen anlehnt. Scutellum von normaler Größe. Elytren durch starke Punktierung und Netzung matt. Körperform länglich. *Xanthadalia* ist hinsichtlich ihrer Merkmale näher mit *Micraspis* verwandt als mit *Declivitata*. Die Entscheidung, ob die Genera *Xanthadalia* und *Declivitata* als Gattungen sinnvoll sind oder ihnen Untergattungsrang zukommt, kann erst bei vergleichender Betrachtung der *Coccinellini* aller Faunenregionen entschieden werden. Die Kriterien, die IABLOKOFF-KHNZORIAN (1982) für das Wiederaufleben dieser Gattung anführt, zeigen nahtlose Übergänge aller Merkmale zu den übrigen *Micraspis*-Arten bei Untersuchung aller afrikanischen Spezies. Die Elytrenränder sind etwas aufgebogen (also rinnenförmig), Klauen mit Basalzahn, Spermatheca nur (wenn überhaupt) mit sehr kurzem Nodulus und röhrenförmigem Ramus. Siphospitze in der Regel mit zwei Spiculae („Nadeln" sensu IABLOKOFF-KHNZORIAN) und basalwärts davon zwei Anhänge. Hinter seiner Spitze ist der Sipho meist etwas aufgetrieben und hier an der Außenkrümmung mit Stacheln versehen. Fühler 11gliedrig, Mandibeln mit zwei Zähnen.

Xanthadalia effusa effusa (ERICHSON) comb. n.
(Karte 1, figs. 83−87)

Coccinella effusa ERICHSON, 1843: 266 (Lectotypus und Paralectotypus ♀♀: Angola, MHB);
Adalia miniata WEISE, 1888: 94 (Typus: Stanley Pool, MHB, derzeit nicht aufzufinden, deshalb Zuordnung unsicher).
Pseudoverania effusa MADER, 1954: 92, FURSCH 1961 a: 64;
Micraspis effusa FURSCH, 1967: 1284, RAIMUNDO & ALVES 1978: 25, fig. i−o.

Differentialdiagnose: Pronotumuntergrund quergerieft mit deutlichen Punkten. Elytren wegen starker Punktierung und Runzelung matt. Elytrenseitenrand an den Schultern aufgebogen, nach der Schulterrundung ist dieser Rand horizontal oder nur schwach aufgebogen. Elytren stark und auffallend punktiert. Zeichnung nur schwach ausgeprägt (Karte 1, fig. 1). Im Süden des Verbreitungsgebiets besteht die Zeichnung aus zwei deutlichen schwarzen Flecken (Karte 1, fig. 2).

Untersucht: Lectotypen und Serien aus W Zaire (Equateur, Kinshasa), Congo-Brazzaville und eine große recht gleichförmige Serie aus Namibia (Okovango).

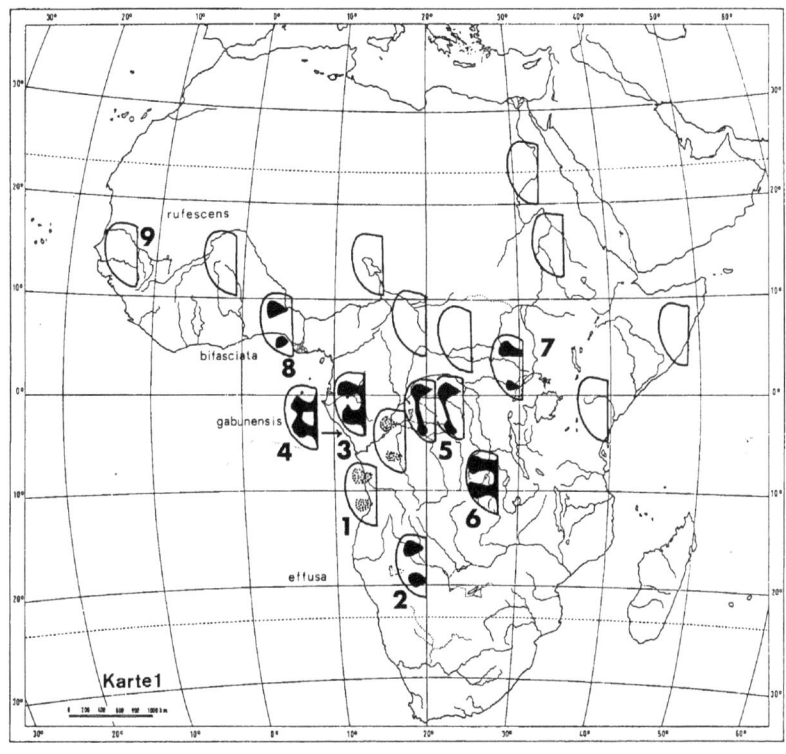

Karte 1

Xanthadalia effusa: Verbreitung der Farbvarianten und Subspecies; 1–2 subsp. *effusa:* 1 Lectotypus; 2 Namibia; 3–7 subsp. *gabunensis:* 3 Lectotypus; 4 Holotypus der „v. *inclusa*"; 5 Zentralzaire; 6 Parc Nat. Upemba; 7 Parc Nat. Albert; 8 subsp. *bifasciata* (Lectotypus); 9 subsp. *rufescens.*

Xanthadalia effusa gabunensis (WEISE)
(Karte 1, figs. 6, 7, 88–90)

Adalia effusa v. *gabunensis* WEISE, 1898: 115 (Lectotypus ♀ und zwei Paralectotypoide ♀♀: Gabun, MHB).
Adalia effusa v. *inclusa* WEISE, 1898: 115 (Holotypus: Gabun, MHB) syn. n.
Adalia effusa v. *gabunica* SICARD nec. WEISE, 1930: 70: Schreibfehler!
Adalia effusa v. *congoana* SICARD, 1930: 70 (Holotypus: Mayumbe, MRAC, mehrere Paratypen: Kutuá Moto; District Desbangala, MRAC) syn. n.

Differentialdiagnose und Verbreitung: Die am lebhaftesten gezeichnete Unterart. In Gabun weisen die Elytren große Flecken und Verfließungstendenz auf (Karte 1, fig. 3 Lectotypus; fig. 4 Holotypus

11

der v. *inclusa*). In Zentralzaire longitudinale Verfließung der Flecken (fig. 5). Die Tendenz zur Schwärzung nimmt gegen SE zu. Aus dem Parc. Nat. Upemba liegt eine große Serie mit zwei schwarzen Querbinden auf roten Elytren vor (fig. 6), während im NE (Edwardsee, PNA) sich die schwarze Färbung wieder auf Flecken reduziert, die fast verschwinden können und hier einen nahtlosen Übergang zu *Xanthadalia effusa rufescens* bilden (fig. 7).

Untersucht: Alle Typen und zahlreiche Exemplare aus Zaire.

Xanthadalia effusa bifasciata (Weise) comb. n.
(Karte 2, figs. 91–93)

Adalia rufescens var. (?) *bifasciata* Weise, 1888: 94 (Lectotypus ♂ Goldküste: Addah, Simon, MHB; zwei Paralectotypen ♀♀ mit den gleichen Daten, MHB);
Pseudoverania rufescens a. *bifasciata* Mader, 1954: 92, 152; 1857: 36

Differentialdiagnose: Zwei schwarze Flecken auf roten Elytren (Karte 1, fig. 8).

Untersucht: Lectotypen und recht einheitliche Serien aus Benin, N Kamerun und Togo.

Xanthadalia effusa rufescens (Mulsant) comb. n.
(figs. 8, 94–107)

Harmonia rufescens Mulsant, 1850: 76 (Typus: Senegal, Coll. Dejean, konnte nicht gefunden werden).
Xanthadalia rufescens Crotch, 1874: 99; *Adalia rufescens* Weise, 1888: 94; *Xanthadalia rufescens* Capra, 1934: 276; *Pseudoverania exsanquis* Mader nec. Sicard, 1941: 195; *Pseudoverania rufescens* Mader, 1954: 92, 152; *Pseudoverania effusa miniata* Mader nec. Weise, 1954: 91, 152; *Pseudoverania rufescens* Pope, 1965: 195, *Micraspis rufescens* Fursch, 1969: 285, 1971: 52, 1975: 731; *Xanthadalia rufescens* Iablokoff-Khnzorian, 1982: 455

Differentialdiagnose: Einförmig rot.

Untersucht: Viele hundert Exemplare aus den Steppen und Trockensavannen südlich der Sahara: Senegal, Gambia, Obervolta, Tschadsee, Oubangi, nilaufwärts bis Oberägypten, Tansania (Uluguruberge) (Karte 1, fig. 9).

Xanthadalia neumanni (Weise) comb. n.
(figs. 9, 108–113)

Adalia neumanni Weise, 1907: 226 (Lectotypus ♂ Abessinien, Paralectotypen: ♀ Abessinien, ♂ Abessinien, Mallofluß, alle MHB), Mader, 1954: 161; *Micraspis neumanni* Fürsch, 1971: 52.

Differentialdiagnose: Schwarz mit roten Flecken wie fig. 9. Elytrenseitenrandkante verdickt. Elytrenpunktierung nicht so stark wie bei *X. effusa*. Epipleuren breit, fast horizontal, nur außen etwas ventral gebogen, rot, Außen- und Innenrand schwarz. Beine schwarz, Tarsen rot, Epimeren der Mittelbrust weiß.

Untersucht: Typen und kleine Serien aus Beda-Kessa und Lake Langanno.

Declivitata Fürsch

Declivitata Fürsch, 1964: 71 (Typusart: *Alesia kibonotensis* Weise durch Festlegung Fürsch 1964: 71).

Körperform rundlich, sehr kleines Scutellum, breit abgedachter Elytrenseitenrand (nicht rinnenförmig aufgebogen wie bei *Micraspis* und *Xanthadalia*). Elytrenpunktierung sehr undeutlich. Basallobus mit voluminösem, behaartem Dorsalsack. Siphospitze ohne deutliche Spiculae. Spermatheca mit Nodulus und Ramus. Obwohl CROTCH (1850: 358) über die Trennung von *Verania* und *Alesia* schrieb: „I cannot see that it was necessary to separate it" sind alle Autoren dieser Trennung in zwei Taxa bis heute gefolgt. Der Name „*Declivitata*" ist wegen der Synonymie: *Micraspis* – *Alesia* – *Verania* nötig geworden (FURSCH 1964: 71).

Declivitata kibonotensis (WEISE)
(figs. 10, 11, 114–125)

Alesia kibonotensis WEISE, 1910: 258 (Lectotypus Kilimanjaro – SJOESTEDT, NRS und große Mengen von Paralectotypen der gleichen Expedition, NRS, ZSM, MRAC und CF). *Alesia kibonotensis* ab. *perfecta* und *inornata* WEISE, 1910: 258, MADER 1941: 186 und 1957: 34, KORSCHEFSKY 1947: 176; *Declivitata kibonotensis* FURSCH 1964: 71.

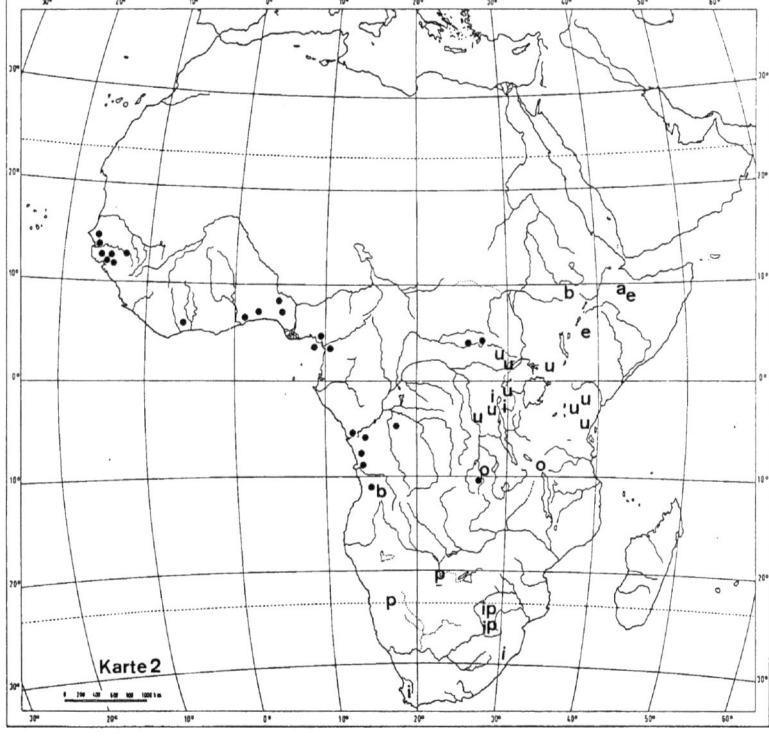

Karte 2

Declivitata-hamata-Gruppe: Verbreitung: a *D. annulata*; b *D. bigata*; e *D. usambarica ererensis*; i *D. inclusa*; o *D. usambarica upembaensis*; p *D. hamata pygmaea*; u *D. usambarica usambarica*; ● *D. h. hamata*.

Differentialdiagnose: Rötlich mit ziemlich breitem Längsstreifen auf der Elytrenmitte, der Vorderrand und Hinterwinkel der Elytren in der Regel erreicht. Schmälere Naht und Außenschwärzung. Vielfach sind die Elytren auch einfarbig gelb, nur mit Naht und Seitenrandschwärzung (fig. 11, f. *inornata*). Elytren glänzend mit sehr feiner Mikroskulptur und sehr feinen, kaum sichtbaren Punkten, Pronotum deutlicher genetzt, die winzigen Punkte sind deutlicher als auf den Elytren. Elytrenseitenrand breit geneigt, abgesetzt (nach hinten schmäler werdend). Die Schenkellinie vereinigt sich mit dem Sternithinterrand. Äußerlich ähnlich den *Declovitata*-Arten *trilineatoides* und *kwaiensis*.

Untersucht: Lectotypus und sehr viele Paralectotypen, kleine Serien aus Kamerun, Natal, Urundi.

Declivitata larvalis (MULSANT)
(figs. 12)

Alesia larvalis MULSANT, 1850: 356 (Holotypus: Cap, NRS). *Declivitata larvalis* FÜRSCH 1964: 72, RAIMUNDO & ALVES 1978: 24, Fehldiagnose s. *D. olivieri*).

Differentialdiagnose: Kleiner als *D. uncifera* und *D. olivieri*, breitoval. Der schwarze Elytrenstreif ist beiderseits mit gelben, dann roten Streifen eingefaßt. Dieser schwarze Längsstreifen erreicht die Elytrenbasis. Netzung und Punktierung auf Pronotum und Elytren deutlich.

Untersucht: Holotypus und ein Exemplar aus Natal Pietermaritzburg, cum typo comparatum. Da beide Exemplare ♀♀ sind, kann nicht mit letzter Klarheit festgestellt werden, ob das Taxon *larvalis* eine sp. propr. ist. MADERS Determinanden (MRAC, MF) gehören ausnahmslos zu anderen Arten (meist *D. usambarica*).

Declivitata uncifera FÜRSCH
(figs. 13, 14, 126—129)

Declivitata uncifera FÜRSCH, 1967: 1284, figs. 1—5 (Holotypus ♂: Congo da Lemba, MRAC und zahlreiche Paratypen MRAC, CF).
Alesia striata ab. *uncifera* SICARD, 1930, 70; *Declivitata uncifera* (SICARD) FÜRSCH 1964: 72, FÜRSCH 1970: 84 und 1975: 731, RAIMUNDO & ALVES 1978: 24; *Alesia striata* auct. nec. FABRICIUS

Differentialdiagnose: Elytren wegen der äußerst feinen Untergrundnetzung glänzend. Punktierung deutlicher als bei *kibonotensis*. Einziges sicheres Erkennungsmerkmal: Aedeagus.

Untersucht: Holotypus, Paratypen und mehrere tausend Exemplare aus Angola, Äthiopien, Elfenbeinküste, Kamerun, Kenia, Kivu, Mozambik, Swaziland, Tansania, Transvaal, Uganda, Urundi, NE Zaire (vor allem PNA und PNG), Zululand, Sudan (Adjuba). Senegal: Sebokotana (MRAC, CF).

Declivitata olivieri (GERSTAECKER)
(figs. 15, 16, 130—138)

Alesia Olivieri GERSTAECKER, 1862: 347 (Lectotypus ♀: Proboscis bona spei Nr. 27981, MHB); GERSTAECKER 1873: 294.
Coccinella striata OLIVIER nec. FABRICIUS, 1808: 993, Taf. 5, fig. 59; *Alesia striata* var. *lugubris* WEISE, 1905: 49 (Holotypus Ukerewe, ERTL, ZSM, Paratypen auch MHB, CF); *Declivitata olivieri* FÜRSCH 1964: 71, RAIMUNDO & ALVES 1978: 24; *Declivitata larvalis* RAIMUNDO & ALVES nec. MULSANT, 1978: 24; *Alesia striata* auct. nec FABRICIUS.

Differentialdiagnose: Durch besonders feine, kaum mehr sichtbare Elytrenpunktierung ausgezeichnet. Körperform recht breit, dunkel rotbraun mit feinem, schwarzem Längsstreifen. Sehr aufschlußreich ist GERSTÄCKERS Beschreibung!

Untersucht: Alle Typen und mehrere tausend Exemplare aus Angola, Äthiopien, Cape Province, Kamerun, Kenia, Mozambik, Natal, Ruanda, Sanzibar, Tansania, Transvaal, Urundi, Zaire, Zululand.

Declivitata-hamata-Gruppe

Diese Gruppe, die schwierigste im gesamten Artenkomplex, zeichnet sich durch nahezu vollkommen gleichartigen Aedeagus aus. *D. hamata* ist am einfachsten zu erkennen an dem breiten Elytrenstreifen, der vorne einen markanten Haken trägt und die breitovale Körperform. *D. usambarica* ist viel schlanker. Der schwarze, schmale Elytrenlängsstreif sendet bei ihr vielfach einen schwarzen Ast schräg nach hinten zur Naht (forma *dorsalis*). *D. inclusa* ist dagegen wieder breitoval. Hier schließt der schwarze Elytrenlängsstreif im vorderen Drittel eine helle Scheibe ein. Bei dunklen Exemplaren wird diese helle Scheibe kleiner. Auch bei sehr dunklen Tieren gehen keine schwarzen Verbindungsäste zur Naht. *D. annulata*: Der gelbe Scutellarfleck ist longitudinal, die schwarzen Verbindungsstriche zur Naht (falls vorhanden) waagrecht. *D. bigata*: Der helle Scutellarfleck ist quadratisch und nicht longitudinal. *D. bohemani* ist am einfachsten an der kantigen schwarzen Netzung (fig. 27) zu erkennen. *D. trilineata* ist auffallend länglich, fahlgelb mit feinem Elytrenlängsstrich.

Declivitata hamata hamata (THUNBERG)
(Karte 2, figs. 17, 139–143)

Coccinella hamata THUNBERG in SCHÖNHERR, 1808: 158 (Holotypus ohne Fundortangabe, in der Beschreibung: „Habitat extra europ.", ZMK).
Alesia hamata MULSANT, 1850: 351 (Senegal); *Micraspis striata* CROTCH, 1874: 174; *Alesia striata* GEMMINGER & HAROLD, 1876: 3774 (Senegal); *Alesia striata* var. *hamata*, WEISE, 1898: 522, MADER 1955: 205; *Alesia hamata* MADER 1957: 33; *Declivitata hamata* FÜRSCH 1964: 71, mit Synonymieliste, die hier nicht wiederholt wird; 1968: 234, 1969: 285, 1971: 53; RAIMUNDO & ALVES 1978: 24

Differentialdiagnose: Groß, breitoval, mit breitem schwarzen Elytrenlängsstreifen, der vorne einen Haken bildet. Diese schwarze Streifenzeichnung erreicht die Elytrenbasis nicht.

Untersucht: Holotypus und große Serien aus Angola (ex coll. SCHÖNHERR), Fernando Póo, Gambia, Guinea Bissau, Kamerun, Senegal, Togo, Zaire (Bambesa, Kasongo, Lualaba, Lulua, Majidi, Uele) (Karte 2: ●).

Declivitata hamata pygmaea subsp. n.
(figs. 18, 144–147)

Holotypus: ♂ Transvaal 7 m N. W. Naboomspruit. 12.9.1967 leg. N. J. van RENSBURG, NCIP. Paratypen mit den gleichen Dáten auch CF.

Von der subsp. *hamata* durch geringere Körpergröße unterschieden, nur 3–4 mm lang. Rötlich mit ebenso auffallender Hakenzeichnung wie die subsp. *hamata*.

Untersucht: Typen und SW Afrika: Damaraland, Sambesi-Gebiet. S Afrika: Plat River, Pretoria, Caffraria (Karte 2: p).

Declivitata usambarica usambarica (WEISE) comb. n.
(Karte 2: u; figs. 19, 21, 148–154)

Alesia usambarica WEISE, 1897: 299 (Holotypus Kwai, Paul Weise, MHB; 6 Paratypen MHB und CF), MADER 1941: 186; *Alesia inclusa* WEISE nec. MULSANT, 1910: 259; *Alesia inclusa* ab. *apicalis* WEISE, 1910: 259, Lectotypus Meru-Niederung (fig. 21), Riksmuseet Stockholm syn. n.; *Alesia inclusa* ab. *dorsalis* (Lectotypus Meru-Niederung, NRS) syn. n.; *Alesia usambarica* MADER 1954: 89; *Alesia striata* a. *instriata* MADER, 1955: 205; *Alesia hamata* MADER nec. THUNBERG, 1957: 33, fig. 20.

Differentialdiagnose: Diese Art ist besonders variabel und deshalb recht schwer zu erkennen. Die Elytren sind bei den Typen rötlich, bei anderen Exemplaren aber auch hellgelb mit schmalem, oft auch

15

breiterem schwarzen Streifen, der häufig die Elytrenbasis erreicht und vorne einen schmalen Haken nach rückwärts zeigt. (Dieser Haken ist nicht so breit wie bei *D. hamata*!) Die Art fällt durch ihre schlankere Körperform auf und unterscheidet sich dadurch schon von *D. inclusa* und *D. hamata*. Sehr ähnlich ist auch *D. trilineatoides* (MADER).

Untersucht: Alle Typen und zahlreiche Belege aus Kenia: Mt. Elgon; Mozambik; Tansania (besonders um den Kilimanjaro und aus Usambara, Nyassasee, Mt. Meru, Arusha, Kivu); Zaire: Boma. (Karte 2: u).

Declivitata usambarica ererensis subsp. n.
(fig. 22)

HT: Abyssinia, Vallis Erer leg., KovAcs, 12 PT TMB und CF. Sehr ähnlich der subsp. *usambarica*. Ebenso kräftig gezeichnet und mit Ausnahme eines Exemplars einen schwarzen Ast vom schwarzen Dorsalring zur Naht (fig. 22). Der Name „*dorsalis* WEISE" ist hierfür nicht verfügbar, da ausdrücklich für eine Colorform der subsp. *usambarica* vergeben. (Karte 2: e).

Declivitata usambarica upembaensis subsp. n.
(figs. 20, 152)

Holotypus: Parc Nat. Upemba, Mabwe (585 m), 12. – 17. 12. 1948 Miss. G. F. Witte 2107 a, MRAC, 24 Paratypen mit den gleichen Daten MRAC, CF; viele 100 Exemplare von anderen Fundorten des Upemba Parkes (keine Typen).
Alesia hamata MADER, 1957: 33; *Alesia hamata* ab. *instriata* MADER, 1957: 33.

SE Unterart aus dem Parc Nat. Upemba, etwas kleiner, stärker gerundet und von ganz blasser Zeichnung: blaßgelb, höchstens mit angedeuteten roten Streifen. Der schwarze Längsstreifen ist sehr schmal und verschwindet in fast der Hälfte aller Stücke. (Karte 2: o).

Declivitata inclusa (MULSANT) comb. n.
(Karte 2: i; figs. 23, 155–157)

Alesia inclusa MULSANT, 1850: 349 (Lecotypus ♂ Nr. 1923 „Cpe", wohl „Cape of Good Hope", HDO, keiner der Zettel stammt von MULSANTS oder HOPE'S Handschrift.)
Alesia inclusa MULSANT 1866: 234 Patrie „la Californie" ist ganz offensichtlich ein Druckfehler und muß „la Caffrerie" heißen, wie MULSANT dies auch 1850: 351 angibt; *Alesia torquata* MULSANT, 1850: 344, GEMMINGER & HAROLD 1876: 3774; *Alesia Gabilloti* MULSANT, 1866: 233, Caffrerie; *Neda Hopfferi* GEMMINGER & HAROLD nec. MULSANT, 1876: 3774; *Micraspis inclusa* CROTCH, 1874: 174; *Alesia inclusa* GEMMINGER & HAROLD 1876: 3774, WEISE 1905: 335.

Differentialdiagnose: Gelblich oder rötlich mit schwarzer Zeichnung wie fig. 23. Kopf schwarz, lederartig genetzt. Pronotum fein genetzt und sehr seicht punktiert. Auf den Elytren sind die Punkte etwas gröber.

Untersucht: Lectotypus und kleine Serien aus Transvaal und Zululand.

Declivitata annulata (REICHE) comb. n.
(Karte 2: a; figs. 24, 158–163)

Alesia annulata REICHE, 1847: 512, t 26, fig. 6 (Lectotypus: MZC; Kopf, Pronotum und linke Elytra fehlen. Der Lectotypus stimmt nicht genau mit der fig. REICHES überein, vgl. fig. 24).

Micraspis annulata CROTCH, 1874: 174, *Alesia annulata* GEMMINGER & HAROLD 1876: 3773; *Alesia annulata bimaculata* CANNAVIELLO, 1900: 300; *Alesia annulata* ab. *maculata* WEISE, 1907: 227 (Holotypus: HEYNE, MHB).

Differentialdiagnose: Breitoval, schwarz mit drei gelben Flecken und einem gelben Seitenrand, der im hinteren Viertel unterbrochen ist, wie fig. 24. In Äthiopien kommt auch eine Form von *D. usambarica* vor, sie entspricht in der Zeichnung der f. *dorsalis* WEISE (fig. 22). In CF sind vier vollkommen gleichaussehende *D. „dorsalis"* von verschiedenen Fundorten aus Äthiopien. Bei dieser Art geht der Strich vom Schulterring zur Naht schräg nach hinten, wogegen er bei *annulata* waagrecht und breit ist.

Untersucht: Holotypus der ab. *maculata*, Lectotypus und einige Exemplare aus Harrar.

Declivitata bigata (WEISE) comb. n.
(Karte 2: b; figs. 25, 164–166)

Alesia bigata WEISE, 1907: 227 (Lectotypus: ♀ Gindeberat (Prov. Shewa, O. NEUMANN (in der Beschreibung als „Sideberat" verdruckt). Paralectotypus Bogos, MHB, dem Paralectotypus fehlen Alae und Abdomen; von Meso- und Metathorax fehlt die linke Hälfte.

Differentialdiagnose: Vorder- und Mittelbeine gelb, Hinterschenkel mit großem schwarzen Fleck in der distalen Hälfte. Prothoraxunterseite gelb. Epipleuren gelb mit sehr schmaler (Prothorax) oder breiterer (Elytren) schwarzer Außenkante. Feine Netzung mit sehr feiner Punktierung auf der Oberseite ähnlich *D. usambarica.*.Diese Skulptur ist so fein, daß die Elytren glänzen.

Untersucht: Typen und ein mit dem Lectotypus verglichenes ♀ von identischer Zeichnung aus Jubdo Bir-Bir (Äthiopien, CF.)

Declivitata alvesae sp. n.
(figs. 26, 167)

Holotypus ♀: Angola: Chianga auf Citrus; Paratypus ♀: Angola: Bela Vista auf Citrus, CF.

Gelb mit schwarzer Zeichnung wie fig. 26. Sehr ähnlich *D. bigata*. In der Zeichnung des Pronotums dieser und *D. annulata* gleich. Elytren aber durch vollständigere und deutlichere Netzzeichnung von *D. bigata* unterschieden. Es wäre verlockend, dieses Taxon als südliche subsp. *D. bigata* zuzuordnen. Dagegen spricht die geographische Trennung ohne Übergänge und die erkennbar breitere Körperform.

Untersucht: Typen. Nachforschungen im Museum des Ministero do Ultramar Lisboa nach dieser Art blieben vergebens. Sie ist Maria Luisa Gomes ALVES gewidmet, die zusammen mit RAIMUNDO in enger Zusammenarbeit mit mir eine Coccinellidenfauna Angolas veröffentlicht hat.

Declivitata bohemani (MULSANT) comb. n.
(figs. 27, 168–174)

Alesia Bohemani MULSANT, 1850: 246 (Holotypus: la Caffrerie, NRS).
Micraspis Bohemani CROTCH, 1874: 173; *Alesia Bohemani* GEMMINGER & HAROLD 1876: 3773.

Differentialdiagnose: Gelb mit schwarzer Zeichnung (Holotypus rötlich). Kleiner aber deutlicher punktiert als *annulata* und *inclusa*.

Untersucht: Holotypus und Serien aus Natal und Transvaal.

Declivitata trilineata (WEISE) comb. n.
(figs. 28, 175–180)

Alesia trilineata WEISE, 1909: 260 (Lectotypus Kilimanjaro, NRS; Paralectotypen auch MHB, CF).

Differentialdiagnose: Wie WEISE in seiner Beschreibung schon angegeben hat, sehr nahe mit *usambarica* verwandt, dazu noch variabel in der Skulptur. Kennzeichnend ist die von der Norm in dieser Gattung abweichende, schlanke Körperform, doch finden sich auch stärkere Stücke. Leider bietet auch der Aedeagus keine signifikanten Unterschiede. Elytrennetzung sehr deutlich, Punktierung schwach. Färbung blaßgelb mit zartem Elytrenlängsstrich.

Untersucht: Lectotypus, Paralectotypen und Serien aus Äthiopien (Shoa-Provinz); Kenia: Nakurusee; Tansania: Lake Manyara, Mto-ja-kifam, Lake Severi, Arusha, Maraque, S of Mt. Hanang; Zaire (PNA, Nyanza); Ruanda.

Declivitata kwaiensis (WEISE) comb. n.
(figs. 29, 30, 181–189)

Alesia kwaiensis WEISE, 1897: 299 (Lectotypus: ♂ Kwai, Paul WEISE, MHB.)

Paralectotypus mit den gleichen Daten durch Anthrenen stark zerstört. Dieser Paralectotyp ist der ursprüngliche „Typus" WEISES. Die Festlegung auf den anderen „Typus" als Lectotypus wird notwendig, weil das zweite Exemplar bis auf Kopf und Pronotum von Anthrenen zerfressen worden ist. Der Lectotypus ist ein unreifes Stück mit Verletzungen auf dem Pronotum).

Differentialdiagnose: Die Elytrenaußenkante ist schwarz und horizontal. Die Skulpturmerkmale sind an dem einzigen erhaltenen unreifen Exemplar nicht zu erschließen, da das Chitin zu wenig ausgehärtet ist; doch erlaubt der schwerbeschädigte Paralectotypus einige Aussagen: Kopf gelb mit feiner Querrunzelung. Pronotum mit schwarzer Zeichnung: An der Basis fünf Spitzen mit zwei queren Flecken davor, die mit den inneren Spitzen verbunden sind. Diese Pronotumzeichnung ist ein gutes Unterscheidungsmerkmal gegenüber der sehr ähnlichen *D. trilineatoides* (MADER). Bei dieser Art berührt die Pronotumschwärzung nur die Mitte der Halsschildbasis. Seitlich davon hebt sich ein schwarzer Punkt deutlich von der Basis ab, ist aber meist mit der übrigen schwarzen Zeichnung verbunden: Pronotumskulpturierung: Feine Querrunzelung mit ganz zarter ziemlich weit gestellter Punktierung. Die Elytren sind gelb mit schwarzem Außensaum, der in der Elytrenbasis bis zu den äußeren Spitzen der schwarzen Pronotumzeichnung nach innen reicht. An der Elytrenspitze ist dieser Saum wegen der Wölbung der Elytren schlecht zu sehen. Naht schmal schwarz. Elytrenuntergrund dicht gerunzelt ohne erkennbare Punktierung. Außensaum horizontal sehr deutlich quer gerieft.

Untersucht: Lectotypus, Paralectotypus und eine sehr große Serie aus dem Parc Nat. Garamba (NE Zaire), in mehreren Museen als „*Declivitata taeniata* FÜRSCH" verbreitet). Diese Tiere erlauben eine Ausweitung der Beschreibung: Sie sind rötlich (nicht gelb wie die Typen) und zeigen auf der Elytrenmitte einen ziemlich breiten schwarzen Streifen, der Basis und Elytrenspitze nicht erreicht. Damit haben diese Exemplare große Ähnlichkeit mit *Declivitata kibonotensis* und *trilineatoides*, von denen sie sich aber neben einigen äußeren Kriterien vor allem an der Bildung des Aedeagus unterscheiden. Kamerun, Nigeria, W Zaire (Boma).

Declivitata trilineatoides (MADER) comb. n.
(figs. 33, 34, 191–203)

Alesia trilineatoides MADER, 1941: 188; 1954: 139, 145 (Lectotypus: Kibati Nr. 1389, MRAC; zahlreiche Paralectotypen MRAC, MF, CF).
Alesia difficilis MADER, 1954: 139 (Holotypus ♂ und neun Paratypen: Ituri Lubero, MRAC, MF, CF) syn. n.

Differentialdiagnose: Schon MADER hat die nahe Beziehung der Taxa *trilineatoides* und *difficilis* gesehen (1954: 139). Auffallend ist die starke Punktierung der Elytren, die stark von der Norm in dieser Gattung abweicht. Zur Unterscheidung von den ähnlichen *Declivitata*-Arten *kibonotensis* und *kwaiensis* siehe dort.

Untersucht: Alle Typen und je eine kleine Serie aus Ruanda, Obersanga (dem heutigen Haute Sangha 4° N 16° E), dem Parc Nat. Albert, Libengo, Sankuru, Tshuapa (Zaire E).

Die letzten beiden Arten sind in ihrer Zuordnung unsicher. Die Form ihrer Siphospitzen sondert sie deutlich von den übrigen *Micraspis*-Arten.

Micraspis angolensis (MADER) comb. n.
(figs. 204–209)

Alesia angolensis MADER, 1952: 126 (7 Cotypen: Angola, Dundo: MP, sind aber laut Auskunft von Nicole Berti vom 9. Jan. 86 dort nicht aufzufinden; 3 MF, derzeit nicht zugänglich).
Alesia angolensis MADER 1954: 138;
Declivitata angolensis RAIMUNDO & ALVES, 1978: 25.

Einfarbig hellgelb, sehr breitoval. Länge: 4 mm; Breite 4 mm. Basis des Pronotums und der Elytren ringsum sehr schmal schwarz gesäumt. Pronotum an den Seitenrändern schmal aber sehr deutlich aufgebogen. Elytren breit abgedacht und auf der gesamten Breite dieser Abdachung braunschwarz. Scutellum recht klein, schwarz.

Punktierung: Pronotumuntergrund stark genetzt, Punkte klein und undeutlich. Elytrenuntergrundnetzung nicht so deutlich wie auf dem Pronotum. Punkte dagegen eine Spur deutlicher. Schenkellinie nähert sich dem Hinterrand des 1. Sternits fast ganz. Hinterränder der mittleren Abdominalsternite schmal schwarz. Aedeagus fig. 204–209 fällt durch Zähne an der Siphospitze auf. Basallobus mit Dorsalsack.

Untersucht: Kamerun; Kenia: Nairobi, Mt. Elgon, Nandi-Reservat; Urundi; Zaire: Katanga, Kansenia (von MADER als „Ideotypen" bezeichnet); Nordsimbabwe.

Declivitata exsanquis (SICARD) comb. n.
(figs. 210–214)

Verania exsanquis SICARD, 1930: 71 (Holotypus Niemba et Kalembelembe; auf Patriazettel falsch als „Niembo" ausgedruckt; MRAC, CF).
Verania exsanquis MADER 1954: 92.

Differentialdiagnose: Einfarbig gelb, Außenkanten der Elytren sehr fein schwarz. Feine Netzung und sehr feine Punktierung. Aedeagus etwas von der Norm in diesem Artenkomplex abweichend fig. 212, deshalb Zuordnung unsicher.

Untersucht: Typen aus Niemba (6° S, 29° E).

Folgende Arten sind ursprünglich als *Alesia* beschrieben, gehören aber zu anderen Gattungen:

Cheilomenes vittata (FABRICIUS) comb. n.

Coccinella vittata FABRICIUS, 1792: 269 (Holotypus, ♀: Guinea (Museum Kopenhagen), Genitalpräparat-fecit IABLOKOFF-KHNZORIAN, von mir untersucht).
Alesia nigrocincta SICARD, 1930: 70 (Holotypus: Wombali, MRAC) syn. n.

Untersucht: Typen und wenige Exemplare aus Tansania: Victoria-See; Elfenbeinküste: Lamto.

Cheilomenes connexa (WEISE)

Alesia connexa WEISE, 1898: 117 (Holotypus, ♀: Nordkamerun: Johann-Albrechts-Höhe 24.2.96 L. Conradts, MHB);
Pseudoverania connexa MADER, 1954: 92;
Cheilomenes connexa FÜRSCH, 1968: 234.
  Untersucht: Typus, kleine Serien aus Zaire: Haut Uele (Paulis); Nigeria.

Cheilomenes singularis (MADER) comb. n.

Alesia singularis MADER, 1954: 35 (Holotypus, ♀: Mabwe; MRAC).
  Untersucht: Holotypus, Tansania: Mt. Meru; Somalia: Mogadishu.

Harmonia problematica (FÜRSCH) comb. n.

Alesia problematica FÜRSCH, 1963: 299 (Holotypus, ♀: Mt. Nimba (Yalanzou; MP), Paratypus, ♀: Mt. Nimba Nahouei; CF).

Keine Stellung wird genommen zu folgenden Arten aus Madagaskar:

Declivitata madecassa (SICARD) comb. n.

Alesia madecassa SICARD, 1909: 83 (Lectotypus: Madagascar: Amber Geb.; MHB).

Declivitata oberthueri (WEISE) comb. n.

Alesia Oberthüri WEISE, 1895: 325 (Lectotypus: Madagascar, Oberthür, Paralectotypus: Fionarantsoa (Peroot Frèves 1892); beide MHB).

Declivitata goudoti (WEISE) comb. n.

Alesia Goudoti WEISE, 1909: 123 (Lectotypus: Madagascar, GOUDOT; Paralectotypus: Madagascar, int. austr. HILDEBRANDT (var. *Hildebrandt*); MHB).

Micraspis longula (WEISE)

Verania longula WEISE, 1895: 53 (Lectotypus und 2 Paralectotypen: Madagascar leg. PIPITZ; MHB).
  Alle Typen konnten untersucht werden.

  Weitere Neukombination: *Cheilomenes coccinelloides* (FÜRSCH); *Stictoleis coccinelloides* FÜRSCH, 1961 d: 155.

Diskussion

Das Studium der Gattungen *Micraspis, Xanthadalia, Declivitata* zeigt eine recht homogene Gruppe. Nachdem ich nichts von der Zersplitterung der Genera in kleine und kleinste Gruppen halte, hätte ich die Vereinigung der drei Taxa in der Gattung *Micraspis* mit Untergruppen am liebsten gesehen. Nachdem Iablokoff-Khnzorian (1982) das Taxon *Xanthadalia* von *Micraspis* scheidet, dafür auch für den von ihm untersuchten Bereich gute Gründe anführt, muß wohl eine Revision der Arten aus den amerikanischen Tropen abgewartet werden, um eine stichhaltige Gattungsgliederung vorschlagen zu können. Leider war es noch nicht möglich, die hier vorgelegte Theorie der Verwandtschaftsbeziehungen durch ein phylogenetisches Verwandtschaftsdiagramm zu untermauern: Die Anzahl der trennenden apomorphen Merkmale ist zu gering. Wir können davon ausgehen, daß die Coccinellini eine monophyletische Gruppe sind. Da das Merkmal „rinnenförmig aufgebogener Elytrenaußenrand" auch außerhalb der hier besprochenen Gruppe vorkommt, dürfte dieses Merkmal eine Plesiomorphie sein. Die Stacheln am Siphoschaft vor seiner Spitze dagegen und die Ausbauchung dieses Schafts sowie der Dorsalsack am Lobus charakterisieren die Vertreter von *Declivitata*. So hat diese Gruppe mit der apomorphen Elytrenrandabdachung mindestens drei Apomorphien aufzuweisen und stellt demnach die wohl am meisten abgeleitete Gruppe vor. Am ursprünglichsten dürfte dieser Hypothese zufolge die Gattung *Micraspis* sein. *Xanthadalia* steht *Micraspis* näher, weist aber in manchen primären Merkmalen zu anderen Gruppen. So kann die hier vorgeschlagene Einteilung als tragbarer Kompromiß gelten, bis weitere Untersuchungen verwandter Vertreter anderer Faunenregionen eine Verifizierung oder die Verwerfung der Theorie zulassen.

Zusammenfassung

Langjähriges Studium der afrikanischen Coccinellini ermöglicht einen Überblick der Coccinellini-Genera *Micraspis*, *Declivitata* und *Xanthadalia*. Dazu wurde umfangreiches Material und alle erreichbaren Typen studiert. Zahlreiche Neukombinationen und Synonymien, 3 neue Subspecies: *Declivitata hamata pygmaea* subsp. n., *Declivitata usambarica ererensis* subsp. n., *Declivitata usambarica upembaensis* subsp. n. und eine neue Art *Declivitata alvesae* sp. n. werden beschrieben. Viele Figuren und Karten erleichtern das Studium.

Danksagung

Besonders danke ich folgenden Damen und Herren, die mich durch Material- und Typenzusendung unterstützt haben: Fritz Hieke und Manfred Uhlig, Museum der Humboldt-Universität, Berlin (MHB); J. Klapperich, Bonn; H. Roer, Museum König, Bonn; Leon Baert, Institut Royal des Sciences, Brüssel (IRSB); Z. Kaszab und O. Merkl, Termeszettudomanyi Muzeum, Budapest (TMB); Jennifer A. Clack, University Museum of Zoology, Cambridge (MZC); Hans und Angela Mühle, Cyangugu-Rwanda (jetzt München); Ole Lomholdt, Zoologisk Museum, Kopenhaben (ZMK); R. D. Pope, British Museum, Natural History, London (BMNH); Gerhard Scherer, Zoologische Staatssammlung, München (ZSM) und Museum Frey (MF); M. C. Birch, Hope Department, Oxford (HDO), Nicole Berti, Musée National d'Histoire Naturelle, Paris (MP); Sebastian Endrödy-Younga, Transvaal Museum, Pretoria (TMP); Ralph Oberprieler, National Coll. of Insects, Pretoria (NCIP), P. I. Persson, Naturhistoriska Riksmuseet, Stockholm (NRS); I. Decelle, Musée Royal de l'Afrique Centrale, Tervuren (MRAC).
Die Belegstücke der Ausbeuten Klapperich und Mühle finden sich in meiner Sammlung (CF). Für die Überlassung dieser wichtigen Ausbeuten sei hier nochmals herzlich gedankt.

Literatur

Alves, M. L. G., Raimundo, A. A. C. 1971: Coccinellideos do Timor Portugués. – Garcia de Orta, Lisboa 19 (1–4), 37–50.
Bielawski, R. 1957: Coccinellidae von Ceylon. – Verh. Naturf. Ges. Basel 68 (1), 72–96.
–– 1959: Coccinellidae von Sumba, Sumbawa, Flores, Timor und Bali. – Verh. Naturf. Ges. Basel 69, No. 2, 145–166.
–– 1962: Materialien zur Kenntnis der Coccinellidae. – Ann. Zool. 20 (10), 193–205.

BLACKBURN, B. 1889: Further notes on Australian Coleoptera with description of new species. – Trans. R. Soc. Aust. 11, 175–214.

BRETHES, J. 1923: Note sur un genre et un espèce de Coccinellides australiens passé inapercus. – Bull. Soc. Entomol. Fr., 227–229.

CAPRA, F. 1925: Appunti sistematici sui Coccinellidi. – Boll. Soc. Entomol. Ital. 17 (9–10), 136–139.

– – 1934: Coccinellidae. – In PAOLI, G.: Prodromo di Entomol. Agrar. della Somalia Ital., 269–285.

– – 1940: Coleoptera Coccinellidae. – In: Missione Biol. nel Paese dei Borana Vol. 2, (1) 1–23.

CASEY, T. L. 1899: A revision of the American Coccinellidae. – Append. I. J. New York Entomol. Soc. 7, 163–168.

CHEVROLAT, L. A. 1837: In: DEJEAN, P. F., Cat. des Coléopt. de la Collect. de M. le Comte DEJEAN. ed. 3. Paris, 456–462.

CROTCH, G. R. 1874: A Revision of the Coleopterous Family Coccinellidae. – London. 311 S.

ERICHSON, W. F. 1843: Beitrag zur Insekten-Fauna von Angola. – Arch. Naturgesch. 9 (1), 199–267.

FABRICIUS, J. C. 1792: Entomologia Systematica. – Hafniae.

FAIRMAIRE, L. 1893: Coléoptères des Iles Comoru. – Ann. Soc. Entomol. Belg., 521–555.

FÜRSCH, H. 1960a: Coccinellidae. In Mission Zool. de L'I.R.S.A.C. en Afr. orient. – Ann. Mus. Congo. Tervuren, in –8°, Zool. 81, 251–312.

– – 1961a: Ein Beitrag zur Kenntnis der afrikanischen Coccinellini. – Entomol. Abh. Mus. Tierkd. Dresden, 26, Nr. 8, 63–96.

– – 1961b: Coccinellidenausbeute aus Portugisisch Guinea aus dem Museo Entomologico del Pontifico Instituto Missioni estere. – Boll. Soc. Entomol. Ital. Vol. 12, N. 1–2, 27–29.

– – 1961d: Neue afrikanische Coccinellidae. – Rev. Zool. Bot. Afr. 58, 1–2, 145–157.

– – 1964d: Neue Gesichtspunkte zur Beurteilung des Gattungsnamens Micraspis DEJEAN. – NachrBl. bayer. Ent. 13 (7), 70–72.

– – 1967: Coléopteres Coccinellidae. In: Contrib. à la faune du Congo. – Bull. de L'I.F.A.N. XXIX sér. A (3), 1278–1286.

– – 1968: XVII Coleoptera, Coccinellidae. In: Contributions a la Connaissance de la Faune entomologique de la Côte d'Ivoire. – Ann. Mus. Roy. Afr. Centr., IN 8°, Zool. 165, 233–246.

– – 1969: XVI Coleoptera Coccinellidae. In: Le Parc National du Niokolo-Koba, Fascicule III. – Mém. de L'I.F.A.N., 285–286.

– – 1970: Coccinellidae aus Brazzaville-Congo. – Opusc. Zool. Budapest 10 (1), 83–104.

– – 1971a: Coleoptères, Coccinellidae. In: Contribution à l'étude biologique de Sénégal Septentrional. XI. – Bull. de L'I.F.A.N. T. XXXIII, Sér. A (3), 651–654.

– – 1971b: Coleoptera aus Nordostafrika. – Not. Entomol. 51, 45–58.

– – 1975: Coleoptera, Coccinellidae. In: Mission entomologique du Musée Royal de l'Afrique Centrale aux Monts Uluguru, Tanzanie. – Rev. Zool. Afr. 89 (3), 723–731.

– – 1979: Insects of Saudi Arabia. Coleoptera: Fam. Coccinellidae. – In: WITTMER, W. et al. 1979: Fauna of Saudi Arabia Vol. 1. Basel, 235–248.

GEMMINGER & HAROLD, B. de 1876: Catalogus Coleopterorum, München (12), 3740–3818.

GERSTAECKER, A. 1862: In: PETERS, W. C. H.: Naturwissenschaftliche Reise nach Mossambique, Berlin G. REIMER, 347–348.

– – 1871: Beitrag zur Insektenfauna von Zanzibar. – Arch. Naturgesch., 345–348.

– – 1873: Coccinellina. – In: C. von DECKEN's Reise in Ost-Afrika III, 2, 292–307.

GOLDFUSS, G. A. 1805: Enumeratio insectorum eleutherorum. Erlangen, 44 S.

GRANDI, G. 1914: Descrizione di un nuovo Coccinellide africano Serangium Giffardi n. sp. – Boll. Lab. Agr. Portici 8, 165–178.

HOPE, F. W. 1840: The Coleopterists Manual 3.

IABLOKOFF-KHNZORIAN, S. M. 1979: Genera der palaearktischen Coccinellini. – Entomol. Bl. 75 (1–2), 37–75.

– – 1982: Les Coccinelles, Paris, 568 S.

– – 1984: Revision der Gattung Lioadalia. – Entomol. Bl. 80 (2–3), 123–132.

KAPUR, A. P. 1949: On the old world species of the genus Stethorus WEISE. – Bull. Entomol. Res. Vol. 39, 297–320.

– – 1959: Coleoptera: Coccinellidae. – In: British Museum Expedition to South-West Arabia, 276–297.

KORSCHEFSKY, R. 1931–32: Coleopterorum Catalogus pars 120, Berlin, 659 S.

– – 1947: Beiträge zur Kenntnis der Insektenfauna des ehemaligen Deutsch-Ostafrikas, insbesondere des Matengo-Hochlandes. 6. Coccinellidae. – Ann. Naturhist.-Mus. Wien 55, 173–176.

MADER, L. 1926–37: Evidenz der palaearktischen Coccinelliden... Wien. 412 S.

– – 1941: Coccinellidae. – In: Exploration du Parc National Albert Fasc. 34, 1–208.

– – 1950: Coccinellidae II. – In: Exploration du Parc National Albert. Fasc. 34, Bruxelles. 134 S.

– – 1952: Bekannte und nue Coccinellidae aus Angola. – Subsidio para o estudo da Biol. na Lunda. Biamang No. 14, Lisboa, 121–128.

– – 1954: Coccinellidae III. – In: Exploration du Parc National Albert. Fasc. 80, 1–206.

– – 1955 a: Westafrikanische Coccinellidae. – Bull. de L'I.F.A.N. T. 17, Sér. A, n° 1, 147–160.

– – 1955 b: Coccinellidae. – In: Contributions à l'étude de la faune entomologique du Ruanda-Urundi, 154–170.

– – 1957: Coccinellidae. – In: Parc National de l'Upemba I, Mission G. F. de WITTE.-Fasc. 46 (1), 1–40.

MULSANT, M. E. 1850: Species des Coléoptères Trimères Sècuripalpes. – Lyon, 1104 S.

– – 1866: Monographie des Coccinellides. – Lyon, 292 S.

OLIVIER, M. 1791: Encyclopedie Methodique. – Paris. Tom. 6, 56–85.

– – 1808: Entomologie 6, 985–1061.

POPE, R. D. 1965: Coleoptera Coccinellidae collected by J. Mateu at Ennedi and Mauretania. – Bull. de L'I.F.A.N. 27, Sér. A (1), 191–195.

RAIMUNDO, A. A. C., ALVES, M. L. G. 1978: Contribuicao para o contrecimento des coccinellideos de Angola. – I. Garcia de Orta, Lisboa 7 (1–2), 23–40.

– – 1980: Contribuicao para o contrecimento des coccinellideos de Angola. – II Garcia de Orta, Lisboa 9 (1–2), 52–60.

REICHE, L. J. 1847: Famille des Sécuripalpes. – In: Ferret et Galinier voyage an Abyssinie, Paris, 409–419, Pl. 26.

SCHÖNHERR, C. J. 1808: Synonymia insectorum II, 151–209.

SICARD, A. 1909: Revision des Coccinellides de la faune malgache. – Ann. Soc. entomol. Fr., 63–165.

– – 1929: Coccinellides. – In: Voyage au Congo de S.A.R. le Prince Léopold de Belgique. – Rev. Zool. Bot. Africaines, 170–174.

– – 1930 a: Etude sur les Coccinellides du Congo Belge. – Rev. Zool. Bot. Afr. 19 (1), 56–78.

– – 1930 b: Etude sur les Coccinellides receullis par M. Guy Babault en Afrique orientale anglaise. – Bull. Mus. 2. Ser. (2) No. 4, 393–404.

THUNBERG, C. P. 1781: Novae insectorum species, 11–24.

– – 1818: Coleoptera capensis, 362–372.

WEISE, J. 1885: Bestimmungstabellen II ed. 2, 83 S.

– – 1888: Über Coccinellen aus Afrika, hauptsächlich von Herrn Major v. MECHOW gesammelt. – Dtsch. Entomol. Z. 32 (1), 81–96.

– – 1889: Verzeichnis von Coccinelliden aus West-Afrika. – Ann. Soc. Entomol. Belg. 42, 520–525.

– – 1895: Neue Coccinelliden, sowie Bemerkungen zu bekannten Arten. – Ann. Soc. Entomol. Belg. 39, 120–154.

– – 1898:: Coccinelliden aus Kamerun. – Dtsch. Entomol. Z. 1, 97–128, Tafel I.

– – 1905: Neue afrikanische Chrysomeliden und Coccinelliden. – Dtsch. Entomol. Z. 1, 46–54.

– – 1907: Neue Chrysomeliden und Coccinelliden von der Ausbeute der Herren Oskar NEUMANN und Baron von ERLANGER in Abyssinien. – Arch. Naturgesch. 73 (1–2), 226–232.

– – 1909: 12. Coccinellidae. – In: Wissenschaftliche Ergebnisse der Schwedischen Zoologischen Expedition nach dem Kilimandjaro, dem Meru … Stockholm, 248–265.

– – 1910: Coccinellidae von Madagaskar, den Comoren und den Inseln Ostafrikas. – In: VOELTZKOW, Reise in Ostafrika in den Jahren 1903–1905 (2), 507–520.

– – 1913: Coccinelliden aus Westafrika. – Boll. Lab. Zool. Agr. Portici 7, 221–226.

– – 1925: XXIII Coleoptera B. Chrysomelidae et Coccinellidae. – In: Wissenschaftliche Ergebnisse der Expedition nach dem Anglo-Ägyptischen Sudan (Kordofan) 1914. – Denkschr. Akad. Wiss. Wien, 223–228.

ZIMSEN, E. 1964: The type material of I. C. FABRICIUS. – Munksgard.

Anschrift des Verfassers:
Prof. Dr. Helmut FÜRSCH, Universität Passau
Postfach 25 40, D-8390 Passau

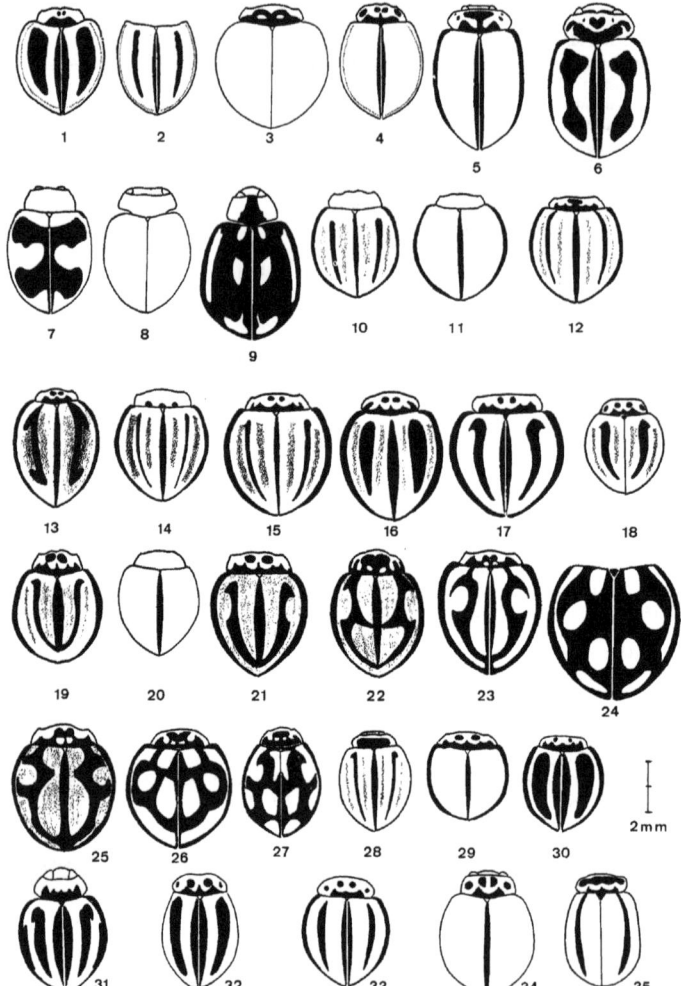

Tafel 1: 1 *Micraspis lineata:* Cap; 2 *Coccinella striata:* Holotypus; 3 *M. amoenula:* Lectotypus; 4 *Micraspis nuda:* Paratypus; 5 *M. sicardi:* Paratypus; 6 *Xanthadalia effusa gabunensis:* Bokuma; 7 id.: PNU; 8 *X. e. rufescens:* Senegal; 9 *X. neumanni:* Lectotypus; 10, 11 *Declivitata kibonotensis:* Paratypen; 12 *D. larvalis:* cum typo comparatum; 13 *D. uncifera:* Paratypus; 14 id.: Gbadolite (Zaire); 15 *D. olivieri:* cum typo comparatum; 16 id.: Paratypus der forma *lugubris;* 17 *D. hamata hamata:* Guinea Bissau; 18 *D. hamata pygmaea:* Holotypus; 19 *D. usambarica usambarica:* Kwai; 20 id.: *D. usambarica upembaensis:* Paratypus; 21 *D. u. usambarica:* Lectotypus der forma *apicalis;* 22 *D. u. ererensis:* Paratypus, gleicht forma *dorsalis;* 23 *D. inclusa:* Lectotypus; 24 *D. annulata:* Lectotypus; 25 *D. bigata:* Lectotypus; 26 *D. alvesae:* Holotypus; 27 *D. bohemani:* Holotypus; 28 *D. trilineata:* Paratypus; 29 *D. kwaiensis:* Lectotypus; 30 id.: PNG; 31 *Micraspis comma:* Cape Province; 32 *M. trivittata:* Holotypus; 33 *D. trilineatoides:* Paratypus; 34 id.: Paratypus von *Alesia difficilis;* 35 *M. weisei:* Holotypus.

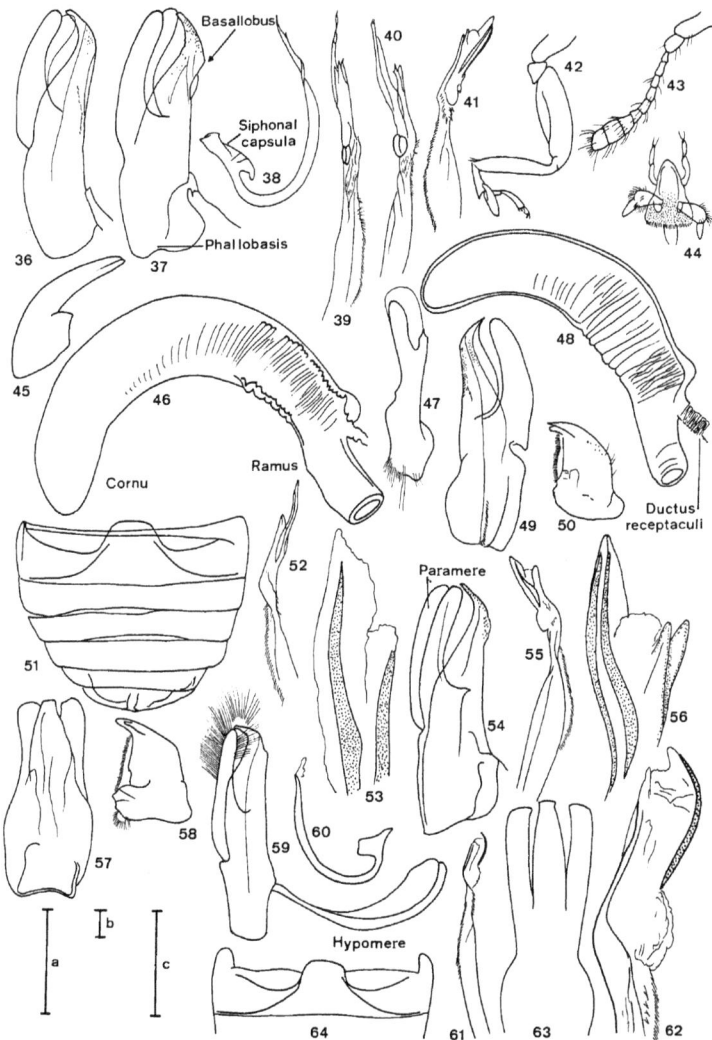

Tafel 2: 36–48 *Micraspis lineata:* 36 Tegmen: Cap (b), Paramerenborsten in fast allen Fig. weggelassen; 37 id: Bali (b); 38 Sipho: Cap (a); 39 Sipho von 38 (b); 40 Siphospitze von 37 (b); 41 Siphospitze: Irian (b); 42 Vorderbein: Sumatra (a); 43 Fühler: Irian (b); 44 Labium: Irian (b); 45 Klaue: Irian (c); 46 Spermatheca: Guinée (c); 47 Genitalplatte: Guinée (b); 48 Spermatheca: Bali (c). – 49–50 *Micraspis discolor:* 49 Tegmen: Bali (b); 50 Mandibel: Bali (b). – 51–54 *Micraspis inops:* 51 Abdomen: Bengalen (a); 52 Siphospitze: Bengalen (b); 53 Siphospitze: Nepal (c); 54 Tegmen: Bali (b). – 55–58 *Micraspis frenata:* 55 Siphospitze: Sydney (b); 56 id. (c); 57 Tegmen ventral von 55 (b); 58 Mandibel von 55 (b). – 59–64 *Micraspis amoenula:* 59 Tegmen: Tana (b); 60 Sipho: Tana (a) 61 Siphospitze; Tana (b); 62 id. (c); 63 Tegmen ventral: Urwald Beni (b); 64 1. Abdominalsternit: Urwald Beni (a). a = 0,1 mm; b, c = 0,01 mm.

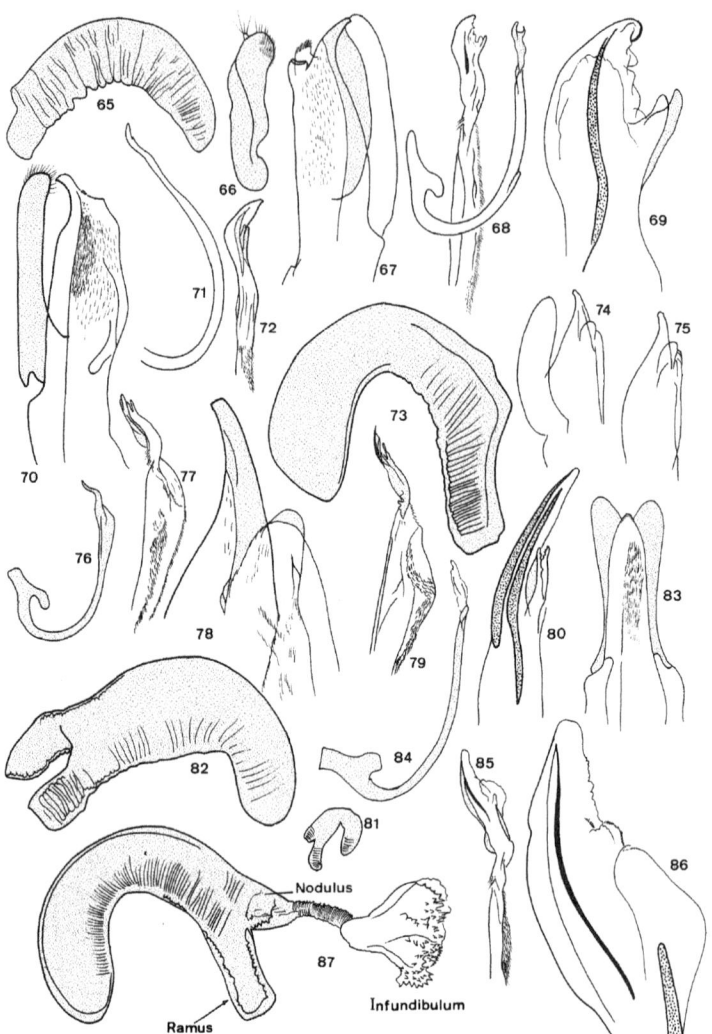

Tafel 3: 65−66 *Micraspis amoenula:* Dar es Salaam 65 Spermatheca (c); 66 Genitalplatte (b). − 67−69 *Micraspis nuda:* Paratypus 67 Tegmen (b); 68 Sipho (a + b); 69 Siphospitze (c). − 70−73 *Micraspis sicardi:* Paratypen 70 Tegmen (b); 71 Sipho (a); 72 id. (b); Spermatheca (c). − 74−78 *Micraspis comma:* Südafrika 74 Tegmen etwas schräg dorsal (b); 75 Basallobus etwas schräg dorsal (b); 76 Sipho (a); 77 id. (b); 78 Spitze des Basallobus (c). − 79−81 *Micraspis trivittata:* Tigre 79 Siphospitze (b); 80 id. (c); 81 Spermatheca (b). − 82 *Micraspis weisei* Holotypus: Spermatheca. − 83−87 *Xanthadalia effusa effusa:* SW Afrika 83 Tegmen von dorsal (b); 84 Sipho (a); 85 id. (b); 86 id. (c); 87 Spermatheca (c).

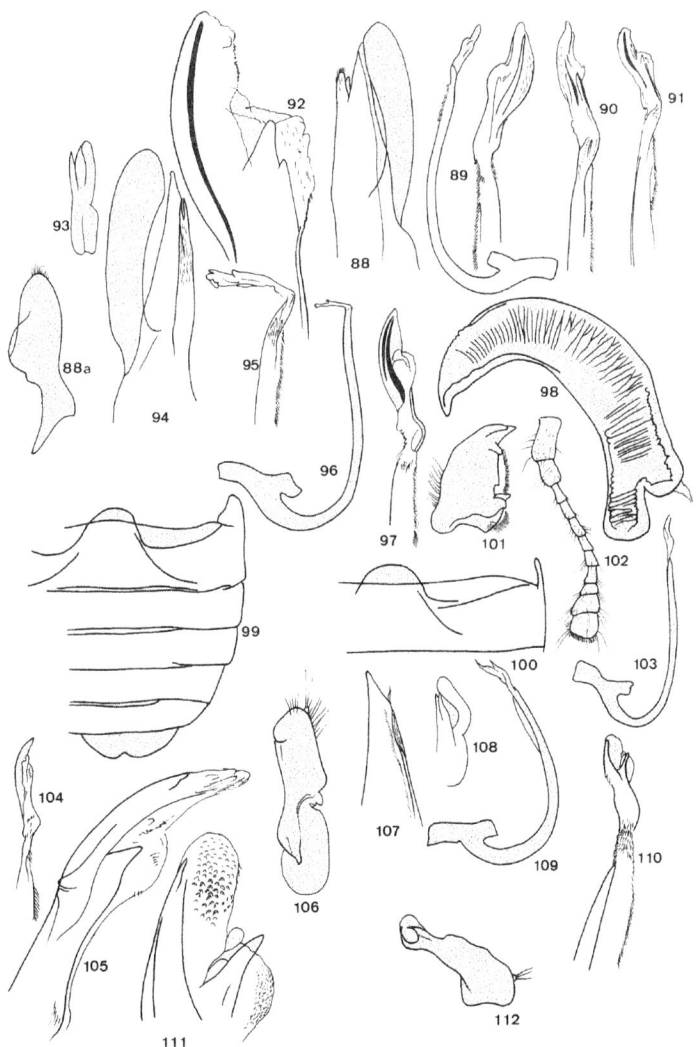

Tafel 4: 88–90 *Xanthadalia e. gabunensis:* Equateur 88 Tegmen lateral (b); 88 b Genitalplatte (b); 89 Sipho (a und b); 90 id. (b). – 91–93: *Xanthadalia e. bifasciata:* Lectotypus 91 Sipho (b); 92 id. (c); 93 Tegmen lateral (a). – 94–107 *Xanthadalia e. rufescens* 94 Tegmen nicht ganz lateral um die Spitzen des Dorsalsackes sichtbar zu machen: Tschad (b); 95 Sipho: Tschad (b); 96 id.: Tschad (a); 97 id.: Uelle (b); 98 Spermatheca: Gambia (c); 99 Abdomen: Tschad (a); 100 id.; 101 Mandibel: id. (b); 102 Fühler: id. (b); 103 Sipho: id. (a); 104 id. (b); 105 id. (c); 106 Genitalplatte: id. (b); 107 Basallobus: id. (b). – 108–111 *Xanthadalia neumanni:* Paralectotypus 108 Tegmen lateral (a); 109 Sipho (a); 110 id. (b); 111 id. (c); 112 *Xanthadalia neumanni:* Beda Kessa, Genitalplatte (b)

Tafel 5: 113 *Xanthadalia neumanni*: Beda Kessa, Spermatheca (c). – 114–125 *Declivitata kibonotensis:* Paratypen 114 Aedeagus (a); 115 Tegmen mit behaartem Dorsalsack (b); 116 Siphospitze (b); 117 Tegmen schräg dorsal (b); 118 Lobusspitze (c); 119 Mandibula (b); 120 Klaue (c); 121 Vorderbein (a); 122 Labium (b); 123 Fühler (b); 124 Siphospitze eines Paratypoids der forma inornata (b); 125 Spermatheca (c); 126–129 *Declivitata uncifera:* 126 Tegmen ventral: PNG (b); 127 Sipho: PNG (b); 128 id. (c); 129 Siphospitze eines anderen Expl. (c). – 130–138 *Declivitata olivieri* 130 Tegmen: Tsaneen (b); 131 Sipho: Paratypus der forma lugubris (a); 132 id. (b); 133 Siphospitze: Tabora (b); 134 Tegmen: Umzinta (b); 135 Siphospitze: Mkuzi (b); 136 id.: Tsaneen (b); 137 id.: Umzinta (b); 138 id. (c). – 139–140 *Declivitata h. hamata:* Guinea Bissau 139 Aedeagus (a); 140 Basallobus (b).

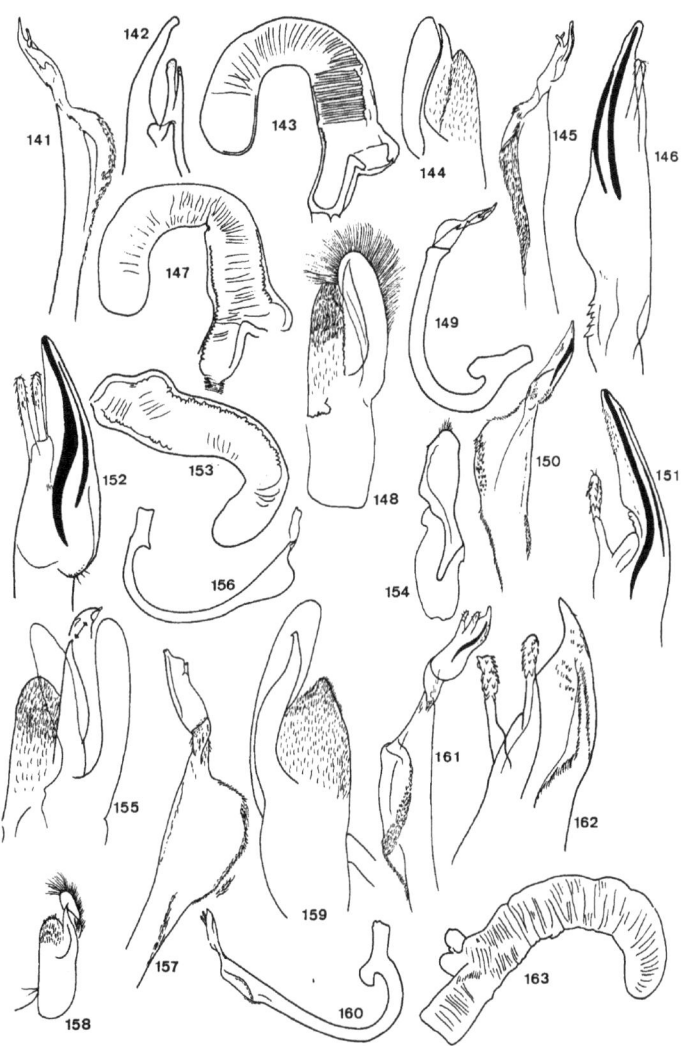

Tafel 6: 141–143 *Declivitata h. hamata*: Guinea Bissau 141 Siphospitze (b); 142 id. (c); 143 Spermatheca (c). – 144–147 *Declivitata h. pygmaea*: Holotypus 144 Tegmen lateral (b); 145 Siphospitze (b); 146 id. eines Paratypoids (c); 147 Spermatheca (c). – 148–151 *Declivitata u. usambarica*: Paratypen 148 Tegmen (b); 149 Sipho (a); 150 id. (b); 151 id. (c). – 152 *Declivitata u. upembaensis*: Paratypen, Siphospitze (c). – 153–154 *Declivitata u. usambarica*: Mt. Elgon 153 Spermatheca (c); 154 Genitalplatte (b). – 155–157 *Declivitata inclusa*: cum Lectotypo comp. 155 Tegmen (b) schräg dorsal, distale Paramere dünner gezeichnet und darüber Lobusspitze (c); 156 Sipho (a); 157 id. (b) daneben Borsten (c). – 158–163 *Declivitata annulata*: Harrar 158 Tegmen (a); 159 id. (b); 160 Sipho (a); 161 id. (b); 162 Sipho (c); 163 Spermatheca (c).

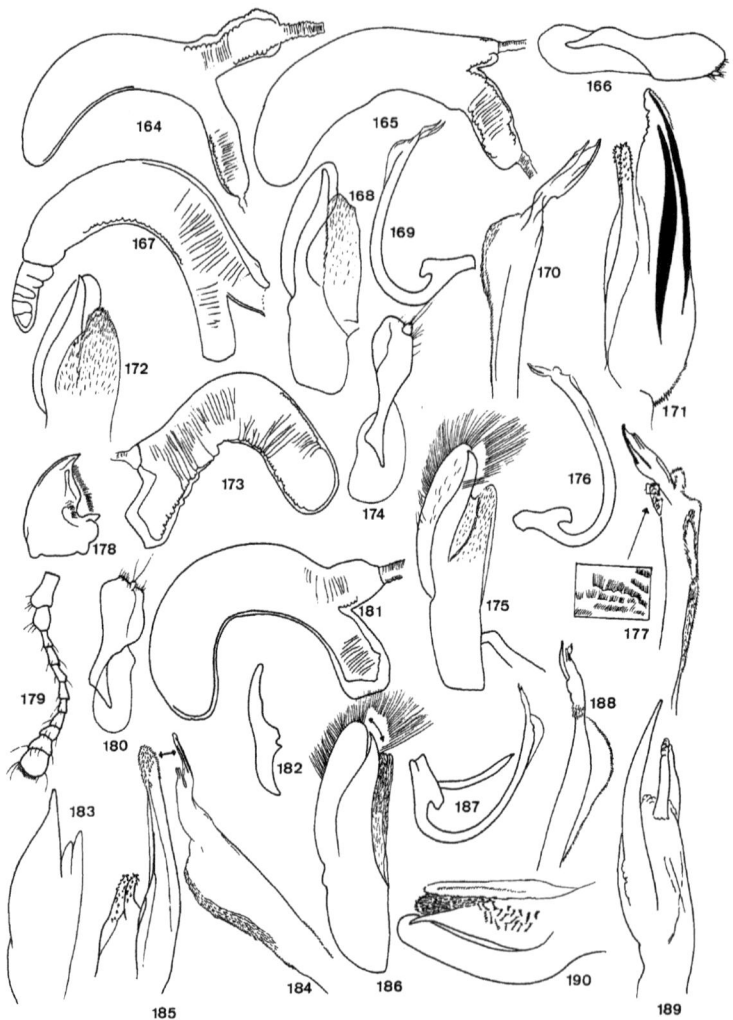

Tafel 7: 164—166 *Declivitata bigata* 164 Spermatheca: Lectotypus (c); 165 id.: cum Lectotypo comp. Bir-Bir (c); 166 Spermatheca von 165 (b). — 167 *Declivitata alvesae:* Holotypus, Spermatheca (c). — 168—174 *Declivitata bohemani:* Natal 168 Tegmen (b); 169 Sipho (a); 170 Siphospitze (b); 171 id. (c); 172 Tegmen eines anderen Expl. (b); 173 Spermatheca (c); 174 Genitalplatte (b). — 175—180 *Declivitata trilineata:* Paralectotypen 175 Tegmen (b); 176 Sipho (a); 177 Siphospitze (b); daneben kammartige Borstenanordnung (c); 178 Mandibula (b); 179 Fühler (b); 180 Genitalplatte (b). — 181—189 *Declivitata kwaiensis* 181 Spermatheca: PNG (c); 182 Genitalplatte: PNG (b); 183 Tegmen: Lectotypus (b); 184 Siphospitze: Lectotypus (b); 185 id. (c); 186 Tegmen: PNG (b); 187 Sipho: PNG (a); 188 id. (b); 189 id. (c). — 190 *Declivitata trilineatoides:* Paratypus, Tegmen (b).

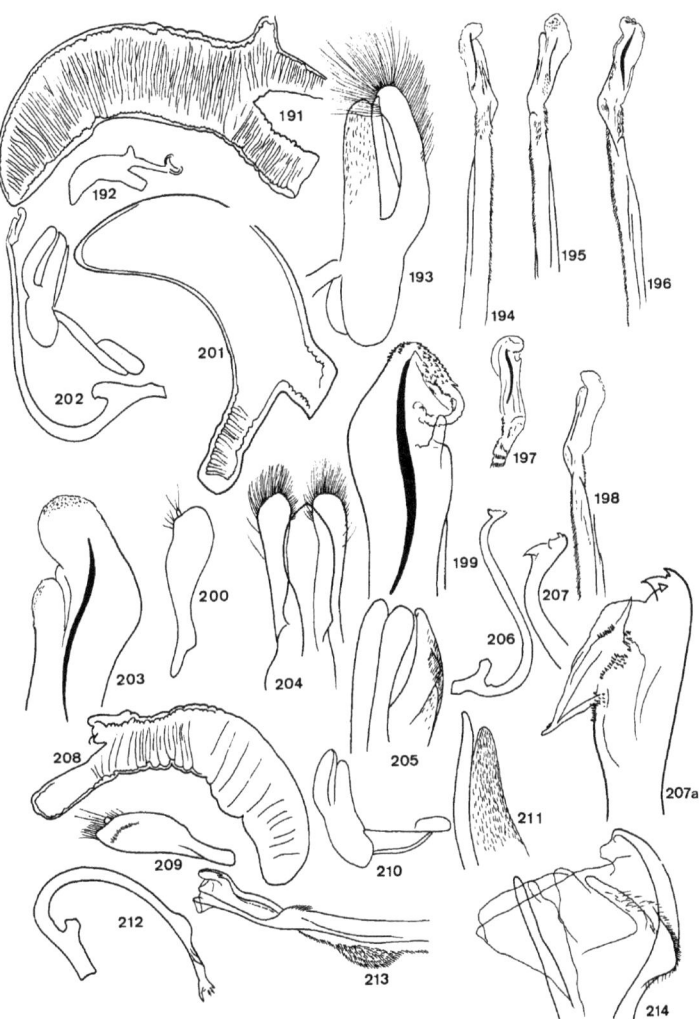

Tafel 8: 191–203 *Declivitata trilineatoides:* Paratypen 191 Spermatheca: Ruanda (c); 192 id. mit lufundibulum (b); 193 Tegmen: Paratypus (Mulea) (b); 194 Siphospitze: Paratypus (b); 195, 196 id. 197, 198 Siphospitzen von Paratypen von *Alesia difficilis* (b); 199 Siphospitze: Paratypus (Ruanda) (c); 200 Genitalplatte: Paratypus *(Alesia difficilis)* (b); 201 Spermatheca: Paratypus (c); 202 Aedeagus: Paratypus (a); 203 Siphospitze: Paratypus *(Alesia difficilis)* (c). – 204–209 *Declivitata angolensis:* Paratypen 204 Tegmen ventral (b); 205 id. schräg lateral (b); 206 Sipho (a); 207 Siphospitze (b) 207a id. (c); 208 Spermatheca (c); 209 Genitalplatte (b). – 210–214 *Declivitata exsanquis:* Paratypus 210 Tegmen (a); 211 id. (b); 212 Sipho (a); 213 Siphospitze (b); 214 id. (c).

Buchbesprechungen

SAUER, F.: Fliegen und Mücken nach Farbfotos erkannt. – Fauna Verlag, Karlsfeld, 1987. 123 S. (1)

„SAUERs Naturführer" dürften inzwischen eine weite Verbreitung erlangt haben und sind zumindest dem interessierten Entomologen nicht unbekannt, publiziert doch der Autor und Fotograf Aufnahmen von Tieren (meist Insekten, aber auch Spinnen, Vögel, Tiere und Pflanzen im Wassertropfen), die nicht alltäglich sind. Ganz in diesem Sinne ist auch das Büchlein „Fliegen und Mücken" zu sehen, handelt es sich doch – vom populärwissenschaftlichen Standpunkt aus betrachtet – um recht „unattraktive" Insekten, bei denen man zuerst an „Fliegenpatscher" und „Autan" denkt. Man kann also den Verdienst gar nicht hoch genug einschätzen, ein solches Buch (mit wohl – leider – geringen Absatzchancen) auf den Markt zu bringen. „Leider" deshalb, weil die Insektenordnung Diptera oder Zweiflügler eine der am höchsten entwickelten und auch der erfolgreichsten Insektenordnungen ist. Des weiteren handelt es sich – mit dem „richtigen Auge" betrachtet – um ausgesprochen faszinierende Tiere, die nahezu alle Lebensräume und Nahrungsquellen erschlossen haben. Viele von ihnen sind sehr schön (z. B. Schweb-, Waffenfliegen), andere bizarr (z. B. Schnaken, Tanzfliegen), einige aber auch für den Menschen sehr unangenehm (Bremsen, Stechmücken). In diesem Buch werden aber nicht nur Imagines, sondern auch ein paar Larven, Puppen und Fraßminen dargestellt.

Leider ist der Farbdruck manchmal sehr schlecht (die Stechmücke *Aedes geniculatus* scheint auf einer „Rothaut" zu sitzen), einige Farbseiten sind „verdruckt" = unscharf (z. B. S. 27, 85), bei anderen entsprechen die Texte nicht dem Abbildungsschema (verwechselt sind z. B. S. 34 oben, S. 112 rechts: mitte und unten), die Schwarz-Weiß-Tafel auf S. 25 ist absolut zu dunkel (oder hätte sie vielleicht farbig sein sollen) und die Seitenzahl von S. 118 steht in Spiegelschrift. Des weiteren ist die Nomenklatur vielfach veraltet: z. B. *Corethra* = *Chaoborus!*, *Pentaurista* = *Trichocera!*, *Flabellifera* = *Ctenophora!* Zwei Fehlbestimmungen seien nur beispielhaft herausgegriffen: Auf S. 37 handelt es sich nicht um *Tabanus bovinus*, und auf S. 89 nicht um *Musca autumnalis!*. Einige durchaus wichtige Familien wie Chironomidae, Mycetophilidae, Blepharoceridae, Dixidae und Trypetidae sind nicht als Imagines dargestellt. Natürlich muß man eine Auswahl treffen, aber gerade die Chironomiden gehören zu den erfolgreichsten und wichtigsten Besiedlern (als Larven) stehender und fließender Gewässer und hätten bildlich berücksichtigt werden müssen.

Achten Sie beim Kauf auch auf Vollständigkeit des Buches, beim vorliegenden Rezensionsexemplar fehlen die Seiten 63–83! Abschließend muß bei den Texten bemängelt werden, daß kein einheitliches System vorliegt; mal steht der Deutsche Name, mal der Lateinische an erster Stelle.

Summa summarum liegt hier ein Büchlein vor, das eine ganz gute Einführung in die Insektenordnung der Zweiflügler bietet, aber auf der anderen Seite unter einer sehr „unordentlichen" Aufmachung leidet. Bleibt zu hoffen, daß bei einer evtl. 2. Auflage diese Unebenheiten ausgemerzt werden.   R. GERSTMEIER

WUNDERLICH, J.: Spinnenfauna gestern und heute. Fossile Spinnen in Bernstein und ihre heute lebenden Verwandten. – Erich Bauer Verlag bei Quelle & Meyer, Wiesbaden, 1986. 283 pp., 369 teils farbige Abb. (2)

Dies ist der erste Band einer dreiteiligen Serie über fossile Spinnen aus dem Baltischen und Dominikanischen Bernstein. Während die beiden folgenden Bände der Beschreibung neuer Arten vorbehalten sein sollen, ist der erste Teil als Einleitung gedacht, dient aber zugleich auch der Diskussion der Ergebnisse. Das Werk ist sehr materialreich und reich bebildert. Die 5 Abschnitte sind jedoch sehr heterogen und folgen nur teilweise einem organischen Aufbau, so daß es einigermaßen schwierig ist, das Buch zu lesen und den verschiedenen Gedankengängen des Autors zu folgen.

Die wenig befriedigende Konzeption des Buches und der sehr ungleiche Kenntnisstand bei den einzelnen Familien machen doch deutlich, daß es, zumindest für abschließende Beurteilungen, wie sie in mehreren Fällen vom Verfasser abgegeben werden, beim gegenwärtigen Stand der Kenntnis noch zu früh ist. Es scheint einmal mehr ein Fall vorzuliegen, bei dem die gründliche Aufarbeitung der Grundlagen dem Autor nicht gelang, so daß verfrühte Folgerungen gezogen werden, die insgesamt den Wert der Arbeit mindern. So kann der Band nur eingeschränkt empfohlen werden, und zwar als Nachschlagewerk über den heutigen Kenntnisstand bei den fossilen Spinnen. Die zahlreichen Folgerungen des Autors sollten aber noch mit Zurückhaltung betrachtet werden.   M. BAEHR

| Mitt. Münch. Ent. Ges. | 77 | 33–49 | München, 1. 12. 1987 | ISSN 0340–4943 |

Revision der Hypophloeini der aethiopischen Region

(Coleoptera, Tenebrionidae)

II. Anmerkungen zu und Neubeschreibungen von *Corticeus*-Arten der madagassischen Subregion

Von Hans J. BREMER

Abstract

Corticeus material of the Malgassian region from the Paris Museum contained 4 new species: *Corticeus camelopardalis* sp. n., *Corticeus atalante* sp. n., *Corticeus dryas* sp. n., and *Corticeus vitiosus* sp. n. *Corticeus cephalotes* GEBIEN, known from the Oriental region, was found on the Comores. Because the types of *Corticeus subalutaceus* PIC contained two different species, a lectotype of *Corticeus subalutaceus* PIC was labelled. Then, *Corticeus radamai* BREMER, 1985 is a junior synonym of *Corticeus subalutaceus* PIC, 1924. – A key for the 20 different species and subspecies of *Corticeus* from the Malgassian region is given.

Einleitung

Nach der Publikation meiner Revision der Arten des Genus *Corticeus* PILLER & MITTERP. (= *Hypophloeus* Fahr.) der madagassischen Subregion erhielt ich aus dem Museum Paris die Typen von *Hypophloeus subalutaceus* PIC, 1924 sowie weiteres unbestimmtes Material aus dieser Region. *Corticeus subalutaceus* PIC mußte damals bei der Bearbeitung unberücksichtigt bleiben, weil die Typen nicht gefunden werden konnten.

Bei der Bearbeitung dieses neuen Materials ergab sich, daß vier neue Arten zu beschreiben sind, daß eine von mir beschriebene Art mit *Corticeus subalutaceus* Pic zu synonymisieren ist, daß eine aus der orientalischen Region bekannte Art wahrscheinlich auch auf den Comoren vorkommt und daß zusätzliche Angaben zu bekannten Arten gemacht werden können. Mit den Neubeschreibungen erhöht sich die Zahl der aus dieser Subregion bekannten *Corticeus*-Taxa auf 19 Arten und 1 Unterart. *Corticeus longevittatus* FAIRMAIRE bleibt weiterhin unberücksichtigt, weil der Typus dieser Art bisher nicht auffindbar war. Eine revidierte Bestimmungstabelle der *Corticeus*-Arten der madagassischen Subregion wird gegeben.

Liste der neu hinzugekommenen Corticeus-Arten aus dem Museum Paris und der neu hinzukommenden Fundorte

Corticeus ebeninus FAIRMAIRE

1 ♂; Grande Comore, L. Humblot 1884; Museum Paris: Länge 6,01 mm; Breite 1,42 mm. Relation der Halsschildlänge zur Halsschildbreite wie 1,50: 1; Relation der Flügeldeckenlänge zur Halsschildlänge wie 1,98: 1.

Corticeus girardi BREMER

3 ♂♂, 1 ♀. Iles Comores, L. Humblot 1885–1886, Museum Paris. ♂♂ dieser Art waren bisher nicht bekannt; deshalb gebe ich einige zusätzliche Angaben: Die ♂♂ weisen ein Feld langer Haare auf dem Prosternum vor den Hüften und ein eng und kurz behaartes Metasternum auf. Beides fehlt den ♀♀. Der Aedoeagus hat eine ähnliche Form wie der von *Corticeus ebeninus* FAIRMAIRE, der ebenfalls auf den Comoren vorkommt.

Corticeus subalutaceus PIC, 1924 = *C. radamai* BREMER, 1985, syn. n.

Bei den als „Typus" von *Hypophloeus subalutaceus* PIC bezeichneten Tieren handelt es sich um 2 Exemplare, die auf 2 Plättchen an einer Nadel befestigt waren. Beide gehören zu verschiedenen Arten. Eines der Tiere ist identisch mit *Corticeus validus* FAIRMAIRE, 1893, das andere mit *Corticeus radamai* BREMER, 1985. Die Beschreibung von Pic gibt keinen Hinweis auf die Charakteristika, die beide Arten trennen. Ich habe das Tier, das *Corticeus radamai* BREMER entspricht, als Lectotypus von *Corticeus subalutaceus* PIC ausgezeichnet. Damit ist *Corticeus radamai* BREMER synonym zu *Corticeus subalutaceus* PIC zu stellen. Eine Beschreibung von *Corticeus subalutaceus* PIC zu geben, erübrigt sich, da ich 1985 diese Art ausführlich beschrieben habe.

Der Lectotypus, ein ♀, ist wie folgt beschriftet: „Tananarive; *subalutaceus* n. sp.; type; Museum Paris, Coll. M. Pic". Länge 7,95 mm; Breite 1,88 mm.

Weiteres Material aus dem Museum Paris:

Madagascar, Antsianaka, Perrot Frères, 2ᵉ Semestre 1893 (1 Ex.) – Madagascar, Fanovana, Vadon! (1 Ex.) – Madagascar, La Mandraka, Vadon! (1 Ex.) – Museum Paris, Baie d'Antongil, A. Mocquerys, 1898 (1 Ex.) – Madagascar, Rᵒⁿ Maroantsetra, X. 35, Vadon! (1 Ex.) – Museum Paris, Madagascar, Coll. Sicard 1930 (2 Ex.) – Museum Paris, 1920, Coll. Sicard (2 Ex.) – IX. 1952, Ambohitsitondra, Madagascar, Vadon (4 Ex.) – I-51, Ambohitsitondra, Madagascar (1 Ex.) – Avril 1946, Ambodivoangy, Madagascar, Coll. Vadon-Lebis (15 Ex.) – XII. 1968, Montagne d'Ambre, Madagascar Nord, Vadon-Peyrieras (1 Ex.) – Madagascar Tamatave et forêts d'Alahakato, 1ᵉʳ Semestre 1888, Edouard Perrot (1 Ex.) – Madagascar, Forêts de Fito, Perrot Frères, VI–VII. 1897 (1 Ex.).

Corticeus merina BREMER

V. 1948, Vohitsara, Betioky S. Tulear, Madagascar, leg. F. Pierre (1 Ex.) – Museum Paris, Madagascar, Région de l'Androy, Ambovombe, Dʳ J. Decorse 1901, 15 au 30 nov. 00 (1 Ex.).

Corticeus rufosellatus FAIRMAIRE

Museum Paris, Madagascar, Sikora 1893 (10 Ex.) – S. de la baie d'Antongil (2 Ex.) – Museum Paris, Madagascar, Goudot 1834 (2 Ex.) – Madag., Suberbᶦˡᵉ, H. Perrier (1 Ex.) – Madagascar, Collection Le Moult, Mars (1 Ex.) – Madag., Raffray (1 Ex.) – Museum Paris, 1930, Coll. Sicard (1 Ex.) – Museum Paris, Madagascar, Humblot 1885 (2 Ex.) – Tananarivo, Madag. (2 Ex.) – Madagascar, Forêts de Fito, Perrot Frères, VI–VII. 1897 (1 Ex.) – Mahatsinjo, Madagascar (2 Ex.) – XII-1956, Ambodivoangy, Madagascar, leg. Vadon (1 Ex.) – IX. 57, Madagascar, Ambohitsitondra, Coll. Vadon-Lebis (1 Ex.) – IX. 65, Antanambé, Baie d'Antongil, Madagascar, Vadon-Peyrieras (3 Ex.) – Montagne d'Ambre, Madagascar Nord, Vadon & Peyrieras, XII. 1968 (3 Ex.) – Madagascar, Antsianaka, Perrot Frères, 2ᵉ Semestre 1893 (1 Ex.) – Iles Comores, L. Humblot, 1885–1886 (2 Ex.) – Grande Comores, L. Humblot 1884 (2 Ex.).

Corticeus validus FAIRMAIRE

Madagascar, Museum Paris, Tamatave, Mathiaux 1898 (3 Ex.) – Museum Paris, Madagascar, Prov. de Fénérive, Rég. de Soaniérana, A. Mathiaux 1905 (1 Ex.) – Museum Paris, Madagascar, Baie d'Antongil, A. Mocquerys 1898 (1 Ex.) – IX. 51, Madagascar, Ambohitsitondra, Coll. Vadon-Lehis (1 Ex.) – XI. 1949 Ambohitsitondra, Madagascar (1 Ex.) – Madagascar (1 Ex.) – 18. VI. 1967, Périnet, Madagascar Est, Y. Gomy leg. (2 Ex.) – Seranambe, Mananara, 1962/63, Madagascar, Vadon & Peyrieras (1 Ex.) – VIII. 66, Vondrozo, Farafangana Dᶦʳ., Madagascar Est, Vadon & Peyrieras (1 Ex.) – Farafangana Dᶦʳ., Vondrozo, Madagascar Est, Vadon & Peyrieras, VIII. 66 (4 Ex.) – dto, aber II. 66 (2 Ex.) – Museum Paris, Mayotte, Humblot 1885 (1 Ex.) – Iles Comores, L. Humblot 1885–1886 (39 Ex.).

Corticeus nemestrinus BREMER

Ein zweites Exemplar dieser Art, ein ♀, findet sich im Museum Paris, beschriftet: X. 51, Antogonivitsika, Madagascar; Hypophloeus lucens n. sp. (Ardoin's Handschrift). Ihm fehlen die Fühler. Länge 4,79 mm, Breite 1,35 mm. Relation der Halsschildlänge zur Halsschildbreite wie 1,18:1; Verhältnis der Flügeldeckenlänge zur Flügeldeckenbreite wie 2,09:1; Verhältnis der Flügeldeckenlänge zur Halsschildlänge wie 1,98:1. Die Mittelbeine sind vorhanden; sie sind ohne besondere Kennzeichen.

Corticeus cephalotes GEBIEN

Museum Paris, Grande Comore, H. Pobéguin 1899 – Es handelt sich um eine in der orientalischen Region weitverbreitete Art. Ob es sich bei dem mir vorliegenden Tier um ein auf die Comoren eingeschlepptes Tier handelt, ob eine Fundortverwechslung vorliegt oder ob diese Art auf den Comoren heimisch ist, läßt sich zur Zeit nicht sagen. Eine sehr ähnliche Art, *Corticeus slipinskii* sp. n., die im Zusammenhang mit der Revision der Arten des afrikanischen Festlandes beschrieben wird, kommt auf dem afrikanischen Festland vor.

Corticeus angustatus PIC ab. *rubeolus* BREMER

Museum Paris 1930, Coll. Sicard (2 Ex.) – Madagascar, La Mandraka, Vadon (1 Ex.) – Museum Paris, Mt. d'Ambre, Madagascar, Janvier, 1930, Coll. Sicard (1 Ex.).

Corticeus nemosomoides FAIRMAIRE

XII-1956, Ambodivoangy, Madagascar, leg. Vadon (1 Ex.) – V-1952, Tsaramainiandro, Madagascar, leg. Vadon (1 Ex.) – V.1952, Antongoninitsitra, Madagascar, leg. Vadon (1 Ex.) – Museum Paris, Madagascar, Baie d'Antongil, A. Mocquerys 1898 (2 Ex.).

Corticeus ephippiatus GEBIEN

In der Abb. 1 a–c wird der Aedoeagus dieser Art abgebildet. Er hat gewisse Ähnlichkeit mit dem von *C. vadoni* PIC. – Mauritius, Moka, 1949, J. Vinson (2 Ex.) – I. Maurice, D'Emmerez (2 Ex.).

Corticeus vadoni PIC

Die Abb. 2a–c zeigt den Aedoeagus. Diese Art ist *Corticeus camelopardalis* sp. n., die nachfolgend beschrieben wird, sehr ähnlich. – prés Perrieri, Museum Paris, 1930, Coll. Sicard (1 Ex.).

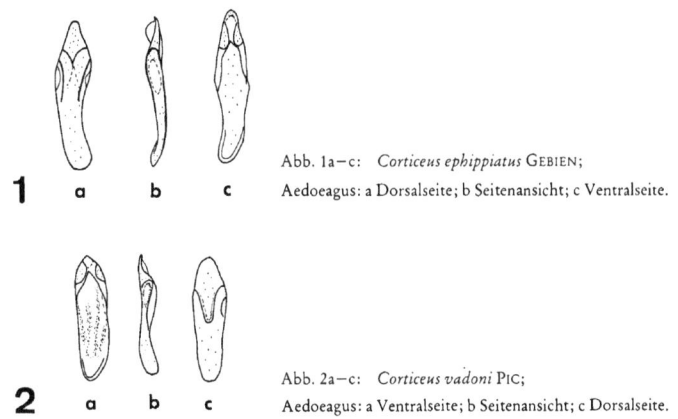

1 a   b   c

Abb. 1a–c: *Corticeus ephippiatus* GEBIEN;
Aedoeagus: a Dorsalseite; b Seitenansicht; c Ventralseite.

2 a   b   c

Abb. 2a–c: *Corticeus vadoni* PIC;
Aedoeagus: a Ventralseite; b Seitenansicht; c Dorsalseite.

Corticeus camelopardalis sp. n.

Diese Art wird nachstehend beschrieben: 15.3.48, Antakotako, Madagascar, Museum Paris. Nur der Holotypus bekannt.

Corticeus dryas sp. n.

Diese Art gehört zu den Arten mit überlangem Halsschild. Sie ist jedoch wegen des charakteristischen Musters der Flügeldeckenmakeln leicht von anderen Arten zu trennen. – Antongonivitsika, Madagascar, leg. Vadon, Museum Paris (Holotypus) – Paratypen: Ambohitsitondrona, Coll. Vadon-Celis, Museum Paris, 1 Ex. vom IX. 51, 1 Ex. vom I. 52.

Corticeus atalante sp. n.

Weist ein eingedrücktes Pygidium auf. V-1952, Antongonivitsika, Madagascar, leg. Vadon, Museum Paris. Es ist nur der Holotypus bekannt.

Corticeus vitiosus sp. n.

Eine isoliert stehende Art mit grob quergeriffelter Gula. Sahantaha, Madagascar, R^{on} Maroantsetra, 1. 39, Vadon (Holotypus und 1 Paratypus).

Bestimmungstabelle der *Corticeus*-Arten der madagassischen Subregion

1. Arten mit eingedrücktem Pygidium (mit einer oder mehreren Flügeldeckenmakeln) 2
– Pygidium nicht eingedrückt 3

2. Art mit 3 queren gelbroten Makeln, wobei die vordere quere Makel die Basis der Flügeldecken freiläßt; die hintere quere Makel bedeckt den Apex (Abb. 5a); Wangen vorne spitz (Abb. 5b); (Madagascar) . . . . *atalante* BREMER sp. n.
– Art mit einer breiten vorderen Makel, die die Basis der Flügeldecken bedeckt, sowie hinten mit einer runden Makel im Absturz der Flügeldecken! Wangen vorne verrundet; (Madagascar) . . . . *perrieri* FAIRMAIRE

3. Arten mit überlangem Halsschild (Verhältnis der Länge zur maximalen Breite >1,59:1) . . . 4
– Halsschild nicht überlang (Verhältnis <1,50:1) 10

4. Artengruppe ohne Quermakeln der Flügeldecken; Analsternit glatt 5
– Arten mit Quermakeln auf den Flügeldecken 6

5. Eingeschränkter Glanz durch ausgeprägte mikroretikuläre Zeichnung des Halsschildes und der Flügeldecken; (Madagascar) . . . . *angustatus angustatus* PIC
forma typica: schwarzbrauner Kopf, schwarzbrauner Halsschild, dunkle Längsmakel unterschiedlicher Breite auf jeder Flügeldecke
ab. *rubeolus* BREMER: vollständig oder überwiegend gelbrot bis rotbraun.
– Starker Glanz mit nur sehr schwach ausgeprägter, gerade bei 50facher Vergrößerung sichtbarer, mikroretikulärer Zeichnung auf Flügeldecken und Halsschild; (östliches Madagascar) . . . . *angustatus* PIC subsp. *nigromaculatus* ARDOIN

6. Arten mit nur einer Quermakel 7
– Arten mit 2 Makeln auf jeder Flügeldecke (entweder 2 Quermakeln oder 1 Quermakel plus einer runden Makel im Absturz der Flügeldecken) 8

7. Vor der Mitte der Flügeldecken liegt auf jeder Seite je eine große, quere Makel, die nicht den Seitenrand und nicht die Flügeldeckennaht erreicht; (Madagascar) . . . . *nemosomoides* FAIRMAIRE

- In der Mitte jeder Flügeldecke liegt eine breite, quere Makel, die den Seitenrand erreicht, und die sich an der Flügeldeckennaht berühren; (Madagascar, Mauritius) . . *ephippiatus* GEBIEN

8. Art mit 2 durchgehenden Quermakeln, eine V-förmige im vorderen Viertel der Flügeldecken und eine gerade kurz hinter der Mitte (Abb. 6 a–d); (Madagascar) . . . *dryas* BREMER sp. n.
- Arten mit einer Quermakel kurz vor der Mitte und einer großen runden Makel im Absturz . . 9

9. Relation der Flügeldeckenlänge/-breite kleiner (2,51 : 1) d. h. Flügeldecken kürzer (Abb. 3 a); Vorderrand des Mesosternums verrundet vorgezogen (Abb. 3 c); Analsternit weist neben den seitlichen Rändern der zentralen Depression auf jeder Seite eine weitere kleine Depression auf (Abb. 3 d); die Mesotibiae verbreitern sich gleichmäßig zur Spitze (Abb. 4 a); das apikale Ende des Außenrandes ist nicht in einen Zahn ausgezogen; (Madagascar) . . . .
. . . . *camelopardalis* BREMER sp. n.
- Relation von Flügeldeckenlänge/-breite größer (2,85–2,91 : 1), d. h. Flügeldecken länger; Vorderrand des Mesosternums gerade; Analsternit weist neben der stark punktierten zentralen Depression seitlich keine weiteren Depressionen auf; die Mesotibiae verbreitern sich im apikalen Drittel pötzlich, wobei die Außenkante in einen kleinen Zahn endet (Abb. 4 b); (Madagascar) . . . . *vadoni* PIC

10. Sehr kleine Arten mit länglicher Flügeldeckenmakel, <3 mm* 11
- Größer, ohne längliche Flügeldeckenmakeln 12

11. Mit 2 deutlichen Stirnhöckern, Halsschild etwas länger als breit; (Mauritius) . . . .
. . . . *vinsoni* BREMER
- Stirn ohne Höcker, Halsschild etwas breiter als lang; (Madagascar) . . . . . *hovanus* ARDOIN

12. Arten mit einer queren Flügeldeckenmakel (bei 2 Arten zusätzlich eine große Makel im Absturz der Flügeldecken) 13
- Flügeldecken ohne Makel und mehr oder weniger einheitlicher Färbung 16

13. Gula mit groben, queren Rillen (Abb. 7 b); Seitenrand des Halsschildes stark verrundet; breite, quere Makel in der vorderen Hälfte der Flügeldecken und runde Makel im Absturz (Abb. 7 a); (Madagascar) . . . . *vitiosus* BREMER sp. n.
- Gulaoberfläche glatt; Seiten des Halsschildes nur leicht oder gar nicht gebogen 14

14. Quere, breite, gelbrote Flügeldeckenmakel, die an oder unmittelbar hinter der Basis beginnt und erst zu Beginn des hinteren Drittels der Flügeldecken endet; nicht sehr weit aber deutlich spitz vorstehende Vorderecken des Halsschildes; Verhältnis der Länge zur Breite des Halsschildes wie 1,06–1,21 : 1; Größe 3,30–5,00 mm; Halsschild vorne nicht wesentlich eingedrückt; (südliches Madagascar) . . . . *merina* BREMER
- Die quere Flügeldeckenmakel beginnt hinter dem vorderen Fünftel; Halsschild länger (Länge/Breite >1,18 : 1); größere Tiere (>4,72 mm; meist >5,00 mm); 15

15. Nur eine Flügeldeckenmakel vorhanden; eine Quermakel, die hinter dem vorderen Fünftel beginnt und meist vor dem hinteren Drittel endet. Mitte des Vorderrandes des Halsschildes mehr oder weniger eingedrückt (d. h. Halsschild vorne nicht gleichmäßig gewölbt); auf dem apikalen Bereich des Analsterniten finden sich 2 längliche Leisten; (Madagascar, Comoren) .
. . . . *rufosellatus* FAIRMAIRE
- Zwei Flügeldeckenmakel vorhanden; eine durchgehende quere, die hinter dem vorderen Flügel beginnt und etwa in der Mitte endet, und eine zweite im Absturz, die mit der vorderen

---

* in diese Gruppe gehört wahrscheinlich *Corticeus longevittatus* FAIRMAIRE, der mir unbekannt blieb.

durch eine Aufhellung der Naht verbunden ist; keine Leisten auf dem Analsterniten; (Comoren) . . . . *girardi* BREMER

16. Auf dem Clypeus finden sich zwei nebeneinander liegende mehr oder weniger ausgeprägte Höcker; Halsschild länglich mit strikt parallelen Seiten und kurz spitz vorragenden Vorderecken; meist kleiner als 4 mm; (Comoren; gesamte orientalische Region) . . . .
. . . . *cephalotes* GEBIEN

– Auf dem Clypeus keine Höcker; Halsschildseiten nicht strikt parallel; Arten größer 17

17. Von vorn nach hinten leicht kontrakter Halsschild (größte Breite im vorderen ⅕ bis ¼); Vorderecken des Halsschildes stehen nicht spitz vor 19

– Größte Breite in der Mitte; Vorderecken des Halsschildes stehen etwas oder deutlich spitz vor 18

18. Wangen deutlich vom Clypeus abgesetzt; die Wangen erreichen den Vorderrand des Kopfes; auf den Flügeldecken fehlt eine mikroretikuläre Zeichnung; der Augenabstand auf der Unterseite des Kopfes entspricht der Breite des Mentums; (Madagascar) . . . *nemestrinus* BREMER

– Wangen schmal, erreichen den Vorderrand des Kopfes nicht; starke mikroretikuläre Zeichnung auf den Flügeldecken (50fache Vergrößerung); der Augenabstand auf der Unterseite des Kopfes ist kleiner als die Breite des Mentums; (Comoren; Madagascar) . *validus* FAIRMAIRE

19. Relation der Länge der Flügeldecken zu der des Halsschildes <1,95:1; Punkte der Primärreihen der Flügeldecken etwa gleich groß den Punkten der Sekundärreihen auf den Intervallen; Prosternalapophyse ragt deutlich nach hinten über die Hüften hinaus, um dann gleichmäßig zum Hinterrand des Prosternums herabgebogen zu sein; (Comoren) . . . .
. . . . *ebeninus* FAIRMAIRE

– Verhältnis der Länge der Flügeldecken zu der Länge des Halsschildes >2,05:1; die Prosternalapophyse liegt an ihrem apikalen Ende deutlich über dem umgebenden Prosternum; Punkte der Primärreihen wesentlich größer als die Punkte der Sekundärreihen auf den Intervallen; (Madagascar; Réunion) . . . . *subalutaceus* PIC.

Beschreibung der neuen Arten

Corticeus camelopardalis sp. n. (Abb. 3a, 3b, 3c, 3d, 4a, 4c)

Länge: 4,75 mm; Breite: 1,06 mm.

Farbe: Schwarzbraun sind Kopf (Wangen etwas heller), Halsschild (hinteres Zehntel wesentlich heller), Flügeldecken mit Ausnahme der Makeln, Pygidium und Unterseite. Auf den Flügeldecken finden sich sehr charakteristische Makeln: eine quere schmale, durchgehende, gelbe, die die beiden Seitenränder erreicht, und je eine rote Makel auf jeder Flügeldecke im Absturz, die weder Seitenrand noch Naht erreicht. Beine heller braun. Starker Glanz der Oberfläche fast ohne mikroretikuläre Zeichnung.

Gestalt: Art mit überlangem Halsschild und relativ kurzen Flügeldecken; beide sehr stark zylindrisch gewölbt.

Kopf: Die Augen bilden die breiteste Stelle des Kopfes; sie sind angenähert quer angeordnet; die Kopfbreite verhält sich zur Stirnbreite wie 1,83:1; bei seitlicher Betrachtung ist ersichtlich, daß die Augen deutlich durch die Wangen eingedellt sind, so daß sie eine nierenförmige Gestalt haben. Die vor den Augen sehr schmalen Wangen treffen auf den Augenvorderrand am Übergang zum äußeren Drittel der Augen; sie verengen sich verrundet nach vorne, und ihr Außenrand geht kontinuierlich in den Clypealvorderrand über; die Wangen sind im Gegensatz zum Clypeus etwas mikroretikuliert, aber ähnlich wie der Clypeus punktiert; aus den Wangen ragen mehrere gelbe, längliche Haare auf. Der

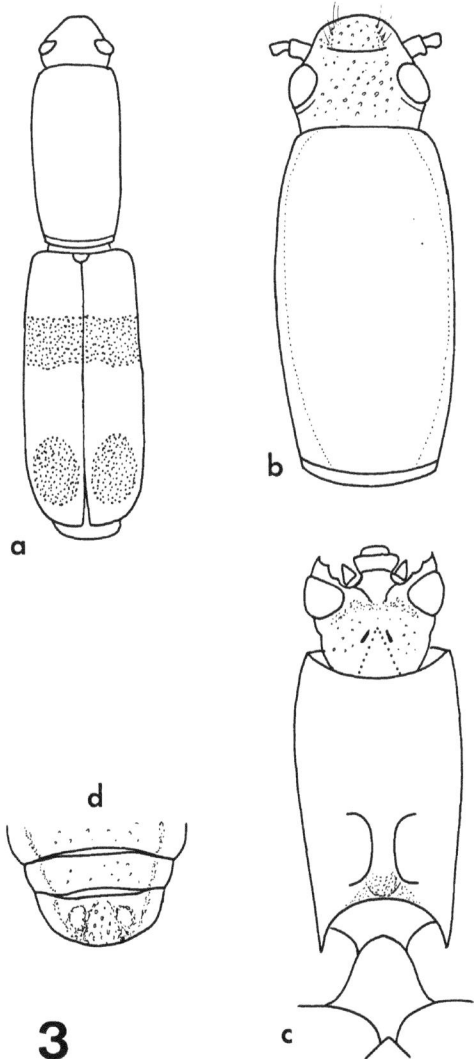

3

Abb. 3a–d: *Corticeus camelopardalis* sp.n.; a Habitus; b Kopf und Halsschild; c Kopfunterseite, Prosternum und Mesosternum; d Sternite 3 bis 5.

Clypeus ist nach vorne etwas verrundet vorgezogen; quer leicht gewölbt; nach hinten durch eine gerade, leicht eingedrückte Naht begrenzt. Stirn breit, längs und quer nicht wesentlich gewölbt, gegen den Hals nicht klar abgegrenzt. Auf der Kopfunterseite überlappen die Augen etwa 1/3 der Basis der Maxillarpalpen; der Raum zwischen ihnen ist etwas breiter als das Mentum. Das Mentum ist umgekehrt trapezförmig, mit verrundeten Vorderecken; ein dreieckiger Bezirk in der Mitte des Mentums ist unpunktiert. Zwischen den Augen findet sich ein breiter, eingedrückter Sulcus, hinter dem sich der glänzende, wenig punktierte Hals wie ein Kugelsegment wölbt.

Halsschild: Extrem lang und tonnenförmig; Verhältnis der Länge zur Breite wie 1,64:1; größte Breite am Ende des vorderen Drittels; Relation der größten Breite zu der Breite an den Hinterecken 1,30:1. Sehr starke Querwölbung, deshalb die sehr schmale Seitenrandung im vorderen Drittel von oben nicht sichtbar. Vorderrand gerade, nicht gerandet; Vorderecken verrundet; von oben nicht sichtbar. Hinterecken verrundet, stumpfwinklig. Die Seitenrandung biegt vor dem Hinterrand zur Mitte um und läßt zwischen sich und Hinterrand ein breites, glänzendes Band. Stark glänzende Oberfläche; die sehr feinen Punkte stehen unregelmäßig weit voneinander entfernt; zwischen ihnen unpunktierte Areale.

Schildchen: Breit verrundet; heller als die Umgebung der Flügeldecken; etwa im Niveau der Flügeldecken gelegen.

Flügeldecken: Halbzylindrisch (Verhältnis der Länge zur Breite wie 2,51:1); Schultern etwas vorgezogen; Apex verrundet; Seitenrand von oben nicht sichtbar. Relation der Flügeldeckenlänge zur Halsschildlänge wie 1,87:1. Punkte der Primärreihen klein, aber größer als die Punkte des Halsschildes; ihre Abstände voneinander entsprechen etwa den 2fachen der Punktdurchmesser; auf den planen Intervallen etwa gleichgroße Punkte; auf etwa 4 Punkte der Primärreihen kommt ein Punkt auf den Intervallen.

Pygidium: Halbelliptisch, quer etwas gewölbt; Punkte etwa so groß wie auf den Flügeldecken; Punktabstände entsprechen den 1- bis 3fachen der Punktdurchmesser.

Prosternum: Sehr langgestreckt, stark glänzend; medianer Bereich vor den Hüften breit und gleichmäßig gewölbt, mit einigen längeren, blonden Haaren; auf den Episternen wenig dicht mittelgroße Punkte. Die pars intercoxalis ist sehr schmal und etwas angehoben; die Apophyse ist gleich hinter den Hüften, sich verbreiternd, zur Prosternalbasis heruntergebogen.

Mesosternum: Nur der seitliche und vordere Saum breit und dicht punktiert; Mitte zwar mikroretikuliert, aber unpunktiert. Vorderrand ragt verrundet nach vorne vor.

Metasternum: Sehr kurz (Verhältnis von Länge zur Breite wie 1,01:1); quer breit gewölbt, schwach mikroretikuliert, mit schütteren feinen Punkten; seitlich mittelgroße Punkte, nicht sehr dicht stehend. Eine mediane Längslinie ist bis zur Mitte angedeutet.

Sternite: Stark glänzend, schwach mikroretikuliert, fein und schütter punktiert; einzelne mittellange Haare auf allen Sterniten. Analsternit im Bereich der Scheibe groß und narbig punktiert; eine mäßig stark ausgeprägte zentrale Depression ist seitlich auf jeder Seite durch eine Leiste eingefaßt, die wiederum medial eine kleinere laterale Depression begrenzt.

Fühler: Nur die beiden ersten Fühlerglieder erhalten.

Beine: Bei dem männlichen Holotypus sind die Profemora auf der Unterseite fast in der ganzen Länge etwas ausgehöhlt; auf den scharfkantigen Begrenzungen finden sich feine Zähnchen; diese sind auch auf den Mesofemora vorhanden. Die Mesotibiae verbreitern sich gleichmäßig zur Spitze hin, ohne scharfem Zahn am apikalen äußeren Ende. Die Relation der ersten 4 Tarsenglieder der Hinterbeine wie 0,9:0,5:0,4:1,2.

Typus: Der Holotypus aus dem Museum Paris, ein ♂, trägt folgende Beschriftung: 15.3.48, Antakotako, Madagascar; ♂; *Hypophloeus tricolor* n.sp. (Ardoin's Handschrift); Museum Paris. Er ist genitalpräpariert, jedoch findet sich der Aedoeagus nicht mehr am Tier. Weiteres Material ist mir nicht bekannt.

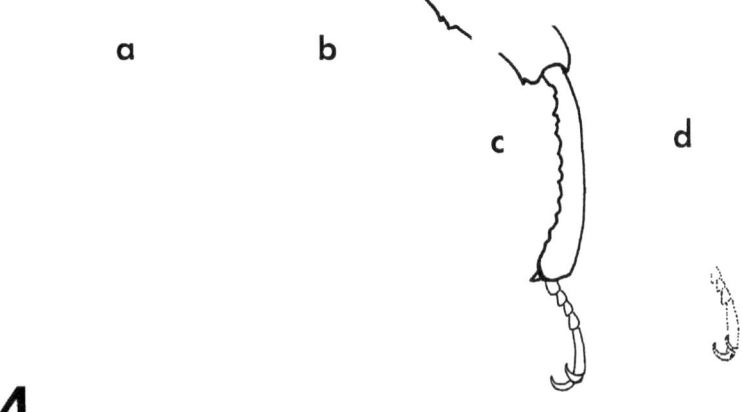

4

Abb. 4a–d: 4a Mesotibia von *Corticeus camelopardalis* sp.n.; 4b Mesotibia von *Corticeus vadoni* Pɪc; 4c Protibia von *Corticeus camelopardalis* sp.n.; 4d Protibia von *Corticeus vadoni* Pɪc.

Bemerkungen: Die Zähnchen an der Unterseite der Femora dürften Charakteristika der ♂♂ sein, ähnlich wie es auch bei *angustatus* Pɪc und *vadoni* Pɪc ist. C. *camelopardalis* sp.n. ist auf Grund der Form des Kopfes und des Halsschildes sowie der Flügeldeckenmakeln sehr nahe mit *vadoni* Pɪc verwandt. Die Flügeldecken von *camelopardalis* sp.n. sind jedoch kürzer als von *vadoni* Pɪc (Relation der Länge zur Breite wie 2,51:1 bzw. 2,85–2,92:1). Die Mesotibiae von *camelopardalis* verbreitern sich gleichmäßig zur Spitze hin, haben am apikalen Ende der Außenkante keinen scharfen Zahn (Abb. 4a), während *vadoni* sich apikal plötzlich verbreiternde Mesotibiae mit Außenzahn aufweist (Abb. 4b). Die Oberfläche des Prosternums ist bei *vadoni* stark mikroretikuliert, deutlich querrunzlig mit größeren Punkten in den Runzeln, während *camelopardalis* eine glatte, glänzende Oberfläche mit sehr feinen Punkten hat. Der Vorderrand des Mesosternums ist bei *vadoni* gerade und bei *camelopardalis* verrundet vorgezogen (Abb. 3c); außerdem ist bei *camelopardalis* der vordere und seitliche Rand des Mesosternums deutlich von der unpunktierten Mitte abgesetzt, während *vadoni* eine Punktierung auf dem größten Teil des Mesosternums aufweist. Das Metasternum ist bei *vadoni* wesentlich länger (Relation von Länge zur Breite 1,02:1) als bei *camelopardalis* (0,76:1). Die Punktierung der Sterniten ist bei *camelopardalis* viel feiner und schütterer; auf dem Analsterniten ist bei *vadoni* die Mitte deutlich eingedrückt und grob punktiert; bei *camelopardalis* finden sich zusätzlich seitlich der zentralen Depression auf jeder Seite eine weitere kleine Depression (Abb. 3d).

Corticeus atalante **sp.n.** (Abb. 5a–c)

Länge: 5,11 mm;   Breite: 0,95 mm.

Farbe: C. *atalante* sp.n. zeichnet sich durch drei quere gelbrote Makeln der Flügeldecken aus, wovon eine kurz hinter der Basis und eine weitere hinter der Mitte beginnt; eine dritte kleine Makel findet sich am Apex der Flügeldecken; die Makeln sind nicht durch die Naht unterbrochen, sie erreichen den

Rand der Flügeldecken. Schwarz sind Kopf (Wangen etwas heller), Flügeldecken (mit Ausnahme der Makeln) und Pygidium. Die Unterseite ist schwarzbraun, die Fühler sind braun und die Beine gelb. Kopf und Halsschild glänzen stark, sie weisen nur Spuren einer mikroretikulären Zeichnung auf; die Flügeldecken sind stark mikroretikuliert, so daß ihr Glanz eindeutig herabgesetzt ist; nach hinten nimmt jedoch die Mikroretikulierung ab und der Glanz zu. Auf der Unterseite sind der Hals und die medianen Abschnitte von Prosternum und Metasternum stärker mikroretikuliert.

Gestalt: Schmal, langgestreckt, zylindrisch, mit sehr langem Halsschild; große, tiefe, zentrale Depression auf dem Pygidium.

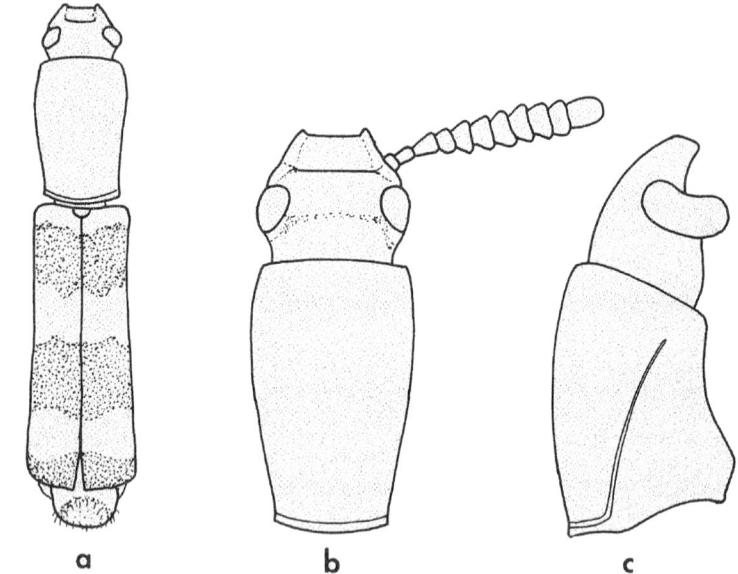

5   a   b   c

Abb. 5a–c: *Corticeus atalante* sp.n.; a Habitus; b Kopf, Halsschild, Fühler; c Seitenansicht von Kopf und Halsschild.

Kopf: Die Wangen laufen vorne in eine kurze Spitze aus, die den Clypeus überragt; dessen Vorderrand ist gerade. Der Außenrand der Wangen trifft im äußeren Fünftel auf den Augenvorderrand; nach vorne verengen sich die Wangen doppelbogig; Vorder- und Hinterteil der Wangen sind durch eine deutlich sichtbare Naht getrennt. Der Clypeus wird nach hinten durch eine leicht eingedrückte Stirnnaht begrenzt; er ist sehr dicht und grob, fast narbig punktiert. Die längs und quer gewölbte Stirn ist, obwohl mit mittelgroßen Punkten bedeckt, deutlich geringer punktiert als der Clypeus (Punktabstände entsprechen den ½- bis 1½fachen der Punktdurchmesser); die Stirn glänzt weniger als der Hals; bei 50facher Vergrößerung werden feine Härchen am Grunde der Punkte des Clypeus und der Stirn sichtbar. Der Hals ist viel feiner und schütterer punktiert. Die Augen erscheinen bei Betrachtung von oben rund; sie bilden die breiteste Stelle des Kopfes; die Kopfbreite verhält sich zur Stirnbreite wie 1,81:1; bei seitlicher Betrachtung ist ersichtlich, daß sie etwas von vorne durch die Wangen eingeengt sind; auf der Unterseite überlappen sie ein wenig die Basis der Maxillarpalpen, wobei sie zwischen sich einen Raum freilassen, der etwas breiter als das Mentum ist. Das Mentum ist breit, umgekehrt trapezförmig, mit etwas ausgeschnittenem Vorderrand; es ist dicht und zusammenfließend punktiert. Aus Mentum und dem ähnlich punktierten Submentum ragen einzelne, längere, blonde Haare. Die ventrale Halsseite ist fein punktiert.

Halsschild: Der Halsschild ist lang; er hat eine tonnenförmige Gestalt, wobei die stärkste Wölbung in oder kurz vor der Mitte liegt; die breiteste Stelle findet sich ebenfalls kurz vor der Mitte; die Relation der Länge zur Breite beträgt 1,59:1; eine Seitenrandung ist von oben erst hinter der breitesten Stelle zu sehen; bei Betrachtung von der Seite ist zu erkennen, daß eine Seitenrandung erst am Anfang des vorderen zweiten Viertels des Halsschildes beginnt. Der Vorderrand ist annähernd gerade, nicht gerandet; eigentliche Vorderecken sind nicht zu erkennen. Die Seitenrandung ist sehr schmal; sie biegt vor dem basalen Halsschildrand im Winkel von 90° zur Mitte um und läßt zwischen sich und dem eigentlichen basalen Rand ein schmales, stark mikroretikuliertes Band. Die Oberfläche des Halsschildes ist mit Punkten bedeckt, die viel kleiner als die der Stirn sind; ihre Abstände voneinander entsprechen dem 2- bis 4fachen der Punktdurchmesser; das hintere Zehntel des Halsschildes ist dichter punktiert; median findet sich eine unpunktierte Fläche.

Schildchen: Klein, rund, fein punktiert; etwas höher als die eingedrückte Umgebung der Flügeldecken gelegen.

Flügeldecken: Schmal, langgestreckt, halbzylindrisch, seitlich in der Mitte etwas eingezogen; Apex quer abgestutzt; Teile des Basalrandes sind jeweils neben dem Schildchen zu einer scharfen Leiste angehoben. Verhältnis der Länge zur Breite der Flügeldecken wie 2,77:1; Relation der Längen von Flügeldecken und Halsschild wie 1,93:1. Die Punkte der Primärreihen sind klein und schwer zu verfolgen; ihre Abstände voneinander entsprechen dem 2fachen der Punktdurchmesser; die Punkte der Sekundärreihen auf den Intervallen sind ähnlich klein; ihre Abstände voneinander aber größer.

Pygidium: Im Zentrum findet sich eine große, tiefe, kraterförmige Depression, die den größten Teil der Oberfläche bedeckt; ihr Grund ist fein gepunktet, glänzend; die Ränder sind kurz behaart.

Prosternum: Der mediane Bereich vor den Hüften ist quer verrundet und fein punktiert; die seitlichen Abschnitte fallen annähernd schräge ab; sie sind mit großen Punkten besetzt und glänzen stärker als der mediane Bereich. Die pars intercoxalis ist angehoben, längs verrundet, extrem schmal; die Apophyse verbreitert sich tropfenförmig hinter den Hüften; sie fällt nur leicht ab.

Mesosternum: Seitliche Bereiche grob und zusammenfließend punktiert mit stärkerer Mikroretikulierung auf dem Grund der Punkte. In der Mitte große, voneinander separierte Punkte, aus denen einzelne längere Haare ragen.

Metasternum: Breit verrundeter Mittelbereich, fein und schütter punktiert, kurz und nicht dicht behaart. Eine Mittellinie ist von hinten nicht ganz bis zur Mitte erkennbar. Die lateralen Abschnitte sind glatt, glänzend, mittelgroß punktiert.

Sterniten: Leicht mikroretikuliert, fein und schütter punktiert; auf allen Sterniten ragen mehrere längere Haare auf. Analsternit breit, abgeflacht und ohne Oberflächenstruktur.

Fühler: Mäßig eng gefügte Fühlerglieder, die ab dem 4. Glied verbreitert und angenähert dreieckig sind; letztes Glied oval. Zurückgelegt erreichen sie den Übergang zum zweiten Viertel des Halsschildes.

Beine: Ohne Besonderheiten. Das Endglied der Hintertarsen ist kürzer als die vorhergehenden Glieder zusammen; ihr erstes Tarsenglied ist etwa dreimal so lang wie das zweite.

Typus: Der Holotypus, ein ♂ aus dem Museum Paris, ist wie folgt beschriftet: V-1952, Antongonivitsika, Madagascar, leg. Vadon; Museum Paris. – Ich kenne nur den Holotypus.

Bemerkungen: Ein eingedelltes Pygidium haben C. *perrieri* FAIRMAIRE aus Madagascar und C. *frontalis* GEBIEN aus Afrika. Von der Gestalt her ist C. *frontalis* GEBIEN am ähnlichsten; diese Art hat aber keine Flügeldeckenmakeln und einen völlig anders geformten Kopf. C. *perrieri* FAIRMAIRE hat nur zwei Flügeldeckenmakeln, einen anders geformten Halsschild sowie eine warzenartige Oberflächenstruktur des Analsterniten. Der Holotypus ist genitalpräpariert und als ♂ ausgezeichnet; der Aedoeagus findet sich jedoch nicht mehr bei dem Tier.

Corticeus dryas sp.n. (Abb. 6a–d)

Länge: 4,85 – 5,89 mm (Holotypus 5,24 mm);
Breite: 0,87 – 0,95 mm (Holotypus 0,95 mm).

Farbe: Die Art ist durch 2 quere, rotgelbe Makeln der Flügeldecken gekennzeichnet: eine breite V-förmige Makel kurz hinter der Basis und eine zweite hinter der Mitte; beide Makeln erreichen den seitlichen Rand der Flügeldecken. Schwarz sind Kopf, Halsschild, Flügeldecken (mit Ausnahme der Makeln), Pygidium, Unterseite (mit Ausnahme des gelbbraunen Metasternums), Femora und Tibiae; die Tarsen sind braun. Stark mikroretikuliert sind Flügeldecken, Prosternum, Metasternum und Sternite; der Kopf ist schwach mikroretikuliert, der Halsschild weist keine Spur einer Mikroretikulierung auf.

Gestalt: Sehr schmal, langgestreckt; überlanger, stark gewölbter, nach hinten leicht kontrakter Halsschild; parallele, halbzylindrische Flügeldecken.

Kopf: Von oben betrachtet kleine, quer-oval angeordnete Augen, breite Stirn; Relation der Kopfbreite an den Augen zur Stirnbreite wie 1,57:1; von der Seite betrachtet sind die Augen stark durch Wangen und Schläfen eingeengt; auf der Unterseite erreichen sie nicht die Basis der Maxillarpalpen; Wangen und Schläfen setzen die äußere Kontur der Augen ohne Abbruch fort. Die Wangen sind vor den Augen schmal und bedecken kaum die Fühlerbasis; in der hinteren Hälfte der Wangen verengen sie sich nach vorne etwas verrundet, in der vorderen Wangenhälfte sind sie annähernd gerade; am Kopfvorderrand gehen sie verrundet in den abgestutzten Vorderrand des Clypeus über; sie sind nicht behaart, horizontal angeordnet und dadurch von dem sich quer mäßig wölbenden Clypeus abgesetzt; nach hinten wird der Clypeus durch eine leicht gebogene, etwas eingedrückte Naht begrenzt. Die Stirn ist quer und längs etwas gewölbt; sie liegt deutlich höher als die Augen; von dem auf gleicher Höhe liegenden Hals ist die Stirn durch eine sehr seichte Depression getrennt. Wangen, Clypeus und Stirn sind von mittelgroßen Punkten bedeckt, deren Abstände voneinander dem 1- bis 2fachen der Punktdurchmesser entsprechen; dichter stehende Punkte auf dem vorderen Halsabschnitt. Das Mentum hat die Form eines breiten, umgekehrten Trapezes mit etwas verrundeten Seiten und verrundeten Vorderecken; Submentum fünfeckig; Mentum und Submentum sind dicht und zusammenfließend punktiert, mit einzelnen längeren Haaren. Ventrale Halsseite stark glänzend, mit mittelgroßen Punkten schütter besetzt.

Halsschild: Sehr langgestreckt (Relation von Länge zur Breite wie 1,83 – 1,85:1); von vorne nach hinten leicht kontrakt. Die gleichmäßige Querwölbung ist so ausgeprägt, daß die sehr schmale Seitenrandung nur in der hinteren Hälfte gerade sichtbar wird; längs annähernd eben. Vorderrand gerade, ungerandet; Vorderecken so stark herabgebogen, daß sie von oben nicht sichtbar sind; bei seitlicher Betrachtung sieht man, daß die quere Wölbung annähernd kontinuierlich auf die Unterseite übergeht, so daß keine eigentlichen Vorderecken entstehen; diese sind nur dadurch angedeutet, daß die seitliche Randung bogenartig an der Seite beginnt. Bei seitlicher Betrachtung zieht sich diese Randung leicht geschwungen bis zu der basalen Randung hin, mit der sie einen Winkel von 90° bildet; wie bei verwandten Arten bildet die hintere Randung nicht den Hinterrand des Halsschildes, vielmehr findet sich zwischen hinterer Randung und Hinterrand ein queres, stark mikroretikuliertes Band. Die Oberfläche glänzt stark; sie ist unregelmäßig mit mittelgroßen Punkten bedeckt, wobei in den vorderen und mittleren Abschnitten die Punktabstände dem 2- bis 4fachen der Punktdurchmesser und in den hinteren Abschnitten dem 1/2- bis 11/2fachen der Punktdurchmesser entsprechen.

Schildchen: Klein, rund, tiefer als die umgebenden Flügeldecken gelegen; mit einigen kleinen Punkten.

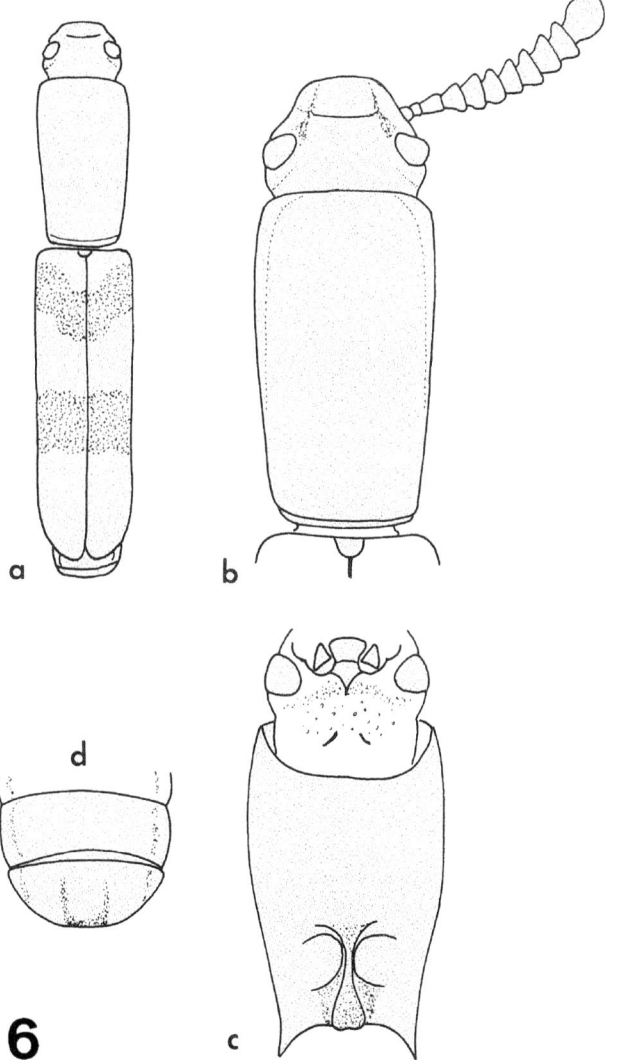

Abb. 6a–d: *Corticeus dryas* sp.n.; a Habitus; b Kopf, Halsschild, Fühler; c Kopfunterseite, Prosternum; d Sternite 3 bis 5.

Flügeldecken: Schmal, halbzylindrisch, streng parallel mit verrundetem Apex. Verhältnis der Länge zur Breite wie 3,02 – 3,13:1; das Verhältnis ihrer Länge zur Länge des Halsschildes wie 1,89 – 1,92:1. Der mediane Bereich um das und hinter dem Schildchen ist etwas eingedrückt. Die Punkte der Punktreihen sind klein und viel kleiner als die Punkte des Halsschildes; die Punkte der Primärreihen sind etwas unregelmäßig angeordnet mit Abständen voneinander, die dem 3- bis 4fachen der Punktdurchmesser entsprechen; auf 3 bis 4 Punkte der Primärreihen kommt auf den planen Intervallen ein etwa gleich großer Punkt. Die Stärke der Mikroretikulierung läßt von vorne nach hinten nach, so daß der apikale Flügeldeckenteil stärker glänzt. Die falschen Epipleuren sind glatt und glänzend.

Pygidium: Halbkreisförmig, leicht gewölbt, dicht mit mittelgroßen Punkten besetzt, wobei aus vielen Punkten deutlich erkennbare Härchen aufragen.

Prosternum: Quer gleichmäßig verrundet. Der mediane Bereich vor den Hüften weist auf leicht querrunzliger Fläche unregelmäßig gelegene Punkte auf, aus denen einzelne lange Haare aufragen. Die episternalen Teile glänzen stärker; sie sind mit großen, aber unregelmäßig dicht angeordneten Punkten bedeckt. Die pars intercoxalis ist längs verrundet angehoben, extrem schmal und gleich hinter den Hüften niedergebogen, wobei sich die Apophyse dreieckig verbreitert; der apikale Rand der Apophyse ist etwas ausgeschnitten; die Apophyse ist viel heller als der Rest des Prosternums.

Mesosternum: Mit großen, unregelmäßig angeordneten, flachen Punkten.

Metasternum: Gleichmäßig quer verrundet; eine mediane, nicht eingedrückte Linie ist von hinten bis ins vordere Viertel sichtbar. Die Scheibe ist extrem fein und schütter punktiert; größere Punkte finden sich nur in den vorderen lateralen Abschnitten.

Sternite: Median kleine, seitlich mittelgroße Punkte, die nicht sehr dicht stehen. Der Analsternit weist neben größerer Punktierung eine breite U-förmige Leiste auf.

Fühler: Zurückgelegt erreichen die Fühler den Beginn des 2. Viertels des Halsschildes. Die Glieder sind mäßig dicht gefügt; ab dem 4. Glied quer, angenähert dreieckig; letztes Glied längs-oval. Die Länge des 2. Gliedes verhält sich zu der des 3. und 4. wie 0,6:0,9:0,8. Die Fühlerglieder glänzen stark und sind ab dem 3. Glied mäßig dicht mit gelben Borsten besetzt.

Beine: Relativ lang, sonst unauffällig. Das 1. Tarsenglied der Hinterbeine ist etwa doppelt so lang wie das 2.; das Klauenglied ist etwas länger als die vorherigen Glieder zusammen.

Typen: Der Holotypus, ein ♀, trägt folgende Beschriftung: Antongonivitsika, Madagascar, leg. Vadon, Museum Paris. 2 weibliche Paratypen, beide aus Ambohitsitondrona, Coll. Vadon-Lebis, I.52 und IX.51; eines im Museum Paris, das andere in meiner Sammlung.

Bemerkungen: C. dryas sp.n. gehört zu der Artengruppe mit extrem langem Halsschild. Durch die Form der beiden queren Makeln unterscheidet er sich aber von allen bekannten Arten.

Corticeus vitiosus sp.n. *(anomalus* ARDOIN i.l.) (Abb. 7a–e)

Länge: 3,87 mm (Holotypus); 4,07 mm (Paratypus);
Breite: 1,02 mm (Holotypus); 1,08 mm (Paratypus).

Farbe: Schwarzbraun sind Kopf, Halsschild und Teile der Flügeldecken; auf den Flügeldecken finden sich rotgelbe Makeln: eine quere, durchgehende, vordere, die die Seitenränder erreicht, und je eine runde Makel, die sich im hinteren Teil der Flügeldecke findet. Die Beine und Fühler sind braun.

Gestalt: Relativ kurze und breite Art mit sehr stark verrundeten Halsschildseiten, breiten und annähernd parallelen Flügeldecken; Stirn, Clypeus und vordere Wangenhälften sind etwas eingedrückt. Auf den Wangen, der Stirn und hinteren Teilen der Flügeldecken finden sich Haare.

Kopf: Eigenartige Kopfform, die dadurch charakterisiert ist, daß von der Mitte der Wangen aus zwei scharfe Leisten medial der Augen etwas schräg nach hinten bis zum Halse verlaufen und zwischen sich einen etwas tiefer gelegenen Bezirk einschließen, der den gesamten Clypeus, den vorderen Teil der Stirn und den vorderen Teil der Wangen betrifft; dieser ist im vorderen Teil unpunktiert und stärker glänzend. Die Augen sind seitlich prominent und erscheinen bei Betrachtung von oben nieren-

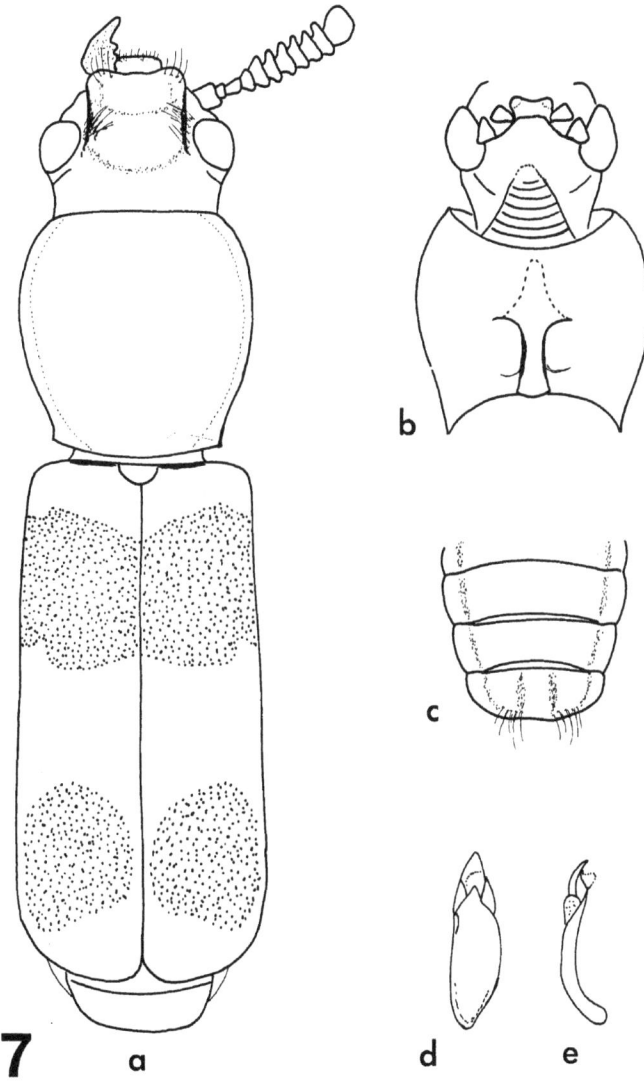

7 a   d   e

Abb. 7a–e: *Corticeus vitiosus* sp.n.; a Habitus; b Kopfunterseite, Prosternum; c Sternite 2 bis 5; d Aedoeagus, Ventralseite; e Aedoeagus, Seitenansicht.

förmig, bei Betrachtung von der Seite sieht man, daß der breitere Teil der Augen auf der Körperunterseite liegt und sie durch die Wangen und – etwas weniger – durch die Schläfen eingeengt werden. Der hintere Teil der Wangen (seitlich der Leisten) ist vor den Augen sehr schmal; er verengt sich sehr stark, ist mit einzelnen kleinen Punkten bedeckt und glänzend; der zum ausgehöhlten Bezirk gehörende vordere Teil ist gegenüber dem Clypeus etwas vorgezogen, und aus ihm ragen mehrere lange, gelbe Haare. Der glänzende Clypeus wird nach hinten durch eine durchscheinende Stirnnaht begrenzt. Am hinteren medialen Rand der Augen, lateral der Leiste, finden sich auf jeder Seite ein Büschel längerer, gelber Haare, die etwas einwärts gebogen aufragen. Die seitlichen Bereiche des Halses sind grob punktiert. Abgesehen von der glänzenden Depression ist der Kopf mikroretikuliert. Die Relation der Kopfbreite zur Stirnbreite beträgt 2,13:1.

Die Augen erreichen gerade die Basis der Maxillarpalpen; sie lassen zwischen sich einen Raum frei, der wesentlich breiter als das Mentum ist. Das Mentum, umgekehrt trapezförmig mit verrundeten Vorderecken, ist quer etwas ausgehöhlt; seine vorderen lateralen Teile glänzen stark, während die Mitte deutlich mikroretikuliert ist. Das Submentum weist vorne seitlich eine leistenartig geformte Begrenzung auf, während eine Begrenzung nach hinten nicht auszumachen ist. Seitlich der Basis der Maxillarpalpen findet sich eine dreieckige Erhebung, deren Spitze ein wenig die Augen überlappt. Der Hals ist nur gering punktiert. Die Gula ist mit breiten Querrillen versehen, die von schmalen Leisten getrennt sind.

Halsschild: Etwa so lang wie breit (Verhältnis der Länge zur Breite wie 1,03:1); die Seiten sind breit verrundet, nur die hinteren Zehntel sind ausgenommen, dort sind die Seiten annähernd parallel; die Hinterecken sind betont, ihre Winkel etwas stumpf; die Relation der breitesten Stelle zu der Breite der Hinterecken wie 1,35:1. Die Vorderecken sind verrundet. Der Vorderrand ist gerade. Seiten- und Hinterränder sind durchgehend gerandet. Die Oberfläche ist auf der Scheibe annähernd eben; die seitlichen Partien fallen dann aber verrundet zu den Rändern so stark ab, daß der Seitenrand von oben gerade eben sichtbar bleibt. Die Oberfläche ist mäßig stark mikroretikuliert, fettig glänzend, mit mittelgroßen und extrem feinen Punkten bedeckt, wobei die Abstände der größeren Punkte dem 1- bis 4fachen der Punktdurchmesser entsprechen; die extrem feinen Punkte sind eingestreut und bei 60facher Vergrößerung gerade eben zu erkennen.

Schildchen: Breit verrundet. Es liegt in derselben Ebene wie die umgebenden Flügeldecken.

Flügeldecken: Annähernd parallel, halbzylindrisch, relativ breit (Relation der Länge zur Breite wie 2,16:1). Der Apex ist breit abgestutzt und nicht verrundet. Auf dem hinteren Teil der Flügeldecken finden sich einige abstehende, nicht sehr auffällige Haare. Neben dem Schildchen ist die Flügeldeckenbasis zu einer Leiste aufgebogen; diese endet kurz vor den Schultern. Das Verhältnis der Flügeldeckenlänge zur Halsschildlänge beträgt 2,09:1. Schultern nicht vorgezogen; Seitenrand von oben nirgends sichtbar. Deutliche Punktlinien mit gut sichtbaren Punkten in den Primärreihen, deren Abstände voneinander etwas unregelmäßig sind und dem 1- bis 2fachen der Punktdurchmesser entsprechen; die Sekundärreihen auf den Intervallen weisen kleine Punkte auf, wobei auf zwei Punkte der Primärreihen ein Punkt der Sekundärreihen kommt. Auf den falschen Epipleuren finden sich nur wenige kleinere Punkte.

Pygidium: Das annähernd halbelliptische Pygidium ist dicht und grob punktiert; die Punkte sind größer als auf den Flügeldecken mit Abständen voneinander, die den Punktdurchmessern entsprechen. Aus vielen Punkten ragen kurze, gut sichtbare Härchen. Die Fläche des Pygidiums ist eben; seine Seiten sind lateral (nicht jedoch am Apex) aufgebogen.

Prosternum: Die Mitte des Vorderrandes ist etwas gegen den Kopf vorgezogen; er ist bis auf die episternalen Abschnitte gerandet; zur Seite hin fällt das Prosternum annähernd gleichmäßig ab; der mediane Bereich ist mikroretikuliert, mit einigen längeren Haaren versehen; die seitlichen abfallenden Partien sind nicht mikroretikuliert, glänzend und mit großen Punkten besetzt. Die pars intercoxalis ist sehr schmal; die Apophyse überragt nach hinten sehr deutlich die Hüften, ohne sich wesentlich zu verbreitern; am Ende ist sie dann verrundet herabgebogen.

Mesosternum: Nur seitlich dicht mit großen Punkten besetzt.

Metasternum: Quer breit verrundet, mikroretikuliert; auf der Scheibe nur sehr klein und schütter punktiert; auch die größeren seitlichen Punkte liegen schütter. Die mediane Längslinie schimmert von hinten bis zur Mitte durch.

Sternite: Bis auf den Analsterniten sind alle median nur sehr fein punktiert; seitlich werden die Punkte etwas größer. Der Analsternit weist seitlich der Mitte zwei nicht scharfe Leisten auf, die längs den gesamten Analsterniten durchziehen; seitlich davon ragen mehrere längere Haare auf; etwas kürzere Haare finden sich auf den medianen Abschnitten aller Sternite in schütterer Dichte.

Fühler: Relativ kurz, Glieder aber locker gefügt. 2. Glied sehr kurz, 3. Glied länglich dreieckig, ab 4. Glied deutlich quer und kurz, letztes Glied unregelmäßig rund.

Beine: Kurz, unauffällig. Mesotibiae besitzen keinen Ausschnitt am apikalen Ende. An den Hintertarsen ist das Klauenglied viel kürzer als die vorherigen Glieder zusammen; das erste Glied ist länger als das 2. und 3. Glied zusammen.

Typen: Der Holotypus, ein ♂ aus dem Museum Paris, trägt folgende Beschriftung: Sahantaha; Madagascar; R^{on} Maroantsetra; 1.39, Vadon!; Hypophloeus anomalus n.sp. (Ardoin's Handschrift); Museum Paris. – Ein Paratypus, ein ♀, mit denselben Angaben in meiner Sammlung (Tier defekt: ohne Hinterbeine und von den Fühlern nur die ersten drei Glieder vorhanden.).

Bemerkungen: *Corticeus vitiosus* sp.n. zeichnet sich durch eine Reihe von Besonderheiten aus, die ihn isoliert unter den *Corticeus*-Arten stehen lassen: Depression von vorderer Wangenhälfte, Clypeus und Stirn; der eigenartig verrundete Halsschild; die Leisten an der Basis der Flügeldecken; die queren Rillen der Gula. Längere Haare auf den Flügeldecken haben nur wenige Arten wie *egregius* sp.n. aus Südafrika (wird im Zusammenhang mit der Revision der Arten des afrikanischen Festlandes beschrieben) sowie die nordamerikanischen Arten *thoracicus* MELSH., *cavus* LeConte und *hatch*i Boddy. Ähnliche Flügeldeckenmakel hat *perrieri* FAIRMAIRE, jedoch beginnt bei *perrieri* die vordere Makel bereits an der Basis, außerdem hat *perrieri* ein eingedrücktes Pygidium und eine völlig andere Kopfform und Halsschildform.

Literatur

BREMER, H. J. 1985: Revision der Hypophloeini der aethiopischen Region (Coleoptera, Tenebrionidae). I. Die *Corticeus*-Arten der madagassischen Subregion. – Ent. Arb. Mus. Frey 33/34, 231–290

Anschrift des Verfassers:
Prof. Dr. Hans J. BREMER
Universität Heidelberg
Im Neuenheimer Feld 150
D-6900 Heidelberg 1

Buchbesprechungen

TRAUTNER, J., GEIGENMÜLLER, K.: Tiger Beetles − Ground beetles. Illustrated key to the Cicindelidae and Carabidae of Europe.
Sandlaufkäfer − Laufkäfer. Illustrierter Schlüssel zu den Cicindeliden und Carabiden Europas. − Triops Verlag, Langen, 1987. 488 pp., ca. 1 200 figs., 11 Farbabb. (3)

Die Verfasser setzten sich ein hohes Ziel, denn der Titel verspricht dem unbefangenen Leser ein Bestimmungsbuch für die europäischen Laufkäfer. Sicher eine höchst verdienstvolle Aufgabe, denn jeder, dessen Interesse über die mitteleuropäischen Arten hinausgeht, weiß, mit welchen Schwierigkeiten man bei der Beschäftigung mit südeuropäischen Laufkäfern zu kämpfen hat.

Das, vielleicht unbeabsichtigt, gesteckte Ziel wurde mit diesem Band allerdings bei weitem verfehlt. Es wäre auch verwunderlich, wollte man die europäischen Laufkäfer in einem doch recht schmalen Band und ohne Revision der zahlreichen problematischen Gattungen und vor allem vieler südeuropäischer Arten abhandeln. Nur in relativ wenigen und zumeist kleineren Gattungen sind alle europäischen Arten in der Bestimmungstabelle enthalten, in den meisten Fällen berücksichtigt der Artschlüssel nur mitteleuropäische Arten, wobei der Umfang häufig beschränkter ist als in Band 2 des FREUDE-HARDE-LOHSE. Wichtige Gattungen wie z. B. *Bembidion* werden nur bis zu den Untergattungen aufgeschlüsselt und bei den Anillina und den Trichini wird sogar ganz auf einen Gattungsschlüssel verzichtet. Überdies werden leider die europäische UdSSR, die östlichen Teile von Rumänien und Bulgarien, die europäische Türkei und die der türkischen Küste vorgelagerten Sporaden nicht berücksichtigt.

Der Verdienst dieses Buches ist daher vor allem die reiche, ziemlich genaue, allerdings in der Qualität mäßige Illustration des Gattungsschlüssels, der für den Anfänger sicher von Nutzen sein wird, sowie ein recht gutes Literaturverzeichnis. Ein Bestimmungsbuch für die europäischen Laufkäfer ist es sicherlich nicht. Es zeigt andererseits, welch dringende Aufgabe ein solches vollständiges Bestimmungswerk wäre, das allerdings erst nach eingehenden Vorarbeiten und wohl kaum von einem einzigen Autor zu bewältigen ist. M. BAEHR

KUDRNA, O.: Aspects of the Conservation of Butterflies in Europe. Butterflies of Europe, Vol. 8. − Aula-Verlag, Wiesbaden, 1986. 323 S., 57 teilweise farbige Abb. (4)

Der achte Band der Serie über die Tagfalter Mitteleuropas beschäftigt sich einleitend mit der Bedeutung der Tagfalter für Natur- und Umweltschutz in Europa, da diese als am besten bekannte Invertebraten eine ganze Reihe von Bioindikatoren aufweisen. Dabei werden die einzelnen Länder im Gebiet im Zusammenhang mit einigen ausgewählten und gefährdeten Arten kurz besprochen. Das folgende Kapitel beschäftigt sich mit der Geschichte und den Faktoren der Ursachen und der möglichen Gegenmaßnahmen bezüglich der Gefährdung. Hier werden unter anderem Fragen des Sammelns von Schmetterlingen, der Roten Listen und der gegenwärtigen Kenntnis der Tagfalter Europas diskutiert. Eine kurze Liste besonders gefährdeter Arten ist hier eingefügt. Dann folgt ein Abschnitt, der sich hauptsächlich mit den Grundlagen der Taxonomie und ihrer Anwendung beschäftigt, ein Wörterbuch der wichtigsten Begriffe enthält, eine Liste der bekannten Arten, teilweise mit Kommentaren, und eine Synonymieliste der Gattungs- und Artnamen. Im folgenden Abschnitt werden biogeographische Fragen der Tagfalter Europas besprochen. Eine gute Übersicht gibt die Verbreitung der einzelnen Arten in den Staaten Europas in Tabellenform. Die Daten der Verbreitung und Gefährdung werden in einer weiteren Tabelle zusammengestellt und schließlich in ihrer Anwendbarkeit für die Beurteilung der Gefährdung der Arten diskutiert, die in einer ökologischen Betrachtung der einzelnen Typen zusammengefaßt wird. Das abschließende Kapitel beschäftigt sich mit möglichen Programmen und Methoden zur Erhaltung der einheimischen Tagfalterfauna, z. B. des Biotopschutzes, des Sammelns und Handels und insgesamt der Gesetzgebung. Das besondere Merit dieses Buches liegt in der Zusammenstellung sehr vieler Daten unterschiedlichsten Zusammenhangs in sehr übersichtlicher Form und ist deshalb besonders beachtenswert. Für die noch zu erwartenden Bände der Reihe ist es eine wichtige Zusammenfassung und Grundlage. W. DIERL

| Mitt. Münch. Ent. Ges. | 77 | 51−59 | München, 1. 12. 1987 | ISSN 0340−4943 |

Berendtimiridae fam. n., a new family of fossil beetles from Baltic Amber

(Coleoptera, Cantharoidea)

By Josef R. WINKLER

Abstract

Palaeoentomology, taxonomy, Baltic amber, Berendtimiridae fam. n., *Berendtimirus* gen. n., type-species *Berendtimirus progenitor* sp. n., Collection BERENDT, Natural History Museum Berlin. Probable affinity to the predecessors of Omalisidae presumed. Taxonomic position of *Caccomorphocerus cerambyx* SCHAUFUSS within Cantharoidea reasoned.

Introduction

A virtual scientific hoard, the large collection of fossil Baltic amber Coleoptera in the Natural History Museum of Humboldt University, Berlin, GDR, preparatorily assorted to the families (HIEKE & PIETRZENIUK 1984), involves 4 inclusions preliminarily assigned to Lycidae (or ? Lycidae). One of these inclusions, just that one marked with the interrogation mark was proved to be a new family of Cantharoidea, described and discussed below.

The other three inclusions comprise the virtual representatives of the family Lycidae, and are a topic of the separate paper (WINKLER 1987).

Material and methods

The type specimen was examined, measured, pictured and described dry under stereomicroscope.

The drawings of various bodyparts were pictured by means of ocular grid and put together in order to set up the reconstruction of the habitus picture straightened to the dorsal norm.

The black-white microphotographs (as well as colour slides used for morphological precisions, not published here, however) were performed by means of direct coupling (without projective) of the stereomicroscope Carl Zeiss Jena GSM and 35 mm camera Beirette vsn, very suitable for this purpose (two 60 W bulbs, distance of each from the object ± 150 mm, black − white film 21 DIN [= 100 ASA] or colour reversal film for artificial light 17 DIN [= 40 ASA]), the same exposure time for both films, 25 s, alternation of black and white rests, the plastic clay sometimes used for fixing the object examined in the desired situation.

Acknowledgements

I am obliged with my thanks first of all to Dr. Fritz HIEKE and Dr. Erika PIETRZENIUK, Natural History Museum (Naturhistorisches Museum) of Humboldt University, Berlin, GDR, for encouragement to palaeoentomological studies, placing the fossil material at my disposal, and for their excellent hospitality during my visits to their institution, Dipl.-Ing. silv. Jiří KOLIBÁČ, Ostrava, Czechoslovakia, for setting up the reconstruction and picturing the holotype, to Dr. Roy A CROWSON, The University, Glasgow, Scotland, Great Britain, for many valuable information and generous gift of his excellent papers on higher classification and fossil Coleoptera, and to Dr. Roland GERSTMEIER, Zoological State Collection (Zoologische Staatssammlung), Munich, FRG, who very kindly provided me with some difficultly accessible papers.

Berendtimiridae fam. n.

Type genus: *Berendtimirus* gen. n.

Definition of the family

Coleoptera, Elateriformia, Cantharoidea; related to Omalisidae, displaying antennal segment 3 similar in size and vestiture to 2, abdomen with six visible ventrites, elytra with short longitudinal humeral costae, and seriate circular, anteapically indistinctly reticulated punctuation, elongate trochanters and simple claws without setae, differing, however, by long filiform antennae without antennal sockets, articulating dorsally, with cranium forming a raised flat shield-like formation.

Berendtimirus gen. n.

Type-species: *Berendtimirus progenitor* sp. n.
Derivatio nominis: The generic name is in honour of Dr. Georg Carl BERENDT, Entomopalaeontologist of the past century, whose internationally well known collection of Baltic amber inclusions is now a part of the imposing Berlin collection; is composed of his surname, and the Latin adjective mirus, −a, −um=miraculous, admirable, wonderful, etc. Masculine in gender.
Range: Only one species known until now.

Description

Body small.
Head distinctly wider than long, mandibles sharp, relatively short, wide and curved, four segments of maxillary palpi visible from above, labial palpi slender, short and club-shaped. (Labrum and clypeus not observable.)
Eyes very large, projecting, finely faceted, situated laterad beneath the raised, frontally and laterally concave shield-shaped formation.
Antennae long, filiform, 11-segmented, quite separated from eyes, antennal sockets not developed, growing out from small flat articulation areae located rather medianly near the concave anterior shield-shaped part of the cranium.
Pronotum distinctly wider than long, narrower than elytra, anterior margin only very moderately convex, nearly straight, lateral margins distinctly bordered with darker ledge-like bordures, first widening in the middle, then narrowing. Hind corners short, sharp, directed obliquely. Dorsal surface uneven.
Prosternum in front of coxae longer than width of a coxa.
Scutellum relatively large, cup-shaped.
Elytra fully covering abdomen, relatively wide, with raised short humeral costa separating dorsal surface from epipleurae, with rather regular longitudinal rows of punctures. Punctuation in anterior

52

part of elytra more circular, and interstices flat, in ante-apical part punctuation with certain tendency to reticulation, interstices there more raised and forming here and there not very distinct costae.

Metathoracic wings fully developed.

Legs of normal length, extremely slender, all coxae articulating separately, trochanters long, narrow and oblique, femora very slender, only in forelegs thicker than tibiae, without distinct tibial spurs, without tarsal lobes except the very wide, deeply bifid fourth tarsomere lobed below.

Metasternite very long and narrow, punctured by coarse deep obliquely elongated punctures.

Abdomen high and narrow, composed of six visible ventrites. First and second ventrites punctuated by similar, but finer punctures as in metasternite, succeeding three ventrites practically smooth and more lustrous. Sixth ventrite short and wide.

Berendtimirus progenitor sp. n.
(Figs 1–5)

Type material: Holotype, sex undetermined. Inclusion labelled as follows: MB J. 518 / Lycidae? nicht *Lycus* / det. Hieke, 1983 / Slg. Berendt // , designated here as holotype[*]) (red label) *Berendtimirus / progenitor* gen. n., sp. n. / Holotype / J. R. Winkler det., 1987 // [printed, complemented with handwriting]. Deposited in Humboldt University Natural History Museum.

Derivatio nominis: progenitor, -oris, m. (Latin) = grandfather, forefather, predecessor.

Description

Body length: ± 2,5 mm.

Head dorsally much darker than other bodyparts, dully black, eyes and mouthparts lighter.

Antennae long, reaching to two-thirds of the length of elytra, with diversified antennal segments: The first three segments widest, not flattened, however. The succeeding ones much thinner, the ultimate segment smallest. (For exact proportions see the appended Table of basic meristic data.)

Pronotum with uneven surface, deepened areae towards hind corners and on the disc, the raised places formed by irregularly scattered small tubercles, lateral margins with very short oblique setae.

Elytra relatively broad, slightly narrowing in a half of their length, then widening again, glittering, bare, with smooth lustrous humeral bulge, distinct 7–8 regular longitudinal rows of deeply punctured unpigmented dots. Dots in humeral part usually circular, only exceptionally somewhat irregular, posteriorly more irregular, oblong or polygonal, indicating a very feeble tendency to reticulation. Apices rounded, with only very short pre-apical dehiscence. The only vesture observable on outer margins of elytra in five-sixths of their length in pre-apical and apical areae.

Legs very peculiar, i. e. extremely thin, perhaps only with exception of forelegs femora of the same width as tibiae, tarsi very long and thin, tarsal claws tiny. Vesture of legs very poor: femora and tibiae display sporadically only here and there individual solitary short oblique setae.

Discussion

The taxonomic position and kinship of the new family Berendtimiridae fam. n. in Elateriformia and Cantharoidea were examined in light of modern taxonomic criteria as proposed by CROWSON (1972, 1973).

---

[*]) The mark / means arrangement of lines on a label, the mark // individual labels, parentheses ( ) serve for detailed characteristics of labels, and square brackets [ ] for various notices, ect.

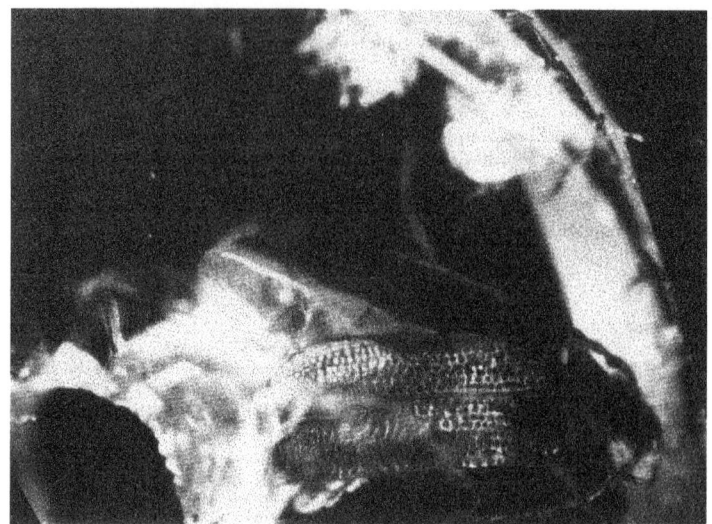

Fig. 1: *Berendtimirus progenitor* gen. n., sp. n. Holotype, dorsal view. Black rest.

Fig. 2: *Berendtimirus progenitor* gen. n., sp. n. Holotype, dorsolateral view. White rest.

(Photographs by J. R. Winkler)

54

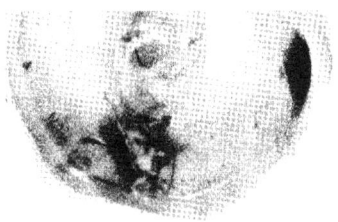

3

Fig. 3: *Berendtimirus progenitor* gen. n., sp. n. Holotype, location of the insect in the amber inclusion. White rest.

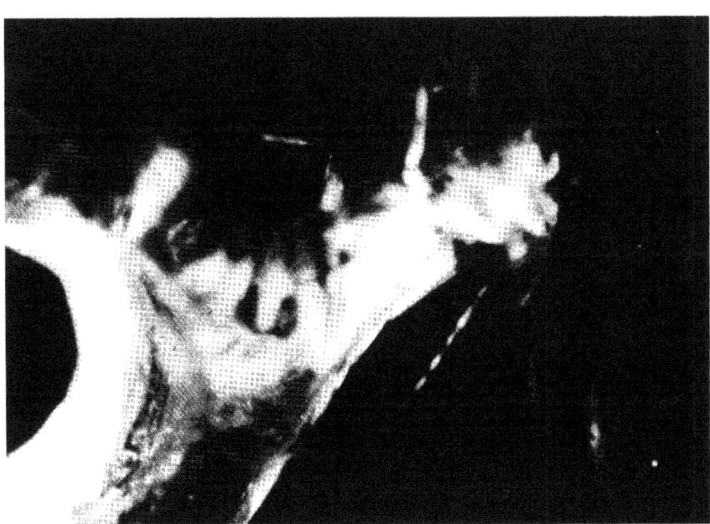

4

Fig. 4: *Berendtimirus progenitor* gen. n., sp. n. Holotype, ventrolateral view showing spread of the milkiness. Black rest.   (Photographs by J. R. WINKLER)

Table of basic meristic data

Ratio lengths of head : pronotum : elytra		1 : 1.1 : 5.74
Ratio head length : width		1 : 1.61
Ratio antenna lengths of segments	I	2.24
	II	1.2
	III	1.45
	IV	1.44
	V	1.44
	VI	1.24
	VII	1.52
	VIII	1.52
	IX	1.48
	X	1.2
	XI	1
Ratio width of head : width of pronotum (hind corners)		1 : 1.14
Ratio length of elytron : width of both elytra		2.25 : 1
Ratio lengths tibia : tarsus	I	1.29 : 1
	II	1.37 : 1
	III	1.06 : 1
Mutual ratio of lengths of tibiae	I	1.05
	II	1
	III	1.21
Mutual ratio of lengths of tarsi	I	1
	II	1.09
	III	1.81

Although the unadvantageous situation of the beetle in corner of the Baltic amber inclusion (being before probably a bead of the necklace, subsequently honed flat for study; see Fig. 3), and first of all the milkiness *) (Fig. 4) rendered examination of some very important characters (ventral side of the head, prosternum, etc.) impossible, many weighty characters, however, in otherwise limpid inclusion could be observed.

Although very significant characters — absence or presence of the intercoxal process, its size and structure, are not at disposal, analysis of the characters important for classification (CROWSON, 1972) enabled the ascertainment the separate new family of Cantharoidea is the subject under discussion.

The family Berendtimiridae is coincident with the family Plastoceridae in number of visible ventrites (6), but differs from it by structure of the elytra being in the latter family without regular rows of punctures, and by short trochanters. Berendtimiridae fam. n. differs from the family Cneoglossidae besides the same difference in length of the trochanters, and sculpture of the elytra, also in number of visible ventrites (5 in Cneoglossidae). From the family Lycidae Berendtimiridae fam. n. differs first of

---

*) The term "milkiness" is taken from the monograph of LARSSON (1978). The white film of fossilized water transpired from the tissues of an insect, resembling mould or bast, often impeding or even making observation of the important characters impossible, is meant. The German authors give this phenomenon a name "Phiom".

all by number of visible ventrites (8 in male-, 7 in female Lycidae), shape of the 4. tarsomere, ect. Other families of Cantharoidea display even much wider spectrum of differences precluding the closer relationship of the new family with them. For details see CROWSON (1972).

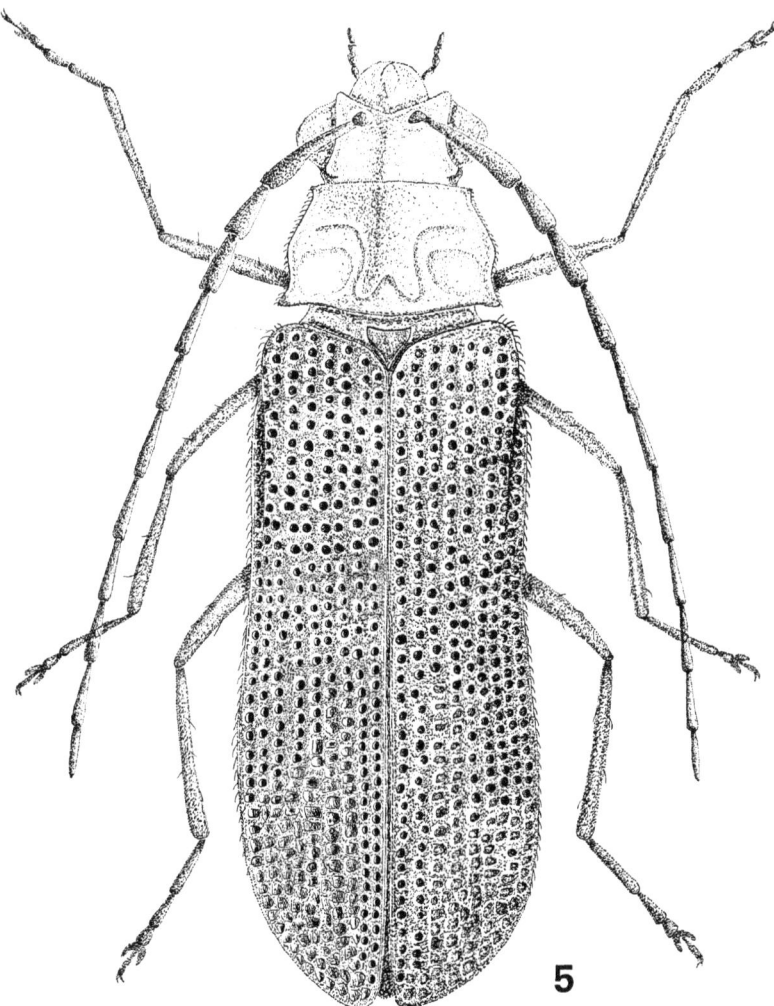

Fig. 5: *Berendtimirus progenitor* gen. n., sp. n. Holotype, reconstruction straightened to the dorsal norm.

As most closely related appears the family Omalisidae *) with which the family Berendtimiridae fam. n. has the greatest number of common characters (coincident number of visible ventrites [6], seriate punctuation of elytra, 4. tarsomere widened, bifid, and lobed below, antennal segment 3 similar in size and vestiture to 2, tibial spurs not distinct).

As to characters not proved, perhaps the structure of the intercoxal process as in Omalisidae, and more probably rather male-, than famale, sex of the examined specimen may be supposed if we presume the common ancestors of both families.

The differences separating both families are viz. typically evolutional and reflexing the time factor in development of the characters.

The antennae of Berendtimiridae fam. n. are still very long, filiform, with flat articulation, the antennal sockets are entirely lacking. This circumstance is probably very important as parallelly with Berendtimiridae fam. n. the absence of the antennal sockets was ascertained consistently also in three new genera of Baltic amber Lycidae *) so that perhaps a more generalized view of the evolutional trend of mutability in the Omalisid-Lycid line between Lower Oligocene and recent period is at stake. Very remarkable also are the very primitive structure of the head with relatively large and protruding eyes, the pronotum with sharp fore-, as well as hind corners, the legs relatively long and very slender, the humeral costa of the elytra little distinct, and a certain trend of the elytral punctures to be reticulate.

All these characters may be considered as archaic and evoke a notion of Berendtimiridae as a possible extinct ancestral sister group of the direct predecessors of the recent Omalisidae.

The discovery of a new family in Baltic amber is, indeed, a very remarkable and inexpected result as in general the taxa at a family-, and subfamily level of the recent Coleoptera were stabilized already in the Tertiary era.

Supplement

Within the framework of my preparatory studies of the literary data dealing with fossil Cantharoidea preceding this paper I reasoned the family appurtenance of the very interesting taxon hitherto placed in Cantharidae, *Caccomorphocerus* SCHAUFUSS, 1891 (type-species *Caccomorphocerus cerambyx* SCHAUFUSS, 1891). (See SCHAUFUSS 1891, KORSCHEFSKY 1939.)

I have had not a possibility of direct examination of this Baltic amber fossil, but from the original description and the ensuing pictures (KORSCHEFSKY 1939) may be with certainty judged the taxon is not a virtual Cantharid, but the representative of a taxonomic unit displaying perhaps some affinities with Phengodidae, or, may be, Telegeusidae. Comparison with these taxa might possibly bring more realistic classification.

Zusammenfassung

In vorliegender Arbeit wird eine neue fossile Käferfamilie Berendtimiridae fam. n. (typische Gattung *Berendtimirus* gen. n., typische Art *Berendtimirus progenitor* sp. n.), die in eine der Bernsteininklusionen aus den Sammlungen des Naturhistorischen Museums der Humboldt-Universität zu Berlin, DDR, entdeckt wurde, beschrieben. Die neue Familie steht der rezenten Familie Omalisidae am nächsten und stellt möglicherweise eine ausgestorbene Schwestergruppe dar.

---

*) Omalisidae = Homalisidae auct. For nomenclatural substantiation see WINKLER (in press).

*) For details see WINKLER (1987).

Die Entdeckung der neuen Familie im Tertiär ist sehr bemerkenswert, da die rezenten systematischen Kategorien — höher als die Gattung — in dieser geologischen Ära schon stabilisiert sind und die Entdeckung der bisher unbekannten neuen fossilen Käferfamilie eine seltene Ausnahme ist.

Für Einzelheiten (einschließlich die Erwägung der taxonomischen Position von *Caccomorphocerus cerambyx* SCHAUFUSS) siehe Supplement.

Literature

CROWSON, R. A. 1972: A review of the classification of Cantharoidea (Coleoptera), with the definition of two new families, Cneoglossidae and Omethidae. — Revista Univ. Madrid, N. S. 21 (82), 35−77.

— — 1973: On a new superfamily Artematopoidea of polyphagan beetles, with the definition of two new fossil genera from the Baltic amber. — J. nat. Hist. 7 (2), 225−238.

HIEKE, F., PIETRZENIUK, F. 1984: Die Bernsteinkäfer des Museums für Naturkunde Berlin (Insecta, Coleoptera). The amber beetles (Insecta, Coleoptera) of the Museum of Natural History, Berlin. — Mitt. Zool. Mus. Berl. 60 (2), 297−326.

KORSCHEFSKY, R. 1939: Abbildungen und Bemerkungen zu vier Schaufuß'schen Coleopteren aus dem deutschen Bernstein. — Arb. morph. taxon. Ent. Berlin-Dahlem 6 (1), 11−13.

LARSSON, S. G. 1978: Baltic amber — a palaeobiological study. — Entomonograph vol. 1. Scandinavian Science Press, Klampenborg (Denmark), 192 pp.

SCHAUFUSS, C. 1891: Preussens Bernstein-Käfer. — Neue Formen aus der Helmschen Sammlung im Danziger Provinzialmuseum. — Berliner Entomol. Zeitschr. 36 (1), 53−64.

WINKLER, J. R. 1987: Three new genera of fossil Lycidae from Baltic amber (Coleoptera). — Mitt. Münch. Ent. Ges. 77, 61−78.

— — in litt.: The families Omalisidae emend. n. and Lycidae in Slovak National Museum (Coleoptera). In press.

Adress of author:
Dr. Josef R. WINKLER
c/o M. Vodička
V Cibulkách 1
15000 Praha 5 — Kōs.
Czechoslovakia

Buchbesprechungen

LINDROTH, C. H.: **The** Carabidae (Coleoptera) of Fennoskandia and Denmark. – Fauna Entomologica Scandinavica Vol. 15, part 2. – E. J. Brill, Scandinavican Science Press, Leiden-Copenhagen, 1986. 263 pp., 267 figs. (5)

In ebenso bewährter Weise wie im ersten Teil des Werkes werden in Band 2 die Triben Pterostichini bis Brachinini der Skandinavischen Laufkäfer abgehandelt. Für den deutschen Benutzer sind neben den vorzüglichen Schlüsseln die kurzen, aber informationsreichen ökologischen Charakterisierungen der einzelnen Arten von besonderem Interesse, beruhen sie doch auf der Erfahrung des besten Kenners der Ökologie europäischer Laufkäfer unserer Zeit. Auch dieser Band kann dem Benutzer, der weiß, welche bei uns zu erwartenden Arten nicht enthalten sind, uneingeschränkt empfohlen werden. M. BAEHR

CULOT, J.: **Noctuelles et Géomètres d'Europe, Noctuelles Vol. II, ed. 1914–1917.** – Apollo Books, Svendborg, Reprint Edition 1986. 243 S. und Farbtafeln 39–81. (6)

Unter den Klassikern der entomologischen Literatur steht der „CULOT" in den vorderen Reihen und hat für den systematisch arbeitenden Entomologen auch heute noch seine Bedeutung nicht verloren. Um so mehr zu begrüßen ist es deshalb, daß hier ein Nachdruck aufgelegt wurde, der es ermöglicht, dieses Werk auch wieder im eigenen Bücherschrank zu haben und nicht nur mühsam als Rarum aus Bibliotheken entleihen zu müssen. Für den Bibliophilen ist der Nachdruck ebenso erwerbenswert, da er in Text und vor allem in den Farbtafeln gut gelungen ist, was man von anderen Neudrucken nicht immer sagen kann. Es bleibt also nicht anderes als auf diese Publikation hinzuweisen und ihr zu wünschen, daß sie eine angemessene Verbreitung findet und dadurch möglichst andere nachziehen möge. W. DIERL

SKOU, P.: **The Geometroid Moths of North Europe (Lepidoptera: Drepanidae and Geometridae).** – Entomograph, Vol. 6. – E. J. Brill-Scandinavian Science Press, Leiden-Copenhagen, 1986. 348 pp., 24 Farbtafeln, 358 Abb. und Verbreitungstab. (7)

Alle Arten der im Titel genannten Familien, die im fennoskandischen Bereich vorkommen, werden in diesem Buch in vorzüglicher Weise dargestellt, so daß man es vorneweg als grundlegende Bearbeitung betrachten muß, die jeder einschlägig Interessierte haben sollte. Zu jeder Art gibt es eine Beschreibung, die die wichtigen habituellen Merkmale umfaßt und die auf Farbtafeln nach Farbfotos dargestellt werden. In schwierigen Fällen ergänzen Zeichnungen der Flügelmuster und der Genitalapparate die Darstellung der Merkmale, so daß auf dieser Basis jederzeit eine sichere Bestimmung möglich ist. Die Gesamtverbreitung wird angegeben und die im behandelten Gebiet besonders hervorgehoben. Weiterhin folgen Angaben zu den Habitaten, zur Flugzeit und zur Biologie. Viele Fotos der Habitate und Raupen ergänzen diese Angaben. Dazu kommt ein ausgewähltes Literaturverzeichnis. Sehr informative Verbreitungstabellen beschließen die gelungene Bearbeitung. W. DIERL

GRIMM, U.: **Die** Clubionidae Mitteleuropas: Corinninae und Liocraninae (Arachnida, Araneae). – Abh. Nat. Ver. Hamburg, (NF) 27, 1–91. – Verlag Paul Parey, Hamburg–Berlin, 1986. 91 S., 90 Zeichn., 1 Tab., 17 Verbreitungskarten. (8)

Wie die Gnaphosidae Mitteleuropas, die 1985 im gleichen Verlag erschienen sind, werden in dieser Abhandlung die Corinninae und Liocraninae Mitteleuropas umfassend revidiert. Sowohl übersichtliche Bestimmungstabellen als auch hervorragende Zeichnungen erleichtern die Determination der 7 Gattungen und 18 Arten.

Die Angaben zur Biologie, Phänologie und geographischen Verbreitung dürften vor allem für die Ökologen von großem Wert sein.

Diese Revision ist ein willkommenes Hilfsmittel für Taxonomen und besonders für faunistisch-ökologisch arbeitende Wissenschaftler und ermöglicht es, die Arten schnell und sicher zu bestimmen. Daher kann diesem Personenkreis die Revision nur wärmstens empfohlen werden.

Es wäre nur wünschenswert, wenn weitere Araneen-Gruppen in dieser Weise bearbeitet werden würden. B. BAEHR

| Mitt. Münch. Ent. Ges. | 77 | 61—78 | München, 1. 12. 1987 | ISSN 0340—4943 |

Three new genera of fossil Lycidae from Baltic Amber

(Coleoptera, Lycidae)

By Josef R. WINKLER

Abstract

Palaeoentomology, taxonomy, nomenclature, Baltic amber; *Kolibacium* gen. n., type-species *Kolibacium balticum* sp.n.; *Hiekeolycus* gen. n., type-species *Hiekeolycus berendti* sp. n. (*„Lycus elegans"* nomen nudum); *Pietrzeniukia* gen. n., type-species *Pietrzeniukia kunowi* sp. n., Collections BERENDT, Künow (Natural History Museum Berlin). Specific name of *Pseudaplatopterus scheelei* KLEINE, 1940 emended, P. *scheelei* emend. n. (= P. *ascheelei* sp. n., new synonym). Key to all hitherto known Baltic amber species of Lycidae. Anagenetic drift discussed.

Introduction

The topic of this communication is the taxonomic evaluation of three inclusions being a part of the large Baltic amber collection deposited in Natural History Museum of Humboldt University, Berlin, GDR, preliminarily assigned to the family Lycidae. (For information see HIEKE & PIETRZENIUK 1984.)

Each of these inclusions harbours a fossil beetle specimen virtually appurtenant to the family Lycidae (Elateriformia, Cantharoidea).

The specimens examined represent three distinct separate new genera of the (recent) tribe Dictyopterini.

These new genera display a set of remarkable peculiar characters enabling their reliable individual distinguishing, but also some common characters separating each of them from any of the known recent Lycid genera. (See e. g. KLEINE 1942, NAKANE 1969, WINKLER 1952 etc.).

Material and methods

All type specimens were examined, measured, pictured and described under stereomicroscope.
The pictures were performed by means of ocular grid.

The large set of black-white microphotographs, besides colour slides, not used within this paper, was obtained by means of direct coupling (without projective) of the stereomicroscope Carl Zeiss GSM and 35 mm camera Beirette vsn, fixed with a simple metal holder. Lighting: 2 bulbs 60 W, distance of each from the object ± 150 mm. Focussing: ∞. Screen aperture: 2.8. Film: black-white Fomapan 21· F (21 DIN = 100 ASA) or colour reversal film for artificial light Orwochrom UK 17 (17 DIN = 40 ASA). Exposure time (for both films): 25 s. For earning of better contrast the alternation of black and white rests was practicised, and in some cases the plastic clay was used for fixing the object in a suitable angle.

Acknowledgements

My sincere thanks are due first of all to Dr. Fritz HIEKE and Dr. Erika PIETRZENIUK, Natural History Museum (Naturhistorisches Museum) of Humboldt University, Berlin, GDR, for encouragement, hospitality and all help and assistance imaginable during my visits in Berlin Museum, to Dipl.-Ing. silv. Jiří KOLIBÁČ (Ostrava, Czechoslovakia) for his friendly offer to picture the drawings used here, to Dr. Roy A. CROWSON (The University, Glasgow, Scotland, Great Britain) for very valuable information and a generous gift of rare and important papers dealing with the major classification of fossil as well as recent Coleoptera, and to Dr. Roland GERSTMEIER, Zoological State Collection (Zoologische Staatssammlung), Munich, FRG, for his friendly cooperation in providing me with important literature accessible only with difficulties, and for his excellent editorial care.

All this needs to be thankfully acknowledged.

Key to hitherto known Baltic amber species[1]) of Lycidae

1. Pronotum without areolae, only with raised rib-like swell running obliquely from side margins to the middle, and with a feeble median furrow . . . . *Pseudaplatopterus scheelei[2]*) KLEINE, 1942

    – Areolae fully developed . . . . 2.

2. Pronotum with seven areolae (one rhombical discoidal, and six side areolae). Elytron between suture and huge humeral costa with six longitudinal rows of reticulate cells and five interstices, between humeral costa and epipleural margin with three longitudinal rows of reticulate cells and two interstices . . . . *Kolibacium balticum* gen. n., sp. n.

    – Pronotum with five areolae (one rhombical discoidal, and four side areolae) . . . . 3.

3. Elytron between suture and huge humeral costa with three longitudinal rows of reticulate cells and two interstices, between humeral costa and epipleural suture with two longitudinal rows of reticulate cells and one interstice . . . . *Hiekeolycus berendti* gen. n., sp. n.

    – Elytron anteriorly between suture and huge humeral costa with six longitudinal rows of reticulate cells and five interstices, in half of their length with four longitudinal rows of reticulate cells and three interstices, between humeral costa and epipleural margin with three longitudinal rows of reticulate cells and two interstices . . . . *Pietrzeniukia kunowi* gen. n., sp. n.

Kolibacium gen.n.

Type-species: *Kolibacium balticum* sp.n.

Derivatio nominis: Named in honour of Dipl.-Ing. silv. Jiří KOLIBÁČ as appreciation of his willing assistance. Neutral in gender. For differential diagnosis see the identification key and Table of basic meristic data.

Description

Tribe Dictyopterini. General bodyform elongated, flattened, with very prominent humeral costa on each elytron.

---

[1]) Unrevised unwarrantedly identified genera without described type-species, i.e. *Calopteron* (Dictyoptera), *Lygistopterus* and *Lycus*, as cited by SPAHR (1981a) are not included. The latter genus, however *(Lycus elegans* BERENDT, nomen nudum), refers to *Hiekeolycus berendti* gen. n., sp.n.

[2]) For nomenclature of the specific name see the appended Supplement.

Head prognathous, short and very wide, nearly as wide as pronotum, longest in the middle, with long and narrow median area, without antennal sockets. Antennae 11-segmented, short and relatively thick. Eyes large.

Pronotum wider than long, narrowest anteriorly, lateral margins nearly parallel, in two-thirds of its length widening. Hind corners blunt, robust, oblique, directed backward, basal margin concave in the middle. Seven areolae, a large rhombic discoidal areola touching the basal margin, not reaching to the apical margin, however, and three areolae on each side of the discoidal areola, developed.

Elytra covering fully abdomen, each elytron between suture and huge humeral costa with six longitudinal rows of reticulate cells and five flat, thin, insignificant interstices, epipleura very wide, with three longitudinal rows of reticulate cells and two flat indistinct interstices between humeral costa and epipleural margin.

Forelegs with relatively small tarsi, otherwise without peculiar taxonomic importance.

Kolibacium balticum sp.n.
(Figs 1, 4, 5, 6, 7)

Type material: Holotype (sex undetermined), labelled*) as follows: MB, J. 516 / Lycidae, *Dictyoptera* sp. / det. Hieke 1983 // Slg. Berendt // designated here as holotype (red label:) *Kolibacium / balticum* gen.n., sp.n. / HOLOTYPE / J. R. Winkler det., 1987 // [printed, complemented with handwriting.]

Derivation nominis: balticus, -a, -um (Latin) = Baltic, after its geographical range.

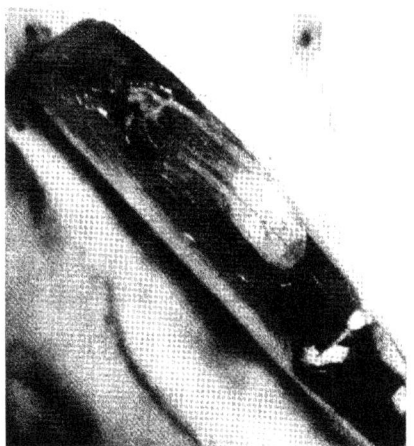

Fig. 1: *Kolibacium balticum* gen. n., sp. n. Holotype. Situation of the beetle in edge of the amber inclusion, dorsal view. Plastic clay fixation.

---

*) The mark / means arrangement of lines on a label, the mark // individual labels, parentheses ( ) serve for detailed characteristics of labels, and square brackets [ ] for various notices, etc.

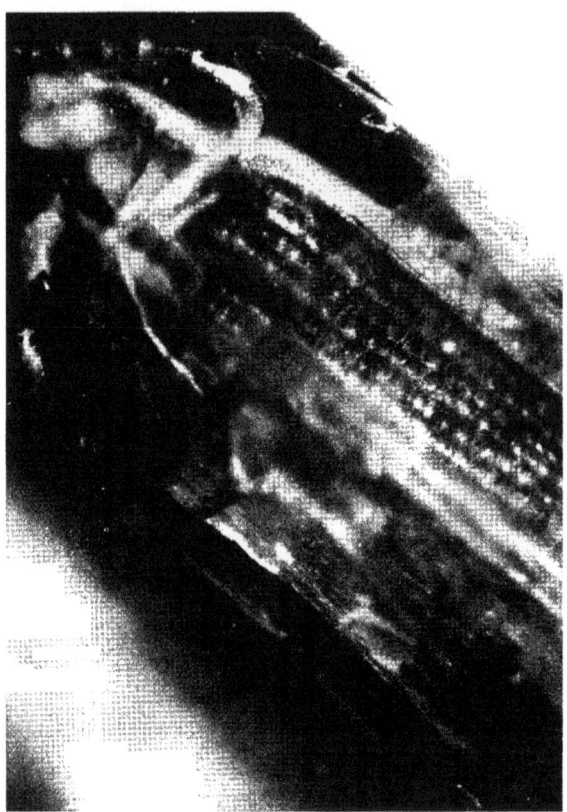

4

Fig. 4: *Kolibacium balticum* gen. n., sp. n. Holotype. Dorsal view, pronotum and anterior part of elytra. Plastic clay fixation.   (Photograph by J. R. WINKLER)

Description

Body length: 6.5 mm.

Pronotum darkbrown, colouring of other bodyparts unascertainable (reflexion of amber).

Antenna inserted in the borderline between long an narrow median area and lateral part of cranium, very closely to its anterior margin. Scape longer than wide, somewhat cudgel-shaped, pedicel very short and wide, third, fourth, and fifth segments similar in shape, with increasing lengths and widths, sixth segment straight internally and convex externally, seventh segment nearly triangular, eighth slightly concave externally, ninth and tenth segments trapeziform, of similar shape and length, somewhat shorter than the eighth one, tenth segment conical, relatively short and stout. (For details see Figs 4, 5, 6, 7 and Table of basic meristic data.)

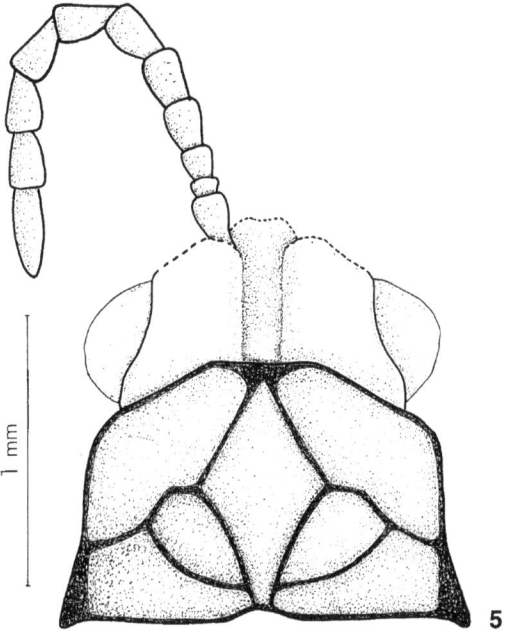

Fig. 5: *Kolibacium balticum* gen. n., sp. n. Holotype. Dorsal view, head and pronotum. Dashed line represents a presumed outline shaded by milkiness.

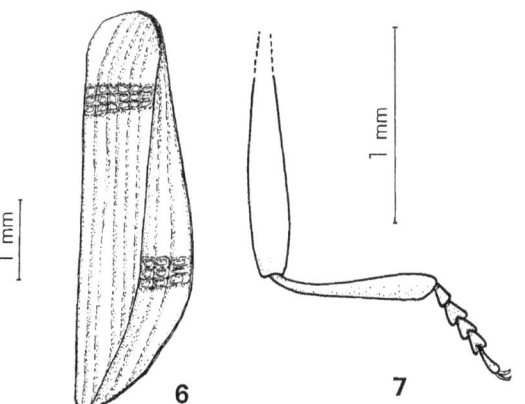

Fig. 6: *Kolibacium balticum* gen. n., sp. n. Holotype. Elytron, structure of elytral reticulation.
Fig. 7: *Kolibacium balticum* gen. n., sp. n. Holotype. Fore leg.

Humeral bulge densely and deeply punctured, humeral costa only finely punctuated or smooth. Reticulate cells and interstices with sparse short setae.

Remarks: The object is located very unsuitably in extremely fragile broken edge of the inclusion. Already at the very beginning of the examination the bad quality of the inclusion, i. e. broken surface jointly with milkiness caused the impossibility to examine many characters. In addition to that, a broken piece of the edge, containing elytra, fell off other bodyparts in the course of necessary manipulations, fortunately enough after describing, picturing and photographing of the object. The inclusion was pieced together with a minute drop of Euparal. This operation regrettably caused a total clearing, i. e. practically a vanishing of the elytra in the inclusion, and still aggravated the initial deterioration of the inclusion in which now only a part of the pronotum is visible from above.

Hiekeolycus gen.n

Type species: *Hiekeolycus berendti* sp.n.

Derivatio nominis: Named in honour of splendid personality in Entomology, Dr. Fritz HIEKE, in appreciation of all his merits in recent — as well as fossil coleopterological research, and encouragement to my own studies of Baltic amber insects. Masculine in gender.

For differential diagnosis see the identification key and Table of basic meristic data.

Description

Tribe Dictyopterini. General bodyform elongated, flattened, with very prominent humeral costa on each elytron.

Head distinctly longer than wide, mandibles sharp, relatively narrow, curved. Maxillary palpi: penultimate segment longer than wide, ultimate segment securiform. Labial palpi: ultimate segment very large, elliptically conical. Eyes relatively small, situated forwards, cranium very slightly narrowing immediately behind them, then widening again.*)

Pronotum distinctly wider than long, lateral margins concave in the middle, hind corners short and blunt, directed to the sides. Five areolae, a large rhombic discoidal areola touching the basal margin, not reaching (connected with it by a very short connecting rib) to the apical margin, however, and two areolae on each side of the discoidal areola, developed.

Mesonotum partly denuded, scutum and some other mesonotal sclerites uncovered, scutellum small, long and narrow, uvula-shaped.

Metathoracic wings fully developed.

Elytra covering fully abdomen, each elytron between suture and huge humeral costa with three longitudinal rows of very large, transverse reticulate cells and two thin, flat, insignificant interstices between humeral costa and epipleural margin.

Legs: coxae of fore-, and middlelegs longer than wide, coxa of hindlegs wider than long, trochanters elongated, nearly parallel with femora. In fore-, and hindlegs femora nearly straight, distally narrowing, in middlelegs slightly curved and distally widening (Fig. 12).

Abdomen in female with seven visible wide and short ventrites. For their shape and proportions see Fig. 13.

---

*) Antennae as well as ventral parts of head and thorax unobservable (very dense milkiness).

Hiekeolycus berendti sp.n.
(Figs 2, 8, 9, 10, 11, 12, 13)

"Lycus elegans" BERENDT, 1845 – nomen nudum.

Type material: holotype female, labelled as follows: MB, J. 517 / *"Lycus elegans"* / Slg. Berendt // (red label:) *Hiekeolycus* / *berendti* gen.n., sp.n. / HOLOTYPE / J. R. Winkler det., 1987 // [printed, complemented with hand-writing].

Derivatio nominis: Named in honour of C. G. BERENDT, founder of the well-known collection of Baltic amber insects being now an important part of the aggregative collection in Natural History Museum, Berlin, GDR.

Description

Body length: 6 mm.

Colouring of body darkbrown, lustrous (the shaded bodyparts reveal the darkbrown colouring, the raised glittering places reflex the reddish hue of the amber).

Humeral part of elytra vested with rather dense longer setae, setation of posterior part of elytra less distinct.

Suture and humeral costa covered with very dense and extremely tiny microtrichies.

Reticulate cells of elytra basally, in the proximity of mesonotum, very fine, not much wider than interstices, then larger, irregular, usually wider than long, in pre-apical part of elytra most of them as long as wide, epipleural reticulation distinctly wider than long.

Most of the reticulate cells filled with very tiny microtrichies, flat, interstices in contradistinction of raised suture and humeral costa bare.

Remarks: The layer of amber above dorsum of the type-species examined, although dark, is very clear in contradistinction of ventral bodyside which is suffered by dense milkiness, so that many characters could not be examined. Nevertheless, some very interesting ascertainments could be done, i. e.

2

Fig. 2: *Hiekeolycus berendti* gen. n., sp. n. Holotype. Situation of the beetle in amber inclusion, dorsal view. White rest.

8

Fig. 8:   *Hiekeolycus berendti* gen. n., sp. n. Holotype. Dorsal view.   (Photograph by J. R. Winkler)

the sex determination, the statement that the mesosternum also in this genus is denuded (even when less distinctly than in following new genus) etc. As regards the hidden characters, concretely the articulation of the antennae, the absence of the antennal sockets is presumed.

Pietrzeniukia gen.n.

Type-speciess: *Pietrzeniukia kunowi* sp.n.

Derivatio nominis: Named in honour of Dr. Erika Pietrzeniuk, Palaeontologist and Curator of the Baltic amber collection in Natural History Museum, Berlin, GDR, for her generous hospitality and many-sided suppert of my study of Baltic amber Coleoptera. Feminine in gender. For differential diagnosis see the identification key and Table of basic meristic data.

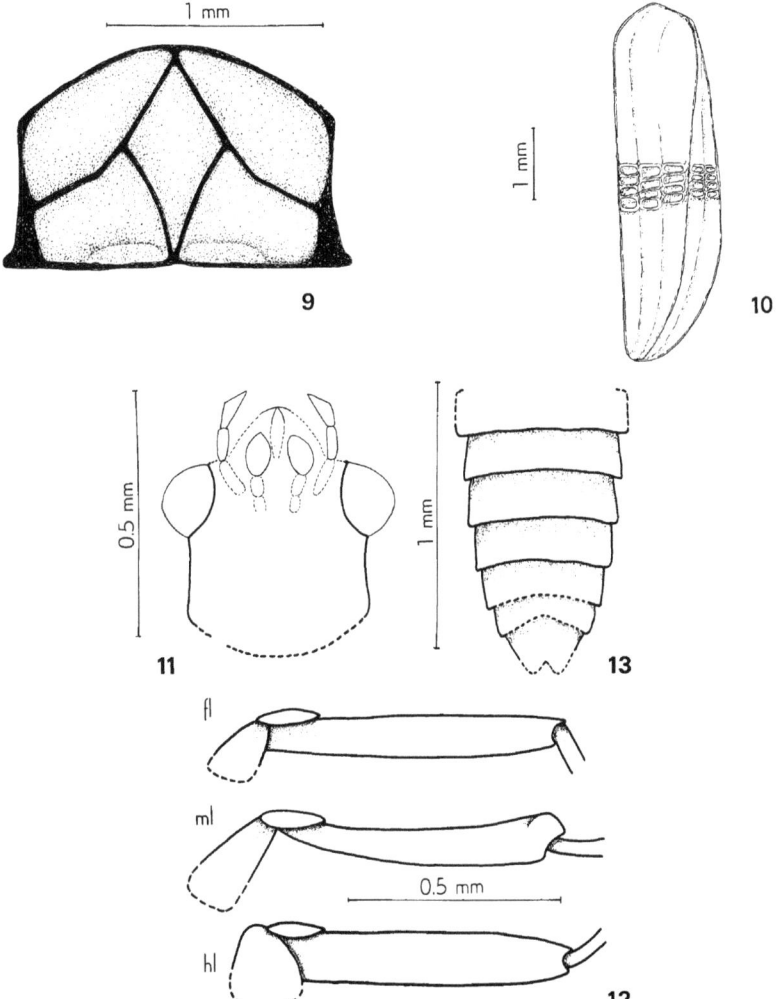

Figs 9–13: 9 *Hiekeolycus berendti* gen. n., sp. n. Holotype. Pronotum; 10: *Hiekeolycus berendti* gen. n., sp. n. Holotype. Elytron, structure of elytral reticulation; 11 *Hiekeolycus berendti* gen. n., sp. n. Holotype. Head, ventral view. Dashed line represents a presumed outline shaded by milkiness; 12 *Hiekeolycus berendti* gen. n., sp. n. Holotype. Legs, fl-fore leg, ml-middle leg, hl-hind leg; 13 *Hiekeolycus berendti* gen. n., sp. n. Holotype. Visible ventrites. Number of ventrites reveals the female sex of the specimen. Dashed line represents a presumed outline shaded by milkiness.

Description

Tribe Dictyopterini. General bodyform elongated, flattened, with very prominent humeral costa on each elytron.

Head (incl. eyes) small, twice wider than long, much narrower than width of pronotum. Antennae 11-segmented, short and relatively thin, articulating medially near the anterior margin of head, far from the eyes. Articulation place small and flat, antennal sockets not developed. Eyes relatively large, occupying nearly all the length of the lateral margins of cranium.

Pronotum extremely short and wide, lateral margins widely diverging to the half of its length, then running backward to sharp and thin backward directed hind corners. Five areolae, relatively narrow rhombic discoidal areola touching in the middle slightly concave basal, as well as nearly straight apical margin, and two areolae on each side of the discoidal areola, developed. Rib dividing both lateral areolae straight, oblique, confluent with lateral margin above hind corners.

Mesonotum nearly completely denuded, displaying scutum composed of two sclerites, scutellum large, basally wide, apically narrowing. Also some other mesonotal sclerites uncovered. No substantial difference between sclerotization and pigmentation of scutum and scutellum developed.

Metathoracic wings fully developed.

Elytra relatively wide, dehiscent[*]), not fully covering abdomen (pygidium with protrusive ovipositor visible from above), each elytron with huge humeral costa, and with six longitudinal rows of reticulate cells and five thin flat insignificant interstices in the basal portion, and with four longitudinal rows of reticulate cells and three interstices in the half of the length, epipleura with one longitudinal row of reticulate cells in the basal portion and three rows of reticulate cells and two interstices in the half of the length. Ultimate abdominal tergite (pygidium) visible from above.

Ventral bodyside: Middle coxae separated, metanotum relatively short and wide, smooth, with sparse setae, antecoxal piece wide and narrow, ventral condyle shallow, coxa of hindlegs small, trochanter elongate, femur short and wide, tarsi of normal shape. Ventral sternites (7) similar in shape, wide and narrow, pygidium large, of a characteristical shape (Figs. 15, 17, 19).

Pietrzeniukia kunowi sp.n.
(Figs 3, 14, 15, 16, 17, 18, 19)

Type material: holotype female, labelled as follows: Coll. Künow M.B., J. 519 / det. Hieke 1983 / 1 Expl. // Col. Lycidae / det. Hieke 1983 // (red label:) *Pietrzeniukia / kunowi* gen.n., sp.n. / HOLOTYPE / J. R. Winkler det., 1987 // [printed, complemented with handwriting].

Derivatio nominis: Named in honour of above named founder of the Baltic amber collection being now a part of the aggregative collection of insect inclusions in Natural History Museum, Berlin, GDR.

Description

Body length: 6.5 mm.

Body darkbrown, lustrous (the shaded bodyparts reveal the darkness, the raised glittering places reflex the reddish hue of the amber).

Antennae slender and relatively long, reaching beyond humeral part of elytra, very densely vested with tiny microtrichies. Scape large, bent, cudgel-shaped, pedicel small, longer than wide, third,

---

[*]) A natural condition? See the short thickened elytral margins, double number of longitudinal rows of reticulate cells and very wide epipleura (Fig. 18)

3

Fig. 3: *Pietrzeniukia kunowi* gen. n., sp. n. Holotype. Situation of the beetle in amber inclusion, dorsal view.
Black rest.   (Photographs by J. R. WINKLER)

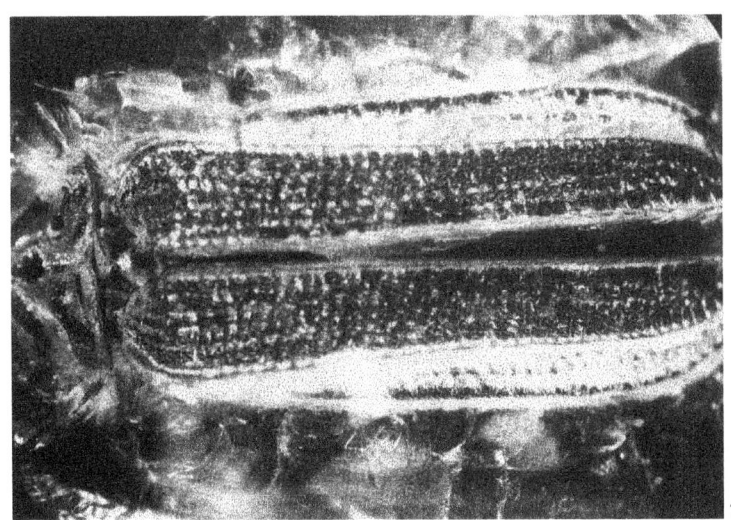

14

Fig. 14: *Pietrzeniukia kunowi* gen. n., sp. n. Holotype. Dorsal view.

15

Fig. 15: *Pietrzeniukia kunowi* gen. n., sp. n. Holotype. Ventral view.   (Photographs by J. R. WINKLER)

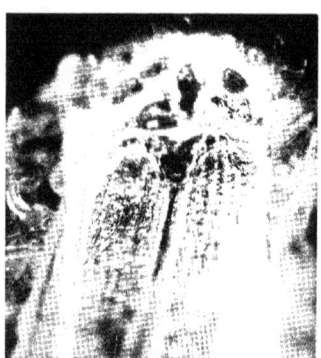

16

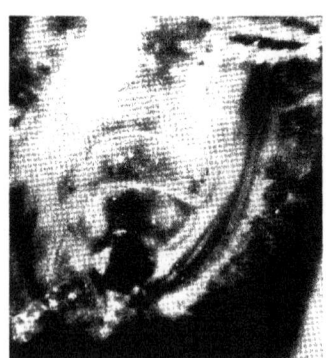

17

Fig. 16: *Pietrzeniukia kunowi* gen. n., sp. n. Holotype. Detail of dorsum showing pronotum and largely denuded mesonotum (completely uncovered scutum and scutellum).

Fig. 17: *Pietrzeniukia kunowi* gen. n., sp. n. Holotype. Detail of venter showing visible ventrites and protrusive apex of ovipositor.   (Photographs by J. R. WINKLER)

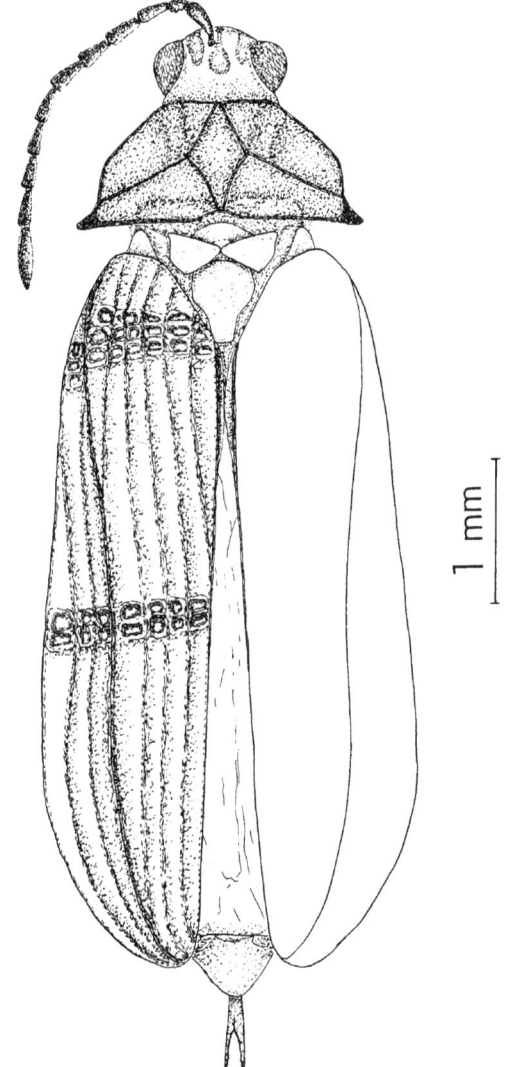

18

Fig. 18:   *Pietrzeniukia kunowi* gen. n., sp. n. Holotype. Reconstruction of the complete dorsal view.

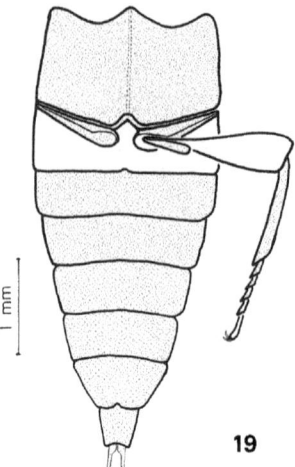

19

Fig. 19: *Pietrzeniukia kunowi* gen. n., sp. n. Holotype. Visible lower bodyparts: metanotum, hind legs, abdominal ventrites.

fourth, fifth and sixth segments similar in shape, rather wide, widest distally, seventh, eighth and ninth segments similar to the receding ones, more slender, however. Eleventh segment very long, slender, conical.

Scutum and scutellum heavily pigmented, darkbrown, scutellum distally slightly concave, more heavily pigmented in the raised middle, margins paler.

Table of basic meristic data

Ratio height: width of pronotum (hind corners)	*Hiekeolycus* 1:1.67	*Kolibacium* 1:1.75	*Pietrzeniukia* 1:2.71
Ratio width disc of areola: width of pronotum (hind corners)	1:3.42	1:3.22	1:5.42
Ratio length of pronotum: length of scutum	–	–	1:1.21
Ratio length of antennal segments	–	I 3.1 II 1 III 1.8 IV 2.8 V 3.1 VI 3.2 VII 3.5 VIII 3.5 IX 3.2 X 3.2 XI 5.1	I 2.3 II 1 III 2 IV 2.3 V 2 VI 2.3 VII 2 VIII 2 IX 2 X 2.3 XI 4

			1:1.17	1:2.13
Ratio width of head (incl. eyes): width of pronotum (hind corners)				

Ratio abdominal sternites, length : width: values in [ ] are reconstructions; lengths measured in the middle, widths on hind margins	I [1:4.17]	–	I 1:4
	II 1:4.06		II 1:4.22
	III 1:3.25		III 1:3.1
	IV 1:3.05		IV 1:2.42
	V 1:3.83		V 1:2.16
	VI [1:3.5]		VI 1:1.05
	VII [1:1.07]		VII 1:0.66

Mutual ratio of lengths of abdominal sternites	[2]:1.89:2.22: :2:[1.55]:[1]: :[2.22]	–	1.25:1.13: :1.31:1.19: :1.25:1

Mutual ratio of widths of abdominal sternites	[5.4]:4.92: :4.64:4.92: :[3.57]:[2.71]: :[1]		7.62:7.24: :5.9:4.9:3.9: :2.1

Elytra with large, usually transverse reticulate cells and rather dense and long paler setae covering in the same length all the surface of elytra. Setae growing out chiefly from interstices and raised margins of individual reticulate cells, deep inner areae of individual cells as a rule bare and strongly glittering.

Ventral bodyparts: Metasternum darkbrown, glittering, rather densely and regularly vested with paler setae, femora of hindlegs densely vested, ventrites darkbrown, glittering, bare or at least much less vested than metasternum.

Remarks: This is the nicest and scientifically most substantial piece of material here examined. The milkiness on ventral bodyside is only tenuous and semitransparent. This very clear inclusion presents a rich content of morphological information. Herewith the microphotographs (chiefly Fig. 15) valuably complement the data given above.

Supplement

Nomenclaturally fixed emendation of *Pseudaplatopterus scheelei* KLEINE, 1940

Pseudaplatopterus A. Scheelei KLEINE, 1940 (original description, type-species), KLEINE 1941 (supplement, illustrations)

Pseudaplatopterus scheelei KLEINE, 1940; SPAHR, 1981a (catalogue name, emended with indication); WINKLER, present paper (preceding indentification key)

Pseudaplatopterus A. scheelei KLEINE, 1940; KEILBACH, 1982 (catalogue name)

Pseudaplatopterus ascheelei sp.n. (new objective synonym)

Pseudaplatopterus ascheelei sp.n.

Description

Body length: 7.5 mm; width (hum.) ca. 2 mm.
Dark, unicoloured. Head and pronotum deeply punctured and sparsely shortly pubescent. No an-

tennal sockets. Antennae densely setate and very finely sculptured. Elytra with 8 costae, basal costa in anterior half strong and sharp, the other costae flat. Ventral bodyside and legs also shortly vested and punctured. (For additional details and pictures see KLEINE 1940, 1941).

Remarks: The description is a choice from the KLEINE's original description as I bear the KLEINE's species *Pseudaplatopterus A. Scheelei* in mind, and that is why I put my "new species" purposefully into synonymy to prevent the availability of the name in this spelling for contingent future use, in accordance with the provisions of Code, Articles 11d, 27, 31i.

Using this practice I fix nomenclaturally the catalogue name *Pseudaplatopterus scheelei* KLEINE, 1940, used first (but not explicitly designated as new emendation) by SPAHR (1981 a) as only valid.

Discussion

Coleoptera of the Tertiary era – as regards their suprageneric categorical level – are practically already congruent with the recent fauna although their generic appurtenance may differ from contemporary surviving genera as correctly perceived by CROWSON (1965).

The results of this treatise are with this fact fully coincident.

The three new taxa dealt here with display an unambiguous appurtenance with the family Lycidae, and the tribe Dictyopterini (the tribe has probably a virtual valende of a subfamily). About that no doubt can raise.

At the generic categorical level, however, some very remarkable ascertainments, on the contrary, were discovered. Very striking anagenetic drift running in the historically short time interval (Lower Oligocene – recent era), sharply separating the Baltic amber fossils described here from the recent genera of the tribe Dictyopterini was found out. This anagenetic drift appears as following morphogenetic phenomena:

In all fossil genera described here (and according to description also in the single hitherto known Lycid *Pseudaplatopterus scheelei*) only one raised, sharp, prominent humeral costa is developed. The primary and (if need there is) secondary costae, developed in the recent representatives of the tribe Dictyopterini are utterly lacking and the spaces among individual longitudinal rows of the reticulate cells may be defined only as flat interstices. A similar evolution in-time, when the elytra are subsequently braced with additional costae and their reticulate structure is changed, is known in Archostemata between Lower-, and Upper Permian formations in descendants of the family Tshekardocoleidae (HIEKE 1983), and evolution of the costae and reticulation as may be seen in recent Cupedidae (NEBOISS 1984) strongly resemble a similar evolutional progression in Lycidae Dictyopterini running, of course, in shorter and later time interval.

Articulation of the antennae probably in all taxa described here (in the genus *Hiekeolycus* this character is not observable, may be presumed, however) is located far from the eyes, the articulation place is small and flat, without antennal sockets. This variance is very amazing as just in the recent Lycidae the antennal tubercles are exceptionally bulky and protruding. In the description of *Pseudaplatopterus scheelei* no detailed data on this character are given, I presume, however, a similar structure of antennal articulation as probably generally present feature in the Tertiary Lycid-Omalisid line. (The same kind of the antennal articulation was ascertained also in contemporarily described new family Berendtimiridae which I place to the proximity of the predecessors of the family Omalisidae.)

Another interesting phenomenon is a largely denuded mesonotum. This character (which is till now not known in Archostemata) I adopted only after hesitation as the artifact caused by physical factors (membraneous connection stretched out) could not be excluded. But the superreconstruction (calculation, cut-outs of the duplicate drawings arranged in a simulacrum of the direct touch of the basis of pronotum with humera) proved even the touching pronotum and elytra let at least the hind part of the scutum naked. This phenomenon is extraordinarily conspicuous in the genus *Pietrzeniukia*.

The contingent objection of possible teratology of the latter specimen (pronotum extremely short and wide, elytra dehiscent, pygidium visible from above) may be contradicted by the same phenomenon (even when less distinctly) in the genus *Hiekeolycus*. In addition, this phenomenon scarcely exists also in some recent Lycidae. Although in most of the Lycidae only scutellum is visible and all other parts of mesonotum are concealed, I succeeded to prove in some species with large differences between deepened and raised places of the pronotum, where its side margins and basis are elevated perpendicularly upright, the scutum naked as well (e. g. some representatives of *Lycus; Metriorrhynchus cribripennis* C. O. WATERHOUSE from tropical SE Asia). These scarce cases are, of course, the examples of peculiar modifications while the fossil examples dealt here with have the pronotum flat, with margins directed to the sides, not upright. That is why the pronotum in fossil Lycidae may be supposed yet as imperfectly developed with subsequent morphogenetic changes leading to the improvement of its protective function.

The characters given and discussed here undoubtfully corroborate the CROWSON's (1972) idea of this Coleopteran group as evolutionarily young.

Evolution of characters in new Lycid genera dealt here with display the violent after-effects in the geologically young formations. This evolution, compared with many other Coleopteran groups of the Tertiary, represents delayed changes forming the final facies of the family in geologically young formations not to be found in evolutionarily more original Polyphagan groups, e. g. Cleroidea.

Zusammenfassung

In vorliegender Arbeit werden drei neue fossile Lyciden (*Kolibacium* gen.n., typische Art *Kolibacium balticum* sp.n., *Hiekeolycus* gen.n., typische Art *Hiekeolycus berendti* sp.n., und *Pietrzeniukia* gen.n., typische Art *Pietrzeniukia kunowi* sp.n.) aus der berühmten Bernstein-Inklusionensammlung des Museums für Naturkunde der Humboldt-Universität zu Berlin, DDR, beschrieben. Alle bisher bekannten Bernstein-Lyciden werden in einem Bestimmungsschlüssel eingeordnet. In der Diskussion werden die Entwicklungsverhältnisse dieser Taxa und die Nomenklaturberechtigung der bisher einzigen Lycidenart *Pseudaplatopterus scheelei* KLEINE (*Pseudaplatopterus ascheelei* sp.n., syn.n.) besprochen.

Literature

BERENDT, G. C. 1845: Die organischen Bernstein-Einschlüsse im Allgemeinen. – In GOEPPERT, H. & G. C. BERENDT: Der Bernstein und die in ihm befindlichen Pflanzenreste der Vorwelt. – In: BERENDT. G. C. (Editor): Die im Bernstein befindlichen organischen Reste der Vorwelt. 1. I. Abth.: 40–60, Berlin (Nicolai).

CROWSON, R. A. 1965: Some thoughts concerning the Insects of the Baltic amber. – Proc. XII Int. Congr. Ent. London 1964, Section 2: Morphology, etc.: 133.

– – 1972: A review of the classification of Cantharoidea (Coleoptera), with the definition of two new families, Cneoglossidae and Omethidae. – Revista Univ. Madrid, N. S. 21 (82), 35–77.

HIEKE, F. 1983: Die historische Entwicklung der Käfer (Coleoptera). – Entomologische Nachrichten und Berichte 27 (3), 105–115; (4), 153–158.

HIEKE, F., PIETRZENIUK, E. 1984: Die Bernsteinkäfer des Museums für Naturkunde Berlin (Insecta, Coleoptera). – The Amber beetles (Insecta, Coleoptera) of the Museum of Natural History, Berlin. – Mitt. zool. Mus. Berlin 60 (2), 297–326.

KEILBACH, R. 1982: Bibliographie und Liste der tierischen Einschlüsse in fossilen Harzen sowie ihrer Aufbewahrungsorte. Teil 1. – Dt. Entom. Z., N. F. 29, (1–3), 129–286.

KLEINE, R. 1940: Eine Lycide aus dem baltischen Bernstein. – Entomologische Blätter 36 (6), 179–180.

– – 1941: Nachtrag zu meiner Arbeit: „Eine Lycide aus dem baltischen Bernstein". – Entomologische Blätter 37 (1), 47.

–– 1942: Bestimmungstabelle der Lycidae. – In: Bestimmungs-Tabellen der europäischen Coleopteren, No. 123, 90 pp. E. Reitter, Troppau.

NAKANE, T. 1969: Fauna Japonica, Lycidae (Insecta, Coleoptera). – Academic Press of Japan, Tokyo, 224 pp. + 8 colour plates.

NEBOISS, A. 1984: Reclassification of *Cupes* FABRICIUS (s. lat.), with descriptions of new genera and species (Cupedidae: Coleoptera). – Systematic Entomology 9, 443–477.

SPAHR, U. 1981: Bibliographie der Bernstein- und Kopal-Käfer (Coleoptera). – Bibliography of Coleoptera in amber and copal. – Stuttgarter Beitr. Naturk., ser. B, No. 72, 21 pp.

–– 1981 a: Systematischer Katalog der Bernstein- und Kopal-Käfer (Coleoptera). – Systematic catalogue of Coleoptera in amber and copal. – Suttgarter Beitr. Naturk., ser. B, No. 80, 107 pp.

WINKLER, J. R. 1952: Doplňkové poznámky ke R. KLEINEovým „Bestimmungstabellen" s popisy nových druhů východoasijských Lycidů. – Supplementary remarks to R. KLEINES „Bestimmungstabellen" with descriptions of new species of East Asiatic Lycidae. – Acta ent. Mus. nat. Prague 28, 401–410.

–– 1987: Berendtimiridae fam. n., a new family of fossil beetles from Baltic amber (Coleoptera, Cantharoidea). – Mitt. Münch. Ent. Ges. 77, 51–59.

Adress of author
Dr. Josef R. WINKLER
c/o M. Vodička
V Cibulkách 1
15000 Praha 5 – Koš.
Czechoslovakia

| Mitt. Münch. Ent. Ges. | 77 | 79–84 | München, 1. 12. 1987 | ISSN 0340–4943 |

Die Arten der Gattung *Colenisia* FAUVEL, 1903, aus Afrika

(Coleoptera, Leiodidae, Pseudoliodini)

Von Hermann DAFFNER

Abstract

The present paper is a review of the species of the genus *Colenisia* FAUVEL from Rwanda, Zaire and Ghana. 63 specimens representing 5 species have been studied. Four species are described as new (*C. muehleiana* sp. n., *C. nigrofusca* sp.n. *C. ferruginea* sp.n., *C. ghanica* sp.n.). One species is referred to new generic combination: *Colenisia reticulata* (HLISNIKOVSKY, 1968), comb.n. One new generic synonymy is proposed: *Freyonymus* HLISNIKOVSKY, 1968, syn.n. = *Colenisia* FAUVEL, 1903.

Einleitung

Herr Hans MÜHLE überließ mir in großzügiger Weise seine in Afrika (Rwanda, Zaire) aufgesammelten Leiodidae. Darunter befanden sich unter anderem drei neue Arten der Gattung *Colenisia* FAUVEL, 1903. Eine kleine Serie einer weiteren neuen Art dieser Gattung, aus Ghana, wurde mir vom Naturwissenschaftlichen Museum Budapest zur Bearbeitung anvertraut. In die Untersuchungen mit einbezogen wurde auch *Freyonymus reticulatus* HLISNIKOVSKY, 1968, aus Zaire. Für seine 1968: 144–146, aufgestellte Gattung „*Freyonymus*" gibt HLISNIKOVSKY als charakteristisches Merkmal die Tarsenzahl 4-4-4 an. Die Überprüfung der Typus-Art „*F. reticulatus*" führte jedoch zu dem Ergebnis, daß sich diese durch die Tarsenzahl 5-4-4 auszeichnet und ein typischer Vertreter der Gattung *Colenisia* FAUVEL ist. Dies ergibt in der Synonymie folgende Umstellung: *Freyonymus* HLISNIKOVSKY, 1968, syn.n. = *Colenisia* FAUVEL, 1903. *Colenisia reticulata* (HLISNIKOVSKY, 1968) comb.n.

Es ist noch zu erwähnen, daß HLISNIKOVSKY in der Originalbeschreibung von *C. reticulata*" angibt, bei beiden vorgelegenen Exemplaren würde es sich um Männchen handeln. Die Untersuchung der Typen ergab aber, daß beide Weibchen sind. Der von HLISNIKOVSKY (1968: 144, Abb. 2) abgebildete „Aedoeagus" bezieht sich auf den Ovipositor des Weibchens.

Insgesamt lagen 63 Exemplare zur Untersuchung vor. Diese gehören 5 Arten an, wovon 4 Arten für die Wissenschaft neu sind, die in der nachfolgenden Arbeit beschrieben und in einer Tabelle verglichen werden.

Institute und Kollektionen, in denen das besprochene Material aufbewahrt ist, werden im Text durch folgende Abkürzungen bezeichnet:

CHDE: Collection Hermann DAFFNER, Eching.
MFM: Museum FREY, München.
NMP: Nationalmuseum, Prag.
UNMB: Ungarisches Naturwissenschaftliches Museum, Budapest.

Für das mir zur Untersuchung anvertraute oder überlassene Material danke ich den Kollegen Dr. Ottò MERKL (Budapest), Herrn Hans MÜHLE (Pfaffenhofen a. d. Glonn), Dr. Josef JELINEK (Prag) und Dr. Gerhard SCHERER (München).

Systematik

Bestimmungstabelle der in Afrika festgestellten Arten der Gattung Colenisia FAUVEL

1 Größere Arten (1,35–1,7 mm). Augen von oben betrachtet klein, nur die Vorderecken des Kopfes ausfüllend 2

– Sehr kleine Arten (1,05–1,3 mm). Augen von oben betrachtet groß, von den Vorderecken bis kurz vor die Mitte des Kopfes reichend 3

2 Körper rotbraun. Oberseite fein und dicht behaart. Punktierung der Flügeldecken fein und dicht angeordnet. Länge 1,65–1,7 mm (Rwanda) . . . . *ferruginea* sp. n.

– Körper schwarzbraun. Oberseite sehr fein und weitläufig behaart. Punktierung der Flügeldecken sehr fein und weitläufig angeordnet. Länge 1,35–1,6 mm (Rwanda, Zaire-Mt. Kahuzi) . . . . *nigrofusca* sp. n.

3 Querstrichelung auf den Flügeldecken kräftig und sehr weitläufig angeordnet. Länge 1,1–1,3 mm (Rwanda) . . . . *muehleiana* sp. n.

– Querstrichelung auf den Flügeldecken fein und dicht angeordnet 4

4 Fühler sehr kurz mit kräftiger Keule, zurückgelegt nur bis zur Mitte des Halsschildes reichend. Punktierung der Flügeldecken fein und weitläufig angeordnet. Länge 1,15–1,3 mm (Zaire-Yangambi) . . . . *reticulata* (HLISNIKOVSKY, 1968)

– Fühler gestreckt mit schwacher Keule, zurückgelegt fast bis zur Halsschildbasis reichend. Punktierung der Flügeldecken fein und dicht angeordnet. Länge 1,05–1,25 (Ghana) . . . . *ghanica* sp. n.

Colenisia muehleiana sp. n.
(Abb. 1–3)

Holotypus ♂: Afrika – Rwanda, Cyangugu, Nyakabuye, 1900 m, 14.2.1983, leg. H. MÜHLE (CHDE).
Paratypen: Afrika – Rwanda: Daten wie Holotypus, 5 ♂♂, 11 ♀♀ (CHDE), alle leg. H. MÜHLE.

Länge 1,1–1,3 mm. Körper breitoval, hochgewölbt, schwarzbraun, Halsschildbasis, Beine und Fühlergeißel gelb, Fühlerkeule rot, Oberseite sehr fein und weitläufig behaart. Fühler gestreckt mit schwacher Keule, zurückgelegt fast bis zur Halsschildbasis reichend. Kopf sehr fein und dicht quergestrichelt und fein und weitläufig punktiert, Augen von oben betrachtet groß, von den Vorderecken bis kurz vor die Mitte des Kopfes reichend. Halsschild sehr fein und dicht quergestrichelt und sehr fein und weitläufig punktiert, Basis beiderseits zu den rechtwinkeligen Hinterecken leicht nach vorne abgeschrägt. Flügeldecken etwas breiter als lang, hochgewölbt, Seitenrand schmal abgesetzt, Querstrichelung kräftig und sehr weitläufig angeordnet, Punktierung fein, aus angedeuteten Punktreihen gebildet.
Männchen: Aedoeagus (Abb. 1 und 2) 0,31–0,35 mm.
Weibchen: Spermatheca (Abb. 3) 0,05–0,06 mm.
Diese neue Art ist dem Entdecker, Herrn Hans MÜHLE (Pfaffenhofen a. d. Glonn) gewidmet.

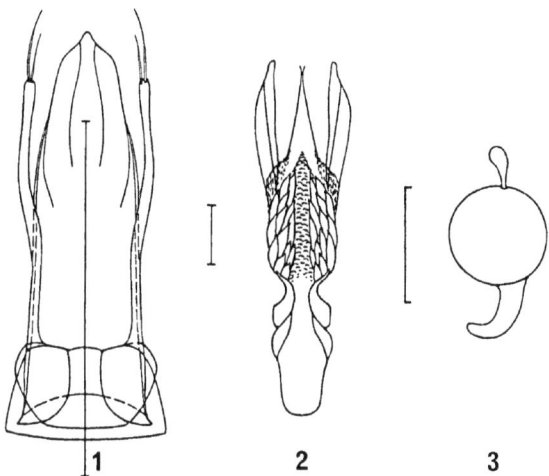

Abb. 1–3. *Colenisia muehleiana* sp. n.; 1 und 2: Aedoeagus und Innensack ♂; 3: Spermatheca ♀; Skala 0,05 mm.

Colenisia nigrofusca sp. n.
(Abb. 4–6)

Holotypus ♂: Afrika – Rwanda, Cyangugu, Nyakabuye, 1900 m, 3.1.1983, leg. H. MÜHLE (CHDE).
Paratypen: Afrika: Rwanda – Fundort wie Holotypus, 13.–17.12.1982, 1 ♂ (CHDE); 14.2.1983, 2 ♂♂, 2 ♀♀ (CHDE); 13.5.1983, 10 ♂♂, 3 ♀♀ (CHDE); 3.11.1983, 1 ♂, 3 ♀♀ (CHDE); 25.1.1984, 1 ♂, 1 ♀ (CHDE); 30.1.1984, 1 ♀ (CHDE); 3.2.1984, 1 ♂ (CHDE); 4.–9.2.1985, 1 ♂ (CHDE); Zaire – Kivu, Mt. Kahuzi, 2300 m, 3.2.1986, 2 ♂♂ (CHDE), alle leg. H. MÜHLE.

Länge 1,35–1,6 mm. Körper rundoval, hochgewölbt, schwarzbraun, Halsschildbasis, Beine und Fühlergeißel gelb, Fühlerkeule dunkelbraun, Oberseite sehr fein und weitläufig behaart. Fühler gestreckt mit schwacher Keule, zurückgelegt bis zur Halsschildbasis reichend. Kopf fein und dicht quergestrichelt und fein und locker punktiert, Augen von oben betrachtet klein, nur die Vorderecken des Kopfes ausfüllend. Halsschild sehr fein und dicht quergestrichelt und sehr fein und weitläufig punktiert, Basis zu den rechtwinkeligen Hinterecken beiderseits leicht nach vorne abgeschrägt. Flügeldecken deutlich breiter als lang, hochgewölbt, Seitenrand schmal abgesetzt, Querstrichelung fein und sehr dicht angeordnet, Punktierung sehr fein und weitläufig.
Männchen: Aedoeagus (Abb. 4 und 5) 0,36–0,41 mm.
Weibchen: Spermatheca (Abb. 6) 0,06–0,07 mm.

Colenisia reticulata (HLISNIKOVSKY) comb. n.

Freyonymus reticulatus HLISNIKOVSKY, 1968: 144–146; Holotypus ♀: Afrika: Congo Belge, Yangambi, 27.–31.8.1954, leg. H. FRANZ (MFM).
Untersuchtes Material: Afrika – Zaire; Daten wie Holotypus, 1 ♀ (NMP, Paratypus von *C. reticulata*). Weitere Funde dieser Art wurden bisher nicht bekannt.

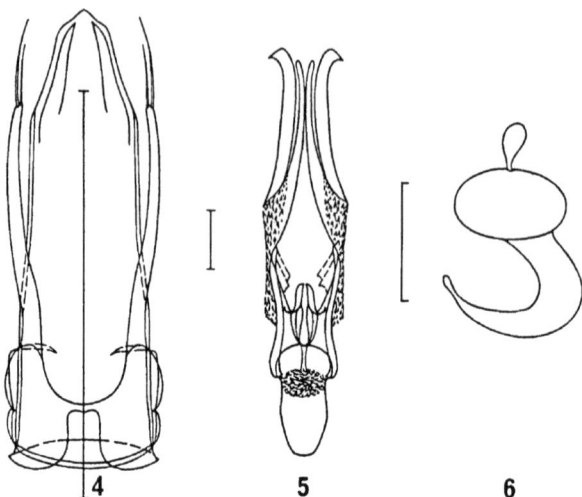

Abb. 4–6. *Colenisia nigrofusca* sp. n.; 4 und 5: Aedoeagus und Innensack ♂; 6: Spermatheca ♀; Skala 0,05 mm.

Länge 1,15-1,3 mm. Körper breitoval, hochgewölbt, schwarzbraun, Beine rotbraun, Halsschildbasis und Fühlergeißel gelbbraun, Fühlerkeule braun, Oberseite sehr fein und weitläufig behaart. Fühler sehr kurz mit kräftiger Keule, zurückgelegt nur bis zur Mitte des Halsschildes reichend. Kopf fein und sehr dicht quergestrichelt und sehr fein und weitläufig punktiert, Augen von oben betrachtet groß, von den Vorderecken bis kurz vor die Mitte des Kopfes reichend. Halsschild sehr fein und dicht quergestrichelt und fein und weitläufig punktiert, Basis zu den rechtwinkeligen Hinterecken beiderseits leicht nach vorne abgeschrägt. Flügeldecken etwas breiter als lang, hochgewölbt, Seitenrand schmal abgesetzt, Querstrichelung fein und dicht angeordnet, Punktierung fein und weitläufig.

Colenisia ferruginea sp. n.
(Abb. 7–9)

Holotypus ♂: Afrika – Rwanda, Cyangugu, Nyakabuye, 1 900 m, 23.–28.10.1985, leg. H. MÜHLE (CHDE).
Paratypus: Fundort wie Holotypus, 17.2.1985, leg. H. MÜHLE, 1 ♀ (CHDE).

Länge 1,65–1,7 mm. Körper rundoval, hochgewölbt, rotbraun, Halsschildbasis und Fühlergeißel gelbbraun, Fühlerkeule dunkelbraun, Oberseite fein und dicht behaart. Fühler gestreckt mit schwacher Keule, zurückgelegt bis zur Halsschildbasis reichend. Kopf fein und dicht quergestrichelt und fein und weitläufig punktiert, Augen von oben betrachtet klein, nur die Vorderecken des Kopfes ausfüllend. Halsschild sehr fein und dicht quergestrichelt und sehr fein und weitläufig punktiert, Basis zu den rechtwinkeligen Hinterecken beiderseits leicht nach vorne abgeschrägt. Flügeldecken fast um die Hälfte breiter als lang, hochgewölbt, Seitenrand schmal abgesetzt, Querstrichelung fein und dicht angeordnet, Punktierung fein aber sehr dicht und deutlich.
Männchen: Aedoeagus (Abb. 7 und 8) 0,55 mm.
Weibchen: Spermatheca (Abb. 9) 0,07 mm.

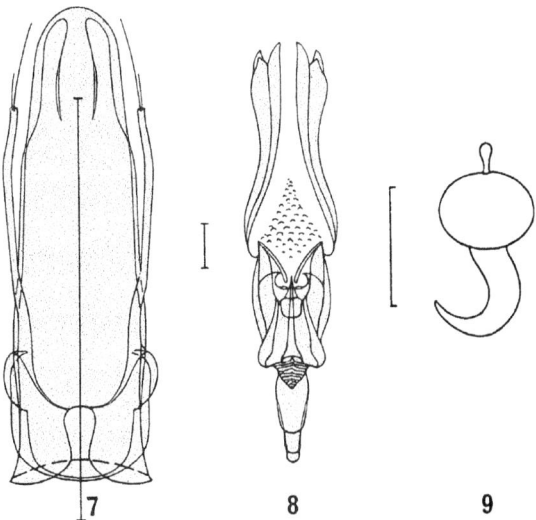

Abb. 7–9. *Colenisia ferruginea* sp. n.; 7 und 8: Aedoeagus und Innensack ♂; 9: Spermatheca ♀; Skala 0,05 mm.

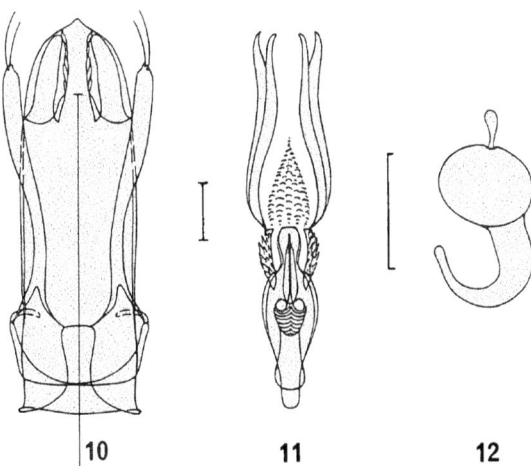

Abb. 10–12. *Colenisia ghanica* sp. n.; 10 und 11: Aedoeagus und Innensack ♂; 12: Spermatheca ♀; Skala 0,05 mm.

83

Colenisia ghanica sp. n.
(Abb. 10—12)

Holotypus ♂: Afrika — Ghana, Volta Region, Kpeze, 400 m, 29.8.1967, leg. ENDRÖDY-YOUNGA (UNMB). Paratypen: Afrika — Ghana: Volta Region — Daten wie Holotypus, 1 ♂ (UNMB) 2 ♂♂ (CHDE); Ashati Region — Kumasi, 330 m, 2.7.1965, 2 ♂♂, 4 ♀♀ (UNMB) 1 ♂, 1 ♀ (CHDE), alle leg. ENDRÖDY-YOUNGA.

Länge 1,05—1,25 mm. Körper breitoval, hochgewölbt, dunkel-rotbraun, Halsschildbasis und Beine rotbraun, Fühlergeißel und Spitze des Endgliedes gelb, Fühlerkeule dunkelbraun, Oberseite fein und weitläufig behaart. Fühler gestreckt mit schwacher Keule, zurückgelegt fast bis zur Halsschildbasis reichend. Kopf fein und dicht quergestrichelt und locker punktiert, Augen von oben betrachtet groß, von den Vorderecken bis kurz vor die Mitte des Kopfes reichend. Halsschild sehr fein und dicht quergestrichelt und sehr fein und weitläufig punktiert, Basis zu den rechtwinkeligen Hinterecken beiderseits leicht nach vorne abgeschrägt. Flügeldecken etwas breiter als lang, zur Spitze leicht niedergedrückt, Seitenrand schmal abgesetzt, Querstrichelung fein und dicht angeordnet, Punktierung fein und dicht.

Männchen: Aedoeagus (Abb. 10 und 11) 0,32—0,36 mm.

Weibchen: Spermatheca (Abb. 12) 0,07 mm.

Literatur

HLISNIKOVSKY, J. 1968: Neue Liodidae (Col.). — Ent. Arb. Mus. Frey (1968), 144—150.

Anschrift des Verfassers:
Hermann DAFFNER
Günzenhausen, Fuchsbergstr. 19
D-8057 Eching (BRD)

| Mitt. Münch. Ent. Ges. | **77** | 85–101 | München, 1. 12. 1987 | ISSN 0340–4943 |

Über die Sandlaufkäfer-Arten Tunesiens

(Coleoptera, Cicindelidae)

Von Armin KORELL und Fabio CASSOLA[*]

Abstract

Biogeographical, ecological, and phenological data as well as notes on the taxonomy are given for the *Cicindelidae* of Tunisia, resulting from several travels realized by the authors. A new subspecies *Cassolaia maura cupreothoracica* subsp. n. is described.

Einleitung

Seit den Veröffentlichungen BEDELS (1895–1900) sind über die Cicindeliden Tunesiens keine weiteren Arbeiten erschienen, mit Ausnahme kleinerer Beiträge wie die von DUPUIS (1910), v. BODEMEYER (1927) und MANDL (1935). Die Verfasser der vorliegenden Schrift haben in den Jahren von 1974 bis 1976 getrennt voneinander mehrere Reisen nach Tunesien unternommen, um die Cicindeliden-Fauna des Landes zu erforschen, unter Berücksichtigung bereits bekannter Fakten. Dabei sollte ein möglichst umfangreiches Material aus den verschiedensten Landesteilen zusammengetragen werden. Da sich die Reisen hauptsächlich über die Sommermonate erstreckten, konnten ausgesprochene Frühjahrsarten (*campestris, truquii, leucosticta*) nur unvollständig erfaßt werden.

An dem Vorhaben ist Sig. Mario CASSOLA, der Vater von Fabio CASSOLA, beteiligt. Von ihm stammen zahlreiche Fangdaten aus dem Jahre 1974. Jürgen MAGER, der auf tragische Weise im Jahre 1979 ums Leben gekommen ist, und Kollege Hans MÜHLE unternahmen zusammen mit dem Erstverfasser eine Reise im Juni-Juli 1976. Ein großer Teil des Materials von dieser Rundreise befindet sich in deren Sammlungen, ohne daß dies in jedem Fall erwähnt wird. Außerdem gingen Teile der Ausbeute in die Sammlungen Frank KLEINFELD und Jürgen WIESNER über.

Besonderer Dank gebührt Mons. Abdellatif BEN N'CIB aus Sidi Bou Said-Amilcar/Tunesien. Er nahm an den meisten Fahrten des Erstverfassers teil und bewährte sich als hervorragender Sammler und Dolmetscher. Wir danken Herrn Dr. ZUR STRASSEN, Frankfurt/M. und Herrn Dr. DIECKMANN, Eberswalde. Beide Kollegen bemühten sich um die Ausleihe und Bearbeitung der Typenserie von C. *littoralis* f. *rolphi* KRAATZ. Ebenso danken wir Herrn Jürgen WIESNER, Wolfsburg, der uns das *Neolaphyra*-Material seiner Sammlung zugänglich machte, und Herrn Wolfgang ECKWEILER, Frankfurt/M., der dem Erstverfasser einen Teil seiner wichtigen Ausbeute vom Frühjahr 1981 überließ, sowie Sig. Marco BOLOGNA und Sig. Paolo AUDISIO für die Übereignung von Stücken, die sie 1984 gefangen haben.

---

[*] Studien über Cicindeliden. XLIX

Liste der Fundorte (Abb. 1)

Lokalitäten in der Küstenregion: Nr. 1–38
1. Tabarka
   a) Oued Kébir – Flußufer,
   b) Ras Rajei – Strand.
2. Sidi Mecherig.
3. Bizerte
   a) Ras el Tarf,
   b) Rass Sidi Ali El Mekki.
4. Carthage.
5. Lac de Tunis: 3 km NW Le Kram (Wasserlachen).
6. La Goulette.
7. Hammam Lif.
8. Soliman – Strand.
9. 3 km NW Soliman.
10. 30 km NE Soliman (Strand).
11. Cap Bon or.
12. Cap Bon: Dar Allouche – Strand.
13. Korba: Oued Chiba – Flußmündung.
14. Korba – Strand.
15. Tazerka.
16. Nabeul.
17. Hammamet.
18. Hammamet: Hotel Bel Azur, 100 m NN.
19. 8 km nördl. Bou Ficha.
20. 20 km NW Sousse: Halk El Menzel.
21. Sousse – nördlicher Strand.
22. 8 km SE Sousse (Flußmündung, Strand).
23. Monastir – südlicher Strand.
24. Moknine (Brücke).
25. 70 km NE Sfax: Chebba – Strand.
26. Sfax.
27. Sfax: Salinen von Thyna.
28. Plage de Chaffar.
29. 15 km NW Gabès (Flußbett).
30. Gabès: Ghannouch – Strand.
31. Gabès.
32. Zarat.
33. El Kantara Cont. – östlicher Strand.
34. Ile de Djerba
   a) Aghir – Strand.
   b) Plage de la Seguia.

c) Tourgueness (Verlandungszone).
d) Sidi Mahrès (Strand und Dünen).
e) 5 km östl. Houmt Souk.
f) 4 km WNW Houmt Souk (Strand).
g) Sidi Slim.
35. Kerkenna Inseln.
36. Zarzis.
37. Naoura – Strand.
38. Ben Gardane
   a) El Marsa – Strand.
   b) 12 und 15 km NE Ben Gardane (Strand).
   c) 20 km ENE Ben Gardane.

Lokalitäten im Binnenland: Nr. 39–59.
39. Bulla Regia.
40. NW-Tunesien: Oued Mellègue.
41. W-Tunesien: Oued Rarai.
42. Maktar: Oued Ousafa.
43. Kairouan: Haffouz.
44. Kairouan: Sidi Amor.
45. 10 km östl. Kairouan (Flußufer).
46. Sebkha Kelbia.
47. 17 km SE El Djem: Sebkret El Djem.
48. 55 km SW Kairouan: Oued El Hateb, 300 m NN (Flußbett).
49. Sbeïtla, 550 m NN.
   a) 10 km nördl. Sbeïtla (Oued).
   b) 10 km ESE. Sbeïtla (Oued).
50. Maknassy, 350 m NN.
51. 38 km NW Gabès.
52. Gafsa
   a) El Guettar, 400 m NN.
   b) Oued Kébir – Flußbett.
   c) Hotel Jugurtha, 300 m NN.
53. 45 km SW. Gafsa: Metlaoui, 400 m NN.
54. Tozeur.
55. 10 km nördl. Kriz.
56. Nefta.
57. Kebili: Djemma.
58. 38 km östl. Kebili.
59. 20 km NE Medenine (Flußufer).

Abkürzungen und Zeichen

Im speziellen Teil werden überwiegend die in der Fundortliste festgelegten Nummern verwendet. Die Fangdaten beschränken sich auf die Angabe von Monat und Jahr; sie stehen eingeklammert hinter den Fundortnummern. Die Anzahl der gefangenen Stücke wird in den meisten Fällen summarisch angegeben: Das Zeichen ° steht für zwei bis zehn Exemplare, °° bedeutet „zahlreich", °°° „sehr zahlreich" (über 100 Exemplare). Schließlich werden die Sammlungen genannt, in denen sich die Belege befinden, und zwar unter folgenden Abkürzungen:

C   = Fabio CASSOLA, Roma.
E   = Wolfgang ECKWEILER, Frankfurt/M.
KL = Frank KLEINFELD, Fürth/Bay.
K   = Armin KORELL, Kassel.
MA = Jürgen MAGER.
MÜ = Hans MUHLE, Pfaffenhofen a. d. Glonn.
SMF = Senckenberg Museum, Frankfurt/M.
W   = Jürgen WIESNER, Wolfsburg.

    Beispiel: 48(3.75''')K = Oued El Hateb, März 1975 zahlreich, Coll. KORELL.

    Die Sammlung Jürgen MAGER befindet sich in Margetshöchheim bei Würzburg und wird von Frau Rosa MAGER verwaltet.

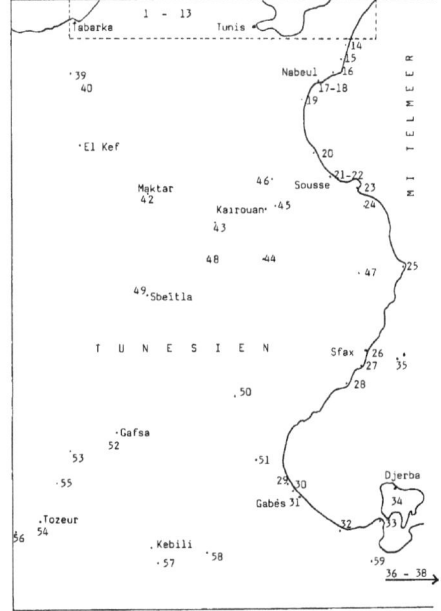

Abb. 1: Fundortverzeichnis

Liste der Cicindeliden Tunesiens

1. *Cicindela campestris* LINNAEUS, 1758
   subsp. *atlantis* MANDL, 1944
2. *Lophyridia lunulata* (FABRICIUS, 1781)
3. *Lophyridia littoralis* (FABRICIUS, 1787)
   subsp. *littoralis*

87

4. *Lophyridia aulica* (DEJEAN, 1831)
5. *Lophyra flexuosa* (FABRICIUS, 1787)
   subsp. *flexuosa*
6. *Neolaphyra truquii* (GUÉRIN, 1855)
7. *Neolaphyra leucosticta* (FAIRMAIRE, 1858)
   a) subsp. *leucosticta*
   b) f. *simulans* (BEDEL, 1895)
8. *Cephalota litorea* (FORSKAL, 1775)
   subsp. *goudoti* (DEJEAN, 1829)
9. *Cephalota lyoni* (VIGORS, 1825)
   a) subsp. *lyoni*
   b) m. *normandi* (BEDEL, 1898)
10. *Cephalota circumdata* (DEJEAN, 1822)
    subsp. *imperialis* (KLUG, 1834)
11. *Cassolaia maura* (LINNAEUS, 1758)
    subsp. *cupreothoracica* subsp. n.
12. *Cylindera trisignata* (DEJEAN, 1822)
    subsp. *siciliensis* (W. HORN, 1891)
13. *Myriochile melancholica* (FABRICIUS, 1798)
14. *Megacephala euphratica* DEJEAN, 1822
    subsp. *euphratica*

Zur Gesamtverbreitung

In Tunesien existieren insgesamt 14 Cicindelidae-Arten. Von diesen sind nur die Taxa der *Neolaphyra*-Gruppe (*truquii, leucosticta*) in ihrer Gesamtverbreitung auf N-Afrika beschränkt, sowie *Lophyridia lunulata* (ostwärts auch von der Insel Lampedusa bekannt). Die übrigen Spezies haben zu einem hohen Anteil die Mittelmeerregion weiträumig oder zumindest in Teilgebieten besiedelt (*campestris, littoralis, flexuosa, litorea, circumdata, maura, trisignata, melancholica, euphratica*). Die Arten *lyoni* und *aulica* sind zwar schwerpunktmäßig in Afrika (*lyoni* nur in N-Afrika) verbreitet, sie wurden aber auch im östlichen und zentralen Mittelmeerraum an jeweils einer Stelle festgestellt (*lyoni* auf der Insel Cypern, *aulica* auf dem südlichen Peloponnes; weitere Angaben im systematischen Teil).

Die weiträumige Verbreitung von Arten in der Mittelmeerregion erklärt MANDL (1981 a, b) mit der Austrocknung des Mittelmeerbeckens im ausgehenden Miozän und den sich dadurch eröffnenden Ausbreitungswegen. Beispielhaft hierfür ist die völlige oder fast völlige Identität einiger Cicindelidae-Taxa in Tunesien und Teilen S-Europas. Genannt seien nur *litorea goudoti, circumdata imperialis, maura cupreothoracica* subsp. n., *trisignata siciliensis, aulica* und *flexuosa*.

Spezieller Teil

Cicindela campestris atlantis MANDL, 1944

Verbreitung der Art *campestris* L.: Europa, Sibirien, Teile von N-Afrika. Fundorte in Tunesien: NW-Tunesien, Aïn Draham: „Fluß Tobel", 2. V. 1913, B. v. BODEMEYER leg. (v. BODEMEYER 1927). – NE-Tunesien: Hammamet, Ende April 1979, 1 ♂, leg. et in coll. DRIES (teste KORELL).

Im Juni 1976 verlief die Nachsuche im Bergland östlich von Aïn Draham (Djebel Bir, Stausee Beni Mtir) negativ (MAGER, MUHLE, KORELL). Wahrscheinlich war die Aktivitätsperiode der in Frage kommenden Population bereits beendet.

Zwecks Feststellung der genauen Verbreitung von *campestris* in Tunesien sind weitere Nachforschungen erforderlich. Auch ist der subspezifische Status des Taxon *atlantis* zu überprüfen.

Um die Klärung taxonomischer und nomenklatorischer Fragen der Art in N-Afrika bemühte sich CASSOLA (1973 a). Sec. HORN (1930) ist *campestris* „in den nordafrikanischen Küstenländern von Marokko bis zur Cyrenaica" verbreitet. GRIDELLI (1930) führt ein Exemplar aus Cirene (Cyrenaica) an, gesammelt von U. BOLSI im Frühjahr 1928. MANDL (1944) nennt für *campestris atlantis* die Länder Algerien, Tunesien, Tripoli sowie die Sahara.

Lophyridia lunulata (FABRICIUS, 1781)

Verbreitung: Marokko, Algerien, Tunesien, Libyen (CASSOLA 1973 a), Insel Lampedusa (Coll. CASSOLA).
Funde in Tunesien: 3a(8.74*)C. 3b(6.84*)C. 5(7.74, 1 Ex.)K. 13(4.+7.76**)K, C. 14(7.76, 1 Ex.)K. 22(4.74, 7.76**)K. 23(7.76*)K. 24(7.74*)C. 25(7.74*)K. 27(7.76*)K. 28(7.74, 1 Ex.)C. 29(7.76*)K. 30(6.76*)K. 32(7.76, 1 Ex.)C. 34c(4.76*)K. 45(4.74*)K, C. 46(7.74*)C. 47(4.+7.74*)K. 48(3.75**)K. 52(9.72*)C.
Aktivitätsperiode: Frühjahr bis Spätsommer.
Habitat: Meeresstrand sowie Salzseen und Flüsse des Binnenlands.

Nach MANDL (1981 a, b) lebt die Art „ausschließlich in den salzreichen und extrem heißen sogenannten Schotts". Dies trifft so nicht zu, was durch authentische Funde an der tunesischen Ostküste und im Binnenland erwiesen ist.

L. littoralis, von FABRICIUS 1787 als Spezies beschrieben, wurde lange Zeit als Form von *lunulata* angesehen, genau gesagt seit HORN (1891). RIVALIER (1953) stufte *littoralis* subspezifisch ein. CASSOLA (1973 a) vollzog die spezifische Trennung.

Lophyridia littoralis littoralis (FABRICIUS, 1787)

Verbreitung der subsp. *littoralis:* Libyen, Tunesien, Algerien, Marokko, Iberische Halbinsel, französische Atlantikküste bis zur Normandie, Balearen.
Tunesien: Stellenweise in der nördlichen Küstenregion, teils sympatrisch mit *lunulata* F. 1a+b(5.68*)C, (6.76*) K. 3a(8.74*)C. 8(4.76**)K,C. 13(7.76**)C,K. 14, 15, 19, 22(7.76, je 1 Ex.) C(15), MA, MÜ. 40(8.68, 1 Ex.)C.
Aktivitätsperiode: Frühjahr bis Spätsommer.
Habitat: Sandige Flußufer und Flußmündungen.

L. littoralis und *lunulata* stellen zwei gut differenzierte Arten dar (CASSOLA 1973 a). Durch ihre verschiedenartige Flügeldeckenskulptur (besonders ausgeprägt in der vorderen Hälfte der Elytren) sind beide Spezies mit Sicherheit zu identifizieren. Das gilt auch für die schwarz gefärbten Individuen von *littoralis*, die im Habitus der *lunulata* ähneln. Auf dieses Kriterium hat bereits RIVALIER (1953) in einer detaillierten Arbeit über *L. lunulata* hingewiesen. *L. lunulata* hat eine gröbere, netzartige Skulptur; die Körnchen (Tuberkel) sind maschig miteinander verbunden. Die Färbung ist stets schwarz, glänzend. Die Skulptur der *littoralis* ist feiner; die Körnchen stehen einzeln; die Oberseite ist dicht und auffällig punktiert. Die Färbung ist sehr variabel: Grünkupfrig bis schwarz. Braun oder schwarz gefärbte Stücke sind matt oder kaum glänzend. Metallisch gefärbte Individuen glänzen hingegen deutlich!

Alle tunesischen Populationen gehören zur subsp. *littoralis*. Es fällt auf, daß die Serien aus der Umgebung von Tabarka und Korba einheitlich schwarz oder schwarzbraun, die von Soliman braunkupfrig gefärbt sind. Aus Bou Ficha (Coll. MAGER) liegt ein grün gefärbtes Exemplar vor.

In der unter *lunulata* erwähnten Publikation MANDLS (1981 a) − deren Wert durch einige Richtigstellungen nicht gemindert werden soll − führt dieser Autor eine *lunulata* subsp. *rolphi* KRAATZ aus W-Marokko an (Tanger; Mogadir; Guercif; Oualidia). Kennzeichnung: Hellere Färbung (rotgolden, kupfrigrot oder grün; glänzend). Zu diesem Taxon stellt MANDL auch etwas dunkler gefärbte Exemplare aus Tozeur, östliches Zentral-Tunesien.

Tatsächlich trifft die Beschreibung von *rolphi* auf Teilpopulationen von der marokkanischen W-Küste zu, aber es handelt sich bei diesen Tieren um die Art *littoralis* (comb. n.). Material dieses Taxon aus

Oualidia und vom Oued Sebou (westl. Kenitra) konnten wir selbst untersuchen. Im übrigen sei auf die bereits erwähnte Studie RIVALIERS (1953) verwiesen, auch betreffs der großen Variabilität aller *littoralis*-Populationen.

Aus Marokko (Moulay Bou Selham, ca 40 km südlich Larache) liegen dem Erstverfasser *littoralis*-Individuen vor, die von Exemplaren der afrikanischen Mittelmeerküste nicht unterscheidbar sind. Glänzende, grünkupfrige *littoralis* haben wir in NE-Tunesien festgestellt.

Mit anderen Worten: Die nordafrikanischen *littoralis*-Populationen (von den Küsten Tunesiens über Algerien bis zur Atlantikküste) sind als ein Komplex aufzufassen; eine subspezifische Trennung erscheint uns unmöglich. *L. littoralis* lebt in Teilgebieten (Tunesien!, Melilla!) sympatrisch mit *lunulata*.

Die von MANDL erwähnte Population aus Tozeur kennen wir nicht. Nach den angegebenen Merkmalen und Zeichnungen zu urteilen, dürfte es sich um eine Population der *littoralis* handeln.

Nachtrag vom Erstverfasser: Durch Vermittlung von Herrn Dr. ZUR STRASSEN, Forschungsinstitut Senckenberg, erhielt ich vom Institut für Pflanzenschutzforschung, Eberswalde, DDR, das die Sammlungen des ehemaligen Deutschen Entomologischen Instituts verwaltet, den Typus und die Syntypen der *Cicindela littoralis* f. *rolphi* KRAATZ.

Es handelt sich um insgesamt neun Exemplare, von denen eins handschriftlich von KRAATZ als *"Rolphi"* bezeichnet ist und einen roten Zettel „Typus" trägt. Ein weiteres Etikett *„lunulata var. rolphi* KR." stammt sicherlich nicht von KRAATZ; dafür spricht die eindeutig abweichende Handschrift. Es ist höchstwahrscheinlich später hinzugefügt worden, leider ohne Datum, ohne Namensangabe. Alle Stücke sind wie folgt etikettiert: „Marocco, Rolph, Coll. Rolph".

Die Originalbeschreibung von KRAATZ (1890) lautet: „Eine der schwarzen *barbara* CAST. entsprechende schön grüne Form aus Marocco scheint noch unbekannt zu sein; ich nenne dieselbe *ROLPHI*, weil sie vom Vater des seligen ROLPH, H. J. M. ROLPH, daselbst gesammelt wurde. Der Käfer macht wegen seiner hellgrünen Färbung einen von allen europ. *littoralis* sehr verschiedenen Eindruck und hat die breite Mittelbinde der *barbara*."

KRAATZ vergleicht also *„rolphi"* mit *„littoralis"* (nach Ansicht des Erstverfassers meinte KRAATZ die Art *littoralis*) wie auch mit *„barbara"*, einer in der Flügeldeckenzeichnung aberrativen Form der Art *lunulata*.

Da die vorliegenden neun Stücke gleichartig etikettiert sind und sich im Habitus sehr ähneln (sieben Exemplare sind glänzend metallisch grün gefärbt und weisen kupfrige Reflexe auf; zwei Exemplare sind fast rein rotkupfrig, das ♀ schwach glänzend, das ♂ matt; die Mittelbinde ist bei sechs Stücken breit (ab. *barbara*) und bei drei Stücken mäßig breit ausgebildet), ist davon auszugehen, daß KRAATZ bei der Beschreibung der f. *rolphi* alle Exemplare vorgelegen haben.

Vom Erstverfasser wurde daher das mit „Typus" etikettierte Männchen als Lectotypus designiert, die übrigen acht Stücke (drei ♂, fünf ♀) wurden als Paralectotypen gekennzeichnet. Das typische Material befindet sich in der Sammlung des Instituts für Pflanzenschutzforschung, Eberswalde-Finow, DDR.

Ganz eindeutig ist die Zugehörigkeit der f. *rolphi* zur Art *littoralis*. Der genaue Fundort der Form ist nicht bekannt; die Angabe „Marocco" läßt eine gezielte Überprüfung der Population nicht zu. Es ist aber anzunehmen, daß es sich bei *rolphi* um eine der vielen mehr oder weniger variablen *littoralis*-Populationen handelt, die keinen Namen verdienen. Dies spricht dafür, *rolphi* für synonym zu erachten. Wegen der ungenauen Fundortangabe ist jedoch eine sichere und endgültige Klärung dieser Frage derzeit nicht möglich.

Lophyridia aulica (DEJEAN, 1831)

Verbreitung: Von Afrika bis in den Mittleren Orient (östliches Pakistan), aber diskontinuierlich und noch nicht vollständig erforscht. In West- und N-Afrika bekannt von den Kapverdischen Inseln, aus dem Senegal, aus Tunesien, Libyen und Ägypten, aber nicht aus Algerien (CASSOLA 1978). 1981 gelang CASSOLA (1985) ein erneuter Nachweis für Europa (eine Lokalität auf dem Peloponnes).

In Tunesien scheint das Areal auf das südöstliche Küstengebiet beschränkt zu sein. „region SE" (BEDEL 1895). 27 (7.76***)K,C. 32 (7.76*)C. 34e (7.76**)C. 34f (7.76**)K. 35 (7.84) dokumentiert durch ein Foto von F. PETRETTI (teste CASSOLA). 37 (6.76**)K. 38a (6.76*)K.

Aktive Imagines wurden nur in den Sommermonaten festgestellt. Habitat: Sandiger Meeresstrand.

Es dominieren braunkupfrig und grün gefärbte Individuen. Die Population von Houmt Souk ist fast einheitlich dunkelbraun – schwärzlich gefärbt.

Lophyra flexuosa (FABRICIUS, 1787)

Verbreitung: N-Afrika bis zur Atlantikküste, Iberische Halbinsel, südliche französische Atlantikküste, S-Frankreich, Balearen, Sardinien, Sizilien, Linosa I. (CASSOLA 1972).

Tunesien: Vielerorts an der Küste und im Binnenland. La Goulette (BEDEL 1895). 1a+b (6.76*)K. 2 (3.61)K. 4 (4.86*)W. 8 (4.+7.76*)K. 13+14 (7.76)C,K. 20 (7.74)K. 21+22 (4.74*)K. 32 (7.76*)C. 34a+c+d (4.76**)K. 34g+38c (7.76)C,K. 41 (5.68**)C. 42 (5.61**)K. 48+49b (3.75*)K. 52b (6.76*)K. 54 (4.86*)W. 56 (7.76*)C. 57 (7.74* *)C. 59 (4.76*)K.

Aktive Imagines wurden ab März festgestellt. Habitat: Vorwiegend am sandigen Meeresstrand und in der Uferzone der Flüsse.

Eine in Zeichnung und Färbung variable Art. Dunkle Stücke mit reduzierter Flügeldeckenzeichnung dominieren im Gebiet von Tabarka, Soliman, Korba und Sidi Mahrès. Sie ähneln im Habitus der subsp. *sardea* DEJEAN aus Sardinien oder sind von Exemplaren dieses Taxon nicht unterscheidbar. Nach unserem Material aus S-Europa und N-Afrika zu urteilen, handelt es sich um eine weit verbreitete Form, bei der nur die sardischen Populationen als Subspezies gewertet werden können (CASSOLA 1972). ALIQUÒ (1981), der die sizilianischen Populationen untersucht hat, gelangte in seinem Untersuchungsgebiet zu ähnlichen Ergebnissen.

Die Gattung *Neolaphyra* BEDEL, 1895

Die *Neolaphyra*-Gruppe ist mit fünf Taxa (unter Einschluß von *simulans* BEDEL) in Nordafrika vertreten. Diese Formen sind im 19. Jahrhundert entdeckt und beschrieben worden. Über ihren Status wurde in jener Zeit ergiebig diskutiert; erinnert sei an die Beiträge von TRUQUI (1855a, b, c), REICHE (1855), BUQUET & LUCAS & FAIRMAIRE (1855), GUÉRIN – MENEVILLE (1855), GHILIANI (1855), FAIRMAIRE (1858), BEDEL (1895), BOURGEOIS (1897), HORN (1897), HORN & ROESCHKE (1891) sowie RIVALIER (1950) und SCHILDER (1953).

BEDEL wertete *ritchiei* VIGORS, *leucosticta* FAIRMAIRE, *truquii* GUÉRIN und *peletieri* LUCAS als Spezies. HORN (1897) ließ jedoch nur zwei Arten gelten: *peletieri* und *ritchiei*. *N. leucosticta* und *truquii* stellte er als Varietäten zu *ritchiei*, und die von BEDEL zur Art *leucosticta* beschriebene var. *simulans* (BEDEL 1985) schloß er in diesen Formenkreis ein. HORN war überzeugt, Übergangsformen festgestellt zu haben, und begründete damit seine Auffassung. Schließlich anerkannte HORN (1926) drei Spezies: *peletieri*, *truquii* und *simulans* stufte er als Formen von *ritchiei* ein.

Wegen dieser recht unterschiedlichen Auffassungen hielten wir eine genaue Überprüfung der genannten Taxa unter Einbeziehung genitalmorphologischer Untersuchungen für erforderlich. Die im westlichen Algerien (Prov. Oran) beheimatete Art *peletieri* haben wir dabei ausgelassen, weil ihr Status unumstritten ist, und sie mit Sicherheit nicht in Tunesien vorkommt.

Außer unseren eigenen Sammlungen stand uns das Material des Senckenberg-Museums unter der Obhut von Dr. R. ZUR STRASSEN zur Verfügung. Die Untersuchung erstreckte sich auch auf Stücke, die uns Jürgen WIESNER, Wolfsburg, aus seiner Sammlung zugänglich machte.

91

Wir nehmen die Resultate vorweg: *N. ritchiei* und *truquii* stellen sich als in jeder Hinsicht gut differenzierte Spezies dar. *N. leucosticta* gehört in die nähere Verwandtschaft von *truquii* und ist demzufolge fälschlich mit *ritchiei* in Verbindung gebracht worden. Vieles deutet darauf hin, daß *leucosticta* als Spezies zu werten ist; wir stellen daher ihren ursprünglichen Status wieder her. *Simulans* ist eine Form von *leucosticta* und ist wahrscheinlich infrasubspezifisch zu werten. Hybriden aus der genannten Artengruppe sind uns nicht bekannt; wir konnten allerdings auch keine Arealüberschneidungen anhand von authentischem Material feststellen. *N. leucosticta* nimmt zwar in morphologischer Hinsicht eine Zwischenstellung ein, es erweisen sich jedoch die spezifischen Merkmale als konstant, und die Populationen zeichnen sich durch auffallende Homogenität ihrer Individuen aus. Sicherlich ist die Speziation des Taxon *leucosticta* bereits vollzogen.

Differentialmerkmale im männlichen Geschlecht

1. *ritchiei* (VIGORS, 1825)

Typus: Mourzouk, südlich Tripolis (BEDEL 1895).

Rechte Mandibel schmal, zugespitzt. Das 8. Fühlerglied nicht oder schwach verbreitert, das 9. mäßig bis stark, das 10. und 11. stark verbreitert (Abb. 2).

Die Hintertarsen so lang wie die Hinterschienen (Abb. 6).

Penisröhre breit, zum Ende stark verengt und ziemlich stark nach vorn gebogen; das Endstück sehr kurz, spitz (Abb. 9).

Penis-Innensack: Chitinzahn zur Spitze kaum merklich geschwungen; die Spitze der großen Chitinleiste nicht verbreitert (Abb. 12–13).

Material ex Libya, Tripoli, 4. 1982, BŘEZINA leg.

2. *truquii* (GUÉRIN, 1855)

Rechte Mandibel auffallend breit, die größte Breite vor der Spitze. Die letzten vier Fühlerglieder nie verbreitert (Abb. 3).

Die Hintertarsen viel kürzer als die Hinterschienen (Abb. 7).

Penisröhre breit, zum Ende stark verengt und wenig nach vorn gebogen; das Endstück kurz, schmal und zugespitzt (Abb. 10).

Penis-Innensack: Chitinzahn zur Spitze S-förmig geschwungen; die Spitze der großen Chitinleiste löffelförmig verbreitert (Abb. 14–15).

Material ex Algeria centr., Djelfa-Mesrane, 5. 1975, MORAVEC leg.

3. *leucosticta* (FAIRMAIRE, 1858) spec. rest.

Typus: Tunis.

Rechte Mandibel schmal, zugespitzt. Das 8. und 9. Fühlerglied nicht verbreitert, das 10. und 11. Glied entweder schwach verbreitert oder so schmal wie das 9. (Abb. 4–5).

Die Hintertarsen so lang wie die Hinterschienen (Abb. 8).

Die Penisröhre (Abb. 11) und die chitinisierten Teile des Penis-Innensacks (Abb. 16–17) der *truquii* sehr ähnlich.

Material ex Tunisia, Sbeïtla, 3.1975, KORELL leg.; Hammamet, 3.1981, ECKWEILER et HOFMANN leg.

Im übrigen ähneln sich die drei Arten im Habitus außerordentlich, was zu Verwechslungen und Fehldeterminationen geführt hat. Sie unterscheiden sich nicht in Körpergröße und Gestalt. Die Färbung ist einheitlich. Die Skulpturunterschiede sind so minimal und inkonstant, daß sie als Kriterium ausscheiden. Das gleiche gilt für die weißen Zeichnungselemente auf den Flügeldecken, allerdings mit einer Ausnahme; Stücke mit weißem Seitenrandstreifen fallen aus dem Rahmen. Es handelt sich ent-

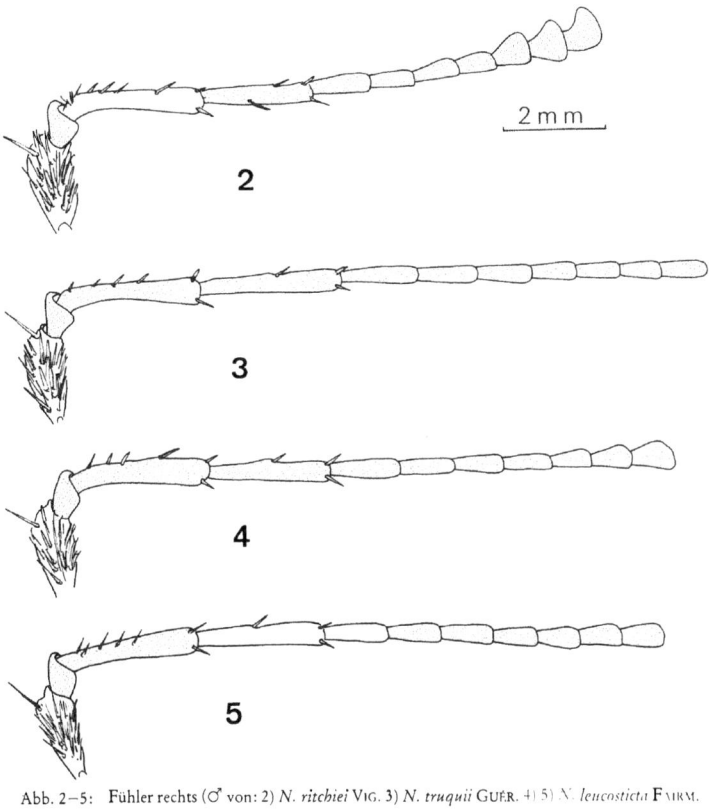

Abb. 2–5: Fühler rechts (♂ von: 2) *N. ritchiei* VIG. 3) *N. truquii* GUÉR. 4) 5) *N. leucosticta* FAIRM.

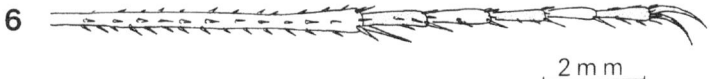

2 mm

Abb. 6–8: Hinterschienen und Tarsen von: 6) *N. ritchiei* VIG. 7) *N. truquii* GUÉR. 8) *N. leucosticta* FAIRM.

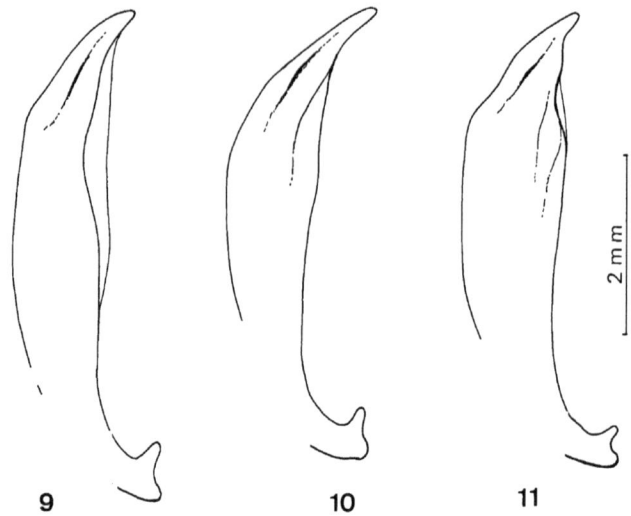

Abb. 9–11:   Penisröhren von: 9) *N. ritchiei* VIG. 10) *N. truquii* GUÉR. 11) *N. leucosticta* FAIRM.

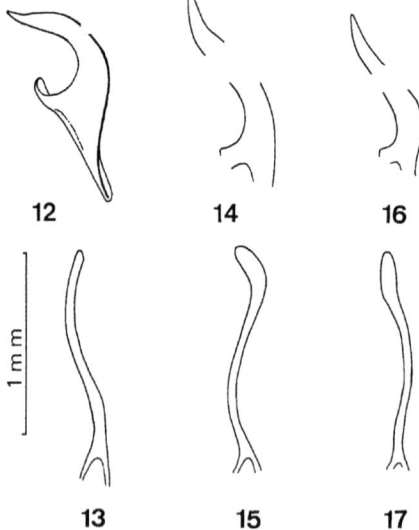

Abb. 12–17:   Chitinisierte Teile aus dem Penis-Innensack von: 12–13) *N. ritchiei* VIG. 14–15) *N. truquii* GUÉR. 16–17) *N. leucosticta* FAIRM.

weder um *leucosticta* f. nom. (meistens mit Schulterfleck) oder um aberrative *truquii* (ohne Schulter-fleck); letztere wurden aus Gafsa (v. Bodemeyer 1927) und Metlaoui (leg. Eckweiler, Coll. Korell) bekannt.

Schließlich sei erwähnt, daß *leucosticta* *simulans* nur durch den fehlenden weißen Seitenrandstreifen sowie Schulterfleck von der Nominatform abweicht, und, wie bereits angedeutet, ihr Status nicht völ-lig geklärt ist. Sec. Bedel (1895) findet sie sich bei Kairouan zusammen mit der Nominatform („ä Ké-rouan... se trouve avec le type"). Auch im Gebiet von Sfax kommen beide Formen gemeinsam vor; das geringe Material läßt jedoch keine statistischen Daten über die ganze Population zu. Andererseits zeichnen sich die Populationen der *leucosticta* *simulans* in der Umgebung von Sbeïtla und vom Oued El Hateb durch eine auffallende Konstanz aus.

Verbreitung (Abb. 18)

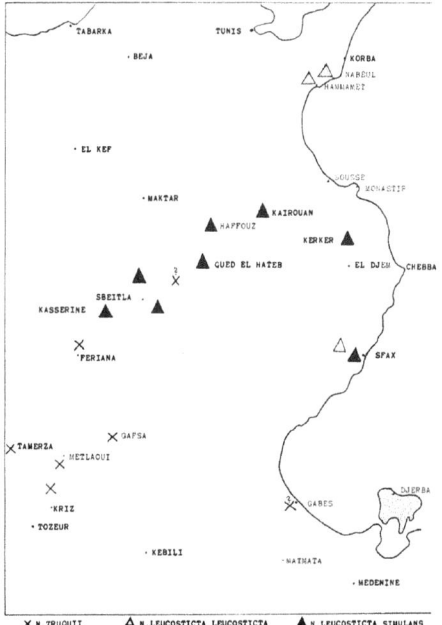

Abb. 18:   Verbreitungskarte der *Neolaphyra*-Formen in Tunesien (1:2 000 000).

1. *ritchiei*:

Typische Stücke mit verbürgter Fundortangabe kennen wir nur aus Libyen, insbesondere aus der Gegend um Tripoli. Ein Exemplar stammt aus "Äin Zara, Tripolitaine", 3.1899, Alluaud (SMF). Zwei weitere Exemplare in der Sammlung des Senckenberg-Museums sind etikettiert „Tunis N-Afrika" und „Algier Coll. E. Witte"; wir hal-ten sie für nicht authentisch.

Material in coll. CAssoLA: Tagiura/Libyen, 2.3.1926, 1 ♂; Tripoli, BALBONI leg., 1 ♂; Tripoli, BRASAVOLA leg., 2–3.1940, 2 ♂.

Die Art scheint in Tunesien zu fehlen.

2. *truquii*:

Algerien und Tunesien. Das Verbreitungsgebiet reicht ostwärts bis in das mittlere Tunesien, mit der Arealgrenze etwa auf der Linie Tozeur – Gafsa – Feriana. Im angrenzenden Raum Kasserine – Sbeïtla wurde ausschließlich *leucosticta simulans* festgestellt (KORELL). BEDEL (1895) meldet *truquii* aus dem Gebiet zwischen Sbeïtla und Hadieb El Aïoun sowie aus Gabès. Beide Angaben sind zu überprüfen. Falls die ersterwähnte Angabe zutrifft, überschneiden sich im genannten Gebiet die Areale von *truquii* und *leucosticta*.

Fundorte in Tunesien: 45 km SW. Gafsa: Metlaoui, ca. 400 m NN, 10.3.81, ECKWEILER und HOFMANN, 8 Ex. K, weitere Ex. Coll. E. – – Oasis Gafsa, B. v. BODEMEYER, 13 Ex., SMF. – – Tozeur: 10 km N Kriz, 11.4.68, 9 ♂, 6 ♀ C. – – Aïn Bou-Driès/nördl. Feriana, Feriana – Gafsa, Oglet El-Rechid, Tamerza, Gabès (BEDEL 1895).

3. *leucosticta*:

Nordöstliches und mittleres Tunesien.

subsp. *leucosticta*: Hammamet, 4.1979, 1 Ex. leg. et in coll. DRIES; Hammamet, Hotel Bel Azur, 100 m NN, 26.3.81, ECKWEILER et HOFMANN leg., 4 Ex. Coll. E, K. – – Nabeul, 5.1961, ECKERLEIN leg., 1 Ex. Coll. HEINZ. – – Sfax (ohne Datum), V. BOERIO leg., 2 ♂ 1 ♀ C; Sfax 1896, de VAULOGER, 1 ♀ SMF.

f. *simulans* (BEDEL, 1895). Typus: Kairouan.

49a+b(Ende 3.75*** leg. KORELL) C, KL, K W. 49(2.6.84, leg. BOLOGNA & AUDISIO) 6 Ex. C. 48(Ende 3.75, 9 Ex. leg. KORELL) K, MA. 43(3.82, leg. KRÜGLE) 1 Ex. W. Kairouan (2–4.1873, leg. ABDUL KERIM) 1 Ex. C. 51:1 Ex. MA. 26(1896, leg. de VAULOGER) 4 Ex., „W. HORN" 2 Ex., „Nr. 873" 1 Ex. SMF. Oued Bateha/Sfax, Kasserine, Kerker (BEDEL 1895).

Aktivitätsperiode und Habitat: Die *Neolaphyra*-Arten sind ausgesprochene Frühjahrstiere. Sie leben bevorzugt in großen, sandigen Flußtälern und in deren näherer Umgebung.

Cephalota (Taenidia) litorea (FORSKAL, 1775)
subsp. *goudoti* (DEJEAN, 1829)

Verbreitung: N-Afrika (bis zum Roten Meer), S-Spanien, Sardinien, Sizilien, Cypern, Syrien (CAssoLA 1972).

Tunesien: Die Fundorte liegen an der Ostküste. Aus dem Binnenland sind keine Funde bekannt geworden. La Goulette (BEDEL 1895). 5(7.74**)K,C. 13(7.76*)C,K. 22(7.76, 1 Ex.)C. 23(7.74**)K. 27(7.76*)K. 33(6.76**)K,C. 38b(7.76**)K,C.

Aktive Imagines wurden nur in den Sommermonaten festgestellt. Habitat: Sandiger Meeresstrand und Verlandungszonen.

Die Populationen weisen keine morphologischen Unterschiede auf. Die Individuen weichen auch nicht von Stücken der subsp. *goudoti* aus Nachbargebieten ab, z. B. aus Sardinien.

Cephalota (Taenidia) lyoni (VIGORS, 1825)

Verbreitung: Tunesien, Libyen, Cypern.

In Tunesien an der Ostküste. Ausnahmsweise wurden einige Exemplare etwa vier Kilometer landeinwärts in einer steppenartigen Landschaft in der Nähe eines Brunnens gefangen, und zwar 20 km ENE Ben Gardane (MAGER, MÜHLE, KORELL).

13(7.76*)K. 22(7.76**)K. 23(7.76*)C. 25(7.74*)C. 27(7.76**)K,C. 28(7.76**)C,K. 30(6.76***)K. 32(7.76**) C. 33(6.76, 1 Ex.) MÜ. 34a(7.76*)K. 34b(7.76*)C. 34d(7.76**)MA. 37(6.76*)K. 38a+b(6.+7.76**)K,C. 38c(7.76*)K. Gabès, Hammam Lif, Djerba, Zarzis (BEDEL 1895). Hammam Lif, El Kantara, Zarzis Babouh (MANDL 1935).

Aktive Imagines wurden nur in den Sommermonaten festgestellt. Habitat: Sandiger Meeresstrand.

BEDEL (1895) und HORN (1926) werteten *lyoni* und *litorea* als Spezies. MANDEL (1935) stufte *lyoni* irrtümlich als Subspezies von *litorea* ein. Tatsächlich existieren beide Arten in Tunesien und leben an einigen Lokalitäten sympatrisch. Ihre nahe Verwandtschaft ist unverkennbar. Allerdings ist die genaue Verbreitung beider Spezies entlang der nordafrikanischen Küste noch nicht völlig erforscht.

Variabilität der *lyoni*: Die Populationen der Nominatform im nördlichen Teil der Ostküste variieren wenig. Die Flügeldeckenzeichnung, insbesondere der Seitenrandstreifen, neigt nicht zur Verbreiterung. Die Mittelbinde fehlt; ausnahmsweise ist sie schwach angedeutet.

Zwischen Sfax und Gabès treten vermehrt Individuen auf mit verbreitertem Seitenrandstreifen und angedeuteter oder ganz ausgebildeter Mittelbinde. (Gabès: 50 %). Auf Djerba (Aghir!) liegt der Prozentsatz über 50 %.

Im Raum von Ben Gardane ist bei der Mehrzahl der Tiere (66 %) der Randstreifen breit und die Mittelbinde ganz ausgebildet. Offensichtlich liegt ein Klin in Nord-Süd-Richtung vor.

Auf extrem abweichende Stücke mit sehr breitem Randstreifen bezieht sich die „var." *normandi* (BEDEL, 1898). CASSOLA fing vier Exemplare dieser Form bei Zarat (35 km SE Gabès). *Normandi* ist als infrasubspezifische Form einzustufen (morpha). Alle Individuen mit verbreitertem Randstreifen und einer ± ausgebildeten Mittelbinde können als trans. ad m. *normandi* bezeichnet werden. Aus der Originalbeschreibung geht eindeutig hervor, daß BEDEL seine „var. *Normandi*", beschrieben nach zwei Exemplaren aus Gabès, als Individualform erkannt hatte.

BEDELS Beschreibung endet wie folgt (sinngemäß aus dem Französischen übersetzt): Gabès scheint der einzige Platz zu sein, wo sich alle Varietäten der Färbung und der Zeichnung vereint finden, die bis jetzt bei C. *lyoni* beobachtet wurden.

Metallisch grün gefärbte Tiere wurden in Anzahl bei Gabès – Ghannouch und Djerba-Aghir festgestellt, vermischt mit normal braun gefärbten Stücken (MUHLE, MAGER, KORELL).

Cephalota (Taenidia) circumdata (DEJEAN, 1822)
subsp. *imperialis* (KLUG, 1834)

Verbreitung: Mittelmeerländer und zugehörige Inseln (mit Verbreitungslücken).

In Tunesien vielerorts an der Ostküste. 3a(8.74*)C. 5(6.76*)K. 13(7.76*)C,K. 14(7.76*)K. 23(7.74**)K. 27(7.76**)C,K. 28(7.76*)C. 31(6.46, 1 Ex.)C. 33(6.76**)K,C. 34a+f(7.76*)C. 34b+e(7.76*)K,C. 37(6.76**) K,C. 38a(6.76*)K. 38b(7.76**)K,C. La Goulette, Sfax, Gabès, Ile de Djerba, Zarzis (BEDEL 1895).

Aktive Imagines wurden nur in den Sommermonaten festgestellt. Habitat: Sandiger Meeresstrand und Verlandungszonen.

Die subsp. *imperialis* ist auf den westlichen Mittelmeerraum beschränkt. Abweichend sind die südfranzösischen Populationen (Camargue!): Die Flügeldeckenzeichnung ist wesentlich schmäler, die Grundfärbung ist grünlich braun. CASSOLA (1970) beschrieb sie als subsp. *leonschaeferi* und stellte sie später in Zentral-Italien (Orbetello/Toskana) fest (CASSOLA 1973 b).

In Tunesien bildet c. *imperialis* im Gebiet zwischen Tunis und Sfax einen recht einheitlichen Komplex. Von den weiter südlich gelegenen Fundorten liegen Serien vor, die in der Flügeldeckenzeichnung zum Teil der subsp. *leonschaeferi* ähneln (Djerba, El Kantara Cont., Naoura, Ben Gardane). Die Grundfarbe aller tunesischen Tiere ist einheitlich braun bis dunkelbraun mit schwachen kupfrigen und grünlichen Reflexen.

Cassolaia maura (LINNAEUS, 1758)

Für diese Art stellte RAVALIER (1950) die Gattung *Spiralia* auf, unter Berücksichtigung ihrer unklaren verwandtschaftlichen Beziehungen.

ANTOINE (1951, 1955) vereinigte *Spiralia* fälschlich mit *Cephalota* s. str. Bei oberflächlicher Betrachtung hat *maura* zwar eine gewisse Ähnlichkeit mit den *Cephalota*-Arten, sie unterscheidet sich jedoch von ihnen prägnant durch die multisetose Oberlippe, die Struktur des Penis-Innensacks und die Flügeldeckenzeichnung. CASSOLA (1973 a) wertete daher *Spiralia* wieder zur Gattung auf. Er konstatierte (CASSOLA 1970 a, CASSOLA & BROUERIUS VAN NIDEK 1984), daß dieser Name durch *Spiralia* J. E. GRAY, 1858, einer Bryozoa-Gattung (= Ectoprocta), präokkupiert ist.

97

Nun wurde *Spiralia* Rivalier, 1950 von Wiesner (1985) durch den neuen Namen *Cassolaia* Wiesner ersetzt. Dieser Autor stellte jedoch *Cassolaia* wieder als Untergattung zu *Cephalota*. Aus den bereits genannten Gründen kann diese Kombination nicht beibehalten werden; *Cassolaia* muß als eigenständige Gattung angesehen werden.

Gesamtverbreitung: *C. maura* ist über den westlichen Mittelmeerraum (N-Afrika von Marokko bis Tunesien, Iberische Halbinsel und Sizilien) verbreitet. Bis vor einigen Jahren war sogar ein Fundort von der südlichsten Spitze Kalabriens bekannt (Cassola 1964). Beuthin (1894) führt sie irrtümlich von der Insel Cypern und der syrischen Küste an, und Horn (1926) per errorem aus S-Frankreich.

Variabilität und Rassenbildung: Die Individuen der westlichen Populationen (Spanien, Marokko) sind einfärbig schwarz, während sich die aus Tunesien und Sizilien durch kupfrigroten Kopf und Halsschild (in auffallendem Kontrast zu den schwarzen Flügeldecken!) auszeichnen. Unser Material aus Tunesien repräsentiert diese Färbungsvariante bei fast allen Individuen (Oued Mellègue 100 %, Sousse 94 %).

Schon Dupuis (1910) betonte, daß von 28 Exemplaren aus Tunis 26 Stücke in der Färbung (siehe oben) abweichen. Linnaeus (1758) beschrieb *maura* aus Algerien („Habitat Algiriae"). Mit Sicherheit lagen ihm schwarze Exemplare vor („*Cicindela* nigra, elytris punctis sex albis"). Algerien ist wahrscheinlich als Übergangszone zwischen beiden Formen anzusehen. Wir verfügen über zu wenig algerisches Material, um diese Frage definitiv beantworten zu können. Die westlichen Populationen gehören zur Nominat-Unterart; die östlichen (Tunesien, Sizilien) können auf Grund der kupfrigroten Färbung von Kopf und Pronotum als geographische Subspezies abgetrennt werden. Der Name *sicula* Gistl ist in diesem Zusammenhang irrelevant, weil er sich auf die individuelle Variabilität der Flügeldeckenzeichnung bezieht (Gistl 1837) und infrasubspezifisch zu werten ist.

Wir nennen die neue Unterart *cupreothoracica* subsp. n.

Patria: NW-Tunesien, Oued Mellègue, 15.5.1968.

Material: Holotypus ♂, 37 Paratypen (15 ♂ 22♀) in coll. F. Cassola, Roma. 8 Paratypen (4 ♂ 4♀) in coll. A. Korell, Kassel. 2 Paratypen (♂ ♀) in der Sammlung des Forschungsinstituts Senckenberg, Frankfurt/M. (SMF C 15974)

Verbreitung: Sporadisch im nördlichen und mittleren Tunesien. Bulla Regia, 16.5.68, 1 ♂ C. Hammam Lif, 6.1956, H. P. Müller, 6 Ex. Zoologische Staatssammlung, München. Korba: Oued Chiba (Flußmündung), 10.7.76, 1 Ex., Mager, MA. 8 km SE. Sousse (Flußufer bis in die Nähe der Mündung), 7.74, 26 Ex., 7.76, 38 Ex., Korell, C, KL, K und andere; 27 Ex. Mager, MA, 19 Ex. Mühle, MÜ. Gafsa, 4 Ex. SMF. Gafsa: El Guettar, 400 m, 13.5.84, Audisio, 1 Ex. C. Maknassy, 350 m, 1.6.84, Bologna, 2 ♂ 2 ♀C.

Für die Art *maura* erwähnt Bedel (1895) „Tunesien bis Zarzis".

Cylindera (Eugrapha) trisignata (Dejean, 1822)
subsp. *siciliensis* (W. Horn, 1891)

Verbreitung: Atlantikküste von Marokko und S-Spanien, Golf von Biskaya bis nördlich von Amsterdam, Mittelmeerküsten östlich bis Kreta und SW-Anatolien, Schwarzmeerküsten (Cassola 1972, Korell in lit.)

Tunesien: Die Art wurde nur an der Nordostküste festgestellt.

La Goulette (Bedel 1895). 3.a(8.74*)C. 3b(6.84*)C. 8(7.76*)K. 10(7.76*)K. 12(7.76**)K. 13(7.76**)C,K. 14(7.76*)K. 15(7.76, 1 Ex.)C. 23(7.76**)C. 25(7.74, 1 Ex.)C.

Die Aktivitätsperiode liegt in den Sommermonaten.

Habitat: Sandiger Meeresstrand.

Variabilität: In der Flügeldeckenzeichnung weichen die tunesischen Populationen von der Nominatform ab: Der Randstreifen verbindet fast immer alle Zeichnungselemente. Das Ende der Mittelbinde ist hakig erweitert. Der vordere Teil der Apikalmakel ist sehr lang und stark nach außen gebogen; mitunter verbindet er sich mit dem Randstreifen. Derartige Stücke aus Sizilien beschrieb Horn als *siciliensis*.

Obwohl die tunesischen Stücke in der Zeichnung nicht völlig mit *t. siciliensis* übereinstimmen, und ihr taxonomischer Status definitiv nicht geklärt ist, ordnen wir die genannten Populationen vorerst diesem Taxon zu, in Übereinstimmung mit W. Horn (1926). Die Exemplare aus N-Tunesien (Ras el Tarf) ähneln mehr der subsp. *trisignata.*

Der Name *pseudosiciliensis* Dupuis, 1910, der auf nur zwei Exemplaren basiert, kann nicht für eine von *siciliensis* differente Rasse aufrecht erhalten werden; auch auf der Insel Malta kommt *t. siciliensis* vor (1 ♀ Coll. Cassola).

Myriochile melancholica (Fabricius, 1798)

Verbreitung: Weit verbreitet über ganz Afrika, den Vorderen und Mittleren Orient sowie S-Europa (Spanien, Italien, Griechenland).

In Tunesien an der Küste und im Binnenland. 9 (7.76') K. 13 (7.76, 1 Ex.) K. 27 (7.76, 1 Ex.) K. 28 (7.74') C. 32 (7.76, 1 Ex.) C. 38c (7.76''') MA, K. 44 (9.72'') C. 46 (7.74') C. 58 (7.76') C.

Bords de la Medjerda, La Goulette, Sfax, Kairouan, Khanget Oum Ali, Gueraat El-Fedjedj, Oudref (Bedel 1895).

Megacephala euphratica euphratica Dejean, 1822

Verbreitung der Nominatform: Südliche Mittelmeerregion (SE-Spanien, nördliches Afrika von Marokko bis Ägypten, Israel, Syrien, Kreta). (Cassola 1981).

In Tunesien an der Küste und im Binnenland. 27 (9.7.76, 21–24 h⁻ Cassola) C, K. 28 (9.7.76, 20 h, 2 ♀ Cassola & Tassi) C. 52c (26.6.76, abends am Licht, 2 Ex. Korell & Mager) K, MA.

Die Imagines sind nachtaktiv. Tagsüber halten sie sich in senkrechten Erdröhren oder unter niederer Vegetation versteckt.

Zusammenfassung

Über die 14 Cicindelidae-Arten Tunesiens werden biogeographische, ökologische und phänologische Angaben gemacht. Einige Taxa werden revidiert: *rolphi* Kraatz ist eine Form von *Lophyridia littoralis* (Fabricius) (comb. n.); das von Kraatz als Typus bezeichnete Exemplar wurde als Lectotypus, die Syntypen wurden als Paralectotypen gekennzeichnet. (Typisches Material in der Sammlung des Instituts für Pflanzenforschung, Eberswalde-Finow, DDR). Der ursprüngliche Status von *Neolaphyra leucosticta* (Fairmaire) (spec. rest.) wird wiederhergestellt. *Simulans* (Bedel) ist eine Form von *N. leucosticta.* Die von Bedel zu *Cephalota lyoni* (Vigors) beschriebene „var. *normandi*" ist eine „morpha". Der Gattungsname *Spiralia* Rivalier, 1950 (Genotypus: *maura*) wird, da präokkupiert, durch den neuen Namen *Cassolaia* Wiesner ersetzt. *C. maura cupreothoracica* subsp. n., eine geographische Unterart aus Tunesien und Sizilien, wird beschrieben.

Summary

This paper records altogether 14 species of Cicindelidae from Tunisia: 1. *campestris atlantis* Mandl. The distribution and the subspecific status of this taxon is not yet cleared up. 2. *lunulata* (Fabr.) occurs along the coast as well as in the inland. 3. *littoralis littoralis* (Fabr.), which might easily be confounded with *lunulata*, is recorded from northern Tunisia. There is no doubt that the taxon *rolphi* (Kraatz) from Maroc belongs to *littoralis (comb. n.);* its validity is questionable; it possibly represents an individual form. 4. *aulica* (Dej.) is distributed over the southern east coast. 5. *flexuosa* (Fabr.) has been well-known from the coast and the inland. 6. *truquii* (Guér), widely distributed in Algeria, is recorded from Central Tunisia with its limit towards the east. 7. *leucosticta* (Fairm.) spec. rest. For a long time this taxon has erroneously been combined with *ritchiei* (Vig.). Representing a species of its own, closely related with *truquii*, its original status is re-established. *Simulans* (Bedel) is a forma of *leucosticta*; the status of this taxon is not yet cleared up. 8. *litorea goudoti* (Dej) is widely distributed in the Mediterranean region, seems to be restricted to the east coast of Tunisia. 9. *lyoni* (Vig.) is widely distributed over the eastern coast. In some places *lyoni* lives together with *litorea goudoti*. They represent two species of their own. The taxon *normandi* (Bedel) cannot be considered a subspecies. It is a variable morpha which numerously occurs along the southern east coast. 10. *circumdata imperialis* (Klug) has been well-known from the east coast. There are some populations in the southern parts of the coast which are mixed up with specimens similar to the subsp. *leonschaeferi* CASS., as regards the elytral markings. 11. *maura* (LYNN.) sporadically occurs in northern and eastern Tunisia. Because of the cupreous-red colour of head and pronotum, dominating in all populations, the subsp. *cupreothoracica* subsp. n. is established. The genus name *Spiralia*, introduced only for this single species by RIVALIER (1950), cannot be maintained. *Spiralia* RIvALIER, 1950 is preoccupied by *Spiralia* J. E. GRAY, 1858, a genus of Bryozoa. WIESNER (1985) substituted *Spiralia* RIVALIER, 1950 for the new name *Cassolaia* WIESNER, but erroneously related it as a subgenus to the genus *Cephalota*. *Cassolaia* is distinguished by several important characteristics, such as the multisetulose labrum, the internal sac of aedeagus, the elytral markings. Therefore it must be considered a separate genus. 12. *trisignata* (DEJ.) has so far been known from the NE-coast. There is so much morphological similarity between the Tunisian populations and those from Sicily that they can be regarded as one complex under the name *siciliensis* (W. HORN 1891). 13. *melancholica* (FABR.), widely distributed throughout Africa, Middle East, and Southern Europe, has been well-known from Tunisia. 14. *euphratica euphratica* DEJ. is recorded from three localities in Tunisia.

Literatur

ALIQUÒ, V. 1981: A proposito della *Lophyra flexuosa* FABR. in Sicilia (Coleoptera, Cicindelidae). – Naturalista sicil. 4 (5), 67–72.

ANTOINE, M. 1951: Sur le démembrement du genre *Cicindela*. – Rev. franç. Ent., 18, 88–91.

– – 1955: Coléoptères Carabiques du Maroc, 1re partie. – Mém. Soc. Sci. nat. et phys. du Maroc, 48–61.

BEDEL, L. 1895: Catalogue Raisonné des Coléoptères du Nord de l'Afrique (Maroc, Algérie, Tunisie et Tripolitaine) avec notes sur la faune des iles Canaries et de Madère. – Paris, Soc. ent. France, 1–13 (suppl. à L'Abeille).

– – 1898: Sur une varieté nouvelle de *Cicindela Lyoni* VIG. (Col.). – Bull. Soc. ent. Fr., 261.

– – 1900: Catalogue Raisonné des Coléoptères de Tunisie, comprenant tous les documents dé jà publiès ou obligeamment communiqués et spécialement le résultat des voyages de MM. Valery MAYET et Maurice SEDILLOT, membres de la Mission de l'Exploration de la Tunisie. Première Partie. Cicindelidae-Staphylinidae. – Paris, Imprimerie Nationale, pp. 1–4.

BEUTHIN, H. 1894: Über Varietäten paläarktischer Cicindelen. – Ent. Nachr. 13, 205–206.

BODEMEYER v., B. 1927: Über meine Entomologischen Reisen, Bd. III. Tunis, Oasis Gafsa und die Khroumerie. – Stuttgart.

BOURGEOIS, J. 1897: Note sur *Cicindela leucosticta* FAIRM. et autres espèces du groupe des *Neolaphyra* (Col.). – Bull. Soc. ent. Fr., 40–42.

BUQUET, L, LUCAS, H., FAIRMAIRE, L. 1855: Rapport de la commission relativement aux *Cicindela Ritchii* VIGORS et *Peletieri* H. LUCAS. – Bull. Soc. ent. Fr. 23–24, Rev. Mag. Zool., 157–159.

CASSOLA, F. 1964: Note su alcuni Cicindelidi italiani (Coleoptera Cicindelidae). – Boll. Ass. romana Ent. 19, 18–20.

– – 1970a: The Cicindelidae of Italy. – Cicindela 2, 1–20.

– – 1970b: Ecologia, distribuzione geografica e subspeciazione di *Cicindela (Taenidia) circumdata* DEJ. – Boll. Ass. romana Ent. 25, 59–70.

– – 1972: Studi sui Cicindelidi. V. Il popolamento della Sardegna (Coleoptera Cicindelidae). – Studi Sassaresi, sez. 3, Ann. Fac. Agraria 20, 264–302.

– – 1973a: Etudes sur les Cicindèlides. VI. Contribution à la connaissance des Cicindèles du Maroc (Coleoptera Cicindelidae). – Bull. Soc. Sci. nat. phys. Maroc 53, 253–268.

– – 1973b: Studi sui Cicindelidi. VII. Un interessante reperto nella Laguna di Orbetello: *Cephalota (Taenidia) circumdata leonschaeferi* CASSOLA (Coleoptera). – Atti Soc. tosc. Sci. nat., Mem. B. 79, 92–96.

– – 1978: Studi sui Cicindelidi. XV. Rassegna dei Cicindelidae dell'Etiopia con descrizione di cinque nuove entità sistematiche (Coleoptera). – Acc. naz. Lincei, CCCLXXV, Quaderno n. 243 (Problemi attuali di Scienza e Cultura. Sezione: Missioni ed esplorazioni, III), 75–124.

– – 1981: Studi sui Cicindelidi. XXVII. Una notevole aggiunta alla fauna di Creta: *Megacephala euphratica* DEJEAN (Coleoptera, Cicindelidae). – Fragmenta ent. 16, 25–30.

– – 1985: Studi sui Cicindelidi. XLV. Una notevole conferma per la fauna d'Europa: *Lophyridia aulica* (DEJEAN) (Coleoptera Cicindelidae). – Boll. Ass. romana Ent. 39, (1984), 55–61.

CASSOLA, F., BROUERIUS VAN NIDEK, C. M. C. 1984: Checklist of *Cicindela* (s. auct.) of the Palaearctic Region (Coleoptera: Cicindelidae). – Cicindela 16, 7–17.

DUPUIS, P. 1910: Notes sur quelques Cicindèles provenant de Tunisie. – Ann. Soc. ent. Belgique 54, 187–195.

FAIRMAIRE, L. 1858: Essai sur les Coléoptères de Barbarie. – Ann. Soc. ent. Fr. (3) 6, 743–795.

GHILIANI, V. 1855: Note sur les *Cicindela Audouinii* et *Ritchii*. – Bull. Soc. ent. Fr. 12–13.

GISTL, J. 1837: Systema insectorum, Tomus I. – Monachii.

GRIDELLI, E. 1930: Risultati zoologici della Missione della R. Soc. Geogr. It. per l'esplorazione dell'Oasi di Giarabub (1926–1927). Coleotteri. – Ann. Mus. civ. St. nat. Genova 54, 1–437.

GUÉRIN-MENEVILLE, F. E. 1855: Mélanges et nouvelles. – Rev. Mag. Zool. 253–254, Bull. Soc. ent. Fr. 49–50.

HORN, W. 1897: Drei neue Cicindelen und über *Neolaphyra* BEDEL. – Ent. Nachr. 23 (2), 1–20.

–– 1926: Carabidae: Cicindelinae, pp. 1–345. – In: JUNK, W.: Coleopterorum Catalogus, Pars 86.

–– 1930: Über die geographische Verbreitung der Rassen von *Cicindela campestris* und *hybrida* (nebst ergänzender Beschreibung von *C. campestris Javeti* CHD.). – Ent. Blätter 26, 27–33.

HORN, W., ROESCHKE, H. 1891: Monographie der paläarktischen Cicindelen. – Berlin.

KRAATZ, G. 1890: Über *Cicindela maura* LINNE und andere. – Ent. Nachrichten 16, 135–137.

LINNAEUS, C. 1758: Systema Naturae. Tomus I. Editio Decima. Holmiae, Laurentii Salvii.

MANDL, K. 1935: *Cicindela litorea* FORSK., *C. Lyoni* VIGORS und ihre Rassen. – Koleopt. Rundschau 21, 178–182.

–– 1944: *Cicindela campestris* und ihre Rassen. – Koleopt. Rundschau 30, 1–13, 175–176.

–– 1981: Revision der unter *Cicindela lunulata* F. im Weltkatalog der Cicindelinae zusammengefaßten Formen (Coleoptera, Cicindelidae). – Ent. Arb. Mus. Frey 29, 117–176.

–– 1981b: Verbreitungskarten der Arten der *Lophyridia lunulata*-Gruppe (Col., Cicindelidae). – Zeitschrift Arbeitsgem. Österr. Ent. 33, 92–94.

REICHE, L. 1855: Synonymie des *Cicindela Ritchii* et *Peletieri*. – Rev. Mag. Zool., 156–159.

RIVALIER, E. 1950: Démembrement du Genre *Cicindela* L. (Travail préliminaire limité à la faune paléarctique). – Rev. franç. Ent. 17, 217–244.

–– 1953: Lex trois grandes sous-expéces de *Lophyridia lunulata* F. – Rev. franç. Ent. 20, 195–201.

SCHILDER, F. A. 1953: Studien zur Evolution von *Cicindela*, – Wiss. Z. Univ. Halle, Math.-Nat. 3, 539–576.

TRUQUI, E. 1855a: Note pour servir à la distinction et à la synonymie des *Cicindela Ritchii* et *Peletieri*. – Rev. Mag. Zool., 86–96.

–– 1855b: Note sur la synonymie des *Cicindela Ritchii* et *Peletieri*. – Rev. Mag. Zool., 206–208.

–– 1855c: Mélanges et nouvelles. – Rev. Mag. Zool., 255.

WIESNER, J 1985: *Cephalota (Cassolaia) maura* (L.) aus Portugal. 8. Beitrag zur Kenntnis der Cicindelidae (Col.). – Ent. Basiliensia 10, 63–66.

Anschriften der Verfasser:
Armin KORELL, Bühlchenweg 3, D-3500 Kassel-Nordshausen.
Dr. Fabio CASSOLA, Via F. Tomassucci 12, I-00144 Roma.

Buchbesprechungen

FABRE, J.-H.: **Das offenbare Geheimnis.** Aus dem Lebenswerk des Insektenforschers. – Artemis Verlag, Zürich–München, 1987. 2. Auflage, 343 S. (9)

Jean-Henri FABRE (1823–1915), ein französischer Entomologe, war zuerst Lehrer, bevor er Mathematik, Physik und Biologie studierte. Sein Lebenswerk, die „Souvenirs entomologiques" in zehn Bänden, machte ihn berühmt und trug ihm zahlreiche Preise und Ehrungen ein. Der Züricher Schriftsteller Kurt GUGGENHEIM und der Biologe Adolf PORTMANN wählten aus diesem Werk 15 Kapitel aus, übersetzten diese und versahen sie mit wissenschaftlichen Anmerkungen. Spinnen, Käfer, Wespen, Schmetterlinge und Gottesanbeterinnen sind die Hauptdarsteller in diesen Naturbeschreibungen, wobei sich wissenschaftliche Genauigkeit (exakte Beobachtungen) und eine lebhafte Sprache vereinigen. Einige Illustrationen und 8 Tafelabbildungen ergänzen den Text.

FABRE gehört zur Pflichtlektüre eines jeden Entomologen.   R. GERSTMEIER

BOVEY, P.: **Scolytidae, Platypodidae.** – Insecta Helvetica, Catalogus 6, Coleoptera. – Schweizer Entomologische Gesellschaft, Zürich, 1987. 96 S. (10)

Nach den bereits erschienenen Heften über Scarabaeidae und Lucanidae, Cerambycidae, Cantharoidea, Cleroidea und Lymexylonoidea ist dies der 4. Käferkatalog über die Insektenfauna der Schweiz. Der französische Text enthält im wesentlichen faunistische Daten (Verbreitung, Höhenangaben), bietet aber auch in einigen Fällen Determinationshilfen bei der Bestimmung nahe verwandter Arten. Die 2. Hälfte des Heftes beinhaltet die Verbreitungskarten (5-km-Netz) zu den 104 Scolytiden-Arten und 1 Platypodiden-Art.

Ein wertvolles, faunistisches Nachschlagewerk für alle, die sich mit der Insektenfauna Mitteleuropas beschäftigen.   R. GERSTMEIER

NACHTIGALL, W.: **Lebensräume.** Mitteleuropäische Landschaften und Ökosysteme. – BLV Verlagsgesellschaft, München–Wien–Zürich, 1986. 223 S., 185 Farbfotos. (11)

Das vorliegende Taschenbuch „Lebensräume" aus der Reihe der BLV Intensivführer bietet eine kompakte, reichlich illustrierte Einführung in folgende einheimische Ökosysteme: Berg und Fels, Wald und Busch, Wiesen und Weiden, Moor und Heide, Trockenfluren und Ödland, See und Teich, Bach und Fluß, Meeresküste und Watt. In sehr anschaulicher Weise werden die Zusammenhänge eines funktionierenden Ökosystems erläutert, beginnend mit den abiotischen Faktoren (Temperatur, Feuchtigkeit etc.), über die Besetzung ökologischer Nischen durch Pflanzen und Tiere mit besonderen Anpassungsfähigkeiten und den Wechselbeziehungen der Organismen untereinander. Zu bemängeln gibt es lediglich ein paar Fotos, wie z. B. das unscharfe Landschaftsfoto des Hinterzartener Moors (S. 114), die wenig informative Mikroaufnahme des Langschwanzkrebschens (S. 156, der typische lange Endstachel fehlt) oder das ziemlich „verwischte" Foto von Taumelkäfer und Wasserläufer (S. 162).

Als eine Einführung in die vielfältigsten Biotope und ihrer Fülle an Organismen ist dieses Buch für alle engagierten Naturliebhaber empfehlenswert.   R. GERSTMEIER

WENDELBERGER, E.: **Pflanzen der Feuchtgebiete.** Gewässer, Moore, Auen. – BLV Verlagsgesellschaft, München–Wien–Zürich, 1986. 223 S., 181 Farbfotos. (12)

Dieser BLV Intensivführer informiert über die speziellen Funktionen der Feuchtgebiete im Naturhaushalt und die besonderen Umweltbedingungen für die pflanzlichen Bewohner. Die Einteilung erfolgt nach Lebensräumen, als da sind: Gewässer, Röhricht, Sümpfe, Feuchtwiesen, Ufer, Quell- und Bachfluren, Hochmoore, Bruchwälder und Auen. Im Speziellen Teil werden dann jeweils die charakteristischen Pflanzen (aber auch seltenere und unauffällige Arten) dargestellt, und zwar mit Foto am Standort und mit einem gezeichneten Portrait, welches die Bestimmungsmerkmale oft deutlicher erkennen läßt. Im Text werden Kennzeichen, Standort und Verbreitung, aber auch spezielle Anpassungen, Details aus der Blütenbiologie, der Heilkunde oder der Historie) beschrieben.

Feuchtgebiete gehören zu den bedrohtesten Lebensräumen unserer Umwelt; die Kenntnis um die ökologischen Zusammenhänge ist der Schlüssel zum Schutz dieser Biotope und sollte jedem engagierten Naturfreund am Herzen liegen.   R. GERSTMEIER

| Mitt. Münch. Ent. Ges. | 77 | 103–135 | München, 1. 12. 1987 | ISSN 0340–4943 |

Morphological comparison of type (or model) genera of the subfamilies of Cleridae

(Coleoptera, Cleridae)

By Jiři KOLIBÁČ

Abstract.

Wings, labia, labra, metendosternites, male and female sterna VIII and pygidia, male copulatory organs and ovipositors are illustrated and described in the present paper. The body parts were studied in the type-species of the nominate genera of all clerid subfamilies, except for the Cleropiestinae, where the inaccessible type genus *Cleropiestus* FAIRMAIRE was replaced by the indoubtedly appurtenant model genus *Thanasimodes* MURRAY (*T. gigas* CAST.), and Dieropsinae where both species *D. quadriplagiata* GAHAN, *D. femina* WINKLER were used as a source of morphological information.

New terms are proposed for the reception of structures that have yet neither been studied nor defined.

Introduction

The morphology of the Cleridae has not yet been examined in a wider scale. The most frequently studied bodyparts have been the male copulatory organs, generally studied by DUFOUR (1825), BORDAS (1898), SHARP & MUIR (1912); in the framework of special papers, they were also described by some subsequent authors. Similarly female genitalia have been currently studied by DUFOUR (1825), STEIN (1847) and TANNER (1927) (See CORPORAAL 1950).

The wing venation has been studied by KEMPERS (1901, 1922, 1923, 1924). (See CORPORAAL 1950). Beside this, wings of some species are illustrated in later works, e. g. CROWSON (1955), EKIS (1977), WINKLER (1964, 1980), etc.

Sterna and terga VIII (pygidia) of some species, similarly as metendosternites and ovipositors are given by EKIS (1977) in *Perilypus* SPIN. and by SOLERVICENS (1986) in *Eurymetopum* BLANCH. Labra and labia are also treated in the latter mentioned papers.[1]

Material and methods

All the examined structures have been studied in the type-species of the type genera of all but one clerid subfamilies (see below):

Thaneroclerinae: *Thaneroclerus buquet* (LEF., 1835)
Phyllobaeninae: *Phyllobaenus humeralis* (SAY, 1823)
Tillinae: *T. elongatus* (LINNAEUS, 1758)
Cleropiestinae: *Thanasimodes gigas* (CASTELNAU, 1836)[2]

---

[1] In other Coleoptera (as my knowledge) labra and labia have been illustrated by HALSTEAD (1967, 1973) in the families Tenebrionidae and Silvanidae, and by MAJER (1986) in the Melyridae. From the latter paper I accept the greater part of the morphological terms.

[2] Regrettably I had the type species, *Cleropiestus oberthuri* FAIRMAIRE, 1889 not at disposal. This is why the genus *Thanasimodes* was used as a replacement model genus.

Clerinae:	*C. mutillarius* Fabricius, 1775
Dieropsinae:	*D. quadriplagiata* Gahan, 1908 (♂)
	D. femina Winkler, 1964 (♀)[3]
Epiphloeinae:	*E. duodecimmaculatus* (Klug, 1842)
Tarsosteninae:	*T. univittatus* (Rossi, 1792)
Enopliinae:	*E. serraticorne* (Olivier, 1790)
Korynetinae:	*K. coeruleus* (De Geer, 1775)

Examined heads and abdomina were boiled 2—3 min. in a 10% KOH solution, subsequently all body parts (labra, labia, copulatory organs, spicular forks, sterna VIII and terga) were separated under the stereoscopic microscope (magnifications 8—63 etc.).

Metendosternites were separated and afterwards boiled in a 10% KOH solution. Wings were also taken from relaxed specimens, rinsed in water acidized with acetic acid, and, finally, dry-medium preparations were carried out following Winkler (1974).

All the body parts (except ovipositors and wings) were studied and illustrated under the stereoscopical microscope immersed in a drop of glycerol.

For examination of wing venation the compound microscope was used to observe it with magnifications 50—200×. Ovipositors, labra and labia were studied in the same way (magnifications 50—450×).

All examined specimens were designated as secondary types (plesiotypes) and deposited in collections of J. R. Winkler or of author.

Used terms and their abbreviations

The terms given below follow the works of Crowson (1955) (marked as C); Ekis (1977) (E); Majer (1986) (M), and Halstead (1980) (H). The new proposed terms are marked „K".

ad	= phallobasic apodeme	E	ltp	= lateral tormal process	E
ame	= articulating membrane	M	md	= marginal denticles	E
at	= anterior tendons	C	mea	= mental appendage	M
ctp	= connecting tormal process	K	men	= mentum	–
cx	= coxite	E	mtp	= medial tormal process	E
cxd	= coxital depressions	K	obb	= oblique bacculus	E
cxs	= coxital stylus	E	par	= parameres	–
dl	= dorsal lamina	E	pbt	= phallobasic armature	K
ejd	= ejaculatory duct	E	pg	= proctiger	E
eps	= epipharyngeal sclerites	K	pgb	= proctigeral bacculus	E
fa	= furcal arms	C	pha	= phallobasic appendages	K
fl	= furcal plate	K	phb	= phallobase	E
hyb	= hypopharyngeal bar	M	phy	= pharynx	–
hyp	= hypopharynx	–	plt	= phallic plate	E
inl	= interspicular plate	E	pme	= phallic membrane	K
l	= lamina	C	ppl	= phallic plicae	E
lin	= laminal incisions	E	prd	= premental apodemes	M
lpa	= labial palps	–	prm	= prementum	–

---

[3] The females of *D. quadriplagiata* Gahan are scarce and I had not them on hand, this is the reason when the ovipositor, female sternum VIII and pygidium were adopted from *D. femina* Winkler.

prn	= premental notch	M	su	= suspensory sclerites	K
prs	= primary setae	K	top	= tormal process	M
s	= stalk	C	ts	= taste sensillae	M
sb	= spicular lobes	K	tsa	= taste sensillae of articulating membrane	K
scs	= secondary setae	K	tse	= taste sensillae of epipharynx	K
sl	= spiculae	E	tgs	= tegminal struts	H
ss	= spicular sac	E	vb	= ventral bacculus	E
str	= phallic struts	E	vl	= ventral lamina	E

Descriptions

In the following text, generic names only are given. The descriptions refer merely to the structures being distinctive for each species.

Wings: the standard numbering (marking) of the veins is used here. Capital letters refer to the main veins, numeral indexes refer to a vein bifurcation. Index „x" substitues the numeral index in unknown (unnamed) veins. Letter W means merely the anal (wedge) cell developed between veins 2A and 3A.

Thaneroclerus (fig. 1):

humeral vein (h) present, radial cell (Rc) small and suppresed due to a heavy sclerotized area. An indication of two springing veins in radial sector. 2A split into 2A and $2A_2$; 1A not present. It cannot be exluded that the attachment of 1A to 2A is continuous and, in such a case, $2A_1 = 1A$ and $2A_2 = 2A$.

Phyllobaenus (fig. 2):

Rc not entire, Rs completely reduced (except Rs_x), also M and Rx reduced. 1A absent; 2A coalescent with 3A (evident at basal portion), and separated at very termination.

Tillus (fig. 3):

vein h present, Rc strongly developed, Rs with an indication of two veins (as in *Thaneroclerus*). Anal veins completely developed; a connection between 4A and 3A illusory (a pigmented spot).

Thanasimodes (fig. 4):

anal veins strongly reduced, 1A abbreviate and not connected with 2A; 4A attached to arch of 3A and not continuing. Jugal veins clearly divided into J_1 and J_2.

Clerus (fig. 5):

all veins completely developed, similarly as in *Tillus*, but 4A still appended (even when weakly) to 5A.

Dieropsis (fig. 6):

wings similar to those in *Clerus* or *Tillus*, subcosta (Sc) growing into costa (C), humeral vein (h) therefore not developed. Distinct transverse vein present between 4A and 3A. Well perceptible projections present on 2A and 1A.

Epiphloeus (fig. 7):

1A markedly reduced, not appended to 2A, rest of transverse connection between them clearly preserved on 2A. 4A in a greater part approximated to 3A and divergent in distal third. 2A approximated to arch of 3A and thus forms anal cell W.

Tarsostenus (fig. 8):

in apical vein portion, continuation of medial vein M (?) is scarcely perceptible as well as its attachment to Rs_x by means of a transverse vein. 1A strongly prolonged, appended to base of 3A. 4A longly attached to 3A and divergent at very wing margin. Anal cell not developed.

105

Enoplium (fig. 9):

rudiments of two veins occur on each side of Rc bordering. Transverse vein lacks between 1A and 2A. 2A split at apex, attached at own base to 3A and forms anal cell. 4A attached to 3A and does not continue. Jugal veins strongly developed.

Korynetes (fig. 10):

anal veins very well developed. Two transverse veins situated between 1A and 2A, 4A and 3A split at their ends, transverse vein between 3A and 4A and anal cell W are developed. Similarly as in *Enoplium*, vein rudiments occur ate base of Rc bordering to which is distinctly attached Rs_x.

Labrum: The most significant specific characters are the tormal processes (top, mtp, ltp, ctp). This term was used at first by Ekis (1977) in the genus *Perilypus*. The processes probably serve to attach the labrum to the clypeus. Articulating membrane (ame) is most likely appended to the membranous epipharynx, it bears also hypopharynx and taste (?) sensillae (tsa). Epipharyngeal sclerite (eps) probably represents a sclerotized part of the epipharynx.

Thaneroclerus (fig. 11):

labral ciliation developed only at outer margin, epipharyngeal sclerite strongly developed. Tormal processes differentiated as medial (mtp) and lateral (ltp) ones. Projection of lateral tormal processes is not completely conjoined.

Phyllobaenus (fig. 12):

quite surprising structures are developed on inner (hypopharyngeal) side of the labrum. Taste sensillae of epipharynx (tse) have not been observed; an aggregation of sensillae (tsa) occurs on articulating membrane. Tormal processes (top) not differentiated; non-coalescent medial tormal process merely indicated.

Tillus (fig. 13):

labrum (if comparing with the beetle size) extraordinarily small, taste sensillae on epipharynx very long and stout, tormal processes differentiated into medial, lateral and connecting ones (mtp, ltp, ctp). Hypopharynx (hyp) located on articulating membrane which continues towards labium, as presented on fig. 13. Pharynx covered by hypopharynx.

Thanasimodes (fig. 14):

labrum of a clerine type, medial tormal processes absent but connecting ones are developed. Epipharyngeal sclerites present.

Clerus (fig. 15):

tormal processes similar to those in the preceding species, epipharyngeal sclerites absent.

Dieropsis (fig. 16):

labrum strongly ciliate, all three kinds of tormal processes present. Taste sensillae on articulating membrane strongly developed.

Epiphloeus (fig. 17):

labrum evenly vested with long hairs; taste sensillae of epipharynx strongly developed. Tormal processes differentiated into lateral and medial (?) ones.

Tarsostenus (fig. 18):

labrum sparsely ciliate (two setae on each side); taste sensillae of epipharynx cover its complete median portion. Both lateral and medial tormal processes developed.

Enoplium (fig. 19):

lateral tormal processes longly divergent from their middle, connecting one inconspicious, seemingly growing into labium beneath. As the structure is too obscure, it scarcely can be judged if they are the true tormal processes.

Korynetes (fig. 20):

tormal processes the same as in *Tarsostenus*.

Labium. The structure of the labium is very complex. Prementum (prm) and ligula (lig) are connected by hypopharyngeal bar (hyb) which is apparently a non-functional rudiment of the salivary glands (MAIER 1986). From the prementum run premental apodemes (prd); mental appendages (mea) rise from the mentum (men). On the articulating membrane (ame) which runs from ligula, sclerotized formations are perceptible; these are named by me as „suspensory sclerites" (su). Articulating membrane then bears taste sensillae (tsa), hypopharynx (hyp), pharynx (phy) and it is attached to the labrum. Taste sensillae also occur on the labial palps (lpa) and on the ligula.

Thaneroclerus (fig. 21):
segment 3 of labial palps sparsely pubescent, hypopharyngeal bar extraordinarily strongly developed. Mentum big, ciliate at basal corners, mental appendages (which are connected by suspensory sclerites) run from it towards hypopharynx which is crescent-shaped.

Phyllobaenus (fig. 22):
hypopharyngeal bar developed, mentum very narrow, without mental appendages. Suspensory sclerites also present. Ligula only sparsely ciliate. Prementum with long premental apodemes.

Tillus (fig. 23):
segment 3 of labial palps and ligula densely ciliate, hypopharyngeal bar developed. Premental apodemes slender. Mentum ciliate, mental appendages reaching hypopharynx. Suspensory sclerites developed.

Thanasimodes (fig. 24):
taste sensillae on ligula reduced. Premental notch expressively developed, suspensory sclerites present.

Clerus (fig. 25):
premental notch (prn) not developed, hypopharyngeal bar evidently preserved, suspensory sclerites expressively developed.

Dieropsis (fig. 26):
labium densely ciliate throughout all surface, segment 3 of labial palps relatively small, hypopharyngeal bar strongly reduced. Prementum has deeply incised premental notch and short stout apodemes. Mentum densely ciliate, articulating membrane densely covered with taste sensillae. Hypopharynx possesses two appended sclerites. Location of pharynx as figured.

Epiphloeus (fig., 27):
hypopharyngeal bar reduced, suspensory sclerites fairly developed as well as mental appendages by means of which is big hypopharynx attached to mentum.

Tarsostenus (fig. 28):
hypopharyngeal bar and mentum reduced to a high degree; premental notch and taste sensillae of articulating membrane developed.

Enoplium (fig. 29):
segment 3 of labial palps only sparsely pubescent. Premental notch and forked mental appendages present. Prementum sparsely ciliate. Two kinds of taste sensillae present on articulating membrane. Hypopharynx small and narrow.

Korynetes (fig. 30):
segment 3 of labial palps only sparsely pubescent, premental notch deep. Mental appendages and suspensory sclerites present. Hypopharynx of a normal clerid shape.

Metendosternite: The metendosternite (furcasternum metathoracale) is an internal sclerite of metathorax to which the wing muscles are chiefly attached. CROWSON (1955) has it differentiated into lamina (1), stalk (s) which is connected with metasternite, furcal arms (fa) and anterior tendons (at). All the metendosternites described below differ substantially each from other.

Thaneroclerus (fig. 31):

developed anterior tendons, which are mutually widely distant. Anterior tendons are developed also in *Tillus* (fig. 33), *Enoplium* (fig. 39) and *Epiphloeus* (fig. 37). In *Tillus*, laminae are moreover strongly shortened. A broad stalk is characteristical for *Korynetes* (fig. 40). The most different metendosternite occurs in *Epiphloeus* (fig. 37): laminae are inflexed backwards and coalescent. In *Tarsostenus* (fig. 38) and *Epiphloeus* (fig. 37), a formation arising from fused elongate furcal arms is moreover developed — furcal plate (fl) which covers stalk base.

Terga VIII and sterna VIII: Terga VIII (pygidia) (figs 41 – 50) and sterna VIII (figs 51 – 60) of males bear rather characters of lower taxa; the following vestiture may be observed: (a) primary setae (prs) — long, stout, growing from distinct shallow depressions, and (b) secondary ones (scs) — short, thin, superficially appended to the sclerite. No intercalary forms have been observed between the both types of setae. The primary setae are almost perfectly symmetrically arranged and perhaps bear specific characters.

Aedeagus: Tegminal struts (tgs) is not a term homologous to the phallobasic struts of EKIS (1977).
Thaneroclerus (fig. 61):

phallobase (phb) not closed dorsally; phallobasic apodeme (ad) not developed, only its rudiment perceptible on the place of the coalescence of tegminal struts.

Phyllobaenus (fig. 62):

aedeagus, regarding to body size of the beetle, is relatively long, occupying complete abdominal length till metanotum. Phallobase coalescent through a point at entrance opening. Tegminal struts not connected, as long as phallobasic apodeme. Phallobasic armature (pbt) split and both processes run throughout whole phallobase. Phallus robust, long, markedly reaching beyond tegminal length; more than a half of phallus formed by phallic struts (str). Phallic plate (plt) diverges at apex into two points which are, however, of a different nature than phallic appendages (pha) in *Dieropsis* (fig. 66).

Tillus (fig. 63):

tegminal struts coalescent, phallobasic apodeme present. Phallobasic armature runs into membranous portion of phallobase. Phallus robust, with strongly developed phallic phicae (ppl). The tegmen (i. e. phallobase pictured on fig. 62) rolled out. In the natural condition the phallus is encompassed by tegmen.

Thanasimodes (fig. 64):

a typical clerine tegmen. Phallobase coalescent with phallus encompassed. In the place of coalescence the tegminal struts are still perceptible. Phallus short, with marginal denticles (md).

Clerus (fig. 65):

phallobase coalescent, phallus long.

Dieropsis (fig. 66):

tegmen of a clerine type, phallus has two phallic appendages.

Epiphloeus (fig. 67):

phallobase fused with parameres (par). Parameres finely pubescent. Inverted tegmen: opening at parameres on ventral side, whereas opening at phallobasic apodeme situated dorsally. Phallic struts extraordinarily long and connected by phallic membrane (pme).

Tarsostenus (fig. 68):

aedeagus very similar to that in the preceding species. Tegmen inverted, phallus with long phallic struts and phallic membrane.

Enoplium (fig. 69):

tegmen resembles that of *Tillus* (fig. 63). Tegminal struts present. Phallobase membranous, not coalescent. Phallus stout, longer than tegmen.

Korynetes (fig. 70):

phallobase sclerotized, coalescent. Tegminal struts not present. Phallus similar to that in *Epiphloeus* (fig. 67) and *Tarsostenus* (fig. 68), but with shorter phallic membrane.

Spicular fork:

Thaneroclerus (fig. 71):

both spiculae (sl) coalescent in along basal half, spicular lobes (sb) reduced to inconspicuous tubercles.

Phyllobaenus (fig. 72):

spiculae free along complete length, formations at their apices very likely have arisen as a constriction of spiculae.

Tillus (fig. 73):

a tendency to diverge is apparent in spiculae; spicular lobes small, interspicular plate (inl) preserved.

Thanasimodes (fig. 74):

spiculae not coalescent, both spicular lobes and interspicular plate becoming obsolete.

Clerus (fig. 75):

spiculae coalescent along basal half, interspicular plate and spicular lobes inconspicuous.

Dieropsis (fig. 76):

spicular fork resembles that in *Clerus*.

Epiphloeus (fig. 77):

spiculae coalescent more than along basal half, interspicular plate and spicular lobes developed.

Tarsostenus (fig. 78):

spiculae coalescent along basal half, interspicular plate developed, spicular lobes as reduced as those in *Thaneroclerus* (fig. 71).

Enoplium (fig. 79):

spiculae form a narrow slot, spicular lobes and interspicular plate evident.

Korynetes (fig. 80):

spiculae coalescent along two basal thirds, both spicular lobes and interspicular plate expressive.

Terga VIII and sterna VIII of female: Female terga VIII (pygidia) (figs 81–90) and sterna VIII (figs 91–100) differ each from other as these in males. Similarly primary setae (prs) and secondary ones (scs) are distiguishable in females. Moreover, female sternum VIII bears spiculum ventrale (sv).

Ovipositor: The individual ovipositors mutually differ in the presence/absence of laminal incisions (lin) on both ventral and dorsal lamina (dl, vl) and in the coxital ciliation.

Thaneroclerus (fig. 101):

proctiger (pg) inconspicuous, coxital styli (cxs) located in coxital depressions (cxd). Laminae without incisions.

Phyllobaenus (fig. 102):

proctiger conspicuous, laminae finely fibriate.

Tillus (fig. 103):

proctiger absent, coxitae (cx) densely and finely ciliate (namely on ventral side). Laminae without incisions.

Thanasimodes (fig. 104):

proctiger well developed, coxitae finely pubescent, dorsal lamina with two incisions (lin).

Clerus (fig. 105):
  proctiger present, coxitae densely pubescent, laminae without incisions.

Dieropsis (fig. 106):
  proctiger (!) and coxites densely ciliate, laminae finely fibriate (fibriation is not equal to laminal incisions).

Epiphloeus (fig. 107):
  proctiger not developed, both laminae with incisions.

Tarsostenus (fig. 108):
  proctiger absent, laminae with incisions.

Enoplium (fig. 109):
  proctiger absent, laminae present.

Korynetes (fig. 110):
  proctiger as well developed as laminal incisions.

Discussion

Wings: The structure of the wing venation becomes continuously more simple in the course of the phylogeny of Coleoptera. In the studied Cleridae the reductions of the venation are manifested chiefly in the anal area. Namely transverse veins of anal area become reduced sometimes also vein 1A *(Phyllobaenus)* or vein 4A *(Phyllobaenus, Thanasimodes)*.

In some cases, radial cell (Rc) has also been transformed. In *Thaneroclerus* Rc it is small, surrounded by a thick and heavily sclerotized rim; on the contrary, that is reduced in *Phyllobaenus* and Rc is therefore hard to see. A striking similarity of the wings is evident in *Tillus, Clerus, Dieropsis,* and on the other hand, in *Epiphloeus* and *Tarsostenus*.

Labrum: The most distinctive differences have appeared in the structures of the tormal processes. The incurved tormal processes in *Epiphloeus* appear to be evident modification of the medial tormal processes. The strongest reduction probably passed in *Phyllobaenus* where, in addition, unusual structures occur on ventral (epipharyngeal) side of the labrum.

Labium: The structures maximally influenced by evolution are the hypopharyngeal bar, prementum, mentum, and the pubescence of the terminal segment of the palps. The hypopharyngeal bar is very likely being diminished during evolution. It is developed in all the studied species, to a high degree in *Thaneroclerus;* it is the most reduced, strange to say, in *Epiphloeus* and *Tarsostenus*. The presence of such structures as premental notch and sparse ciliation on terminal segment of labial palps should most likely be considered plesiomorphic.

Metendosternite: The fundamental proportions are more or less preserved in all studied metendosternites, except for *Tillus* where an apparent reduction of laminae is coming, and *Epiphloeus* where the laminae are fused. In *Thaneroclerus, Tillus* and *Epiphloeus,* anterior tendons are preserved; in *Epiphloeus* and *Tarsostenus* the furcal plate is present.

Aedeagus: As an ancestral type of the clerid tegmen should be considered the cucujoid inverted one (CROWSON 1955) which is recently present in the Korynetinae, Epiphloeinae, Tarsosteninae. In the course of evolution, various modifications became in this ancestral type. The parameres were probably reduced (similarly as it is indicated in the genus *Aplocnemus:* Melyridae) and the tillinae or enopliinae tegmen has arisen. This non-closed phallus merely encompasses the tegmen.

Spicular fork: With the respect to the evolution of the wings and tegmen, the ancestral structure of the spicular fork may be that resembling the recent Korynetinae, i. e. with spiculae coalescent in part, developed spicular lobes, interspicular plate present on the spicular sac. During a further evolution the spiculae may become divergent, with spicular lobes and interspicular plate vanished *(Thanasimodes)*.

Interspicular plate is apparently a rudiment of tergum IX; it is indicated by the structure of this body part in the family Acanthocnemidae, where sternum IX is preserved on ventral side, or, in the Phloiophilidae. Tergum IX is preserved on spicular fork also e. g. in the genus *Melyris* (Melyridae).

Ovipositor: The examined ovipositors differ by presence/absence of laminal incisions of the dorsal and ventral laminae, shape of the proctiger and ciliation of the coxites.

A shape of the ventral and proctigeral bacculi is perhaps less important.

Summary

The aim of this contribution is to give the initial point for subsequent more precised definitions of the subfamilies of Cleridae and for additional morphological examination of the genera of this family planned for the future.

Acknowledgements

I am indebted to Mr. Karel MAJER, Agricultural University, Brno, Czechoslovakia, and to Dr. Josef R. WINKLER, Prague, Czechoslovakia, for their valuable comments, advices and criticism, and for placing of some specimens as well as valuable literature at my disposal. I am very obliged also to Dr. Roland GERSTMEIER for his willing patience and excellent editorial care.

Zusammenfassung

In dieser Arbeit werden Flügel, Labium, Labrum, Metendosternite, Sternum VIII und Pygidium beider Geschlechter, männliche Kopulationsorgane und Ovipositor der Gattungstypen der Cleriden-Unterfamilien dargestellt und beschrieben. Damit soll in Zukunft eine einheitliche Terminologie erreicht werden.

Literature

For all literature before 1950 see the work of CORPORAAL cited below.

CORPORAAL, J. B. 1950: Cleridae — In: Coleopterorum Catalogus, Suppl. ed. a. W. D. Hincks, Pars 23 (Ed. sec.), s'Gravenhage, 373 pp.

CROWSON, R. A. 1955: The Natural Classification of the Families of Coleoptera. 187 pp., London.

EKIS, G. 1977: Classification, Phylogeny and Zoogeography of the Genus *Perilypus* (Coleoptera: Cleridae). — Smithsonian Contributions to Zoology 227, IV + 138 pp., Washington.

HALSTEAD, D. G. H. 1967: A revision of the genus *Palorus* (sens. lat.) (Coleoptera: Tenebrionidae). — Bull. Brit. Mus. (nat. Hist.) Ent. 19 (2), 59—148, 56 figs.

— — 1973: A revision of the genus *Silvanus* Latreille (s. 1.) (Coleoptera: Silvanidae). — Bull. Brit. Mus. (nat. Hist.) Ent. 29 (2), 37—112, 179 figs.

— — 1980: A revision of the genus *Oryzaephilus* GANGLBAUER, including descriptions of related genera (Coleoptera: Silvanidae). — Zoological Journal of the Linnean Society 69, 271—374, 307 figs.

MAJER, K. 1986: Comparative morphology of the labrum and labium of some Melyridae (Coleoptera). — Acta ent. bohemoslov. 83, 137—151

SOLERVICENS, J. 1986: Revision taxonomica del genero *Eurymetopum* BLANCHARD, 1844 (Coleoptera, Cleridae, Phyllobaeninae). — Acta Ent. Chilena 13, 11—120.

WINKLER, J. R. 1964: A revision of the genus *Dieropsis* GAHAN, 1908, type of a new subfamily Dieropsinae n. subf. (Coleoptera: Cleridae). — Acta Univ. Carolinae — Biol., vol **1964**, No 3, 305—329.

—— 1974: Sbíráme hmyz a zakládáme entomologickou sbírku. 211 pp., Praha (in Czech).

—— 1980: A revision of the new subfamily Cleropiestinae subf. n. (Coleoptera: Cleridae). — Acta Univ. Carolinae-Biol. **1978**, 437—456.

Address of Author:
Jiří KOLIBÁČ,
J. Skupy 1714,
708 00 Ostrava, Czechoslovakia.

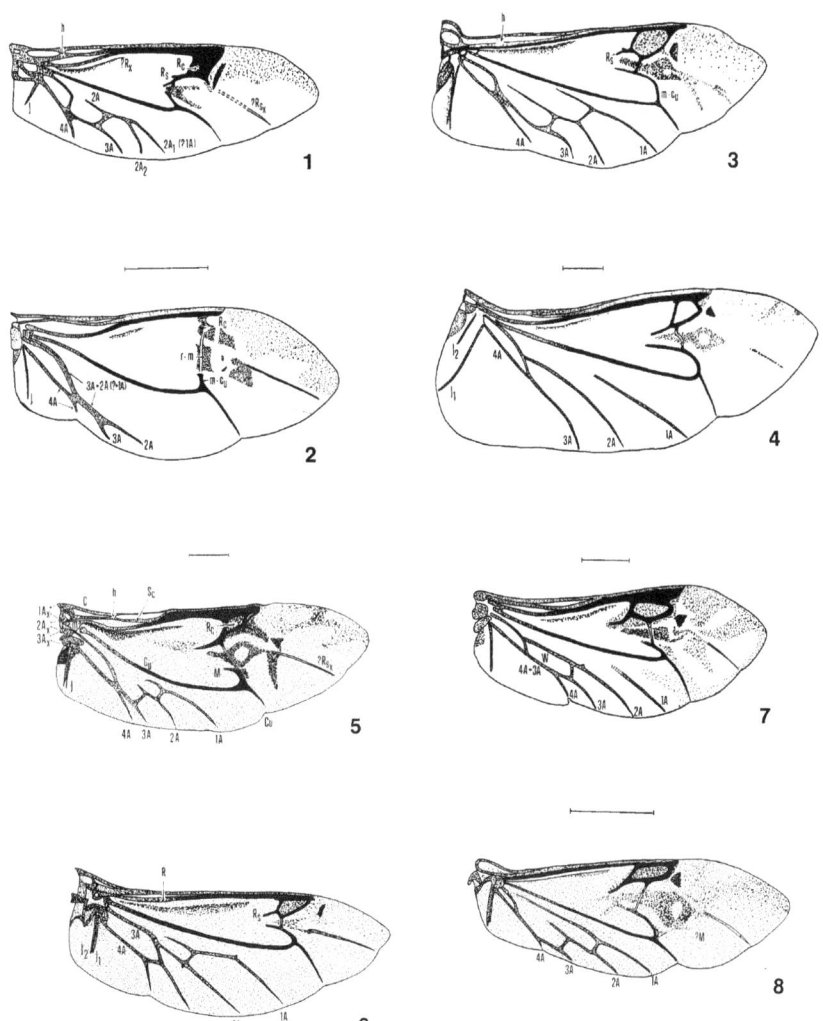

Figs 1–8: Wings: 1 *Thaneroclerus*, 2 *Phyllobaenus*. Scale 1 mm; 3 *Tillus*, 4 *Thanasimodes*. Scale 1 mm; 5 *Clerus*, 6 *Dieropsis*. Scale 1 mm; 7 *Epiphloeus*, 8 *Tarsostenus*. Scale 1 mm.

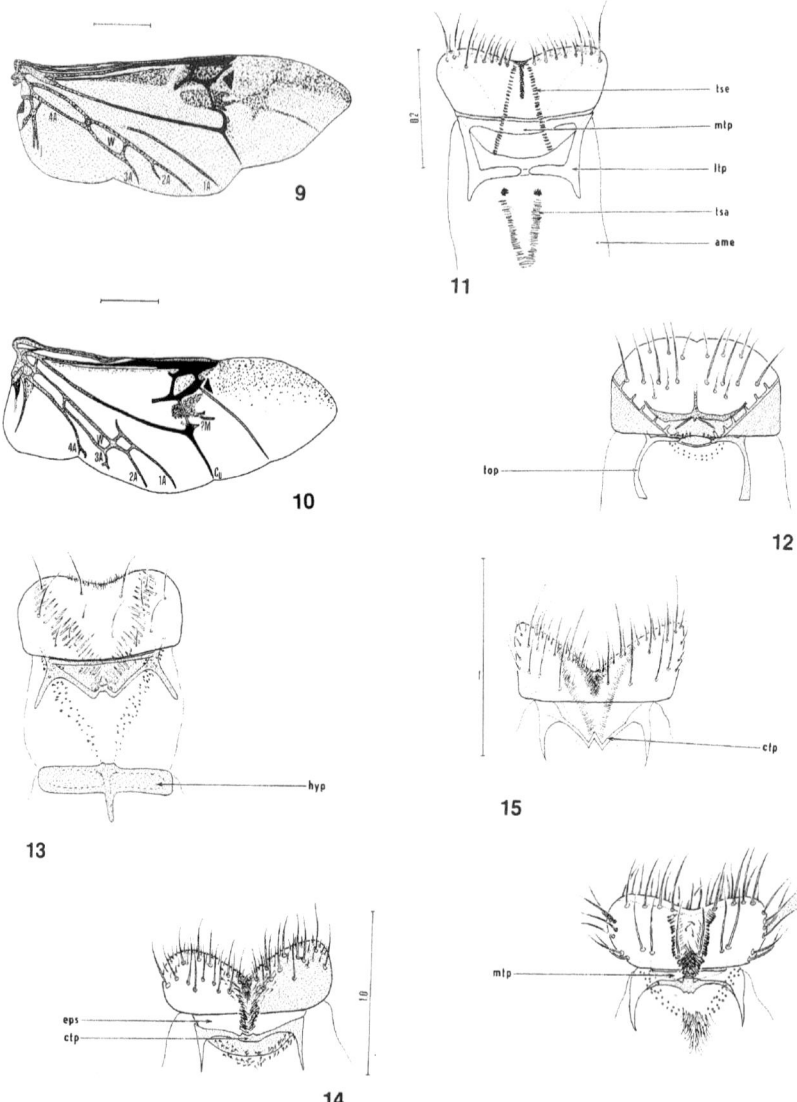

Figs 9–16: Wings: 9 *Enoplium*, 10 *Korynetes*. Scale 1 mm; Labra: 11 *Thaneroclerus*, 12 *Phyllobaenus*; 13 *Tillus*, 14 *Thanasimodes*; 15 *Clerus*, 16 *Dieropsis*.

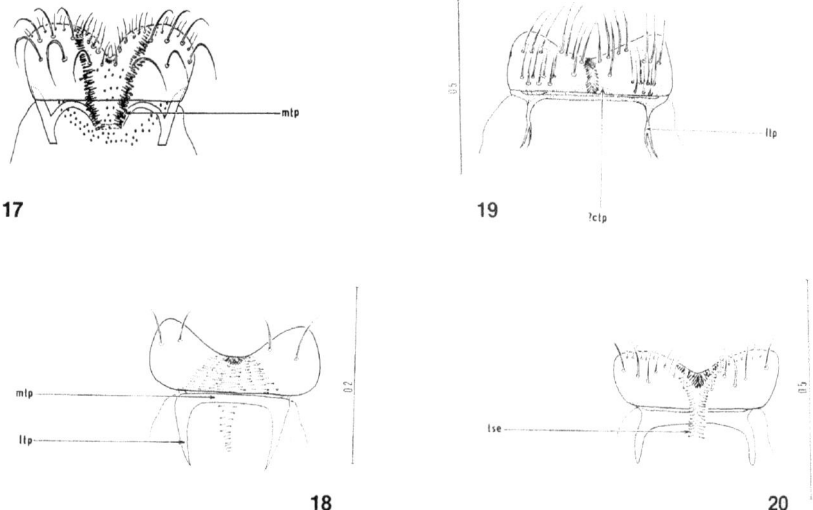

17

19

18

20

Figs 17–20:   Labra: 17 *Epiphloeus*, 18 *Tarsostenus*; 19 *Enoplium*, 20 *Korynetes.*

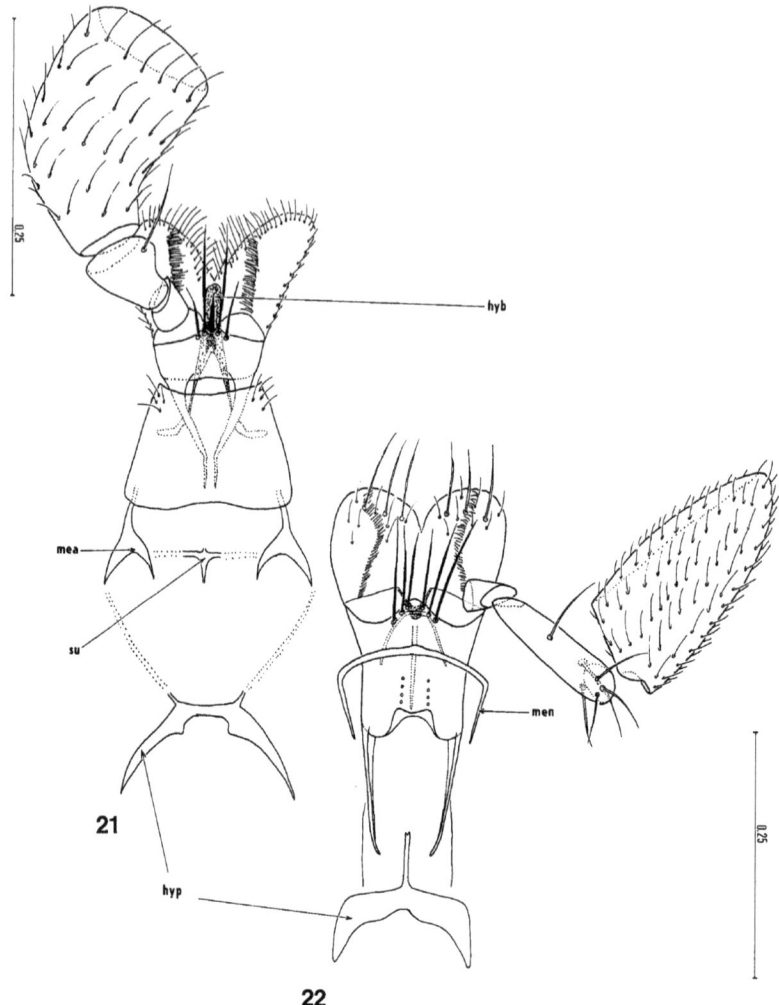

Figs 21–22: Labia: 21 *Thaneroclerus*, 22 *Phyllobaenus*.

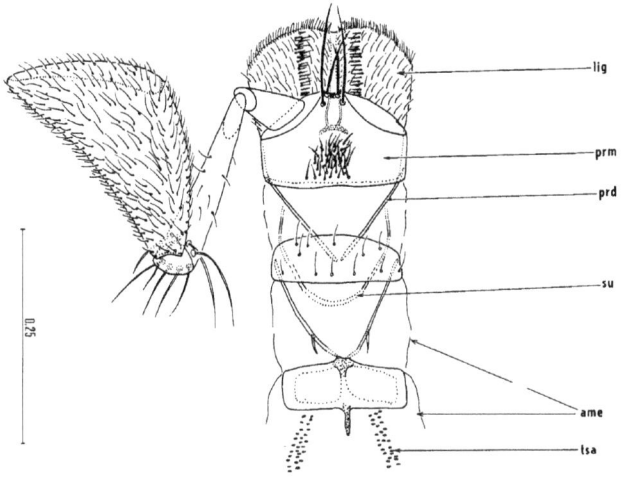

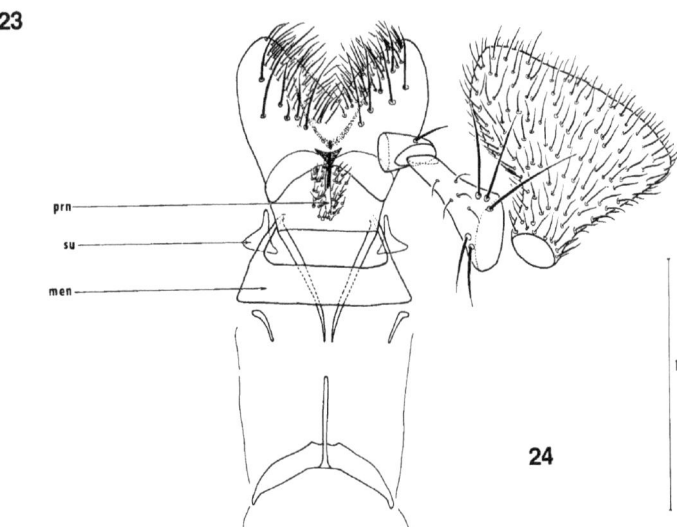

Figs 23–24:   Labia: 23 *Tillus*, 24 *Thanasimodes*.

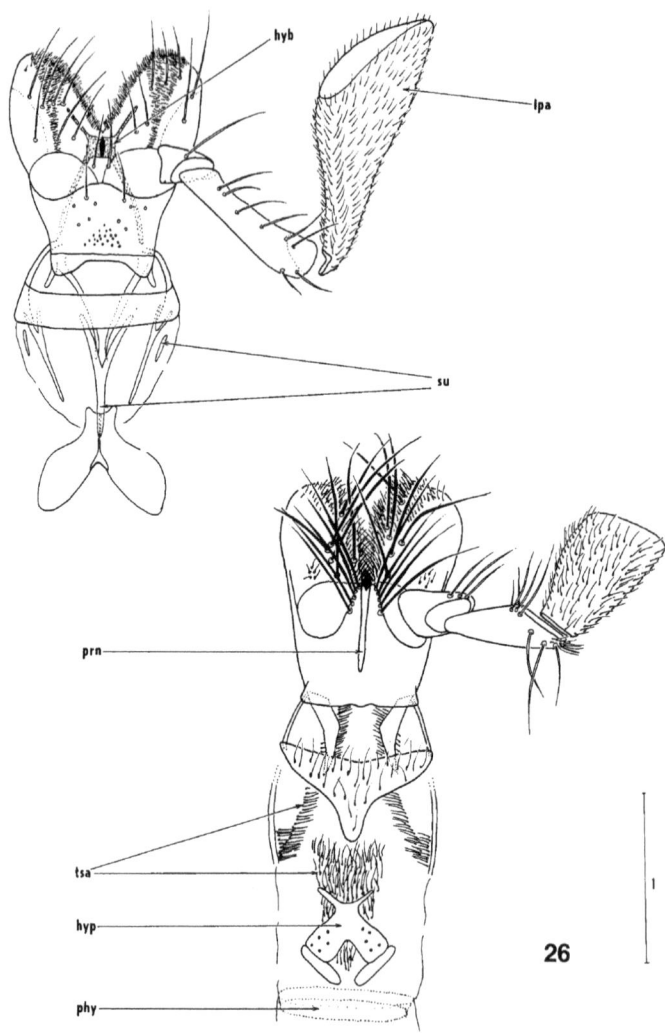

Figs 25–26:   Labia: 25 *Clerus*, 26 *Dieropsis*.

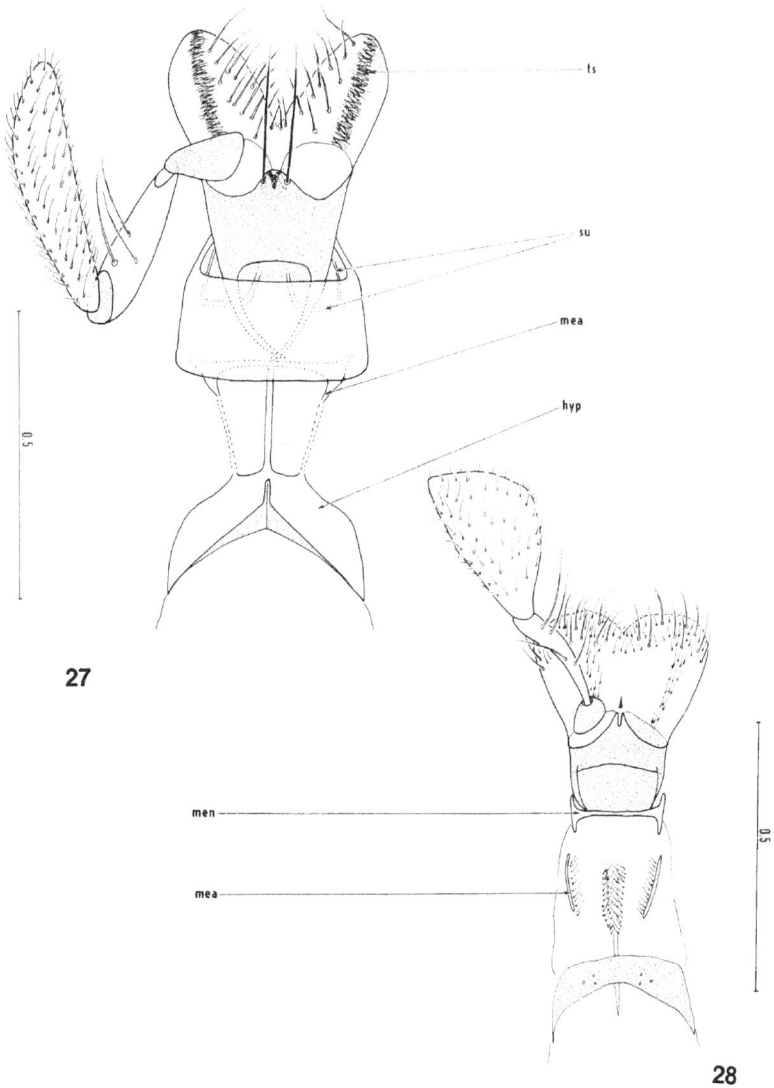

27

28

Figs 27–28: Labia: 27 *Epiphloeus*, 28 *Tarsostenus*.

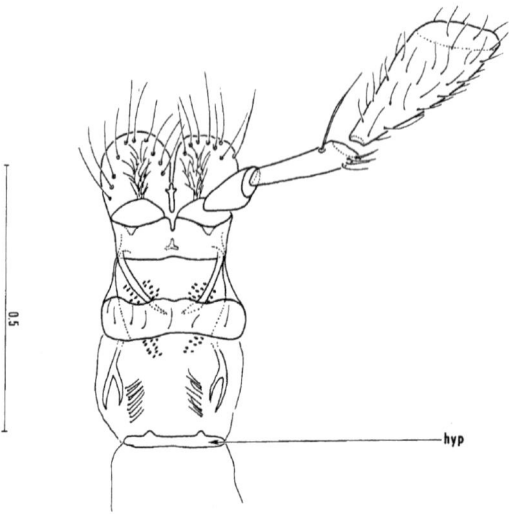

29

prd

mea

su

30

Figs 29–30: Labia: 29 *Enoplium*, 30 *Korynetes*.

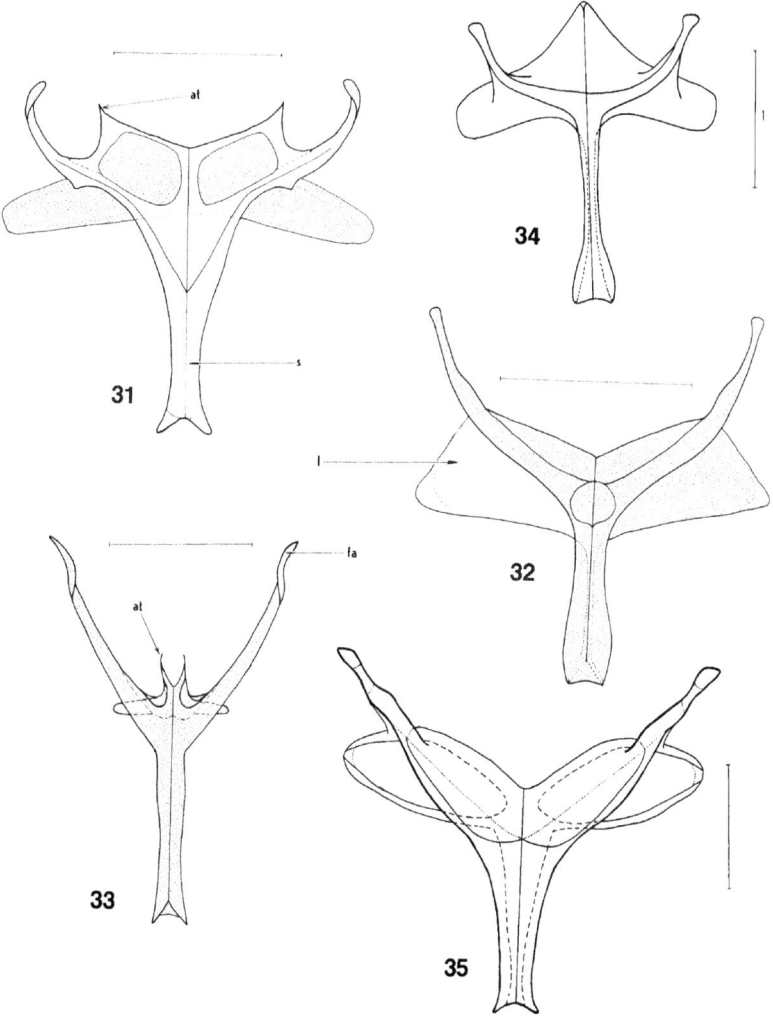

Figs 31–35: Metendosternites: 31 *Thaneroclerus*, 32 *Phyllobaenus*, 33 *Tillus*, 34 *Thanasimodes*, 35 *Clerus*. Scale 0,5 mm.

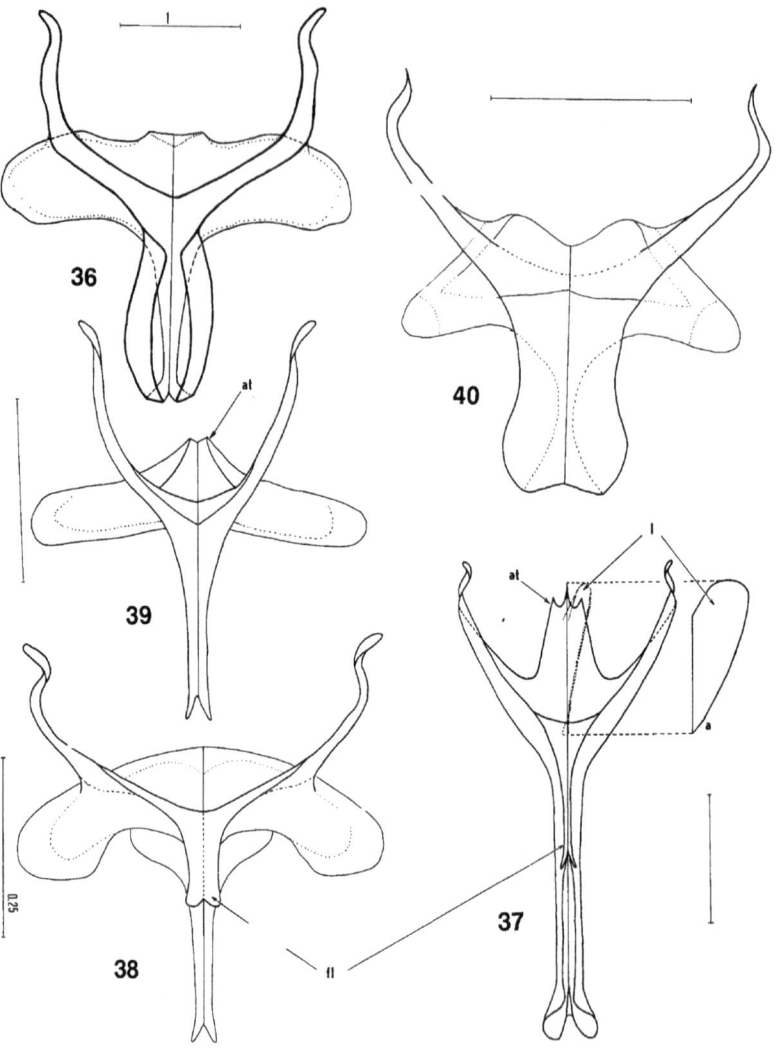

Figs 36–40: Metendosternites: 36 *Dieropsis*, 37 *Epiphloeus*, 38 *Tarsostenus*, 39 *Enoplium*, 40 *Korynetes*. Scale 0,5 mm.

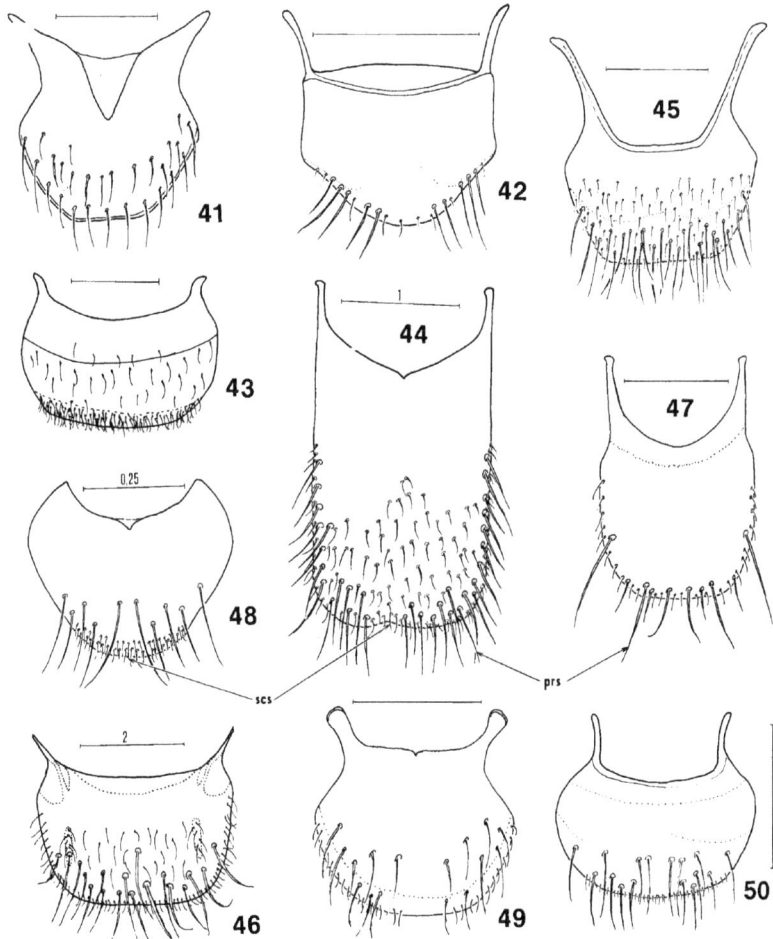

Figs 41−50: Male terga VIII (pygidia): 41 *Thaneroclerus*, 42 *Phyllobaenus*, 43 *Tillus*, 44 *Thanasimodes*, 45 *Clerus*, 46 *Dieropsis*, 47 *Epiphloeus*, 48 *Tarsostenus*, 49 *Enoplium*, 50 *Korynetes*. Scale 0,5 mm.

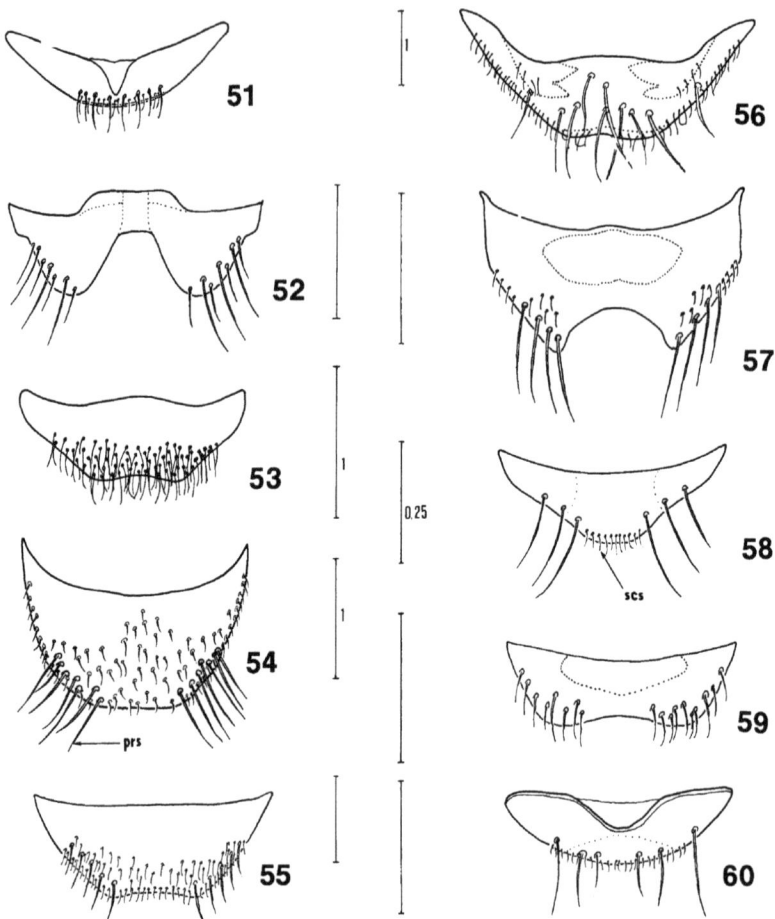

Figs 51–60: Male sterna VIII: 51 *Thaneroclerus*, 52 *Phyllobaenus*, 53 *Tillus*, 54 *Thanasimodes*, 55 *Clerus*, 56 *Dieropsis*, 57 *Epiphloeus*, 58 *Tarsostenus*, 59 *Enoplium*, 60 *Korynetes*. Scale 0,5 mm.

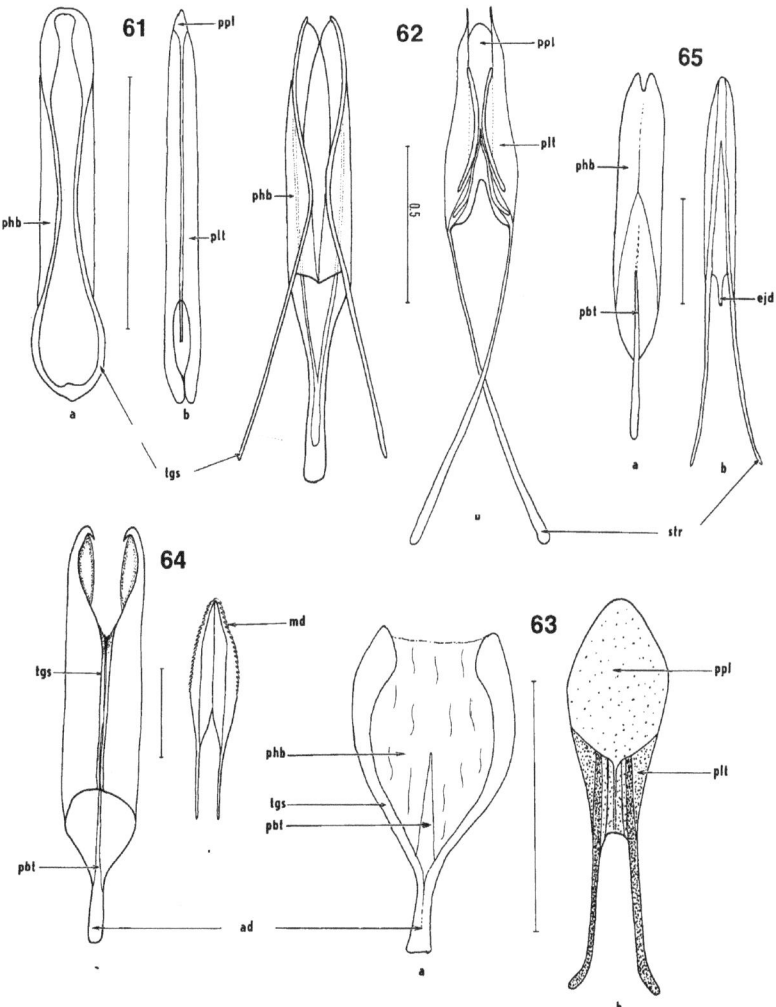

Figs 61–65: Aedeagus dorsally: a tegmen, b phallus: 61 *Thaneroclerus*, 62 *Phyllobaenus*, 63 *Tillus*, 64 *Thanasimodes*, 65 *Clerus*. Scale 1 mm.

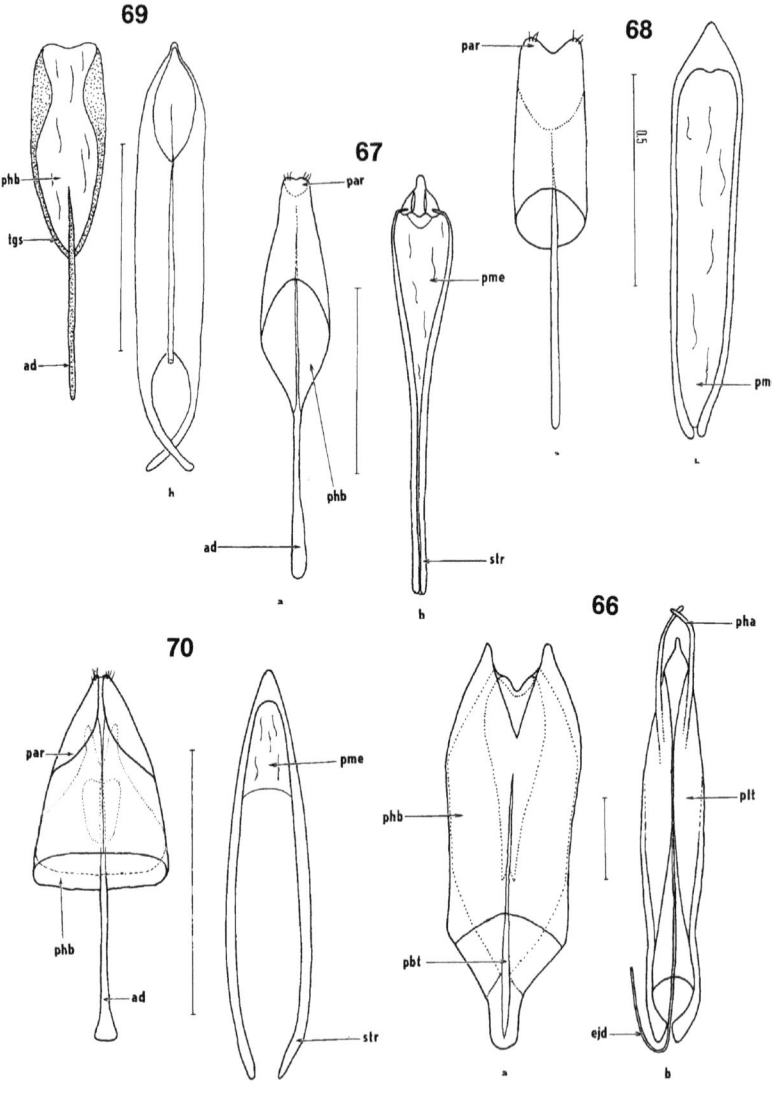

Figs 66–70: Aedeagus dorsally: a tegmen, b phallus: 66 *Dieropsis*, 67 *Epiphloeus*, 68 *Tarsostenus*, 69 *Enoplium*, 70 *Korynetes*. Scale 1 mm.

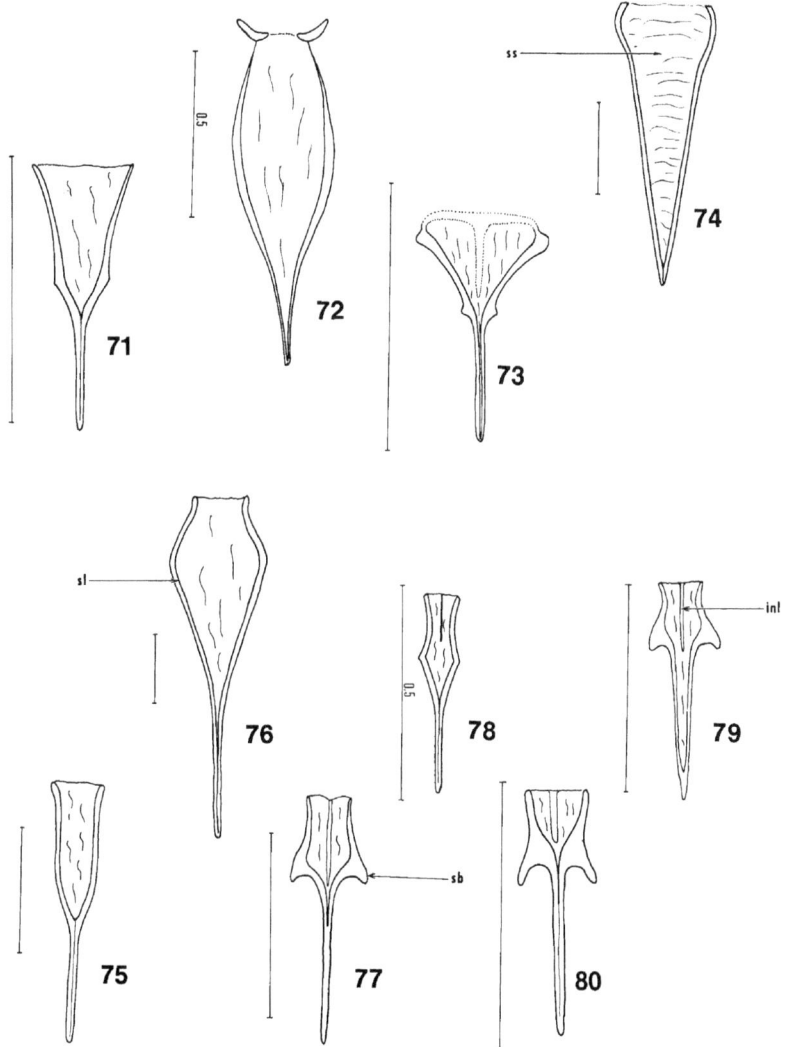

Figs 71–80: Spicular forks: 71 *Thaneroclerus*, 72 *Phyllobaenus*, 73 *Tillus*, 74 *Thanasimodes*, 75 *Clerus*, 76 *Dieropsis*, 77 *Epiphloeus*, 78 *Tarsostenus*, 79 *Enoplium*, 80 *Korynetes*. Scale 1 mm.

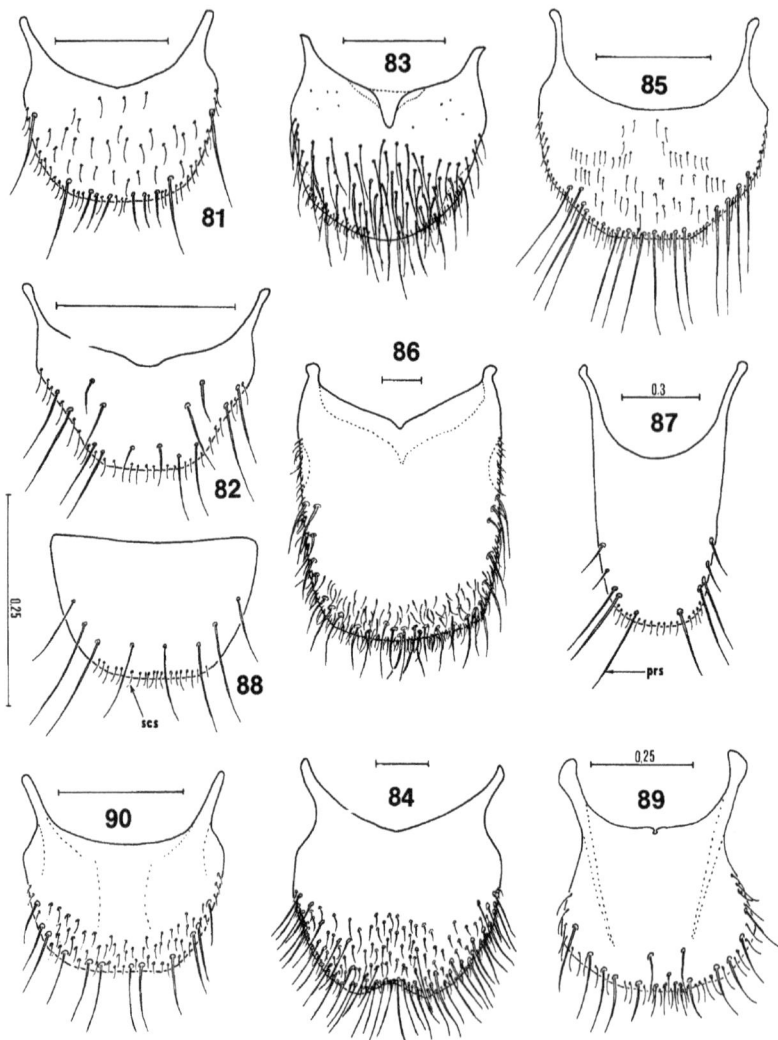

Figs 81–90: Female terga VIII pygidia: 81 *Thaneroclerus*, 82 *Phyllobaenus*, 83 *Tillus*, 84 *Thanasimodes*, 85 *Clerus*, 86 *Dieropsis*, 87 *Epiphloeus*, 88 *Tarsostenus*, 89 *Enoplium*, 90 *Korynetes*. Scale 0,5 mm.

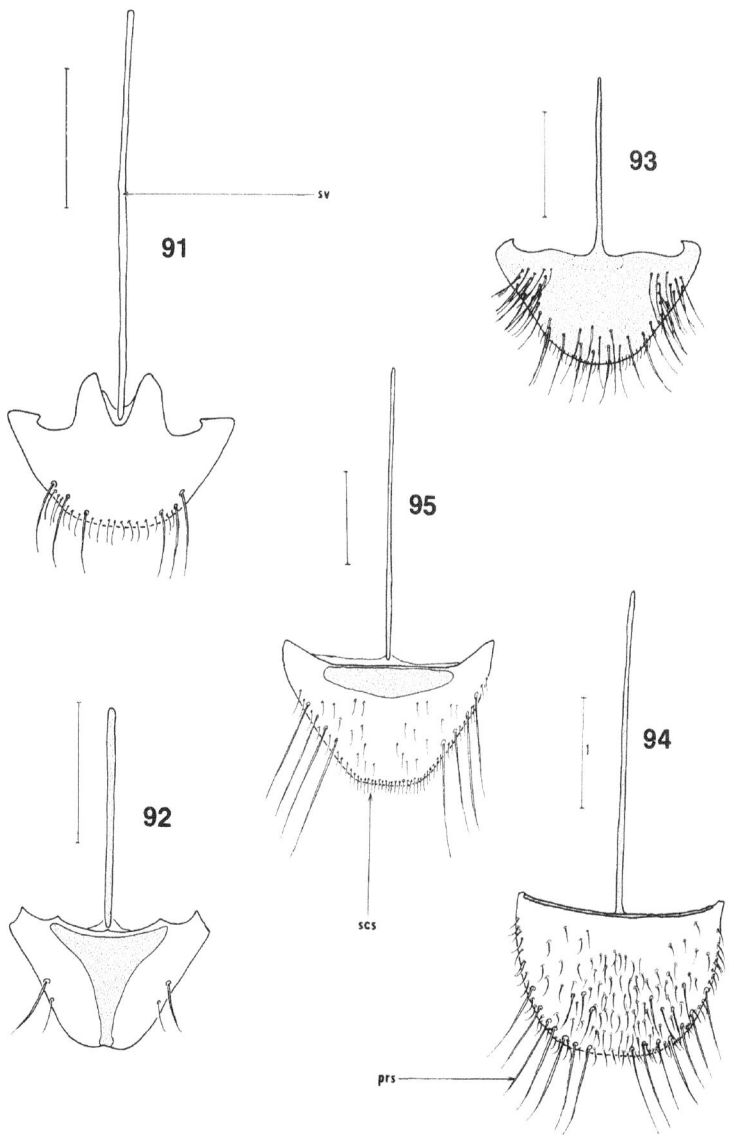

Figs 91–95:   Female sterna VIII: 91 *Thaneroclerus*, 92 *Phyllobaenus*, 93 *Tillus*, 94 *Thanasimodes*, 95 *Clerus*. Scale 0,5 mm.

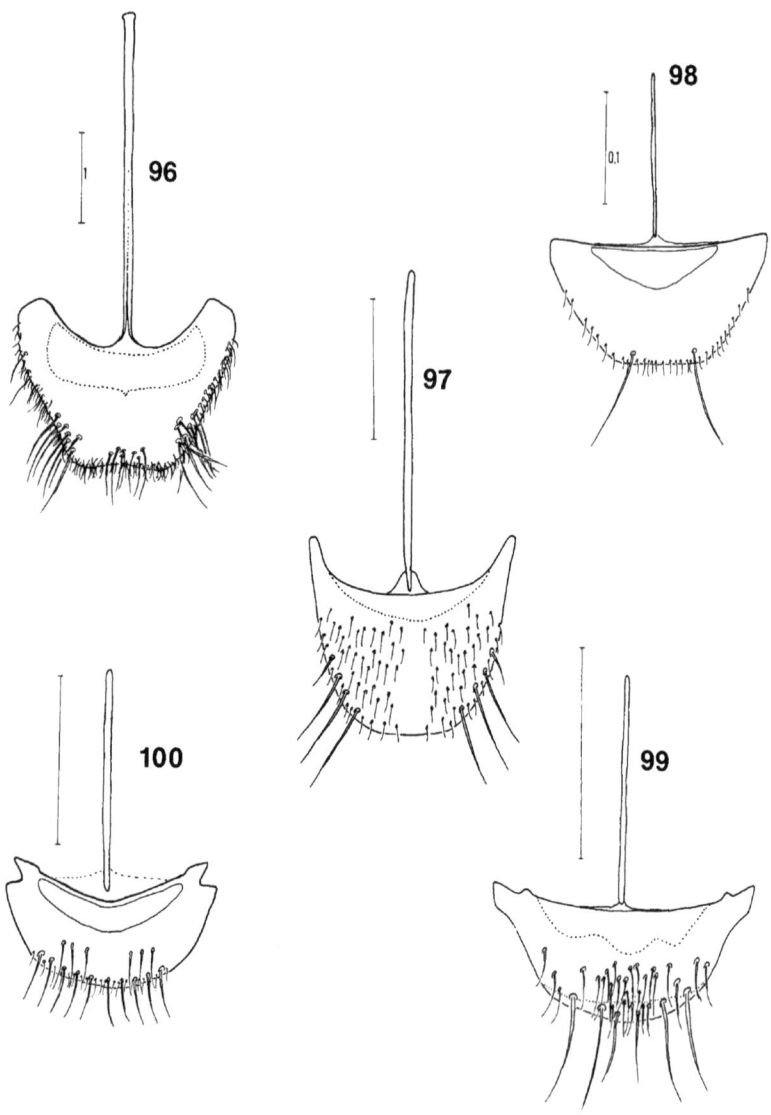

Figs 96–100:   Female sterna VIII: 96 *Dieropsis*, 97 *Epiphloeus*, 98 *Tarsostenus*, 99 *Enoplium*, 100 *Korynetes*. Scale 0,5 mm.

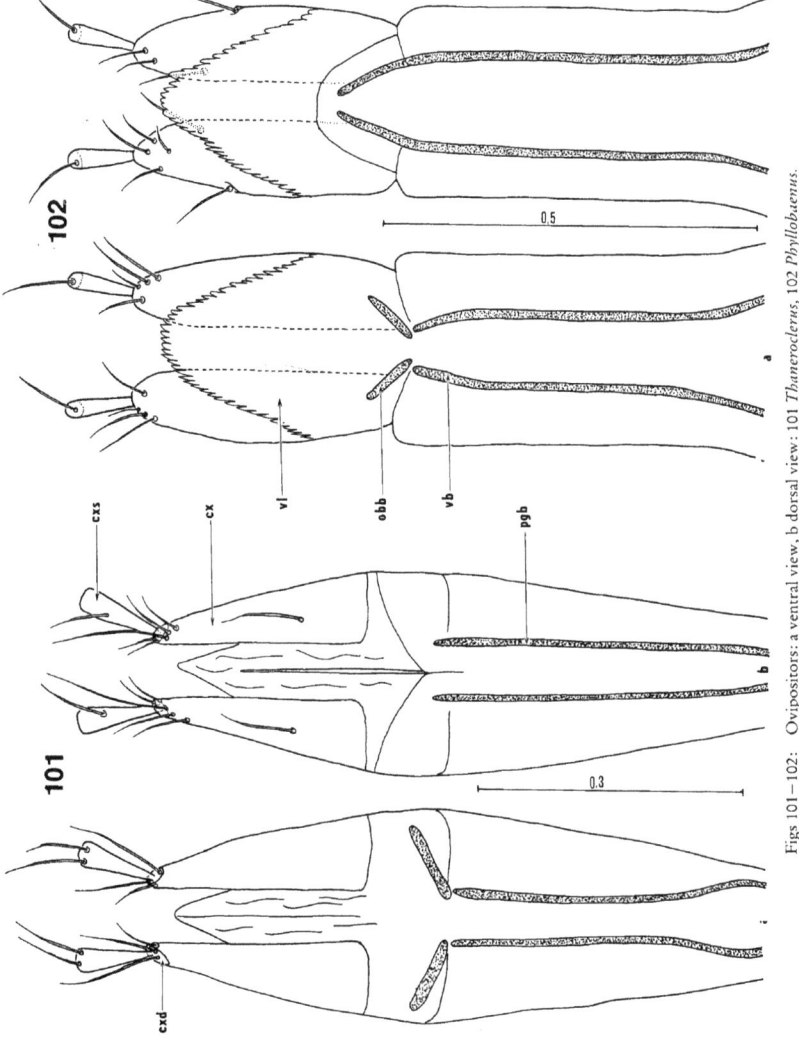

Figs 101–102: Ovipositors: a ventral view, b dorsal view: 101 *Thaneroclerus*, 102 *Phyllobaenus*.

131

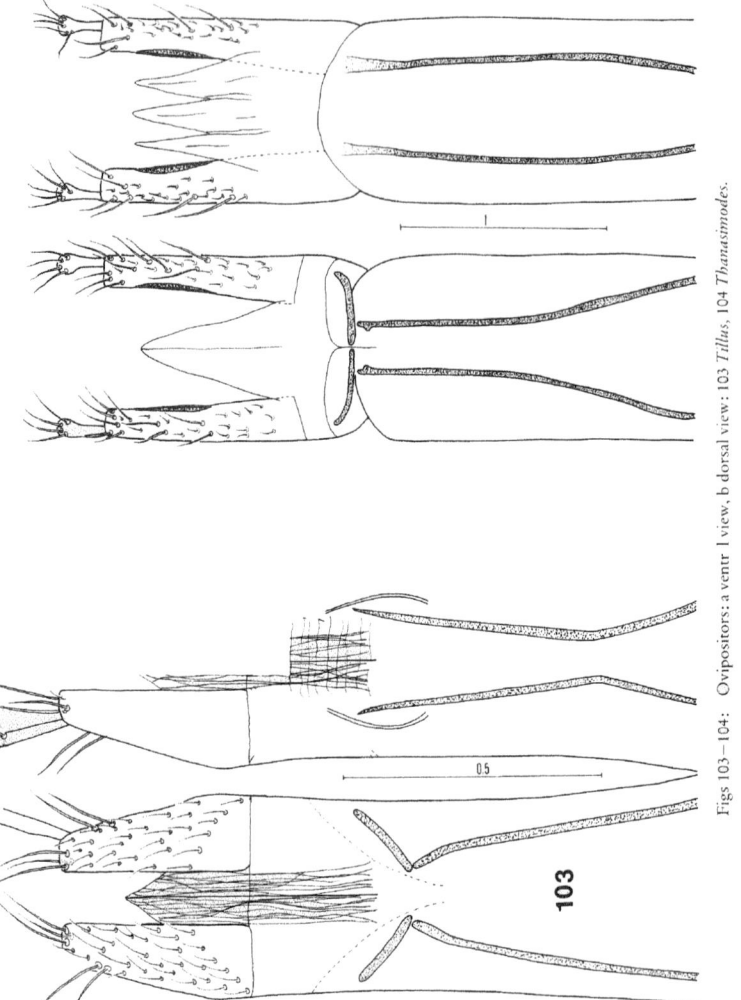

103

Figs 103–104: Ovipositors: a ventr l view, b dorsal view: 103 *Tillus*, 104 *Thanasimodes*.

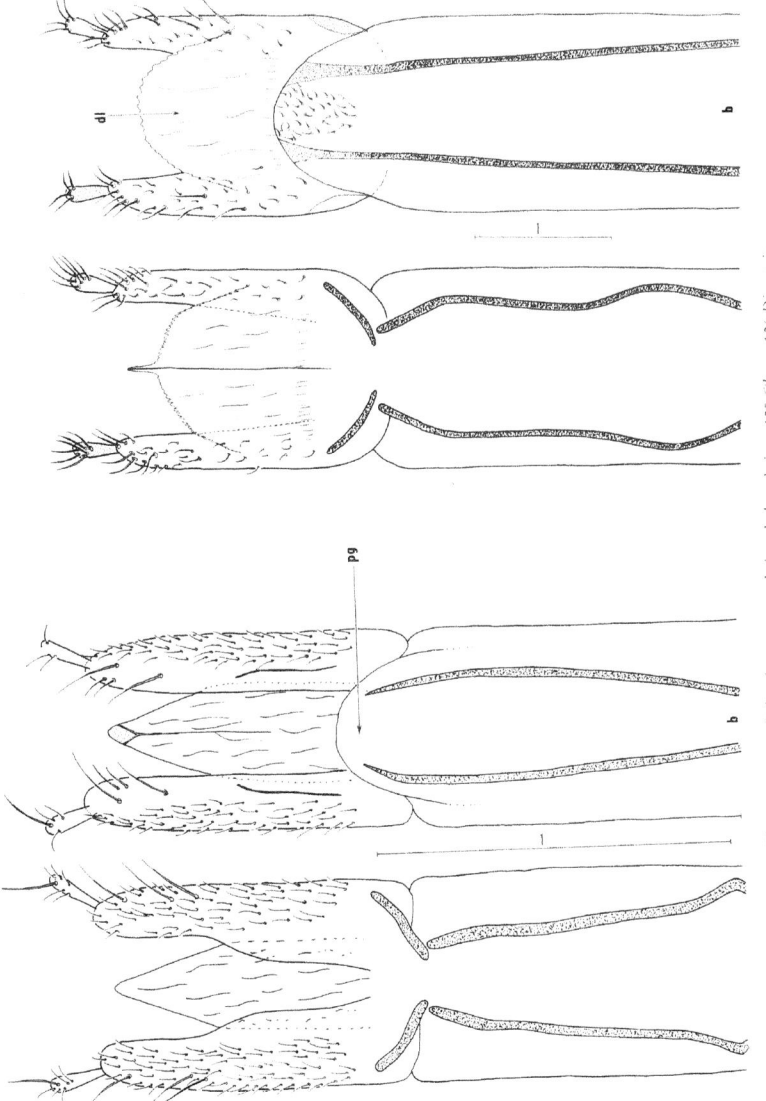

Figs 105 – 106: Ovipositors: a ventral view, b dorsal view: 105 *Clems*, 106 *Dacopsis*.

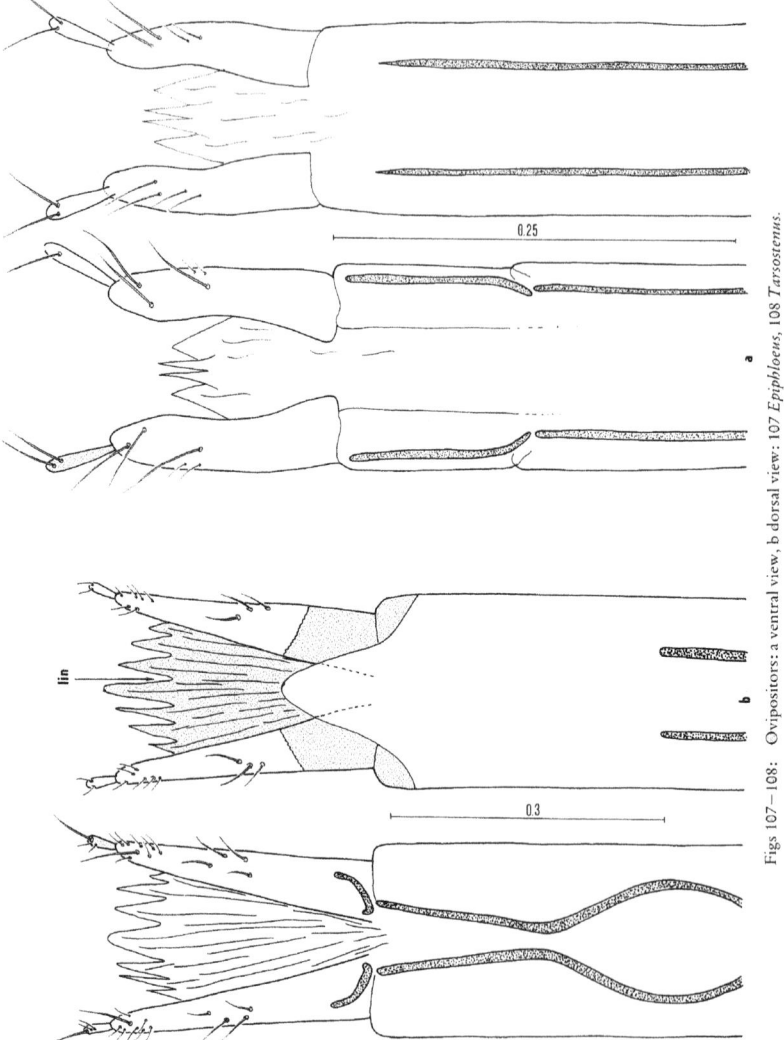

lin

0.25

0.3

Figs 107–108: Ovipositors: a ventral view, b dorsal view: 107 *Epiphloeus*, 108 *Tarsostenus*.

a

b

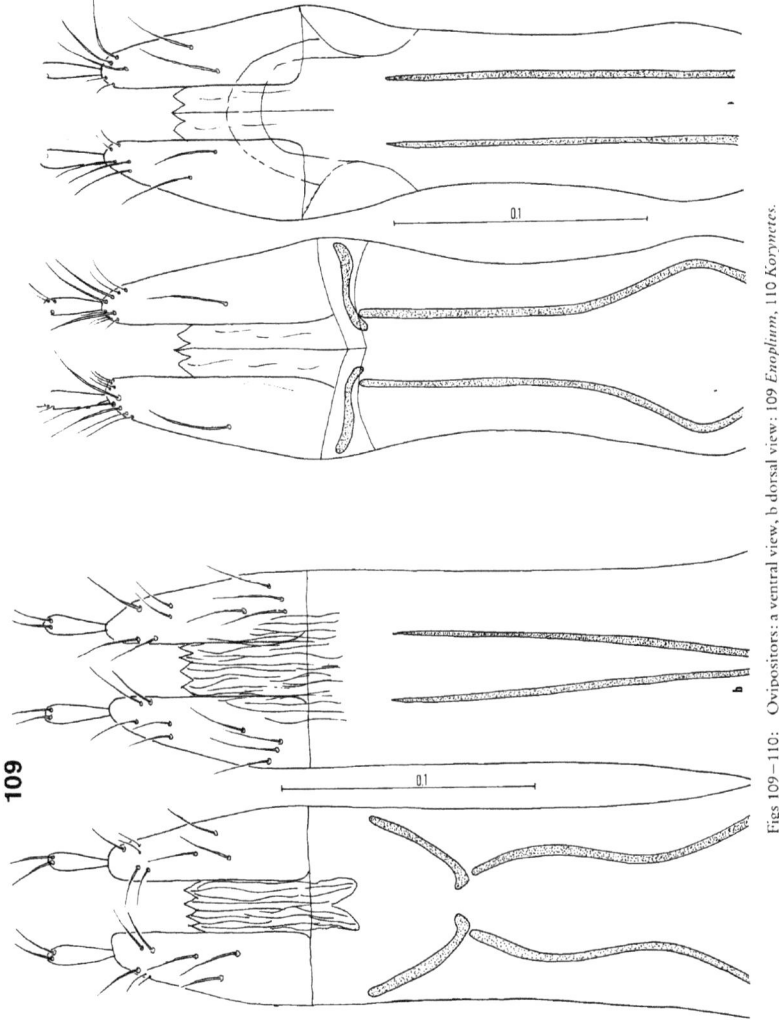

109

Figs 109–110: Ovipositors: a ventral view, b dorsal view: 109 *Enoplium*, 110 *Korynetes*.

Buchbesprechungen

GEIGER, W.: **Limoniidae 1: Limoniinae.** – Insecta Helvetica, Fauna 8, Diptera. – Schweizer Entomologische Gesellschaft, Zürich, 1986. 131 S. (13)

Aus der Reihe Insecta Helvetica – „Fauna" sind bisher 7 Bände erschienen (Plecoptera, Buprestidae, Drosophilidae und 4 Hymenopteren-Bände). Nach einer Einführung in die Morphologie und Determinationskriterien führen 2 Bestimmungsschlüssel zu den Limoniidae (in Abgrenzung zu den nahe verwandten Ptychopteridae, Trichoceridae, Tipulidae, Cylindrotomidae) und zu den europäischen Unterfamilien der Limoniiden (Limoniinae, Eriopterinae, Pediciinae, Hexatominae). In diesem ersten Teil werden die Arten der Limoniinae (Französisch!) beschrieben, ergänzt durch weitere Bestimmungstabellen und durch Genitalabbildungen.   R. GERSTMEIER

GEIGER, W.: **Limoniidae 1: Limoniinae.** – Insecta Helvetica, Catalogus 5, Diptera. – Schweizer Entomologische Gesellschaft, Zürich, 1986. 66 S. + 84 Verbreitungskarten. (14)

Die faunistische, computermäßige Erfassung und Bearbeitung verschiedenster Insektengruppen der Schweiz ist sehr begrüßenswert. Nur wenige Länder können bisher solche Kataloge vorweisen. Der französische Text enthält die wesentlichen faunistischen Daten wie Höhenangaben, Ökologie und Verbreitung. Es ist erfreulich, daß hier eine faunistisch sehr wenig bekannte Gruppe zusammenfassend dargestellt wird, schade ist nur, daß nicht Englisch publiziert wurde, womit man sicher einen breiteren Interessentenkreis angesprochen hätte.   R. GERSTMEIER

WENDELBERGER, E.: **Alpenpflanzen.** Blumen, Gräser, Zwergsträucher. – BLV Verlagsgesellschaft, München–Wien–Zürich, 1984. 223 S. 165 Farbfotos. (15)

Im Gegensatz zu Biotopen im „Flachland", weisen die Standorte im Gebirge wesentlich mannigfaltigere Umwelteigenschaften auf; nicht nur Höhenlage, Sonnen- und Windexposition, sondern auch Hangneigung, Gesteinsgrundlage und Feuchtigkeit beeinflussen die Besiedelung dieser Standorte mit Pflanzen. Nach einer kurzen Einführung in die Ökologie der Alpenflora, werden im speziellen Teil die charakteristischen Vertreter vorgestellt. Die Einteilung erfolgt dabei nicht nach der Pflanzensystematik, sondern nach den Lebensräumen: Felsfluren, Schutthalden, alpine Rasen, Windecken, Blaugrashalden, Matten, Krummseggenrasen, Bürstlingrasen, Schneeböden, Quellfluren und Moore, Hochstaudenfluren, Zwergstrauchheiden. Der Text ist unterteilt in Kennzeichen, Standort und Verbreitung; des weiteren werden interessante Aspekte der Biologie, spezielle Anpassungen und auch Nutzungsmöglichkeiten durch den Menschen beschrieben. Die Fotos der Pflanzen am Standort werden durch farbige Zeichnungen ergänzt, so daß eine sichere Bestimmung möglich sein müßte. Dieses strapazierfähige Taschenbuch gehört in den Rucksack eines jeden Bergwanderers, dem nicht nur an einem bloßen „Abhaken" von Gipfeln gelegen ist.   R. GERSTMEIER

RINGLER, A.: **Gefährdete Landschaft.** Lebensräume auf der Roten Liste. – BLV Verlagsgesellschaft, München–Wien–Zürich, 1987. 195 S. (16)

Dieses Buch ist wirklich eine einmalige Dokumentation von Landschaftszerstörung innerhalb der letzten Jahrzehnte. Anhand von „historischen" Aufnahmen und der Gegenüberstellung durch aktuelle Fotos vom gleichen Standort aus, zeigt der Autor die drastischen Eingriffe und schleichenden Veränderungen in unserer Umwelt. Flurbereinigung, Bebauung, Grundwasserabsenkungen, Gewässerregulierungsmaßnahmen und bloße Umweltverschmutzung haben nicht wieder gutzumachende Spuren hinterlassen. Bezogen auf die jeweiligen Biotope (u. a. Wälder, Kalktrockenrasen, Hochmoore, Kleingewässer, Weinberge, Hecken, Dörfer und Siedlungen) werden Auswirkungen und Ausmaß der Schäden analysiert sowie die Ursachen der Zerstörung genannt.

Über die Qualität vieler Farbaufnahmen und auch Bildmotive (z. B. oben abgeschnittene Kirchtürme) läßt sich natürlich streiten; es muß allerdings berücksichtigt werden, daß manche Aufnahmen 30 Jahre und älter sind. Zu vermerken wäre noch, daß auf S. 52/53 offensichtlich die Bildlegenden vertauscht sind.   R. GERSTMEIER

| Mitt. Münch. Ent. Ges. | 77 | 137 | München, 1. 12. 1987 | ISSN 0340−4943 |

On the synonymy of *Parophonus australicus* BAEHR and *Parophonus opacus* (MACLEAY)

(Coleoptera, Carabidae, Harpalinae)

By Martin BAEHR

BAEHR (1986) described recently a *Parophonus* from Australia which seems to represent the first record of a species of the large subtribe Selenophorina from Australia. Early this year, after that paper was already printed, T. A. WEIR of the Australian National Insect Collection (ANIC) informed me that in the forthcoming Zoological Catalogue of Australia, Coleoptera Vol. I (now printed) B. P. MOORE recorded a *Parophonus opacus* (MACLEAY, 1888) from northwestern Australia which might be the same species. This species was firstly described as a *Diaphoromerus*, a genus of the subtribe Anisodactylina, and the new combination was firstly used by MOORE (1987) in this Catalogue. When describing *Parophonus australicus*, I was not aware of that *Diaphoromerus opacus* MACLEAY, the more, as also NOONAN, in his recent monograph of the Selenophorina (NOONAN 1985) apparently overlooked this species and denied the occurrence of any Selenophorine in Australia.

After examination of the four syntypes from the ANIC I feel rather sure that they belong to the same species as *P. australicus*. As MOORE did not select a lectotype (WEIR, personal communication), I herewith state that *Parophonus australicus* BAEHR is synonymous with *Parophonus opacus* (MACLEAY) and I designate a ♀ from the type series of the ANIC the lectotype. It bears the label „*Diaphoromerus opacus*. Macl. Kings Sound N.W.A.", written by MACLEAY himself (ANIC). There are three additional paralectotypes (syntypes) in the ANIC and three paraleytotypes (syntypes) in the South Australian Museum, Adelaide.

With regard to the statement of MOORE (1987) and the record of BAEHR (1986) *Parophonus opacus* seems to occupy most of the tropical far North of Western Australia, of the Northern Territory, and perhaps also of Queensland. It is, however, still the single known species of the subtribe Selenophorina to occur in Australia.

Literature

BAEHR, M. 1986: *Parophonus australicus* sp. n., first record of Selenophorina from Australia (Coleoptera, Carabidae, Harpalinae). − Mitt. Münch. Ent. Ges. 76, 67−70.

LAWRENCE, J. F., MOORE, B. P., PYKE, J. E. & T. A. WEIR 1987: Zoological Catalogue of Australia, Vol. 4. Coleoptera: Archostemata, Myxophaga and Adephaga (Part 1). − Canberra.

NOONAN, G. R. 1985: Classification and names of the Selenophori-Group (Coleoptera: Carabidae: Harpalini) and of nine genera and subgenera placed in incertae sedis within Harpalina. − Milwaukee Publ. Mus. Contr. 64, 1−92.

Address of Author:
Dr. Martin BAEHR
Zoologische Staatssammlung
Münchhausenstr. 21
D-8000 München 60

Buchbesprechungen

Hecker, U.: **Nadelgehölze.** Wildwachsende und häufig angepflanzte Arten. – BLV Verlagsgesellschaft, München–Wien–Zürich, 1985. 159 S., 130 Farbfotos. (17)

Der zweite BLV Intensivführer zum Thema Bäume („Laubgehölze" s. Bespr. Mitt. Münch. Ent. Ges. 76, 1986) behandelt die bei uns wildwachsenden und vor allem die häufig angepflanzten Nadelgehölze. Vor allem mit Gehölzen aus Nordamerika und Ostasien (wie Ginkgo, Mammutbaum, Zedern, Hemlocks und Douglasie) wurden im 18. und 19. Jahrhundert viele europäischen Gärten und Parks angelegt.

In einer kurzen Einführung werden die wichtigsten Gestaltmerkmale erklärt und durch Skizzen illustriert. Im speziellen Teil werden 75 Arten habituell abgebildet und durch Detailbilder ergänzt. Im Textteil finden sich steckbriefartig die speziellen Kennzeichen sowie Standort und Verbreitung. Im Anschluß daran wird sehr anschaulich über Historie, Biologie der Arten, spezielle Anpassungen, Bedeutung im Forstbau oder in der technischen Nutzung berichtet.
R. Gerstmeier

Ferguson-Lees, J., Willis, I.: **Vögel Mitteleuropas.** – BLV Verlagsgesellschaft, München–Wien–Zürich, 1987. 352 S., 2130 Farbzeichnungen. (18)

Der wievielte Vogelführer wird dies wohl sein, war der erste Gedanke, als der Rezensent das neue Bestimmungsbuch des BLV Verlags in Händen hielt. Um neue Käufer für ein weiteres mitteleuropäisches Vogelbuch zu gewinnen, muß man sich schon etwas einfallen lassen und so wurde die „3. Generation" von ornithologischen Bestimmungsbüchern „kreirt": Dieses Buch ermöglicht die Bestimmung aller (540) Vogelarten Mitteleuropas (Brutvögel, Durchzügler, Winter- und Ausnahmegäste) anhand von 2130 farbigen Abbildungen und prägnanten Textbeschreibungen. Bemerkenswert ist wirklich die Darstellung sämtlicher Gefiederunterschiede innerhalb einer Art, seien es Männchen oder Weibchen, Brut- oder Schlichtkleider oder Jungvögel, das ganze ergänzt durch Flugbilder. 285 Verbreitungskarten geben Auskunft über das Vorkommen in Mitteleuropa. Sehr nützlich sind die Kurzangaben zu Stimme, Habitat, Nest und Nahrung.

Die neue Konzeption ist zugegebenermaßen herausragend, wer sich allerdings mehr über allgemeine Biologie, Evolution und Ökologie von Vögeln informieren will, muß auf andere Bücher zurückgreifen. Bleibt nur noch die Frage, wie eine folgende „Generation" von Vogelführern aussehen muß, um abermals zum Kauf anzuregen; vielleicht mit Abbildungen von Eiern und Nestern oder mit Abbildung der Nahrung, Schlafbäume etc. etc. Wir dürfen uns jetzt schon auf die 4. und 5. „Generation" freuen.
R. Gerstmeier

Carter, D. J., Hargreaves, B.: **Raupen und Schmetterlinge Europas und ihre Futterpflanzen.** – Verlag Paul Parey, Hamburg-Berlin, 1987. 292 S., 875 farbige Abb. (19)

Auch wenn die Idee nicht ganz neu ist, Schmetterlinge und ihre Raupen den jeweiligen Futterpflanzen zuzuordnen, so muß doch dem Verlag für die Realisierung eines solchen Buches gedankt werden. Dem Schmetterlingsfreund wird hier in naturgetreuer und anschaulicher Darstellung ein Einblick in die Vergesellschaftung der Raupen, mit ihren Fraßpflanzen gegeben. Diese ökologische Vernetzung besteht ja nicht nur darin, daß die Raupen die Pflanzen fressen, sondern an den Pflanzen ja auch Eier abgelegt werden, die Raupen sich tagsüber an bestimmten Pflanzenteilen verstecken und sich meist auch an der Futterpflanze verpuppen. All dies wird im Textteil – soweit es überhaupt bekannt ist – neben Verbreitung, Beschreibung der Raupe, Habitat, Futterpflanzen und Biologie vermerkt. Die einzelnen Texte sind prägnant, z. T. aber auch etwas verwirrend, z. B. wenn beim Großen Perlmutterfalter steht: „Sie (die Raupe) ist an Sonnentagen besonders aktiv und ruht versteckt unter der Futterpflanze". Leider mußte eine Auswahl getroffen werden, so daß etwa „nur" 500 europäische Tag- und Nachtfalter behandelt werden. Bezüglich der „Nachtfalter" füllt dieses Buch sowieso eine große Lücke, werden doch meist „Tagfalter"-Bücher verlegt. Die doppelseitigen Tafeln enthalten auf der linken Seite die Falter (mit lat. und deutschen Namen) und auf der gegenüberliegenden Seite die Raupen auf den jeweiligen Pflanzenarten (insgesamt mehr als 165).

Ein empfehlenswerter Feldführer und durchaus nützliches Nachschlagewerk für alle, die an Insekten-Pflanzen-Beziehungen interessiert sind.
R. Gerstmeier

Mitt. Münch. Ent. Ges.	77	139–147	München, 1. 12. 1987	ISSN 0340–4943

Epizygaenella erythrosoma (Hampson, [1893]), with notes on the taxonomic treatment of the genus *Epizygaenella* Tremewan & Povolný, 1968

(Lepidoptera, Zygaenidae)

By Clas M. NAUMANN*

Abstract

Epizygaenella erythrosoma (Hampson, [1893]) represents a second species of the Himalayan genus *Epizygaenella*. The species is redescribed and morphological details of the male and female genitalia are figured. The phylogenetic significance of this species is discussed with special regard to the derived characters of the genus *Epizygaenella*. In addition recent data on the distribution of *Epizygaenalla caschmirensis* (Kollar, 1844) are given. The distribution of the two species of *Epizygaenella* is mapped.

Hitherto the Zygaeninae were believed to be represented by only one species in the Himalayan region, namely *Epizygaenella caschmirensis* (Kollar, 1844). In 1893 Hampson described "*Zygaena erythrosoma*" from Almora (Northern India); his description was rather short, consequently this raised doubts as to whether the taxon was a biospecies different from *E. caschmirensis*. Such doubts were furthered also by the fact that authentic specimens remained extremely few, even to the present day: at the time of writing only six specimens in the British Museum (Natural History) are known to me. Alberti (1958/59) tended to treat the taxon as a subspecies of *E. caschmirensis*, while Tremewan & Povolný (1968) believed it to be a distinct species. Due to lack of material no decision was made by Naumann (1977 b).

During a visit to the British Museum (Natural History) in September 1984 I had the opportunity to study the type of *Z. erythrosoma* and discovered a further five specimens in various parts of the collection, so that the morphological characters of both sexes could be investigated. These studies confirm that *Z. erythrosoma* is a species distinct from *E. caschmirensis* and suggest that a derived character, believed to be constitutive for the genus *Epizygaenella*, represents an autapomorphy of *E. caschmirensis* only.

Epizygaenella erythrosoma (Hampson, [1893])

Zygaena erythrosoma Hampson [1893], Fauna of British India vol. 1. (1892): 231.
Epizygaena erythrosoma Hampson; Jordan, 1908, in: Seitz, Groß-Schmetterlinge der Erde 10: 52, pl. 8 1.
Epizygaena erythrosoma (Hampson); Bryk, 1936, Lepidopterorum Catalogus, pars 71: 275.
Epizygaena (Epizygaena) caschmirensis ssp. *erythrosoma* (Hampson); Alberti, 1958, Mitt. zool. Mus. Berlin 34: 287, 349.
Praezygaena (Epizygaenella) erythrosoma (Hampson); Tremewan & Povolný, 1968, Čas. morav. Mus. Brně (Acta Mus. Morav). 53, Supplementum: 162.

---

* 54th contribution to the study of the genus *Zygaena* F. and related taxa (Insecta, Lepidoptera) (53: Z. Naturforsch.: in press)

fig. 1, 2: *Epizygaenella caschmirensis* (KOLLAR, 1844) (1: ♂, 2: ♀): E-Afghanistan, Prov. Nangarhar, Dar-e-Nur, 1 000 m, March 1971, leg. et coll. NAUMANN (Bielefeld).
fig. 3: *Epizygaenella erythrosoma* (HAMPSON [1893]), ♂: Himalayas, Chakrata, Bodiar, 5.7.1906, 6 000 ft., C. H. WARD; (BMNH).
fig. 4: dito, ♀: Ramgert, 11.6.25; (BMNH).

The original description reads as follows:

"♀. Differs from typical *caschmirensis* in being without the yellow spots on the collar, and in having the whole of the terminal segments of the abdomen crimson. Hab. Almora. Exp. 36 mm. Type in B.M."

Holotype ♀: "Type" – "N. India" – "*Zygaena erythrosoma* HAMPS., type ♀" – "Zygaenidae genitalia slide No. 1427 ♀".
Locus typicus: Almora, Northern India (Kumaon, Uttar Pradesh).
Material studied: Holotype ♀, as given above. Fore-wing length: 15.0 mm.
1 ♂ (13.0 mm): "Himalayas, Chakrata, Bodiar., 5.7. 1906., 6 000 ft., CH.H. Ward., 1909-133."
1 ♂ (12.5 mm): "Kumaon, 8.1892, J. G. PILCHER". – Zygaenidae genitalia slide 1438 (BMNH).
1 ♀ (16.0 mm): "Ramgert, 11.6. 25".
1 ♀ (15.0 mm): "Sikkim, Lachin Lachaong, 8 000 a 16 000', été 1894, Chasseurs Breteaudeau".
1 ♀ (16.5 mm): "Ex Musaeo Ach. Guenée" – "3. *Zyg. Annulata* Gn. [deleted] *Caschmirensis* Koll., Cat. no. 26 b – Koll. in Hugel p. 4 9 pl. 16 f. 6. himalaya. ♂ donné par M. Bero, ♀ achetée chez Becker. Cette espece est une vraie Zygène" [the red cingulation of this specimen consists of artificial paint, possibly attached by an entomological dealer].

These data clearly demonstrate that Guenée had intended to describe the species, but later on believed it to be identical with *E. caschmirensis*, and that the species had been represented in both British and French collections by the turn of the century. Due to the paucity of material and in order to preserve characters of the abdominal cingulation, only two of the six specimens have been dissected. As the morphological characters are so strikingly different from those of *E. caschmirensis*, any idea of their being conspecific has to be abandoned.

Description: wing venation as in *Epizygaenella caschmirensis*, i. e. forewing veins r2—r4 stalked (cf. illustration in NAUMANN 1977 b). Other morphological characters agree with this species as well, except the specific differences given below.

Table 1: Specific differences between *Epizygaenella caschmirensis* and *E. erythrosoma*.

Character	E. caschmirensis	E. erythrosoma
patagia	yellow, centred black	black
antenna	tip white, slightly clavate, slender	tip black, even more slender
ground colour of fore-wing	greenish black	brownish black
ground colour of fore-wing spots	yellow to ochreous	whitish, 1 and 2 light cream
size of spots 3–5	nearly equal	5 bigger than 3 and 4, approximately triangular
spot 6	small, veins inconspicuous	large, crossed by black veins
hind wing ground colour	crimson	pinkish vermilion
cingulum	on segments 5–7 in ♂, and on 5–6 in ♀	on segments 5–8 in ♂, and on 5–7 in ♀ (7 at least tinged with red).
pleura	black	cream-yellow on segments 2–3
unci	short, blunt	slender, pointed at end
uncus lobes	small	large(r)
tegumen	strong	slender
lamina dorsalis	4–6 mains spines, central groove inconspicuous	approx. 12 main spines, central groove prominent
lamina ventralis	small, 1 row of spines	larger, a field of spines
cornuti	present	absent (?)
ostium bursae	small	large
ductus bursae	long, slender	short, stout
lamella postvaginalis	prominent	inconspicuous

♂ (fig. 3): fore-wing length 12.5–13.5 mm; head, antenna, patagia, thorax and tegulae black; abdomen cingulated on segments 5–8, valvae black externally. Fore-wing ground colour brownish black; fore-wing spots much more hyaline than in *E. caschmirensis*, 1 and 2 confluent, cream; 3 and 4 of approximately equal size, whitish; 5 and 6 comparatively larger than in *E. caschmirensis*, whitish; 6 conspicuously crossed by three darkly scaled veins. Hind-wings vermilion, black indentations at dorsal and terminal margin well developed, as is the hind-wing margin at the apex. In the ♂ from Kumaon the black indentations merge in the middle of the wing. Another triangular black spot extends from well beyond one fourth of the wing length towards the centre.

♀ (fig. 4): fore-wing length 15.0–16.5 mm. Similar to ♂; cingulum well developed on segments 5 and 6, and partly also on 7. The black fascia on the hind-wing is present in three of the four specimens examined, being absent in the Sikkim specimen.

Male genitalia:

Uncus-tegumen-complex (fig. 8): uncus processes slightly more pointed than in *E. caschmirensis*, lobal sacs present, but more prominent; tegumen comparatively smaller and much more slender.

Lamina dorsalis (fig. 12): much broader than in *E. caschmirensis*, with a well-defined central groove, bearing 6-7 main spines, of which the outer and lower ones are more prominent.

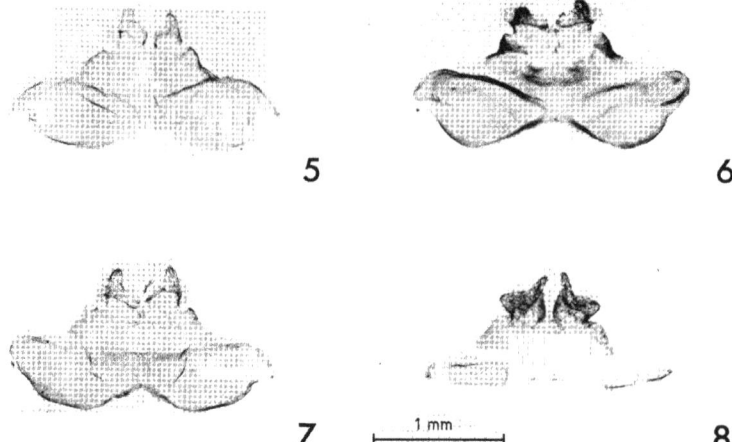

fig. 5–8: Uncus-tegumen-complex. 5–7: *E. caschmirensis* (KOLLAR, 1844), Afghanistan, Dar-e-Nur, genitalia prep. 808, 902, 906 (author's collection); 8: *E. erythrosoma* HAMPSON [1893]: Kumaon, 8.1892; genitalia prep. BMNH Zygaenidae 1438 (BMNH).

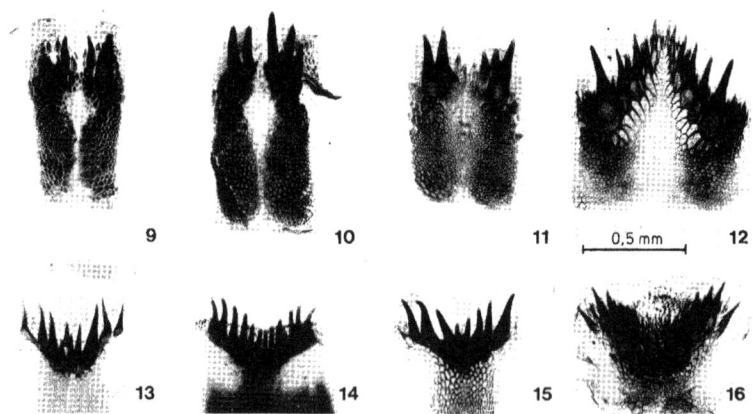

fig. 9–12: Lamina dorsalis: 9–11· *E. caschmirensis* (KOLLAR, 1844); 12: *E. erythrosoma* (HAMPSON, [1893]). Data as in fig. 5–8.

fig. 13–16 Lamina ventralis. 13–15: *E. caschmirensis* (KOLLAR, 1844), 16: *E. erythrosoma* (HAMPSON, [1893]). Data as in fig. 5–8·

Lamina ventralis (fig. 16): in contrast to that of *E. caschmirensis* this structure does not consist of a single row of rather prominent spines, but of a small field of partly very small, partly larger spines. The largest spines are arranged near the centre, which is divided by a small groove.

Cornuti of the aedoeagus (fig. 17): in the single preparation proper cornuti, which are present in *E. caschmirensis*, have not been found, but there is a small clearly sclerotized plate near the tip of the vesica, which might bear one or several cornuti in other specimens.

Valva (fig. 20): inconcpicuous, surface smooth, covered with a few thin setae in the apical portion, without the dorsal processes which are characteristic for *E. caschmirensis*.

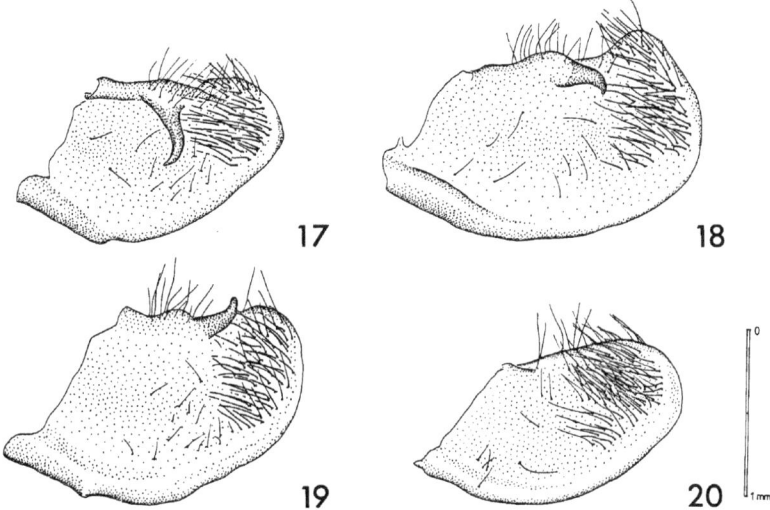

fig. 17–20: Right valva. 17–19: *E. caschmirensis* (KOLLAR, 1844), 20: *E. erythrosoma* (HAMPSON, [1893]). Data as in fig. 5–8·

Female genitalia (fig. 21–22):

Smaller than in *E. caschmirensis*, the ostium bursae somewhat less well shaped, but slightly larger than in *E. caschmirensis;* the postvaginal plate, which is so well developed and clearly shaped in *E. caschmirensis* is rather inconspicuous; the ductus bursae is broader and shorter than in *E. caschmirensis*, but bears the same longitudinal wrinkles as in this species; the corpus bursae is smaller in the preparation figured here, but may be larger in mated females. The ductus seminalis branches off from the highest part of the ductus bursae and not from a slightly lower position as in *E. caschmirensis*. This character may be influenced by individual variation.

Distribution (fig. 23): The few known localities range from the Mussorie area to Sikkim and include the Kumaon, where the type was taken. The species has not yet been recorded from Nepal, but may be expected in that country. Both species of *Epizygaenella* seem to be parapatric in distribution, since at least two of the localities given above (Chakrata and Almora) are very close to known localities of *E. caschmirensis*.

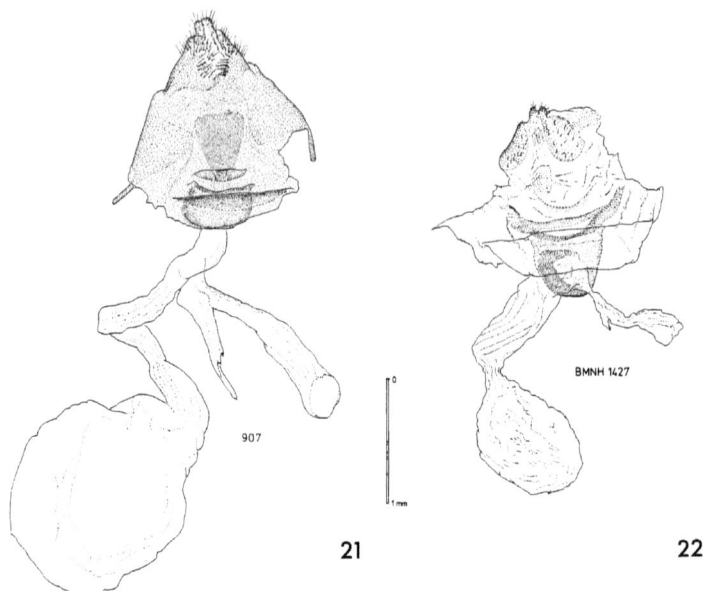

21   22

fig. 21, 22:   Female external genitalia. 21: *E. caschmirensis* (KOLLAR, 1844), Afghanistan, Dar-e-Nur, 1 200 m, September 1972, leg. et coll. NAUMANN (Bielefeld); genitalia prep. 907. – 22: *E. erythrosoma* (HAMPSON, [1893]), holotype: N. India; genitalia prep. BMNH Zygaenidae 1427.

Ecology: Nothing is known about ecological adaptations and requirements of the species, but the two localities with altitude data indicate that this species lives at slightly higher altitudes than *E. caschmirensis*. Considering the fact that many specimens of *E. caschmirensis* have been collected in recent times in India and Nepal (see below) it is astonishing that there are no recent records of *E. erythrosoma*. With the exception of members of the most advanced genus, i. e. *Zygaena*, all other Zygaeninae live on Celastraceae, therefore it may be considered for sure that *E. erythrosoma* larvae live also on a species of that family, most likely on Maytenus (= Gymnosporia).

Taxonomic notes on *Epizygaenella*:

ALBERTI (1958/59 and 1965) considered the species of the Afrotropical taxon *Praezygaena* ALBERTI, 1954 (i. e. *myodes* DRUCE, 1899, *agria* DISTANT, 1902, *ochroptera* FELDER & FELDER, 1874, *conjuncta* HAMPSON, 1919) and *E. caschmirensis* to form a monophyletic entity and in consequence placed both taxa into one genus, i. e. *Epizygaena* JORDAN, 1907. Somewhat later TREMEWAN & POVOLNÝ (1968) demonstrated that the type-species of *Epizygaena* has to be placed in *Zygaena* and proposed the new subgeneric name *Epizygaenella* for *caschmirensis* and *erythrosoma*, both to be included in *Praezygaena*. The view that the Afrotropical species and the two externally similar Himalayan taxa form a monophyletic group was also followed by NAUMANN (1977 a, b).

144

Since that time I have made some observations on the preimaginal stages of *Praezygaena agria* and *P. myodes* during a field trip to South Africa in December 1984 and 1985, and through the kind help of Messrs. A. J. and N. J. DUKE in East London. Characters relevant to the reconstruction of the phylogeny of the Zygaeninae will be published elsewhere (NAUMANN, in prep.), but may be summarised briefly here as far as the phylogenetic relationship of *Praezygaena* and *Epizygaenella* is concerned. The species included in *Reissita, Epizygaenella* and *Zygaena* share the following derived characters: the cocoon spun by the larva is fusiform and has a characteristic silk cushion which helps the pupa to vacate the cocoon when the moth emerges (see fig. 45 in NAUMANN & EDELMANN 1984). This cushion is absent in *Praezygaena* (and in the more primitive Zygaeninae). This is a highly specialized character, and unlikely to have been lost secondarily in *Praezygaena*. Species of this genus still have the characteristic ovoid type of cocoon which is already found in *Orna* and *Epiorna*. On the other hand *Praezygaena, Reissita, Epizygaenella* and *Zygaena* are united by the possession of dorsally arranged male coremata, which are connected with a specialized folding mechanism peculiar to these genera (see fig. 60, 61 in NAUMANN & EDELMANN 1984).

ALBERTI based his arguments on the similarity of the valval spines of *E. caschmirensis* with the valval processes observed in the *Praezygaena* species, although these are arranged differently. In *E. erythrosoma* the valvae lack such dorsally arranged spines. It thus agrees very well with the valval structures of other Zygaeninae, in which the valvae form simple rounded claspers with a smooth or slightly haired surface. Unless we argue that the character state found in *E. erythrosoma* is due to secondary reduction we have to conclude that the presence of valval spines does not represent a ground-plan character of *Epizygaenella*, but an autapomorphy of *E. caschmirensis* alone. But the stalking of veins r2−r4 in the fore-wing represents an apomorphic character of *Epizygaenella* which clearly separates it from all other higher Zygaeninae genera. In consequence this leads to the treatment of *Epizygaenella* as a separate, monophyletic genus of the subfamily. It is interesting to remark that the same type of venation has been observed in the Miocene fossil *Zygaenites controversus* BURGEFF, 1951 from the Schwäbische Alb mountains of south-western Germany. This proves clearly that the sister-group of *Zygaena* occurred in the Palaearctic region as well. Considerable speciation must have taken place since (NAUMANN 1987).

Note on the distribution of *E. caschmirensis*:

A summary of the distribution of this species was given by NAUMANN (1977 b) and is repeated in an actualized form in fig. 23. Since 1977 some new and interesting localities of this species have been recorded from Pakistan, India and Nepal. These are (numbers continue the list given in NAUMANN 1977 b):

25 Pakistan, Prov. Rawalpindi, Salipran near Tret, 820 m, 16.3.1969, leg KRUPKA. − coll. REISS (Stuttgart), WIEGEL (München) and NAUMANN (Bielefeld).

26 Pakistan, Prov. Rawalpindi, Islamabad: a very strong colony of the species was discovered by Chr. L. HÄUSER, W. G. TREMEWAN and the author on hilly slopes at the western edge of the city in July and August 1982. Numerous moths hatched from these in September and October 1982. Single specimens of the spring generation are preserved in the collection of the Natural History Museum at Islamabad and have also been taken by T. B. LARSEN (pers. comm.).

27 Pakistan, Prov. Rawalpindi, Murree Hills, 1580 m, 26.3.1970 (1 ♀, coll NAUMANN).

28 India, Simla, Mt. Kufri (2 ♀♀ coll. NAUMANN; both specimens originate from material sold by the firm STAUDINGER & BANG-HAAS before 1945).

29 W-Nepal, 10 km N of Pokhara, 7.10.1980, leg. STANGELMAIER (1 ♂ 2 ♀♀, coll. NAUMANN).

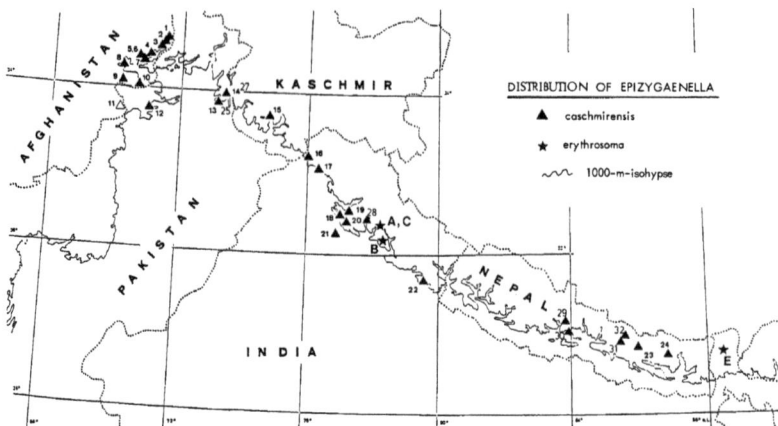

fig. 23:   Distribution of *E. caschmirensis* (KOLLAR, 1844) and *E. erythrosoma* HAMLPSON, [1893]). Numbers refer to the locality data given by NAUMANN (1977) and in the text above. It proved impossible to locate the locality "Ramgert" of *E. erythrosoma*.

30 W-Nepal, NW Pokhara, Modi Kohola, Pothara, 1900 m, 5.–7.5.1984, C. HOLZSCHUH (15 ♂♂ 6 ♀♀, coll. NAUMANN).

31 C-Nepal, Nawakot, Trisuli Kohla, Manigaon – Thade Gaon, 1300–2200 m, 26.9.1982, leg. C. HOLZSCHUH (2 ♂♂ 2 ♀♀, coll. NAUMANN).

32 C-Nepal, Nawakot, Trisuli Khola – Langtang Khola, Syabru Bensi, 1600 m, 29.9.1982, leg. C. HOLZSCHUH (10 ♂♂, coll. NAUMANN).

The new records from Nepal are of special interest, because hitherto only two specimens of this species had been recorded from there and it had been considered very localized and rare in that country (NAUMANN 1977 b). The new data clearly demonstrate that the species occurs throughout the country and is to be expected to occur in other places. Finally, the occurrence of two distinct generations is proved by these data. All Nepalese specimens are very large and show the increase of the dark markings in the hind-wing characteristic for ssp. *asoka* MOORE, 1879.

Acknowledgements

Thanks are due to Mr. Allan WATSON (British Museum, Natural History) for permission to study the BMNH collections, to Mr. W. G. TREMEWAN (London) for correcting my English and to Mrs. R. FEIST (Bielefeld) for technical assistance. Dr. U. F. GRUBER (Munich) kindly helped in the identification of some localities in Nepal and India.

Zusammenfassung

Es wird belegt, daß *Epizygaenella erythrosoma* (HAMPSON, [1893]) eine zweite, von *E. caschmirensis* (KOLLAR, 1844) verschiedene Art des Genus *Epizygaenella* darstellt; Habitus und Genital beider Geschlechter werden beschrieben und abgebildet. Die systematische Bedeutung dieser Art wird unter besonderer Berücksichtigung der Grundplanmerkmale der Gattung *Epizygaenella* diskutiert. Neuere Verbreitungsdaten von *E. caschmirensis* werden zusammengefaßt und die Verbreitung beider Arten nach dem derzeitigen Kenntnisstand dargestellt.

Literatur

ALBERTI, B. 1958, 1959: Über den stammesgeschichtlichen Aufbau der Gattung *Zygaena* F. und ihrer Vorstufen (Insecta, Lepidoptera). − Mitt. zool. Mus. Berl. 34, 246−396; 35, 203−242; Berlin.

ALBERTI, B. 1965: Abstammungslehre und Tiergeographie. − In: GERSCH, M. (edit.): Gesammelte Vorträge über moderne Probleme der Abstammungslehre, vol. 1, 149−168; Jena.

HAMPSON, G. F. [1893]: Moths, vol. I (1892). − In: The Fauna of British India including Ceylon and Burma. − London etc. (Taylor & Francis).

KOLLAR, V. 1844: In KOLLAR, V., REDTENBACHER, L.: Aufzählung und Beschreibung der von Freiherrn Carl v. Hügel auf seiner Reise durch Kaschmir und das Himaleyagebirge gesammelten Insecten. − In: HÜGEL, C. v. 1842−1848: Kaschmir und das Reich der Siek. vol. 5, 393−564, pl. I−XXVIII. Stuttgart (Cotta).

NAUMANN, C. M. 1977 a: Stammesgeschichte und tiergeographische Beziehungen der Zygaenini (Insecta, Lepidoptera, Zygaenidae). − Mitt. Münch. Ent. Ges. 67, 1−25; München.

− − 1977 b: Biologie, Verbreitung und Morphologie von *Praezygaena (Epizygaenella) caschmirensis* (KOLLAR, 1848) (Lepidoptera, Zygaenidae). − Spixiana 1, 45−84; München.

− − 1987: On the phylogenetic significance of two Miocene zygaenid moths (Insecta, Lepidoptera). − Paläontol. Z. (in press); München.

− −, EDELMANN, A. 1984: Insects of Southern Arabia. The life history, ecology and distribution of *Reissita simonyi* (REBEL, 1899) (Zygaenidae, Lepidoptera). − Fauna of Saudi Arabia 6, 473−509; Basel.

TREMEWAN, W. G., POVOLNÝ, D. 1968: Beiträge zur Kenntnis der Fauna Afghanistans: Zygaenidae, Lepidoptera. − Čas. morav. Mus. Brně (Acta Mus. Morav.) 53, Supplementum, 161−172, 4 pls., Brno.

Adress of author:
Prof. Dr. Clas M. NAUMANN
Abt. für Morphologie und Systematik der Tiere
Fakultät für Biologie der Universität
Postfach 86 40
D-4800 Bielefeld 1

Buchbesprechungen

SEDLAG, U.: Insekten Mitteleuropas. – Ferdinand Enke Verlag, Stuttgart, 1986. 408 S., über 1300 Abb. (fast 1000 farbig). (20)

Bei der heutigen Fülle an populärwissenschaftlichen Insekten-Bestimmungsbüchern hat es der Rezensent nicht immer leicht, sind doch viele Bücher durchaus empfehlenswert, obwohl man sich natürlich fragen muß, wer kauft sich denn mehr als 1 Insektenbuch. Das vorliegende Taschenbuch ist nicht besser und nicht schlechter als das anderer Verlage, im Vergleich dazu vielleicht etwas preisgünstiger. Sicher gibt es Insektenführer, die mehr Arten enthalten, dafür sind die Angaben über Biologie, Verhalten und Ökologie beim Enke-Führer etwas ausführlicher. Erfreulich sind auch die jeweiligen Angaben über weiterführende Literatur und das umfangreiche Glossar.

Falsch ist die Angabe auf dem hinteren Deckel, daß „etwa 3500 Insektenarten in Mitteleuropa" gibt; vielleicht ist dem Setzer da einfach eine Null „heruntergefallen". Fazit: Auch der Insektenführer von Prof. SEDLAG ist empfehlenswert.   R. GERSTMEIER

HENTSCHEL, E., WAGNER, G.: Zoologisches Wörterbuch. – Gustav Fischer Verlag, Stuttgart, 1986. 672 S., 3. Auflage. (21)

Das nun bereits in der 3. Auflage erschienene „Zoologische Wörterbuch" enthält im Hauptteil ca. 15000 alphabetisch geordnete Stichworte, Tiernamen, allgemein biologische, anatomische und physiologische Termini sowie eine beachtliche Zahl von Kurzbiographien bedeutender Zoologen. Sicher enthält dieses Nachschlagewerk noch Lücken, aber diese handliche Taschenbuchausgabe dürfte im deutschsprachigen Raum ihresgleichen suchen, ersetzt sie doch viele der bisher notwendigen Nachschlagewerke. Bemerkenswert sind weiter ein Verzeichnis von Autorennamen (allerdings noch sehr unvollständig, vor allem was die Entomologie betrifft) und die Übersicht „System des Tierreichs"; ein einführendes Kapitel informiert über Terminologie und Nomenklatur.   R. GERSTMEIER

CHINERY, M.: Pareys Buch der Insekten. – Verlag Paul Parey, Hamburg–Berlin, 1987. 328 S., 2390 farbige Abb. (22)

Von den bisher etwa 100000 Insektenarten Europas werden in diesem „Bestimmungsbuch" über 2000 Arten farbig abgebildet. Mit seiner Hilfe sollte der Benutzer gefundene Insekten zumindest einer Familie zuordnen können. Im wesentlichen werden dabei mitteleuropäische Arten vorgestellt, aber auch häufige und auffällige Insekten, die im Bereich von Finnland bis zur Adria vorkommen, wobei sämtliche Ordnungen und alle größeren Familien behandelt werden. Sehr erfreulich ist die Darstellung von 70 Arten der Tausendfüßer, Hundertfüßer, Zecken, Milben und Spinnen, die von Laien ja immer wieder mit Insekten verwechselt werden. Die fast ausschließlich farbigen Zeichnungen sind ausgezeichnet und zeigen die Tiere mit ihren charakteristischen Merkmalen und Stellungen, so wie man sie im Freien antrifft. Auch Schmetterlingsraupen, Larven und Nymphen der übrigen Gruppen sowie Gallen, Minen und Fraßbilder werden gezeigt. Der prägnante Text ist informativ, hebt die wichtigsten Erkennungsmerkmale hervor und enthält Angaben über Nahrung, Lebensräume, Verbreitung, jahreszeitliches Auftreten und besondere Verhaltensweisen.

Zu bemängeln wäre lediglich ein etwas „verschmierter" Druck auf einigen Seiten im letzten Drittel des Buches (z. B. S. 310/311), was aber hoffentlich nur beim Besprechungsexemplar auftrat.

Ansonsten kann dieses handliche Taschenbuch ruhigen Gewissens jedem Natur- und speziell Insektenfreund empfohlen werden.   R. GERSTMEIER

D'ABRERA, B.: Butterflies of South America. – Hill House, Victoria/Australien, 1984. 256 S., ca. 700 Farbabb. (23)

Etwa die Hälfte aller in der Welt bekannten Schmetterlingsarten kommt in der Neotropischen Region vor. Eine Auswahl von fast 700 tagfliegender Schmetterlinge der Familien Papilionidae, Pieridae, Danaidae, Ithomiidae, Heliconidae, Satyridae, Brassolidae, Morphidae, Nymphalidae, Acraeidae, Lycaenidae und Riodinidae werden farbig abgebildet. Die Verbreitung wird in allgemeinen Länderbegriffen angegeben. Dieses Taschenbuch ist eine empfehlenswerte Einführung in die Welt der bunten tropischen Falter, vom Amazonas bis zu den Andenhöhen und von Mexiko bis Feuerland.   R. GERSTMEIER

Mitt. Münch. Ent. Ges.	77	149–156	München, 1. 12. 1987	ISSN 0340–4943

Präimaginalmorphologie von *Strabena tamatavae* (BOISDUVAL, 1833)

(Satyridae, Satyrinae, Ypthimini)

Von Peter ROOS

Abstract

Up to now nothing has been published on the early stages of the genus *Strabena*. In the present paper the immature stages of *Strabena tamatavae* (BOISDUVAL, 1833) are described and figured. Considering the adult morphology the genus *Strabena* is included in the tribe Ypthimini. This view is confirmed by comparative morphological analysis of the immature stages of *Strabena* and *Ypthima* species. In contrast to *Ypthima Strabena* shows a great variability of characters of the early stages. This applies especially to the structure of the chrysalis as shown here by the extraordinarily shaped chrysalis of *S. tamatavae* the form of which seems to be unique within the Satyridae. A set of characters common to both *Strabena* and *Ypthima* and therefore assumed to be tribe-specific are not shared by *Proterebia phegea* (BORKHAUSEN, 1788). The present data suggest that the genus *Proterebia* ROOS & ARNSCHEID is not well placed in the tribe Ypthimini.

Einleitung

Aus der in Madagaskar endemischen Satyriden-Gattung *Strabena* MABILLE, 1887 sind bis heute etwa 40 Arten bekannt. Ihre Beschreibung gründet sich fast ausschließlich auf Merkmale der Flügelzeichnung. Somit müßte durch morphologische Analysen zunächst geklärt werden, inwieweit die artliche Auftrennung der Gattung gerechtfertigt ist. Bisher liegen nur sehr wenige Ergebnisse zu dieser Frage vor (OBERTHÜR 1916, PAULIAN 1951).

MILLER (1968) stellt die Gattung *Strabena* zu den *Ypthimini*. Wie die *Ypthima*-Arten weisen auch die *Strabena*-Arten ein sehr einheitliches äußeres Erscheinungsbild auf. Erste Untersuchungen über die Präimaginalstadien der Gattung *Strabena* haben aber gezeigt, daß sie im Gegensatz zu denen der Gattung *Ypthima* (GREEN 1910, HESSELBARTH 1983, ROOS 1986) artlich gut differenziert sind (ROOS, im Druck). In der vorliegenden ersten Arbeit über die Gattung *Strabena* sollen morphologische Merkmale der Präimaginalstadien von *Strabena tamatavae* BOISDUVAL vorgestellt und mit denen anderer Gattungen, wie z. B. *Ypthima*, verglichen werden.

Material, Methode und Zuchtverlauf

Funddaten des zur Eiablage benötigten ♀: 1. 5. 1985, Ambohidratrimo, Umg. Antananarivo, Madagaskar, P. ROOS leg. Das ♀ legte nur 3 Eier ab, von denen eins in 70 % Äthanol konserviert wurde. Daten über den Zuchtverlauf sind in Tab. 1 zusammengefaßt. Die Zucht erfolgte in Plastikdosen. Als Futter diente geschnittenes Gras verschiedener Arten.

Tab. 1: Zuchtverlauf

	Datum	Tage	Diff.
Eiablage	3. 5. 1985	0	10
Schlüpfen der Raupen	13. 5. 1985	10	17
Häutung zum L 2	30. 5. 1985	27	8
Häutung zum L 3	7. 6. 1985	35	12
Häutung zum L 4	19. 6. 1985	47	15
Verpuppung	4. 7. 1985	62	10
Schlüpfen der Imagines	14. 7. 1985	72	

Beschreibung der Präimaginalstadien

Ei: Höhe 1,1 mm, Ø 1,1 mm. Die Eier sind nahezu kugelförmig, ober- und unterseits leicht abgeflacht. Die Oberfläche erscheint makroskopisch fein runzlig, etwa wie eine Apfelsine. Bei stärkerer Vergrößerung erkennt man ein Netzwerk aus Sechsecken. Die zunächst elfenbeinfarben bis leicht gelb gefärbten Eier lassen einige Tage vor dem Schlüpfen der Raupen eine braune Punktzeichnung erkennen. Die Eier werden von den Weibchen angeheftet.

Larvalstadien:

In Tab. 2 und den Abb. 1–6 sind verschiedene Merkmale der einzelnen Larvalstadien bzw. deren Körperzeichnung vergleichend gegenübergestellt.

Tab. 2: Merkmale der Larvalstadien L 1 bis L 4 von *Strabena tamatavae*.

	L 1	L 2	L 3	L 4
Raupenlänge (mm)	3,5	6	9	17–28
Analspitzen (µm)	0	230	500	800
Körperborsten (µm)	375	250	250	275
Kopf-Ø (mm)	0,7	1,0	1,5	2,3
Kopfhörner (µm)	90	200	375	525
Kopfborsten (µm)	230	150	150	275

Bemerkungen: Die Länge der L 1-Raupe konnte erst am vierten Lebenstag bestimmt werden. Im L 4 sind die Längen der frisch gehäuteten bzw. erwachsenen Raupe angegeben.

L 1: Kopfkapsel: Glänzend, schwarzbraun. Oberfläche mit netzartiger Struktur aus schwach erhabenen Chitinleisten. Apikal befindet sich auf jeder Hemisphäre ein fast halbkugeliger Fortsatz. Die Borsten sind lang, teils dunkel pigmentiert, spitz endend (Abb. 7).
Körper: Von der hellbeigen Grundfarbe heben sich die leuchtend roten, scharf begrenzten Längsstreifen ab (Abb. 1). Bei der einige Tage alten Raupe zeigen sich nur die üblichen Längsstreifen: Dor-

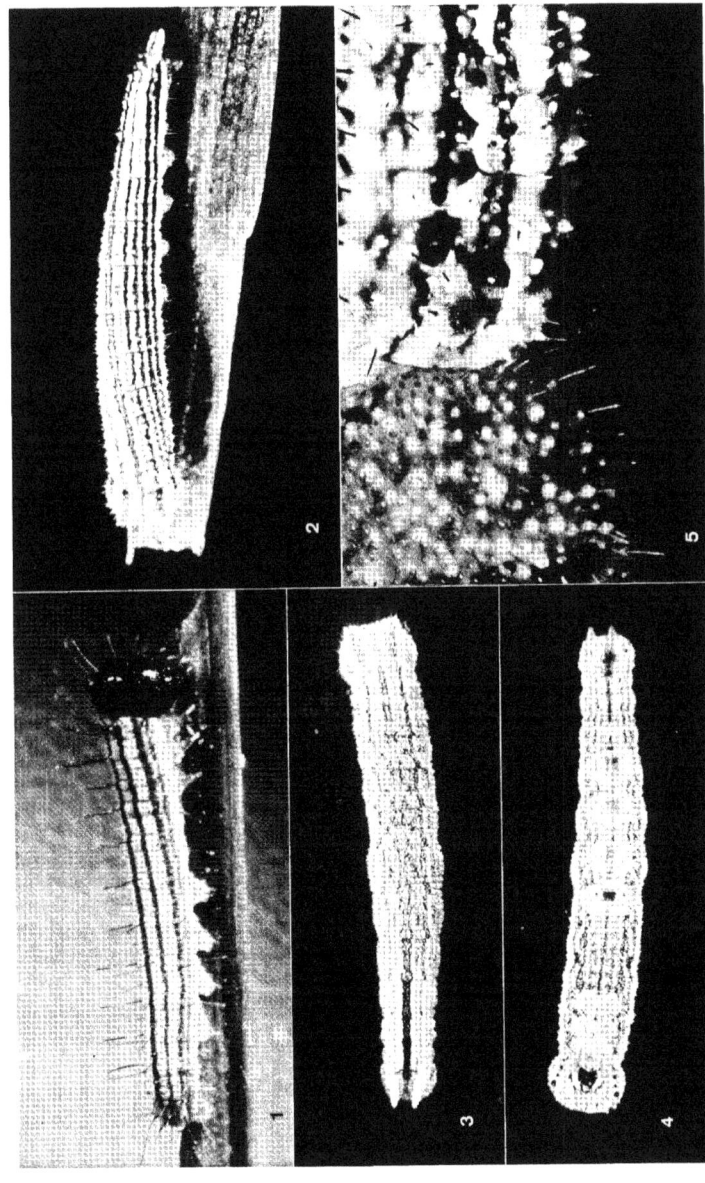

Abb. 1–5: 1: L 1 von *S. tamatavae*; 2: L 2 von *S. tamatavae*; 3: L 4 von *S. tamatavae*, dorsal; 4: L 4 von *S. tamatavae*, ventral; 5: Ventraler Bereich der Thorakalsegmente und Ausschnitt aus der Kopfkapsel des L 4 von *S. tamatavae*. In der Bildmitte ist das in einer Falte halb versenkte Stigma zu sehen.

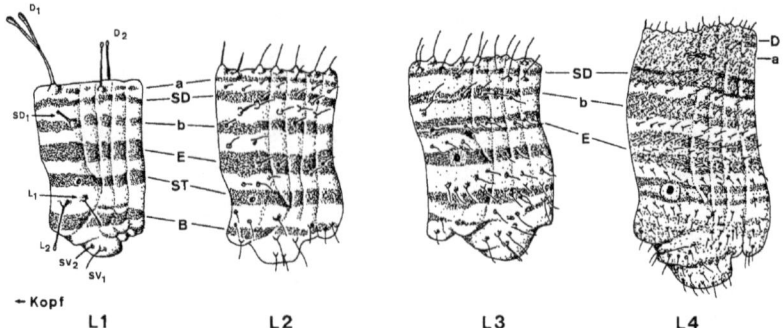

Abb. 6: Zeichnungselemente der Larvalstadien L 1–L 4 von *S. tamatavae* (3. Abdominalsegment, lateral). B = Basale, D = Dorsale, E = Epistigmatale, SD = Subdorsale, ST = Stigmatale; a, b. siehe Text. Nomenklatur der Primärborsten nach Wasserthal (1970).

sale (D), Subdorsale (SD), Epistigmatale (E), Stigmatale (ST) und Basale (B). Im älteren L 1-Stadium treten 2 zusätzliche Linien auf: (a) Zwischen D und SD eine schmale Linie, auf der die Borsten D_1 und D_2 liegen; (b) Zwischen SD und E direkt oberhalb der Borste SD_1 eine Linie von gleicher Breite wie SD. a und b sind auf dem Prothorax und ab Abdominalsegment 6 nur schwach angedeutet oder fehlen dort. Die Dorsale ist von einer feinen, beigen Längslinie zweigeteilt. Die Epistigmatale stellt den breitesten Streifen dar. Die Körperborsten sind dunkel pigmentiert, am Ende farblos und schwach blasig erweitert. Die Länge homologer Borsten ist auf allen Segmenten annähernd gleich. Analspitzen sind noch nicht ausgeprägt.

L 2: Kopfkapsel: Beige mit braunen Zeichnungen, die sich aus den Verlängerungen der Subdorsalen und Epistigmatalen ergeben (siehe auch Abb. 8). Oberfläche im Gegensatz zum L 1 mit vielen grubenartigen Vertiefungen. Wie in allen folgenden Larvalstadien zeigen sich deutliche Kopfhörner. Die Borsten entspringen aus weißlichen Borstenwarzen.

Körper: Das Zeichnungsmuster gleicht dem des späten L 1-Stadiums. Gegenüber L 1 weist der Körper des L 2-Stadiums eine große Anzahl von Sekundärborsten auf. Die Borstenlänge ist absolut geringer als im L 1. Wie in den nachfolgenden Larvalstadien sind gut ausgeprägte Analspitzen vorhanden.

L 3: Kopfkapsel: Sie unterscheidet sich praktisch nur in der Größe von der des L 2-Stadiums (Tab. 2).

Körper: Es treten die gleichen Zeichnungselemente auf wie in L 2, sie sind jedoch in ihrer Ausprägung modifiziert. Es ergeben sich folgende Unterschiede gegenüber L2:

a) Die Färbung aller Längsstreifen ist braun (gegenüber rot).

b) Die Dorsale ist auf dem Thorax und den ersten 4 Abdominalsegmenten durch einen beigen Streifen zweigeteilt. Ab Abdominalsegment 5 stellt sie einen annähernd homogen braun gefärbten Streifen dar. Im caudalen Teil der Abdominalsegmente 1–4 ist sie bauchig erweitert.

c) D, SD, E, ST und der Streifen zweischen SD und E bestehen aus 2 parallelen Linien mit beigem Zwischenraum. Zwischen SD und D befindet sich eine einfache braune Linie (= a).

d) Wellenförmig verlaufen die Streifen SD, a und E (bei E nur schwach ausgeprägt).

Die auf der Bauchseite befindlichen Zeichnungselemente (Ventrale und Supraventrale) sind gut ausgeprägt und scharf begrenzt (siehe auch Abb. 4).

152

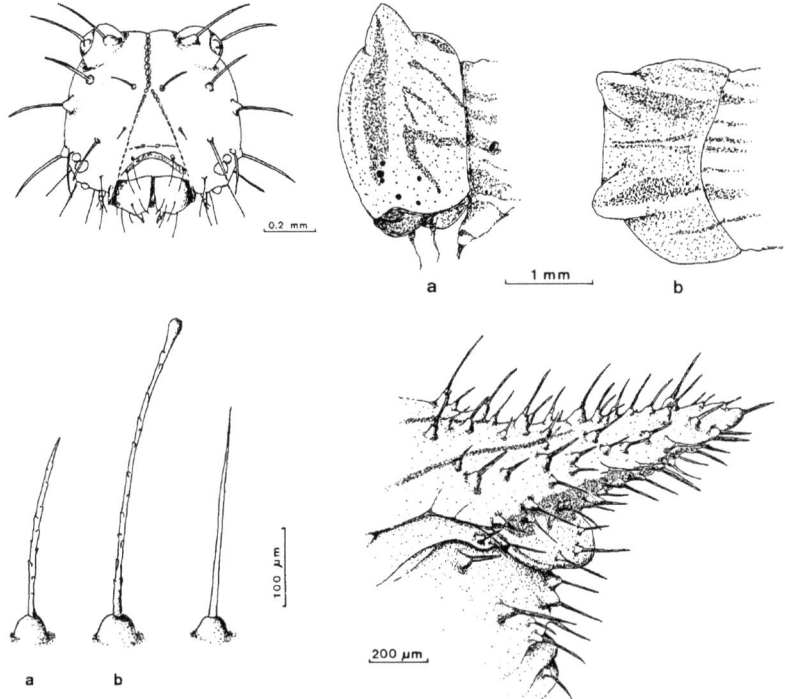

Abb. 7–10: 7: Form und Beborstung der L 1-Kopfkapsel von *S. tamatavae*; 8: Kopfkapselzeichnung des L 4-Stadiums von *S. tamatavae*. a. von der Seite, b. von oben. 9: Borstentypen der Larvalstadien von *S. tamatavae*. a. L I, Kopfkapsel. b. L 1, Körper. c. L 4, Körper; 10: Analspitze (lateral) des L 4-Stadiums von *S. tamatavae*.

L 4: Kopfkapsel: Die beige gefärbte Kopfkapsel zeigt braune Zeichnungen (Abb. 8) und trägt braune, spitz endende Borsten (Abb. 9). Kleine, grubenartige Vertiefungen kennzeichnen die Oberflächenstruktur der Kopfkapsel (Abb. 5).

Körper: Auf dem schlanken Körper befinden sich braune Borsten von etwa gleicher Länge und Struktur wie die Kopfkapselborsten. Die Stigmen sind schwarz und von einem breiten, hellen Hof umgeben. Der ventrale Teil des Thorakalstigmas ist in einer Hautfalte versenkt (Abb. 5). Außerdem besitzt dieses Stigma im vorderen Teil eine stark erhabene Kante. Die Analspitzen sind deutlich ausgeprägt (Abb. 10).

In diesem letzten Larvalstadium erreichen die Körperzeichnungen ihre größte Komplexität. Diese kommt durch Deformation der sonst üblichen Längsstreifung zustande. So löst sich die Dorsale auf den ersten 5 Abdominalsegmenten durch seitliche Erweiterungen und Annäherung an benachbarte Zeichnungselemente optisch fast völlig auf, erscheint auf den letzten Segmenten aber wieder kompakt und scharf begrenzt, farblich nur durch die hellen Borstenwarzen aufgelockert (Abb. 3). Die Subdorsale erscheint als hellbraune Doppellinie, die im äußersten caudalen Teil eines jeden Segments eine dunkelbraune Färbung annimmt. E, ST und der Streifen zwischen SD und E (= b) zeigen sich ebenfalls als Doppellinien. Auf dem hellbeigen Wulst zwischen ST und B befindet sich eine zusätzliche braune Linie. In Abb. 4 werden die ventralen Zeichnungselemente gezeigt.

Puppe: Zur Verpuppung spinnt sich die Raupe an und läßt den Körper gestreckt hängen, ohne also – wie bei Satyriden-Stürzpuppen üblich – den Vorderkörper nach oben abzuknicken. Die resultierende Puppe zeigt eine für Satyriden ungewöhnliche Form mit einer lang ausgezogenen Kopfspitze.

Länge der Puppe: 20 mm. Grundfarbe hellgelb, mit wenigen braunen Zeichnungen: Kremaster und die äußersten Spitzen des Kopffortsatzes sind leicht bräunlich gefärbt. Je ein kräftiger brauner Punkt befindet sich etwa in der Mitte der Mesothorakalbeinscheiden. Die die Flügelscheiden dorsal begrenzende Kante trägt einen braunen Streifen. Schwache, strichförmige Zeichnungen die teils dem Tracheenverlauf folgen, finden sich auf den Flügelscheiden. Die Stigmen erscheinen als kleine, schwarze Punkte.

Die Form der schlanken, spindelförmigen Puppe ist aus Abb. 11 zu ersehen. Kopf mit 2 lang ausgezogenen, im Querschnitt dreikantigen Spitzen, die fast vollständig miteinander verwachsen sind. Mesothorax dorsal stark aufgewölbt und längs gekielt. Die Rüsselscheide reicht über die Flügelscheiden bis halb in das nächste Segment hinein. Die Fühlerscheiden erreichen ca. 6/7 der Länge der Rüsselscheide. Die Abdominalsegmente sind in gestreckter Form angeordnet und nicht gegeneinander abgeknickt. Selbst der Kremaster bildet keinen Winkel mit der Körperlängsachse. Er ist am Ende dicht mit 250 μm langen, hellbraunen Häkchen besetzt. Auf dem Puppenkörper befinden sich verstreut ca. 20 μm lange, schmale, spitz endende Trichome.

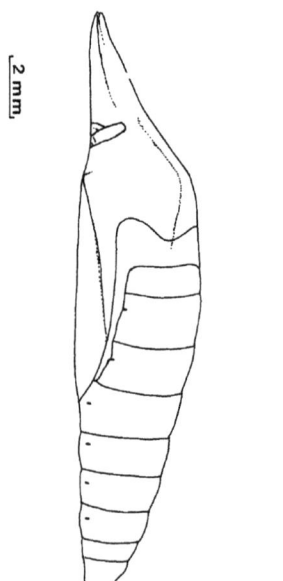
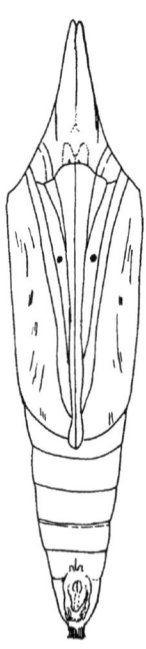

Abb. 11: Puppe von *S. tamatavae*

Diskussion

Aufgrund der Imaginalmorphologie stellt MILLER (1968) die Gattung *Strabena* zu den *Ypthimini*. In SEITZ (1925) werden von AURIVILLIUS die heutigen *Strabena*-Arten wegen der äußerlichen Ähnlichkeit sogar noch unter *Ypthima* geführt. Die Morphologie schließt aber eine so enge verwandtschaftliche Beziehung aus und MILLER (1968) fuhrt in seiner Unterteilung der *Ypthimini* die Gattungen *Strabena* und *Ypthima* in zwei verschiedenen,, Serien' namlich der *Melampias*-Serie bzw. *Ypthima*-Serie auf. In der Tat läßt sich diese Abtrennung auf der Ebene präimaginaler Merkmale bestätigen. Es zeigen sich hier neben vielen Gemeinsamkeiten erhebliche Unterschiede zwischen den beiden Gattungen, die im folgenden näher erläutert werden.

Die Präimaginalstadien der Gattung *Ypthima* sind artlich nur sehr gering differenziert (HESSELBARTH 1983, ROOS 1986). Dies steht im Gegensatz zur mit vielen Arten auf „engem Raum" beschränkten Gattung *Strabena* (ROOS, im Druck). Gemeinsamkeiten der Gattungen *Strabena* und *Ypthima* sind:

1. Oberfläche der L 1-Kopfkapsel mit gitterförmiger Struktur.
2. Kopfkapseln mit 2 relativ kurzen Kopfhörnern (im Vergleich zu *Lethe*, *Melanitis*; vgl. JOHNSTON & JOHNSTON 1980); diese Kopfhörner können bei *Strabena* auch fehlen.
3. L 1-Körperborsten am Ende blasig erweitert.
4. Ähnliche Kopfkapselzeichnung im letzten Larvalstadium.
5. In einer Falte halbversenkte Thorakalstigma im letzten Larvalstadium.

Unterschiede zwischen *Strabena* und *Ypthima* sind:

1. Oberfläche der Eier bei *Strabena* ohne Längsrippenstruktur.
2. Puppen ohne quergekielte Abdominalsegmente *(Strabena)*.
3. Längsstreifenzeichnung des Raupenkörpers bei *Strabena* deutlicher ausgeprägt.

Die eigenartige Form der *S. tamatavae*-Puppe ist nicht kennzeichnend für die Gattung *Strabena*, vielmehr scheint die Gattung ein reichhaltiges Spektrum verschiedener Puppenformen zu bieten (ROOS, im Druck). So zeigt z. B. *Strabena mandraka* PAULIAN einen den *Ypthima* ähnelnde Puppenform. Wesentlich ist, daß die *Strabena*-Puppen keine quergekielten Abdominalsegmente besitzen, ein apomorphes Merkmal der Gattungen *Ypthima* und *Xois* (vgl. COMMON & WATERHOUSE 1981) *(Xois* wird von SHIROZU & SHIMA 1979, als synonym zu *Ypthima* betrachtet).

Eine der *S. tamatavae*-Puppe vergleichbare Puppenform ist mir aus der Familie *Satyridae* bisher nicht bekannt. Einzig *Isodema adelma* FELDER aus China, deren systematische Einordnung − *Nymphalidae* oder *Satyridae* − aber nicht eindeutig geklärt ist, besitzt eine Puppe mit ausgezogener Kopfspitze (MELL 1942).

Durch die Analyse der *Strabena*-Präimaginalstadien scheinen sich einige der schon für *Ypthima* beschriebenen Charakteristika (ROOS 1986) als Tribus-spezifisch herauszustellen, wie z. B. die blasig erweiterten Körperborsten oder das versenkte Thorakalstigma der Raupe. *Proterebia phegea* (BORKHAUSEN) − früher von manchen Autoren in die Gattung *Callerebia* gestellt (WARREN 1930) und somit in die Verwandtschaft der *Ypthima* (MILLER 1968) − zeigt diese beiden Merkmale nicht. Gegenüber *Strabena* und *Ypthima* weist *Proterebia* noch folgende Unterschiede auf: (1) wesentlich kürzere Körperborsten in L 1, (2) vergleichsweise kurze Analspitzen (0,3 mm) im letzten Larvalstadium, (3) gedrungene Körperform des letzten Larvalstadiums, (4) Kopfkapsel in allen Stadien oberseits abgerundet, ohne jeglichen Ansatz von Kopfhörnern, (5) speziell geformte Körperborsten in L 2−L 5 und (6) gedrungen geformte Puppe mit funktionsuntüchtigen Kremasterborsten (ROOS et al. 1984). In einer in Vorbereitung befindlichen Arbeit sollen sowohl präimaginal- als auch imaginalmorphologische Merkmale von *Ypthima*, *Proterebia*, *Erebia* und verwandten Gattungen gegenübergestellt werden, um die verwandtschaftlichen Beziehungen zueinander zu klären.

Zur Imaginalmorphologie der *Strabena*-Arten gibt es in der Literatur fast keine Angaben. Bei OBERTHÜR (1916) finden sich einige dürftige Zeichnungen zur ♂-Genitalstruktur und PAULIAN (1951) liefert hierzu schon qualitativ bessere Abbildungen von 3 Arten. Zusammmen mit den Ergebnissen eigener Untersuchungen deuten die vorliegenden Daten darauf hin, daß die einzelnen *Strabena*-Arten außer auf präimaginaler Ebene auch in der ♂-Genitalstruktur gut differenziert sind. Wie bei den Präimaginalstadien zeigen sich auch hier bedeutsame Übereinstimmungen zur Gattung *Ypthima* (Roos, im Druck).

Zusammenfassung

In der vorliegenden Arbeit werden die Präimaginalstadien von *Strabena tamatavae* (Boisduval, 1833) beschrieben und abgebildet. Hiermit werden meines Wissens zum erstenmal die Entwicklungsstadien einer *Strabena*-Art dargestellt. Aufgrund der Imaginalmorphologie wird die Gattung *Strabena* zu den Ypthimini gestellt. Diese Zuordnung kann durch vergleichende Analyse der Präimaginalmorphologie von Arten der Gattungen *Ypthima* und *Strabena* bestätigt werden. Im Vergleich zu *Ypthima* fällt bei *Straben* die enorme artliche Variabilität präimaginaler Merkmale auf. Dies betrifft in besonderem Maße die Struktur der Puppe, wie hier anhand der extrem gestalteten und bei Satyriden bisher nicht bekannten Puppenform von *S. tamatavae* verdeutlicht wird. Eine Reihe der *Strabena* und *Ypthima* gemeinsamen und somit evtl. tribusspezifischen Merkmale treten bei *Proterebia phegea* (Borkhausen, 1788) nicht auf, so daß eine Zuordnung der Gattung Proterebia Roos & Arnscheid zu den Ypthimini bisher nicht angenommen werden kann.

Literatur

Common, I. F. B., Waterhouse, D. F. 1981: Butterflies of Australia. – London–Sydney–Melbourne–Singapore–Manila.

Green, E. E. 1910: Life-history of a common Ceylon butterfly. – Spolia zeylan. 7, 51–53.

Hesselbarth, G. 1983: Beitrag zur Biologie von *Ypthima asterope* Klug (Lepidoptera: Satyridae). – Nachr. ent. Ver. Apollo (N. F.) 4, 7–14.

Johnston, G., Johnston, B. 1980: This is Hong Kong: Butterflies. – Hong Kong.

Mell, R. 1942: Beiträge zur Fauna sinica. XXII. Inventur und ökologisches Material zu einer Biologie der südchinesischen Lepidopteren: die Amathusiiden und Satyriden Süd- (und Südost) Chinas. – Arch. Naturgesch. (N. F.) 11, 221–289.

Miller, L. D. 1968: The higher classification, phylogeny and zoogeography of the Satyridae (Lepidoptera). – Mem. Am. ent. Soc. 24, 1–174.

Oberthür, C. 1916: Observations sur une Centurie d'Espèces de Lépidoptères Rhopalocères malgaches. – Et. lép. comp. 11, 364–370; Rennes.

Paulian, R. 1951: Etudes sur les Lépidoptères malgaches. II. Nouveaux Satyrides (1). – Mém. Inst. Sci. Madagascar (A) 6, 387–394.

Roos, P., Arnscheid, W., Stangelmaier, G., Beil, B. 1984: Präimaginale Merkmale in der Gattung Proterebia Roos & Arnscheid: Beweise für die phylogenetische Distanz zur Gattung Erebia Dalman (Satyridae). – Nota Lepid. 7, 361–374.

Roos, P. H. 1986: *Ypthima pandocus* Moore, 1857: Präimaginale Merkmale und ihre phylogenetische Bedeutung (Satyrinae, Ypthimini). – Nota Lepid. 9, 236–248.

Seitz, A. 1925: Die Groß-Schmetterlinge der Erde. Band 13. Die afrikanischen Tagfalter. – Stuttgart.

Shirozu, T., Shima, H. 1979: On the natural groups and their phylogenetic relationship of the genus *Ypthima* Hubner mainly from Asia (Lepidoptera: Satyridae). – Sieboldia (Acta Biologica) 4, 231–295.

Warren B., C. S. 1930: A definition of the Satyrid genera: *Erebia, Callerebia, Paralasa* and *Erebomorpha*. – Ent. Rec. J. Var. 42, 103–107.

Wasserthal, L. 1970: Generalisierende und metrische Analyse des primären Borstenmusters der Pterophoriden-Raupen (Lepidoptera). – Z. Morph. Tiere 68, 177–254.

Anschrift des Verfassers:
Dr. Peter H. Roos, Alte Poststr. 83, 4322 Sprockhövel 1

| Mitt. Münch. Ent. Ges. | 77 | 157–158 | München, 1. 12. 1987 | ISSN 0340–4943 |

Buchbesprechungen

SCHOLTZ, C., HOLM, E. (eds): Insects of Southern Africa. – Butterworth, Durban, 1985. 502 S., 12 Farbtafeln. (24)

„Insects of Southern Africa" ist eine Einführung in alle Insektenordnungen (Archaeognatha bis Hymenoptera) Südafrikas für interessierte Laien, Studenten und Amateurentomologen. Da populärwissenschaftliche entomologische Bücher über außereuropäische Regionen so gut wie gar nicht existieren, wird auch der professionelle Entomologe gerne dieses Buch als Übersichts- und Nachschlagewerk benutzen. Nachdem unser Markt mit einheimischen Tier- und Pflanzenführern sicher bald seine Grenzen erreicht hat, wäre zu hoffen, daß sich einige Verlage finden, die sich auch der außereuropäischen Regionen annehmen würden. Vorerst müssen hier Interessenten auf meist englisch-sprachige Literatur zurückgreifen.

Im einführenden Teil dieses Buches werden allgemeine Morphologie und Metamorphose (Larvenstadien) behandelt. Ein einfacher Bestimmungsschlüssel führt zu den Ordnungen und zwar Adulte sowie Larven. Die Beschreibungen der Ordnungen und Familien werden durch Familien-Bestimmungsschlüssel, informative Zeichnungen und insgesamt 12 Farbtafeln ergänzt und illustriert. Ein umfangreiches Literaturverzeichnis, Glossar sowie Allgemeiner und Systematischer Index beschließen dieses empfehlenswerte Buch. R. GERSTMEIER

KLAUSNITZER, B., KLAUSNITZER, H.: Marienkäfer. – Die Neue Brehm-Bücherei 451. A. Ziemsen Verlag, Wittenberg-Lutherstadt, 1986. 104 S. – Zu beziehen von Eskabe GmbH, Grashofstr. 7 b, 8222 Ruhpolding. (25)

Diese erfolgreiche Marienkäfer-Monographie erscheint nun bereits in der 3. überarbeiteten Auflage, wobei im wesentlichen ein Kapitel „Zur Coccinellidenfauna der DDR" neu hinzukam, das Literaturverzeichnis stark erweitert wurde und auch verschiedene nomenklatorische Veränderungen berücksichtigt wurden.

Das Kapitel „Systematik" enthält u. a. Bestimmungstabellen der Unterfamilien und Tribus für Imagines und Larven der mitteleuropäischen Coccinellidae. Die Bestimmungstabelle für die Eier mitteleuropäischer Unterfamilien enthält nur 6 Unterfamilien bzw. Tribus. Die weiteren Kapitel behandeln Verbreitung, Entwicklungsstadien, Voltinismus, Wanderzüge, Dormanz, Nahrung, wirtschaftliche Bedeutung und natürliche „Feinde".

Ein sehr informatives, gut illustriertes Buch, das auch weit über die Koleopterologie hinaus Interesse wecken wird. R. GERSTMEIER

BASTIAN, O.: Schwebfliegen. – Die Neue Brehm-Bücherei 576. A. Ziemsen Verlag, Wittenberg-Lutherstadt, 1986. 168 S. (26)

Schwebfliegen sind hervorragende Flieger, die sekundenlang frei in der Luft an einer Stelle verharren können. Wie die Bienen, mit denen sie manchmal eine täuschende Ähnlichkeit haben, gehören sie zu den wichtigsten Bestäubern unserer Wild- und Kulturpflanzen. Aber auch für die biologische Schädlingsbekämpfung (vor allem die Larven blattlausvertilgender Arten) sind die Schwebfliegen von Bedeutung.

Die vorliegende Monographie vermittelt aktuelles und umfangreiches Wissen über diese oft zu wenig beachtete, nichtsdestoweniger sehr interessante Fliegenfamilie. In 10 Kapitel informiert das Buch über Systematik, Morphologie, Lebenszyklus, Nahrung- und Nahrungserwerb, Parasiten, Krankheiten und Umwelteinflüsse, Verbreitung, wirtschaftliche Bedeutung, Charakteristik der mitteleuropäischen Syrphinae sowie praktische Hinweise über Fang, Haltung, Zucht und Bestimmung. Die Bestimmungsschlüssel ermöglichen die Determination der Unterfamilien, der Arten der mitteleuropäischen Syrphinae und der Gattungen einiger anderer Unterfamilien. Der Larvenbestimmungsschlüssel enthält eine Auswahl wichtiger Gattungen und Arten.

Diese Syrphiden-Monographie stößt sicher in eine große Lücke innerhalb der Dipterenliteratur und eine weite Verbreitung des Buches wäre sehr erfreulich. R. GERSTMEIER

STARY, P.: Subject bibliography of aphid parasitoids (Hymenoptera: Aphidiidae) of the world 1758–1982. – Verlag Paul Parey, Hamburg–Berlin, 1987. 101 S. (27)

Die etwa 300 Arten der weltweit verbreiteten Blattlaus-Schlupfwespen (Aphidiidae) bilden die einzige Gruppe von Schädlingsfeinden, die ausschließlich bei Blattläusen vorkommt. Sie sind die wichtigsten Feinde der Blattläuse und damit von großer wirtschaftlicher Bedeutung. In den letzten Jahrzehnten ist im Zuge der Bemühungen, die für die Umwelt feindliche chemische Schädlingsbekämpfung so weit wie möglich durch biologische Bekämpfungsverfahren zu ersetzen, das Interesse ständig gewachsen, die Blattlaus-Schlupfwespen näher kennenzulernen und sie für eine biologische Blattlaus-Bekämpfung zu verwenden. Entsprechend stieg die Zahl der Veröffentlichungen über Aphidiiden so stark an, daß eine Zusammenstellung und Sichtung der sehr verstreut publizierten Spezialliteratur dringend notwendig erschien. Diesem Bedürfnis kommt die vorliegende Bibliographie der Aphidiidae nach. Sie präsentiert die gesamte Weltliteratur bis 1982 und ordnet sie übersichtlich nach Sachgebieten und Autoren. Sie schafft damit die Grundlage für die weitere Forschung über Blattlaus-Schlupfwespen und für deren Verwendung zur biologischen Bekämpfung der Blattläuse in der Land- und Forstwirtschaft sowie im Garten-, Obst- und Weinbau. PRESSETEXT

KINZELBACH, R., KASPAREK, M.: Zoology in the Middle East. – Max Kasparek Verlag, Heidelberg, 1986. (28)

Das vorliegende Werk scheint sich auf den ersten Blick an den Spezialisten für die Fauna des Vorderen Orients zu wenden. Da es sich aber um Beiträge aus einem Gebiet handelt, das faunistisch von der Paläarktis, Afrikanis und Orientalis geprägt wird, sollte der Leserkreis besonders groß sein.

Das Konzept der Herausgeber sieht vor, mit diesem ersten Band ein Publikationsorgan zu schaffen, das es den im Nahen Osten Forschenden ermöglicht, ihre Ergebnisse zusammengefaßt in einer Publikation zu veröffentlichen und damit die Kommunikation untereinander zu fördern.

Die in Englisch geschriebenen Beiträge berücksichtigen sämtliche Taxa des Tierreiches, wobei biogeographische Beiträge überwiegen. Die Tatsache, daß die Insekten in der ersten Ausgabe mit drei Beiträgen zahlenmäßig noch ein wenig unterrepräsentiert scheinen, sollte für den interessierten Entomologen Ansporn sein, sich mit einer zur Thematik passenden Veröffentlichung zu engagieren. Es ist den Herausgebern zu wünschen, daß ihr Versuch, der Zoologie des Nahen Ostens ein Publikumsorgan zu schaffen, erfolgreich sein möge. M. CARL

Richtlinien für die Annahme von Beiträgen

1. Die möglichst knapp zu fassenden Manuskripte müssen satzreif einseitig in Maschinenschrift (DIN A 4) in deutscher oder englischer Sprache **in doppelter Ausfertigung** bei der Schriftleitung eingereicht werden. Sie müssen den allgemeinen Bedingungen für die Abfassung wissenschaftlicher Publikationen entsprechen (1½zeiliger Abstand, ausreichender Rand etc). Für die Form der Manuskripte ist die jeweils letzte Ausgabe der MITTEILUNGEN maßgebend.

2. Der Titel (Deutsch **und** Englisch) soll prägnant und informativ sein. Die Zugehörigkeit der behandelten Insektengruppe im System muß in einer neuen Zeile kenntlich gemacht werden, z. B. (Coleoptera, Chrysomelidae, Alticinae).

3. Der Arbeit ist eine kurze englische Zusammenfassung (Abstract) voranzustellen. Neu beschriebene Taxa bzw. nomenklatorische Veränderungen sollten im Abstract erwähnt oder im Anschluß daran aufgelistet werden. Eine mögliche Danksagung ist vor der deutschen Zusammenfassung anzubringen. Die ,,Literatur" bildet den Abschluß des Artikels.

4. Abbildungsvorlagen und -legenden sind gesondert beizufügen und durchlaufend zu numerieren (entsprechende Hinweise im Text sind anzufügen). Bei Beschriftungen wie auch bei den Zeichnungen selbst ist auf die Möglichkeit einer verkleinerten Wiedergabe zu achten.

5. Lateinische Namen für Gattungen und Arten sind einfach, Kapitälchen (bei Personennamen) unterbrochen zu unterstreichen, Beispiel: Pieris atlantica Rothschild, 1917.

6. Literaturhinweise:
   Im Text Name und Jahr, z. B. HUBER (1947), HUBER & MAYER (1948), HUBER et al. (1949) wenn es mehr als zwei Autoren sind.
   Literaturverzeichnis:
   FISCHER, M. 1965: Neue Opius-Arten aus Peru (Hymenoptera, Braconidae). – Mitt. Münch. Ent. Ges. 55, 214–243.
   Die Abkürzungen sollten unmißverständlich sein und dem üblichen Gebrauch entsprechen.
   Buch:
   MAYR, E. 1969: Principles of Systematic Zoology. – McGraw-Hill, New York.
   Artikel in einem Buch:
   WEISE, J. 1910: Chrysomelidae und Coccinellidae. In: SJÖSTEDT, Y., Wiss. Ergebn. schwed. zool. Exped. Kilimandjaro-Meru 1 (7), 153–226.
   Alle im Literaturverzeichnis aufgeführten Zitate müssen im Text erwähnt sein.

Die Herausgabe dieser Zeitschrift erfolgt ohne gewerblichen Gewinn. Mitarbeiter und Herausgeber erhalten kein Honorar. Die Autoren erhalten 50 Sonderdrucke gratis, weitere können gegen Berechnung bestellt werden.

Preise der besprochenen Publikationen

1. ?; **2.** ?; **3.** 69.– DM; **4.** 248.– DM; **5.** 80.– Gld.; **6.** 690.– DKK; **7.** 220.– Gld.; **8.** ?; **9.** 39.80 DM; **10.** 37.– SFr.; **11.** 34.– DM; **12.** 34.– DM; **13.** 20.– SFr.; **14.** 25.– SFr.; **15.** 28.– DM; **16.** 38.– DM; **17.** 26.– DM; **18.** 39.80 DM; **19.** 48.– DM; **20.** 29.80 DM; **21.** 32.80 DM; **22.** 38.– DM; **23.** ?; **24.** ?; **25.** 14.– DM; **26.** 23.20 DM; **27.** ?; **28.** ?.

| Mitt. Münch. Ent. Ges. | 77 | 1–158 | München, 1. 12. 1987 | ISSN 0340–4943 |

Inhalt

Band 78
Jahrgang 1988

Schriftleitung   Dr. Roland Gerstmeier

Selbstverlag   Münchner Entomologische Gesellschaft e. V.

Mit Unterstützung des Bayerischen Staates, der Stadt München
und des Museums Georg FREY, Tutzing

Mitt. Münch. Ent. Ges.	78	1–200	München, 1. 12. 1988	ISSN 0340–4943

MITTEILUNGEN

DER MÜNCHNER
ENTOMOLOGISCHEN GESELLSCHAFT

Band 78

Jahrgang 1988

Mit Unterstützung des Bayerischen Staates, der Stadt München
und des Museums Georg FREY, Tutzing, herausgegeben vom
Schriftleitungsausschuß der Münchner Entomologischen Gesellschaft

Schriftleitung:
Dr. Roland GERSTMEIER

Im Selbstverlag der
MÜNCHNER ENTOMOLOGISCHEN GESELLSCHAFT (E. V.)

Mitt. Münch. Ent. Ges.	78	1–200	München, 1. 12. 1988	ISSN 0340–4943

Anschrift: Münchner Entomologische Gesellschaft
Münchhausenstraße 21
D-8000 München 60

Postgirokonto München 315 69-807 (Bankleitzahl 700 100 80)

Bayerische Vereinsbank München, Konto Nr. 305 719 (Bankleitzahl 700 202 70)

Mitgliedsbeitrag DM 60,—, für Schüler und Studenten DM 30,— pro Jahr

Anschrift des Schriftleiters:

Dr. Roland GERSTMEIER
Technische Universität München
Angewandte Zoologie
D-8050 Freising 12
Tel. 0 81 61 / 71 37 69

Gesamtherstellung: Verlag Gebr. Geiselberger, Altötting

Synopsis

Verzeichnis
der im 78. Jahrgang neu beschriebenen bzw. geänderten Taxa

Coleoptera: Cicindelidae

| Mitt. Münch. Ent. Ges. | 78 | 5–107 | München, 1.12.1988 | ISSN 0340–4943 |

Die Gattung *Therates* LATR. und ihre Arten

15. Beitrag zur Kenntnis der Cicindelidae (Coleoptera)

Von Jürgen WIESNER

Inhalt

Abstract

The genus *Therates* is herein devided into twelve groups: „*cribratus*", „*chenelli*", „*obliquus*", „*festivus*", „*tuberosus*", „*coeruleus*", „*batesii*", „*spinipennis*", „*fasciatus*", „*hennigi*", „*labiatus*" and „*spectabilis*". All known taxa are listed and related to 56 different species. Each species is supplied with distributional records, description and drawings. Keys lead from the genus, groups and species towards the subspecies. The following new species and subspecies, new combinations and new synonyms are reported: *probsti* sp. n., *bipunctatus* sp. n., *kraatzi confluens* subsp. n., *topali vietnamensis* subsp. n., *tonkinensis kubani* subsp. n., *rothschildi pseudofestivus* subsp. n., *angustatus pseudotuberosus* subsp. n., *crebrepunctatus horni* subsp. n., *batesii cranstoni* subsp. n., *dimidiatus rubescens* subsp. n., *chau-*

doiri cheesmanae subsp. n., *latreillei pseudobipunctatus* subsp. n., *coracinus fulvescens* subsp. n., *basalis insularis* subsp. n., *basalis browni* subsp. n., *concinnus* GESTRO stat. n., *annandalei* W. HORN stat. n., *alboobliquatus kotoshonis* KANO stat. n., *festivus pseudorothschildi* MANDL & PEARSON, stat. n., *versicolor* BATES, stat. n., *pseudosemperi* W. HORN stat. n., *fulvicollis* THOMS., stat. n., *flavilabris* (FABR.), stat. n., *punctatoviridis* W. HORN, stat. n., *latreillei* THOMS. stat. n., *payeni* VANDER LINDEN stat. n., *fulvipennis* CHAUD. stat. n., *fulvipennis everetti* BATES comb. n., *fulvipennis bidentatus* CHAUD. comb. n., *princeps coeruleipennis* BRQUERIUS VAN NIDEK comb. n., *minimus* BROUERIUS VAN NIDEK syn. n., *koyamai* NAKANE syn. n., *crebrepunctulatus* W. HORN syn. n., *styx* W. HORN syn. n., *ida* MANDL syn. n., *kalimantenensis* BROUERIUS VAN NIDEK syn. n., *dejeani* CHAUD. syn. n., *bimaculatus* MANDL syn. n., *sudans* W. HORN syn. n.

Einleitung

Die ersten drei Vertreter der 1817 aufgestellten Gattung *Therates* wurden 1801 als Cicindelae beschrieben. Zwischen 1818 und 1848 kamen vierzehn neue Taxa dazu, zwischen 1857 und 1880 weitere neunundzwanzig. Zwischen 1880 und 1913 erreichte die Kenntnis der *Therates*-Formen ihren Höhepunkt, achtunddreißig neue Taxa wurden beschrieben. Zwischen 1922 und 1933 kamen nochmals fünfzehn dazu. Nach dem Zweiten Weltkrieg begann die deskriptive Tätigkeit erneut, ab 1954 bis jetzt wurden weitere zwanzig Taxa der Wissenschaft bekannt gemacht. Siebenundzwanzig Entomologen bemühten sich um die Kenntnis dieser Gattung, allen voran W. HORN, der allein 46 Taxa beschrieb, gefolgt von BROUERIUS VAN NIDEK und H. W. BATES mit je neun, M. DE CHAUDOIR mit acht, J. THOMSON mit sieben, K. MANDL mit sechs und H. SCHAUM mit vier. Zusammenfassende Arbeiten veröffentlichten F. BONELLI (1818), J. THOMSON (1860), W. HORN (1910, 1926) sowie F. CASSOLA (1985). In den folgenden Ausführungen stelle ich eine neue Gruppeneinteilung der Gattung vor, gebe Bestimmungstabellen, Beschreibungen sowie Verbreitungsangaben zu den 56 von mir als valid behandelten Arten und beschreibe 15 Taxa als neu für die Wissenschaft. Für die Sammlungsbelege werden folgende Abkürzungen verwendet: AMST = Instituut voor taxonomische Zoölogie, Amsterdam, BMNH = British Museum, Nat. Hist., London, DEI = Institut für Pflanzenschutzforschung, Eberswalde, NHMB = Naturhistorisches Museum, Basel, UZMK = Zoologisk Museum, Kopenhagen, WIES = Sammlung des Verfassers, ZSM = Zoologische Staatssammlung, München.

Liste der Gattung Therates

Subtribus Theratina W. HORN, 1910

Genus *Therates* LATREILLE, 1817
    (*Eurychile* BONELLI, 1818)

Gruppe „cribratus"

1	*rugulosus* W. HORN, 1900	SUMATRA, BORNEO, THAILAND
	(*minimus* BROUERIUS VAN NIDEK, 1980) syn. n.	
2	*cribratus* FLEUTIAUX, 1893	LAOS

Gruppe „chenelli"

3	*waagenorum* W. HORN, 1900	INDIA, BURMA, THAILAND
4	*concinnus* GESTRO, 1888 stat. n.	BURMA
5	*clavicornis* W. HORN, 1902	VIETNAM
6	*chenelli* BATES, 1878	INDIA, BURMA, MALAYA, THAILAND
7	*annandalei* W. HORN, 1908 stat. n.	INDIA

8	*dohertyi* W. HORN, 1905	INDIA
9	*kraatzi* W. HORN, 1900	
	9.1 *confluens* subsp. n.	MALAYA
	9.2 *kraatzi* s. str.	THAILAND, MALAYA
	9.3 *gestroi* W. HORN, 1900	LAOS
10	*rugifer* W. HORN, 1902	VIETNAM
11	*topali* MANDL, 1972	
	11.1 *vietnamensis* subsp. n.	VIETNAM
	11.2 *topali* s. str.	VIETNAM
12	*probsti* sp. n.	VIETNAM
13	*tonkinensis* W. HORN, 1902	
	13.1 *kubani* subsp. n.	VIETNAM
	13.2 *tonkinensis* s. str.	VIETNAM

Gruppe „*obliquus*"

14	*obliquefasciatus* W. HORN, 1912	TAIWAN
15	*alboobliquatus* W. HORN, 1909	
	15.1 *kotoshonis* KANO, 1931 stat. n.	TAIWAN
	15.2 *alboobliquatus* s. str.	TAIWAN
	15.3 *yakushimanus* NAKANE, 1955	JAPAN
	(*koyamai* NAKANE, 1955) syn. n.	
	15.4 *iriomotensis* CHÚJÔ, 1970	JAPAN
16	*mandli* PROBST, 1986	NEPAL
17	*obliquus* FLEUTIAUX, 1893	BURMA

Gruppe „*festivus*"

18	*cyaneus* CHAUDOIR, 1861	MYSOOL, NEUGUINEA
19	*rothschildi* W. HORN, 1896	
	19.1 *pseudofestivus* subsp. n.	NEUGUINEA
	19.2 *rothschildi* s. str.	NEUGUINEA
20	*festivus* BOISDUVAL, 1835	
	20.1 *festivus* s. str.	MYSOOL, WAIGEO, JAPEN, NEUGUINEA
	20.2 *pseudorothschildi* MANDL & PEARSON,	JAPEN, NEUGUINEA
	1978 stat. n.	

Gruppe „*tuberosus*"

21	*klapperichi* MANDL, 1955	CHINA
22	*angustatus* W. HORN, 1902	
	22.1 *pseudotuberosus* subsp. n.	VIETNAM
	22.2 *angustatus* s. str.	VIETNAM
23	*tuberosus* FLEUTIAUX, 1893	LAOS
24	*rugosoangustatus* W. HORN, 1929	VIETNAM
25	*crebrepunctatus* W. HORN, 1923	
	25.1 *horni* subsp. n.	BURMA
	25.2 *crebrepunctatus* s. str.	BURMA

Gruppe „*coeruleus*"

26	*coeruleus* LATREILLE, 1822	
	26.1 *coeruleus* s. str.	SUMATRA
	(*javanicus* GORY, 1831)	
	(*cyaneus* BRULLÉ, 1834)	
	26.2 *apicalis* W. HORN, 1897	SUMATRA
27	*fleutiauxi* W. HORN, 1898	MALAYA, SINGAPORE

Gruppe „*batesii*"

28 *erinnys* BATES, 1874
    28.1 *tepa* MOULTON, 1910   BORNEO
        (crebrepunctatus W. HORN, 1923)
        (crebrepunctulatus W. HORN, 1925) syn. n.
    28.2 *erinnys* s. str.   BORNEO
        (styx W. HORN, 1909) syn n.
29 *batesii* THOMSON, 1857
    29.1 *testaceipennis* W. HORN, 1924   BORNEO
    29.2 *batesii* s. str.   SUMATRA, BORNEO, MALAYA
    29.3 *cranstoni* subsp. n.   BORNEO
30 *maindroni* W. HORN, 1900   BORNEO
31 *bryanti* W. HORN, 1922   BORNEO
32 *fruhstorferi* W. HORN, 1902
    32.1 *vitalisi* W. HORN, 1913   LAOS, VIETNAM, CHINA
        (ida MANDL, 1954) syn. n.
        ?*motoensis* TAN, 1981
    32.2 *sauteri* W. HORN, 1912   TAIWAN
    32.3 *fruhstorferi* s. str.   VIETNAM

Gruppe „*spinipennis*"

33 *spinipennis* LATREILLE, 1822
    33.1 *versicolor* BATES, 1878 stat. n.   BORNEO
        (kalimantensis BROUERIUS VAN NIDEK, 1960)
        (kalimantenensis BROUERIUS VAN NIDEK, 1977 syn. n.
        (kalimantenensis CASSOLA, 1985)
    33.2 *spinipennis* s. str.   SUMATRA, BORNEO
        (acutipennis VAN DER LINDEN, 1829)
    33.3 *xanthophobus* W. HORN, 1908   SUMATRA
    33.4 *xanthophilus* W. HORN, 1908   SUMATRA
34 *dimidiatus* DEJEAN, 1825
    34.1 *rubescens* subsp. n.   BORNEO
    34.2 *punctipennis* BATES, 1878   BORNEO
    34.3 *dimidiatus* s. str.   JAWA
        (humeralis M'LEAY, 1825)
    34.4 *wallacei* THOMSON, 1857   MALAYA, SINGAPORE, SUMATRA, BORNEO
        (dejeanii CHAUDOIR, 1861) syn. n.
        (scapularis CHAUDOIR, 1865)
        (schaumii CHAUDOIR, 1865)
        (sumatrensis PUTZEYS, 1880)
    34.5 *spinipennoides* W. HORN, 1895   SUMATRA
    34.6 *brooksi* BROUERIUS VAN NIDEK, 1977 BORNEO

Gruppe „*fasciatus*"

35 *chaudoiri* SCHAUM, 1860
    35.1 *chaudoiri* s. str.   NEUGUINEA
        (dichromus THOMSON, 1859)
    35.2 *cheesmanae* subsp. n.   JAPEN
36 *semperi* SCHAUM, 1860   PHILIPPINEN
        (manillicus THOMSON, 1860)
        ?*(bellulus* BATES, 1872)
37 *pseudosemperi* W. HORN, 1928 stat. n.   PHILIPPINEN
38 *fulvicollis* THOMSON, 1860 stat. n.   SULAWESI, MOLUKKEN

39 *fasciatus* (FABRICIUS, 1801)
    39.1 *quadrimaculatus* W. HORN, 1895   PHILIPPINEN .
           (*bimaculatus* MANDL, 1964) syn. n.
    39.2 *fasciatus* s. str.   PHILIPPINEN, SULAWESI, MOLUKKEN
           (*vigilax* SCHAUM, 1862)
    39.3 *pseudolatreillei* W. HORN, 1928   PHILIPPINEN
    39.4 *flavohumeralis* MANDL, 1964   PHILIPPINEN
    39.5 ?*nigrosternalis* W. HORN, 1905   PHILIPPINEN
40 *bipunctatus* sp. n.   SULAWESI
41 *flavilabris* (FABRICIUS, 1801) stat. n.   SULAWESI
           (*rufipennis* BONELLI, 1818)
42 *punctatoviridis* W. HORN, 1933 stat. n.   SULAWESI
43 *latreillei* THOMSON, 1860 stat. n.
    43.1 *pseudobipunctatus* subsp. n.   SULAWESI
    43.2 *latreillei* s. str.   SULAWESI
    43.3 *brevispinosus* W. HORN, 1896   SULAWESI
44 *payeni* VANDER LINDEN, 1829 stat. n.   SULAWESI
           (*macleayi* THOMSON, 1860)

Gruppe „*labiatus*"

46 *labiatus* (FABRICIUS, 1801)   SULAWESI, TALAUD, MOLUKKEN, WAIGEO,
           (*cyanipennis* BONELLI, 1818)   MISOOL, KAI, ARU, JAPEN, NEUGUINEA,
           (*purpureus* CHAUDOIR, 1865)   D'ENTRECASTEAUX, MISIMA, ROSSEL,
           (*punctulatus* CHAUDOIR, 1865)   BISMARCK-ARCHIPEL, SALOMONEN
47 *caligatus* BATES, 1872   WAIGEO, MISOOL
48 *coracinus* ERICHSON, 1834
    48.1 *fulvescens* subsp. n.   PHILIPPINEN, MOLUKKEN
    48.2 *coracinus* s. str.   PHILIPPINEN, TALAUD, MOLUKKEN
49 *fulvipennis* CHAUDOIR, 1848 stat. n.
    49.1 *fulvipennis* s. str.   PHILIPPINEN, MOLUKKEN
    49.2 *everetti* BATES, 1878 comb. n.   PHILIPPINEN
           (*sudans* W. HORN, 1892) syn. n.
    49.3 *bidentatus* CHAUDOIR, 1861 comb. n. PHILIPPINEN, MOLUKKEN
50 *basalis* DEJEAN, 1826
    50.1 *duploflavescens* W. HORN, 1930   SALOMONEN
    50.2 *misoriensis* RAFFREY, 1878   NEUGUINEA
    50.3 *simpliflavescens* W. HORN, 1930   SALOMONEN
    50.4 *insularis* subsp. n.   NEUGUINEA, BISMARCK-ARCHIPEL,
                                   SALOMONEN
    50.5 *browni* subsp. n.   SALOMONEN
    50.6 *basalis* s. str.   WAIGEO, MISOOL, NEUGUINEA,
                                       BISMARCK-ARCHIPEL, SALOMONEN
    50.7 *abdominalis* W. HORN, 1897   NEUGUINEA
51 *rennellensis* BROUERIUS VAN NIDEK, 1968 SALOMONEN

Gruppe „*hennigi*"

45 *hennigi* W. HORN, 1898
    45.1 *dormeri* W. HORN, 1898   INDIA
    45.2 *hennigi* s. str.   INDIA

Gruppe „*spectabilis*"

52 *schaumianus* W. HORN, 1905
    52.1 *flavoornatus* W. HORN, 1931   BORNEO
    52.2 *schaumianus* s. str.   BORNEO
           (*schaumi* W. HORN, 1892)

53 *spectabilis* SCHAUM, 1863
53.1 *flavissimus* BROUERIUS VAN NIDEK, 1957   BORNEO
53.2 *spectabilis* s. str.   BORNEO
53.3 *whiteheadi* BATES, 1889   BORNEO
53.4 *inhumerosus* W. HORN, 1928   BORNEO
54 *princeps* BATES, 1878
54.1 *princeps* s. str.   BORNEO
54.2 *angustonigrescens* W. HORN, 1928   BORNEO
54.3 *coeruleipennis* BROUERIUS VAN NIDEK,   BORNEO
        1960 comb. n.
55 *flavispinus* BROUERIUS VAN NIDEK, 1957   BORNEO
56 *wegneri* BROUERIUS VAN NIDEK, 1957   BORNEO

Subtribus Theratina W. HORN, 1910

Literatur: FLEUTIAUX 1892: 133 (Collyrini). FOWLER 1912: 293, 294 (Theratinae). HEYNES-WOOD & DOVER 1928: 41 (Theratinae). HORN 1897a: 54 (Theratidae), 1905b: 10 (Theratidae), 1910: 189–191, 1913a: 409, 1926: 109, 110. LACORDAIRE 1842: 13 (Collyridae). LAWTON 1972: 16. MANDL 1964: 81. NAKANE 1976: 1 (Theratini). RIVALIER 1971: 137, 139. WIESNER 1986: 29.

Die Gattung *Therates* (ϑηρατής, der Jäger) gehört zusammen mit den Prothymina, Iresina, Apteroessina und Cicindelina zum Tribus Cicindelini (RIVALIER, 1971). Abgesehen von *Therates* haben alle vorgenannten Taxa eine zweigliedrige, palpenförmige Unterkiefer-Außenlade, bei *Therates* ist diese Außenlade zu einer Borste reduziert. Auf dieses Merkmal begründete W. HORN den Subtribus Theratina mit *Therates* als einziger Gattung (HORN 1910, p. 189–191). Phylogenetisch dürfte sich Theratina vor dem Miozän, im jüngeren Tertiär (vor ca. 10 bis 30 Millionen Jahren) aus den Iresina entwickelt haben (HORN 1908a: p. 62). Heute kommt Theratina (Abb. 1) im Nordwesten bis Nepal vor, im Nordosten bis zu den Riukiuinseln, im Südwesten bis Sumatra und Jawa, im Südosten bis zu den Salomonen. Die Larven entwickeln sich in selbstgegrabenen Gängen in morschem Holz (HORN 1930b: p. 44, 45). Die Imagines bevorzugen feuchte, schattige Plätze vom Flachland bis ins Gebirge. Am Rand von Urwaldbächen, Schluchten oder Lichtungen fliegen und laufen sie auf niedrigem Blattwerk, dem Urwaldboden oder den Steinen im Bachbett umher, sind durch ihre Färbung besonders schlecht zu sehen und zu verfolgen. Bei Berührung sondern einige Arten ein flüchtiges Agens ab, dessen Geruch schon in der Entfernung von mehreren Metern merkbar ist (MANDL & PEARSON 1978, p. 35). Verschiedene Arten werden durch Lichtquellen angelockt.

Genus *Therates* LATREILLE, 1817
Typus: *labiatus* FABRICIUS, 1801

Literatur: BOISDUVAL 1835: 10. CASSOLA 1985: 506. CHAUDOIR 1865: 13. DARLINGTON 1962: 338. FLEUTIAUX 1892: 133. FOWLER 1912: 294, 295. HEYNES-WOOD & DOVER 1928: 41, 42. HORN 1897a: 54, 1905b: 10, 1910: 191, 192, 1913: 409, 1926: 210, 1930c: 400. LACORDAIRE 1842: 35. LATREILLE & DEJEAN 1822: 63–65. LAWTON 1972: 16, 17. NAKANE 1976: 1. RIVALIER 1971: 139. SCHAUM 1860: 182, 183. THOMSON 1860: 41. VANDER LINDEN 1829: 16. WIESNER 1986: 29.

(*Eurychile* BONELLI, 1818)
Typus: *labiatus* F.

Literatur: BOISDUVAL 1835: 10. BONELLI 1818: 240–245. CASSOLA 1985: 506. HEYNES-WOOD & DOVER 1928: 42. HORN 1897a: 54, 1905b: 10 (*Eurychila*), 1910: 192, 1926: 210. LACORDAIRE 1842: 35. THOMSON 1860: 41. VANDER LINDEN 1829: 16 (*Eurychiles*).

Mandibeln hell, Zähne gebräunt bis geschwärzt. Labrum mit vier bis sechs Apikalzähnen oder ganz ohne Apikalzähne, beiderseits mit einem Lateralzahn und beiderseits mit oder ohne Basalzahn, an den Zahnwurzeln oder deren Rudimenten mit Tasthaaren. Palpen hell oder dunkel. Fühler fadenförmig, apikal gelegentlich leicht bis keulenförmig erweitert (Abb. 11, 12), kurz (bis zur Mitte des Halsschildes) bis lang (bis zur Mitte der Flgd. reichend). Clipeus (Abb. 8) unbehaart oder mit zwei einzeln stehenden, langen Haaren. Vorder- und Mittelstirn (Abb. 8) sanft oder steil bogenförmig ineinander übergehend oder Vorderstirn steil abfallend zur Mittelstirn, im Grenzbereich bogenförmig abgerundet oder ₍st₎umₚfwinklig nach vorn erweitert. Mittelstirn glatt, mit Dellen oder Furchen. Augen mehr oder weniger hervorquellend. Orbitalplatten (Abb. 8) durch Furchen scharf von der Mittelstirn getrennt. Halsschild vorn und hinten eingeschnürt, mit tiefen Querfurchen; Mittelstück mehr oder weniger kugelig, mit Seitenrandlinien und Mittellinie. Flgd. (Abb. 2) mit mindestens einem bis höchstens vier mehr oder weniger deutlichen Erhabenheiten oder Höckern. Der Basalhöcker ist durch Furchen scharf abgegrenzt und trägt mehrere mit einem Haar versehene Porenpunkte. Schief auswärts hinter dem Basalhöcker liegt der weniger abgegrenzte Lateralhöcker. Auf der Scheibe der Flgd. befindet sich der mehr oder weniger deutlich umgrenzte Zentralhöcker. Allen *Therates* gemein ist der Apikalhöcker am äußeren Hinterrand der Flgd.; er ist zur Mittelnaht hin durch eine bogenförmige Furche abgegrenzt. Flgd. einfarbig hell oder dunkel oder mit hellen oder dunklen, isolierten oder miteinander verbundenen Zeichnungselementen (Abb. 3, 4, 5): Humeralfleck, Basalfleck, Humerallunula, Basalbinde, Zentralfleck, Zentralbinde, Apikalfleck. Flgd.-Apex abgerundet oder zu einem Dorn ausgezogen oder mit Seitenrandecke oder -zahn und Nahtecke oder -zahn oder mit ausgezogenem Nahtdorn. Unterseite hell oder dunkel, bisweilen mit in der Färbung kontrastierendem Metasternum. Beine lang, die basalen drei Hintertarsenglieder sind gelegentlich walzenartig verdickt; viertes Tarsenglied (abgesehen von den Arten der *spectabilis*-Gruppe) unterseits stets mit dichter Borstensohle; bei den ♂♂ sind weitere Tarsenglieder beborstet und einzelne Tarsenglieder zusätzlich erweitert. Größe (ohne Labrum und Spinum = Apikaldorn) 5 bis 20 mm.

Die Gruppeneinteilung der *Therates*-Arten, die F. CASSOLA (1985) vorgenommen hat, kann ich nach meinen Untersuchungsergebnissen bei „*batesii*", „*spectabilis*" und „*spinipennis*" bestätigen. Von der Gruppe „*labiatus*" sensu CASSOLA trenne ich die Gruppe „*festivus*", andererseits führe ich *rennellensis* BROUERIUS VAN NIDEK nicht bei „*fasciatus*", sondern bei „*labiatus*", sowie *coeruleus* LATR. nicht bei „*labiatus*", sondern zusammen mit *fleutiauxi* W. HORN als eigene Gruppe, sowie *klapperichi* MANDL nicht bei „*batesii*", sondern in einer anderen Gruppe. Die Gruppe „*chenelli*" sensu CASSOLA teile ich in fünf Gruppen und komme somit auf eine Gesamtzahl von zwölf.

Bestimmungstabelle der Gruppen

Gruppe „cribratus"

(ex parte Gruppe „fasciatus-fruhstorferi-batesi" sensu HORN, 1926)
(ex parte Gruppe „chenelli" sensu CASSOLA, 1985)

Flgd. mit kleinem gelbem Humeralfleck. Labrum mit fünf bis sechs Apikalzähnen und je einem Lateralzahn, so breit wie lang. Taster gelbbraun. Fühler apikal verbreitert, bis zu den Schultern reichend. Clipeus ohne Haare. Vorderstirn der ♂♂ steil bogenförmig abfallend zur Mittelstirn, Vorderstirn der ♀♀ sanft bogenförmig zur Mittelstirn. Halsschild länger als breit, vorn und hinten gleich stark eingeschnürt, Seitenrand- und Mittellinie fein, Querfurchen tief, Mittelstück kugelig. Flgd. nur mit Apikalhöcker, an der Basis mit kurzer, schräg nach hinten auswärts gerichteter Schulterfurche. Flgd. runzlig punktiert. Flgd.-Apex abgerundet, mit oder ohne abgerundeter Seitenrandecke, mit kleinem Nahtzähnchen, Zwischenraum geradlinig oder gering eingebuchtet (Abb. 233). Bei den ♂♂ zusätzlich Glied drei der Vordertarsen mit dichter Borstensohle sowie verbreitert. Größe: 5 bis 7 mm.

Bestimmungstabelle der Arten

1 Flgd. mit Zentralfleck .... 2 cribratus FLEUT.

– Flgd. ohne Zentralfleck .... 1 rugulosus W. HORN

1 *rugulosus* W. HORN, 1900 (Abb. 13)
(minimus BROUERIUS VAN NIDEK, 1980, syn. n.)

Typen in AMST, DEI.

Literatur: CASSOLA 1985: 512. DÖBLER 1973: 407. HORN 1900: 194, 195, 1905b: 11, 1910: 190, 194, 1926: 114. BROUERIUS VAN NIDEK 1980: 135, f. 7, 137. WIESNER 1986: 33.

Verbreitung: ? JAWA. SUMATRA: Sumatera utara (Tebingtinggi). BORNEO: Sarawak (Quop), Sabah (Sandakan). THAILAND: Phrae.

Oberseite schwarzglänzend, mit grünem oder blauem Schimmer. Labrum gelb, lateral geschwärzt (Abb. 391). Basales Fühlerglied gelb, die übrigen mehr oder weniger gebräunt. Orbitalplatten glatt oder am Hinterrand seicht gestrichelt. Mittelstirn glatt, vorn sehr seicht bis verlöschend quer gestrichelt, hinten ebenso längs gestrichelt, dort mitunter auch mit zwei sehr seichten Dellen. Flgd. in der ganzen Ausdehnung querrunzelig punktiert, an der Schulter mit einem kleinen gelben Fleck (Abb. 57). Unterseite wie Oberseite gefärbt, lediglich das Metasternum ist gelb. Beine gelbbraun, apikale Spitze der Schienen und Tarsenglieder mehr oder weniger gebräunt. Aedeagus siehe Abb. 293, 294. Größe von 5,5 bis 6,9 mm, Mittel 6,1 mm (n = 6).

Untersuchtes Material (n = 6): 1 ♀, Java, Syntypus (DEI); 1 ♂, N. O. Sumatra, Tebing-Tinggi, Dr. SCHULT-HEISS, Syntypus (DEI); 1 ♂, Borneo, Sandakan, BÄKER (DEI); 1 ♀, W. Sarawak, Quop, G. E. BRYANT, 23.III.1914 (BMNH); 1 ♂, Siam, Prae, Holotypus *(minimus)* (AMST); 1 ♂, l. c., Paratypus *(minimus)* (AMST).

minimus BROUERIUS VAN NIDEK unterscheidet sich lediglich in der Form des Penis etwas von *rugulosus,* zu der ich das Taxon als Synonym stelle. *rugulosus* ist sicher sehr weit verbreitet, wird jedoch wegen seiner Kleinheit und/oder verborgenen Lebensweise, ähnlich wie *cribratus* FLEUT., sehr selten gefangen.

2 *cribratus* FLEUTIAUX, 1893 (Abb. 14)

Type in Mus. Paris

Literatur: CASSOLA 1985: 512. FLEUTIAUX 1893: 498. HORN 1905b: 11, 1910: 194, 1912: 134, 1926: 114.

Verbreitung: LAOS: Lakhon.

Oberseite mit blauviolettem Schimmer. Labrum dunkelbraun, apikal halbkreisförmig gelb (Abb. 392). Fühler braun gefärbt. Zentrum der Mittelstirn mit seichter Delle. Mittelstück des Halsschildes mit seichten Querrunzeln. Flgd. weniger querrunzelig punktiert und zusätzlich mit gelbem Zentralfleck (Abb. 58). Unterseite vollständig schwarz. Schenkel gelb. Schienen hellbraun, Tarsen dunkelbraun bis schwarz. Im übrigen wie *rugulosus* W. HORN. Aedeagus siehe Abb. 295. Größe 6,7 und 7,0 mm (n = 2).

Untersuchtes Material (n = 2): 1 ♂, Lakhon, HARMAND, 1878 (DEI); 1 ♂, l. c., Holotypus (Museum PARIS).

Gruppe „*chenelli*"

(ex parte Gruppe „*fasciatus-fruhstorferi-batesi*" sensu HORN, 1926)
(ex parte Gruppe „*chenelli*" sensu CASSOLA, 1985)

Flgd. mit gelbem Zentralfleck oder Zentralbinde und Humerallunula. Labrum mit fünf bis sechs Apikalzähnen und je einem Lateralzahn, so breit wie lang, breiter als lang oder länger als breit. Taster gelbbraun. Fühler apikal gelegentlich verbreitert, abgesehen von *clavicornis* W. HORN, *probsti* sp. n. und *rugifer* W. HORN bis hinter die Schultern reichend, basales Fühlerglied gelb. Clipeus ohne Haare. Vorderstirn der ♂♂ steil bogenförmig abfallend zur Mittelstirn, Vorderstirn der ♀♀ sanft bogenförmig zur Mittelstirn, bei *chenelli* BATES fallen Mittel- und Vorderstirn sanft bogenförmig zum Clipeus ab, bei *tonkinensis* W. HORN steil bogenförmig. Halsschild länger als breit, so breit wie lang oder breiter als lang; bis auf *dohertyi* W. HORN stets vorn und hinten gleich stark eingeschnürt, Mittelstück kugelig, Seitenrand- und Mittellinie fein, Querfurchen kräftig. Flgd. mit Basal- und Apikalhöcker. Flgd.-Apex mit vorgezogener und/oder abgerundeter Seitenrandecke und zurückgezogener oder nicht zurückgezogener Nahtecke, Zwischenraum geradlinig oder eingebuchtet oder der Flgd.-Apex ist abgerundet mit winzigem Nahtspitzchen. Bei den ♂♂ zusätzlichen Glied drei oder eins bis drei der Vorder- und Mitteltarsen mit dichter Borstensohle sowie Glied drei und zwei der Vordertarsen gering erweitert. Größe: 6 bis 11 mm.

Die Arten ohne bogenförmige Einbuchtung und/oder mit gegenüber der Seitenrandecke im Niveau zurückgezogener oder nicht hinausragender Nahtecke am Flgd.-Apex, dem Labrum ohne Basalzahn, hellen Lippen- und Kiefertastern und hellem basalen Fühlerglied sind nach dem Aedeagus deutlich voneinander zu unterscheiden. Es handelt sich um *tonkinensis* W. HORN, *chenelli* BATES, *annandalei* W. HORN, *dohertyi* W. HORN, *kraatzi* W. HORN, *probsti* sp. n., *rugifer* W. HORN, *topali* MANDL, *clavicornis* W. HORN, *waagenorum* W. HORN und *concinnus* GESTRO. Durch die Größe (im Mittel 9,3 mm) leicht kenntlich ist die vietnamesische *tonkinensis*. Durch die Zeichnung der Flgd. sofort ansprechbar sind *chenelli*, *waagenorum* und *concinnus*. Die beiden indischen Arten *dohertyi* und *annandalei* sind ebenfalls durch die helle Flgd.-Zeichnung zu unterscheiden, die bei letzterer den größten Teil der Flgd. bedeckt. Es verbleiben *kraatzi* aus Malaya und Thailand sowie vier Arten aus Vietnam. Letztere sind an der Form des Zentralflecks der Flgd. zu unterscheiden: *clavicornis* = quer rechteckig, *rugifer* = rund und sehr groß, *topali* = rundlich und kleiner, *probsti* = schief nach vorn auswärts gerichtet und rechteckig.

Bestimmungstabelle der Arten

1 Metasternum rotbraun, die apikalen zwei Fühlerglieder der ♂♂ stark erweitert . . . . 5 *clavicornis* W. HORN

– Metasternum schwarz, die apikalen zwei Flügelglieder der ♂♂ nicht abgesetzt erweitert . . . 2

2 Vorder- und Mittelstirn des Kopfes ganz oder teilweise rötlich 3

– Vorder- und Mittelstirn des Kopfes schwarz 4

3 Humerallunula und Zentralfleck der Flgd. miteinander verbunden . . . . 3 *waagenorum* W. HORN

– Humerallunula und Zentralfleck isoliert . . . . 4 *concinnus* GESTRO

4 Labrum länger als breit 5

– Labrum breiter als lang oder so breit wie lang 7

5 Die helle Flgd.-Zeichnung erfaßt die Mittelnaht von der Basis bis zum Zentralfleck . . . . 6 *chenelli* BATES

– Die helle Flgd.-Zeichnung erfaßt die Mittelnaht höchstens an der Basis 6

6 Humerallunula kurz . . . . 8 *dohertyi* W. HORN

– Humerallunula lang, erreicht fast den Zentralfleck . . . . 7 *annandalei* W. HORN

7 Tarsenglieder völlig hell . . . . 9 *kraatzi* W. HORN

– Tarsenglieder apikal dunkel geringelt 8

8 Umriß des Zentralflecks mehr oder weniger rundlich 9

– Umriß des Zentralflecks mehr oder weniger quer rechteckig 10

14

9 Die Humerallunula erfaßt in ihrer ganzen Ausdehnung die Flgd.-Seitenrandnaht . . . .
. . . . 10 *rugifer* W. HORN
— Der Außenrand der Humerallunula entfernt sich bereits an der Schulterecke vom Flgd.-
Seitenrand . . . . 11 *topali* MANDL

10 Zentralfleck schräg nach vorn außen gerichtet . . . . 12 *probsti* sp. n.
— Vorderrand des Zentralflecks senkrecht zur Mittelnaht orientiert . 13 *tonkinensis* W. HORN

3 *waagenorum* W. HORN, 1900 (Abb. 15)

Type in DEI.

Literatur: ANNANDALE & HORN 1909: 7. CASSOLA 1985: 511. DÖBLER 1973: 418. FOWLER 1912: 295, 299. HEYNES-WOOD & DOVER 1928: 44. HORN 1900: 198, 1905b: 11, 1910: 194, t. 12, f. 10, 1926: 114.

Verbreitung: INDIA: West Bengal (Darjeeling). BURMA: Pegu, Tenasserim. THAILAND: (Nakhonratchasima).

Oberseite schwarzglänzend, mit blaugrünem Schimmer, Kopf teilweise rotgelb, Flgd. schwarzbraun. Labrum gelb, lateral gelegentlich gebräunt, so breit wie lang (Abb. 393). Fühler apikal gering verdickt, basales Glied gelb, die übrigen sowie die Unterseite von Glied eins mehr oder weniger gebräunt. Orbitalplatten glatt. Die Mittelstirn ist glatt und weist basal zwei punktförmige Gruben auf. Am Hinterrand des Kopfes, kurz vor dem Halsschildrand, befindet sich über die ganze Breite eine mehr oder weniger deutliche Querfurche. Der Zwischenraum zwischen den Orbitalplatten ist mehr oder weniger aufgehellt bis völlig rotgelb. Halsschild länger als breit. Flgd. kräftig punktiert, zum Apex hin seichter. Flgd.-Apex durchscheinend teilweise gelb gefärbt. Humerallunula gelb, bogenförmig, mit Basalfleck und Zentralfleck verbunden, seltener völlig isoliert (Abb. 59, 60). Flgd.-Apex mit abgerundeter vorgezogener Seitenrandecke und zurückgezogenem Nahtzähnchen, Zwischenraum gering bogenförmig bis geradlinig. Unterseite schwarz. Beine gelb. Aedeagus siehe Abb. 296. Größe von 5,7 bis 7,2 mm, Mittel 6,2 mm (n = 6).

Untersuchtes Material (n = 6): 1 ♀, Darjeeling, VON WAAGEN, Holotypus (DEI); 1 ♂, 2 ♀♀, l. c. (DEI); 1 ♂, Pegu (DEI); 1 ♀, Thailand, Nakonrajsima, 2000−2600 ft., 22. V. 1965 (Mus. BANGKOK).

4 *concinnus* GESTRO, 1888 stat. n.

Type in Mus. GENOVA.

Literatur: CASSOLA 1985: 511. FLEUTIAUX 1892: 134. FOWLER 297, 298. GESTRO 1888: 105, 106. HEYNES-WOOD & DOVER 1928: 42, 43. HORN 1899: 53, 1905b: 11, 1910: 194, 1926: 113.

Verbreitung: BURMA: Karen State (Karen Hills), Tenasserim (Thagata).

Labrum lateral gebräunt, so lang wie breit (Abb. 394). Vorder- und Mittelstirn rötlich, im Zentrum der Mittelstirn befindet sich eine deutliche Querfurche. Die Flgd.-Zeichnung besteht aus einem hellgelben Zentralfleck, der schmal braungelb zur Mittelnaht erweitert ist, einem schmalen braungelben Basalfleck und einer braungelben Humerallunula, die den Basalhöcker nicht erfaßt (Abb. 61); Flgd.-Apex durchscheinend bräunlich; im übrigen wie *chenelli* BATES. Aedoeagus siehe Abb. 297. Größe 6,1 mm (n = 1).

Untersuchtes Material (n = 1): 1 ♂, Carin Chebá, 900−1100 m, L. FEA, V. XII. 1888 (GENUA), det. GESTRO!

Von *concinnus* GESTRO erhielt ich aus dem Museum Genua ein von GESTRO determiniertes ♂, das von der Beschreibung hinsichtlich der Größe abweicht (dort angegeben 8²/₃ mill., das vorliegende Exemplar mißt 6,1 mm), sonst aber recht gut übereinstimmt. Nach der Färbung und dem Aedeagus ist *concinnus* keineswegs eine subsp. von *chenelli*, sondern eine gute Art aus der Verwandtschaft des *waagenorum* W. HORN.

15

5 *clavicornis* W. HORN, 1902 (Abb. 16)

Type in DEI.

Literatur: CAssolA, 1985: 512. DÖBLER 1973: 368. HORN 1902: 73, 1905b: 11, 1910: 194, 1913b: 364, 1924b: 12, 1926: 114. MANDL 1972: 108, 109.

Verbreitung: VIETNAM: Mauson Mts.

Mit folgenden Ausnahmen wie *topali* MANDL: Kopf und Halsschild manchmal rötlich. Labrum so breit wie lang (Abb. 395). Fühler bis zu den Schultern reichend; bei den ♂♂ sind die apikalen zwei Glieder stark erweitert und schwarz. Halsschild so breit wie lang. Untergrund der Flgd. glänzend. Der kleine gelbe Zentralfleck steht waagerecht, ist nicht nach vorn oder hinten orientiert. Die Humerallunula reicht nicht bis zum Zentralfleck (Abb. 62, 63). Unterseite rötlich dunkelbraun. Aedeagus siehe Abb. 298. Größe von 6,3 bis 7,3 mm, Mittel 6,7 mm (n = 5).

Untersuchtes Material (n = 5): 3 ♂♂, 2 ♀♀, Tonkin, Montes Mauson, 2–3000', H. FRUHSTORFER, IV., V., Syntypus (DEI).

6 *chenelli* BATES, 1878 (Abb. 17)

Type in Mus. PARIS.

Literatur: BATES 1878: 335. CASSOLA 1985: 511. DOVER & RIBEIRO 1921: 722. FLEUTIAUX 1892: 134. FOWLER 1912: 294, 296–298, f. 136. HEYNES-WOOD & DOVER 1928: 42. HORN 1905b: 11, 1910: 194, 1926: 113.

Verbreitung: INDIA: Nagaland (Naga Hills). BURMA: Shan State (Ruby mines), Karen State (Karen Hills), Tenasserim (Taungao). THAILAND: Ranong. MALAYA: Pinang.

Kopf und Halsschild schwarz, mit grünblauem Schimmer; Flgd. schwarzbraun. Labrum gelb, länger als breit (Abb. 396). Fühler apikal lanzettartig erweitert (bei den ♂♂ stärker als bei den ♀♀), basales Fühlerglied hell, die übrigen mehr oder weniger gebräunt. Clipeus apikal gering aufgehellt. Orbitalplatten glatt oder am Hinterrand schmal gestrichelt. Kopfoberseite glatt. Am Hinterrand der Mittelstirn befinden sich zwei punktförmige Gruben, im Zentrum bisweilen eine seichte Delle, gelegentlich sind die beiden Gruben durch eine nach vorn ausgebuchtete Linie miteinander verbunden. Halsschild länger als breit. Die Flgd. sind an der Basis schmal unpunktiert, sonst deutlich, auf der Scheibe kräftig, am Apex seicht punktiert. Die vorderen zwei Drittel der Flgd. sind gelb gefärbt (Abb. 64, 65); diese helle Zeichnung besteht aus miteinander verbundenen und ineinander fließenden Flecken: einem hellgelben Zentralfleck und einer braungelben Humerallunula, die auch den Basalhöcker erfaßt; der Außenrand des Höckers ist mehr oder weniger verdunkelt. Flgd.-Apex durchscheinend gelblich aufgehellt, mit vorgezogener, abgerundeter Seitenrandecke und zurückgezogener Nahtecke, Zwischenraum geradlinig oder eingebuchtet (Abb. 234). Unterseite schwarz, Seitenrand des Abdomens mehr oder weniger aufgehellt. Beine braungelb, apikaler Teil der Hinterschienen sowie die Hintertarsen weißgelb, Tarsenspitzen gering gebräunt. Aedeagus siehe Abb. 299. Größe von 6,9 bis 8,6 mm, Mittel 8,0 mm (n = 14).

Untersuchtes Material (n = 15); 3 ♀♀, Burmah, Karen Hills, 4000, DOHERTY (DEI); 2 ♂♂, 3 ♀♀, Birma, Karen Mts. (BMNH); 1 ♂, l. c. (WIES); 1 ♀, Ruby Mines, DOHERTY 1 ♂, Tenasserim, Taungao, BINGHAM Coll. IV, 1898 (BMNH); 2 ♀♀, Burma, Ruby Mines, 5500 to 7500 ft., 1904 (BMNH); 1 ♂, Penang (Lamb.), PAscoE coll. (BMNH); 1 ♀, Thailand, Ranong, Suwan Jiri-fall, A. SAMRUADKIT, 10. IV. 1969 (Mus. BANGKOK).

7 *annandalei* W. HORN, 1908 stat. n. (Abb. 18)

Typen in Mus. CALCUTTA, DEI.

Literatur: ANNANDALE & HORN 1909: 6, 7, T. 1, f. 4. CASSOLA 1985: 511. DOVER & RIBEIRO 1921: 722. FOWLER 1912: 295, 298, 299. HEYNES-WOOD & DOVER 1928: 43. HORN 1908b: 412, 1910: 194, 1926: 113.

Verbreitung: INDIA: West Bengal (Darjeeling, Ghumti, Kalimpong, Kurseong, Mahanadi, Pashok).

Labrum länger als breit (Abb. 397). Basales Fühlerglied hell, die übrigen gebräunt. Die Stirn ist glatt, am Hinterrand der Mittelstirn befinden sich zwei seichte Dellen, im Zentrum gelegentlich eine weitere. Halsschild so breit wie lang oder gering länger. Humerallunula und Basalfleck können miteinander verbunden sein, der Zentralfleck ist klein (Abb. 66). Der Zwischenraum zwischen Seitenrand- und Nahtecke ist nahezu geradlinig (Abb. 235). Die Beine sind gelbbraun, apikaler Teil der Hinterschienen und die Hintertarsen weißgelb, Basis der Tarsenglieder dunkel geringelt. Im übrigen wie *kraatzi* W. HORN. Aedeagus siehe Abb. 300. Größe von 7,2 bis 8,2 mm, Mittel 7,8 mm (n =3).

Untersuchtes Material (n = 3): 1 ♀, N. A., Kurseong, 5000 ft., E. Himalayas, 4.VII.1908, Syntypes (DEI); 1 ♂, l. c., 5.VII.1908, Syntypus (DEI); 1 ♀, E. Himalayas, Kurseong, ANNANDALE, 22.VI.1910 (BMNH).

Nach dem völligen Unterschied der Penes kann ich *annandalei* W. HORN aus Indien nicht als ssp. von *kraatzi* W. HORN aus Malaya und Thailand aufrecht erhalten und führe ihn als eigene Art. Neben der Zeichnung der Flgd. ist ein weiteres Unterscheidungsmerkmal die Gestalt des Labrums, bei *kraatzi* breiter als lang, bei *annandalei* länger als breit.

8 *dohertyi* W. HORN, 1905 (Abb. 19)

Type in DEI.

Literatur: CASSOLA 1985: 511. DÖBLER 1973: 374. DOVER & RIBEIRO 1921: 722. FOWLER 1912: 294, 296, f. 135, 297. HEYNES-WOOD & DOVER 1928: 43. HORN 1905a: 277, 278, 1905b: 11, 1910: 194, 1926: 113.

Verbreitung: INDIA: West Bengal (Darjeeling, Pashok), Assam (Margherita), Arunachal Pradesh (Patkai Hills).

Mit folgenden Ausnahmen wie *chenelli* BATES: Fühler nur bei den ♂♂ apikal leicht lanzettartig erweitert, bei den ♀♀ fadenförmig. Halsschild der ♂♂ gering länger als breit, vorn stärker eingeschnürt als hinten; Halsschild der ♀♀ so breit wie lang oder gering breiter, vorn und hinten gleich stark eingeschnürt. Die helle Flgd.-Zeichnung (Abb. 67, 68) besteht aus einer braungelben Humerallunula, einem braungelben Basalfleck, der mit der Humerallunula verbunden sein kann, einem hellgelben Zentralfleck und einem durchscheinend gelblichen Apikalfleck. Der Flgd.-Apex der ♂♂ ist abgerundet und mit einem winzigen Nahtspitzchen versehen (Abb. 236), der Flgd.-Apex der ♀♀ besitzt eine vorgezogene, abgerundete Seitenrandecke und eine zurückgezogene Nahtecke (Abb. 237), Zwischenraum geradlinig. Aedeagus siehe Abb. 301. Größe von 6,4 bis 7,9 mm, Mittel 7,0 mm (n = 7).

Untersuchtes Material (n = 7): 1 ♀, Assam, Patkai Mts., DOHERTY, Holotypus (DEI); 1 ♂, l. c. (DEI); 3 ♂♂, 1 ♀, l. c. (BMNH); 1 ♂, Assam, Margherita, IV. & V. 1889 (DEI).

9 *kraatzi* W. HORN, 1900

Bestimmungstabelle der Unterarten

1 Flgd. mit Apikalfleck 2
– Flgd. ohne Apikalfleck . . . . 9.3 *gestroi* W. HORN

2 Humeral- und Zentralfleck sind miteinander verbunden . . . . 9.1 *confluens* subsp. n.
– Humeral- und Zentralfleck sind isoliert . . . . 9.2 *kraatzi* s. str.

9.1 *confluens* subsp. n.

Type in DEI.

Verbreitung: MALAYA: Kedah.

Mit folgenden Ausnahmen wie *kraatzi* s. str.: die Mittelstirn weist an der Basis eine deutliche Querfurche auf; die anschließend folgenden, zum Seitenrand weisenden Striche sind sehr kräftig. Mittelli-

17

nie des Halsschildes kräftig, mit seichten Querrunzeln. Die helle Flgd.-Zeichnung (Abb. 69), Humerallunula, Basalfleck und Zentralfleck, ist breit miteinander verbunden, der Zentralfleck sendet einen Ausläufer zum Flgd.-Apex und ist dort auch mit dem Apikalfleck verbunden. Größe 7,5 mm (n = 1).

Untersuchtes Material (n = 1): 1 ♀, Malay Penin., 3500 ft., Kedah Peak, 29. III. 1928, Holotypus (DEI).

9.2 *kraatzi* s. str. (Abb. 20)

Type in DEI.

Literatur: CASSOLA 1985: 511. DÖBLER 1973: 389. HORN 1900: 195, 196, 1905b: 11, 1908b: 412, 1910: 194, 1926: 113. MANDL 1972: 108–110, f. 4d, e.

Verbreitung: MALAYA: Pinang. THAILAND: Nakhonsithammarat.

Kopf und Halsschild schwarz, mit grünblauem Schimmer, Flgd. schwarzbraun. Labrum breiter als lang, gelb (Abb. 399). Fühler zum Apex hin gering erweitert. Basales Fühlerglied hell, die übrigen mehr oder weniger gebräunt, die apikalen vier Glieder geschwärzt. Vorderstirn oben seicht quer gestrichelt. Orbitalplatten seicht gestrichelt. Die Kopfoberseite ist von der Basis der Mittelstirn zum Hinterrand des Kopfes seicht bis deutlich gestrichelt. Halsschild so breit wie lang. Die Flgd. sind kräftig, zum Apex hin seichter punktiert. Die helle Flgd.-Zeichnung (Abb. 70) besteht aus einer braungelben Humerallunula, einem damit verbundenen Basalfleck, einem großen rundlichen Zentralfleck und einem durchscheinend gelblichen Apikalfleck. Flgd.-Apex mit mehr oder weniger abgerundeter Seitenrandecke und gleich ausgebildeter Nahtecke auf gleicher Höhe oder gering zurückgezogen (Abb. 238), Zwischenraum bogenförmig eingebuchtet. Unterseite schwarz. Beine gelb. Aedeagus siehe Abb. 302, 303. Größe von 6,6 bis 7,9 mm, Mittel 7,2 mm (n = 3).

Untersuchtes Material (n = 3): 1 ♂, Penang, Holotypus (DEI); 1 ♂, Peninsular Siam, Nakon Sri Tamarat, Khao Ram, Taisai, 300 ft., H. M. PENDLEBURY, 21. III. 1922 (DEI); 1 ♀, Malay Pen., 1903 (BMNH).

9.3 *gestroi* W. HORN, 1900

Type in DEI.

Literatur: CASSOLA 1985: 511. DOVER & RIBEIRO 1921: 722. FOWLER 1912: 295, 298, 299. HEYNES-WOOD & DOVER 1928: 43. HORN 1900: 196, 197, 1905b: 11, 1910: 194, 1926: 113. MANDL 1972: 108, 110, f. 4f.

Verbreitung: LAOS: Lakhon.

Mit folgenden Ausnahmen wie *kraatzi* s. str.: Mittelstirn nahezu glatt, basal nur mit undeutlichen Eindrücken. Die helle Flg.-Zeichnung (Abb. 71, 72) besteht aus einer gelbbraunen Humerallunula, einem schmalen gelbbraunen Basalfleck und einem kleineren gelben Zentralfleck. Der Apikalfleck fehlt. Zwischenraum zwischen Seitenrandecke und Nahtecke des Flgd.-Apex geradlinig oder gering eingebuchtet. Beine gelbbraun, apikaler Teil der Hinterschienen und die Hintertarsen weißgelb. Aedeagus siehe Abb. 304. Größe 7,2 und 7,5 mm (n = 2).

Untersuchtes Material (n = 2): 1 ♀, Lakhon, HARMAND, 1878, Holotypus (DEI); 1 ♂, Garo Hills, Assam, Above Tura, (DEI) (patria recte ?, war als Paratypus von *topali* MANDL etikettiert!).

10 *rugifer* W. HORN, 1902 (Abb. 21)

Type in DEI.

Verbreitung: VIETNAM: Mauson Mts., Tam-dao, Than-moi.

Literatur: CASSOLA 1985: 512. DÖBLER 1973: 406. HORN 1902: 74, 75, 1905b: 11, 1910: 194, 1913b: 364, 1924b: 12, 1926: 114, 1927b: 475, 476, T. 8, f. 35, 36. MANDL 1972: 108–110, f. a.

Mit folgenden Ausnahmen wie *topali* MANDL: Labrum so breit wie lang, gelb, lateral gebräunt (Abb. 398). Die apikalen Fühlerglieder sind angedunkelt. Halsschild so breit wie lang. Die helle Flgd.-Zeichnung (Abb. 73) besteht aus einem gelbbraunen, breiten Humeralfleck, einem großen runden, gelben Zentralfleck, einem gelbbraunen Basalfleck und dem in variabler Ausdehnung durchscheinend gelblichen Apikalfleck. Schenkel nicht gebräunt, Hintertarsen und apikale Hälfte der Hinterschienen hellgelb. Größe 7,5 und 8,1 mm (n = 2).

Untersuchtes Material (n = 2): 1 ♀, Tonkin, Montes Mauson, IV., V., 2–3 000', H. FRUHSTORFER, Holotypus (DEI); 1 ♀, Tonkin, Than Moi, H. FRUHSTORFER, VI.–VII. (DEI).

11 *topali* MANDL, 1972

Von *topali* MANDL konnte ich zehn Paratypen untersuchen. Sie erwiesen sich als Konglomerat verschiedener Taxa: 1 ♂ *kraatzi gestroi*, 3 ♂♂, 1 ♀ *topali* im Sinne der Beschreibung, 3 ♀♀ *topali vietnamensis* subsp. n. und 1 ♂, 1 ♀ *probsti* sp. n.

Bestimmungstabelle der Unterarten

1   Die Humerallunula ist lang und mit dem Zentralfleck mehr oder weniger verbunden . . . . . .
    . . . . 11.2 *topali* s. str.
–   Die Humerallunula ist kurz, der Zentralfleck isoliert . . . . 11.1 *vietnamensis* subsp. n.

11.1 *vietnamensis* subsp. n.

Typen in DEI, WIES und Coll. PROBST.

Verbreitung: VIETNAM: Ha-nam-ninh, Hasonbinh, Tam dao.

Mit folgenden Ausnahmen wie *topali* s. str.: Flgd. schwarz. Labrum basal gebräunt. Fühler insgesamt dunkler, die apikalen drei Glieder geschwärzt. Die beiden Dellen auf der Mittelstirn sind gelegentlich seicht längs gestrichelt. Die helle Flgd.-Zeichnung (Abb. 74, 75) besteht aus einer kurzen Humerallunula, einem Zentralfleck, der schräg nach hinten außen gerichtet ist, einem Basalfleck und einem schmalen hellen Randsaum am Apex. Aedeagus siehe Abb. 305. Größe von 7,2 bis 8,0 mm, Mittel 7,5 mm (n = 11).

Untersuchtes Material (n = 14): 3 ♀♀, Tonkin, Tam-Dao, Alt. 1 100–1 300 m, Paratypus (DEI); 1 ♀, N. Vietnam, Tam Dao, Prov. Vinh phu, leg. KUBÁN, 2.–11. VI. 1985, Paratypus (WIES); 1 ♀, l. c., Paratypus (PROBST); 3 ♀♀, 3.–11. VI. 1985, V. SVIHLA lgt., Paratypus (PROBST); 1 ♀, l. c., 900–1 400 m, J. JELINEK lgt., Paratypus (PROBST); 1 ♂, N. Vietnam, Cuc Phuong, Prov. Hasonbinh, VIT. KUBÁN leg., 15. VI. 1985, Holotypus (PROBST); 1 ♀, l. c., Paratypus (PROBST); 3 Expl., N. Vietnam, Prov. Ha nam ninh, Cuc phuong, leg. SVIHLA, 23.–25. VI. 1985, Paratypus (PROBST).

11.2 *topali* s. str. (Abb. 22)

Typen in Mus. BUDAPEST, DEI, WIES.

Literatur: CASSOLA 1985: 512. MANDL 1972: 108–110, f. 4b, c.

Verbreitung: VIETNAM: Ninh-binh, Hoa-binh.

Kopf und Halsschild schwarz, Flgd. schwarzbraun. Labrum breiter als lang, gelb (Abb. 400). Fühler zum Apex hin gering erweitert, basales Glied gelb, Glied zwei bis vier braun, die übrigen hellbraun, das letzte Glied angedunkelt. Clipeus apikal aufgehellt. Vorderstirn oben glatt oder seicht quer gestrichelt. Orbitalplatten glatt oder basal seicht gestrichelt. Mittelstirn basal mit deutlicher Querfurche, dahinter beiderseits zwei seichte längliche Dellen. Halsschild breiter als lang. Punktierung der Flgd. hinter dem Basalhöcker kräftig, zum Apex hin verlöschend, Untergrund matt. Die helle Flgd.-Zeichnung (Abb. 76, 77) besteht aus einer Humerallunula, die sich bogenförmig zur Flgd.-Mitte hin erstreckt; dort befindet sich ein gelber Zentralfleck, der schräg nach hinten außen gerichtet ist; ein Basalfleck ist ebenfalls vorhanden. Humerallunula und Zentralfleck sowie Humerallunula und Basalfleck gehen mehr oder weniger ineinander über. Der Flgd.-Apex ist in variabler Ausdehnung durchscheinend gelb gefärbt. Flgd.-Apex mit abgerundeter Seitenrandecke und stumpfwinkliger, gering zurückgezogener Nahtecke (Abb. 239), Zwischenraum geradlinig. Unterseite schwarz. Beine gelb, Schenkel apikal gebräunt, Tarsenglieder apikal dunkel geringelt. Aedeagus siehe Abb. 306. Größe von 5,7 bis 7,2 mm, Mittel 6,3 mm (n = 4).

Untersuchtes Material (n = 4): 1 ♂, Vietnam, Cuc phuong, Ninh binh, Exp. GY. TOPAL, 3.–10. V. 1966, Paratypus (DEI); 1 ♀, l. c., Paratypus (WIES); 1 ♀, Tonkin, Hoa-Binh, Paratypus (DEI); 1 ♂, l. c., A. DE CAOMAN, Coll. J. CLERMONT, Paratypus (DEI).

12 *probsti* sp. n. (Abb. 23)

Typen in DEI, WIES und Coll. PROBST.

Verbreitung: VIETNAM: Chapa, Tam-dao.

Kopf und Halsschild schwarz, mit oder ohne blaugrünem Schimmer; Flgd. schwarz. Labrum so breit wie lang, gelb (Abb. 401). Fühler bis zu den Schultern reichend, zum Apex hin leicht erweitert, schwarz. Clipeus apikal aufgehellt. Vorderstirn oben glatt oder quer gestrichelt. Orbitalplatten glatt oder seicht gestrichelt. Mittelstirn basal mit deutlicher Querfurche, dahinter beiderseits zwei seichte längliche Dellen; die Dellen sind glatt bis deutlich längs gestrichelt. Halsschild breiter als lang. Punktierung der Flgd. hinter dem Basalhöcker kräftig, zum Apex hin verlöschend, Untergrund matt. Die helle Flgd.-Zeichnung (Abb. 78, 79, 80) besteht aus einer gelbbraunen Humerallunula, einem gelben Zentralfleck, der schräg nach hinten außen gerichtet ist und einem Basalfleck, welcher reduziert oder ganz verschwunden sein kann. Der Flgd.-Apex ist in variabler Ausdehnung durchscheinend gelb gefärbt. Flgd.-Apex mit abgerundeter oder stumpfwinkliger Seitenrandecke und stumpfwinkliger Nahtecke (Abb. 240, 241), Zwischenraum eingebuchtet. Unterseite schwarz. Beine gelbbraun, Schenkel apikal angedunkelt, Tarsenglieder apikal dunkel geringelt. Aedeagus siehe Abb. 307. Größe von 7,2 bis 8,9 mm, Mittel 8,0 mm (n = 23).

Untersuchtes Material (n = 27): 1 ♂, Tonkin, Tam-Dao, Alt. 1100–1300 m, Holotypus (DEI); 1 ♀, Tonkin, Chapa, ex JEANVOINE, Coll. CLERMONT, Paratypus (DEI); 1 ♂, N. Vietnam, Tam Dao, Prov. Vinh phu, 950 m, BRODSKÝ, 3.–11. VI. 1985, Paratypus (WIES); 1 ♀, l. c., Paratypus (WIES); 2 ♂♂, 2 ♀♀, l. c., leg. J. PICKA, Paratypus (PROBST); 4 ♀♀, l. c., leg. KUBAN, 2.–11. VI. 1985, Paratypus (PROBST); 5 ♂♂, 5 ♀♀, l. c., V. SVIHLA, lgt., 3.–11. VI. 1985, Paratypus (PROBST); 2 Expl., l. c., leg. JAN VISA, Paratypus (PROBST); 4 Expl., l. c., leg. SVIHLA, 27. V.–2. VI. 1985, Paratypus (PROBST).

13 *tonkinensis* W. HORN, 1902

Bestimmungstabelle der Unterarten

1	Flgd. hinter dem Zentralfleck nicht punktiert	. . . .	13.2 *tonkinensis* s. str.
–	Flgd. hinter dem Zentralfleck seicht punktiert	. . . .	13.1 *kubani* subsp. n.

13.1 *kubani* subsp. n.

Typen in WIES und Coll. PROBST

Verbreitung: VIETNAM: Tam-dao.

Mit folgenden Ausnahmen wie *tonkinensis* s. str. W. HORN: Labrum mehr oder weniger geschwärzt, im Extremfall einerseits nur der Rand dunkel gesäumt, andererseits das Labrum völlig schwarz. Flgd. bis zum Zentralfleck kräftig punktiert, dahinter bis zum Apex seichter, aber nicht verlöschend. Zentralfleck größer (Abb. 81), aber immer noch quer rechteckig. Aedeagus siehe Abb. 309. Größe von 10,0 bis 10,9 mm. Mittel 10,4 mm (n = 6).

Untersuchtes Material (n = 6): 1 ♂, N. Vietnam, Tam-Dao, Prov. Vinh phu, leg. KUBAN, 2.–11. VI. 1985, Holotypus (WIES); 2 ♂♂, l. c., Paratypus (PROBST); 1 ♀, l. c., 3.–11. VI. 1985, leg. M. HRADSKÝ Paratypus (PROBST); 2 ♀♀, l. c., leg. JAN STRNAD, Paratypus (PROBST).

13.2 tonkinensis s. str. (Abb. 24)

Type in DEI.

Literatur: CASSOLA 1985: 512. HORN 1902: 73, 74, 1905 b: 11, 1908 a: 29, f. 69, 1910: 194, 1913 b: 364, 1924 b: 12, 1926: 114.

Verbreitung: VIETNAM: Mauson Mts.

Kopf, Halsschild und Flgd. schwarzglänzend, Halsschild mit oder ohne blauen Schimmer. Labrum so lang wie breit (Abb. 402), gelbbraun. Fühler bis zu den Schultern reichend, bei den ♂♂ die letzten zwei Glieder deutlich, bei den ♀♀ nur gering erweitert; basales Glied hell, dessen Unterseite sowie die übrigen braun, mehr oder weniger geschwärzt. Vorderstirn oben abgerundet. Mittelstirn vorn glatt oder seicht quer gestrichelt, hinten mit Querfurche und zwei zum Kopfseitenrand verlaufenden seichten, gestrichelten Dellen. Orbitalplatten am Hinterrand seicht gestrichelt. Halsschild so breit wie lang. Flgd. bis zum Zentralfleck deutlich punktiert, dahinter bis zum Apex nicht punktiert oder nur mit vereinzelten winzigen Pünktchen. Die gelbe Flgd.-Zeichnung (Abb. 82, 83) besteht aus einem Humeralfleck, der durch den Basalhöcker begrenzt ist, einem Basalfleck, der mit dem Humeralfleck verbunden sein kann und einem quer rechteckigen Zentralfleck. Flgd.-Apex gelegentlich bräunlich durchscheinend, Nahtsaum dort gelegentlich gelblich. Flgd.-Apex mit stumpfwinkligem Seitenrand- und Nahtzahn, letzterer manchmal zurückgezogen, Zwischenraum bogenförmig eingebuchtet (Abb. 242). Unterseite schwarz. Beine gelbbraun. Mittel- und Hinterschenkel in der apikalen Hälfte angedunkelt. Apikale Hälfte der Hinterschienen und die Hintertarsen hellgelb, Schienen- und Tarsenglieder apikal dunkel geringelt. Aedeagus siehe Abb. 308. Größe von 8,7 bis 10,1 mm, Mittel 9,3 mm (n = 9).

Untersuchtes Material (n = 9): 4 ♂♂, 5 ♀♀, Tonkin, Montes Mauson, 2–3000', H. FRUHSTORFER, IV.–V., Syntypus (DEI).

Gruppe „obliquus"

(ex parte Gruppe „fasciatus-fruhstorferi-batesi" sensu HORN, 1926)
(ex parte Gruppe „chenelli" sensu CASSOLA, 1985)

Flgd. mit schief nach vorn ausgerichteter gelber Zentralbinde und Humerallunula. Labrum mit vier bis sechs Apikalzähnen und je einem Lateralzahn, obliquefasciatus W. HORN zusätzlich mit Basalzahn; länger als breit, breiter als lang oder so lang wie breit. Fühler bis an oder hinter die Schultern reichend. Clipeus ohne Haare. Vorderstirn sanft oder steil bogenförmig abfallend zur Mittelstirn. Halsschild breiter als lang oder länger als breit, vorn und hinten gleich stark eingeschnürt oder vorn stärker eingeschnürt als hinten, Querfurchen kräftig, Seitenrand- und Mittellinie fein, Mittelstück kugelig. Flgd. mit Basal- und Apikalhöcker. Flgd.-Apex mit oder ohne abgerundete Seitenrandecke, mit vor- oder zurückgezogenem Nahtzahn. Bei den ♂♂ zusätzlich Glied drei der Vorder- und Mitteltarsen mit Borstensohle sowie Glied drei der Vordertarsen erweitert. Größe: 5 bis 9 mm.

Bestimmungstabelle der Arten

1   Flgd. mit vorn zur Seite außen abgewinkelter heller Zentralbinde . . . .
. . . . 14 *obliquefasciatus* W. HORN

–   Flgd. ohne solche Mittelbinde 2

2   Halsschild rotgelb . . . . 17 *oliquus* FLEUT.

–   Halsschild schwarzglänzend . . . . ɔ

3   Fühler bis hinter die Schultern reichend. Halsschild vorn stärker eingeschnürt als hinten . . .
. . . . 16 *mandli* PROBST

–   Fühler kürzer. Halsschild vorn und hinten gleich stark eingeschnürt . . . .
. . . . 15 *alboobliquatus* W. HORN

14 *obliquefasciatus* W. HORN, 1912 (Abb. 25)

Type in DEI.

Literatur: CASSOLA 1985: 513. DÖBLER 1973: 398. HORN 1912: 133, 134, 1926: 114.

Verbreitung: TAIWAN: Alishan, Fuhosho, Kankau, Kaohsiung.

Oberseite schwarz, mit blauem bis blauviolettem Schimmer. Labrum länger als breit, mit sechs Apikalzähnen, je einem Lateral- und Basalzahn, gelb, Rand dunkel gesäumt, basal mit dunklem Fleck (Abb. 403). Fühler bis zu den Schultern reichend, basales Glied gelb, die übrigen braun. Vorderstirn sanft bogenförmig abfallend zur Mittelstirn, Mittelstirn glatt, vorn verlöschend quer gestrichelt, hinten mit zwei seichten Gruben oder Dellen. Orbitalplatten hinten seicht gestrichelt. Halsschild breiter als lang, vorn und hinten gleich stark eingeschnürt, Mittelstück seicht quer gerunzelt, Vorder- und Hinterrand grob gerunzelt. Flgd. vorn kräftiger, hinten weniger kräftig punktiert. Die helle Flgd.-Zeichnung (Abb. 84, 85) besteht aus einer gelben Basalbinde, die seitlich einen dreieckigen Zipfel nach hinten sendet und an der Schulterfurche einen schwarzen Streifen aufweist, einer gelben Zentralbinde, die nahe der Naht abgewinkelt ist und einen schmalen dreieckigen Zipfel zum Apex sendet und einem in variabler Ausdehnung durchscheinend gelb gefärbten Apex. Flgd.-Apex sehr variabel, ohne oder mit abgerundeter Seitenrandecke, mit vor- oder zurückgezogenem Nahtzahn (Abb. 243 bis 245). Unterseite wie Oberseite gefärbt. Beine gelbbraun, Apex der Schienen und Tarsenglieder dunkel geringelt. Aedeagus siehe Abb. 310. Größe von 5,4 bis 7,9 mm, Mittel 6,4 mm (n = 4).

Untersuchtes Material (n = 4): 1 ♂, Formosa, Alihang, SAUTER, Syntypus (DEI); 1 ♂, 1 ♀, Formosa, Kankau (Koshun), H. SAUTER, V.1912 (DEI); 1 ♂, l. c., VI.1912 (DEI).

15 *alboobliquatus* W. HORN, 1909

Bestimmungstabelle der Unterarten

1   Unterseite des Hinterleibes völlig gelbbraun . . . . 15.1 *kotoshonis* KANO

–   Unterseite nicht völlig gelbbraun, mindestens das Metasternum glänzend schwarz 2

2   Zentralbinde als gleich breite Linie ausgebildet 3

–   Zentralbinde in der Mitte schmaler als an den verbreiterten Enden . . . .
. . . . 15.4 *iriomotensis* CHÛJÔ

3   Flgd. im Bereich zwischen Zentralbinde und Mittelnaht kräftig punktiert, am Apex zwischen
Seitenrandecke und Nahtecke stärker eingebuchtet . . . . 15.3 *yakushimanus* NAKANE

–   Flgd. im Bereich zwischen Zentralbinde und Mittelnaht seicht punktiert, am Apex zwischen
Seitenrandecke und Mittelnaht nicht oder nur gering eingebuchtet . . . .
. . . . 15.2 *alboobliquatus* s. str.

15.1 *kotoshonis* KANO, 1931 stat. n.

Literatur: CASSOLA 1985: 513. KANO 1931: 69, 71, f. 1.

Verbreitung: TAIWAN: Lanyu Is. (= Kotosho = Botel Tobago Is., Imourod).

Mit folgenden Ausnahmen wie *alboobliquatus* s. str. W. HORN: Flgd.-Zeichnung (Abb. 86) noch stärker ineinander verlaufend. Unterseite des Hinterleibs völlig gelbbraun. Größe 7,8 mm (n = 1).

Untersuchtes Material (n = 1): 1 ♀, Langyu Is., leg. KATO, 2. III. 1983 (Coll. HORI).

Ich stelle *kotoshonis* als subsp. zu *alboobliquatus*. Die stark ineinander verlaufene helle Zeichnung der Flgd. kommt in seltenen Fällen auch bei Nominat-Tieren Süd-Taiwans vor. Bemerkenswert ist jedoch die völlig gelbbraune Färbung der Unterseite inklusive des Metasternums.

15.2 *alboobliquatus* s. str. (Abb. 26)

Typen in Mus. LEIDEN und DEI.

Literatur: CASSOLA 1985: 512. HORN 1909 b: 186, 187, 1910: 194, 1912: 133, 134, 1926: 114. NAKANE 1955: 24, T. 2, f. 1–4, 1976: 1.

Verbreitung: TAIWAN: Alishan, Fen Chi Hu, Hengchun, Kankau, Kaohsiung, Kosempo, Kuaru, Nanshanchi, Shis.

Kopf und Halsschild schwarzglänzend, mit grünem oder blauem Schimmer, Flgd. schwarzbraun. Labrum breiter als lang, gelbbraun, lateral mehr oder weniger verdunkelt, mit vier bis sechs Apikalzähnen und je einem Lateralzahn, an der Basis ist das Labrum stumpfwinklig eckig erweitert (Abb. 404). Fühler apikal lanzettlich erweitert, bis zu den Schultern reichend, basales Glied hell, die übrigen braun, am Apex fünf Glieder schwarz. Vorderstirn steil abfallend zur Mittelstirn, oben bogenförmig abgerundet. Orbitalplatten verlöschend bis stark gestrichelt. Mittelstirn vorn seicht bis deutlich quer gestrichelt, hinten mit seichter bis tiefer Querfurche, dahinter mit zwei seichten Dellen. Kopfseiten- und Hinterrand seicht quer gestrichelt. Halsschild breiter als lang bis gering länger als breit, vorn und hinten gleich stark eingeschnürt. Flgd. deutlich punktiert, zum Apex hin seichter. Die helle Fleckenzeichnung (Abb. 87 bis 90) besteht aus einer blaßgelben, schräg nach außen vorn gerichteten, schmalen Zentralbinde, deren Oberfläche leicht erhaben ausgebildet ist, sowie mehr oder weniger indifferenten rotbraunen Flecken an der Basis und am Apex. Diese Flecken werden von den Zeichnungselementen Humerallunula, Basalfleck und Apikalfleck gebildet, sie können mehr oder weniger ineinander verlaufen, größer oder kleiner werden; die vorderen sind durch schwarze Porenpunkte siebartig unterbrochen. Flgd.-Apex mit abgerundeter Seitenrandecke und mehr oder weniger ausgezogener Nahtecke (Abb. 246), Zwischenraum geradlinig oder eingebuchtet. Unterseite schwarz, Abdominalsegmente lateral mehr oder weniger gebräunt, Metasternum immer glänzend schwarz. Beine gelbbraun, Schienen und Tarsenglieder apikal dunkel geringelt. Aedeagus siehe Abb. 311. Größe von 6,6 bis 8,8 mm, Mittel 7,8 mm (n = 74).

Untersuchtes Material (n = 76): 1 ♂, 3 ♀♀, Formosa, II. 1909 (ZSM); 2 ♂♂, 1 ♀, Formosa, Kosempo (AMST); 1 ♂, 1 ♀, l. c. (ZSM); 3 ♂♂, 2 ♀♀, l. c. (UZMK); 4 ♂♂, 5 ♀♀, l. c., SAUTER (ZSM); 2 ♂♂, l. c., V. 1908 (BMNH); 1 ♂, l. c., 1909 (DEI); 2 ♂♂, 1 ♀, l. c., VI. 1911 (DEI); 1 ♂, l. c., 15. VIII. 1908, Syntypus (DEI); 4 ♂♂, 1 ♀, l. c., 19.–26. V. 1908 (WIES); 5 ♂♂, 1 ♀, l. c. (ZSM); 1 ♂, l. c., 9.–17. V. 1908 (UZMK); 4 ♂♂, 2 ♀♀, l. c. (ZSM); 3 ♂♂, l. c., 17.–31. V. 1908 (UZMK); 2 ♂♂, l. c., 6.–15. V. 1908 (ZSM); 6 ♂♂, 3 ♀♀, l. c., 17.–23. V. 1908 (ZSM); 1 ♂, Formosa, Kankau (Koshun), H. SAUTER, V. 1912 (DEI); 1 ♀, l. c. (BMNH); 1 ♀, Formosa, Shis, H. SAUTER, V.–VI. 1912 (BMNH); 1 ♂, Arisan, Col. T. SHIRAKA, 2. V. 1917 (DEI); 1 ♂, Formosa, Kuaru, Col. M. CHUJO, 12. VI. 1937 (DEI); 1 ♂, Formosa, Fenchihu, 1400 m, leg. KLAPPERICH, 8. V. 1977 (NHMB); 1 ♂, l. c., 30. V. 1977 (Coll. WERNER); 1 ♀, l. c., 13. VI. 1977 (WIES); 2 ♂♂, l. c., 30. V. 1977 (WIES); 1 ♂, Formosa Nanshanchi, K. AKIYAMA, 19. V. 1976 (WIES); 2 ♂♂, 1 ♀, Formosa, Hengchun, Kenting Park, leg. MICHIO HORI, 3. V. 1981 (WIES).

15.3 *yakushimanus* NAKANE, 1955 (Abb. 91)

Type in Coll. NAKANE.

Literatur: CASSOLA 1985: 512. NAKANE 1955: 24, 25, T. 2, f. 2, 4, 1976: 2.

(koyamai NAKANE, 1955) syn. n.

Type in Coll. NAKANE.

Literatur: CASSOLA 1985: 512. NAKANE 1955: 24, 25, T. 2, f. 2, 1976: 2.

Verbreitung: JAPAN: Satunan Is.: Yakushima (Kosugidani, Miya-no-ura), Amami-oshima (Loochoos, Mt. Yuwan-dake, Hatsuno), Tokunoshima (Mt. Inokawa), Okinawa (Mt. Yonaha).

Mit folgenden Ausnahmen wie *alboobliquatus* s. str.: Flgd. im Bereich von Zentralbinde und Mittelnaht kräftiger punktiert. Flgd.-Apex mit abgerundeter bis stumpfwinkliger Seitenrandecke und ausgezogener Nahtecke, Zwischenraum eingebuchtet (Abb. 247). Aedeagus siehe Abb. 312. Größe von 7,0 bis 9,2 mm, Mittel 8,0 mm (n = 5).

Untersuchtes Material (n = 5): 1 ♀, Amami-oshima, Loochoos, S. Okajima, Mt. Yuwan-dake, 26. VIII. 1974 (WIES); 1 ♂, Amamioshima, Hatsuno, M. SATO, 14. VI. 1962 (Coll. HORI); 1 ♂, Yakushima Is., Miya-no-ura, T. KAMAKARI leg., 16. VII. 1970, (Coll. HORI); 1 ♀, Okinawa Is., Mt. Yonaha, Y. SATO, leg., 14. VII. 1980 (Coll. HORI); 1 ♀, Tokunoshima Is., Mt. Inokawa, M. HORI leg., 23. VII. 1981 (Coll. HORI).

koyamai NAKANE ist ein Synonym von *yakushimanus;* benannt wurde ein ♂ mit vier Apikalzähnen am Labrum; solche individuellen Monströsitäten sind zwar nicht häufig, kommen jedoch in den Populationen vieler *Therates* vor.

15.4 *iriomotensis* CHŪJŌ, 1970 (Abb. 27)

Type in Coll. CHUJO.

Literatur: CASSOLA 1985: 512. CHUJO 1970: 2, f. 1,3. NAKANE 1976: 1, 2.

Verbreitung: JAPAN: Ryukyu-Is.: Iriomote (Sonai, Otomi, Inda), Isigaki (Mt. Omoto-dake).

Mit folgenden Ausnahmen wie *alboobliquatus* s. str.: Kopf und Halsschild schwarzglänzend, mit blauem oder blauviolettem Schimmer. Flgd. schwarzglänzend, mit grünem oder messingfarbenem Schimmer. Labrum breit schwarz gesäumt, die äußeren zwei Apikalzähne sind von den übrigen vier abgesetzt (Abb. 405). Fühler apikal nur sehr gering erweitert, basales Glied gelb, die übrigen mehr oder weniger schwarz. Kopfhinter- und Seitenrand kräftig quer gestrichelt. Halsschild breiter als lang. Flgd. kräftig punktiert, zum Apex hin nur gering seichter. Flgd. mit drei gelbbraunen, scharf umgrenzten Zeichnungselementen (Abb. 92), einer auf den Basalhöcker reichenden Humerallunula, einer breiten, nicht erhabenen Zentralbinde und einem zur Flgd.-Mitte hin gerichteten Apikalfleck. Flgd.-Apex mit abgerundeter Seitenrandecke und dreieckig vorgezogener Nahtecke (Abb. 248). Beine braun. Aedeagus siehe Abb. 313. Größe von 7,1 bis 8,1 mm, Mittel 7,4 mm (n = 6).

Untersuchtes Material (n = 6): 2 ♀♀, Japan, Insel Ishigaki, Mt. Omoto-dake, 28. V. 1973 (DEI); 1 ♂, 1 ♀, Ishigaki Is., Mt. Omote, Coll. O. TAMURA, 11. V. 1974 (WIES); 1 ♀, Iriomote Is., Sonai, H. HIRAMATSU, 27. IV. 1977 (WIES); 1. ♂, Ishigaki Is., Mt. Omote, Y. JHOKI leg., 23. VII. 1979 (WIES).

16 *mandli* PROBST, 1986 (Abb. 28)

Typen in Coll. PROBST, WIES und NHMB.

Literatur: PROBST 1986: 117–119, f. 1–3.

Verbreitung: NEPAL: Phulchoki.

Kopf und Halsschild schwarzglänzend, mit grünem Schimmer, Flgd. schwarzbraun. Labrum gelb, so breit wie lang, mit sechs Apikalzähnen und je einem Lateralzahn (Abb. 406). Fühler bis hinter die Schultern reichend, zum Apex hin sehr gering verdickt, basales Glied gelb, dessen Unterseite und die übrigen mehr oder weniger gebräunt bis geschwärzt. Vorderstirn steil abfallend zur Mittelstirn, oben bogenförmig abgerundet. Orbitalplatten glatt oder seicht gestrichelt. Mittelstirn vorn quer gestrichelt, in der Mitte mit oder ohne Delle, hinten mit zwei seichten Dellen und gerunzelt. Halsschild länger als breit, vorn stärker eingeschnürt als hinten. Flgd. kräftig punktiert, zum Apex hin seichter. Die helle Flgd.-Zeichnung (Abb. 93, 94) besteht aus einem gelben Basalfleck, der sich entlang der Flgd.-Mittelnaht bis zur Zentralbinde, undeutlich und rotbraun gefärbt, fortsetzt, einer gelben Humerallunula, die durch schwarz gefärbte Porenpunkte siebartig unterbrochen ist, einer bogenförmig steil nach vorn außen gerichteten gelben Zentralbinde, die mit der Humerallunula verbunden sein kann und ebenfalls durch bräunlich gefärbte Porenpunkte siebartig unterbrochen ist, und dem in variabler Ausdehnung durchscheinend gelb gefärbten Flgd.-Apex. Flgd.-Apex mit stumpfwinkligem Seitenrand- und Nahtzahn, Zwischenraum nahezu geradlinig (Abb. 249). Unterseite schwarz, Abdominalsegmente am Apex lateral gelbbraun gesäumt. Beine gelbbraun, Tarsenglieder apikal dunkler. Aedeagus siehe Abb. 314. Größe von 6,4 bis 7,2 mm, Mittel 6,8 mm (n = 4).

Untersuchtes Material (n = 4): 1 ♂, C. Nepal, Kathmandu Valley, Godavari, Phulchoki, leg. C. HOLZSCHUH, 22.–25.VI.1983, Paratypus (Coll. PROBST); 2 ♀♀, O. Nepal, Phulchoki, 1500–1700 m, W. WITTMER, 23.VI.1980, Paratypus (WIES); 1 ♀, l. c., Paratypus (NHMB).

17 *obliquus* FLEUT., 1893 (Abb. 29)

Typen in Mus. PARIS und DEI.

Literatur: CASSOLA 1985: 511. DÖBLER 1973: 398. DOVER & RIBEIRO 1921: 722. FLEUTIAUX 1893: 497. FOWLER 1912: 294, 298. HEYNES-WOOD & DOVER 1928: 44. HORN 1905b: 11, 1908a: 29, f. 70, 1910: 194, 1926: 114. NAVIAUX 1985: 57.

Verbreitung: BURMA: Shan State (Momeit, Ruby mines).

Kopf schwarzglänzend, mit grünblauem oder violettem Schimmer. Halsschild gelb- bis rotbraun. Flgd. schwarzbraun. Labrum gelb, breiter als lang, mit sechs Apikalzähnen und je einem Lateralzahn (Abb. 407). Fühler bis hinter die Schultern reichend, basales Glied gelb, die übrigen sowie die Unterseite von Glied eins mehr oder weniger gebräunt, zum Apex hin leicht verdickt. Vorderstirn steil bogenförmig abfallend zur Mittelstirn. Orbitalplatten glatt bis runzlig. Mittelstirn vorn quer gestrichelt, mit zum Zentrum abgesetzter Wulst, dort glatt oder mit unbestimmten Längseindrücken, zum Hinterende der Mittelstirn durch zwei unregelmäßige Dellen abgegrenzt. Die Hinterstirn hat über die ganze Breite eine bogenförmige Querfurche. Halsschild breiter als lang, vorn stärker eingeschnürt als hinten. Flgd. kräftig punktiert, zum Apex hin verlöschend. Die Flgd.-Zeichnung (Abb. 95 bis 97) besteht aus einem hellgelben Humeralfleck, der gelegentlich zu einer dünnen Linie nach hinten ausgezogen ist, einer steil nach außen vorn gerichteten langen hellgelben Zentralbinde und dem durchscheinend gelb gefärbten Flgd.-Apex. Der Bereich zwischen Humeralfleck und Zentralbinde ist rotbraun gefärbt, der Seitenrand und der Bereich zwischen Zentralbinde und Apex schwarzbraun. Flgd.-Apex mit oder ohne abgerundete Seitenrandecke und mit mehr oder weniger vorgezogener Nahtecke, Zwischenraum mehr oder weniger eingebuchtet (Abb. 250, 251). Unterseite rot- bis schwarzbraun. Beine gelbbraun. Aedeagus siehe Abb. 315. Größe von 5,8 bis 7,0 mm, Mittel 6,4 mm (n = 9).

Untersuchtes Material (n = 9): 1 ♀, Hte. Birmanie, Mines des Rubis, 1200–2300 m, DOHERTY, 1890, Syntypus (DEI); 1 ♀, l. c. (DEI); 1 ♂, l. c. (BMNH); 1 ♂, 2 ♀♀, Birmah, Ruby Miles, DOHERTY (BMNH); 1 ♀, l. c. (WIES); 1 ♂, 1 ♀, Upper Birmah, Ruby-mines, 5–7000, DOHERTY (DEI).

Die Meldung aus West-Bengal (DOVER & RIBEIRO 1921, p. 722) konnte bisher nicht bestätigt werden. Eventuell liegt eine Fundortverwechslung oder Fehlbestimmung vor. Naviaux meldet (1985,

p. 57) *obliquus* aus Nepal, es handelt sich bei diesem Tier nach der Abbildung und der Beschreibung jedoch um *mandli* Probst.

Gruppe „*festivus*"

(ex parte Gruppe „*labiatus-festivus*" sensu HORN, 1926)
(ex parte Gruppe „*labiatus*" sensu CASSOLA, 1985)

Flgd. mit gelbem Zentralfleck und/oder Basalbinde oder ohne helle Zeichnung. Labrum breiter als lang, mit je einem Lateral- und Basalzahn, mit fünf bis sechs Apikalzähnen oder ohne Apikalzähne *(cyaneus* CHAUD.). Palpen hell, apikale Glieder mehr oder weniger gebräunt. Fühler bis nahe zur Flgd.-Mitte reichend, basales Glied hell, die übrigen schwarz oder mehr oder weniger gebräunt. Clipeus mit zwei Haaren. Mittelstirn und Vorderstirn sanft bogenförmig zum Clipeus abfallend (Abb. 9). Orbitalplatten seicht gestrichelt oder glatt. Die Mittelstirn ist glatt oder mit wenigen seichten Längsstrichen versehen und zeigt basal zwei seichte Gruben. Der Vertex ist glatt oder deutlich quer gerunzelt. Halsschild so breit wie lang oder breiter als lang, vorn und hinten eingeschnürt, Mittelstück kugelig, Querfurchen tief, Seitenrandlinien fein, Mittellinie deutlich und oft mit Querrunzeln versehen. Flgd. mit Basal- und Apikalhöcker. Flgd.-Apex mit gleich ausgebildetem Seitenrand- und Nahtzahn, die beide zu einer kleinen stumpfwinkligen Spitze ausgezogen sind; Zwischenraum geradlinig bis sanft eingebuchtet, gelegentlich mit einem oder zwei winzigen Zähnchen (Abb. 252, 253). Bei den ♂♂ zusätzlich Glied drei der Vorder- und Mitteltarsen apikal mit dichter Borstensohle, außerdem ist das dritte Vordertarsenglied längs rechteckig erweitert. Größe: 7 bis 10 mm.

Bestimmungstabelle der Arten

1 Flgd. ohne helle Zeichnung. Labrum ohne Apikalzähne . . . . 18 *cyaenus* CHAUD.
– Flgd. mit heller Zeichnung. Labrum mit Apikalzähnen 2

2 Halsschild so breit wie lang. Metasternum schwarz . . . . 19 *rothschildi* W. HORN
– Halsschild breiter als lang. Metasternum ganz oder wenigstens auf der Scheibe entpigmentiert, hell . . . . 20 *festivus* BOISD.

18 *cyaneus* CHAUDOIR, 1861 (Abb. 30)

Literatur: CASSOLA 1985: 507. CHAUDOIR 1861: 357, 358, 1865: 13. DARLINGTON 1962: 339. FLEUTIAUX 1892: 134. HORN 1905b: 10, 1910: 192, 1926: 111. SCHAUM 1863b: 74.

Verbreitung: MYSOOL. NEÜGUINEA: (Andai).

Mit folgenden Ausnahmen wie *festivus* s. str.: Flgd. ohne gelbe Zeichnung und kräftiger punktiert. Labrum ohne apikale Zähne, sondern am Apex zweilappig ausgezogen (Abb. 412). Aedeagus siehe Abb. 316. Größe von 7,4 bis 8,9 mm, Mittel 8,1 mm (n = 10).

Untersuchtes Material (n = 10): 1 ♀, Java (BMNH); 1 ♀, Borneo (DEI); 2 ♂♂, 2 ♀♀, Mysol (BMNH); 1 ♂, 1 ♀, l. c. (DEI); 1 ♀, N. Guinea (BMNH); 1 ♂, N. Guinea, Andai, DOHERTY (DEI).

19 *rothschildi* W. HORN, 1896

Aus dem Museum Amsterdam erhielt ich ein kleines *Therates* ♀, welches aufgrund seiner Flgd.-Färbung zu *festivus* BOISD. zu stellen war. Meine Untersuchungen an Exemplaren von *festivus, rothschildi* W. HORN und *pseudorothschildi* MANDL & PEARSON veranlassen mich jedoch, das ♀ als neue subsp. von *rothschildi* zu beschreiben und *pseudorothschildi* als subsp. zu *festivus* zu stellen. Beide Arten sind leicht zu unterscheiden: *rothschildi* ist kleiner, hat einen kurz gedrungenen Aedeagus, das

Halsschild ist so breit wie lang und das Metasternum mindestens zentral entpigmentisiert, hell; *festivus* ist größer, hat einen langen, schlank ausgezogenen Aedeagus, das Halsschild ist breiter als lang und das Metasternum schwarz; *pseudofestivus* ist die ungefleckte subsp. von *rothschildi, pseudorothschildi* die gefleckte subsp. von *festivus.*

Bestimmungstabelle der Unterarten

1   Flgd. mit Zentralfleck . . . . 19.2 *rothschildi* s. str.
–   Flgd. ohne Zentralfleck . . . . 19.1 *pseudofestivus* subsp. n.

19.1 *pseudofestivus* subsp. n.

Type in AMST.

Verbreitung: NEUGUINEA: (Bernhard Camp).

Mit folgenden Ausnahmen wie *festivus* s. str.: Halsschild so breit wie lang. Flgd. kräftiger punktiert. Die helle Flgd.-Zeichnung (Abb. 98) besteht aus einer schmalen Basalbinde. Auf der Unterseite sind das Metasternum und dessen Epimeren dunkel gefärbt. Größe 8,0 mm (n = 1).

Untersuchtes Material (n = 1): 1 ♀, N. Guinea Exped., Bernhard Camp, 50 m, J. OLTHOF, VII.–XI.1938, Holotypus (AMST).

19.2 *rothschildi* s. str. (Abb. 31)

Type in DEI.

Literatur: CASSOLA 1985: 507. DARLINGTON 1962: 339. HORN 1896: 150, 1905b: 10, 1908a: 29, f. 67, 1910: 192, 1926: 111. MANDL 1964: 86, 87. MANDL & PEARSON 1978: 33–36, 35, f. BROUERIUS VAN NIDEK 1959: 179, 182.

Verbreitung: NEUGUINEA (Aitape, Gogol Riv., Humboldt Bay, Madang, Maprik).

Mit folgenden Ausnahmen wie *festivus* s. str.: Labrum siehe Abb. 408. Halsschild so breit wie lang. Flgd. kräftiger punktiert. Die helle Flgd.-Zeichnung (Abb. 99) besteht aus einer schmalen Basalbinde und zwei großen rundlichen Zentralflecken. Auf der Unterseite sind das Metasternum und dessen Epimeren sowie gelegentlich die Scheibe der Abdominalsegmente dunkel gefärbt. Aedeagus siehe Abb. 317. Größe 7,1 bis 8,1 mm, Mittel 7,6 mm (n = 8).

Untersuchtes Material (n = 8): 1 ♀, N. Guinea, Aitape, F. H. TAYLOR (BMNH); 1 ♂, 1 ♀, Humboldt Bay, W. DOHERTY, IX.–X.1893, Paratypus (DEI); 2 ♀♀, Papua, Madang, leg. G. HEINRICH, V.1969 (ZSM); 1 ♂, North East New Guinea, Madang, Gogol River, R. W. HORNABROOK, IX.1969 (AMST); 1 ♀, Papua New Guinea, E. Sepik, Maprik, D. L. PEARSON, 5.X.1974 (UZMK); 1 ♀, l. c., (WIES).

20 *festivus* BOISDUVAL, 1835

Bestimmungstabelle der Unterarten

1   Flgd. mit Basalbinde, ohne Zentralfleck . . . . 20.1 *festivus* s. str.
–   Flgd. mit Basalbinde und Zentralfleck; die Zeichnungselemente können zusammenfließen . .
   . . . . 20.2 *pseudorothschildi* MANDL & PEARSON

20.1 *festivus* s. str. (Abb. 32)

Literatur: BOISDUVAL 1835: 13, 14. CASSOLA 1985: 507. CHAUDOIR 1848: 16, 1865: 13. DARLINGTON 1962: 339. FLEUTIAUX 1892: 134. HORN 1905b: 10, 1910: 192, 1926: 111. BROUERIUS VAN NIDEK 1959: 179, 182. SCHAUM 1860: 184. THOMSON 1860: 41.

Verbreitung: MYSOOL. WAIGEO: (Mt. Nok). JAPEN: (Serui). NEUGUINEA: (Bernhard Camp, Jahar, Mamberamo Riv., Manokwari, Pionierbivak, Salawati, Sekar, Sorong).

Oberseite schwarzglänzend; Kopf und Halsschild mit grünblauem, Flgd. mit blauviolettem Schimmer. Labrum hell, basal mit oder ohne dunklen Fleck, mit fünf bis sechs Apikalzähnen (Abb. 409, 410). Halsschild breiter als lang. Flgd.-Basalhöcker und der seichte Quereindruck dahinter sind kräftig punktiert; die Punktierung erstreckt sich bis zum Flgd.-Apex, wird jedoch wesentlich seichter. Die helle Flgd.-Zeichnung (Abb. 100 bis 102) besteht aus einer Basalbinde, die meist das erste Drittel der Flgd. erfaßt; selten ist sie breiter oder schmaler, im Einzelfall erstreckt sich die Schwarzfärbung im Bereich der Mittelnaht bis auf den Basalhöcker. Unterseite wie Oberseite gefärbt; Abdominalsegmente, Metasternum und dessen Epimeren hell. Beine hell gefärbt, Tarsenglieder apikal mehr oder weniger gebräunt oder geschwärzt. Aedeagus siehe Abb. 318. Größe von 8,1 bis 9,7 mm, Mittel 8,7 mm (n = 36).

Untersuchtes Material (n= 36): 3 ♂♂, 1 ♀, (BMNH); 1 ♂, Philipp., Goram. WALLACE (DEI); 1 ♂, Mysol (BMNH); 1 ♀, Mysol, WALLACE (DEI); 1 ♀, Waigiou (DEI); 2 ♂♂, l. c. (UZMK); 4 ♂♂, 2 ♀♀, l. c. (BMNH); 1 ♀, l. c. (WIES); 5 ♂♂, N. Guinea (BMNH); 3 ♂♂, Salwatty (BMNH); 2 ♂♂, 1 ♀, N. Guinea, DOREY (BMNH); 1 ♀, N. Guinea, Sekar, H. KÜHN, 1889 (DEI); 1 ♀, Holl. N. Guinea, Jahar, FRUHSTORFER (DEI); 1 ♂, N. Guinea Expd., Mamberamo Riv., W. C. v. HEURN, Pionierbivak, VI.–VII. 1920 (DEI); 1 ♂, 1 ♀, N. N. Guinea Exp., Mamberamo, Albatros Bivak, DOCTORS v. LEEUWEN, V. 1926 (DEI); 1 ♀, N. Guinea Exped., Bernhard Camp, 50 m, J. OLTHOF, VII.–XI. 1938 (AMST); 1 ♂, N. Dutch New Guinea, Waigeu, Mt. Nok, Camp 2 (Buffelhorn), L. E. CHEESMAN, VI. 1938 (BMNH); 1 ♂, N. W. New Guinea, Sorong, Kp. Baroe, M. A. LIEFTINCK, 8. VII. bis 14. VIII. 1948 (AMST).

20.2 *pseudorothschildi* MANDL & PEARSON, 1978 stat. n.

Typen in Coll. MANDL, PEARSON, DEI, BMNH, WIES und Mus. KOPENHAGEN.

Literatur: CASSOLA 1985: 507. MANDL & PEARSON 1978: 33–36, 35, f.

Verbreitung: JAPEN: (Yobi). NEUGUINEA: (Afua, Apalapsili, Cyclops Mts., Dojo, Hollandia, Humboldt-Bay, Jutefa Bay, Lae, Maprik, Mt. Nomo, Njau-limon, Sabron, Toricelli Mts.).

Mit folgenden Ausnahmen wie *festivus* s. str.: Flgd. kräftiger punktiert. Die helle Flgd.-Zeichnung (Abb. 103 bis 107) besteht aus einer schmalen Basalbinde und einem variabel großen Zentralfleck mit unregelmäßigen Umrissen, jedoch liegt der innere Seitenrand des Zentralflecks meist parallel zur Naht; es besteht die Tendenz zur Ausbildung einer Zentralbinde und zur lateralen Erweiterung bis zur Basalbinde. Auf der Unterseite sind gelegentlich der laterale Teil des Metasternums sowie dessen Epimeren schwarz gefärbt, die Scheibe des Metasternums ist aber in jedem Fall hell. Aedeagus siehe Abb. 319. Größe von 7,5 bis 9,3 mm, Mittel 8,6 mm (n = 31).

Untersuchtes Material (n = 32): 1 ♂, N. Guinea, Humboldt Bay (DEI); 1 ♂, N. Guinea, Ins. Jobi, DOHERTY (DEI); 2 ♂♂, 1 ♀, Humboldt Bay, IX.–X.1893, W. DOHERTY, Paratypus (DEI); 5 ♂♂, 1 ♀, W. New Guinea, Njau-limon, S. of Mt. Bougainville, 300 ft., L. E. CHEESMAN, II.1936 (BMNH); 2 ♀♀, W. New Guinea, Mt. Nomo, S. of Mt. Bougainville, 700 ft., L. E. CHEESMAN, II.1936 (BMNH); 1 ♂, E. Dutch New Guinea, Jutefa Bay, Pim, Sea level – 100 ft., L. E. CHEESMAN, II.1936 (BMNH); 1 ♂, Dutch New Guinea, Cyclops Mts., Mt. Lina, 3500 ft., L. E. CHEESMAN, III.1936 (BMNH); 2 ♂♂, 2 ♀♀, Dutch New Guinea, Cyclops Mts., Sabron, 930 ft., L. E. CHEESMAN, IV.1936 (BMNH); 1 ♀, New Guinea Exp., Hollandia, leg. L. J. TOXOPEUS, VII.1938 (AMST); 1 ♀, New Guinea, Torecella M., 1700 ft., G. P. MOORE, IV.1939 (BMNH); 1 ♀, N. Guinea, Base of Toricelli Mt., 12 miles E of Afua, 16. III.–4. IV.1939 (BMNH); 1 ♀, New Guinea, Lae, II. 1945 (WIES); 1 ♂, G. DEN HOED, XII. 1957 (AMST); ♀, Ned. N. W. Guinea, Dojo, G. DEN HOED, IV. 1958 (AMST); 2 ♂♂, Papua New Guinea, E. Sepik, Maprik, D. L. PEARSON, 10. X.1974, Paratypus (DEI); 1 ♀, l. c. (BMNH); 1 ♂, l. c., 2. XI.1974 (BMNH); 1 ♀, l. c. (WIES); 1 ♀, l. c. (DEI); 1 ♀, l. c. (UZMK).

28

Gruppe „tuberosus"

(ex parte Gruppe „fasciatus-fruhstorferi-batesi" sensu HORN, 1926)
(ex parte Gruppe „chenelli" sensu CASSOLA, 1985)

Flgd. mit Humeralfleck, Humerallunula oder Basalbinde, mit oder ohne Zentralfleck. Labrum so lang wie breit oder länger als breit, mit sechs Apikalzähnen und je einem Lateralzahn. Kiefertaster dunkel; Lippentaster hell, apikales Glied dunkel. Fühler apikal mehr oder weniger erweitert, bis an oder hinter die Schultern reichend, basales Fühlerglied hell oder dunkel. Clipeus ohne Haare. Vorderstirn steil bogenförmig abfallend zur Mittelstirn. Halsschild so breit wie lang oder breiter als lang, vorn und hinten (bis auf *rugosoangustatus* W. HORN) gleich stark eingeschnürt, Seitenrand- und Mittellinie fein, Querfurchen kräftig, Mittelstück kugelig. Flgd. mit Basal- und Apikalhöcker. Flgd.-Apex mit oder ohne Seitenrandzahn, mit zurückgezogenem oder nicht zurückgezogenem Nahtzahn, Zwischenraum geradlinig oder eingebuchtet. Bei den ♂♂ zusätzlich Glied eins bis drei der Vordertarsen mit Borstensohle, sowie Glied drei und zwei gering erweitert. Größe: 8 bis 11 mm.

Bestimmungstabelle der Arten

1   Basales Glied der Hintertarsen verdickt und erweitert   2
–   Basales Glied der Hintertarsen schlank   3
2   Nahtzahn des Flgd.-Apex nicht zurückgezogen, basales Fühlerglied hell gelb . . . .
     . . . . 23 *tuberosus* FLEUT.
–   Nahtzahn des Flgd.-Apex zurückgezogen, basales Fühlerglied meist schwarz . . . .
     . . . . 22 *angustatus* W. HORN
3   Basales Fühlerglied schwarz oder dunkelbraun . . . . 21 *klapperichi* MANDL
–   Basales Fühlerglied gelb, höchstens dessen Unterseite gebräunt   4
4   Flgd.-Punkte auf der Scheibe durch grobe Querrunzeln miteinander verbunden . . . .
     . . . . 24 *rugosoangustatus* W. HORN
–   Flgd.-Punkte auf der Scheibe einfach ausgebildet . . . . 25 *crebrepunctatus* W. HORN

21 *klapperichi* MANDL, 1955 (Abb. 33)

Type in NHMB.

Literatur: CASSOLA 1985: 511. MANDL 1955: 335, 336.

Verbreitung: CHINA: Fukien (Kuatun).

Oberseite schwarzglänzend, mit blauem Schimmer. Labrum länger als breit, schwarz, apikal mit gelbem, halbkreisförmigem Fleck (Abb. 411). Fühler bis zu den Schultern reichend, apikal leicht verdickt, schwarz. Orbitalplatten basal leicht gestrichelt. Die Mittelstirn ist basal durch eine bogenförmige Furche abgegrenzt, dahinter verlaufen parallel zu den Orbitalfurchen mehrere seichte Furchen zum Kopfseitenrand. Halsschild breiter als lang. Flgd. kräftig punktiert, zum Apex hin seichter. Die gelbe Flgd.-Zeichnung (Abb. 108) besteht aus einem kleinen Humeralfleck, einem winzigen bis verlöschenden Basalfleck und einem schmalen, leicht schräg nach hinten außen gerichteten Zentralfleck. Flgd.-Apex mit winzigem Seitenrand- und ähnlich ausgebildetem Nahtzahn, Zwischenraum nahezu geradlinig (Abb. 254). Unterseite schwarz. Beine braun, Tarsenglieder apikal schwarz geringelt, apikale Hälfte der Hinterschienen und die Hintertarsen gelbbraun. Größe 9,3 mm (n = 1).

Untersuchtes Material (n = 1): 1 ♀, China, Kuatun, Fukien, (TSCHUNG sen.), 10.V.1946, Holotypus (NHMB).

22 *angustatus* W. HORN, 1902

Bestimmungstabelle der Unterarten

1   Flgd. mit rundem Zentralfleck .... 22.2 *angustatus* s. str.
–   Flgd. ohne Zentralfleck .... 22.1 *pseudotuberosus* subsp. n.

22.1 *pseudotuberosus* subsp. n.

Type in Coll. PROBST.

Verbreitung: VIETNAM: Tam-dao.

Mit folgenden Ausnahmen wie *tuberosus* FLEUT.: Fühler schwarz, Oberseite des basalen Gliedes bisweilen hell. Mittelstirn glatt, basal mit zwei seichten, gestrichelten Dellen. Orbitalplatten am Hinterrand seicht gestrichelt. Mittellinie des Halsschildes schmal und seicht quer gerunzelt. Die helle Flgd.-Zeichnung (Abb. 109) besteht aus einem kleinen gelben, nach hinten undeutlich abgegrenzten Humeralfleck. Flgd.-Apex mit abgerundeter Seitenrandecke und zurückgezogenem Nahtzahn, Zwischenraum gering eingebuchtet. Größe 9,2 mm (n = 1).

Untersuchtes Material (n = 1): 1 ♀, N. Vietnam, Tam Dao, Prov. Vinh phu, leg. KUBAN, 2.–11. VI. 1985, Holotypus (PROBST).

22.2 *angustatus* s. str. (Abb. 34)

Type in DEI.

Literatur: CASSOLA 1985: 512. DÖBLER 1973: 357. HORN 1902: 72, 73, 1905b: 11, 1910: 194, 1913b: 364, 1924b: 12, 1926: 114.

Verbreitung: VIETNAM: Mauson Mts.

Mit folgenden Ausnahmen wie *tuberosus* FLEUT.: Fühler schwarz, Mittelstirn glatt, basal mit seichter Querfurche oder nur mit zwei seichten Dellen. Orbitalplatten am Hinterrand seicht gestrichelt. Mittellinie des Halsschildes schmal und seicht quer gerunzelt. Die helle Flgd.-Zeichnung besteht lediglich aus einem runden Zentralfleck (Abb. 110). Flgd.-Apex mit abgerundeter Seitenrandecke und zurückgezogenem Nahtzahn, Zwischenraum geradlinig (Abb. 255). Größe 9,0 und 11,0 mm (n = 2).

Untersuchtes Material (n = 2): 2 ♀♀, Tonkin, Montes Mauson, 2–3000', H. FRUHSTORFER, IV.-V., Syntypus (DEI).

23 *tuberosus* FLEUTIAUX, 1893 (Abb. 35)

Type in Mus. PARIS.

Literatur: CASSOLA 1985: 512. FLEUTIAUX 1893: 497, 498. HORN 1905b: 11, 1910: 194, 1926: 114.

Verbreitung: LAOS: Lakhon.

Kopf und Halsschild schwarzglänzend, mit blauem bis blauviolettem Schimmer, Flgd. schwarzglänzend. Basales Fühlerglied gelb, Unterseite gebräunt, die übrigen schwarz, apikal gering erweitert, bis zu den Schultern reichend. Labrum länger als breit, schwarz, apikal mit halbkreisförmigem gelbem Fleck (Abb. 413). Vorderstirn oben abgerundet. Mittelstirn glatt, zentral mit seichter Delle, basal mit seichter Querfurche. Orbitalplatten glatt. Halsschild länger als breit, Mittellinie breit quer gerunzelt. Flgd. kräftig punktiert, zum Apex hin seichter. Die helle Flgd.-Zeichnung (Abb. 111) besteht aus einem gelben Humeralfleck, der nach hinten undeutlich abgegrenzt ist, und einem kleinen braungelben oder fast verlöschenden Basalfleck. Flgd.-Apex mit stumpfwinkliger Naht- und Seitenrandecke, Zwischenraum gering eingebuchtet (Abb. 256). Unterseite schwarz. Beine dunkelbraun bis schwarz,

Schenkel rotbraun, apikale Hälfte der Hinterschienen und Glied eins bis drei der Hintertarsen gelb. Erstes und zweites Glied der Hintertarsen walzenartig verdickt. Aedeagus siehe Abb. 320. Größe 8,5 und 9,2 mm (n = 2).

Untersuchtes Material (n = 2): 1 ♂, Lakhon, HARMAND, 1878 (DEI); 1 ♂, l. c., Holotypus (Mus. PARIS).

24 *rugosoangustatus* W. HORN, 1929 (Abb. 36)

Type in DEI.

Literatur: CASSOLA 1985: 512. DÖBLER 1973: 407. HORN 1929: 19, 20.

Verbreitung: VIETNAM: Chapa.

Mit folgenden Ausnahmen wie *crebrepunctatus* s. str. W. HORN: Mandibeln dunkler, Labrum ebenso, mit schwarzem Randsaum und Basalfleck, länger als breit (Abb. 414). Fühler nur gering erweitert; basales Glied braun, Unterseite schwarz, die übrigen völlig schwarz, Glied zwei bis vier mit blauem Schimmer. Halsschild vorn etwas stärker eingeschnürt als hinten. Mittellinie breit quer gerunzelt. Flgd.-Punktierung gröber, im Mittelteil stark quer gerunzelt. Die Flgd.-Zeichnung (Abb. 112) besteht aus einem gelben Humeralfleck, einem gelben Basalfleck und einem schmalen, quer rechtecki-gen Zentralfleck. Der gelbe Humeralfleck ist nach hinten zu einer rotbraunen Humerallunula verlängert, die den Basalhöcker ausspart. Beine insgesamt dunkler. Größe 8,8 mm (n = 1).

Untersuchtes Material (n = 1): 1 ♂, Tonkin, Chapa, JEANVOINE, 1. VII. 1917, Syntypus (DEI).

23 *crebrepunctatus* W. HORN, 1923 (Abb. 37)

Bestimmungstabelle der Unterarten

1 Zentralbinde der Flgd. schräg nach hinten auswärts gerichtet . . 25.2 *crebrepunctatus* s. str.
– Zentralbinde quer rechteckig . . . . 25.1 *horni* subsp. n.

25.1 *horni* subsp. n.

Type in DEI.

Verbreitung: BURMA: Shan State (Ruby mines).

Mit folgenden Ausnahmen wie *crebrepunctatus* s. str.: die helle Flgd.-Zeichnung (Abb. 113) besteht aus einer breiten gelbbraunen Basalbinde, einem darin eingeschlossenen gelben Humeralfleck und einer breiten, gelben, quer rechteckigen Zentralbinde, die die Seitenrandnaht nicht erreicht, sondern kurz davor halbkreisförmig abgerundet ist. Labrum stärker geschwärzt, die Gelbfärbung beschränkt sich auf Apex und Mittelteil (Abb. 415). Größe 7,7 mm (n = 1).

Untersuchtes Material (n = 1): 1 ♀, Birmah, Ruby-Mns., DOHERTY, (var. ?, det. HORN, 1926), Holotypus (DEI).

25.2 *crebrepunctatus* s. str. (Abb. 37)

Type in DEI.

Literatur: CASSOLA 1985: 511. DÖBLER 1973: 370. HEYNES-WOOD & DOVER 1928: 43. HORN 1923c: 215, 216, 1926: 114.

Verbreitung: BURMA: Shan State (Namtu).

Kopf und Halsschild schwarzglänzend, mit blauem Schimmer. Flgd. schwarzbraun. Fühler bis hinter die Schultern reichend, zum Apex hin erweitert, apikales Glied gelb, die übrigen braun, mehr oder weniger geschwärzt. Labrum so lang wie breit, weißgelb, mit dunkelbraunem Basalfleck und Randsaum (Abb. 416). Vorderstirn oben bogenförmig abgerundet. Mittelstirn vorn mit seichten Querstricheln, hinten mit seichter Querfurche. Orbitalplatten am Hinterrand mit kurzen, seichten Stricheln. Halsschild so breit wie lang. Flgd. kräftig punktiert, zum Apex hin seichter. Die helle Flgd.-Zeichnung (Abb. 114) besteht aus einem gelben Humeralfleck, der auch die Hälfte des Basalhöckers erfaßt und einer gelben Zentralbinde, die von der Mittelnaht schräg nach hinten auswärts gerichtet ist. Flgd.-Apex durchscheinend bräunlich. Flgd.-Apex bis zur Seitenrandecke abgerundet, von dort geradlinig schief einwärts gerichtet, mit stumpfwinkligem Nahtzahn (Abb. 259). Unterseite schwarz. Schenkel gelb, Schienen und Tarsen gelbbraun, Apex von Schienen und Tarsengliedern dunkel geringelt, apikale Hälfte der Hinterschienen und die Hintertarsen hellgelb. Aedeagus siehe Abb. 321. Größe 7,7 mm (n = 1).

Untersuchtes Material (n = 1): 1 ♂, Ober-Birma, Namtu-Gebiet, V.1905, Syntypus (DEI).

Gruppe „coeruleus"

(ex parte Gruppe „fasciatus-fruhstorferi-batesi" sensu HORN, 1926)
(ex parte Gruppe „labiatus" und „chenelli" sensu CASSOLA, 1985)

Flgd. ohne Humeral- und Zentralfleck oder mit weit über die Flgd.-Mitte ausgezogener gelbbrauner Humerallunula. Labrum länger als breit oder breiter als lang, mit fünf bis sechs Apikalzähnen, je einem Lateral- und Basalzahn. Palpen hell. Fühler bis hinter die Schultern reichend, erstes Glied hell, dessen Unterseite und die übrigen mehr oder weniger gebräunt. Clipeus ohne Haare. Vorderstirn steil bogenförmig abfallend zur Mittelstirn, oben bogenförmig abgerundet. Halsschild länger als breit oder so breit wie lang, vorn und hinten gleich stark eingeschnürt oder vorn stärker eingeschnürt als hinten, Mittelstück kugelig oder nicht kugelig. Flgd. mit Basal- und Apikalhöcker. Flgd.-Apex am Seitenrand abgerundet, an der Nahtecke ebenfalls oder gering stumpfwinklig ausgezogen, oder Flgd.-Apex mit abgerundet vorgezogener Seitenrandecke und leicht schräg einwärts davon liegendem Nahtzahn. Zwischenraum geradlinig oder gering eingebuchtet. Bei den ♂♂ zusätzlich Glied eins bis drei der Vordertarsen mit dichter Borstensohle (bei fleutiauxi W. HORN auch Glied drei der Mitteltarsen) sowie Glied eins bis drei der Vordertarsen erweitert. Größe: 8 bis 12 mm.

Bestimmungstabelle der Arten

1 Mittelstück des Halsschildes nicht kugelig, die größte Breite befindet sich hinter der Mitte . . . . 27 fleutiauxi W. HORN
– Mittelstück des Halsschildes kugelig, die größte Breite befindet sich in der Mitte . . . . 26 coeruleus LATR.

26 coeruleus LATREILLE, 1822

Bestimmungstabelle der Unterarten

1 Flgd. ohne helle Zeichnung . . . . 26.1 coeruleus s. str.
– Flgd. mit heller Zeichnung . . . . 26.2 apicalis W. HORN

26.1 coeruleus s. str. (Abb. 38)

Literatur: BOUCHARD 1901: 296. CASSOLA 1985: 507. CHAUDOIR 1848: 17, 1865: 13. FLEUTIAUX 1892: 134. HORN 1895a: 677, 1897a: 54, 1905b: 11, 1910: 190, 191, 193, 1926: 113, 1927a: 123. LATREILLE & DEJEAN 1822: 64, T. 1, f. 2. SCHAUM 1860: 183, 1863a: 67, 1863b: 74. THOMSON 1860: 44. WIESNER 1986: 32, 33.

(javanicus GORY, 1831)

Literatur: CHAUDOIR 1865: 13. FLEUTIAUX 1892: 134. GORY 1831: 39, f. 1–3. HORN 1897a: 54, 1905b: 11, 1910: 193, 1926: 113. SCHAUM 1860: 183. THOMSON 1860: 44. CASSOLA 1985: 507.

(cyaneus BRULLÉ, 1834)

Literatur: CASSOLA 1985: 507. HORN 1910: 193, 1926: 113.

Verbreitung: SUMATRA: (Liangagas, Sungei Bulu), Aceh (Kualasimpang, Muarasukon), Sumatera utara (Sibolangit, Tanahmasa: Batu), Sumatera barat (Anei Kloof, Inderapura, Padangpandjang, Pajakombo), Bengkulu (Manna, Sukaraja), Sumatera selatan (Palembang); Lampung (Giesting, Gunung Tanggamus).

Oberseite schwarzglänzend, mit grünem oder blauem Schimmer. Labrum hell, breiter als lang (Abb. 417). Orbitalplatten seicht gestrichelt. Der vordere Teil der Mittelstirn weist rechts und links nahe den Orbitalfurchen eine schräg nach innen gerichtete Furche auf. Der übrige Teil der Mittelstirn ist glatt oder schwach längs gerunzelt, basal befinden sich zwei seichte Dellen. Der Seitenrand des Kopfes hinter den Augen ist leicht bis deutlich gestrichelt. Halsschild so breit wie lang, vorn und hinten ungefähr gleich stark eingeschnürt, Mittelstück kugelig, Querfurchen tief, Mittel- und Seitenrandlinien fein. Flgd. (Abb. 115) deutlich punktiert, neben und hinter dem Basalhöcker besonders kräftig bis grob. Flgd.-Apex gelegentlich gering gebräunt, am Seitenrand abgerundet, an der Nahtecke ebenfalls abgerundet oder gering stumpfwinklig ausgezogen, Zwischenraum geradlinig oder gering eingebuchtet (Abb. 257, 258). Unterseite und Beine hellbraun, Tarsenglieder gelegentlich dunkler. Aedeagus siehe Abb. 322. Größe von 8,8 bis 11,5 mm, Mittel 9,7 mm (n = 18).

Untersuchtes Material (n = 18): 1 ♂, Sumatra (DEI); 1 ♂, l. c., WIEDEMANN (ZSM); 1 ♀, l. c., 2000 m, BOUCHARD (DEI); 1 ♂, Sumatra, Liangagas, DOHRN (DEI); 3 ♂♂, Sumatra, Giestings, Native collect. (AMST); 1 ♀, Soekaranda, DOHRN, I. 1894 (DEI); 1 ♂, Sumatra, Padg. Pandjang, 800 m, leg. KANNEGIETER, 1. trim. 1896 (DEI); 1 ♂, l. c., (AMST); 3 ♂♂, Ins. Batoe, Tanah Masa, KANNEGIETER, IX. 1896 (AMST); 1 ♂, 1 ♀, Sumatra's West Kust, Anei Kloof, 500 m, leg. E. JACOBSON, 1926 (DEI); 1 ♂, S. Sumatra, SW. Lampongs, Mt. Tanggamoes, Giesting, Wailalaan, LIEFTINCK/TOXOPEUS, XII.1934 (DEI); 1 ♂, l. c., S. W. Lampong distr., Giesting ult., M. A. LIEFTINCK, XII.1939 (AMST); 1 ♀, N. O. Sumatra, Deli, Sibolangit, 450 m, J. v. d. VECHT, 5. I. 1954 (AMST).

26.2 *apicalis* W. HORN, 1897

Type in DEI.

Literatur: CASSOLA 1985: 507. HORN 1897b: 270, 1905b: 11, 1910: 194, 1926: 113. WIESNER 1986: 33.

Verbreitung: SUMATRA: Sumatera utara (Tanahmasa: Batu), Sumatera barat (Mentawei, Muara Siberut, Sereinu, Siberut, Sioban, Sipora).

Mit folgenden Ausnahmen wie *coeruleus* s. str.: Flgd.-Apex mit gelbem Fleck (Abb. 116, 117), Flgd.-Basis mit oder ohne undeutlichen, rotbraunen Humeralfleck. Aedeagus siehe Abb. 323. Größe von 8,0 bis 10,0 mm, Mittel 8,7 mm (n = 20).

Untersuchtes Material (n = 20): 3 ♂♂, 2 ♀♀, Mentawei (UZMK); 1 ♀, l. c., coll. RUGE (DEI); 1 ♂, Mentawei, Si Oban, E. MODIGLIANI (UZMK); 3 ♂♂, 1 ♀, Mentawei, Sipora, Sereinu, MODIGLIANI, V.–VI.1894, Syntypus (DEI); 2 ♂♂, 1 ♀, Ins. Batoe, Tanah Masa, KANNEGIETER, IX.1896 (DEI); 1 ♂, l. c. (AMST); 2 ♂♂, West Sumatra, Sipora Island, C. B. K. and N. S., X.1924 (BMNH); 1 ♂, 1 ♀, West Sumatra, Siberut Islands, C. B. K. and N. S., IX.1924 (BMNH); 1 ♂, Siberut Is., Muara Siberut, Coll. N. ISHIKAWA, 2., 3., 6. VI.1982 (WIES).

27 *fleutiauxi* W. HORN, 1898 (Abb. 39)

Type in DEI.

Literatur: CASSOLA 1985: 511. DÖBLER 1973: 378. HORN 1898a: 106, 1905b: 11, 1910: 194, 1926: 113.

Verbreitung: MALAYA: Perak (Batang Padang). SINGAPORE.

33

Kopf und Halsschild schwarz, mit grünblauem Schimmer. Flgd. schwarzbraun. Labrum gelb, etwas länger als breit (Abb. 418). Orbitalplatten hinten seicht gestrichelt. Die Mittelstirn ist vorn seicht quer gestrichelt, hinten durch eine bogenförmige Furche abgegrenzt. Schief auswärts dahinter ist der Seitenrand des Kopfes gestrichelt. Halsschild länger als breit, vorn stärker eingeschnürt als hinten, das Mittelstück hat seine größte Breite hinter der Mitte, Seitenrandlinien deutlich, Mittellinie fein und mit Querrunzeln. Die Flgd. sind deutlich, zum Apex hin etwas seichter und hinter dem Basalhöcker kräftiger punktiert. Die helle Flgd.-Zeichnung (Abb. 118, 119) besteht aus einer breiten Basalbinde, einem damit mehr oder weniger verbundenen großen Zentralfleck, der sich apikal zur Flgd.-Naht hin verjüngt und einem Apikalfleck. Flgd.-Apex mit abgerundet vorgezogener Seitenrandecke und leicht schräg einwärts davon liegendem Nahtzahn, Zwischenraum geradlinig oder gering eingebuchtet (Abb. 260). Unterseite gelbbraun, Metasternum und dessen Epimeren schwarz. Beine gelb, Tarsenglieder mehr oder weniger gebräunt, Vordertarsen der ♂♂ geschwärzt. Aedeagus siehe Abb. 324. Größe von 7,9 bis 8,2 mm, Mittel 8,0 mm (n = 3).

Untersuchtes Material (n = 3): 1 ♀, Malacca merid., Holotypus (DEI); 1 ♀, Singapore, H. N. RIDLEY, 1901 (BMNH); 1 ♂, F. M. S., Perak, Batang Padang, Jor Camp, 1800 ft., H. M. PENDLEBURY, 4.VI.1923 (DEI).

Gruppe „batesii"

(ex parte Gruppe „fasciatus-fruhstorferi-batesi" sensu HORN, 1926)
(Gruppe „batesi" sensu CASSOLA, 1985)

Flgd. ohne helle Zeichnung oder ganz hell oder mit Zentralfleck und Humeralfleck, Basalbinde oder Humerallunula. Labrum breiter als lang, so lang wie breit oder länger als breit, mit fünf oder sechs Apikalzähnen und je einem Lateral- und Basalzahn. Palpen hell. Fühler bei fruhstorferi W. HORN kurz und apikal keulenförmig erweitert, sonst bis an oder hinter die Schultern reichend. Clipeus ohne Haare. Vorderstirn steil bogenförmig abfallend zur Mittelstirn, oben bogenförmig abgerundet. Brust breiter als lang oder länger als breit, vorn oder hinten stärker eingeschnürt oder gleichmäßig eingeschnürt, Seitenrandlinien, Querfurche und Mittellinie kräftig oder fein, Mittelstück kugelig. Flgd. mit Basal-, Zentral- und Apikalhöcker, erinnys BATES zusätzlich mit Lateralhöcker, bei maindroni W. HORN kann der Zentralhöcker fast verschwunden sein. Flgd.-Apex mit spitzwinklig ausgezogener Seitenrandecke, ausgezogenem Nahtzahn und bogenförmig eingebuchtetem Zwischenraum oder mit sanft bogenförmig abgerundeter Seitenrandecke und geschwungener, bogenförmig ausgezogener Nahtecke oder vollständig abgerundet mit abgerundeter oder stumpfwinkliger Nahtecke. Bei den ♂♂ zusätzlich Glied eins bis drei der Vordertarsen mit dichter Borstensohle sowie Glied drei der Vordertarsen erweitert. Größe: 6 bis 13 mm.

W. HORN (1922, p. 98) zählte maindroni W. HORN nicht zu den Arten mit erhabenem Zentralfleck, zahlreiche Exemplare zeigen aber tatsächlich dieses Merkmal, wenn auch weit weniger auffällig als die übrigen (erinnys, bryanti W. HORN, batesii THOMS. und fruhstorferi W. HORN). Die Art steht mit der Ausbildung des Flgd.-Apex zwischen bryanti und batesii: die Nahtecke ist bereits angedeutet, der Zwischenraum zur Seitenrandecke aber nur gering eingebuchtet; von allen Arten ist sie sofort durch das helle Metasternum zu unterscheiden. bryanti hat von allen den kleinsten Zentralfleck, batesii zeichnet sich durch seine geringe Körpergröße und den abgerundeten Flgd.-Apex aus, fruhstorferi durch seine apikal keulenförmig erweiterten Fühlerglieder. erinnys hat die am stärksten nach hinten ausgezogene Nahtecke und den am stärksten entwickelten Zentralhöcker.

Bestimmungstabelle der Arten

1 Metasternum gelb . . . . 30 maindroni W. HORN

– Metasternum schwarz 2

28 *erinnys* Bates, 1874

Das Taxon *styx* W. Horn halte ich, nach der Untersuchung des einzigen bekannt gewordenen Exemplares (Holotypus ♂), für einen postmortal verfremdeten *erinnys* s. str. (das ganze Tier ist mit einem messingfarbenen Schimmer überzogen, sämtliche Bindegewebe zwischen den Chitinsegmenten sind zerstört); *crebrepunctulatus* W. Horn, mit seinen stark vergrößerten Punktgruben auf den Flgd., halte ich für eine monströse Form von *tepa* Moulton (bislang ist nur der ♀ Holotypus mit der Fundortangabe „Borneo" bekannt geworden); bei *tepa* verzichte ich auf die Anpassung der Namensendung an das Geschlecht des Gattungsnamens: die derivatio nominis ist unklar, eine Ableitung aus dem Griechischen oder Lateinischen scheitert, *tepa* wird als Name nichtklassischer Herkunft behandelt.

Bestimmungstabelle der Unterarten

1   Grundfarbe der Flgd. rötlich braun . . . . 28.1 *tepa* Moulton
–   Grundfarbe der Flgd. schwarz . . . . 28.2 *erinnys* s. str.

28.1 *tepa* Moulton, 1910

Typen in Mus. LEIDEN und DEI.

Literatur: Cassola 1985: 510. Horn 1923 b: 317, 1926: 114. Moulton 1910: 190.

(crebrepunctatus W. Horn, 1923)

Type in DEI.

Literatur: Cassola 1985: 510. Döbler 1973: 370. Horn 1923 b: 317, 318, 1925 a: 134, 1926: 114.

(crebrepunctulatus W. Horn, 1925) syn. n.

Literatur: Cassola 1985: 510. Horn 1925 a: 134, 1926: 114.

Verbreitung: BORNEO: (Long Petak), Sarawak (Gunung Mulu, Limbang, Maropok Mts.), Kalimantan timur (Kayan riv.).

Mit folgenden Abweichungen wie *erinnys* s. str.: die Grundfarbe der Flgd. ist rötlich braun; Humeral-, Zentral- und Apikalfleck sind entweder abgesetzt gelb gefärbt oder von der Grundfarbe der Flgd. nicht unterschieden (Abb. 120 bis 122). Am Flgd.-Seitenrand neben dem Basalhöcker und vor dem Apikalfleck befinden sich gelegentlich dunkler gefärbte Flächen. Größe von 8,4 bis 9,5 mm, Mittel 9,0 mm (n = 6).

Untersuchtes Material (n = 6): 1 ♀, Borneo, Holotypus *(crebrepunctulatus)* (DEI); 1 ♂, Sarawak, Maropok Mtns., Moulton, 15. IX. 1909, Syntypus (DEI); 1 ♂, Borneo, Ulu Limbang, Moulton, 14. IV. 1910 (DEI); 1 ♀, Oost Borneo, Kajan rivier, Dr. E. Mjoberg (DEI); 1 ♂, N. O. Borneo Exp., Long Petak, 450 m, H. C. Siebers, IX.–X. 1925 (DEI); 1 ♂, Sarawak, Gunung Mulu Nat. Park, Site 20, W Melinau Gorge, 150 m, Kerangas, III.–IV. 1977 (BMNH).

28.2 *erinnys* s. str. (Abb. 40)

Literatur: BATES 1874: 269. CASSOLA 1985: 510. FLEUTIAUX 1892: 134. HORN 1905b: 11, 1910: 194, 1922: 98, 1926: 114, 1931a: 287. MOULTON 1910: 190.

(*styx* W. HORN, 1909) syn. n.
Type in DEI.
Literatur: CASSOLA 1985: 510. HORN 1909a: 260, 1910: 194, 1926: 114. MOULTON 1910: 190.

Verbreitung: BORNEO: Sarawak (Bau, Gunung Matang, Gunung Mulu, Mt. Dulit, Mt. Kalulong, Mt. Merinjak, Mt. Penrissen, Mt. Poe), Sabah (Keningau, Kenokok, Kinabalu, Poring Hot Springs), Kalimantan timur (Malinau).

Oberseite schwarzglänzend, mit grünrotem Schimmer. Labrum so lang wie breit, mit oder ohne dunklen Basalfleck, mit sechs Apikalzähnen (Abb. 419). Fühler bis zu den Schultern reichend, hell, Unterseite gelegentlich leicht angedunkelt. Clipeus apikal mehr oder weniger aufgehellt. Orbitalplatten basal seicht gestrichelt. Die glatte Mittelstirn weist zentral eine deutliche Querfurche auf, dahinter zwei mehr oder weniger deutliche Dellen. Der Seitenrand des Kopfes hinter den Augen ist leicht gestrichelt. Halsschild länger als breit, hinten stärker eingeschnürt als vorn; Seitenrandlinien fein, Querfurchen und Mittellinie kräftig, letztere mit Querrunzeln. Die Flgd. sind in der vorderen Hälfte bis zum Zentralhöcker kräftig punktiert, am Zentralhöcker selbst ist nicht punktiert; auf der apikalen Flgd.-Hälfte sind die Punkte sehr seicht und vereinzelt. Die deutlich abgegrenzte helle Flgd.-Zeichnung (Abb. 123 bis 127) besteht aus einem in der Ausdehnung variablen, rötlich gelben Humeralfleck, einem gelben Zentralfleck und einem gelben Apikalfleck. Flgd.-Apex mit spitzwinklig ausgezogener Seitenrandecke, ausgezogenem Nahtzahn und bogenförmig eingebuchtetem Zwischenraum (Abb. 261). Unterseite wie Oberseite gefärbt, Abdominalsegmente hell. Beine hellbraun, Tarsenspitzen mehr oder weniger angedunkelt. Bei den ♂♂ sind die Vordertarsen mehr oder weniger geschwärzt, zusätzlich Glied drei der Mitteltarsen mit dichter Borstensohle sowie zusätzlich Glied zwei und drei der Vordertarsen apikal leicht verbreitert. Aedeagus siehe Abb. 325 und 326. Größe von 8,2 bis 10,1 mm, Mittel 9,2 mm (n = 84).

Untersuchtes Material (n = 84): 1♂, Penrissen, 4500 ft., 17.V.1899, Holotypus (*styx*) (DEI); 1♂, Borneo (UZMK); 1♂, Borneo West (BMNH); 4♂♂, 3♀♀, Borneo, Kinabalu (BMNH); 2♂♂, 1♀, Borneo, Kinabalu, WHITEHEAD (BMNH); 1♀, Kinabalu, Handuger (DEI); 1♂, 3♀♀, Kinabalu (DEI); 1♂, Borneo, Kinabalu (UZMK); 1♀, l. c. (BMNH); 1♀, Borneo, Timor, District Duson, I.1882 (DEI); 1♀, Sarawak, Mt. Poe, R. H. Coll., 17.IV.1903 (DEI); 1♂, Sarawak, Bau-Matang, via Single, C. J. BROOKS, 12.–20.V.1909 (BMNH); 1♂, Sarawak, Mt. Pennrissen, 3200 ft., DYAK Coll., 21.XI.1909 (DEI); 1♂, Malinau, nr. Mt. Molu, 14.XI.1910 (DEI); 1♂, Sarawak, Penrissen Mts., C. J. BROOKS, 1910, (BMNH); 1♂, 1♀, W. Sarawak, Mt. Matang, XII.1913 (BMNH); 1♂, 1♀, l. c., 2000 ft., 6.XII.1913 (BMNH); 1♀, l. c., 18.XII.1913 (BMNH); 2♀♀, l. c., 20.XII.1913 (BMNH); 1♀, l. c., I.1914 (BMNH); 1♂, l. c., 17.I.1914 (BMNH); 1♂, 1♀, l. c., 7.II.1914 (BMNH); 1♀, l. c., 13.II.1914 (BMNH); 1♂, Sarawak, Mt. Merinjak, G. E. BRYANT, 2000 ft., 22.V.1914 (BMNH); 1♂, l. c., 1500 ft., 26.V.1914 (BMNH); 1♀, B. N. Borneo, Mt. Kinabalu, Kenokok, 3300 ft., 25.IV.1929 (DEI); 2♀♀, Sarawak, Mt. Dulit, 4000 ft., Moss forest, 15.X.1932 (BMNH); 4♂♂, 4♀♀, l. c., 16.X.1932 (BMNH); 4♂♂, l. c., 17.X.1932 (BMNH); 1♀, l. c., 19.X.1932 (BMNH); 1♂, l. c., 23.X.1932 (BMNH); 1♂, l. c., 26.X.1932 (BMNH); 3♂♂, l. c., 27.X.1932 (BMNH); 2♀♀, Sarawak, Mt. Dulit, 3000 ft., primitive forest, 24.X.1932 (BMNH); 1♂, Sarawak, foot of Mt. Dulit, junction of rivers Tinjar & Lejok, old secondary forest, 5.X.1932 (BMNH); 1♂, l. c., 16.IX.1932 (BMNH); 1♂, l. c., 20.XI.1932 (BMNH); 1♂, Sarawak, Mt. Kalulong, 3000 ft., 5.XI.1932 (BMNH); 1♂, Sarawak, Mt. Dulit, R. Koyan, 2500 ft., primary forest, 16.XI.1932 (BMNH); 1♂, l. c., 20.XI.1932 (BMNH); 1♀, Sabah, Keningau, Col. TOMITA, III.1959 (WIES); 2♂♂, 4♀♀, Sarawak, 4th. Division, Gn. Mulu NP., nr. Camp 1, 150–200 m, P. M. HAMMOND & J. E. MARSHALL, V.–VIII.1978 (BMNH); 2♂♂, 3♀♀, l. c., malaise trap, limestone, IV.1978 (BMNH); 1♂, Sarawak, Gunong Mulu Nat. Park, R. G. S. Exped., Camp 1, Site 5, Nocanopy, S. HOLLOWAY, light, 1977 (BMNH); 1♂, Borneo, Sabah, Poring Hot Springs, at 500 m, 6°03′N, 116°43′E, leg. J. BOGENBERGER, 15.–24.IX.1978 (WIES).

36

29 *batesii* THOMSON, 1857

Bestimmungstabelle der Unterarten

1   Flgd. ohne Apikalfleck .... **29.3** *cranstoni* subsp. n.

–   Flgd. mit Apikalfleck 2

2   Grundfarbe der Flgd. rötlich braun .... **29.1** *testaceipennis* W. HORN

–   Grundfarbe der Flgd. schwarz .... **29.2** *batesii* s. str.

29.1 *testaceipennis* W. Horn, 1924

Type in DEI.

Literatur: CASSOLA 1985: 510. HORN 1924a: 91, 1926: 114.

Verbreitung: BORNEO: (Long Petak), Sabah (Bellatan, Sandakan, Ulu Dusun).

Mit folgenden Ausnahmen wie *batesii* s. str.: die Grundfarbe der Flgd. ist rötlich braun. Humeral-, Zentral- und Apikalfleck sind abgesetzt gelb gefärbt oder im Einzelfall nicht von der Grundfarbe der Flgd. unterschieden (Abb. 128). Größe von 6,6 bis 7,4 mm, Mittel 7,0 mm (n = 5).

Untersuchtes Material (n = 5): 1 ♂, Singapore, H. N. RIDLEY, 1897 (BMNH); 1 ♀, Borneo, Sandakan, BAKER, Holotypus (DEI); 1 ♂, M. O. Borneo Exp., Long Petak, 450 m, H. C. SIEBERS, IX.–X.1925 (DEI); 1 ♀, N. Borneo, Bellatan, nr. Sandakan, 4.VIII.1927 (DEI); 1 ♀, Sabah, Ulu Dusun, K. M. GUICHARD, 12.–22.V.1973 (BMNH).

29.2 *batesii* s. str. (Abb. 41)

Literatur: BOUCHARD 1901: 296. CASSOLA 1985: 510. CHAUDOIR 1865: 13. FLEUTIAUX 1892: 134. HORN 1901: 84, 1905b: 11, 1908a: 14, T. 3, f. 23, 1910: 190, 194, 1922: 98, 1926: 114, 1927a: 123, 1931a: 287. MOULTON 1910: 190. SCHAUM 1860: 185. THOMSON 1857: 131, 132, 1860: 44. WIESNER 1986: 33, 34.

Verbreitung: SUMATRA: (Liangagas, Tambang Salida), Aceh (Muarasukon), Sumatera utara (Batu: Tanahmasa), Sumatera barat (Anei Kloof, Inderapura), Jambi (Sanggaranagung), Bengkulu (Kepahiang, Manna, Sukaraja), Sumatera selatan (Palembang), Lampung (Giesting). BORNEO: Brunei (Temburong Ridge), Sarawak (Baram River, Bengen River, Bidi, Gunung Mulu, Lingga, Lundu, Long Ayap, Mt. Dulit, Mt. Matang, Mt. Merinjak, Mt. Penrissen, Puak, Quop, Retuh, Tabang), Sabah (Kabayau, Kenokok, Kinabalu, Poring), Kalimantan selatan (Martapura). MALAYA: Perak.

Oberseite schwarzglänzend, mit blaugrünem oder rötlichem Schimmer. Labrum so breit wie lang, hell, mit fünf Apikalzähnen (Abb. 422). Fühler bis hinter die Schultern reichend, hell, Unterseite gelegentlich angedunkelt. Clipeus apikal gering aufgehellt. Orbitalplatten basal seicht gestrichelt. Die Mittelstirn ist glatt, mit oder ohne undeutliche Quer- und Längseindrücke. Der Seitenrand des Kopfes hinter den Augen ist leicht gestrichelt. Halsschild länger als breit, vorn und hinten gleich stark eingeschnürt; Seitenrandlinien, Querfurchen und Mittellinie fein, letztere mit Querrunzeln. Die Flgd. sind hinter dem Basalhöcker bis zum Zentralhöcker leicht bis kräftig punktiert, der Zentralhöcker ist nicht punktiert, der Flgd.-Apex ebenfalls nicht oder nur sehr schwach. Die deutlich abgegrenzte, gelbe Flgd.-Zeichnung (Abb. 129 bis 131) besteht aus einem in der Ausdehnung variablen Humeralfleck, der den Basalhöcker mehr oder weniger mit einschließt, einem Zentralfleck von der Größe des Zentralhöckers und einem Apikalfleck. Flgd.-Apex abgerundet, Nahtecke ebenfalls oder sehr gering stumpfwinklig ausgezogen (Abb. 262). Unterseite wie Oberseite gefärbt, Abdominalsegmente hell. Beine hellbraun, Tarsenspitzen gelegentlich gebräunt. Bei den ♂♂ zusätzlich Glied drei der Mitteltarsen mit dichter Borstensohle sowie Glied zwei und drei der Vordertarsen gering verbreitert. Aedeagus siehe Abb. 327. Größe von 6,3 bis 8,4 mm, Mittel 7,2 mm (n = 92).

Untersuchtes Material (n = 92): 3 ♂♂, (BMNH); 1 ♂, Sumatra, BOUCHARD (DEI); 1 ♂, Palembang, BOU-
CHARD (DEI); 1 ♂, Liangagas, DOHRN (DEI); 1 ♀, Sumatra, Soekaranda, DOHRN (DEI); 1 ♀, Ins. Batoe, Tanah
Masa, KANNEGIETER, IX. 1896 (DEI); 1 ♀, Sumatra, Tambang Salida, J. L. WEYERS (DEI); 1 ♀, Sumatra, Sandaran
Agong, Korinchi Lake, 2400 ft., V.–VI. 1914 (BMNH); 1 ♂, Anei Kloof, Sumatra's West Kust, 500 m, leg. E. JA-
COBSON, 1926 (BMNH); 2 ♀♀, Kinabalu (DEI); 1 ♀, Brunei (DEI); 1 ♂, 1 ♀, Brunei, Temburong Ridge, Malaise
Trap, 9. III. 1982 (BMNH); 2 ♂♂, Borneo, Labuan (BMNH); 1 ♂, Borneo, C. J. BROOKS, 1911 (BMNH); 1 ♂, N.
Borneo, WHITEHEAD (BMNH); 1 ♂, 1 ♀, Borneo, Kinabalu, WHITEHEAD (BMNH); 2 ♂♂, 1 ♀, Perak, DOHERTY
(BMNH); 2 ♀♀, Borneo, Peugaron, DOHERTY (BMNH); 1 ♀, Borneo, Sarawak, Coll. S. DORIA, 1865–66 (DEI);
2 ♀♀, S. E. Borneo, Martapura, DOHERTY, 1891 (BMNH); 1 ♀, Sarawak, Bidi, C. J. BROOKS, 6. XII. 1908
(BMNH); 1 ♀, Fed. Malay States, C. J. BROOKS, 1909 (BMNH); 1 ♂, 3 ♀♀, W. Sarawak, Mt. Matang, G. E. BRY-
ANT, I.–II. 1914 (BMNH); 1 ♂, l. c., I. II. 1914 (BMNH); 1 ♂, l. c., I. 1914 (BMNH); 1 ♂, 2 ♀♀, 9. XII. 1913
(BMNH); 2 ♂♂, 1 ♀, l. c., 6. XII. 1913 (BMNH); 1 ♂, 1 ♀, l. c., XII. 1913 (BMNH); 2 ♂♂, 1 ♀, l. c., 3. II. 1914
(BMNH); 1 ♀, l. c., 2000 ft., 4. XII. 1913 (BMNH); 2 ♂♂, 4 ♀♀, W. Sarawak, Quop, G. E. BRYANT, II.–III. 1914
(BMNH); 1 ♂, l. c., III. II. 1914 (BMNH); 1 ♂, l. c., 3. III. 1914 (BMNH); 1 ♂, l. c., 25. III. 1914 (BMNH); 1 ♀, l. c.,
1. IV. 1914 (BMNH); 1 ♂, 1 ♀, l. c., 8. IV. 1914 (BMNH); 1 ♂, l. c., III.–IV. 1914 (BMNH); 3 ♂♂, Sarawak, Re-
tuh, G. E. BRYANT, 16. V. 1914 (BMNH); 1 ♂, l. c., 17. V. 1914 (BMNH); 1 ♂, Sarawak, Mt. Merinjak, G. E. BRY-
ANT, V. 1914 (BMNH); 1 ♀, l. c., 22. V. 1914 (BMNH); 1 ♂, l. c., 1500 ft., 29. V. 1914 (BMNH); 1 ♂, W. Sarawak,
Lundu, G. E. BRYANT, I. 1914 (BMNH); 1 ♂, 1 ♀, W. Sarawak, Puak, G. E. BRYANT, V. 1914 (BMNH); I ♂, Sarawak, Baram River, Long Ayap, 24. X. 1920 (BMNH); 1 ♀, B. N. Borneo, nr. Kinabalu, Kabayau, 600, 8. V. 1929
(DEI); 2 ♀♀, Sarawak, Mt. Dulit, 4000 ft., Moss forest, 19. X. 1932 (BMNH); 1 ♂, Sarawak, foot of Mt. Dulit,
junction of rivers Tinjar & Lejok, 26. VIII. 1932 (BMNH); 2 ♂♂, l. c., 20. IX. 1932 (BMNH); 1 ♂, Sarawak, Mt.
Dulit, R. Koyan, 2500 ft., primary forest, III. 1932 (BMNH); 1 ♀, l. c., 21. XI. 1932 (BMNH); 1 ♂, E. Borneo,
125 m, Tabang, Bengen River, A. M. R. WEGNER, 29. IX. 1956 (AMST); 1 ♀, l. c., 3. X. 1956 (AMST); 1 ♀, l. c.,
16. X. 1956 (AMST); 1 ♀, l. c., 19. X. 1956 (AMST); 1 ♀, Sarawak, Matang, 2500 ft., Coll. G. R., 21. VII. 1963
(BMNH); 1 ♂, Borneo, Sabah, Mt. Kinabalu, Poring, 500 m, H. SHIMA, 8. XI. 1975 (WIES); 1 ♂, Sarawak, 4th. Division, Gn. Mulu NP., IV. 1978 (BMNH); 1 ♂, Sarawak, Gunong Mulu Nat. Park, 150 m, W. Melinau Gorge,
22. IV. 1978 (BMNH); 2 ♀♀, Sarawak, 4th. Division, Gn. Mulu NP., P. M. HAMMOND & J. E. MARSHALL,
V.–VIII. 1978 (BMNH).

29.3 *cranstoni* subsp. n.

Type in BMNH.

Verbreitung: BORNEO: Sarawak (Semongah).

Mit folgenden Ausnahmen wie *batesii* s. str.: Mittelstirn basal mit Querfurche, davor mit seichten
Längsrunzeln. Humeralfleck der Flgd. an der Schulter gelb, auf dem Basalhöcker undeutlich rötlich;
der Apikalfleck fehlt (Abb. 132). Tarsen gebräunt, Schienen apikal gebräunt. Aedeagus siehe
Abb. 328. Größe 7,1 mm (n = 1).

Untersuchtes Material (n = 1): 1 ♂, Sarawak, Ist. Div., Semongoh For. Res., 1°25' N, 110°17' E, P. S. CRAN-
STON, 15.–19. XI. 1976, Holotypus (BMNH).

30 *maindroni* W. Horn, 1900 (Abb. 42)

Type in DEI.

Literatur: CASSOLA 1985: 510. DÖBLER 1973: 393. HEYNES-WOOD & DOVER 1928: 44. HORN 1900: 197, 1905b:
11, 1910: 194, 1926: 113. MOULTON 1910: 190.

Verbreitung: BORNEO: Kalimantan barat (Pontianak), Kalimantan timur (Balikpapan), Sarawak
(Gunung Mulu).

Kopf und Halsschild schwarz, mit grünblauem Schimmer; Flgd. rotbraun. Labrum gelb, etwas länger als breit, mit sechs Apikalzähnen (Abb. 421). Fühler bis zu den Schultern reichend, hell, Unterseite mehr oder weniger gebräunt. Clipeus apikal gering aufgehellt. Orbitalplatten seicht gestrichelt.
Der vordere Teil der Mittelstirn ist vom Rest undeutlich bogenförmig abgesetzt, letzterer ist schwach

längs gestrichelt und basal durch eine gerade Querfurche scharf abgegrenzt, dahinter befinden sich zwei seichte Dellen. Der Seitenrand des Kopfes hinter den Augen bis zu den Dellen ist seicht gestrichelt. Halsschild länger als breit, vorn etwas stärker eingeschnürt als hinten, Seitenrandlinien fein, Querfurchen und Mittellinie kräftig. Die Flgd. sind deutlich punktiert, auf der Flgd.-Scheibe ist die Punktierung kräftig und hinter dem Basalhöcker grob. Die rotbraune Grundfarbe der Flgd. wird zwischen Basalhöcker und Apex durch eine schwarzbraune Fläche durchbrochen, diese dunkle Färbung erreicht jedoch nicht die Mittelnaht (Abb. 133). Flgd.-Apex und ein großer Zentralfleck sind gelb gefärbt. Flgd.-Apex mit abgerundeter Seitenrandecke und stumpfwinklig abgerundeter Nahtecke, Zwischenraum geradlinig oder gering eingebuchtet (Abb. 263). Unterseite gelbbraun, Epimeren des Metasternums schwarz oder stark gebräunt. Beine gelb. Bei den ♂♂ zusätzlich Glied drei der Mitteltarsen mit dichter Borstensohle. Aedeagus siehe Abb. 329. Größe von 7,6 bis 8,8 mm, Mittel 8,1 mm (n = 10).

Untersuchtes Material (n = 10): 1 ♂, Borneo occ., Pontianak, 1898, Holotypus (DEI); 1 ♂, l. c. (DEI); 2 ♀♀, l. c. (BMNH); 1 ♂, Ost-Borneo, Balikpapan, native collect. (AMST); 3 ♂♂, 2 ♀♀, Sarawak, 4th Division, Gn. Mulu NP., nr. Base Camp, 50−100 m, P. M. HAMMONDS & J. E. MARSHALL, V.−VIII. 1978 (BMNH).

31 *bryanti* W. HORN, 1922 (Abb. 43)

Typen in DEI und BMNH.

Literatur: CASSOLA 1985: 510. DÖBLER 1973: 366. HORN 1922: 97, 98, 1926: 114.

Verbreitung: BORNEO: Kalimantan timur (Bengen River, Tabang), Sarawak (Gunung Mulu, Quop), Brunei (Lamunin).

Oberseite schwarzglänzend, Kopf und Halsschild mit grünem oder blauem, Flgd. mit rötlichem Schimmer. Labrum hell, so breit wie lang, mit sechs Apikalzähnen (Abb. 423). Palpen apikal angedunkelt. Fühler bis hinter die Schultern reichend, basales Glied hell, die übrigen schwarz oder mehr oder weniger aufgehellt. Orbitalplatten leicht gestrichelt. Der vordere Teil der Mittelstirn ist vom Rest deutlich bogenförmig abgesetzt und schwach quer gestrichelt, letzterer besitzt zentral eine längs gestrichelte Einbuchtung, die basal durch eine Querfurche scharf abgegrenzt ist; dahinter befinden sich zwei seichte Dellen. Der Seitenrand des Kopfes hinter den Augen ist leicht gestrichelt. Halsschild länger als breit, vorn etwas stärker als hinten eingeschnürt; Querfurchen, Seitenrand- und Mittellinie fein, letztere mit oder ohne Querrunzeln. Die Flgd. sind deutlich punktiert, zum Apex hin seichter, in der Depression hinter dem Basalhöcker kräftiger. Die helle Flgd.-Zeichnung (Abb. 134) besteht aus einem undeutlich nach hinten abgegrenzten, rötlichen Humeralfleck, der auch den Basalhöcker erfaßt, einem undeutlich umgrenzten, gelben Zentralfleck im Bereich des Zentralhöckers und dem rötlich gelb aufgehellten Flgd.-Apex. Flgd.-Apex mit sanft bogenförmig abgerundeter Seitenrandecke und geschwungener, bogenförmig ausgezogener Nahtecke (Abb. 264). Unterseite wie Oberseite gefärbt, Abdominalsegmente mehr oder weniger aufgehellt. Beine rötlich oder gelblich braun, Schenkel basal mehr oder weniger aufgehellt. Bei den ♂♂ zusätzlich Glied drei der Mitteltarsen mit dichter Borstensohle. Aedeagus siehe Abb. 330. Größe von 7,8 bis 9,6 mm, Mittel 8,7 mm (n = 10).

Untersuchtes Material (n = 10): 1 ♀, W. Sarawak, Quop, G. E. BRYANT, 8. IV. 1914, Syntypus (DEI); 1 ♂, l. c., 26. II. 1914 (BMNH); 1 ♀, l. c., 6. IV. 1914 (BMNH); 1 ♂, l. c., 6. III. 1914 (BMNH); 1 ♀, E. Borneo, 125 m, Tabang, Bengen River, A. M. R. WEGNER, 8. X. 1956 (AMST); 1 ♂, l. c., 10. IX. 1956 (AMST); 1 ♂, l. c., 26. IX. 1956 (AMST); 1 ♂, Sarawak, 4th. Division, Gn. Mulu NP, 150−200 m, P. M. HAMMOND & J. E. MARSHALL, V.−VIII. 1978 (BMNH); 1 ♀, nr. Base Camp, 50−100 m (BMNH); 1 ♀, Brunei, Bukit Sulang, nr. Lamunin, N. E. STORCK, 7. IX. 1982 (BMNH).

32 *fruhstorferi* W. HORN, 1902

fruhstorferi ist von den anderen Arten mit erhabenem Zentralmakel leicht durch die Größe und die erweiterten fünf apikalen Fühlerglieder zu unterscheiden. Die von K. MANDL (1954, p. 159) beschriebene subsp. *ida* stelle ich synonym zu *vitalisi* W. Horn (nach dem Vergleich eines Syntypus von *vitalisi* und zwei weiteren Exemplaren mit einem Paratypus von *ida*, verblieben als einziges Unterscheidungsmerkmal die rein gelben Palpen von *ida*). Von einem weiteren, ebenfalls zu dieser Art gehörenden Taxon erhielt ich kürzlich durch Freund Cassola Kenntnis: Tan Juan-Jie beschrieb in der chinesischen Schriftenreihe „Insects of Xizang" (1981, p. 332) ein ♀ aus Xizang, Mêdog, 1200 m, 2. IX. 1974, leg. Huang Fusheng, als *Therates motoensis* sp. n. („Ähnelt *Therates vitalisi* Horn von Fujian und Taiwan, unterschieden durch die andere Körperfarbe (dunkelgrün), den mehr quer kugeligen Mittelteil der Brust und das zusammen mit seinen Marginalzähnen größere und längere Labrum.") Eine Wertung dieses Taxons ist mir nicht möglich, da der Holotypus nicht beschafft werden konnte; eine Synonymie mit *vitalisi* ist denkbar.

Bestimmungstabelle der Unterarten

1 Flgd.-Apex mit schmalem, gelbem Randsaum . . . . 32.3 *fruhstorferi* s. str.

– Flgd.-Apex ohne gelben Randsaum 2

2 Hinterschenkel hell, mit dunklem Apex . . . . 32.2 *sauteri* W. Horn

– Hinterschenkel dunkel . . . . 32.1 *vitalisi* W. Horn

32.1 *vitalisi* W. Horn, 1913

Type in DEI.

Literatur: Cassola 1985: 510. Horn 1913b: 363, 364, 1924b: 11, 12, 1926: 114, 1929: 19. Mandl 1954: 159, 1955: 336. Tan 1981: 332.

(ida Mandl, 1954) syn. n.

Typen in Mus. KOENIG und NHMB.

Literatur: Cassola 1985: 510. Mandl 1954: 159, 1955: 335.

? *motoensis* Tan, 1981

Type in Institut of Zoology, Academia Sinica.

Literatur: Tan 1981: 332.

Verbreitung: LAOS: (Ban Samang). VIETNAM: Chapa, Lao Cai. CHINA: Fukien (Kuatun), ? Xizang (Mêdog).

Mit folgenden Ausnahmen wie *fruhstorferi* s. str.: Labrum nur mit kleinem, gelbem Apikalfleck oder ganz ohne. Palpen und Glied eins der Fühler mehr oder weniger geschwärzt. Punktierung auf dem Flgd.-Apex noch seichter. Die Flgd.-Zeichnung (Abb. 135, 136) besteht aus einem kleinen bis sehr kleinen Humeralfleck und einem Basalfleck. Außerdem existiert auf dem vorderen Rand des Basalhöckers gelegentlich ein weiterer kleiner Fleck. Beine dunkler als bei der Nominatform (besonders die Schenkel). Größe von 11,8 bis 12,2 mm, Mittel 12,0 mm (n = 4).

Untersuchtes Material (n = 4): 1 ♀, Lao-Kay, Tonkin, Vitalis, 3. V. 1913, Syntypus (DEI); 1 ♀, Laos, Ban Samang, leg. R. Vitalis de Salvaza, 27. IV. 1913 (DEI); 1 ♂, Tonkin, Chapa, Jeanvoine, Coll. Klynstra (DEI); 1 ♀, Kuatun, 2300 m, Fukien, J. Klapperich, 3. VI. 1938, Paratypus *(ida)* (NHMB).

32.2 *sauteri* W. Horn, 1912

Typen in BMNH und DEI.

Literatur: Cassola 1985: 510. Horn 1912: 133, 1926: 114. Mandl 1954: 159, 1955: 336.

Verbreitung: TAIWAN: Taihorin, Wulai.

Mit folgenden Ausnahmen wie *fruhstorferi* s. str.: die Punktierung auf dem Flgd.-Apex ist etwas dichter. Die Flgd.-Zeichnung (Abb. 137) besteht nur aus dem Zentralfleck. Schenkel gelbbraun, am Apex ebenso wie Tibien und Tarsen mehr oder weniger gebräunt oder geschwärzt. Aedeagus siehe Abb. 332. Größe von 9,9 bis 13,0 mm, Mittel 11,7 mm (n = 9).

Untersuchtes Material (n = 9): 4 ♂♂, 2 ♀♀, Formosa, Taihorin, H. SAUTER, VI. 1911, Syntypus (DEI); 1 ♀, l. c., VII. 1911, Syntypus (DEI); 1 ♂, l. c., Syntypus (BMNH); 1 ♀, N. Formosa, Wulai, 5. VI. 1972 (Coll. PROBST).

32.3 *fruhstorferi* s. str. (Abb. 44)

Type in DEI.

Literatur: CASSOLA 1985: 510. DÖBLER 1973: 379. HORN 1902: 72, 1905 b: 11, 1910: 194, 1913 b: 363, 1922: 98, 1924 b: 11, 1926: 114, 1929: 19, 1930 c: 400. MANDL 1954: 159, 1955: 336.

Verbreitung: VIETNAM: Annam-Vinh, Mts. Mauson, Tam-dao, Than-moi.

Oberseite schwarzglänzend, mit blauem oder rotblauem Schimmer. Labrum breiter als lang, mit sechs Apikalzähnen, schwarz, apikal mit variabel großem, gelbem Fleck (Abb. 420). Fühler bis zur Mitte des Halsschildes reichend, ab Glied acht keulenförmig erweitert, bei den ♂♂ besonders stark und fast gesägt (Abb. 11, 12); Glied eins oder teilweise geschwärzt, die übrigen braun bis schwarz. Orbitalplatten verlöschend gestrichelt. Vorderer Teil der Mittelstirn glatt oder vom Rest bogenförmig abgesetzt. Auf dem mittleren Teil der Stirn befindet sich ein deutlicher Quereindruck und dahinter zwei seichte Dellen. Halsschild breiter als lang, hinten stärker eingeschnürt als vorn, Seitenrandlinien und Mittellinie sehr fein. Die Flgd. sind in der vorderen Hälfte kräftig, zum Apex hin seichter bis verlöschend punktiert. Die Flgd.-Zeichnung (Abb. 138 bis 140) besteht aus einem gelbbraunen Humeralfleck, der sich auf dem Basalhöcker oder entlang der Basalfurche zur Flgd.-Scheibe hin ausbreiten kann (diese Ausläufer können auch isoliert für sich stehen), und einem hellgelben Zentralfleck. Außerdem ist ein schmaler Randsaum am Flgd.-Apex gelb gefärbt. Flgd.-Apex ohne Seitenrandecke, mit stumpfwinkliger Nahtecke (Abb. 265). Unterseite wie Oberseite gefärbt. Beine hell, Tarsen, Schienen und Schenkel (besonders bei den ♀♀) mehr oder weniger geschwärzt, Schienen der ♂♂ häufig apikal schwarz geringelt. Bei den ♂♂ Glied zwei und drei der Vordertarsen verbreitert. Aedeagus siehe Abb. 331. Größe von 9,6 bis 11,9 mm, Mittel 10,8 mm (n = 26).

Untersuchtes Material (n = 26): 3 ♂♂, 5 ♀♀, Tonkin, Montes Mauson, 2000–3000', H. FRUHSTORFER, IV.–V., Syntypus (DEI); 3 ♂♂, 3 ♀♀, l. c. (BMNH); 3 ♂♂, l. c. (UZMK); 3 ♀♀, l. c. (ZSM); 1 ♂, Tonkin, Than-Moi, H. FRUHSTORFER, VI.–VII. (ZSM); 1 ♂, Indo China, Annam-Vinh, Coll. DUSSAULT, 1910 (NHMB); 1 ♂, N-Vietnam, Tam-Dao, Prov. Vinh phu, leg. KUBAN, 2.–11. VI. 1985 (WIES); 2 ♂♂, 1 ♀, l. c., leg. J. PICKA, 3.–11. VI. 1985 (WIES).

Gruppe „*spinipennis*"

(ex parte Gruppe „*fasciatus-fruhstorferi-batesi*" sensu HORN, 1926)
(Gruppe „*spinipennis*" sensu CASSOLA, 1985)

Flgd. mit oder ohne hellen Humeralfleck oder Basalbinde, oder ganz hell. Labrum länger als breit, mit sechs Apikalzähnen und je einem Lateral- und Basalzahn. Taster hell oder dunkel. Fühler bis zu den Schultern reichend. Clipeus ohne Haare. Vorderstirn steil abfallend zur Mittelstirn, oben bogenförmig abgerundet und schwach gestrichelt. Halsschild länger als breit, vorn und hinten annähernd gleich stark eingeschnürt, Mittelstück kugelig, Querfurchen tief, Seitenrandlinien fein, Mittellinie fein oder kräftig. Flgd. mit Basal- und Apikalhöcker. Flgd.-Apex mit oder ohne stumpfwinkligem Seitenrandzahn und spitz dreieckigem Nahtzahn oder lang ausgezogenem, spitzem Nahtdorn. Bei den ♂♂

41

zusätzlich Glied eins bis drei der Vordertarsen und Glied drei der Mitteltarsen mit dichter Borsten-sohle sowie Glied eins bis drei der Vordertarsen verbreitert. Größe 8 bis 13 mm.

Bestimmungstabelle der Arten

1   Flgd.-Apex mit sehr langem Nahtdorn . . . . 33 *spinipennis* LATR.

–   Flgd.-Apex mit spitz dreieckigem Nahtzahn   . . . . 34 *dimidiatus* DEJ.

33 *spinipennis* LATREILLE, 1822

In meiner Arbeit über die Cicindeliden Sumatras habe ich von dort *spinipennis xanthophobus* W. HORN gemeldet. Drei Exemplare von Nord-Sumatra aus meiner Sammlung zeigen aber eindeutige Merkmale der Nominatform (helles Labrum, basal aufgehellte Kiefertaster), so daß *spinipennis* s. str. in die Faunen-Liste mit aufzunehmen ist. *kalimantenensis* BROUERIUS VAN NIDEK ist nach den von mir untersuchten Exemplaren aus dem BMNH, der Coll. NIDEK und der Coll. HORN identisch mit *versicolor* BATES; ich führe *versicolor* als subsp. und stelle *kalimantenensis* als Synonym dazu.

Bestimmungstabelle der Unterarten

1   Schenkel geschwärzt, nicht rein rot 2

–   Schenkel völlig rotgelb 3

2   Labrum rotgelb   . . . . 33.2 *spinipennis* s. str.

–   Labrum vom Rand her mehr oder weniger geschwärzt   . . . . 33.3 *xanthophobus* W. HORN

3   Humeralfleck der Flgd. strohgelb, groß. Flgd. schwarz, auf der Scheibe leicht punktiert . . .
     . . . . 33.4 *xanthophilus* W. HORN

–   Flgd. mit oder ohne rotgelbem, variabel großem Humeralfleck, mit grünem oder rotem
     Schimmer, auf der Scheibe nicht punktiert . . . . 33.1 *versicolor* BATES

33.1 *versicolor* BATES, 1878 stat. n.

Literatur: BATES 1878: 334. CASSOLA 1985: 508. FLEUTIAUX 1892: 135. HORN 1891: 328, 1905 b: 11, 1908 b: 411, 1910: 193, 1926: 112. MOULTON 1910: 190.

(kalimantensis BROUERIUS VAN NIDEK, 1960)
Literatur: BROUERIUS VAN NIDEK 1960: 205, 206.

(kalimantenensis BROUERIUS VAN NIDEK, 1977) syn. n.
Typen in Mus. LEIDEN und AMST.
Literatur: BROUERIUS VAN NIDEK 1977: 24.

(kalimantanensis CASSOLA, 1985)
Literatur: CASSOLA 1985: 509.

Verbreitung: BORNEO: Kalimantan barat (Pontianak), Sarawak (Lio Matu, R. Kapah), Kaliman-tan timur (Bengen River, Tabang).

Mit folgenden Ausnahmen wie *spinipennis* s. str.: der variable, helle Humeralfleck (Abb. 141, 142) der Flgd. kann fast völlig verschwunden sein. Die Schenkel sind rein gelb, Schienen und Tarsen schwarz. Aedeagus siehe Abb. 333. Größe von 11,1 bis 12,7 mm, Mittel 11,7 mm (n = 7).

Untersuchtes Material (n = 7): 1 ♂, Borneo West (BMNH); 1 ♂, Borneo Holl., Pontianak (BMNH); 1 ♀, Sara-wak, Baram River, Liomatu, J. C. MOULTON, 15. X. 1920 (DEI); 1 ♀, E. Borneo, 125 m, Tabang, Bengen River, A.

M. R. Wegner, 6. X. 1956, Paratypus *(kalimantenensis)* (AMST); 2 ♀♀, l. c., 8. X. 1956, Paratypus *(kalimantenensis)* (AMST); 1 ♂, Sarawak, R. Kapah, trib. of R. Tinjar, 24. IX. 1932 (BMNH).

33.2 *spinipennis* s. str. (Abb. 45)

Literatur: Bouchard 1901: 296. Cassola 1985: 508. Chaudoir 1848: 16, 1865: 13. Fleutiaux 1892: 135. Horn 1897a: 54, 1901: 84, 1905b: 11, 1908b: 411, 1910: 193, 1926: 112, 1930b: 43−45, f. 3. Latreille & Dejean 1822: 64, T. 1, f. 3. Schaum 1860: 186, 1861: 78. Thomson 1860: 44.

(acutipennis Vander Linden, 1829)

Literatur: Cassola 1985: 508. Chaudoir 1865: 13. Fleutiaux 1892: 135. Horn 1891: 328, 1897a: 54, 1905b: 11, 1910: 193, 1926: 112. Schaum 1860: 186. Thomson 1860: 44. Vander Linden 1829: 18−20.

Verbreitung: SUMATRA: Sumatera utara (Dolok Merangir, Sindar Raya). JAWA: Jawa barat (Sukabumi), Jawa tengah (Kambangan). BORNEO: Sarawak (Quop, Retuh, Semongoh).

Oberseite schwarzglänzend mit grünem oder violettem Schimmer. Labrum hell, basal gelegentlich mit dunklem Fleck (Abb. 424). Lippentaster hell, apikales Glied schwarz; Kiefertaster dunkel, basal mehr oder weniger aufgehellt; basales Fühlerglied hell, die übrigen schwarz. Der vordere Teil der Mittelstirn ist vom Rest deutlich und bogenförmig abgesetzt, letzterer ist über die ganze Breite längs gestrichelt und weist basal zwei seichte Einbuchtungen auf. Mittellinie des Halsschildes kräftig und mit Querrunzeln versehen. Hinter dem Basalhöcker sind die Flgd. kräftig punktiert; die Punktierung erstreckt sich von dort zum Seitenrand, wird jedoch sehr seicht und endet lateral hinter der Flgd.-Mitte; die übrige Flgd.-Fläche ist nicht punktiert. Die helle Flgd.-Zeichnung (Abb. 143 bis 145) besteht aus einem variabel großen Humeralfleck. Flgd.-Apex mit einem stumpfwinkligen Seitenrandzahn und einem lang ausgezogenen, spitzen Nahtdorn (Abb. 266). Unterseite wie Oberseite gefärbt, Abdominalsegmente jedoch hell. Beine dunkel, Schenkel basal mehr oder weniger aufgehellt. Aedeagus siehe Abb. 334. Größe von 10,6 bis 13,0 mm, Mittel 12,1 mm (n = 29).

Untersuchtes Material (n = 29): 1 ♂, (BMNH); 1 ♂, Malacca (BMNH); 1 ♂, Sumatra, Klein (BMNH); 1 ♂, N. Sumatra, Indonesia, Dolok Merangir, 21. II.−10. III. 1979, leg. Dr. E. W. Diehl (WIES); 1 ♂, l. c., 12.−21. IV. 1979 (WIES); 1 ♀, Sumatra, Sindar Raya, 19. I. 1980, leg. Dr. E. Diehl (WIES); 1 ♂, 1 ♀, Java (NHMB); 1 ♂, 1 ♀, l. c. (BMNH); 1 ♀, l. c. (UZMK); 1 ♂, l. c., Staudinger (DEI); 1 ♂, 2 ♀♀, Mt. Ophir (BMNH); 2 ♂♂, 1 ♀, Java occident., 2000′, Sukabumi, 1893, H. Fruhstorfer (DEI); 1 ♂, 1 ♀♀, Noesa Kembangan, Java, XII. 1909 (AMST); 1 ♀, l. c., II. 1910 (AMST); 1 ♀, l. c., X. 1911 (AMST); 1 ♀, Sarawak, 1909, C. J. Brooks (BMNH); 1 ♂, W. Sarawak, XII. 1913, G. E. Bryant (BMNH); 1 ♂, l. c., 1000 ft., 10. XII. 1913 (BMNH); 1 ♀, l. c., 12. XII. 1913 (BMNH); 1 ♂, W. Sarawak, Quop, G. E. Bryant, II.−III. 1914 (BMNH); 1 ♂, Sarawak, Retuh, G. E. Bryant, 16. V. 1914 (BMNH); 1 ♂, Sarawak, 1st. Div., Semongoh For. Res., 1°25′ N, 110°17′ E, P. S. Cranston, 15.−19. XI. 1976 (BMNH).

33.3 *xanthophobus* W. Horn, 1908

Type in DEI.

Literatur: Cassola 1985: 509. Horn 1908b: 411, 1910: 193, 1926: 112, 1927a: 123. Wiesner 1986: 30, 31.

Verbreitung: SUMATRA: Aceh (Muarasukon), Sumatera barat (Anei Kloof, Inderapura, Lebong Tandai), Bengkulu (Curup, Manna, Suban Ajam), Sumatera selatan (Palembang), Lampung (Giesting).

Mit folgenden Ausnahmen wie *spinipennis* s. str.: Labrum vom Rand her mehr oder weniger geschwärzt bis ganz schwarz (Abb. 425). Kiefertaster dunkel, nicht aufgehellt. Die Flgd.-Punktierung erstreckt sich gelegentlich in sehr feiner Ausführung auf die ganze Flgd.-Fläche. Aedeagus siehe Abb. 335. Größe von 11,6 bis 14,1 mm, Mittel 12,5 mm (n = 14).

Untersuchtes Material (n = 14): 1 ♂, Sumatra, Bouchard, Syntypus (DEI); 1 ♀, Sumatra, Palembang, Syntypus (DEI); 1 ♀, l. c. (BMNH); 1 ♂, Sumatra, Palembang, Paggar Alam, Bouchard (UZMK); 1 ♀, Palembang, IV.,

43

2000′ bis 3 000′ (DEI); 1 ♂, l. c. (UZMK); 1 ♂, W. Sumatra, Lebong Tandai, C. J. Brooks coll., 13.−17. VIII. 1922 (BMNH); 1 ♀, Sumatra's Westkust, Anei Kloof, 500 m, leg. E. Jacobson, 1926 (BMNH); 1 ♀, Sumatra, Kapala Tjurup, Thienemann, 5. V. 1929 (DEI); 1 ♂, Djernih Fluß, Sumatra, Thienemann, 7. V. 1929 (DEI); 1 ♂, S. Sumatra, 600 m, S. W. Lampongs, Mt. Tanggamoes, Giesting, Lieftinck/Toxopeus, XII. 1934 (DEI); 2 ♂♂, Z. Sumatra, Giesting, 200 m, XII. 1934 (AMST); 1 ♀, l. c., 200 m, 4. II. 1935 (AMST).

33.4 *xanthophilus* W. Horn, 1908

Type in DEI.

Literatur: Cassola 1985: 508. Horn 1908 b: 411, 1910: 193, 1926: 112. Wiesner 1986: 30.

Verbreitung: SUMATRA: Sumatera barat (Mentawei, Sipora: Sereinu, Sioban).

Mit folgenden Ausnahmen wie *spinipennis* s. str.: Grundfarbe der Flgd. rein schwarz, ohne farbige Reflexe. Lippen- und Kiefertaster hell, apikal leicht angedunkelt. Die Flgd.-Punktierung erstreckt sich in sehr feiner Ausführung auf der ganzen Flgd.-Fläche. Die helle Flgd.-Zeichnung (Abb. 146) besteht aus einem strohgelben, großen Humeralfleck. Schenkel rein gelb, Tarsen und Schienen schwarz, letztere gelegentlich durchscheinend braun. Größe von 10,5 bis 11,8 mm, Mittel 11,3 mm (n = 13).

Untersuchtes Material (n = 13): 3 ♂♂, 2 ♀♀, Mentawei (UZMK); 1 ♂, 2 ♀♀, Mentawei, Sipora, Sereinu, Modigliani, V.−VI.1894, Syntypus (DEI); 1 ♀, l. c. (UZMK); 1 ♂, Mentawei, Si-Oban, Modigliani, 1894 (UZMK); 1 ♂, 1 ♀, l. c., IV.−XII.1894 (UZMK); 1 ♀, Mentawei, H. H. Karny, 18. X. 1924 (BMNH).

34 *dimidiatus* Dejean, 1825

Von den Taxa *wallacei* Thoms., *dejeanii* Chaud., *scapularis* Chaud. und *schaumii* Chaud. habe ich insgesamt 189 Exemplare gesehen: Nach der Färbung der Flgd. habe ich jedem dieser Individuen einen der vier Namen zugeordnet, diese „Bestimmungen" zerreißen aber mit Regelmäßigkeit die Originalausbeuten, z. B.: N. Sumatra, Dolok merangir, leg. Dr. Diehl, 1 ♀ *dejeanii*, 2 ♂♂ *scapularis*, 1 ♀ *schaumii;* SE. Borneo, Martapura, Doherty, 5 ♂♂, 2 ♀♀, *dejeanii*, 2 ♂♂, 4 ♀♀ *scapularis*, 2 ♂♂, 3 ♀♀ *wallacei;* Borneo, Kinabalu, 1 ♂ *dejeanii*, 1 ♀ *scapularis*, 2 ♂♂ *schaumii;* Sarawak, between Tinjar & Rumah Dulan Ding, 2 ♂♂ *scapularis*, 1 ♀, *wallacei;* Sarawak, foot of Mt. Dulit, junction of rivers Tinjar & Lejok, 5 ♂♂, 3 ♀♀ *scapularis*, 2 ♂♂, 3 ♀♀ *wallacei*. Ich bestätige deshalb das Vorgehen W. Horns (1926, p. 112), *scapularis* und *schaumii* synonym zu *dejeanii* zu stellen und führe diese Zusammenfassung fort, indem ich *dejeanii* als Synonym von *wallacei* behandle (der einzige Unterschied zwischen den beiden Taxa ist der vorhandene oder nicht vorhandene metallische Schimmer am Flgd.-Apex).

Bestimmungstabelle der Unterarten

1	Flgd. rot oder überwiegend rot, ohne ausgesprochene Zeichnung	2
−	Flgd. überwiegend dunkelblau, violett oder grün, mit hellen Zeichnungselementen	3
2	Kopf und Halsschild dunkelblau, violett oder grün . . . . 34.2 *punctipennis* Bates	
−	Kopf und Halsschild rot . . . . 34.1 *rubescens* subsp. n.	
3	Schenkel rein gelb	5
−	Schenkel mehr oder weniger geschwärzt	4
4	Humeralfleck groß, scharf umrissen . . . . 34.5 *spinipennoides* W. Horn	
−	Humeralfleck klein, undeutlich umrissen oder ganz fehlend . . . . . 34.6 *brooksi* van Nidek	
5	Flgd.-Scheibe kräftig punktiert, Flgd.-Apex äußerst selten aufgehellt, Humeralfleck breit bindenförmig . . . . 34.3 *dimidiatus* s. str.	
−	Flgd.-Scheibe fein punktiert, Flgd.-Apex häufig aufgehellt, Humeralfleck nur selten bindenförmig . . . . 34.4 *wallacei* Thoms.	

34.1 *rubescens* subsp. n. (Abb. 147)

Typen in BMNH und WIES.

Verbreitung: BORNEO: Sarawak.

Mit folgenden Ausnahmen wie *dimidiatus* s. str.: Ober- und Unterseite sowie Fühler völlig rotbraun. Beine gelb. Lediglich die Spitze der Mandibeln ist geschwärzt. Punktierung auf der Flgd.-Scheibe weniger kräftig. Aedeagus siehe Abb. 336. Größe von 9,8 bis 10,5 mm, Mittel 10,2 mm (n = 8).

Untersuchtes Material (n = 8): 1 ♂, Fed. Malay States, 1909, C. J. BROOKS, Holotypus (BMNH); 5 ♂♂, l. c., Paratypus (BMNH); 1 ♀, l. c., Paratypus (WIES); 1 ♂, Sarawak, C. J. BROOKS, 1909, Paratypus (BMNH).

34.2 *punctipennis* BATES, 1878

Literatur: BATES 1878: 334, 1889: 383. CASSOLA 1985: 509. FLEUTIAUX 1892: 135. HORN 1891: 328, 1892b: 210, 1905b: 11, 1910: 193, 1926: 113, 1931a: 287. MOULTON 1910: 190. BROUERIUS VAN NIDEK 1977: 21, 22.

Verbreitung: BORNEO: Sabah (Kabayau, Kinabalu).

Mit folgenden Ausnahmen wie *dimidiatus* s. str.: Flgd. (Abb. 148, 149) rotbraun, nur am Seitenrand vor dem Apikalhöcker mehr oder weniger angedunkelt. Punktierung auf der Flgd.-Scheibe weniger kräftig. Aedeagus siehe Abb. 337. Größe 10,0 bis 11,5 mm, Mittel 10,7 mm (n = 8).

Untersuchtes Material (n = 8): 1 ♂ (BMNH); 1 ♀, Borneo (UZMK); 1 ♀, Borneo, Kina Balu (BMNH); 1 ♂, l. c. (WIES); 2 ♂♂, 2 ♀♀, l. c., WHITEHEAD (BMNH).

34.3 *dimidiatus* s. str. (Abb. 46)

Literatur: BOUCHARD 1901: 296. CASSOLA 1985: 509. CHAUDOIR 1848: 16, 1865: 13. DARLINGTON 1962: 340. FLEUTIAUX 1892: 135. HORN 1892b: 209, 210, 1895a: 677, 1897a: 54, 1905b: 11, 1910: 193, 1926: 113, 1930b: 43. BROUERIUS VAN NIDEK 1977: 21–24. SCHAUM 1860: 186. VANDER LINDEN 1829: 16.

(humeralis M'LEAY, 1825)

Type in BMNH.

Literatur: CASSOLA 1985: 509. CHAUDOIR 1865: 13. FLEUTIAUX 1892: 135. HORN 1897a: 54, 1905b: 11, 1910: 193, 1926: 113. MAC LEAY 1825: 11. SCHAUM 1860: 186. THOMSON 1860: 44.

Verbreitung: JAWA: (Gunung Ungaran, Tatum), Jawa barat (Bogor), Jawa tengah (Gunung Slamet).

Oberseite schwarzglänzend, mit grünem, violettem oder blauem Schimmer. Labrum hell, basal gelegentlich angedunkelt (Abb. 426). Taster hell. Basales Fühlerglied gelb, die übrigen mehr oder weniger gebräunt. Orbitalplatten basal gestrichelt. Der vordere Teil der Mittelstirn ist vom Rest deutlich und keilförmig abgesetzt, letzterer ist in der Mitte gerunzelt und weist basal zwei seichte Einbuchtungen auf. Mittellinie des Halsschildes fein. Die Flgd. sind, mit Ausnahme der Schultern und des apikalen Viertels, kräftig punktiert. Die gelbe Flgd.-Zeichnung (Abb. 150, 151) besteht aus einer breiten Basalbinde, die fast den ganzen Basalhöcker einschließt. Der Flgd.-Apex ist gelegentlich durchscheinend braun gefärbt. Flgd.-Apex mit oder ohne stumpfwinkligem Seitenrandzahn und spitz dreieckigem Nahtzahn (Abb. 267, 268). Unterseite wie Oberseite gefärbt, Abdominalsegmente jedoch hell. Beine gelb, Tarsenglieder apikal mehr oder weniger geschwärzt. Aedeagus siehe Abb. 338. Größe von 8,7 bis 10,4 mm, Mittel 9,6 mm (n = 26).

Untersuchtes Material (n = 26): 1 ♂ (BMNH); 1 ♀, Java (NHMB); 5 ♂♂, 2 ♀♀, l. c. (BMNH); 1 ♂, 1 ♀, Java, HORSFIELD (BMNH); 1 ♂, l. c., Typus *(humeralis)* (BMNH); 1 ♂, Tatum (BMNH); 1 ♂, Java, Buitenzorg (DEI); 1 ♂, l. c., 1906–1907, T. BARBOUR (DEI); 1 ♀, Java, Goengoeng Oengaran, E. JACOBSON, X. 1909 (DEI); 3 ♂♂, 2 ♀♀, Java, G. Slamat, DRESCHER, 29. VIII. 1925 (AMST); 1 ♀, l. c., 31. I. 1926 (AMST); 2 ♂♂, G. Slamat, Batoerraden, F. DRESCHER (WIES); 1 ♂, l. c., VIII. 1927 (DEI); 1 ♂, l. c. (AMST).

34.4 *wallacei* THOMSON, 1857

Type in BMNH.

Literatur: CASSOLA 1985: 509. CHAUDOIR 1865: 13. FLEUTIAUX 1892: 134. HORN 1892b: 209, 210, 1895a: 677, 1905b: 11, 1910: 193, 1926: 113. MANDL 1964: 89. MOULTON 1910: 190. BROUERIUS VAN NIDEK 1977: 21, 22, 24. SCHAUM 1860: 186. THOMSON 1857: 131, 1860: 45. WIESNER 1986: 32.

(dejeanii CHAUDOIR, 1861) syn. n.

Literatur: ANNANDALE & HORN 1909: 6. CASSOLA 1985: 509. CHAUDOIR 1861b: 140, 1865: 13. FLEUTIAUX 1892: 135. HORN 1892b: 209, 210, 1895a: 677, 1897a: 54, 1905b: 11, 1910: 193, 1926: 113, 1927a: 123. MOULTON 1910: 190. BROUERIUS VAN NIDEK 1977: 21, 22. SCHAUM 1862: 180. WIESNER 1986: 31.

(scapularis CHAUDOIR, 1865)

Literatur: CASSOLA 1985: 509. CHAUDOIR 1865: 13. FLEUTIAUX 1892: 135. HORN 1892b: 209, 210, 1895a: 677, 1905b: 11, 1910: 193, 1926: 113.

(schaumii CHAUDOIR, 1865)

Literatur: CASSOLA 1985: 509. CHAUDOIR 1865: 13. FLEUTIAUX 1892: 135. HORN 1892b: 209, 210, 1895a: 677, 1905b: 11, 1910: 193, 1926: 113. MOULTON 1910: 190.

(sumatrensis PUTZEYS, 1880)

Literatur: CASSOLA 1985: 509. FLEUTIAUX 1892: 135. HORN 1892b: 209, 210, 1895a: 677, 1905b: 11, 1910: 193, 1926: 113, 1930b: 43. PUTZEYS 1880: 191,

Verbreitung: MALAYA: Johor (Johor), Perak (Penang, Tapah). SINGAPORE. SUMATRA: (Ajer Mantoior, Bedagei, Lampong, Liangagas), Sumatera utara (Dolok merangir, Laut Tador, Medan, Sibolangit, Tanjung Morawa, Tebingtinggi), Sumatera barat (Anei Kloof, Muaralabuh, Siberut), Bengkulu (Sukaraja), Jambi (Gunung Gedang), Sumatera selatan (Palembang). BORNEO: (Mindai, Peugaron, Sintang, Telang), Sarawak (Gunung Mulu, Kuching, Mt. Dulit, Niah, Tinjar River), Sabah (Kinabalu, Labuan, Poring Springs, Ulu Dusum), Brunei (Lamunin, Temburung Ridge), Kalimantan selatan (Martapura), Kalimantan barat (Pontianak), Kalimantan timur (Balikpapan, Bengen River, Mentawir River, Tabang).

Mit folgenden Ausnahmen wie *dimidiatus* s. str.: die helle Flgd.-Zeichnung (Abb. 152 bis 162) besteht aus einem variabel großen Humeralfleck, der bis zu einer Basalbinde erweitert sein kann, und einem variabel großen Apikalfleck, dessen Umriß scharf oder undeutlich sein kann; oder der Apikalfleck ist völlig verschwunden. Die Punktierung der Flgd. wird vom Basalhöcker zum Apex hin sehr seicht und verlöschend. Aedeagus siehe Abb. 339 bis 341. Größe von 8,4 bis 11,4 mm, Mittel 10,2 mm (n = 188).

Untersuchtes Material (n = 189): (*wallacei*): 1 ♂ (BMNH); 1 ♂, Gilolo (ZSM); 3 ♂♂, 2 ♀♀, Perak, DOHERTY (BMNH); 1 ♀, Ginting Peras, Jelebu, 1500', H. C. ROBINSON, 1904 (BMNH); 1 ♂, Malacca (BMNH); 2 ♀♀, Penang (BMNH); 1 ♂, Malaya, Penang, Ayer Hom Hills, 2000 ft., H. T. PAYDEN, 19.V.1963 (BMNH); 4 ♂♂, 3 ♀♀, Borneo (BMNH); 2 ♀♀, Sarawak, SHELFORD (BMNH); 3 ♂♂, 2 ♀♀, Sarawak (BMNH); 1 ♂, 1 ♀, Borneo, Peugaron, DOHERTY (BMNH); 2 ♂♂, 3 ♀♀, SE. Borneo, Martapura, DOHERTY, 1891 (BMNH); 1 ♀, Borneo, Kuching (BMNH); 1 ♂, Borneo, Sintang (ZSM); 2 ♀♀, Sarawak, foot of Mt. Dulit, junction of Rivers Tinjar & Lejok, 3.VIII.1932 (BMNH); 1 ♂, l. c., 11.IX.1932 (BMNH); 1 ♀, l. c., 14.IX.1932 (BMNH); 1 ♂, l. c., 19.IX.1932 (BMNH); 1 ♀, Sarawak, between Tinjar & Rumah Bulan Ding, 10.XI.1932 (BMNH); 3 ♂♂, E. Borneo, 50 m, Balikpapan, Mentawir River, A. M. R. WEGNER, X.1950 (AMST); 1 ♀, E. Borneo, 125 m, Tabang, Bengen River, A. M. R. WEGNER, 3.X.1956 (WIES); 1 ♂, l. c., 16.X.1956 (AMST); 1 ♀, l. c., 17.X.1956 (WIES); 1 ♀, l. c., 29.X.1956 (AMST); 1 ♂, Sabah, Poring Springs, 1600 ft., K. M. GUICHARD, 6.–10.V.1973 (BMNH); 1 ♂, Sabah, Ulu Dusum, K. M. GUICHARD, 12.–22.V.1973 (BMNH); 1 ♂, Sarawak, 4th. Div., Niah, 3°49′N, 113°46′E, P. S. CRANSTON, 9.–17.X.1976 (BMNH); 3 ♂♂, Sarawak, Batu Niah, A. HARMAN, 29.XI.–27.XII.1980 (BMNH). (*dejeanii*): 1 ♂, Sumatra, Ajer Mantoior, O. BECCARI, VIII.1878 (DEI); 1 ♂, West Sumatra, Siberut Islands, C. B. K. and N. S., IX.1924 (BMNH); 1 ♂, Sumatra's West Kust, Anei Kloof, 500 m, leg. E. JACOBSON, 1926 (BMNH);

1 ♀, N. Sumatra, Dolok Merangir, leg. Dr. DIEHL, 11. VIII. 1979 (WIES); 2 ♀♀, Borneo (DEI); 1 ♀, Borneo, Sintang (ZSM); 1 ♂, Borneo, Kina Balu (BMNH); 1 ♀, Borneo, Pengaron, DOHERTY (BMNH); 1 ♀, Borneo, Telang, GRABOWSKY, X. 1881 (DEI); 1 ♂, Borneo, Mindai, Tramassar, Alai-Gebirge, GRABOWSKY, 15. VI. 1882 (DEI); 5 ♂♂, 2 ♀♀, SE. Borneo, Martapura, DOHERTY, 1891 (BMNH); 1 ♀, Sarawak, R. Kapah trib., of R. Tinjar, 25. IX. 1932 (BMNH); 2 ♀♀, Sabah, Poring Springs, 1 600 ft., K. M. GUICHARD, 6.–10. V. 1973 (BMNH); 2 ♀♀, Sarawak, 4th. Div., Gn. Mulu NP., nr. Base Camp, 50–100 m, P. M. HAMMOND & J. E. MARSHALL, V.–VIII. 1978 (BMNH). (*scapularis*): 1 ♂ (BMNH); 1 ♂, Dindings (BMNH); 1 ♀, Perak (BMNH); 1 ♀, Dusun Tua, F. M. S., N. C. E. MILLER, 10. II. 1929 (BMNH); 2 ♀♀, Malacca (BMNH); 1 ♂, 1 ♀, l. c. (ZSM); 1 ♂, Malaysia, Tapah to, Tanah Rata, 7 mile, Coll. K. MARUYAMA, 7. IX. 1983 (WIES); 1 ♂, Sumatra (BMNH); 1 ♂, l. c. (DEI); 1 ♀, Sumatra, Lampong (BMNH); 1 ♂, Sumatra, Palembang (BMNH); 1 ♀, Sumatra, Palembang, Paggar Alam, BOUCHARD (UZMK); 1 ♂, N. Sumatra, Dolok Merangir, leg. Dr. E. DIEHL, 12.–21. IV. 1973 (WIES); 1 ♂, l. c., 3. III. 1980 (WIES); 1 ♂, Sumatra, Bedagei, KANNEGIETER, 2. Sem. 1889, 200 m (AMST); 2 ♂♂, 1 ♀, Sarawak, Borneo, R. SHELFORD (BMNH); 1 ♀, Borneo, Kina Balu (BMNH); 2 ♂♂, 4 ♀♀, SE. Borneo, Martapura, DOHERTY, 1891 (DEI); 7 ♂♂, 2 ♀♀, l. c. (BMNH); 1 ♂, Sarawak, foot of Mt. Dulit, junction of rivers Tinjar & Lejok, 22. VIII. 1932 (BMNH); 1 ♂, l. c., 14. VIII. 1932 (BMNH); 1 ♂, l. c., 10. IX. 1932 (BMNH); 1 ♂, l. c., 14. IX. 1932 (BMNH); 2 ♀♀, l. c., 23. IX. 1932 (BMNH); 1 ♀, l. c., 4. X. 1932 (BMNH); 1 ♂, l. c., 5. X. 1932 (BMNH); 1 ♂, Sarawak, Mt. Dulit, 1 500 ft., 6. X. 1932 (BMNH); 1 ♀, Sarawak, Mt. Dulit, Dulit Trail, 26. VIII. 1932 (BMNH); 1 ♂, l. c., 18. IX. 1932 (BMNH); 2 ♀♀, Sarawak, between Tinjar & Rumah Dulan Ding, 9. XI. 1932 (BMNH); 1 ♀, Sarawak, 4th. Div., Niah, 3°49′ N, 113°46′ E, 9.–17. X. 1976, P. S. CRANSTON (BMNH); 1 ♂, Borneo, Sabah, Poring springs, Y. JOKI leg., 17. VIII. 1981 (WIES). (*schaumii*): 1 ♀, Malaysia, Johore, S. Seluyut, K. M. GUICHARD, 17. III. 1973 (BMNH); 2 ♂♂, Singapore (BMNH); 1 ♀, Sumatra (DEI); 1 ♂, Sumatra, Liangagas, DOHRN (BMNH); 6 ♂♂, Sumatra, Soekaranda (BMNH); 1 ♂, l. c., DOHRN, II. 1894 (BMNH); 1 ♂, l. c. (UZMK); 2 ♂♂, N. O. Sumatra, Tebing-Tinggi (ZSM); 3 ♂♂, 1 ♀, N. O. Sumatra, Tandjong Morawa, Serdang, Dr. B. HAGEN (AMST); 1 ♂, l. c. (UZMK); 1 ♂, Sumatra's O. K., Sibolangit, 550 m, J. B. CORPORAAL, 30. X. 1921 (DEI); 2 ♂♂, Sumatra O. K., Laut Tador, 16. VIII. 1949 (AMST); 1 ♂, N. O. Sumatra, Environs Medan, H. W. NAEZER, I.–III. 1950 (AMST); 1 ♀, Sumatra, Dolok Merangir, leg. Dr. E. DIEHL, 2. III. 1980 (WIES); 1 ♂, Brunei, WATERSTRADT (DEI); 1 ♂, Brunei, nr. Lamunin, N. E. STORK, 28. VIII.–5. IX. 1982 (BMNH); 1 ♂, Brunei, Temburung Ridge, Malaise trap, M. DAY, 9. III. 1982 (BMNH); 2 ♂♂, Borneo (BMNH); 2 ♂♂ m 1 ♀, N. Borneo, WHITEHEAD (BMNH); 2 ♂♂, Borneo occ., Pontianak, 1900 (ZSM); 4 ♂♂, 3 ♀♀, Borneo Holl., Pontianak (BMNH); 6 ♂♂, 1 ♀, Borneo, Labuan (BMNH); 1 ♂, Borneo, Kina Balu (BMNH); 1 ♂, l. c. (AMST); 1 ♂, Sarawak, R. Kapah trib., of R. Tinjar, 9. X. 1932 (BMNH); 1 ♀, Sarawak, Gunong Mulu Nat. Park, Long Pala, 50 m, J. D. HOLLOWAY, 7. I. 1978 (BMNH); 4 ♂♂, 3 ♀♀, Sarawak, 4th. Div., Gn. Mulu NP. near Base Camp, 50–100 m, P. M. HAMMOND & J. E. MARSHALL, V.–VIII. 1978 (BMNH); 1 ♂, l. c., nr. Camp 5, malaise trap (BMNH).

34.5 *spinipennoides* W. HORN, 1895

Type in DEI.

Literatur: CASSOLA 1985: 509. HORN 1895 a: 677, 678, 1905 b: 11, 1910: 193, 1926: 113, 1927 a: 123. BROUERIUS VAN NIDEK 1977: 21, 22, 24. WIESNER 1986: 32.

Verbreitung: SUMATRA: (Dolok Baros, Paggar Alam, Si-Rambé), Aceh (Bandahara, Muarasukon), Sumatera utara (Karo, Tanahmasa), Sumatera barat (Bukittingi, Muaralabuh, Padangpandjang, Pajakombo), Bengkulu (Manna, Suban Ajam), Jambi (Sanggaranagung, Siulakderas), Sumatera selatan (Gunung Dempo, Palembang), Lampung (Giesting).

Mit folgenden Ausnahmen wie *dimidiatus brooksi* BROUERIUS VAN NIDEK: die Flgd.-Zeichnung (Abb. 163) besteht aus einem scharf begrenzten, winkligen Humeralfleck. Die Punktierung der Flgd. auf der Scheibe ist etwas kräftiger. Aedeagus siehe Abb. 343. Größe von 10,1 bis 11,8 mm, Mittel 10,8 mm (n = 34).

Untersuchtes Material (n = 34): 2 ♂♂, 2 ♀♀, Sumatra (UZMK); 2 ♂♂, l. c. (ZSM); 2 ♂♂, l. c. (NHMB); 1 ♀, l. c., BOUCHARD (DEI); 8 ♂♂, 4 ♀♀, l. c., WIEDEMANN (ZSM); 1 ♀, Sumatra, Palembang, Paggar Alam, BOUCHARD (UZMK); 1 ♂, Sumatra, Dolok Baros (AMST); 1 ♂, Sumatra, Giestings, Native collect. (AMST); 1 ♂, Sumatra, Si-Rambé, MODIGLIANI, 1890 (UZMK); 1 ♂, l. c., XII. 1890–III. 1891, Syntypus (DEI); 1 ♀, l. c. (UZMK); 1 ♀, Ins. Batoe, Tanah Masa, KANNEGIETER, IX. 1896 (AMST); 1 ♀, Sumatra, Siolak Daras, Korinchi Valley,

3100 ft., III. 1914 (AMST); 1 ♀, l. c. (BMNH); 2 ♂♂, Sumatra, Sandaran Agong, Korinchi Lake, 2450 ft., V. & VI. 1914 (BMNH); 1 ♂, Sumatra's West Kust, Anei Kloof, 500 m, leg. E. JACOBSON, 1926 (AMST); 1 ♂, N. Sumatra, Karo Hill, leg. T. MIZUNUMA, III. 1983 (WIES).

34.6 *brooksi* BROUERIUS VAN NIDEK, 1977

Typen in BMNH und AMST.

Literatur: CASSOLA 1985: 509. BROUERIUS VAN NIDEK 1977: 21–24, f. 1.

Verbreitung: BORNEO: Sarawak (Bantung, Bau, Kuching, Lundu, Matang, Merinjak, Quop).

Mit folgenden Ausnahmen wie *dimidiatus* s. str.: basales Fühlerglied gelb, die übrigen mehr oder weniger geschwärzt. Die Punktierung wird vom Basalhöcker zum Apex hin sehr seicht und verlöschend. Eine helle Flgd.-Zeichnung (Abb. 164 bis 166) fehlt ganz oder besteht aus einem kleinen, in den Umrissen undeutlichen Humeralfleck (der Flgd.-Apex ist gelegentlich durchscheinend braun gefärbt). Die gelben Schenkel sind apikal und an der Oberseite geschwärzt, Schienen und Tarsen durchscheinend braun, apikal mehr oder weniger geschwärzt. Aedeagus siehe Abb. 342. Größe von 8,9 bis 11,2 mm, Mittel 10,1 mm (n = 60).

Untersuchtes Material (n = 60): 1 ♂, 1 ♀, Borneo, Sarawak (BMNH); 1 ♂, Borneo, SHELFORD (BMNH); 1 ♀, l. c., WALLACE (BMNH); 1 ♂, Borneo, Kuching (BMNH); 1 ♂, l. c., 23. III. 1900 (BMNH); 1 ♀, l. c., 27. IV. 1903 (BMNH); 1 ♂, Sarawak, Bantung, C. J. BROOKS, 20. V. 1907 (BMNH); 2 ♂♂, Sarawak, C. J. BROOKS, 1909 (BMNH); 1 ♂, Fed. Malay States, C. J. BROOKS, 1909, Paratypus (BMNH); 1 ♂, l. c., Paratypus (AMST); 5 ♂♂, 2 ♀♀, l. c. (BMNH); 1 ♂, l. c. (WIES); 1 ♂, 2 ♀♀, Sarawak, C. J. BROOKS, 1909, Paratypus (BMNH); 1 ♂, l. c., Paratypus (AMST); 1 ♂, Sarawak, Bau, C. J. BROOKS, 11. VI. 1910 (BMNH); 2 ♀♀, W. Sarawak, Mt. Matang, G. E. BRYANT, XII. 1913 (BMNH); 1 ♂, 1 ♀, l. c., 9. XII. 1913 (BMNH); 2 ♀♀, l. c., 11. XII. 1913 (BMNH); 1 ♀, l. c., 1. II. 1914 (BMNH); 1 ♀, l. c., 3. II. 1914 (BMNH); 1 ♂, l. c., 5. II. 1914 (BMNH); 1 ♂, l. c., II. 1914 (BMNH); 1 ♂, 1 ♀, l. c., 12. XII. 1914 (BMNH); 9 ♂♂, 1 ♀, W. Sarawak, Lundu, G. E. BRYANT, I. 1914 (BMNH); 1 ♀, W. Sarawak, Quop, G. E. BRYANT, II.–III. 1914 (BMNH); 1 ♀, l. c., 23. II. 1914 (BMNH); 1 ♂, l. c., 26. II. 1914 (BMNH); 1 ♂, l. c., 2. III. 1914 (BMNH); 1 ♀, l. c., 9. III. 1914 (BMNH); 1 ♂, l. c., III.–IV. 1914 (BMNH); 2 ♀♀, l. c., IV. 1914 (BMNH); 1 ♀, l. c., 1. IV. 1914 (BMNH); 1 ♂, l. c., 11. IV. 1914 (BMNH); 1 ♂, l. c., 12. IV. 1914 (BMNH); 1 ♂, Sarawak, Mt. Merinjak, G. E. BRYANT, V. 1914 (BMNH); 1 ♂, Sarawak, Mt. Matang, 2000 ft., N. C. E. MILLER, 2. VI. 1939 (BMNH).

Gruppe „*fasciatus*"

(ex parte Gruppe „*fasciatus-fruhstorferi-batesi*" sensu HORN, 1926)
(Gruppe „*fasciatus*" sensu CASSOLA, 1985)

Flgd. ganz hell oder mit schwarzem Basalfleck und schwarzer Zentralbinde oder mit zu zwei oder einem kleinen Fleck reduzierter, schwarzer Zentralbinde oder mit verbreiterter schwarzer Zentralbinde oder mit heller Humerallunula oder hellem Zentralfleck. Labrum länger als breit, mit fünf bis sieben Apikalzähnen, je einem Lateral- und Basalzahn. Taster hell. Fühler bis hinter die Schultern reichend (bei *chaudoiri* SCHAUM etwas kürzer). Clipeus ohne Haare. Vorderstirn steil abfallend zur Mittelstirn, oben bogenförmig abgerundet. Halsschild breiter als lang oder länger als breit, vorn weniger eingeschnürt als hinten, Mittelstück kugelig, Querfurchen kräftig, Seitenrandlinien und Mittellinie fein. Flgd. mit Basal- und Apikalhöcker. Flgd.-Apex mit oder ohne Seitenrandecke, mit stumpfwinkliger Nahtecke oder kurz ausgezogenem Nahtzahn. Bei den ♂♂ zusätzlich Glied eins bis drei der Vordertarsen und Glied drei der Mitteltarsen mit dichter Borstensohle sowie Glied eins bis drei der Vordertarsen erweitert. Größe 8 bis 13 mm.

Die von W. Horn (1926, p. 112) unter *fasciatus* F. zusammengefaßten Taxa gehören nach der Ansicht K. Mandl's (1964, p. 88, 89) mehreren Arten an. Nach den Umrissen der Penes und der geographischen Verbreitung habe ich folgende Aufteilung erarbeitet:

1. *pseudosemperi* W. Horn: Metasternum hell; Penis gleichmäßig gekrümmt, am Apex gering verjüngt; Flgd.-Apex mit kurz ausgezogenem Nahtzahn, zur Seitenrandecke leicht eingebuchtet; auf den Philippinen.

2. *fulvicollis* Thoms.: Metasternum hell; Penis im apikalen Drittel stark abgeknickt gekrümmt, Apex zu einer kurz geschwungenen Spitze ausgezogen; Flgd.-Apex mit kurz ausgezogenem Nahtzahn, zur Seitenrandecke leicht eingebuchtet; auf Sulawesi und den Molukken.

3. *fasciatus* Fabr. mit den subsp. *pseudolatreillei* W. Horn, *quadrimaculatus* W. Horn, *flavohumeralis* Mandl und *?nigrosternalis* W. Horn: Metasternum hell; Penis stark gekrümmt, im apikalen Drittel abgeknickt, dort eingebuchtet, mit stark gekrümmter und nach vorn verjüngter Spitze; Flgd.-Apex mit kurz ausgezogenem Nahtzahn, zur Seitenrandecke leicht eingebuchtet; auf den Philippinen, *fasciatus* s. str. auch auf Sulawesi und den Molukken.

4. *bipunctatus* sp. n.: Metasternum hell; Penis gerade, mit abgewinkeltem, kurz verjüngtem Apex; Flgd.-Apex mit kurz ausgezogenem Nahtzahn, zur Seitenrandecke leicht eingebuchtet; auf Sulawesi.

5. *flavilabris* Fabr.: Metasternum hell; Penis geschwungen gekrümmt, mit lang ausgezogenem, gekrümmtem, nach vorn verjüngtem Apex; Flgd.-Apex mit spitz dreieckig ausgezogenem Nahtzahn, zur Seitenrandecke stark eingebuchtet; auf Sulawesi.

6. *punctatoviridis* W. Horn: Metasternum dunkel; Penis geschwungen gekrümmt, mit lang ausgezogenem, gekrümmtem, nach vorn verjüngtem Apex; Flgd.-Apex mit kurz ausgezogenem Nahtzahn, zur Seitenrandecke leicht eingebuchtet; auf Sulawesi.

7. *latreillei* Thoms. mit den subsp. *brevispinosus* W. Horn und *pseudobipunctatus* subsp. n.: Metasternum dunkel; Penis gerade, mit abgewinkeltem, lang und ziemlich gleichmäßig ausgezogenem, an der Spitze abgerundetem Apex; Flgd.-Apex mit kurz bis spitz dreieckig ausgezogenem Nahtzahn, zur Seitenrandecke stark eingebuchtet; auf Sulawesi.

8. *payeni* Vander Linden: Metasternum dunkel; Penis gerade, mit abgewinkeltem, gekrümmtem, lang und gleichmäßig ausgezogenem, an der Spitze abgerundetem Apex; Flgd.-Apex mit spitz dreieckig ausgezogenem Nahtzahn, zur Seitenrandecke stark eingebuchtet; auf Sulawesi.

Bestimmungstabelle der Arten

1	Kopf teilweise rotbraun, Halsschild länger als breit	35 *chaudoiri* Schaum
–	Kopf völlig schwarz und/oder Halsschild breiter als lang	2
2	Halsschild überwiegend rotbraun gefärbt	3
–	Halsschild schwarz, höchstens an der Mittelnaht mit einem schmalen rotbraunen Streifen . .	4
3	Halsschild breiter als lang	36 *semperi* Schaum
–	Halsschild länger als breit	38 *fulvicollis* Thoms.
4	Metasternum ganz oder teilweise schwarz oder metallisch	5
–	Metasternum völlig entpigmentiert, hell	8
5	Mittelstirn glatt, ohne Quereindruck	39 *fasciatus* Fabr.
–	Mittelstirn mit deutlichen Quereindrücken und/oder vorn deutlich rundlich abgesetzt	6
6	Die schwarze Zentralbinde setzt sich schmal entlang der Flgd.-Mittelnaht bis zur Basis fort . .	7
–	Die schwarze Bindenzeichnung setzt sich nicht entlang der Flgd.-Mittelnaht auf dem Basalhöcker fort	43 *latreillei* Thoms.

7 Flgd. mit zweizipfligem hellem Humeralfleck . . . . 42 *punctatoviridis* W. HORN

– Heller Humeralfleck nicht zweizipflig . . . . 44 *payeni* VANDER LINDEN

8 Flgd. völlig gelb, ohne jede schwarze Zeichnung; mit stumpfwinkligem Seitenrand- und spitz dreieckigem Nahtzahn . . . . 41 *flavilabris* FABR.

– Flgd. mit dunkler Zeichnung oder mit nur kurz ausgezogenem Nahtzahn 9

9 Im Bereich der halben Flgd.-Länge befindet sich ein kleiner schmaler Zentralfleck . . . .
. . . . 40 *bipunctatus* sp. n.

– Dunkle Flgd.-Zeichnung anders oder ganz ohne dunkle Zeichnung 10

10 Flgd. mit dunklem Basalfleck . . . . 37 *pseudosemperi* W. HORN

– Flgd. ohne Basalfleck oder völlig ungezeichnet . . . . 39 *fasciatus* FABR.

35 *chaudoiri* SCHAUM, 1860

Bestimmungstabelle der Unterarten

1 Halsschild rotbraun . . . . 35.1 *chaudoiri* s. str.

– Halsschild schwarz . . . . 35.2 *cheesmanae* subsp. n.

35.1 *chaudoiri* s. str. (Abb. 47)

Literatur: CASSOLA 1985: 507. CHAUDOIR 1865: 13. DARLINGTON 1962: 340. FLEUTIAUX 1892: 134. HORN 1905 b: 10, 1910: 192, 1926: 111, 1932: 4. SCHAUM 1860: 185, T. 3, f. 1, 1861: 78.

(dichromus THOMSON, 1859)

Type in BMNH.

Literatur: CASSOLA 1985: 508. CHAUDOIR 1865: 13. FLEUTIAUX 1892: 134. HORN 1905 b: 10, 1910: 192, 1926: 111. THOMSON 1859: 92, 1860: 44.

Verbreitung: NEUGUINEA: Manokwari (= Dorey), Siwi.

Kopf und Halsschild rotbraun, Vorder- und Mittelstirn sowie Orbitalplatten schwarzglänzend; Flgd. schwarzglänzend. Labrum siehe Abb. 427. Taster hell. Basales Fühlerglied hell, die übrigen gebräunt. Orbitalplatten mit sechs bis sieben deutlichen Längsstricheln. Die Mittelstirn ist in der Mitte gelegentlich seicht längs gestrichelt und weist basal zwei deutliche, schiefe Dellen auf. Halsschild länger als breit. Die helle Flgd.-Zeichnung (Abb. 167, 168) besteht aus einem Humeralfleck, der den Basalhöcker ausspart und schräg nach innen zur Mittelnaht einen weit über die Flgd.-Mitte hinausragenden Streifen sendet sowie einem kleinen Apikalfleck. Im Bereich des Humeralfleckes sind die Flgd. sehr kräftig punktiert, sonst glatt. Flgd.-Apex mit oder ohne stumpfwinklige Seitenrandecke und stumpfwinklige Nahtecke, Zwischenraum leicht bogenförmig eingezogen (Abb. 269, 270). Unterseite rotbraun, Epimeren des Metasternums gelegentlich gebräunt bis geschwärzt. Aedeagus siehe Abb. 344. Größe von 8,0 bis 9,2 mm, Mittel 8,7 mm (n = 15).

Untersuchtes Material (n = 16): 5♂♂, N. Guinea (DEI); 1♂, l. c. (AMST); 2♂♂, 2♀♀, l. c. (BMNH); 1♀, l. c., DEYROLLE (ZSM); 1♀, Ny. Guinea, Dorey (UZMK); 1♂, 1♀, l. c. (BMNH); 1♀, l. c., WALL. (WIES); 1♂, Menado (BMNH).

35.2 *cheesmanae* subsp. n.

Type in BMNH.

Verbreitung: JAPEN: Mt. Baduri.

50

Mit folgenden Ausnahmen wie *chaudoiri* s. str.: Kopf und Halsschild schwarzglänzend, Hinter- und Mittelstirn auf der Scheibe rotbraun. Mittelnaht des Halsschildes mit seichten Querrunzeln. Flgd. (Abb. 169) mit schmaler Basalbinde, Zentralfleck und breitem Apikalfleck. Flgd.-Apex mit stumpf- winkliger, gleich ausgebildeter Seitenrand- und Nahtecke, Zwischenraum stark eingebuchtet. Größe 9,7 mm (n = 1).

Untersuchtes Material (n = 1): 1 ♀, Dutch New Guinea, Japen I., Mt. Baduri, 1000 ft., L. E. CHEESMAN, VIII.1938, Holotypus (BMNH).

36 *semperi* SCHAUM, 1860 (Abb. 48)

Literatur: CASSOLA 1985: 508. CHAUDOIR 1865: 13. FLEUTIAUX 1892: 134. HORN 1905b: 10, 1910: 193, 1926: 112. 1928: 170, 171. MANDL 1964: 87. SCHAUM 1860: 185, 186, T. 3, f. 2, 1861: 78. WIESNER 1980: 124.

(manillicus THOMSON, 1860)

Type in BMNH.

Literatur: CASSOLA 1985: 508. FLEUTIAUX 1892: 134. HORN 1905b: 10, 1910: 193, 1926: 112. THOMSON 1860: 42, 43.

? *(bellulus* BATES, 1872)

Literatur: BATES 1872: 286. CASSOLA 1985: 508. FLEUTIAUX 1892: 134. HORN 1905b: 10, 1910: 193, 1926: 112.

Verbreitung: PHILIPPINEN: Luzon (Atimonan, Imugan, Los Banos, Mt. Banahao, Mt. Isarog, Mt. Maquiling, Mt. Province, Tayabas), Mindoro (Sabonu), Negros (Mt. Canlaon); Mindanao?

Kopf schwarzglänzend, Halsschild rotbraun, Flgd. rotbraun mit schwarzen Flecken. Labrum hell, basal gelegentlich gebräunt (Abb. 428). Fühler rotbraun, basales Glied gelb. Vorderstirn oben sehr leicht quer gestrichelt. Orbitalplatten glatt. Die Mittelstirn ist glatt oder seltener in der Mitte seicht längs gerunzelt und weist basal zwei seichte Dellen auf. Halsschild breiter als lang. Die schwarze Flgd.-Zeichnung (Abb. 170 bis 172) besteht aus folgenden Elementen: der Basalhöcker ist völlig schwarz oder völlig hell, dazwischen kommen zahlreiche Übergangsformen vor; auf der Flgd.- Scheibe existiert ein variabel großer Zentralfleck, der einen schmalen Saum an der Mittelnaht ausspart. In der Furche hinter dem Basalhöcker sind die Flgd. kräftig punktiert, sonst glatt oder (seltener) fein punktiert. Flgd.-Apex mit oder ohne stumpfwinkliger Seitenrandecke und stumpfwinkliger Naht- ecke, Zwischenraum leicht bogenförmig eingezogen (Abb. 272, 273). Unterseite rotbraun oder gelb- braun. Beine hell, die letzten Tarsenglieder gelegentlich gebräunt bis geschwärzt. Bei den ♂♂ sind die Vordertarsen schwarz gefärbt. Aedeagus siehe Abb. 345. Größe von 8,1 bis 10,3 mm, Mittel 9,0 mm (n = 27).

Untersuchtes Material (n = 27): 1 ♀ (BMNH); 2 ♂♂, Phil. I. (BMNH); 1 ♂, Mindanao (BMNH); 1 ♀, l. c. (NHMB); 1 ♀, Mt. Makiling, Laguna, P. I., 400 ft., 6. VII. 1930 (DEI); 1 ♂, Philippine Ids., Los Banos, III.−VI. 1925, PEMBERTON Coll. (DEI); 1 ♀, Philippinen, Mindoro, Sabonu (ZSM); 2 ♂♂, Mt. Canlaon, 3600′, Negros or., Phil., H. M. & D. TOWNES, 1.−6.V.1953 (AMST); 2 ♀♀, Philippines, Negros oriental, leg. Romeo LUMAWIG, VII. 1985 (WIES); 1 ♂, Luzon (UZMK); 1 ♀, l. c., Imugan (DEI); 1 ♀, S. Luzon, Mt. Isarog (DEI); 1 ♂, Luzon, Mt. Banahao, BOETTCHER, IV. 1914 (UZMK); 1 ♂, l. c., VI. 1914 (UZMK); 1 ♀, Luzon, Imugan, P. BOETTCHER, VI. 1917 (UZMK); 1 ♀, P. I., Luzon, Quezon Park, Tayabas, F. C. HADDEN coll., 19. VI. 1931 (DEI); 1 ♂, Luzon, Atimonan, T. MIZUNUMA leg., 15.−18. V. 1981 (WIES); 1 ♂, Luzon, Mt. Maquiling, leg. G. HANGAY, 12. IV. 1984 (Coll. PROBST); 4 ♂♂, 2 ♀♀, N. Luzon, Mt. Province, leg. R. M. LUMAWIG, 27. V. 1986 (WIES).

Den unter *semperi* als Synonym aufgeführten *bellulus* BATES habe ich nicht gesehen (Bates beschrieb ihn nach einem ♂ von den Philippinen). Seine Flecken auf den Flgd. sollen reduziert, diese überall fein punktiert sein und die Vorderstirn soll einen hellen Fleck aufweisen. Es ist durchaus möglich, daß *bel- lulus* zu Unrecht als Synonym behandelt wird.

51

37 *pseudosemperi* W. Horn, 1928 stat. n.

Type in DEI.

Literatur: Cassola 1985: 508. Döbler 1973: 377. Horn 1928: 171. Mandl 1964: 89. Wiesner 1980: 125.

Verbreitung: PHILIPPINEN: Mindoro (Sublayan), Luzon (Mt. Province).

Mit folgenden Ausnahmen wie *fasciatus* s. str.: auf der Stirn sind die basalen Dellen der Mittelstirn gelegentlich miteinander verbunden. Auf dem Halsschild ist ein schmaler Streifen entlang der Mittelnaht bisweilen aufgehellt. Die Zeichnung der Flgd. (Abb. 173, 174) entspricht der Art *semperi* Schaum (mit schwarz gefärbtem Basalhöcker). Aedeagus siehe Abb. 346. Größe von 9,6 bis 11,0 mm, Mittel 10,1 mm (n = 6).

Untersuchtes Material (n = 6): 1 ♂, Ins. Philipp. (DEI); 4 ♀♀, Mindoro, Subaan, Syntypus (DEI); 1 ♀, Philippines, N. Luzon, Mt. Province, 27.V.1986, leg. R. Lumawig (WIES).

38 *fulvicollis* Thomson, 1860 stat. n.

Type in BMNH.

Literatur: Cassola 1985: 507. Chaudoir 1865: 13. Fleutiaux 1892: 134. Horn 1905b: 10, 1910: 193, 1926: 112. 1928: 171. Mandl 1964: 88. Schaum 1861: 78, 1862: 180, 1863a: 68. Thomson 1860: 42.

Verbreitung: SULAWESI: (Tanson), Sulawesi utara (Manado), Sulawesi selatan (Ujung Pandang). MOLUKKEN: Bacan (Labuha, Makian), Halmahera (Ternate Is., Acer Gurci).

Mit folgenden Ausnahmen wie *fasciatus* s. str.: Halsschild rot- bis hellbraun; die schwarze Zentralbinde (Abb. 175) spart bisweilen einen schmalen Saum an der Mittelnaht aus. Aedeagus siehe Abb. 347. Größe von 9,3 bis 11,3 mm, Mittel 10,3 mm (n = 33).

Untersuchtes Material (n = 33): 1 ♀ (BMNH); 1 ♀, Moluccas (BMNH); 1 ♂, 1 ♀, Celebes, Syntypus (BMNH); 1 ♀, Celebes (UZMK); 1 ♂, l. c., Tanson (DEI); 1 ♀, Macassar (BMNH); 1 ♀, Menado (BMNH); 1 ♀, Batjan (DEI); 1 ♂, 1 ♀, l. c. (NHMB); 1 ♀, l. c. (UZMK); 1 ♂, 5 ♀♀, l. c. (BMNH); 1 ♂, l. c. (WIES); 1 ♂, l. c., Syntypus (BMNH); 1 ♀, Batchian, Mollucerne (UZMK); 3 ♂♂, Mollucao, Bachian, Wallace (BMNH); 1 ♂, Batjan, Laboean, Doherty (DEI); 2 ♂♂, 1 ♀, Ned. Ind. Archipel, Batjan, A. Koller, VIII. 1906 (AMST); 1 ♂, l. c. (DEI); 1 ♂, Batjan, A. Wegner, 14.VII. 1953 (AMST); 2 ♂♂, Maluku utara, Bacan, Makian, 1,5 km E of Labuha, A. H. Kirk-Spriggs, 25.–26.IX. 1985 (Mus. WALES); 1 ♀, Indonesia, Ternate, Aker Gurci, 400 m, Tony Harmah, III. 1985 (BMNH).

39 *fasciatus* (Fabricius, 1801)

vigilax Schaum gehört als Synonym zu *fasciatus* s. str.: die Taxa sollten an der Form der schwarzen Flgd.-Binde zu unterscheiden sein, wobei die Binde von *vigilax* sich der Furche hinter dem Basalhöcker mehr nähert als bei *fasciatus* s. str.; es handelt sich um eine Variante aus dem Zeichnungsspektrum von *fasciatus* s. str. *bimaculatus* Mandl stelle ich als Synonym zu *quadrimaculatus* W. Horn; letztere ist in der Flgd.-Zeichnung ungemein variabel; es existieren folgende Muster: oberer Zentralfleck vorhanden, unterer Zentralfleck vorhanden *(bimaculatus* Mandl), oberer und unterer Zentralfleck vorhanden, oberer und unterer Zentralfleck miteinander verbunden, ohne Flecken (in dieser seltenen Form der *flavilabris* (Fabr.) ähnelnd). Von *nigrosternalis* W. Horn ist bisher nur ein einziges ♀ bekannt geworden, ich kann daher nicht beurteilen, ob es sich um eine individuelle Aberation handelt, oder ob das Taxon mit seinem dunklen Metasternum und der eigentümlichen Flgd.-Zeichnung tatsächlich zu *fasciatus* gehört.

Bestimmungstabelle der Unterarten

1 Metasternum schwarz . . . . 39.5 *nigrosternalis* W. Horn

– Metasternum hell 2

39.1 *quadrimaculatus* W. HORN, 1895

Literatur: CASSOLA 1985: 507. HORN 1895b: 88, 1905b: 10, 1908a: 29, f. 68, 1910: 193, 1926: 112, 1928: 171. MANDL 1964: 87, 88. WIESNER 1980: 120, 125.

(bimaculatus MANDL, 1964) syn. n.

Type in Mus. CHICAGO.

Literatur: CASSOLA 1985: 508. MANDL 1964: 87, 88. WIESNER 1980: 125.

Verbreitung: PHILIPPINEN: (Bucas, Panaon), Luzon, Leyte, Panay (Iloilo), Mindanao (Burungkot, Cotabato, Davao, Mt. Mayo, Sitio Taglawig, Surigao, Tagum), Basilan (Maloong).

Mit folgenden Ausnahmen wie *fasciatus* s. str.: Flgd. mit zwei Querbinden (Abb. 176 bis 180), eine von der Basalfurche, die andere von der Apikalfurche ausgehend. Die Binden können zu Flecken reduziert, miteinander verbunden, einzeln oder völlig verschwunden sein. Aedeagus siehe Abb. 348. Größe von 9,5 bis 11,2 mm, Mittel 10,2 mm (n = 23).

Untersuchtes Material (n = 23): 1 ♀, Borneo (ZSM); 1 ♀, Batjan (DEI); 1 ♂, Philipp. (DEI); 3 ♂♂, l. c., 1 ♀, Is. of Leite (BMNH); 1 ♂, Philippin., Panaon (UZMK); 1 ♀, Philippin., Bucas (UZMK); 1 ♂, Luzon (UZMK); 1 ♂, Mindanao, WATERSTRADT (DEI); 1 ♂, Philippinen, Siargao, Cabuntuc, S. BOETTCHER, IX.1916 (UZMK); 1 ♀, Mindanao, Davao Prov., Mt. Mayo, R. C. McGREGOR, IV.1927 (DEI); 1 ♀, Bazilan, Maloong, K. KUWASIMA, VII.–VIII.1932 (DEI); 3 ♀♀, Philippinen, Iloilo, Canuawua, leg. R. LUMAWIG, V.1978 (WIES); 1 ♀, (ZSM); 1 ♂, Philipp. Islands (BMNH); 1 ♂, Philippines (BMNH); 1 ♂, Mindanao (BMNH); 1 ♂, Philippinen, Mindanao, Surigor, P. BOETTCHER, V.1915 (UZMK); 1 ♀, l. c., 9.XII.1915 (UZMK).

39.2 *fasciatus* s. str. (Abb. 49)

Literatur: BOISDUVAL 1835: 11, 12. BONELLI 1818: 250–252. CASSOLA 1985: 507. CHAUDOIR 1848: 17, 1865: 13. DARLINGTON 1962: 340. FLEUTIAUX 1892: 134. HORN 1905b: 10, 1910: 193, 1923: 363, 1926: 112, 1928: 170, 171. MANDL 1964: 88, 89. MOULTON 1910: 189, 190. SCHAUM 1860: 184, 1863a: 68, 1863b: 74. THOMSON 1860: 41. WIESNER 1980: 120, 124.

(vigilax SCHAUM, 1862)

Literatur: CASSOLA 1985: 507. CHAUDOIR 1865: 13. FLEUTIAUX 1892: 134. HORN 1905b: 10, 1910: 193, 1926: 112. MANDL 1964: 88. SCHAUM 1862: 179, 1863a: 68, 1863b: 74. WIESNER 1980: 119, 125.

Verbreitung: PHILIPPINEN: Panay (Iloilo), Mindanao (Bukiduan, Davao). SULAWESI: (Lamontjong, Mecol), Sulawesi utara (Dumoga Bone, Manado), Sulawesi tengah (Jalan, Poso, Tolitoli), Sulawesi selatan (Bantimurang, Malino, Maros, Patunuang, Samanga, Tjamba, Ujung Padang). MOLUKKEN: Halmahera (Galela, Gani, Goa-Plains, Mt. Siv, Mumar Riv., Ternate Isl.).

Kopf und Halsschild schwarzglänzend, Flgd. rotbraun mit schwarzer Binde. Labrum hell, mit dunklem Basalfleck (Abb. 429). Basales Fühlerglied hell, die übrigen mehr oder weniger gebräunt bis geschwärzt. Vorderstirn glatt. Orbitalplatten glatt. Mittelstirn glatt, basal mit zwei seitlichen, seichten Dellen. In seltenen Fällen sind Mittelstirn und Orbitalplatten gestrichelt. Halsschild länger als breit. Die schwarzglänzende Binde der Flgd. (Abb. 181 bis 183) beginnt vor, an oder hinter der Flgd.-Mitte und endet im Bereich der Apikalfurche. Die Flgd. sind in der Basalfurche kräftig punktiert, sonst fast verlöschend bis glatt; auf dem Basalhöcker können sich einige größere Porenpunkte befinden. Flgd.-Apex mit oder ohne stumpfwinklige Seitenrandecke und stumpfwinklige Nahtecke, oder breit dreieckig und kurz ausgezogenem Nahtzahn, Zwischenraum leicht bogenförmig eingezogen (Abb. 274, 275). Unterseite rotbraun. Beine hell, die Tarsenglieder gelegentlich geschwärzt. Bei den ♂♂ sind die Vordertarsen meist schwarz gefärbt. Aedeagus siehe Abb. 350. Größe von 8,5 bis 11,1 mm, Mittel 9,9 mm (n = 98).

Untersuchtes Material (n = 99): 1 ♂, 3 ♀♀ (BMNH); 1 ♀, Mindanao, Davao, WATERSTRADT (DEI); 2 ♂♂, 1 ♀, Philippinen, Iloilo, Canuawua, leg. R. LUMAWIG, V. 1978 (WIES); 1 ♀, Mindanao Island, Bukiduan Prov., R. LUMAWIG leg. (WIES); 2 ♀♀, Molucces (BMNH); 1 ♂, Macassar (DEI); 1 ♂, 1 ♀, l. c. (BMNH); 1 ♀, l. c., W. DOHERTY (BMNH); 1 ♂, Ins. Gilberts (NHMB); 1 ♀, Moluccao, Jilolo, WALLACE (BMNH); 1 ♂, Gilolo (BMNH); 1 ♀, Halmahera, Gani, FRUHSTORFER (DEI); 1 ♀, l. c. (BMNH); 1 ♂, Halmah., Galela (ZSM); 1 ♀, Isl. Halmahera, Goa-Plains, 50−100 m, 9. IX.−12. IX. 1951 (AMST); 1 ♂, Isl. Halmahera, Mumarriver, 250 m, 25.−26. IX. 1951 (AMST); 1 ♀, Isl. Halmahera, Mt. Siv, 600−700 m, 27. IX.−6. X. 1951 (AMST); 2 ♂♂, Ins. Ternate, DOHERTY (DEI); 4 ♂♂, 5 ♀♀, Celebes (BMNH); 1 ♂, 2 ♀♀, l. c. (UZMK); 1 ♂, l. c. (NHMB); 1 ♂, l. c. (ZSM); 1 ♂, Menado (BMNH); 1 ♂, Celebes, G. HEINRICH (BMNH); 1 ♂, Celebes, 85 (BMNH); 1 ♂, Celebes, WALLACE (BMNH); 1 ♂, Celebes, Manado (BMNH); 1 ♂, 2 ♀♀, Celebes, W. DOHERTY (BMNH); 1 ♀, S. Celebes, Lamontjong, Drs. SARASIN (NHMB); 1 ♂, Zuid Celebes, Tjamba, DOHERTY (UZMK); 1 ♀, l. c. (DEI); 2 ♀♀, Celebes, IV. 1840, v. TEYLINGEN (UZMK); 1 ♂, S. Celebes, Bantimurang, C. RIBBE, 1882 (BMNH); 1 ♂, 1 ♀, l. c. (UZMK); 2 ♂♂, l. c. (ZSM); 3 ♀♀, Nord Celebes, Toli-Toli, XI.−XII. 1895, H. FRUHSTORFER (BMNH); 1 ♀, S. Celebes, Samanga, H. FRUHSTORFER, XI. 1895 (DEI); 1 ♀, l. c. (AMST); 1 ♂, S. Celebes, Patunuang, H. FRUHSTORFER, I. 1896 (DEI); 1 ♀, Maros, Celebes, C. J. BROOKS coll., IX. 1923 (BMNH); 1 ♀, Celebes, Bantimoeroeng, G. HEINRICH, 25. V. 1930 (BMNH); 1 ♀, S. W. Celebes, Malino, 1100 m, J. P. A. KALIS leg., VII. 1938 (AMST); 1 ♂, Celebes, Mecol, leg. Dr. DIEHL, 21. XI. 1971 (WIES); 1 ♀, N. Central Sulawesi, M. J. D. BRENDELL, V. 1980 (BMNH); 1 ♀, Celebes, Jalan, Poso, leg. M. TAO, 26. V. 1984 (WIES); 1 ♀, Sulawesi utara, Dumoga Bone N. P., Toraut, 0°34′ N, 123°54′ E, 214 m, A. H. KIRK-SPRIGGS, 8.−10. VII. 1985 (Mus. WALES); 2 ♂♂, 1 ♀, l. c., 10.−13. VII. 1985 (WALES); 2 ♂♂, l. c., 13.−21. VII. 1985 (WALES); 1 ♀, l. c., 21.−23. VII. 1985 (WALES); 3 ♂♂, 2 ♀♀, l. c., 23. VII.−3. VIII. 1985 (WALES); 2 ♀♀, l. c., 232 m, 28.−30. VIII. 1985 (WALES); 1 ♂, 1 ♀, l. c., 3.−16. IX. 1985 (WALES); 2 ♀♀, l. c., 16.−19. IX. 1985 (WALES); 1 ♀, l. c., 29.−30. I. 1985, J. P. DUFFELS (AMST); 1 ♂, l. c., 27. II. 1985 (BMNH); 1 ♂, l. c., 5. III. 1985 (BMNH); 1 ♀, l. c., 30. IV. 1985 (BMNH); 1 ♀, l. c., 8. VII. 1985 (BMNH); 1 ♀, l. c., X. 1985 (BMNH); 1 ♀, l. c., 2.−9. X. 1985 (BMNH); 1 ♂, 1 ♀, l. c., 9.−16. X. 1985 (BMNH); 1 ♂, l. c., 20.−27. XI. 1985 (BMNH); 1 ♀, l. c., forest path at edge of R. Tumpah, X. 1985 (BMNH).

39.3 *pseudolatreillei* W. HORN, 1928

Type in DEI.

Literatur: CASSOLA 1985: 508. DÖBLER 1973: 377, HORN 1928: 169−171. MÁNDL 1964: 87−89. BROUERIUS VAN NIDEK 1968: 234. WIESNER 1980: 125.

Verbreitung: PHILIPPINEN: Mindanao (Bukidnon, Gingoog, Ma-Init, Mt. McKinley, Mt. Apo, Mt. Talemo, Pt. Bango, Sapamoro, Tagum, Zamboanga), Mindoro.

Mit folgenden Ausnahmen wie *fasciatus* s. str.: die schwarzglänzende Binde der Flgd. (Abb. 184) beginnt in der Basalfurche und endet im Bereich der Apikalfurche; die Punktierung ist seicht bis fast verlöschend. Aedeagus siehe Abb. 351. Größe von 9,3 bis 11,5 mm, Mittel 10,2 mm (n = 24).

Untersuchtes Material (n = 23): 2 ♂♂, 2 ♀♀, Mindanao, Pt. Bango, Syntypus (DEI); 1 ♂, Mindanao, Zamboanga, BAKER, Syntypus (DEI); 1 ♂, Mindanao, Curuan district, Sapamoro, 18. XII. 1961 (UZMK); 1 ♂, Mindanao, Mt. Talemo, leg. M. SATO, 30. VI. 1977 (WIES); 2 ♂♂, 2 ♀♀, N. Mindanao, Umg. Ma-Init (zw. Iligan City und Cagayan de Cro), leg. CABIDES & LOBIN, 17.−20. VIII. 1978 (WIES); 7 ♂♂, 4 ♀♀, Mindanao, Gingoog, 8,5 N, 125,0 E, IV. 1984 (WIES); 1 ♀, Mindoro Is., coll. KEZUKA, 15. XII. 1978 (Coll. PROBST).

39.4 *flavohumeralis* MANDL, 1964

Typen in Mus. CHICAGO und FREY.

Literatur: CASSOLA 1985: 508. MANDL 1964: 88, 89. WIESNER 1980: 125.

Verbreitung: PHILIPPINEN: Mindanao (Davao, La Lun Mts.).

Mit folgenden Ausnahmen wie *fasciatus* s. str.: Mittelstirn oben mit zwei kräftigen Querfurchen. Die helle Flgd.-Zeichnung (Abb. 185) ist auf einen Humeralfleck, der nur knapp über die Basalfurche reicht, und einen Apikalfleck reduziert. Die Flgd. sind an der Basalfurche leicht, sonst fast verlöschend punktiert; auf dem Basalhöcker befinden sich einige größere Porenpunkte. Flgd.-Apex mit stumpf-winkliger Nahtecke und breit dreieckig und kurz ausgezogenem Nahtzahn. Aedeagus siehe Abb. 352. Größe 11,5 mm (n = 1).

Untersuchtes Material (n = 1): 1 ♂, La Lun Mts., Davao Prov., Mindanao, 5 800 ft., 3. VII. 1930, C. F. CLAGG, Paratypus (Mus. FREY).

39.5 ?*nigrosternalis* W. HORN, 1905

Type in DEI.

Literatur: CASSOLA 1985: 508. HORN.1905 b: 10, 1910: 193, 1926: 112, 1928: 171. MANDL 1964: 88. WIESNER 1980: 125.

Verbreitung: PHILIPPINEN.

Mit folgenden Ausnahmen wie *fasciatus* s. str.: Flgd. mit einem Zentralfleck (Abb. 186), beginnend hinter der Flgd.-Mitte und bis hinter den Apikalhöcker ausgedehnt, zur Mittelnaht hin halbkreisför-mig ausgedehnt. Flgd. seicht punktiert. Auf der Unterseite sind Metasternum und dessen Epimeren schwarz gefärbt. Größe 10,3 mm (n = 1).

Untersuchtes Material (n = 1): 1 ♀, Philipp., Syntypus (DEI).

40 *bipunctatus* sp. n.

Typen in AMST, BMNH, DEI, NHMB, UZMK und WIES.

Verbreitung: SULAWESI: (Tombugu, Paredean, Oeroe), Sulawesi tengah (Mt. Tambusisi), Sula-wesi selatan (Bantimurang, Mowewe, Palopo, Ujung Pandang).

Mit folgenden Ausnahmen wie *fasciatus* s. str.: die schwarze Zeichnung der Flgd. (Abb. 187) be-steht lediglich aus einem schmalen Zentralfleck im Bereich der halben Flgd.-Länge. Aedeagus siehe Abb. 353. Größe von 9,5 bis 12,0 mm, Mittel 10,4 mm (n = 14).

Untersuchtes Material (n = 14): 1 ♂, Celebes, Paratypus (BMNH); 1 ♂, l. c., G. HEINRICH, Paratypus (BMNH); 1 ♀, Macassar, Paratypus, W. DOHERTY (BMNH); 2 ♀♀, S. O. Celebes, Mowewe, Drs. SARASIN, Para-typus (NHMB); 1 ♂, S. Celebes, Bantimurang, C. RIBBE, 1882, Paratypus (UZMK); 1 ♂, Ost-Celebes, Tomboe-goe, C. RIBBE, Paratypus (BMNH); 1 ♂, Ost-Celebes, Tombugu, H. KÜHN, 1885, Paratypus (BMNH); 1 ♂, 1 ♀, l. c., Paratypus (AMST); 1 ♂, Celebes, Latimodjong-Geb., Oeroe, 800 m, VIII. 1930, HEINRICH, Paratypus (BMNH); 1 ♂, S. W. Celebes, 1 000 m, Paloppo, Toajamboe, L. J. TOXOPEUS, VII. 1936, Paratypus (DEI); 1 ♂, Ce-lebes, Paredean, T. MIZUNUMA leg., 10. VI. 1974, Holotypus (WIES); 1 ♂, Sulawesi tengah, 500′, 1°40′ S, 121°20′ E., M. J. D. BRENDELL, 27. III. 1980, Paratypus (BMNH).

41 *flavilabris* (FABRICIUS, 1801) stat. n.

Literatur: ANNANDALE & HORN 1909: 6. BOISDUVAL 1835: 10, 11. BONELLI 1818: 252, 253. CASSOLA 1985: 507. CHAUDOIR 1848: 17, 1865: 13. FLEUTIAUX 1892: 134. HORN 1905 b: 10, 1910: 193, 1923: 363, 1926: 112, 1928: 171. MANDL 1964: 87, 88. SCHAUM 1860: 184, 1862: 179, 180, 1863 a: 68, 1863 b: 74. THOMSON 1860: 41. WIESNER 1980: 125.

(rufipennis BONELLI, 1818)

Literatur: BONELLI 1818: 256. CASSOLA 1985: 507. HORN 1910: 193, 1926: 112.

Verbreitung: SULAWESI: (Tombugu), Sulawesi selatan (Patunuang), Sulawesi tengah (Morawali). Mit folgenden Ausnahmen wie *fasciatus* s. str.: Flgd. (Abb. 188) vollkommen gelb, ohne jede schwarze Zeichnung. Flgd.-Apex mit stumpfwinkligem Seitenrand- und spitz dreieckigem Nahtzahn (Abb. 276). Aedeagus siehe Abb. 354. Größe von 8,1 bis 10,9 mm, Mittel 10,0 mm (n = 12).

Untersuchtes Material (n = 12): 1 ♂, Celebes (ZSM); 1 ♂, l. c. (UZMK); 1 ♂, 1 ♀, l. c. (NHMB); 1 ♂, 1 ♀, Ost-Celebes, Tombugu, H. KÜHN, 1885 (DEI); 2 ♂♂, 1 ♀, l. c. (UZMK); 1 ♀, S. Celebes, Patunuang, H. FRUHSTORFER, I.1896 (DEI); 4 ♂♂, Sulawesi tengah, nr. Morowali, Ranu River Area, lowland rain forest, 27.I.–20.IV.1980 (BMNH).

42 *punctatoviridis* W. HORN, 1933 stat. n.

Typen in BMNH und DEI.

Literatur: CASSOLA 1985: 508. DÖBLER 1973: 377. HORN 1933: 124. MANDL 1964: 89.

Verbreitung: SULAWESI: Sulawesi utara (Dumoga Bone, G. Ambang, Kotamobagu, Latimodjong-Gebirge, Lake Mala, Manado, Tangkesalakko), Sulawesi tengah (Gimpu).

Mit folgenden Ausnahmen wie *fasciatus* s. str.: Oberseite schwarzglänzend, mit gelbgrünem Schimmer; Flgd. (Abb. 189) mit zweizipfligem, gelbem Humeralfleck sowie schmalem gelbem Apikalfleck. Taster apikal geschwärzt. Mittellinie des Halsschildes deutlich, mit Querrunzeln. Der vordere Teil der Mittelstirn ist vom Rest deutlich rundlich abgesetzt. Die Flgd.-Punktierung ist insgesamt kräftiger. Auf der Unterseite sind Metasternum und dessen Epimeren wie die Oberseite gefärbt. An den Beinen sind auch die Schienenspitzen und die Schenkeloberseite mehr oder weniger geschwärzt. Aedeagus siehe Abb. 355. Größe von 10,4 bis 11,7 mm, Mittel 10,9 mm (n = 12).

Untersuchtes Material (n = 12): 1 ♀, Celebes, Manado (BMNH); 1 ♀, Celebes, Latimodjonggeb., 1 800–1 500 m, G. HEINRICH, Ende VII.1930, Syntypus (DEI); 1 ♂, 1 ♀, Sulawesi utara, Lake Mala, 0°44′ N, 124°27′ E, 1 080 m, A. H. KIRK-SPRIGGS, 10.–12.IX.1985 (Mus. WALES); 1 ♂, Sulawesi tengah, Lore Lindu N. P., Rano Rano, 1 600 m, 10 km NE Gimpu, J. P. & M. J. DUFFELS, 15.III.1985 (AMST); 2 ♂♂, Indonesia, Sulawesi utara, Danau Mooat, 1 200 m, nr. Kotamobagu, X.1985 (BMNH); 1 ♀, Sulawesi utara, Dumoga Bone N. P., 18.II.1985 (BMNH); 1 ♀, l. c., 27.IV.1985 (BMNH); 1 ♂, Sulawesi utara, Gng. Ambang, nr. Kotamobagu, 1 350 m, 17.II.1985 (BMNH); 2 ♀♀, Sulawesi utara, Gng. Ambang F. R., nr. Kotamobagu, Dungalow, 1 200–1 300 m, 23.III.1985 (BMNH).

43 *latreillei* THOMSON, 1860 stat. n.

Bestimmungstabelle der Unterarten

1	Flgd.-Apex mit stumpf dreieckiger Nahtecke . . . . 43.3 *brevispinosus* W. HORN
–	Flgd.-Apex mit spitz dreieckig ausgezogenem Nahtzahn 2
2	Flgd. mit breiter dunkler Zentralbinde . . . . 43.2 *latreillei* s. str.
–	Flgd. mit quer rechteckigem, dunklem Zentralfleck . . . 43.1 *pseudobipunctatus* subsp. n.

43.1 *pseudobipunctatus* subsp. n.

Typen in NHMB.

Verbreitung: SULAWESI: Sulawesi tengah (Danau Poso).

Mit folgenden Ausnahmen wie *fasciatus* s. str.: Orbitalplatten seicht gestrichelt, Mittelstirn basal mit deutlichem Quereindruck. Flgd. seicht punktiert. In der Flgd.-Mitte (Abb. 190) befindet sich ein quer-rechteckiger, schwarzer Zentralfleck. Flgd.-Apex mit stumpfwinkliger Seitenrandecke und spitz dreieckig ausgezogenem Nahtzahn. Auf der Unterseite sind Metasternum und dessen Epimeren schwarz gefärbt. Aedeagus siehe Abb. 356. Größe 12,1 und 12,5 mm (n = 2).

Untersuchtes Material (n = 2): 1 ♂, Celebes, Posso See, Drs. SARASIN, Holotypus (NHMB); 1 ♂, l. c., Posso Todjo, Paratypus (NHMB).

43.2 *latreillei* s. str.

Type in BMNH.

Literatur: CASSOLA 1985: 508. CHAUDOIR 1865: 13. FLEUTIAUX 1892: 134. HORN 1897a: 55, 1905b: 11, 1910: 193, 1926: 112, 1928: 169–171. MANDL 1964: 89. SCHAUM 1861: 78, 1863: 68. THOMSON 1860: 43, 44.

Verbreitung: SULAWESI: (Tanokon), Sulawesi utara (Manado, Nogogonipa, Dumoga Bone, R. Tumpah), Sulawesi tengah (Tolitoli). MOLUKKEN: Batjan.

Mit folgenden Ausnahmen wie *fasciatus* s. str.: Oberseite schwarzglänzend, meist mit grün- oder blaumetallischem Schimmer. Der vordere Teil der Mittelstirn ist vom Rest deutlich rundlich abgesetzt. Die Punktierung der Flgd. ist wesentlich seichter. Flgd.-Apex stets mit stumpfwinkliger Seitenrandecke und spitz dreieckig ausgezogenem Nahtzahn, Zwischenraum bogenförmig eingebuchtet (Abb. 277). Auf der Unterseite sind Metasternum und dessen Epimeren schwarz gefärbt. Aedeagus siehe Abb. 357. Größe von 9,8 bis 12,4 mm, Mittel 10,9 mm (n = 45).

Untersuchtes Material (n = 45): 2 ♂♂, 1 ♀ (BMNH); 1 ♀ (ZSM); 1 ♂, Sing. (BMNH); 2 ♀♀, Moluccerne (UZMK); 1 ♂, Celebes (DEI); 4 ♂♂, 7 ♀♀, l. c. (BMNH); 4 ♂♂, Celebes, P. KIBLER (DEI); 1 ♂, 1 ♀, Celebes, Manado (BMNH); 1 ♂, 1 ♀, Menado (DEI); 2 ♀♀, l. c. (BMNH); 3 ♂♂, l. c. (Mus. WALES); 1 ♂, l. c. (WIES); 1 ♂, 1 ♀, l. c., WALLACE (BMNH); 1 ♀, N. Celebes, Tanokon, Drs. SARASIN (NHMB); 2 ♀♀, Nord-Celebes, Toli-Toli, H. FRUHSTORFER, XI.–XII.1895 (DEI); 2 ♀♀, Ins. Batjan (NHMB); 2 ♀♀, Sulawesi utara, Nogogonipa, 1000 m, 20.–22.V.1985 (BMNH); 1 ♀, Sulawesi utara, Dumoga Bone N. P., 16.–22.X.1985 (BMNH); 1 ♀, l. c., 20.–27.XI.1985 (BMNH); 1 ♂, l. c., R. Tumpah, 22.II.1985 (BMNH).

43.3 *brevispinosus* W. HORN, 1896

Type in DEI.

Literatur: CASSOLA 1985: 508. HORN 1896: 150, 1905b: 11, 1910: 193, 1926: 112, 1928: 169, 171. MANDL 1964: 89.

Verbreitung: SULAWESI: Sulawesi utara (Sangihe: Tahuna).

Mit folgenden Ausnahmen wie *fasciatus* s. str.: Mittelstirn basal mit deutlichem Quereindruck. Die schwarzglänzende Binde der Flgd. (Abb. 191) beginnt in der Basalfurche und endet im Bereich des Apikalsulcus. Auf der Unterseite sind Metasternum und dessen Epimeren schwarz gefärbt. Flgd.-Apex siehe Abb. 278. Aedeagus siehe Abb. 358. Größe von 9,7 bis 12,0 mm, Mittel 10,8 mm (n = 8).

Untersuchtes Material (n = 8): 1 ♂, Sangir, Syntypus (DEI); 4 ♂♂, 1 ♀, Groot Sangir, Taroena, 2000', DOHERTY (DEI); 1 ♂, Celebes (ZSM); 1 ♀, l. c., P. KIBLER (DEI).

44 *payeni* VANDER LINDEN, 1829 stat. n.

Literatur: CASSOLA 1985: 508. CHAUDOIR 1848: 16, 1865: 13. FLEUTIAUX 1892: 134. HORN 1897a: 55, 1905b: 11, 1910: 193, 1926: 112, 1928: 169, 171. MANDL 1964: 89. SCHAUM 1860: 184, 1861: 79. THOMSON 1860: 41. VANDER LINDEN 1829: 17, 18.

(macleayi THOMSON, 1860)

Type in BMNH.

Literatur: CASSOLA 1985: 508. CHAUDOIR 1865: 13. FLEUTIAUX 1892: 134. HORN 1905b: 11, 1926: 112. THOMSON 1860: 44.

Verbreitung: SULAWESI: Sulawesi utara (Manado, Modoinding), Sulawesi tengah (Gimpu).

Mit folgenden Ausnahmen wie *fasciatus* s. str.: Oberseite schwarzglänzend, oft mit grün- oder blaumetallischem Schimmer. Der vordere Teil der Mittelstirn ist vom Rest deutlich rundlich abgesetzt. Die Punktierung der Flgd. ist wesentlich seichter. Flgd.-Apex mit stumpf- bis spitzwinkligem Seitenrandzahn und spitz dreieckig ausgezogenem Nahtzahn, Zwischenraum bogenförmig eingebuchtet (Abb. 279). Flgd. mit hellem Apikalfleck und an der Mittelnaht schwarz gesäumtem Humeralfleck (Abb. 192, 193). Auf der Unterseite sind Metasternum und dessen Epimeren ganz oder teilweise schwarz gefärbt. Aedeagus siehe Abb. 359. Größe von 9,6 bis 13,3 mm, Mittel 11,3 mm (n = 28).

Untersuchtes Material (n = 28): 1 ♂, 2 ♀♀ (BMNH); 1 ♂ (ZSM); 1 ♀, Molukken (NHMB); 1 ♂, Ceram (BMNH); 1 ♂, 1 ♀, Jondano, 3000 ft. (BMNH); 2 ♂♂, Celebes (UZMK); 3 ♂♂, 2 ♀♀, l. c. (BMNH); 1 ♀, Celebes, Type (BMNH); 1 ♂, l. c., P. KIBLER (DEI); 1 ♂, 1 ♀, Celebes, Manado (BMNH); 3 ♂♂, Moluccerne, Menado (UZMK); 1 ♂, 2 ♀♀, Celebes, Minatassa, STAUDINGER (DEI); 2 ♂♂, N. Celebes, Minahasa, Modoinding, 1060 m, 26.VI.1941 (AMST); 1 ♀, Sulawesi tengah, Lore Lindu N. P., Marena, Hihia, 360 m, 10 km N Gimpu, J. P. & M. J. DUFFELS, 18.III.1985 (AMST).

Gruppe „*hennigi*"

(ex parte Gruppe „*fasciatus-fruhstorferi-batesi*" sensu HORN, 1926)
(ex parte Gruppe „*chenelli*" sensu CASSOLA, 1985)

Flgd. mit heller Zentralbinde und heller Humerallunula oder Humeralbinde. Labrum breiter als lang, mit sechs Apikalzähnen und je einem Lateral- und Basalzahn. Taster braun, apikal mehr oder weniger geschwärzt. Fühler bis zu den Schultern reichend, am Apex sind die letzten sechs Glieder deutlich erweitert. Clipeus ohne Haare. Vorderstirn steil abfallend zur Mittelstirn, oben bogenförmig abgerundet. Halsschild breiter als lang, vorn und hinten gleich stark eingeschnürt, Mittelstück kugelig, Querfurchen tief, Mittel- und Seitenrandlinien fein. Flgd. mit Basal- und Apikalhöcker. Flgd.-Apex am Seitenrand bogenförmig abgerundet, mit spitz ausgezogenem Nahtzahn, Zwischenraum sanft eingebuchtet (Abb. 280). Die basalen drei Glieder der Hintertarsen sind deutlich walzenförmig verdickt (Abb. 10). Bei den ♂♂ zusätzlich Glied eins bis drei der Vordertarsen mit dichter Borstensohle sowie Glied drei der Vordertarsen verbreitert. Größe 11 bis 12 mm.

45 *hennigi* W. HORN, 1898

Bestimmungstabelle der Unterarten

1 Die Basalbinde der Flgd. ist durch einen schmalen hellen Nahtstreifen mit dem Zentralfleck verbunden . . . . 45.2 *hennigi* s. str.
– Basalbinde und Zentralfleck sind isoliert . . . . 45.1 *dormeri* W. HORN

45.1 *dormeri* W. HORN, 1898

Type in DEI.

Literatur: CASSOLA 1985: 511. FOWLER 1912: 295−296, f. 134. HEYNES-WOOD & DOVER 1928: 44. HORN 1898b: 197, 198, 1902: 72, 1905b: 11, 1910: 197, T. 12, f. 9, 1924a: 91, 1926: 114.

Verbreitung: INDIA: Arunachal Pradesh (Patkai Mts.), Nagaland (Naga Hills), Manipur.

Mit folgenden Ausnahmen wie *hennigi* s. str.: Labrum gelb, nicht geschwärzt. Der helle Apikalfleck der Flgd. ist viel kleiner; der Zentralfleck ist nicht mit der Basalbinde verbunden (Abb. 194, 195); die Basalbinde ist schmal und durch einen dunklen Fleck auf dem Basalhöcker durchbrochen. Größe von 11,0 bis 12,1 mm, Mittel 11,4 mm (n = 8).

Untersuchtes Material (n = 8): 1 ♂, Dormer, Holotypus (DEI); 1 ♂, Assam, Patkai Mts., Doherty (DEI); 2 ♂♂, 1 ♀, l. c. (BMNH); 1 ♂, India, Naga Hills, Doherty (BMNH); 1 ♂, Manipur, Doherty (BMNH); 1 ♂, N. Manipur, 3000–9000, Doherty, 3 de trim. 1889 (DEI).

45.2 *hennigi* s. str. (Abb. 50)

Type in DEI.

Literatur: Cassola 1985: 511. Döbler 1973: 383. Dover & Ribeiro 1921: 722. Fowler 1912: 294, 296. Heynes-Wood & Dover 1928: 43. Horn 1898c: 178, 1905b: 11, 1910: 194, 1926: 114.

Verbreitung: INDIA: Meghalaya (Garo Hills, Tura, Khasi Hills), Assam (Damchara).

Oberseite schwarzglänzend, mit blaugrünem oder violettem Schimmer. Labrum gelb, Rand und ein indifferenter Basalfleck mehr oder weniger geschwärzt (Abb. 432). Grundfarbe der Fühler gelb, Unterseite von Glied eins sowie die übrigen mehr oder weniger gebräunt, am Apex geschwärzt. Vorderstirn oben glatt oder quer gestrichelt. Orbitalplatten basal seicht gestrichelt. Die Mittelstirn ist basal durch eine deutliche Furche abgegrenzt, dahinter befinden sich zwei grubenförmige Dellen; neben diesen Dellen reichen deutliche Furchen zum Kopfseitenrand. Flgd. deutlich punktiert, zum Apex hin seichter bis verlöschend. Der Flgd.-Apex ist durchscheinend gelb gefärbt, an der Flgd.-Naht reicht diese Gelbfärbung (Abb. 196, 197) mit einem schmalen Streifen gelegentlich bis zum Zentralfleck. Der gelbbraune Zentralfleck erstreckt sich sanft bogenförmig über die ganze Flgd.-Breite bis zum Seitenrand. An der Mittelnaht ist der Zentralfleck durch einen schmalen Streifen mit der Basalbinde verbunden. Die gelbbraune Basalbinde reicht bis weit hinter den Basalhöcker. Unterseite schwarz, Abdominalsegmente lateral mehr oder weniger aufgehellt. Beine gelbbraun, Schenkel und Schienen basal und apikal geschwärzt, Tarsen apikal geschwärzt, apikale Hälfte der Hinterschienen sowie Hintertarsen hellgelb. Aedeagus siehe Abb. 360. Größe von 10,7 bis 11,1 mm, Mittel 10,9 mm (n = 3).

Untersuchtes Material (n = 3): 1 ♂, Khasia-Hill, Hennig, 1896, Holotypus (DEI); 1 ♀, S. Kemp, Zool. Surv. Ind., Above Tura, Garo Hills, Assam, 3500 ft., VII. 1917 (DEI); 1 ♂, Assam, Damchara, 250 ft., leg. Schmid, 10. V. 1960 (AMST).

Gruppe „*labiatus*"

(ex parte Gruppe „*labiatus-festivus*" sensu Horn, 1926)
(ex parte Gruppe „*labiatus*" sensu Cassola, 1985)

Flgd. ganz hell oder dunkel oder mit verschieden breiter, dunkler Mittelbinde. Labrum länger als breit bis gering breiter als lang, mit fünf bis sieben Apikalzähnen, je einem Lateral- und Basalzahn. Taster hell. Fühler bis an oder hinter die Schultern reichend. Clipeus mit zwei Haaren. Vorderstirn steil abfallend zur Mittelstirn (Abb. 8). Halsschild breiter als lang, hinten stärker eingeschnürt als vorn, Mittelstück kugelig, Querfurchen tief, Mittel- und Seitenrandlinien fein (Mittellinie bei *rennellensis* Brouerius van Nidek kräftiger). Flgd. mit Basal- und Apikalhöcker, *basalis* Dej., *fulvipennis* Chaud. und *coracinus* Er. zusätzlich mit Lateralhöcker (dieser kann bei *labiatus* F. und *caligatus* Bates ebenfalls seicht angedeutet sein). Flgd.-Apex mit stumpf- oder spitzwinkligem Nahtzahn, mit stumpf- oder spitzwinkligem Seitenrandzahn, Zwischenraum eingebuchtet oder geradlinig. Bei den ♂♂ zusätzlich Glied eins bis drei der Vordertarsen und Glied drei der Mitteltarsen mit dichter Borstensohle sowie drittes Vordertarsenglied verbreitert. Größe: 9 bis 20 mm.

Nachdem ich 1980 (p. 120, 121) die Taxa *labiatus* und *coracinus* spezifisch voneinander trennte, haben Untersuchungen für die vorliegende Arbeit gezeigt, daß von *coracinus* weitere Taxa abgetrennt werden müssen: *fulvipennis, bidentatus* CHAUD., *everetti* BATES und *sudans* W. HORN. Der im *labiatus*-Komplex sensu W. HORN (1926, p. 111) übrig bleibende *caligatus* wurde bereits von BROUERIUS VAN NI-DEK (1959, p. 178, 179) zur Art rangerhöht.

coracinus und *labiatus* sind an dem an- oder abwesenden Lateralhöcker auf den Flgd., der reduzierten oder ausgedehnten Flgd.-Punktur und dem Penis zu unterscheiden; letzterer ist bei *coracinus* stärker gekrümmt und verjüngt sich merklich ab dem apikalen Drittel, während er bei *labiatus* wenig gekrümmt und erst am Apex in einer Spitze abgewinkelt ist. Der Penis von *caligatus* ähnelt dem von *labiatus*, die Art ist aber leicht kenntlich an dem weit nach hinten ausgezogenen Nahtzahn des Flgd.-Apex und den völlig schwarzen Tarsen und Schienen.

Mit seinem breit abgerundeten Apex, ohne ausgezogene Spitze, ist der Penis von *fulvipennis, bidentatus, everetti* und *sudans* deutlich verschieden von den vorgenannten; alle vier Taxa werden unter *fulvipennis*, dem ältesten der verfügbaren Namen, zusammengefaßt. Außerdem wird *sudans* synonym zu *everetti* gestellt, da die Ausdehnung der Zentralbinde im Bezug zur Mittelnaht der Flgd. als Kriterium zur Trennung nicht ausreicht (bei *everetti* sollte die dunkle Zentralbinde die Mittelnaht aussparen). *fulvipennis* unterscheidet sich von *caligatus* durch den nicht weit nach hinten ausgezogenen Nahtzahn und die hellen Tarsen und Schienen, von *labiatus* durch das helle Metasternum und den vorhandenen Lateralhöcker, von *coracinus* s. str. ebenfalls durch das helle Metasternum und von *coracinus fulvescens* subsp. n. durch die Färbung von Kopf und Halsschild.

Bestimmungstabelle der Arten

46 *labiatus* (FABRICIUS, 1801) (Abb. 51)

Literatur: ANNANDALE & HORN 1909: 6. BOISDUVAL 1835: 12. BONELLI 1818: 248–250, 258, T. 4, f. 11. CASSOLA 1985: 506. CHAUDOIR 1848: 16, 1865: 13. DARLINGTON 1962: 338, 339. FLEUTIAUX 1892: 133. GORY 1831: 39. HORN 1897a: 54, 1905b: 10, 1906: 19, 1910: 192, 1913a: 409, 1925b: 8, 1926: 110, 111, 1932: 4, 1936: 4, 5. KLUG

1834: 43. Mandl 1964: 81, 82, f., 83–86. Brouerius van Nidek 1959: 177, 178, f., 181, 1968: 233, 234. Schaum 1860: 183, 1863a: 67, 68. Thomson 1860: 41. Vander Linden 1829: 16. Wiesner 1980: 120, 121, 124.

(cyanipennis Bonelli, 1818)
Literatur: Bonelli 1818: 256. Cassola 1985: 506. Horn 1910: 192, 1925b: 8, 1926: 111, 1936: 4.

(purpureus Chaudoir, 1865)
Literatur: Chaudoir 1865: 13. Fleutiaux 1892: 133.

(punctulatus Chaudoir, 1865)
Literatur: Chaudoir 1865: 13. Fleutiaux 1892: 133.

Verbreitung: SULAWESI: (Bantaeng, Kulawi-Bada, Manado, Marena, Oeroe, Palopo, Palu, Toli-toli, Toraut, Dumoga Bone). TALAUD. MOLUKKEN: Halmahera (Goa Plains), Batjan, Obi (Obi Lake, Wajaloar), Buru (Mada Mts.), Ambon (Laha), Ceram (Kamarian, Mansela). WAIGEO. MI-SOOL (Weeim Is.). KAI (Gunung Daab). ARU (Manoembai, Urejuring). JAPEN. NEUGUINEA: (Biak, Bewani Mts., Mt. Bougainville, Erima, Finschhafen, Geelvink Bay, Mt. Herbert, Hollandia, Humboldt Bay Dist., Kaimana, Kwatisore, Lasanga Is., Liki Is., Madang, Manikion, Manokwari, Mushu, Onin, Orum, Sorong, Tami River, Wendesi, Wewak). D'ENTRECASTEAUX IS.: Tro-briand, Woodlark, Fergusson. MISIMA. ROSSEL. BISMARCK ARCHIPEL: Luf, Manus (Loren-gau, S. Gabriel), New Hanover (Banatam), Mussau (Boliu, Talumalaus, Tasital), New Ireland (Danu, Kavieng, Kolonaboi, Nusa), Djaul (Sumuna), Duke of York (Manuan), Tabar, New Britain (Baining Mts., Bita Paka, Gasmeta, Gazelle Pen., Jalasea, Keravat, Kinigunang, Kokopo, Komgi, Makadar, Marada, Mövehafen, Vaisisi, Valoka, Yalom), Rooke. SALOMONEN: Buka (Carol Harbour), Gardner Is., Bougainville, Shortland, Vella Lavella, Kolombangara (Hunda, Kikindu, Kuzi), New Georgia (Rubiana), Santa Isabel (Marunga, Tatamba, Tumibali), Malaita (Su'u), Florida (Belaga, Tu-lagi), Guadalcanal (Aola, Berande, Honiara, Ilu, Jonapau, Kukum, Marau, Tapenanje), San Cristobal (Bauro, Kirakira, Makira, Wainoul), Bellona (Matahenua), Rennell (Kanapra).

Oberseite schwarzglänzend, mit violettem messingfarbenem oder blaugrünem Schimmer. Labrum hell, basal mit oder ohne dunklen Fleck (Abb. 430). Fühler bis zu den Schultern reichend, basales Glied hell, die übrigen schwarz, apikales Ende der Glieder zwei bis fünf gelegentlich aufgehellt. Vor-derstirn oben stumpfwinklig nach vorn erweitert und schwach quer gestrichelt; Orbitalplatten nicht bis schwach gestrichelt; auf der Mittelstirn befindet sich ein mehr oder weniger deutlich ausgeprägter Quereindruck oder zwei separate Einbuchtungen. Flgd. im Bereich der Basalfurchen deutlich bis kräftig punktiert, die Punktur kann sich bis zum Flgd.-Apex ausbreiten, ist lateral kräftiger, zur Mit-telnaht hin schwächer. Flgd.-Apex mit stumpf- oder spitzwinkligem Nahtzahn, mit oder ohne stumpf- oder spitzwinkligem Seitenrandzahn, Zwischenraum geradlinig oder eingebuchtet, gelegent-lich dort mit deutlichen Zähnchen versehen (Abb. 281, 282). Körperunterseite, bis auf das helle Abdo-men, wie die Oberseite gefärbt. Beine hell, Tarsen, Schienen und Schenkelspitzen können mehr oder weniger geschwärzt sein. Aedeagus siehe Abb. 361 bis 363. Größe von 12,9 bis 20,0 mm, Mittel 16,6 mm (n = 423).

Untersuchtes Material (n = 426): 1 ♀ (UZMK); 1 ♂, 1 ♀ (AMST); 1 ♂, 1 ♀ (BMNH); 1 ♂, Gilolu (BMNH); 1 ♂, Ardjouns, Scheepmaker, 1871 (AMST); 4 ♂♂, Manikin, II. 1903 (AMST); 1 ♀, Diki, 14. VII. 1903 (AMST); 1 ♀, Kwaboori, 1. VIII. 1903 (AMST); 1 ♂, Borneo (UZMK); I ♂, Java, Soakemfola, VII. 1931 (AMST); 1 ♀, Ce-lebes (ZSM); 1 ♂, l. c. (AMST); 1 ♂, l. c. (DEI); 2 ♂♂, 2 ♀♀, l. c. (BMNH); 1 ♂, 3 ♀♀, l. c., Manado, Wallace (BMNH); 3 ♂♂, 3 ♀♀, C. Celebes, Kulawi-Bada, Drs. Sarasin (NHMB); 1 ♂, 1 ♀, Nord-Celebes, Toli-Toli, XI.–XII. 1895, H. Fruhstorfer (WIES); 1 ♀, l. c. (AMST); 1 ♂, l. c. (UZMK); 1 ♂, 1 ♀, l. c. (BMNH); 1 ♂, 1 ♀, Celebes, Latimodjong-Geb., Oeroe, 800 m, VIII. 1930, Heinrich (BMNH); 1 ♀, S. W. Celebes, 1000 m, Paloppo, Todjamboe, VII. 1936, L. J. Toxopeus (AMST); 2 ♀♀, l. c., 500 m, Banthein, Ereng-Ereng, XI. 1938, J. P. A. Kalis (AMST); 1 ♂, Moluccas (BMNH); 1 ♀, Ins. Buru (WIES); 1 ♂, l. c. (BMNH); 1 ♂, l. c., Mada Mts. (BMNH); 2 ♂♂, 1 ♀, l. c., 3000 ft. (BMNH); 1 ♂, Buru, Station 2, 1921, L. J. Toxopeus (AMST); 1 ♂, l. c., Station 4, III. 1921 (AMST); 1 ♂, l. c., Station 5, IV. 1921 (AMST); 1 ♂, l. c., Station 4, 27.–28. V. 1921 (AMST); 1 ♂, Amboina (UZMK); 4♂♂, 1♀, l. c. (BMNH); 2♂♂, 2♀♀, l. c., J. J. WALKER (BMNH); 1♀, l. c., II.1922 (UZMK); 1♂, 1♀, l. c., X.1923, C. J. BROOKS (BMNH); 1♀, l. c., 15.X.1923 (BMNH); 2♂♂, l. c., 23.III.1962, A. WEGNER (AMST); 1♂, 1♀, Ambon, Air Sekular b. Laha, 21.X.1978, E. BAUER (WIES); 1♀, Ceram (BMNH); 1♂, l. c., WALLACE (BMNH); 1♂, 1♀, l. c., X., XI.1909, W. STALKER (BMNH); 2♂♂, 1♀, C. Ceram, 2500 ft., Mansela, 1919, PRATT (BMNH); 1♀, Ins. Ceram, bei Kamarian, 6.X.1978, BAUER (WIES); 2♂♂, 2♀♀, l. c., 7.X.1978 (WIES); 1♂, l. c., 8.X.1978 (WIES); 2♂♂, Mysol (BMNH); 6♂♂, 2♀♀, (ZSM); 2♀♀, l. c. (BMNH); 1♀, W. Obi, Obi Lake, 160–260 m, VII.–XI.1953, A. M. R. WEGNER (AMST); 1♀, Insel Batjan (AMST); 5♂♂, 3♀♀, l. c. (UZMK); 1♀, l. c. (BMNH); 1♂, Batjan, VIII.1907, KOLLER (AMST); 1♂, Moluccas, Jilolo, WALLACE (BMNH); 1♀, Halmaheira (ZSM); 1♀, l. c. (AMST); 2♂♂, 1♀, l. c. (UZMK); 1♂, l. c. (WIES); 1♀, Isl. Halmahera, Goa Plains, 50–100 m, 9.–12.IX.1951 (AMST); 2♂♂, Waigu (BMNH); 1♀, l. c. (UZMK); 1♂, 1♀, Waigeu Isl., 2.–3.VIII.1948, M. A. LIEFTINCK (AMST); 2♂♂, 1♀, Key-Inseln (UZMK); 1♂, 2♀♀, l. c. (BMNH); 8♂♂, 3♀♀, Little Key Is., WEBSTER (BMNH); 1♂, 2♀♀, Kei, 1903 (AMST); 1♂, Kei Eil., Gn. Daab, ±300 m, IV.1922, H. C. SIEBERS (AMST); 3♂♂, 2♀♀, Aru (BMNH); 2♂♂, Aru-Inseln, Urejuring, 1884, C. RIBBE (AMST); 2♂♂, 2♀♀, N. Guinea (ZSM); 1♂, l. c. (WIES); 1♂, l. c. (DEI); 3♂♂, 1♀, l. c. (UZMK); 2♂♂, 1♀, l. c. (BMNH); 1♂, New Hollandia (BMNH); 5♂♂, 5♀♀, New Guinea, PRATT (BMNH); 2♀♀, N. Guinea, Wewak, F. H. TAYLOR (BMNH); 1♂, Deutsch N. Guinea, WIEDENFELD (ZSM); 1♀, N. Guinea, Sorong, V.1872, L. M. D. ALBERTIS (ZSM); 1♂, Holl. Neuguinea, 1912, P. KIBLER (WIES); 1♂, 2♀♀, Dutch N. Guinea, Geelvink Bay, 1920, PRATT (BMNH); 2♂♂, 2♀♀, W. New Guinea, Mt. Nomo, S. of Mt. Bougainville, 700 ft., II.1936, L. E. CHEESMAN (BMNH); 1♂, 4♀♀, l. c., Njau-limon, 300 ft. (BMNH); 3♂♂, 2♀♀, Dutch New Guinea, Humboldt Bay Dist., W. STÜBER, 1937 (BMNH); 1♂, 4♀♀, Dutch New Guinea, Humboldt Bay Dist., Pukusam Dist., West of Tami River, VI.1937 (BMNH); 4♂♂, 2♀♀, l. c., Bewani Mts., IX.1937 (BMNH); 1♂, 1♀, Papua New Guinea, Narian, Misima Isl., 0–50 m, 8.IX.1956, L. J. BRASS (AMST); 1♀, New Guinea, Konga, Bougainville, 15.II.1961 (AMST); 1♂, NO-Neu Guinea, Madang, III.–V.1969 (WIES); 1♂, l. c., V.1969 (AMST); 2♂♂, Papua New Guinea, Morobe Province, Lasanga Is., IX.1979, I. REDMOND (BMNH); 1♂, Bismarck-Archip. (ZSM); 2♂♂, Rossel Is. (BMNH); 8♂♂, 3♀♀, Hermit Isl., Luf, 26.VI.1962 (UZMK); 1♀, Manus Isl., H. CHANDLER (AMST); 1♀, Manus, Lorengau, 16.VI.1962 (UZMK); 1♂, l. c., 20.VI.1962 (UZMK); 1♂, Lavongai, Banatam, 22.III.1962 (UZMK); 1♀, l. c., 24.III.1962 (UZMK); 2♂♂, 3♀♀, Mussau, Talumalaus, 19.I.1962 (UZMK); 2♂♂, l. c., 22.I.1962 (UZMK); 1♂, l. c., 23.I.1962 (UZMK); 1♂, l. c., 25.I.1962 (UZMK); 6♂♂, 5♀♀, l. c., 5.II.1962 (UZMK); 1♀, Mussau Is., Tasital, 3.VI.1962 (UZMK); 2♂♂, 1♀, Mussau, Boliu, 5.VI.1962 (UZMK); 1♂, N. Mecklbg., Nusa (WIES); 1♂, l. c. (AMST); 1♀, N. Ireland, Kavieng, F. H. TAYLOR (BMNH); 1♂, 1♀, Bismarck Arch., New Ireland, Kolonaboi, J. SMART, 12.XII.1957 (BMNH); 1♀, New Ireland, Danu, Kalili Bay, 3.IV.1962 (UZMK); 1♂, 2♀♀, l. c., 29.IV.1962 (UZMK); 4♂♂, 1♀, l. c., 30.IV.1962 (UZMK); 2♂♂, Dyaul, Sumuna, 5.III.1962 (UZMK); 1♂, 1♀, l. c., 8.III.1962 (UZMK); 2♀♀, l. c., 13.III.1962 (UZMK); 1♀, N. Lauenburg, Mioko, C. RIBBE (NHMB); 1♂, l. c. (AMST); 1♀, l. c. (UZMK); 1♀, l. c. (BMNH); 3♂♂, 2♀♀, D. of York Island (BMNH); 1♂, Duke of York, Manuan, 19.VII.1962 (UZMK); 2♂♂, l. c., 20.VII.1962 (UZMK); 1♀, l. c., 21.VII.1962 (UZMK); 2♂♂, Tabar Is., Tabar, 4.XII.1957, J. SMART (BMNH); 1♀, Neu Pommern (UZMK); 1♂, Neu Pommern, Kinigunang, C. RIBBE (NHMB); 1♀, l. c. (BMNH); 2♂♂, New Britain, Kokopo, H. W. SIMMONDS (BMNH); 1♂, 1♀, l. c., Jalasea (BMNH); 1♂, 1♀, New Britain, Makadar, F. H. TAYLOR (BMNH); 2♂♂, 2♀♀, l. c., Kerawat (BMNH); 1♂, New Britain, Marada (BMNH); 4♂♂, New Britain, Mövehafen, 1930 (NHMB); 1♂, 1♀, New Britain, Gasmata, I.1930 (NHMB); 4♂♂, 2♀♀, New Britain, Baining Mts., Puktas, 22.XI.1957, J. SMART (BMNH); 1♀, Mt. Ivitki, 27.XI.1957 (BMNH); 2♂♂, 1♀, New Britain, Komgi, 1000 m, 14.V.1962 (UZMK); 3♂♂, New Britain, Yalom, 1000 m, 18.V.1962 (UZMK); 2♀♀, l. c., Valoka, 5.VII.1962 (UZMK); 2♂♂, 1♀, l. c., Vaisisi, 9.VII.1962 (UZMK); 1♀, New Britain, Bita Paka, 15 km SE of Kokopo, 10.VII.1962 (UZMK); 1♀, Rook Island, Umboi, 1930 (NHMB); 1♂, 1♀, S. Pacific (BMNH); 1♀, Ny. Hebridenne (UZMK); 2♂♂, 2♀♀, Solomon Isl. (BMNH); 2♂♂, 1♀, l. c., MATHEW (BMNH); 2♂♂, 2♀♀, Bougainville, P. KIBLER (ZSM); 1♀, Bougainville, 4.VII.1922, E. A. ARMYTAGE (BMNH); 1♂, 2♀♀, Bougainville, 1930, BUIN (NHMB); 1♂, Shortlands Ins., C. RIBBE (ZSM); 1♀, l. c. (WIES); 1♂, Vella Lavella, 21.VIII.1963, P. GREENSLADE (BMNH); 1♂, Kulombangara, 9.V.1922, E. A. ARMYTAGE (BMNH); 1♂, Kolombangara, Hunda, 20.VIII.1963, P. GREENSLADE (BMNH); 4♂♂, Kolombangara, 1 mi inland from Kuzi by Kolombara R., 5.IX.1965 (BMNH); 1♂, Kolombangara, Kikindu, 0–100 m, I.1974, N. H. L. KRAUSS (BMNH); 1♂, New Georgia (BMNH); 2♀♀, New Georgia, Rubiana (BMNH); 1♂, New Georgia, Munda, 14.VIII.1963, P. GREENSLADE (BMNH); 1♂, Ysabel, Marunga Lgn., 8.II.1955, E. S. BROWN (BMNH); 1♂, 1♀, Santa Ysabel, Tatamba, village garden, 6.X.1965 (BMNH); 1♀, Malaita, Su'u, 18.VIII.1928, R. W. PAINE (BMNH); 3♂♂, 4♀♀, Malaita, 21.VI.1984 (WIES); 1♂, Florida Eil., Nagela, Belaga, II.1964, M. J. A. DE KOSTER (AMST); 1♂, Small Gela, IV.1966, M. J. A. DE KOSTER (AMST); 1♂, Tulagi, 17.V.1922, E. A. ARMYTAGE (BMNH); 1♂, l. c.,

27.V.1922 (BMNH); 1 ♀, Guadalcanal, Aola, X.1898 (NHMB); 1 ♂, Guadalcanal, 7.V.1922, E. A. ARMYTAGE (BMNH); 2 ♂♂, l. c., 12.V.1922 (BMNH); 2 ♀♀, Guadalcanal, Tapenanje, 100 ft., 10.−15·XII.1953, J. D. BRAD-LEY (BMNH); 1 ♂, Guadalcanal, Honiara Distr., Ilu, 29.V.1954, E. S. BROWN (BMNH); 1 ♂, Guadalcanal, 17.VIII.1954, E. S. BROWN (BMNH); 1 ♀, Guadalcanal, Kukum, 21.X.1954, E. S. BROWN (BMNH); 1 ♂, Guadal-canal, Berande, 19.XI.1954, E. S. BROWN (BMNH); 1 ♂, Guadalcanal, Jonapau, 22.III.1955, E. S. BROWN (BMNH); 1 ♂, Guadalcanal, rainforest, 17 km West of Honiara, 28.−29.VII.1962 (UZMK); 1 ♀, Guadalcanal, Marau, 20.VI.1965, E. S. BROWN (BMNH); 1 ♀, San Cristoval, Makira Harbour (BMNH); 1 ♂, Kirakira (Makira), III.1929, E. PARAVICINI (NHMB); 1 ♀, San Cristoval, Kirakira, 24.IV.1962 (BMNH); 7 ♂♂, 5 ♀♀, San Cristo-bal, Wainoul Mission, 20.−21.VII.1965 (BMNH); 4 ♂♂, 1 ♀, San Cristobal, Kira-Kira, 29.XII.1976, N. L. H. KRAUSS (UZMK); 1 ♂, 2 ♀♀, Bellona Is., Matahenua, 29.−30·XI.1953, J. D. BRADLEY (BMNH); 1 ♂, Bellona Is., 20.XI.1955, E. S. BROWN (BMNH); 1 ♂, l. c., 21.XI.1955 (BMNH); 1 ♂, Bellona Isl., Matahenua, 18.V.1965, Ka-sipa (UZMK); 1 ♂, Rennel, Kanapra, 29.X.1963, P. J. M. GREENSLADE (BMNH); 2 ♂♂, Sulawesi tengah, Lore Lindu N. P., Marena, Hihia, 360 m, 10 km N Gimpu, J. P. & M. J. DUFFELS, 19.III.1985 (AMST); 1 ♀, Sulawesi utara, Dumoga Bone N. P., Toraut, nr. Base Camp, J. P. DUFFELS, 14.II.1985 (AMST); 1 ♂, Sulawesi utara, Du-moga Bone N. P., X.1985 (BMNH); 1 ♂, l. c., 7.VII.1985 (BMNH).

47 *caligatus* BATES, 1872

Literatur: ANNANDALE & HORN 1909: 6. BATES 1872: 285, 286. CASSOLA 1985: 506. DARLINGTON 1962: 340. FLEUTIAUX 1892: 133. HORN 1905 b: 10, 1910: 192, 1926: 111. BROUERIUS VAN NIDEK 1959: 178, f. 179.

Verbreitung: WAIGEO. MISOOL (Fakal).

Mit folgenden Ausnahmen wie *labiatus* FABR.: Labrum siehe Abb. 431. Tarsen und Schienen schwarz, Nahtzahn des Flgd.-Apex stumpfwinklig-dreieckig weit nach hinten ausgezogen, Zwi-schenraum bogenförmig eingebuchtet (Abb. 283). Aedeagus siehe Abb. 364. Größe von 13,8 bis 16,5 mm, Mittel 15,1 mm (n = 5).

Untersuchtes Material (n = 6): 1 ♀, Mysore (DEI); 1 ♀, l. c., Kordo, A. B. MEYER, 1873 (DEI); 1 ♂, Waigeu Id., M. A. LIEFTINCK, 2.−3.VIII.1948 (AMST); 3 ♂♂, Misool Id., 0−75 m, Fakal, M. A. LIEFTINCK, 8.IX.−20·X.1948 (AMST).

48 *coracinus* ERICHSON, 1834

Bestimmungstabelle der Unterarten

1   Kopf, Halsschild und Flgd. rotbraun . . . . 48.1 *fulvescens* subsp. n.

−   Kopf, Halsschild und Flgd. schwarz glänzend . . . . 48.2 *coracinus* s. str.

48.1 *fulvescens* subsp. n.

Typen in DEI, UZMK, BMNH und WIES.

Verbreitung: PHILIPPINEN: Mindoro, Mindanao. MOLUKKEN: Batjan.

Mit folgenden Ausnahmen wie *coracinus* s. str.: der ganze Körper, Taster, Fühler und Beine sind rotbraun gefärbt; Schenkel, Hüften, Abdomen und Labrum gelbbraun; lediglich die Mandibelspitzen sind geschwärzt. Aedeagus siehe Abb. 365. Größe von 13,5 bis 17,9 mm, Mittel 15,5 mm (n = 8).

Untersuchtes Material (n = 8): 1 ♂, Batjan, Paratypus (DEI); 1 ♂, Mindoro, Paratypus (UZMK); 1 ♂, 2 ♀♀, Mindanao, Paratypus (DEI); 1 ♂, l. c., Holotypus (UZMK); 1 ♀, l. c., Paratypus (BMNH); 1 ♀, l. c., Paratypus (WIES).

48.2 *coracinus* s. str. (Abb. 198)

Literatur: ANNANDALE & HORN 1909: 6. CASSOLA 1985: 506. CHAUDOIR 1848: 16, 1865: 13. ERICHSON 1834: 219, 220. FLEUTIAUX 1892: 133. HORN 1905 b: 10, 1910: 192, 1926: 111. KLUG 1834: 43. MANDL 1964: 81, 82, f. 17,

18, 84, 85. Brouerius van Nidek 1968:234. Schaum 1860:183, 1863a:67. Thomson 1860:41. Wiesner 1980:120, 121, 124.

Verbreitung: PHILIPPINEN: Luzon (Cape Engano, Imugan, Iriga, Janugan, Laguimanoc, Los Banos, Manila, Mt. Banahao, Mt. Makiling, Paete, Polillo, Tayabas Bay), Mindoro (Alcate, Mt. Makurokuro), Romblon, Samar (Catbalogan), Panay (Iloilo), Negros, Palawan, Balabac (Dalahuan Bay), Mindanao (Callan, Cotabato, Curuan, Davao, La Lun Mts., Lanao, Lawa, Libulan Riv., Mainit Riv., Mt. Apo, Mt. McKinley, Mumungan, Sapamoro, Seliban Riv.). TALAUD (Salebabu). MOLUKKEN: Halmahera.

Mit folgenden Ausnahmen wie *labiatus* Fabr.: die Punktierung der Flgd. ist meist auf den Bereich der Basalfurche begrenzt, eine weitere Punktur ist allenfalls im mittleren Bereich des Seitenrandes wahrnehmbar. Schief auswärts vom Basalhöcker ist ein Lateralhöcker deutlich ausgeprägt. Flgd.-Apex siehe Abb. 284. Aedeagus siehe Abb. 366, 367. Größe von 11,9 bis 19,5 mm, Mittel 16,2 mm (n = 124).

Untersuchtes Material (n = 124): 1 ♂ (AMST); 2 ♂♂ (BMNH); 1 ♂ (UZMK); 2 ♂♂, 2 ♀♀, Philippinen (DEI); 1 ♂, 1 ♀, l. c. (UZMK); 4 ♂♂, 3 ♀♀, l. c. (BMNH); 1 ♂, l. c., Schröder (DEI); 4 ♂♂, 2 ♀♀, Luzon (ZSM); 1 ♂, l. c. (UZMK); 3 ♂♂, 1 ♀, l. c. (BMNH); 1 ♀, l. c., Meyer (DEI); 1 ♂, l. c., Watereck leg. (ZSM); 4 ♂♂, 2 ♀♀, N. Luzon, 5000 ft., Whitehead (BMNH); 1 ♀, N. E. Luzon, Whitehead (BMNH); 1 ♂, S. Luzon, Whitehead (BMNH); 1 ♀, Luzon, Janugan (ZSM); 1 ♀, Luzon, P. Tayabas, Laguimanoc, leg. W. Schulze (ZSM); 1 ♀, Luzon, Laguna, Paete, Coll. W. Schultze (ZSM); 1 ♂, Luzon, Mt. Makiling (AMST); 1 ♂, l. c., leg. F. C. Hadden, 29.IV.1931 (AMST); 1 ♂, l. c., 5000 ft., 21.IV.1932 (AMST); 1 ♂, S. Luzon, Iriga, Camarines Sur, leg. M. Caneda, 19.VIII.1932 (AMST); 1 ♀, Luzon, Paete, G. Boettcher, VI.1914 (UZMK); 1 ♂, l. c., Mt. Banahao (UZMK); 1 ♂, Luzon, Cape Engano (BMNH); 4 ♂♂, Polillo, leg. W. Schultze (ZSM); 1 ♂, Samar (DEI); 1 ♀, l. c., Baker (DEI); 1 ♂, l. c., Catbangan (DEI); 3 ♂♂, S. Palawan (BMNH); 1 ♀, l. c. (DEI); 1 ♀, l. c., Waterstradt (DEI); 1 ♂, 1 ♀, Los Banos, Baker (DEI); 3 ♂♂, 1 ♀, Negros oriental, leg. R. Lumawig, 8.VI.1985 (WIES); 6 ♂♂, 1 ♀, l. c., VII.1985 (WIES); 8 ♂♂, 10 ♀♀, Iloilo, Canuawua, leg. R. Lumawig, V.1978 (WIES); 1 ♂, Romblon, Coll. Witzgall, 1980 (WIES); 2 ♂♂, Manilla (UZMK); 2 ♂♂, 2 ♀♀, Mindoro (UZMK); 3 ♂♂, 2 ♀♀, l. c. (BMNH); 1 ♂, l. c., Dr. Platen (DEI); 1 ♀, Mindoro, Mt. Makurokuro, leg. W. Schultze (ZSM); 1 ♂, Mindoro, Alcate Vict., H. M. & D. Townes, 5.–11.IV.1954 (AMST); 1 ♀, Mindoro Isl., leg. R. Lumawig, 1976 (WIES); 1 ♀, Balabac, Dalawan Bay, 12.X.1961 (UZMK); 1 ♂, 1 ♀, Mindanao (BMNH); 1 ♀, l. c. (NHMB); 1 ♂, l. c. (UZMK); 1 ♀, Mindanao, P. Lanao, Mumungan, leg. W. Schultze (ZSM); 1 ♂, Mindanao, Curuan distr., Sapamoro, 18.XII.1961c (UZMK); 1 ♀, Mindanao, Cotabata Prov., leg. R. Lumawig (WIES); 3 ♂♂, 3 ♀♀, Mindanao, Mt. Apo, IV.1974 (WIES); 1 ♀, Talaut, Salibaboe, Doherty (DEI); 1 ♂, Halmahera (ZSM).

49 *fulvipennis* Chaudoir, 1848 stat. n.

Bestimmungstabelle der Unterarten

1	Flgd. völlig schwarzglänzend	49.3 *bidentatus* Chaud.
–	Flgd. ganz oder teilweise entpigmentiert, hell	2
2	Flgd. ohne schwarze Zeichnung	49.1 *fulvipennis* s. str.
–	Flgd. mit schwarzer Zeichnung	49.2 *everetti* Bates

49.1 *fulvipennis* s. str.

Literatur: Cassola 1985:506. Chaudoir 1848:15–17, 1865:13. Fleutiaux 1892:133. Horn 1892b:210, 211, 1905b:10, 1910:192, 1926:111. Mandl 1964:81, 85. Schaum 1860:183, 1861:78. Thomson 1860:42. Wiesner 1980:121, 124.

Verbreitung: PHILIPPINEN: Luzon (Palao Isl.), Samar, Leyte, Dinagat, Mindanao (Surigao). MOLUKKEN: Ambon.

Mit folgenden Ausnahmen wie *coracinus* s. str.: die Fühlerglieder sind mehr oder weniger aufgehellt, die Flgd. (Abb. 199) völlig entpigmentiert und hell. Auf der Unterseite können das Metasternum und seine Epimeren hell oder dunkel gefärbt sein. Die Beine sind hell, höchstens die Tarsen gelegentlich apikal mehr oder weniger angedunkelt. Aedeagus siehe Abb. 368. Größe von 11,1 bis 17,7 mm, Mittel 15,4 mm (n = 32).

Untersuchtes Material (n = 32): 1 ♂ (DEI); 1 ♀ (ZSM); 1 ♂, Molucca, LÖVENDAL (UZMK); 1 ♀, Amboina (UZMK); 1 ♂, Philippines, Is. of Leyte (BMNH); 1 ♀, S. Leyte (BMNH); 1 ♂, Philippinen (UZMK); 1 ♀, l. c. (DEI); 4 ♂♂, 1 ♀, l. c. (BMNH); 1 ♀, Luzon (DEI); 2 ♂♂, l. c. (BMNH); 1 ♂, l. c. (ZSM); 1 ♂, N. Luzon, WHITEHEAD (DEI); 2 ♂♂, Mindanao (BMNH); 1 ♂, l. c. (UZMK); 1 ♂, l. c. (DEI); 1 ♂, Mindanao, Surigao (DEI); 1 ♂, Samar (DEI); 2 ♀♀, Island Samar, BAKER (DEI); 2 ♀♀, Samar, leg. R. LUMAWIG, 7. VII. 1985 (WIES); 1 ♂, Palao Ins. (DEI); 1 ♂, Palaco (UZMK); 2 ♂♂, Isle Palaos (UZMK).

49.2 *everetti* BATES, 1878 comb. n.

Literatur: BATES 1878: 334. CASSOLA 1985: 506. FLEUTIAUX 1892: 134. HORN 1892b: 211, 1905b: 10, 1910: 192, 1926: 111. MANDL 1964: 85. WIESNER 1980: 120, 121, 124.

(sudans W. HORN, 1892) syn. n.

Type in DEI.

Literatur: CASSOLA 1985: 506. HORN 1892b: 210, 1905b: 10, 1910: 192, 1926: 111. MANDL 1964: 83, 85. WIESNER 1980: 120, 121, 124.

Verbreitung: PHILIPPINEN: Luzon, Panay (Iloilo), Dinagat, Negros, Mindanao (Agusan Riv., Butuan, Burungkot, Cotabato, Davao, Galog Riv., Libulan, Maco, Mati, Mt. Apo, Mt. McKinley, Sitio Taglawig, Tagum, Upi).

Mit folgenden Ausnahmen wie *fulvipennis* s. str.: auf den Flgd. befindet sich ein schwarzer, in der Ausdehnung variabler Fleck (Abb. 200 bis 204), der lediglich die Basis und den Apex nicht bedeckt und gelegentlich einen schmalen Streifen an der Mittelnaht ausspart. Aedeagus siehe Abb. 369, 370. Größe von 11,5 bis 17,2 mm, Mittel 14,2 mm (n = 45).

Untersuchtes Material (n = 45): 1 ♀, Syntypus *(sudans)* (DEI); 1 ♂ (DEI); 1 ♂ (AMST); 1 ♀, Luzon (ZSM); 2 ♂♂, Iloilo, Canuawua, leg. R. LUMAWIG (WIES); 1 ♀, Mindanao (AMST); 3 ♂♂, 1 ♀, l. c. (BMNH); 1 ♂, 2 ♀♀, l. c. (UZMK); 1 ♂, 1 ♀, Mindanao, Butuan, BAKER, Syntypus *(sudans)* (DEI); 1 ♂, 1 ♀, Mindanao, Agusan Rio, leg. W. SCHULTZE (DEI); 1 ♂, 1 ♀, Mindanao, Davao, WATERSTRADT (DEI); 1 ♀, Mindanao, Davao Pr., Mati, R. C. McGREGOR, III. 1927 (DEI); 1 ♂, 1 ♀, Mindanao, Mt. Apo, IV. 1974 (WIES); 1 ♂, 1 ♀ (AMST); 1 ♂, Phil. (AMST); 1 ♂, l. c. (DEI); 1 ♂, l. c. (BMNH); 1 ♂, Luzon (UZMK); 1 ♂, Mindanao (AMST); 1 ♀, l. c. (BMNH); 1 ♂, l. c. (UZMK); 1 ♂, l. c. (ZSM); 1 ♂, Phil., Dinagar (ZSM); 1 ♀, Mindanao, Cotabato Prov. (WIES); 1 ♂, Mindanao, Davao, WATERSTRADT (DEI); 1 ♀, Mindanao, Butuan, BAKER (DEI); 4 ♂♂, 2 ♀♀, Iloilo, Canuawua, leg. R. LUMAWIG, V. 1978 (WIES); 2 ♂♂, Negros oriental, leg. R. LUMAWIG, VII. 1985 (WIES).

49.3 *bidentatus* CHAUDOIR, 1861 comb. n.

Literatur: CASSOLA 1985: 506. CHAUDOIR 1861b: 139, 140, 1865: 13. FLEUTIAUX 1892: 133. HORN 1892b: 211, 1905b: 10, 1910: 192, 1926: 111. MANDL 1964: 81, 82, f. 1, 19, 85.

Verbreitung: PHILIPPINEN: Mindanao (Bukidnon, Dapitan, Ma-Init, Santa Fe, Sapamoro), Basilan. MOLUKKEN: Batjan.

Mit folgenden Ausnahmen wie *coracinus* s. str.: auf der Unterseite sind außer dem Abdomen auch das Metasternum und dessen Epimeren hell gefärbt; die Beine sind ebenfalls hell, höchstens die Tarsen sind gelegentlich mehr oder weniger angedunkelt. Aedeagus siehe Abb. 371. Größe von 12,3 bis 15,6 mm, Mittel 14,2 mm (n = 14).

Untersuchtes Material (n = 14): 1 ♀, Philippinen (DEI); 1 ♂, Mindanao, Dapitan, BAKER (DEI); 1 ♀, Manilla (DEI); 1 ♂, l. c., HÖGE (DEI); 1 ♂, Mindanao, Dr. A. MOORE, 15. IV. 1920 (BMNH); 1 ♂, Mindanao, Sapamoro

(AMST); 2 ♂♂, 3 ♀♀, N. Mindanao, Umg. Ma-Init (zw. Iligan City und Cagayan de Cro), leg. CABIDES & LOBIN, 17.–20. VIII. 1978 (WIES); 1 ♂, Batjan (DEI); 1 ♂, Isl. of Basilan, BAKER (DEI); 1 ♂, Bazilan, DOHERTY, II.–III. 1898 (DEI).

50 *basalis* DEJEAN, 1826

Eine spezifische Trennung der Taxa aus dem basalis-Komplex ist mir nach den vorliegenden Untersuchungsergebnissen nicht möglich, obwohl sich nach der Gestalt der Penes folgende Aufteilung anbietet: *abdominalis* W. HORN einerseits, andererseits *insularis* subsp. n., *simpliflavescens* W. HORN und *misoriensis* RAFFR. und drittens *basalis* s. str., *duploflavescens* W. HORN und *browni* subsp. n.; weitere morphologische Merkmale, mit denen diese Aufteilung zu unterstützen wäre, konnten nicht gefunden werden.

Bestimmungstabelle der Unterarten

1	Metasternum schwarz	2
–	Metasternum hell	6
2	Abdominalsegmente teilweise schwarz gefärbt	50.7 *abdominalis* W. HORN
–	Abdominalsegmente hell	3
3	Die helle Basalbinde umschließt den Basalhöcker vollständig	4
–	Die helle Basalbinde spart den apikalen Teil des Basalhöckers nahe der Mittelnaht aus	5
4	Flgd.-Apex mit hellem Fleck	50.3 *simpliflavescens* W. HORN
–	Flgd.-Apex ohne hellen Fleck	50.4 *insularis* subsp. n.
5	Flgd.-Apex mit hellem Fleck, größer als 14 mm	50.5 *browni* subsp. n.
–	Flgd.-Apex ohne hellen Fleck oder kleiner als 14 mm	50.6 *basalis* s. str.
6	Flgd.-Apex mit hellem Fleck	50.1 *duploflavescens* W. HORN
–	Flgd.-Apex ohne hellen Fleck	50.2 *misoriensis* RAFFR.

50.1 *duploflavescens* W. HORN, 1930

Type in DEI.

Literatur: CASSOLA 1985: 507. DÖBLER 1973: 360. HORN 1930: 3, 4, 1936: 5.

Verbreitung: SALOMONEN: Kolombangara (Kuzi), Rendova, Tetepare, New Georgia (Lamberte, Munda, Munda Pt. Area, Wanawan), Guadalcanal (Aola).

Wie *simpliflavescens*, zusätzlich sind auch das Metasternum und dessen Epimeren hell gefärbt. Aedeagus siehe Abb. 372. Größe von 11,0 bis 13,9 mm, Mittel 12,2 mm (n = 21).

Untersuchtes Material (n = 21): 1 ♂, 1 ♀, Salomon Is., Syntypus (DEI); 2 ♂♂, Sol. Islds., Rendova, W. M. MANN (AMST); 1 ♂, Rendova, E. S. BROWN, 7. X. 1954 (BMNH); 1 ♂, 1 ♀, l. c., 9. X. 1954 (BMNH); 1 ♀, l. c. (WIES); 1 ♀, Solomon Is., Tetipavi, R. A. LEVER (BMNH); 1 ♀, Guadalcanar, Aola, C. M. WOODFORD (BMNH); 1 ♂, Solomon Isles, Kulambangra, E. A. ARMYTAGE, 4. VI. 1922 (BMNH); 2 ♂♂, Kolombangara, Kuzi, E. S. BROWN, 2. X. 1954 (BMNH); 1 ♀, New Georgia, Munda Pt. Area, J. G. FRANCLEMONT, VI. 1944 (AMST); 1 ♀, Solomon Is., New Georgia, Munda, P. GREENSLADE, 18. VIII. 1963 (BMNH); 1 ♂, l. c., 20. VIII. 1963 (BMNH); 2 ♂♂, 1 ♀, New Georgia, Wanawana, P. GREENSLADE, 16. VIII. 1963 (BMNH); 2 ♀♀, New Georgia, 2 mls. W. of Lamberte, 1. IX. 1965 (BMNH).

50.2 *misoriensis* Raffrey, 1878

Type in DEI.

Literatur: Cassola 1985: 506. Fleutiaux 1892: 133. Horn 1897a: 54, 55, 1905b: 10, 1910: 192, 1926: 111. Mandl 1964: 86. Raffrey 1878: 96.

Verbreitung: NEUGUINEA: Biak (Korido).

Mit folgenden Ausnahmen wie *basalis* s. str.: Labrum siehe Abb. 435. Zweites bis fünftes Fühlerglied besonders apikal mehr oder weniger aufgehellt, Glied zwei fast ganz hell. Die Flgd. sind auch im apikalen Drittel leicht punktiert. Auf der Unterseite sind neben den Abdominalsegmenten auch das Metasternum und dessen Epimeren hell gefärbt. Aedeagus siehe Abb. 373. Größe 11,6 und 11,9 mm (n = 2).

Untersuchtes Material (n = 2): 1 ♂, Neu Guinea, Raffrey, Syntypus (DEI); 1 ♀, Biak Is., Doherty (DEI).

50.3 *simpliflavescens* W. Horn, 1930

Type in DEI.

Literatur: Cassola 1985: 507. Döbler 1973: 361. Horn 1930: 3, 1936: 5.

Verbreitung: SALOMONEN: Gizo (Nusabanku), Choiseul (Matangono), Kolombangara (Hunda), Guadalcanal (Gold Ridge, Ilu, Mt. Austen, Popanu, Ugi, Tenaru, Jonapau, Tapenanje, Lunga, Nalimbiu Riv., Ruaratu, Suta, Tenaru, Berande).

Mit folgenden Ausnahmen wie *basalis* s. str.: zweites bis fünftes Fühlerglied gelegentlich apikal mehr oder weniger aufgehellt. Neben der Flgd.-Basis ist auch der Apex in variabel großer Ausdehnung hell gefärbt (Abb. 205, 206); die Basalbinde umschließt den Basalhöcker vollständig und erstreckt sich an der Mittelnaht am weitesten zum Flgd.-Apex hin. Die Flgd. sind auch im apikalen Drittel seicht punktiert. Aedeagus siehe Abb. 374. Größe von 10,4 bis 14,2 mm, Mittel 11,9 mm (n = 44).

Untersuchtes Material (n = 44): 1 ♂, 1 ♀ (BMNH); 1 ♂, 1 ♀, Solomon Is., W. W. Froggat, VII. – VIII. 1909, Syntypus (DEI); 1 ♂, Guadalcanal, Ruaratu, R. J. A. W. Lever, 15. IX. 1931 (BMNH); 1 ♀, British Solomons, R. J. A. W. Lever, VII. 1932 (BMNH); 1 ♂, 3 ♀♀, l. c., Lunga, III. 1932 (BMNH); 1 ♂, 4 ♀♀, l. c., IV. 1932 (BMNH); 1 ♂, Sol. Is., Guadalcanal I., J. A. Kuschel, I. 1921, Syntypus, (DEI); 1 ♀, Guadalcanal, Popanu, 1000 ft., R. A. Lever, XII. 1934 (BMNH); 1 ♂, l. c., 500', 15. XII. 1934 (BMNH); 1 ♂, 2 ♀♀, Guadalcanal, Tapenanje c. l., 100 ft., J. D. Brádley, 16. – 20. XII. 1953 (BMNH); 1 ♂, Guadalcanal, Jonapau, 22. III. 1955, E. S. Brown (BMNH); 1 ♂, Guadalcanal, Tenaru, E. S. Brown, 7. XI. 1954 (BMNH); 1 ♀, Guadalcanal, Berande, E. S. Brown, 27. XI. 1954 (BMNH); 1 ♂, Guadalcanal, Suta, E. S. Brown (BMNH); 3 ♂♂, Guadalcanal, Ilu, E. S. Brown, 6. V. 1956 (BMNH); 2 ♀♀, Guadalcanal, Mt. Austen, P. G. Fenemore, 2. III. 1958 (BMNH); 2 ♂♂, l. c., Gold Ridge, 20. IX. 1958 (BMNH); 1 ♂, Guadalcanal Is., Tenaru, J. G. Franclemont, 29. X. 1943 (AMST); 1 ♂, Solomon Is., Gizo, Nusabanku, E. S. Brown, 11. X. 1954 (BMNH); 1 ♂, Solomon Is., Guadalcanal, Nalimbu R., P. J. M. Greenslade, 12. IX. 1963 (BMNH); 1 ♂, Guadalcanal, Mt. Austen, P. J. M. Greenslade, 5. IX. 1963 (BMNH); 1 ♂, 1 ♀, Kulambangra, E. A. Armytage, 4. VI. 1922 (BMNH); 1 ♂, l.c. (WIES); 1 ♂, l. c., 7. VI. 1922 (AMST); 2 ♂♂, 1 ♀, New Georgia, Kolombangara, Hunda, P. Greenslade, 20. VIII. 1963 (BMNH); 1 ♂, Solomon Is., Choiseul, Matangono, P. Greenslade, 25. VIII. 1963 (BMNH).

F. Cassola erwähnt (in litt.) eine Meldung des *simpliflavescens* von der Insel Manus (Tanner, 1951). Exemplare des *basalis* von den Admiralitäts-Inseln lagen mir nicht vor, womit auch eine Zuordnung zu einer der beschriebenen Taxa mir derzeit nicht möglich ist.

50.4 *insularis* subsp. n.

Typen in BMNH, AMST, UZMK, NHMB, ZSM und WIES.

Verbreitung: NEUGUINEA (Goodenough, Konga, Milne Bay, Mt. Lamington). BISMARCK ARCHIPEL: New Hanover (Banatam), Duke of York, New Ireland (Danu, Kalili Bay, Kolonaboi).

SALOMONEN: (Augi, San Sorge), Bougainville, Shortland (Alu), Santa Isabel (Buala, Holokama, Rasa, Tatamba), Malaita (Tanavu), Florida, Guadalcanal (Aola), Kolombangara.

Mit folgenden Ausnahmen wie *basalis* s. str.: die Flgd. sind im Bereich der Basalfurche kräftig punktiert, die Punktierung setzt sich bis zum Flgd.-Apex fort und bleibt auch dort deutlich. Die helle Flgd.-Zeichnung (Abb. 207) besteht aus einer Basalbinde, die den Basalhöcker völlig umschließt und sich an der Mittelnaht am weitesten zum Flgd.-Apex hin erstreckt. Aedeagus siehe Abb. 375. Größe von 10,8 bis 14,9 mm, Mittel 12,6 mm (n = 70).

Untersuchtes Material (n = 70, alle genannten sind als Paratypus etikettiert, der Holotypus ist besonders erwähnt): 1 ♂, N. Guinea (BMNH); 1 ♂, Papua New Guinea, J. B. JACKSON (BMNH); 1 ♂, Bougainville (AMST); 1 ♂, New Guinea, Konga, Bougainville, 19.II.1961 (AMST); 3 ♂♂, 1 ♀, Milne Bay (BMNH); 3 ♂♂, Papua, Mt. Lamington, Northern Division, C. T. McNAMARA, V.1927 (BMNH); 1 ♂, Goodenough, A. S. MEEK (BMNH); 1 ♂, 6 ♀♀, Bougainville, Buin, 1930 (NHMB); 3 ♂♂, 2 ♀♀, Bismarck Is., Lavongai, Banatam, 21.III.1962 (UZMK); 1 ♂, l. c. (AMST); 3 ♂♂, 1 ♀, l. c., 22.III.1962 (UZMK); 1 ♀, l. c. (AMST); 1 ♂, l. c., 25.III.1962 (UZMK); 1 ♀, New Ireland, Kolonaboi, J. SMART, 12.XII.1957 (BMNH); 1 ♀, New Ireland, Danu, Kalili Bay, 1.V.1962 (UZMK); 3 ♀♀, Bougainville, P. KIBLER (ZSM); 1 ♂, Salomo Archip., Shortlands Ins., C. RIBBE, Holotypus (NHMB); 1 ♂, l. c. (UZMK); 1 ♂, l. c. (DEI); 2 ♂♂, Solomon Is., Malaita (AMST); 1 ♂, Solomon Is., Malaita, Tanavu, P. GREENSLADE, 22.I.1965 (BMNH); 1 ♂, Sol. Isl., Auki, W. M. MANN (AMST); 1 ♂, N. Lauenburg (UZMK); 1 ♂, 2 ♀♀, Florida Is. (BMNH); 2 ♂♂, 1 ♀, Solomones, Bougainville, E. A. ARMYTAGE, 1.VII.1922 (BMNH); 1 ♀, Solomon Is., San Sorge, low vegetation nr. stream, 23.−27·IX.1965 (BMNH); 1 ♂, Guadalcanal, Aola, C. M. WOODFORD (BMNH); 1 ♂, Solomon Isles, Kulambangra, E. A. ARMYTAGE, 4.VI.1922 (BMNH); 1 ♀, Shortland Is., III.1884 (BMNH); 1 ♀, Shortlands Is., Alu, WOODFORT (BMNH); 1 ♀, l. c. (WIES); 1 ♂, Shortland I., (second visit), III.1887 (BMNH); 1 ♂, 1 ♀, Solomon Is., Ysabel, Holokama, E. S. BROWN, 21.II.1956 (AMST); 1 ♂, l. c., 4.III.1964 (BMNH); 3 ♀♀, Isabel, Rasa, 26.IV.1963 (BMNH); 1 ♀, l. c., 9.III.1964 (BMNH); 1 ♂, l. c., 20.III.1963 (BMNH); 1 ♂, Isabel, Buala, 2.I.1965 (BMNH); 1 ♀, Santa Ysabel, 3 mls. W of Cockatoo Islands, 20.IX.1965 (BMNH); 1 ♂, Santa Ysabel, Tatamba, wooded hillside, 30.IX.1965 (WIES); 1 ♀, l. c., low vegetation, 6.X.1965 (BMNH).

50.5 *browni* subsp. n.

Typen in BMNH und AMST.

Verbreitung: SALOMONEN: Guadalcanal (Gold Ridge, Jonapau).

Mit folgenden Ausnahmen wie *basalis* s. str.: Grundfarbe schwarz, Kopf und Halsschild mit rotem, Flgd., Metasternum und dessen Epimeren mit gelbgrünem Schimmer. Zweites bis fünftes Fühlerglied apikal aufgehellt. Flgd. in der Basalfurche kräftig, sonst überall seicht punktiert. Orbitalplatten leicht gestrichelt. Die helle Flgd.-Zeichnung (Abb. 211) besteht aus einem Apikalfleck und einer Basalbinde, die den apikalen Teil des Basalhöckers im Nahtbereich zipfelförmig ausspart. Aedeagus siehe Abb. 376. Größe von 13,9 bis 14,7 mm, Mittel 14,3 mm (n = 4).

Untersuchtes Material (n = 4): 1 ♀, Solomon Is., Guadalcanal, Gold Ridge, E. S. BROWN, 20.III.1955, Holotypus (BMNH); 1 ♂, l. c., 22.III.1955, Paratypus (BMNH); 1 ♀, l. c., Jonapau, 29.VI.1956 (AMST); 1 ♂, l. c., Paratypus (BMNH).

50.6 *basalis* s. str. (Abb. 52)

Literatur: BOISDUVAL 1835: 13. CASSOLA 1985: 506. CHAUDOIR 1848: 16, 1865: 13. DARLINGTON 1962: 339. FLEUTIAUX 1892: 133. HORN 1905 b: 10, 1906: 19, 1910: 192, 1913 a: 410, 1926: 111, 1932: 4, 1936: 5. MANDL 1964: 86. MANDL & PEARSON 1978: 35, 36. BROUERIUS VAN NIDEK 1959: 179, 182, 1968: 234. SCHAUM 1860: 183, 184. THOMSON 1860: 41. VANDER LINDEN 1829: 20.

Verbreitung: WAIGEO (Mt. Nok). MISOOL. NEUGUINEA: (Andai, Angi Lake, April Riv., Arfak Geb., Astrolabe B., Bulolo, Bewani Mts., Cyclops Mts., Manokwari, Finschhafen, Gabensis, Geelvink Bay, Gololas, Humboldt Bay, Hollandia, Kapaur, Kokoda, Kp. Baroe, Lae, Madang, Mafor, Mamberamo Riv., Mimika Riv., Moari, Mt. Nomo, Mt. Bougainville, Roon Is., Sabron, Sorong, Tami Riv., Toricelli Mts., Utakwa Riv., Vanimo, Yule Is.). BISMARCK ARCHIPEL: New Ireland (Kolonaboi)! SALOMONEN: San Cristobal (Kirakira, Pamua, Ravo).

Oberseite schwarzglänzend, mit violettem blauem oder gelb- bis blaugrünem Schimmer. Labrum basal mehr oder weniger angedunkelt (Abb. 433, 434). Palpen hell, apikales Glied mehr oder weniger geschwärzt. Fühler bis zu den Schultern reichend, basales Glied hell, die übrigen schwarz oder braun. Vorderstirn oben bogenförmig abgerundet; Orbitalplatten nicht oder kaum gestrichelt; die Mittelstirn ist glatt, seltener im apikalen Drittel abgesetzt erhaben, basal mit kräftigem Quereindruck oder zwei seitlichen Gruben. Am Halsschild befindet sich die größte Breite des kugeligen Mittelstückes weit vor der Mitte. Im Bereich der Basalfurchen sind die Flgd. deutlich punktiert, die Punktierung setzt sich auf der Flgd.-Scheibe seicht und verlöschend fort, im apikalen Drittel sind die Flgd. fast völlig glatt. Die helle Flgd.-Zeichnung (Abb. 208 bis 210) besteht aus einer Basalbinde, die jedoch den Basalhöcker nicht völlig umschließt, die schwarze Färbung erstreckt sich dort meist zipfelförmig zur Basis hin; sehr selten befindet sich am Apex ebenfalls ein gelber Fleck. Flgd.-Apex mit gleich ausgebildetem Seitenrand- und Nahtzahn, die beide stumpfwinklig und mehr oder weniger ausgezogen sind; Zwischenraum geradlinig bis sanft eingebuchtet, mit oder ohne winzige Zähnchen (Abb. 285, 286). Unterseite, bis auf das helle Abdomen, wie die Oberseite gefärbt. Beine hell; Schenkel apikal manchmal gebräunt, Tarsenglieder apikal mehr oder weniger geschwärzt, Glied vier und fünf meist völlig schwarz. Aedeagus siehe Abb. 377. Größe von 9,6 bis 14,5 mm, Mittel 12,5 mm (n = 179).

Untersuchtes Material (n = 181): 4♂♂, 1♀ (BMNH); 1♀ (UZMK); 1♀ (DEI); 4♂♂, 1♀, Sumatra (ZSM); 1♂, India, Malabar (BMNH); 2♀♀, Borneo (BMNH); 2♂♂, Waigiou (UZMK); 2♂♂, 1♀, N. Dutch New Guinea, Waigeu, Mt. Nok, 2500 ft., L. E. CHEESMAN, IV.1938 (BMNH); 1♀, l. c., V.1938 (BMNH); 4♂♂, l. c. (BMNH); 1♂, l. c. (DEI), 1♂, l. c., PLATEN (ZSM); 2♂♂, Mysol, WOLL. (BMNH); 1♂, 1♀, Roon (DEI); 1♂, Solomon Is., San Cristobal, Kirakira, R. A. LEVER, 2.V.1935 (BMNH); 1♂, Solomons, San Cristoval, Pamua, W. M. MANN (AMST); 1♂, Solomon Is., Pawa Ugi, W. M. MANN (AMST); 1♂, Solomon Is., Cristobal, Ravo, M. McQUILLAN, 24.IV.1964 (BMNH); 1♂, Gololas (ZSM); 2♂♂, 1♀, Mafor, FRUHSTORFER (BMNH); 9♂♂, 5♀♀, Neu Guinea (BMNH); 1♀, l. c. (NHMB); 1♂, 4♀♀, l. c. (UZMK); 1♀, l. c. (WIES); 1♂, l. c. (ZSM); 1♀, N. Guinea, Jul Ins. (UZMK); 1♂, N. G., Humboldt Bay (BMNH); 1♂, l. c., W. DOHERTY (BMNH); 1♂, 1♀, Andai (BMNH); 1♀, l. c. (ZSM); 1♀, l. c., W. DOHERTY (BMNH); 2♀♀, N. Guinea, Wareo-Finschhafen, leg. Miss. L. WAGNER (ZSM); 5♂♂, Dorey (BMNH); 2♀♀, N. Guinea, Astrolabe B., RHODE (DEI); 1♂, Friedt.-Wilhelm-Hafen, BENNIGSEN (DEI); 1♂, Kais. Wilhelmsland, Toricelli Geb., Dr. SCHLAGINHAUFEN (DEI); 1♂, Dutch New Guinea, Angi Lake (BMNH); 1♂, 1♀, N. Guinea, Moari (BMNH); 1♂, 3♀♀, N. Guinea, Vanimo, F. H. TAYLOR (BMNH); 2♀♀, New Guinea, Mimika R., A. F. R. WOLLASTON (BMNH); 1♂, 2♀♀, Holl. N. Guinea, Kapaur, FRUHSTORFER (BMNH); 2♀♀, Z. Neu Guinea, Lorentz, Moord SIVIER, IX.1909 (AMST); 4♂♂, 3♀♀, New Guinea, Mimika R., A. F. R. WOLLASTON, 1911 (BMNH); 1♂, D. N. Guinea, Aprilfluß, LEDERMANN, S., VI.1912 (WIES); 1♀, Neu Guinea, Arfak Geb., leg. P. KIBLER (WIES); 1♂, 1♀, Dutch New Guinea, Utakwa River, A. F. R. WOLLASTON, IX.1912–III.1913 (BMNH); 1♀, N. Guinea, Dorei Hum Il., BECCARI, 1915 (BMNH); 2♂♂, 2♀♀, Dutch N. Guinea, Geelvink Bay, PRATT, 1920 (BMNH); 1♀, N. Guinea, Mamberamo Riv., W. C. v. HEURN, XII.1920–I.1921 (DEI); 2♂♂, Papua, Kokoda, 1200 ft., L. E. CHEESMAN, VII.1933 (BMNH); 4♂♂, 1♀, l. c., VIII.1933 (BMNH); 2♂♂, 1♀, l. c., IX.1933 (BMNH); 5♂♂, W. New Guinea, Mt. Nomo, S. of Mt. Bougainville, 700 ft., L. E. CHEESMAN, II.1936 (BMNH); 4♂♂, 5♀♀, l. c., Njau-limon, 300 ft. (BMNH); 2♀♀, Dutch New Guinea, Cyclops Mts., Sabron, 930 ft., L. E. CHEESMAN, IV.1936 (BMNH); 1♂, 2♀♀, l. c., Camp 2, 2000 ft., VII.1936 (BMNH); 1♂, Dutch New Guinea, Hollandia, 140°E, 3°10′S, 300–600 m alt., I.1937 (BMNH); 3♂♂, 1♀, Dutch New Guinea, Humboldt Bay Dist., W. STÜBER, 1937 (BMNH); 3♂♂, 1♀, Dutch New Guinea, Humboldt Bay Dist., Bewani Mts., IX.1937 (BMNH); 4♂♂, 4♀♀, Dutch New Guinea, Humboldt Bay Dist., Pukusam Dist., West of Tami River, VI.1937 (BMNH); 2♀♀, NW New Guinea, Sorong, Kp. Baroe, M. A. LIEFTINCK, 5.VI.–7.VII.1948 (AMST); 1♂, New Guinea, Morobe Dist., Lae, 10.XII.1964 (BMNH); 2♂♂, 2♀♀, Papua, Madang, leg. G. HEINRICH, V.1969 (ZSM); 9♂♂, 4♀♀, l. c., VI.1969 (ZSM); 1♂, P. New Guinea, Madang, A. HILLER Coll., 23.XII.1971 (Coll. WERNER); 1♂, Papua, Bulolo, II.1979 (WIES); 1♂, Papua, Lae, 3.III.1979 (WIES); 1♀, Papua New Guinea, Gabensis, leg. M. HORI, 29.XII.1982 (WIES); 1♀, Bismarck Arch., New Ireland, Kolonaboi, J. SMART, 12.XII.1957 (BMNH).

50.7 *abdominalis* W. HORN, 1897

Type in DEI.

Literatur: CASSOLA 1985: 507. HORN 1897 b: 270, 1905 b: 10, 1910: 192, 1926: 111. MANDL 1964: 86.

Verbreitung: NEUGUINEA: (Afua, Ami, Bauboguina, Duabo, Haveri, Hollandia, Koitakinumu, Lae, Madang, Mt. Alexander, Okapa, Paumomu Riv., Toricelli Mts., Tamano, Waigani).

Mit folgenden Ausnahmen wie *basalis* s. str.: die Abdominalsegmente sind teilweise schwarz gefärbt; einerseits ist lediglich das Zentrum des sechsten Segmentes schwarz, andererseits breitet sich die Schwarzfärbung so weit aus, daß nur ein schmaler Seitenrandsaum des Abdomens hell bleibt, dazwischen existieren alle Übergänge. Aedeagus siehe Abb. 378. Größe von 10,0 bis 14,2 mm, Mittel 12,3 mm (n = 11).

Untersuchtes Material (n = 11): 1 ♀, N. Guinea (UZMK); 1 ♂, 1 ♀, N. Guinea, Paumomu Riv., Loria, IX.–XII.1892, Syntypus (DEI); 2 ♂♂, Brit. N. G., Mt. Alexandre to Mt. Nisbet, ANTHONY, I.1896, Syntypus (DEI); 1 ♂, N. Guinea, Base of Torricelli Mt., 12 miles E. of Afua, 16.III.–4.IV.1939 (BMNH); 1 ♀, N. Guinea, Torecella M., 1700 fts., G. P. MOORE, IV.1939 (BMNH); 1 ♀, N. Guinea, Ami, J. SMART, 23.X.1957 (BMNH); 1 ♂, N. Guinea, Okapa, 2000′, Lamari R., R. HORNABROOK, 27.II.1965 (AMST); 1 ♀, N. Guinea, Madang, XI.1968 (AMST); 1 ♀, Pap. Neu Guinea, Lae, 3.III.1979 (WIES).

51 *rennellensis* BROUERIUS VAN NIDEK, 1968 (Abb. 53)

Typen in UZMK und AMST.

Literatur: CASSOLA 1985: 508. BROUERIUS VAN NIDEK 1968: 235.

Verbreitung: SALOMONEN: Rennell (Hutana, Niupani, Tigoa).

Kopf schwarzglänzend, basal mehr oder weniger gebräunt; Clipeus (dessen Behaarung bisher nicht in der Literatur erwähnt wurde) und Vorderstirn rotbraun; Halsschild schwarzglänzend, lateral mehr oder weniger gebräunt; Flgd. rotbraun mit dunkler, undeutlich abgesetzter Bindenzeichnung, diese mit metallischem Schimmer (Abb. 212). Labrum basal mit braunem Fleck (Abb. 436). Fühler bis hinter die Schultern reichend, gelbbraun, auf der Unterseite leicht geschwärzt. Vorderstirn oben bogenförmig abgerundet und glatt. Orbitalplatten glatt, basal sehr seicht gestrichelt. Die Mittelstirn ist glatt oder seltener in der Mitte seicht längs gerunzelt und weist basal zwei seichte runde Dellen auf. Die Flgd. sind zwischen Basal- und Apikalfurche angedunkelt und schimmern grünblau. Die Flgd.-Punktur ist in der Basalfurche kräftig, sonst fein und fast verlöschend. Flgd.-Apex mit gleich ausgebildetem, stumpfwinkligem Seitenrand- und Nahtzahn, Zwischenraum geradlinig, mit oder ohne winzige Zähnchen (Abb. 287). Unterseite gelbbraun, Epimeren des Metasternums gelegentlich geschwärzt. Beine hellgelb. Aedeagus siehe Abb. 379. Größe von 8,6 bis 9,9 mm, Mittel 9,2 mm (n = 7).

Untersuchtes Material (n = 7): 1 ♂, Solomon Isl., Rennell, Niupani, 22.VIII.1962, Paratypus (UZMK); 1 ♂, l. c., 24.VIII.1962, Paratypus (AMST); 1 ♂, Rennell Island, Hutana, TORBEN WOLFF leg., 18.III.1965, Paratypus (UZMK); 1 ♀, l. c., 29.III.1965, Paratypus (UZMK); 2 ♀♀, Rennell Island, Tigoa, 22.III.1965, leg. TORBEN WOLFF, Paratypus (UZMK); 1 ♀, l. c., Paratypus (AMST).

Gruppe „*spectabilis*"

(Gruppe „*spectabilis*" sensu HORN, 1926, sensu CASSOLA, 1985)

Flgd. völlig dunkel, oder mit hellem Zentralfleck, mit oder ohne Humeralfleck oder Humerallunula. Labrum breiter als lang oder länger als breit, mit fünf bis sieben Apikalzähnen, je einem Lateralzahn und einem bisweilen nur undeutlich ausgeprägten Basalzahn. Palpen hell. Fühler bis zu den Schultern reichend. Clipeus ohne Haare. Vorderstirn steil abfallend zur Mittelstirn, oben bogenförmig abgerundet und schwach quer gestrichelt. Halsschild länger als breit, vorn und hinten eingeschnürt, Mittelstück mehr oder weniger kugelig, Querfurchen tief, Seitenrand- und Mittellinie fein. Flgd. mit Basal-, Lateral-, Zentral- und Apikalhöcker. Flgd.-Apex ohne Nahtecke oder Seitenrandecke, abgerundet, mit einem mehr oder weniger ausgezogenen Apikaldorn. Viertes Glied der Vorder- und Mitteltarsen unterseits mit dichter Borstensohle und starren, nach außen gerichteten Borsten; viertes Glied der Hintertarsen ebenso, jedoch ohne Borstensohle. Bei den ♂♂ zusätzlich Glied eins bis drei der Vordertarsen und Glied drei der Mitteltarsen mit dichter Borstensohle sowie Glied eins bis drei der Vordertarsen verbreitert. Größe 10 bis 15 mm.

Die zur „spectabilis"-Gruppe gehörenden Taxa sind, abgesehen von spectabilis whiteheadi BATES, in Sammlungen nur spärlich vertreten. Es ist möglich, daß princeps BATES in Zukunft als Konglomerat von zwei oder drei verschiedenen Arten erkannt werden wird (dafür sprechen z. B. die geographische Verbreitung und die Morphologie der Penes), das vorhandene Material ist jedenfalls viel zu gering, um entsprechende Untersuchungen auswerten zu können. Die Arten spectabilis SCHAUM und schaumianus W. HORN sind leicht kenntlich an der Ausbildung der Apikaldorne der Flgd.; das Labrum ist bei beiden breiter als lang. Merklich schmaler ist das Labrum bei princeps, flavispinus BROUERIUS VAN NIDEK und wegneri BROUERIUS VAN NIDEK. princeps unterscheidet sich von flavispinus und wegneri durch den mehr oder weniger geschwärzten Apikaldorn. Aufgrund dieses Merkmales und der Form des Penis stelle ich coeruleipennis BROUERIUS VAN NIDEK als subsp. zu princeps (VAN NIDEK beschrieb das Taxon 1960, p. 206 als subsp. von wegneri); ergänzend zu seiner Beschreibung ist zu bemerken, daß die Flgd. gelegentlich rötlich entpigmentisierte Flecken aufweisen. wegneri und flavispinus unterscheiden sich neben der Flgd.-Zeichnung durch die Gestalt der Penes: dieser ist bei flavispinus viel schlanker, mit schmal ausgezogenem Apex.

Bestimmungstabelle der Arten

1 Seitenrandnaht des Halsschildes glatt. Flgd.-Apex mit mehr oder weniger parallelen, nach hinten gerichteten Dornen 2
– Seitenrandnaht des Halsschildes besonders vorn wulstig. Flgd.-Apex mit langen, divergierenden, nach hinten oben gerichteten Dornen . . . . 53 spectabilis SCHAUM

2 Apikaldorne der Flgd. sehr kurz. Labrum breiter als lang . . . . 52 schaumianus W. HORN
– Apikaldorne länger. Labrum länger als breit oder so breit wie lang . . . . ɔ

3 Apikaldorn entfärbt, hell 4
– Apikaldorn schwarz . . . . 54 princeps BATES

4 Humeralfleck auf die Schulterspitze beschränkt . . . . 56 wegneri VAN NIDEK
– Humeralfleck erstreckt sich auch auf die Hälfte des Basalhöckers . . . .
   . . . . 55 flavispinus VAN NIDEK

52 schaumianus W. HORN, 1905

Bestimmungstabelle der Unterarten

1 Flgd. ohne Humeralfleck . . . . 52.1 flavoornatus W. HORN
– Flgd. ohne Humeralfleck . . . . 52.2 schaumianus s. str.

52.1 flavoornatus W. HORN, 1931

Type in DEI.

Literatur: CASSOLA 1985: 509. DÖBLER 1973: 408. HORN 1931b: 5, 6.

Verbreitung: BORNEO: Kalimantan barat (Mowong).

Mit folgenden Ausnahmen wie *schaumianus* s. str.: Fühlerglieder eins bis fünf hell, drei bis fünf apikal mehr oder weniger geschwärzt. Flgd. mit drei gelben Flecken (Abb. 215), einem Humeralfleck, der Schulter, Basalfurche und den halben Basalhöcker einschließt, einem Zentralfleck im Bereich des Zentralhöckers sowie einem Apikalfleck, der den Apikaldorn ganz oder teilweise erfaßt. Beine hell. Aedeagus siehe Abb. 380. Größe 13,9 und 14,3 mm (n = 2).

Untersuchtes Material (n = 2): 2 ♂♂, W. Borneo, Mowong, F. MUIR, IX. 1907, Syntypus (DEI).

52.2 *schaumianus* W. HORN, 1905 (Abb. 54)

Literatur: CASSOLA 1985: 509. HORN 1905b: 11, 1910: 194, T. 12, f. 11, 1926: 115. MOULTON 1910: 191.

(schaumi W. HORN, 1892)

Type in DEI.

Literatur: CASSOLA 1985: 509. DÖBLER 1973: 408. HORN 1892a: 69, 1905b: 11, 1910: 194, 1926: 115.

Verbreitung: BORNEO: Sarawak (Gunung Matang).

Oberseite schwarzglänzend, Kopf mit rötlichem, Halsschild und Flgd. mit grünem Schimmer. Labrum breiter als lang, hell, basal mit dunklem Fleck, mit sechs Apikalzähnen, einem Lateralzahn und einem undeutlichen Basalzahn (Abb. 437). Basales Fühlerglied hell, die übrigen schwarz, apikales Ende von Glied zwei sowie basale Spitze von Glied zwei bis fünf gelegentlich aufgehellt. Orbitalplatten basal gestrichelt. Auf der Mittelstirn befinden sich in der apikalen Hälfte zwei seichte Erhabenheiten sowie mehrere Längsstriche und zentral ein mehr oder weniger deutlich ausgeprägter Quereindruck. Mittelstück des Halsschildes kugelig, Mittellinie mit Querrunzeln. Die Flgd. sind im Bereich der Basalfurche kräftig punktiert, die Punktur erstreckt sich von dort zum Seitenrand, wird seichter und schließt den Lateralhöcker ein. Der Zentralhöcker ist gelegentlich hell gefärbt (Abb. 213, 214). Flgd.-Apex mit einem kurzen Dorn, der parallel zur Längsachse des Tieres nach hinten ausgezogen und gelegentlich teilweise entfärbt ist (Abb. 288). Unterseite wie Oberseite gefärbt, jedoch Abdomen mehr oder weniger aufgehellt. Beine dunkel, Schenkel mehr oder weniger aufgehellt. Aedeagus siehe Abb. 381. Größe von 12,5 bis 14,3 mm, Mittel 13,6 mm (n = 6).

Untersuchtes Material (n = 6): 1 ♀, Borneo, Syntypus (DEI); 1 ♂, Matang, 1903 (DEI); 1 ♂, 1 ♀, W. Sarawak, Mt. Matang, G. E. BRYANT, 2000 fts., 18. XII. 1913 (BMNH); 1 ♀, l. c., 2. II. 1914 (DEI); 1 ♀, l. c., 4. II. 1914 (BMNH).

53 *spectabilis* SCHAUM, 1863

Bestimmungstabelle der Unterarten

1 Flgd. nur mit Zentralfleck . . . . 53.4 *inhumerosus* W. HORN

– Flgd. mit weiteren Zeichnungselementen 2

2 Humeral- und Apikalfleck sehr breit . . . . 53.1 *flavissimus* VAN NIDEK

– Humeralfleck schmal oder in zwei kleine Flecken geteilt 3

3 Mittelstück des Halsschildes kugelig, Zeichnung auf den Flgd. weißgelb . . . .
. . . . 53.3 *whiteheadi* BATES

– Mittelstück des Halsschildes nicht kugelig, Zeichnung auf den Flgd. rotgelb . . . .
. . . . 53.2 *spectabilis* s. str.

53.1 *flavissimus* BROUERIUS VAN NIDEK, 1957

Typen in Mus. LEIDEN und AMST.

Literatur: CASSOLA 1985: 509. BROUERIUS VAN NIDEK 1957: 2, 3, 1959: 179.

Verbreitung: BORNEO: Sarawak (Baram Riv., Leppu Aga), Kalimantan timur (Balikpapan, Mentawir Riv.).

Mit folgenden Ausnahmen wie *spectabilis* s. str.: Kopf, Halsschild und Flgd. mit rötlichem Schimmer. Labrum mit sechs oder sieben Apikalzähnen. Fühler hell, apikal angedunkelt. Mittelstück des Halsschildes kugelig. Flgd. (Abb. 216, 217) mit drei großen gelben Flecken, einem Humeralfleck, der Schulter, Basalfurche und den halben Basalhöcker einschließt, einem Zentralfleck im Bereich des Zentralhöckers bis zum Seitenrand und einem Apikalfleck. Beine hell. Aedeagus siehe Abb. 382. Größe von 13,3 bis 13,9 mm, Mittel 13,7 mm (n = 3).

Untersuchtes Material (n = 3): 1 ♂, 1 ♀, E. Borneo, 50 m, Balikpapan, X. 1950, Mentawir River, A. M. R. WEGNER, Paratypus (AMST); 1 ♀, Sarawak, Leppu Aga, Baram River, 7. X. 1920, J. C. MOULTON (DEI).

53.2 *spectabilis* s. str. (Abb. 55)

Type in Mus. LEIDEN.

Literatur: CASSOLA 1985: 509. FLEUTIAUX 1892: 135. HORN 1905 b: 11, 1910: 194, 1925 a: 134, 1926: 115, 1931 b: 6. MOULTON 1910: 190. SCHAUM 1863 a: 68, T. 3, f. 1.

Verbreitung: BORNEO: Sarawak (Gunung Matang, Gunung Tamabo, Kuching, Leppu Aga, Lio Matu, Long Ayap, Mt. Dulit).

Mit folgenden Ausnahmen wie *schaumianus* s. str.: Lateralzahn des Labrums mehr nach außen gezogen (Abb. 438). Fühlerglieder eins bis fünf hell, drei bis fünf apikal mehr oder weniger geschwärzt. Mittelstück des Halsschildes weniger kugelig, Seitenrandlinie, besonders zur vorderen Einschnürung hin, leicht wulstig. Flgd. mit gelben Flecken, einem oder zwei Humeralflecken von variabler Größe, einem Zentralfleck im Bereich des Zentralhöckers sowie einem Apikalfleck (Abb. 218, 219). Flgd.-Apex mit einem langen Dorn, der schräg nach oben außen ausgezogen und an der Spitze meist schwarz, selten hell gefärbt ist (Abb. 289). Beine hell, Schienen und Tarsen gelegentlich geschwärzt. Aedeagus siehe Abb. 383. Größe von 13,7 bis 15,3 mm, Mittel 14,8 mm (n = 3).

Untersuchtes Material (n = 3): 1 ♂, Sarawak, Long Ayap, Baram River, J. C. MOULTON, 29. X. 1920 (DEI); 1 ♀, Sarawak Gunang Tamabo, Baram River, J. C. MOULTON, 3. XI. 1920 (DEI); 1 ♂, Sarawak, Mt. Dulit, R. Koyan, 2 500 ft., primary forest, 15. XI. 1932 (BMNH).

53.3 *whiteheadi* BATES, 1889

Type in BMNH.

Literatur: BATES 1889: 383. CASSOLA 1985: 509. FLEUTIAUX 1892: 135. HORN 1891: 331. 1905 b: 11, 1910: 194, 1925 a: 134, 135, 1926: 115, 1928: 169, 1931 a: 287. MOULTON 1910: 191.

Verbreitung: BORNEO: Sabah (Kenokok, Kinabalu, Kiau).

Mit folgenden Ausnahmen wie *spectabilis* s. str.: Oberseite mit oder ohne roten, violetten oder grünen Schimmer. Labrum gelegentlich lateral angedunkelt, Grundfarbe weißgelb. Flgd. mit weißgelben Flecken (Abb. 220 bis 222), einem oder zwei Humeralflecken, einem Zentralfleck sowie mit oder ohne Apikalfleck, welcher sich auch auf den ganzen Apikaldorn erstrecken kann. Beine dunkel, Schenkel mehr oder weniger aufgehellt. Aedeagus siehe Abb. 384. Größe von 13,1 bis 15,3 mm, Mittel 14,3 mm (n = 52).

Untersuchtes Material (n = 52): 1 ♂, 1 ♀, Mus. HAUSCHILD (UZMK); 2 ♂♂, 1 ♀ (BMNH); 1 ♂, F. BATES coll. (BMNH); 3 ♂♂, 5 ♀♀, Borneo (UZMK); 1 ♂, l. c. (AMST); 1 ♂, l. c. (BMNH); 1 ♂, Kinabalu, STAUDINGER

(DEI); 1 ♂, N. Borneo, Kinabalu (DEI); 2 ♂♂, l. c. (ZSM); 2 ♂♂, l. c. (UZMK); 2 ♂♂, l. c. (AMST); 10 ♂♂, 6 ♀♀, l. c. (BMNH); 1 ♀, l. c. (WIES); 3 ♂♂, 1 ♀, l. c., Syntypus (BMNH); 1 ♀, Kinabalu-Geb., 1500 m, Coll. WATERSTRADT (DEI); 1 ♂, 1 ♀, Nord Borneo, Mont Kina Balu, John WATERSTRADT, V.–VIII.1903 (BMNH); 1 ♂, l. c., 5. VIII.1903 (BMNH); 1 ♂, Mt. Kinabalu, Alt. 3000 ft., 19.IX.1913 (BMNH); 1 ♂, l. c., 6.IX.1913 (BMNH); 1 ♂, B. N. Borneo, Mt. Kinabalu, Kenokok, 3300 ft., 26.IV.1929 (DEI).

53.4 *inhumerosus* W. HORN, 1928

Type in DEI.

Literatur: CASSOLA 1985: 509. DÖBLER 1973: 411. HORN 1928: 169.

Verbreitung: BORNEO: Kalimantan timur (Mahakan River, Songei Boh).

Mit folgenden Ausnahmen wie *spectabilis* s. str.: Kopf, Halsschild und Flgd. mit rötlichem Schimmer. Labrum lateral angedunkelt. Basales Fühlerglied hell, die übrigen schwarz, apikales Ende von Glied zwei sowie basale Hälfte von Glied zwei bis fünf mehr oder weniger aufgehellt. Flgd. nur mit einem weißgelben Zentralfleck, ohne weitere Zeichnungselemente (Abb. 223). Beine dunkel, Schenkel basal und an der Unterseite hellgelb. Aedeagus siehe Abb. 385. Größe 13,3 mm (n = 1).

Untersuchtes Material (n = 1): 1 ♂, Oost Borneo, Songei Boh, Mahakan, Dr. E. MJÖBERG, Holotypus (DEI).

54 *princeps* BATES, 1878

Bestimmungstabelle der Unterarten

1   Flgd. mit gelbem Zentralfleck und weiteren gelben Zeichnungselementen   2
–   Flgd. ohne Zentralfleck, höchstens mit einer winzigen, rötlichen Entpigmentisierung an jener Stelle und bis auf eine kleine rötliche Entpigmentisierung am Flgd.-Apex ohne weitere Zeichnung . . . .   54.3 *coeruleipennis* VAN NIDEK

2   Flgd. mit gelbem Apikalfleck, Zentralfleck und mit oder ohne Humeralfleck . . . .
    . . . .   54.1 *princeps* s. str.
–   Flgd.-Apex nur leicht rötlich entpigmentiert, Zentralfleck gelb, Schulter gering rötlich entpigmentiert . . . .   54.2 *angustonigrescens* W. HORN

54.1 *princeps* s. str. (Abb. 56)

Literatur: BATES 1878: 335. CASSOLA 1985: 510. FLEUTIAUX 1892: 135. HORN 1905b: 11, 1910: 194, 1925a: 134, 1926: 115, 1928: 169, 1930b: 43. MOULTON 1910: 190, 191. BROUERIUS VAN NIDEK 1957: 4, f. 5, 1960: 206.

Verbreitung: BORNEO: Kalimantan barat (Pontianak), Kalimantan timur (Bengen Riv., Tabang), Sarawak (Lawas, Mt. Dulit, Maropok Mts.).

Mit folgenden Ausnahmen wie *coeruleipennis*: Labrum mit sechs Apikalzähnen (Abb. 439). Fühlerglieder zwei bis fünf gelegentlich völlig dunkel. Flgd. mit zwei bis drei Flecken (Abb. 224 bis 227), einem in der Größe variablen Humeralfleck, der den Basalhöcker am Außenrand erreichen kann, nur die Schulterspitze erfaßt oder ganz verschwunden ist, einem Zentralfleck, der bis zum Seitenrand reichen kann und einem Apikalfleck, der die parallel nach hinten gerichteten Dorne nicht erfaßt. Unterseite dunkel, Abdominalsegmente apikal aufgehellt. Beine dunkel oder durchscheinend rötlich, Schenkel mehr oder weniger aufgehellt, gelb. Aedeagus siehe Abb. 386, 387. Größe von 10,1 bis 13,5 mm, Mittel 11,7 mm (n = 5).

Untersuchtes Material (n = 5): 1 ♀, Borneo occ., Pontianak, 1900 (BMNH); 1 ♀, Sarawak, Ulu Lawas, 30. VIII.1909, MOULTON (DEI); 1 ♂, Maropok Mnts., 12.IX.1909 (DEI); 1 ♂, Sarawak, foot of Mt. Dulit, junction of rivers Tinjar & Lejok, secondary forest, 18.IX.1932 (BMNH); 1 ♀, Sarawak, Mt. Dulit, R. Koyan, 2500 ft., primary forest, 17.XI.1932 (BMNH).

54.2 *angustonigrescens* W. Horn, 1928

Type in DEI.

Literatur: Cassola 1985: 510. Döbler 1973: 401. Horn 1928: 169.

Verbreitung: BORNEO: Kalimantan timur (Mahakam Riv., Songei Boh).

Mit folgenden Ausnahmen wie *coeruleipennis:* Labrum mit fünf Apikalzähnen (Abb. 441). Flgd.-Schultern und Apex mit Ausnahme der parallel nach hinten gerichteten Dorne aufgehellt (Abb. 228). Zentralhöcker gelb gefärbt. Unterseite dunkel, die letzten drei Abdominalsegmente aufgehellt. Flgd.-Apex siehe Abb. 290. Beine dunkel, Schenkel basal mehr oder weniger aufgehellt. Größe 12,3 mm (n = 1).

Untersuchtes Material (n = 1): 1 ♀, Oost Borneo, Songei Boh, Mahakan Riv., Dr. E. Mjöberg, Holotypus (DEI).

54.3 *coeruleipennis* Brouerius van Nidek, 1960 comb. n.

Typen in Mus. LEIDEN und AMST.

Literatur: Cassola 1985: 510. Brouerius van Nidek 1960: 206.

Verbreitung: BORNEO: Kalimantan timur (Bengen Riv., Tabang).

Mit folgenden Ausnahmen wie *schaumianus* s. str.: Kopf, Halsschild und Flgd. mit grünem, rotem oder violettem Schimmer. Flgd. mit schwach angedeuteter rotgelber Zeichnung (Abb. 229). Labrum langgestreckt, länger als breit, mit sechs bis sieben Apikalzähnen, je einem Lateral- und Basalzahn (Abb. 440). Fühlerglieder eins und zwei hell, die übrigen dunkel, drei bis fünf basal aufgehellt. Die Punktierung auf den Flgd. erstreckt sich bis zum Zentralhöcker. Dieser, sowie der Flgd.-Apex, mit Ausnahme der langen, schräg nach außen divergierenden Dorne, leicht aufgehellt. Unterseite wie Oberseite gefärbt, Abdomen jedoch hell. Beine hell, Tarsenglieder apikal mehr oder weniger geschwärzt. Aedeagus siehe Abb. 388. Größe 11,4 und 11,9 mm (n = 2).

Untersuchtes Material (n = 2): 1 ♀, E. Borneo, 125 m, Tabang, Bengen River, A. M. R. Wegner, 4.IX.1956, Paratypus (AMST); 1 ♂, l. c., 10.IX.1956, Paratypus (AMST).

55 *flavispinus* Brouerius van Nidek, 1957

Typen in Mus. LEIDEN und AMST.

Literatur: Cassola 1985: 510. Brouerius van Nidek 1957: 3, 4, f. 1, 3.

Verbreitung: BORNEO: Kalimantan barat (Landok Riv.), Kalimantan timur (Balikpapan, Mentawir Riv.).

Wie *princeps* s. str., Fühler jedoch hell, ab Glied drei an der Oberseite angedunkelt. Labrum mit fünf bis sechs Apikalzähnen. Flgd. (Abb. 230, 231) mit Humeral-, Zentral- und Apikalfleck. Der Humeralfleck erfaßt die Hälfte des Basalhöckers und wird an dessen Furche gelegentlich durch eine dunkle Linie eingeschnitten. Am Flgd.-Apex ist auch der Apikaldorn in die helle Färbung des Apikalfleckes einbezogen. Beine völlig gelb. Aedeagus siehe Abb. 389. Größe 11,4 und 12,2 mm (n = 2).

Untersuchtes Material (n = 2): 1 ♂, SW Borneo, Landok (DEI); 1 ♀, E. Borneo, 50 m, Balikpapan, X.1950, Mentawir River, A. M. R. Wegner, Paratypus (AMST).

56 *wegneri* Brouerius van Nidek, 1957

Typen in Mus. LEIDEN und AMST.

Literatur: Cassola 1985: 510. Brouerius van Nidek 1957: 4, 5, f. 2, 4.

Verbreitung: BORNEO: Kalimantan timur (Balikpapan, Mentawir Riv., Bengen Riv., Tabang). Mit folgenden Ausnahmen wie *flavispinus:* Labrum mit sechs Apikalzähnen. Fühlerglieder eins und zwei hell, die übrigen mehr oder weniger geschwärzt. Der Humeralfleck der Flgd. (Abb. 232) bedeckt nur die Schulterspitze. Flgd.-Apex siehe Abb. 292. Tarsenglieder apikal angedunkelt, Schienen rötlich durchscheinend. Aedeagus siehe Abb. 390. Größe von 11,4 bis 12,1 mm, Mittel 11,7 mm (n = 3).

Untersuchtes Material (n = 3): 1 ♀, E. Borneo, 50 m, Balikpapan, Mentawir River, X. 1950, A. M. R. WEGNER, Paratypus (AMST); 1 ♂, E. Borneo, 125 m, Tabang, Bengen River, 1. IX. 1956, A. M. R. WEGNER (AMST); 1 ♂, l. c., 6. IX. 1956 (AMST).

Danksagung

Diese Arbeit war nur durch die Hilfe zahlreicher Institute und Kollegen möglich. Mein herzlicher Dank gilt all denen, die durch Material-, Typen- und Literaturentleih und Stellungnahmen zu Anfragen Unterstützung gewährten, insbesondere folgenden Damen und Herren: Dr. M. BRANCUCCI (Naturhistorisches Museum, Basel), M. J. D. BRENDELL (British Museum, Nat. Hist., London), C. M. C. BROUERIUS VAN NIDEK (Voorburg), B. BRUGGE (Instituut voor taxonomische Zoölogie, Amsterdam), Dipl.-Met. M. BUHRLEIN (Südasien-Institut, Heidelberg), Dr. F. CASSOLA (Roma), S. CHUNRAM (Department of Agriculture, Bangkok), Dr. M. HORI (Wakayama Medical College, Hironishi), A. H. KIRK-SPRIGGS (National Museum of Wales, Cardiff), Prof. Dr. K. MANDL (Wien), O. MARTIN, (Zoologisk Museum, København), H. PERRIN (Muséum National d' Histoire Naturelle, Paris), Dr. R. POGGI (Museo Civico di Storia Naturale, Genova), J. PROBST (Wien), Dr. G. SCHERER (Zoologische Staatssammlung, München), G. SHOOK (Boise), Dr. N. E. STORK (British Museum, Nat. Hist., London), L. ZERCHE (Institut für Pflanzenschutzforschung, Eberswalde).

Zusammenfassung

Die Gattung *Therates* wird in zwölf verschiedene Gruppen aufgeteilt: *„cribratus"*, *„chenelli"*, *„obliquus"*, *„festivus"*, *„tuberosus"*, *„coeruleus"*, *„batesii"*, *„spinipennis"*, *„fasciatus"*, *„hennigi"*, *„labiatus"* und *„spectabilis"*. Alle literaturbekannten Taxa werden aufgeführt und 56 verschiedenen Arten zugeordnet. Jeder Art sind Verbreitungsangaben, kurze Beschreibung und Abbildungen beigefügt. Bestimmungstabellen führen von der Gattung über die Gruppen und Arten bis zu den Unterarten. Folgende neue Taxa, Synonyme und Kombinationen werden mitgeteilt: *probsti* sp. n., *bipunctatus* sp. n., *kraatzi confluens* subsp. n., *topali vietnamensis* subsp. n., *tonkinensis kubani* subsp. n., *rothschildi pseudofestivus* subsp. n., *angustatus pseudotuberosus* subsp. n., *crebrepunctatus horni* subsp. n., *batesii cranstoni* subsp. n., *dimidiatus rubescens* subsp. n., *chaudoiri cheesmanae* susp. n., *latreillei pseudobipunctatus* subsp. n., *coracinus fulvescens* subsp. n., *basalis insularis* subsp. n., *basalis browni* subsp. n., *concinnus* GESTRO, stat. n., *annandalei* W. HORN, stat. n., *albboobliquatus kotoshonis* KANO, stat. n., *festivus pseudorothschildi* MANDL & PEARSON, stat. n., *versicolor* BATES, stat. n., *pseudosemperi* W. HORN, stat. n., *fulvicollis* THOMS., stat. n., *flavilabris* (Fabr.), stat. n., *punctatoviridis* W. HORN, stat. n., *latreillei* THOMS., stat. n., *payeni* VANDER LINDEN, stat. n., *fulvipennis* CHAUD., stat. n., *fulvipennis everetti* BATES, comb. n., *fulvipennis bidentatus* CHAUD., comb. n., *princeps coeruleipennis* VAN NIDEK, comb. n., *minimus* VAN NIDEK, syn. n., *koyamai* NAKANE, syn. n., *crebrepunctulatus* W. HORN, syn. n., *styx* W. HORN, syn. n., *ida* MANDL, syn. n., *kalimantenensis* VAN NIDEK, syn. n., *dejeani* CHAUD., syn. n., *bimaculatus* MANDL, syn. n., *sudans* W. HORN, syn. n.

Literatur

ANNANDALE, N., HORN, W. 1909: Annoted List of the asiatic Beeltes in the Collection of the indian Museum 1: Cicindelinae. – Calcutta, 1–31, Tafel 1.

BATES, H. W. 1872: Notes on Cicindelinae and Carabidae, and Descriptions of new Species. – Ent. Monthly Mag. **8**, 285–287.
– – 1874: New Species of Cicindelidae. – Ent. Monthly Mag. **10**, 261–269.
– – 1878: Description of twenty-five new Species of Cicindelidae. – Cistula Entomologica **2**, 329–336.
– – 1889: On new Genera and Species of coleopterous Insects from Mount Kinibalu, North Borneo. – Proc. Zool. Soc. London, 383–393.
BOISDUVAL, M. 1835: Coléoptères, Cicindelètes. In: DUMONT D'URVILLE, J., Voyage de Découvertes de l'Astrolabe, **4**. Entomologie, 2. Partie, 1–15.
BONELLI, F. 1818: Mémoire sur l'Eurychile, nouveau Genre d'Insecte de la Famille des Cicindéles. – Mem. Accad. scienze Torino **23**, 236–258, Tafel 4.
BOUCHARD, M. 1901: Sur quelques Cicindélètes de Sumatra. – Bull. Soc. Ent. France, 295–296.
CASSOLA, F. 1985: Studi sui Cicindelidi XL. La »Mémoire sur l'Eurychile« di Franco Andrea BONELLI e attuali conoscenze sul genere *Therates* LATREILLE. – Boll. Mus. reg. Sci. nat. Torino **3**(2), 499–514.
CHAUDOIR, M. DE, 1848: Mémoire sur la Famille des Carabiques. – Bull. Soc. Imp. Nat. Moscou **21**(1), 1–31.
– – 1861a: Révision des Espèces qui rentrent dans l'ancien Genre *Panagaeus*. – Bull. Soc. Imp. Nat. Moscou **34**(4), 335–360.
– – 1861b: Description de nouvelles Espèces des Genres *Tricondyla* et *Therates*. – Ann. Soc. Ent. Franc. **4**(1), 139–140.
– – 1865: Catalogue de la Collection de Cicindélètes. – Bruxelles, 5–46.
CHÚJÔ, M. 1970: Coleoptera of the Loo-Choo Archipelago (II). – Mem. Fac. Educ. Kagawa Univ. **2**, 192, 1–65.
DARLINGTON, P. J. 1962: The Carabid Beetles of New Guinea, Part I. – Bull. Mus. Comp. Zool. Harvard College **126**(3), 323–351.
DÖBLER, H. 1973: Katalog der in den Sammlungen des ehemaligen Deutschen Entomologischen Instituts aufbewahrten Typen. IX. Coleoptera Cicindelidae. – Beitr. Ent. **23**(5/8), 355–419.
DOVER, C., RIBEIRO, S. 1921: Records of some indian Cicindelidae. – Rec. Ind. Mus. **22**, 721–727.
ERICHSON, W. 1834: Coleoptera. – Nova Acta Acad. Halle **16** (Suppl. 1), 219–276.
FLEUTIAUX, E. 1892: Catalogue systématique des Cicindelidae. – Liége, 5–186.
– – 1893: Remarques sur quelques Cicindelidae et Descriptions d'Espèces nouvelles. – Ann. Soc. Ent. France **62**, 483–502.
FOWLER, W. W. 1912: Cicindelinae. In: The Fauna of British India, including Ceylon and Burma, 219–443.
GESTRO, R. 1888: Coleotteri di Birmania. – Ann. Mus. Genova **6**(2), 105–125.
GORY, M. 1831: *Therates* Javanica. – Magasin de Zoologie **1**(2), 39.
HEYNES-WOOD, M., DOVER, C. 1928: Catalogue of Indian Insects, Part 13: Cicindelidae. – Calcutta, 1–138.
HORN, W. 1891: Erster Beitrag zur Kenntnis der Cicindeleten. – Deutsch. Ent. Zeitschr. (2), 323–331.
– – 1892a: Fünf Dekaden neuer Cicindeleten. – Deutsch. Ent. Zeitschr. (1), 65–92.
– – 1892b: III. Beitrag zur Kenntnis der Cicindeleten. – Deutsch. Ent. Zeitschr. (2), 209–219.
– – 1895a: Les Cicindélètes de Sumatra. – Ann. del Mus. Civ. di St. Nat., ser. 2, **14**, 673–682.
– – 1895b: Zwölf neue Cicindeliden-Species. – Deutsch. Ent. Zeitschr. (1), 81–93.
– – 1896: Novae Cicindelidarum species ex coll. „Rothschild". – Deutsch. Ent. Zeitschr. (1), 149–152.
– – 1897a: Die Cicindeliden-Fauna von Java nebst Beiträgen über verwandte Arten. – Deutsch. Ent. Zeitschr. (1), 49–60.
– – 1897b: Cicindèlides nouvelles du Musée civique de Gênes. – Ann. del Mus. Civ. di St. Nat., ser. 2, **17**, 270–274.
– – 1898a: Ten new species of Cicindelidae. – Not. Leyden Mus. **20**, 101–108.
– – 1898b: Vier neue Cicindeliden-Species. – Deutsch. Ent. Zeitschr. (2), 196–198.
– – 1898c: Zwei neue Cicindeliden aus Assam (Khasi Staaten). – Ent. Nachrichten **24**(12), 177–178.
– – 1899: Über einige alte und neue Cicindeliden. – Deutsch. Ent. Zeitschr. (1), 52–54.
– – 1900: De novis Cicindelidarum speciebus. – Deutsch. Ent. Zeitschr. (1), 193–212.
– – 1901: Contribution à l'étude de la faune entomologique de Sumatra, Cicindélides. – Ann. Soc. Ent. Belg. **45**, 84–85.
– – 1902: Neue Cicindeleten gesammelt von FRUHSTORFER in Tonkin 1900. – Deutsch. Ent. Zeitschr. (1), 65–75.
– – 1905a: 5 neue Cicindeliden-Arten. – Stett. Ent. Zeitung **66**, 276–282.
– – 1905b: Systematischer Index der Cicindeliden. – Deutsch. Ent. Zeitschr., Beiheft, 1–56.
– – 1906: Cicindelidae. – Nova Guinea. Résult. expéd. scient. néerl. Nouv. Guinée **5**, 19–20.
– – 1908a: Cicindelinae. In: WYTSMAN, P., Genera Insectorum **82**, 1–104.

–– 1908 b: Six new Cicindelinae from the oriental region. – Rec. Ind. Museum 2, 409–412.
–– 1909 a: Descriptions of three new Cicindelinae (Coleoptera) from Borneo. – Rec. Indian Mus. 3, 259–260.
–– 1909 b: On three new Cicindelinae. – Not. Leyden Mus. 31, 186–188.
–– 1910: Cicindelinae. In: WYTSMAN, P., Genera Insectorum 82, 105–208.
–– 1912: H. SAUTER's Formosa-Ausbeute. Cicindelinae. – Entomol. Mitteilungen 1 (5), 129–139.
–– 1913 a: Cicindelinae. – Nova Guinea. Résult. expéd. scient. néerl. Nouv. Guinée 9, 409–411.
–– 1913 b: Materiaux pour servir a l'etude de la faune entomologique de l'Indo-Chine. – Ann. Soc. Ent. Belgique 57, 362–366.
–– 1915: Cicindelinae. In: WYTSMAN, P., Genera Insectorum 82, 209–487.
–– 1922: Studien über neue und alte Cicindelinen (Col.), (Neubeschreibungen, Synonymie, Faunistik). – Zool. Mededeel. 7, 90–112.
–– 1923 a: Philippine Species of the Genus Prothyma and other Cicindelidae. – Philippine Journal of Science (Manila) 22, 357–363.
–– 1923 b: Zur Systematik, Geographie und Lebensweise der Cicindelinae. – Zool. Jahrb., Abt. f. Systematik 47, 309–330.
–– 1923 c: Einiges über neue und alte Cicindeliden. – Ent. Meddel. 14, 211–216.
–– 1924 a: On new and old oriental Cicindelidae. – Mem. Dept. Agr. India 8 (9), 89–91.
–– 1924 b: Faune Entomologique de l'Indochine Francaise, Cicindelidae. – Opusc. Inst. scient. Indochine, Saigon 3, 3–25.
–– 1925 a: Über 16 alte und neue Cicindeliden der Welt. – Ent. Blätter 21 (3), 131–139.
–– 1925 b: Fauna Buruana, Coleoptera, Fam. Cicindelidae. – Treubia 7, 8–10.
–– 1926: Carabidae, Cicindelinae. In JUNK, W., SCHENKLING, S., Coleopterorum Catalogus, pars 86, 1–345.
–– 1927 a: Fauna sumatrensis, Cicindelinae. – Suppl. Ent. 15, 122–124.
–– 1927 b: Über „Monströsitäten" und verwandte Vorgänge bei Cicindeliden, Teil 1. – Ent. Mitteilungen 16 (6), 471–477, Tafel 8.
–– 1928: Vier neue indo-malayische Therates-Formen. – Kol. Rundschau 14 (4), 169–171.
–– 1929: Bausteine zur Kenntnis der Cicindeliden-Fauna des Ostens der orientalischen Region. – Zeitschr. Insbiol. 24, 17–22.
–– 1930 a: Beiträge zur Kenntnis neuer und alter Cicindeliden des Indopapuanischen Faunen-Gebietes. – Wiener Ent. Zeitung 47 (1), 1–9.
–– 1930 b: Cicindelinen aus Sumatra und Java. – Archiv für Hydrobiologie 8, 41–49.
–– 1930 c: A Catalogue of the chinese Cicindelinae including Macao, Hongkong and the "exterior" Provinces of China. – Lingnan Science Journal 9, 397–413.
–– 1931 a: Some Cicindelinae from Mt. Kinabalu, North Borneo, including a new Species. – Journ. Fed. Malay States Mus. 16, 287–289.
–– 1931 b: Zwei neue Cicindelinen von Borneo und Celebes. – Ent. Nachrichtenblatt 5 (1), 3–6.
–– 1932: Cicindelidae. – Résultats Scient. Voyage Indes Orient. Néerlandaises 4, 4 (1), 3–4.
–– 1933: Über eine neue Rasse von Therates fasciatus, welche auch im recenten Kopal von Celebes vorkommt. – Natuurhist. Maandblad 22, 124.
–– 1936: Check List of the Cicindelidae of Oceania. – B. P. Bishop Museum Occ. Papers 12 (6), 1–11.
KANO, T. 1931: Descriptions of two Species of formosan Cicindelidae. – Proc. Imp. Acad. Tokyo 7 (2), 69–71.
KLUG, J. 1834: Übersicht der Cicindeletae der Sammlung. – Jahrbücher der Insektenkunde, Berlin, 1–47, Tafel 1.
LACORDAIRE, M. TH. 1842: Revision de la Famille des Cicindélides. – Mém. Soc. Sc. Liége 1, 1–32.
LATREILLE, P. A., DEJEAN, P. F. M. A. 1822: Famille première, Tribu 1, Cicindélètes, Genre 5, Therate. – Hist. Nat. Col. 1, 63–65.
LAWTON, J. K. 1972: Translation and Condensation of HORN's Notes on the Habits of the World Genera of Cicindelidae. – Cicindela 4 (1) 9–18.
MACLEAY, J. 1825: Cicindelidae. – Annulosa Javanica ed. 1, 9–12.
MANDL, K. 1954: Zur Kenntnis der Cicindeliden Süd-Chinas. – Bonner Zoolog. Beitr. 5 (1–2), 157–161.
–– 1955: Zur Kenntnis der Cicindeliden Süd-Chinas (III. Teil). – Ent. Arb. Mus. Frey 6, 334–340.
–– 1964: Ergebnisse einer Teilrevision des Cicindeliden-Materials des Chicago Natural History Museums. – Reichenbachia 4 (12), 75–96.
–– 1972: Bausteine zur Kenntnis der Familie Cicindelidae. – Zeitschr. Arb. österr. Ent. 24, 102–110.
MANDL, K., PEARSON, D. L. 1978: Therates pseudorothschildi, eine neue Therates-Art aus Neu-Guinea. – Zeitschr. Arb. österr. Ent. 30 (1/2), 33–36.

MOULTON, C. 1910: A List of the bornean Cicindelidae. – Not. Leyden Mus. 32, 187–192.

NAKANE, T. 1955: New or little-known Coleoptera from Japan and its adjacent Regions, 12. – Sci. Rep. Saikyo Univ. (Nat. Sci. & Liv. Sci.) A, 2(1), 24–40, plates 1–3.

– – 1976: Check-List of Coleoptera of Japan, Cicindelidae. – The Col. Ass. Japan 3, 1–7.

NAVIAUX, R. 1985: Étude faunistique sur les Cicindèles du Nepal (Coleoptera, Cicindelidae). – Revue Scientifique du Bourbonnois, 49–92.

NIDEK, C. M. C. BROUERIUS VAN, 1957: Cicindelidae from Indonesia. – Treubia 24(1), 1–5.

– – 1959: Cicindelidae from New Guinea. – Nova Guinea, new ser., 10(2), 177–186.

– – 1960: Cicindelidae from Borneo. – Treubia 25(2), 205–206.

– – 1968: Die Cicindelidae der Noona Dan Expedition nach den Philippinen, Bismarck- und Salomon-Inseln. – Ent. Meddelelser 36, 232–237.

– – 1977: Notes on Subspecies of *Therates dimidiatus* with the Description of a new Subspecies and a Correction. – Cicindela 9(2), 21–24.

– – 1980: Description of some new Cicindelinae. – Ent. Blätter 75(3), 129–137.

PROBST, J. 1986: Beschreibung einer neuen *Therates*-Art aus Nepal. – Kol. Rundschau 58, 117–119.

PUTZEYS, J. 1880: On two new Species of geodephagous Coleoptera from Sumatra. – Not. Leyd. Mus. 2, 191–192.

RAFFREY, M. A. 1878: *Therates misoriensis*. – Bull. Soc. ent. Fr., 96.

RIVALIER, E. 1971: Remarques sur la Tribu des Cicindelini et sa Subdivision en Sous-Tribus. – Nouv. Rev. Ent. 1, 135–143.

SCHAUM, H. 1860: Beiträge zur Kenntnis einiger Laufkäfer-Gattungen. – Berliner Ent. Zeitschr. 4, 180–203, Tafel 3.

– – 1861: Eine Decade neuer Cicindeliden aus dem tropischen Asien. – Berliner Ent. Zeitschr. 5, 68–80, Tafel 1.

– – 1862: Die Cicindeliden der philippinischen Inseln. – Berliner Ent. Zeitschr. 6, 172–184.

– – 1863a: Beiträge zur Kenntnis einiger Carabicinen-Gattungen. – Berliner Ent. Zeitschr. 7, 67–92, Tafel 3.

– – 1863b: Descriptions of four new Genera of Carabidae. – Journ. Ent. 1, 74–78, Tafel 4.

TAN, Juan-Jie 1981: Insects of Xizang 1, 10, 331–335.

THOMSON, J. 1857: Description de quatorze espèces nouvelles. Arch. Ent. 1, 129–136.

– – 1859: Notice historique sur le genre *Cicindela* suivie de la description de sept espèces nouvelles de Cicindelidae. – Arcana nat. Rec. Hist. Nat. Paris, 85–92.

– – 1860: Revue du Genre *Therates*. – Mus. Scient. Rec. Hist. Nat., 41–45.

VANDER LINDEN, P.-L. 1829: Essai sur les Insectes de Java et des iles voisines. Premier Mémoire. Cicindéletes. – Mém. Académie Sc. Bruxelles 5, 1–28.

WIESNER, J. 1980: Beiträge zur Kenntnis der philippinischen Cicindelidae. – Mitt. Münch. Ent. Ges. 70, 119–127.

– – 1986: Die Cicindelidae von Sumatra. 9. Beitrag zur Kenntnis der Cicindelidae. – Mitt. Münch. Ent. Ges. 76, 5–66.

Alphabetischer Index
Synonyme sind *kursiv* gedruckt

Anschrift des Verfassers:
Jürgen WIESNER, Dresdener Ring 11
D-3180 Wolfsburg

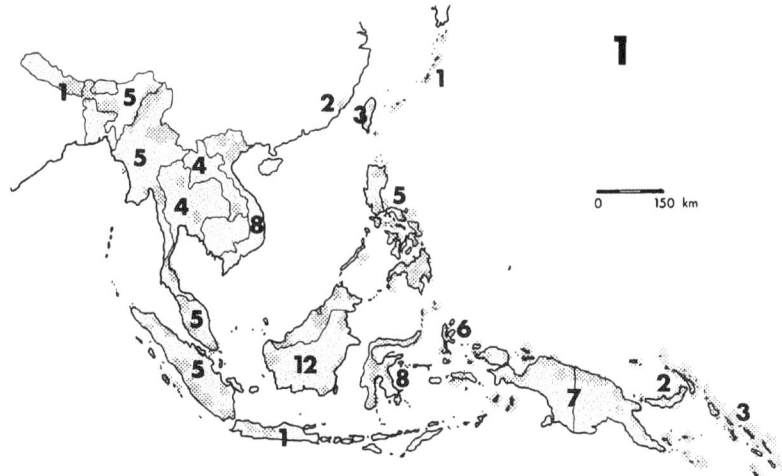

Abb. 1: Verbreitung der Gattung *Therates* – punktierte Flächen enthalten die Fundorte, von denen Exemplare bekannt geworden sind, Zahlen geben die Anzahl der Arten des jeweiligen Landes an.

Abb. 2–12: 2, Bezeichnung und Lage der Flgd.-Höcker, A = Apikalhöcker, Z = Zentralhöcker, L = Lateralhöcker, B = Basalhöcker. 3.–5. Bezeichnung und Lage von Zeichnungselementen auf den Flgd.: 3, A = Apikalfleck, Z = Zentralfleck, H = Humerallunula. 4, H = Humeralfleck, B = Basalfleck. 5, Z = Zentralbinde, B = Basalbinde. 6, 7. 2. bis 4. Hintertarsenglied vom ♂ der Arten: 6, *labiatus* FABR. 7, *schaumianus* s. str. W. HORN. 8, 9. Lateralansicht des Kopfes von: 8, *labiatus* FABR. ♂. C = Clipeus, V = Vorderstirn, O = Orbitalplatte, M = Mittelstirn. 9, *festivus* s. str. BOISD. ♂. 10, Hintertarsus von *hennigi dormeri* W. HORN ♂. 11, 12. Fühler von *fruhstorferi* s. str. W. HORN: 11, ♀. 12, ♂.

81

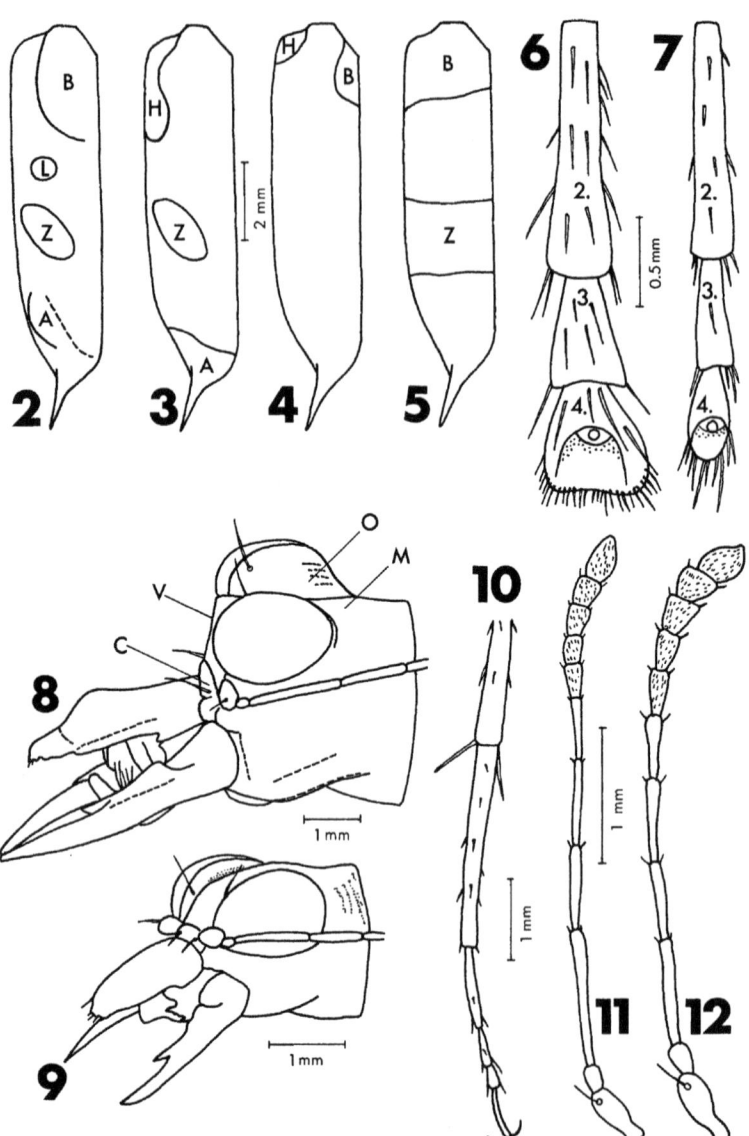

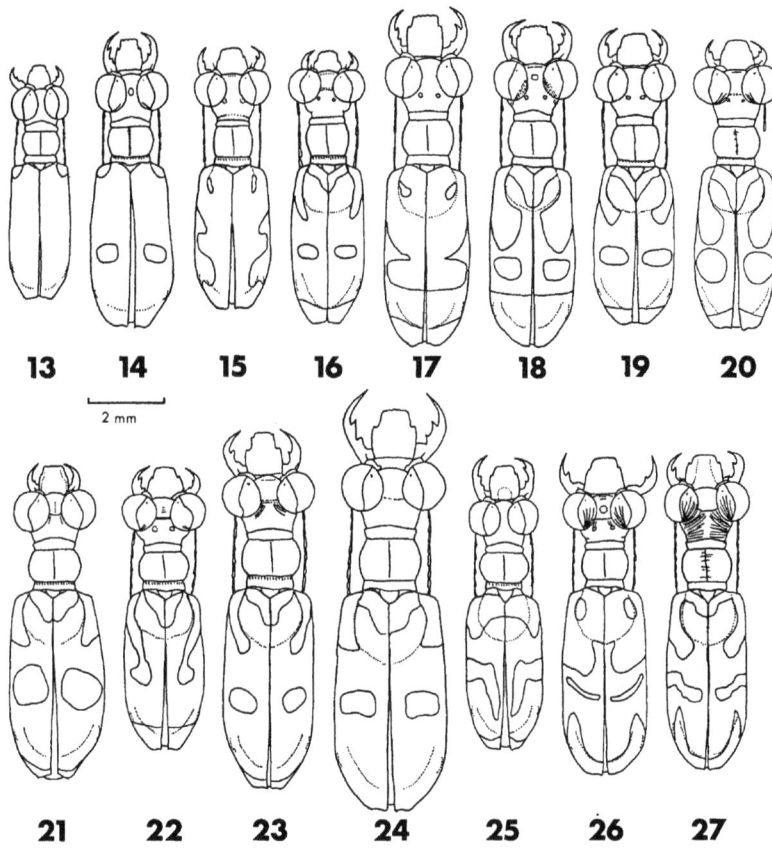

Abb. 13–27: Umrißzeichnung des Habitus von: 13, *rugulosus* W. HORN, ♂. 14, *cribratus* FLEUT. ♀, Type. 15, *waagenorum* W. HORN, ♂. 16, *clavicornis* W. HORN, ♂. 17, *chenelli* BATES, ♂. 18, *annandalei* W. HORN, ♂, Type. 19, *dohertyi* W. HORN, ♂. 20, *kraatzi* s. str. W. HORN, ♂, Holotypus. 21, *rugifer* W. HORN, ♀. 22, *topali* s. str. MANDL, ♂, Paratypus. 23, *probsti* sp. n. ♂. Paratypus. 24, *tonkinensis* s. str. W. HORN, ♂. 25, *obliquefasciatus* W. HORN, ♂, Syntypus. 26, *alboobliquatus* s. str. W. HORN, ♂. 27, *alboobliquatus iriomotensis* CHÛJÔ, ♀.

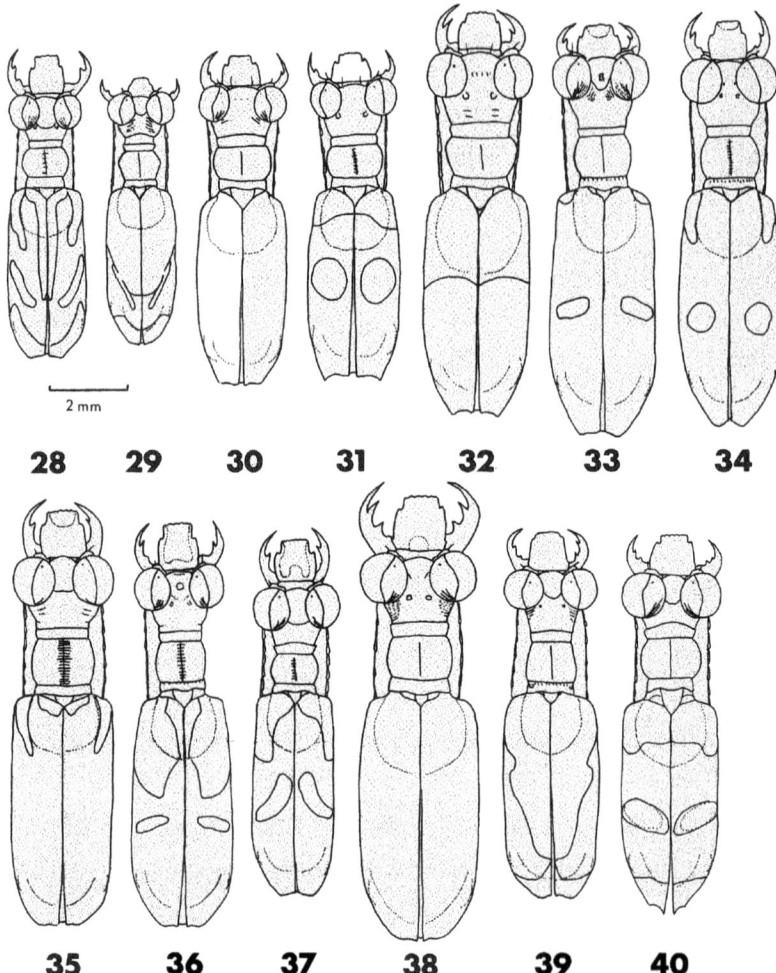

Abb. 28–40: Umrißzeichnung des Habitus von: 28, *mandli* PROBST, ♀, Paratypus. 29, *obliquus* FLEUT. ♂. 30, *cyaneus* CHAUD. ♂. 31, *rothschildi* s. str. W. HORN, ♀. 32, *festivus* s. str. BOISD. ♀. 33, *klapperichi* MANDL, ♀, Typus. 34, *angustatus* s. str. W. HORN, ♀, Holotypus. 35, *tuberosus* FLEUT. ♂. 36, *rugosoangustatus* W. HORN, ♂, Holotypus. 37, *crebrepunctatus* W. HORN, ♂, Syntypus. 38, *coeruleus* s. str. LATR. ♂. 39, *fleutiauxi* W. HORN, ♂. 40, *erinnys* s. str. BATES, ♂.

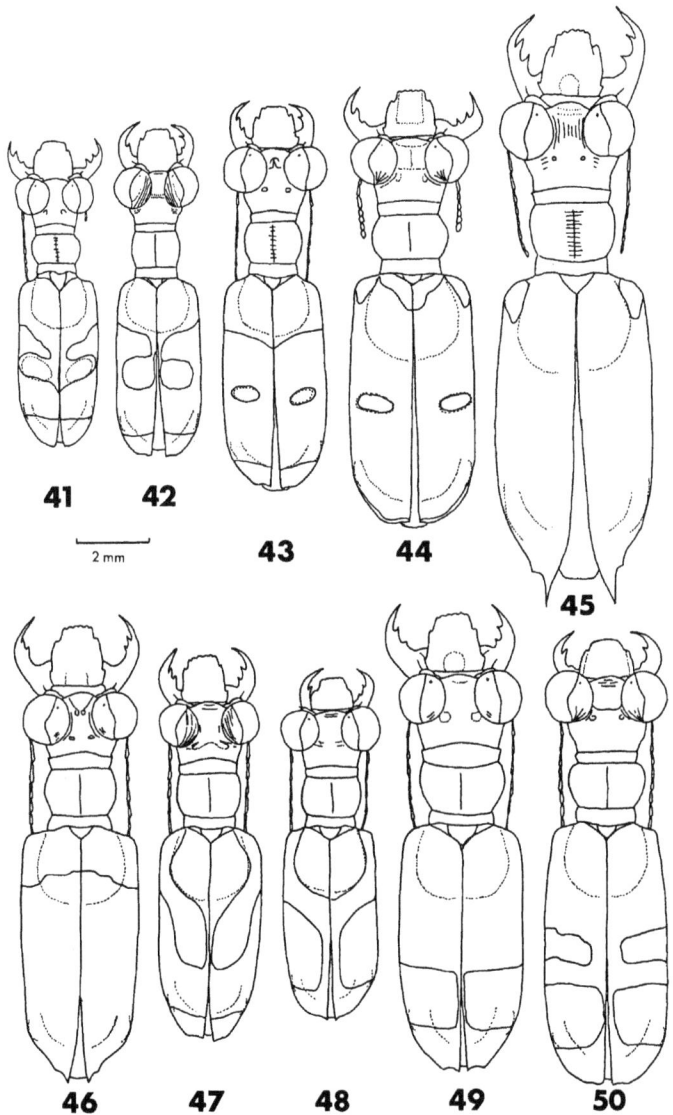

Abb. 41–50: Umrißzeichnung des Habitus von: 41, *batesii* s. str. THOMS. ♂. 42, *maindroni* W. HORN, ♂, Holotypus. 43, *bryanti* W. HORN, ♂. 44, *fruhstorferi* s. str. W. HORN, ♂. 45, *spinipennis* s. str. LATR. ♀. 46, *dimidiatus* s. str. DEJ. ♂. 47, *chaudoiri* s. str. SCHAUM, ♂. 48, *semperi* SCHAUM, ♂. 49, *fasciatus* s. str. FABR. ♂. 50, *hennigi* s. str. W. HORN, ♂.

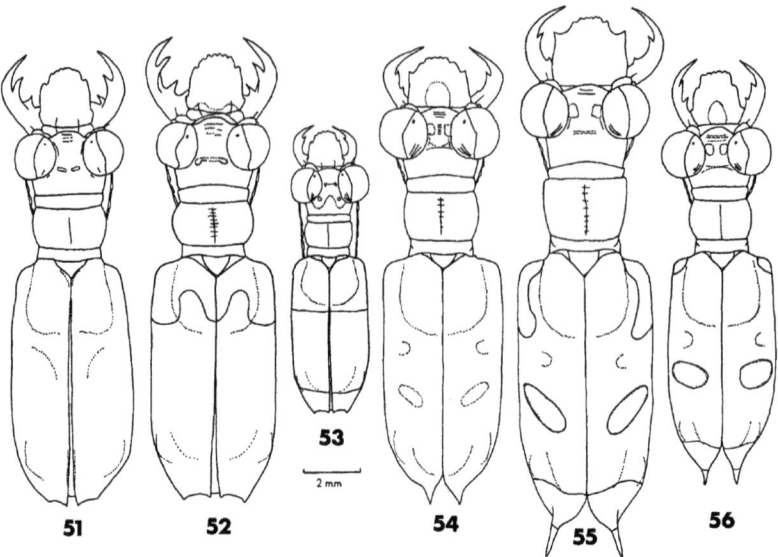

Abb. 51–56: Umrißzeichnung des Habitus von: 51, *labiatus* FABR. ♂. 52, *basalis* s. str. DEJ. ♀. 53, *rennellensis* BROUERIUS VAN NIDEK, ♂. 54, *schaumianus* s. str. W. HORN, ♂. 55, *spectabilis* s. str. SCHAUM, ♂. 56, *princeps* s. str. BATES, ♂.

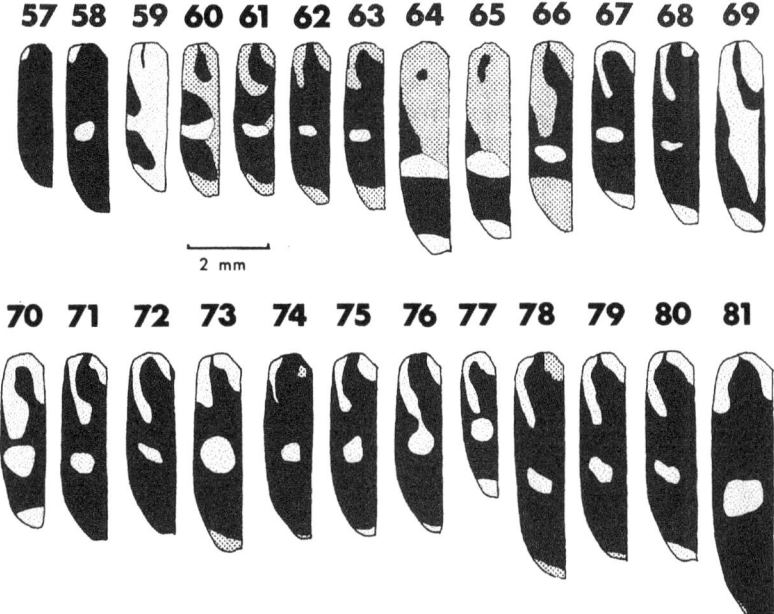

57 58 59 60 61 62 63 64 65 66 67 68 69

2 mm

70 71 72 73 74 75 76 77 78 79 80 81

Abb. 57–81:   Flgd. von: 57, *rugulosus* W. HORN. 58, *cribratus* FLEUT. 59, 60, *waagenorum* W. HORN, 61, *concinnus* GESTRO. 62, 63, *clavicornis* W. HORN. 64, 65, *chenelli* BATES. 66, *annandalei* W. HORN. 67, *dohertyi* W. HORN. 68, *dohertyi* W. HORN, Holotypus. 69, *kraatzi confluens* subsp. n. Holotypus. 70, *kraatzi* s. str. W. HORN. 71, *kraatzi gestroi* W. HORN (war als Paratypus von *topali* MANDL etikettiert). 72, *kraatzi gestroi* W. HORN, Holotypus. 73, *rugifer* W. HORN. 74, 75, *topali vietnamensis* subsp. n. Paratypus. 76, 77, *topali* s. str. MANDL, Paratypus. 78–80, *probsti* sp. n. Paratypus. 81, *tonkinensis kubani* subsp. n. Holotypus.

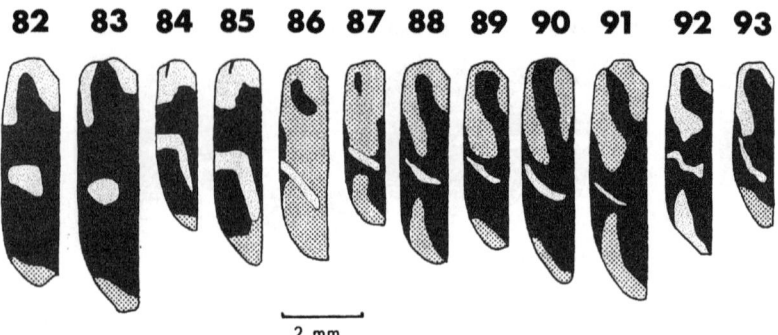

82 83 84 85 86 87 88 89 90 91 92 93

2 mm

94 95 96 97 98 99 100 101 102 103 104 105

Abb. 82–105:   Flgd. von: 82, 83, *tonkinensis* s. str. W. HORN. 84, 85, *obliquefasciatus* W. HORN. 86, *albobliqua-tus kotoshonis* KANO. 87–90, *albobliquatus* s. str. W. HORN. 91, *albobliquatus yakushimanus* NAKANE. 92, *al-bobliquatus iriomotensis* Chûjô. 93, 94, *mandli* PROBST, Paratypus. 95–97, *obliquus* FLEUT. 98, *rothschildi pseudo-festivus* subsp. n. Holotypus. 99, *rothschildi* s. str. W. HORN. 100–102, *festivus* s. str. BOISD. 103–105, *festivus pseudorothschildi* MANDL & PEARSON, Paratypus.

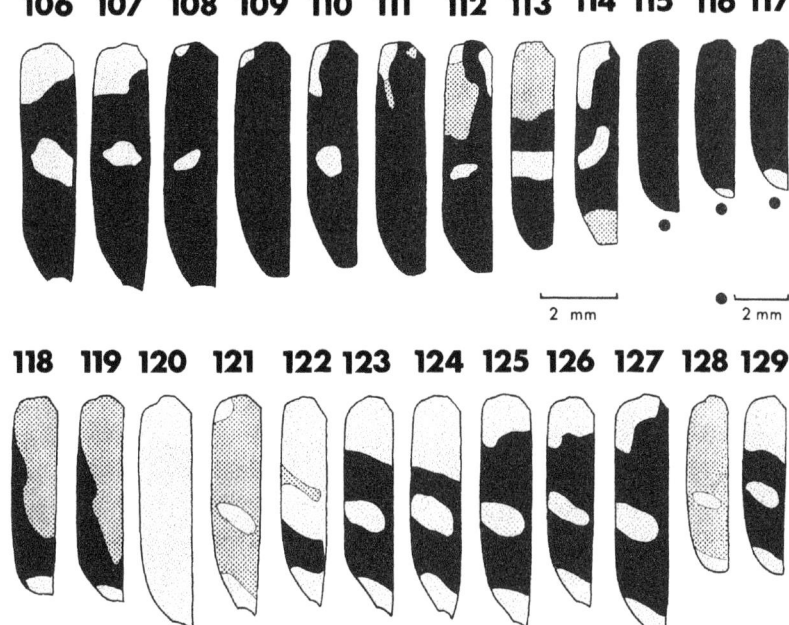

Abb. 106–129: Flgd. von: 106, 107, *festivus pseudorothschildi* MANDL & PEARSON. 108, *klapperichi* MANDL, Paratypus. 109, *angustatus pseudotuberosus* subsp. n. Holotypus. 110, *angustatus* s. str. W. HORN. 111, *tuberosus* FLEUT. 112, *rugosoangustatus* W. HORN, Typus. 113, *crebrepunctatus horni* subsp. n. Holotypus. 114, *crebrepunctatus* s. str. W. HORN, Holotypus. 115, *coeruleus* s. str. LATR. 116, 117, *coeruleus apicalis* W. HORN. 118, *fleutiauxi* W. HORN, Holotypus. 119, *fleutiauxi* W. HORN. 120, *erinnys tena* MOULTON. 121, *erinnys tepa* MOULTON (Holotypus von *crebrepunctulatus* W. HORN). 122, *erinnys tepa* MOULTON. 123–127, *erinnys* s. str. BATES. 128, *batesii testaceipennis* W. HORN, Typus. 129, *batesii* s. str. THOMS.

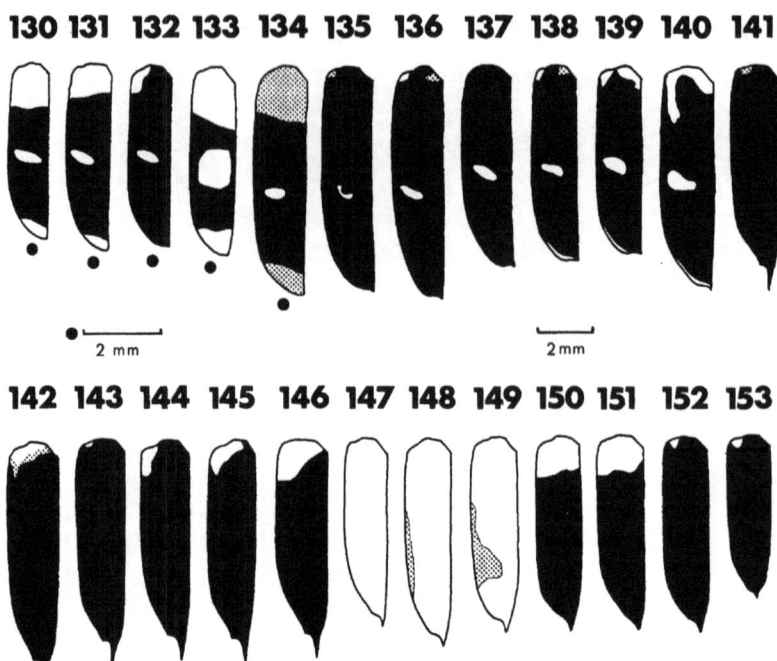

130 131 132 133 134 135 136 137 138 139 140 141

2 mm

2 mm

142 143 144 145 146 147 148 149 150 151 152 153

Abb. 130–153: Flgd. von: 130, 131, *batesii* s. str. Thoms. 132, *batesii cranstoni* subsp. n. Holotypus. 133, *maindroni* W. Horn. 134, *bryanti* W. Horn. 135, *fruhstorferi vitalisi* W. Horn, (Paratypus von *ida* Mandl). 137, *fruhstorferi sauteri* W. Horn. 138–140, *fruhstorferi* s. str. W. Horn. 141, 142, *spinipennis versicolor* Bates. 143–145, *spinipennis* s. str. Latr. 146, *spinipennis xanthophilus* W. Horn. 147, *dimidiatus rubescens* subsp. n. Paratypus. 148, 149, *dimidiatus punctipennis* Bates. 150, 151, *dimidiatus* s. str. Dej. 152, *dimidiatus wallacei* Thoms. 153, *dimidiatus wallacei* Thoms. (= *scapularis* Chaud.).

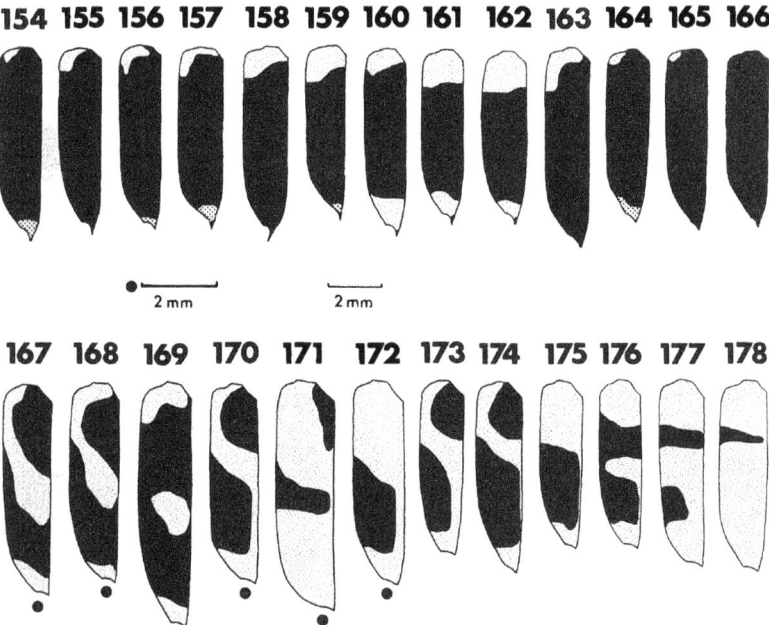

Abb. 154–178: Flgd. von: 154–156, *dimidiatus wallacei* THOMS. (= *scapularis* CHAUD.). 157–159, *dimidiatus wallacei* THOMS. (= *dejeanii* CHAUD.). 160–162, *dimidiatus wallacei* THOMS. (= *schaumii* CHAUD.). 163, *dimidiatus spinipennoides* W. HORN. 164–166, *dimidiatus brooksi* BROUERIUS VAN NIDEK. 167, 168, *chaudoiri* s. str. SCHAUM. 169, *chaudoiri cheesmanae* subsp. n. Holotypus. 170–172, *semperi* SCHAUM. 173, 174, *pseudosemperi* W. HORN. 175, *fulvicollis* THOMS. 176–178, *fasciatus quadrimaculatus* W. HORN.

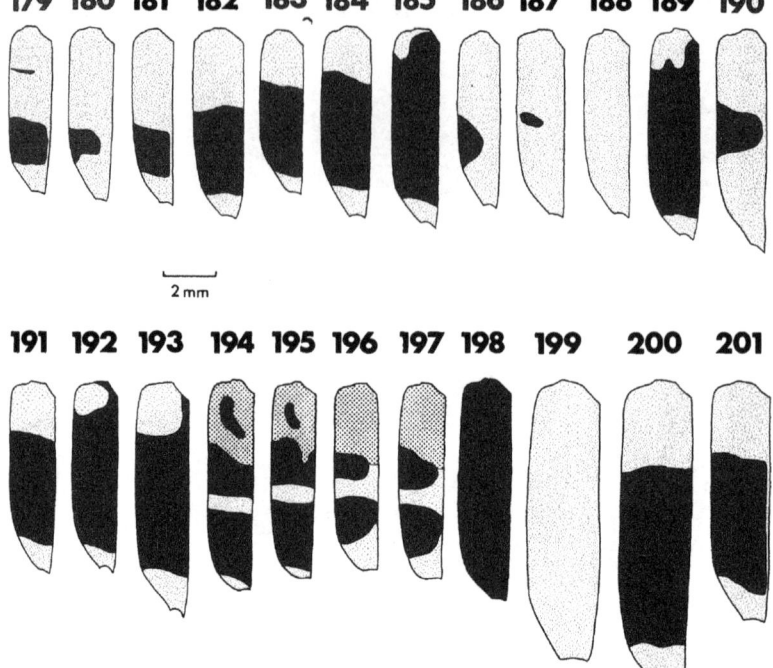

Abb. 179–201: Flgd. von: 179, *fasciatus quadrimaculatus* W. HORN. 180, *fasciatus quadrimaculatus* W. HORN (= *bimaculatus* MANDL). 181–183, *fasciatus* s. str. FABR. 184, *fasciatus pseudolatreillei* W. HORN. 185, *fasciatus flavohumeralis* MANDL, Paratypus. 186, *fasciatus nigrosternalis* W. HORN, Typus. 187, *bipunctatus* sp. n. Holotypus. 188, *flavilabris* FABR. 189, *punctatoviridis* W. HORN. 190, *latreillei pseudobipunctatus* subsp. n. Holotypus. 191, *latreillei brevispinosus* W. HORN. 192, 193, *payeni* VANDER LINDEN. 194, *hennigi dormeri* W. HORN. 195, *hennigi dormeri* W. HORN, Holotypus. 196, 197, *hennigi* s. str. W. HORN. 198, *coracinus* s. str. ER. 199, *fulvipennis* s. str. CHAUD. 200, *fulvipennis everetti* BATES (= *sudans* W. HORN). 201, *fulvipennis everetti* BATES.

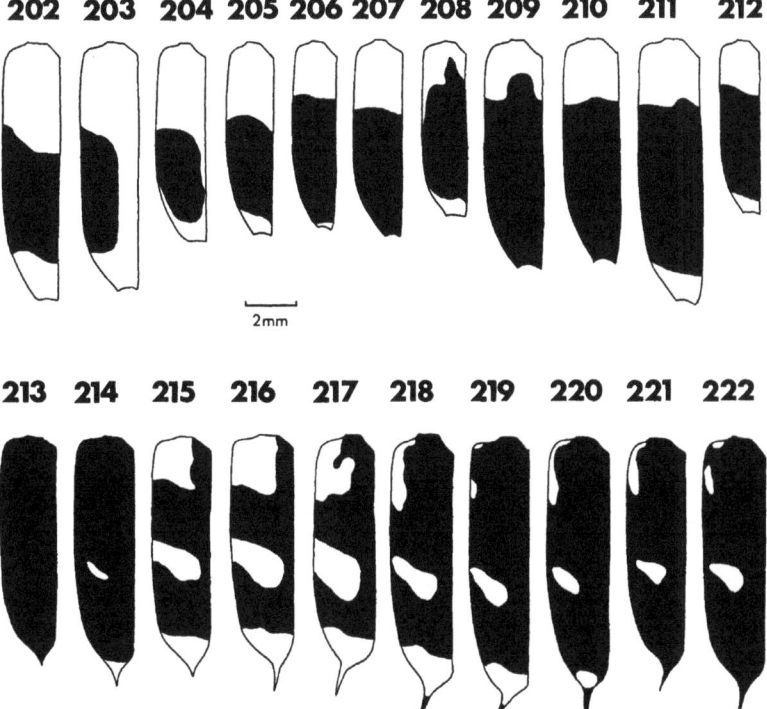

Abb. 202–222: Flgd. von: 202, *fulvipennis everetti* BATES (= *sudans* W. HORN). 203, 204, *fulvipennis everetti* BATES. 205, 206, *basalis simpliflavescens* W. HORN. 207, *basalis insularis* subsp. n. Paratypus. 208–210, *basalis* s. str. DEJ. 211, *basalis browni* subsp. n. Paratypus. 212, *rennellensis* BROUERIUS VAN NIDEK, Paratypus. 213, 214, *schaumianus* s. str. W. HORN, 215, *schaumianus flavoornatus* W. HORN. 216, 217, *spectabilis flavissimus* BROUERIUS VAN NIDEK. 218, 219, *spectabilis* s. str. SCHAUM, 220–222, *spectabilis whiteheadi* BATES.

223 224 225 226 227 228 229 230 231 232

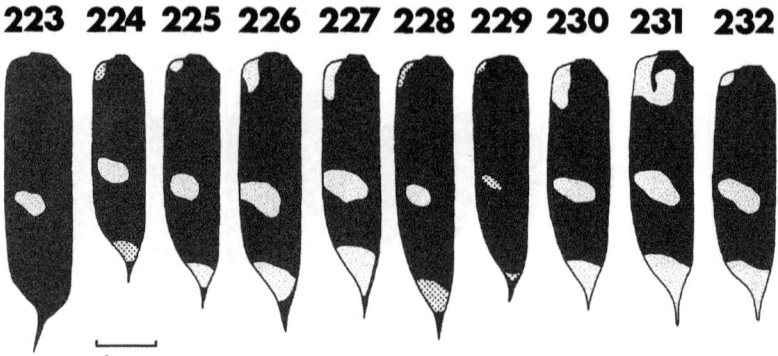

2 mm

Abb. 223–232: Flgd. von: 223, *spectabilis inhumerosus* W. HORN, Typus. 224–227, *princeps* s. str. BATES. 228, *princeps angustonigrescens* W. HORN, Holotypus. 229, *princeps coeruleipennis* BROUERIUS VAN NIDEK, Paratypus. 230, 231, *flavispinus* BROUERIUS VAN NIDEK, Paratypus. 232, *wegneri* BROUERIUS VAN NIDEK, Paratypus.

Abb. 233–261: Flgd.-Apex von: 233, *rugulosus* W. HORN. 234, *chenelli* BATES. 235, *annandalei* W. HORN, Syntypus. 236, *dohertyi* W. HORN, ♂. 237, *dohertyi* W. HORN, Holotypus, ♀. 238, *kraatzi* s. str. W. HORN, Holotypus. 239, *topali* s. str. MANDL. 240, 241, *probsti* sp. n. Paratypus. 242, *tonkinensis* s. str. W. HORN, Syntypus. 243–245, *obliquefasciatus* W. HORN. 246, *alboobliquatus* s. str. W. HORN. 247, *alboobliquatus yakushimanus* NAKANE. 248, *alboobliquatus iriomotensis* CHÛJÔ. 249, *mandli* PROBST. 250, 251, *obliquus* FLEUT. 252, 253, *festivus* s. str. BOISD. 254, *klapperichi* MANDL, Paratypus. 255, *angustatus* s. str. W. HORN, Typus. 256, *tuberosus* FLEUT. 257, 258, *coeruleus* s. str. LATR. 259, *crebrepunctatus* s. str. W. HORN. 260, *fleutiauxi* W. HORN. 261. *erinnys* s. str. BATES.

Abb. 262–292: Flgd.-Apex von: 262, *batesii* s. str. THOMS. 263, *maindroni* W. HORN. 264, *bryanti* W. HORN. 265, *fruhstorferi* s. str. W. HORN. 266, *spinipennis* s. str. LATR. 267, 268, *dimidiatus* s. str. DEJ. 269, 270, *chaudoiri* s. str. SCHAUM. 271, *chaudoiri cheesmanae* subsp. n. Holotypus. 272, 273, *semperi* SCHAUM. 274, 275, *fasciatus* s. str. FABR. 276, *flavilabris* FABR. 277, *latreillei* s. str. THOMS. 278, *latreillei brevispinosus* W. HORN. 279, *payeni* VANDER LINDEN. 280, *hennigi* s. str. W. HORN. 281, 282, *labiatus* FABR. 283, *caligatus* BATES. 284, *coracinus* s. str. ER. 285, 286, *basalis* s. str. DEJ. 287, *rennellensis* BROUERIUS VAN NIDEK. 288, *schaumianus* s. str. W. HORN. 289, *spectabilis* s. str. SCHAUM. 290, *princeps angustonigrescens* W. HORN, Holotypus. 291, *princeps coeruleipennis* BROUERIUS VAN NIDEK, Paratypus. 292, *wegneri* BROUERIUS VAN NIDEK, Paratypus.

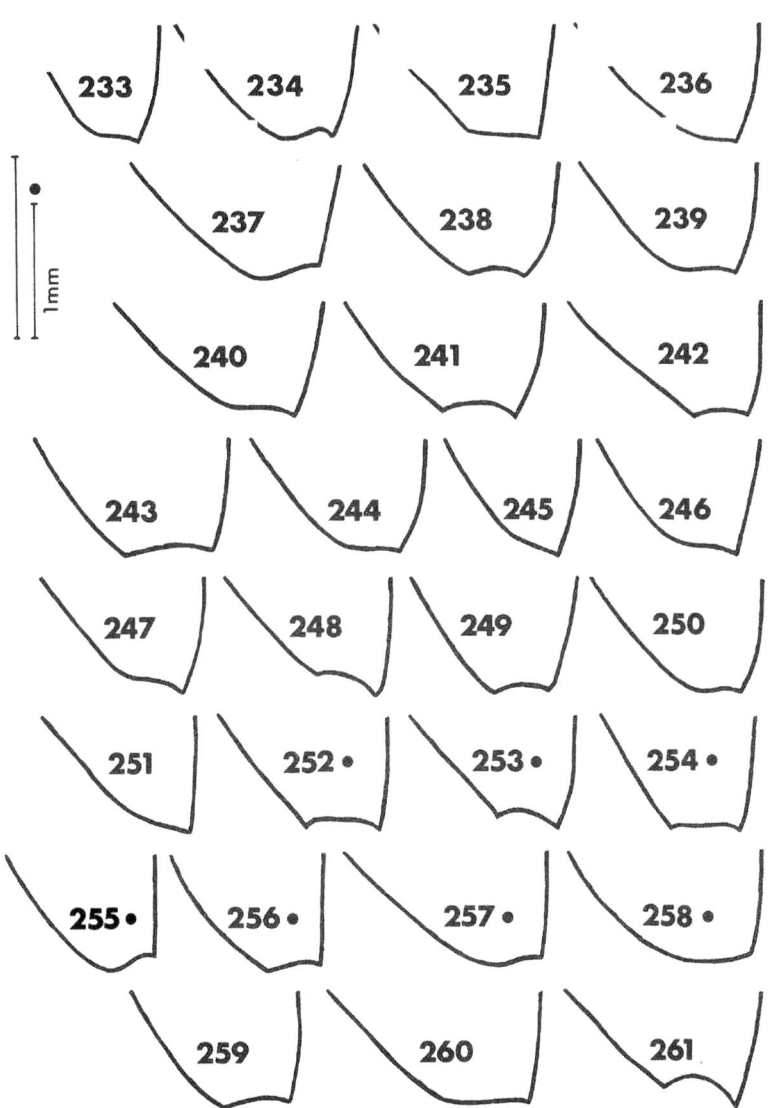

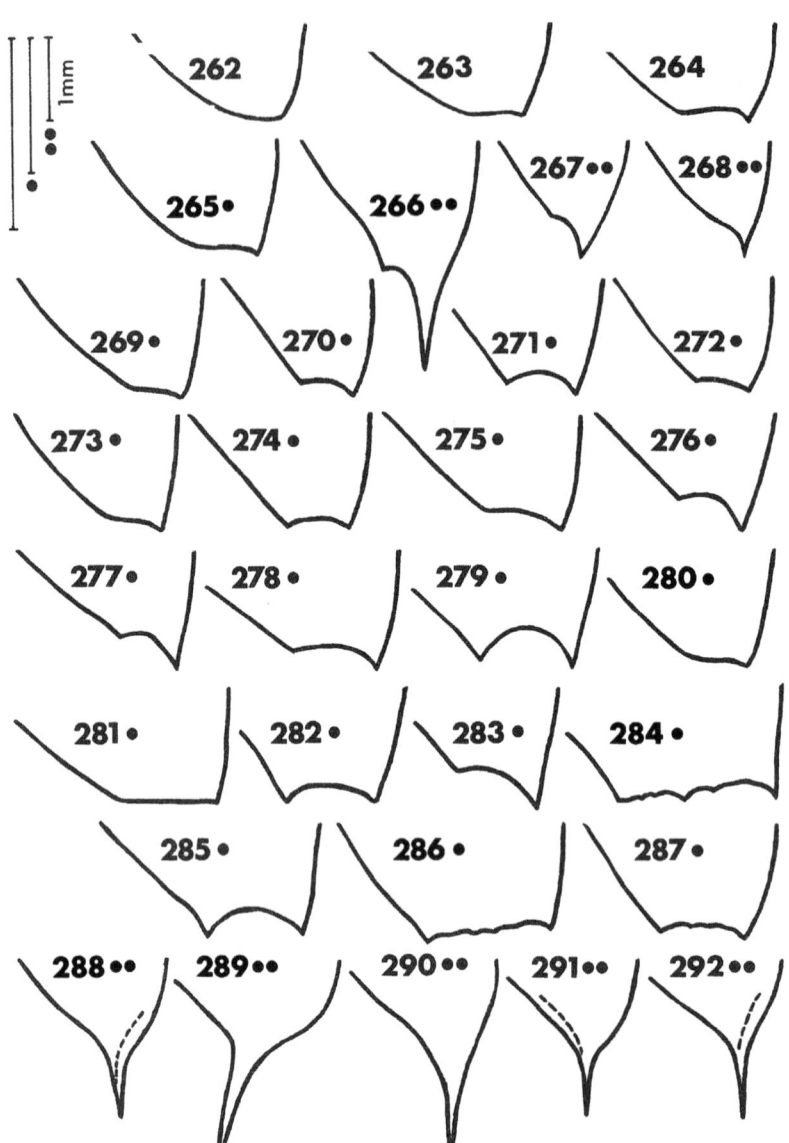

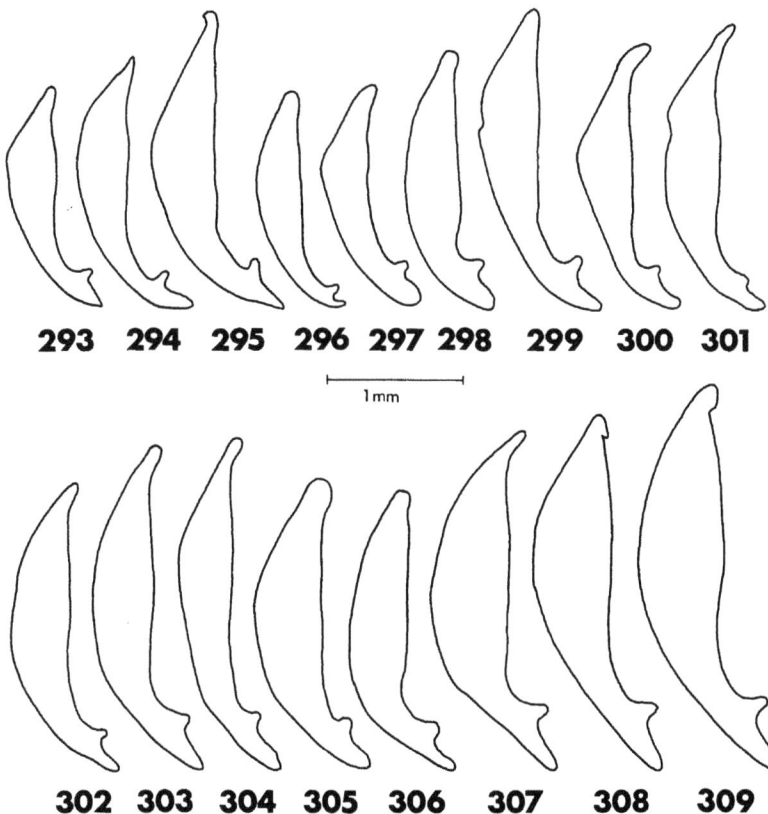

293 294 295 296 297 298 299 300 301

1 mm

302 303 304 305 306 307 308 309

Abb. 293–309: Lateralansicht des Aedeagus von: 293, *rugulosus* W. HORN. 294, *rugulosus* W. HORN (Paratypus von *minimus* BROUERIUS VAN NIDEK). 295, *cribratus* FLEUT. 296, *waagenorum* W. HORN. 297, *concinnus* GESTRO. 298, *clavicornis* W. HORN, Syntypus. 299, *chenelli* BATES. 300, *annandalei* W. HORN, Typus. 301, *dohertyi* W. HORN. 302, *kraatzi* s. str. W. HORN, Holotypus. 303, *kraatzi* s. str. W. HORN. 304, *kraatzi gestroi* W. HORN (war als Paratypus von *topali* MANDL etikettiert). 305, *topali vietnamensis* subsp. n. Paratypus. 306, *topali* s. str. MANDL, Paratypus. 307, *probsti* sp. n. Holotypus. 308, *tonkinensis* s. str. W. HORN. 309, *tonkinensis kubani* subsp. n. Holotypus.

97

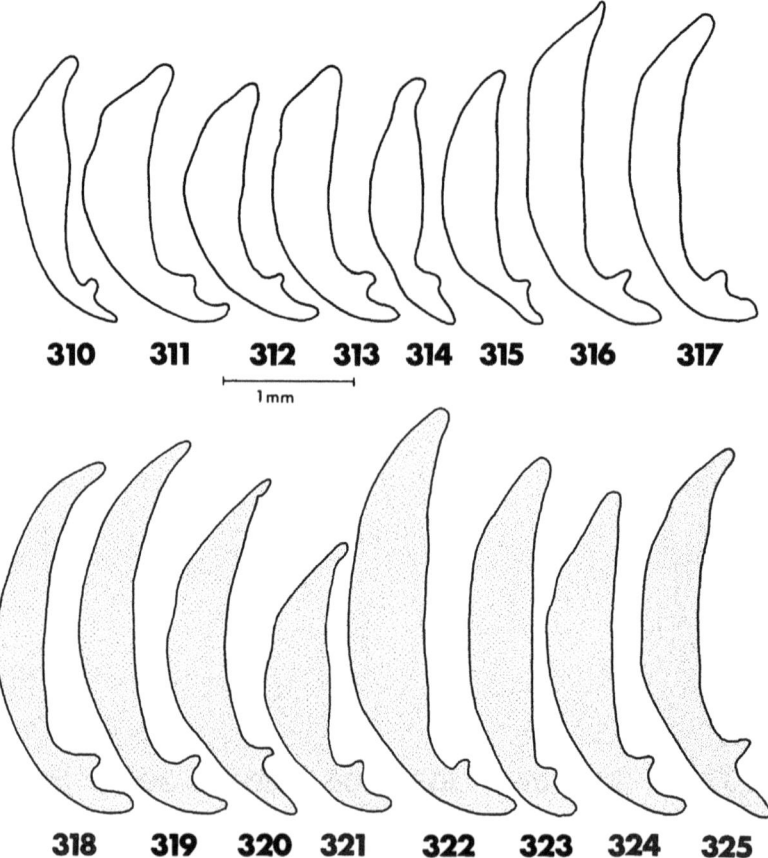

310 311 312 313 314 315 316 317

1 mm

318 319 320 321 322 323 324 325

Abb. 310–325: Lateralansicht des Aedeagus von: 310, *obliquefasciatus* W. HORN. 311, *alboobliquatus* s. str. W. HORN. 312, *alboobliquatus yakushimanus* NAKANE. 313, *alboobliquatus iriomotensis* CHÔJÔ. 314, *mandli* PROBST, Paratypus. 315, *obliquus* FLT. 316, *cyaneus* CHAUD. 317, *rothschildi* s. str. W. HORN. 318, *festivus* s. str. BOISD. 319, *festivus pseudorothschildi* MANDL & PEARSON. 320, *tuberosus* FLEUT. 321, *crebrepunctatus* s. str. W. HORN, Syntypus. 322, *coeruleus* s. str. LATR. 323, *coeruleus apicalis* W. HORN. 324, *fleutiauxi* W. HORN. 325, *erinnys* s. str. BATES (Holotypus von *erinnys styx* W. HORN).

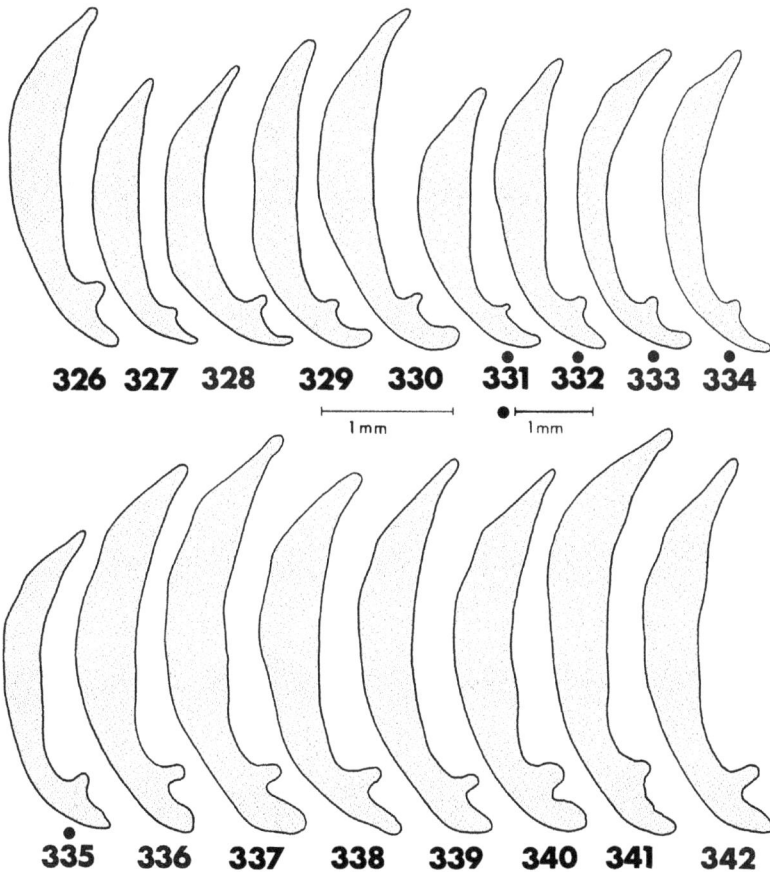

Abb. 326–342: Lateralansicht des Aedeagus von: 326, *erinnys* s. str. BATES. 327, *batesii* s. str. THOMS. 328, *batesii cranstoni* subsp. n. Holotypus. 329, *maindroni* W. HORN, Holotypus. 330, *bryanti* W. HORN. 331, *fruhstorferi* s. str. W. HORN. 332, *fruhstorferi sauteri* W. HORN. 333, *spinipennis versicolor* BATES. 334, *spinipennis* s. str. LATR. 335, *spinipennis xanthophobus* W. HORN. 336, *dimidiatus rubescens* subsp. n. Paratypus. 337, *dimidiatus punctipennis* BATES. 338, *dimidiatus* s. str. DEI. 339, *dimidiatus wallacei* THOMS. 340, *dimidiatus wallacei* THOMS. (= *schaumii* CHAUD.). 341, *dimidiatus wallacei* THOMS. (= *scapularis* CHAUD.). 342, *dimidiatus brooksi* BROUERIUS VAN NIDEK.

99

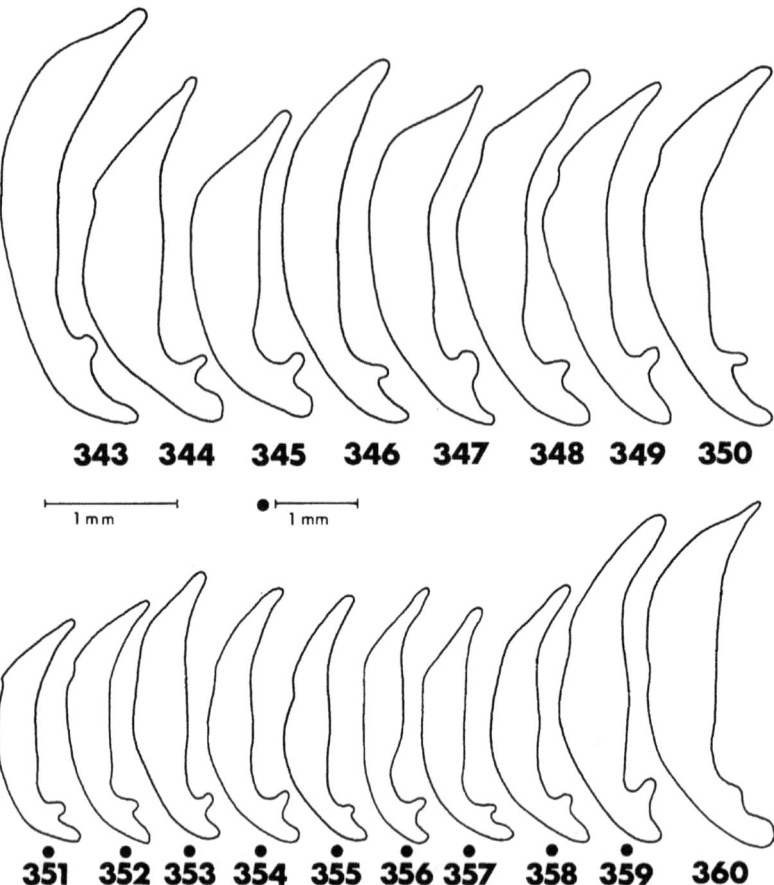

343 344 345 346 347 348 349 350

1 mm   ● 1 mm

351 352 353 354 355 356 357 358 359 360

Abb. 343–360: Lateralansicht des Aedeagus von: 343, *dimidiatus spinipennoides* W. HORN. 344, *chaudoiri* s. str. SCHAUM. 345, *semperi* SCHAUM. 346, *pseudosemperi* W. HORN. 347, *fulvicollis* THOMS. 348, *fasciatus quadrimaculatus* W. HORN. 349, *fasciatus quadrimaculatus* W. HORN (= *bimaculatus* MANDL). 350, *fasciatus* s. str. FABR. 351, *fasciatus pseudolatreillei* W. HORN. 352, *fasciatus flavohumeralis* MANDL, Paratypus. 353, *bipunctatus* sp. n. Paratypus. 354, *flavilabris* FABR. 355, *punctatoviridis* W. HORN. 356, *latreillei pseudobipunctatus* subsp. n. Paratypus. 357, *latreillei* s. str. THOMS. 358, *latreillei brevispinosus* W.HORN. 359, *payeni* VANDER LINDEN. 360, *hennigi* s. str. W. HORN.

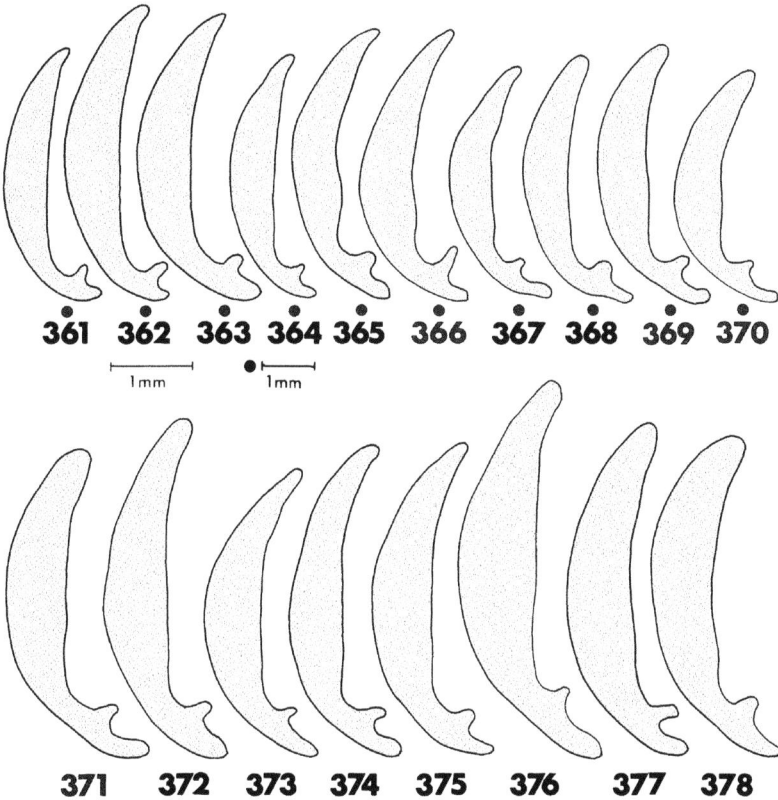

Abb. 361–378: Lateralansicht des Aedeagus von: 361–363, *labiatus* FABR. 364, *caligatus* BATES. 365, *coracinus fulvescens* subsp. n. Paratypus. 366, 367, *coracinus* s. str. ER. 368, *fulvipennis* s. str. CHAUD. 369, *fulvipennis everetti* BATES (= *sudans* W. HORN). 370, *fulvipennis everetti* BATES. 371, *fulvipennis bidentatus* CHAUD. 372, *basalis duploflavescens* W. HORN. 373, *basalis misoriensis* RAFFREY. 374, *basalis simpliflavescens* W. HORN. 375, *basalis insularis* subsp. n. Paratypus. 376, *basalis browni* subsp. n. Paratypus. 377, *basalis* s. str. DEI. 378, *basalis abdominalis* W. HORN.

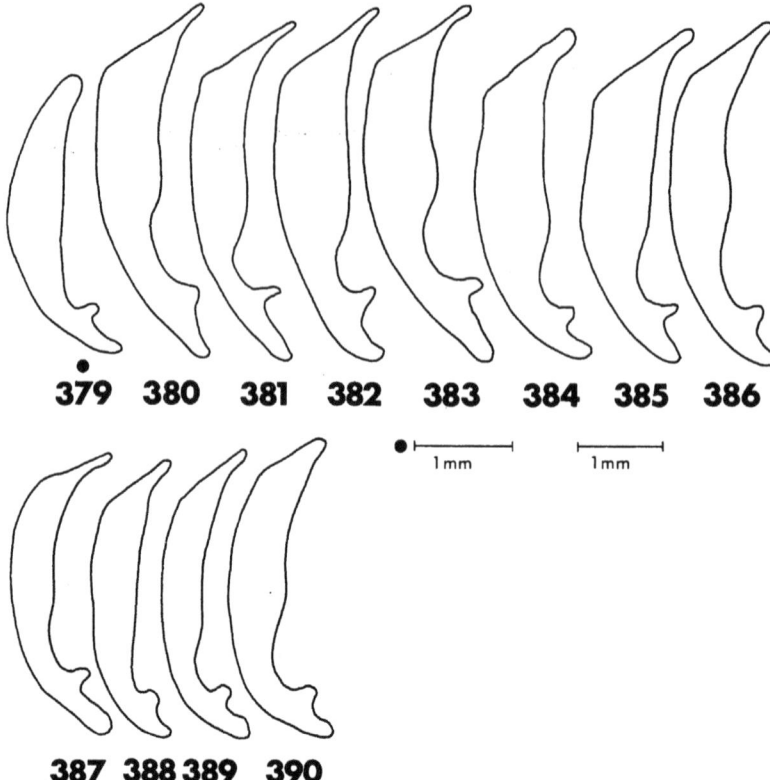

379 **380** **381** **382** **383** **384** **385** **386**

● ⊢————⊣ 1 mm   ⊢———⊣ 1 mm

387 **388** **389** **390**

Abb. 379–390: Lateralansicht des Aedeagus von: 379, *rennellensis* BROUERIUS VAN NIDEK, Paratypus. 380, *schaumianus flavoornatus* W. HORN. 381, *schaumianus* s. str. W. HORN. 382, *spectabilis flavissimus* BROUERIUS VAN NIDEK, Paratypus. 383, *spectabilis* s. str. SCHAUM. 384, *spectabilis whiteheadi* BATES. 385, *spectabilis inhumerosus* W. HORN. 386, 387, *princeps* s. str. BATES. 388, *princeps coeruleipennis* BROUERIUS VAN NIDEK, Paratypus. 389, *flavispinus* BROUERIUS VAN NIDEK, Paratypus. 390, *wegneri* BROUERIUS VAN NIDEK, Paratypus.

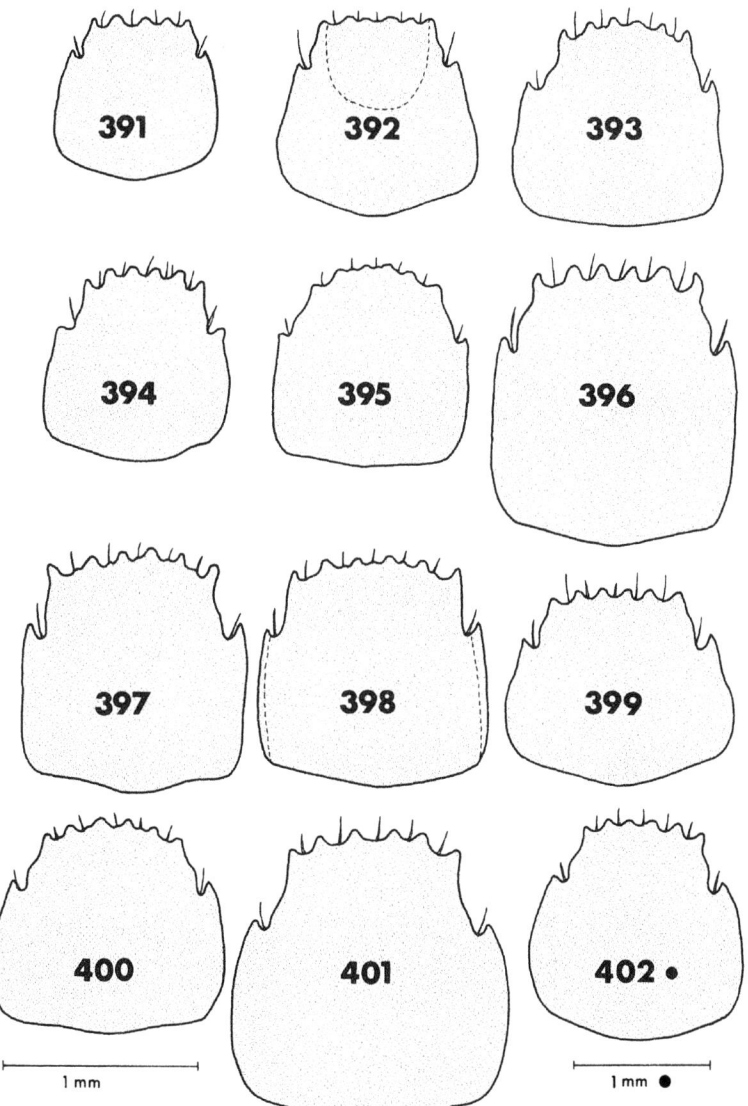

Abb. 391–402: Labrum von: 391, *rugulosus* W. HORN. 392, *cribratus* FLEUT. Holotypus. 393, *waagenorum* W. HORN. 394, *concinnus* GESTRO. 395, *clavicornis* W. HORN. 396, *chenelli* BATES. 397, *annandalei* W. HORN. 398, *rugifer* W. HORN. 399, *kraatzi* s. str. W. HORN. 400, *topali* s. str. MANDL. 401, *probsti* sp. n. Holotypus. 402, *tonkinensis* s. str. W. HORN.

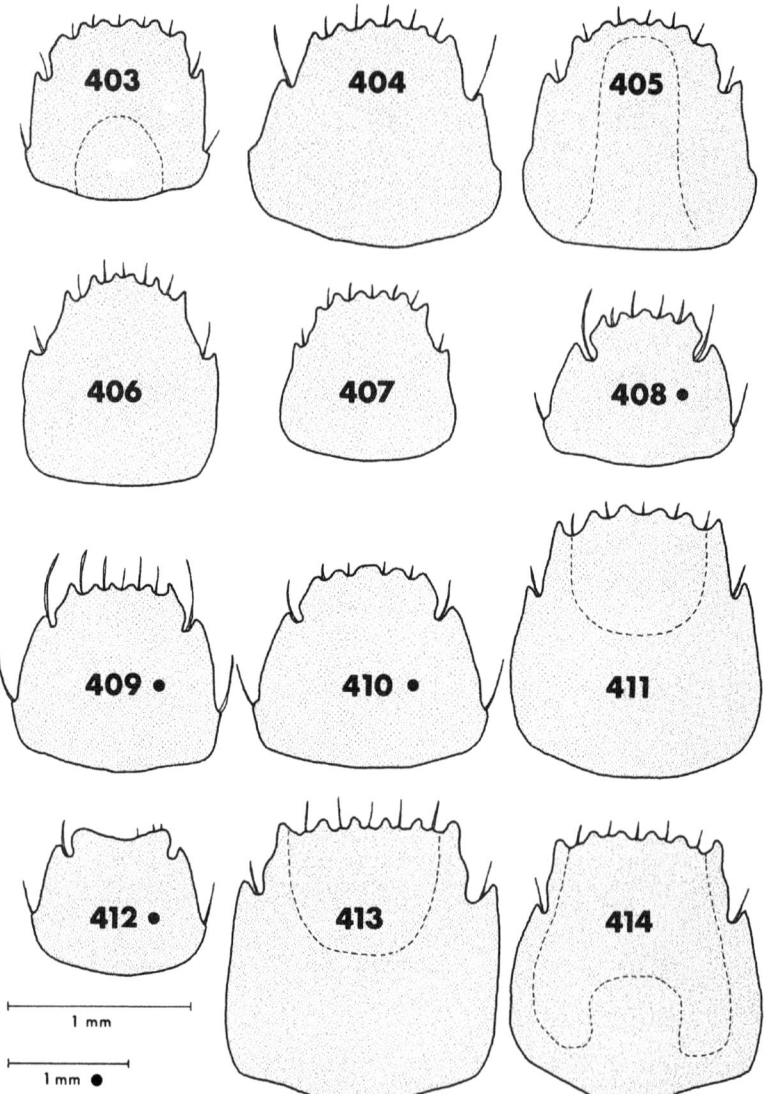

Abb. 403–414:   Labrum von: 403, *obliquefasciatus* W. Horn. 404, *alboobliquatus* s. str. W. Horn. 405, *alboobliquatus iriomotensis* Chûjô. 406, *mandli* Probst, Paratypus. 407, *obliquus* Fleut. 408, *rothschildi* s. str. W. Horn. 409, 410, *festivus* s. str. Boisd. 411, *klapperichi* Mandl, Paratypus. 412, *cyaneus* Chaud. 413, *tuberosus* Fleut. 414, *rugosoangustatus* W. Horn.

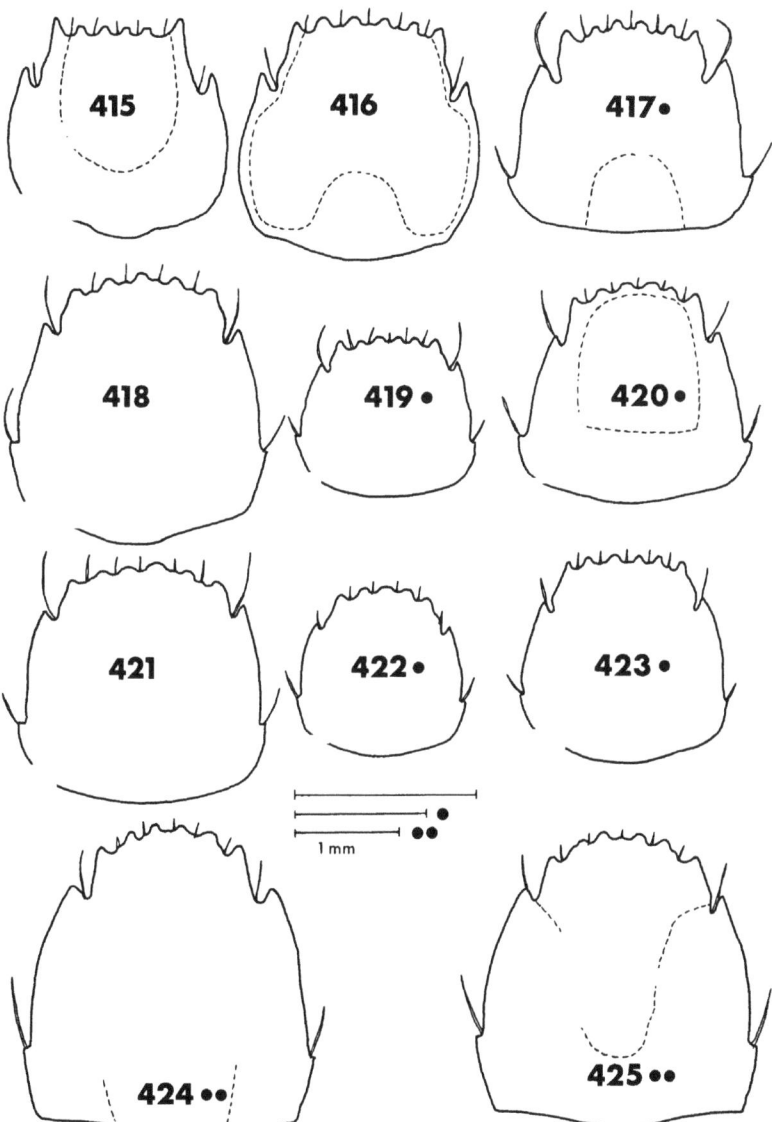

Abb. 415–425: Labrum von: 415, *crebrepunctatus horni* subsp. n. Holotypus. 416, *crebrepunctatus* s. str. W. Horn. 417, *coeruleus* s. str. Latr. 418, *fleutiauxi* W. Horn. 419, *erinnys* s. str. Bates. 420, *fruhstorferi* s. str. W. Horn. 421, *maindroni* W. Horn. 422, *batesii* s. str. Thoms. 423, *bryanti* W. Horn. 424, *spinipennis* s. str. Latr. 425, *spinipennis xanthophobus* W. Horn.

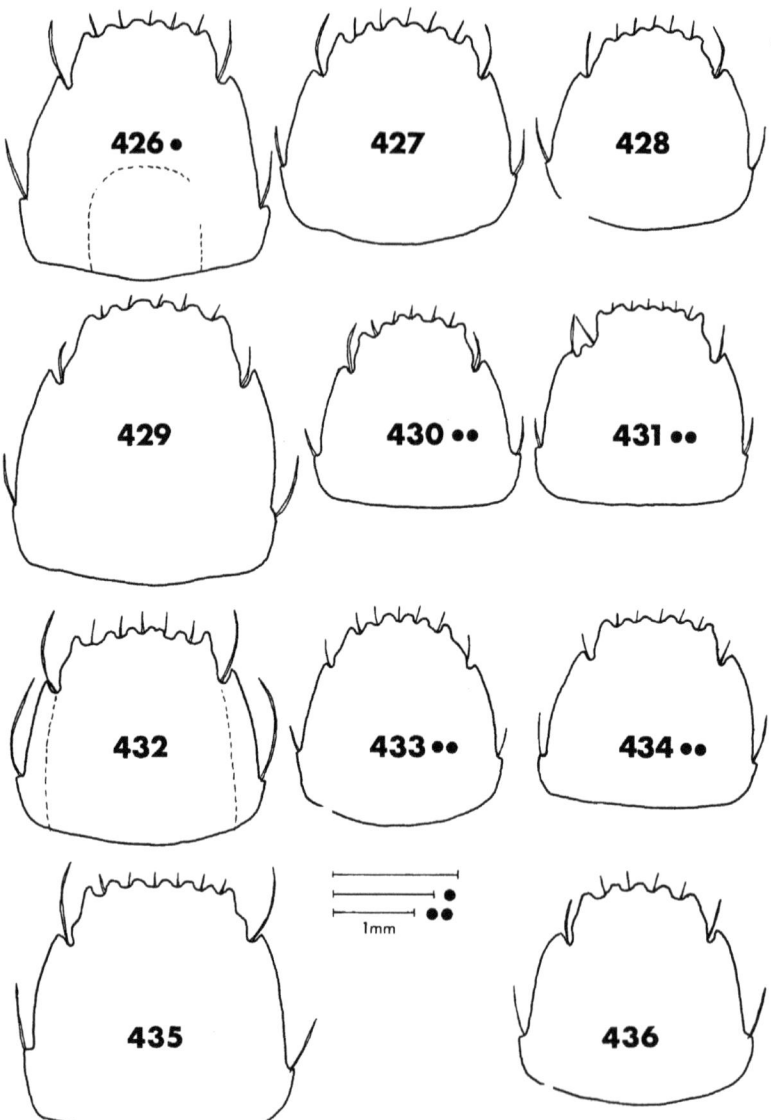

Abb. 426–436: Labrum von: 426, *dimidiatus* s. str. LATR. 427, *chaudoiri* s. str. SCHAUM. 428, *semperi* SCHAUM. 429, *fasciatus* s. str. FABR. 430, *labiatus* FABR. 431, *caligatus* BATES. 432, *hennigi* s. str. W. HORN. 433, 434, *basalis* s. str. DEI. 435, *basalis misoriensis* RAFFREY, Syntypus. 436, *rennellensis* BROUERIUS VAN NIDEK, Paratypus.

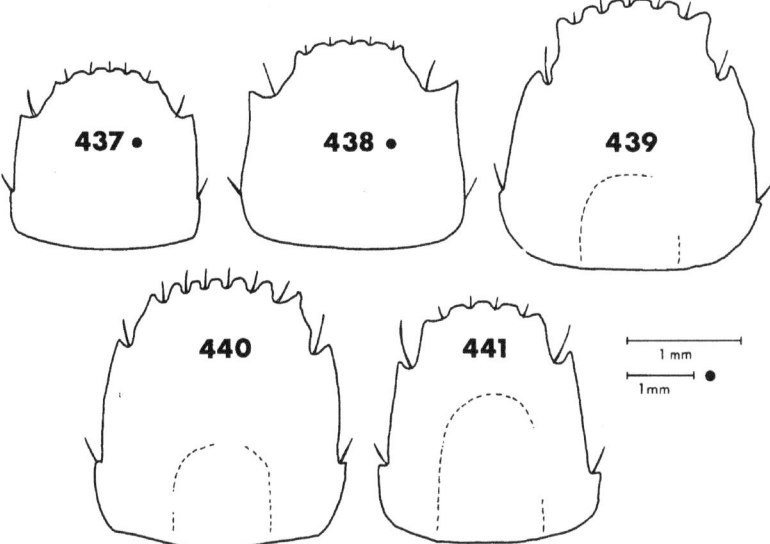

Abb. 437–441: Labrum von: 437, *schaumianus* s. str. W. Horn. 438, *spectabilis* s. str. Schaum. 439, *princeps* s. str. Bates. 440, *princeps coeruleipennis* Brouerius van Nidek, Paratypus. 441, *princeps angustonigrescens* W. Horn, Holotypus.

Buchbesprechungen

KORMANN, K.: **Schwebfliegen Mitteleuropas.** – Ecomed, Landsberg, 1988. 176 S.

Dieser Farbatlas stellt 100 der über 350 Schwebfliegenarten Mitteleuropas anhand von Farbfotos dar. Der Aufbau des Buches ist klar und sehr übersichtlich. Die ersten beiden Kapitel beinhalten eine Einführung (Körperbau, Mimikry, Entwicklung, Flugzeit, Wanderungen, Feinde und Umwelteinflüsse) und das Vorkommen, wobei die bevorzugten Blütenpflanzen ebenfalls farbig abgebildet und beschrieben sind. Die Einzeldarstellungen sind in Verbreitung, Vorkommen, Blütenbesuch, Größe, Flugzeit, Beschreibung und soweit bekannt in Biologie und Bemerkungen eingeteilt. Jedem wissenschaftlichen Namen wurde ein deutscher Name zugeordnet. Die Farbfotos sind bis auf einige Ausnahmen (S. 43, 139 unscharf; S. 54, 58, 106, 116 zu dunkel) brauchbar. Ein nach sehr praktischen Merkmalen angelegter Bestimmungsschlüssel ermöglicht die Determination der im Buch aufgeführten Gattungen. Im Anhang findet sich eine Schwebfliegen-Artenliste der BRD mit Angaben über Gefährdung, Flugzeit, Häufigkeit und Vorkommen sowie ein ausführliches Literaturverzeichnis. Besonders wichtig sind die Adressen von 21 ausgewählten Schwebfliegen-Bearbeitern.

Dieser Farbführer kann als willkommene Bereicherung in der überaus reichhaltigen Palette der angebotenen Naturführer bezeichnet werden und bietet dem naturinteressierten Laien einen leichten Zugang zu dieser interessanten Dipterenfamilie. R. Gerstmeier

DALTON, S.: **Poesie des Augenblicks.** – Gerstenberg Verlag, Hildesheim, 1988, 128 S.

Stephan DALTON gehört ohne Zweifel zu den besten Naturfotografen unserer Zeit. Viele seiner technisch brillanten Flugbilder von Vögeln und Insekten haben weltweites Aufsehen erregt. Dem Verlag muß man einerseits dankbar sein, daß er eine Übersetzung der englischen Orginalausgabe auf den deutschen Markt bringt, zum anderen kann man ihm für die hervorragende Drucklegung dieses Meisterwerks nur beglückwünschen. Man wird sich noch viele solcher Bücher aus diesem Verlag wünschen.

Die Fotos in diesem Buch wurden vom Autor selbst ausgewählt und dokumentieren chronologisch seine 25jährige Entwicklung als Fotograf und Künstler. Bei seinen Aufnahmen stimmt einfach alles: originelle Motive, Schärfe bis ins kleinste Detail und ein Licht, das jedem Foto seine eigene Brillanz verleiht.

Dieser Bildband ist ein absolutes „Muß" für jeden Naturliebhaber! R. Gerstmeier

LEWIS, B.: **Gene. Lehrbuch der molekularen Genetik.** – VCH Verlagsgesellschaft, Weinheim, 1988. 725 S.

Dieses aktuelle Lehrbuch der molekularen Genetik ist die Übersetzung des im angelsächsischen Raum bereits in der dritten Auflage erschienenen führenden Werkes auf diesem Gebiet. Kaum ein anderer Wissenschaftszweig der Biologie spiegelt einen schnelleren Fortschritt wider als die Genetik. So wurden in dieser Auflage Themen von untergeordnetem Interesse weggelassen oder gekürzt, womit eine Konzentrierung auf das Wesentliche erreicht wurde. Trotzdem vermittelt das Buch die notwendigen Grundlagen, so daß es durchaus als Einführung in dieses Wissensgebiet geeignet ist. Wichtige Aussagen im Text sind durch anschauliche Schemazeichnungen illustriert. Am Ende jedes Kapitels werden wichtige Originalveröffentlichungen und einige aktuelle Übersichtartikel genannt. Ein ausgesprochen detailliertes Glossar sowie ein umfangreiches Stichwortverzeichnis beschließen dieses empfehlenswerte Lehrbuch. R. Gerstmeier

HABERMEHL, G. G.: **Gift-Tiere und ihre Waffen.** – Springer Verlag, Berlin, 1987. 227 S.

Diese Einführung in das Gebiet der Gifttiere und ihrer Gifte liegt nun bereits in der 4. Auflage vor, wobei vor allem die Literatur ergänzt und auf den neuesten Stand gebracht wurde. Dieses handliche Taschenbuch gibt einen Überblick über giftige Tiere aus den Stämmen bzw. Klassen der Hohl-, Nessel- und Weichtiere, der Gliederfüßer, Stachelhäuter, Fische, Amphibien und Reptilien. Neben Verbreitung dieser Gifttiere werden vor allem die chemische Struktur der Gifte, die Giftwirkung (Symptomatik) und die Behandlung beschrieben. Ein kurzer Überblick wird über die therapeutische Verwendung von Tiergiften gegeben. Sehr nützlich dürfte ein Glossar der medizinischen Fachausdrücke und eine Liste der Institute, die Antivenine herstellen, sein. Schade, daß sich die Verbreitungskarten über das Vorkommen von Giftschlangen und Skorpionen auf den Vorderen Orient beschränken. Ein Taschenbuch für Biologen, Mediziner, Pharmazeuten und Chemiker, das auch Touristen empfohlen werden kann. R. Gerstmeier

| Mitt. Münch. Ent. Ges. | 78 | 109−114 | München, 1. 12. 1988 | ISSN 0340−4943 |

Two new species of tiger beetles from Palawan
(Zwei neue Arten von Sandlaufkäfer aus Palawan)

(Coleoptera, Cicindelidae)

By Jakob M. BOGENBERGER

Abstract

Two new species of tiger beetles from northern Palawan, Philippines are described and figured: *Therates palawanensis* sp. n. and *Cicindela (Cylindera) glabra* sp. n.

In April 1984 I was visiting Palawan, Philippines. In Port Barton on the north west coast of this island I found two new species of tiger beetles in the same habitat which was a tiny streamlet in the forest near the beach. One species is a *Therates* related to *T. bryanti* W. HORN and to *T. erinnys* BATES. The other new species belongs to *Cicindela* subgenus *Cylindera*.

Therates palawanensis sp. n.
(Figs 1, 2)

Description:

Size: Length (male and female) 8.0−8.7 mm (sine labro).

Color: Body shiny black with some blue green reflections. Labrum, apical corners of clypeus, palpi, median portion of antennal articels 1−2(−4), apex of abdomen (from the 6th segment), basis of elytra and legs light reddish brown. Articels 3−5 of tarsi darkend; praetarsus of male black. Basis of mandibles, coxae (only median part of metacoxae), trochanter, basal part of femur and apical spots on elytra clear white. Middle band of elytra light tan.

General characteristics: Longitudinal striae on vertex and suborbital plates very weak. Labrum with 6 or 5 apical teeth (Fig. 1 b). Pronotum as long as wide, posterior restriction slightly deeper than anterior. Elytra with basal, central (middle band) and apical protuberances. Basal 2/3 of elytra deeply punctate, only few and shallow punctures on the middle band. Elytra almost parallel, apex of elytra with triangular sutural spine and lateral angel which is slightly rounded; elytral margin between concave.

Male genitalia: Aedeagus see Fig. 2 a.

Female genitalia: Sternum 8 strongly sclerotized with irregular ridges, posterior emargination deep and V-shaped, apices sharp (Fig. 2 b). 2nd gonacoxa with few apical setae along medial margin (Fig. 2 b). 2nd gonapophsis strongly curved, broad and elongated, medial portion about 2/3 the length of the lateral portion, lateral portion with one additional lateral tooth (Fig. 2 b). Syntergum 9 and 10 apical with long setae, ventral part with a Y-shaped sclerotized ridge (Fig. 2 c).

Type Material:

Holotype: ♀, Philippines, Palawan, Port Barton, 7.−12. 4. 84, 119°08′ E, 10°23′ N, leg. J. BOGENBERGER; deposited in the Zoologische Staatssammlung, München. Paratypes: Same data as holotype; 1 ♀ and 3 ♂♂ in the author's collection, 1 ♂ in coll. J. WIESNER.

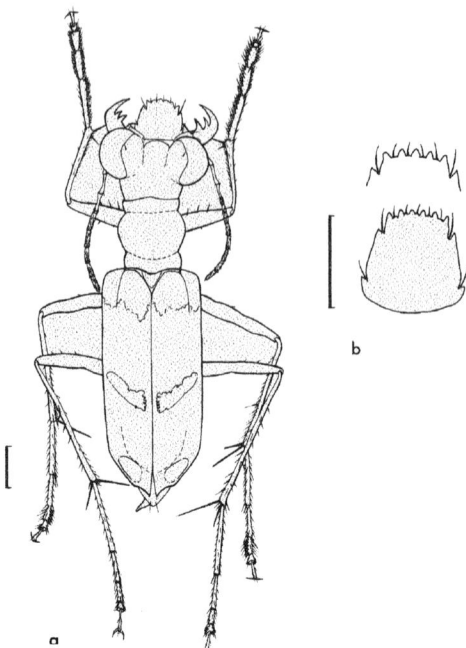

Fig. 1: Habitus of *Therates palawanensis* sp. n. (male) (a) and labrum with 6 or 5 (upper insert) apical teeth (b). Bar represents 1 mm.

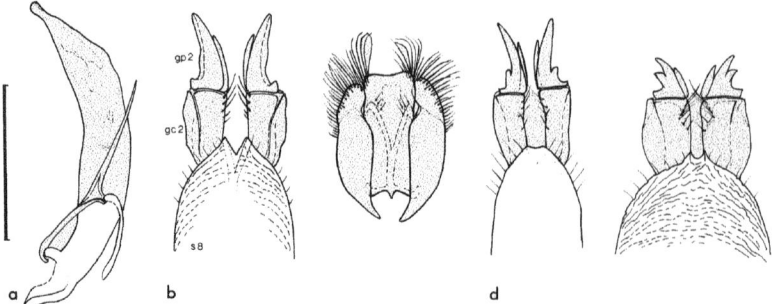

Fig. 2: Male genitalia of *Therates palawanensis* sp. n. (a). Female genitalia: ventral aspect of apex of sternum 8 (s8), 2nd gonacoxa (gc2) and 2nd gonapophysis (gp2) of *T. palawanensis* sp. n. (b), *T. bryanti* W. HORN (d) and *T. erinnys* BATES (e) and dorsal aspect of syntergum 9 & 10 of *T. palawanensis* sp. n. (c). Bar represents 1 mm.

Distribution: Known only from the type series from northern Palawan.

Diagnosis: *Therates palawanensis* sp. n. has three protuberances on each elytra and is therefore a member of the *T. batesii* group (WIESNER 1988). It is closely related to *T. erinnys* BATES and to *T. bryanti* W. HORN. *T. palawanensis* has a more rounded lateral angel on the apex of elytra than *T. erinnys* but a more pronounced one than *T. bryanti*. Coloration resembles *T. bryanti* except for the clear white apical maculation of elytra and white basis of mandibels. *T. palawanensis* lacks the transverse sutures on the vertex present at both *T. bryanti* and *T. erinnys*. All three species greatly differ in the form of the female genitalia (Fig. 2b, d, e). Sternum 8 of *T. palawanensis* and *T. erinnys* exhibit sclerotized ridges which are missing at *T. bryanti*. The posterior emargination of *T. palawanensis* is deep and V-shaped, of *T. erinnys* small and U-shaped where as *T. bryanti* has only a small shallow depression. 2nd gonapophses of *T. erinnys* is small and slightly curved, of *T. palawanensis* and of *T. bryanti* long and strongly curved. The lateral portions exhibit 2 lateral teeth in *T. bryanti* and *T. erinnys* but only one in *T. palawanensis*.

Cicindela (Cylindera) glabra sp. n.
(Figs 3, 4)

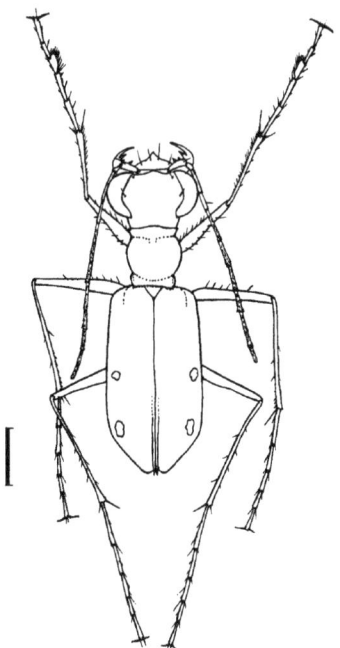

Fig. 3: Habitus of *Cicindela (Cylindera) glabra* sp. n. (male). Bar represents 1 mm.

111

Description:

Size: Length (male and female) 5.6–6.0 mm (sine labro).

Color: Black with some cupreous green reflections. Lateral margin of pronotum and elytra shiny dark blue. Labrum, palpi, mandibles, antennae and legs testaceous. Articels 2–11 of antennae, apical ends of tibiae and apices of the tarsal articels slightly darkend. Trochanter, basis of femur and mandibels, basal articels of palpi white. Maculation on elytra consisting of two white spots.

General characterisitics: Head glabrous (except for 2 pairs of supraorbital sensory setae) with dense and deep striation. Labrum very long unidentate with 4 setae (Fig. 4 d). Palpi relatively short. Thorax glabrous except for very few primary setae on disc of metasternum. Sides of pronotum convex. Disc of pronotum with dense transversal striation. Mesepisternum of female with a deep groove interrupted by a round protuberance (coupling sulcus, FREITAG 1974). Apex of front and middle trochanter each with 1 fixed setae. Abdomen laterally glabrous, on disc fine decumbent setose. Elytra almost parallel. Apex rounded with microserrulations. Short sutural spine present.

Male genitalia: Aedeagus moderate elongated, apex recurved (Fig. 4 a). Flagellum elongated, coiling 1.5 turns in sagital plane before bending to the apex.

Female genitalia: Sternum 8 only slightly sclerotized with V-shaped posterior emargination; apices each with 3–4 thick setae (Fig. 4 b). 2nd gonacoxae elongated, lacking excarvation with few setae along medial margin (Fig. 4 b). 2nd gonapophyses of medium size, strongly curved (Fig. 4 b). Syntergum 9 and 10 only slightly scerotized, moderate setose, lateral parts narrow (Fig. 4 c).

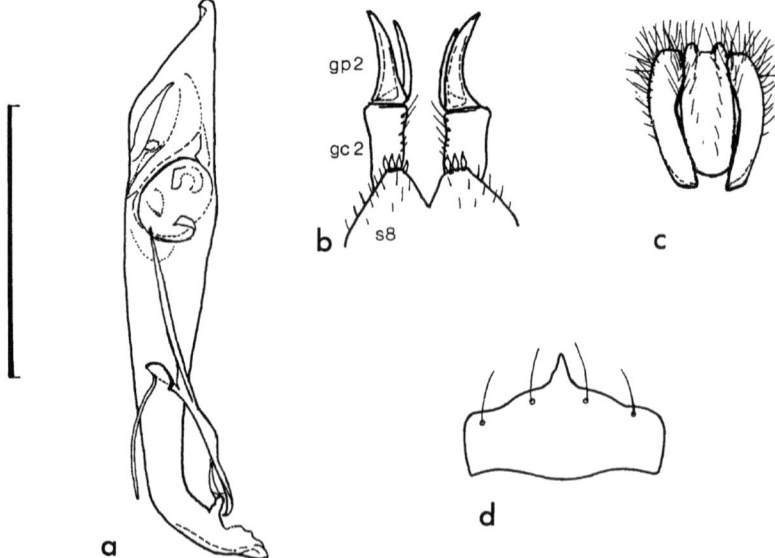

Fig. 4: Male (a), female genitalia (b, c) and labrum (d) of *Cicindela glabra* sp. n.; ventral aspect of apex of sternum 8 (s8), 2nd gonacoxa (gc2) and 2nd gonapophsis (gp2) (b) and dorsal aspect of syntergum 9 & 10 (c). Bar represents 1 mm.

Type Material:

Holotype: ♂, Philippines, Palawan, Port Barton, 7.−12.4.84, 119°08′ E, 10°23′ N, leg. J. BOGENBERGER; deposited in the Zoologische Staatssammlung München. Paratypes same data as holotype; 2 ♀♀ and 3 ♂♂ in the author's collection, 1 ♂ in coll. J. WIESNER.

Distribution: Known only from the type series from northern Palawan.

Diagnosis: *Cicindela glabra* has to be assigned according to the from of the flagellum to subgenus *Cylindera* (genus *Cylindera* sensu RIVALIER, 1961). Its most distinctive diagnostic feature is the total lack of secondary setae (white thick hairs) on the entire body. The only other known species of *Cicindela* s. l. from South East Asia lacking body pubescence except for primary setae is *Cicindela rothschildi* W. HORN *(Cylindera* subgenus *Cylinderina,* sensu RIVALIER, 1961) from Luzon. This single feature mislead W. HORN (1915) to place *C. rothschildi* into the genus *Odontochila. C. glabra* can be distinguished from *C. rothschildi* as well as other species of *Cylinderina* by its testaceous color of labrum and legs, elongated labrum, different type of maculation and more convex pronotum. *C. glabra* mostly resembles *C. elegantissima* W. HORN except for the lack of body pubescence, elongated form of labrum and smaller size. *C. glabra* shows also a close affinity to *C. ibana* BOGENBERGER and also to some species of *Cylindera* subgenus *Leptinomera* sensu RIVALIER (1961) especially to *C. perparva* CASSOLA and *C. hammondi* CASSOLA but is additionally distinguished from them by shorter palpi and a more rounded pronotum.

Remarks

Both new species from northern Palawan were found in the same habitat. *Cicindela glabra* sp. n. was sitting on mossy stones or tree litter in a tiny streamlet in the forest. *Therates palawanensis* sp. n. was found in close proximity flying in the vegetation. The habitat of these new species resembles the ones of related species. *Therates palawanensis* is closely related to species from Borneo and *Cicindela glabra* sp. n. has also closer phyllogenetic affinities to species from Sumatra and Borneo than to ones from Luzon or other Philippine Islands. This confirms the close faunistic relationship of Borneo and Palawan.

Acknowledgement

I thank J. WIESNER for valuable discussion and making his paper on *Therates* available prior publication.

Zusammenfassung

Zwei neue Arten von Cicindelidae werden aus Nord Palawan beschrieben. *Therates palawanensis* sp. n. ist eng verwandt zu *T. bryanti* W. HORN und *T. erinnys* BATES. *Cicindela (Cylindera) glabra* sp. n. zeichnet sich durch das Fehlen der sekundären Behaarung aus.

Literature

BOGENBERGER, J. 1984: *Cicindela ibana,* a new species from Sarawak, Borneo (Coleoptera: Cicindelidae). − Coleopts Bull. **38,** 301−304.

CASSOLA, F. 1983: Studi sui Cicindelidi. XXXII. Le *Cylindera* del subgen. *Leptinomera* RIVALIER (Coleoptera Cicindelidae). − Redia **66,** 9−35.

FREITAG, R. 1974: Selection for a non-genitalic mating structure in female tiger beetles of the genus *Cicindela* (Coleoptera: Cicindelidae). − Can. Ent. **106,** 561−568.

HORN, W. 1915: Coleoptera. Adephaga Fam. Carabidae Subfam. Cicindelinae. – Genera Insectorum dirges par P. WYTSMAN. Brussels. Fasc. 82 C, 209–486.

RIVALIER, E. 1961: Démembrement du genre *Cicindela* L. IV. Faune Indomalaise. – Rev. Franc. d'Ent. **28**, 121–149.

WIESNER, J. 1988: Die Gattung *Therates* LATR. und ihre Arten. 15. Beitrag zur Kenntnis der Cicindelidae (Coleoptera). – Mitt. Münch. Ent. Ges. **78**, 5–107.

Address of author:
Dr. Jakob BOGENBERGER
Universität Ulm
Allgemeine Botanik
Oberer Eselsberg
D-7900 Ulm

114

| Mitt. Münch. Ent. Ges. | 78 | 115−123 | München, 1. 12. 1988 | ISSN 0340−4943 |

Three new Leleupidiini from Sarawak

(Coleoptera, Carabidae, Zuphiinae)

By Martin BAEHR

Abstract

Three new species of the Zuphiine genus *Colasidia* BASILEWSKY: *C. angusticollis* sp. n., *C. taylori* sp. n., and *C. brevicornis* sp. n. are described, all from rain forest litter near Kuching, Sarawak. These are the first representatives of the tribe from the Indonesian Archipelago.

Introduction

While checking the unidentified Carabid material of the Australian National insect Collection, Canberra, I discovered three specimens of Leleupidiini, all from the same locality in Sarawak, North Borneo, which apparently represent three new species.

Leleupidiini, firstly described by BASILEWSKY (1951) from Africa, are hitherto very rare in the Indo-Australian region. The first species to be detected there was *Gunvorita elegans* LANDIN, 1955 from Nepal, later on five other species were described from Asia: *Gunvorita indica* DARLINGTON, 1968 and *Gunvorita martensi* Casale, 1985, both from Nepal, *Colasidia malayica* BASILEWSKY, 1954, from Singapore, *Paraleleupidia besucheti* MATEU, 1981 and *Paraleleupidia loebli* MATEU, 1981, both from southern India. From the Australian region DARLINGTON (1971) described two species from New Guinea *(Colasidia papua* and *Colasidia madang),* and BAEHR (1987) one species from northern Australia *(Colasidia monteithi).*

Due to more scrutinized collecting methods it is to be exspected that in future the number of species as well as their accurate range will be much better known. Indeed, the one species from Australia (BAEHR 1987), as well as the three species to be described herein have been collected by Berlese extraction from rain forest litter, a habitat, in which certainly several other new species may be exspected.

Measurements

Measurements were made under a stereomicroscope using an ocular micrometer. Length has been measured from tip of labrum to apex of elytra, length of head to anterior border of "neck".

Characters

Best characters for separating the species is form of ♂ aedeagus, especially of its apex, as well as shape of pronotum and of head and its appendages. In other respects, the species are rather similar.

Genus *Colasidia* Basilewsky

Basilewsky 1954, p. 215, fig. 1
Darlington 1971, p. 332, figs 82, 83
Mateu 1981, p. 722, fig. 6
Baehr 1987, p. 136, fig. 1

Type species: *Colasidia malayica* Basilewsky, 1954

On behalf of several character states (e. g. short, moniliform antennae, long mental tooth, coarse puncturation of surface) all three species belong apparently to the Indo-australian genus *Colasidia* Basilewsky. It should be noted, however, that the whole tribe Leleupidiini should be revised on the generic level, because the generic concept is rather weak. In future some genera are likely to be included in others as merely subgenera.

Key to species of genus *Colasidia* Basilewsky

For the benefit of the reader all known species of *Colasidia* are included in the following key, also those from New Guinea and Australia. Apart from C. *malayica* Basilewsky which I know from description only, I have seen the types of all other species.

1. Head parallel or even wider across eyes than across orbits. Posterior part of head strongly
   rounded 2
— Head decidedly wider at posterior border or orbits than across eyes. Posterior part of head
   less rounded, more square 3
2. Pronotum wider, c. 0.9 × as wide as long, prebasal sinuosity shorter. 1 antennal segment
   short, not much longer than 3rd, 3rd segment only slightly longer than 4th. Eyes sligthly
   smaller. New Guinea .... C. *papua* Darlington
— Pronotum narrow, c. 0.8 × as wide as long, prebasal sinuosity elongate. Antennae longer,
   1st segment c. 1.5 × as long as 3rd, 3rd segmet perceptibly longer than 4th. Eyes slightly
   longer. Sarawak .... C. *angusticollis* sp. n.
3. Eyes very small, at most ¼ of length of orbits 4
— Eyes larger, c. half of length of orbits 6
4. Head decidedly trapazoidal, as wide as pronotum. Posterior angles only feebly rounded off.
   Elytral puncturation rather weak. Singapore .... C. *malayica* Basilewsky
— Head less trapezoidal, narrower than pronotum. Posterior angles somewhat rounded off.
   Elytral puncturation coarse 5
5. Elytra short and wide, c. 2 × as wide as pronotum. Pronotum short, c. as wide as long (0.95 ×).
   Ratio length/width of head less than 1.75. New Guinea .... C. *madang* Darlington
— Elytra elongate, narrow, 1.75 × as wide as pronotum. Pronotum decidedly narrower than
   long (0.85 ×). Head elongate, ratio length/width over 2. Northern Queensland, Australia.
   .... C. *monteithi* Baehr
6. Larger and wider species (c. 4.8 mm long). Pronotum wide, (ratio width/length c. 1). Head
   wide and short, feebly widened to posterior border (ratio length/width c. 1.4). Antennae longer, 3rd segment decidedly longer than 4th. ♂ aedeagus hooked at apex. Sarawak ....
   .... C. *taylori* sp. n.
— Smaller and narrower species (c. 4 mm long). Pronotum narrower (ratio width/length c. 0.9).
   Head longer, narrower, remarkably widened to posterior border (ratio length/width more
   than 1.5). Antennae short, 3rd segment barely longer than 4th. ♂ aedeagus upturned at apex.
   Sarawak .... C. *brevicornis* sp. n.

Colasidia angusticollis sp. n.
(Figs 1, 4, 7, 10)

Holotype: ♂, Sarawak, Semengoh For. Reserve, 11 mi. SW. Kuching, 28.–31.V.1968. Leafmould berleseate RWT – 68.196, rainforest (ANIC, Canberra).

Diagnosis

Narrow, dark species with large eyes, parallel, posteriorly rounded head, and narrow, elongately sinuate prothorax with slightly projecting anterior angles.

Description

Measurements: Length: 4.1 mm; width of elytra: 1.4 mm; ratio length/width of head: 1.61; ratio width/length of pronotum: 0.8; ratio widest part/base of pronotum: 1.61; ratio width of head/width of pronotum: 0.84; ratio length/width of elytra: 1.52.

Colour: Dorsal surface dark piceous, head yet slightly darker. Labrum, antennae, mouthparts, and legs testaceous, 1st–3rd antennal segments slightly infuscate. Ventral surface of head and prothorax piceous, of abdomen reddish-piceous, posterior border of last abdominal segment and epipleurae yellowish.

Head: Eyes large, almost half as long as orbits. Orbits almost parallel, thus head not widened behind eyes. Posterior border of head widely rounded and rather oblique. Labrum anteriorly slightly excised, mandibles short. Last segment of maxillary palpus narrow, elongate, last segment of labial palpus large, elongate, rather bean-shaped with convex borders. Tooth of mentum triangular, acute, slightly shorter than lateral lobes. Labium truncate. Paraglossae slightly surpassing labium. Antennae rather elongate, almost surpassing middle of pronotum. 1st segment elongate, almost as long as 2nd and 3rd segments together. 3rd segment decidedly longer than 2nd and even 4th segments, terminal segments moniliform. Surface coarsely punctate and hirsute, nitid.

Prothorax: Evidently wider than head, narrow, elongate. Apex slightly excised, anterior angles rounded, but slightly projecting. Lateral borders moderately convex, with shallow, though elongate sinuation in front of posterior angles which are tiny, though strongly projecting denticles. Basal lobe short. Anterior lateral seta at 1st quarter, at widest part of pronotum. Dorsal surface convex with rather shallow prebasal sulcus. Median line inconspicuous. Surface coarsely and fairly densely punctate, hirsute, nitid. Epipleurae smooth, except for some punctures near anterior border.

Elytrae: Fairly wide, much wider than prothorax, rather parallel. Shoulders rounded, though slightly produced, reaching to about posterior angles of pronotum. Sides not much convex, apex rather straight. Surface coarsely punctate in position of striae and strongly hirsute, highly nitid.

Abdomen: Punctate and with rather short, irregular pilosity. Last abdominal segment of ♂ bisetose.

Legs: ♂ anterior tarsus not expanded nor clothed on lower surface.

♂ genitalia: Aedeagus elongate, lower surface straight, apex barely upturned. Internal sac strongly folded and partly sclerotized. For parameres see fig. 10.

♀: Unknown.

Distribution: Sarawak. Known only from type locality.

Habits: Collected in Berlese sample from leaf mould in rainforest.

Colasidia taylori sp. n.
(Figs 2, 5, 8, 11)

Holotype: ♂, Sarawak, Semengoh For. Reserve, 11 mi. SW. Kuching, 28.–31.V.1968, leafmould berleseate, RWT – 68.198, rainforest (ANIC, Canberra).

Diagnosis

Rather large, wide species with large eyes, wide, heart-shaped pronotum, short, posteriorly slightly widened head, and apically hooked aedeagus.

Description

Measurements: Length: 4.8 mm; width of elytra: 1.7 mm; ratio length/width of head: 1.42; ratio width/length of pronotum: 1; ratio widest part/base of pronotum: 1.58; ratio width of head/width of pronotum: 0.76; ratio length/width of elytra: 1.49.

Colour: Dark piceous, head and pronotum almost black. Labrum, mouthparts, legs, and antennae yellowish, 1st–3rd segments of antenna slightly infuscate. Lower surface piceous, abdomen slightly lighter than forebody, posterior border of last abdominal segment yellow, epipleurae dark reddish.

Head: Eyes large, c. half as long as orbits. Head short and wide, slightly enlarged behind eyes. Posterior angles rounded, though posterior border almost rectangular. Labrum anteriorly slightly excised. Mandibles short. Maxillary palpus narrow, elongate, last segment elongate. Terminal segment of labial palpus large, rather rectangular. Tooth of mentum quadrate, apex excised, slightly shorter than lateral lobes. Labium apically rather truncate, paraglossae slightly surpassing labium. Antennae fairly elongate, surpassing middle of prothorax. 1st segment slightly shorter than 2nd and 3rd segments together. 3rd segment elongate, c. 1.5× as long as 2nd or 4th segments. Terminal segments moniliform. Surface of head coarsely, but rather sparsely punctate, hirsute, nitid.

Prothorax: Wide, short, strongly heart-shaped, considerably wider than head. Apex slightly excised, anterior angles widely rounded off, not projecting. Lateral borders anteriorly strongly convex, rather deeply sinuate in front of the almost rectangular, not much projecting posterior angles. Base wide, distance from posterior angles to basal lobe wide, oblique. Basal lobe very short. Anterior lateral seta at 1st quarter, shortly in front of widest part of pronotum. Dorsal surface moderately depressed, median line distinct, prebasal sulcus distinct. Surface very coarsely punctate, hirsute, nitid. Epipleurae smooth, except for some punctures near anterior border.

Elytrae: Rather short and wide. Shoulders widely rounded, not projecting. Lateral borders not much convex, fairly parallel. Apex slightly oblique. Surface convex, nitid, coarsely punctate and hirsute at position of striae.

Abdomen: Ventral surface punctate with short, hirsute pilosity. Last abdominal sternite of ♂ bisetose.

Legs: ♂ anterior tarsus not enlarged nor clothed on ventral surface.

♂ genitalia: Aedeagus on upper and lower surface sinuate. Apex hooked. Internal sac folded, with areas of sclerotized teeth and a strong tooth in upper part of orificium. Parameres see fig. 11.

♀: Unknown.

Distribution: Sarawak. Known only from type locality.

Habits: Collected by Berlese sampling from leaf mould in rainforest.

Colasidia brevicornis sp. n.
(Figs 3, 6, 9, 12)

Holotype: ♂, Sarawak, Semengoh For. Reserve, 11 mi. SW. Kuching, 2.–3. VII. 1968, rainforest berleseate, R. W. TAYLOR acc. 68.781 (ANIC, Canberra).

Diagnosis

Rather small, convex species with large eyes, posteriorly considerably widened head, short antennae, and apically upturned aedeagus.

Description

Measurements: Length: 3.95 mm; width of elytra: 1.3 mm; rathio length/width of head: 1.51; ratio width/length of pronotum: 0.88; ratio widest part/base of pronotum; ratio width of head/width of pronotum: 0.84; ratio length/width of elytra: 1.52.

Colour: Reddish to light brown. Labrum, mouthparts, legs, and antennae testaceous. Ventral surface reddish, abdomen basally slightly lighter. Apical border of last abdominal sternite yellow. Epipleurae light reddish.

Head: Eyes large, c. half as long as orbits. Head fairly wide, considerably enlarged behind eyes. Posterior angles rounded, though posterior border almost rectangular, transverse. Labrum anteriorly slightly excised, mandibles short. Maxillary palpus narrow, elongate, though terminal segment shorter than in other species. Terminal segment of labial palpus large, rectangular. Tooth of mentum slightly triangular, though apex rather blunt. Labium apically truncate, paraglossae slightly surpassing labium. Antennae short, moniliform, attaining 1st third of prothorax. Basal segment comparatively short, considerably shorter than 2nd and 3rd segments together. 3rd segment short, not much longer than 4th segment. Surface very coarsely, but sparsely punctate, hirsute, nitid.

Pronotum: Moderately wide, slightly heart-shaped, wider than long and considerably wider than head. Surface rather convex. Anterior angles obliquely rounded, not at all projecting, apex barely excised. Lateral borders anteriorly fairly convex, deeply sinuate in front of posterior angles which are small, projecting denticles. Basal lobe short, wide, lateral parts of base adjacent to posterior angles very short. Anterior lateral seta at 1st quarter, just in front of widest part of pronotum. Median line superficial, prebasal sulcus distinct. Lateral channel narrow and shallow. Surface coarsely punctate, hirsute, nitid. Epipleurae smooth, except for some punctures near anterior border.

Elytrae: Rather wide, dorsally convex, laterally evenly rounded. Shoulders rounded, not projecting. Apex transverse. Surface coarsely punctate and hirsute on position of striae, nitid.

Abdomen: Lower surface punctate and with short, hirsute pilosity. Last abdominal segment of ♂ bisetose.

Legs: ♂ anterior tarsus not enlarged nor clothed on lower surface.

♂ genitalia: Aedeagus with lower surface convex, apex elongate and strongly upturned. Internal sac strongly folded and partly sclerotized. Parameres see fig. 12.

♀: Unknown.

Distribution: Sarawak. Known only from type locality.

Habits: Collected by Berlese sampling in rainforest.

Relationships

As the ♂ genitalia of all other described *Colasidia* species are so far unknown, few can be said on the relationships of the three new species. With respect to ♂ genitalia, C. *taylori* exhibits perhaps the most apomorphic character state, whereas C. *angusticollis* seems most generalized. Generally, all three species are perhaps less evolved than at least the Australian C. *monteithi*, which confirms what I supposed on the relationships in my earlier paper (BAEHR 1987). At a general level, any considerations on relationships and biogeographic history of the Leleupidiini in the Indo-australian region must await better knowledge of the actual number of species and their real distribution, which can be achieved by use of such specialized methods like sieving und Berlese extraction of rainforest litter in far more areas.

Acknowledgements

I am greatly indebted to Mr. Tom Weir (ANIC, Canberra) for the kind permission to examine the specimens.

Literature

BAEHR, M. 1987: Revision of the Australian Zuphiinae 2. *Colasidia monteithi* sp. nov. from North Queensland, first record of the tribe Leleupidiini in Australia (Insecta: Coleoptera: Carabidae). – Mem. Qld. Mus. **25**, 135–140.

BASILEWSKY, P. 1951: *Leleupidia luvubuana,* nov. gen. et nov. sp. (Col. Carabidae). – Rev. Zool. Bot. Afr. **44**, 175–179.

– – 1954: Un genre nouveau de Leleupidiini de la presqu'ile de Malacca (Col. Carabidae, Zuphiinae). – Rev. fr. Ent. **21**, 213–216.

CASALE, A. 1985: Una nuova *Gunvorita* LANDIN, 1955 del Nepal (Insecta: Coleoptera: Carabidae). – Senck. biol. **66**, 41–45.

DARLINGTON, P. J. Jr. 1968: A new Leleupidiine Carabid beetle from India. – Psyche, Cambridge **75**, 208–210.

– – 1971: The Carabid Beetles of New Guinea. Part IV. General considerations, analysis and history of the fauna, taxonomic supplement. – Bull. Mus. Comp. Zool. **142**, 129–337.

LANDIN, B.-O. 1955: Entomological results from the Swedish expedition 1934 to Burma and British India. Coleoptera: Carabidae. – Ark. Zool. **8**, 399–472.

MATEU, J. 1981: A propos des Leleupidiini Basilewsky en Asie (Col. Carabidae). – Rev. suisse Zool. **88**, 715–722.

Address of author:
Dr. Martin BAEHR
Zoologische Staatssammlung
Münchhausenstr. 21
D-8000 München 60

Fig. 1:   *Colasidia angusticollis* sp. n., ♂ holotype. Scale: 1 mm.
Fig. 2:   *Colasidia taylori* sp. n., ♂ holotype. Scale: 1 mm.
Fig. 3:   *Colasidia brevicornis* sp. n., ♂ holotype. Scale: 1 mm.

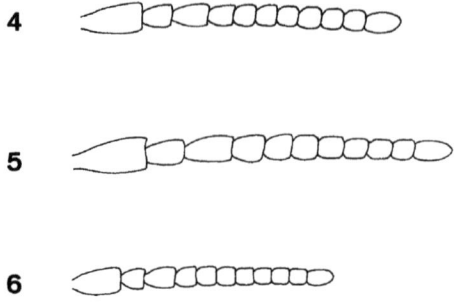

Figs 4–6: Antennae. 4: *Colasidia angusticollis* sp. n.; 5: *C. taylori* sp. n.; 6: *C. brevicornis* sp. n. Scale: 1 mm.

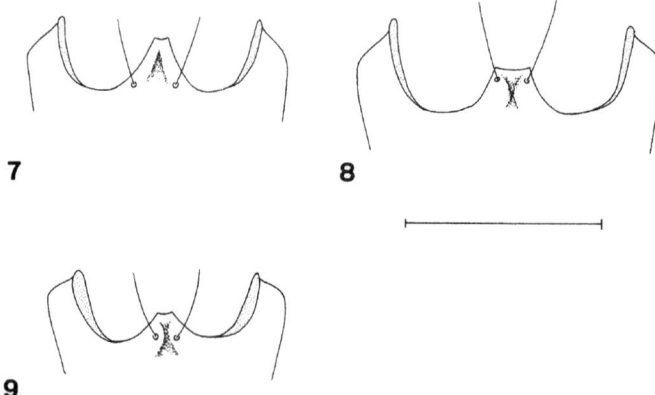

Figs 7–9: Mentum. 7: *Colasidia angusticollis* sp. n.; 8: *C. taylori* sp. n.; 9: *C. brevicornis* sp. n. Scale: 0.25 mm.

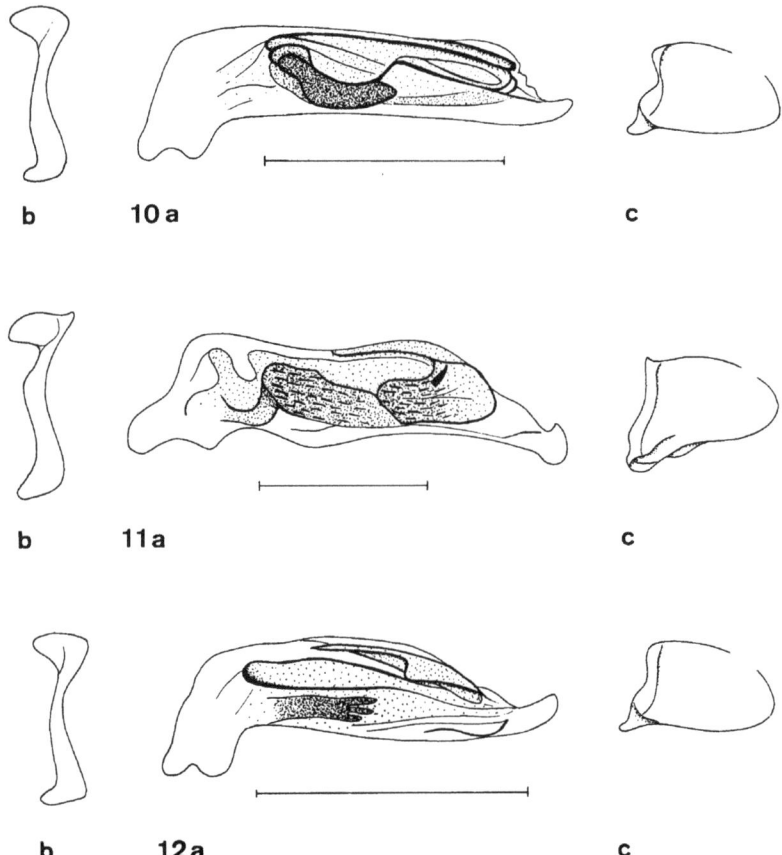

Figs 10–12: ♂ genitalia. a. aedeagus; b. right paramere; c. left paramere. 10: *Colasidia angusticollis* sp. n.; 11: *C. taylori* sp. n.; 12: *C. brevicornis* sp. n. Scale 0.5 mm.

Buchbesprechungen

BUFF, W., von der DUNK, K.: Giftpflanzen in Natur und Garten — Verlag Paul Parey, Berlin-Hamburg, 1988. 352 S.

Dieses Taschenbuch erschöpft sich nicht nur in der Darstellung und Beschreibung von Giftpflanzen, sondern bietet darüber hinaus eine Fülle an Informationen über Biologie, Verbreitung, Anwendung in der Heilkunde, Wirkung der Giftstoffe, Symptome und Therapie. Erfreulich ist, daß auch viele eingeführte Pflanzen sowie Pilze und Flechten behandelt werden. Besonders übersichtlich sind die Tabellen im Anhang, die ein alphabetisches Giftpflanzen-Verzeichnis nach deutschen Namen, Früchte giftiger und giftverdächtiger Pflanzen, Pflanzen die eine Dermatitis verursachen können, Verwechslungsmöglichkeiten Giftpilze — eßbare Pilze sowie Giftstoffe, Symptome und Gegenmaßnahmen enthalten. Außerdem werden Erste-Hilfe-Maßnahmen und die Adressen von Informationszentren bei Vergiftungen aufgeführt.

Die ausgesprochen informativen Texte sind reichlich mit sehr guten Farbfotos illustriert und dürften so einen großen Interessentenkreis (Gartenliebhaber, Forstleute, Jäger, Biologen, Toxikologen, Pharmazeuten, Mediziner, Naturliebhaber) ansprechen. R. Gerstmeier

WEBER, H.: Grundriß der Insektenkunde. — Gustav Fischer Verlag, Stuttgart-New York, 5. Auflage, 1974. 640 S.

Der von Prof. WEIDNER bearbeitete „Grundriß der Insektenkunde" liegt nun als preisgünstige Studienausgabe vor und bietet dem Studenten der Zoologie die Möglichkeit, sich ausführlich über diese Tierklasse — die meist in den Lehrbüchern der Zoologie zu kurz kommt — zu informieren. Das Buch gliedert sich in drei Teile: „Bau, Leistung und Entwicklung des Insektenkörpers", wobei auf 282 Seiten grundlegende und moderne (Elektronenmikroskopie) Erkenntnisse über Bau und Feinbau von Organen vermittelt werden; der zweite Teil „Systematische Stellung und Gliederung der Klasse Insecta" gibt eine Übersicht der wichtigsten Abwandlungen des Grundplanes der Insektenorganisation in systematischer Reihenfolge und der dritte Teil „Das Insekt als Glied des Naturganzen (Ökologie)" vermittelt einen Einblick in Anpassungen an die Umwelt, Lebensformtypen, Beziehungen zwischen Insekt bzw. Insektenpopulationen und Umwelt (Autökologie/Demökologie), zwischen den Gliedern einer Lebensgemeinschaft und die von außen darauf wirkenden Einflüsse (Synökologie) sowie in die Beziehung zwischen Insekt und Mensch (angewandte Entomologie).

Aber auch in einer überarbeiteten 5. Auflage sorgen einige Unklarheiten für Verwirrungen. So wird auf S. 359 bei „Anholozyklie" auf S. 276 verwiesen, wo man vergeblich nach einer Auskunft forscht, denn dort findet sich lediglich der Verweis auf S. 359. Ähnliches gilt für den Entwicklunszyklus der Reblaus auf S. 360; es wird auf die Erklärung im Text S. 259 verwiesen — dort steht aber nichts (Druckfehler? — auch S. 359 läßt eine anschauliche Erklärung vermissen).

Trotzdem ist diese Studienausgabe ein unentbehrliches Nachschlagewerk für jeden entomologisch Interessierten, verlangt aber aufgrund des hohen Niveaus vom interessierten Laien vollste Konzentration. R. Gerstmeier

BEZZEL, E.: Vögel. BLV Bestimmungsbuch. — BLV Verlagsgesellschaft, München-Wien-Zürich, 1988. 239 S.

Bemerkenswert an diesem Vogelführer sind die Abbildungen von Nestern und Eiern sowie Jungvögeln. Die Farbfotos sind fast ohne Ausnahme gut und ermöglichen ein problemloses Erkennen der einzelnen Arten. Ob das „Schnellbestimmungssystem" anhand der Größe (z. B. Arten größer Spatz bis Amsel oder Arten größer Taube bis Haushuhn) wirklich so praktisch ist, möchte ich hier doch bezweifeln: Will man den Unterschied von Rohrweihe und Wespenbussard herausfinden, muß man von der Kategorie „Größer Taube bis Haushuhn" 18 Seiten zur Kategorie „Größer Haushuhn bis Schwan" blättern — da hätte ich doch lieber alle Greifvögel nacheinander! Das gleiche gilt für die Möwen, Enten usw. Unabhängig von dieser Kritik, kann dieses robuste Taschenbuch jedem Hobbyornithologen und Naturliebhaber empfohlen werden. R. Gerstmeier

| Mitt. Münch. Ent. Ges. | 78 | 125–126 | München, 1. 12. 1988 | ISSN 0340–4943 |

A new species of the genus *Abacetus* DEJ.

(Coleoptera, Carabidae)

By Stefano L. STRANEO

Among some indeterminate Pterostichini sent for determination by Dr. M. BAEHR of the Zoologische Staatssammlung München, I found a new interesting species of the genus *Abacetus,* here described.

Abacetus semibrunneus sp. n.

Type material: Kamerun Buea (4 and 10-2-1980, leg. SCHLEGEL) 6 specimens (4 ♂ and 2 ♀) of which 1 ♂ holotype (Staatl. Museum f. Naturkunde, Stuttgart), 1 ♀ allotype (coll. STRANEO), and 4 Paratypes (Zool. Staatssammlung München, coll. STRANEO and Coll. BAEHR).

Length 4,6 mm; width 1,7 mm. Head and pronotum black, moderately shiny; elytra and lateral border of pronotum brown, little shiny; mouth parts, antennae, legs and hind trochanters flavo-ferrugineous. Head moderate, smooth; eyes rather wide, convex; frontal impressions deep, very narrow, short, strongly divergent towards anterior supraorbital setigerous pore. Pronotum subrectangular, moderately convex; anterior margin truncate, anterior angles obtuse, rounded, not protruding; sides anteriorly arcuate (maximum width shorthy before middle length), nearly straight towards basal angles, which are moderately convex, with vertex not blunt. Lateral border moderately wide, evidently crenulate, with two normal setae. Base not bordered on sides, with a rather elongate sulcus on each side, slightly divergent towards base. Median line narrow, deeply impressed; space between basal sulci and hind angles moderately convex, exceptionnally with a faint narrow elongate impression.

Elytra ovate, convex chiefly towards apex; length 2,5 mm; width 1,7 mm, fully striate. Sides gently arcuate, diverging towards 2/3 length, where is the maximum width; thence obtusely rounded; preapical sinuosity null. Striae deep, impunctate; interstices convex, 3 d one without the normal puncture. Umbilicate series widened, but not interrupted in middle.

Under surface wholly impunctate; prosternum with a deep longitudinal elongate impression; metepisterna very short; angle of metasternum with a wide depression. Anal segment on each side with one seta in the ♂ and two in the ♀.

Legs little elongate, apical segment of all tarsi without setae on ventral surface.

Microsculpture of pronotum and elytra isodiametric, very thick. Aedeagus, very little chitinized (fig. 2). This new *Abacetus* belongs to the subgenus *Caricus* MOTSCH., *nanus*-group; the nearest species seems to be *A. nanus* CHAUD. and *A. subglobosus* CHAUD. From *A. nanus*, *A. semibrunneus* sp. n. differs by the colour, the shape of pronotum (which is less narrowed towards base); from *A. subglobosus* by the colour and the less stout shape; from both species by the lack of the normal puncture on the 3d interstice and the crenulation of the lateral border of pronotum and elytra, characters absolutely exceptional in the genus *Abacetus*. The apical blade of aedeagus is very different.

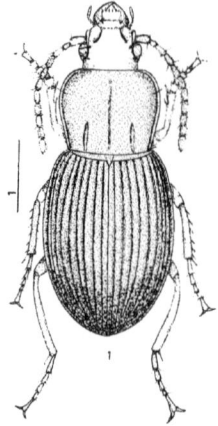

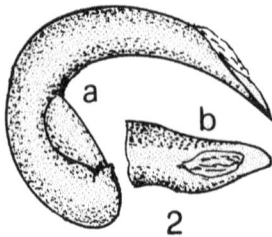

Fig. 1: *Abacetus semibrunneus* sp. n.
Fig. 2: *Abacetus semibrunneus* sp. n. – Aedeagus: a – lateral view; b – apical part, dorsal view.

Acknowledgements

I am very grateful to Dr. M. BAEHR for the loan of the specimens on which my description is based and for the duplicates kindly presented to my collection.

Zusammenfassung

Die neue Art *Abacetus (Caricus) semibrunneus* sp. n., ist nahe verwandte mit *A. nanus* CHAUD., unterscheidet sich von dieser durch verschiedene Färbung. Der Halsschild ist an der Basis weniger schmal, die dritten Zwischenräume sind ohne Punkte und die Aedeagi sind verschieden. *Abacetus subglobosus* CHAUD., eine andere nahe verwandte Art ist dicker und kürzer.

Address of author:
Stefano L. STRANEO
Viale Romagna 10
I-20133 Milano

| Mitt. Münch. Ent. Ges. | 78 | 127–154 | München, 1. 12. 1988 | ISSN 0340–4943 |

A revision of the genus *Dasytiscus* KIESENWETTER, 1859

(Coleoptera, Melyridae, Dasytinae)

By Karel MAJER

Abstract

The genus *Dasytiscus* KIESW. is revised, 18 species are placed in the genus, from which 9 are described as new: *Dasytiscus klapperichi* sp. n. (Afghanistan), *D. minotaurus* sp. n. (Crete), *D. hladili* sp. n. (Turkey), *D. schereri* (Israel, Jordan), *D. fallax* sp. n. (Israel, Jordan, Syria), *D. simulator* sp. n. (Israel), *D. hissarus* (Tadjikistan, USSR), *D. pallens* (Iran), and *D. jordanicus* sp. n. (Jordan). The species *Dasytes minimus* J. SAHLBERG, 1903 is placed in *Dasytiscus* for the first time.

Cardinal specific characters are illustrated and the species are keyed. Male as well as female copulatory organs are the main distinguishing criateria.

Introduction

The paper follows up my generic revision of the tribe Chaetomalachiini (MAJER, in press b), where a. o. the genus *Dasytiscus* KIESW. is re-defined in a strict conception. This is why the genus is neither defined nor keyed among similar genera in the present work. The dissecting technique used here for the female copulatory organs is the same as in my paper dealing with *Dasytidius*-species from the Balkans and Turkey (MAJER, in press c).

Abbreviations

BMNH = British Museum, Nat. Hist., London, U. K.
IPE = Institut für Pflanzenschutzforschung, Eberswalde, GDR
IZW = Instytut Zoologiczny PAN, Warszawa, Poland
KMB = Author's private collection, Brno, Czechoslovakia
MCM = Museo Civico di Storia Naturale, Milano, Italy
MHNP = Muséum National d'Histoire Naturelle, Paris, France
MLU = Museum of Zoology and Entomology, Lund University, Sweden
MUH = Museum of the University, Helsinki, Finnland
NHMB = Naturhistorisches Museum Basel, Switzerland
NMP = Národní Muzeum, Praha, Czechoslovakia
RC = Private collection of Dr Robert Constantin, Saint-Lô, France
ZMB = Zoologisches Museum, Humboldt Universität, Berlin, CDR
TMB = Térmészettudományi Múzeum, Budapest, Hungary
ZSM = Zoologische Staatssammlung, München, FRG

Key to species

1 Pronotum of a characteristic shape (see Fig. 20), sides arcuate with distinctive marginal denticles and with long (mostly dark) bristles. Both winged and wingless specimes occur within the species .... 17. *D. hebraicus* Bourg.
 – Pronotum of another shape. Winged or apterous species 2
2 Apterous species. Pubescence single, extremely fine, quite decumbent. Body resembling that of the genus *Amauronia* Westw. (= *Aphyctus* Duv.) (Figs 21,22) .... 18. *D. jordanicus* sp. n.
 – Winged species. Body of another shape 3
3 Tips of elytra truncate on inner side, chiefly in males (Figs 12, 14) .... 12. *D. praecox* (Küster)
 – Tips of elytra more or less rounded respectively 4
4 Pronotum with long dark bristles on upper surface (Figs 1–9, 11) 5
 – Pronotum only with marginal (mostly pale) setae (Figs 10, 15–19) 14
5 Pronotum more slender than elytra (Fig. 1), extremities long, body resembles that of the genus *(Dasytes* F. Femora infuscate, tibiae and tarsi testaceous. Afghanistan ....
.... 1. *D. klapperichi* sp. n.
 – Pronotum scarsely more slender than elytra, extremities shorter, body more or less cylindrical 6
6 Submarginal pronotal lines more or less distinct 7
 – Submarginal pronotal lines at most indicated only 10
7 Submarginal lines clearly developed (Fig. 3) .... 3. *D. impressicollis* Reitt.
 – Submarginal lines less developed (Figs 4,5,9) 8
8 Small flavous species with expressive black eyes and black bristles (Fig. 9) ....
.... 9. *D. flaveolus* Reitt.
 – Larger dark fuscous to black species.. 9
9 Pronotum more transverse, strongly convex, sides arcuate. Submarginal pronotal lines less distinct (Fig. 5) .... 5. *D. minotauros* sp. n.
 – Pronotum less transverse, less convex, sides subarcuate, submarginal lines somewhat more distinct (Fig. 4) .... 4. *D. rufitarsis* (Lucas).
10 Coloration testaceous or rufotestaceous, rufopiceous and/or bicolorous 11
 – Coloration unicolorous, dark (piceous to black) 12
11 Larger species (1.9–2.7 mm). Pronotum more transverse and very strongly arcuate at sides (Fig. 7.). Colour patterns as on Fig. 23 A–E .... 7. *D. heydeni* Reitt.
 – Smaller species (1.6–2.4 mm). Pronotum less transverse with subarcuate (Fig. 8). Colour patterns as on Fig. 24 A–E .... 8. *D. minimus* (J. Sahlb.)
12 Sides of pronotum subarcuate, black bristles short (Fig. 11). Submarginal lines almost indicated. Turkey .... 11. *D. hladili* sp. n.
 – Sides of pronotum more arcuate, black bristles longer 13
13 Pronotum strongly transverse. Elytral pubescence with numerous shorter bristles (Fig. 2) .... 2. *D. affinis* Morawitz
 – Pronotum less transverse. Elytral pubescence with relatively sparse, longer bristles (Fig. 6). Tadjikistan .... 6. *D. hissarus* sp. n.
14 Marginal bristles dark and long. Small flavous species with expressively transverse pronotum (Fig. 10). Iran. .... 10. *D. pallens* sp. n.
 – Marginal bristles pale 15
15 Upper body surface and/or legs bicolours. Pubescence at most indistinctly dual, i. e. somewhat more erect hairs on elytra may be distingushed. Reliable characters are to be found in phallus only: apex abruptly dilated, spinules in internal sac with no circular bases (Figs 89–98) .... 14 *D. abeillei* Bourg.
 – Body seldom bicolorous (i. e. head partly darkened), legs as coloured as body, mostly testaceous. Phallus different 16

1. *Dasytiscus klapperichi* sp. n.
(Figs 1, 33, 55, 56, 111)

This elongate species with long extremities does not resemble any representative of *Dasytiscus* but rather a *Dasytes*-species.

Coloration rufopiceous to piceous; antennal joints 2−3(−6) testaceous, 7−11 gradually infuscate to piceous; legs with infuscate femora, tibiae and tarsi testaceous; head and anterior pronotal quarter often darker than other upper surface. Integument polished, finely and sparsely punctate, body vesti-ture dual and bicolorous. Antenna long, joints 6 and 8 scarcely different from neighbouring; head with prominent eyes, punctures sparse, irregular, almost rimmed, intervals lustrous; whitish pubescence decumbent, several unexpressive darker bristles occur at eye inner margin. Pronotum scarcely trans-verse, base and sides subarcuate, apex straight, disc with very fine and sparse puncturation, intervals almost twice to three-times wider than punctures, strongly polished without microsculpture; submar-ginal lines sinuate and very fine; lateral areas finely rugose; side margins irregularly but distinctly den-ticulate; pale decumbent pubescence arranged towards median longitudinal line and towards a point near base; black erect bristles numerous. Elytra elongate, tips rounded respectively; puncturation not very coarse, punctures shallow, nearly as wide as intervals which are subconvex with network micros-culpture; fine, nearly decumbent pubescence has intermixed stouter suberect hairs of the same colour.

♂ (Fig. 1). Much more slender, antenna longer with more robust joints. Pronotum scarcely trans-verse, rather quadrate, sides subarcuate. Legs stouter. Pygidium with strongly converging sides, apex shallowly emarginate. Sternum VII briefly tapered medioapically. Tegmen (Fig. 33) strongly elon-gate, slightly constricted in middle. Slender phallus in dorsal view (Fig. 55) gradually tapering apex, tip obtuse; in side view (Fig. 56) incurved and emarginate dorsally near apex; internal sac without distinctive structure. Length = 1.83−2.04 mm; Width = 0.64−0.72 mm.

♀. Broader, more dilated posteriorly; antenna with smaller joints. Pronotum more transverse, sides more arcuate. Legs relatively shorter and more slender. Pygidium and sternum VII as in male. Vagina expressively long, its cranial portion produced unilaterally, seminal duct membranous, spermatheca very long (Fig. 111). Length = 2.08−2.26 mm; Width = 0.83−0.96 mm.

Distribution: Afghanistan (Badakshan)

Types.

Holotype, ♂ (NHMB) and 24 paratypes (14 NHMB, 10 KMB): „Faizabad, 1450 m, 2.7.53, Badakshan, Afgh., J. KLAPPERICH". − 12 paratypes (NHMB): „J. KLAPPERICH, Schiva, Hochsteppe, 2800 m, 12.7.53, NO Afghani-stan".

Derivatio nominis: the species is named to the memory of its collector, Mr J. KLAPPERICH.

2. *Dasytiscus affinis* MORAWITZ, 1861
(Figs 2, 34, 57−62, 112)

Dasytiscus affinis MORAWITZ, 1861: 318; BOURGEOIS, 1885: 255, 259; SCHILSKY, 1896: I, 61; MAJER, 1987: 744, 834 (Figs 150−152).

Dasytiscus graminicola KIESENWETTER, 1859: 180, Tab. 2, Fig. 12 (partim)
Dasytiscus rotundicollis REITTER 1885: 243 syn. n.; SCHILSKY, 1896: I, 62

Very closely related to *D. rufitarsis* (LUCAS), but *D. affinis* is mostly larger; pronotum more strongly convex, transverse and arcuate at sides; submarginal lines (if visible) never so distinct as in *D. rufitarsis.*

Coloration as in *D. rufitarsis.* Head with strongly convex eyes, pubescence as in that species, antennal joints not very different from those in *D. rufitarsis.* Pronotum distinctly transverse, strongly convex, sides and base jointly rounded, pronotum appears transversely oval; submarginal lines (if ever visible) never so distinct as in *D. rufitarsis,* lateral areas below them flatly rugose, side margins with tiny denticles being never so expressive as in *D. rufitarsis;* pubescence as in *D. rufitarsis;* pubescence as in the latter species. Elytral tips slightly rounded respectively; punctures much coarser here than on pronotum, as wide as intervals which are convex but mostly without distinct microsculpture and therefore lustrous; pubescence as in *D. rufitarsis.*

♂ (Fig. 2). Mostly smaller and more slender; pronotum less transverse. Pygidium, sterna VII, VIII, and spicular fork as in *D. rufitarsis.* Tegmen (Fig. 34) more constricted in middle. Phallus without distinctive structure of internal sac; in dorsal view (Fig. 57) with almost sinuate sides; in side view (Figs 58−62) with more robust body and less dilated apex which is rather arcuate than truncate. Length = 1.74−2.27 mm; Width = 0.69−0.87 mm.

♀. Larger, dilated posteriorly; pronotum more transverse. Pygidium, sterna VII and VIII as in *D. rufitarsis.* Vagina (Fig. 112) cranially without bristles on innerside; seminal duct short and membranous, spermatheca variable (similarly as in other species) (Figs 114−116). Length = 2.04−2.56 mm; Width = 0.87−1.04 mm.

Distribution: USSR (Azerbaidjan, Georgia, Armenia, and complete region along the Black Sea), Greece (with all islands), Albania, Yugoslavia, Bulgaria, and Romania (?).

Type locality: Sarepta [recently Krasnoarmejsk, S Ukraine]. MORAWITZ's types are unaccessible, probably lost.

Material examined about 1500 specimens.

USSR. Novorossijsk, 7.1910, J. ROUBAL leg. (NMP, KMB, MCM, ZSM). − idem, LGOCKI leg. (IPE). − Krasnoarmejsk [„Sarepta"] (BMNH, IPE, KMB, MUH, ZMB, ZSM). − Caucasus, REITTER leg. (TMB). − Tastalyan, 30.6.1979, DANILEWSKI leg., (KMB). − Astrakhan (BMNH). − Azerbaidjan, 90 km N Baku, Zarat, 500 m, 15.6.1983, V. KUBÁŇ leg. (KMB) − idem, 8.−13.6.79, V. ŠVIHLA leg. (KMB). − Georgia, Dzhvari (Tbilisi), 26.6.1978, J. HLADIL leg. (KMB). − Lisie Ozero, 7.1957, DLABOLA leg. (KMB). − Armenia, Khozrovski forest, 18.6.1979, V. ŠVIHLA leg. (KMB).

Greece. Athos, SCHATZMAYR leg. (MCM). − Elatia, 9.5.1979, J. HLADIL leg. (KMB). − Skaramanga, pr. Athen, 30.5.1939, H. LINDBERG leg. (NHMB). − Parnas, 1.7.1909, RAMBOUSEK leg. (NMP). − idem, PAGANETTI leg. (NMP). − idem, STAUDINGER leg. (ZMB). − Malakision (NMP). − Corfu [Kerkyra] (ZMB). − Thessaloniki (ZMB, BMNH). − Nauplia (BMNH). − Papingon, Epirus, Zagoria, 950 m, 30.−31.7.1981, B. MALKIN leg. (RC). − 10 km N of Kastoria, Macedonia, 5.8.1987, R. CONSTANTIN leg. (RC). − Galastisti, Khalkidi, 29.7.1986, R. CONSTANTIN leg. (RC). − Linaria, Isl. Skyros, V.1926, HOLTZ leg. (ZMB, KMB). − Lesvos (MUH).

Albania. Kula Lums, 1918, CSIKI leg. (NHMB).

Yugoslavia. Macedonia: Galichitza, 29.6.85, J. HLADIL leg. (KMB). − Veles, 15.7.1976, J. HLADIL leg. (KMB). − Okhrid, 14.7.1976, J. HLADIL leg. (KMB). − Ulcinj, 15.5.1977, J. HLADIL leg. (KMB). − Dojran, 9.6.1974, J. HLADIL leg. (KMB). − Ak-Palanka (ZMB). − Skopje (NHMB). − Frushka Gora (NHMB).

Bulgaria. Kresna env., Sandanski env., Melnik, Rila Mts., Krupnik, Vlachi Pirin, Stara Planina (Karlukovo, Vlas), Shipka, Sliven, Slnchev Brjag, Asenovgrad, Varna, Nesebar (all KMB).

Romania (?): „Transsylvania" (ZMB).

Holotype, ♀, of *Dasytiscus rotundicollis* REITTER (TMB): "Syrien" (REITTER's MS); "*Dasytiscus rotundicollis* m. 1885" / [reverse side]: "= *affinis* MORAWITZ" (greenish label, REITTER's MS).

Remarks. REITTER supposed *D. rotundicollis* synonymous to *D. affinis* although he never published his opinion. Moreover the locality are most probably confused; the specimen has more rounded and more convex pronotum than *D. affinis,* otherwise it is identical with that species.

3. *Dasytiscus impressicollis* REITTER, 1885
(Figs 3, 63—65, 113)

Dasytiscus impressicollis REITTER, 1885: 242, 245; BOURGEOIS, 1885: 255, 258; SCHILSKY, 1896: I, 64; LIBERTI, 1986: 191, Figs 22, 23; MAJER, in press c: Fig. 65.

The species strongly resembles *D. rufitarsis* but submarginal pronotal lines are very well marked, pronotal puncturation finer.

Coloration as in *D. rufitarsis* but antenna mostly strongly infuscate, often piceous; femora, tarsi, apex of tibiae also more infuscate. Integument less lustrous than in *D. rufitarsis,* body vestiture dual and bicolorous. Antenna nearly as in *D. rufitarsis,* eyes slightly prominent, pubescence of head as in the latter species. Pronotum transverse, sides subarcuate, punctures on disc composed of nearly rimmed dots; intervals at least as twice broad as punctures, flat and lustrous, submarginal pronotal lines fine but easily seen, lateral areas below them flatly scabrous, side margins with more numerous denticles; pubescence as in *D. rufitarsis.* Tips of elytra rounded respectively, puncturation coarser than in *D. rufitarsis,* intervals rather convex with microsculpture; pubescence as dense as in the latter species but longer intermixed hairs are uneasy to distinguish.

♂ (Fig. 3). Proportionally smaller, parallelsided. Terminalia as in *D. rufitarsis* but phallus in dorsal view (Fig. 63) with nearly parallelsided body and rhomboidal apex; in side view (Figs 64, 65) apex very broadly truncate and produced into a tip ventrally. Length = 1.83—2.03 mm; Width = 0.69—0.74 mm.

♀. Larger, dilated posteriorly. Pygidium and other terminalia as in *D. rufitarsis.* Vagina glabrous on innerside (Fig. 113). Length = 2.08—2.35 mm; Width = 0.83—0.86 mm.

Distribution: Greece (with all islands), Yugoslavia, Albania.

Types (TMB).

Lectotype ♂, 1 ♂ and 4 ♀ paratypes: "Morea, Hagios Wlassis, BRENSKE" (printed, white label with black margin); Lectotype bears in addition: "*D. impressicollis* m. 1885" (REITTERS MS).

Other material. Greece: Ionion, J. WEHNKE leg. (KMB). − Sporades, Skopelos, EMGE leg. (KMB). − Veluchi (NMP, KMB). − Pelop., Hagios Wlassis, BRENSKE leg. (KMB NHMB). − Kephalenia, Argostoli (IPE, KMB, MCM, MUH, NHMB). − Kephalenia, 1908, Megalo-Vunó, M. HILF leg. (NMP, KMB). − Corfu [Kerkyra], FORMÁNEK leg. (KMB, NMP). − idem, PAGANETTI leg. (KMB, IPE). −, Corfu Lagune (MCM). − Levkas env., 25.5.−3.6.1932, BEIER leg. (KMB).

Yugoslavia: Ulcinj, 15.5.1977, J. HLADIL leg. (KMB). − Okhrid env., SILBERNAGEL leg. (NMP). − Kotor, 20.6.1935, W. LIEBMANN leg. (IPE).

Alabania: Elbasan, MADER leg. (NHMB, KMB).

4. *Dasytiscus rufitarsis* (LUCAS, 1853)
(Figs 4, 26—30, 35—37, 67—69, 110, 117)

Dasytes rufitarsis LUCAS, 1853: 571
Dasytiscus rufitarsis: DUVAL, 1859: 56; BOURGEOIS, 1885: 255, 259; SCHILSKY, 1896: I, 63; MAJER, 1987: 744, 856 (Fig. 405); MAJER, in press c: Figs 60—62, 66—73.
Dasytiscus graminicola KIESENWETTER, 1859: 180, tab. 2, Fig. 12 (partim).

Small species similar to *D. affinis* and *D. impressicollis,* but submarginal pronotal lines weakly indicated, i. e. neither absent nor distinctive.

Coloration piceous to black, upper surface lustrous, with greenish reflexes; extremities testaceous to rufescent, tarsi seldom (femora mostly) infuscate; antenna with black scape, joints gradually infuscate from joints 3−4, terminal ones piceous to black; palps piceous, mostly with lightened tips. Integument densely and finely punctate, not very lustrous, body vestiture dual and bicolorous. Antennal joints 6 and 8 expressively smaller than adjoining, 9 and 10 feebly transverse; head with moderately prominent eyes, pubescence fine, decumbent; 1—3 bristles mostly present at inner eye margin. Pronotum slightly transverse, sides strongly arcuate but rather converging forwards, puncturation of disc rather shallow, fine, intervals about as twice as broad as diameter of punctures; submarginal lines only indicated but nearly always well visible, lateral areas below them rugose, side margins with several large denticles; pubescence dual: (a) decumbent, light, fine hairs arranged towards a point near base; (b) altogether about 20 black stout bristles occur on lateral areas. Elytra with subtruncate apex. puncturation distinctly coarser than on pronotum; intervals about as broad as puncture diameters, convex, with microsculpture, therefore scarcely lustrous; pubescence dual: (a) fine short hairs not quite decumbent; (b) also light, longer, semi-erect hairs subseriately admixed; marginal bristles are stouter and longer but not erect, namely at basal portion on humeri where these are often darkened.

♂ (Fig. 4). Smaller, parallelsided; antenna stouter. Pygidium (Fig. 26) semicircular with subtruncate apex. Sternum VII (Fig. 28) twice emarginate at apex, VIII (Fig. 29) narrowly crescent and constricted in middle. Spicular fork (Fig. 30) nearly trifid. Tegmen (Figs 35—37) slender. Phallus without distinctive structure of internal sac; in dorsal view (Fig. 66) rather parallelsided, apex emarginate; in side view (Figs 67—69) with slightly sinuate (but rather straight) body, distal portion dilated and truncate. Length = 1.56—1.90 mm; Width = 0.54—0.66 mm.

♀. Larger, distinctly dilated posteriorly; antenna more slender. Pygidium (Fig. 27) transverse, trapeziform, basal corners short, incurved. Sternum VII very briefly tapered medioapically. Ovipositor as figured (Fig. 110). Vagina cranially setose on innerside (Fig. 117). Length = 2.00—2.22 mm; Width = 0.74—0.83 mm.

Distribution: Greece, Crete, Rhodes, Dalmatia.

Type locality: Crete. Type material was not examined as it had been unaccessible, but the species is sufficiently re-defined by subsequent authors.

Material examined (about 400 specimens).

Greece: Parnassos (NHMB, NMP, KMB). — Macedonia, Athos (NHMB, MUH, IPE, KMB). — Athens, Lycibades Hill, 15.6.1975, B. Levey leg. (BMNH). — Attika, Amarusi, 29.6.1909, Rambousek leg. (NMP). — Taygetos, 19.6.1977, J. Hladil leg. (KMB). — Goynari, 20.6.1977, J. Hladil leg. (KMB). — idem, Asafigion (KMB). — Hagios Wlassos, Brenske leg. (KMB, NHMB).

Crete: Kanea, Oertzen leg. (IPE). — Rethimon, 19.6.1975, B. Levey leg. (BMNH). — Levka Ori, Samari Gorge, 2.6.1981, S. Bílý leg. (KMB). — idem, 12—16.6.1942, K. Zimmermann leg. (ZMB, KMB). — Knossos, 1934, Maran et Štěpánek leg. (NMP). — idem, 10.6.1981, S. Bílý leg. (KMB). — Herákleion, 18.6.1925, A. Schultz leg. (ZMB). — Malia, 10.5.1979, R. Danielsson leg. (MLU).

Rhodes: 1 km NW Lindos, 19.5.1983, R. Danielsson leg. (MLU, KMB).

Yugoslavia: Ins. Korchula, 16.7.1985, J. Růžička leg. (KMB). First reliable record from Yugoslavia.

Remarks. The occurence of the species in Caucasus given by Schilsky (1896) appears to be either locality confusion or misdetermination.

5. *Dasytiscus minotaurus* sp. n.
(Figs 5, 38, 39, 70, 71, 118)

Resembling *D. rufitarsis* in most aspects but body relatively shorter and broader, erect elytral pubescence more distinct, pronotum wider; male as well as female copulatory organs quite different.

Coloration piceous to black, upper surface lustrous with greenish or olivaceous tinge; extremities testaceous; femora, apex of pretarsi, scape and antennal joints from 4 gradually infuscate to piceous; terminal antennal joints and palps always piceous with somewhat lightened apices. Integument densely and finely punctate, slightly lustrous, body vestiture dual and bicolorous. Antennal joints 6 and 8 not very expressively smaller than adjoining, head with prominent yeys, pubescence decumbent, moderately long, 1−2 (−3) bristles present at each inner eye margin. Pronotum distinctly transverse, basal margin arcuate and nearly gradually passing into arcuate sides; anterior margin subarcuate, fine puncturation of disc not very regular, passing sidewards into rugose sculpture; puncture diameter as that of intervals, punctures with almost raised margins, submarginal lines rudimental but quite distinct although less distinctive than in *D. impressicollis* REITT.; sides have several obtuse denticles, approximately 12−15 black bristles present at each side; white decumbent pubescence arranged towards a point near base and towards a transverse arcuate prebasal line, this arcuate line seldom distinct up to anterior pronotal margin. Elytral apices almost jointly and broadly rounded, puncturation flat, intervals convex with microsculpture at least at basal half of elytra; pubescence dual, but its two kinds not sharply differentiated: (a) also fundamental pubescence is rather semi-erect (b) the semi-erect one of the same pale colour richer than in *D. rufitarsis*, at humeral portion setae not darkened.

♂ (Fig. 5). Parallelsided. Pygidium, sterna VII and VIII and spicular fork not different from those in *D. rufitarsis*. Tegmen (Figs 38, 39) slender as correlated with body of phallus which is very slender in both dorsal (Fig. 70) and ventral (Fig. 71) views, apex acuminate; internal sac with 3−6 black spinules. Length = 1.73−1.82 mm; Width = 0.69−0.74 mm.

♀. More dilated posteriorly. Distal portion of vagina setose on innerside (Fig. 118). Length = 1.92−2.04 mm; Width = 0.78−0.91 mm.

Distribution: Crete

Types (KMB).

Holotype, ♂: "Creta, 10.6.81, Knossos, S. Bílý leg.". 1 ♂ and 4 ♀ paratypes: "Creta, 2.6.81, Lefka Ori, Samari Gorge, S. Bílý leg".

6. *Dasytiscus hissarus* sp. n.
(Figs 6, 40, 72, 73)

The species is most resembling *D. minimus* (J. SAHLB.) from which it differs in more slender pronotum and unicolorous body surface.

Coloration black (seldom piceous), extremities rufotestaceous or testaceous, femora and scape often darkened; antenna gradually infuscate to piceous from joint 5, mouthparts piceous. Pubescence dual and bicolorous. Antennal joints 6−10 moniliate; eyes not prominent, puncturation of head as fine as on pronotum, pubescence decumbent, several reduced black bristles present at inner eye margin. Pronotum at least slightly transverse, sides arcuate, side margins with several blunt, reduced denticles; disc as well as sides very finely punctate; intervals glabrous and polished, several times wider than punctures, decumbent pubescence nearly as in *D. heydeni* REITT., black bristles numerous. Tips of elytra slightly rounded respectively, puncturation of upper surface much coarser than that of pronotum; pubescence whitish but dual: semi-erect setae easy to distinguish; intervals am among punctures subconvex with microsculpture.

♂ (Fig. 6). Pronotum more slender, elytra parallelsided, antennal joint 5 more transverse. Pygidium nearly semicircular, apex slightly emarginate. Sternum VII briefly produced medioapically. Spicular fork very fine, nearly as in *D. praecox* (KUST). Tegmen (Fig. 40) resembles than in *D. heydeni* REITT. Phallus nearly parallelsided in dorsal view (Fig. 72), in side view (Fig. 73) resembles that of the mentioned species; internal sac with expressive spinules. Length = 1.83−2.04 mm; Width = 0.69−0.74 mm.

♀. Pronotum broader, elytra dilated posteriorly, antennal joint 5 less transverse. Terminalia without specific characters, vagina unarmed on innerside, seminal duct membranous. Length = 1.95−2.26 mm; Width = 0.72−0.82 mm.

Distribution: USSR − Tadjikistan

Types (KMB).

Holotype ♂, 3 ♂ and 11 ♀ paratypes: "USSR, Tajik., 27.6.83, Hissar Mts., Yavroz p. Dushanbe, B. MALEC leg.".

7. *Dasytiscus heydeni* REITTER, 1891
(Figs 7, 41, 74−76, 119)

Dasytiscus heydeni REITTER, 1891: 226 (replacement name for *analis*)
Dasytiscus analis REITTER, 1890: 360; SCHILSKY, 1896: I, 60

Very elongate species with expressive sparse, erect pale hairs on elytra; very variable in coloration (See Fig. 21 A−E).

Legs testaceous; femora, palps, antennal joints 1 and 4−11 infuscate or seldom piceous, sterna and pygidium completely or partly testaceous depending on coloration of upper surface. Integument finely punctate, pubescence dual and bicolorous. Antenna with very small, submoniliate joints which are mostly as long as wide; head nearly as punctate as pronotum but rather slightly rugose. Pronotum transverse, base and apex nearly straight, sides strongly arcuate, marginal denticles very obtuse; disc and sides sparsely and finely punctate, puncturation rarely denser, light decumbent pubescence arranged towards a point near centre of pronotum; black bristles relatively rich in number. Elytra strongly elongate; tips very slightly rounded respectively; elytra much more coarsely punctate than pronotum, with dual pubescence: sparse, long, erect pale hairs well differentiated from semi-erect short ones. Sexes uneasy to distinguish habitually.

♂ (Fig. 7). Somewhat more slender. Pronotum less transverse and less arcuate at sides. Pygidium with slightly emarginate apex; sterna VII and VIII without specific characters. Spicular fork with fork proper longer than in *D. praecox* (KÜST.). Tegmen (Fig. 41) strongly dilated posteriorly. Phallus in dorsal view (Figs 75−76) bisinuate; internal sac without distinctive structure. Length = 1.92−2.61 mm; Width = 0.74−1.00 mm.

♀. Somewhat widened posteriorly. Pronotum more transverse and more arcuate at sides. Pygidium nearly semicircular in outline, apex weakly emarginate. Vagina glabrous on innerside, seminal duct membranous. Length = 2.52−2.70 mm; Width = 0.94−1.05 mm.

Distribution: Soviet Central Asia (Kazakhstan, Tadjikistan, Uzbekistan)

Types (TMB).

Holotype, ♀: "Turkestan, Kyndyr.-T." [oasis Kyndyr, 270 km SE Aral Sea, Bukantan hills, Uzbekistan] (printed); "*Dasytiscus analis* m." (REITTER's MS).

Other material.

Uzbekistan, Alatau, Oshskaya oblast, Sokh pr. Fergana, 20.5.1984, B. MALEC leg. (4 KMB). − Uzbek., Zeravshan Mts., 70 km S Samarkand, Takhtakaragh pass, 1600 m, 30.6.−2·7.1983, V. KUBÁŇ leg. (3 KMB). − Tajik., Karatag, 916 m, 10.6.1966, J. KRÁL leg. (5 KMB). − Tajik., Vashskij hrebet, 50 km SEE Dushanbe, Nurek, 27.6.1983, V. KUBÁŇ leg. (3 KMB). − Djambul, Kazakhstan (1 TMB). − Tajik., Karatag, 1898, HAUSER leg. (1 NHMB). − "Turkestan, Alka-Kul" (1 NHMB). − "Samarkand, Tahupan Ata" (1 NHMB). − "Hissar, Boch, leg. HAUSER" (1 BMNH).

Remarks. REITTER (1891: 226) replaced the name *"analis"* by *"heydeni"* supposing *Dasytiscus analis* being homonymous to GEBLERS (1830) *analis*. Since the GEBLERS species was described in the genus *Dasytes* F. and it belongs in fact in the genus *Danacaeomimus* CHAMP., the change need not have been done. − See also "Appendix" at the end of this paper.

8. *Dasytiscus minimus* (J. SAHLBERG, 1903) comb. n.
(Figs 8, 24, 42, 77, 78)

Dasytes minimus J. SAHLBERG, 1903: 32 (with var. b *verticalis*, c *collaris*, d *infuscatus*, e *aenescens*).

The species resembles in many aspects (e. g. colour patterns) *D. heydeni* REITT., but it is more slender and has less transverse pronotum.

Coloration (Fig. 24) very variable, but testaceous colour (Fig. 24 A, B) distinctly prevails in females; eyes always black; extremities paler than upper surface. Pubescence dual and bicolorous. Antennal joints never transverse, 5−10 rather moniliate; head with slightly prominent eyes, puncturation fine and sparse, intervals glabrous; pubescence fine, decumbent. Pronotum slightly transverse, base and apex rather straight, sides arcuate, submarginal lines absent, lateral areas therefore not differentiated and are as glabrous as disc, side margins with several flat inconspicuous denticles; puncturation very fine and sparse, intervals glabrous and lustrous, much broader than punctures; pubescence dual: (a) fine, pale, decumbent, arranged towards a median longitudinal line and towards a point near base; (b) lateral black bristles few in number (about 10 at each side). Tips of elytra slightly rounded respectively, puncturation much coarser than on pronotum, intervals slightly convex with microsculpture; pubescence single: fine, pale decumbent, several more erect hairs hard to distinguish from decumbent ones.

♂ (Fig. 8). Dark or varicoloured (Fig. 24 C−E), extremities strongly infuscate (always?). Pronotum more transverse. Elytra less dilated posteriorly. Pygidium strongly transverse, rather semicircular. Sternum VII straight at apex. Tegmen (Fig. 42) elongate, apex nearly entire. Phallus in dorsal view (Fig. 71) slender and slightly tapered at distal third; in side view (Fig. 72) rectangularly bent; internal sac without distinctive structure. Length = 1.65−1.91 mm; Width = 0.61−0.69 mm.

♀. Unicolorous, testaceous (always?), only eyes and lateral pronotal bristles black, also extremities pale, base of head often infuscate. Pronotum less transverse. Elytra more dilated posteriorly. Pygidium semicircular. Vagina unarmed on innerside, seminal duct membranous. Length = 2.35−2.50 mm; Width = 0.89−1.00 mm.

Distribution: Iran (Elborz)

Types (MUH).

Lectotype, ♀: "Transcaspia" (printed); "Ahnger" [collector] (printed); "spec. typ" (printed); "*Dasytes minimus* J. SAHLB." (white label with black margin, SAHLBERGs MS); "Mus. Zool. H:fors spec. typ. No 831"; "*Dasytes minimus* J. SB." (printed and handwritten, light-green label). − 1 ♀ paralectotype labelled as Lectotype but bears No. 830. The both females are testaceous − see Fig. 22 A.

Other material.

"Transcaspia, Saramsakli [Iran, NE Elborz, Western Kopet-Dagh, near Gorgan], F. HAUSER (23 NHMB, 10 KMB).

Remarks. SAHLBERG (1903) gives in his original description plenty material with four colour variations. Only two testaceous females were sent to me, the rest is probably lost.

9. *Dasytiscus flaveolus* REITTER, 1889
(Figs 9, 79, 80)

Dasytiscus flaveolus REITTER, 1889: 257; SCHILSKY, 1896: H, 78; LIBERTI, 1986: 189, Figs 13−16.

The smallest *Dasytiscus* species, easily recognizable by its pale coloration, small size and expressively black eyes and pronotal setae.

Coloration pale, i. e. flavous to rufotestaceous, antenna infuscate towards apex; mouthparts rufopiceous, eyes and pronotal bristles black. Integument rather lustrous, densely punctate; pubescence dual and bicolorous. Antennal joints 6−10 transverse; puncturation of head fine and sparse, intervals glabrous; pubescence as dual as on pronotum; eyes rather prominent. Pronotum transverse, base and sides arcuate, side margins flatly denticulate, apex straight, disc regularly and moderately punctate, submarginal lines indicated and mostly evident; light decumbent pubescence arranged towards a point at basal third of pronotum; black setae in number 11–13 at each side of pronotum. Elytra have unicolorous pubescence which is dense but double, erect setae not very long but rather rich number; tips of elytra not rounded respectively but sutural angles almost rectangular.

♂ (Fig. 9). Almost parallelsided. Terminalia without specific characters, tegmen mostly as in *D. rufitarsis*. Phallus in dorsal view (Fig. 79) with cut and subarcuate apex; in side view (Fig. 80) bent and widened at apical third; internal sac without distinctive structure. Length = 1.56–1.78 mm; Width = 0.56–0.67 mm.

♀. Slightly dilated posteriorly. Terminalia have no specific characters, vagina unarmed on innerside, seminal duct membranous. Length = 1.65–1.91 mm; Width = 0.61–0.69 mm.

Distribution: Sporades, Rhodes, Turkey (?)

Types (TMB).

Lectotype, ♂: "Rhodes Apollona, v. Oertzen" (printed); "*D. flaveolus* m. 1888" (REITTERs MS). – 1 ♂ paralectotype: "Südl. Sporaden, Symi, v. OERTZEN".

Other material.

Sporades, Symi, OERTZEN leg. (1 KMB, 11 ZMB, 11 IPE). – Rhodes (2 KMB). – Rhodes, Apollona, OERTZEN leg. (7 ZMB). – Sporades, KRÜPER leg. (NHMB, KMB, ZSM).
Turkey: Smyrna, HELF leg. (KMB, ZMB) (probably locality confusion).

10. *Dasytiscus pallens* sp. n.
(Figs. 10, 43, 81, 82, 120)

Small, flavous species with distinctively transverse pronotum; it resembles *D. flaveolus* from which it differs by absence of submarginal lines and expressive black setae on pronotum, pubescence very short at all.

Coloration flavous to rufotestaceous; eyes black, distal half of antenna more or less infuscate, mouthparts infuscate to piceous. Puncturation fine and dense. Pubescence pale, unicolorous, dual, lateral pronotal hairs scarcely infuscate; more erect hairs on pronotum and elytra unexpressive but evident. Antennal joints 6–10 scarcely transverse; head with moderately prominent eyes, pubescence decumbent, some reduced erect hairs hard to see. Pronotum transverse, strongly convex, submarginal lines completely absent, side margins with fine and flat denticles; puncturation of disc dense, punctures about as wide as intervals which are glabrous; decumbent pubescence arranged towards a point at basal third; lateral hairs very reduced, sparse, somewhat darkened but quite unexpressive. Tips of elytra weakly rounded respectively, pubescence of upper surface somewhat less dense than on pronotum, punctures shallower, intervals with microsculpture; pubescence pale, very short, several more erect, almost indistinct hairs intermixed.

♂ (Fig. 10). Parallel sided, smaller. Pygidium transverse. Tegmen (Fig. 43) dilated posteriorly, apical emargination shallow. Phallus in dorsal view (Fig. 81) with rounded apex; in side view (Fig. 82) nearly parallelsided, apex rather incurved than truncate; internal sac without distinctive structure. Length = 1.61–1.91 mm; Width = 0.59–0.72 mm.

♀. More dilated posteriorly. Terminalia without specific characters, but internal copulatory organs of characteristic structure: vagina cranially setose on innerside, laterally constricted and passing into bursa copulatrix (Fig. 120). Length = 1.87–2.28 mm; Width = 0.74–0.89 mm.

Distribution: Iran

Types.

Holotype, ♂ (NHMB), 5 paratypes (3 NHMB, 2 KMB):" Theran, Golhak, Iran, 14.VII.61, J. KLAPPERICH". –
1 paratype (NMP): "N Iran, Kushk, N. Masíri, 1800 m, 12.6.1973; Loc. no. 237, Exp. Nat. Mus. Praha".

11. *Dasytiscus hladili* sp. n.
(Figs 83, 84, 121)

The species resembles almost *D. rufitarsis* but the latter has distinctively dual pubescence on pronotum; *D. hladili* is more allied to *D. praecox* (KÜST.).

Coloration piceous to blackish (including antenna and mouthparts), only legs testaceous (tarsi infuscate). Integument densely punctate, rather lustrous; pubescence nearly single and unicolorous
(pale); only sides of pronotum with unexpressive stouter hairs at side margins. Antenna with submoniliate joints, 9 and 10 transverse; eyes big but not very prominent; puncturation of head rather scabrous. Pronotum with subarcuate base, nearly straight sides and quite straight apex, marginal denticles
sparse but distinct. Disc mostly densely (seldom rugosely) punctate, puncturation uneven, condensed
sidewards, passing into lateral rugose areas which are differentiated by more or less indicated subma-
ginal lines; pubescence arranged towards a point nearer base. Elytra have dense puncturation which
is much coarser than on pronotum; pubescence single, but somewhat more erect and longer hairs may
also be observed; elytral tips very slightly rounded respectively.

♂ (Fig. 11). Pronotum less transverse; elytra parallelsided. Terminalia nearly as in *D. praecox*
(KÜST.). Phallus in dorsal view (Fig. 83) incised at apex; in side view (Fig. 84) nearly straight at apex;
internal sac with spinules. Length = 2.08 mm; Width = 0.78 mm.

♀. Pronotum more transverse; elytra dilated posteriorly. Terminalia as in *D. praecox* (KÜST.); vagina unarmed on innerside, seminal duct membranous (Fig. 121). Length = 2.30−2.43; Width =
0.86−0.96 mm.

Distribution: Turkey

Types (KMB).

Holotype, ♂, 3 paratypes: "Turcia m. centr., Pozanti, 3.−6.7.1983, J. HLADIL leg." − 1 paratype: idem, Ava-
nos, 7.−10.7.1983.

Derivatio nominis: the species is named to the memory of my friend Jiří HLADIL, who collected the
type material.

12. *Dasytiscus praecox* (KÜSTER, 1851)
(Figs 12−14, 31, 46, 85, 86)

Dasytes praecox KÜSTER, 1851: 57
Dasytiscus praecox: KIESENWETTER, 1863: 625, note 2; BAUDI, 1873: 320; REITTER, 1885: 241; BOURGEOIS, 1885:
255, 260
Dasytiscus (Dasytidius) praecox: SCHILSKY, 1896: N, 82

Relatively large, light species with black eyes, single pubescence, and obliquely truncate elytral tips
(Figs 12, 14).

Coloration pale, flavous to rufotestaceous, very rarely even more infuscate; eyes expressively black,
mouthparts piceous, antenna (and often also tarsi) infuscate (rarely piceous) gradually from joint 4. Integument densely and not very finely punctate, semi-mat, body vestiture single and unicolorous. Antenna with joints 6 and 8 distinctly smaller than adjoining, none of them transverse but rather submoniliate; head with eyes not protruding from head outline; pubescence decumbent, moderately long;

puncturation as on pronotum. Pronotum (Figs 12, 13) rather quadrate than transverse, base and sides subarcuate; side margins flatly, not densely but distinctly denticulate; puncturation of disc distinctive, moderately dense, intervals mostly glabrous, wider than puncture diameters; neither submarginal lines nor lateral areas differentiated; pubescence single, hairs arranged towards a point near base. Elytra have tips truncate on innerside (Figs 12, 14); puncturation coarser than on pronotum, intervals more convex with distinct microsculpture; pubescence moderately long, fine and decumbent.

♂ (Fig. 12). Not dilated posteriorly, pronotum less transverse, sides less rounded, tips of elytra distinctively truncate on innerside. Pygidium transversely oblong. Sternum VII subarcuate at apex. Spicular fork (Fig. 31) with abbreviate fork proper. Tegmen constricted in middle (Fig. 46). Phallus in dorsal view (Fig. 85) angulate at posterior third; in side view (Fig. 86) with arcuate apex. Internal sac without distinctive structure. Length = 1.89−2.27 mm; Width = 0.65−0.78 mm.

♀. Widened posteriorly; pronotum more transverse, sides more rounded, elytral tips (Fig. 14) less truncate on innerside, truncation seldom inconspicuous. Pygidium nearly semicircular, other terminalia without specific characters. Vagina unarmed, seminal duct membranous. Length = 2.13−2.35 mm; Width = 0.85−0.87 mm.

Distribution: Turkey, Greece(?)

Type locality: Turkey, Smyrna (leg. HELF). Type material unaccessible, most probably lost.

Examined material.

Turkey: Bürücek, Toros, 29.−31.7.1947, Exp. N. Mus. ČSR (18 NMP, 5 KMB). − Beynam, 28.6.1947, Exp. N. Mus. ČSR (18 NMP, 3 KMB). − Smyrna, KRUPER, leg. (1 KMB, 4 NMP, 9 ZMB, 7 IPE). − Adana (2 TMB, 2 IPE, 1 MCM).
Greece: "Graecia" (1 TMB). − "Parnas" (1 TMB) (most likely locality confusion).

Remarks. Distribution given by PIC (1937) as "Syrien, Cypern" most likely refers to D. fallax sp. n. or D. subtilis REITT. The species Dasytiscus puberulus BOURGEOIS, 1885 is synonymous to D. subtilis REITTER, 1885 (now Haplothrix). The latter has priority since D. subtilis REITT. is already mentioned in BOURGEOIS' work (1885). Types of the both were studied.

13. Dasytiscus schereri sp. n.
(Figs 15, 44, 45, 87, 88, 122)

Species resembling D. abeillei with which can easily be confused but D. schereri has larger body; pronotal sides converging forwards to a less degree and somewhat less arcuate than in D. abeillei.

Coloration testaceous to rufotestaceous, seldom rufopiceous (holotype); antenna infuscate or piceous from joint 5, eyes black; mouthparts strongly infuscate to piceous. Puncturation fine and dense; pubescence single, unicolorous. Antenna submoniliate from joint 6, head as punctate as pronotum, pubescence short, decumbent, eyes slightly prominent. Pronotum scarcely transverse, marginal denticles regular and fine; pubescence arranged towards a point at posterior pronotal third, marginal hairs not expressive; punctures moderately dense, less wide than intervals which are flat, glabrous, or with fine microsculpture. Elytra jointly rounded at apex, tips slightly rounded respectively, puncturation coarser than on pronotum, intervals convex, with microsculpture; pubescence reclinate, more erect hairs practically unobservable.

♂ (Fig. 15). Parallelsided, pronotum subarcuate at sides, more transverse. Pygidium nearly semicircular, other terminalia as in other species; tegmen (Figs 44, 45) constricted in middle. Phallus in dorsal view (Fig. 87) slightly bent at apical third, apex lobate ventrally: internal sac with distinctive spines which are those as figured, or, in addition, elongate spinules are present. Length = 1.91−2.10 mm; Width = 0.74−0.82 mm.

♀. Dilated posteriorly, pronotum rather converging forwards, sides straight. Pygidium transverse, other terminalia without specific characters. Vagina unarmed on innerside, seminal duct membranous (sclerotized in *D. abeillei!*) (Fig. 122). Length = 2.17−2.41 mm; Width = 0.88−0.94 mm.

Distribution: Israel, Jordan

Types.

Holotype, ♂ (ZSM), 1 ♂ paratype (ZSM): "Tibériade [Tevarya, Israel] 30.5.81 ABLLE"; "*Dasysticus* [sic!] *hebraicus*" (not ABEILLEs MS!). − 5 paratypes (3NHMB, 2KMB): "Jordan, 30.4.57, S. & J. KLAPPERICH; Zerkatal b. Romana, O. Jordan". − 1 paratype (NHMB): "Kubebe, 600 m, Jordan, 13.6.1958, S. & J. KLAPPERICH, b. Jerusalem". − 1 paratype (NHMB): 800 m, 6.6.58, Amman, Jordan, S. & J. KLAPPERICH". − 2 paratypes (NHMB): "Fuhes, 1000 m, 4.6.56, N. Amman, Jordan, J. & S. KLAPPERICH".

Derivatio nominis: the species is dedicated to Dr. G. SCHERER of Zoologisches Staatssammlung, Munich.

<h3 style="text-align:center">14. Dasytiscus abeillei (BOURGEOIS, 1885)</h3>
(Figs 16, 17, 32, 47−51, 89−98, 123)

Dasytiscus Abeillei BOURGEOIS, 1885: 255, 261
Dasytiscus abeillei: MAJER, in press c: Fig. 64
Dasytiscus (Dasytidius) abeillei: SCHILSKY, 1896: 83 (with var. *concolor*)
Dasytiscus hebraicus: REITTER, 1885: 241, 244

Extremely variable species with short, fine, decumbent pubescence, or it is sometimes semi-erect but never clearly dual. It differs from *D. schereri* sp. n. in smaller size, different shape of phallus and structure of internal sac (see Figs 89−98).

Coloration light (fuscous to cinereous); head and/or anterior pronotal margin mostly darker; rarely upper body surface completely piceous; antennae are often the darkest bodypart but they can rarely have also lightened bases; mouthparts mostly as coloured as head; legs mostly pale, femora often darker, sometimes (e. g. in holotype) pronotum is rufous, head and elytra piceous. Integument densely and finely punctate. Antenna long, with submoniliate joints, 6 and 8 smaller than adjoining; head as punctate as pronotum. Pronotum converging anteriorly (Fig. 16) or subarcuate at sides, quite exceptionally with indicated submarginal lines (Fig. 17); marginal denticles small but distinctive, moderately dense; puncturation of disc dense and regular; pubescence mostly arranged towards a point near base. Tips of elytra rounded respectively; marginal fringe absent; puncturation somewhat coarser than on pronotum.

♂ (Figs 16, 17). Usually smaller and more parallel, extremities longer and stouter, especially antenna, eyes more prominent. Pygidium transverse, rather trapeziform. Sternum VII straight at apex. Tegmen (Figs 47−51) as figured. Phallus in dorsal view (Figs 89, 91, 93, 97) with attenuate apex; in side view (Figs 90, 92, 94, 95, 96, 98) bent in middle and abruptly widened at apex; internal sac with distinctive numerous (about 8−20) black spines. Length = 1.83−2.00 mm; Width = 0.69−0.74 mm.

♀. Larger and widened posteriorly, extremities shorter and more slender, eyes less prominent. Pygidium transverse, apex shallowly emarginate, Seminal duct sclerotized, nearly spiral; vagina glabrous on innerside (Fig. 105). Length = 2.17−2.16 mm; Width = 0.86−1.00 mm.

Distribution: Israel, Jordan

Type material.

Holotype, ♂ (MHNP): "TBD" (green, printed), [= Tibériade, i. e. Tevarya, Israel]; "type" (BOURGEOIS'MS); "*Dasytiscus Abeillei* BOURG." (BOURGEOIS'MS).

Other material.

Jordan: Wadi Sir, Amman, 600 m, 1.6.1956, S. & J. KLAPPERICH leg. (7 NHMB, 4 KMB). – idem, 9.5.1964 (7 NHMB, 3 KMB). – idem, Wadi lef Kef, 5.3.1965 (3 NHMB). – Wadi el Kelt, 1.6.1966, J. & S. KLAPPERICH leg. (2 RC). – Arda Road, 10.5.1957, S. & J. KLAPPERICH leg. (2 RC). – Dehbeen pr. Jerash, 6.5.1966, S. & J. KLAPPERICH leg. (7 RC). – Jericho [Eriha Naur] (4 KMB, 8 MCM, 2 MUH, 2 ZMB).

Israel: Jerusalem, 11.1929, F. S. BODENHEIMER leg. (1 BMNH). – Wadi Arugod, Ein Gedi, 22.3.1963, W. WITTMER leg. (3 NHMB). – Tevarya, 7.5.1933, W. EICHLER leg. (1 IZW).

Remarks. The species is polymorphous, with an expressive clinal variability, but no separate species are described since intercalary forms do exist. The phallus (its shape and structure of the internal sac) does not display different structure corresponding with the external characters in the morphs.

15. *Dasytiscus fallax* sp. n.
(Figs 18, 52, 99–101, 124)

Very similar in coloration and shape to *D. praecox* from which differs in simply rounded elytral tips and presence of distinct spinules in internal sac of phallus.

Subcylindrical in shape; coloration testaceous to rufotestaceous, head sometimes darkened at basal portion or completely, if so, then also pronotum and elytra more rufescent; mouthparts piceous, antenna infuscate at distal portion to completely piceous; tarsi more or less infuscate. Integument lustrous, finely punctate; pubescence pale, seldom infuscate at pronotal margins; on elytra apparently dual, the both very fine; short and longer hairs subdecumbent to semi-erect, sometimes uneasy to distinguish one from another. Head with no prominent eyes, surface densely and finely punctate, with microsculpture; antenna long and slender, joints submoniliform, 6 and 8 slightly smaller than adjoining. Pronotum slightly transverse, base and apex straight, sides more or less arcuate, side margins more or less regularly denticulate; upper surface densely punctate; intervals with inconspicuous microsculpture, scarcely wider than punctures. Elytra with shallow punctures being coarser than on pronotum, intervals subconvex with distinct microsculpture; side margins finely bordered, sutural angles weakly rounded.

♂ (Fig. 18). Parallel sided, eyes more prominent, extremities longer, antennal joints more moniliform. Pygidium semicircular in outline, emargiante at apex. Sternum VII subarcuate at hind margin. Tegmen as figured (Fig. 52). Phallus (Figs 99–101) bent near middle, gradually widening towards apex; internal sac with numerous, distinctive, black, spinules. Length = 2.41–2.59 mm; Width = 0.82–0.94 mm.

♀. Widened posteriorly, eyes less prominent, extremities more slender and shorter, antennal joints rather more transverse. Pygidium subtrapeziform in outline, apex weakly emarginate. Seminal duct weakly sclerotized (Fig. 124). Length = 2.59–3.29 mm; Width = 1.00–1.18 mm.

Distribution: Israel, Jordan

Types.

Holotype, ♂ (KMB), 5 paratypes (KMB): "Tamagayya, b. Ramallah, Jordan, 4.6.1958, S. & J. KLAPPERICH". – 1 paratype (MHNP): "Jérusalem, Letourneux" [determined as hybridus Reitt.]. – 4 paratypes (MHNP): "TBD" [= Tibériade, i. e. Tevarya, Israel] *"Dasytiscus praecox"*. – 2 paratypes (KMB): "Syrien [now Israel] Haifa, Reitter".

16. *Dasytiscus simulator* sp. n.
(Figs 19, 25, 102, 103)

Extremely similar to *D. fallax* from which it differs in the following characters:

Longer hairs on upper surface more distinct, pronotum rather more transverse (Fig. 19); extremities robust, namely antennal joints (Fig. 25) expressively robust and transverse, unlike to any species of this genus.

♂ (Fig. 19). Parallelsided. Antennal joints very robust (Fig. 25). Pygidium transverse and subtrapeziform. Tegmen as in *D. fallax*. Phallus (Figs 102, 103) subogival on ventral side; internal sac with slender spinules. Length = 2.82 mm; Width = 1.05 mm.

♀. Dilated posteriorly. Extremities somewhat more slender, antennal joints less robust. Pygidium subtrapeziform, apex weakly emarginate. Internal copulatory organs as in *D. fallax*. Length = 3.00 mm:, Width = 1.18 mm.

Distribution: Israel

Types (MHNP).

Holotype, ♂: "TBD" [= Tevarya, Israel]; „*Dasytiscus praecox*". − 1 paratype: "Tibériade, ABEILLE d. PERRIN" (ABEILLES MS); "Color. typique" (ABEILLES MS); "*hebraicus* var. *simulator* m." (SCHILSKYS MS).

Remarks. The name *"simulator"* was used by SCHILSKY to designate the different form in the ABEILLES collection, but remained unpublished.

17. *Dasytiscus hebraicus* BOURGEOIS, 1883
(Figs 20, 53, 104−107, 125, 126)

Dasytiscus hebraicus BOURGEOIS, 1883: 53; SCHILSKY, 1896: M, 80
Dasytiscus hybridus REITTER, 1890: 361 (♀)
Dasytiscus hebraicus var. *hybridus:* SCHILSKY, 1896: 80
Dasytiscus subtilis partim: SCHILSKY, 1896: 80 (nec REITTER, 1885: 244)

Species having pronotum arcuate, expressively denticulate and setose at sides; elytra subovate in outline; both winged and wingless formae occur within the species.

Coloration: upper surface rufopiceous, seldom testaceous (holotype), pronotum and head sometimes reddish, legs rufotestaceous or testaceous, femora and antenna more or less infuscate; antennae mostly darker than other extremities. Antenna with small (rather round) joints, 6 and 8 smaller than neighbouring; head with slightly prominent eyes, as punctate as pronotum; pale pubescence subdecumbent, not very dense; some reduced bristles somewhat darker and hard to distinguish from pale pubescence. Pronotum not transverse, base and apex subarcuate, sides arcuate, side margins expressively and regularly denticulate; disc with not dense punctures, intervals glabrous, distinctly broader than puncture diameter, pronotal sides as punctate as disc; pale pubescence subreclinate, arranged towards a median longitudinal line; britles are expressive, mostly black, relatively long and rich in mumber (20−30 at each side), or these are pale and not prominent, e. g. in holotype. Elytra with more or less reduced humeri, rather subovate in outline, tips rounded respectively; punctures much coarser than on pronotum, intervals weakly convex with microsculpture; pubescence pale, composed of (a) subreclinate fine hairs and (b) semi-erect ones; the two kinds of pubescence are uneasy to distinguish one from another.

♂ (Fig. 20). Antennal joints 9 and 10 almost transverse; elytral outline scarcely subovate. Pygidium semicircular in outline, sterna VII and VIII without specific characters, spicular fork as in *D. praecox*. Tegmen (Fig. 53) in dorsal view constricted in middle. Phallus in dorsal view (Fig. 106) toothed at sides; in side view (Figs 104, 105, 107) gradually widening towards apex; internal sac with distinctive structure composed of numerous small spines having circular bases. Length = 1.68−1.93 mm; Width = 0.59−0.80 mm.

♀. Antennal joints 9 and 10 not transverse; elytral outline almost ovate. Pygidium rather trapeziform, apex briefly incised; vagina strongly elongate, its cranial portion weakly sclerotized, sclerotized seminal duct incurved (Figs 125, 126). Length = 1.78−2.23 mm; Width = 0.72−0.88 mm.

Distribution: Israel

Types (MHNP).

Lectotype, ♂: "Jérusalem [Yerushalayim] Letournx." [Letourneux leg.]; "♂"; "*hybridus* Reitter" (Bourgeois'MS); "*hebraicus* Bourg. *hybridus* det. Reitt. *praecox* Bourg." (Bourgeois'MS). − 1 ♀ paralectotype: "Jerusalem Letx"; "var. c m." (Schilskys MS); "♀" (Schilskys MS). − 1 paralectotype, ♀: "Jerusalem Letournx"; "♀";
"var a m." (Schilskys MS).

Other material.

Israel, Nazerath, 8.5.1933, W. Eichler leg. (1 NHMB, 2 KMB, 5 IZW). − Haifa-Carmelo, 2.5.1933, A.
Schatzmayr leg. (1 NHMB, 4 KMB, 8 MCM).

Remarks. The species was previously considered by me to be new and designated as *"eichleri"*,
whose types are deposited in NHMB and MCM. Similarly also *Dasytiscus hybridus* Reitter,1885 was
designated by me as a good species, since the female holotype (TMB) has indicated submarginal pronotal lines. Now, after receiving the type material from the Paris Museum, it is left as synonymous
with *D. hebraicus* Bourg.

Schilsky (1896) confused *D. hebraicus* Bourg. with *D. subtilis* Reitt. (the latter now belongs in *Haplothrix* Schils.) which also caused I was designating all *subtilis* as *hebraicus* till I had the types of *hebraicus* at disposal.

Even though no specimen marked as "type" had been found in the Bourgeois'collection, types were
designated. Bourgeois'species conception ensues from both the expressive structure of the pronotum
which is figured and the locality data given ("Jérusalem, Letourneux").

The fact that the both winged and wingless forms occur here is surprising. No intercalary formae
have been found; if the wings are present, these are capable of normal flight, if absent, only scale relics
occur. The mutual ratio of winged and wingless formae is about 1:3.

18. *Dasytiscus jordanicus* sp. n.
(Figs 21, 22, 54, 108, 109, 127)

Apterous species resembling in some aspects the genus *Amauronia* Westw. (= *Aphyctus* Duval);
pronotum and elytra of a very distinctive shape (Figs 21, 22).

Coloration rufopiceous or rufotestaceous, head, mouthparts and distal portion of antenna darker,
femora infuscate; elytra and/or pronotum with darker dim macula. Pubescence quite decumbent, very
fine, single, unicolorous. Antenna with no transverse joints, the terminal one is elongate-oval; head indistinctly punctate to finely rugose, pubescence fine, decumbent; eyes weakly prominent. Pronotum
rather elongate, base and apex slightly emarginate, sides strongly arcuate, disc with well defined punctures, intervals as wide as punctures, glabrous, even and lustrous; neither submarginal lines nor lateral
areas defined, thus pronotum is evenly convex from disc up to side margins which bear sparse reduced
denticles having very abbreviate, pale stouter hairs. Elytra (chiefly in female) have ovate outline and
reduced humeri; puncturation as dense as on pronotum but intervals between punctures have network
microsculpture, fine pale hairs quite decumbent.

♂ (Fig. 22). More slender; antenna longer. Pygidium rather semicircular in outline. Sternum VII
straight at apex. Spicular fork with not very abbreviate fork proper. Tegmen (Fig. 54) constricted
in middle, apical emargination nearly shallow. Phallus in dorsal view (Fig. 108) resembles that of
D. abeillei Bourg., in side view (Fig. 109) distinctively bent, otherwise also resembles that of *D. abeillei* Bourg. Internal sac with numerous spines of two size. Length = 1.61−1.70 mm; Width =
0.54−0.60 mm.

♀. Strongly widened posteriorly, elytra ovoid (Fig. 22); antenna shorter. Pygidium strongly con-
vergent towards apex which is shallowly emarginate. Sternum VII subarcuate at apex. Vagina very

long, seminal duct sclerotized, cucumber-shaped, spermatheca long (Fig. 127). Length = 1.96−2.20 mm; Width = 0.83−0.98 mm.

Distribution: Jordan

Types.

Holotype, ♂ (NHMB), 3 paratypes (2 KMB, 1NHMB): "Schaubak, Jordan, 17.5.68, J. & S. KLAPPERICH".

Appendix

Danacaeomimus analis (GEBLER, 1830) comb. n.

Dasytes analis GEBLER, 1830: 90 (type-locality "Tartaria")
"Dasytiscus (n. sp.?) *analis":* BAUDI, 1873: 313 (nec REITTER, 1890: 361)
Dasytiscus (Dasytidius) turkestanicus SCHILSKY, 1897: 74, syn. n.
Danacaeomimus turkestanicus: MAJER, in press, a

It is evident from either GEBLERS original description or BAUDIS (1873) redescription and comments that *D. analis* GEBLER belongs to *Danacaeomimus* CHAMPION, 1922. SCHILSKY (1896) in his description of *Dasytiscus turkestanicus* gives that he received a single female specimen (also studied by me) from H. v. HEYDEN that had been marked as *"Danacaea analis* GEBLER". I do not know why SCHILSKY did not respect this name, he most likely considered *"Danacaea analis* GEBLER" to be an undescribed species. SCHILSKY only gives that the female specimen does not belong to *Danacea* but to *Dasytiscus* and is easily distinguishable from either *Dasytiscus hauseri* and *D. analis* REITTER (now *heydeni* REITT.).

Nevertheless, I also overlooked this reality in my revision of the tribe Danacaeomimini (MAJER, in press a) supposing *Dasytiscus analis* GEBLER, 1830 identical with *Dasytiscus analis* (now *heydeni*) REITTER, 1890. Regardless the GEBLERS type material has completely been destroyed or lost, both the GEBLERS and BAUDIS descriptions correspond with SCHILSKYS *"Dasytiscus turkestanicus"*.

Dasytes analis FISCHER VON WALDHEIM, 1844: 38 (nomen novum for *Dasytes marginatus* FISCHER VON WALDHEIM, 1842: 9 which was supposed preoccupied by *Dasytes marginatus* ULLRICH, an useless name from DEJEANS Catalogue; the FISCHERS name need not have been changed) is a younger primary homonym to *Dasytes analis* GEBLER, 1830; it has to be rejected and the name *marginatus* respected as valid again.

See also "Remarks" below the description of *Dasytiscus heydeni* REITTER, 1891.

Acknowledgements

My thanks belong to all who kindly placed the material at my disposal. They are: Dr. E. R. PEACOCK (BMNH), Dr. L. DIECKMANN (IPE), Dr. A. SLIPIŃSKI (IZW), Dr. C. LEONARDI (MCM), Dr. J. J. MENIER (MHNP), Dr. R. DANIELSSON (MLU), Dr. O. BISTRÖM (MUH), Dr. M. BRANCUCCI (NHMB), Dr. J. JELÍNEK (NMP), Dr. F. HIEKE (ZMB), Dr. Z. KASZAB † (TMB), Dr. R. GERSTMEIER (ZSM).

I am greatly obliged to my friend, Dr. R. CONSTANTIN (RC), without whose searching the types in the Paris Museum the paper would never be finished.

Literature

BAUDI, F. 1873: Europeae et circummediterraneae Faunae Dasytidum et Melyridum Specierum, quae Comes Dejean in suo Catalogo ed. 3ª consignavit, collatio. Pars quinta. − Berlin. ent. Zeitschr. 17, 293−316
BOURGEOIS, J. 1883: Description d'une espèce nouvelle du genre *Dasytiscus* KIESENW., trouvée en Palestine. − Ann. Soc. Ent. France, Bull. p. LIII−LIV,

– – 1885: Remarques sur le genre *Dasytiscus* et descriptions d'espèces nouvelles ou imparfaitement connus. – Ann. Soc. ent. France (6)5, 253–271, tab. 5, fig. 1–4

DUVAL, J. P. N. C. 1859: Glanures entomologiques. – Bd. 1, 60 pp, 4 tab, Paris (Deyrolle).

GEBLER, F. A. 1830: Notae et addidamenta ad catalogum Sibiriae occidentalis et confinis Tartariae. – Ledebours Reise 2. 50 pp., Berlin.

FISCHER VON WALDHEIM, G. 1842: Catalogus Coleopterorum in Siberia orientali a cel. Gregorio Silide Karelin collectorum. 28 pp.

– – 1844: Spicilegium Entomographiae Rossicae. – Bull. Moscou 17, 3–144

KIESENWETTER, E. A. H. 1859: Beiträge zur Käferfauna Griechenlands. V-VI. Melyridae. – Berlin. ent. Zeitschr. 3, 30–34; 160–161; 163–185; 191, tab. II.

– – 1863: in ERICHSON et all: Naturgeschichte der Insekten Deutschlands. – IV. Band, erste Abt., 746 pp., Berlin (Nicolai).

KÜSTER, H. C. 1851: Die Käfer Europas. 22. Heft. 1–100. – Nürnberg (Bauer & Raspe).

LIBERTI, G. 1986: Notes on some *Dasytiscus* KIESW. Col., Dasytidae from Greece. – G. it. Ent. 3, 185–193

LUCAS, P. H. 1853: Essai sur les animaux articulés qui habitent l'ile de Crete. – Rev. Mag. Zool. (2)5, 565–576

MAJER, K. 1987: Comparative morphology and proposed major taxonomy of the family Melyridae (Insecta, Coleoptera). – Pols. pismo ent. 56, 719–859, 433 figs.

– – in press, a: A revision of the tribe Danacaeomimini (Coleoptera, Melyridae, Dasytinae). – Dt. entom. Z., N. F.

– – in press, b: Generic classification of the tribe Chaetomalachiini (Coleoptera, Melyridae, Dasytinae). – Pols. pismo ent. 58,

– – in press, c: The genus *Dasytidius* KIESENWETTER, 1859: species of Turkey and the Balkans (Coleoptera, Melyridae). – Acta ent. bohemoslov.

MORAWITZ, F. 1861: Einige neue Melyridae. – Bull. Soc. Imp. Nat. Moscou 34, 314–320

PIC, M. 1937: in JUNK & SCHENKLING: Coleopterorum Catalogus vol. X., pars 155. Dasytidae Dasytinae, 130 pp. – s'Gravenhage.

REITTER, E. 1885: Übersicht der bekannten *Dasytiscus*-Arten. Ent. Nachr. 11, 241–247

– – 1889: Neue Coleopteren aus Europa, den angrenzenden Ländern und Sibirien, mit Bemerkungen über bekannte Arten. – Deutsch. ent. Zeitschr. 1889 (Heft 2), 254–258

– – 1890: in L. VON HEYDEN: XIII. Beitrag zur Coleopteren-Fauna von Turkestan. Unter Mitwirkung der Herren REITTER und WEISE. – Deutsch. ent. Zeitschr. 1890 (Heft 2), 351–368

– – 1891: Dritter Beitrag zur Coleopteren-Fauna des russischen Reiches. – Wien. ent. Ztg. X (Heft 7), 221–233

SAHLBERG, J. 1903: Coleoptera mediterranea et rosso-asiatica nova et minus cognita, maxima ex parte itineribus annis 1895–1896 collecta. – Oefv. Fins. Vet.-Soc. Förh. 45 (1902–1903) No. 10, 1–40

SCHILSKY, J. 1896: Die Käfer Europas. 32. Heft, A–Q, 1–100 a. – Nürnberg (Bauer & Raspe).

Karel MAJER
University of Agriculture
Faculty of Forestry
Zemědělská 3
61300 Brno
Czechoslovakia

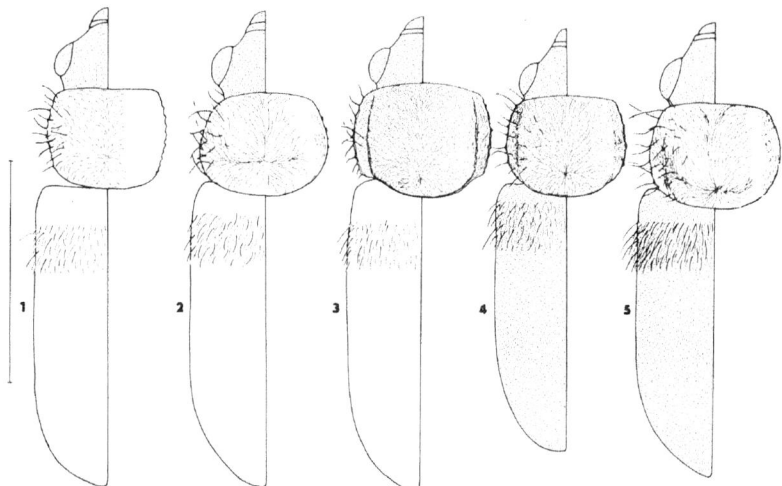

Figs 1–5: body outline, ♂: 1 *Dasytiscus klapperichi* sp. n., 2 *D. affinis* MORAW., 3 *D. impressicollis* REITT., 4 *D. rufitarsis* (LUCAS), 5 *D. minotaurus* sp. n. Scale = 1 mm.

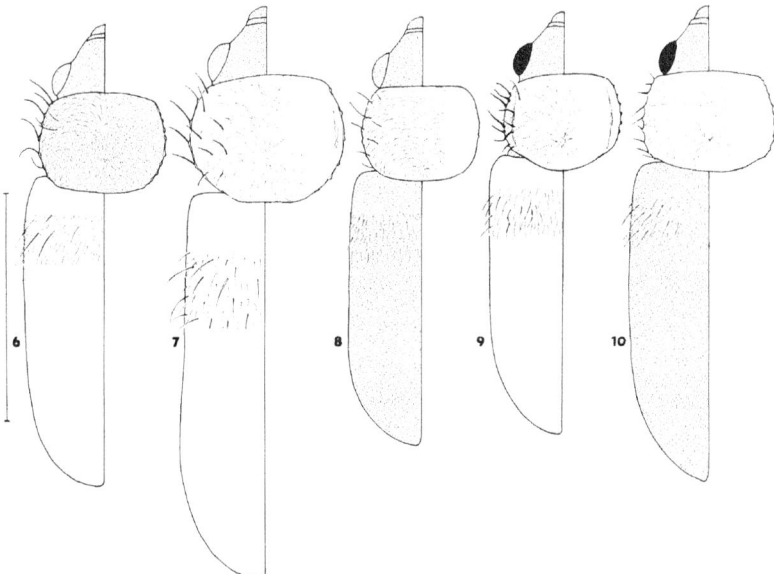

Figs 6–10: body outline, ♂: 6 *Dasytiscus hissarus* sp. n., 7 *D. heydeni* REITT., 8 *D. minimus* (J. SAHLB.), 9 *D. fla-veolus* REITT., 10 *D. pallens* sp. n. Scale = 1 mm.

145

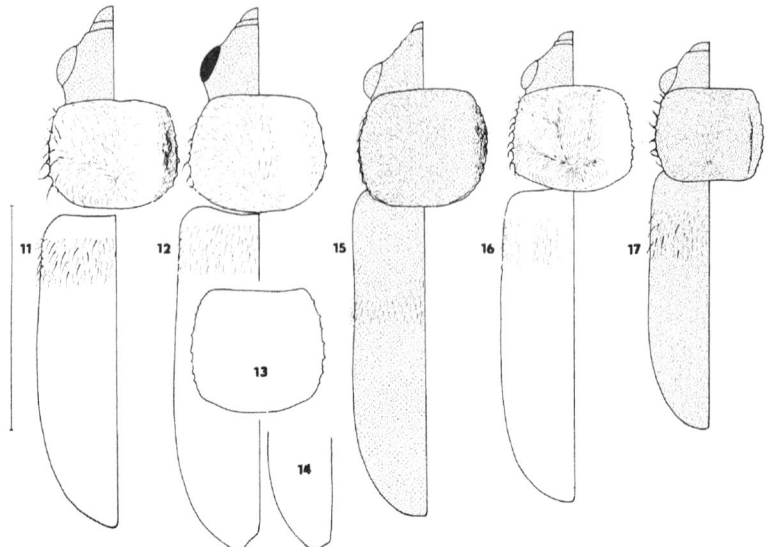

Figs. 11–12, 15–17: body outline, ♂; 13: outline of pronotum, ♂; 14 apex of left elytron, ♀: 11 *Dasytiscus hladili* sp. n., 12–14 *D. praecox* (KUST.), 15 *D. schereri* sp. n., 16–17 *D. abeillei* BOURG. Scale = 1 mm.

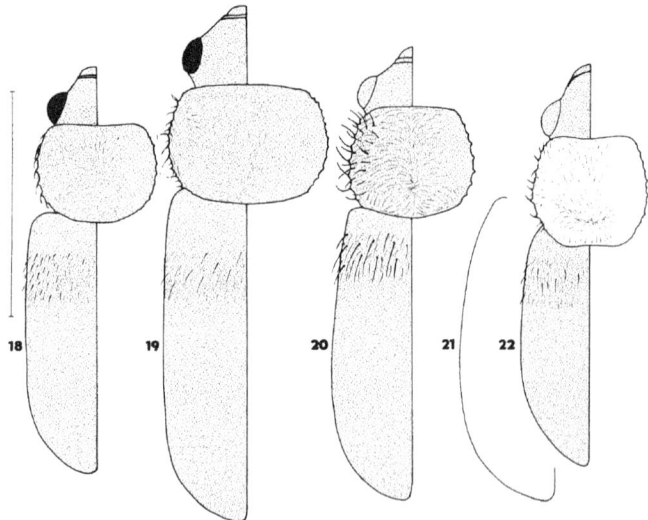

Figs 18–20, 22: body outline, ♂; 21: outline of left elytron, ♀: 18 *Dasytiscus fallax* sp. n., 19 *D. simulator* sp. n., 20 *D. hebraicus* BOURG., 21–22 *D. jordanicus* sp. n. Scale = 1 mm.

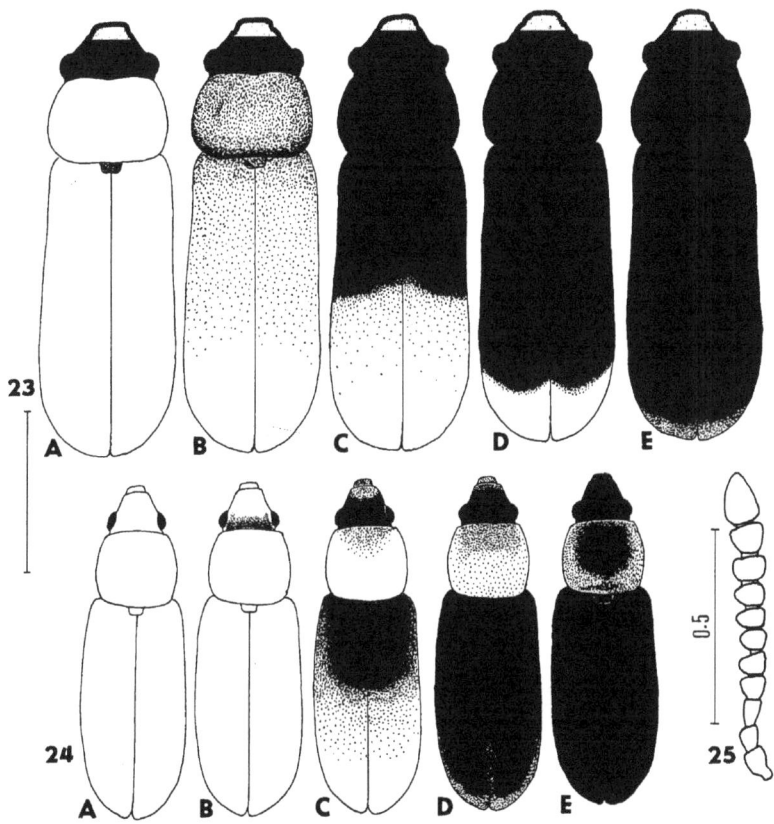

Figs 23–25: 23A–E *Dasytiscus heydeni* REITT., variability of colour patterns, 24 *D. minimus* (J. SAHLB.), same, 25 *D. simulator* sp. n., ♂, antenna. Scale = 1 mm.

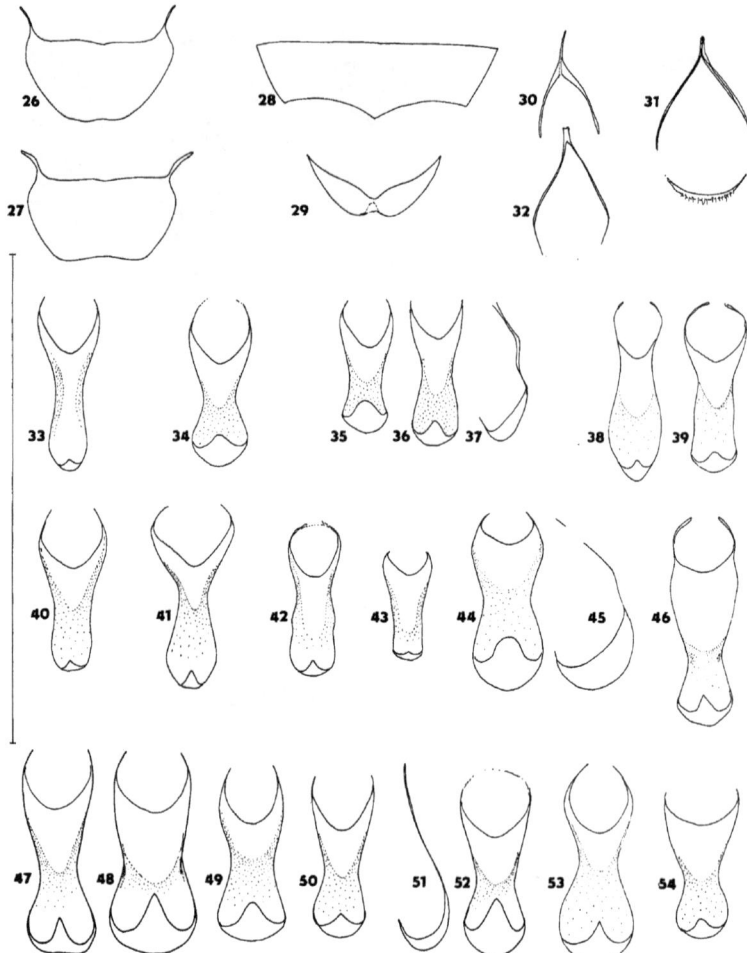

Figs 26–54:   26: male pygidium; 27: female pygidium; 28: male sternum VII; 29: male sternum VIII; 30–32: spicular fork; 33–36, 38–44, 46–50, 52–54: tegmen, dorsal view; 37, 45, 51: same, side view: 26–30, 35–37 *Dasytiscus rufitarsis* (Lucas), 31, 46 *D. praecox* (Küst.), 32, 47–51 *D. abeillei* Bourg. (47 holotype), 38–39 *D. minotaurus* sp. n. (38 holotype), 40 *D. hissarus* sp. n., 41 *D. heydeni* Reitt., 42 *D. minimus* (J. Sahlb.), 43 *D. pallens* sp. n., 44, 45 *D. schereri* sp. n., 52 *D. fallax* sp. n. (holotype), 53 *D. hebraicus* Bourg., 54 *D. jordanicus* sp. n. Scale = 1 mm.

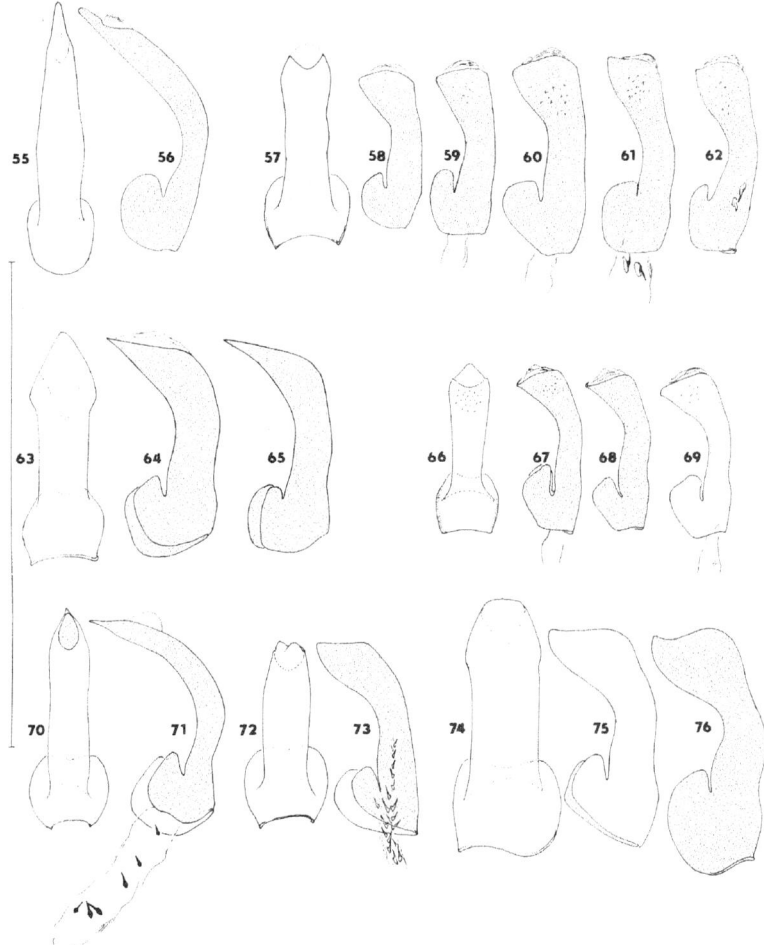

Figs 55−76: phallus (55, 57, 63, 66, 70, 72, 74 dorsal view, 56, 58−62, 64, 65, 67−69, 71, 73, 75−76 side view): 55−56 *Dasytiscus klapperichi* sp. n., 57−62 *D. affinis* MOR. (58 Bulgaria: Kresna, 59 Bulg.: Sandanski, 60 Greece: Elatia, 61 USSR: Krasnoarmejsk, 62 Yugoslavia: Okhrid), 63−65 *D. impressicollis* REITT. (63, 64 Yugoslavia: Ulcinj, 65 Greece: Corfu), 66−69 *D. rufitarsis* (LUCAS) (66−67, 69 Crete, 68 Taygetos), 70, 71 *D. minotaurus* sp. n., 72−73 *D. hissarus* sp. n., 74−76 *D. heydeni* REITT. Scale = 1 mm.

149

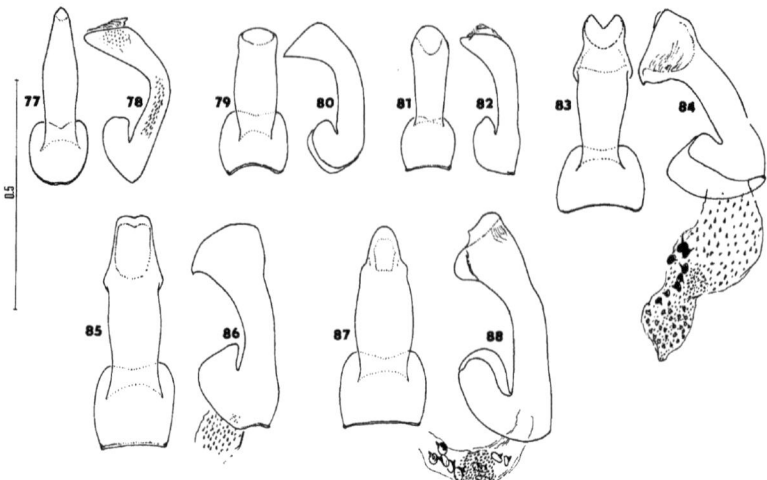

Figs 77–88: phallus (77, 79, 81, 83, 85, 87 dorsal view; 78, 80, 82, 84, 86, 88 side view): 77, 78 *Dasytiscus minimus* (J. SAHLB.), 79, 80 *D. flaveolus* REITT., 81, 82 *D. pallens* sp. n., 83, 84 *D. hladili* sp. n., 85, 86 *D. praecox* (KÜST.), 87, 88 *D. schereri* sp. n. Scale in mm.

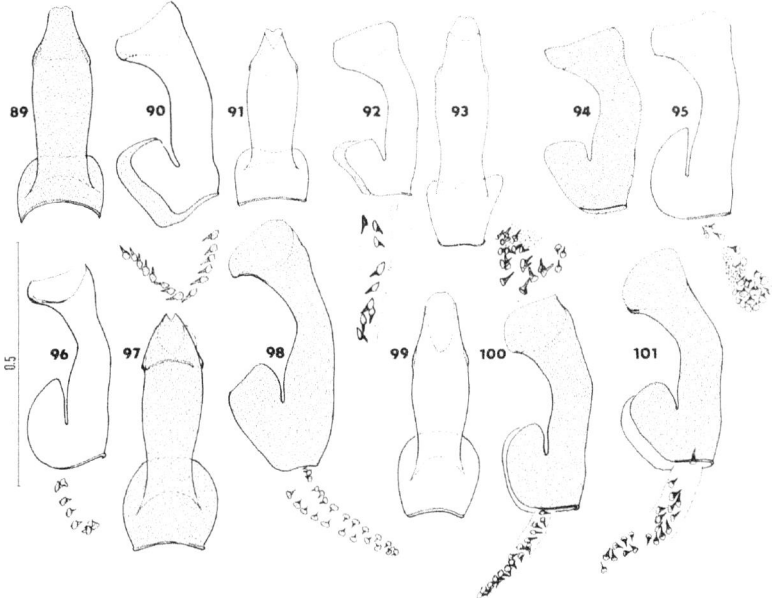

Figs 89–101: phallus (89, 91, 93, 97, 99 dorsal view, 90, 92, 94–96, 98, 100–101 side view): 89–98 *Dasytiscus abeillei* BOURG. (89, 90 holotype; 91, 92 Israel: Haifa- body outline of this specimen on Fig. 17; 92, 93 another specimen from Jordan- body outline of this specimen on Fig. 16; 95, 96 Jordan: Jericho; 97, 98 Jordan: Amman), 99–101 *D. fallax* sp. n. (101 holotype). Scale in mm.

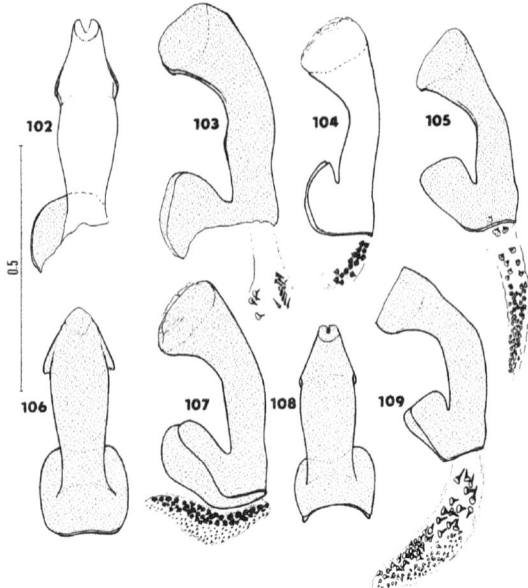

Figs 102–109: phallus (102, 106, 108 dorsal view, 103–105, 107, 109 side view): 102, 103 *D. simulator* sp. n. (holotype), 104–107 *D. hebraicus* BOURG. (104 holotype: apterous; 105 specimen from Haifa: winged; 106, 107 apterous specimen from Haifa), 108, 109 *D. jordanicus* sp. n. Scale in mm.

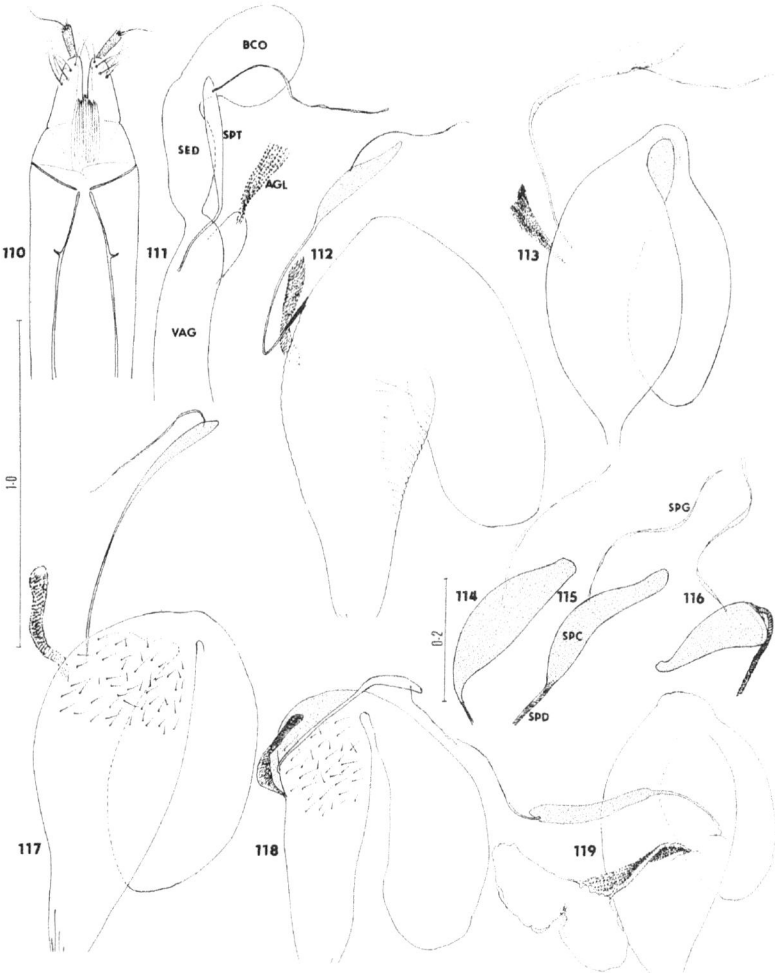

Figs 110–119: 110: ovipositor, ventral view; 111–113, 117–119: female internal copulatory organs; 114–116 spermatheca: 110, 117 *Dasytiscus rufitarsis* (Lucas), 111 *D. klapperichi* sp. n., 112, 114–116 *D. affinis* Moraw. (114 Bulgaria, 115 Greece, 116 USSR), 118 *D. minotaurus* sp. n., 119 *D. heydeni* Reitt. (AGL – accessory gland, BCO – bursa copulatrix, SED – seminal duct, SPC – spermathecal capsule, SPD – spermathecal duct, SPG – spermathecal gland, SPT – spermatheca, VAG – vagina). Scale in mm.

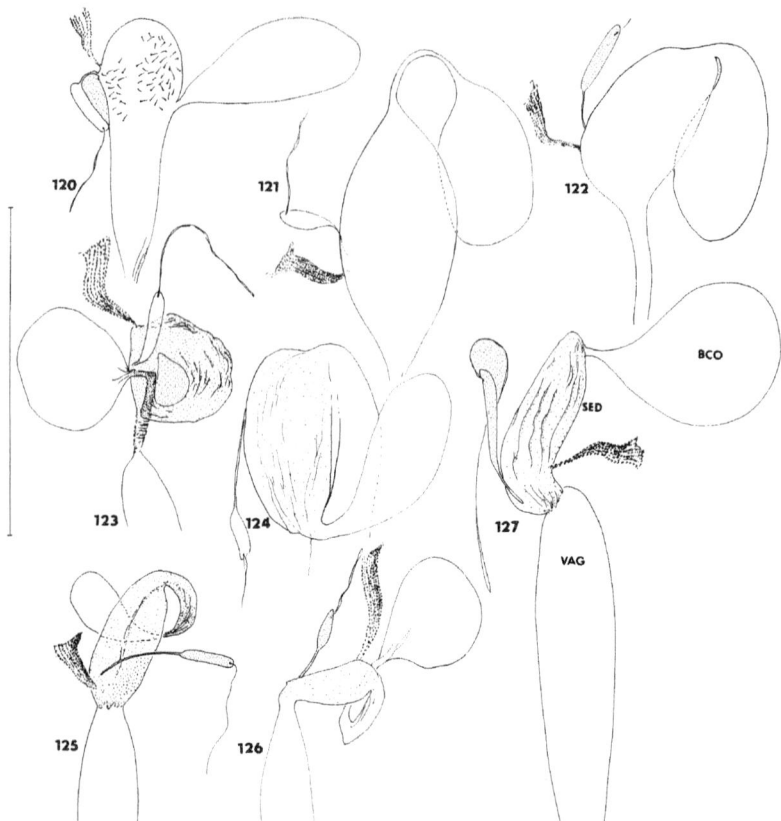

Figs 120–126: female copulatory organs: 120 *Dasytiscus pallens* sp. n., 121 *D. hladili* sp. n., 122 *D. schereri* sp. n., 123 *D. abeillei* BOURG., 124 *D. fallax* sp. n., 125–126 *D. hebraicus* BOURG. (125-winged specimen from Israel, Haifa, 126 apterous holotype of *Dasytiscus hybridus* REITTER), 127 *D. jordanicus* sp. n. (BCO – bursa copulatrix, SED – seminal duct, VAG – vagina). Scale = 1 mm.

| Mitt. Münch. Ent. Ges. | 78 | 155—178 | München, 1. 12. 1988 | ISSN 0340—4943 |

Die palaearktischen Arten der Gattung *Apethymus* BENSON, 1939

(Hymenoptera, Symphyta, Allantinae)

Von Frank KOCH

Abstract

The 14 palaearctic species of *Apethymus* BENSON, 1939 have been revised. *Kjellia* MALAISE, 1947 is a new synonym of this genus. *Apethymus silaceus* sp. n. is described as new for China. *A. apicalis* (KLUG) and *A. parallelus* (EVERSMANN) are resynonymized and newly combined in this genus. *A. braccatus* (GMELIN) is a new synonym of *A. serotinus* (O. F. MÜLLER) and *A. abdominalis* (LEPELETIER) is a new synonym of the resynonymized *A. filiformis* (KLUG). This species occurs with pale or darkish abdomen. Also *A. cereus* (KLUG) and *A. certis* (KOLLAR) are resynonymized. All species are keyed, described, illustrated and their relationship is discussed.

Einleitung

Die Bestandsaufnahme der Arten und deren Revision erwies sich auf Grund der unscharfen Merkmalsdefinition bei dieser Gattung und deren Auslegung von den meisten Autoren als recht schwierig. Ein solches Beispiel ist die von FORSIUS (1927) beschriebene *Allantus kolthoffi*, mit der MALAISE (1947) die Gattung *Kjellia* begründet und die in Wirklichkeit, wie TAKEUCHI (1952) bereits richtig vermutete, zu *Apethymus* gezählt werden muß.

Alle in Frage kommenden Arten wurden, wenn nicht am Typusmaterial, so doch an der Originalbeschreibung und an weiterführender kritischer Literatur überprüft. Für die Beurteilung der südostasiatischen Fauna erwiesen sich die Arbeiten von TAKEUCHI (1952) und TOGASHI (1973) als sehr wertvoll.

Die Notwendigkeit einer Gattungsrevision ergab sich auch deshalb, weil die angebliche große Variationsbreite der drei (MUCHE 1969) oder vier (ZOMBORI 1982) mitteleuropäischen Arten untersucht werden mußte. Dabei zeigte sich, daß die oft zitierte große Variabilität vergleichsweise relativ klein ist, wenn man von *A. filiformis* absieht. Dieser bestehende Wirrwarr von Synonymen und deren Handhabung hat sich über die letzten 80 Jahre erhalten und führte beispielsweise dazu, daß ZOMBORI (1982) für *A. abdominalis* — die Typusart, die ebenfalls synonymisiert werden mußte — fünf Varietäten nennt. Davon behaupteten sich drei Arten als valid. Andererseits mußten von den bisher drei beziehungsweise vier gültigen Artnamen zwei als Synonyme eingezogen werden.

Charakteristisch für die Arten dieser Gattung ist ihre Lebensweise. So fliegen die Imagines in der Regel erst ab Spätsommer bis teilweise in den Spätherbst hinein, und die Überwinterung erfolgt im Eistadium. Als Wirtspflanzen dienen *Quercus*- und *Rosa*-Arten. Die späte Flugzeit ist wahrscheinlich der alleinige Grund, weshalb diese Arten in den Sammlungen nicht durch sehr umfangreiches Material belegt sind.

Gegenwärtig sind für die palaearktische Region 14 Arten dieser Gattung bekannt, wobei fünf bisher ausschließlich aus Japan gemeldet worden sind. Die folgenden Darlegungen beziehen sich hauptsächlich auf die Arten des palaearktischen „Festlandes". Die japanischen Arten gelten als gut bearbeitet (TOGASHI 1976, 1978, 1980) und werden daher nur kurz charakterisiert.

Apethymus Benson, 1939, p. 112

Typusart: *Dolerus abdominalis* Lepeletier, 1823, p. 118. Originaldesignation.

Synonyme:
Kjellia Malaise, 1947, 39 (8), p. 3. syn. n.
Typusart: *Allantus (Emphytus) kolthoffi* Forsius, 1927, p. 10. Monotypisch.

Beschreibung der Gattung

Die Antennen sind länger als zweimal die maximale Breite des Kopfes; das 3. und 4. Antennenglied sind etwa gleichlang. Der Vorderrand des Clypeus ist tief bogenförmig ausgeschnitten. Mandibeln asymmetrisch; die linke Mandibel besitzt einen deutlichen Subapikalzahn, auf der rechten Mandibel ist entweder ein Subapikalzähnchen oder zumindest eine schwache konvexe Wölbung entwickelt (Abb. 1.1–1.5). Der Malarraum ist höchstens so lang wie der Durchmesser eines Ocellus. Die Postgenalcarina erreicht nur die Höhe der oberen Augenecke. Die obere Hälfte der Mesopleuren ist stärker oder schwächer skulptiert, aber nie völlig glatt. Tarsalklauen mit deutlicher Basalverdickung (Basallappen) und kräftigem Subapikalzahn, der aber immer kürzer als der Apikalzahn bleibt (Abb. 1.6). Im Vorderflügel fehlt die 1. Cubitalquerader (1 r–m). Hinterflügel ohne geschlossene Mittelzelle und Randvene. Die Analzelle des Hinterflügels oft nur kurz, aber immer deutlich gestielt. Das Abdomen ist schwarz oder gelb und teilweise geschwärzt.

Benson (1939) begründet diese Gattung auf Grund von Merkmalen, die die Gattung *Apethymus* nicht eindeutig charakterisieren, sondern auch bei anderen Arten des Tribus Allantini zu finden sind. Wie schwierig sich jedoch die gattungsgebundene Differentialdiagnose darstellt, beweisen die unterschiedlichen Auffassungen der Autoren. So trennen Benson (1952), Fitton et al. (1978), Liston (1981) und Taeger (1986) *Apethymus* von *Allantus* Panzer, 1801 (= *Emphytus* Klug, 1813), während Takeuchi (1952) und Zombori (1982) zwischen *Apethymus*, *Allantus* und *Emphytus* unterscheiden.

Als typisch für *Apethymus* geben alle Autoren an, daß die Antennen so lang oder länger sind als die Tibia₃ zusammen mit den Tarsen₃. Wie sich herausstellte gibt es aber Arten, bei denen die Antennen deutlich kürzer, aber immer länger als die doppelte Breite des Kopfes sind. Demgegenüber sind die Antennen bei *Allantus* (= *Emphytus*) – wenn hier dem weitergefaßten Gattungsverständnis gefolgt wird – in der Regel höchstens so lang wie zweimal die maximale Breite des Kopfes. Die rechte Mandibel bei *Apethymus* besitzt entweder ein Subapikalzähnchen oder zumindest eine konvexe Wölbung, während bei *Allantus* diese Mandibel immer ausgerandet ist (Abb. 1.7). Die als gattungstypisch bezeichneten Merkmale des Flügelgeäders sind ebenfalls durch gattungsübergreifende Beispiele belegt. Nur die kurz gestielte Analzelle des Hinterflügels ist bei allen *Apethymus*-Arten anzutreffen. Die *Apethymus*-Arten besitzen meistens schwarze oder gelbe Abdomen, die aber auch mehr oder weniger geschwärzt sein können. Dagegen sind die *Allantus*-Arten oft durch andersfarbige Abdomengürtel gekennzeichnet.

Bestimmungsschlüssel der palaearktischen *Apethymus*-Arten

1 Antennen zweifarbig; schwarz und weiß oder gelbbraun und weiß (wenn einfarbig schwarzbraun, dann ♂ und 14) 2
− Antennen einfarbig schwarz oder schwarzbraun 4

2 Abdomen gelblich gefärbt; höchstens Sägescheide schwarz 3
− Abdomen schwarz oder schwarz mit heller Zeichnung 9

3 Der Kopf ist schwarz. An den Antennen sind das 6. und 7. oder 7. und 8. Glied weiß gezeichnet .... *ustus* (Klug)

Beschreibung der *Apethymus-Arten*

Apethymus apicalis (KLUG), resyn. et comb. n.
Tenthredo (Emphytus) apicalis KLUG, 1814, p. 285, Nr. 208.
Synonyme:
Emphytus klugii THOMSON, 1871, p. 194.

♀. – Körper schwarz. An den Antennen sind die Spitzenhälfte des 6. sowie das gesamte 7. bis 9. Glied weiß. Labrum dunkelbraun bis schwarz. Gelb sind je ein Fleck auf den äußeren, unteren Orbiten, an den oberen Augenecken und neben dem Postocellarfeld, letztere können sich zu einem Bogenstreifen verbinden, aber auch fast völlig reduziert sein. Tegulae bis auf einen kleinen schwarzen Fleck am Innenrand gelblichweiß. Beine rötlichgelb; schwarz sind die Coxae, die Trochanteren, das Basisdrittel von Femur$_{1/2}$, die Basis von Femur$_{1/2}$ und oft die Spitze der Tibia$_3$; auch die Tarsen können dunkelbraun bis schwarz werden, Tarsen$_{1/2}$ oft nur apikal verdunkelt. Hinterränder der Tergite und Sternite manchmal sehr schmal weißlich. Cerci schwarz.

Hinterkopf parallel oder sehr schwach erweitert. Antennen 2,5mal so lang wie die maximale Breite des Kopfes; Scapus stark gedrungen und 1,5mal so lang wie breit. Clypeus breit bogenförmig ausgeschnitten und stark runzelig skulptiert. Malarraum länger als der Radius eines Lateralocellus. Oberkopf fast unpunktiert; Frontalfeld stark runzelig skulptiert und matt. Postocellarfeld 1,7mal so breit wie lang; Lateralfurchen verlaufen schräg nach vorn; Vorderrand in der Mitte schwach eingekerbt.

Praescutum mit sehr flachen Punktgruben mäßig dicht punktiert. Scutum$_2$ fast glatt. Scutellum$_2$, vor allem in der hinteren Hälfte, deutlich punktiert. Mesopleuren, vor allem am Oberrand, unregelmäßig und tief bis runzelig skulptiert. Mesosternum mit schwacher Mikroskulptur und einzelnen Punktgruben. Behaarung auf Kopf und Thorax hellbraun und länger als der Durchmesser eines Lateralocellus. Flügel basal schwach gelblich, distale Hälfte grau getrübt; Costa gelbrot, Stigma und übriges Flügelgeäder dunkelbraun.

Tergite mit lederartiger Mikroskulptur und matt.
Länge: 9,5 bis 11,0 mm.
Sägescheide: Abb. 2.1. Sägevalve: Abb. 2.2, 2.3.

♂. – Im wesentlichen gefärbt wie das ♀. Antennen völlig schwarz. Tibia$_3$ apikal nicht geschwärzt. Hinterkopf parallel.
Länge: 8,5 bis 10,0 mm.
Parapenis und Harpe: Abb. 2.4. Penisvalve: Abb. 2.5.

Typenmaterial

Tenthredo (Emphytus) apicalis KLUG
   Holotypus: ♀: Etikettierung: „14177"; „Apicalis KL."; „Silesia, KL."; „Holotypus, des.: F. KOCH, 1986 (rot)"; „*Apethymus apicalis* (KLUG) ♀, det.: F. KOCH 86".
   Der Holotypus befindet sich im Museum für Naturkunde, Berlin.

Emphytus klugii THOMSON
   Lectotypus: ♀: Etikettierung: „Strand mollen"; „Klugii"; „Lectotypus, des.: F. KOCH, 1987 (rot)"; „*Apethymus apicalis* (KLUG) ♀, det.: F. KOCH 87".
   Der Lectotypus und ein Paralectotypus (♂) befinden sich im Zoological-Museum, Lund.
   Verbreitung: BRD, DDR, Österreich, CSSR, Schweden, Polen, europäischer Teil der Sowjetunion.

Diskussion

   KLUG (1814) erwähnt bei seiner Beschreibung der *Tenthredo (Emphytus) apicalis,* daß ihm nur ein einzelnes ♀ vorlag. Unter der Katalog-Nr. 14177 findet man jedoch drei Exemplare (1 ♂/2 ♀♀) mit dem Fundort Schlesien. Diese drei Tiere sind erhalten, wobei das ♀ mit dem Originaletikett als Holotypus designiert wurde. Das ♂ und das andere ♀ sind offenbar später hinzugekommen.

Bedenken an der Validität dieser Art hegte KLUG (1814) selbst. Später bezweifelte NERÉN (1891) den Artstatus von *A. apicalis* und synonymisierte sie mit *Emphytus filiformis*. Seit KONOW (1905) bis zur Gegenwart (ZOMBORI 1982) wird *A. apicalis* immer als Synonym zu *A. serotinus* betrachtet.

Emphytus klugii THOMSON, die ebenfalls immer als artgleich mit *A. serotinus* verstanden wurde, ist in Wirklichkeit ein Synonym zu *A. apicalis*, wie die Typenuntersuchung ergab. Auf eine enge Verwandtschaft von *E. klugii* mit *A. apicalis* deutete THOMSON (1871) selbst hin. Insgesamt lagen aus Lund 2 ♂♂ und 1 ♀ zur Begutachtung vor, von denen aber nur 1 ♂ und das ♀ die Schriftzüge THOMSONS tragen, jedoch nicht auf den für ihn üblichen Etiketten. Auf die oft unzureichende Beschriftung der Etiketten THOMSONS verwies in dankenswerter Weise R. DANIELSSON in einer brieflichen Mitteilung. Diese beiden von THOMSON etikettierten Tiere wurden als Syntypen behandelt.

A. apicalis unterscheidet sich von allen anderen schwarzen Arten durch die rötliche Tibia$_3$ mit oft schwarzer Spitze bei den ♀♀. Charakteristisch ist auch die Form der Serrulae, die bereits BENSON (1935), MUCHE (1969) und SCOBIOLA-PALADE (1981) darstellen, aber fälschlich mit *A. serotinus* kennzeichnen.

Apethymus cereus (KLUG), resyn.
Tenthredo (Emphytus) cerea KLUG, 1814, p. 289, Nr. 216.
Apethymus abdominalis var. *cereus*, ZOMBORI, 1982, p. 74.

Synonyme:
Allantus laticinctus BRULLÉ, 1832, p. 392.

♀. – Kopf und Thorax schwarz. Labrum hellbraun. Gelb sind ein breiter Bogenstreifen von der oberen Augenecke zum Postocellarfeld und zwei Längsflecken neben dem Medianocellus, die aber oft nur bräunlich durchscheinen. Am Pronotum der Vorderrand, die Seitenränder und die Ecken des Hinterrandes gelb. Tegulae, Postspiracularsklerit und obere Hälfte der Mesopleuren, außer dem schmalen Vorderrand, gelb. Beine überwiegend gelb; Coxa$_1$ fast völlig schwarz, Coxa$_2$ nur lateral gelb, Coxa$_3$ basal geschwärzt; Trochanteren teilweise schwarz; Tibia$_3$ apikal und Tarsen schwarz. Abdomen gelb; schwarz sind der Vorderrand vom Tergit$_1$ und die distale Hälfte der Sägescheide.

Hinterkopf parallel oder schwach erweitert. Antennen 2,8mal so lang wie die maximale Breite des Kopfes; Scapus schlank und 2,4mal so lang wie breit. Clypeus breit bogenförmig ausgeschnitten und gerunzelt (Abb. 1.3). Malarraum etwas länger als der Radius eines Lateralocellus. Oberkopf und Frontalfeld wenig punktiert, glänzend. Postocellarfeld wenig breiter als lang und parallelseitig; Vorderrand in der Mitte schwach eingekerbt.

Praescutum und Scutum$_2$ mit kleinen, mäßig dicht stehenden Punktgruben. Scutellum$_2$ mit größeren, verstreut stehenden Punktgruben. Mesopleuren mit Mikroskulptur und einigen verstreuten, unregelmäßig großen Punktgruben. Mesosternum mit kleinen Punktgruben skulptiert. Behaarung auf Kopf und Thorax grau und kürzer als der Durchmesser eines Lateralocellus. Flügel basal gelblich, distale Hälfte schwach grau getrübt; Basis der Costa gelb, übriges Flügelgeäder und Stigma dunkelbraun.

Abdomen mit schwacher Mikroskulptur und glänzend.
Länge: 8,0 bis 10,0 mm.
Sägescheide: Abb. 3.1. Sägevalve: Abb. 3.2, 3.3.

♂. – Im wesentlichen wie das ♀ gefärbt und skulptiert. Gelbfärbung an Kopf und Thorax weniger ausgeprägt. Coxen und teilweise auch Trochanteren fast völlig schwarz; äußerste Basis der Femora$_{1/2}$ oft verdunkelt. Tergit$_1$ schwarz. Hinterkopf schwach verengt. Antennen 3,2mal so lang wie die maximale Breite des Kopfes; Scapus 1,7mal so lang wie breit.
Länge: 7,0 bis 8,0 mm.
Parapenis und Harpe: Abb. 3.4. Penisvalve: Abb. 3.5, 3.6.

Typenmaterial

Tenthredo (Emphytus) cerea KLUG

Lectotypus: ♀: Etikettierung: „14180"; „*Cerea* KL."; „KL."; „Lectotypus, des.: F. KOCH, 1986 (rot)"; „*Apethymus cereus* (KLUG) ♀, det.: F. KOCH 86".
Der Lectotypus und vier Paralectotypen (3 ♂♂/1 ♀) befinden sich im Museum für Naturkunde, Berlin.
Verbreitung: BRD, DDR, Ungarn.

Diskussion

Die Syntypenserie von *Tenthredo (Emphytus) cerea* umfaßt acht Tiere mit der Katalog-Nr. 14180 und dem Fundort Deutschland. Davon gehören 1 ♂ und 1 ♀ zu *A. filiformis*. In der Syntypenserie steckt ein weiteres ♂, das sich durch ein völlig gelbes Pronotum mit schwarzer Mitte, ein gelbes Postspiracularsklerit, vollständig gelbe Coxae, gedrungeneren Scapus sowie genitalmorphologische Besonderheiten von den anderen ♂♂ unterscheidet. Seine Zuordnung bleibt vorerst fraglich.

A. cereus unterscheidet sich von *A. cerris* durch das geschwärzte Tergit₁ und die teilweise gelben Mesopleuren im weiblichen Geschlecht.

Apethymus cerris (KOLLAR), resyn.
Tenthredo (Emphytus) cerris KOLLAR, 1850, p. 206.
Apethymus abdominalis var. *cerris*, ZOMBORI, 1975, p. 98.
Synonyme:
Allantus serotinus var. *abdominalis* (LEPELETIER) sensu ENSLIN, 1914, p. 236 (misdet.).

♀. – Kopf und Thorax schwarz. Labrum schwarzbraun. Gelb sind ein Fleck an der oberen Augenecke, der das Postocellarfeld nicht erreicht und die Tegulae. Beine überwiegend gelb; schwarz sind die Coxae, die Trochanteren, die Femora basal, die Tibien basal und apikal; die Tibia₃ ist außerdem in der Mitte der Vorderseite geschwärzt; Tarsen schwarz, Basitarsus an allen Beinen basal schmal weißlich. Abdomen gelb; Sägescheide schwarz.

Hinterkopf schwach erweitert. Antennen 2,3mal so lang wie die maximale Breite des Kopfes; Scapus stark gedrungen und 1,3mal so lang wie breit. Clypeus breit bogenförmig ausgeschnitten und mit tiefen Punktgruben dicht skulptiert. Malarraum so lang wie der Durchmesser eines Lateralocellus. Oberkopf kaum punktiert, glänzend. Frontalfeld mit Mikroskulptur und kleinen, verstreuten Punktgruben, wenig glänzend. Postocellarfeld etwas breiter als lang; Lateralfurchen leicht gebogen; Vorderrand in der Mitte deutlich eingekerbt; eine flache Längsfurche ist angedeutet.

Praescutum, Scutum₂ und Scutellum₂ mit kleinen, verstreut stehenden Punktgruben skulptiert. Mesopleuren mit wenigen, unregelmäßig großen Punktgruben skulptiert. Mesosternum fast unpunktiert. Behaarung auf Kopf und Thorax grau und kürzer als der Durchmesser eines Lateralocellus. Flügel überwiegend gelblich, apikal grau getrübt; Basis der Costa und alle längsverlaufenden Nerven gelb, Stigma und übriges Flügelgeäder schwärzlich bis braun.

Abdomen glänzend und fast unskulptiert.
Länge: 10,0 bis 12,0 mm.
Sägescheide: Abb. 4.1. Sägevalve: Abb. 4.2, 4.3.

♂. – Im wesentlichen gefärbt und skulptiert wie das ♀. Beine heller; nur Tibia₃ manchmal basal geschwärzt, aber ohne schwarzen Mittelfleck, Hinterkopf parallel. Antennen 3,4mal so lang wie die maximale Breite des Kopfes; Scapus 1,2mal so lang wie breit.
Länge: 8,5 bis 9,5 mm.
Parapenis und Harpe: Abb. 4.4. Penisvalve: Abb. 4.5, 4.6.
Verbreitung: Österreich, Ungarn.

Diskussion

KOLLAR (1850) beschreibt *Tenthredo (Emphytus) cerris*, einschließlich der Larvalontogenese und der imaginalen Lebensweise, ungewöhnlich ausführlich für diese Zeit. Über den Verbleib der Typen ist jedoch nichts bekannt.

Während KONOW (1905) *Emphytus cerris* noch als valide Art akzeptierte, stellte sie ENSLIN (1914) als Synonym fälschlicherweise zu *Allantus serotinus* var. *abdominalis*. MUCHE (1969) erwähnt diese Art gar nicht mehr, und ZOMBORI (1975) glaubt, sie als Varietät von *A. abdominalis* zu erkennen, schließt aber auch ihre Eigenständigkeit nicht aus.

Apethymus filiformis (KLUG), resyn.
Tenthredo (Emphytus) filiformis KLUG, 1814, p. 285, Nr. 207.
Apethymus abdominalis var. *filiformis*, ZOMBORI, 1982, p. 75.

Synonyme:
Tenthredo (Emphytus) serotina KLUG, 1814, p. 288, Nr. 215 (praeocc. in *Tenthredo* durch O. F. MÜL-LER, 1776, p. 150).
T. tarsata ZETTERSTEDT, 1819, p. 77.
Dolerus abdominalis LEPELETIER, 1823, p. 118. syn. n.
Tenthredo melas RUDOW, 1871, p. 386.
Emphytus temesiensis MOCSÁRY, 1879, p. 115.
Apethymus abdominalis var. *temesiensis*, ZOMBORI, 1982, p. 74.
Emphytus serotinus var. *melanopus* ULBRICHT, 1913, p. 20.
Apethymus abdominalis var. *melanopus*, ZOMBORI, 1982, p. 75.
Emphytus autumnalis FORSIUS, 1933, p. 7.

♀. – Körper schwarz. Labrum braun bis schwarzbraun. Hintere Orbiten teilweise mit gelbbraunem Fleck. Zwischen der oberen Augenecke und dem Postocellarfeld oft ein gelbbrauner Bogenstreifen. Tegulae gelbweiß und manchmal auch der äußerste Rand des Pronotums. Beine rotgelb; schwarz sind die Coxae; teilweise die Trochanteren, die auch ausgedehnt weiß gefärbt sein können; oft Tibia$_3$ apikal und die Tarsen, die Tarsen$_{1/2}$ oft nur apikal deutlich verdunkelt; Tibia$_2$ basal schmal weiß, Tibia$_3$ basal breit weiß gezeichnet. Hinterränder der Tergite und Sternite schmal bis breit hell gezeichnet, bis schließlich das Abdomen völlig gelb wird; umgeschlagene Seitenränder der Tergite hellgelb; selbst bei den hellsten Formen bleibt das Tergit$_1$ fast völlig schwarz, ebenso die Sägescheide; Sternite in der Mitte immer mehr oder weniger bräunlich. Cerci gelb.

Hinterkopf parallel oder schwach erweitert. Antennen 3,0mal so lang wie die maximale Breite des Kopfes; Scapus 1,5mal so lang wie breit. Clypeus breit bogenförmig ausgeschnitten, mit dicht stehenden Punktgruben skulptiert (Abb. 1.5). Malarraum wenig länger als der Radius eines Lateralocellus. Oberkopf fast unpunktiert. Frontalfeld mit vereinzelten kleinen Punktgruben skulptiert. Postocellarfeld etwas länger als breit; Lateralfurchen bogenförmig; Vorderrand in der Mitte deutlich eingekerbt.

Praescutum mit kleinen Punktgruben mäßig dicht skulptiert. Scutum$_2$ schwächer punktiert und mehr glänzend. Scutellum$_2$ mit Mikroskulptur und großen, flachen Punktgruben, die in der hinteren Hälfte miteinander verschmelzen. Mesopleuren mit schwacher Mikroskulptur und unregelmäßigen Punktgruben, die am Oberrand runzelig verschmelzen. Mesosternum teilweise mit schwacher Mikroskulptur und großen, sehr flachen Punktgruben. Behaarung auf Kopf und Thorax grau und fast so lang wie der Durchmesser eines Lateralocellus. Flügel basal gelblich, sonst überwiegend grau getrübt; Costa und Nerven der Analzelle im Vorderflügel gelb, Stigma und übriges Flügelgeäder dunkelbraun.

Tergite glänzend trotz Mikroskulptur.
Länge: 9,0 bis 11,0 mm.
Sägescheide: Abb. 5.1. Sägevalve: Abb. 5.2., 5.3.

♂. – Im wesentlichen gefärbt und skulptiert wie das ♀. Meistens nur Tibia$_3$ basal weißlich. Die umgeschlagenen, weißlichen Seitenränder der Tergite können bei den dunklen Formen völlig fehlen. Hinterkopf parallel oder schwach verengt. Antennen 3,3mal so lang wie die maximale Breite des Kopfes.

Länge: 6,5 bis 8,0 mm.

Parapenis und Harpe: Abb. 5.4. Penisvalve: Abb. 5.5, 5.6.

Typenmaterial

Tenthredo (Emphytus) filiformis KLUG

Lectotypus: ♂: Etikettierung: „14176"; „*Filiformis* KL."; „Silesia, KL."; „Lectotypus, des.: F. KOCH, 1986 (rot)"; „*Apethymus filiformis* (KLUG) ♂, det.: F. KOCH 86".

Der Lectotypus und drei Paralectotypen (♂♂) befinden sich im Museum für Naturkunde, Berlin.

Tenthredo (Emphytus) serotina KLUG

Lectotypus: ♀: Etikettierung: „14181"; „*Serotina* KL."; „KL."; „Lectotypus, des.: F. KOCH, 1986 (rot)"; „*Apethymus filiformis* (KLUG) ♀, det.: F. KOCH 86".

Der Lectotypus und zwei Paralectotypen (1 ♂/1 ♀) befinden sich im Museum für Naturkunde, Berlin.

Tenthredo tarsata ZETTERSTEDT

Lectotypus: ♀: Etikettierung: „(kleines ockerfarbenes Rechteck)"; „*T. serotina* ♀ KLUG"; „*T. tarsata.* ♀ ZETT."; „Lectotypus, des.: F. KOCH, 1987 (rot)"; „*Apethymus filiformis* (KLUG) ♀, det.: F. KOCH 87".

Der Lectotypus und ein Paralectotypus (♂) befinden sich im Zoological Museum, Lund. Nach einer brieflichen Mitteilung von R. DANIELSSON bedeutet das kleine ockerfarbene Rechteck, daß dieses Tier von Ostrogothia kommt, und hier befindet sich auch der locus typicus Lärketorp (ZETTERSTEDT 1819).

Emphytus temesiensis MOCSÁRY

Holotypus: ♀: Etikettierung: „Temes vàr Szmoby"; „*Emphytus Temesiensis* MOCS."; „(rotes Rechteck)"; „Holotypus, des.: F. KOCH, 1987 (rot)"; „*Apethymus filiformis* (KLUG) ♀, det.: F. KOCH 87".

Der Holotypus befindet sich im Hungarian Nat. Hist. Museum, Budapest.

Emphytus serotinus var. *melanopus* ULBRICHT

Holotypus: ♂: Etikettierung: „Type (rot)"; „Crefeld Br., ULBRICHT 10"; „Sammlung Dr. ENSLIN"; „*Emphytus serotinus* v. *melanopus* ULBR. ♂, Dr. ENSLIN det."; „Holotypus, des.: F. KOCH, 1987 (rot)"; „*Apethymus filiformis* (KLUG) ♂, det.: F. KOCH 87".

Der Holotypus befindet sich in der Zoologischen Staatssammlung, München.

Emphytus autumnalis FORSIUS

Holotypus: ♀: Etikettierung: „Runsala, 16.9.1923, R. FORSIUS"; „*Emphytus autumnalis* n. sp. ♀, Holotypus, R. FORSIUS det."; „*Apethymus filiformis* (KLUG) ♀, det.: F. KOCH 87".

Der Holotypus befindet sich im Zoological Museum, Åbo.

Verbreitung: Spanien, Niederlande, Großbritannien, Frankreich, BRD, DDR, Schweiz, Österreich, Ungarn, Albanien, Jugoslawien, Bulgarien, Polen, Schweden, Finnland, europäischer Teil der Sowjetunion, Mongolei.

Diskussion

Über diese *Apethymus*-Art bestanden bei allen Autoren die meisten Unklarheiten, wofür auch die große Zahl von Synonymen spricht. Möglicherweise läßt sich das am einfachsten mit der phänotypischen Variabilität, die sich im Erscheinen von Tieren mit völlig schwarzem und solchen mit gelbem Abdomen und den dazwischenliegenden Varianten äußert, erklären. Die Variabilität dieser Art war bekannt (BENSON 1935, MUCHE 1969), wurde jedoch der *A. abdominalis* zugeschrieben, deren Synonymie mit *Tenthredo (Emphytus) serotina* KLUG nec MÜLLER als erwiesen galt (HARTIG 1837, KONOW

1905, Enslin 1914, Muche 1969). Neu in diesem Zusammenhang ist jedoch die Synonymie von *A. abdominalis* und damit auch *T. serotina* Klug mit *A. filiformis*.

Die Syntypenserie von *Tenthredo (Emphytus) filiformis* umfaßt laut Katalog fünf Exemplare mit Fundort Schlesien. Es handelt sich dabei ausschließlich um ♂♂, von denen aber eins zu *A. apicalis* gehört. Klug (1814) waren die ♀♀ unbekannt, und man kann ausschließen, daß er sie fehlgedeutet hätte, denn aus dieser Zeit liegen keine entsprechenden ♀♀ in der Sammlung vor.

Die Syntypenserie von *Tenthredo (Emphytus) serotina* Klug besteht aus drei Exemplaren (1 ♂/ 2 ♀♀) mit Fundort Deutschland. Der morphologische Vergleich beider Syntypenserien miteinander, der auch an den mittlerweile bekannt gewordenen ♀♀ von *A. filiformis* vorgenommen wurde, ergab ihre Artzusammengehörigkeit.

Ein überwiegend gelbes Abdomen mit sehr wenig brauner Zeichnung auf den Sterniten besitzt *Tenthredo tarsata* Zetterstedt, das Enslin (1914) veranlaßte, die Synonymie zu *T. serotina* Klug festzulegen. Genitalmorphologisch unterscheidet sich diese sehr helle Varietät nicht von *A. filiformis*.

Die Typen von *Dolerus abdominalis* Lepeletier müßten in Paris aufbewahrt sein, lassen sich aber nicht eindeutig erkennen, wie H. Chevin freundlicherweise brieflich mitteilte. Als ein wesentliches Problem dabei erweist sich die bisher unbekannte Form der Etikettierung Lepeletiers. Aus der Coll. Lepeletier lagen 1 ♂ und 2 ♀♀ zur Bearbeitung vor. Eins der beiden ♀♀ ist mit einem kleinen grünen Punkt und einer größeren weißen Scheibe mit der handgeschriebenen Aufschrift „Saint Fargeau" gekennzeichnet. Bei diesem Tier könnte die Identität mit einem Typusexemplar in Erwägung gezogen werden. Die Untersuchung dieser drei Tiere bestätigte die laut Beschreibung bereits vermutete Zugehörigkeit zu *A. filiformis*.

Bei *Emphytus temesiensis* Mocsáry sind außer dem Tergit$_1$, die Basis der Tergite$_{2/5-9}$ und alle Sternite ausgedehnt schwarz. Dennoch besteht kein Zweifel an der Synonymie mit *A. filiformis*. Schon Benson (1935) synonymisierte diese Art mit *E. abdominalis*.

Der Typus, 1 ♂, von *Emphytus serotinus var. melanopus* Ulbricht konnte ebenfalls überprüft werden und trotz der auffallend dunklen Beine, an denen nur die Spitzen der Femora$_{1/2}$, die Basis der Tibien$_{1/2}$ sowie die Außenseite von Femur$_3$ rotbraun und die schmale Basis der Tibia$_3$ weißlich sind, zu *A. filiformis* gestellt. Diese Varietät wurde von Ulbricht (1913) selbst, Enslin (1914) und Muche (1969) fälschlich immer unter *A. serotinus* (O. F. Müller) geführt, bis Zombori (1982) sie als Varietät von *A. abdominalis* erkannte. Enslin (1914) schreibt, daß von dieser Varietät nur das ♀ bekannt ist; in Wirklichkeit handelt es sich jedoch um 1 ♂.

Die, bis auf die hellen, umgeschlagenen Seitenränder, sonst schwarz gefärbte *Emphytus autumnalis* Forsius diagnostizierte bereits Conde (1939) als Synonym zu *A. filiformis (A. abdominalis)*, das hiermit bestätigt werden kann.

Inwiefern die von Komow (1905), Enslin (1914), Muche (1969) und Zombori (1982) mit der var. *filiformis* synonymisierte *Tenthredo melas* Rudow hierher gehört, kann nicht völlig gesichert werden. Dagegen spricht die Farbe der Beine „pedibus rufis, tibiarum posticarum apice et tarsis nigris" (die weiße Basis wird nicht erwähnt). Das für diese Art relativ frühe Fangdatum Juli scheint nicht untypisch zu sein, denn in der Sammlung des Museums für Naturkunde, Berlin, existiert ein weiteres, von Bischoff bereits im Mai erbeutetes Tier. Auch Hubenthal (1943) nennt derartig zeitige Funde für diese Art. Bedenken bestehen auch gegen die von Rudow (1871) publizierte Wirtspflanze *Corylus*. Der Typus von *T. melas* müßte sich in Jena befinden, gilt aber mit großer Sicherheit als zerstört, wie H. v. Knorre freundlicherweise mitteilte.

Die dunklen Tiere von *A. filiformis* unterscheiden sich von *A. serotinus*, *A. parallelus* und *A. kolthoffi* am sichersten durch die schwarzen Antennen und von *A. apicalis* durch die weiße Basis der Tibia$_3$. Selbst bei den hellsten *A. filiformis* sind die Basalsternite immer mehr oder weniger gebräunt; das findet man bei den anderen *Apethymus*-Arten mit gelbem Abdomen nicht.

Apethymus hakusanensis TOGASHI
Apethymus hakusanensis TOGASHI, 1976, p. 83.

♀. – Körper schwarz. Gelblichweiß sind ein Fleck auf den inneren Orbiten, der Hinterrand des Pronotums, die Tegulae sowie die Hinterränder der Tergite$_{1-8}$. Tibia$_{1/2}$ und Tarsen $_{1/2}$ gelbbraun; Basalhälfte der Tibia$_3$ hellgelb.
Clypeus tief halbkreisförmig ausgeschnitten und kräftig gerunzelt. Mesopleuren am Vorderrand und in der oberen Hälfte mit mittelgroßen Punktgruben besetzt. Abdomen fein lederartig skulptiert.
Länge: 9,0 mm.

♂. – Gefärbt und skulptiert wie das ♀.
Länge: 8,0 mm.
Verbreitung: Japan.

Apethymus hisamatsui TOGASHI
Apethymus hisamatsui TOGASHI, 1978, p. 77.

♀. – Körper schwarz. An den Antennen sind das 6. Glied, außer der Basis, sowie das 7. bis 9. Glied weiß. Labrum und Mandibelbasis weiß. An den schwarzen Beinen sind die Spitzenhälfte der Coxa$_3$; alle Trochanteren; Tibia$_{1/2}$, die Basalhälfte der Tibia$_3$ und alle Tarsen, außer den Apikalgliedern, weiß. Tergite$_{2-5}$ und Sternite$_{1-6}$ rötlichgelb. Cerci rotgelb.
Clypeus tief trapezförmig ausgeschnitten und mit großen unregelmäßigen Punktgruben besetzt. Mesopleuren minutiös punktiert.
Länge: 9,0 mm.

♂. – Unbekannt.
Verbreitung: Japan.

Apethymus kaiensis TOGASHI et SHINOHARA
Apethymus kaiensis TOGASHI et SHINOHARA, 1975, p. 170.

♀. – Körper schwarz. Antennen schwarz, 7. bis 9. Glied weiß. Labrum weiß. Beine schwarz; weiß sind die Trochanteren$_3$ und das basale Drittel der Tibia$_3$, Tibia$_1$ und Tarsen$_1$ sind braun, Tibia$_2$ basal hellgelb. Tergit$_2$ außer in der Mitte und Tergit$_3$ lateral breit weiß; Sternite$_{2/3}$ weiß.
Clypeus tief halbkreisförmig ausgeschnitten und mit großen, mäßig dicht stehenden Punktgruben besetzt (Abb. 1.2). Mesopleuren mit kleinen Punktgruben skulptiert. Abdomen schwach punktiert.
Länge: 10,0 mm.

♂. – Unbekannt.
Verbreitung: Japan.

Apethymus kolthoffi (FORSIUS)
Allantus (Emphytus) kolthoffi FORSIUS, 1927, p. 10.
Kjellia kolthoffi, MALAISE, 1947, 39 (8), p. 3.
Apethymus kolthoffi, TAKEUCHI, 1952, p. 40.

♀. – Körper schwarz. An den Antennen sind das 6. Glied apikal sowie das 7. und 8. Glied weiß, ihre Rückseite und das 9. Glied sind braun. Labrum weiß. Tegulae schmal weiß gesäumt. Scutellum$_2$ mit zwei kleinen aufgehellten Flecken. Scutellum$_3$ seitlich weiß gefleckt. Trochanteren$_3$ weiß; Femur$_3$ und Tibien$_{1/2}$ braun, Tibia$_3$ basal breit weiß, in der Mitte braun und apikal schwarz. Die schmalen Hinterränder der Tergite weiß, Tergit$_9$ auch in der Mitte weiß gefleckt, die umgeschlagenen Seitenränder des Tergits$_2$ breit weiß, die Tergite$_{3-6}$ nur schmal weiß gesäumt. Cerci hellbraun.

Hinterkopf deutlich erweitert. Antennen 2,3mal so lang wie die maximale Breite des Kopfes; mittlere Antennenglieder auffällig verbreitert; Scapus 1,6mal so lang wie breit. Clypeus breit bogenförmig ausgeschnitten und runzelig skulptiert (Abb. 1.1). Malarraum länger als der Radius eines Lateralocellus. Oberkopf mit kleinen Punktgruben, die sich im Bereich des Frontalfeldes runzelig verdichten. Postocellarfeld geringfügig breiter als lang; Lateralfurchen parallel; Medianfurche deutlich und tief.

Praescutum und Scutum$_2$ mit relativ dichtstehenden, kleinen Punktgruben, glänzend; Scutum$_2$ außerdem mit Mikroskulptur. Scutellum$_2$, vor allem in der hinteren Hälfte, mit größeren Punktgruben und runzeliger Mikroskulptur; die vordere Hälfte flach längsgefurcht. Mesopleuren stark gerunzelt und matt, Punktgruben lassen sich kaum erkennen; der untere Rand und das Mesosternum sind glatt, mit flachen Punktgruben, glänzend. Behaarung auf Kopf und Thorax grau und kürzer als der Durchmesser eines Lateralocellus. Flügel schwach grau getrübt, die Spitze etwas deutlicher; Stigma mit schmaler heller Basis, sonst schwarzbraun wie übriges Flügelgeäder; Costa etwas heller; Nerven der Analzelle im Vorderflügel hellbraun.

Tergite glänzend, Mikroskulptur kaum entwickelt.

Länge: 11,0 bis 11,5 mm.

Sägescheide: Abb. 6.1. Sägevalve: Abb. 6.2, 6.3.

♂. – Unbekannt.

Typenmaterial

Allantus (Emphytus) kolthoffi FORSIUS

Holotypus: ♀: Etikettierung: „China, KOLTHOFF"; „Provins, Kiangsu"; „nov."; „Type"; „Typus (rot)"; „*Allantus kolthoffi* n. sp., Typ. R. FORSIUS det. ♀"; „*Kjellia* n. gen. *kolthoffi* (FORSIUS), R. MALAISE det. 1977"; „Holotypus, des.: F. KOCH, 1987 (rot)"; „*Apethymus kolthoffi* (FORSIUS) ♀, det.: F. KOCH 87".

Der Holotypus befindet sich im Riksmuseum, Stockholm.

Verbreitung: China.

Diskussion

FORSIUS (1927) beschrieb diese Art anhand eines Einzelstückes, das im November in Ostchina gesammelt wurde. Allein der späte Fangtermin spricht für die *Apethymus*-Zugehörigkeit. Dennoch begründete MALAISE (1947) auf Grund der annähernd symmetrisch gestalteten Mandibeln mit dieser Art die monotypische Gattung *Kjellia*. Der wohlentwickelte Subapikalzahn an der rechten Mandibel bei *A. kolthoffi* und die damit fast symmetrisch erscheinenden Mandibeln können nicht als Gattungsmerkmal anerkannt werden, da auch bei anderen *Apethymus*-Arten entweder ein Subapikalzahn *(A. kaiensis)* oder zumindest eine mehr oder weniger konvexe Wölbung an der rechten Mandibel entwickelt sind. Den Verlauf der Postgenalcarina erwähnen beide Autoren nicht.

Die Zugehörigkeit dieser Art zu *Apethymus* zog bereits TAKEUCHI (1952) in Erwägung und verglich sie mit der von ihm beschriebenen *A. kuri*. Die vorliegenden Untersuchungen bestätigen diese Vermutung, denn auch mit der Form der Serrulae läßt sie sich eindeutig als *Apethymus*-Art identifizieren.

Auf Grund der schwarzweiß gezeichneten Antennen steht *A. kolthoffi* der japanischen *A. quercivorus* nahe, von der sie sich jedoch durch den erweiterten Hinterkopf und die weiß gezeichneten Hinterbeine am auffälligsten unterscheidet. Letzteres Merkmal und die Form der rechten Mandibel verbinden sie am ehesten mit *A. kaiensis*, bei der aber die Mesopleuren nur schwach punktiert sind.

Apethymus kuri TAKEUCHI
Apethymus kuri TAKEUCHI, 1952, p. 39.

♀. – Körper schwarz. Weiß sind das 8. und 9. manchmal auch das 7. Antennenglied. Labrum dunkelbraun. Die Oberseite der Coxa$_3$ und die Trochanteren$_3$ weiß; Tibia$_1$ und Tarsen$_1$ dunkelbraun.

Clypeus tief trapezförmig ausgeschnitten und stark runzelig skulptiert. Mesopleuren runzelig mit großen, unregelmäßigen Punktgruben. Abdomen schwach lederartig skulptiert.
Länge: 11,0 bis 12,0 mm.

$\male$. – Unbekannt.
Verbreitung: Japan.

Apethymus parallelus (EVERSMANN), resyn. et comb. n.
Emphytus parallelus EVERSMANN, 1847, p. 28.

$\female$. – Körper schwarz. An den Antennen sind die Spitzenhälfte des 5. sowie das gesamte 6. bis 8. Glied weiß, das 9. Glied ist braun. Labrum weiß. Tegulae hellbraun. An den Beinen sind die Femora$_1$ apikal, die Tibien$_{1/2}$ und die Basis der Tarsen$_1$ hellbraun; sonst sind die Beine dunkelbraun bis schwarz, vor allem die Hinterbeine.

Hinterkopf parallel. Antennen 2,4mal so lang wie die maximale Breite des Kopfes; Scapus schlank, 2,0mal so lang wie breit. Clypeus tief halbkreisförmig ausgeschnitten und stark runzelig. Malarraum so lang wie der Durchmesser eines Lateralocellus. Oberkopf mit Mikroskulptur, unregelmäßig großen, sehr flachen Punktgruben und wenig glänzend. Frontalfeld dicht bis runzelig skulptiert, matt. Postocellarfeld etwas breiter als lang; die Lateralfurchen verlaufen schräg nach vorn.

Praescutum mit Mikroskulptur und vor allem lateral punktiert. Scutum$_2$ schwächer skulptiert. Scutellum$_2$ mit deutlicher Mikroskulptur und verstreuten großen Punktgruben. Mesopleuren mit Mikroskulptur und großen Punktgruben, die am Oberrand runzelig verschmelzen. Mesosternum schwächer skulptiert. Behaarung auf Kopf und Thorax braun und kürzer als der Durchmesser eines Lateralocellus. Flügel basal schwach gelblich, die Spitze ist bräunlich getrübt; die Costa und die äußerste Basis sind gelb, das übrige Flügelgeäder und das Stigma sind braun.

Tergite mit deutlicher Mikroskulptur, matt.
Länge: 12,0 mm.
Sägescheide: Abb. 7.1. Sägevalve: Abb. 7.2, 7.3.

$\male$. – Fraglich.
Verbreitung: Europäischer Teil der Sowjetunion.

Diskussion

Auch von dieser Art ist der Typus, der in Leningrad deponiert sein müßte, nicht auffindbar. Dagegen ist in der Sammlung des Museums für Naturkunde, Berlin, ein $\female$ aufbewahrt, das mit Sicherheit zu *A. parallelus* gehört. Es trägt die Katalog-Nr. 14179, unter der die Eintragungen „spec." und „Kasan, EVERSM." verzeichnet sind. Am Tier selbst steckt ein weiteres Etikett mit der handschriftlichen Notiz, die von EVERSMANN selbst stammen könnte: „Kasan, EVERSM.". Es ist nicht auszuschließen, daß es sich bei diesem Tier um den Typus oder einen Paratypus handeln könnte, und EVERSMANN (1847) demnach nicht das $\male$, sondern das $\female$ beschrieb.

Bisher galt *A. parallelus* immer als Synonym von *Emphytus braccatus*, die ihrerseits zu *A. serotinus* gehört. Für die Resynonymierung dieser Art spricht vor allem die Farbe der Beine und die Form der Serrulae. Von allen anderen *Apethymus*-Arten unterscheidet sich *A. parallelus* durch die völlig schwarzen Hinterbeine.

Apethymus quercivorus TOGASHI
Apethymus quercivorus TOGASHI, 1980, p. 324.

$\female$. – Körper schwarz. Die Spitze des 7., das 8. und die Oberseite des 9. Antennengliedes sind weiß. Labrum außer Außenrand weiß. Coxa$_3$, die distalen Hälften der Tibien$_{1/2}$ und Basitarsus$_{1/2}$ rotbraun. Die Seiten des Tergits$_2$, die Hinterränder der Tergite $_{2-8}$ und ein Fleck am Hinterrand des Tergits$_9$ sind weißlich.

Clypeus bogenförmig ausgeschnitten und tief, unregelmäßig punktiert. Obere Hälfte der Mesopleuren flach netzartig skulptiert. Tergite mit Mikropunktur.

Länge: 10,0 mm.

♂. – Unbekannt.

Verbreitung: Japan.

Apethymus serotinus (O. F. MÜLLER), nec KLUG (1814)
Tenthredo serotina O. F. MÜLLER, 1776, p. 150, Nr. 1737.
Emphytus serotinus, KONOW, 1901, p. 60.
Allantus serotinus, ENSLIN, 1914, p. 237.
Apethymus serotinus, BENSON, 1939, p. 112.

Synonyme:
Tenthredo braccata GMELIN, 1790, p. 2666, Nr. 114. syn. n.
T. varicornis GMELIN, 1790, p. 2666, Nr. 119.
T. tibialis PANZER, 1799, Heft 62 (praeocc. in *Tenthredo* durch VILLERS, 1789, p. 117).
Emphytus caligatus EVERSMANN, 1847, p. 28.

♀. – Körper schwarz. An den Antennen sind das 6. bis 8. Glied weiß. Labrum dunkelbraun. Die oberen, inneren Augenecken scheinen oft bräunlich durch. Tegulae schmutziggelb, Innenränder oft schwarz. Femora rötlichgelb, Femur$_{1/2}$ basal verdunkelt, Femur$_3$ mit schwarzem Apikalfleck; basale Hälfte der Tibien weiß, bei Tibia$_1$ oft undeutlich, die distalen Hälften der Tibien $_{1/2}$ sind gelblich, die distale Hälfte der Tibia$_3$ ist schwarz; Tarsen$_1$ hellbraun, Tarsen$_2$ braun bis schwarzbraun, Tarsen$_3$ schwarz. Hinterrand des Tergits$_1$ schmal weiß, auch die nachfolgenden Tergite oft mit sehr schmalen weißen Hinterrändern. Cerci gelb.

Hinterkopf parallel oder schwach erweitert. Antennen 2,6mal so lang wie die maximale Breite des Kopfes; Scapus nicht auffällig gedrungen und 1,8mal so lang wie breit. Clypeus tief halbkreisförmig ausgeschnitten und tief runzelig skulptiert (Abb. 1.4). Malarraum so lang wie der Radius eines Lateralocellus. Oberkopf glatt, glänzend und mit verstreuten kleinen Punktgruben besetzt; Frontalfeld gröber und dichter punktiert. Postocellarfeld etwa so lang wie breit, parallelseitig; Vorderrand in der Mitte schwach eingekerbt.

Praescutum und Scutum$_2$ relativ dicht mit kleinen Punktgruben skulptiert, glänzend. Scutellum$_2$ gröber, aber mäßig dicht punktiert. Mesopleuren vor allem in der oberen Hälfte mit runzeliger Mikroskulptur, einzelnen großen Punktgruben und teilweise matt. Mesosternum mit unauffälliger Mikroskulptur und verstreuten Punktgruben. Behaarung auf Kopf und Thorax grau und kürzer als der Durchmesser eines Lateralocellus. Flügel basal gelblich, distale Hälfte grau getrübt; Costa gelb, Stigma und übriges Flügelgeäder dunkelbraun.

Tergite mit kräftiger lederartiger Mikroskulptur und wenig glänzend.

Länge: 9,0 bis 11,0 mm.

Sägescheide: Abb. 8.1. Sägevalve: Abb. 8.2, 8.3.

♂. – Im wesentlichen gefärbt und skulptiert wie das ♀. Die Antennenglieder 6 bis 8 sind stärker verdunkelt und können auch völlig schwarzbraun werden. Hinterkopf schwach verengt. Antennen 2,7mal so lang wie die maximale Breite des Kopfes; Scapus 1,5mal so lang wie breit.

Länge: 8,0 bis 10,0 mm.

Parapenis und Harpe: Abb. 8.4. Penisvalve: Abb. 8.5.

Typenmaterial

Tenthredo serotina O. F. MÜLLER

Neotypus: ♀: Etikettierung: „Danmark, ex coll. SCHIEDTE"; „Neotypus, des.: F. KOCH, 1987 (rot)"; „Neotypus von *Tenthredo serotina* O. F. MÜLLER"; „*Apethymus serotinus* (MÜLLER) ♀, det.: F. KOCH 87".

Der Neotypus befindet sich im Zoologischen Museum, Kopenhagen.

Verbreitung: Niederlande, Frankreich, Großbritannien, BRD, DDR, Dänemark, Schweiz, Österreich, CSSR, Ungarn, Rumänien, Schweden, Finnland, europäischer Teil der Sowjetunion.

Diskussion

Nach HORN und KAHLE (1935–1937) hat die Sammlung MÜLLER nie existiert oder ist völlig zerstört. Nun wäre das allein kein Grund, einen Neotypus festzulegen, zumal die kurze Beschreibung von MÜLLER (1776) diese Art auch einigermaßen sicher charakterisiert. Die Notwendigkeit ergibt sich aus dem verwirrenden Durcheinander sämtlicher Synonyme in der Gattung *Apethymus* und dem Verständnis der gültigen Arten überhaupt.

BENSON (1935), der sich kritisch mit *Emphytus serotinus* (MÜLLER) und *E. abdominalis* einschließlich der entsprechenden Synonyme auseinandersetzte, gelang es nicht, diese Unklarheiten zu beseitigen. Beispielsweise erwähnt er, daß die echte *E. serotinus* in Großbritannien nicht vorkommt. Entgegen dieser Darstellung gelang es, in einer größeren Kollektion verschiedener *Apethymus*-Arten aus England 4 ♀♀ als *A. serotinus* zu identifizieren, die obendrein älterem Fangdatums waren. Ein weiteres Problem ist das Fehlen der GMELIN- und PANZER-Typen von den Arten, die jetzt als Synonyme zu *A. serotinus* gehören. GMELIN (1790) publizierte die Arten *Tenthredo braccata* und *T. varicornis* anhand namenlos gebliebener Beschreibungen von ZSCHACH (1789), dem dazu die Sammlung von N. G. LESKE (1757 bis 1786) vorlag. Diese Sammlung, die aus Lepidopteren, Coleopteren und Orthopteren bestand, kaufte 1792 die Dublin Society in Leipzig und überführte sie an das National Museum of Ireland, Dublin. Über den Verbleib der Hymenopteren ist nichts bekannt. Diese wertvolle Information ist Herrn N. D. SPRINGATE, London, zu verdanken. Die Typen von PANZER sind derzeit nicht auffindbar, und ihre Existenz ist fraglich. Jedoch stellen die Abbildungen (PANZER 1799) eine gute Orientierungshilfe dar, und *Tenthredo tibialis* scheint mit *A. serotinus* identisch zu sein.

Der Typus von *Emphytus caligatus* EVERSMANN, der sich in Leningrad befinden müßte, ist nach einer brieflichen Mitteilung von A. ZINOVJEV nicht vorhanden. Nach EVERSMANN (1847) differiert das ♂ vom ♀, das zweifelsfrei zu *A. serotinus* gehört, durch die einfarbig schwarzbraunen Antennen. Die genitalmorphologische Untersuchung derartiger ♂♂ bestätigte die Synonymie zu *A. serotinus*.

A. serotinus unterscheidet sich von *A. parallelus* und *A. apicalis* durch die breite weiße Basis der Tibia₃ und von *A. filiformis* durch die drei weißen Antennenglieder. *A. kolthoffi* besitzt ein dunkles Labrum und eine schwarze Sägescheide. Die japanischen Arten sind am Abdomen im allgemeinen mehr hell gezeichnet.

Apethymus silaceus sp. n.

♀. – Körper, einschließlich Antennen und Beine ockergelb. An den Antennen 6. bis 9. Glied weiß. Mandibelbasis, Labrum, Clypeus und innere Orbiten hellgelb. Vorderkopf mit großem schwarzen Fleck, in dem sich das Frontalfeld und die Ocellen befinden; die Subraantennalhöcker und die lateralen Wülste des Frontalfeldes sind jedoch ockergelb. Thorax schwarz; ockergelb sind die Seiten der Propleuren, der Vorderrand und die Ecken des Pronotumhinterrandes, die Umgebung des Postspiracularsklerits, die Tegulae, die Seiten des Praescutums, die Mitte des Scutums₂, das Scutellum₃ und die obere Hälfte der Mesopleuren, außer dem breiten Vorderrand. Femora₃ schwarz; die mittleren Glieder der Tarsen₃ teilweise weiß. Am Abdomen die Seiten des Tergits₁ schwarz.

Hinterkopf schwach verengt. Antennen 2,8mal so lang wie die maximale Breite des Kopfes; Scapus schlank und 2,0mal so lang wie breit. Clypeus trapezförmig ausgeschnitten und tief punktiert. Malarraum so lang wie der Durchmesser eines Lateralocellus. Oberkopf verstreut minutiös punktiert; Lateralwülste des Frontalfeldes schwach gerunzelt. Postocellarfeld etwas breiter als lang; Lateralfurchen verlaufen schräg nach vorn; Vorderrand in der Mitte nur unscheinbar eingekerbt.

Praescutum und Scutum₂ sehr schwach punktiert. Scutellum₂, vor allem lateral, mit einzelnen großen Punktgruben. Mesopleuren mit kleinen Punktgruben, am Oberrand gröber und etwas runzelig skulptiert. Mesosternum mit kleinen Punktgruben besetzt. Behaarung auf Kopf und Thorax braun und kürzer als der Durchmesser eines Lateralocellus. Flügel gelb getrübt. Costa und die breite Basis des dunkelbraunen Stigmas gelb; übriges Flügelgeäder dunkelbraun.

Tergite minutiös punktiert und glänzend.

Länge: 11,5 mm.

Sägescheide: Abb. 9.1. Sägevalve: Abb. 9.2, 9.3.

♂. − Unbekannt.

Typenmaterial

Holotypus: ♀: Etikettierung: „CHINA: Sian, Tsuihuashan, IX.1980; Litter, moss, P. HAMMOND, BM. 1980 − 491"; „Holotypus (rot)"; *„Apethymus silaceus* spec. nov. ♀, det.: F. KOCH 87 (rot)".

Der Holotypus befindet sich im British Museum (Natural History).

Verbreitung: China.

Diskussion

Mit dem überwiegend ockergelb gefärbten Kopf und den ockergelb/weiß gezeichneten Antennen unterscheidet sich diese Art auffällig von allen anderen palaearktischen Arten dieser Gattung.

Apethymus ustus (KLUG)
Tenthredo (Emphytus) usta KLUG, 1814, p. 288, Nr. 214.
Apethymus ustus, ZOMBORI, 1975, p. 234.

Synonyme:
Emphytus cistus HARTIG, 1837, p. 252.
E. serotinus var. *baldinii* COSTA, 1894, p. 93.

♀. − Kopf und Thorax schwarz. An den Antennen sind das 6. und 7. oder 7. und 8. Glied mehr oder weniger weiß mit verdunkelter Rückseite. Labrum braun. Obere Augenecke mit gelbem Längsfleck. Tegulae, Scutum$_3$ und Postnotum gelb. Beine schwarz; distale Hälfte von Femur $_{1/2}$ gelb; Tibia$_{1/2}$ gelb und apikal verdunkelt, Tibia$_3$ basal aufgehellt. Abdomen gelb; Sägescheide schwarz.

Hinterkopf parallel. Antennen 3,0mal so lang wie die maximale Breite des Kopfes; Scapus gedrungen und 1,6mal so lang wie breit. Clypeus tief halbkreisförmig ausgeschnitten und grob gerunzelt. Malarraum so lang wie der Radius eines Lateralocellus. Oberkopf und Frontalfeld geringfügig punktiert und glänzend. Postocellarfeld etwas breiter als lang und parallelseitig; Vorderrand in der Mitte deutlich eingekerbt.

Praescutum und Scutum$_2$ mit kleinen und mäßig dicht stehenden Punktgruben besetzt. Scutellum$_2$ etwas gröber punktiert. Mesopleuren minutiös punktiert, obere Hälfte mit unregelmäßigen großen Punktgruben. Mesosternum mit kleinen Punktgruben skulptiert. Behaarung auf Kopf und Thorax grau und kürzer als der Durchmesser eines Lateralocellus. Flügel basal gelblich, sonst schwach grau getrübt; Costa, außer ihrer Spitze und die breite Basis aller Längsnerven gelb, Stigma und übriges Flügelgeäder dunkelbraun.

Abdomen mit schwacher Mikroskulptur und glänzend.

Länge: 10,0 mm.

Sägescheide: Abb. 10.1. Sägevalve: Abb. 10.2, 10.3.

♂. − Unbekannt.

Typenmaterial

Tenthredo (Emphytus) usta KLUG

Holotypus: ♀: Etikettierung: „Type (rot)"; „14182"; *„Usta* KL."; „Austr. KL."; „Holotypus, des F. KOCH, 1987 (rot)"; *„Apethymus ustus* (KLUG) ♀, det.: F. KOCH 87".

Der Holotypus befindet sich im Museum für Naturkunde, Berlin.

Verbreitung: BRD, Österreich, Ungarn, Italien.

Diskussion

K<small>LUG</small> (1814) beschrieb *Tenthredo (Emphytus) usta* nach einem einzelnen ♀ mit der Katalog-Nr. 14182 und dem Fundort Österreich. E<small>NSLIN</small> (1914), dem der Typus von *T. usta* zur Begutachtung vorlag, erkannte wie vor ihm auch K<small>ONOW</small> (1905) die Synonymie dieser Art mit *Emphytus serotinus* var. *baldinii* C<small>OSTA</small>. Beide Autoren vertraten aber weiterhin die Auffassung, daß *T. usta* nur als Varietät von *Emphytus serotinus* zu verstehen ist.

Erst Z<small>OMBORI</small> (1975) bezeichnet *A. ustus* als valide Art und resynonymisiert sie von *A. serotinus*. Für die Korrektheit dieser Resynonymisierung sprechen vor allem die schwarze Tibia₃ und die beiden weißen Antennenglieder (6. und 7. oder 7. und 8. bei var. *baldinii*), wodurch sich *A. ustus* sicher von allen anderen *Apethymus*-Arten mit gelbem Abdomen trennen läßt.

Der als Synonym bis heute gebrauchte Namen *Emphytus cistus,* den H<small>ARTIG</small> (1837) einführte, und der für den bei K<small>LUG</small> (1814) unter der Nr. 214 stehenden Namen „*usta*" läuft, ist mit großer Wahrscheinlichkeit als Druckfehler anzusehen. H<small>ARTIG</small> (1837) nennt hier ebenfalls K<small>LUG</small> als Autor und die Beschreibungen „beider" Arten stimmen völlig überein. Es bestand auch nicht die Notwendigkeit, „*usta*" mit einem Ersatznamen zu belegen.

A. ustus ist offenbar eine sehr seltene Art, von der bisher erst wenige Exemplare gefangen worden sind.

Danksagung

Für die Zusendung von Typen und anderem Sammlungsmaterials ist Madame I. C<small>ASEVITZ</small>-W<small>EULERSSE</small> (Museum National d'Histoire Naturelle, Paris) und den Herren Dr. O. B<small>ISTRÖM</small> (Universitetets Zoologiska Museum, Helsinki), E. B<small>LOMQVIST</small> (Åbo Akademi, Åbo), Dr. H. C<small>HEVIN</small> (I. N. R. A.), Versailles), Dr. R. D<small>ANIELSSON</small> (Zoological Museum, Lund), E. D<small>ILLER</small> (Zoologische Staatssammlung, München), Hofrat Dr. M. F<small>ISCHER</small> (Naturhistorisches Museum, Wien), W. H. M<small>UCHE</small> (†) (Radeberg), Dr. P. I. P<small>ERSSON</small> (Naturhistoriska Riksmuseet, Stockholm), Dr. B. P<small>ETERSEN</small> (Zoologisk Museum, Kopenhagen), N. D. S<small>PRINGATE</small> (British Museum of Natural History, London), Dr. A. T<small>AEGER</small> (Institut für Pflanzenschutzforschung, Eberswalde) sowie Dr. L. Z<small>OMBORI</small> (Hungarian Natural History Museum, Budapest) herzlich zu danken.

Zusammenfassung

Für die palaearktische Fauna sind derzeit 14 Arten der Gattung *Apethymus* B<small>ENSON</small>, 1939 bekannt. *Kjellia* M<small>ALAISE</small>, 1947 ist ein neues Synonym für diese Gattung. Als neue Art wurde *A. silaceus* sp. n. für China beschrieben. Resynonymisiert und neu kombiniert wurden *A. apicalis* (K<small>LUG</small>) und *A. parallelus* (E<small>VERSMANN</small>). *A. braccatus* (G<small>MELIN</small>) ist ein neues Synonym von *A. serotinus* (O. F. M<small>ÜLLER</small>) und *A. abdominalis* (L<small>EPELETIER</small>) ist ein neues Synonym der resynonymisierten *A. filiformis* (K<small>LUG</small>). *A. filiformis* zeigt von allen Arten die größte Variabilität, in dem Tiere mit gelbem und fast schwarzem Abdomen vorkommen. Auch die Arten *A. cereus* (K<small>LUG</small>) und *A. cerris* (K<small>OLLAR</small>) konnten resynonymisiert werden.

Literatur

B<small>ENSON</small>, R. B. 1935: Some new British sawflies, with notes on synonymy, etc. (Hym., Symphyta). – Ent. month. Mag. 71, 239–245.

– – 1939: Four new genera of British sawflies (Hym., Symphyta). – Ent. month. Mag. 75, 110–113.

– – 1952: Handbk. Ident. Br. Insects. – Hymenoptera, Symphyta. – R. ent. Soc. London VI (2b).

B<small>RULLÉ</small>, A. 1832: Expédition scientifique de Morée. – Vol. 3, Zool., Sect. 2.

C<small>ONDE</small>, O. 1939: Ostbaltische Tenthredinoidea III. – Korrespondenzbl. naturf. Ver. Riga 62, 103–112.

C<small>OSTA</small>, A. 1894: Prospetto degli Imenotteri Italiani III (Tenthredinidei e Siricidei). – Napoli.

ENSLIN, E. 1914: Die Tenthredinoidea Mitteleuropas. – Beihefte Dt. ent. Z., 1912–1917.

EVERSMANN, E. 1847: Fauna Hymenopterologica Volgo-Uralensis. – Bull. Soc. Imp. Nat. Moscou 20, 3–68.

FITTON, M. G. et al. 1978: Hymenoptera. In: KLOET, G. S., HINCKS, W. D., A checklist of British Insects. – Handbk. Ident. Br. Insects 11(4).

FORSIUS, R. 1927: Tenthredinoiden aus China. – Arkiv Zool. 19, 1–12.

– – 1933: Weitere Beiträge zur Kenntnis der Tenthredinoiden Finnlands. – Not. Ent. 13, 4–10.

GMELIN, J. F. 1790: In: LINNÉ, C. V., Systema Naturae. – Vol. 1 (5).

HARTIG, T. 1837: Die Familien der Blattwespen und Holzwespen nebst einer allgemeinen Einleitung zur Naturgeschichte der Hymenopteren. – Berlin.

HORN, W., KAHLE, I. 1936: Über entomologische Sammlungen. – Ent. Beihefte Berlin-Dahlem 2–4 (1935–1937).

HUBENTHAL, W. 1943: Hymenoptera: Pamphiliidae, Tenthredinidae, Cephidae, Sirecidae, Orussidae, Trigonaloidea, Aulacidae (1). In: RAPP, O., Beiträge zur Fauna Thüringens 6. – Erfurt.

KLUG, F. 1813: Die Blattwespen nach ihren Gattungen und Arten zusammengestellt. – Mag. Ges. naturf. Fr. Berlin 7.

– – 1814: Die Blattwespen nach ihren Gattungen und Arten zusammengestellt. – Mag. Ges. naturf. Fr. Berlin 8.

KOCH, F. im Druck: Eine neue Allantinengattung und eine neue Art auf Taiwan (Hym., Symphyta). – Mitt. Schweiz. ent. Ges.

KOLLAR, V. 1850: Ueber die Cerr-Eichen-Blattwespe (Emphytus Cerris), ein forstschädliches Insect. – Sitzungsber. Akad. Wiss. Wien p. 206.

KONOW, F. W. 1905: Hymenoptera, Fam. Tenthredinidae. In: WYTSMAN, P., Genera Insectorum.

LEPELETIER DE SAINT FARGEAU, A. 1823: Monographia Tenthredinetarum synonimia extricata. – Parisiis.

LISTON, A. 1981: A provisional list of Swiss sawflies. – Dt. ent. Z. N. F. 28, 165–181.

MALAISE, R. 1947: Entomological results from the Swedish expedition 1934 to Burma and British India (Hym., Tenthredinidae). – Arkiv Zool. 39, 1–39.

MOCSÁRY, A. 1879: Hymenoptera nova e fauna Hungarica. – Termész. Füzet. 3, 115–141.

MUCHE, W. H. 1969: Die Blattwespen Deutschlands III. Blennocampinae (Hym.). – Ent. Abh. Mus. Tierk. Dresden 36 (Suppl. 3), 97–155.

MÜLLER, O. F. 1776: Zoologiae Danicae prodromus. – Havniae.

NERÉN, C. H. 1891: Entomologiska anteckningär. – Ent. Tidskr. 12, 57–70.

PANZER, G. W. F. 1799: Fauna Insectorum Germanicae initia. – Heft 62.

RUDOW, F. 1871: Die Tenthrediniden des Unterharzes, nebst einiger neuen Arten anderer Gegenden. – Ent. Z. Stettin 381–395.

TAEGER, A. 1986: Beitrag zur Taxonomie und Verbreitung palaearktischer Allantinae (Hym., Symphyta). – Beitr. Ent. Berlin 36, 107–118.

TAKEUCHI, K. 1952: A generic classification of the Japaneses Tenthredinidae. – Kyoto.

THOMSON, C. G. 1871: Hymenoptera Scandinaviae. – Vol. 1, Lundae.

TOGASHI, I. 1973: On some Formosan sawflies (Hym., Symphyta). – Kontyû 41, 298–304.

– – 1976: Description of a new species of the genus Apethymus BENSON (Hym., Symphyta) from Japan. – Mushi 49, 83–86.

– – 1978: An additional species of the genus Apethymus BENSON from Japan (Hym., Tenthredinidae). – Trans. Shikoku ent. Soc. 14, 77–79.

– – 1980: A new species of the genus Apethymus (Hym., Tenthredinidae) feeding on Quercus mongolica FISCH. var. grosserrata REHD. et. WILS. – Kontyû 48, 324–326.

TOGASHI, I., SHINOHARA, A. 1975: A new species of Apethymus BENSON, 1939 (Hym., Symphyta), with a key to the Japanese species. – Kontyû 43, 170–172.

ULBRICHT, A. 1913: Niederrheinische Blattwespen. I. Nachtr. – Mitt. naturwiss. Mus. Crefeld, 18–21.

VILLERS, C. DE 1789: CAROLI LINNAEI Entomologia. – Vol. 3, Lugduni.

ZETTERSTEDT, J. V. 1819: Några nya Svenska Insect-Arter. – Kgl. Vet. Acad. Handl. Stockholm 69–86.

ZOMOBORI, L. 1975: New sawflies species in the Hungarian fauna (Hym., Symphyta), I. – Ann. Hist.-nat. Mus. Nat. Hung. 67, 231–236.

– – 1982: Fauna Hungariae. Hymenoptera I, Tenthredinoidea II. – Fauna Hung. 153, Budapest.

ZSCHACH, J. J., 1789: In: KARSTEN, D. L. G., Mus. Leskeanum Reg. Anim. – Vol. 1, Pars Insecta, Lipsiae.

Anschrift des Verfassers: Dr. Frank KOCH, Museum für Naturkunde der HUMBOLDT-Universität zu Berlin, Bereich Zoologisches Museum, Invalidenstraße 43, DDR-1040 Berlin

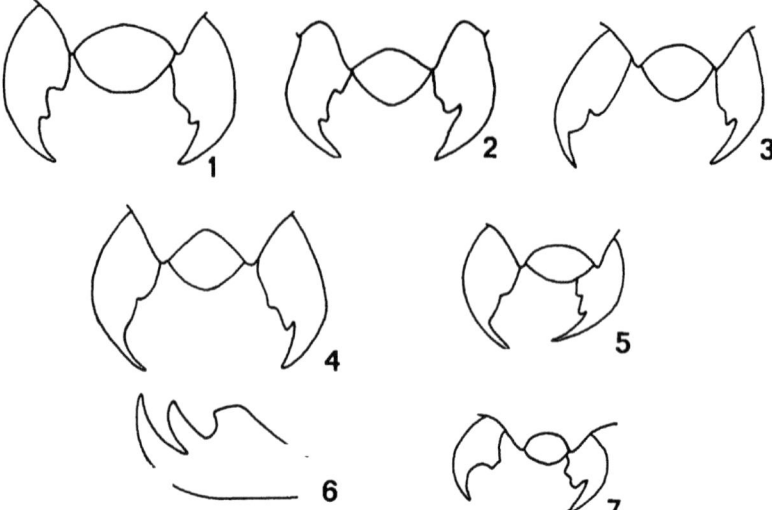

Abb. 1.:   Mandibeln der *Apethymus*-Arten, − 1. *A. kolthoffi*, 2. *A. kaiensis*, 3. *A. cereus*, 4. *A. serotinus*, 5. *A. fi-liformis*, 6. Tarsalklaue von *A. serotinus*, 7. Mandibeln von *Allantus cingulatus* (SCOPOLI).

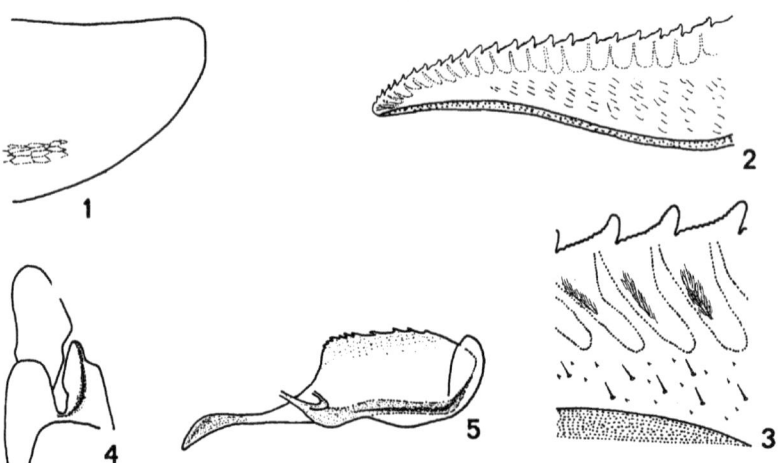

Abb. 2:   *Apethymus apicalis*, − 1. Sägescheide, 2. Sägevalve, 3. 9.−11. Hauptzahn der Sägevalve, 4. Parapenis und Harpe, 5. Penisvalve.

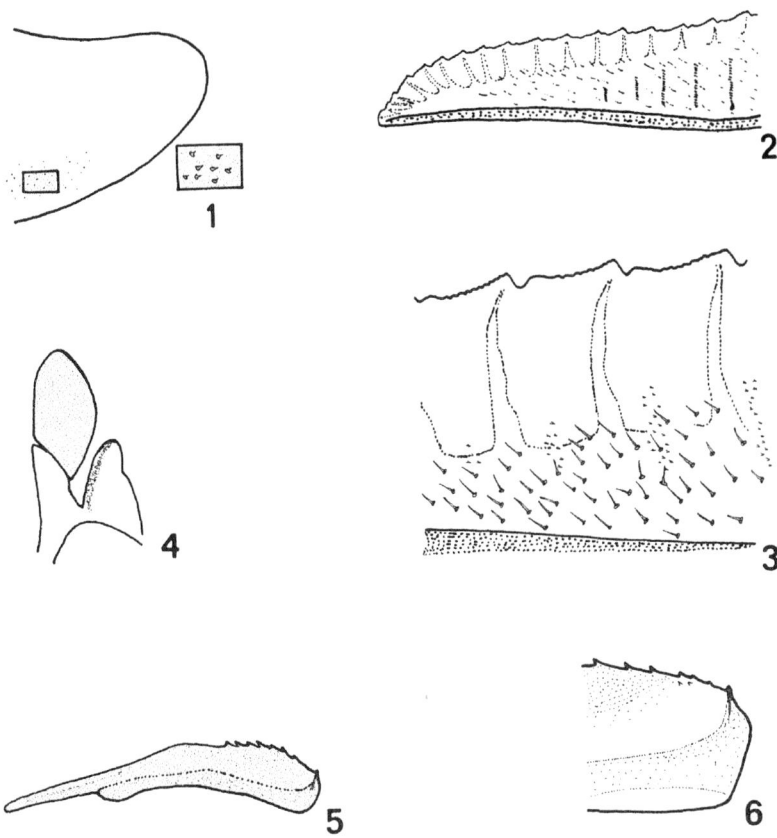

Abb. 3: *Apethymus cereus,* – 1. Sägescheide, 2. Sägevalve, 3. 9.–11. Hauptzahn der Sägevalve, 4. Parapenis und Harpe, 5. Penisvalve, 6. Penisvalve distal vergrößert.

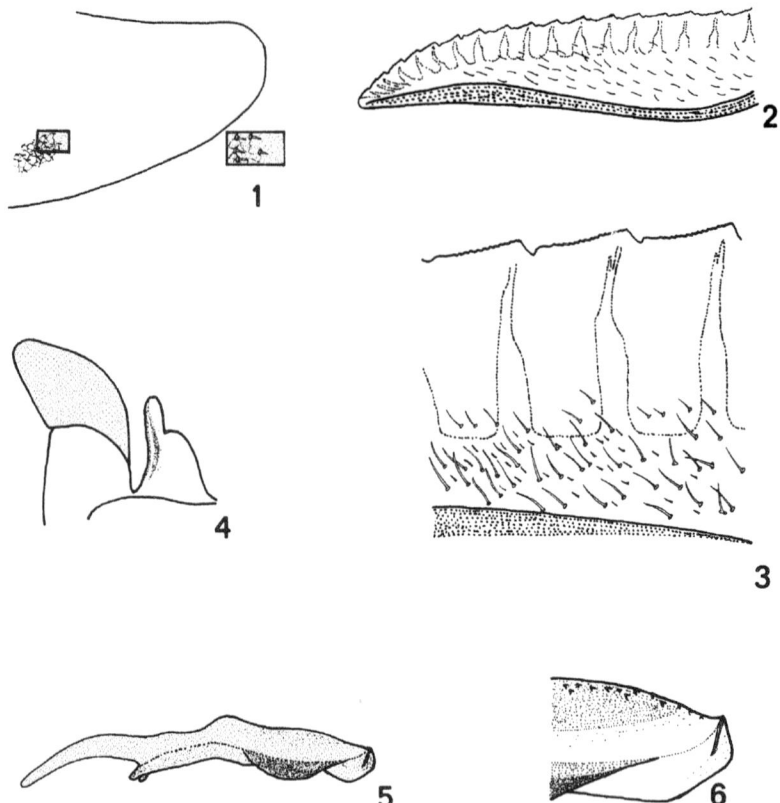

Abb. 4: *Apethymus cerris*, – 1. Sägescheide, 2. Sägevalve, 3. 9.–11. Hauptzahn der Sägevalve, 4. Parapenis und Harpe, 5. Penisvalve, 6. Penisvalve distal vergrößert.

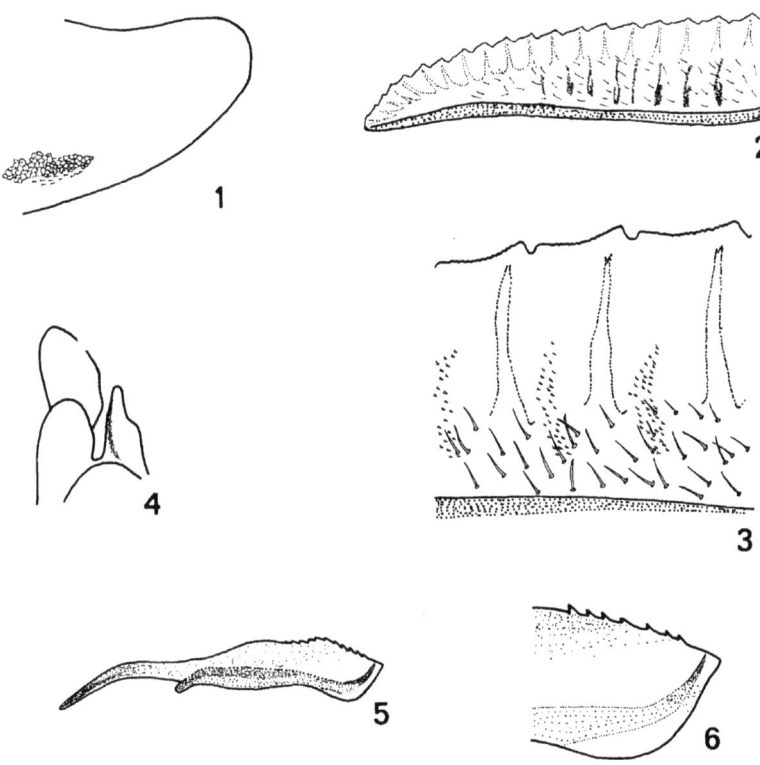

Abb. 5: *Apethymus filiformis*, − 1. Sägescheide, 2. Sägevalve, 3. 9.−11. Hauptzahn der Sägevalve, 4. Parapenis und Harpe, 5. Penisvalve, 6. Penisvalve distal vergrößert.

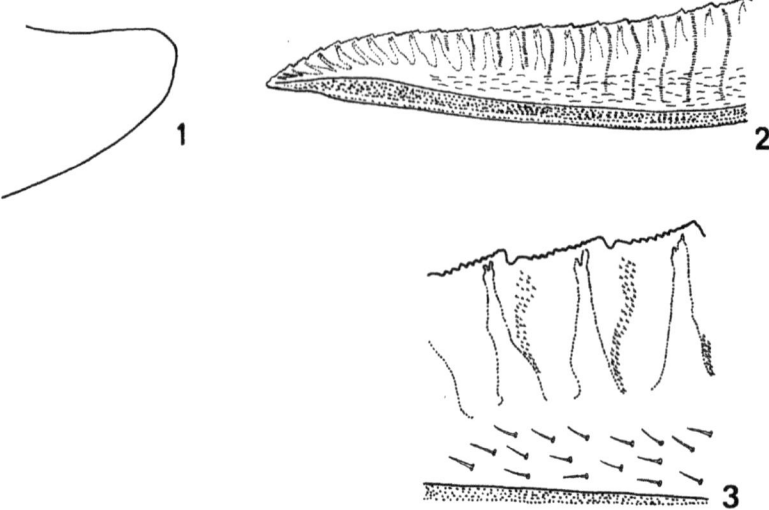

Abb. 6: *Apethymus kolthoffi*, − 1. Sägescheide, 2. Sägevalve, 3. 9.−11. Hauptzahn der Sägevalve.

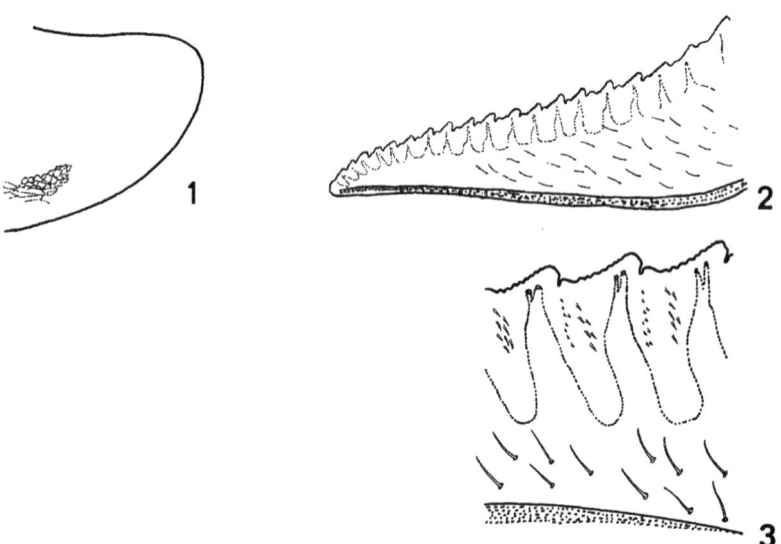

Abb. 7: *Apethymus parallelus*, − 1. Sägescheide, 2. Sägevalve, 3. 9.−11. Hauptzahn der Sägevalve.

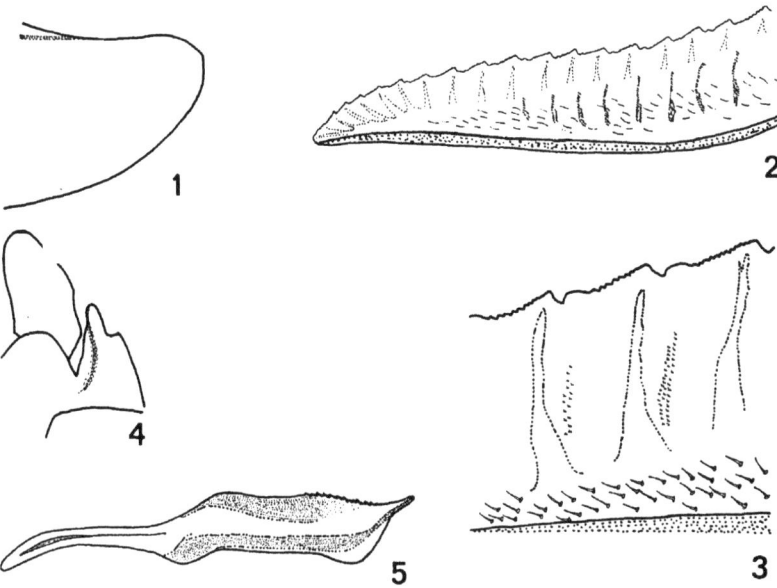

Abb. 8: *Apethymus serotinus,* – 1. Sägescheide, 2. Sägevalve, 3. 9.–11. Hauptzahn der Sägevalve, 4. Parapenis und Harpe, 5. Penisvalve.

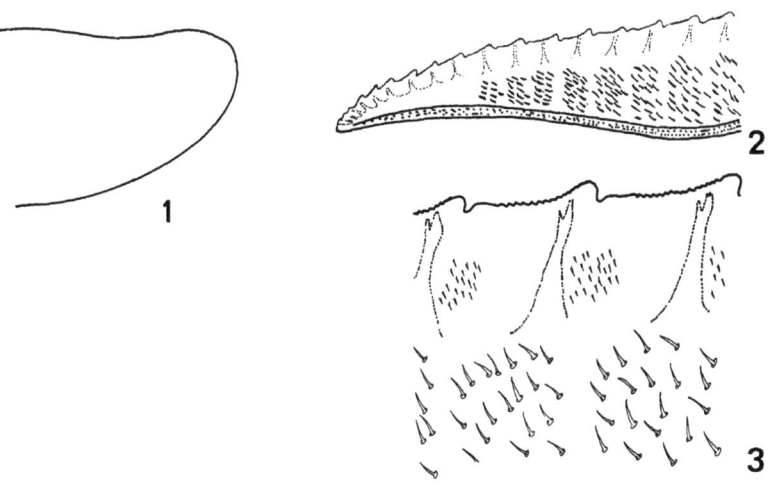

Abb. 9: *Apethymus silaceus* sp. n., – 1. Sägescheide, 2. Sägevalve, 3. 9.–11. Hauptzahn der Sägevalve.

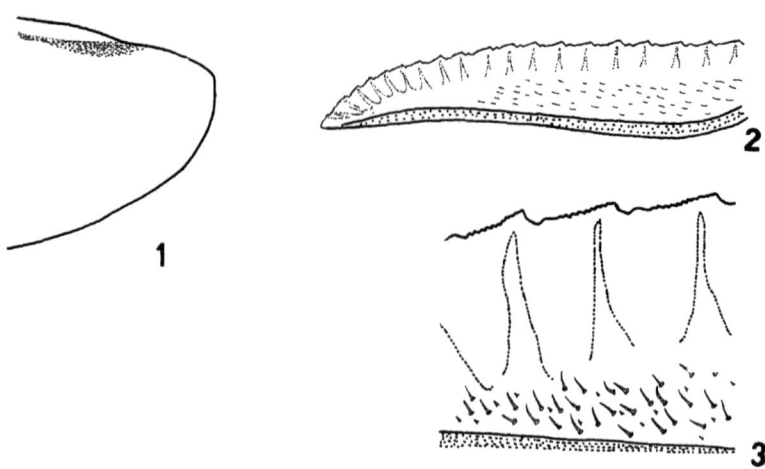

Abb. 10: *Apethymus ustus*, − 1. Sägescheide, 2. Sägevalve, 3. 9.−11. Hauptzahn der Sägevalve.

| Mitt. Münch. Ent. Ges. | 78 | 179–185 | München, 1. 12. 1988 | ISSN 0340–4943 |

Zwei neue *Dasypolia* GUENÉE, 1852 -Arten aus der östlichen Türkei

(Lepidoptera, Noctuidae, Cuculliinae)

Von Hermann HACKER und Arne MOBERG

Abstract

Two species, *Dasypolia fibigeri* sp. n. and *Dasypolia altissima* sp. n. from the mountainous parts of Eastern Turkey are described as new for science. A short synopsis of all known taxa of the genus *Dasypolia* GUENÉE, 1852 is given.

Einleitung

Die Arten der Gattung *Dasypolia* GUENÉE, 1852 sind infolge ihrer Ökologie und ihres bisher nur schwer zugänglichen Hauptverbreitungsgebietes (Hochgebirge des vorder- und zentralasiatischen Raumes) nur sehr unzulänglich bekannt. Als hinderlich für die Beobachtung erweist sich dabei vor allem die ungünstige Aktivitätszeit der Imagines: die Falter schlüpfen in den Herbstmonaten September bis Oktober und überwintern (zum Teil wohl nur die Weibchen) bis zum Frühjahr (März bis Mai). Insgesamt dürfte daher die zu erwartende Artenzahl innerhalb der Gattung möglicherweise um die Hälfte größer sein als die in der folgenden Übersicht bisher bekannter Arten.

Übersicht über die Arten der Gattung

Genus *Dasypolia* GUENÉE, 1852 (in BOISDUVAL & GUENÉE, Hist. Nat. Insectes Lépid. 6, 44)

Typusart:

templi (THUNBERG, 1792) [Diss. Ent. sistens Insecta Suecica (4), 56]
    subsp. *powelli* RUNGS, 1950 (Bull. Soc. Sc. Nat. Maroc 33, 148)
    subsp. *quinta* AGENJO, 1945 (EOS 21, 177)
    subsp. *vilarrubiae* AGENJO, 1945 (EOS 21, 177)
    subsp. *variegata* TURATI, 1909 (Nat. Sic. 21, 95)
    subsp. *calabrolucana* HARTIG, 1968 (Reichenbachia 12, 7)
    subsp. *alpina* ROGENHOFER, 1866 (Verh. Zool. Botan. Ges. Wien 1866, 999)
      (= *caflischi* RÜHL, 1892) (Soc. Ent. 6, 170)
    subsp. *koenigi* RONKAY & VARGA, 1986 (Folia Ent. Hung. 47, 149)
    subsp. *vecchimontium* RONKAY & VARGA, 1985 (Z. Arb. Gem. Öster. Ent. 36, 88)
    subsp. *armeniaca* RONKAY & VARGA, 1985 (Z. Arb. Gem. Öster. Ent. 36, 87)
banghaasi TURATI, 1909 (Nat. Sic. 21, 97)
fibigeri sp. n.
rjabovi BUNDEL, 1966 [Revue d'Ent. URSS 45 (1), 213]
fraterna BANG-HAAS, 1912 (Dt. Ent. Z. Iris 26, 153)

psathyra BOURSIN, 1968 (Entomops, Nice 11, 64)
*fan*i STAUDINGER, 1892 (in ROMANOFF, Mém. Lep. 6, 522)
    (= *lama* STAUDINGER, 1897) (Dt. Ent. Z. Iris 9, 266)
    (= *asiatica* ALPHERAKY, 1897) (in ROMANOFF, Mém. Lep. 9, 19)
episcopalis BOURSIN, 1968 (Entomops, Nice 11, 62)
eberti BOURSIN, 1968 (Entomops, Nice 11, 60)
    subsp. *eucraspeda* BOURSIN, 1968 (Entomops, Nice 11, 61)
akbar BOURSIN, 1968 (Entomops, Nice 11, 58)
shugnana VARGA, 1982 (Nachr.-Bl. Bayer. Ent. 31, 70)
altissima sp. n.
ferdinandi RÜHL, 1892 (Soc. Ent. Zürich 6, 169)
    subsp. *haroldi* RUNGS, 1950 (Bull. Soc. Sc. Nat. Maroc 33, 148)
    subsp. *libanotica* DRAUDT, 1933 (Ent. Rdsch. 50, 167)
    subsp. *transcaucasica* RONKAY & VARGA, 1985 (Z. Arb. Gem. Öster. Ent. 36, 88)
    ? subsp. *afghana* BOURSIN, 1968 (Entomops, Nice 11, 57)
exprimata STAUDINGER, 1896 (Dt. Ent. Z. Iris 9, 190)
dichroa RONKAY & VARGA, 1985 (Z. Arb. Gem. Öster. Ent. 36, 89)

Taxa, deren Gattungszugehörigkeit vorerst ungeklärt ist:

„*Dasypolia gerbillus*" ALPHÉRAKY, 1892 (Hor. Soc. Ent. Ross. 26, 451)
„*Dasypolia mitis*" PÜNGELER, 1906 (Dt. Ent. Z. Iris 19, 95)

Dasypolia fibigeri sp. n.

Locus typicus: Türkei, Provinz Hakkari, Kotranis, 1 800 m.
Holotypus:
♂ Türkei, Provinz Hakkari, Kotranis, 1 800 m, 11. X. 1986 [leg. HILLMANN & MOBERG, coll. MOBERG (in coll. Naturhist. Reichsmus. Stockholm)].
Weitere Tiere wurden bisher nicht bekannt.

Beschreibung

Spannweite der Vorderflügel 66 mm.
Fühler beidseitig pyramidenzähnig, zusätzlich mit gekrümmten Wimperbüscheln.
Grundfarbe aller Körperteile gelblich-gräulich, wesentlich heller als bei *templi* THUNBERG. Von den Zeichnungselementen der Vorderflügel sind insbesondere Ante- und Postmediane deutlich abgesetzt; die einzige Zeichnung der Hinterflügeloberseite (neben der auf allen Flügeln gut sichtbaren Äderung) ist die Postmediane. Von den Makeln sind nur die gelblichen Nierenmakel erkennbar.

Differentialdiagnose

Dasypolia fibigeri sp. n. unterscheidet sich von der sympatrisch fliegenden *D. templi armeniaca* RONKAY & VARGA — neben der auffallenden Größe (*D. templi armeniaca* 38–50 mm) — habituell vor allem durch die blasse, gelblich-gräuliche Grundfarbe. Alle osttürkischen *templi*-Populationen zeigen eine gelblich-bräunliche Färbung — zum Teil mit ausgeprägter Verdunkelung ins dunkelgraue bis dunkelbraune.

Die neue Art ist neben *rjabovi* BUNDEL, 1966 die größte ihrer Gattung. Verwechslungsmöglichkeiten mit irgendeiner anderen Art des Genus bestehen nicht.

Die männlichen Genitalstrukturen der neuen Art ähneln sehr denen von *templi* THNBG. und *banghaasi* TURATI (vgl. Abb. 1). Folgende Unterschiede sind erkennbar:

180

– kürzere und schwächere Harpe,
– etwas schmalere Form der Valve,
– kürzerer und breiterer Uncus,
– Juxta ohne die bei *banghaasi* TRTI. und *templi* THNBG. vorhandenen, cornutusartigen Gebilde an der Basis,
– schmaler und langer Aedoeagus,
– einfach gebaute Vesica mit einem etwa in der Mitte erkennbaren, kleinen Diverticulum.

Abb. 1   *Dasypolia fibigeri* sp. n., Holotypus, ♂ Genitalstrukturen

Dasypolia fibigeri sp. n. steht im System zwischen *banghaasi* TRTI. und *rjabovi* BUNDEL. Die neue Art ist dem bekannten dänischen Noctuidae-Spezialisten Michael FIBIGER gewidmet.

Dasypolia altissima sp. n.

Locus typicus: Türkei, Prov. Ağri, Tahir, Geçidi, 2 600 m.

Material:

Holotypus:

♂ Türkei, Prov. Ağri, Tahir Geçidi, 2 600 m, 28. IX. 1986 (leg. et coll. HACKER).

Paratypen:

1 ♂ mit den gleichen Daten (leg. et coll. HACKER), 3 ♂ Türkei, Prov. Van, Güseldere Geçidi, 2 700 m, 14. X. 1986 (leg. et coll. MOBERG), 2 ♂ mit den gleichen Daten (leg. et coll. HILLMANN).

Diagnose und Differentialbeschreibung

Spannweite der Vorderflügel 25 – 30 mm.

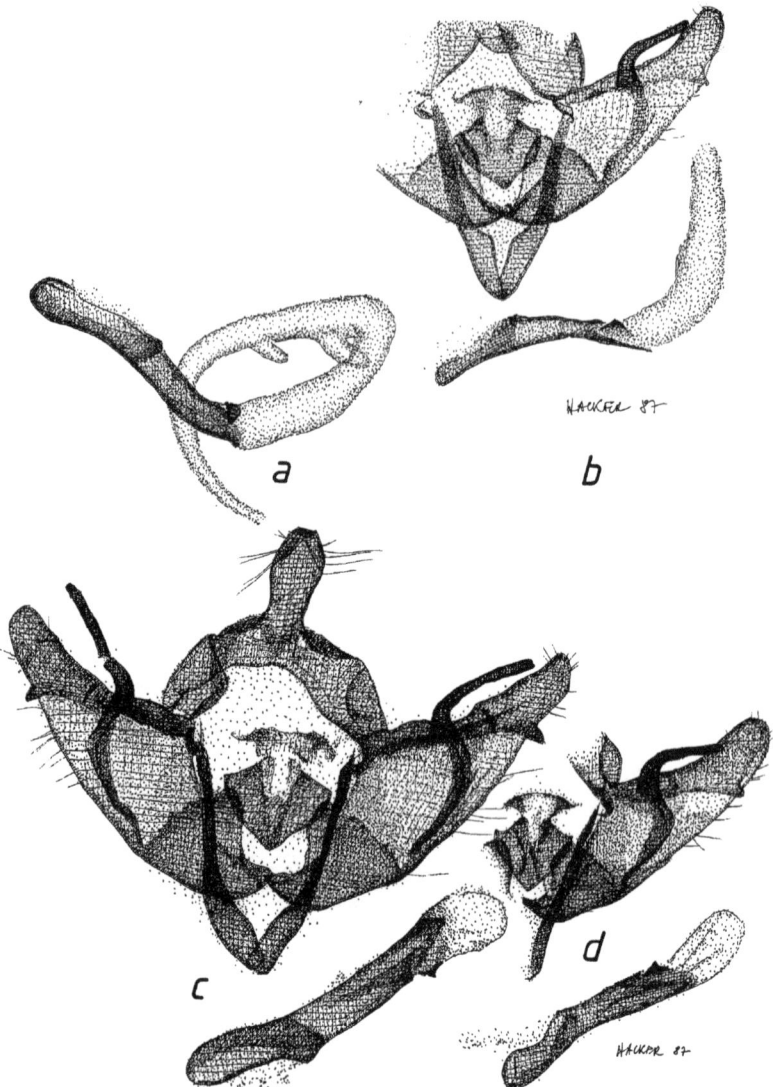

Abb. 2 a) *Dasypolia ferdinandi transcaucasica* RONKAY & VARGA, Türkei, Prov. Van, Güseldere Geçidi, ♂ Genitalstrukturen; b) *Dasypolia altissima* sp. n., Paratypus, Güseldere Geçidi, ♂ Genitalstrukturen; c) *Dasypolia altissima* sp. n., Holotypus, Tahir Geçidi, ♂ Genitalstrukturen (Präp. HACKER N 3741 ♂); d) *Dasypolia altissima* sp. n., Paratypus, Tahir Geçidi, ♂ Genitalstrukturen (Präp. HACKER N 3774 ♂)

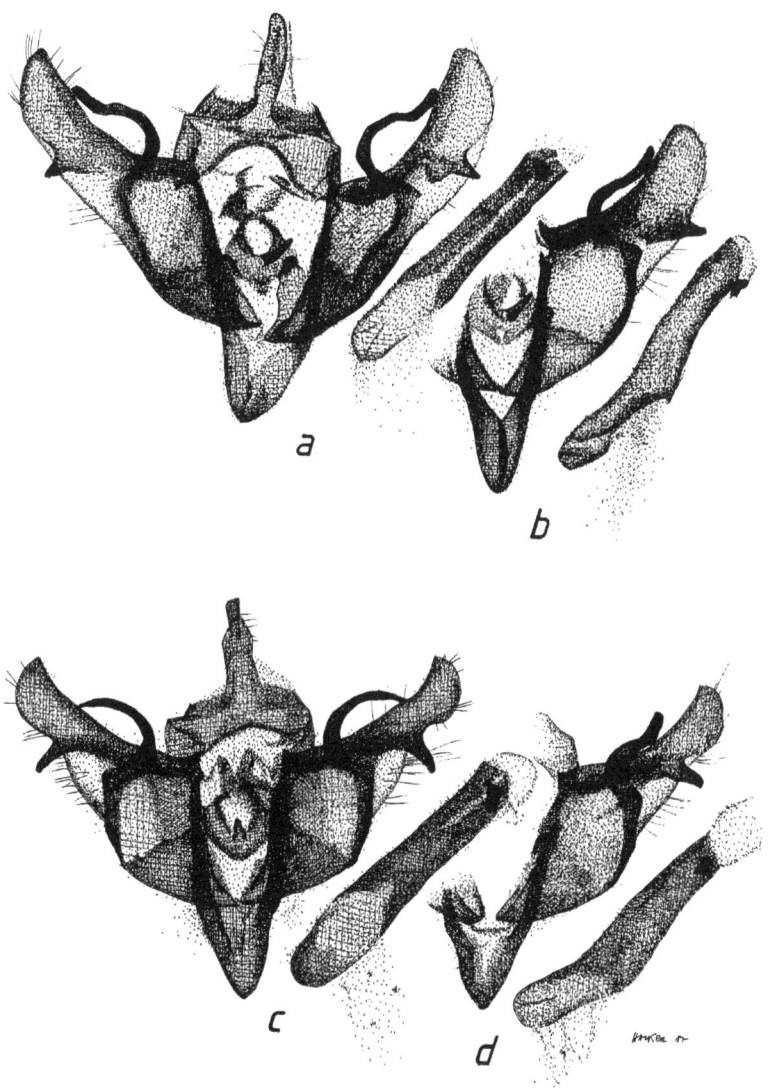

Abb. 3 a) *Dasypolia ferdinandi ferdinandi* RÜHL, Südfrankreich, ♂ Genitalstrukturen (Präp. HACKER N 3779 ♂); b) dto. (Präp. HACKER N 3780 ♂); c) *Dasypolia ferdinandi haroldi* RUNGS, Marokko, Moyen Atlas, ♂ Genitalstrukturen (Präp. HACKER N 3784 ♂); d) dto. (Präp. HACKER N 3786 ♂)

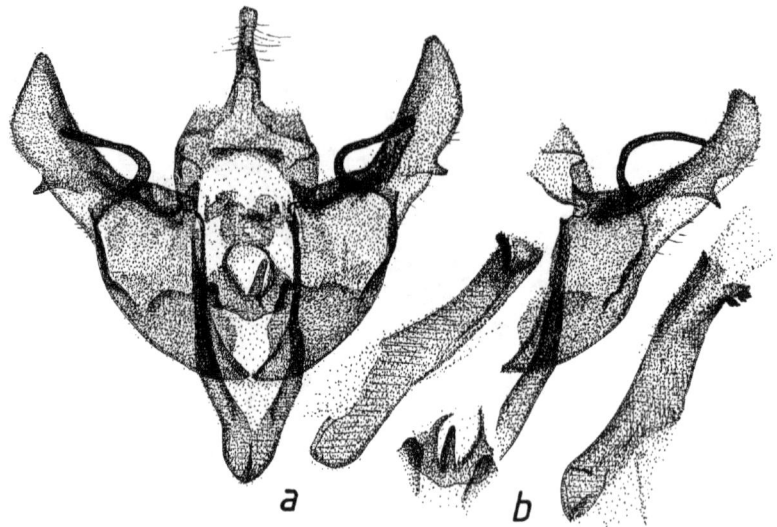

Abb. 4 a) *Dasypolia dichroa* RONKAY & VARGA, Holotypus, Anatolien, ♂ Genitalstrukturen (Präp. RONKAY N 1197 ♂ = ZSM N 2452 ♂); b) *Dasypolia ferdinandi transcaucasica* RONKAY & VARGA, Anatolien, Konia (Präp. HACKER N 3747 ♂)

Dasypolia altissima sp. n. ähnelt habituell sehr *D. ferdinandi transcaucasica* RONKAY & VARGA; beide Arten fliegen am Fundplatz in der Provinz Van sympatrisch. Habituell ist die neue Art nur durch die etwas stärker borstig bewimperten Fühler und die stärker gezähnten und besser dunkel abgesetzten Post- und Antemediane erkennbar. Die Grundfarbe aller Körperteile ist oliv-grau, im allgemeinen geringfügig dunkler als die sympatrisch fliegenden *ferdinandi* RÜHL.

Die Hauptunterschiede zu *ferdinandi* RÜHL liegen in den männlichen Genitalstrukturen:
– kürzere Valve der neuen Art mit schmalem Cucullus,
– breiter und kurzer Uncus (bei *ferdinandi* RÜHL lang und schmal),
– Juxta ohne das bei *ferdinandi* RÜHL vorhandene, cornutusartige Gebilde,
– deutlich ausgeprägte, dreiecksförmige Carina am distalen Ende des Aedoeagus (bei *ferdinandi* RÜHL halbkreisförmiges, an der geraden Seite leicht gezähntes, chitinisiertes Gebilde),
– evertierte Vesica ohne die bei *ferdinandi* RÜHL gut erkennbaren beiden Diverticula.

Insgesamt gesehen ist der gesamte Genitalapparat von *altissima* sp. n. zudem um etwa ein Drittel kleiner als der von *ferdinandi* RÜHL. Die Abbildungen (Abb. 2–4) zeigen die Genitalstrukturen (♂) von *D. ferdinandi ferdinandi* RÜHL, *ferdinandi haroldi* RUNGS, *ferdinandi transcaucasica* RONKAY & VARGA, *dichroa* RONKAY & VARGA und *altissima* sp. n.

Die Areale aller *ferdinandi* RÜHL-Unterarten sind durch ausgeprägte Disjunktionen gekennzeichnet; die daraus erkennbare Entwicklung zu Arten in statu nascendi wird insbesondere an den männlichen Genitalstrukturen von *haroldi* RUNGS deutlich.

Die neue Art steht im System zwischen *shugnana* VARGA und *ferdinandi* RÜHL. Für die Beschreibung lagen die Holotypen von *dichroa* RONKAY & VARGA, *afghana* BOURSIN und *shugnana* VARGA vor.

184

Die artliche Zuordnung von *afghana* BRSN. zu *ferdinandi* RÜHL ist vorläufig, da von *afghana* BRSN. bisher nur ein Weibchen (ohne Abdomen, Zoologische Staatssammlung München) bekannt wurde. Die drei Weibchen vom zentralasiatischen Issy Kul, die STAUDINGER mit dem Taxon *exprimata* bezeichnete, weisen eine Spannweite von 36–40 mm auf und zeigen daher nicht nur nach der von STAUDINGER beigefügten Abbildung Ähnlichkeit mit *afghana* BRSN. Die Verhältnisse bezüglich der drei aus dem zentralasiatischen Raum beschriebenen und bisher noch nicht gegeneinander abgegrenzten Taxa *exprimata* STGR., *afghana* BRSN. und *shugnana* VARGA müssen mit umfangreicherem Material beider Geschlechter noch abgeklärt werden.

Danksagung

Für die freundliche und hilfsbereite Unterstützung dieser Arbeit danken wir Herrn Dr. W. DIERL (Zoologische Staatssammlung München), Herrn M. FIBIGER (DK-Sorø), Herrn Dr. J. HILLMANN (S-Linköping), Herrn Dr. L. RONKAY (Termeszettudomany Museum Budapest) und Herrn Dr. Z. VARGA (H-Debrecen) sehr herzlich.

Zusammenfassung

In der vorliegenden Arbeit werden zwei Arten, *Dasypolia fibigeri* sp. n. und *Dasypolia altissima* sp. n. als neu für die Wissenschaft beschrieben. In einer kurzen Übersicht werden alle bisher bekannten Arten der Gattung *Dasypolia* GUENÉE, 1852 angeführt.

Literatur

HACKER, H. 1986: Fünfter Beitrag zur systematischen Erfassung der Noctuidae der Türkei. Beschreibung neuer Taxa und faunistisch bemerkenswerte Funde aus den Aufsammlungen von WOLF und HACKER aus dem Jahr 1985 sowie Ergänzungen zu früheren Arbeiten (Lepidoptera). – Atalanta 17, 27–83.

HACKER, H., LÖDL, M.: Taxonomisch und faunistisch bemerkenswerte Funde aus der Sammlung PINKER im Naturhistorischen Museum Wien – Neunter Beitrag zur systematischen Erfassung der Noctuidae (Lepidoptera) der Türkei. – Z. Arb. Gem. Öster. Ent. (im Druck).

HACKER, H., WEIGERT, L. 1986: Sechster Beitrag zur systematischen Erfassung der Noctuidae der Türkei. Das Artenspektrum im April und Oktober: Beschreibung neuer Taxa und faunistisch bemerkenswerte Funde aus neueren Aufsammlungen (Lepidoptera). – Neue Ent. Nachr. 19(3/4), 133–188.

RONKAY, L., VARGA, Z. 1985: Neue Noctuiden aus Armenien bzw. aus dem Kaukasus-Raum (Lepidoptera: Noctuidae). – Z. Arb. Gem. Öster. Ent. 36, 86–94.

Anschriften der Verfasser:
Hermann HACKER
Kilianstr. 10, D-8623 Staffelstein

Arne MOBERG
Tussmötevägen 128 3tr
S-12241 Enskede

Buchbesprechungen

KASPAREK, M.: **Bafasee**. Natur und Geschichte in der türkischen Ägäis. – Max Kasparek Verlag, Heidelberg, 1988. 174 S.

Um es gleich vorwegzunehmen, dieses Buch über den Bafasee ist eine gelungene Synthese aus Kultur und Biologie, wie man sie sich auch für andere Landschaften der Erde wünschen würde. Daß sie nicht vollständig ist, verwundert nicht (wer könnte schon sämtliche Insektenarten eines solchen Gebietes überblicken) und dies ist auch gar nicht notwendig. Dem Leser wird ein Überblick geboten, der z. T. durchaus ins Detail geht und eine Fülle an Informationen bietet. Um eine grobe Übersicht zu geben, seien hier lediglich die größeren Kapitel aufgezählt: Allgemeines – Der Naturraum – Geschichte des Bafasees und seiner Umgebung – Historische Stätten – Die Pflanzenwelt – Die Tierwelt – Bevölkerung und Wirtschaft – Literatur.

Da dieses Buch auf eine spektakuläre Aufmachung verzichtet (keine Farbfotos), wird es wohl nur für Türkei-Liebhaber attraktiv sein, obwohl dieses Buch jedem Reisenden in die türkische Ägäis empfohlen werden kann – für Ornithologen, Zoologen und Botaniker ist es sowieso obligatorisch.   R. Gerstmeier.

THIEDE, W.: **Vögel**. Die heimischen Arten erkennen und bestimmen. – BLV Naturführer, BLV Verlagsgesellschaft, München-Wien-Zürich, 1988. 127 S.

Ornithologen und Vogelliebhaber sind wirklich nicht zu beneiden, stehen sie doch vor einer schier unermeßlichen Fülle von ornithologischer Bestimmungsliteratur (zumindest was die einheimischen Arten betrifft); so sind allein im Nachsatz dieses Buches vom gleichen Verlag noch drei „Alternativführer" aufgeführt. Der Absatz von Bestimmungsbüchern für Naturliebhaber scheint immer noch im Aufwärtstrend zu liegen.

Abgesehen vom Sommergoldhähnchen (S. 77) und vom Ziegenmelker (S. 45) sind die Farbfotos recht gut, nur wirkt der Hintergrund manchmal zu „unruhig", ein Problem, mit dem offensichtlich viele Vogelfotografen zu kämpfen haben. Der Text ist kurz und informativ; die ergänzenden Strichzeichnungen von wichtigen Merkmalen erlauben in jedem Fall ein sicheres Bestimmen. Das heißt, auch dieser Vogelführer kann bedenkenlos allen Naturliebhabern empfohlen werden. Allerdings sollte hier nicht verschwiegen werden, daß nicht alle einheimischen Vogelarten aufgeführt sind.   R. Gerstmeier.

KALTENBACH, T., KÜPPERS, P. V.: Kleinschmetterlinge. Beobachten-bestimmen. – Verlag Neumann-Neudamm, Melsungen, 1987. 287 S.

Nachdem ja eine wahre Flut von „Tagfalter-Büchern" den Markt überschwemmt, stößt dieses Buch über die sog. Kleinschmetterlinge wirklich in eine Lücke. Etwa 10 % der deutschen Arten werden beschrieben und auf der gegenüberliegenden Seite mit Farbfotos dargestellt. Abgesehen von den Nepticuloidea werden alle Überfamilien und die wichtigsten Familien der Kleinschmetterlinge behandelt, so daß es auch dem Laien möglich ist, anhand der Farbfotos und der Merkmalsbeschreibungen alle wichtigen Familien zu erkennen. Darüber hinaus dürfte in vielen Fällen sogar eine sichere Artbestimmung möglich sein.

Im allgemeinen Teil werden Körperbau, Lebensweise, Entwicklung, Biotope der Kleinschmetterlinge sowie Gefährdung und Schutz besprochen. Dieses handliche Taschenbuch kann jedermann empfohlen werden, der mehr als nur die farbenprächtigsten Tagfalter kennen will.   R. Gerstmeier

| Mitt. Münch. Ent. Ges. | 78 | 187-190 | München, 1. 12. 1988 | ISSN 0340−4943 |

Stoermeriana omana sp.n., eine bisher unbekannte Lasiocampidae-Art aus Südarabien.

(Lepidoptera, Lasiocampidae)

Von Josef J. de FREINA und Thomas J. WITT

Abstract

Stoermeriana omana sp.n., a new Lasiocampidae-moth from Dhofar, Oman, is described. The holotype of *Bombycopsis das* HERING, 1929 is figured.

Einleitung

Die vorliegende Arbeit bezieht sich auf jene von WILTSHIRE 1980: 191 (Fig. 6) erwähnte „*Streblote das* (HERING) subsp. nov." aus Oman, Prov. Dhofar. Die Verfasser haben sich bereits vor Jahren (de FREINA & WITT 1983) mit jenen 5 Individuen (1 ♂, 4 ♀), die WILTSHIRE (1980) als mögliche neue Unterart von *Streblote das* anspricht, auseinandergesetzt. Nach Untersuchung des Typus von *Bombycopsis das* HERING, 1929 (comb. rest.) (Abb. 3, 4) gelangten sie damals zu folgendem Ergebnis:

a) das Taxon *Bombycopsis das* HERING, 1929, ist mit den bei WILTSHIRE (1980) erwähnten, abgebildeten und den Verfassern vorliegenden Individuen weder konspezifisch noch kongenerisch.

b) das Taxon das wurde zu Unrecht in die Gattung *Streblote* HÜBNER [1820] 1816 kombiniert. Richtig ist vielmehr, wie in der HERING'schen (1929) Originalbeschreibung geschehen, seine Kombination mit der Gattung *Bombycopsis* FELDER, 1874.

Der in der Zusammenarbeit mit dem British Museum (Nat. Hist.), London, durchgeführte Versuch, die besagten WILTSHIRE'schen Tiere einer bereits bekannten Art des äthiopischen Faunenbereichs zuzuordnen, scheiterte. Es muß sich vielmehr um Vertreter einer bisher nicht beschriebenen, dem Taxon *Stoermeriana regraguii* (RUNGS, 1948) nahestehenden Art handeln.

Bezüglich des Artenspektrums um *regraguii* sei zum besseren Verständnis darauf hingewiesen, daß bei Aurivillius (in SEITZ 1927) eine größere Zahl von mehr oder weniger nah verwandten Arten in der Sammelgattung *Taragama* MOORE [1860]1858−59 (=jüngeres objektives Synonym von *Streblote* HÜBNER [1820]1816) vereint worden sind, die dann wiederum in 4 Artengruppen (die vierte Artengruppe in 2 Untergruppen) unterteilt wurden.

Im Zuge der Erstellung des Manuskripts zu de FREINA & WITT (1987) mußte für die den palaearktischen Faunenbereich tangierende, aber sich dem äthiopischen Faunenbereich zuzurechnende *regraguii* RUNGS, 1948, die Gattung *Stoermeriana* de FREINA & WITT, 1983 errichtet werden, da man *regraguii* keinesfalls in der Gattung *Streblote* belassen konnte, sie aber auch nicht in den Gattungen *Bombycopsis* FELDER, 1874 beziehungsweise *Euwallengrenia* FLETCHER, 1968 (= nom. nov. pro *Olyra* WALLENGREN, 1865) unterzubringen war. Es zeichnet sich ab, daß zumindest einige der bei Aurivillius (in SEITZ 1927: 238−239) als erste Untergruppe der vierten Artengruppe zusammengefaßten „*Taragama*"-Arten in die Gattung *Stoermeriana* zu kominieren sind. Eine Um- beziehungsweise Neukombinierung von Arten wie *makomanum* STRAND, 1912, *confusum* AURIVILLIUS, 1927 oder *cuneatum*

DISTANT, 1897 bietet sich an, sollte aber ohne Einsicht der Typen nicht vorgenommen werden. Bei den aus dem Oman vorliegenden Tieren besteht aber nicht der geringste Zweifel, daß sie in die Gattung *Stoermeriana* einzuordnen sind.

Stoermeriana omana sp. n.

♂-Holotypus (Abb. 1): Dhofar/Oman/, Khadafri, 670 m, 29.9.1977, K. GUICHARD, coll. WILTSHIRE in British Museum (Nat. Hist.), London.

Spannweite 45 mm. Fühler weißlichgelb, Kammzähnung bipectin, Kammzähne zur Fühlerspitze hin sich abrupt verjüngend, Farbe der Kammzähne hellbräunlich.

Oberseite: Thorax und hintere Abdominalhälfte stumpf dunkelbraun, die dichte Behaarung erscheint durch die weißlichen Haarspitzen seicht silbrig glänzend. Vordere Hälfte des Abdomens licht rötlichbraun, Abdominalende mit feinem schwarz behaartem Afterbüschel, Schulterklappen tief ok-

Abb. 1: *Stoermeriana omana* sp. n., Holotypus-♂;
Abb. 2: *Stoermeriana omana* sp. n. Para(Allo)typus-♀. Beide in British Museum (Nat. Hist.), London.
Abb. 3: *Bombycopsis das* HERING, 1929, Holotypus-♂. Etikettierung: blaue Etikette: Abessinien, Eli i. Marocko, Alf. Kostlan S.; weißer Zettel: Eli, 11/10 08; weißer Zettel: Bombycopsis das m., Type, det. Mart. Hering; rote Etikette: Type; gelbe Etikette: Zool. Mus. Berlin. Alle Tiere M 1:1.

kerbraun. Vorderflügel-Grundfarbe stumpf dunkelmahagoni, in der Submarginale jedoch silbrig hell graubraun aufgehellt. Auffallendstes Merkmal ist der von der wollig behaarten Basis ausgehende, bis zur Medianader in abgesetztem Knick vordringende und nach außen hin fein weiß eingefaßte und sich sichelförmig bis zum postmedianen Innenband fortsetzende hellgraue, leicht dunkel schattierte Innenrandfleck. Darüber läuft in regelmäßigem Bogen eine schwarz schattierte Binde, innerhalb dieser sitzt basiswärts ein deutlicher schwarzer Punktflecken. Klar gezeichnet ist eine feine schwarze Postmedianbinde. Die Subterminale, aus unregelmäßigen konkaven Möndchen sich zu einem unterbrochenen Band ergänzend, verliert sich im subapikalen Bereich. Sie springt dort in den Außenrand über, der durch die klare braune Betonung der Adern m_2 bis r_4 hervorgehoben wird. Brauner Saum in diesem Bereich internerval fein konkav. Hinterflügelgrundfarbe an der Basis etwas heller braun, ansonsten zum Außenrand hin zunehmend dunkler mahagonifarben. Saum noch dunkler, im Innenrandbereich zwischen den Adern mit konkaven Bögen.

Unterseite: Körper schwarzbraun, Beine deutlich heller behaart. Vorderflügel an der Basis hellokker, ansonsten tief ockerbraun, zum Außenrand hin sich kontinuierlich verdunkelnd. Postmedianbinde fein durchschlagend, Adern hell betont. Hinterflügel wie Vorderflügel, Basis am Innenrand heller, Saum dunkel.

Die Flügelform des ♂ ist im Vergleich zu *Stoermeriana regraguii* nicht so schlank, sondern etwas rundflügeliger, der Apex ist mehr gerundet.

♀-Para(Allo)typus (Abb. 2): Dhofar/Oman/, Khadafri, 28.9.1977, P. G. WHITE (Zusatzvermerk: „S.? das"), coll. WILTSHIRE in British Museum (Nat. Hist.), London.

Spannweite 64 mm. Fühler weißlichgelb, die etwas dunklere Kammzähnung sehr kurz und fein. Zeichnungsanlage und Färbung sehr ähnlich der des ♀, der winkelige Innenrandfleck ist jedoch ohne

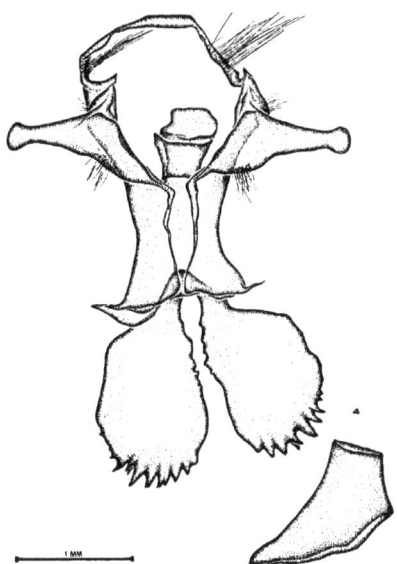

Abb. 4: ♂-Genitalarmatur von *Bombycopsis das* HERING, 1929, Holotypus.

weiße Einfassung. Submedianbinde verwaschener, aber dafür etwas breiter, Submarginalbereich stumpf dunkelbraun. Körperzeichnung und -färbung bis auf den einfarbig hellbraunen Hinterleib identisch mit der des ♂. Hinterflügel ohne internervale konkave Bögen. Unterseite wie ♂, Flügelform deutlich gestreckter als beim ♂, Apex spitzer.

Zusammenfassung

Eine neue Lasiocampidae-Art, *Stoermeriana omana* sp. n., wird aus Dhofar, Oman, beschrieben. Der Holotypus von *Bombycopsis das* HERING, 1929 wird abgebildet (Abb. 3, 4).

Literatur

AURIVILLIUS, C. 1927: Teil Lasiocampidae in SEITZ, A. 1930, Die Großschmetterlinge der Erde, 14. Band. Die Afrikanischen Spinner und Schwärmer. − Alfred Kernen Verlag, Stuttgart.

FREINA, J. de, WITT, T. 1983: Taxonomische Veränderungen bei den Bombyces und Sphinges Europas und Nordwestafrikas. *Stoermeriana* gen. nov., eine neue Gattung der Familie Lasiocampidae (Lepidoptera, Lasiocampidae IV). − Mitt. Münch. Ent. Ges. 73, 15-22.

FREINA, J. de, WITT, T. 1987: Die Bombyces und Sphinges der Westpaläarktis, Band 1. − Edition Forschung und Wissenschaft, München.

HERING, M. 1929: Alte und neue Lasiocampiden von Afrika im Zoologischen Museum Berlin. − Mitt. zool. Mus. Berlin 14, 490.

WILTSHIRE, E. P. 1980: The Larger Moths of Dhofar and their Zoogeographic Composition. − J. Oman Stud., Spec. Rep. No. 2, 187−216.

Anschriften der Verfasser:
Josef J. de FREINA   Thomas J. WITT
Eduard-Schmid-Straße 10   Tengstraße 33
D-8000 München 90   D-8000 München 40

| Mitt. Münch. Ent. Ges. | 78 | 191– | München, 1. 12. 1988 | ISSN 0340–4943 |

Buchbesprechungen

WEIDEMANN, H.-J.: Tagfalter. Band 2. – Verlag Neumann-Neudamm, Melsungen, 1988. 372 S.

Der zweite Band der „Tagfalter" von WEIDEMANN schließt die umfassende Bearbeitung der Tagfalter Mitteleuropas (ohne Alpen) bezüglich Biologie, Ökologie und Biotopschutz ab. Band 2 beinhaltet im „Allgemeinen Teil" die Entwicklungsstadien der Tagfalter, wobei die verschiedenen Eitypen, die Raupen und ihre Fraßpflanzen sowie die Puppen dargestellt werden. Eine praktische Raupenbestimmungstabelle sollte zusammen mit den Farbfotos eine sichere Bestimmung der Raupen ermöglichen. In einer Tabelle sind die wichtigsten biologischen Daten (z. B. Populationsdichte, Standorttreue, Eizahl, Eiablage, Überwinterung, Generationen) nochmals übersichtlich zusammengefaßt.

Den kritischen Anmerkungen des Autors über die Naturschutzbestimmungen kann nur voll zugestimmt werden. Praktische Hinweise zum „Schmetterlingsschutz in der Landschaft" beschließen den „Allgemeinen Teil".

Im „Speziellen Teil" werden die schon teilweise in Band 1 behandelten Lycaenidae fortgeführt (Zipfelfalter) und die Arten der Familien Riodinidae, Nymphalidae, Satyridae und Hesperiidae vorgestellt. Text- und Fotoseite stehen gegenüber und bieten so eine anschauliche, kompakte Einheit. Die Textseite informiert über Verbreitung, Beschreibung des Falters, Verhalten, Habitat, die Jugendstadien und die Form der Überwinterung. Die Aufnahmen sind von guter bis sehr guter Qualität.

Das gesamte Werk bietet einen ausführlichen Überblick über mitteleuropäische Tagfalter und beinhaltet eine Menge Informationen über Biologie und Verhalten, Fraßpflanzen und Biotopansprüche.   R. Gerstmeier

HANSEN, M.: The Hydrophiloidea (Coleoptera) of Fennoscandia and Denmark. – Fauna Entomologica Scandinavica, Vol. 18. – E. J. Brill, Leiden-Copenhagen, 1987. 254 S.

Dies ist ein weiterer Band der erfolgreichen Serie Fauna Entomologica Scandinavica, die hinsichtlich der Käfer als Pendant zu den „Käfer Mitteleuropas" von FREUDE-HARDE-LOHSE gesehen werden kann. Die Ausstattung ist mit 4 Farbtafeln, zahlreichen Detail- und Habituszeichnungen sowie einer Verbreitungstabelle sehr gut, d. h. dieses Buch ist wesentlich besser illustriert als die „Käfer Mitteleuropas" und auch die Beschreibungen der einzelnen Arten (inkl. Biologie, Verbreitung) sind ausführlicher. Da auch alle neueren taxonomischen Änderungen berücksichtigt wurden, stellt es ein unentbehrliches Nachschlagewerk für Koleopterologen, Taxonomen und Ökologen dar.   R. Gerstmeier

COLE, M. M.: The Savannas. Biogeography and Geobotany. – Academic Press, London, 1986. 438 S.

Wie aus dem Untertitel hervorgeht, behandelt dieses Buch den biogeographischen Aspekt, also nicht Dynamik und Funktion des Ökosystems, sondern die Verteilung der Hauptkategorien der Savannen-Vegetation, Vegetations-Gesellschaften und innerhalb dieser die Pflanzengemeinschaften mit ihren Beziehungen zu Klima und Geologie. Dabei liegt das Hauptaugenmerk auf den Savannen Afrikas, speziell den Waldsavannen Zambias, den Parksavannen Südafrikas sowie den Baum- und Strauchsavannen Südwestafrikas und Botswanas. Aber auch die Savannen Südamerikas, Asiens und Australiens werden behandelt.

Dieses Buch bietet somit einen sehr einheitlichen Überblick über die Pflanzengesellschaften der Savannen.   R. Gerstmeier

BAEHR, B., BAEHR, M.: Welche Spinne ist das? – Franckh'sche Verlagshandlung, Stuttgart, 1987. 127 S.

Dieses Taschenbuch der Reihe „Kosmos Naturführer" versucht dem Leser die faszinierende Welt der Spinnen, ihrer Formen- und Farbenvielfalt und ihrer vielfältigen Verhaltensweisen näherzubringen. Es ist kein Bestimmungsbuch, denn von den 850 mitteleuropäischen Arten werden nur etwa 85 (vor allem einheimische, aber auch tropische) Spinnenarten vorgestellt. Dieser Naturführer will vielmehr dem interessierten Naturfreund einen Überblick anhand typischer einheimischer Spinnen aus verschiedenen Familien geben. Die Farbfotos sind bis auf wenige Ausnahmen (*Clubiona*, Speispinne, *Segestria*) hervorragend, die knappen Bildtexte sehr informativ. Die kurze Einführung beinhaltet alle wesentlichen Themen aus der Welt der Spinnen, wie „Netze und Netzbau", Nahrung und Beutefang", „Paarung, Eiablage und Entwicklung" sowie „Die Bedeutung der Spinnen im Haushalt der Natur". Diese „Kleine Spinnenkunde für jedermann" kann also wärmstens empfohlen werden.　　　　R. Gerstmeier.

KLAUSNITZER, B.: **Verstädterung von Tieren.** — Die Neue Brehm-Bücherei, A. Ziemsen Verlag, Wittenberg Lutherstadt, 1988, 315 S.

Gleichzeitig mit der Entstehung und Entwicklung der Städte, erfolgte deren Besiedelung durch Tiere, wobei die ökologischen Besonderheiten dieser Besiedelung parallel zu Entstehung und Entwicklung ermöglichten. Nach dem einführenden Kaptitel „Ökologische Besonderheiten der Stadt", „Zur historischen Entwicklung der Stadtfauna (Insekten)" und „Synanthropie und Urbanisierung" werden Wirbellose, Gliedertiere und Wirbeltiere der Städte hinsichtlich ihrer Verbreiterung, Biologie und Ökologie besprochen. Eine überaus reichhaltige Bibliographie beschließt dieses interessante und empfehlenswerte Taschenbuch.　　　　R. Gerstmeier

JACOBS, W., RENNER, M.: **Biologie und Ökologie der** Insekten. Ein Taschenlexikon. — Gustav Fischer Verlag, Stuttgart, 1988. 690 S.

Das von Werner JACOBS begründete „Taschenlexikon zur Biologie der Insekten" hat nun seine zweite Auflage erfahren. Seit 1974 hat sich in der Entomologie natürlich einiges getan und es ist das Verdienst von Prof. RENNER, diese neuen Ergebnisse und Daten, viele neue Abbildungen und ein um über 800 Titel erweitertes Literaturverzeichnis in das vorgegebene Schema eingebaut zu haben. Bestimmungsbücher über einheimische Insekten gibt es fast unüberschaubar viele, wer aber mehr über Biologie, Verhalten, Ökologie, Physiologie und funktionelle Anatomie dieser artenreichsten Tierklasse wissen will, kommt ohne dieses Taschenbuch nicht aus.　　　　R. Gerstmeier

HÜSING, J. O., Nitschmann, J.: Lexikon der Bienenkunde. — Ehrenwirth Verlag, München, 1987. 399 S.

Dieses von 30 internationalen Fachautoren zusammengestellte Lexikon ist ein unentbehrliches Nachschlagewerk für alle, die mit Bienen zu tun haben, seien es Imker, Pharmazeuten, Mediziner, Biologen, Forstwissenschaftler oder im Pflanzenschutz tätige Mitarbeiter. Neben rein naturwissenschaftlichen Aspekten werden aber auch Bienenrecht, Geschichte und Entwicklung der Bienenhaltung sowie Imkerorganisationen ausführlich berücksichtigt. Der fundierte Text ist durch zahlreiche farbige und schwarz-weiße Abbildungen sehr gut illustriert, so daß sich auch der interessierte Laie eine gute Übersicht über diese Thematik verschaffen kann.　　　　R. Gerstmeier

PETERS, G.: Die Edellibellen Europas. — Die Neue Brehm-Bücherei, A. Ziemsen Verlag, Wittenberg Lutherstadt, 1987. 140 S.

Die Edellibellen (Aeshnidae) gehören sicher zu den am fortschrittlichsten evolvierten Anisopteren und mit zu den eindruckvollsten Insekten der europäischen Fauna. Den Bestimmungstabellen für Imagines und Larven (Exuvien) der in Europa vertretenen Gattungen folgen Art-Bestimmungsschlüssel der Gattungen *Aeshna* und *Anax*. Dann werden die einzelnen Arten hinsichtlich ihres Erscheinungsbildes und ihrer Lebensweise ausführlich beschrieben. Bemerkungen zur phylogenetischen Verwandtschaft und die Aeshniden in der Welt des Menschen sowie ein sehr umfangreiches Literaturverzeichnis beschließen diesen Band.　　　　R. Gerstmeier

COE, M., COLLINS, N. M.: Kora. An ecological inventory of the Kora National Reserve, Kenya. — Royal Geographical Society, London, 1986. 340 S.

Kora National Reserve liegt südöstlich des Meru Nationalparks am Tana River in Kenya und erstreckt sich über eine Fläche von 1700 km². Das Kora Forschungsprojekt war eine Kooperation zwischen den Nationalmuseen Kenyas und der Royal Geographical Society in London, wobei jeweils erfahrene und junge Wissenschaftler beider Teile zusammenarbeiteten. Auch wenn diese monographische Darstellung bei weitem nicht vollständig ist, bietet sie doch wichtige Ansätze und Anregungen für zukünftiges Management von Schutzgebieten.

Physikalische Geographie, Flora, Struktur von Acacia-Commiphora-Wald, Ökologie der Felsnasen, Fische des Tana Rivers, Uferarthropoden, Insekten-Gemeinschaften in Baumkronen, Mollusken, Reptilien und Amphibien, Avifauna und Säugetiere sind die wichtigsten Inhalte dieses Textbuches.　　　　R. Gerstmeier

RANDALL, J. E.: **Red Sea Reef** Fishes. — Immel Publishing, London, 1983 (Reprint 1986). 192 S.

Die Korallenriffe des Roten Meeres gehören zu den reichhaltigsten marinen Ökosystemen der Welt. Aufgrund der guten Zugänglichkeit für europäische Forscher wurden im Roten Meer auch die ersten intensiven Studien über Korallenriffe betrieben, so daß viele Tiergruppen des Roten Meeres relativ gut bekannt sind. Allerdings gibt es keine zusammenfassenden Werke über die Gesamtfauna des Roten Meeres.

In diesem Bildband werden 325 Fischarten beschrieben und mit über 440 Fotografien farbig dargestellt. Die kurzen Texte beinhalten jeweils die morphologischen Merkmale, Unterscheidungsmerkmale zu verwandten Arten, die geographische Verbreitung und Habitatsangaben, soweit vorhanden.

Begleitend zu diesem Bildband ist vom selben Autor im gleichen Verlag ein wassergeschützter Begleitband erschienen, der die Bestimmung dieser Arten unter Wasser erlaubt. Die Kennziffern stimmen in beiden Büchern überein, so daß eine schnelle Information im Text ermöglicht wird. R. Gerstmeier

BELLMANN, H.: **Libellen, beobachten — bestimmen.** — Neumann-Neudamm, Melsungen, 1987. 268 S.

Im vorliegenden Werk werden alle mitteleuropäischen Libellenarten im Foto (meist beide Geschlechter) vorgestellt. Im „Allgemeinen Teil" werden Körperbau, Fortpflanzung, Entwicklung, Lebensräume sowie Gefährdung und Schutz dargestellt. Der „Spezielle Teil" enthält Bestimmungsschlüssel der Imagines und Larven, eine Tabelle über die Verbreitung der behandelten Arten und die ausführlichen Einzelbeschreibungen. Dabei sind in bewährter Manier Textseite und Fotoseite gegenüberliegend. Die guten Farbfotos erlauben eine sichere Bestimmung der einzelnen Arten. R. Gerstmeier

SCHMIDT, G. H. (Hrsg.): **Sozialpolymorphismus bei** Insekten. Probleme der Kastenbildung im Tierreich. — Wissenschaftliche Verlagsgesellschaft mbH, Stuttgart, 1987. 2. Auflage. 974 S.

In diesem umfassenden Buch über Sozialpolymorphismus bei Insekten kommen nicht nur Ethologen und Ökologen, sondern auch Morphologen, Taxonomen, Physiologen, Genetiker und Biochemiker zu Wort: Insgesamt werden von 26 Autoren aus 10 verschiedenen Ländern 29 Beiträge geliefert und somit ist eine weitgehend erschöpfende Darstellung dieses Themas erreicht worden. Damit sich der Interessent ein Bild über die vielfältigen Beiträge machen kann, werden hier alle 29 Kapitel aufgelistet:
- Polymorphismus, Arbeitsteilung, Kastenbildung
- Evolution sozialer Verhaltensweisen bei sozialen Insekten
- Genetik des Polymorphismus bei Bienen
- Der Phasenpolymorphismus der Wanderheuschrecken
- Polymorphismus bei Blattläusen
- Soziale Adaptationen bei solitären Wespen
- Polymorphisums bei sozialen Faltenwespen
- Polymorphismus bei allodapinen Bienen
- Sozialstruktur und Polymorphismus bei Furchen- oder Schmalbienen
- Sozialstruktur und Polyethismus bei Prachtbienen
- Größenpolymorphismus, Geschlechtsregulation und Stabilisierung der Kasten im Hummelvolk
- Geschlechts- und Kastendetermination bei stachellosen Bienen
- Steuerung der Kastenbildung und Geschlechtsregulation im Waldameisenstaat
- Kastendetermination bei der Ameise *Plagiolepis pygmae* LATR.
- Polymorphismus und Kastendetermination bei den Weberameisen
- Polymorphismus in der Ameisengattung *Camponotus* aus morphologischer Sicht
- Kastendetermination bei *Myrmica rubra* L.
- Polymorphismus in der Ameisengattung *Messor* und ein Vergleich mit *Pheidole*
- Polymorphismus und Kastendetermination im Ameisentribus Leptothoracini
- Biologie und Polymorphismus von pilzzüchtenden Ameisen
- Polymorphismus und Kastendifferenzierung bei Dolichoderiden
- Der Polymorphismus der afrikanischen Wanderameisen unter biometrischen und biologischen Gesichtspunkten
- Kasten und Kastendifferenzierung bei niederen Termiten
- Polymorphismus bei höheren Termiten
- Mechanismen der Kastenbildung und Steuerung des Geschlechtsverhältnisses

- Soziogenese und Evolution des Sozialpolymorphismus
- Monogynie und Polygynie in Insektensozietäten
- Polymorphismus und Polyethismus sozialparasitischer Hymenopteren

In der Einführung wird der Leser mit den wichtigsten Begriffdefinitionen vertraut gemacht und an bestehende Fragenkomplexe herangeführt. Die folgenden Beiträge beginnen mit den sub- (Wanderheuschrecken, Blattläuse) und praesozialen (solitäre Wespen) Gruppen und führen über einfache soziale Strukturen (soziale Faltenwespen) bis zu den Insekten mit hochentwickelter Kastendifferenzierung. Neben einer einheitlichen Terminologie erleichtern auch die vielen Querverweise dem Leser einen gewissen Überblick zu bewahren. Die Artikel der unterschiedlichsten Autoren sind somit aufs Beste aufeinander abgestimmt. Sehr hilfreich ist die „Erläuterung von Fachausdrücken" am Ende des Buches sowie ein Verzeichnis der verwendeten Taxa, Sachverzeichnis und ein Autoren-/Namensverzeichnis. Ein Literaturverzeichnis findet sich am Ende eines jeden Artikels.

Solche deutschsprachigen, detaillierten und dabei doch sehr einheitlichen Darstellung würde man sich für viele Fachthemen wünschen. Dafür muß der Herausgeber außerordentlich gelobt werden; dem Verlag ist die Veröffentlichung einer preisgünstigen Studienausgabe zu danken. R. Gerstmeier

BELLMANN, H.: Leben in Bach und Teich. — Steinbachs Naturführer, Mosaik Verlag, 1988. 288 S., 492 Farbfotos, 80 Zeichnungen.

400 Pflanzen- und Tierarten des Lebensraumes Süßwasser faßt dieses Werk zusammen, das durch sein handliches Format und die übersichtliche Gestaltung hervorragend für die Benutzung bei Freilandbeobachtungen geeignet ist.

Jede Art wird durch die Beschreibung ihrer Gestaltsmerkmale, ihres Lebensraumes, ihrer Verbreitung, der Nahrungsaufnahme und Fortpflanzung charakterisiert. Hinzu kommt bei 80 Arten die zeichnerische Darstellung wichtiger Merkmale. Die geschützten Arten wurden besonders gekennzeichnet, die Gefährdungskategorien nach Roter Liste erwähnt.

Das vorliegende Werk ist mithin geeignet, den interessierten Laien in die Lebewelt unserer Kleingewässer einzuführen und ihm deren dringend notwendigen Schutz eindringlich vor Augen zu führen. M. Carl

JEANNE, C., ZABALLOS, J. P.: Catalogue des Coléoptères Carabiques de la Péninsule Ibérique. — Bull. Soc. Linn. Bordeaux, Suppl. 1986, 200 p.

Mit dem o. g. Band liegt nun endlich ein den Katalogen für Frankreich (BONADONA 1971) und Italien (MAGISTRETTI 1965) vergleichbares Werk für die Laufkäfer der Iberischen Halbinsel vor. Damit wird das Studium dieser so wichtigen Käfergruppe in Südeuropa wesentlich erleichtert und vermutlich auch stimuliert. Kataloge haben ja die Eigenschaft, die Beschäftigung mit einer Tiergruppe meist erst recht in Gang zu bringen. Die fast 20jährige Beschäftigung des Erstautors mit den Laufkäfern der Iberischen Halbinsel sowie zahlreiche Beiträge jüngerer spanischer Autoren aus den letzten Jahren finden hier ihren Niederschlag. Der Katalog umfaßt alle bisher publizierten Angaben zur Laufkäferfauna der Iberischen Halbinsel, darunter naturgemäß auch verschiedene ältere, nicht verifizierte Zitate sowie die Sammlerergebnisse zahlreicher französischer und spanischer Sammler. Bei nicht allgemein verbreiteten Arten wurden die Provinzen, in vielen Fällen und bei seltenen Arten auch die genauen Lokalitäten, z. B. Berg oder Höhlen angegeben. Ein recht umfassendes Literaturverzeichnis, ein kurzer Vergleich mit den anderen westund südeuropäischen Ländern, für deren Laufkäferfauna rezente Kataloge vorliegen, und einige nützliche Karten, z. B. der Provinzeinteilung und der naturräumlichen Gliederung der Iberischen Halbinsel sind angefügt. Ungewohnt für den nicht frankophonen Benutzer bleibt nach wie vor die Übersystematisierung , die auf JEANNEL zurückgeht und auch in diesem Band fortgeführt wird und zur Aufteilung der Laufkäfer in immerhin 30 Familien und zahlreiche Unterfamilien und Tribus führt. Das gleiche gilt auf Gattungsebene, wo zahlreiche neue Untergattungen anderer Autoren als Gattung geführt werden. Leider ist die Nomenklatur der Arten nicht immer auf dem neuesten Stand, und die Regel 59a des International Code of Zoological Nomenclature wurde durchgehend nicht beachtet, daher sind verschiedene Artnamen bereits veraltet. Insgesamt handelt es sich aber um ein sorgfältig erarbeitetes, auf sehr viel eigene Kenntnis beruhendes, außerordentlich nützliches Werk, ein „Muß" für jeden, der mit Systematik oder Faunistik der europäischen Laufkäfer befaßt ist. M. Baehr

SUGI, S. (ed.): Larvae of Lager Moths in Japan. — Kodansha, Tokyo, 453 S., 120 photogr. colour plates.

Wer jemals den Faunenreichtum der östlichen Palaearktis aus eigenem Erleben kennenlernen durfte, wird nach einer zusammenfassenden Bearbeitung der japanischen Lepidopteren, insbesondere der nachtaktiven Formen gesucht haben. Ein solches grundlegendes Werk liegt seit einigen Jahren mit den von H. Inoue herausgegebenen

„Moths of Japan" (2 Bände, Verlag Kodansha, Tokyo) vor. Dieses Standardwerk wird noch viele Jahre die Leitlinie auf diesem Gebiet darstellen. Es enthält allerdings keine Informationen über die ersten Stände der Heteroceren, von denen viele Arten bisher kaum gezüchtet oder abgebildet worden sind. Die hier besprochenen „Larvae of the Larger Moths in Japan" stellen eine umfangreiche und sorgfältig reproduzierte Sammlung von Farbfotos der ersten Stände, meist der Raupen, der japanischen Macroheteroceren dar und ergänzen somit die „Moths of Japan" in sinnvoller Weise. Mit den 25 Familien werden nahezu alle in den Seitz-Bänden 2–4 behandelten Großgruppen behandelt. Für jede von ihnen wird eine repräsentative Artenauswahl geboten. Die Larven werden auf 120 Farbtafeln mit mehr als 1 800 Farbfotos (!) von hervorragender Qualität abgebildet. Diese wurden teils im Freiland, teils aber auch im Labor aufgenommen. Ein Teil der Abbildungen illustriert ergänzend Eier, Puppen, Falter oder deren Lebensräume. Die grundlegende Information dieses Werkes liegt daher im Bereich der Abbildung, zumindest für den westlichen Leser, der des Japanischen nicht mächtig ist. Denn es gibt zusätzlich 231 Seiten japanischen Textes, der über die Lebensgeschichte der einzelnen abgebildeten Arten informiert. – Auch in Japan sieht man zunehmend ein, daß Informationen über die Japanische Fauna und Flora auch im Ausland großes Interesse finden. Diese Erkenntnis hat dazu geführt, daß – wohl erstmals in der Geschichte der entomologischen Literatur Japans – diesem Buch eine umfangreiche englischsprachige Zusammenfassung angefügt wurde, die auf 34 Seiten dem ausländischen Leser zahlreiche Informationen über die behandelten Arten vermittelt. Dennoch würde das Buch auf dem europäischen und amerikanischen sicherlich noch weitere Verbreitung finden, wenn sich der Verleger entschließen würde, den Text parallel in einer englischen Version zu publizieren. Dies würde erheblich dazu beitragen, die Informationslücke zwischen Japan und dem Rest der Welt zu überbrücken – wer weiß in Europa schon, daß in Japan nicht weniger als 3 000 Mitglieder der japanischen Lepidopterologiscchen Gesellschaft intensiv an der Erforschung der japanischen Lepidopterenfauna arbeiten?

Dem Herausgeber S. Sugi und den Photographen (M. Yamamoto, K. Nakatoni, R. Sato, H. Nakajima und M. Oawada) sei von Herzen zu diesem schönen Band gratuliert, der den angedeuteten Abstand zu überbrücken helfen wird und einen Schritt in die richtige Richtung, in die Richtung zu einer palaearktischen Lepidopterologie darstellt. – Der für europäische Verhältnisse unverhältnismäßig hohe Preis mag allerdings manchen potentiellen Käufer abschrecken. Dennoch ist dem Buch weite Verbreitung zu wünschen. C. M. Naumann

NACHTIGALL, W., NAGEL, R.: Im Reich der Tausendstel-Sekunde – Gerstenberg Verlag, Hildesheim, 1988. 120 S., 159 Farbfotografien, 4 S/W-Fotografien.

Um es gleich vorwegzunehmen: Dieses aufwendig gestaltete Werk läßt bezüglich des Themas „Insektenflug" keine Wünsche mehr offen!

Ausgehend vom Körperbau der Insekten – unter spezieller Berücksichtigung der Flügel – wird der Leser mit hervorragenden Farbfotografien und dazu passenden, instruktiven Texten in dieses Spezialgebiet der Entomologie eingeführt. Die verschiedenen Phasen der Flügelbewegung werden ebenso dokumentiert und kommentiert wie spezielle aerodynamische Probleme des Insektenfluges. Im Kapitel „Flugzustände" erfährt der Leser Wissenswertes über Flugphasen wie Start und Landung sowie spezielle Flugtechniken der Insekten, zum Beispiel, wenn es darum geht, an der Decke zu landen. Den Transport von Lasten sowie verschiedene Flugmanöver behandeln die folgenden Kapitel. Der Anhang informiert über die aufwendige Technik, mit deren Hilfe die Fotografien zustande kamen sowie kurz über weitere Literatur zum Thema.

Die Autoren legen besonderen Wert darauf, nicht nur schöne Bilder mit Text zu präsentieren, sondern vielmehr die hochinteressanten und vielfältigen Lebensäußerungen der Fluginsekten einzufangen und anschaulich zu erklären. Dies ist ihnen in dem vorliegenden Werk gelungen. M. Carl

KNUSSMANN, R. (Hrsg.): Anthropologie. Handbuch der vergleichenden Biologie des Menschen, Band I, 1. Teil. – Gustav Fischer Verlag, Stuttgart-New York, 1988. 742 S., 375 Abb., 89 Tab.

Das von Rudolf MARTIN begründete „Lehrbuch der Anthropologie" erfuhr in der vorliegenden vierten Auflage umfangreiche Veränderungen, die unter Mitwirkung zahlreicher Fachleute zu einer umfassenden Darstellung der modernen Anthropologie führten. Teil 1 des ersten Bandes widmet sich den theoretischen Grundlagen der Anthropologie, ihrer Geschichte sowie den morphologischen Methoden, mit denen in zahlreichen Teilgebieten der modernen Anthropologie gearbeitet wird.

Die Grundlage zum Verstandnis der folgenden Kapitel legt der erste Abschnitt (1. Kapitel) mit dem Versuch, dem oftmals fehlinterpretierten Begriff „Anthropologie" die notwendige Definition zu geben. Ausführlich werden Überschneidungen mit Nachbarfächern dargestellt und die umfassende Thematik anhand der Teilgebiete aufgezeigt.

Philosophen, Anatomen, Mediziner und Forschungsreisende trugen mit ihren Erkenntnisssen dazu bei, die geschichtliche Entwicklung der Anthropologie voranzutreiben. Betont wird die unterschiedlich lange Geschichte verschiedener Teilgebiete und die Auswirkungen der historischen Entwicklung auf die moderne Anthropologie.

Konsequenterweise werden daher im vorliegenden Band die morphologischen Methoden der Anthropologie abgehandelt, da sich diese Methodik geschichtlich am weitesten zurückverfolgen läßt. Andere Methoden bleiben den folgenden Bänden vorbehalten. Die morphologischen Methoden gliedern die Autoren in folgende Abschnitte: Anthropometrie; Erfassung der Pigmentation; Morphologisch-diagnostische Methoden; Methoden der Dermatoglyphik; Methoden der Rekonstruktion, Konservierung und Reproduktion; Datierungsmethoden; Röntgenologische und mikroskopische Methoden. Jeder Abschnitt ist übersichtlich in mehrere Kapitel gegliedert, die Arbeitsmethoden, theoretische Grundlagen, Geräte, statistische Verfahren usw. beschrieben. Der erste Abschnitt behandelt die Osteometrie (Messungen am Skelett), die Somatometrie (Messungen am Körper) und die wirtschaftlich wichtige Thematik der Industrieanthropologie. Diese liefert Basisdaten für die Konzipierung von Arbeitsplätzen, Maschinen, Kfz-Innenräumen usw. Im Zeitalter des Ozonloches wird die „Erfassung der Pigmentation" möglicherweise größere Bedeutung erlangen. Die Kapitel beschreiben ausführlich die Methodik dazu.

Große Bedeutung für unser Gemeinwesen haben die „Morphologisch-diagnostischen Methoden" erlangt: Verwandtschaftsprüfung, Abstammungsprüfung, Identitätsprüfung, Reifungsdiagnose, Altersdiagnose und Geschlechtsdiagnose am Skelett.

Die Untersuchung des Hautleisten- und Furchensystems des Menschen (Dermatoglyphik) wird im folgenden Abschnitt ausführlich dargestellt, leider fehlen Hinweise zur Bedeutung dieses Spezialgebietes für die Kriminalistik, Medizin usw.

In den beiden nun folgenden Abschnitten findet der paläontologisch Interessierte detaillierte Methodenbeschreibungen, z. B. wie ein Skelett geborgen, konserviert, restauriert, vermessen, abgeformt und gezeichnet wird. Viel Raum beanspruchen die Datierungsmethoden, mit deren Hilfe eine sinnvolle Bearbeitung von fossilem und subfossilem Material erst möglich wird. Der letzte Abschnitt widmet sich röntgenologischen und mikroskopischen Techniken, auf die heute kaum ein Teilgebiet der Anthropologie verzichten kann.

Insgesamt gesehen gelang den Autoren eine erfreulich detaillierte Darstellung morphologischer Arbeitsmethoden der Anthropologie, ausführliche Literaturangaben am Ende jedes Kapitels erleichtern dem Interessierten den Einstieg in das Spezialgebiet. Es ist dem Autorenteam zu wünschen, daß auch die folgenden Bände das hohe Niveau des ersten Bandes (1. Teil) erreichen. Doch schon jetzt sei erlaubt, dieses Werk als d as Handbuch der deutschsprachigen Anthropologie zu bezeichnen. M. Carl

FIUCZYNSKI, D.: Der Baumfalke: falco subbuteo. – Die Neue Brehm-Bücherei, A. Ziemsen Verlag, Wittenberg Lutherstadt, 1987. 208 S.

„Berlin. – Baumfalke jagt entflohenen Wellensittich", diese reißerisch aufgemachte Information könnte in einer Boulevard-Zeitung stehen, ist aber ein winziges Detail in einer Fülle von Informationen, die die vorliegende Monographie dieser bekannten Reihe über den Baumfalken liefert. Sie ist ein Beispiel für gründliches Literaturstudium und exakte Auswertung einer Vielzahl von Beobachtungen im Berliner und märkischen Raum des Autors zum Baumfalken, der auch als Schwalbenfänger und Lerchenfalke bezeichnet wird. So erfährt man beispielsweise, daß dieser Greifvogel nicht nur in der Umgebung größerer Städte horstet, sondern sogar das Stadtgebiet selbst als Jagdrevier nutzt. Die Ergebnisse langjähriger Beobachtungen an 719 beringten Nestjungen beantworten Fragen der Brutortstreue, des Festhaltens am Brutplatz, der Geschlechtsreife, aber auch der Wanderwege und deren Risiken. Insgesamt wird der Leser umfassend informiert über heutigen Stand der Kenntnisse der Verbreitung des stark gefährdeten Vogels, wobei die BRD besonders detailliert behandelt wird; dann über einen großen Themenkreis, der von Fragen der Fortpflanzung über Balz bis zur Ernährung der Jungtiere reicht und noch vieles mehr.

Dieses Buch der Neuen Brehm-Bücherei, die für ihre wissenschaftlich fundierte Qualität bekannt ist, liefert wertvolle Kenntnisse, die Voraussetzungen für einen wirksamen Schutz des Baumfalken, deren sich vor allem die Länder Europas bedienen sollten, in denen sein Bestand immer mehr abnimmt. Das besonders umfangreiche Literaturverzeichnis kann bei Detailfragen entsprechend weiterhelfen. H. Burmeister

HAARMANN, K., PRETSCHER, P.: Naturschutzgebiete in der Bundesrepublik Deutschland, Übersicht und Erläuterungen. – Naturschutz aktuell Nr. 3, Kilda-Verlag, Greven, 1988. 2. Aufl., 182 S.

Seit 1979, dem Erscheinungsjahr der ersten Auflage dieser Zusammenfassung hat sich die Zahl der Naturschutzgebiete verdoppelt. Dennoch kann auch die Bilanz dieser Entwicklung nicht darüber hinwegtäuschen, daß viele Teile unserer natürlichen und naturnahen Lebensräume bereits verschwunden sind. Die Wehmut drückt sich auch in der Aufstellung der Belastungen und Einflußnahmen in den Schutzgebieten aus, die zusammen mit den administrativen und juristischen Grundlagen und der Würdigung der Mitarbeit durch Bürger und Verbände dem Katalog der Naturschutzgebiete der einzelnen Bundesländer vorangestellt werden. Hier wird der Mangel an wissenschaftlichen Bearbeitungen deutlich, wie sich auch in der Literaturaufstellung zeigt. Nur Baden-Württemberg hat bisher monographische Abhandlungen über die bedeutendsten Gebiete herausgegeben. Für einige wichtige Naturschutzgebiete erscheint die Darstellung, daß die zuständigen Verwaltungsbehörden die Bedeutung wissenschaftlicher Forschung in diesen geschützten Arealen förderten und Forschungen entsprechend unterstützten könnten, jedoch zu optimistisch. So kann es beispielsweise in Bayern geschehen, daß der wissenschaftliche und engagierte Personenkreis, der auf Grund des Einbringens von Kenntnissen zum Schutz eines Gebietes beigetragen hat, nach der Unterschutzstellung dieses nicht mehr für Nachfolgeuntersuchungen nutzen darf. Ein derartiges Schutzgebiet, das Nutzungsansprüchen entzogen aber auch durch Pufferzonen vor äußeren Eingriffen geschützt werden muß, ist nicht nur zu verwalten. Die Dynamik seiner Lebensgemeinschaft und deren Grundvoraussetzungen sollte ständiger Kontrolle unterliegen. „Nur was man kennt, kann man erfolgreich schützen."

Der Katalog der 2593 Naturschutzgebiete in der BRD ist nach Bundesländern gegliedert und wird jeweils mit einer zusammenfassenden Anmerkung vorgestellt, die Aufzählung erfolgt mit Kennzahl, Namen und Größe (ha) sowie Kartenblatthinweise getrennt nach Landkreisen. Abschließend folgt eine Zusammenfassung von Lebensraumtypen von internationaler und nationaler Bedeutung, die nur teilweise in Naturschutzgebiete, Nationalparke und Gebiete mit besonderem Status eingebunden sind.

Diese Zusammenfassung ist eine Notwendigkeit für alle im Naturschutz Tätigen, aber auch im Verständnis Lehrenden.

E. G. Burmeister

SAUER, F.: Wasserinsekten — nach Farbfotos erkannt. — Fauna Verlag, Karlsfeld, 1988.

In gewohnter und erfolgerprobter Manier hat der bekannte Tierfotograf Dr. Sauer sich diesmal nicht einer Tiergruppe angenommen, sondern stellt die Artenfülle unserer Gewässer vor, d. h. eine Reihe von sehr unterschiedlichen Insektengruppen, die sich in ihren Anpassungen an den Lebensraum „Wasser" und ihrer Lebensweise stark unterscheiden, werden hier dokumentiert. Wieder ist dem Autor gelungen, durch zahlreiche hervorragende Bilder einen Überblick über die verschiedensten Besiedler unserer limnischen Lebensräume zu vermitteln. Der faszinierende Bilderstreifzug führt von den Libellen bis hin zu den häufig schmerzhaft stechenden Wasserwanzen. Neben den prächtigen Libellen, den zarthäutigen Eintagsfliegen, den schlichten Steinfliegen, den mottenhaften Köcherfliegen und scheuen Netzflüglern sind auch deren Larvenstadien, die eigentlichen Bewohner der Gewässer, im Bild festgehalten. Auch wird ein Einblick in die ungeheure Fülle der Larven heimischer wasserbewohnender Mükken- und Fliegenlarven gewährt. Verständlicherweise fehlt die Großgruppe der Wasserkäfer, die sowohl als Larven als auch als flugfähige geschlechtsreife Käfer im feuchten Element zu beobachten sind. Den eindrucksvollen Bildern, die stets lebende Individuen in der Natur oder im kurzzeitig eingesetzten Hälterungsgefäß zeigen, ist jeweils ein erklärender Text beigefügt, der die Biologie kurz erläutert. Hier können nur kleine Einblicke in die Fülle der Lebensäußerungen gegeben werden, die vielfach stark verallgemeinert sind, nicht zuletzt auch auf Grund bisher mangelnder Kenntnisse über einzelne Arten. In diesem kleinen Bändchen mit seinen Gegenüberstellungen von je vier Bildern in einer Tafel und den vier Texteilen, sind fast ausschließlich Arten aufgeführt, die dem Fotografen lebend als Vorlage dienten. Der Autor hätte bei vielen Abbildungen vor allem der Larvenstadien besser getan, es nur bei der Benennung des Gattungsnamen zu belassen, da eine Bestimmung an Hand des Fotos nicht möglich ist, der Laie aber der Täuschung unterliegt, er habe hier ein schönes Bestimmungsbuch vor sich. Etwa bei Libellen (S. 62) werden auch morphologische Details gezeigt, die eine Bestimmungshilfe sein könnte, die jedoch den Eindruck des Bildes und vor allem des Objektes zerstören. Die Nomenklatur der Artnamen entspricht nicht immer dem neuesten Stand, aber Bilder und erläuternder Text sind für Laien wie Kenner sicher eine wesentliche Bereicherung.

E. G. Burmeister

ROSENBAUER, K. A., KEGEL, B. H.: Rasterelektronenmikroskopische Technik, Präparationsverfahren in Medizin und Biologie. — Georg Thieme Verlag, Stuttgart, 1978. 241 S., 16 Abb., 12 Tab.

Das Rasterelektronenmikroskop erfuhr in den letzten Jahren zunehmend Anwendung in der biologischen Forschung. Hinweise zur Anwendung dieser Technik finden sich in zahlreichen Lehrbüchern, bezüglich der Präparation der zu untersuchenden biologischen Objekte existierten nur Einzelpublikationen. Sie wurden im vorliegenden Werk sinnvoll zusammengefaßt. Der allgemeine Teil dieses Buches referiert über sämtliche Arbeitsschritte zur Vorbereitung der REM-Untersuchung. Interessant für den Entomologen sind die zahlreichen Hinweise auf die Anwendungsmöglichkeit diverser Verfahren wie z. B. Reinigungs- und Fixierungsmethoden für entomologische Präparate.

Der spezielle Teil beschreibt Präparationsrezepturen für diverse tierische Gewebe bzw. Organe. Die übersichtliche Erläuterung der einzelnen Präparationsschritte sowie genaue Angaben zu den benötigten Reagenzien erleichtern die Anwendung der „Rezepte" wesentlich.

Seine Abrundung findet dieses Werk mit diversen Tabellen sowie einem ausführlichen Hersteller-, Bezugsquellen- und Literaturverzeichnis.

Jeder mit der Thematik Beschäftigte sollte daher diese ausführliche und informative Zusammenfassung rasterelektronenmikroskopischer Präparationsverfahren kennen. M. CARL

AX, P.: Systematik in der Biologie. − Gustav Fischer Verlag, Stuttgart, 1988. UTB 1502. 181 S.

Dieses kurze Taschenbuch über die Systematik als eine Forschungsrichtung der Biologie, soll sich an den Bedürfnissen der Studierenden orientieren. Ob dies in solch knapper Form möglich ist, muß bezweifelt werden. An vielen zoologischen Instituten wird die Systematik immer noch als Stiefkind behandelt, wenn sie überhaupt im Lehrangebot zu finden ist. Studierende solcher Universitäten werden hart mit dem anspruchsvollen Text kämpfen müssen, sollten sie ersteinmal einen Einstieg finden. In erster Linie spricht dieses Buch Biologen an, die sich schon mit der Problematik auseinandergesetzt haben.

Der Autor erleichtert einem sicher vieles, wenn er die lästige Unterscheidung von Systematik und Taxonomie einfach vom Tisch wischt; es besteht allerdings die Gefahr, daß der Studierende über solche „Probleme" nicht mehr genügend reflektiert und die „statements" des Autors als gegebenes Grundprinzip annimmt. Vielleicht wäre es für viele Studierende und Biologen aus „fachfremden" Gebieten hilfreicher, erstmal eine moderne „Einführung in die Systematik" (gewissermaßen eine verkürzte und modernisierte Studienausgabe von MAYR's „Grundlagen der zoologischen Systematik") zu geben, bevor man die „AX'sche phylogenetische Systematik" zur Diskussion stellt. Hat man den Einstieg gefunden, sind die Methoden und Beispiele aus dem Säugetierbereich zur Erklärung von „Stammlinien und Grundmuster geschlossener Abstammungsgemeinschaften" und „Exemplarische Verwandtschaftsanalyse und Errichtung des phylogenetischen Systems" sehr anschaulich und gut illustriert dargelegt. R. GERSTMEIER

BRODMANN, P.: Die Giftschlangen Europas und die Gattung *Vipera* in Afrika und Asien. − Kümmerly + Frey, Bern, 1987. 148 S.

Dieses Buch will in erster Linie ein Bildband sein und damit Giftschlangen dem Laien näherbringen, aber auch dem Terrarianer und dem Herpetologen soll das Buch etwas bieten, indem sie alle angesprochenen Giftschlangen im Bild finden können. Dies ist dem Autor natürlich nicht vollständig gelungen, da von den erst kürzlich bechriebenen Arten, z. B. *Vipera bulgardaghica* und *V. wagneri* kaum Bildmaterial vorliegt (von *V. wagneri* liegen allerdings Aufnahmen aus der Osttürkei vor!).

Die Farbaufnahmen sind wirklich sehr gut gelungen und kommen dank der hervorragenden Drucklegung auch einwandfrei zur Wirkung. Was mich aber vor allem stört, ist das Arrangement: Die Abbildungen stehen in keinster Weise in Kontakt mit dem Begleittext. So werden z. B. auf der Bildseite Aufnahmen von Stülpnasenottern vorgestellt, auf der gegenüberliegenden Textseite wird aber die Wiesenotter besprochen. Das Fehlen eines Artenverzeichnisses (mit Seitenangaben) erleichtert die schnelle Suche nach bestimmten Arten auch nicht gerade. Hier liefern die meisten Verlage doch wesentlich bessere redaktionelle Arbeit. Ebenso vermißt man eine Stellungnahme zur Aufspaltung der Gattung *Vipera* in die Gattungen *Vipera* und *Daboia* sowie die Abspaltung von *Gloydius* aus *Agkistrodon*.

Lobenswert ist wiederum die sehr ausführliche Darstellung der Giftorgane und das Kapitel „Vom Leben der Vipern im Laufe eines Jahres". Trotz der angesprochenen redaktionellen Mängel liefert dieses Buch dank seiner Farbaufnahmen und den exakten Beschreibungen von Arten und Unterarten einen wesentlichen Beitrag zur Herpetologie der Giftschlangen Europas und kann daher auch ruhigen Gewissens allen Naturliebhabern, Terrarianern und Herpetologen empfohlen werden. R. GERSTMEIER

STUBBE, H. (ed.): Buch der Hege. Band 2 Federwild. − Verlag Harri Deutsch, Thun-Frankfurt/Main, 1988. 349 S.

Für die zwei Bände vom „Buch der Hege" waren bereits Nachauflagen und erweiterte Auflagen erforderlich. Jetzt liegt mit dem zweiten Band „Federwild" die überarbeitete und erweiterte 3. Auflage vor (die neu bearbeitete 4. Auflage von Band 1 „Haarwild" erscheint in Kürze). Folgende Gruppen werden in diesem Buch vorgestellt: Fasanenartige, Rauhfußhühner, Tauben, Entenvögel, Reiher, Störche, Kranichartige, Lappentaucher, Schnepfenvögel, Eulen, Greifvögel, Racken und Rabenvögel. Dabei werden nicht nur die wichtigsten biologischen Grundlagen der einzelnen Arten vermittelt (Systematik, Verbreitung, Lebensansprüche, Ernährung, Populationsökologie, Verhaltensbiologie), sondern auch Fragen der Bewirtschaftung und Hege, Bejagung, Bestandsentwicklung und -regulierung. Gerade die letzten Punkte verdienen besondere Beachtung, da unser einheimisches Federwild durch nach wie vor zunehmenden Biotopverlust aufgrund land- und forstwirtschaftlicher Intensivierungsmaßnahmen bedroht ist. So wird in diesem Buch ein besonderes Augenmerk auf Bewirtschaftung, Schutz und Hege gelegt. In einem Anhang sind die Jagdzeiten in einigen europäischen Ländern zusammengestellt. Dieses Buch sollte besonders den Jägern, Land- und Forstwirten vorgelegt werden, kann aber auch allen Naturliebhabern und -schützern empfohlen werden. R. GERSTMEIER

HOLLOM, P. A. D. et al.: Birds of the Middle East and North Africa. – T & AD Poyser, Calton, 1988. 280 S.

Dieses Buch füllt eine lange bestehende Lücke unter den ornithologischen Bildführern, da es lückenlos die Fauna Nordafrikas (Marokko bis Ägypten) bis zur arabischen Halbinsel und Persiens abdeckt. Der „Mittlere Osten" beinhaltet in diesem Fall Zypern, Türkei, Syrien, Libanon, Israel, Jordanien, Irak, Persien und die gesamte Saudi Arabische Halbinsel. Von den dort über 700 vorkommenden und besprochenen Vogelarten sind 350 Arten auf 40 gezeichneten Farbtafeln abgebildet, wobei in vielen Fällen Geschlechts-, Alters-, Rassen- und Saisonunterschiede zusätzlich berücksichtigt sind. Über 100 Strichzeichnungen im Text erleichtern die Identifikation. Die 510 Verbreitungskarten sind auf dem aktuellsten Stand, wodurch dieses Werk konkurrenzlos ist. Im Text werden sehr ausführlich die Bestimmungsmerkmale, Verhalten, Stimme, Häufigkeit und Habitat beschrieben. Dieses preiswerte Bestimmungsbuch ist somit eine willkommene Ergänzung unter den ornithologischen Feldführern. R. GERSTMEIER

OZENDA, P.: Flore du Sahara. – Edition du CNRS (Centre National de la Recherche Scientifique), Paris, 1983. 622 S.

Nachdem dieses Standardwerk über die Flora der Sahara lange vergriffen war, legt das CNRS nun eine unveränderte Neuauflage der 2. Ausgabe der „ Flore du Sahara septentrional et Central" (1958, 1977) vor. Dieses Buch ist ein unentbehrliches Bestimmungswerk für all diejenigen, die sich mit der Flora Nordafrikas näher beschäftigen und demzufolge durch Strichzeichnungen der Pflanzen (und Pflanzenteile) und Schwarz-Weiß-Fotos (auch Biotop-Aufnahmen) sehr gut illustriert. Zusätzlich informieren die einführenden Kapitel über Wüstentypen, Klima, Böden, floristische Regionen, Anpassungsmechanismen der Pflanzen an ihre Umweltbedingungen und die Beziehungen zwischen Wüstenpflanzen und Menschen.

Ein unentbehrliches Nachschlagewerk für Botaniker und naturwissenschaftliche Sahara-Forscher.

R.GERSTMEIER

KROHN, K., KREUTZER, M.: VCH Biblio. Literaturverwaltung auf dem PC. – VCH Verlagsgesellschaft, Weinheim, 1988. Demo-Version auf Diskette + Benutzerhandbuch.

Wer kennt nicht die zeitraubende und umständliche Literaturverwaltung per Kartei- oder Lochkarte. Da bietet die moderne EDV ungeahnte Möglichkeiten an, die einem zwar nicht die mühsame Dateneingabe ersparen, aber nach erfolgter Eingabe doch einen schnellen und vielfältigen Zugriff auf recht komplexe Daten ermöglicht. Solche Literaturverzeichnisse kann jeder selbst auf seinem PC erstellen, wem aber die Erstellung einer Datenbank zu kompliziert ist, der kann jetzt auf VCH-Biblio zurückgreifen und nach wenigen Handgriffen sofort loslegen. Bestechend ist die Schnelligkeit der Blitzsuche, die auch bei großen Dateien mit einigen tausend Einträgen nach wenigen Sekunden beendet ist. Zusätzlich bietet das Programm die Möglichkeit zur Formatierung von Literaturlisten, wobei beliebig viele Formate erstellbar sind und auch Literaturverzeichnisse über Numerierung von Zitaten ermöglicht werden. Die Literaturlisten können nicht nur als ASCII-Code, sondern auch für die Textverarbeitungsprogramme Wordstar, Wordperfect und Word abgespeichert werden. Die Dateien können nach allen möglichen Kriterien sortiert werden. VCH-Biblio bietet noch viele weitere Möglichkeiten und soll in Zukunft auch ständig verbessert und erweitert werden. Ein dringender Ergänzungsvorschlag wäre die Aufnahme der wichtigsten biologischen Zeitschriften, neben den Formaten der bereits vorhandenen chemischen. Voraussetzung für die Bearbeitung ist ein IBM-kompatibler PC, XT oder AT. R. GERSTMEIER

SUCHANTKE, A. et al.: **Mitte der Erde** — Israel im Brennpunkt natur- und kulturgeschichtlicher Entwicklungen. — Verlag Freies Geistesleben, Stuttgart, 1988. 517 S.

Israel gehört biogeographisch gesehen sicher zu den interessantesten Ländern der Erde, treffen doch in einem eng umgrenzten Raum tropischafrikanische Elemente auf solche der nördlich gemäßigten Breiten, die mediterrane Flora und Fauna begegnet der zentralasiatischen. Zugleich beherbergt Palästina auf engstem Gebiet die unterschiedlichsten Landschaftsformen, vom Korallenriff über Jordangraben, Totes Meer zum See Genezareth, von Mittelmeerküste, Halbwüste und Wüste zu den feuchten Anhöhen des Golan.

In diesem Buch werden Flora und Fauna der Landschaften Palästinas beschrieben, ein umfangreicher Beitrag befaßt sich mit der Geologie und der erdgeschichtlichen Entwicklung des palästinensischen Raumes; der dritte Teil beinhaltet die Menschheitsentwicklung von der frühen Altsteinzeit bis zu den Metallkulturen und das 4. Kapitel befaßt sich mit „Palästina im Schnittpunkt menschheitsgeschichtlicher Entwicklungsströme".

Eine Fülle von aktuellen Forschungsergebnissen sind in diesem Buch verarbeitet, illustriert durch fantastische Schwarz-Weiß-Zeichnungen und 103 brillanten Farbabbildungen. Zum bemängeln wären allerdings die „verschwommenen" Aufnahmen von Silberreihern, Chukarhuhn, Echtgazelle, Nub. Steinbock und Spornkiebitz, was bei der sonst perfekten und bibliophilen Gestaltung des Buches negativ auffällt. Auch sonst haben sich kleine Fehler eingeschlichen: So sind die langbeinigen *Adesmia*-Arten keine Aaskäfer sondern Schwarzkäfer (Tenebrionidae) und nachdem im Text *Vulpes rueppelli* als Sandfuchs bezeichnet wird, sollte er diesen Namen auch im Abbildungstext (Abb. 100) bekommen und dort nicht als Wüstenfuchs tituliert werden. Aber dies sind Feinheiten, die den überaus positiven Gesamteindruck dieses Werkes in keinster Weise schmälern. Der sonst fachlich einwandfreie Text liest sich ausgesprochen spannend und kann somit dem interessierten Israelfreund ebenso wie dem Wissenschaftler gleichermaßen empfohlen werden. Dem Verlag sei nochmals das Kompliment für die bibliophile Ausstattung gemacht und so bleibt lediglich der Wunsch nach weiteren naturhistorischen Länderbiographien auszusprechen.　　　　　　　　　　　　　　　　　　　　　　　　　　　　　　　　　　　　　　　R. GERSTMEIER

DARWIN, C.: **Über die Entstehung der Arten durch natürliche Zuchtwahl.** — Wissenschaftliche Buchgesellschaft, Darmstadt, 1988. 617 S.

Mit diesem Buch wird die Übersetzung nach der letzten englischen Ausgabe (1872) von J. V. CARUS vorgelegt, die sich von der ersten Ausgabe (1859) durch erhebliche und kontinuierliche Textrevisionen Darwins unterscheidet. Dieser letzte Nachdruck in deutscher Sprache war schon lange überfällig und enthält neben der eigentlichen Übersetzung eine Einleitung des Herausgebers G. H. MÜLLER sowie eine Zeittafel. Im Anhang finden sich die besonders interessanten ersten Rezensionen der englischen Orginalausgabe durch BRONN und PESCHEL. Eine Auswahlbibliographie berücksichtigt unter anderem die deutschen Ausgaben des „Origin", weitere Bücher von Darwin, Biographien, Darwins Korrespondenz und Bibliographien über BRONN, CARUS und PESCHEL. Eine sehr lobenswerte und solide Verlagsarbeit.　　　　　　　　　　　　　　　　　　　　　　　　　　　　　　　　　　　　　　　R. GERSTMEIER

PATTERSON, R.: **Reptilien Südafrikas.** — Landbuch Verlag, Hannover, 1988. 128 S.

Endlich hat sich ein deutscher Verlag bereit gefunden, auch einmal ein außereuropäisches Reptilienbuch herauszubringen, das sich nicht ausschließlich auf Terrarientiere beschränkt. In diesem Buch werden über 90 Arten der bekanntesten Schildkröten, Krokodile, Echsen und Schlangen Südafrikas dargestellt. Rod PATTERSON, einer der besten Kenner südafrikanischer Reptilien, berichtet über Lebensweise, Ernährung, Fortpflanzung und Verhalten dieser hochinteressanten Tiere. Der Text wird von den fantastischen Aufnahmen des bekannten Naturfotografen Anthony BANNISTER reichlich illustriert. Sehr wichtig ist das Kapitel über Schlangenbisse (Erste Hilfe, Giftwirkung, Klinische Behandlung). Der Terrarienfreund findet sehr ausführliche und praktische Angaben zur Haltung, Gesundheitspflege und Zucht von Reptilien. Rundum ein gelungener, informativer und hervorragend illustrierter Bildband für Naturfreunde, Reptilienliebhaber und Terrarienkundler, der auch dem berufsmäßigen Zoologen viel Freude bereiten wird.　　　　　　　　　　　　　　　　　　　　　　　　　　　　　　　　　　　　　　　R. GERSTMEIER

Richtlinien für die Annahme von Beiträgen

1. Die möglichst knapp zu fassenden Manuskripte müssen satzreif einseitig in Maschinenschrift (DIN A 4) in deutscher oder englischer Sprache **in doppelter Ausfertigung** bei der Schriftleitung eingereicht werden. Sie müssen den allgemeinen Bedingungen für die Abfassung wissenschaftlicher Publikationen entsprechen (1½zeiliger Abstand, ausreichender Rand etc). Für die Form der Manuskripte ist die jeweils letzte Ausgabe der MITTEILUNGEN maßgebend.

2. Der Titel soll prägnant und informativ sein. Die Zugehörigkeit der behandelten Insektengruppe im System muß in einer neuen Zeile kenntlich gemacht werden, z. B. (Coleoptera, Chrysomelidae, Alticinae).

3. Der Arbeit ist eine kurze englische Zusammenfassung (Abstract) voranzustellen. Neu beschriebene Taxa bzw. nomenklatorische Veränderungen sollten im Abstract erwähnt oder im Anschluß daran aufgelistet werden. Eine mögliche Danksagung ist vor der deutschen Zusammenfassung anzubringen. Die „Literatur" bildet den Abschluß des Artikels.

4. Abbildungsvorlagen und -legenden sind gesondert beizufügen und durchlaufend zu numerieren (entsprechende Hinweise im Text sind anzufügen). Bei Beschriftungen wie auch bei den Zeichnungen selbst ist auf die Möglichkeit einer verkleinerten Wiedergabe zu achten.

5. Lateinische Namen für Gattungen und Arten sind einfach, Kapitälchen (bei Personennamen) unterbrochen zu unterstreichen, Beispiel: Pieris atlantica Rothschild, 1917.

6. Literaturhinweise:
   Im Text Name und Jahr, z. B. HUBER (1947), HUBER & MAYER (1948), HUBER et al. (1949) wenn es mehr als zwei Autoren sind.
   Literaturverzeichnis:
   FISCHER, M. 1965: Neue Opius-Arten aus Peru (Hymenoptera, Braconidae). – Mitt. Münch. Ent. Ges. 55, 214–243.
   Die Abkürzungen sollten unmißverständlich sein und dem üblichen Gebrauch entsprechen.
   Buch:
   MAYR, E. 1969: Principles of Systematic Zoology. – McGraw-Hill, New York.
   Artikel in einem Buch:
   WEISE, J. 1910: Chrysomelidae und Coccinellidae. In: SJÖSTEDT, Y., Wiss. Ergebn. schwed. zool. Exped. Kilimandjaro-Meru 1 (7), 153–226.
   Alle im Literaturverzeichnis aufgeführten Zitate müssen im Text erwähnt sein.

Die Herausgabe dieser Zeitschrift erfolgt ohne gewerblichen Gewinn. Mitarbeiter und Herausgeber erhalten kein Honorar. Die Autoren erhalten 50 Sonderdrucke gratis, weitere können gegen Berechnung bestellt werden.

| Mitt. Münch. Ent. Ges. | 78 | 1–200 | München, 1. 12. 1988 | ISSN 0340–4943 |

Inhalt

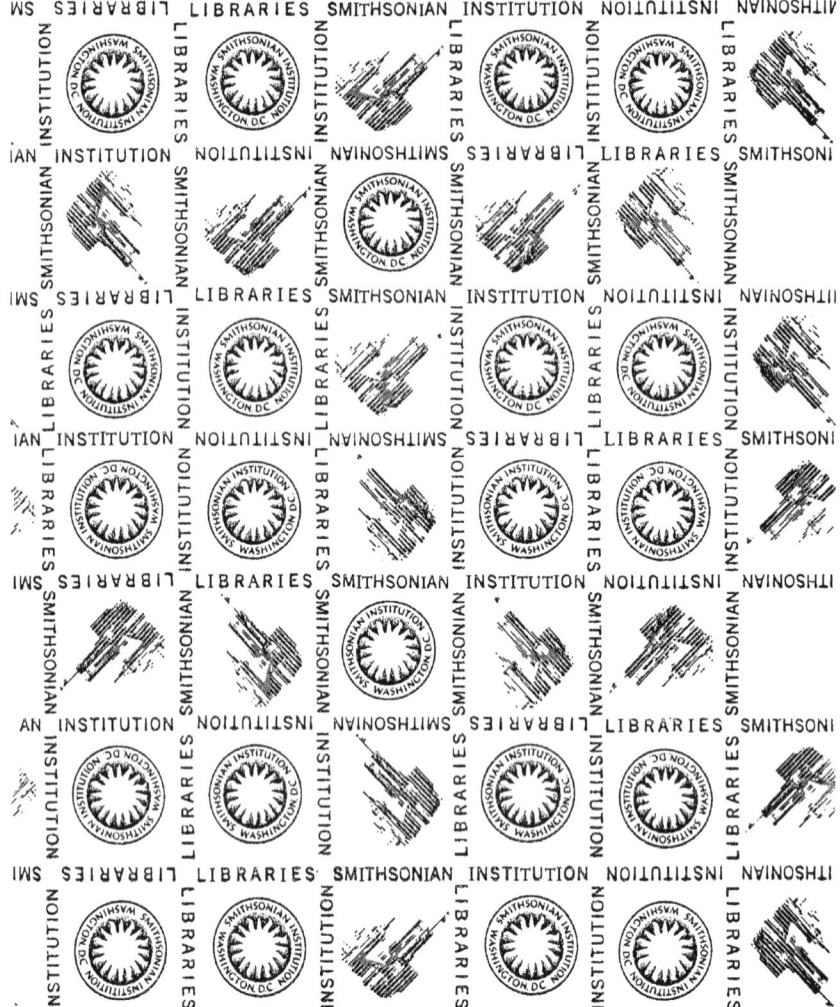

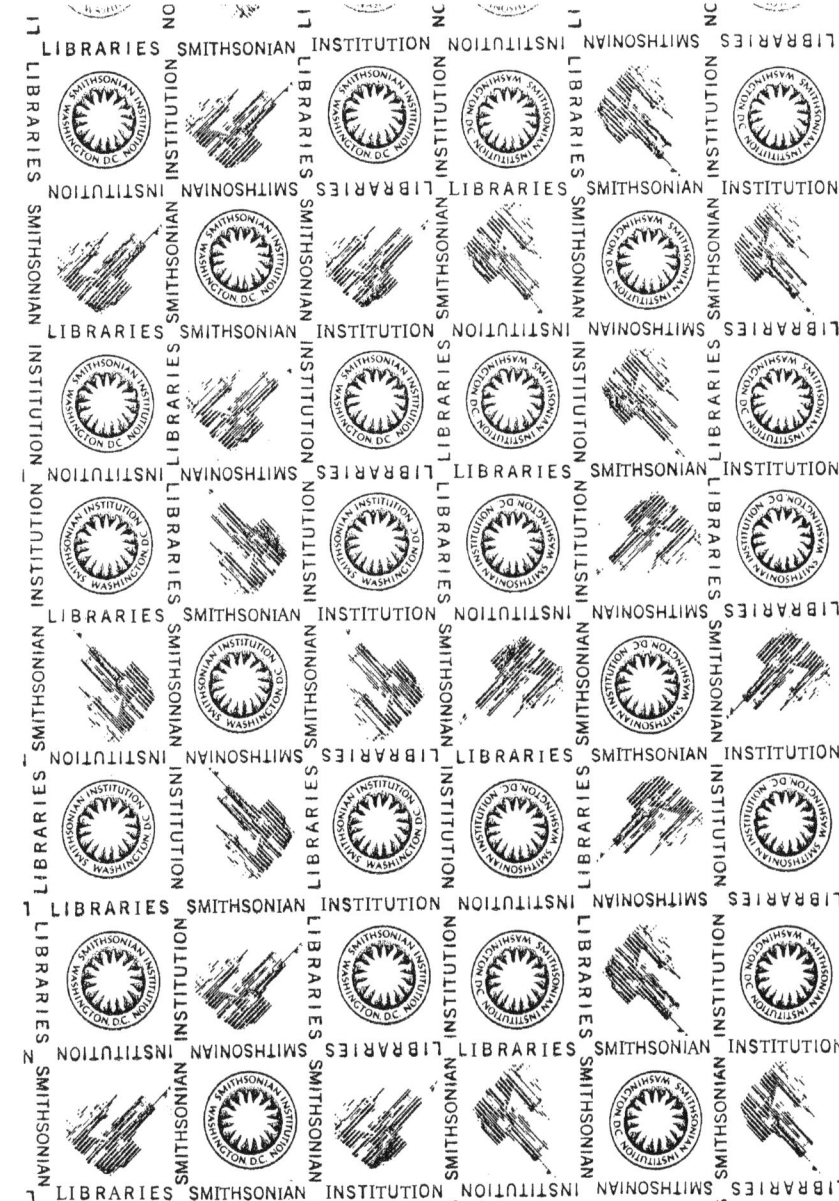

Lightning Source UK Ltd.
Milton Keynes UK
UKHW010752110119
335238UK00008B/887/P